EINSTEIN

ATISBOS CUÁNTICOS

Portada:
© Jorge Albericio Fenollosa. Zaragoza, febrero de 2026

Impresión y encuadernación: Huella Digital
info@huelladigital.net

Distribución a librerías: Ícaro (Zona Libros)
icaro@icaro.es

Venta por correo: stiediciones@gmail.com
Libros del Rescate: C/ Tomás Bretón, 14, local 6. 50005 Zaragoza
librosdelrescate@gmail.com

Depósito legal: Z / 354 - 2026
ISBN : 97913-990179-6-0

CincaMonterdeEditor

JAVIER TURRIÓN BERGES

EINSTEIN
ATISBOS CUÁNTICOS

ÍNDICE ABREVIADO

«Raffiniert ist der Herr Gott, aber botshaft ist Er nicht.»
Dios es sutil, pero no malicioso.

A MODO DE TOQUE DE DIANA

Abraham Pais, colega de Einstein en el *Institute for Advanced Study* de Princeton, no sólo nos puso al corriente a los más, en 1982, de esta frase de Einstein (pronunciada en 1921 con ocasión del primer viaje americano), sino que nos brindó un libro insuperable: «El Señor es sutil: La ciencia y la vida de Albert Einstein». Imposible hacer precisiones más atinadas ni de abarque ni *entrelazamiento* más amplio. Con toda llaneza, hay que dirigirse a su maestría y escucharlo, no sólo por honestidad y modestia, sino con alivio. Su conocimiento profundo de la obra de Einstein se acrecentó, sin duda, con su contacto personal con él durante años en la propia marmita en la que se cocían ideas y matices. Ese timbre de proximidad intelectual, física y afectiva distancia sin remedio a Pais de cualquier otro analista dándole una ventaja perceptiva insalvable. Aquí y ahora tenemos ocasión de leer en toda su extensión los artículos *cuánticos* einsteinianos, desbrozada ya la dificultad inherente a la lengua en que se escribieron, y de acudir a Pais a ver no sólo qué dice del pormenor literal de cada uno y sus interrelaciones, sino de los tambaleos de Einstein. Como contrapunto, hay una nutrida representación de obras (artículos) de otros autores coetáneos que pueden considerarse capitales en el desarrollo de la teoría cuántica y de cartas que abundan en intríngulis teóricos y anímicos durante los cincuenta primeros años, que son justo los que Einstein vivió tras el feliz alumbramiento del «*Über einen die Erzeugung und Verwandlung des Lichtes betreffenden heuristischen Gesichtspunkt*». Sigue, por lo demás, vigente la inevitable componente filosófica y temperamental de la ciencia, algo que este espeso *Catálogo de expectativas* (en terminología schrödingeriana) acredita de por sí. La evidencia empírica de la existencia de un escenario no sólo anterior a la irrupción cuántica sino coexistente y coadyuvante con el proceso de gestación hace lícito acuñarlo como proto-cuántica. Con todas las cautelas, cabría situar a Kirchhoff y a Wien en la pre-cuántica. Y dado que Einstein considera que la física clásica acaba en 1900 con Planck, sólo Planck y el propio Einstein caben en la proto-cuántica, periodo que va de octubre de 1900 a marzo de 1905, fecha esta última en la que Einstein inventa la teoría cuántica inaugurando propiamente la era cuántica. Es verdad que Einstein, aquí, nos pone en un brete, cuando, en el arranque de su artículo *«Emisión y absorción de la radiación según la teoría cuántica»*, de julio de 1916, afirma: "Hace dieciséis años, cuando Planck creó la teoría cuántica deduciendo su fórmula de la radiación..." Bien, ocasiones hay, a lo largo de este *Glosario* para relativizar ese generoso arranque y, en todo caso, no haré de eso un *casus belli*. Todas las partituras quedan al *ad libitum* emocional del intérprete. Ya no faltaría más. Más allá de interpretaciones personales o de clasificaciones temáticas, el calendario enarbola una razón poderosa para erguirse en referente absoluto: las cosas suceden en un instante preciso y no en otro, lo que posibilita no sólo ubicarlas, sino echar sobre el tapete los dados de las conjeturas. Este *Catálogo* se atiene rigurosamente al criterio cronológico tratando de esquivar juegos florales. Por lo demás, el infierno cuántico, quizá más que cualquier otro dominio de la *realidad física*, deja a la afinidad personal de cada cual el grado de coincidencia con la sutileza divina de la que Einstein nos advierte. De momento, seguimos sin saber si nuestras insuficiencias descriptivas exigirán el tránsito, en el Purgatorio, por esas clases de física clásica que presagiaba Ehrenfest a los profesores de física cuántica.

DE RERUM NATURA

Los historiadores de oficio dan por descontado que su trabajo es científico, lo que no deja de ser una interpretación más de las que constituyen el objeto de sus tareas. Puro subjetivismo, pues. Es posible que la ciencia no sea una mera acumulación de resultados, aunque Ernst Mach así lo consideraba. Einstein estimaba que el científico es un inventor, no un descubridor.

> «La verdadera dificultad –dice Einstein en carta a Schrödinger del 19 de junio de 1935– atañe a que la física es una especie de metafísica: la física describe la "realidad". Ahora bien, no sabemos qué es la realidad, no la conocemos más que a través de la descripción de de ella da la física.»

Estamos abocados, pues, a la conjetura. En cualquier caso, *vox populi*, el término «científico» tiene pedigrí, el prestigio *inherente* a todo lo que se supone ajeno a pasiones. Y, al parecer, de eso se trata siempre, de dar un aire honorable a lo que cada cual hace. Bien, pues, sea lo que sea la ciencia, y sea lo que sea la historia, siempre es posible hacerse a título propio un álbum personal de cromos y desentenderse del juicio que merezca en otros. Las páginas que siguen recopilan textos íntegros de artículos (de Einstein y de otros), o cartas enteras, o fragmentos, o réplicas que permiten situar en el calendario la contribución de Einstein a la cuántica y –frente a ella y su desarrollo y frente al resto de inventores– sus tomas de posición.

Grosso modo

La cuántica, naturalmente, es un constructo humano (constructo [RAE]: construcción teórica para comprender un problema determinado.). Imposible ser más preciso. Ahora nos podremos ir por las ramas, es decir, por todo ese formidable diccionario de términos registrados ya como solventes: gases, átomos, luz, energía, movimiento, radiación, calor, entropía, espectro, conceptos no obstante tambaleantes todos ellos con los que hemos ido elaborando rompecabezas *clásicos*: termodinámica, teoría cinética, electromagnetismo. Gustav Kichhoff acuña en1860

> «Über das Verhältnis zwischen dem Emissionsvermögen und dem Absortionsvermögen der Körper für Wärme und Licht» («Sobre la relación entre la capacidad de emisión y la capacidad de absorción del calor y la luz por parte de los cuerpos.»)

un concepto nuevo: cuerpo negro:

> «son concebibles cuerpos que, con un espesor infinitamente pequeño, absorben completamente todos los rayos que caen sobre ellos, y por tanto no reflejan los rayos ni los dejan pasar. Llamaré a tales cuerpos *perfectamente negros*, o *negros* para abreviar.

Estamos en Heidelberg, en enero de 1860. Bien, pues, el espectro de la radiación negra (radiación electromagnética reinante en una cavidad absorbente mantenida a una temperatura fija) es universal, es decir, depende únicamente de la temperatura del cuerpo y no de la naturaleza de las paredes de la cavidad. En lo que queda de siglo, un grupo de notables (Stefan, Boltzmann, Wien, Rayleigh, Jeans *et alii*) se afanaron, entre otras cosas, en buscar una función que representase fielmente las variaciones de la densidad espectral de energía radiada en función de la frecuencia luminosa observadas experimentalmente. Pero, como es sabido, la fidelidad de las funciones propuestas era parcial, hasta que Planck propuso la suya, primero en octubre de 1900:

> «Ueber eine Verbesserung der Wien'schen Spectralgleichung» (Una enmienda a la ecuación espectral de Wien)

que modificaba la de Wien (1893 & 1896), y que cuadraba en todo el rango de frecuencias del espectro. Luego, en diciembre:

> «Zur Theorie des Gesetzes der Energieverteilung im Normalspectrum» (Teoría de la ley del reparto de la energía en el espectro normal)

introdujo el supuesto de que la emisión o absorción de energía por la materia no tenía lugar de modo continuo, sino que se hacía por *cuantos* de valor $h\nu$, siendo h una constante *ad hoc* y ν la frecuencia de la radiación. Esos cuantos eran, naturalmente indivisibles, es decir, la materia siempre emite o absorbe cuantos enteros cuya entidad energética depende en exclusiva de la frecuencia, ya que h es una constante universal. Pero esta finitud de los elementos (cuantos) de energía transferidos no es para Planck algo esencial a la naturaleza de la luz, sino una cuestión metodológica, resultado del método combinatorio de Boltzmann.

En palabras un tanto sorprendentes del propio Planck:

> Sin embargo, hoy (14 de diciembre de 1900) no me interesa tanto llevar a cabo sistemáticamente aquí con todo pormenor cada deducción de la termodinámica y del cálculo de probabilidades que se apoye en la ley de la radiación electromagnética, cuanto hacer patente a ustedes, lo más esquemáticamente posible, el verdadero punto esencial de toda la teoría; y lo mejor será que yo les cuente a ustedes aquí, de un modo nuevo y del todo elemental, de qué modo –sin saber nada de fórmulas espectrales ni de teorías– se puede calcular numéricamente, con ayuda de una única constante natural, la distribución de una determinada cantidad de energía en los diferentes colores del espectro normal y, de ahí incluso, por medio de una de dos constantes naturales, la temperatura de esta radiación de energía.

Y, un poco más adelante:

> Se procede a continuación a distribuir la energía en los distintos resonadores dentro de cada tipo; en primer lugar, el reparto de la energía E en los N resonadores de frecuencia ν. Si E se considera cantidad divisible sin restricción, el reparto es posible de infinitos modos. Consideraremos, sin embargo –y este es el punto esencial de todo el cálculo– que E se compone de un número completamente determinado de partes finitas iguales sirviéndonos para ello de la constante natural $h = 6{,}55 \times 10^{-27}$ [erg × seg]. Esta constante multiplicada por la frecuencia ν común de todos los resonadores da por resultado el elemento de energía ε en ergios, y por división de E por ε se obtiene el número P de elementos de energía que hay que repartir entre los N resonadores.

Es decir, el bueno de don Max Karl Ernst Ludwig va persiguiendo sin el menor rubor el objetivo de que la Naturaleza se atenga a su ocurrencia y él pueda cuadrar las cuentas.

Tuvo que venir Einstein en marzo de 1905

> «Über einen die Erzeugung und Verwandlung des Lichtes betreffenden heuristischen Gesichtspunkt.» (Un punto de vista heurístico referente a la generación y transformación de la luz)

a admitir la imposibilidad de explicar de forma clásica la parte ultravioleta del espectro de la radiación negra y a poner, por tanto, un poco de orden, esto es, a *clarificar* las cosas con su filosofía:

1) la finitud de los elementos de energía (cuantos) es una característica de las fuentes de energía
2) el origen de esta discontinuidad es la propia radiación, constituida por cuantos luminosos

Este dueto constituye lo que los expertos denominan la doble discontinuidad cuántica introducida por Einstein. Al margen de filigranas termodinámicas o de cualquier cariz en que se sumerja, el sustrato general básico de toda la filosofía einsteiniana es el siguiente: si un planteamiento teórico es corroborado por la experiencia, se eleva a la categoría de axioma y, a partir de esta axiomática, se construye. Así que, en este caso, el balbuceo exitoso de Planck se convierte en axioma (en verdad categórica), a partir del cual Einstein explicará el efecto fotoeléctrico y sondeará otras muchas simas. El artículo del 17 de marzo constituye pues el primer artículo cuántico de la historia de la ciencia. Tres días antes, el 14-M, Einstein ha cumplido 26 años.

Naturalmente, el objeto de la atención de Einstein antes de 1905 es la termodinámica y sus fundamentos estadísticos. La mecánica sola no basta para explicar las cosas. Hay que ocuparse de la naturaleza de las probabilidades y, por tanto, vérselas con la interpretación de la *W* (*Wahrscheinlichkeit* = probabilidad) de la expresión de Boltzmann $S = k \log W$ que liga la entropía con la probabilidad. Y, precisamente, la nueva interpretación dada a *W* por Einstein le permitió el tránsito a la estructura cuantificada de la radiación.

[*Un toque de situación*

Ha habido, naturalmente, otros peldaños empíricos relevantes *fin de siècle*.

Hacia finales de octubre de 1895, Wilhelm Röntgen detecta por vez primera en Würzburg los rayos *X*. Pregunta crucial: ¿de qué se trata? ¿Ondas o partículas? Impresionan placas fotográficas, atraviesan los cuerpos materiales y permiten fotografiar interiores inaccesibles, tanto corporales humanos como de estructuras materiales.

Datan de febrero y marzo de 1896 las primeras constataciones de Antoine Henri Becquerel de los fenómenos radiactivos: de una masa material, de una sal de uranio, surgen radiaciones; la materia *irradia*.

Otoño de 1896. Efecto Zeeman. Los campos magnéticos actúan sobre la radiación luminosa procedente de una fuente produciendo la división de las líneas espectrales.

En 1897, Joseph John Thompson detecta la desviación de los rayos catódicos por campos eléctricos. Parece obvio que si sufren desviación debe tratarse de partículas, es decir, de materia, que además, portan carga eléctrica. La medida de la relación carga/masa constata una revelación contundente: la relación es la misma independientemente de la naturaleza del material del cátodo, del anticátodo o del gas del tubo. Acaba pues de descubrir el *electrón* como partícula diferenciada portadora de carga fija integrante de la radiación catódica y que forzosamente tiene que ser un constituyente esencial de toda la materia. No va a quedar más remedio que ratificar la indiscutible existencia de los átomos. A partir de aquí elabora Lorentz su teoría del electrón, en la que se analizan las interacciones entre electrones y ondas electromagnéticas.

Y un punto de filosofía (los límites de nuestro mundo, en sentido Wittgenstein).

Hasta el momento de la irrupción Planck, se admitía la existencia de dos formas básicas y diferenciadas de objetos, constituyentes esenciales del universo que percibimos: materia y radiación. Naturalmente, como sustancias distintas que son, su comportamiento está *regido* por leyes distintas. Los objetos materiales, constituidos por un número más o menos grande de corpúsculos, a cuya posición pueden atribuírsele sin ningún género de dudas determinadas coordenadas instantáneas espaciales en un sistema *ad hoc*, son *gobernados* por las leyes de Newton. La radiación, inmaterial por esencia o, cuando menos, no reducible a corpúsculos, se manifiesta en forma ondulatoria, se propaga con velocidad determinada, dentro de un mismo medio, en todas las direcciones del espacio y en línea recta (concepto de *rayo*), *exhibe*, por lo demás comportamientos típicos, tales como refracción, interferencia, difracción, y *obedece* a las leyes electromagnéticas de Maxwell.]

El fondo de las cosas, visto por Einstein

Una teoría es tanto más impresionante cuanto mayor es la simplicidad de sus premisas, cuanto más diversas sean las cosas que conecta entre sí y cuanto más amplio sea su ámbito de aplicación. De ahí la honda impresión que ejerciera sobre mí la termodinámica clásica. Es la única teoría física de contenido general de la que estoy convencido que, en el marco de aplicabilidad de sus conceptos básicos, jamás será derribada (a la especial atención de los escépticos por principio).

El tema más fascinante en mi época de estudiante era la teoría de Maxwell. Lo que le confería un aire revolucionario era la transición de fuerzas de acción a distancia a campos como magnitudes fundamentales. La incorporación de la óptica a la teoría del electromagnetismo, con su relación entre la velocidad de la luz y el sistema de unidades eléctrico y magnético absoluto, así como la relación entre el coeficiente de reflexión y la conductividad metálica de un cuerpo... aquello fue como una revelación. Aparte de la transición a la teoría del campo, es decir, la expresión de las leyes elementales mediante ecuaciones diferenciales, Maxwell sólo recurrió a un único paso hipotético: la introducción de la corriente de desplazamiento eléctrica en el vacío y en los dieléctricos y su efecto magnético, una innovación que venía casi prescrita por las propiedades formales de las ecuaciones diferenciales. En este contexto no puedo reprimir la observación de que la pareja Faraday-Maxwell guarda notable semejanza interna con la pareja Galileo-Newton: el primero de cada par captó intuitivamente las relaciones, el segundo las formuló con exactitud y las aplicó cuantitativamente.

Lo que en aquella época hacía difícil captar la esencia de la teoría electromagnética era una circunstancia muy peculiar. Las «intensidades del campo» y «desplazamientos» eléctricos o magnéticos eran tratados como magnitudes igualmente elementales, con el espacio vacío como caso especial de un cuerpo dieléctrico. En calidad de portador del campo aparecía la *materia*, no el *espacio*, lo cual implicaba que el portador del campo poseía un estado de velocidad, y esto, como es natural, debía ser válido también para el «vacío» (éter). La electrodinámica de los cuerpos en movimiento de Hertz descansa por entero en esta actitud fundamental.

El gran mérito de H. A. Lorentz fue el de promover aquí un cambio de manera convincente. En principio, según él, existe sólo un campo en el espacio vacío. La materia, concebida atómicamente, es el único soporte de las cargas eléctricas; entre las partículas materiales hay espacio vacío, la sede del campo electromagnético, engendrado por la posición y velocidad de las cargas puntuales localizadas en las partículas materiales. La dielectricidad, la conductividad, etc., están exclusivamente determinadas por la clase de enlace mecánico que existe entre las partículas de que se componen los cuerpos. Las cargas de las partículas generan el campo, el cual, por otro lado, ejerce fuerzas sobre esas cargas, determinando así el movimiento de las partículas de acuerdo con la ley del movimiento de Newton. Si comparamos esto con el sistema de Newton, el cambio estriba en lo siguiente: las fuerzas a distancia son sustituidas por el campo, que a la vez describe también la radiación. Normalmente no se tiene en cuenta la gravitación, debido a su relativa pequeñez; pero su inclusión siempre era posible sin más que enriquecer la estructura del campo o ampliar las leyes maxwellianas del mismo. El físico de la presente generación considera que el punto de vista adoptado por Lorentz es el único posible; pero en su momento fue un paso sorprendente y audaz, sin el cual no habría sido posible la evolución posterior.

Si contemplamos con sentido crítico esta fase del desarrollo de la teoría, llama la atención ese dualismo que consiste en utilizar simultáneamente como conceptos fundamentales el punto material en el sentido de Newton y el campo como continuo. La energía cinética y la energía del campo emergen como cosas esencialmente distintas, lo cual parece tanto más insatisfactorio cuanto que, según la teoría de Maxwell, el campo magnético de una carga eléctrica en movimiento representaba inercia. ¿Por qué no entonces *toda* la inercia? En ese caso solamente habría ya energía del campo y la partícula sería únicamente una región de densidad especialmente alta de energía del campo. Cabría entonces la esperanza de deducir el concepto de punto másico, junto con las ecuaciones de movimiento de la partícula, a partir de las ecuaciones del campo –y el molesto dualismo quedaría eliminado.

H. A. Lorentz lo sabía de sobra. Sin embargo, las ecuaciones de Maxwell no permitían derivar el equilibrio de la electricidad que constituye una partícula. Esto sólo podían lograrlo, quizás, otras ecuaciones del campo que fuesen *no lineales*. Pero no había ningún método para descubrir semejantes ecuaciones del campo sin caer en aventuradas arbitrariedades. En cualquier caso, estaba justificado creer que por el camino iniciado con tanto éxito por Faraday y Maxwell se iría encontrando poco a poco una base firme para toda la física.

Quiere decirse que la revolución iniciada por la introducción del campo no estaba en modo alguno conclusa. Hacia la vuelta de siglo, y con independencia de lo anterior, estalló entonces una segunda crisis fundamental cuya seriedad pusieron repentinamente de manifiesto las investigaciones de Max Planck sobre la radiación térmica (1900). La historia de este episodio es tanto más notable porque, al menos en su primera fase, no influyó en ella ningún descubrimiento sorprendente de índole experimental.

Kirchhoff había inferido, a través de razonamientos termodinámicos, que la densidad de energía y la composición espectral de la radiación en una cavidad cerrada por paredes aislantes de temperatura T son independientes de la naturaleza de éstas. Es decir, la densidad de radiación monocromática ρ es una función universal de la frecuencia ν y de la temperatura absoluta T. Se planteó así el interesante problema de determinar esta función $\rho(\nu, T)$. ¿Qué podía averiguarse, por conducto teórico, acerca de ella? Según la teoría de Maxwell, la radiación debía ejercer sobre las paredes una presión que venía determinada por la densidad de energía total. Por vía puramente termodinámica, Boltzmann extrajo de aquí la conclusión de que la totalidad de la densidad de energía de radiación ($\int\rho d\nu$) era proporcional a T^4, hallando así una justificación teórica para una ley empíricamente descubierta antes por Stefan, es decir, conectó esta ley con el fundamento de la teoría de Maxwell. W. Wien halló después – mediante una ingeniosa consideración de orden termodinámico que también hacía uso de la teoría de Maxwell– que la función universal ρ de las dos variables ν y T tenía que ser de la forma

$$\rho \approx \nu^3 f(\nu/T),$$

donde $f(\nu/T)$ representa una función universal de la única variable ν/T. Estaba claro que la determinación teórica de esta función universal f era de importancia fundamental; y ésa era precisamente la tarea con que se enfrentó Planck. Mediciones cuidadosas habían conducido a una determinación bastante exacta de la función f. Apoyándose en estos valores empíricos, logró en primer lugar encontrar una expresión que reflejaba bastante bien las mediciones:

$$\rho = \frac{8\pi h \nu^3}{c^3} \frac{1}{\exp(h\nu/kT) - 1}$$

donde h y k son dos constantes universales, la primera de las cuales condujo a la teoría cuántica. La fórmula tiene un aspecto un poco extraño debido a su denominador. ¿Podía uno justificarla por vía teórica? Planck halló efectivamente una deducción, y el hecho de que sus imperfecciones permanecieran al principio ocultas fue una circunstancia verdaderamente afortunada para la evolución de la física. Si la fórmula era correcta, permitía calcular, con ayuda de la teoría de Maxwell, la energía media E de un oscilador cuasi-monocromático dentro del campo de radiación:

$$E = \frac{h\nu}{\exp(h\nu/kT) - 1} .$$

Planck prefirió intentar calcular teóricamente esta última magnitud. En este empeño no servía ya de nada, de momento, la termodinámica, ni tampoco la teoría de Maxwell. Lo increíblemente alentador de la fórmula era lo siguiente. Para valores altos de la temperatura (con ν fija) daba la expresión

$$E = kT.$$

Esta expresión es la misma que proporciona la teoría cinética de los gases para la energía media de un punto másico capaz de oscilar elásticamente en una dimensión. En esta teoría se obtiene

$$E = (R/N)T,$$

donde R denota la constante de la ecuación de los gases y N el número de moléculas por mol, constante que expresa el tamaño absoluto del átomo. Igualando las dos expresiones se obtiene

$$N = R/k.$$

Así pues, la única constante de la fórmula de Planck proporciona exactamente el verdadero tamaño del átomo. El valor numérico concordaba satisfactoriamente con las determinaciones de N hechas por medio de la teoría cinética de los gases, valores que sin embargo no eran demasiado exactos.

Aquello fue un gran éxito y Planck se dio claramente cuenta. El asunto tiene, sin embargo, un reverso muy dudoso que Planck, por fortuna, pasó por alto al principio. En efecto, el razonamiento exige que la relación $E = kT$ sea también válida para temperaturas pequeñas, lo cual daría al traste con la fórmula de Planck y con la constante h. Así pues, la consecuencia correcta de la teoría habría sido: o bien la energía cinética media del oscilador viene mal dada por la teoría de los gases, lo cual representaría una refutación de la mecánica [estadística], o bien la energía media del oscilador se deriva incorrectamente de la teoría de Maxwell, lo cual representaría una refutación de esta última. En estas circunstancias, lo más probable es que ambas teorías sólo fuesen correctas en el límite, pero falsas por lo demás; así ocurre también en los hechos, como veremos en lo que sigue. Si Planck hubiese inferido así, quizá no habría hecho su gran hallazgo, porque su razonamiento habría perdido todo su fundamento.

Volvamos ahora al argumento de Planck. Sobre la base de la teoría cinética de los gases Boltzmann había descubierto que, prescindiendo de un factor constante, la entropía era igual al logaritmo de la «probabilidad» del estado en cuestión. Con ello captó la esencia de los procesos «irreversibles» en el sentido de la termodinámica. Desde el punto de vista mecánico-molecular, por el contrario, todos los procesos son reversibles. Si a un estado definido dentro de la teoría molecular lo denominamos estado descrito microscópicamente, o microestado en abreviatura, y macroestado a un estado descrito según el sentido de la termodinámica, entonces a cada estado macroscópico le corresponde un número imponente (Z) de estados. Z es entonces la medida de la probabilidad del macroestado considerado. La idea parece además de importancia sobresaliente porque su aplicación no se reduce a la descripción microscópica sobre la base de la mecánica. Planck se percató de este extremo y aplicó el principio de Boltzmann a un sistema compuesto de múltiples resonadores de la misma frecuencia ν. El estado macroscópico viene dado por la energía total de la oscilación de todos los resonadores; un microestado, por la especificación de la energía (instantánea) de cada resonador. Para poder expresar ahora mediante un número finito el número de microestados pertenecientes a un macroestado dividió [Planck] la energía total en un número grande pero finito de elementos iguales de energía ξ y preguntó: ¿de cuántas maneras pueden distribuirse estos elementos de energía entre los resonadores? El logaritmo de este número proporciona entonces la entropía y por tanto (por vía termodinámica) la temperatura del sistema. Planck obtuvo su fórmula de la radiación al elegir elementos de energía ξ de tamaño $\xi = h\nu$. Lo decisivo aquí es que el resultado depende de tomar para ξ un valor finito determinado, es decir, de no pasar al límite $\xi = 0$. Esta forma de razonamiento no deja traslucir, así sin más, su contradicción con la base mecánica y electrodinámica sobre la cual descansa el resto de la derivación. Pero en realidad ésta presupone implícitamente que cada resonador sólo puede absorber y emitir energía en «cuantos» de tamaño $h\nu$ y que, por consiguiente, tanto la energía de una estructura mecánica capaz de oscilar como la energía de la radiación sólo puede transferirse en semejantes cuantos –contradiciendo las leyes de la mecánica y de la termodinámica. La contradicción con la dinámica era aquí fundamental, mientras que la contradicción con la electrodinámica podía serlo menos, pues la expresión de la densidad de energía de radiación es ciertamente *compatible* con las ecuaciones de Maxwell, pero no consecuencia necesaria de ellas. El que esta expresión proporciona valores medios importantes lo demuestra el hecho de que las ecuaciones de Stefan-Boltzmann y de Wien, que se basan en ella, concuerdan con la experiencia.

Todo esto se me hizo ya claro a poco de publicarse el trabajo fundamental de Planck, de manera que, aun sin tener ningún sustituto para la mecánica clásica, pude ver a qué tipo de consecuencias conduce esta ley de la radiación de temperatura para el efecto fotoeléctrico y otros fenómenos afines de la transformación de energía de radiación, así como para el calor específico de (en especial) cuerpos sólidos. Sin embargo, todos mis intentos de adaptar el fundamento teórico de la física a estos conocimientos fracasaron rotundamente. Era como si a uno le hubieran quitado el suelo de debajo de los pies, sin que por ningún lado se divisara tierra firme sobre la cual construir. El que este fundamento inseguro y plagado de contradicciones bastara para que un hombre con el singular instinto y sensibilidad de Bohr descubriera las principales leyes de las rayas espectrales y de las envolturas electrónicas de los átomos, amén de su importancia para la química, me pareció como un milagro y sigue pareciéndomelo hoy. Es musicalidad suprema en el terreno del pensamiento.

Mi atención, en aquellos años, no se centraba tanto en las consecuencias concretas del resultado de Planck, por importantes que pudieran ser. Mi principal pregunta era: ¿qué conclusiones generales pueden extraerse de la fórmula de radiación en punto a la estructura de ésta e inclusive al fundamento electromagnético de la física? Antes de entrar en ello he de mencionar brevemente algunas investigaciones que se relacionan con el movimiento browniano y con objetos afines (fenómenos de fluctuaciones) y que en esencia se basan en la mecánica molecular clásica. No familiarizado con las investigaciones de Boltzmann y Gibbs, que habían aparecido con anterioridad y que realmente agotaban la cuestión, desarrollé la mecánica estadística y la teoría cinético-molecular de la termodinámica, basada en aquella. Mi objetivo principal era encontrar hechos que garantizaran lo más posible la existencia de átomos de tamaño finito y determinado. Descubrí que, según la teoría atomista, tenía que haber un movimiento de partículas microscópicas suspendidas que fuese accesible a la observación, sin saber que las observaciones sobre el «movimiento browniano» eran conocidas desde hacía mucho. La derivación más sencilla descansaba en la siguiente consideración. Si la teoría cinético-molecular es en esencia correcta, entonces una suspensión de partículas visibles ha de tener una presión osmótica que satisfaga las leyes de los gases, igual que la tiene una solución de moléculas. Esta presión osmótica depende del tamaño efectivo de las moléculas, es decir, del número de moléculas en un equivalente-gramo. Si la suspensión es de densidad inhomogénea, la consiguiente variabilidad espacial de esta presión osmótica da lugar a un movimiento de difusión compensador que se puede calcular a partir de la movilidad –conocida– de las partículas. Ahora bien, este proceso de difusión cabe concebirlo también como el resultado del desplazamiento caótico –y en principio de magnitud desconocida– de las partículas suspendidas bajo la acción de la agitación térmica. Igualando las magnitudes obtenidas para la corriente de difusión a través de ambos razonamientos, se llega cuantitativamente a la ley estadística para dichos desplazamientos, es decir, a la ley del movimiento browniano. La concordancia entre estas consideraciones y la experiencia, junto con la determinación de Planck del tamaño molecular verdadero a partir de la ley de radiación (para temperaturas altas), persuadió a los por aquel entonces numerosos escépticos (Ostwald, Mach) de la realidad de los átomos. La aversión de estos investigadores hacia la teoría atómica hay que atribuirla sin duda a su actitud filosófica positivista, lo cual constituye un interesante ejemplo de que incluso investigadores de espíritu audaz y fino instinto pueden verse estorbados por prejuicios filosóficos a la hora de interpretar los hechos. El prejuicio –que desde entonces no se ha extinguido– consiste en creer que los hechos por sí solos, sin libre construcción conceptual, pueden y deben proporcionar conocimiento científico. Semejante ilusión solamente se explica porque no es fácil percatarse de que aquellos conceptos que, por estar contrastados y llevar largo tiempo en uso, parecen conectados directamente con el material empírico, están en realidad libremente elegidos.

El éxito de la teoría del movimiento browniano volvió a demostrar a las claras que la mecánica clásica daba resultados fiables siempre que fuese aplicada a movimientos en los cuales las derivadas superiores de la velocidad respecto al tiempo son despreciables. Sobre este conocimiento cabe fundar un método relativamente directo para deducir de la fórmula de Planck algo relativo a la constitución de la radiación. En efecto, cabe inferir que, en un espacio lleno de radiación, un espejo que refleje cuasi-monocromáticamente y que tenga libertad de movimiento (perpendicularmente a su plano) debe ejecutar una especie de movimiento browniano cuya energía cinética media es igual a ½ $(R/N)T$ (R = constante de los gases para una molécula-gramo, N = número de moléculas en un mol, T = temperatura absoluta). Si la radiación no estuviera sujeta a ninguna fluctuación local, el espejo iría quedándose poco a poco en reposo, porque, como consecuencia de su movimiento, refleja más radiación en el anverso que por el reverso. El espejo, sin embargo, tiene que experimentar ciertas fluctuaciones irregulares de la presión que actúa sobre él (fluctuaciones que se pueden calcular con la teoría de Maxwell) porque los paquetes de ondas que constituyen la radiación interfieren mutuamente. Pues bien, este cálculo demuestra que dichas fluctuaciones de la presión (sobre todo con densidades de radiación muy pequeñas) no bastan, ni mucho menos, para comunicar al espejo la energía cinética media ½ $(R/N)T$. Para obtener este resultado hay que suponer más bien que existe un segundo tipo de fluctuaciones de la presión, no deducibles de la teoría de Maxwell, lo que equivale al supuesto de que la energía de radiación se compone de cuantos localizados puntualmente e indivisibles de energía $h\nu$ [y de momento $h\nu/c$, (c = velocidad de la luz)] que se reflejan indivisos. Este enfoque demostró de manera drástica y directa que a los cuantos de Planck es preciso atribuirles una especie de realidad inmediata y que la radiación debe poseer por tanto, en lo que atañe a su energía, una especie de estructura molecular, lo cual contradice naturalmente la teoría de Maxwell. Al mismo resultado conducían también ciertas consideraciones sobre la radiación basadas directamente en la relación entropía-probabilidad de Boltzmann (probabilidad como equivalente a la frecuencia temporal estadística). Esa doble naturaleza de la radiación (y de los corpúsculos materiales) es una propiedad capital de la realidad que la mecánica cuántica interpretó de manera ingeniosa y con éxito pasmoso. Esta interpretación, que casi todos los físicos contemporáneos tienen por esencialmente definitiva, se me antoja una salida meramente temporal; más adelante haré algunas observaciones al respecto.

Reflexiones de esta índole me hicieron ver claro, poco después de 1900, es decir, a poco de publicarse el innovador trabajo de Planck, que ni la mecánica ni la electrodinámica (salvo en casos límite) podían aspirar a validez absoluta. Poco a poco fui desesperando de poder descubrir las leyes verdaderas mediante esfuerzos constructivos basados en hechos conocidos. Cuanto más porfiaba y más denodado era mi empeño, tanto más me convencía de que solamente el descubrimiento de un principio formal y general podía llevarnos a resultados seguros. El ejemplo que veía ante mí era el de la termodinámica. El principio general venía dado allí por el teorema: las leyes de la naturaleza están constituidas de tal suerte que es imposible construir un *perpetuum mobile* (de primera y segunda especie).

[Albert Einstein. «***Autobiographisches***». The Living Philosophers. Paul Schilpp. 1949]

[Sobre lo que podríamos llamar prolegómenos de la física cuántica se explica Einstein en términos parecidos en noviembre de 1913: Albert Einstein. «MAX PLANCK ALS FORSCHER». *Naturwissenschaften* **1** (1913).]

Además de centrar el tema, Einstein señala, pues, 1900 como el año del cierre de la física clásica. Naturalmente, hubo, durante el siglo que ahí culmina, su mar de fondo. Dejando ya a la mecánica de Newton como paradigma, el calor y la luz daban trabajo. Boltzmann sugirió *convincentemente* que muchas de las propiedades térmicas de los cuerpos se hacían más nítidas si se interpretaba el calor como agitación desordenada de los “átomos” que los constituyen. Concepto conspicuo éste, desde Demócrito, que distaba mucho de ser aceptado de forma generalizada por la casta científica. Esta perspectiva, esto es, esta forma de ver las cosas chocaba a veces con los resultados experimentales, como en el caso del calor específico [la *ley* de Dulong y Petit data ya de 1819]. Maxwell había demostrado que la luz tiene naturaleza electromagnética (1865 y siguientes) y convencido de que las propiedades de la emitida por cuerpos calientes cabía explicarlas por el desplazamiento de cargas eléctricas ligadas a ellos. Pero la Naturaleza no se deja abordar fácilmente con planteamientos teóricos y el *clasicismo* maxwelliano no permitía, por ejemplo, al analizar los espectros luminosos (radiación del cuerpo negro), explicar el reparto de la energía en función de la frecuencia. La zona ultravioleta se manifestó intratable. Cabía, en tal caso, o bien abandonar al Demócrito clásico, o introducir hipótesis nuevas.

CALENDARIO DEL XIX

1859

LA PRECUÁNTICA

OCTUBRE

Gustav Kirchhoff. «***Über die Fraunhofer'schen Linien***». («Sobre las líneas de Fraunhofer») Firmado en Heidelberg el 20 de octubre de 1859. Presentado por el Sr. du Bois-Reymond en la Sesión plenaria de la Academia de Ciencias de Berlín el 27 de octubre de 1859. Editado por: *Monatsberichte der Königlichen Preussische Akademie des Wissenschaften zu Berlin*. Seiten: 662-665. (Informes mensuales de la Real Academia Prusiana de Ciencias. Berlín. Páginas: 662-665.)

DICIEMBRE

Gustav Kirchhoff. «***Über den Zusammenhang zwischen Emission und Absortion von Licht und Wärme***». (Firmado en Heidelberg el 11 de diciembre de 1859). *Monatsberichte der Königlich Preußische Akademie der Wissenschaften* (Berlín), pp. 783-787. (Publicado en *Informes mensuales de la Real Academia Prusiana de Ciencias*) (Gesammtsitzung vom 15. Dezember 1859) (Presentado en Berlín en la Sesión conjunta de la Academia el 15 de diciembre de 1859) («Sobre la relación entre emisión y absorción de luz y calor»)

1860

ENERO

Gustav Kirchhoff. «***Über das Verhältnis zwischen dem Emissionsvermögen und dem Absortionsvermögen der Körper für Wärme und Licht***». Annals of Physics (Poggendorff) 109, pp. 275-301 (1860). («Sobre la relación entre la capacidad de emisión y la capacidad de absorción del calor y la luz por los cuerpos») Presentado en Heidelberg en enero de 1860.

1893

FEBRERO

Willy Wien (Berlin-Charlottenburg). «***Eine neue Beziehung der Strahlung schwarzer Körper zum zweiten Hauptsatz der Wärmetheorie***». *Sitzungsberichte der Preussischen Akademie der Wissenschaften* (Sitzung der phsykalisch-mathematischen Classe vom 9. Februar) (Sesión del seminario de física matemática del 9 de febrero). (Ausgegeben: 16 de febrero de 1893) (Distribuida el 16 de febrero); pp. 55-62 (Vorgelegt von Hrn. von Helmholtz) [Comunicación presentada por el Sr. von Helmholtz] («Nueva relación de la radiación del cuerpo negro con el segundo principio de Termodinámica»)

1896

JUNIO

Willy Wien. «***Ueber die Energievertheilung im Emissionsspectrum eines schwarzen Körpers***». *Annalen der Physik*, 58, pp. 662-669 (1896). Charlottenburg, junio de 1896. («Distribución de la energía en el espectro de emisión de un cuerpo negro»)

OTOÑO

Efecto Zeeman. Los campos magnéticos actúan sobre la radiación luminosa procedente de una fuente produciendo la división de las líneas espectrales.

1897

ABRIL

J. J. Thomson descubre el electrón, partícula subatómica constitutiva de todos los átomos. Los rayos catódicos (rayos beta) son electrones.

1900

OCTUBRE

W. Wien. «***Zur Theorie der Strahlung schwarzer Körper. Kritisches***». *Annalen der Physik*; pp. 530-539 (1900). Registro de entrada: 12 de octubre de 1900. («Teoría de la radiación del cuerpo negro. Consideraciones críticas»)

LA PROTOCUÁNTICA

M. Planck. «***Ueber eine Verbesserung der Wien'schen Spectralgleichung***». *Verhandlungen der Deutschen Physikalischen Gesellschaft*. Jahrgang 2. Nr. 14. pp. 202-204. (Vorgetragen in der Sitzung vom 19. Oktober 1900). (Presentada en la sesión del 19 de Octubre de 1900). («Una enmienda a la ecuación espectral de Wien»)

NOVIEMBRE

M. Planck. «***Kritik zweier Sätze des Hrn. W. Wien***». *Annalen der Physik*, Vol. 308, Nr. 12, pp. 764-766. Registro de entrada: 20 de noviembre de 1900. («Crítica a dos puntos del Sr. W. Wien»)

DICIEMBRE

M. Planck. «***Zur Theorie des Gesetzes der Energieverteilung im Normalspectrum***». *Verhandlungen der Deutschen Physikalische Gesellschaft. Nr. 17. 1900.* (Deliberaciones de la Sociedad Alemana de Física). pp. 237-245. Colaboración presentada en la Sesión del 14 de diciembre de 1900 de la *Deutsche Physikalische Gesellschaft* (Sociedad alemana de Física) («Teoría de la Ley de distribución de la Energía en el espectro normal»)

EINSTEIN Y LA TERMODINÁMICA

La especial sensibilidad einsteiniana con la *teoría cinética del calor* viene de lejos y sería ingenuo pretender matizar sus propias loas manifiestas en el «*Autobiographisches*». En sus dos primeros trabajos publicados extiende la hipótesis atómica al estudio de la capilaridad [«*Folgerungen aus den Capillaritäts-erscheinungen*», Annalen der Physik 4 (1901)] y al de las soluciones iónicas [«*Über die thermodynamische Theorie der Potentialdifferenz zwischen Metallen und vollständig dissociirten Lösungen ihrer Salze und über eine elektrische Methode zur Erforschung der Molecularkräfte*», Annalen der Physik 8 (1902)]. Como se ha dicho arriba, la idea motriz es explicar, con esa base (hipótesis atómica), las propiedades macroscópicas de los cuerpos con el substrato permanente de los fundamentos estadísticos de la Termodinámica. Entramos luego en una fase en la que se adentra en el concepto de probabilidad, reinterpretando la variable W que figura en la fórmula $S = k \log W$ de Boltzmann y, con ello, también la constante k como medida de las fluctuaciones temporales de energía.

1902

JUNIO - SEPTIEMBRE

Albert Einstein. «***Kinetische Theorie des Wärmegleichgewichtes und des zweiten Hauptsatzes der Thermodynamik***». *Annalen der Physik*, 4. Folge, Band 9 (1902), S. 417-433. (Firmado en Berna en junio de 1902. Registro de entrada: 26 de junio de 1902. Publicado el 18 de septiembre de 1902.) [«Teoría cinética del equilibrio térmico y del segundo principio de termodinámica»] [Recogido en: *TCPAE*, Vol. 2, pp.30-47.]

1903

ENERO

Albert Einstein. «***Eine Theorie der Grundlagen der Thermodynamik***». *Annalen der Physik*, 4. Folge, Band 11 (1903), S. 170-187. [«Teoría de los fundamentos de la termodinámica» (Firmado en Berna en enero de 1903. Registro de entrada: 26 de enero de 1903. Publicado: 16 de abril de 1903.)] [Recogido en Oeuvres Choisies, Libro 1, QUANTA. También en *TCPAE*, Vol. 2, pp. 50-67.]

1904

MARZO-JUNIO

Albert Einstein. «***Zur allgemeinen molekularen Theorie der Wärme***». *Annalen der Physik*, 4. Folge, Band 14 (1904), S. 354-362. (Firmado en Berna el 27 de marzo de 1904. Registro de entrada: 29 de marzo de 1904. Publicado: 2 de junio de 1904.)] [Recogido en *TCPAE*. Vol. 2. The Swiss Years. Writings: 1900-1909. Doc. 5. pp. 99-107 (German Version)] («Teoría molecular general del calor»)

1905

LA CUÁNTICA

EL EFECTO FOTOELÉCTRICO

Si a la radiación se le da el status de gas perfecto, puede ser tratada en términos de termodinámica estadística. Considerar, entonces, que la energía de una radiación monocromática esté repartida en "cuantos" (elementos de energía constitutivos de la propia radiación) es un salto intuitivo y poderoso. Es el que da Einstein.

MARZO-JUNIO

Albert Einstein. «***Über einen die Erzeugung und Verwandlung des Lichtes betreffenden heuristischen Gesichtspunkt***». *Annalen der Physik*. IV. Folge. Band 17. 1905. Páginas: 132-148. Fechado en Berna el 17 de marzo de 1905. Registro de entrada: 18 de marzo de 1905. Publicado: 9 de junio de 1905. [Recogido en *TCPAE*. Volume 2: The Swiss Years: Writings, 1900-1909. Doc. **14**, pp 149-166 (German Version)] («Un punto de vista heurístico sobre la generación y transformación de la luz»)

EL MOVIMIENTO BROWNIANO

En este momento del calendario de la evolución del pensamiento, todavía la hipótesis atómico-molecular, es decir, la hipótesis de la estructura atómica de la materia, no tiene aceptación unánime. Tampoco, por tanto, la teoría cinética. Y, menos aún, la posibilidad de fluctuaciones de las magnitudes termodinámicas alrededor de su valor teórico. Einstein es, en cambio, un abanderado. Y encuentra en el movimiento browniano una ocasión empírica en la que las fluctuaciones son detectables. Hay que reparar en el propio título del artículo para calibrar la fuerza de su convicción: el movimiento browniano es una *exigencia* de la teoría cinética.

MAYO

Albert Einstein. «***Über die von der molekularkinestischen Theorie der Wärme geforderte Bewegung von in ruhenden Flüssigkeiten suspendierten Teilchen***». ANNALEN DER PHYSIK. IV. Folge. 17. Bd. 322. Páginas: 549-560. Registro de entrada : 11 de Mayo de 1905. («Sobre el movimiento de partículas suspendidas en fluidos en reposo exigido por la teoría cinético molecular del calor»)

1906

FEBRERO

Albert Einstein. «***Eine neue Bestimmung der Moleküldimensionen***». *Annalen der Physik*, 4. Folge, Band 19 (1906), S. 289-306. [«Nueva determinación de las dimensiones moleculares» (Firmado en Berna el 30 de abril de 1905. Registro de entrada: 19 de agosto de 1905. Publicado: 8 de febrero de 1906.)] [*TCPAE,* Vol 2. **E.V.**, pp.104-122]

Albert Einstein. «***Zur Theorie der Brownschen Bewegung***». *Annalen der Physik*, 4. Folge, Band 19 (1906), S. 371-381. [«Teoría del movimiento browniano» (Firmado en Berna en diciembre de 1905. Registro de entrada: 19 de diciembre de 1905. Publicado: 8 de febrero de 1906.)] [*TCPAE*, Volumen II. Doc. 32, pp. 180-190]

MARZO – MAYO

Einstein analiza de nuevo el artículo *fundacional* de Planck de 1900, porque sigue estimando que, de haber aplicado Planck en él correctamente el método estadístico de Boltzmann, no habría llegado a su fórmula –que da el reparto de la energía para todas las frecuencias– sino a la fórmula de Rayleigh-Jeans (más restrictiva). Einstein pone de manifiesto que los elementos de energía (cuantos) de Planck no son propios del método estadístico, sino del modelo mecánico del cuerpo negro, por lo que Planck, en realidad, había cuantificado, sin percatarse, la energía de la materia responsable del equilibrio térmico de la radiación negra. Es decir, Einstein demuestra que para que el razonamiento de Planck desemboque en su fórmula y no en la de Rayleigh-Jeans hay que suponer que la energía de un resonador no puede variar sino por cuantos $h\nu$.

Albert Einstein. «***Zur Theorie der Lichterzeugung und Lichtabsortion***». *Annalen der Physik*, 20 (1906), pp. 199-206. (Fechado en Berna. Registro de entrada el 13 de marzo de 1906. Publicado el 11 de mayo de 1906) [Recogido en *TCPAE*, Vol. 2. Doc. **34**. pp. 192-199 (EV), pp. 350-357 (GV)] («Teoría de la generación y de la absorción de luz»)

AGOSTO

Albert Einstein. Review of M. Planck: «***Vorlesungen über die Theorie der Wärmestrahlung***». Leipzig. J. A. Barth, 1906. 222 pp. 7.80 mark. [Beiblätter zu den Annalen der Physik 30 (1906): 764-766 (Suplemento a los Annalen)] [Recogido en *TCPAE*, Vol. 2, Doc. 37, pp. 374-376 (GV); pp. 211-213 (EV)] (Mediados de agosto de 1906) (Reseña del libro de Planck: «Lecciones sobre la teoría de la radiación del calor»)

NOVIEMBRE - DICIEMBRE

Demos presencia y vigor a la experimentación. Dulong y Petit han *descubierto* en 1819 que el calor específico de los elementos químicos (en principio, en cualquier estado físico) es una función creciente con la temperatura (tendiendo a 0 a la inversa en las proximidades del 0 K(elvin), si bien el producto del calor específico por la masa atómica, a temperaturas elevadas, es sensiblemente constante para la práctica totalidad de los elementos (naturalmente, hay algunas excepciones) e igual a 25 julios/kelvin×mol (o 6,3 cal/kelvin×mol). A temperaturas bajas no se da esa constancia al hacerse presentes efectos cuánticos. Y aquí acude Einstein con sus obsesiones (el vínculo entre el calor específico de un sólido y su espectro de emisión) y su teoría. Vuelve de entrada a reformular la demostración de la ley de Planck para pasar luego a referirse a la difícil aceptación de la interpretación *clásica* del calor específico, estableciendo la ley de variación del calor específico en función de la temperatura.

Albert Einstein. «***Die Plancksche Theorie der Strahlung und die Theorie der spezifischen Wärme***». *Annalen der Physik*, 22 (1907), pp. 180-190. (Registro de entrada: 9 de noviembre de 1906. Publicado el 28 de diciembre de 1906) [Recogido en *TCPAE*. Vol. 2. The Swiss Years. Writings 1900-1909. Doc. **38**. pp. 379-390 (German Version); pp. 214-224 (English Version)] («La teoría de la radiación de Planck y la teoría de los calores específicos»)

1907

FEBRERO

Albert Einstein. «***Theoretische Bemerkungen über die Brownsche Bewegung***». *Zeitschrift für Elektrochemie und angewandte physikalische Chemie*, Band. 13 (1907), Nr. 6, S. 41-42. [«Observaciones teóricas sobre el efecto browniano» (Firmado en Berna en enero de 1907. Registro de entrada: 22 de enero de 1907. Publicado: 8 de febrero de 1907.)] [TCPAE. Volumen II. Doc. 40. pp. 229-231]

MARZO

Albert Einstein. «***Über die Gültigkeitsgrenze des Satzes von thermodynamischen Gleichgewicht und über die Möglichkeit einer neuen Bestimmung der Elementarquanta***». *Annalen der Physik* 23 (1907) pp. 569-572. [(Firmado en Berna en diciembre de 1906. Registro de entrada: 12 de diciembre de 1906. Publicado el 5 de marzo de 1907.)] [Recogido en *TCPAE*. Vol. 2. The Swiss Years. Writings: 1900-1909. Doc. **39**. p.393-396 (GV); pp. 225-228 (EV)] («Sobre los límites de validez del teorema de equilibrio termodinámico y sobre la posibilidad de una nueva determinación de los cuantos elementales»)

MARZO - ABRIL

Albert Einstein. «***Berichtigung zu meiner Arbeit: „Die Plancksche Theorie der Strahlung etc.“***». *Annalen der Physik*, 4. Folge, Band 22 (1907), S. 800. (Registro de entrada: 3 de marzo de 1907. Publicado el 4 de abril de 1907.) [Recogido en *TCPAE*. Vol. 2. The Swiss Years. Writings: 1900-1909. Doc. **42**. p. 405 (GV); pp. 233-234 (EV)] («Corrección a mi trabajo: "Teoría de Planck de la radiación etc."»)

1908

ABRIL

Albert Einstein. «***Elementare Theorie der Brownschen Bewegung***». *Zeitschrift für Elektrochemie und angewandte physikalische Chemie*, Band 14 (1908), S. 235-239. [«Teoría elemental del movimiento browniano» (Registro de entrada: 1 de abril de 1908. Publicado: 24 de abril de 1908.)] [*TCPAE*. Volumen II, DOC 50, pp. 318 328]

DICIEMBRE

Sir Ernest Rutherford, premio Nobel de química: «Por sus investigaciones en la desintegración de los elementos y en la química de las sustancias radiactivas.»

[Al parecer, el Nobel de *Química* no fue del agrado de Rutherford, porque Sir Ernest sostenía la tesis de que "La ciencia, o es física, o es filatelia".]

1909

Para Einstein es cada vez más evidente que la radiación presenta aspectos corpusculares además de propiedades ondulatorias clásicas. Las fluctuaciones, tanto de la energía como del impulso, se manifiestan como suma de dos términos, uno de naturaleza corpuscular y otro de naturaleza ondulatoria (clásica).

ENERO - MARZO

Albert Einstein. «***Zum gegenwärtigen Stand des Strahlungsproblems***». *Physikalische Zeitschrift.* AÑO 10, Nº 6 (1909), pp. 185-193. [Fechado en Berna en enero de 1909; Registro de entrada: 23 de enero de 1909. Publicado el 15 de marzo de 1909] [Recogido en *TCPAE*. Volume 2: The Swiss Years:Writings, 1900-1909. Doc. **56**, pp 542-550 (GV)] («Sobre el estado actual del problema de la radiación»)

ABRIL - MAYO

Albert Einstein & W. Ritz. «***Zum gegenwärtigen Stand des Strahlungsproblems***». *Physikalische Zeitschrift* AÑO 10, Nº 9 (1909), pp. 323-324. [Fechado en Zúrich, abril de 1909. Registro de entrada: 13 de abril de 1909. Publicado: 1 de mayo de 1909] [Recogido en *TCPAE*. Volume 2. The Swiss Years: Writings, 1900-1909. Doc. **57**, pp.554-555 (GV)] («Sobre el estado actual del problema de la radiación»)

SEPTIEMBRE

EL CONGRESO DE SALZBURGO

Albert Einstein. «***Über die Entwicklung unserer Anschauungen über das Wesen und die Konstitution der Strahlung***». *Deutsche Physikalische Gesellschaft, Verhandlungen* 7 (1909); pp. 482-500. Publicado también en *Physikalische Zeitschrift* 10 (1909), pp. 817-826. [81° encuentro de Naturalistas y médicos alemanes. Salzburgo, 21 de septiembre de 1909] [Recogido en *TCPAE.* Volume 2: The Swiss Years: Writings, 1900-1909. Doc. **60**, pp. 564-582 (GV)] («La evolución de nuestras concepciones sobre la naturaleza y la constitución de la radiación»)

1910

ENERO

Albert Einstein. «***Antwort auf Plancks Manuskript***». *Archives des sciences physiques et naturelles*, 29 (1910). (Antes del 18 de enero de 1910) [Recogido en *TCPAE.* Vol. 3. The Swiss Years: Writings 1909-1911. Doc. **3**. pp. 177-178 (GV)] («Respuesta al manuscrito de Planck») *

[* El artículo de Planck, manuscrito en el momento en que Einstein hace la reflexión, es: M. Planck, «***Zur Theorie der Wärmestrahlung***», *Annalen der Physik*, vol. **31**, 1910, pp. 758-768.] («Teoría de la radiación térmica»)

MAYO

Albert Einstein. «***Sur la théorie des quantités lumineuses et la question de la localisation de l'énergie électromagnétique***». *Archives des sciences physiques et naturelles*, série 4, vol. 29 (1910), pp. 525-528. [Versión impresa del artículo presentado el 7 de mayo de 1910 en la Reunión de la Société Suisse de Physique in Neuchâtel. Publicado el 15 de mayo de 1910 en Archives des sciences physiques et naturelles 29 (1910): 525-528] [Recogido el texto en francés en *TCPAE*, vol. 3, Doc. **5**, pp. 249-252 (GV). En la (EV) pp. 207-208, el texto viene traducido al inglés).] («Sobre la teoría de las cuantos de luz y la cuestión de la localización de la energía electromagnética»)

AGOSTO - DICIEMBRE

Albert Einstein (mit L. Hopf). «***Über einen Satz der Wahrscheinlichkeitsrechnung und seine Anwendung in der Strahlungstheorie***». *Annalen der Physik*, 4. Folge, Band 33, S. 1096-1104, (1910). Registro de entrada: 29 de agosto de 1910. Publicado el 20 de diciembre de 1910. [Recogido en *TCPAE*, Vol. 3, Doc. **7**, pp. 259-267 (GV); pp.211-219 (EV)] («Un teorema de cálculo de probabilidades y su aplicación a la teoría de la radiación»)

OCTUBRE

LA OPALESCENCIA CRÍTICA

Albert Einstein. «***Theorie der Opaleszenz von homogenen Flüssigkeiten und Flüssigkeitsgemischen in der Nähe des kritischen Zustandes***». Annalen der Physik 33, 1910. pp. 1275-1298. Octubre de 1910. Registro de entrada: 8 de octubre. Publicado el 20 de diciembre de 1910. [*TCPAE*. Vol. 3. Doc. **9** (pp. 287-310. GV.)(231-249 EV.)] («Teoría de la opalescencia de líquidos homogéneos y mezclas de líquidos en la proximidad del estado crítico»)

1911

ENERO

*Manuscrito de Einstein **«Observación respecto a una dificultad fundamental de la física teórica»**. 2 de enero de 1911*

FEBRERO

Albert Einstein. «***Eine gedrängte Übersicht über die neue Lichtquantentheorie***». Publicado en el vol. 4 de *Vierteljahrsschrift der Naturforschenden Gesellschaft in Zürich. Sitzungsberichte*. Jahrgang 56. (1911). Sesión del 21 de febrero de 1911. [Recogida en TCPAE. Vol. 3. Doc. 20. p. 457 (GV)] («Una visión condensada de la nueva teoría cuántica de la luz»)

MAYO

Geiger y Marsden han llevado a cabo bajo la dirección de Rutherford durante los años 1908-1909-1910 experiencias de bombardeo de láminas de oro por partículas α (Scattering of the α-Particles by Matter) probando que (contrariamente a lo que se creía hasta el momento) la carga positiva del átomo estaba concentrada en un espacio muy pequeño (diez mil veces más pequeño que el tamaño del átomo). En atención a este resultado, Rutherford propone entonces el modelo planetario del átomo que lleva su nombre:

[Ernest Rutherford (1911). «***The Scattering of α and β Particles by Matter and the Structure of the Atom***». *Philosophical Magazine*. Series 6, Vol. **21**, May 1911, pp. 669-688]

EL IMPORTANTE OTOÑO DE 1911

Solvay es sinónimo de lo último en ciencia. Aunque este *Congreso* es el primero. Hay suficientes indicios de que la física clásica se mueve. Don Ernest convoca a la flor y nata con un reto: «La teoría de la radiación y los cuantos». Es decir, hay que revisar la física clásica y la vía cuántica es de ancho universal. ¿Cómo debe modificarse la Mecánica para ponerla de acuerdo con la ley de la radiación y con las propiedades térmicas de la materia?

Estamos todos de acuerdo en que la teoría de los cuantos, en su forma actual, puede ser de uso útil, pero no constituye verdaderamente una teoría en el sentido ordinario del término y, en todo caso, no una teoría que, desde ahora, pueda desarrollarse de forma coherente. Por otra parte, también está bien establecido que la dinámica clásica, traducida por las ecuaciones de Lagrange y de Hamilton, ya no puede considerarse proveedora de un esquema suficiente para la representación teórica de todos los fenómenos físicos.

La hipótesis de los cuantos trata de interpretar, de forma provisional, la expresión obtenida para la probabilidad estadística *W* de la radiación. Si se imagina la radiación compuesta por pequeños elementos de energía iguales a *hv*, se obtiene inmediatamente una explicación para la ley de probabilidad de la radiación tenue. Insisto en el carácter provisional de esta concepción que no parece poderse conciliar con las consecuencias experimentalmente comprobadas de la teoría ondulatoria. Pero como de consideraciones análogas a esta resulta, a mi entender, que las localizaciones de la radiación conformes con nuestra actual teoría electromagnética no corresponden a la realidad en el caso de la radiación tenue, debemos introducir de cualquier manera una hipótesis como la de los cuantos al lado de las indispensables ecuaciones de Maxwell.

Einstein acude no obstante con un *rótulo* que le obsesiona de antaño (ley de Dulong y Petit): «El estado actual de los calores específicos», que incluye varios fantasmas. Da aquí Einstein un nuevo argumento de fluctuaciones que pretende demostrar la existencia de propiedades corpusculares de la radiación: las fluctuaciones de la transferencia de energía entre un sólido cuantificado –según su propia teoría de 1906– y la radiación del entorno llevarían consigo un término corpuscular inexplicable por la teoría de Maxwell. Para explicar las interacciones fluctuantes entre fuente y radiación, alude Einstein a la posibilidad de tener que abandonar el principio de conservación de la energía.

OCTUBRE - NOVIEMBRE

PRIMER CONGRESO SOLVAY

Albert Einstein. «***Zum gegenwärtigen Stande des Problems der spezifischen Wärme***». *Deutsche Bunsengesellschaft*, *Abhandlungen*, Nr. 7 (1914), S. 330-364 [1914]. [Recogido en *TCPAE*, Vol. 3, Doc. **26**, [pp. 521-543 + Debate: pp. 550-561 (GV); pp. 402-425 + Debate pp. 426-437 (EV)] Aunque está editado en 1914, el texto corresponde a la conferencia pronunciada por Einstein en el Primer Congreso Solvay, en el otoño de 1911 (Del 30 de octubre al 3 de noviembre). («Sobre el estado actual del problema de los calores específicos»)

[Eucken, Arnold, ed., Die Theorie der Strahlung und der Quanten, Verhandlungen auf einer von E. Solvay einberufenen Zusammenkunft (30. Oktober bis 3. November 1911)], mit einem Anhange über die Entwicklung der quantentheorie vom Herbst 1911 bis Sommer 1913. Halle a. S.: Knapp, 1914. [Teoría de la radiación y los cuantos. Deliberaciones de un encuentro convocado por E. Solvay (desde el 30 de octubre hasta el 3 de noviembre de 1911), con un apéndice sobre el desarrollo de la teoría cuántica desde el otoño de 1911 hasta el verano de 1913] (*Abhandlungen der Deutschen Bunsen Gesellschaft für angewandte physikalische Chemie*, vol. 3, nº 7) pp.330-352] [Trabajos de la Sociedad Alemana Bunsen de Química física aplicada]

NOVIEMBRE

DEBATE SOLVAY

Estado actual del problema de los calores específicos

1912

Einstein tiene sus serias dudas con respecto a los cuantos. En la ley de equivalencia fotoquímica (la energía luminosa necesaria para disociar un mol es proporcional a la frecuencia de la luz) en que se mece este año, no hace uso de los cuantos, sino que compara los balances cinético y termodinámico del equilibrio de disociación en presencia de una radiación *Wien* térmica

ENERO

Albert Einstein. «***Thermodynamische Begründung des photochemischen Äquivalentgesetzes***». *Annalen der Physik*, 4. Folge, Band 37 (1912), S. 832-838. [Recogido en *TCPAE*. Vol. 4, Doc. 2, pp. 89-94 (EV); pp. 115-121 (GV)] (Firmado en Praga en enero de 1912. Registro de entrada: 18 de enero de 1912. Publicado: 26 de marzo de 1912.)] [«Fundamento termodinámico de la ley del equivalente fotoquímico»]

MAYO – JULIO

Albert Einstein. «***Nachtrag zu meiner Arbeit: „Thermodynamische Begründung des photochemischen Äquivalentgesetzes“***». *Annalen der Physik*, 4. Folge, Band 38 (1912), S. 881-884. [Recogido en *TCPAE*, Vol. 4, Doc. 5, pp. 121-124 (EV); pp. 166-169 (GV)] (Firmado en Praga en mayo de 1912. Registro de entrada: 12 de mayo de 1912. Publicado: 12 de julio de 1912.)] [«Suplemento a mi trabajo: „Fundamento termodinámico de la ley del equivalente fotoquímico“»]

JUNIO

Max von Laue. Experimento de difracción de rayos *X* por cristales de ZnS:

«***Eine quantitative Prufung der Theorie fur die Interferenz Erscheinungen bei Röntgenstrahlen***» («Demostración cuantitativa de la teoría de los fenómenos de interferencia con rayos Röntgen»).

Los rayos *X* tienen por tanto comportamiento ondulatorio.

1913

Sigue Einstein esquivando los cuantos. En el artículo escrito con Otto Stern demuestra que, para encontrar la ley de Planck, es suficiente considerar la «energía de punto cero», sin hipótesis cuánticas.

ENERO - MARZO

Albert Einstein. «***Einige Argumente für die Annahme einer molekularen Agitation beim absoluten Nullpunkt***» [mit O. Stern] (*con* O. Stern). *Annalen der Physik*, 4. Folge, Band 40 (1913), S. 551-560. [Recogido en *TCPAE*, Vol. 4, Doc. **11**, pp. 137-145 (EV); pp. 275-284 (GV)] (Firmado en Zúrich en diciembre de 1912. Registro de entrada: 5 de enero de 1913. Publicado: 20 de marzo de 1913.)] («Algunos argumentos para presumir una agitación molecular en el cero absoluto.»)

MARZO

Albert Einstein. «***Déduction thermodynamique de la loi de l'équivalence photochimique***». *Journal de physique*, serie 5, vol. 3 (1913), pp. 277-282. [Recogido en *TCPAE*. Vol. 4, Doc. **12**, pp. 287-292 (GV) & pp. 146-150 (EV)] [«Deducción termodinámica de la ley de equivalencia fotoquímica». Conferencia pronunciada en

París el 27 de marzo de 1913 ante la Sociedad francesa de Física. (Publicada en abril de 1913 en: *Journal de physique* 3 (1913), pp.277-282)]

JULIO

LA IRRUPCIÓN BOHR

Niels Bohr consagra el uso de la discontinuidad cuántica: estamos ante la transición efectiva de la *hipótesis* de los cuantos a la *teoría cuántica.*

Niels Bohr. «***On the Constitution of Atoms and Molecules***». (*Phil. Mag*. S. 6. Vol. 26. No. 151, pp. 1-25. July 1913.) [Firmado el 5 de abril de 1913] («Sobre la constitución de átomos y moléculas»)

NOVIEMBRE

Difícil encontrar mejor presentador de los prolegómenos de la cuántica.

Albert Einstein. «MAX PLANCK ALS FORSCHER». *Naturwissenschaften* **1** (1913) pp. 1077-79; 7 de noviembre de 1913) («Max Planck como científico») [Se recoge también en *The Collected Papers of Albert Einstein.* Vol. 4. Doc. 23. Pages 561/562/563. Asimismo en *Oeuvres Choisies*, L. 5, pp. 241-246]

1914

FEBRERO

Albert Einstein. «***Méthode pour la détermination de valeurs statistiques d'observations concernant des grandeurs soumises à des fluctuations irrégulières***». *Archives des sciences physiques et naturelles* 37 (1914), pp. 254-256. [Recogido en *TCPAE*, Vol. 4, Doc. **29**, pp. 300-301] (Conferencia pronunciada el 28 de febrero de 1914 en la Sociedad Suiza de Física, en Basilea) (Publicada el 15 de marzo de 1914)] [«Método para determinar valores estadísticos de observaciones relativas a magnitudes sometidas a fluctuaciones irregulares»]

Albert Einstein. «***Eine Methode zur statistischen Verwertung von Beobachtungen scheinbar unregelmässig quasiperiodisch verlaufender Vorgänge***» *Archives des sciences physiques et naturelles* 37 (1914) (Posterior al 28 de febrero de 1914) [Recogido en *TCPAE*, Libro 4, Doc. **30**, pp. 302-305 (EV); pp. 603-607 (GV)] (Se supone que es una extensión del Doc. 29). Manuscrito que nunca se publicó. [«Método para la utilización estadística de observaciones de procesos en curso cuasiperiódicos de apariencia irregular»]

JULIO - AGOSTO

Albert Einstein. «***Beiträge zur Quantentheorie***». *Deutsche physikalische Gesellschaft, Berichte*, (oder *Verhandlungen*, Band 16 (1914)), S. 820-828. [Recogido en *TCPAE*. Volume 6: The Berlin Years: Writings, 1914-1917. Doc. **5**. pp 30-38 (GV); pp. 20-25 (EV)] [Registro de entrada: 24 de julio de 1914. Presentado en la sesión del 24 de julio de 1914. Publicado: 30 de agosto de 1914] [«Contribuciones a la teoría cuántica»]

1915

JUNIO - SEPTIEMBRE

Albert Einstein. «***Antwort auf eine Abhandlung M. von Laues: Ein Satz der Wahrscheinlichkeitsrechnung und seine Anwendung auf die Strahlungstheorie***». *Annalen der Physik*, 4. Volge, Band 47 (1915), S. 879-885. (Registro de entrada: 24 de junio de 1915. Publicado: 3 de septiembre de 1915) [Recogido en *TCPAE*. Volume 6: The Berlin Years: Writings, 1914-1917. Doc. **18**. pp. 199-205 (GV); pp. 88-94 (EV)] [«Respuesta a un trabajo de M. von Laue: un teorema de cálculo de probabilidades y su aplicación a la teoría de la radiación». (Discusión sobre el tema homónimo de 1910)]

1916

JULIO

En conformidad con la teoría de los cuantos, la emisión de radiación por un átomo excitado se realiza en una dirección determinada del espacio, al contrario de lo que ocurre en teoría *clásica* de la radiación.

Albert Einstein. «***Strahlungs-emission und -absorption nach der Quantentheorie***». *Deutsche physikalische Gesellschaft, Verhandlungen*, vol. 18 (1916), pp. 318-323. (Registro de entrada: 17 de julio de 1916. Publicado el 30 de julio de 1916) [Recogido en *TCPAE*. Volume 6: The Berlin Years: Writings, 1914-1917. Doc. **34**. pp. 364-369 (GV); pp. 212-216 (EV)] [«Emisión y absorción de la radiación según la teoría cuántica»]

AGOSTO

Einstein distingue tres tipos de procesos de radiación: absorción, emisión espontánea y emisión inducida.

A. Einstein. «***Zur Quantentheorie der Strahlung***». (Publicado después del 24 de agosto de 1916 en: *Mitteilungen der Physikalische Gesellschaft* Zúrich, 18 (1916): pp. 47-62.) [Recogido en *TCPAE*. Volume 6: The Berlin Years: Writings, 1914-1917. Doc. **38**, pp. 382-391 (GV).] [«Sobre la teoría cuántica de la radiación»] [El mismo trabajo fue recibido el 3 de marzo de 1917 y publicado el 15 de marzo de 1917 en: *Physikalische Zeitschrift* 18 (1917): pp. 121-128.]

1917

MAYO

Albert Einstein. «***Zum Quantensatz von Sommerfeld und Epstein***». *Deutsche Physikalische Gesellschaft, Verhandlungen,* vol. 19 (1917), pp. 82-92. (Presentado en la sesión del 11 de mayo de 1917. Publicado el 30 de mayo) [Recogido en *TCPAE*, Vol. 6, Doc. **45**, pp. 434-443 (EV); pp. 556-566 (GV).] [«Sobre el teorema cuántico de Sommerfeld y Epstein»]

NOVIEMBRE

Albert Einstein. «***Eine Ableitung des Theorems von Jacobi***». *Königlich Preussische Akademie der Wissenschaften, Sitzungsberichte,* (1917), pt. 2, pp. 606-608. (Registro de entrada: 22 de noviembre de 1917. Publicado el 29 de noviembre de 1917) [Recogido en *TCPAE*. Vol. 6. The Berlin Years: Writings 1914-1917. Doc. **47**, pp. 572-575 (GV); pp. 445-447 (EV)] [«Una deducción del teorema de Jacobi»]

1919

Ernst Rutherford lleva a cabo la primera experiencia de desintegración radiactiva artificial:

«***Collision of α-particles with light atoms***». *The Philosophical Magazine*, vol. 37, 1919, p. 581.

1921

DICIEMBRE

Einstein ha imaginado en otoño una experiencia tendente a decidir si la radiación emitida por un ion con movimiento rectilíneo uniforme responde al patrón clásico o al cuántico. La idea se traduce en artículo ↓ (publicado en enero de 1922). La experiencia fue llevada a cabo por Geiger y Bothe y la interpretación de su resultado fue en principio ambigua pues las dos interpretaciones, «clásica» y «cuántica», parecían explicarlo. Finalmente, se consideró "negativo", esto es, la experiencia contradice la teoría ondulatoria.

Albert Einstein. «***Über ein den Elementarprozeß der Lichtemission betreffendes Experiment***». *Königlich Preußische Akademie der Wissenschaften, Sitzungsberichte,* 1921, 2, pp. 882-883. (Presentado el 8 de diciembre de 1921. Publicado el 5 de enero de 1922) [Recogido en *TCPAE*, Vol. 7, Doc. **68**, pp. 484-485 (GV)] [«Un experimento referente al proceso elemental de emisión de luz»]

1922

ENERO

Tercia, de nuevo, Einstein en el tema:

Albert Einstein. «***Über ein optisches Experiment, dessen Ergebnis mit der Wellentheorie unvereinbar ist.***» («Un experimento óptico cuyo resultado es incompatible con la Teoría Ondulatoria») {Theoretischer Teil: Albert Einstein; Experimenteller Teil: H. Geiger und W. Bothe.} (*KAdW. Sitzungsberichte.*) [*TCPAE*. Vol. 13. Doc. 29 (pp. 47-54 (EV)]

AGOSTO – SEPTIEMBRE

Stern y Gerlach han llevado a cabo su *célebre* experiencia:

«***Der experimentelle Nachweis der Richtungsquantelung im Magnetfeld***», Zeitschrift für Physik, vol. 9, 1922, pp. 349-352. («Prueba experimental de la cuantización direccional en el campo magnético»)

Einstein y Ehrenfest la analizan en el siguiente artículo ↓.

Albert Einstein (& Paul Ehrenfest). «***Quantentheoretische Bemerkungen zum Experiment von Stern und Gerlach***». *Zeitschrift für Physik,* vol. 11 (1922), pp. 31-34. (Manuscrito fechado en mayo-junio y completado antes del 30 de julio de 1922. Recibido el 21 de agosto de 1922. Publicado el 16 de septiembre de 1922) [Recogido en *TCPAE*. Vol. 13, Doc. **315**, pp. 441-444 (GV)] [«Observaciones teórico-cuánticas sobre el experimento de Stern-Gerlach»]

1923

Año decisivo en el que tanto Debye como Compton, de forma independiente y prácticamente simultánea, describen lo que acabará llamándose "efecto Compton": dispersión de un fotón por un electrón, con el resultado de que el fotón dispersado tiene una frecuencia menor que el incidente, lo que prueba la naturaleza cuántica de la luz. Materia y radiación intercambian energía e impulso.

ABRIL

P. Debye. «***Zerstreuung von Röntgenstrahlen und Quantentheorie***». Physikalische Zeitschrift, No. 8. 15. April 1923. 24. Jahrgang. pp. 161-166. ORIGINALMITTEILUNGEN (Contribuciones originales) [Firmado en Zúrich el 10 de marzo de 1923. (Registro de entrada: 14 de marzo de 1923)] («Dispersión de rayos Röntgen y teoría cuántica»)

MAYO

Arthur H. Compton. «***A quantum theory of the scattering of x-rays by light elements***». *The Physical Review*, Second Series. May, 1923. Vol. 21, No. 5. pp. 483-502. [Firmado en Washington University, Saint Louis, el 13 de diciembre de 1922] («Teoría cuántica de la dispersión de rayos X por elementos ligeros»)

SEPTIEMBRE

Louis de Broglie. RADIATIONS.- «***Ondes et quanta***». [Note de M. Louis de Broglie, présenté para M. Jean Perrin.] *C. R. Acad. Sci. Paris*, 177, 507 (1923) (Séance du 10 Septembre 1923. pp. 507-510.) (Sesión del 10 de septiembre.) [Nota del Sr. Louis de Broglie, presentada por el Sr. Jean Perrin] [«Ondas y cuantos»]

Louis de Broglie. OPTIQUE.- «***Quanta de lumière, diffraction et interférences***.» [Note de M. Louis de Broglie, transmise par M. Jean Perrin.] *C. R. Acad. Sci. Paris, 177*, pp. 548-550 (1923) (Sesión del 24 de septiembre]) [Nota del Sr. Louis de Broglie, transmitida por el Sr. Jean Perrin] [«Cuantos de luz, difracción e interferencias»]

DICIEMBRE

Einstein merodea sobre la posibilidad de deducir los hechos cuánticos partiendo de la teoría de campos, aunque eso exija el sacrificio de las ecuaciones de la mecánica. O, dicho de otro modo, de "inventar" una teoría que, reconociendo los aspectos corpusculares de la luz, pudiera conciliarse con la teoría ondulatoria.

Albert Einstein. «***Bietet die Feldtheorie Möglichkeiten für die Lösung des Quantenproblems?***» *Preussische Akademie der Wissenschaften, Phys.-math. Klasse, Sitzungsberichte*, 1923, pp. 359-364. (Sitzung der physikalisch-mathematischen Klasse vom 13. Dezember 1923 (Sesión del Seminario de física matemática del 13 de diciembre de 1923) [Recogido en *TCPAE*. Volume 14: The Berlin Years: Writings & Correspondence, April 1923-May 1925. Doc. **170**. pp. 268-273 (GV)] [«¿Ofrece la teoría de campo posibilidades de resolver el problema cuántico?»]

1924

ABRIL

Einstein explica en el suplemento dominical del *Berliner Tageblatt* el efecto Compton.

Albert Einstein. «***Das Komptonsche Experiment. Ist die Wissenschaft um ihrer selbst willen da?***». *Berliner Tageblatt*, 20 de abril de 1924, Suplemento 1. [Recogido en *TCPAE*, Vol. 14, Doc. 236, pp. 365-366 (GV)] («El experimento Compton. ¿Existe la ciencia por sí misma?»)

MAYO

N. Bohr, H. A. Kramers, J. C. Slater, proponen una nueva concepción de las interacciones entre átomos y radiación:

«***The quantum theory of radiation***», *The Philosophical Magazine*, vol. 47, 1924, pp. 785-822.

En los intentos por dar una interpretación teórica del mecanismo de interacción entre la radiación y la materia, se han revelado dos aspectos aparentemente contradictorios de este mecanismo. Por un lado, los fenómenos de interferencia, de los que depende esencialmente el funcionamiento de todos los instrumentos ópticos, exigen un aspecto de continuidad del mismo carácter que el que implica la teoría ondulatoria de la luz, desarrollada especialmente sobre la base de las leyes de la electrodinámica clásica. Por otro lado, el intercambio de energía e impulso entre la materia y la radiación, del que depende en última instancia la observación de los fenómenos ópticos, presenta características esencialmente discontinuas. Estas han llevado incluso a la introducción de la teoría de los cuantos de luz, que en su forma más extrema niega la constitución ondulatoria de la luz. En el estado actual de la ciencia, no parece posible evitar el carácter formal de la teoría cuántica, que se manifiesta en el hecho de que la interpretación de los fenómenos atómicos no implica una descripción del mecanismo de los procesos discontinuos, que en la teoría cuántica de los espectros se designan como transiciones entre estados estacionarios del átomo.

Tras esta introducción, los autores pretenden dar cuerpo a la idea bohriana de correspondencia (analogía entre la teoría cuántica y el electromagnetismo clásico, sobre la base de los postulados atómicos de Bohr) y hacen alusión a la posibilidad de abandonar el principio de conservación de la energía (idea que ya había sostenido Einstein sin demasiada convicción en el Congreso Solvay de 1911).

JUNIO

LA IRRUPCIÓN BOSE

Satyendra Nath Bose ha encontrado una demostración de la ley de Planck que recurre únicamente al concepto de gas de cuantos de luz, sin necesidad de acudir a Maxwell. Esa idea de Bose es utilizada por Einstein para "inventar" una teoría cuántica de los gases ideales.

S. N. Bose. «***Carta de Bose a Einstein***». Dacca (India), 4 de junio de 1924. [Recogida en: *TCPAE*. Vol. 14. Doc. **261**. Página 399 (GV).]

JULIO

Satyendra Nath Bose (Dacca-University, Indien) «***Plancks Gesetz und Lichtquantenhypothese***». *Zeitschrift für Physik*. 26, 178-181 (1924). [Eingegangen am 2. Juli 1924 (Registro de entrada)] Traducido al alemán por Albert Einstein. [«Ley de Planck e hipótesis de los cuantos de luz»]

JULIO - SEPTIEMBRE

Primer artículo einsteiniano sobre teoría cuántica de los gases perfectos.

Albert Einstein. «***Quantentheorie des einatomigen idealen Gases***». *Preußische Akademie der Wissenschaften* (Berlin). *Physikalisch-mathematische Klasse*. *Sitzungsberichte* (1924): 261-267. (Presentado el 10 de julio de 1924. Publicado el 20 de septiembre de 1924.) («Teoría cuántica del gas perfecto monoatómico») [Recogido en TCPAE. Vol. 14, Doc. **283**, pp. 434-440 (GV)]

AGOSTO - SEPTIEMBRE

Albert Einstein. «***Comentario sobre el artículo de Bose: "Wärmegleichgewicht im Strahlungsfeld bei Anwesenheit von Materie"***». (Equilibrio térmico en el campo de radiación en presencia de materia). [Satyendra Nath Bose (Manindra, Physikal. Laboratorium Dacca-Universität, 14. Juni 1924.)]. *Zeitschrift für Physik*, 27 (1924), pp. 392-393. (Registro de entrada: 19 de agosto de 1924. Publicado: Agosto-Septiembre de 1924. [Recogido en: *TCPAE*. Vol. 14. Doc. **305**. pp. 477-478 (GV)] [«Equilibrio térmico en el campo de radiación en presencia de materia».]

NOVIEMBRE

Reservas de Einstein con respecto a Bohr-Kramers-Slater. [*Vossische Zeitung*, 3 de noviembre de 1924]

LA CAMPANADA DE de BROGLIE

Louis de Broglie formula la teoría de que toda la materia presenta propiedades corpusculares y ondulatorias.

Louis de Broglie. «***Recherches sur la Théorie des Quanta***». (Thèse de Doctorat) (Soutenue devant la Faculté des Sciences de Paris le 25 novembre 1924) [Réédition du texte de 1924] Paris, 1963. Masson et Cie., Éditeurs. Publié avec le Concours du Centre National de la Recherche Scientifique. («Investigaciones sobre la teoría de los cuantos»)

1925

ENERO

Segundo artículo sobre teoría cuántica del gas ideal. En esta ocasión, Einstein hace la predicción de que, a muy baja temperatura, los átomos deben acumularse en la primera celda cuántica de energía mínima («condensación cuántica») y demuestra que, cuanto expone, es coincidente con la tesis de de Broglie (la materia *debe* presentar propiedades ondulatorias).

Albert Einstein. «***Quantentheorie des einatomigen idealen Gases***». Zweite Abhandlung. Fechado en diciembre de 1924. Presentado el 8 de enero de 1925. Publicado el 9 de febrero de 1925 en: *Preussische Akademie der Wissenschaften (Berlin). Physikalisch-mathematische Klasse. Sitzungsberichte* (1925): pp. 3-14. [Recogido en *TCPAE*. Volume 14: The Berlin Years: Writings & Correspondence, April 1923-May 1925. Doc. 385, pp. 581-592 (GV)] («Teoría cuántica del gas perfecto monoatómico». Segundo artículo)

Wolfgang Pauli enuncia su famoso principio de exclusión:

Pauli, W. (1925). «***Über den Zusammenhang des Abschlusses der Elektronengruppen im Atom mit der Komplexstruktur der Spektren***». *Zeitschrift für Physik* **31** (1): 765-783. («Sobre la conexión entre el cierre de los grupos de electrones en el átomo y la estructura compleja de los espectros») [Publicado en febrero]

Albert Einstein. «***Bemerkung zu P. Jordans Abhandlung „Zur Theorie der Quantenstrahlung“***». *Zeitschrift für Physik* **31** (1925): 784–785. (Registro de entrada: 22 de enero de 1925. Publicado: febrero-abril de 1925). [Recogido en *TCPAE*. Vol. 14. Doc. 425, pp. 644-645] («Observación sobre el trabajo de Jordan “Sobre la teoría de la radiación cuántica”»)

Tercer artículo sobre teoría cuántica del gas ideal

Albert Einstein. «***Zur Quantentheorie des idealen Gases***». Dritte Abhandlung. (PAW. Sitzung der physikalisch-mathematischen Klasse vom 29. Januar 1925) (Academia Prusiana de Ciencias. Sesión del Seminario de física matemática del 29 de enero de 1925) Publicado el 5 de marzo en: *Preußische Akademie der Wissenschaften (Berlin). Physikalisch-mathematische Klasse. Sitzungsberichte* (1925), pp. 18–25. [Recogido en *TCPAE*. Volume 14: The Berlin Years: Writings & Correspondence, April 1923-May 1925. Doc. **427**, pp 649-656. (GV)] («Teoría cuántica del gas ideal». Tercer artículo.)

JULIO

LA MECÁNICA MATRICIAL DE HEISENBERG

Werner Heisenberg promueve (inventa) una nueva mecánica llamada «mecánica matricial» que, conservando las ecuaciones de la mecánica clásica, sustituye las magnitudes mecánicas ordinarias, como posición e impulso, por cuadros cuadrados infinitos de números (matrices) que tienen la peculiaridad de que su producto (producto matricial) es no conmutativo.

Werner Heisenberg (in Göttingen). «***Über quantentheoretische Umdeutung kinematischer und mechanischer Beziehungen***». *Zeitschrift für Physik,* Bd. XXXIII, pp. 879-893. (Eingegangen am 29. Juli 1925) (Registro de entrada: 29 de julio de 1925) («Reinterpretación cuántica de las relaciones cinemáticas y mecánicas»)

1926

ENERO

LA CAMPANADA DE SCHRÖDINGER. NACIMIENTO DE LA MECÁNICA ONDULATORIA.

Schrödinger desarrolla (inventa) la *mecánica ondulatoria* formulando la hipótesis de ondas estacionarias sometidas a la ecuación de onda (la ecuación de Schrödinger), lo que supone un cierto regreso al clasicismo, menos complejidad formal y mejores resultados en los cálculos. El nombre es adecuado en cuanto que, en la teoría clásica, los términos “mecánica” y “onda” son antitéticos.

“Recientemente he demostrado que la teoría de los gases de Einstein puede basarse en argumentos relacionados con las ondas estacionarias sujetas a la relación de dispersión de De Broglie…”

Erwin Schrödinger (Zúrich). «***Quantisierung als Eigenwertproblem***». (Erste Mitteilung). ANNALEN DER PHYSIK, Vierte Folge, Band 79 (1926, Nr. 4)), pp. 361-376. Eingegangen 27. Januar 1926. [«La cuantización como problema de valores propios». Primera comunicación. (Registro de entrada: 27 de enero de 1926)]

DICIEMBRE

EL BAUTIZO DEL FOTÓN

Lewis propone un nombre de éxito inmediato. Llamémosle *fotón* al cuanto luminoso.

Gilbert N. Lewis. «***The conservation of Photons.***» Nature, No. 2981, Vol. 118, pp. 874-875. Letters to the Editor. (Publicado: 18 de diciembre de 1926. Firmado en Berkeley, California, el 29 de octubre.) («La conservación de los fotones»)

1927

MARZO

LAS RELACIONES DE INCERTIDUMBRE DE HEISENBERG

La síntesis de la mecánica ondulatoria y de la de matrices desemboca, *irremediablemente*, en las relaciones de incertidumbre de Heisenberg, que ponen de manifiesto que el elemento estadístico introducido en la formulación corresponde a las limitaciones de las posibilidades de observación introducidas por las discontinuidades cuánticas. El artículo arranca así:

> En el presente trabajo se van a establecer, de entrada, definiciones exactas de los términos: posición, velocidad, energía, etc. (por ejemplo, del electrón), que siguen también siendo válidos en la mecánica cuántica, y se mostrará que las magnitudes canónicamente conjugadas sólo pueden determinarse simultáneamente con una imprecisión característica. Esta imprecisión es la verdadera razón de la aparición de correlaciones estadísticas en la mecánica cuántica.

Werner Heisenberg (in Kopenhagen). «***Über den anschaulichen Inhalt der quantentheoretischen Kinematik und Mechanik***». *Zeitschrift für Physik*, pp. 172-198. Eingegangen am 23. März 1927. (Registro de entrada: 23 de marzo de 1927). («Sobre el ilustrativo contenido de la cinemática y la mecánica cuánticas»)

MAYO

Prueba de imprenta de un trabajo de A. Einstein

¿Determina la mecánica ondulatoria de Schrödinger el movimiento de un sistema por completo o sólo en el sentido de la Estadística?[1)]
Por A. Einstein

El artículo entero:

Albert Einstein. «***Bestimmt Schrödingers Wellenmechanik die Bewegung eines Systems vollständig oder nur im Sinne der Statistik?***». Preussische Akademie der Wissenschaften. Sitzungsberichte. 1927. (Actas de Sesiones de la Academia Prusiana de Ciencias (Berlín). [Recogido en *TCPAE*. Volume 15: The Berlin Years: Writings & Correspondence, June 1925-May 1927. Doc. 516, pp. 810-814.] («¿Determina por completo la Mecánica Ondulatoria de Schrödinger el movimiento de un sistema o sólo en el sentido de la estadística?»)

OCTUBRE

EL 5º CONGRESO SOLVAY

Albert Einstein. ***«La Esencia de la Mecánica Cuántica»***. [Las deliberaciones se publicaron en francés, en: *Électrons et photons: Rapports et discussions Solvay 1928*, pp. 253–256.]

DICIEMBRE

Experimento de Davisson-Germer

«***Diffraction of Electrons by a Crystal of Nickel***». Phys. Rev. Second Series, Vol. **30**, No. 6, p. 705. Published 1 December, 1927.

Bombardeo de cristal de níquel con electrones: los electrones son difractados por la red cristalina, confirmando la tesis de de Broglie. Los electrones tienen por tanto comportamiento ondulatorio.

1930

OTOÑO

SEXTO CONGRESO SOLVAY

Intensas discusiones entre Einstein y Bohr, fuera propiamente de programa, ya que el lema del Congreso era el *Magnetismo*.

1931

FEBRERO

Nuevo *Gedankenexperiment*:

> Albert Einstein, Boris Podolsky, Richard C. Tolman. «***Knowledge of Past and Future in Quantum Mechanics***». *Physical Review*, 37. Letters to the Editor, pp. 780-781. Published: 15 March, 1931. Firmado en CalTech el 26 de febrero de 1931. («Conocimiento del pasado y el futuro en Mecánica Cuántica»)

1933

JUNIO

Nueva expresión de credo epistemológico.

> *Albert Einstein. The Herbert Spencer Lecture,* «On the Method of Theoretical Physics». Oxford, Clarendon Press. Oxford, 10 de junio de 1933 [Recogido asimismo en Mein Weltbild (*Zur Methodik der theoretischen Physik*)] («Sobre la metodología de la física teórica»)

1935

MAYO

Tras el Congreso Solvay de 1930, Einstein ha acabado por asumir las relaciones de incertidumbre de Heisenberg. No deja, sin embargo, de buscar nuevos *Gedankenexperimente* que hagan posible la existencia de magnitudes conjugadas definidas con una precisión tan grande como se quiera. En el *EPR* se propone un «criterio de realidad» de naturaleza epistemológica, destinado a clarificar la cuestión de la «realidad física».

EPR: LA REALIDAD FÍSICA Y LA COMPLETITUD DE LAS TEORÍAS

> A. Einstein, B. Podolsky and N. Rosen (*Institute for Advanced Study, Princeton, New Jersey.*). «***Can Quantum-Mechanical Description of Physical Reality Be Considered Complete?***» *PHYSICAL REVIEW*, Volumen 47, pp. 777-780. (Recibido el 25 de marzo de 1935. Publicado el 15 de mayo de 1935.) [«¿Se puede considerar completa la descripción mecánico-cuántica de la realidad física?»]

[Schrödinger publica poco más tarde el artículo (en tres partes): «Die gegenwärtige Situation in der Quantenmechanik» (*Die Naturwissenschaften*, **23**, pp. 807-812, 823-828 y 844-849. (1935)), en el que aparece el famoso gato y recibe nombre el *entrelazamiento* cuántico –asunto éste que ya aparece en EPR y del que Schrödinger se reclama deudor. («La situación actual en la mecánica cuántica»)]

OCTUBRE

Se apresura Bohr en puntualizar. Responde al *EPR* con un artículo homónimo y en la misma revista:

> N. Bohr, *Institute for Theoretical Physics, University, Copenhagen*. «Can Quantum-Mechanical Description of Physical Reality be Considered Complete?» *Physical Review*. Vol. 48, pp. 696-702. 15 de octubre de 1935. Registro de entrada: 13 de Julio de 1935. («¿Se puede considerar completa la descripción mecano-cuántica de la realidad física?»)

con el argumento base siguiente:

> Se demuestra que cierto «criterio de realidad física», formulado en un artículo reciente con el título mencionado por A. Einstein, B. Podolsky y N. Rosen [«Can Quantum-Mechanical Description of Physical Reality be Considered Complete?»], contiene una ambigüedad esencial al aplicarse a los fenómenos cuánticos. En este sentido, se explica un punto de vista denominado «complementariedad», desde el cual la descripción mecano-cuántica de los fenómenos físicos parecería satisfacer, dentro de su ámbito, todas las exigencias racionales de completitud.

NOVIEMBRE – DICIEMBRE

EL GATO DE SCHRÖDINGER Y SUS ARAÑAZOS

Artículo de puro cuño Schrödinger en tres partes.

> Erwin Schrödinger (Oxford). «***Die gegenwärtige Situation in der Quantenmechanik***». *Die Naturwissenschaften*. [«La situación actual en la mecánica cuántica»]

1936

MARZO

En su extenso artículo «Physik und Realität», hace Einstein un excursus cuántico:

> § 6. Quantentheorie und Fundament der Physik. A. Einstein, *Journ, Frakl. Inst.*, **221**, 349, (1936). («Teoría cuántica y fundamento de la física»)

1948

MARZO

Einstein envía el artículo «*Mecánica cuántica y realidad*» a la revista suiza Dialéctica, artículo que remitirá íntegro a Born y que éste incorporará posteriormente a su libro de Cartas (Carta [88]).

> *Albert Einstein.* ***«Mecánica cuántica y realidad».*** [Dialectica, vol. II, 1948, p. 320-324]

También Niels Bohr pone su granito cuántico en esta cita de *DIALECTICA*:

> Niels Bohr. «***Sobre las nociones de causalidad y complementariedad***». *Dialectica* 2 (7/8), pp. 312-319. (1948)

1949

OTOÑO

Se publica el libro homenaje a Einstein con motivo de su 70° cumpleaños.

Aquí, Pauli:

> Wolfgang Pauli. «EINSTEIN'S CONTRIBUTIONS TO QUANTUM THEORY» *The Library of Living Philosophers*, Doc. **4**, pp. 149-158. Paul Arthur Schilpp, *Editor*. 1949

Contribución de Max Born:

> Max Born: «Einstein's Statistical Theories». THE LIBRARY OF LIVING PHILOSOPHERS. Volume VII. ALBERT EINSTEIN: PHILOSOPHER-SCIENTIST. Doc. **5**, pp. 161-177. Paul Arthur Schilpp, *Editor*. Northwestern University & Southern Illinois University. Open Court – La Salle, Illinois. Cambridge University Press - London

La contribution de Walter Heitler al volumen de Schilpp.

> Walter Heitler. «THE DEPARTURE FROM CLASSICAL THOUGHT IN MODERN PHYSICS». 1949. The Library of Living Philosophers. Doc. **6**, pp. 181-198. Paul Arthur Schilpp, *Editor*. («La Desviación del Pensamiento Clásico en la Física Moderna»)

Aquí, Bohr, Niels Bohr.

> Niels Bohr. «DISCUSSION WITH EINSTEIN ON EPISTEMOLOGICAL PROBLEMS IN ATOMIC PHYSICS». *The Library of Living Philosophers*. Doc. **7**, pp. 201-241. Paul Arthur Schilpp, *Editor*. 1949.

Contribución de Henry Margenau.

> Henry Margenau. «***EINSTEIN'S CONCEPTION OF REALITY***». The Library of Living Philosophers. Doc. 8, pp. 245-268. Paul Schilpp, *Ed.* (1949)

Einstein responde no sólo a Born, sino a cuantos han contribuido a este volumen colectivo con ocasión de su 70° cumpleaños.

> Albert Einstein: «REPLY TO CRITICISM. REMARKS CONCERNING THE ESSAYS BROUGHT TOGETHER IN THIS CO-OPERATIVE VOLUME». Albert Einstein: Philosopher-Scientist. P. A. Schilpp, *Editor*. New York. Tudor. 1949, pp. 665-

688. [Translated from the German typescript by Paul Arthur Schilpp] («Respuesta a las críticas. Observaciones referentes a los ensayos reunidos en este volumen colectivo»)

1953

NOVIEMBRE

Albert Einstein (*Instituto de Estudios Avanzados*. Princeton, New Jersey). «***Elementare Überlegungen zur Interpretation der Grundlagen der Quanten Mechanik***» [Contribución de Einstein al volumen conmemorativo dedicado a Born: «Scientific Papers, presented to Max Born on his retirement from the Tait Chair of Natural Philosophy in the University of Edinburgh» [Scientific Papers ofrecidos a Max Born con motivo de su jubilación de la Cátedra Tait de Filosofía Natural de la Universidad de Edimburgo.] (Edinburgh-London 1953).] [«Consideraciones elementales sobre la Interpretación de los Fundamentos de la Mecánica Cuántica»]

DICIEMBRE

Albert Einstein. «***Einleitende Bemerkungen über Grundbegriffe***» [«Observaciones preliminares sobre conceptos fundamentales» (Ensayo para contribuir al volumen titulado *Louis de Broglie, Physicien et Penseur* (Paris: Editions Albin Michel, 1953). Este ensayo apareció junto con su traducción francesa: "Remarques préliminaires sur les concepts fondamentaux".)]

1969

FINAL

Heisenberg resume desde su fe –que es la de los físicos cuánticos puros– las razones de la apostasía de Einstein.

Albert Einstein-Hedwig und Max Born Briefwechsel 1916 – 1955 kommentiert von Max Born. Nymphenburger Verlagshandlung GmbH., München, 1969. «***Prólogo de Werner Heisenberg***»

ATISBOS CUÁNTICOS

El calendario de mi soledad, quédatelo de recuerdo.
(Diana Navarro. «Mira lo que te has perdío».)

SOLEDADES

Es improbable que la vida individual consciente sea algo distinto de un sumatorio en el que a la suerte (*der Zufall*, el azar, entendido como todo aquello que no controlamos) se una la vanidad, la intuición, el coraje, la constancia y que el consumo del *tiempo propio* no acumule malestares diversos. La soledad puede ser uno de ellos, si bien, el concepto mismo y su gestión corran a cargo del protagonista. El calendario dirá. Einstein se fue de este mundo sin acabar de aceptar en su fuero interno la completitud* de la teoría cuántica. Y, naturalmente, no faltaron *modernos* que se lo afearon: su esclerosis lo había fosilizado en milesio. No se inmutó. Había aprendido a desfilar sin aplauso y sin otra guía que su instinto. Los detractores tuvieron nutrida descendencia, a juzgar por el entronizado entusiasmo por la verdad cuántica hoy vigente. No se oye, en cambio, a nadie, ninguna reflexión sobre si la teoría cuántica y su desarrollo hubieran sido posibles sin el golpe de gracia de Einstein de marzo de 1905. Las teorías hay que inventarlas. Y las invenciones no son nunca colectivas, sino fruto del genio individual. El genio no puede subdividirse en *grupos de trabajo*. Las sinfonías tienen autor. Y los propios autores, a veces, hacen variaciones sobre sus temas. Luego vienen otros que, con distinta habilidad, hacen otras sobre el tema original y reclaman su derecho al candelero. Hay que leer con humildad el artículo del efecto fotoeléctrico. Eso exige gallardía, cualidad no muy frecuente en los escenarios. No sé si la terquedad einsteiniana le hizo perder comba. Eso tendría que mirárselo él. Estas páginas, junto con unos prolegómenos de situación, reúnen un muestrario amplio de sus modos y de los de quienes, coetáneos, encontraron inspiración y controversia en sus fuentes y se empeñaron con afán en labrarse apellidos exhibibles.

[* En un sentido filosófico profundo.]

LA PRE–CUÁNTICA

Prolegómenos. Kirchhoff y los espectros. El nacimiento del concepto de *cuerpo negro*. Principio tienen las cosas. Tres artículos fundacionales.

[La última frase es imprecisa y, en este caso, no tiene otra vocación que la de fijar el calendario de lo que aquí se atiende. Es decir, no pretende fijar el tiempo $t = 0$ de la cuántica. Si fuese así, Demócrito podría ser un aspirante con acreditada alcurnia y muchos más trienios, sin que tampoco él nos saque de dudas. El propio Einstein dudaba de la fe en un comienzo fehaciente del Universo: "En el principio –si es que hubo tal cosa– creó Dios las leyes de Newton, con las correspondientes masas y fuerzas." Aquí sólo empieza el álbum. Aunque ya he insinuado antes que el calendario de la teoría cuántica empieza fehacientemente en marzo de 1905.]

1859

OCTUBRE

Gustav Kirchhoff. «***Über die Fraunhofer'schen Linien***». («Sobre las líneas de Fraunhofer») Firmado en Heidelberg el 20 de octubre de 1859. Presentado por el Sr. du Bois-Reymond en la Sesión plenaria de la Academia de Ciencias de Berlín el 27 de octubre de 1859. Editado por: *Monatsberichte der Königlichen Preussische Akademie des Wissenschaften zu Berlin*. Seiten: 662-665. (Informes mensuales de la Real Academia Prusiana de Ciencias. Berlín. Páginas: 662-665.)

662

Sobre las líneas de Fraunhofer

El Sr. du Bois - Reymond presentó una comunicación del Prof. Kirchhoff sobre las líneas Fraunhofer, fechada en Heidelberg el 20 de octubre de 1959.

Con motivo de una investigación, aún no publicada, llevada a cabo conjuntamente por Bunsen y por mí sobre los espectros de las llamas coloreadas, por medio de la cual nos ha sido posible

663

reconocer la composición cualitativa de mezclas complejas viendo el espectro de su llama en el soplete, he hecho algunas observaciones que dan una información inesperada sobre origen de las líneas de Fraunhofer y justifican sacar conclusiones de ellas sobre la constitución material de la atmósfera del Sol y quizás también de las estrellas fijas más brillantes.

Fraunhofer observó que en el espectro de la llama de una vela aparecen dos líneas brillantes que coinciden con las dos líneas oscuras *D* del espectro solar. Las mismas líneas brillantes se obtienen, con mayor intensidad luminosa, de una llama a la que se ha añadido sal común. Esbocé un espectro solar y dejé pasar los rayos del sol a través de una fuerte llama salina antes de que cayeran sobre la rendija. Si la luz solar estaba suficientemente atenuada, aparecían dos líneas brillantes en lugar de las dos líneas oscuras *D*; sin embargo, si la intensidad de esta superaba un cierto límite, las dos líneas oscuras *D* aparecían mucho más claramente que sin la presencia de la llama salina.

Por regla general, el espectro de la luz de Drummond contiene las dos líneas brillantes de sodio si el punto luminoso del cilindro de cal no ha estado expuesto durante mucho tiempo al calor incandescente; si el cilindro de cal permanece inmóvil, estas líneas se debilitan y finalmente desaparecen por completo. Si han desaparecido o sólo son débilmente prominentes, una llama de alcohol en la que se ha introducido sal común y que se coloca entre el cilindro de cal y la rendija hace aparecer en su lugar dos líneas oscuras de excelente nitidez y finura, que corresponden en todos los aspectos a las líneas *D* del espectro solar. De este modo, las líneas *D* del espectro solar se inducen artificialmente en un espectro en el que no se dan de forma natural.

Si se coloca cloruro de litio en la llama de la lámpara de gas de Bunsen, el espectro muestra una línea muy brillante y nítidamente definida que se sitúa en el centro de las líneas *B* y *C* de Fraunhofer. Si se dejan caer rayos de luz solar de intensidad moderada a través de la llama sobre la rendija, la línea se ve brillante sobre un fondo más oscuro en el punto indicado;

664

sin embargo, si la luz solar es más intensa, en su lugar aparece una línea oscura que tiene el mismo carácter que las líneas de Fraunhofer. Si se retira la llama, la línea desaparece por completo, por lo que he podido comprobar.

Concluyo de estas observaciones que las llamas coloreadas, en cuyo espectro aparecen líneas brillantes y nítidas, atenúan los rayos del color de estas líneas cuando pasan a través de ellas, de modo que aparecen líneas oscuras en lugar de las líneas brillantes tan pronto como se coloca una fuente de luz de suficiente intensidad detrás de la llama, en cuyo espectro de otro modo estas líneas están ausentes. Concluyo además que las líneas oscuras del espectro solar, que no son causadas por la atmósfera terrestre, surgen por la presencia en la incandescente atmósfera solar de aquellas sustancias que en el espectro de una llama producen líneas brillantes en el mismo lugar. Se puede suponer que las líneas brillantes correspondientes a *D* en el espectro de una llama tienen siempre su origen en un contenido de sodio de la misma; las líneas oscuras *D* en el espectro solar sugieren, por tanto, que hay sodio en la atmósfera solar. Brewster encontró líneas brillantes en el espectro de la llama de salitre en la posición de las líneas *A*, *a*, *B* de Fraunhofer; estas líneas indican la presencia de potasio en la atmósfera solar. De mi observación, según la cual ninguna línea oscura en el espectro solar corresponde a la raya roja del litio, se deduciría con probabilidad que el litio no está presente en la atmósfera del sol, o al menos sólo en cantidades relativamente pequeñas.

El estudio de los espectros de las llamas coloreadas ha adquirido así un renovado y alto interés; junto con Bunsen, llevaré este estudio hasta donde nos permitan nuestros medios. Al hacerlo, investigaremos más a fondo la atenuación de los rayos luminosos en las llamas, según lo establecido por mis observaciones. En los experimentos que ya hemos realizado en este sentido ha surgido ya un hecho que nos parece de gran importancia. La luz de Drummond requiere una llama salina de baja temperatura para que las líneas D aparezcan oscuras. La llama del alcohol acuoso es adecuada

665

para ello, pero la llama de la lámpara de gas de Bunsen no lo es. Con esta última, la más pequeña cantidad de sal común, en cuanto se hace perceptible, provoca la aparición de las líneas brillantes de sodio. Nos reservamos el derecho de desarrollar las consecuencias que puedan estar ligadas a este hecho.

DICIEMBRE

Gustav Kirchhoff. «***Über den Zusammenhang zwischen Emission und Absortion von Licht und Wärme***». (Firmado en Heidelberg el 11 de diciembre de 1859). *Monatsberichte der Königlich Preußische Akademie der Wissenschaften* (Berlín), pp. 783-787. (Publicado en *Informes mensuales de la Real Academia Prusiana de Ciencias*) (Gesammtsitzung vom 15. Dezember 1859) (Presentado en Berlín en la Sesión conjunta de la Academia el 15 de diciembre de 1859) («Sobre la relación entre emisión y absorción de luz y calor»)

783

Sobre la relación entre emisión y absorción de luz y calor

El Sr. du Bois - Reymond presentó una comunicación del Prof. Kirchhoff «Sobre la relación entre la emisión y la absorción de luz y calor», firmada en Heidelberg el 11 de diciembre de 1859.

Hace algunas semanas tuve el honor de hacer una comunicación a la Academia sobre algunas observaciones que me parecieron de particular interés, porque permiten sacar conclusiones sobre la naturaleza química de la atmósfera solar. Partiendo de estas observaciones he llegado ahora, mediante una consideración teórica muy sencilla, a una proposición general que me parece importante en muchos aspectos y que, por tanto, me tomo la libertad de someter a la Academia. Expresa una propiedad de todos los cuerpos que se relaciona con la emisión y absorción de calor y luz.

Si se pone cloruro de sodio o cloruro de litio en la llama no luminosa de la lámpara de Bunsen, se obtiene un cuerpo incandescente que sólo emite luz de una determinada longitud de onda y sólo absorbe luz de la misma longitud de onda. El resultado de las observaciones mencionadas puede expresarse de esta manera.

784

En lo que respecta a los rayos térmicos oscuros, no se sabe cómo se comporta este cuerpo con relación a la emisión o absorción; pero parece inobjetable imaginar como posible un cuerpo que emita sólo rayos de una longitud de onda y absorba sólo rayos de la misma longitud de onda, tanto de los rayos térmicos luminosos como de los oscuros.

Si se admite esto y, además, se considera posible un espejo que refleje completamente todos los rayos, entonces se puede demostrar muy fácilmente, a partir de los principios generales de la teoría mecánica del calor, *que para los rayos de la misma longitud de onda a la misma temperatura la relación entre la emisividad y la absortividad es la misma para todos los cuerpos*.

Imaginemos un cuerpo C en forma de placa ilimitada, que emite únicamente rayos de longitud de onda Λ y sólo absorbe tales rayos; frente a éste hay un cuerpo c en forma de placa similar, que emite y absorbe rayos de todas las longitudes de onda posibles; las superficies exteriores de estas placas están cubiertas por los espejos perfectos R y r. Una vez establecida la igualdad de temperatura en este sistema, cada uno de los dos cuerpos debe conservar la misma temperatura, es decir, absorber por absorción tanto calor como el que pierde por radiación. Ahora, de los rayos emitidos por

c, consideremos primero los que tienen una longitud de onda λ diferente de Λ. El cuerpo C no tiene ninguna influencia sobre estos rayos; son reflejados por el espejo R como si C no estuviera presente en absoluto, una cierta parte de ellos es absorbida por c, los otros alcanzan el espejo R por segunda vez, son de nuevo reflejados por él, parcialmente absorbidos por c, y así sucesivamente. Todos los rayos de longitud de onda λ emitidos por el cuerpo c vuelven a ser absorbidos gradualmente por él de esta manera. Como esto rige para todos los valores de λ que son diferentes de Λ, la invariabilidad de la temperatura del cuerpo c requiere que absorba tantos rayos de longitud de onda Λ como los que él mismo emite. Para esta longitud de onda, sea e la emisividad, a la absortividad del cuerpo c, y E y A las magnitudes correspondientes

785

para el cuerpo C. De la cantidad de rayos E que emite C, c absorbe entonces la cantidad aE y refleja $(1 - a)E$; de ésta, C absorbe la cantidad $A\,(1 - a)E$ y refleja $(1 - A)\,(1 - a)E$ de vuelta a c, que absorbe de ella $a(1 - A)(1 - a)E$. Continuando con esta observación, vemos que c absorbe una cantidad de rayos de E que, si se pone

$$(1 - A)(1 - a) = k$$

en aras de la brevedad, es

$$= aE(1 + k + k^2 + k^3 + ..),$$

es decir

$$= (aE)/(1 - k).$$

De la cantidad e de rayos que el propio c emite, c absorbe la cantidad

$$a(1 - A)e/(1 - k),$$

como una consideración similar muestra. La condición para que la temperatura de c no cambie es, por tanto, la ecuación

$$e = aE/(1 - k) + a(1 - A)e/(1 - k)$$

es decir, la ecuación

$$e/a = E/A.$$

La misma ecuación se obtiene desarrollando la condición de que la temperatura de C permanezca constante. Si se sustituye el cuerpo c por otro cuerpo de la misma temperatura, se obtiene, repitiendo la consideración planteada, el mismo valor para la relación entre la emisividad y la absortividad de este cuerpo para los rayos de la misma longitud de onda Λ. Sin embargo, la longitud de onda Λ y la temperatura son arbitrarias. Se sigue por tanto el enunciado de que, para rayos de la misma longitud de onda a la misma temperatura, la relación entre emisividad y absortividad es la misma para todos los cuerpos.

Los conceptos de emisividad y absortividad se refieren aquí de entrada al caso en que el cuerpo forma una placa ilimitada que está cubierta por un lado

786

con un espejo perfecto. Pero la cantidad de rayos que emite hacia un lado una placa independiente es tan grande como la cantidad de rayos que emite una placa de la mitad de grosor provista de dicho espejo, y estas dos placas producen una absorción igual de los rayos incidentes. De aquí que, según el enunciado formulado, la emisividad del cuerpo pueda definirse también como la cantidad de radiación que emite hacia un lado una placa ilimitada, libremente colocada, formada a partir del cuerpo, y la absortividad como la cantidad de radiación que absorbe la misma placa de la unidad de cantidad de radiación que incide sobre ella.

La relación entre la emisividad y la absortividad e/a, común a todos los cuerpos, es función de la longitud de onda y de la temperatura. A bajas temperaturas esta función es = 0 para las longitudes de onda de los rayos visibles, y diferente de 0 para valores mayores de la longitud de onda; a temperaturas más altas la función también tiene valores finitos para las longitudes de onda de los rayos visibles. A la temperatura a la que la función deja de ser = 0 para la longitud de onda de un determinado rayo visible, todos los cuerpos comienzan a emitir luz del color de este rayo, a excepción de aquellos que tienen una absortividad que tiende a cero para este color y esta temperatura; cuanto mayor es la absortividad, más luz emite el cuerpo. La experiencia de que los cuerpos opacos brillan *a la misma* temperatura, pero los gases transparentes requieren una temperatura mucho más alta para ello, y que estos últimos siempre brillan más débilmente que los primeros a la misma temperatura, encuentra su explicación en esto. Se sigue además que si un gas incandescente da un espectro discontinuo, y se permite que pasen a través de él rayos de intensidad suficiente, que en sí mismos presentan un espectro sin rayas oscuras ni claras, deben aparecer rayas oscuras en los puntos del espectro donde estaban las rayas claras en el espectro del gas incandescente. El método que describí en mi anterior comunicación como adecuado para

787

el análisis químico de la atmósfera solar ha recibido así su fundamento teórico.

Aprovecho esta oportunidad para mencionar un éxito que creo haber obtenido de esta manera desde mi comunicación anterior. Según las investigaciones de Wheatstone, Masson, Angström y otros, se sabe que en el espectro de una chispa eléctrica aparecen líneas brillantes que dependen de la naturaleza de los metales entre los que salta la chispa, y puede suponerse que estas líneas corresponden a las que se formarían en el espectro de una llama de muy alta temperatura, si se colocara en ella el mismo metal en forma adecuada. He examinado la parte verde del espectro de la chispa eléctrica entre electrodos de hierro y he encontrado en ella un gran número de líneas brillantes que parecen coincidir con líneas oscuras del espectro solar. En el caso de líneas individuales la coincidencia difícilmente puede establecerse con certeza; pero he creído verla en muchos grupos, de tal manera que las líneas más brillantes del espectro de la chispa se correspondían con las más oscuras del espectro solar; de esto creo poder concluir que estas coincidencias no eran meramente aparentes. Si la chispa se formaba entre otros metales, por ejemplo entre electrodos de cobre, faltaban estas líneas brillantes. Me considero justificado al sacar la conclusión de que hay hierro entre los componentes de la brillante atmósfera solar, una conclusión que, por cierto, es muy obvia si se tiene en cuenta la frecuente presencia de hierro en la Tierra y en las piedras meteóricas. De las líneas oscuras del espectro solar, que parecen coincidir con las líneas claras del espectro del hierro, sólo puedo describir unas pocas con referencia al dibujo del espectro solar dado por Fraunhofer; éstas incluyen la línea *E*, algunas líneas menos nítidas cercanas a *E* hacia el extremo violeta del espectro, y una línea situada entre las dos más cercanas de las tres líneas muy prominentes dibujadas por Fraunhofer en *b*.

1860

ENERO

Gustav Kirchhoff. «***Über das Verhältnis zwischen dem Emissionsvermögen und dem Absortionsvermögen der Körper für Wärme und Licht***». Annals of Physics (Poggendorff) 109, pp. 275-301 (1860). («Sobre la relación entre la capacidad de emisión y la capacidad de absorción del calor y la luz por los cuerpos») Presentado en Heidelberg en enero de 1860.

275

Un cuerpo encerrado en una envoltura cuya temperatura es igual a la suya no cambia su temperatura por radiación térmica, y por tanto absorbe en un cierto tiempo tanta radiación como la que emite. Hace mucho tiempo se llegó a la conclusión de que, a la misma temperatura, la relación entre emisividad y absortividad es la misma para todos los cuerpos. Se suponía que los cuerpos sólo emitían rayos *de un tipo*. Este teorema ha sido confirmado por experimentos, especialmente por el Sr. de la Provostaye y el Sr. Desains, en muchos casos en los que la similitud de los rayos emitidos podía suponerse al menos aproximadamente en la medida en que los rayos eran oscuros. Si tiene validez un enunciado similar cuando los cuerpos emiten rayos de diferentes tipos al mismo tiempo, lo que, estrictamente hablando,

276

es siempre el caso, no se ha establecido todavía ni por consideraciones teóricas ni por experimentos. He comprobado ahora que este enunciado conserva también su validez *en tanto en cuanto* se entiende por emisividad únicamente la intensidad de los rayos emitidos *de una especie* y la absortividad se refiere a rayos de la misma especie. *La relación entre emisividad y absortividad,* tomados estos conceptos de la manera descrita, *es la misma para todos los cuerpos a la misma temperatura*. Daré aquí la demostración teórica de este teorema, y después desarrollaré algunas conclusiones singulares que se derivan directamente de él, y que en parte explican fenómenos conocidos, y en parte dan a conocer fenómenos nuevos.

Todo cuerpo emite rayos cuya calidad e intensidad dependen de su naturaleza y temperatura. En determinadas circunstancias, a estos rayos pueden añadirse otros; esto ocurre, por ejemplo, si el cuerpo está electrificado en grado suficiente, o si es fosforescente o fluorescente. Tales casos deben excluirse aquí. Si el cuerpo recibe rayos del exterior, absorbe parte de ellos y los convierte en calor. Además de esta absorción, puede producirse otra absorción en determinadas circunstancias, por ejemplo, si el cuerpo es un absorbente de luz o si es fluorescente. Aquí se supone que todos los rayos absorbidos se transforman en calor.

§. 1. Delante de un cuerpo C Fig. 1, Pl. III, imaginemos situadas dos pantallas S_1 y S_2, en las que se encuentran las dos aberturas 1 y 2, cuyas dimensiones son infinitamente pequeñas en comparación con su distancia, y cada una de las cuales tiene un centro. Un haz de rayos procedentes del cuerpo C atraviesa estas aberturas. Consideremos la parte de este haz cuyas longitudes de onda están comprendidas entre λ y $\lambda + d\lambda$, y dividámosla en dos

277

componentes polarizadas cuyos planos de polarización son los planos a y b que son perpendiculares entre sí y pasan por el eje del haz. La intensidad de la componente polarizada según a es $Ed\lambda$: E se denomina emisividad del cuerpo.

A la inversa, un haz de rayos de longitud de onda λ, polarizados según el plano a, incide sobre el cuerpo C a través de las aberturas 2 y 1; el cuerpo absorbe una parte de éste, mientras que en parte transmite y en parte refleja el resto; la relación entre la intensidad de los rayos absorbidos y la de los rayos incidentes es A y se denomina poder absorbente del cuerpo.

Las magnitudes E y A dependen de la naturaleza y temperatura del cuerpo C, de la posición y forma de las aberturas 1 y 2, de la longitud de onda λ y de la dirección del plano a. Se demostrará que la relación entre E y A es independiente de la naturaleza del cuerpo; será evidente que esta relación tampoco varía con la dirección del plano a, y su dependencia de la posición y forma de las aberturas 1 y 2 será fácil de expresar, de modo que sólo se desconoce cómo depende de la temperatura y de la longitud de onda λ.

La prueba que se va a dar aquí de la afirmación hecha se basa en la suposición de que son concebibles cuerpos que, con un espesor infinitamente pequeño, absorben completamente todos los rayos que caen sobre ellos, y por tanto no reflejan los rayos ni los dejan pasar. Llamaré a tales cuerpos *perfectamente negros*, o *negros* para abreviar. Es necesario examinar primero la radiación de tales cuerpos negros.

§. 2. Sea C un cuerpo negro; llamémosle e a su emisividad, que generalmente se denota por E; habrá que probar que e permanece invariable cuando se sustituye C por cualquier otro cuerpo negro de la misma temperatura.

Imaginemos el cuerpo C encerrado en una envoltura negra,

278

de la que forma parte la pantalla S_1; la segunda pantalla, como la primera, está formada por una sustancia negra y ambas están unidas entre sí en todo su perímetro por paredes laterales negras, Fig. 2 Pl. II. La abertura 2 está cerrada en primer lugar por una superficie igualmente negra, que llamaré superficie 2. Todo el sistema debe tener la misma temperatura y estar protegido de las pérdidas de calor hacia el exterior por una envoltura impermeable al calor, como una superficie cerrada y completamente reflectante. La temperatura del cuerpo C permanece entonces invariable, por lo que la suma de las intensidades de los rayos que inciden sobre él (y que absorbe completamente según la hipótesis) debe ser igual a la suma de las intensidades de los rayos que emite. Imaginemos ahora que se retira la superficie 2 y que la abertura que ha quedado libre se cierra con un trozo de superficie esférica perfectamente reflectante colocado justo detrás, que tiene su centro en el punto medio de la abertura l. Entonces también existirá el equilibrio de temperatura. Por tanto, la igualdad de intensidad de los rayos emitidos por el cuerpo C y los que inciden sobre él también debe existir ahora. Pero como el cuerpo C emite ahora los mismos rayos que en el caso imaginado anteriormente, se deduce que la intensidad de los rayos que inciden sobre el cuerpo C en ambos casos es la misma. La eliminación de la superficie 2 priva al cuerpo C de los rayos que transmitía a través de la abertura 1; en su lugar, el espejo cóncavo unido a la abertura 2 refleja hacia el cuerpo C los rayos que él mismo transmite a través de las aberturas 1 y 2 [1]). De ello se deduce que

1) La difracción experimentada por los rayos en los bordes de la abertura 2 se desprecia aquí; esto se justifica si las aberturas l y 2, que se suponen infinitamente pequeñas en relación con su distancia, son aún muy grandes en relación con la longitud de onda de los rayos.

279

la intensidad del haz de rayos emitido por el cuerpo C a través de las aberturas 1 y 2 es igual a la intensidad del haz de rayos emitido por la superficie negra 2 a la misma temperatura a través de la abertura 1. Esta intensidad es independiente de la forma y de otras propiedades del cuerpo negro C. Esta intensidad es independiente de la forma y otras propiedades del cuerpo negro C. Esto demostraría el teorema enunciado si todos los rayos de los dos rayos que acabamos de comparar tuvieran una longitud de onda λ y estuvieran polarizados según el plano *a*. La consideración de la diferente naturaleza de estos rayos requiere consideraciones algo más complejas.

§. 3. En la disposición mostrada en la fig. 2 pl. III, se coloca entre las aberturas 1 y 2 una pequeña placa P (fig. 3), que muestra en los rayos visibles los colores de hojas delgadas, y que, en parte debido a su pequeño espesor, en parte debido a su naturaleza sustancial, no emite ni absorbe una cantidad perceptible de rayos. Que la placa esté orientada de manera que el haz que pasa por las aberturas 1 y 2 incida sobre ella con el ángulo de polarización y que el plano de incidencia sea el plano a. Que la pared que une las pantallas S_1 y S_2 esté formada de tal manera que la imagen especular que la placa P forma de la abertura 2 se encuentre en ella; en el lugar y en la forma de esta imagen especular imaginemos una abertura que llamaré abertura 3. Que la abertura 2 esté cerrada por una superficie negra de la temperatura de todo el sistema, la abertura 3 por una superficie del mismo tipo, que llamaré superficie 3, y la otra por un espejo cóncavo perfecto, que tiene su centro en el lugar de la imagen especular que la placa P proyecta desde el centro de la abertura 1. En ambos casos hay un equilibrio de calor; por una observación como la realizada en el §. anterior se deduce que la suma de las intensidades de los rayos que se retiran del cuerpo

280

C por la retirada de la superficie 3 es igual a la suma de las intensidades de los rayos que le son suministrados por la fijación del espejo cóncavo. Pongamos una pantalla negra (de la temperatura de todo el sistema), S_3, de forma que ninguno de los rayos emitidos por la superficie 3 incida directamente en la abertura 1. La primera suma es entonces la intensidad de los rayos que emanan de la superficie 3, se reflejan en la placa P y pasan a través de la abertura l; se denota por Q. La segunda suma se compone de dos partes; una parte se origina en el cuerpo C y es:

$$= \int d\lambda e r^2,$$

donde r es una magnitud que depende de la naturaleza de la placa P y de la longitud de onda λ; la segunda parte se debe a los rayos que han emanado de una parte de la pared negra que une las pantallas S_1 y S_2, han atravesado la placa P, son reflejados por el espejo cóncavo y luego por la placa P; esta parte se denota por R. No es necesario analizar con más detalle el valor de R; basta con observar que R, al igual que Q, es independiente de la naturaleza del cuerpo C. Entre las magnitudes introducidas existe la ecuación

$$\int d\lambda e r^2 + R = Q.$$

Si ahora imaginamos que el cuerpo C es sustituido por otro cuerpo negro de la misma temperatura, y si denotamos por e' lo que hemos denotado por e para este último, entonces también tiene validez la ecuación:

$$\int d\lambda e' r^2 + R = Q.$$

De aquí se deduce:

$$\int d\lambda\, (e - e')\, r^2 - 0.$$

281

Supongamos ahora que la relación de refracción de la lámina P difiere infinitamente poco de la unidad. De la teoría de los colores de las láminas delgadas se deduce entonces que

$$r = \rho \sin^2 (p/\lambda)$$

donde p es proporcional al espesor de la placa P e independiente de λ, y ρ es independiente de este espesor. Esto da lugar a la ecuación derivada:

$$\int_0^\infty d\lambda\, (e - e')\, \rho^2 \sin^4 (p/\lambda) = 0.$$

Del hecho de que esta ecuación debe existir para todo espesor de la placa P, como para todo valor de p, puede concluirse que para todo valor de λ es

$$e - e' = 0.$$

Para demostrar esto, se pone en la ecuación para $\sin^4 (p/\lambda)$:

$$(1/8)\ \{\cos 4\ (p/\lambda) - 4\cos 2\ (p/\lambda) + 3\}$$

y se diferencia dos veces respecto a p; se obtiene así:

$$\int_0^\infty d\lambda\ [(e - e')\, \rho^2/\lambda^2]\ (\cos 4\ (p/\lambda) - \cos 2\ (p/\lambda) = 0$$

En lugar de λ, se introduce ahora una nueva magnitud α mediante la ecuación:

$$2/\lambda = \alpha$$

y se pone:

$$(e - e')\, \rho^2 = f(\alpha).$$

Se obtiene así:

$$\int_0^\infty d\alpha\, f(\alpha)\,(\cos 2p\alpha - \cos p\alpha) = 0.$$

Considerando que si $\varphi(\alpha)$ representa una función cualquiera de α, entonces es

$$\int_0^\infty d\alpha\, \varphi(\alpha) \cos 2p\alpha = ½ \int_0^\infty d\alpha\, \varphi(\alpha/2) \cos p\alpha,$$

282

lo que puede comprobarse fijando α(α/2), se puede escribir:

$$\int_0^\infty d\alpha\, (f(\alpha/2) - 2\, f(\alpha)) \cos p\alpha = 0.$$

Se multiplica esta ecuación por

$$dp \cos xp,$$

donde x es una magnitud arbitraria, y se integra desde $p = 0$ hasta $p = \infty$. Según el teorema de Fourier, que se expresa mediante la ecuación

$$\int_0^\infty dp \cos px \int_0^\infty d\alpha\, \varphi(\alpha) \cos p\alpha = (\pi/2)\, \varphi(\lambda),$$

se obtiene:

$$f(x/2) = 2\, f(x)$$

o

$$f(\alpha/2) = 2\, f(\alpha).$$

De aquí se deduce que $f(\alpha)$ o bien desaparece para todos los valores de α o bien debe hacerse infinitamente grande cuando α se aproxima a cero. Cuando α se aproxima a cero, λ se hace infinito. Si se recuerda el significado de $f(\alpha)$ y se considera que ρ es una fracción propia y que ni e ni e' pueden hacerse infinitos cuando λ crece hasta el infinito, se ve que el segundo caso no puede tener lugar y que, por tanto, para todos los valores de λ debe ser

$$e = e'.$$

§ 4. Si el haz de rayos emitido por el cuerpo negro *C* a través de las aberturas 1 y 2 estuviera parcialmente polarizado rectilíneamente, el plano de polarización de la parte polarizada tendría que girar si el cuerpo *C* girara alrededor del eje del haz de rayos. Por lo tanto, dicha rotación debería modificar el valor de *e*. Como, según la ecuación demostrada, tal cambio no puede producirse, el haz de rayos no tiene una parte polarizada rectilíneamente. Se puede demostrar

283

que tampoco puede tener una parte polarizada circularmente. Pero no se presentará aquí la prueba. Incluso sin esto, se admite que se pueden concebir cuerpos negros, en cuya estructura no hay razón para que emitan más rayos polarizados circularmente de *un* tipo que rayos polarizados circularmente de *otro* tipo en cualquier dirección. Hay que suponer que los cuerpos negros que aparecen en el examen posterior son de esta naturaleza; emiten rayos no polarizados en todas las direcciones.

§. 5. La magnitud denotada por e depende no sólo de la temperatura y de la longitud de onda, sino también de la forma y de la posición relativa de las aberturas 1 y 2. Si denotamos por w_1 y w_2 las proyecciones de las aberturas sobre planos perpendiculares al eje del haz considerado, y si llamamos s a la distancia entre las aberturas, entonces es

$$e = I\,(w_1 w_2 / s^2),$$

donde I sólo es función de la longitud de onda y de la temperatura.

§. 6. Como la forma del cuerpo C es arbitraria, se puede sustituir por una superficie que llene exactamente la abertura 1, a la que llamaré superficie 1; entonces puede ignorarse la pantalla S_1. También puede ignorarse la pantalla S_2 si se define el haz de rayos al que se refiere e como aquel que cae desde la superficie 1 sobre la superficie 2, que llena exactamente la abertura 2.

§. 7. Una consecuencia de la última ecuación, que se presenta inmediatamente y que se utilizará más adelante, es que el valor de e permanece invariable si las aberturas 1 y 2 se suponen intercambiables.

§. 8. Se demostrará ahora una proposición que puede considerarse como una generalización de la proposición enunciada en el último §.

Entre las dos superficies negras de igual temperatura,

284

1 y 2, imaginemos cuerpos que refractan, reflejan y absorben los rayos que se envían mutuamente de cualquier manera. Varios haces de rayos pueden pasar de la superficie 1 a la superficie 2; escójase uno de ellos y considérese la parte de él en 1 cuyas longitudes de onda estén comprendidas entre λ y $\lambda + d\lambda$, y divídase en dos componentes cuyos planos de polarización sean los planos a_1 y b_2, mutuamente perpendiculares (por lo demás arbitrarios). Descompóngase lo que llega de la primera componente en 2 en dos componentes cuyos planos de polarización son los planos a_2 y b_2 perpendiculares entre sí (por lo demás arbitrarios). La intensidad de la componente polarizada en a_2 es $Kd\lambda$. Del haz de rayos que va de 2 a 1 por el mismo camino que el anterior, considérese la parte en 2 cuyas longitudes de onda están comprendidas entre λ y $\lambda + d\lambda$, y descompóngase en dos componentes polarizadas según a_2 y b_2. Descompóngase lo que llega a 1 desde la primera componente en dos componentes cuyos planos de polarización son a_1 y b_1. Sea $K'd\lambda$ la intensidad de la componente polarizada según a_1. Entonces es

$$K = K'.$$

La demostración de este teorema debe realizarse primero suponiendo que los rayos considerados no sufren atenuación en su recorrido, es decir, suponiendo que las refracciones y reflexiones se producen sin pérdidas, que no se produce absorción, y que los rayos polarizados de 1 a a_1 llegan polarizados en 2 a a_2, y viceversa.

A través del punto central de 1, se sitúa un plano perpendicular al eje del haz de rayos que emerge o llega aquí e imagínese un sistema de coordenadas rectangular en este plano cuyo punto de partida sea dicho punto central. Sean x_1, y_1 las coordenadas de un punto del plano, Fig. 4 Pl. III. En la unidad de distancia de este plano, imaginemos un segundo sistema de coordenadas paralelo a él y en éste un sistema de coordenadas cuyos ejes son paralelos

285

a los del primero y cuyo punto origen se encuentra en el eje del haz de rayos. Sean x_3, y_3 las coordenadas de un punto de este plano. Análogamente, un plano perpendicular al eje del haz de rayos que sale o incide aquí se sitúa por el centro de 2 y se introduce en este plano un sistema de coordenadas rectangular cuyo punto origen es el centro mencionado. Sean x_2, y_2 las coordenadas de un punto del plano. En la unidad de distancia a este plano y paralelo a él, imaginemos un cuarto plano y en él un sistema de coordenadas cuyos ejes sean paralelos a los ejes de x_2, y_2 y cuyo punto origen esté en el eje del haz de rayos. Sean x_4, y_4 las coordenadas de un punto de este cuarto plano.

Desde un punto cualquiera (x_1, y_1) un rayo se desplaza hasta un punto cualquiera (x_2, y_2); sea T el tiempo que tarda en desplazarse desde aquel punto hasta éste; este tiempo es función de x_1, y_1, x_2, y_2, que se supondrán conocidos. Si los puntos (x_3, y_3) y (x_4, x_4) se encuentran en la trayectoria de dicho rayo, entonces (si, en aras de la brevedad, la velocidad de propagación del rayo en el espacio vacío se toma como unidad) el tiempo que tarda el rayo en viajar desde (x_3, y_3) hasta (x_4, y_4) es

$$= T - \sqrt{1+(x_1-x_3)^2+(y_1-y_3)^2} - \sqrt{1+(x_2-x_4)^2+(y_2-y_4)^2}\,.$$

Suponiendo que estuvieran dados los puntos (x_3, y_3), (x_4, y_4) y se buscaran los puntos (x_1, y_1), (x_2, y_2), éstos podrían hallarse a partir de la condición de que la expresión que se acaba de establecer sea un mínimo. Suponiendo que las 8 coordenadas x_1, y_1, x_2, y_2, x_3, y_3, x_4, y_4 son infinitamente pequeñas, las siguientes ecuaciones expresan la condición de que los cuatro puntos (x_1, y_1), (x_2, y_2), (x_3, y_3), (x_4, y_4) se encuentren en *un* rayo:

$$x_3 = x_1 - \partial T/\partial x_1 \qquad x_4 = x_2 - \partial T/\partial x_2$$
$$y_3 = y_1 - \partial T/\partial y_1 \qquad y_4 = y_2 - \partial T/\partial y_2.$$

286

Sea ahora (x_1, y_1) un punto de la proyección de la superficie 1 sobre el plano de x_1, y_1, y dx_1dy_1 un elemento de esta proyección en el que se encuentra el punto (x_1, y_1) y que es infinitamente pequeño de un orden superior al que son las superficies 1 y 2. Sea (x_3, y_3) un punto de un rayo que, partiendo de (x_1, y_1), incide en la superficie 2, y dx_3dy_3 un elemento de superficie en el que se encuentra el punto (x_3, y_3), del mismo orden que $dx_1\,dy_1$. La intensidad de los rayos de las longitudes de onda designadas y la dirección de polarización elegida que, partiendo de dx_1dy_1, pasan por $dx_3\,dy_3$ es entonces, según §. 5:

$$d\lambda\; I\, dx_1\, dy_1\, dx_3\, dy_3.$$

Según la suposición hecha, el conjunto de rayos llega a la superficie 2 sin atenuar y forma un elemento de la cantidad denotada por $Kd\lambda$. K es la integral debidamente acotada

$$I \iiiint dx_1\, dy_1\, dx_3\, dy_3.$$

Aquí la integración respecto a x_3 e y_3 debe extenderse sobre aquellos valores que estas magnitudes obtienen según las ecuaciones establecidas para ellas, mientras que x_1 e y_1 conservan valores constantes y x_2, y_2 toman todos los valores que corresponden a los puntos de la proyección de la superficie 2 sobre el plano de x_2, y_2: entonces la integración respecto a x_1, y_1 debe realizarse sobre la proyección de la superficie l. Sin embargo, la integral doble

$$\iint dx_3\, dy_3$$

acotada de la manera descrita es

$$= \iint \{(\partial x_3/\partial x_2)\,(\partial y_3/\partial y_2) - (\partial x_3/\partial y_2)\,(\partial y_3/\partial x_2)\}\, dx_2\, dy_2$$

o bien, según las ecuaciones para x_3, y_3

$$= \iint \{(\partial^2 T/\partial x_1 \partial x_2)\,(\partial^2 T/\partial y_1 \partial y_2) - (\partial^2 T/\partial x_1 \partial y_2)\,(\partial^2 T/\partial y_2 \partial x_1)\}\, dx_2\, dy_2,$$

donde la integración debe extenderse sobre la proyección de la superficie 2. Según esto:

$$K = I \iiiint \{(\partial^2 T/\partial x_1 \partial x_2)\,(\partial^2 T/\partial y_1 \partial y_2) - (\partial^2 T/\partial x_1 \partial y_2)\,(\partial^2 T/\partial x_2 \partial y_1)\}\, dx_1 dy_1 dx_2 dy_2,$$

287

donde la integración hay que tomarla sobre las proyecciones de las superficies 1 y 2.

Si se trata la magnitud denotada por K' de la misma manera, utilizando el hecho de que un rayo tarda el mismo tiempo en recorrer la distancia entre dos puntos en un sentido o en otro, se encuentra la misma expresión para K' que para K.

De este modo, la proposición enunciada queda demostrada en el supuesto restrictivo bajo el que se pretendía demostrar inicialmente. Esta restricción, sin embargo, queda inmediatamente anulada por una observación hecha por Helmholtz en su Óptica Fisiológica, pág. 169. Helmholtz dice aquí (de un modo ligeramente diferente): «Tras un número arbitrario de refracciones, reflexiones, etc., un rayo de luz va desde el punto 1 al punto 2. En 1, colóquense, a través de su dirección, dos planos arbitrarios a_1 y b_1 perpendiculares entre sí, según los cuales se cree que se descomponen sus oscilaciones. En 2 se colocan a través del rayo dos planos semejantes a_2 y b_2. Entonces se puede demostrar lo siguiente: Si la cantidad i de luz polarizada según el plano a_1 parte de 1 en la dirección del rayo en cuestión y de él llega a 2 la cantidad k de luz polarizada según el plano a_2, entonces si la cantidad i de luz polarizada según a_2 parte de 2, la misma cantidad k de luz polarizada según a_2 llegará a 1 [1]).»

Si utilizamos este teorema y denotamos por γ el valor

1) El teorema de Helmholtz no tiene validez, como él mismo señala, si el plano de polarización del rayo experimenta una rotación como la producida por las fuerzas magnéticas según el descubrimiento de Faraday; en las consideraciones siguientes, por tanto, las fuerzas magnéticas hay que considerarlas no efectivas. Helmholtz limita también su teorema al suponer que la luz no experimenta ningún cambio de refrangibilidad, como ocurre en la fluorescencia; esta limitación deja de ser necesaria si, al aplicar el teorema, se consideran siempre sólo rayos *de una* longitud de onda.

288

de la razón k/i para los dos rayos que se mueven entre los puntos (x_1, y_1) y (x_2, y_2) en uno y otro sentido, obtenemos una expresión tanto para K como para K' que difiere de la encontrada únicamente en que γ aparece también como factor bajo los signos integrales.

La igualdad de K y K' queda así establecida también cuando γ tiene un valor diferente para los rayos en que puede dividirse uno de los rayos comparados; no cesa, por ejemplo, cuando una parte del rayo es interceptada por una pantalla.

§. 9. De los mismos haces de rayos que se comparan entre sí en el §. anterior rige también la siguiente proposición: del haz de rayos que pasa de 1 a 2, se considérese en 2 la parte cuyas longitudes de onda están comprendidas entre λ y $\lambda + d\lambda$, y divídase en dos componentes polarizadas según a_2 y b_2; sea $Hd\lambda$ la intensidad de la primera componente. Del haz de rayos que va de 2 a 1, considérese la parte en 2 cuyas longitudes de onda están entre λ y $\lambda + d\lambda$, y descompóngase en 2 componentes polarizadas según a_2 y b_2. Sea $H'd\lambda$ lo que llega a 1 desde la primera componente. Entonces es

$$H = H'.$$

La demostración de este teorema es la siguiente. Tengan K y K' el mismo significado que en el § anterior; sean L y L' las cantidades que surgen de K y K' cuando el plano a_1 se intercambia con el plano b_1. Entonces $L = L'$, igual que $K = K'$. Además,

$$H = K + L,$$

porque los rayos polarizados perpendicularmente entre sí no interfieren cuando se reducen a un plano de polarización común, si son partes de un rayo no polarizado, y según el §. 4, la superficie l emite rayos no polarizados.

Finalmente, se tiene

289

$$H' = K' + L',$$

porque dos rayos cuyos planos de polarización son perpendiculares entre sí no interfieren. De estas ecuaciones se deduce: $H = H'$.

§. 10. Supongamos que la fig. 2 tiene el mismo significado que el indicado en §. 3, salvo que el cuerpo C no es un cuerpo negro, sino un cuerpo cualquiera. Supongamos que la abertura 2 está cerrada por la superficie 2. Esta superficie envía un haz de rayos a través de la abertura l sobre el cuerpo C, que es en parte absorbido por este último y en parte dispersado en varias direcciones por refracción y reflexión. Consideremos la parte de este haz de rayos comprendida entre 2 y 1 cuyas longitudes de onda estén comprendidas entre λ y $\lambda + d\lambda$ y dividámosla en dos componentes polarizadas según el plano a y el plano perpendicular a él. Sea $M'd\lambda$ la parte de la primera componente que escapa a la absorción por el cuerpo C, es decir, que incide sobre la envoltura negra en la que está encerrado el cuerpo C. De los rayos que las partes de esta envoltura envían al cuerpo C, algunos caerán a través de la abertura 1 sobre la superficie 2; por mediación del cuerpo C, se genera así un haz de rayos que pasa a través de la abertura 1 hasta la superficie 2. Consideremos la parte de este haz cuyas longitudes de onda están comprendidas entre λ y $\lambda + d\lambda$ y dividámosla en dos componentes polarizadas según a y el plano perpendicular a *a*. Sea $Md\lambda$ la intensidad de la primera componente. Entonces es

$$M = M'.$$

La exactitud de este teorema se sigue del teorema del §. anterior, si se aplica a todos los haces de rayos que intercambian la superficie 2 y cada elemento de la envoltura negra que rodea al cuerpo *C* por mediación del cuerpo *C*; y luego se hace la suma de las ecuaciones así obtenidas.

§. 11. Consideremos la ecuación mostrada en la Fig. 3, Pl. II y descritas en §. 3; sólo que el cuerpo *C*

290

no sea un cuerpo negro, sino un cuerpo cualquiera. En los dos casos descritos allí, el equilibrio de calor también entonces tiene lugar; también entonces, por lo tanto, la fuerza vital que se retira del cuerpo *C* por la eliminación de la superficie negro 3 debe ser igual a la fuerza vital que se suministra a la misma por la aplicación del espejo cóncavo. Los signos utilizados en el § 3 se emplearán aquí en su significado inalterado; los signos *E* y *A* tendrán el significado dado en el § 1. La fuerza viva que se retira del cuerpo *C* al quitar la superficie 3 es entonces, con respecto al §. 7

$$= \int_0^\infty d\lambda \, er \, A.$$

La fuerza viva que el cuerpo *C* obtiene por intermediación del espejo cóncavo se compone de tres partes. La primera de estas partes procede de los rayos emitidos por el propio cuerpo *C*; es

$$= \int_0^\infty d\lambda \, Er^2 A.$$

La segunda parte procede de los rayos que han emanado de la pared negra opuesta al espejo cóncavo, han penetrado en la placa P, han sufrido una reflexión en el espejo cóncavo y una segunda reflexión en la placa P; según §. 9:

$$= \int_0^\infty d\lambda \, er\,(1 - r)\, A.$$

Finalmente, la tercera parte proviene de los rayos que han caído sobre el cuerpo *C* desde diversos puntos de la envoltura negra que lo rodea, han sido reflejados o refractados por él a través de la abertura 1 hacia la superficie 2, y han sido conducidos de vuelta a través de la abertura 1 por una reflexión en la placa *P*, una segunda en el espejo cóncavo, y una tercera de nuevo en la placa *P*.

291

Si se utiliza el signo M definido en §. 10, esta parte es

$$= \int_0^\infty d\lambda \, Mr^2 A.$$

Puede parecer dudoso que las partes primera y tercera estén correctamente indicadas si el cuerpo C tiene justo una posición tal que una parte finita del haz de rayos, que la superficie 2 le envía a través de la abertura 1, es reflejada por él de vuelta a la superficie 2. Por lo tanto, tales casos deben excluirse por el momento.

Según §. 10, tenemos $M = M'$, y según la definición de M', es

$$M' = e\,(1 - A).$$

Esa tercera parte es por tanto

$$= \int_0^\infty d\lambda\; e(1 - A)\, r^2 A,$$

y resulta la ecuación:

$$\int_0^\infty d\lambda\; (E - Ae)\, Ar^2 = 0.$$

Por las mismas consideraciones que se hacen en §. 3 en relación con una ecuación similar, se llega a la conclusión de que para todo valor de λ

$$E/A = e,$$

o, si se fija su valor para e a partir de §. 5:

$$(E/A) = J\,(w_1 w_2/s^2)$$

De este modo se demuestra la proposición que se pretendía demostrar en este trabajo, siempre y cuando ninguna parte finita del haz de rayos que incide sobre el cuerpo C desde la superficie 2 a través de la abertura 1 sea reflejada por este hacia la superficie 2; que la proposición es válida incluso sin esta restricción

292

se comprende si se considera que, si no se cumple la condición mencionada, sólo es necesario girar el cuerpo C infinitamente poco para satisfacerla, y que, con tal giro, las magnitudes E y A solo pueden sufrir cambios infinitamente pequeños.

La cantidad denotada por J es, como se indica en §. 5, una función de la longitud de onda y la temperatura. Encontrar esta función es una tarea de gran importancia. Grandes dificultades se oponen a su determinación experimental; sin embargo, parece fundada la esperanza de que pueda ser determinada por el experimento, ya que es indudablemente de forma simple, como lo son todas las funciones que no dependen de las propiedades de los cuerpos individuales, y que han sido aprendidas hasta ahora. Sólo cuando se haya resuelto esta tarea será posible mostrar toda la fecundidad del teorema demostrado; pero incluso ahora pueden extraerse de él importantes conclusiones.

§.12. Si un cierto cuerpo, un alambre de platino, por ejemplo, se calienta gradualmente, sólo emite, hasta que su temperatura alcanza un cierto valor, rayos cuya longitud de onda es superior a la de los rayos visibles. A una cierta temperatura, comienzan a aparecer rayos de la longitud de onda más elevada de Roth; si la temperatura aumenta cada vez más, se añaden rayos de longitudes de onda cada vez más pequeñas, de tal manera que a cada temperatura aparecen rayos de una longitud de onda correspondiente, mientras que aumenta la intensidad de los rayos de longitudes de onda más largas. Si aplicamos el teorema a este caso, vemos que la función *J*, para una longitud de onda, es nula para todas las temperaturas inferiores a una cierta temperatura correspondiente a la longitud de onda y aumenta con ella para temperaturas superiores. De ello se deduce, si se aplica ahora el mismo teorema a otros cuerpos, que todos los cuerpos, si se aumenta gradualmente su temperatura, comienzan a emitir rayos de la misma longitud de onda a la misma temperatura,

293

es decir, a brillar en rojo a la misma temperatura, a emitir rayos amarillos, etc., a una temperatura superior común a todos [1]). Sin embargo, la intensidad de los rayos de una determinada longitud de onda que emiten distintos cuerpos a la misma temperatura puede ser muy diferente; es proporcional a la capacidad de absorción de los cuerpos para los rayos de la longitud de onda en cuestión. Así pues, a la misma temperatura, el metal brilla más que el vidrio, y éste más que un gas. Un cuerpo que permaneciera completamente transparente a las temperaturas más elevadas nunca brillaría. Coloqué un poco de fosfato de sodio en un anillo doblado de alambre de platino de unos 5 mm de diámetro y lo calenté en la tenue llama de la lámpara de gas de Bunsen. La sal se derritió, formó una lente líquida y permaneció perfectamente transparente; pero no brillaba en absoluto, mientras que el anillo de platino que la tocaba emitía la luz más viva.

§. 13. Para una temperatura constante, la función *J* varía continuamente con la longitud de onda, siempre que ésta no alcance el valor a partir del cual *J* empieza a desaparecer para dicha temperatura. La exactitud de esta afirmación puede deducirse de la continuidad del espectro de un hilo de platino incandescente, en cuanto se supone que la absortividad de este cuerpo es una función continua de la longitud de onda de los rayos incidentes. También se puede afirmar con el mayor grado de probabilidad que la función *J* a temperatura constante no presenta máximos ni mínimos fuertemente salientes cuando cambia la longitud de onda. De esto se deduce que si el espectro de un cuerpo incandescente presenta saltos, máximos o mínimos fuertemente salientes, la absortividad del mismo, considerada en función de la longitud de onda de los rayos incidentes, debe presentar saltos, máximos o mínimos fuertemente salientes a los mismos valores de la longitud de onda.

1) Draper, *Phil. Mag. XXX*, *p*. 345; Berl. Ber. 1847.

294

Colocando ciertas sales en la llama de la lámpara de Bunsen pueden obtenerse espectros con máximos muy llamativos. El cloruro de litio es un ejemplo particularmente interesante. Si se funde un glóbulo de esta sal en un alambre de platino y se coloca en el manto de la llama de gas, el espectro de la llama (si no está contaminado por otras sales y no se aumenta demasiado la intensidad de la luz) aparece como una única línea roja brillante cuya longitud de onda es aproximadamente la media aritmética de las longitudes de onda correspondientes a las líneas *B* y *C* de Fraunhofer. Para esta longitud de onda la emisividad de la llama tiene un valor grande, mientras que para todas las demás longitudes de onda correspondientes a los rayos visibles es insignificantemente pequeña. En consecuencia, la capacidad de absorción de la llama de litio también debe tener un valor considerable para esta longitud de onda, pero ser imperceptible para todos los demás rayos visibles. Por lo tanto, si se utiliza una fuente de luz adecuada para formar un espectro continuo y se coloca una llama de litio entre ella y la rendija necesaria para este fin, la llama de litio sólo modifica el brillo en el espectro en la ubicación de la línea de litio. Aquí aumenta el brillo por su propia luz, pero lo debilita por la absorción que ejerce sobre los rayos de la longitud de onda correspondiente que la atraviesan. Sea esta absorción ¼. Según el teorema demostrado, este sería el caso si el brillo de la línea brillante de la llama de litio fuera ¼ del brillo en el mismo punto del espectro que daría un cuerpo completamente negro de la temperatura de la llama en el mismo aparato. La llama de litio dejaría entonces inalterada la luminosidad en el lugar del espectro considerado, si la luminosidad de la línea de litio, mientras se atenúan los rayos de la fuente luminosa posterior, es ¼ de la luminosidad que se produce en el mismo lugar del espectro mientras la fuente luminosa posterior actúa sola. Si esta

295

fuente de luz trasera tiene una luminosidad mayor que la determinada por ella, la línea de litio aparecerá oscura sobre un fondo más claro si ambas actúan simultáneamente, y clara sobre un fondo más oscuro en el caso contrario. Si ocurre lo primero, cuanto mayor sea la intensidad luminosa de la fuente posterior, más oscura aparecerá la línea; pues cuanto más aumenta esta intensidad luminosa, más imperceptible se hace la luz propia de la llama de litio. Sin embargo, con el valor numérico supuesto para la absorción de esta última, la luminosidad de la línea nunca puede ser inferior a ¾ de la luminosidad del entorno. Sin embargo, este límite se reduce si aumenta el espesor de la llama de litio y, por tanto, su absorción.

Un pequeño glóbulo de cloruro de litio colocado en la llama de la lámpara de Bunsen le confiere una capacidad de absorción tan grande para los rayos de la longitud de onda designada que, si se dejan pasar los rayos solares a través de la llama sobre la rendija del aparato que forma el espectro, aparece una fina línea negra en el punto correspondiente.

Los espectros producidos por otras sales al introducirlas en la llama suelen ser menos simples y rara vez producen líneas tan brillantes como la del litio. Sin embargo, debe ser posible *invertir todos* estos espectros de forma similar; si se da a la llama un grosor suficiente y se deja pasar a través de ella luz de intensidad suficiente, las líneas anteriormente brillantes deben transformarse en oscuras. Sólo podría darse una excepción con una llama en la que parte de la luz se deba directamente a un proceso químico, o con una llama que emita fluorescencia. Los experimentos deben decidir si existen tales llamas.

Si la fuente de luz trasera es un cuerpo incandescente, su intensidad depende de la temperatura de este cuerpo; la intensidad tiene su valor más alto a una temperatura dada si el cuerpo es completamente negro. Si se cumple esta condición y si la temperatura de las dos

296

fuentes luminosas es la misma, la fuente luminosa delantera deja inalterado el espectro de la trasera. Por lo tanto, la fuente luminosa trasera sólo puede invertir el espectro de la delantera si tiene una temperatura superior a la de esta última, y el espectro invertido tendrá una mayor nitidez cuanto mayor sea la diferencia de temperatura entre las dos fuentes luminosas.

Hasta ahora he conseguido invertir los espectros de la llama de litio y de la llama salina. El espectro de esta última consiste, como es bien sabido, en dos líneas amarillas muy próximas, brillantes, cuyas longitudes de onda coinciden con las longitudes de onda de las dos líneas *D* de Fraunhofer. Si se deja pasar los rayos de la luz de Drummond a través de una llama salina de temperatura no demasiado alta, las líneas brillantes se transforman en oscuras, que se encuentran así en la posición de las líneas *D* de Fraunhofer, y que en todos los aspectos dan la misma apariencia que estas últimas.

§. 14. Como se discutirá en detalle en otro lugar, las longitudes de onda para las que se producen los máximos de emisividad y absortividad son independientes de la temperatura en los límites más amplios; además, en el caso de las sales que producen tales máximos en una llama, son los metales los que los causan. Imaginemos un cuerpo de muy alta temperatura, en cuyo espectro no se produce la doble línea oscura *D*, rodeado de una atmósfera gaseosa de temperatura algo inferior. Si en esta atmósfera está presente el sodio, entonces la doble línea oscura *D* puede aparecer en el espectro de la fuente luminosa así compuesta; de la existencia de esta línea debemos deducir el contenido de sodio de la atmósfera. Ahora bien, el sol es indudablemente un cuerpo del tipo imaginario [1]); de la línea

La cuestión de si la parte interior del sol, de la que irradia principalmente la luz, es sólida, líquida o gaseosa, puede considerarse abierta.

297

D del espectro solar podemos deducir, por tanto, el contenido de sodio de la atmósfera solar.

Se puede plantear una objeción contra la corrección de esta conclusión: la causa de la línea *D* podría tener que buscarse en la atmósfera terrestre. Sin embargo, esta objeción queda refutada por las siguientes razones;

1) La cantidad suficiente de sodio en forma de vapor no puede muy bien estar presente en nuestra atmósfera, y la forma de vapor sería necesaria para producir el efecto en cuestión;

2) Si la línea *D* se originara en nuestra atmósfera, tendría que volverse más clara a medida que el sol se acerca al horizonte; sin embargo, nunca he observado ningún cambio correspondiente en su claridad, mientras que sí he observado a menudo tales cambios en líneas vecinas;

3) Si la línea *D* no tuviera su origen en el propio Sol, debería encontrarse también en los espectros de todas las estrellas fijas suficientemente brillantes; sin embargo, según Fraunhofer y Brewster, falta en los espectros de algunas estrellas fijas, mientras que está presente en los de otras.

La coincidencia exacta de las líneas de sodio con las líneas *D* de Fraunhofer puede demostrarse con mayor fiabilidad si se deja que los rayos solares atraviesen una llama de sodio antes de que lleguen a la rendija del aparato. El efecto de la llama de sodio puede verse entonces en el hecho de que las líneas *D* aparecen mucho más claras, negras y anchas. Al principio resulta algo desconcertante que el sodio de la pequeña llama pueda intensificar notablemente el efecto que el sodio tiene sobre los rayos luminosos en la inmensa atmósfera solar. El aspecto desconcertante desaparece, sin embargo, cuando se considera que el brillo de las líneas *D* en el espectro solar está determinado por la temperatura de la atmósfera solar, especialmente de sus capas más externas, y que la

298

temperatura de ésta es ciertamente muy superior a la de una llama de gas luminosa. Si imaginamos una llama de sodio cuyo espesor puede considerarse infinito con respecto a la absorción de los rayos correspondientes a las líneas *D*, y suponemos que los rayos de una fuente luminosa posterior la atraviesan y se separan después en un espectro, el brillo en los lugares de las líneas *D* depende únicamente de la temperatura de dicha llama. Si se coloca delante una llama de sodio de la misma temperatura, no cambia nada en el espectro; pero si la llama añadida tiene una temperatura inferior, debe hacer que las líneas *D* aparezcan más oscuras. El efecto de la llama de gas luminoso, en la que se introduce sodio, sobre el espectro solar queda así explicado tan pronto como se admite que su temperatura es inferior a la de las capas más externas de la atmósfera solar; pero éste es ciertamente el caso, ya que las capas más externas de la atmósfera solar no pueden tener una temperatura inferior a la que se produce en el punto focal de un espejo cóncavo muy eficaz dirigido hacia el sol.

Algo similar a lo que ocurre con el sodio se aplica a cualquier otra sustancia que, cuando se coloca en una llama, provoca la aparición de líneas brillantes en el espectro de la llama. Si estas líneas coinciden con líneas oscuras en el espectro solar, hay que concluir que esta sustancia está presente en la atmósfera solar, siempre que las líneas oscuras en cuestión no puedan tener su origen en la atmósfera terrestre. De este modo se ha encontrado un modo de determinar la composición química de la atmósfera solar, y el mismo modo promete también alguna información sobre la composición química de las estrellas fijas más brillantes [1]).

[1]) En dos de mis comunicaciones presentadas a la Berl. Acad. d. Wiss. el 27 de oct. y el 15 de dic. de 1859, hay todavía algunos detalles, no mencionados aquí, que se refieren a la naturaleza química de la atmósfera solar. En la segunda de estas comunicaciones, además, el teorema que forma el contenido principal de este trabajo se demuestra de una manera diferente, pero con menos generalidad que aquí.

299

§. 15. De la proposición demostrada en la primera parte de este trabajo, se deduce que un cuerpo que absorbe más rayos *de una* dirección de polarización que *de otra*, emite en la misma proporción más rayos de la primera dirección de polarización que de la segunda. En consecuencia, como es bien sabido, un cuerpo opaco brillante con una superficie lisa debe emitir luz en direcciones oblicuas a esta superficie, que está parcialmente polarizada, perpendicular al plano que pasa por el rayo y la normal de la superficie; porque el cuerpo refleja menos, y por tanto absorbe más, de los rayos incidentes polarizados perpendicularmente al plano de incidencia que de los rayos cuyo plano de polarización es el plano de incidencia. Según este teorema, el estado de polarización de los rayos emitidos puede determinarse fácilmente si se conoce la ley de reflexión de los rayos incidentes.

Una placa de turmalina cortada paralelamente al eje óptico absorbe más rayos que inciden perpendicularmente sobre ella a temperatura normal si el plano de polarización es paralelo al eje que si el plano de polarización es perpendicular al eje. Siempre que la placa de turmalina conserve esta propiedad a calor incandescente, debe emitir rayos en dirección perpendicular a ella, parcialmente polarizados en el plano que pasa por el eje óptico, es decir, en un plano perpendicular al llamado plano de polarización de la turmalina. He comprobado experimentalmente esta sorprendente conclusión, que se desprende de la teoría desarrollada, y se ha confirmado. Las placas de turmalina utilizadas, expuestas a la llama de la lámpara de Bunsen, soportaron durante mucho tiempo un calor incandescente moderado sin sufrir cambios permanentes; solo las esquinas mostraron turbidez tras la exposición. La propiedad de polarizar la luz que las atravesaba también se producía con el calor incandescente, aunque en un grado considerablemente menor que a temperaturas más bajas.

300

Esto se demostró mirando a través de un prisma birrefringente a través de la placa de turmalina a un alambre de platino que brillaba en la misma llama. Las dos imágenes del alambre de platino tenían un brillo desigual, pero su diferencia era mucho menor que cuando la placa de turmalina estaba fuera de la llama. Se colocó el prisma birrefringente en la posición en la que la diferencia de intensidad luminosa entre las dos imágenes del alambre de platino era máxima; la imagen más brillante habría sido la superior; luego, tras retirar el alambre de platino, se compararon entre sí las dos imágenes de la placa de turmalina. La imagen superior era más oscura que la inferior, aunque no de forma evidente; las dos imágenes parecían dos cuerpos idénticos y brillantes, el superior de los cuales tenía una temperatura más baja que el inferior.

§. 16. Del teorema demostrado puede extraerse aquí, al final, una conclusión más. Si un espacio está delimitado por cuerpos de la misma temperatura, y ningún rayo puede penetrar a través de estos cuerpos, entonces cada haz de rayos dentro del espacio es de la misma calidad e intensidad que si procediera de un cuerpo completamente negro de la misma temperatura. El hecho de que un haz de rayos proceda de un cuerpo completamente negro de la misma temperatura es, por tanto, independiente de la naturaleza y forma de los cuerpos y está causado únicamente por la temperatura. La exactitud de esta afirmación se comprueba cuando se considera que un haz de rayos que tiene la misma forma y la dirección opuesta al seleccionado es completamente absorbido por la infinidad de reflexiones que sufre sucesivamente de los cuerpos imaginarios. En el interior de un cuerpo opaco, incandescente y de cierta temperatura, se produce siempre la misma luminosidad, cualquiera que sea la naturaleza del cuerpo.

La proposición enunciada en este §. no puede, de paso, dejar de tener validez aunque los cuerpos fluorescentes figuren entre los cuerpos considerados.

301

Un cuerpo fluorescente puede definirse como aquel cuya emisividad depende de los rayos que inciden sobre él en el momento considerado. La ecuación $E/A = e$ no tiene en general validez para un cuerpo de este tipo, pero sí si está encerrado en una envoltura completamente negra de la misma temperatura, ya que las mismas consideraciones por las que se demuestra esta ecuación para ese cuerpo C suponiendo que no es fluorescente también se aplican si se supone que es fluorescente. Para darse cuenta de ello, basta observar que, si la magnitud E también puede tener dos valores diferentes en las dos disposiciones del sistema mostrado en la Fig. 3, Pl. III, si el cuerpo C es fluorescente, estos dos valores sólo pueden diferir en una cantidad infinitesimal.

Heidelberg, enero de 1860.

1893

FEBRERO

Willy Wien (Berlin-Charlottenburg). «***Eine neue Beziehung der Strahlung schwarzer Körper zum zweiten Hauptsatz der Wärmetheorie***». *Sitzungsberichte der Preussischen Akademie der Wissenschaften* (Sitzung der phsykalisch-mathematischen Classe vom 9. Februar) (Sesión del seminario de física matemática del 9 de febrero). (Ausgegeben: 16 de febrero de 1893) (Distribuida el 16 de febrero); pp. 55-62 (Vorgelegt von Hrn. von Helmholtz) [Comunicación presentada por el Sr. von Helmholtz] («Nueva relación de la radiación del cuerpo negro con el segundo principio de Termodinámica»)

55

Nueva relación de la radiación del cuerpo negro con el segundo principio de Termodinámica

Basándose en un proceso ideado por Bartoli, Bolzmann[1] demostró que, a partir del segundo principio de termodinámica, se puede deducir la existencia de una presión ejercida por la radiación sobre una superficie irradiada. Tal presión es, por otra parte, una consecuencia de la teoría electromagnética de la luz y Boltzmann pudo, a partir de esta relación, deducir la ley de Stefan de la radiación del cuerpo negro.

Estas deducciones siguen siendo por completo idóneas si no nos limitamos a considerar la totalidad de la radiación, sino que suponemos la radiación descompuesta en sus longitudes de onda.

Los fenómenos supuestos que deben formar el fundamento de nuestra consideración tienen que corresponder, igual que en Boltzmann y antes en Kirchhoff y Clausius, de tal modo a la realidad que tiene que ser posible llevarlos a cabo de hecho con un grado de aproximación en apariencia ilimitado.

Como supuestos previos, se necesitará de entrada la validez de la teoría electromagnética de la luz, según la cual, la presión ejercida por un rayo de luz en su dirección es igual a la energía de la radiación, pues la posibilidad de existencia de cuerpos completamente negros y completamente reflectantes que se puedan también juntar, que amontonen los rayos de luz que caen completamente dispersos, como encontramos que se cumple aproximadamente en la reflexión de los cuerpos blancos. Consideremos además todavía el segundo principio de termodinámica como válido, que también mediante radiación que proviene de la reserva de calor de los cuerpos rígidos no se puede obtener trabajo del calor sin otras prestaciones de trabajo, pérdida de temperatura o cambios de estado.

1) WIED. Ann. Bd. 32 S. 31 y 291. 1884.

56

Finalmente, presupondremos la aplicabilidad del principio de Doppler a los rayos de luz.

La radiación que proviene de un cuerpo negro que se encuentra en un recinto cerrado de paredes reflectantes tendrá todas las direcciones posibles. Según Boltzmann, el valor medio que mejor corresponde a estas relaciones se obtiene entonces suponiendo que en un cubo la misma cantidad, es decir, un tercio de la radiación total pasa paralela a cada pared lateral. Una reducción del volumen aumenta la densidad de energía (la cantidad de energía en la unidad de volumen) al reducir el suministro de energía a un espacio más pequeño y al trabajar contra la presión de los rayos. Al retroceder, el trabajo realizado se recupera completamente si la velocidad a la que se realizaron los cambios de volumen sigue siendo infinitamente pequeña en comparación con la velocidad de la luz, de modo que el cambio de densidad se equilibra en todo el espacio.

Se puede suponer entonces un fenómeno en el que se puede lograr un incremento de la densidad de energía, por una parte, por elevación de la temperatura y por otra parte por reducción del volumen. El segundo principio muestra ahora que para igual densidad de la energía total ésta tendrá que ser también igual para cada longitud de onda por separado. Las longitudes de onda por reducción de volumen de la densidad condensada sólo son modificadas con arreglo al principio de Doppler. También es conocido por tanto el cambio causado por incremento de temperatura.

§. 1.

Descripción de los fenómenos

Imaginémonos un cilindro en el que dos pistones, *B* y *C*, son móviles. Sea la superficie de la sección transversal igual a la unidad. Los pistones deben estar dotados de trampillas que se pueden cerrar. Los espacios intermedios 1, 2, 3 están completamente vacíos. A y D son cuerpos negros de diferente temperatura absoluta ϑ_1 y $\vartheta_2 > \vartheta_1$. Son de tales dimensiones que su reserva de calor es infinitamente grande frente a la energía suministrada en forma de radiación a los espacios intermedios 1, 2, 3. Las paredes interiores del cilindro deben tener la propiedad de que toda la radiación que cae se amontona

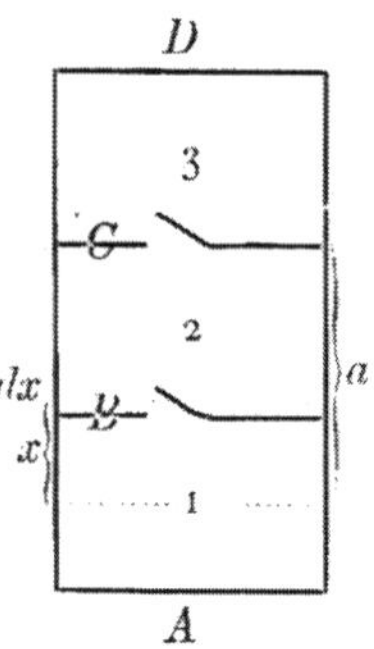

57

completamente diseminada, de modo que bajo ésta ya no existe ninguna dirección privilegiada. Si se admite que son posibles espejos perfectos, no se puede objetar nada contra la posibilidad de que también tales cuerpos, a los que habíamos llamado blancos perfectos, sean elaborables con cualquier grado de aproximación. Si las dos válvulas *C* y *B* están cerradas, la energía radiante del recinto 2 se encuentra en un espacio cerrado con paredes aislantes, por lo que se mantiene sin cambios.

Supongamos ahora que, al comienzo de nuestro proceso, esté abierta la válvula *B* y la *C* cerrada. Entonces, *A* radia en los recintos 1 y 2 y *D* en el recinto 3. La densidad de energía en 3 es mayor que en 2 porque la temperatura de D es más alta que la de A. Supongamos que esté ahora B cerrada. Desplacemos ahora el pistón B hacia C con velocidad v, infinitamente pequeña frente a la velocidad de la luz. La energía en 2 conseguirá entonces, no sólo por reducción de volumen sino también por suministro de trabajo, una densidad mayor frente a la presión. Movemos B hasta el punto en que la densidad en los dos recintos 2 y 3 se haga igual. Se puede por tanto concluir, a partir del segundo principio, que la distribución de energía en el espectro de la radiación en ambos recintos es asimismo igual.

Pues si no fuera este el caso, se tendrían que dar rayos de una determinada longitud de onda que tendrían en 3 una energía mayor que en 2. Podemos entonces poner delante de la válvula de C una laminilla delgada transparente que deje pasar preferentemente los rayos de las longitudes de onda consideradas y que refleje preferentemente los otros y se abren entonces las válvulas. Tendrá que ir entonces más energía de 3 hacia 2 que a la inversa y la densidad de energía será mayor en 2 que en 3. Cerramos ahora C, quitamos la laminilla y dejamos que el émbolo C, desde la sobrepresión dominante en 2, se mueva y efectúe trabajo hasta que la densidad de energía vuelva a ser igual en ambos recintos. Sea Q el trabajo conseguido así. Se abre de nuevo C y se lleva a su posición inicial. Esto puede suceder sin que se efectúe trabajo ya que en ambos lados impera ahora la misma presión. Regresemos además con B, estando cerrado C, a los lugares originales y obtenemos de nuevo el trabajo producido en el transcurso. Si finalmente B se vuelve a abrir, se consigue plenamente el estado inicial y, por ello, la cantidad de trabajo Q a partir del calor, sin que, por el contrario, ocurriese ningún cambio de estado que pudiera servir de compensación. Como esto viola el segundo principio, la distribución de energía espectral en los reductos 2 y 3 tendría que ser la misma

58

que si la densidad fuese igual en ambos. De acuerdo con ello conocemos la distribución de energía en la radiación proveniente de A y el cambio que ha experimentado como consecuencia del movimiento del émbolo B, por lo que conocemos también la distribución en la radiación del cuerpo caliente D.

§. 2.

Cálculo del cambio de la distribución de energía según el principio de Doppler

Sea de nuevo v la velocidad del pistón y c la velocidad de la luz. Como consecuencia del movimiento del émbolo B con relación a la radiación, se acortarán las longitudes de onda de acuerdo con el principio de Doppler. La duración T de la oscilación de un rayo que cae verticalmente cambia conforme a la ecuación

$$T' = \frac{c - 2v}{c} T .$$

Como ahora $T = \frac{\lambda}{c}$, será $T' = \frac{\lambda'}{c}$, si λ y λ' son las longitudes de onda, por lo que será

$$\lambda' = \frac{c - 2v}{c} \lambda .$$

En los rayos que caen oblicuamente sólo se tiene en cuenta la componente normal. En la dirección de la radiación distribuida uniformemente se puede poner de nuevo en un cubo sobre el pistón B la totalidad de las componentes que siguen su curso normal igual a la tercera parte de la energía total. La radiación que sale del émbolo que se mueve se dispersará desordenadamente por las paredes en reposo y de este modo la uniformidad interferida de la distribución se producirá de nuevo inmediatamente.

Sea $\phi(\lambda)$ la densidad de energía inicial disponible en 2 como función de la longitud de onda, por lo que $\phi d\lambda$ es la energía cuya longitud de onda está entre λ y $\lambda + d\lambda$. Por una única reflexión desde el émbolo que se mueve, las longitudes de onda de los rayos que atraviesan perpendicularmente se acortarán en una cantidad *h*. Sea $f_1(\lambda)$ la nueva distribución de energía. Si suponemos las $\phi(\lambda)$ en ordenadas y las λ en abscisas, obtendremos los puntos de la nueva curva $f(\lambda)$ si, para cada λ, dejamos dos tercios de la correspondiente ordenada $\phi(\lambda)$ que corresponden a los dos tercios de la energía que permanecen inalterados.

59

El último tercio se tiene que sustituir por un tercio de la ordenada ϕ, que pertenece a $\lambda + h$, porque un tercio de la energía ha recortado en *h* su longitud de onda. Es pues

$$f_1(\lambda) = \frac{2}{3}\phi(\lambda) + \frac{1}{3}\phi(\lambda + h).$$

Para *h* pequeño es

$$\phi(\lambda + h) = \phi(\lambda) + h\phi'(\lambda),$$

y por tanto

$$f_1(\lambda) = \phi\left(\lambda + \frac{h}{3}\right)$$

por reflexión única en el émbolo B; tras *n* reflexiones, será, según esto

$$f_n(\lambda) = \phi\left(\lambda + \frac{nh}{3}\right) = f(\lambda),$$

si es también *nh* pequeño frente a λ.

Se sigue de aquí, nuevamente

$$f(\lambda) = \phi(\lambda) + \frac{nh}{3}\phi'(\lambda) = \frac{2}{3}\phi(\lambda) + \frac{1}{3}\phi(\lambda + nh).$$

El cambio en la distribución de energía es como si los rayos que pasan perpendicularmente, que constituyen la tercera parte de la energía total, hubieran reducido sus longitudes de onda en la cantidad *nh*.

Tenemos que entender *n* como el número que indica la frecuencia con que se reflejan en el cubo los rayos que pasan perpendicularmente al émbolo en su ida y vuelta en el recinto 2 desde el émbolo que se mueve, mientras éste recorre un trayecto determinado.

Si $a - x$ es la distancia de *C* a *B*, mientras *B* se desplaza *dx*, será

$$n = \frac{dx}{2(a-x)} \cdot \frac{c}{v},$$

en el supuesto de que *n* sea grande con relación a la unidad. Tendrá que ser pues $\frac{c}{v}$ grande frente a $\frac{2(a-x)}{dx}$; pero por ello deberá ser *dx* pequeño frente a $2(a-x)$.

Tras una reflexión era

$$\lambda' = \frac{c-2v}{c}\lambda .$$

60

Tras n, será

$$\lambda_n = \left(\frac{c-2v}{c}\right)^n \lambda = \left(\frac{c-2v}{c}\right)^{\frac{dx}{2(a-x)}\cdot\frac{c}{v}} \lambda .$$

Esto puede escribirse

$$\lambda_n = \left[\left(1-\frac{2v}{c}\right)^c\right]^{\frac{dx}{2(a-x)}\cdot\frac{1}{v}} \lambda .$$

De aquí, será, para lim $c = \infty$

$$\lambda_n = (e^{-2v})^{\frac{dx}{2(a-x)}\cdot\frac{1}{v}} \lambda = e^{-\frac{dx}{a-x}} \lambda .$$

Se ve que, al retroceder el émbolo, la ecuación se queda en

$$\lambda = \left(\frac{c+2v}{c}\right)^n \lambda_n = e^{\frac{dx}{a-x}} \lambda_n .$$

Por lo tanto, también λ_n se remonta al valor original. El fenómeno es también reversible aquí. Ponemos ahora

$$\lambda_n = \lambda + nh ,$$

donde nh es infinitamente pequeño y del orden de dx; así que, despreciando magnitudes más pequeñas de segundo orden

$$nh = -\frac{dx}{a-x}\lambda .$$

Teníamos pues

$$f(\lambda) = \phi\left(\lambda + \frac{nh}{3}\right) = \phi(\lambda + d\lambda) .$$

Tendremos por tanto que poner

$$d\lambda = -\frac{dx}{3(a-x)}\lambda .$$

Cada valor de λ será menor que esta cantidad si x se incrementa en dx.

Obtenemos por integración

$$\lg\lambda = \frac{1}{3}\lg(a-x) + \lg C$$

$$\lg C = \lg\lambda_0 - \frac{1}{3}\lg a,$$

donde λ_0 es el valor para $x = 0$. Por lo tanto

$$\lambda = \sqrt[3]{\frac{a-x}{a}} \cdot \lambda_0 .$$

61

Supongamos además que E es el cuanto de energía en el recinto 2, si B se encuentra en x. La densidad de energía es entonces

$$\psi = \frac{E}{a-x}.$$

Si x se incrementa en dx, la densidad aumentará como consecuencia de la disminución de volumen y del trabajo realizado.

$$\frac{d\psi}{dx}dx = \left\{\frac{dE}{dx}\frac{1}{a-x} + \frac{E}{(a-x)^2}\right\}dx = \left(\frac{dE}{dx} + \psi\right)\frac{dx}{a-x}$$

La presión sobre el émbolo es ahora

$$= \frac{1}{3}\psi.$$

El trabajo producido, por tanto

$$\frac{dE}{dx}dx = \frac{1}{3}\psi dx.$$

Lo que da

$$d\psi = \frac{4}{3}\frac{\psi}{a-x}dx$$

$$\lg\psi = -\lg\left[(a-x)^{\frac{4}{3}}\right] + \lg C_1$$

$$\lg C_1 = \lg\psi_0 + \lg\left(a^{\frac{4}{3}}\right)$$

donde ψ_0 es el valor para $x = 0$.

Será pues

$$\psi = \sqrt[3]{\left(\frac{a}{a-x}\right)^4} \cdot \psi_0$$

y, según lo anterior, para valores iguales de x

$$\frac{\psi}{\psi_0} = \frac{\lambda_0^4}{\lambda^4}.$$

Según §. 1. la distribución de energía ψ proveniente de un cuerpo con la temperatura más elevada ϑ es ahora la misma. Si es ϑ_0 el valor de ϑ que corresponde a ψ_0, será, según Stefan y Boltzmann

$$\frac{\psi}{\psi_0} = \frac{\vartheta^4}{\vartheta_0^4}.$$

Resulta pues

$$\vartheta\lambda = \vartheta_0\lambda_0$$

62

En el espectro de emisión normal de un cuerpo negro, cada longitud de onda se desplaza con la temperatura que cambia de modo que el producto de temperatura y longitud de onda permanece constante.

Si se da la distribución de energía como función de la longitud de onda para una temperatura cualquiera ϑ_0, puede deducirse ahora para cualquier otra temperatura ϑ. Supongamos que se pone de nuevo λ en abscisas y $\phi(\lambda)$ en ordenadas. La superficie encerrada entre la curva y el eje de abscisas es la energía total ψ. Se tiene que cambiar ahora de entrada cada λ de modo que $\lambda\vartheta$ permanezca constante. Si en vez de la λ_0 original se recorta un fragmento estrecho de anchura $d\lambda_0$ y área $\phi_0 d\lambda_0$, de acuerdo con el cambio este fragmento se habrá desplazado, en vez de λ, a partir de la anchura $d\lambda_0$, se hará $d\lambda = \frac{\vartheta_0}{\vartheta} d\lambda_0$. Como el cuanto de energía $\phi_0 d\lambda_0$ tiene que permanecer constante, será

$$\phi d\lambda = \phi_0 d\lambda_0, \qquad \phi = \phi_0 \frac{d\lambda_0}{d\lambda} = \phi_0 \frac{\vartheta}{\vartheta_0}.$$

Si cambia ahora además con la temperatura cada ϕ según la ley de Stefan en la proporción $\frac{\vartheta^4}{\vartheta_0^4}$, la nueva ordenada será

$$\phi = \phi_0 \frac{\vartheta^5}{\vartheta_0^5}.$$

De esta forma se obtienen todos los puntos de las nuevas curvas de energía. Este resultado concuerda con el desplazamiento del máximo de energía obtenido por H. F. Weber[1] a partir de su ley de radiación.

1) Sitzungsber. d. Berl. Akad. 1888, pág. 565.

Distribuido el 16 de febrero

1896

JUNIO

Willy Wien. «***Ueber die Energievertheilung im Emissionsspectrum eines schwarzen Körpers***». *Annalen der Physik*, 58, pp. 662-669 (1896). Charlottenburg, junio de 1896. («Distribución de la energía en el espectro de emisión de un cuerpo negro»)

662

Distribución de la energía en el espectro de emisión de un cuerpo negro

Mientras el cambio de la radiación de calor de un cuerpo negro y su distribución en las longitudes de onda individuales con la temperatura pueden deducirse sobre la base de la teoría electromagnética de la luz por procedimientos puramente termodinámicos sin recurrir a hipótesis especiales, hasta le fecha esto mismo no ha salido bien para la distribución de la energía. Y desde luego, está en la naturaleza del asunto que también debería incluso ser determinable por completo, mediante las propiedades de la radiación, la dependencia de la intensidad de la longitud de onda, puesto que sólo depende de la temperatura y no de propiedades particulares de cuerpos individuales.

La radiación de un cuerpo negro corresponde al estado de equilibrio térmico y, en consecuencia, a un máximo de entropía. Si se conociera, por ejemplo, un fenómeno cualquiera mediante el que se pudiese efectuar un cambio de las longitudes de onda, sin gasto de trabajo y sin absorción, de forma conocida, en el sentido de un incremento de entropía, se determinaría por completo la distribución de energía en el espectro de un cuerpo negro a partir de la condición del máximo de entropía. Se puede indicar siempre, como he mostrado en un trabajo anterior, la entropía de la radiación de intensidad y color conocidos, pero de momento no se muestra ningún proceso físico mediante el que tenga lugar un cambio de color como el exigido, en forma previsible. Así que no es posible una determinación de la distribución de energía sin hipótesis.

El intento de basar una ley de radiación completa en espectros conocidos se ha hecho por E. v. Lommel[1] y W. Michelson[2]. Éste hace, además, las siguientes suposiciones:

1) E. v. Lommel, Wied. Ann. 3. p. 251. 1877.
2) W. Michelson, Journ. de phys. (2) 6. 1887.

663

1. La ley de Maxwell de distribución de velocidades entre un gran número de moléculas es también válida para cuerpos rígidos.

2. El periodo de oscilación τ originado por una molécula está relacionado con la velocidad progresiva v de la misma por la ecuación

$$\tau = \frac{4\rho}{v},$$

donde ρ representa una constante. (Esta suposición se consigue mediante una idea determinada acerca del modo de excitación de la radiación.)

3. La intensidad de la radiación emitida por una molécula es proporcional al número de moléculas del mismo periodo de oscilación y, además, de una función indeterminada de la temperatura y de una función igualmente desconocida de la fuerza viva que, mediante hipótesis suplementaria, se limita a una potencia de v^2.

La ley que obtiene Michelson a partir de estas hipótesis da, para la longitud de onda λ_m del máximo de energía

$$\lambda_m = \frac{const.}{\sqrt{\vartheta}},$$

si ϑ designa la temperatura absoluta. Por lo demás, esta ley deja sin determinar la emisión total como función de la temperatura.

Recurro ahora, a mi vez, a la feliz idea de Michelson de emplear la ley de Maxwell de distribución de velocidades como fundamento de la ley de radiación, pero esforzándome por reducir el número de hipótesis que, en este ámbito y a causa de nuestro completo desconocimiento de la excitación de la radiación, son especialmente inseguras, sirviéndome de los resultados obtenidos por Boltzmann y por mí por procedimientos puramente termodinámicos.

Las demás hipótesis que quedan dejan siempre tras de sí inseguridad en el fundamento teórico, pero presentan la ventaja de que se pueden cotejar los resultados inmediatamente, en gran medida, con la experiencia.

664

De ahí que la confirmación o refutación por la experiencia se decida también a la inversa sobre la exactitud o inexactitud de las hipótesis y en tanto sea útil para el desarrollo de la teoría molecular.

El teorema de que en un espacio vacío rodeado de paredes a igual temperatura existe radiación de un cuerpo negro rige también si la radiación procede de gases aislados de la cavidad por paredes transparentes y del exterior por paredes especuladas. Los gases sólo tendrán que tener una capacidad de absorción finita para todas las longitudes de onda. No cabe ninguna duda de que hay gases, como el ácido carbónico y el vapor de agua[1], que emiten radiaciones térmicas sólo por incremento de temperatura. Los vapores fuertemente recalentados pueden tratarse como gases y mediante mezcla adecuada de diferentes sustancias siempre se puede pensar en realizar una mezcla de gases que tenga una capacidad de absorción finita para todas las longitudes de onda. Pero no por ello se puede pensar en la radiación que emiten los gases bajo el influjo de fenómenos eléctricos o químicos.

Supongamos pues como cuerpo radiante un gas de modo que tenga vigencia la ley de Maxwell de distribución de velocidades, si se establece sobre la base de la teoría cinética de los gases. La temperatura absoluta será proporcional a la fuerza viva media de las moléculas del gas. Esta suposición ha adquirido, gracias a los trabajos de Clausius[2] y Boltzmann[3], un alto grado de verosimilitud y aún más amplio respaldo por las investigaciones de Helmholtz[4] sobre sistemas monocíclicos, según las que no sólo la fuerza viva sino también la temperatura absoluta, tienen la propiedad de ser el denominador integrante del diferencial de energía suministrada.

Para evitar la innecesaria prolijidad que ocasionaría la introducción de los diferentes integrantes de la mezcla de gases, imaginemos la mezcla

1) Paschen, Wied. Ann. 50. p. 409. 1893.
2) Clausius, Pogg. Ann. 142. p. 433. 1871.
3) Boltzmann, Wien. Ver. (2) 53. p. 195. 1866.
4) Helmholtz, Ges. Abh 3. p. 119.

665

de modo que la radiación homogénea considerada es emitida preferentemente por un componente de la mezcla de gases.

El número de moléculas cuya velocidad está comprendida entre v y $v+dv$ es proporcional a la magnitud

$$v^2 e^{-\frac{v^2}{\alpha^2}} dv,$$

donde α representa una constante que se puede expresar, mediante la velocidad media $\bar{v}$, por medio de la ecuación

$$\bar{v}^2 = \frac{3}{2}\alpha^2.$$

La temperatura absoluta es por tanto proporcional a α^2.

Ahora bien, las oscilaciones que emite una molécula, cuya velocidad es v, son, en su dependencia del estado de la misma, completamente desconocidas. En general se acepta ahora la idea de que las cargas eléctricas de las moléculas pueden originar ondas electromagnéticas.

Haremos la hipótesis de que cada molécula emite oscilaciones de una longitud de onda que sólo depende de la velocidad de la molécula que se mueve y cuya intensidad es una función de esta velocidad.

Se puede llegar a esta conclusión mediante diversas suposiciones especiales sobre el fenómeno de la radiación, pero como semejantes supuestos son aquí en realidad completamente provisionales, me parece de entrada lo más seguro hacer las hipótesis indispensables tan fáciles y generales como sea posible.

Como la longitud de onda λ de la radiación emitida por una molécula es una función de v, también será v una función de λ.

La intensidad φ_λ de la radiación cuya longitud de onda está comprendida entre λ y $\lambda + d\lambda$ es por tanto proporcional

1. al número de moléculas que emiten oscilaciones de este periodo,
2. a una función de la velocidad v y, por tanto, también a una función de λ.

Por consiguiente, es

$$\varphi_\lambda = F(\lambda) e^{-\frac{f(\lambda)}{\vartheta}},$$

666

donde F y f representan dos funciones desconocidas y ϑ la temperatura absoluta.

Combinemos ahora la variación de la radiación con la temperatura según la teoría dada por Boltzmann[1] y por mí[2] por un aumento de la energía total en la relación de la cuarta potencia de la temperatura absoluta y una variación de la longitud de onda de cada cuanto de energía comprendido entre λ y $\lambda + d\lambda$ en el sentido de que se cambie la correspondiente longitud de onda inversamente proporcional a la temperatura absoluta. Si se supone pues la energía, para una temperatura, como función de la longitud de onda, esta curva permanecería sin cambiar al cambiar la temperatura, si se modificase la escala del dibujo de modo que las ordenadas disminuyesen en la relación $1/\vartheta^4$ y las abscisas aumentasen en la relación ϑ. Esto último sólo es posible para nuestro valor de φ_λ si, en el exponente, λ y ϑ sólo figuran como producto $\lambda\vartheta$. Si c representa una constante, habrá que poner

$$\frac{f(\lambda)}{\vartheta} = \frac{c}{\lambda\vartheta}.$$

El incremento de la energía total determina el valor de $F(\lambda)$. Tendrá que ser pues

$$\int_0^\infty F(\lambda) e^{-\frac{c}{\vartheta\lambda}} d\lambda = \text{const.}\, \vartheta^4 .$$

$F(\lambda)$ se puede determinar por el método de los coeficientes indeterminados. Si suponemos $F(\lambda)$ desarrollado en serie y ponemos $\lambda = c/y\vartheta$, será

$$F(\lambda) = F\left(\frac{c}{y\vartheta}\right) = a_0 + a_{+1}\frac{\vartheta y}{c} + a_{+2}\frac{\vartheta^2 y^2}{c^2} + \dots a_n \frac{\vartheta^n y^n}{c^n} + \dots$$

$$+ a_{-1}\frac{c}{\vartheta y} + a_{-2}\frac{c^2}{\vartheta^2 y^2} + \dots a_{-n}\frac{\vartheta^{-n} y^{-n}}{c^{-n}}.$$

1) Boltzmann, Wied. Ann. 22. p. 291. 1884.
2) W. Wien, Ber. d. Berl. Akad. 9. Febr. 1893.

667

En la integración se obtiene

$$\int_0^\infty F(\lambda)e^{-\frac{c}{\vartheta\lambda}}d\lambda = \frac{c}{\vartheta}\int_0^\infty F\left(\frac{c}{y\vartheta}\right)e^{-y}\frac{dy}{y^2} = \sum_n a_n \frac{\vartheta^{n-1}}{c^{n-1}}\int_0^\infty e^{-y}y^{n-2}dy\,.$$

Deberá ser, por tanto

$$\text{const.}\,\vartheta^4 = \sum_n a_n \frac{\vartheta^{n-1}}{c^{n-1}}\Gamma(n-1)\,.$$

Todos los coeficientes son pues nulos hasta uno y se obtiene para el término

$$\vartheta^{n-1} = \vartheta^4\,,$$

pues $n = 5$.

De aquí que sea por tanto

$$F(\lambda) = \frac{\text{const.}}{\lambda^5}\,.$$

Así pues, la ecuación de φ_λ será

$$\varphi_\lambda = \frac{C}{\lambda^5}e^{-\frac{c}{\lambda\vartheta}}\,.$$

De aquí se sigue

$$\frac{d\varphi}{d\lambda} = -\frac{Ce^{-\frac{c}{\lambda\vartheta}}}{\lambda^6}\left(5 - \frac{c}{\lambda\vartheta}\right),$$

$$\frac{d^2\varphi}{d\lambda^2} = \frac{Ce^{-\frac{c}{\lambda\vartheta}}}{\lambda^7}\left(30 - \frac{12c}{\lambda\vartheta} + \frac{c^2}{\lambda^2\vartheta^2}\right);$$

para

$$\lambda = \frac{c}{5\vartheta} \quad \text{será} \quad \frac{d\varphi}{d\lambda} = 0\,,$$

$$\frac{d^2\varphi}{d\lambda^2} = -\frac{5Ce^{-5}}{\lambda^7}\,;$$

$d^2\varphi/d\lambda^2$ es negativo, por lo que el valor corresponde a un máximo. Llamemos λ_m a este valor. El correspondiente valor de φ será

$$\varphi_m = \frac{C}{\lambda_m^2}e^{-5}\,.$$

Como no sólo φ sino también $d\varphi/d\lambda$ se anulan para $\lambda = \infty$, la curva tiene una asíntota en el eje λ.

668

Además es $d^2\varphi/d\lambda^2 = 0$ para las raíces d ela ecuación

$$30\lambda^2\vartheta^2 - 12c\lambda\vartheta + c^2 = 0\,,$$

y por tanto para

$$\lambda = \lambda_m(1 \pm \sqrt{1/6})\,.$$

Para estos dos puntos la curva tiene puntos de inflexión. Poniendo $\lambda = \lambda_m(1+\varepsilon)$, será

$$\varphi_\lambda = \frac{Ce^{-\frac{c}{\lambda_m(1+\varepsilon)\vartheta}}}{\lambda_m^5(1+\varepsilon)^5} = \frac{Ce^{-\frac{5}{1+\varepsilon}}}{\lambda_m^5(1+\varepsilon)^5}\,,$$

y por tanto

$$\log\frac{\varphi}{\varphi_m} = -5\left(\log(1+\varepsilon) - \frac{\varepsilon}{1+\varepsilon}\right) = -5\left(\frac{1}{2}\varepsilon^2 - \frac{2}{3}\varepsilon^3 + \frac{3}{4}\varepsilon^4 \ldots\right).$$

Si se pone $-\varepsilon$ por ε, será

$$\log\frac{\varphi}{\varphi_m} = -5\left(\frac{1}{2}\varepsilon^2 + \frac{2}{3}\varepsilon^3 + \frac{3}{4}\varepsilon^4 \ldots\right).$$

Aquí, el valor absoluto de la serie es más grande, y por tanto φ/φ_m más pequeño, que con ε positivo. En cuanto $\varepsilon < 1$, las ordenadas a la misma distancia del máximo son más pequeñas en la zona de las pequeñas longitudes de onda.

En un trabajo anterior[1] deduje que las curvas de energía de los cuerpos negros para diferente temperatura no pueden cortarse una a otra. De ahí que se pueda deducir además que la curva en la parte de las ondas largas tiene que descender más lentamente que la curva

$$\frac{\text{const.}}{\lambda^5}.$$

Pues bien, este es de hecho el caso de nuestra curva; $d\varphi_\lambda/d\lambda$ es siempre, en valor absoluto, más pequeño que $5C/\lambda^6$ y alcanza este valor límite sólo para $\vartheta = \infty$. Para temperatura infinitamente creciente se haría $\varphi_\lambda = C/\lambda^5$ y el máximo de energía se aproximará indefinidamente a la longitud de onda cero.

1) W. Wien, Wied. Ann. 52. p. 159. 1894.

669

Tras haber deducido yo la fórmula de φ_λ a través de las citadas consideraciones teóricas, el Prof. Paschen halló, independientemente de mi deducción, la fórmula

$$\varphi_\lambda = \frac{C}{\lambda^\alpha} e^{-\frac{c}{\lambda\vartheta}}$$

(donde α es una constante) como la que mejor corresponde a sus observaciones y tuvo la amabilidad de informarme de ello y de permitirme comunicar su fórmula en este lugar. El Prof. Paschen tiene la intención de determinar el valor de la constante α a partir del cálculo íntegro y el cotejo de sus observaciones. Si α no fuese 5, la emisión total no seguiría la ley de Stefan.

Charlottenburg, junio de 1896.

La experimentación como fuente de conocimiento:

1896. Otoño. Efecto Zeeman. Los campos magnéticos actúan sobre la radiación luminosa procedente de una fuente produciendo la división de las líneas espectrales.

1897. Abril. J. J. Thomson descubre el electrón, partícula subatómica constitutiva de todos los átomos. Los rayos catódicos (rayos beta) son electrones.

Se da así por hecho que la fuente de los espectros son las excitaciones electrónicas de los átomos.

1900

OCTUBRE

W. Wien. «***Zur Theorie der Strahlung schwarzer Körper. Kritisches***». *Annalen der Physik*; pp. 530-539 (1900). Registro de entrada: 12 de octubre de 1900. («Teoría de la radiación del cuerpo negro. Consideraciones críticas»)

530

Teoría de la radiación del cuerpo negro. Consideraciones críticas.

Últimamente, los estudios teóricos y experimentales sobre la radiación de los cuerpos negros han sido objeto de múltiples debates. Me gustaría expresar mi opinión sobre esta cuestión de forma más crítica y detallada de lo que lo hice en el informe del Congreso Internacional de Física celebrado en París.

Sobre una base puramente termodinámica y derivada de la teoría electromagnética de la luz, Boltzmann formuló la ley según la cual la radiación total aumenta proporcionalmente a la cuarta potencia de la temperatura absoluta, y yo formulé la ley según la cual el cambio de cada longitud de onda es inversamente proporcional a la temperatura absoluta.

Estas dos leyes son seguras en su fundamentación[1] y están absolutamente confirmadas por la experiencia.

Las demás consecuencias puramente termodinámicas que deduje de la ley de Kirchhoff se pueden considerar también firmemente establecidas y, que yo sepa, tampoco se discuten. Sólo contra la excepción, que señalé, del giro magnético del plano de polarización, se ha dirigido el Sr. Brillouin[2] en un artículo que sólo llegó a mi conocimiento con ocasión del Congreso de París.

[1] El Sr. Thiesen ha formulado reparos respecto al rigor de mi demostración original (Verhandl. d. Deutsch. Physik. Gesellsch. 2. p. 37. 1900). Me gustaría señalar a este respecto, que di más tarde (Wied. Ann. 52. p. 156. 1894) una deducción en la que el cálculo con valores medios, contra el que se dirigían los reparos, se ha eludido por completo.

[2] Brillouin, L'éclairage électrique 15. p. 256. 1898.

531

Las objeciones del Sr. Brillouin se basan en un malentendido del punto realmente determinante del asunto, suscitado a causa de que yo creí poder remitirme a las minuciosas explicaciones de Kirchhoff y por ello no hice ninguna exposición de la marcha completa de los rayos.

Por eso quiero tratar este punto, que me parece digno de la mayor atención, con alguna mayor precisión.

El fundamento de la deducción del teorema de Kirchhoff, sobre el que también Clausius edificó su ley de dependencia de la radiación del medio circundante, es el hecho de que, en estado de equilibrio térmico, dos elementos de superficie negros se envían recíprocamente iguales cantidades de energía. Ambos elementos se encuentran en el mismo medio, por lo que esto sucede siempre mientras tiene lugar la llamada reciprocidad de la marcha del rayo, es decir, mientras un rayo que va de un punto del elemento ds_1 a un punto del elemento ds_2 recorre el mismo camino que uno que va de ds_2 a ds_1. Todo punto del elemento ds_1 envía al elemento ds_2 la cantidad de rayos que está contenida en un cono que partiendo del punto abarca al elemento ds_2 (Fig. 1)

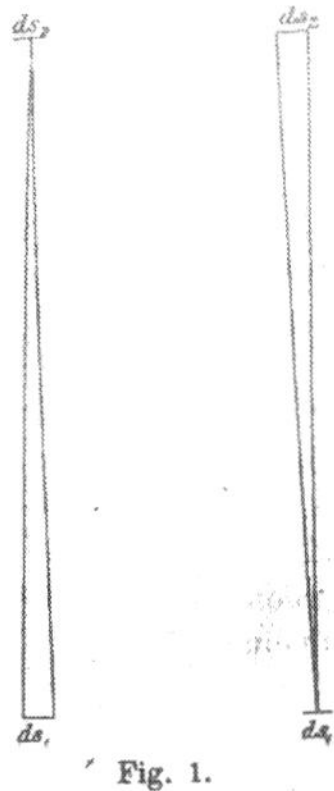

Fig. 1.

Según teoremas conocidos, la cantidad total de rayos que va de ds_1 a ds_2 es, por tanto

$$eds_1 \frac{ds_2}{r^2},$$

si e representa la capacidad de emisión del cuerpo negro y r la distancia entre ambos elementos.

Para la radiación que va de ds_2 a ds_1, se obtiene

$$eds_2 \frac{ds_1}{r^2}.$$

532

Si los rayos atraviesan cualesquiera medios llenos o son reflejados de cualquier modo, r dependerá del camino recorrido y del índice de refracción de los medios, pero mientras exista la reciprocidad del camino del rayo, la r será igual para los rayos que van en la dirección opuesta.

Sin embargo, la reciprocidad del recorrido del haz cesa cuando se produce una rotación electromagnética del plano de polarización.

El haz de rayos que sale de ds1 pasa primero por un prisma de Nicol N_1. Los rayos totalmente reflejados se reflejan de vuelta a ds_1 mediante un espejo. La otra mitad, polarizada linealmente, atraviesa la placa *P*, donde las fuerzas magnéticas deben girar el plano de polarización 45°. A continuación, estos rayos inciden en N_2. Este prisma de Nicol debe estar orientado de tal manera que todos estos rayos lo atraviesen e incidan en ds_2. De los rayos que salen en dirección inversa desde ds_2, la radiación totalmente reflejada en Nicol N_2 se desvía. Los que pasan inciden en *P* y aquí su plano se gira de tal manera que queda perpendicular al plano de polarización de los rayos que vienen de ds_1 y salen de N_1. Por lo tanto, no pueden atravesar N_1, sino que se reflejan totalmente, son luego reflejados por el espejo S_1, se reflejan totalmente de nuevo en N_1, lo mismo ocurre en N_2, son luego reflejados de nuevo por S_2, son girados por tercera vez por *P* y ahora obtienen un plano de polarización que les permite atravesar completamente N_1 (fig. 2).

Dado que estos rayos han recorrido un camino más largo que los que van de ds_1 a ds_2, el haz de rayos que habría abarcado la misma longitud de camino ds_1 ahora abarca una superficie mayor. Aquí hay que establecer r de forma diferente para las dos direcciones y tenemos para la radiación que va de ds_1 a ds_2

$$eds_1 \frac{ds_2}{r_1^2},$$

y para la que va en sentido inverso, de ds_2 a ds_1,

$$eds_2 \frac{ds_1}{r_2^2}.$$

533

Como ahora puedo hacer r_2 arbitrariamente grande respecto a r_1, puedo anular la segunda cantidad de rayos frente a la primera. Mediante el espejo S_3 puedo [hacer] que los rayos que pasan por ds_1 se reflejen de nuevo de regreso hacia ds_2. Puedo por tanto

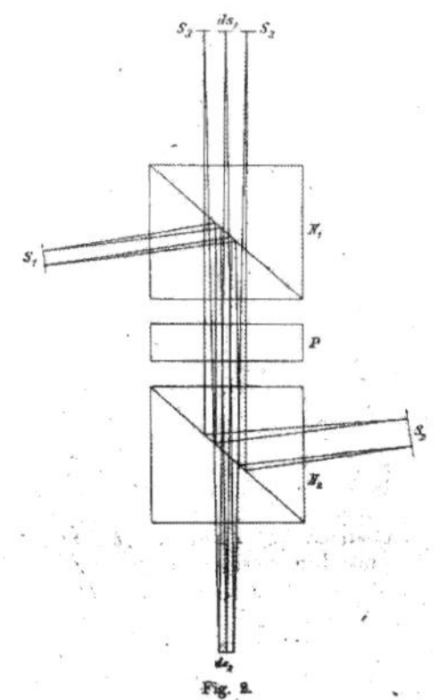

Fig. 2.

alcanzar, con ilimitada aproximación, la disposición de que ds_2 obtenga tres veces tanta radiación como ds_1, tal como he afirmado antes.

Esta consideración tiene cierta analogía con la demostración dada por Clausius de la dependencia de la radiación del medio circundante.

534

Supongamos (Fig. 3) que ds_1 está en un medio óptico menos denso y ds_2 en uno más denso. Se alcanza así la reciprocidad de los recorridos de los rayos que van y vienen de ds_1 a ds_2, pero los conos recíprocos experimentan, en la transición de un medio a otro, debido a la refracción, un cambio diferente. El que va de ds_2 a ds_1 aumenta su abertura y el inverso la reduce.

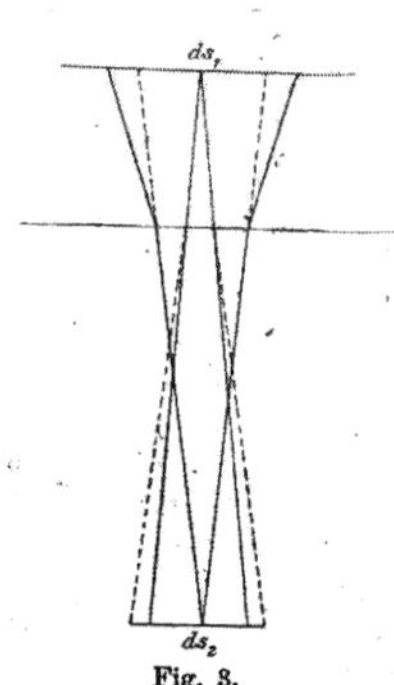

Fig. 3.

Por lo tanto, consiguen ir menos rayos a ds_1 que a ds_2. Aquí se origina el compromiso suponiendo que ds_2 emite más radiación que ds_1 en la relación del cuadrado del índice de refracción.

El malentendido del Sr. Brillouin reside en que él opera con rayos completamente paralelos, lo que en esas consideraciones es inadmisible. Los rayos paralelos son siempre únicamente un caso límite.

El Sr. Planck ha expresado[1] la opinión de que la propagación de radiación es un proceso reversible en la medida en que se excluyan la emisión, absorción y dispersión de la radiación. Frente a esto, me atengo a mi expuesto punto de vista originario de que la propagación de radiación en un espacio grande sólo es reversible si la radiación, por medio de su presión, proporciona, en su propagación, el máximo de trabajo que se puede proporcionar.

Como el Sr. Planck habla de un haz de rayos de determinada dirección, consideraré en lo que sigue uno de tales haces. Sea ds (Fig. 4) un elemento radiante negro y R_1 una semiesfera completamente reflectante. Todos los rayos que parten de ds regresan de nuevo a él. Es este un estado al que he llamado equilibrio lábil de radiación.

535

Supongamos que en ds está ubicado un espejo completo, de modo que, en el equilibrio de radiación, no se altera nunca, ni tampoco si el espejo dispersa por completo. Podemos ahora extender R_1 paulatinamente y pasar a R_2, de modo que, como antes, toda la radiación regrese a ds.

En esta extensión se puede lograr una determinada cantidad de trabajo que se puede calcular fácilmente a partir de la presión electromagnética y de la densidad de radiación. Con este trabajo puedo entonces, en el estrechamiento de la esfera de R_2 a R_1, superar de nuevo la presión de los rayos y reestablecer el estado inicial.

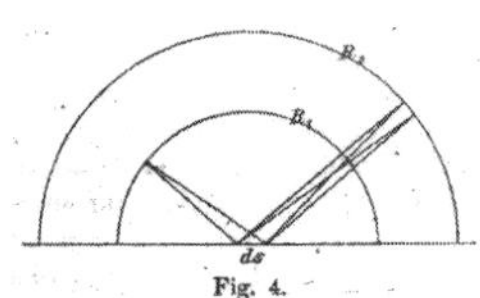

Fig. 4.

Si, por el contrario, suprimo súbitamente R_1 y dejo que la radiación se extienda hasta R_2, se establece un nuevo equilibrio en el que la radiación no tiene la misma densidad que si *ds* irradiase con la primitiva temperatura respecto a R_2. Esto corresponde a una degradación de la temperatura para la que no se realiza ninguna compensación. El proceso es por tanto irreversible. De aquí que no se produzca ninguna emisión, absorción o dispersión de los rayos.

El reparto de energía en el espectro de la radiación de un cuerpo negro no puede lograrse, según nuestros actuales conocimientos de las propiedades de los cuerpos, por consideraciones puramente termodinámicas. Frente a un experimento[1] para deducir la función de emisión a partir de hipótesis de teoría de gases se han levantado dos objeciones.

Yo había supuesto que cada molécula emite sólo rayos de una longitud de onda y que la radiación

[1] W. Wien, Wied. Ann. 58. p. 662. 1896.
[2] O. Lummer u. E. Jahnke. Ann. d. Phys. 3. p. 283. 1900.

536

hay que ponerla proporcional al número de estas moléculas que emiten oscilaciones. Ahora bien, la radiación de un cuerpo negro no depende de la naturaleza de las moléculas que producen la radiación. Por lo tanto, tampoco debería considerarse el número de moléculas radiantes. Ya señalé contra esto, en mi informe parisino, que, debido al segundo principio [de termodinámica], el número de moléculas no es necesario, ya que la irreversibilidad y, por ello, el establecimiento del equilibrio térmico, sólo se origina por el concurso de un gran número de moléculas. Con un número exiguo no se establecería en absoluto ningún estado de equilibrio de radiación. La segunda objeción se refiere a que en la aplicación de la ley de distribución de Maxwell hay que omitir un factor que contiene la temperatura.

No he dado el fundamento para la omisión de este factor ya que el mismo es extraordinariamente simple. Quiero entrar ahora un poco en algunos detalles, ya que se ha hecho una objeción contra la deducción de mi ley.

Si se mantiene el factor, se obtiene, como señalan correctamente los Sres. Lummer y Jahnke, la fórmula

$$E_\lambda = \frac{C}{\lambda^{\frac{13}{2}}\vartheta^{\frac{3}{2}}} e^{-\frac{c}{\lambda\vartheta}}.$$

Sin embargo, como señalé con anterioridad[1], tenemos que desechar todas las fórmulas que conducen a una curva que tenga respecto al eje de abscisas más pendiente que la curva

$$\frac{cte.}{\lambda^5}.$$

No puede pues descender la energía de una determinada longitud de onda si sube la temperatura. Sin embargo, este sería el caso con la anterior fórmula. Desde una temperatura determinada, *E* llegaría a ser más pequeña con temperatura de nuevo creciente. Pero que *E* no puede descender con temperatura creciente es una consecuencia termodinámica igualmente necesaria que la ley de Stefan y la ley de desplazamiento, que se han empleado para establecer la fórmula.

[1] W. Wien. Wied. Ann. 52. n. 159. 1894

537

La supresión del factor $(\lambda\vartheta)^{-\frac{3}{2}}$ está pues, termodinámicamente, bien fundada. Que deba por ello perderse el sentido físico de la ley de distribución de Maxwell, es algo que no puedo entender.

Establezco que la radiación es proporcional, con una constante que contiene la temperatura, al número de moléculas radiantes. Se sigue pues la ley, que he deducido, por la que justamente deben satisfacerse todas las leyes basadas en la termodinámica. Esto es completamente independiente de la temperatura, de lo que parto, y si, teniendo en cuenta las leyes termodinámicas, se suprime el factor que contiene la temperatura, eso significa, físicamente, que la radiación –sin contar el número de moléculas- tiene que ser proporcional a una cierta función de temperatura, para que sea proporcional, a cualquier temperatura, al número de moléculas. Pero esto no es una nueva hipótesis, sino que es exigido por las leyes termodinámicas.

Me gustaría señalar todavía que nunca he considerado irrefutable el fundamento de mi ley, lo que ya está excluido por la necesidad de introducir hipótesis incontrolables. Por el contrario, he hablado explícitamente de que, mediante la demostración de la ley (experimentalmente), esperaba, a la inversa, echar un vistazo a la teoría molecular.

Al abordar los demás debates del trabajo de Lummer y Jahnke tengo por innecesario que se trate en exclusiva de establecer fórmulas puramente empíricas.

En lo que atañe a la comparación de la comentada ley de radiación con la experiencia, la concordancia para ondas cortas es tan buena que las misma ya no puede contemplarse como fortuita. Para ondas largas se han mostrado discrepancias.[1] Tengo que resaltar, de entrada, que me sigo ateniendo, en oposición al Sr. Planck,[2] al punto de vista anteriormente[3] expresado de que

[1] Si se manifiestan estas divergencias para una determinada temperatura, de mi ley de desplazamiento se sigue que avanzan, con temperatura creciente, hacia longitudes de onda cada vez más pequeñas.
[2] M. Planck, Ann. D. Phys. 1. p. 725. 1900.
[3] W. Wien, Wied. Ann. 49. p. 633. 1893.

538

ondas electromagnéticas cortas y largas no presentan sólo una diferencia cuantitativa en sus relaciones con la radiación térmica. En la absorción se supone en general que ésta se representa, en ondas largas, por un vector único, o, lo que significa lo mismo, bajo suposición de la continuidad de la materia que, por el contrario, en las ondas cortas, la influencia de la constitución molecular de los cuerpos tiene crédito. Exactamente lo mismo debe regir también para la emisión. Tengo a priori por improbable que una ley de radiación, constituida sobre hipótesis moleculares, deba seguir siendo válida también para ondas muy largas. La coincidencia con la experiencia para ondas cortas habla manifiestamente de que las suposiciones hechas no se aplican ni por aproximación a ondas largas.

Teniendo en cuenta esto, tengo por poco prometedora una ley de radiación válida en general constituida sobre hipótesis moleculares, mientras que una derivación puramente termodinámica es imposible. Me parece de entrada más prometedora la opinión del Sr. Paschen, que me participó por carta, de intentar la representación de la ley de radiación para ondas largas, independiente de la que es válida para las ondas cortas, del mismo modo que para oscilaciones eléctricas lentas se necesitan otras fórmulas que para las muy rápidas.

El Sr. Planck[1] ha deducido una expresión de la entropía electromagnética en una teoría basada en la resonancia de un dipolo eléctrico, de la que se sigue la ley de radiación establecida por mí.

Ante esta deducción interpuse ya en mi informe parisino dos objeciones. En primer lugar, falta la demostración de que la hipótesis introducida de la radiación natural es la única que conduce a la irreversibilidad. Sigue siendo dudoso que los procesos considerados tengan verdaderamente algo que ver con la radiación térmica, ya que, en la deducción de la expresión de la entropía, se supone que los resonadores radiantes son independientes unos de otros. Por otra

[1] M. Planck, Ann. d. Phys. 1. p. 69. u. p. 719. 1900

539

parte, la deducción se basa en que están presentes la mayoría de los resonadores. Me parece que hay ahí una contradicción. Si se pudieran cubrir estas dos lagunas, la teoría de Planck tendría una base rigurosamente termodinámica.

Por último, me gustaría comentar una observación de Lord Rayleigh [1]) sobre mi ley de radiación, según la cual la radiación converge hacia un límite determinado cuando la temperatura aumenta infinitamente.

Esto es cierto, pero entonces la energía cerca de la longitud de onda cero se vuelve infinita, es decir, en última instancia sólo se produce un aumento de la intensidad de las longitudes de onda muy cortas, mientras que las ondas más largas ya no aumentan. El aumento de la emisión total sigue la ley de Stefan.

Por cierto, según la ley, esto ocurre para todas las temperaturas en el caso de determinadas longitudes de onda. Se trata de las longitudes de onda en las que $c/\lambda\vartheta$ es muy pequeño. Según esto, los rayos de longitud de onda muy grande sólo pueden alcanzarse a temperaturas bajas por encima de una determinada intensidad, lo que ha confirmado la experiencia hasta ahora. No encuentro ninguna objeción a mi ley en este comportamiento.

[1] Lord Rayleigh, Phil. Mag. 49. p. 539. 1900.

(Registro de entrada: 12 de octubre de 1900)

LA PROTO-CUÁNTICA

M. Planck. «***Ueber eine Verbesserung der Wien'schen Spectralgleichung***». *Verhandlungen der Deutschen Physikalischen Gesellschaft*. Jahrgang 2. Nr. 14. pp. 202-204. (Vorgetragen in der Sitzung vom 19. Oktober 1900). (Presentada en la sesión del 19 de octubre de 1900). («Una enmienda a la ecuación espectral de Wien»)

202

Una enmienda a la ecuación espectral de Wien

(Presentada en la sesión del 19 de octubre de 1900)

Los interesantes resultados comunicados en la sesión de hoy por el Sr. KURLBAUM de las medidas de energía llevadas a cabo por él, junto con el Sr. RUBENS, en el ámbito de las ondas espectrales más largas han confirmado categóricamente el aserto establecido en primer lugar por los señores LUMMER y PRINGSHEIM como fundamento de sus observaciones, de que la ley de WIEN no tiene el significado general que hasta ahora se la había atribuido en más de una página, sino que a lo sumo esta ley tiene más bien el carácter de una ley límite, cuya forma, en extremo sencilla, proviene únicamente de restringirse a las longitudes de onda cortas, es decir, a las bajas temperaturas. [1] Como yo mismo he defendido también en este lugar la opinión de la necesidad de la ley de WIEN, permítaseme exponer aquí brevemente cómo se ajusta a los hechos de la observación la teoría electromagnética de la radiación desarrollada por mí.

Según esta teoría, la ley de distribución de energía está determinada en cuanto se conoce la entropía S de un resonador lineal sensible a la radiación como función de su energía de vibración. Sin embargo ya he puesto de relieve en mi último trabajo sobre este asunto [2] que el teorema del incremento de la entropía no es todavía suficiente, por sí solo, para determinar completamente esta función; como muestra de la generalidad de la ley de WIEN, procedí más bien por reflexión expresa, es decir, calculando, por dos procedimientos distintos, un incremento de entropía infinitamente pequeño de un sistema de n resonadores iguales situado en un campo de radiación estacionario,

1) También el Sr. PASCHEN ha constatado recientemente, como me había notificado por carta, desviaciones perceptibles de la ley de WIEN.
2) M. PLANCK, Ann. D. Phys. 1, p. 730, 1900

203

por lo que la ecuación [1] daba:

$$dU_n \cdot \Delta U_n \cdot f(U_n) = ndU \cdot \Delta U \cdot f(U),$$

siendo

$$U_n = nU \quad \text{y} \quad f(U) = -\frac{3}{5}\frac{d^2S}{dU^2}$$

quedando pues la ley de WIEN en la forma:

$$\frac{d^2S}{dU^2} = \frac{const.}{U}.$$

En cada ecuación funcional, la expresión del segundo miembro representa, indudablemente, la mencionada variación de entropía, pues tienen lugar n sucesos completamente iguales, independientes uno de otro, cuyas variaciones de entropía se tienen que sumar por tanto fácilmente. Por el contrario, me gustaría examinar, lo que es perfectamente posible, aunque no sea fácilmente comprensible y, en todo caso, difícil de demostrar, si la expresión del primer miembro no tiene en general el significado que yo le había atribuido inicialmente; con otras palabras: si los valores de U_n, dU_n y ΔU_n, de ningún modo bastan para determinar la variación de entropía en cuestión, sino que para eso tenga que ser conocida también la propia *U*. En el curso de esta reflexión he llegado finalmente a eso, a construir expresiones completamente arbitrarias para la entropía que, aunque más complicadas que la expresión de WIEN, parecen satisfacer todas las exigencias de la teoría termodinámica y electromagnética exactamente igual que ésta.

De las expresiones así propuestas, me llama ahora especialmente la atención una que, en su sencillez, es la más próxima a la de WIEN y, como ésta no basta para describir todas las observaciones, bien merecería que, en vista de ello, se la pusiese a prueba más a fondo. Se obtiene lo mismo si se pone [2]:

$$\frac{d^2S}{dU^2} = \frac{\alpha}{U(\beta + U)}.$$

1) l. c. p.
2) Me baso en el 2° cociente diferencial de *S* con relación a *U* porque esta magnitud tiene un significado físico sencillo.

204

De entre todas las expresiones –que se transformen además, para valores pequeños de *U*, en la susodicha expresión de WIEN- la más sencilla es, con mucho, aquélla en la que *S* se expresa como función logarítmica de *U* (lo que sugiere admitir el cálculo de probabilidades). Haciendo uso de la relación

$$\frac{dS}{dU} = \frac{1}{T}$$

y de la ley de "desplazamiento" de WIEN [1], se obtiene de aquí la fórmula de la radiación, con dos constantes:

$$E = \frac{\vartheta^{\lambda - 5}}{e^{\frac{c}{\lambda T}}},$$

que, como puede verse inmediatamente, reproduce de modo satisfactorio la secuencia de datos numéricos de la observación publicados desde entonces, como las mejores ecuaciones espectrales hasta ahora expuestas, o sea las de THIESEN [2], las de LUMMER-JAHNKE [3] y las de LUMMER-PRINGSHEIM [4]. (Se ilustra con unos cuantos datos numéricos) Por eso me gustaría que me permitieran someter a su consideración esta nueva fórmula que, desde el punto de vista de la teoría de la radiación electromagnética, tengo por la más sencilla y la que se más aproxima a la de WIEN.

1) La expresión de la ley de desplazamiento de WIEN es sencilla:

$$S = f\left(\frac{U}{\nu}\right)$$

donde ν es la frecuencia de vibración del resonador. Desarrollaré esto si se presenta otra ocasión.

2) M. THIESEN, Verhandl. d. Deutsch. Phsysikal. Gesellsch. 2. P. 67. 1900. Se menciona también allí que el Sr. THIESEN ya había planteado su fórmula antes de que los Sres. LUMMER y PRINGSHEIM hicieran extensivas sus medidas a las grandes longitudes de onda, lo que pongo de relieve aquí porque yo había ofrecido una exposición algo distinta antes de la aparición de la citada publicación.

3) O. LUMMER y E. JAHNKE, Ann. d. Phys. 3. P. 288. 1900.
4) O. LUMMER y E. PRINGSHEIM, Verhandl. d. Deutsch. Physikal. Gesellsch.2. 174. 1900

Druck von Metzger & Wittig in Leipzig (Imprenta Metzger & Wittig. Leipzig)

NOVIEMBRE

M. Planck. «***Kritik zweier Sätze des Hrn. W. Wien***». *Annalen der Physik,* Vol. 308, Nr. 12, pp. 764-766. Registro de entrada: 20 de noviembre de 1900. («Crítica a dos puntos del Sr. W. Wien»)

764

Crítica a dos frases del Sr. W. Wien

En el último cuaderno de estos Annalen, el Sr. W. Wien[1] ha hecho algunas consideraciones críticas a la teoría de la radiación del cuerpo negro a las que me gustaría permitirme aquí una observación breve respecto a dos puntos en los que mi opinión diverge especialmente de la suya.

De entrada, la presunta paradoja magneto-óptica. El Sr. Wien sostiene, frente a las exposiciones del Sr. Brillouin,[2] que, como me parece a mí, coinciden en lo esencial con lo que yo mismo aduje[3] hace poco sin saber nada del último trabajo respecto a la existencia de la paradoja, la opinión de que el giro magnético del plano de polarización en un medio diatérmico está en contradicción con el segundo principio de termodinámica, o bien hace necesaria una compensación hasta ahora desconocida. Él, claro, ha renunciado por completo a su cálculo anterior[4] del cambio descompensado, lo único ante lo que se podía dirigir la objeción y además sin decir una palabra de la explicación que hay que dar; sin embargo, para demostrar la paradoja utiliza otro tipo de cálculo y también un nuevo dispositivo, a saber, el espejo S_3,[5] que están determinados a que los rayos que pasan por ds_1 emitidos por la superficie ds_2 se reflejen de regreso de nuevo hacia ds_2. Además, en una reflexión más minuciosa, la nueva deducción acredita ser insuficiente, ya que a un rayo cualquiera que

[1] W. Wien, Ann. d. Phys. 3. p. 530. 1900.
[2] M. Brillouin, L'éclairage électrique 15. p. 265. 1898.
[3] M. Planck, Verhandl. d. Deutsch. Physikal. Gesellsch. 2. p. 206. 1900.
[4] W. Wien, Wied. Ann. 52. p. 143. 1894
[5] W. Wien. Ann. d. Phys. 3. p. 533. 1900. Fig. 2.

765

procedente del espejo S_3 alcance ds_2 y sea ahí absorbido, le corresponde asimismo necesariamente, a la inversa, un rayo que, desde ds_2 sea emitido en dirección a S_3. Sin embargo, estos rayos no caen precisamente sobre S_3, sino que tras sucesivas reflexiones van en gran parte hacia S_3 pasando por el espacio libre, y esto no se puede modificar por grande que sea S_3 si no quiere inventarse de nuevo otra disposición. En la consideración de Wien no se tienen en cuenta en absoluto los citados rayos que salen al espacio libre, el cálculo contiene una omisión esencial y no se necesita ser profeta para asignar directamente a los descuidados rayos el papel de la compensación exigida por el segundo principio ni tampoco para privar a la nueva paradoja del derecho a existir.

El segundo punto atañe al asunto de la reversibilidad de la libre propagación de energía radiante. En mi teoría electromagnética de los procesos radiactivos irreversibles he establecido –y, según creo, también demostrado– el teorema de que toda propagación de radiación que no esté unida a reflexión difusa, emisión, absorción o difracción se comporta de forma completamente irreversible. El Sr. Wien menciona, por el contrario, un proceso en el que la radiación radial que se encuentra dentro de una semiesfera reflectante R_1 es transportada de golpe, por supresión de la superficie reflectante, a un gran volumen limitado por la semiesfera concéntrica R_2. Así, "se establece un nuevo estado de equilibrio en el que la radiación no tiene la misma densidad que si *ds* (situado en el centro) fuese irradiado por R_2 con la temperatura primitiva. Esto corresponde a una disminución de temperatura para la que no se ha efectuado ninguna compensación. Por lo tanto, el proceso no es reversible".

Estas afirmaciones no son acertadas, pues si ocurriese de súbito esta eliminación, todo el haz de rayos conservaría exactamente su primitiva intensidad; sólo que la radiación no se reparte, digamos, como el Sr. Wien parece admitir, regularmente sobre todo el radio de R_2, sino que siempre hay posiciones en el radio donde no hay presente absolutamente ninguna

766

radiación en ninguna parte. Periódicamente, el espacio que se encuentra entre R_1 y R_2 está desprovisto completamente de radiación, y siempre se tiene a mano, empujando momentáneamente el espejo, anular completamente el proceso sin realizar trabajo. Por tanto, en este proceso no se trata de un cambio de temperatura de la radiación.

Sobre la ley de reparto de energía de la radiación en el espectro normal volveré por extenso muy pronto en otro sitio.

(Registro de entrada: 20 de noviembre de 1900)

DICIEMBRE

M. Planck. «***Zur Theorie des Gesetzes der Energieverteilung im Normalspectrum***». *Verhandlungen der Deutschen Physikalische Gesellschaft. Nr. 17. 1900.* (Deliberaciones de la Sociedad Alemana de Física). pp. 237-245. Colaboración presentada en la Sesión del 14 de diciembre de 1900 de la *Deutsche Physikalische Gesellschaft* (Sociedad alemana de Física) («Teoría de la Ley de distribución de la energía en el espectro normal»)

237

Teoría de la Ley de distribución de la energía en el espectro normal

Presentada en la Sesión del 14 de diciembre de 1900
de la
Deutsche Physikalische Gesellschaft
Sociedad alemana de Física

Señores:

Cuando hace varias semanas tuve el honor de llamar su atención sobre una nueva fórmula que me parecía apropiada para expresar la ley de distribución de la energía radiante en todos los ámbitos del espectro normal[1], basé mi opinión sobre la utilidad de la fórmula, como ya expuse entonces, no sólo en la, al parecer, buena coincidencia de los pocos datos numéricos que pude comunicar a ustedes con los anteriores resultados de medida[2], sino sobre todo en la fácil construcción de la fórmula y, en particular, después de haber obtenido igualmente una expresión logarítmica muy sencilla para la dependencia de la entropía de un resonador oscilante monocromático sometido a radiación de su energía de oscilación, expresión que, en todo caso, parecía prometer la posibilidad de una interpretación general mejor que cualquier otra fórmula propuesta hasta el momento, copiada de la de Wien, pero que no se correspondía con los hechos.

Entropía implica desorden y yo pensaba que este desorden se tiene que ver en la irregularidad con la que las oscilaciones de los resonadores cambian su amplitud y su fase incluso en el campo de radiación completamente estacionario, siempre que se consideren espacios de tiempo grandes frente al tiempo de una oscilación, pero pequeños frente la duración de la medida. La energía constante del resonador oscilante estacionario

1) M. PLANCK, *Verhandl. der Deutschen Physikal. Gesellsch.* 2. p. 202. 1900
2) Los Sres. H. RUBENS y F. KURLRAUM han dado mientras tanto una confirmación directa para ondas muy largas (*Sitzungsber. d. k. Akad. d. Wissensch.* ⇔ Actas de la Real Academia de Ciencias de Berlín, del 25 de Octubre de 1900, p. 929)

238

se considera, según esto, sólo como un valor promedio o, lo que viene a ser lo mismo, como el promedio instantáneo de las energías de un gran número de resonadores idénticos que se encuentran suficientemente separados uno de otro a fin de que no se influyan mutuamente. Así pues, como la entropía de un resonador está condicionada por la naturaleza de la distribución de energía simultánea en muchos resonadores, supuse que este valor se tendría que poder calcular en la teoría de la radiación electromagnética mediante la introducción de consideraciones probabilísticas cuya interpretación para el segundo principio de termodinámica había revelado en primer lugar el Sr. Boltzmann[1]. Esta suposición se ha confirmado; me ha sido posible hallar por métodos deductivos una expresión para la entropía de un resonador oscilante monocromático, así como para la distribución de la energía del estado estacionario de radiación, es decir, en el espectro normal, siendo necesario solamente dar una versión algo más amplia que hasta ahora de la hipótesis de la "radiación natural" introducida por mí en la radiación electromagnética. Pero, además, hemos deducido aún otras relaciones que me parece que son de alcance relevante para ámbitos más amplios de la física e incluso de la química.

Sin embargo, hoy no me interesa tanto llevar a cabo sistemáticamente aquí con todo pormenor cada deducción de la termodinámica y del cálculo de probabilidades que se apoye en la ley de la radiación electromagnética, cuanto hacer patente a ustedes, lo más esquemáticamente posible, el verdadero punto esencial de toda la teoría; y lo mejor será que yo les cuente a ustedes aquí, de un modo nuevo y del todo elemental, de qué modo –sin saber nada de fórmulas espectrales ni de teorías– se puede calcular numéricamente, con ayuda de un única constante natural, la distribución de una determinada cantidad de energía en los diferentes colores del espectro normal y, de ahí incluso, por medio de una de dos constantes naturales, la temperatura de esta radiación de energía.

1) L. BOLTZMANN, en especial Sitzungsber. d. k. Akad. d. Wissensch. zu Wien (II) 76. p. 373. 1877.

239

A alguno de ustedes les parecerá arbitrario y tedioso el referido procedimiento, pero, como ya he dicho, no atribuyo aquí valor a la justificación de la necesidad y de la escasa viabilidad práctica sino sólo a la claridad y al carácter inequívoco de las prescripciones dadas para la solución del problema.

Supongamos que, en un medio diatérmano cerrado de paredes especulares, en el que la luz se propaga a la velocidad c, se encuentra un gran número de resonadores oscilantes monocromáticos lineales debidamente separados, de modo que N tengan frecuencia ν (por segundo), N' frecuencia ν', N'', ν'', etc., siendo todos los N números grandes. Supongamos que el sistema contiene una determinada cantidad de energía y que la energía total E_t, en ergios, se distribuye en el medio parte en radiación que se propaga y parte en oscilación de los resonadores. La cuestión es cómo se reparte –en el estado estacionario– esta energía en las oscilaciones de los resonadores y en los distintos colores de la radiación que se encuentra en el medio y qué temperatura tiene entonces el sistema.

Para contestar a esta pregunta hay que tener en cuenta en primer lugar sólo las oscilaciones de los resonadores y atribuirles, a modo de prueba, determinadas energías arbitrarias, es decir, por ejemplo, a los N resonadores ν, la energía E; a los N' resonadores ν', la energía E', etc. Naturalmente, la suma

$$E + E' + E'' + \ldots = E_0$$

tiene que ser más pequeña que E_t. El resto $E_t - E_0$ corresponde pues a la radiación que se encuentra en el medio. Se procede a continuación a distribuir la energía en los distintos resonadores dentro de cada tipo; en primer lugar, el reparto de la energía E en los N resonadores de frecuencia ν. Si E se considera cantidad divisible sin restricción, el reparto es posible de infinitos modos. Consideraremos, sin embargo –y este es el punto esencial de todo el cálculo– que E se compone de un número completamente determinado de partes finitas iguales sirviéndonos para ello de la constante natural $h = 6{,}55\times 10^{-27}[erg\times seg]$. Esta constante

240

multiplicada por la frecuencia ν común de todos los resonadores da por resultado el elemento de energía ε en ergios, y por división de E por ε se obtiene el número P de elementos de energía que hay que repartir entre los N resonadores. Si el cociente así calculado no es un número entero, se toma para P un número entero próximo.

Ahora bien, es obvio que el reparto de los P elementos de energía entre los N resonadores sólo se puede efectuar de un número finito de maneras absolutamente determinado. A cada una de tales formas de reparto la llamaremos, según expresión utilizada por el Sr. BOLTZMANN para un concepto similar, una “complexión”. Si se designan los resonadores con las cifras 1, 2, 3 ... hasta N, se escriben en serie uno junto a otro y se coloca debajo de cada resonador el número de elementos de energía que le tocan, se obtiene para cada complexión un símbolo de la siguiente forma:

$$\frac{1}{7}\cdots\frac{2}{38}\cdots\frac{3}{11}\cdots\frac{4}{0}\cdots\frac{5}{9}\cdots\frac{6}{2}\cdots\frac{7}{20}\cdots\frac{8}{4}\cdots\frac{9}{4}\cdots\frac{10}{5}$$

Se ha supuesto aquí $N = 10$ y $P = 100$. El número de todas las complexiones posibles es evidentemente igual al número de todos los cuadros de cifras posibles que se pueden obtener de este modo, para N y P fijos, para nuestra serie. Para excluir cualquier equívoco, hay que reparar en que dos complexiones se consideran distintas cuando los correspondientes cuadros de cifras aparezcan con las mismas cifras, pero en diferente orden. Por teoría de combinaciones, se obtiene el número de todas las posibles complexiones de

$$\frac{N\cdot(N+1)\cdot(N+2)\cdot\ldots\cdot(N+P-1)}{1\cdot 2\cdot 3\cdot\ldots\cdot P}=\frac{(N+P-1)!}{(N-1)!P!}$$

y con suficiente aproximación

$$=\frac{(N+P)^{N+P}}{N^N P^P}.$$

Efectuando el mismo cálculo con los resonadores de los restantes tipos, determinaremos, para cada tipo de resonador, el número de posibles complexiones y su presumible energía. La multiplicación de todos los números así obtenidos da por resultado el número total $\Re$

241

de complexiones posibles en todos los resonadores en conjunto para el reparto de energía propuesto a título de prueba.

Así pues, a cualquier otra distribución de energía *E*, *E'*, *E''*, ... propuesta arbitrariamente le corresponde también, en la forma indicada, una de las posibles complexiones para determinar el número $\Re$. Ahora bien, entre todas las posibles distribuciones de energía con valor constante $E_0 = E + E' + E'' + \ldots$ hay una única, completamente determinada, para la que el número de posibles complexiones R_0 es mayor que para cualquier otra; eventualmente, buscaremos esta distribución de energía probando, pues es justamente la que los resonadores aceptan en el estado estacionario de radiación si poseen en conjunto la energía E_0. Todas las cantidades *E*, *E'*, *E''* ... se pueden pues expresar mediante una magnitud E_0. Dividiendo *E* por *N*, *E'* por *N'* etc., se obtiene pues el valor estacionario de la energía U_ν, $U'_{\nu'}$, $U''_{\nu''}$... de un resonador aislado de cualquier clase, y de ahí también la densidad espacial de la energía radiante, perteneciente al dominio espectral de ν a $\nu + d\nu$, en el medio diatermo:

$$u_\nu d\nu = \frac{8\pi\nu^2}{c^3}\cdot U_\nu d\nu,$$

por lo que también la energía contenida en el medio está determinada.

De todas las cantidades mencionadas parece ahora que tan sólo E_0 fuese elegida arbitrariamente. Pero se ve fácilmente que también hay que calcular E_0 a partir de la energía total dada E_t. Porque si el valor elegido de E_0 resultase ser próximo al considerable valor de E_t, hay que reducirlo consecuentemente, y viceversa.

Después de haber hallado la distribución de energía estacionaria con ayuda de una constante *h*, se encuentra la correspondiente temperatura ϑ en grados Celsius por medio de una de dos constantes naturales $k = 1{,}346\times 10^{-16}$[erg:grad] por la ecuación:

$$\frac{1}{\vartheta}=k\frac{d\log\Re_0}{dE_0}.$$

El producto $k\log\mathfrak{R}_0$ es la entropía del sistema de los resonadores, suma de las entropías de todos los resonadores aislados.

242

Desde luego sería ahora muy prolijo realizar efectivamente los cálculos referidos, aunque ciertamente no carecería de interés sondear por una vez, en un caso muy sencillo, el grado de aproximación a la verdad que se alcanzaría así. Mucho más directo se muestra, llevados estrictamente de la mano de las prescripciones dadas, un cálculo más general, sencillísimo, que describe la distribución de energía normal así determinada en el medio irradiado por la expresión:

$$u_\nu d\nu = \frac{8\pi h\nu^3}{c^3}\cdot\frac{d\nu}{e^{\frac{h\nu}{k\vartheta}}-1},$$

que coincide exactamente con la fórmula espectral referida por mí anteriormente:

$$E_\lambda d\lambda = \frac{c_1\lambda^{-5}}{e^{\frac{c_2}{\lambda\vartheta}}-1}.$$

Las divergencias formales están motivadas por las diferencias en la definición de u_ν y E_λ. La fórmula de arriba es algo más general, pues rige para un medio diatérmano cualquiera con la velocidad de propagación de la luz c. Los valores numéricos de h y k notificados los he calculado a partir de esta fórmula según las medidas de F. KURLBAUM[1] y de O. LUMMER y E. PRINGSHEIM[2].

Vuelvo todavía con algunas breves observaciones a la cuestión acerca de la necesidad de la referida deducción. Que el hecho de que el elemento de energía ε supuesto para un tipo de oscilador tiene que ser proporcional a la frecuencia de oscilación ν pueda deducirse de forma inmediata de la importantísima ley llamada de desplazamiento de Wien. La relación entre u y U es una de las ecuaciones fundamentales de la teoría de la radiación electromagnética. Por lo demás, toda la deducción se basa en el teorema de que la entropía de un sistema de resonadores con energía dada sea proporcional al logaritmo del número total de

1) F. KURLBAUM, Wied. Ann. 65. p. 759. 1898 ($S_{100} - S_0 = 0{,}0731$ Watt : cm^2).
2) O. LUMMER u. E. PRINGSHEIM, Verhandl. d. Deutsch. Physik. Gesellsch. 2. P. 176. 1900 ($\lambda_m\vartheta = 2940\mu\times\text{grad}$).

243

posibles complexiones con esa energía, y en que este teorema se pueda descomponer en otros dos: 1. que la entropía del sistema, en un determinado estado, es proporcional al logaritmo de la probabilidad de ese estado, y 2. que la probabilidad de un estado cualquiera es proporcional al número de complexiones que le corresponde o, con otras palabras, que una complexión determinada es igual de probable que cualquier otra determinada complexión. El teorema 1., aplicado a procesos de radiación, apenas sale en una definición de la probabilidad de un estado, siempre que, en la radiación de energía, no se tenga a priori ningún otro medio para definir la probabilidad que, precisamente, la determinación de la entropía. Aquí reside una de las diferencias frente a las correspondientes relaciones en la teoría cinética de gases. El teorema 2. constituye el núcleo esencial de la teoría en cuestión; en último término, su prueba sólo la puede proporcionar la experiencia. También se puede interpretar como una precisión más detallada de la hipótesis de la radiación natural introducida por mí y que hasta la fecha sólo he mencionado en la forma de que la energía de la radiación se distribuye de modo completamente "irregular" en las diferentes oscilaciones parciales que contiene.[1] Me propongo informar en breve, por extenso, en otro lugar y con todos los cálculos, de las reflexiones aquí meramente esbozadas, junto con una ojeada retrospectiva al desarrollo de la teoría hasta la fecha.

1) M. PLANCK, Ann. d. Phys. 1. p. 73. 1900. Cuando el Sr. WIEN, en su informe parisino (II, p. 38, 1900), no encuentra satisfactoria, por este motivo, mi teoría de los procesos de radiación irreversibles sobre las leyes teóricas de la radiación, mientras esta teoría no pruebe que la hipótesis de la radiación natural es la única que conduce a la irreversibilidad, exige, en mi opinión, demasiado a esta hipótesis. Pues si se pudiese demostrar la hipótesis, ya no habría precisamente hipótesis y no se necesitaría, en suma, plantear de entrada nada semejante. Pero, por lo tanto, tampoco se podría derivar nada esencialmente nuevo de ella. Con ese mismo criterio habría que tener asimismo a la teoría cinética de los gases por insatisfactoria mientras no se acredite que la hipótesis atómica es la única que explica la irreversibilidad, pudiendo hacerse más o menos el mismo reproche a todas la teorías obtenidas únicamente por métodos inductivos.

244

Para acabar, me gustaría señalar una consecuencia importante de la teoría expuesta que hace posible una prueba adicional de su licitud. El Sr. BOLTZMANN[1] ha mostrado que la entropía de un gas monoatómico en equilibrio es igual a $\omega R \log \wp_0$, siendo $\wp_0$ el número de complexiones posibles –para la distribución de velocidad más probable ("la permutabilidad"), R la conocida constante de los gases ($8{,}31 \cdot 10^{17}$, para O = 16) y ω la relación constante, para todas las sustancias, entre la masa de una molécula real y la masa de una molécula-gramo. Supongamos ahora que en el gas hay también presentes resonadores radiantes; en tal caso, según la teoría aquí expuesta, la entropía del sistema entero será proporcional al logaritmo del número de todas las complexiones posibles, velocidades y radiación juntas. Pero como, según la teoría electromagnética de la radiación, las velocidades de los átomos son absolutamente independientes de la distribución de la energía radiante, el número total de complexiones es sencillamente igual al producto de los números relativos a las velocidades y a la radiación y por tanto la entropía total, si f es un factor de proporcionalidad:

$$f \log(\wp_0 \mathfrak{R}_0) = f \log \wp_0 + f \log \mathfrak{R}_0 .$$

El primer sumando es la [componente] cinética y el segundo la entropía de la radiación. Comparando con las expresiones anteriores, se obtiene:

$$f = \omega R = k ,$$

o

$$\omega = \frac{k}{R} = 1{,}62 \cdot 10^{-24} ,$$

es decir, una molécula real es $1{,}62 \cdot 10^{-24}$ veces una molécula-gramo, o: un átomo de hidrógeno pesa $1{,}64 \cdot 10^{-24}$ gramos, pues H = 1,01, o: en una molécula-gramo de cualquier sustancia van $1/\omega = 6{,}175 \cdot 10^{23}$ moléculas reales. El Sr. O. E. MEYER[2] calcula este número en 640×10^{21}, sensiblemente coincidente.

1) L. BOLTZMANN, Sitzungsber. d. k. Akad. d. Wissensch. zu Wien (II) 76. p. 428, 1877.
2) O. E. MEYER, Die kinetische Theorie der Gase, 2. Aufl. p. 337. 1899.

245

La constante de LOSCHMIDT $\mathfrak{N}$, es decir, el número de moléculas de gas en 1 centímetro cúbico a 0° C y 1 atmósfera de presión es:

$$\mathfrak{N} = \frac{1013200}{R \cdot 273 \cdot \omega} = 2{,}76 \cdot 10^{19}.$$

El Sr. DRUDE[1] encuentra $\mathfrak{N} = 2{,}1 \cdot 10^{19}$.

La constante α de BOLTZMANN-DRUDE, es decir, la fuerza viva media de un átomo a la temperatura absoluta 1 es:

$$\alpha = \frac{3}{2}\omega R = \frac{3}{2}k = 2{,}02 \cdot 10^{-16}.$$

El Sr. DRUDE[2] halla $\alpha = 2{,}65 \cdot 10^{-16}$.

El cuanto elemental de la electricidad *e*, es decir, la carga eléctrica de un ion monovalente positivo o del electrón, si ε es la carga conocida de un ion-gramo monovalente, es:

$$e = \varepsilon\omega = 4{,}69 \cdot 10^{-10} \text{ unidades electrostáticas.}$$

El Sr. RICHARZ[3] encuentra $1{,}29 \cdot 10^{-10}$, y el Sr. J. J. Thomson[4], recientemente, $6{,}5 \cdot 10^{-10}$.

Todas estas relaciones exigen, suponiendo que la teoría sea correcta, no una validez aproximada, sino absoluta. De ahí que la exactitud de los números calculados coincida esencialmente con la de la constante de radiación *k*, relativamente más incierta, superándose así con mucho todas las determinaciones de estas cantidades [realizadas] hasta la fecha. Su comprobación por métodos directos será cometido, tan importante como necesario, de la investigación ulterior.

1) P. DRUDE, Ann. d. Phys. 1. p. 578. 1900
2) I. c.
3) F. RICHARZ, Wied. Ann. 52. p. 397. 1894
4) J. J. THOMSON, Phil. Mag. (5) 46. p. 528. 1898.

1901

MARZO

Carta de Einstein a Mileva

Milán, sábado 23 de marzo de 1901

En el viaje he tenido una idea original. Me parece que no cabe excluir que la energía cinética latente del calor en los sólidos y los líquidos pueda considerarse como la energía eléctrica de resonadores. En este caso, el calor específico y el espectro de absorción de los cuerpos deberían estar ligados. La ley de Dulong y Petit debería tener validez para las sustancias cuyas partes más pequeñas presentasen cierta resonancia total en el sentido electromagnético del término.

En efecto, todos los materiales que satisfagan la ley de Dulong y Petit son perfectamente opacos y parecen presentar, cuando se les calienta, casi el mismo espectro. Por otra parte, las materias orgánicas que, como hemos visto, tienen un calor específico relativamente poco elevado, son todas transparentes y presentan espectros de absorción continuos, mientras que el mercurio, por ejemplo, sigue aproximadamente la ley de

Dulong y Petit y es perfectamente opaco. Estoy prácticamente seguro de que se puede enunciar la ley siguiente: sólo las sustancias opacas obedecen la ley de Dulong. Las sustancias transparentes tienen siempre una energía cinética más pequeña. Lamentablemente, los gases apenas pueden servir para resolver el enigma debido a la gran variabilidad de los fenómenos que les caracteriza. Sin embargo, combinaciones que tienen una importante energía «interna» presentan bandas en su espectro de absorción. ¿Cómo se sitúa el calor específico del vidrio teniendo en cuenta su composición? Con relación al número de sus moléculas, debería tener un calor molecular poco elevado.

ABRIL

Carta de Einstein a Mileva

Milán, miércoles 10 de abril de 1901

La semana pasada he estudiado en el Ostwald de Michele (*Lehrbuch der allgemeinen Chemie*, vol. II, *Chemische Energie*, 1893.) la electroquímica y la química de las reacciones y, en la biblioteca, la teoría de los electrones en los metales. Las reservas personales que manifiesto respecto a las consideraciones de Planck sobre la naturaleza de la radiación son fáciles de formular. Planck supone que una categoría bien determinada de resonadores (de periodo y de amortiguación bien determinados) condiciona las transferencias de energía de la radiación –hipótesis que me cuesta trabajo hacer mía. Quizá su última teoría sea más general. Precisamente, tengo la intención de meterme con ella. La teoría de electrones de Drude es una teoría cinética de los fenómenos eléctricos y térmicos en los metales, del todo en el espíritu de la teoría cinética de los gases. ¡Si no estuviese ese estúpido magnetismo con el que no sabemos qué hacer! Creo, sin embargo, que Drude está en el camino correcto y su concepción se encuentra efectivamente respaldada de forma probatoria por la experiencia. He vuelto un poco sobre la idea que tuve respecto a la naturaleza del calor latente en los cuerpos sólidos, precisamente porque mis concepciones sobre la naturaleza de la radiación han zozobrado de nuevo en un océano de oscuridad. ¿Nos traerá el futuro una solución más razonable?

1902

JUNIO - SEPTIEMBRE

Albert Einstein. «***Kinetische Theorie des Wärmegleichgewichtes und des zweiten Hauptsatzes der Thermodynamik***». *Annalen der Physik*, 4. Folge, Band 9 (1902), S. 417-433. (Firmado en Berna en junio de 1902. Registro de entrada: 26 de junio de 1902. Publicado el 18 de septiembre de 1902.) [«Teoría cinética del equilibrio térmico y del segundo principio de termodinámica»] [Recogido en: *TCPAE*, Vol. 2, Doc. 3. pp.30-47. English Version]

30

Teoría cinética del equilibrio térmico y del segundo principio de termodinámica

Aun cuando los logros de la teoría cinética del calor en el ámbito de la teoría de gases han sido grandes, la ciencia de la mecánica no ha sido todavía capaz de aportar una base adecuada a la teoría general del calor, ya que no se ha conseguido deducir las leyes del equilibrio térmico y el segundo principio de termodinámica utilizando sólo las ecuaciones de la mecánica y el cálculo de probabilidades, si bien las teorías de Maxwell y Boltzmann se acercaron mucho. El propósito de las consideraciones que siguen es cubrir esta laguna. Al mismo tiempo, proporcionarán una extensión del segundo principio que tiene importancia para la aplicación de la termodinámica. Suministrarán también la expresión matemática de la entropía desde el punto de vista mecánico.

§ 1. *Modelo mecánico de un sistema físico*

Supongamos un sistema físico cualquiera que pueda representarse mediante un sistema mecánico cuyo estado está unívocamente determinado por un número muy grande de coordenadas $p_1 ... p_n$ y las correspondientes velocidades

$$\frac{dp_1}{dt}, ... \frac{dp_n}{dt}.$$

Supongamos que su energía E conste de dos términos aditivos, la energía potencial V y la energía cinética L. El primero será una función sólo de las coordenadas, y el último será una función cuadrática de

$$\frac{dp_\nu}{dt} = p'_\nu,$$

31

cuyos coeficientes son funciones arbitrarias de las p. Sobre las masas del sistema actuarán dos tipos de fuerzas externas. Un tipo de fuerza será derivable de un potencial V_a y representará condiciones exteriores (gravedad, efecto de paredes rígidas sin efectos térmicos, etc.); su potencial puede contener explícitamente el tiempo, pero sus derivadas respecto al tiempo deberían ser muy pequeñas. Las demás fuerzas no serán derivables de un potencial y variarán rápidamente. Deben concebirse como fuerzas que producen la influencia del calor. Si no actúan tales fuerzas, pero V_a depende explícitamente del tiempo, nos enfrentamos entonces a un proceso adiabático.

Asimismo, en vez de velocidades introduciremos funciones lineales de ellas, los momentos $q_1, ..., q_n$, como variables de estado del sistema que están definidas por n ecuaciones de la forma

$$q_\nu = \frac{\partial L}{\partial p'_\nu},$$

donde L debe suponerse función de las $p_1, ..., p_n$ y $p'_1, ..., p'_n$.

§ 2. *Sobre la posible distribución de estados entre N sistemas estacionarios adiabáticos idénticos, cuando los contenidos de energía son casi idénticos*

Supongamos una infinidad (N) de sistemas del mismo tipo cuyo contenido en energía está distribuido de forma continua entre valores determinados que difieren muy ligeramente $\overline{E}$ y $\overline{E} + \delta E$. Las fuerzas externas que no se pueden derivar de un potencial no estarán presentes, y V_a no contendrá explícitamente el tiempo, por lo que el sistema será conservativo. Examinemos la distribución de estados, que suponemos son estacionarios.

Hacemos la suposición de que, salvo para la energía del sistema individual $E = L + V_\alpha + V_i$, o una función de esta cantidad, no existe ninguna función de las variables de estado p y q que permanezca constante en el tiempo; en lo sucesivo consideraremos sólo sistemas que cumplan esta condición. Nuestra suposición es equivalente a suponer que la distribución de estados de nuestros sistemas está determinada por el valor de E y se establece espontáneamente a partir de cualesquiera valores iniciales de las variables de estado que satisfagan nuestra condición respecto al valor de la energía. Es decir, si existiera para el

32

sistema una condición adicional del tipo $\varphi(p_1, ..., q_n) = cte.$ que no pueda reducirse a la forma $\varphi(E) = cte.$, entonces sería posible, evidentemente, elegir condiciones iniciales tales que cada uno de los N sistemas pudiera tener un valor de φ prescrito arbitrariamente. Sin embargo, como estos valores no varían con el tiempo, se sigue, por ejemplo, que para un valor dado de E podría asignarse cualquier valor arbitrario a $\Sigma\varphi$ extendida a todos los sistemas, mediante la selección adecuada de las condiciones iniciales. Por otra parte, $\Sigma\varphi$ sólo es calculable por la distribución de estados, por lo que otras distribuciones de estados corresponden a otros valores de $\Sigma\varphi$. Está claro, por tanto, que la existencia de una segunda integral semejante φ tendría necesariamente la consecuencia de que la distribución de estado no estaría determinada sólo por E sino que tendría necesariamente que depender del estado inicial de los sistemas.

Si g representa una región infinitamente pequeña de todas las variables de estado $p_1, ..., p_n$, $q_1, ..., q_n$, elegida de modo que $E(p_1 ... q_n)$ esté comprendida entre $\overline{E}$ y $\overline{E} + \delta E$ cuando las variables de estado pertenezcan a la región g, la distribución de estados estará entonces caracterizada por una ecuación de la forma

$$dN = \psi(p_1, ..., q_n) \int_g dp_1 ... dq_n ,$$

donde dN representa el número de sistemas cuyas variables de estado pertenecen a la región g en un instante dado. La ecuación expresa la condición de que la distribución es estacionaria.

Elijamos ahora una de esas regiones infinitesimales G. El número de sistemas cuyas variables de estado corresponden a la región G en un instante dado $t = 0$ es entonces

$$dN = \psi(P_1, ... Q_n) \int_G dP_1 ... dQ_n ,$$

donde las letras mayúsculas indican que las variables dependientes corresponden al tiempo $t = 0$. En el instante

Dejemos ahora transcurrir cierto tiempo cualquiera t. Si el sistema poseía las variables de estado específicas $P_1, ..., Q_n$ en el instante $t = 0$, poseerá entonces las variables de estado específicas $p_1, ..., q_n$ en el instante $t = t$. Los sistemas cuyas

33

variables de estado pertenecían a la región G en $t = 0$, y sólo estos sistemas, pertenecerán a una región específica g en el instante $t = t$, de modo que se aplique la siguiente ecuación

$$dN = \psi(p_1, ..., q_n)\int_g \, .$$

Sin embargo, para cada uno de esos sistemas vale el teorema de Liouville, que tiene la forma

$$\int dP_1, ..., dQ_n = \int dp_1, ..., dq_n \, .$$

De las tres últimas ecuaciones se sigue que

$$\psi(P_1, ..., Q_n) = \psi(p_1, ..., q_n) \, .$$[1]

Por lo tanto, ψ es un invariante del sistema que, según lo anterior, tiene que tener la forma $\psi(p_1, ..., q_n) = \psi^*(E)$. Sin embargo, para todos los sistemas considerados, $\psi^*(E)$ difiere sólo infinitesimalmente de $\psi^*(\overline{E}) = cte.$, y nuestra ecuación de estado será simplemente

$$dN = A\int_g dp_1, ..., dq_n \, ,$$

donde A es una cantidad independiente de las p y de las q.

§ 3. *Sobre la probabilidad de los estados (estacionarios) de un sistema S que está ligado mecánicamente a un sistema Σ cuya energía es relativamente infinita*

Consideremos de nuevo un número infinito (N) de sistemas mecánicos cuya energía esté comprendida entre dos límites, $\overline{E}$ y $\overline{E} + \delta\overline{E}$, que difieren infinitesimalmente. Sea cada uno de esos sistemas mecánicos, de nuevo, un vínculo mecánico entre un sistema S, con variables de estado $p_1, ..., q_n$, y un sistema Σ, con variables de estado $\pi_1, ..., \chi_n$. La expresión de la energía total de ambos sistemas estará constituida de modo que aquellos términos de la energía debidos

[1] Véase L. Boltzmann, *Gastheorie*, parte 2, § 32 y § 37.

34

a la acción de las masas de un sistema parcial sobre las masas del otro sistema parcial son despreciables en comparación con la energía E del sistema parcial S. Además, la energía H del sistema parcial Σ será infinitamente grande comparada con E. Salvo un infinitésimo de orden superior, se puede entonces poner

$$\mathrm{E} = H + E \, .$$

Elegimos ahora una región g que es infinitamente pequeña en todas las variables de estado $p_1, ..., q_n$, $\pi_1, ..., \chi_n$ y está constituida de modo que E está comprendida entre los valores constantes $\overline{\mathrm{E}}$ y $\overline{\mathrm{E}} + \delta\overline{\mathrm{E}}$. El número dN de sistemas cuyas variables de estado corresponden a la región g, de acuerdo con los resultados de la sección anterior, será

$$dN = A\int_g dp_1 ... d\chi_n \, .$$

Observamos ahora que somos libres para sustituir A por cualquier función continua de la energía que adopte el valor A para $\mathrm{E} = \overline{\mathrm{E}}$, ya que esto sólo cambia infinitesimalmente nuestro resultado. Para esta función elegimos $A' \cdot e^{-2h\mathrm{E}}$, donde h representa una constante que, por el momento, es arbitraria y que especificaremos pronto. Escribimos, entonces

$$dN = A'\int_g e^{-2h\mathrm{E}} dp_1 ... d\chi_n \, .$$

Preguntamos ahora: ¿Cuántos sistemas están en estados en los que p_1 está comprendido entre p_1 y $p_1 + dp_1$, y, respectivamente, p_2 entre p_2 y $p_2 + dp_2$ ..., q_n entre q_n y $q_n + dq_n$, pero $\pi_1,...,\chi_n$ tienen valores arbitrarios compatibles con las condiciones de nuestro sistema? Si llamamos dN' a este número, obtenemos

$$dN' = A' e^{-2hE} dp_1 ... dq_n \int e^{-2hH} d\pi_1 ... d\chi_n .$$

La integración se extiende sobre aquellos valores de las variables de estado para las que H está comprendido entre $\overline{\mathrm{E}} - E$ y $\overline{\mathrm{E}} - E + \delta\overline{\mathrm{E}}$. Exigimos ahora que el valor de h se pueda

35

elegir de un único modo, de forma que la integral, en nuestra ecuación, se haga independiente de E.

Es obvio que la integral $\int e^{-2hH} d\pi_1 ... d\chi_n$, para la que los límites de integración pueden determinarse por los límites E y $\mathrm{E} + \delta\overline{\mathrm{E}}$, será, para una $\delta\overline{\mathrm{E}}$ específica, una función sólo de E; llamemos a esta última $\chi(\mathrm{E})$. La integral de la expresión de dN' puede escribirse entonces en la forma

$$\chi(\overline{\mathrm{E}} - E).$$

Como E es infinitamente pequeño comparado con $\overline{\mathrm{E}}$, se puede escribir, salvo cantidades que son infinitamente pequeñas de orden superior, en la forma

$$\chi(\overline{\mathrm{E}} - E) = \chi(\overline{\mathrm{E}}) - E\chi'(\overline{\mathrm{E}}).$$

La condición necesaria y suficiente para que esta integral sea independiente de E es pues

$$\chi'(\overline{\mathrm{E}}) = 0.$$

Pero entonces podemos poner

$$\chi(\mathrm{E}) = e^{-2h\mathrm{E}} \cdot \omega(\mathrm{E}),$$

donde $\omega(E) = \int d\pi_1 ... d\chi_n$, extendida a todos los valores de las variables cuya función energía está comprendida entre E y $\mathrm{E} + \delta\mathrm{E}$.

Así pues, la condición encontrada para h adopta la forma

$$e^{-2h\overline{\mathrm{E}}} \cdot \omega(\overline{\mathrm{E}}) \cdot \left\{ -2h + \frac{\omega'(\overline{\mathrm{E}})}{\omega(\overline{\mathrm{E}})} \right\} = 0,$$

o

$$h = \frac{1}{2} \frac{\omega'(\overline{\mathrm{E}})}{\omega(\overline{\mathrm{E}})}.$$

Por tanto, existe siempre un valor de h y sólo uno que satisface las condiciones encontradas. Además, como $\omega(\mathrm{E})$ y $\omega'(\mathrm{E})$ son siempre positivas, como se verá en la sección siguiente, h es también una cantidad positiva siempre.

36

Si elegimos h de esta forma, la integral se reduce a una cantidad independiente de E, por lo que obtenemos la siguiente expresión del número de sistemas cuyas variables $p_1 ... q_n$ están dentro de los límites indicados:

$$dN' = A'' e^{-2hE} \cdot dp_1 ... dq_n .$$

Por lo tanto, también para un significado diferente de A'', esta es la expresión de la probabilidad de que las variables de estado de un sistema ligado mecánicamente a un sistema de energía relativamente infinita se encuentre entre límites infinitamente próximos cuando el estado se ha hecho estacionario.

§ 4. *Demostración de que la cantidad h es positiva*

Supongamos que $\varphi(x)$ es una función cuadrática homogénea de las variables $x_1 \ldots x_n$. Consideremos la cantidad $z = \int dx_1 \ldots dx_n$, donde los límites de integración estén determinados por la condición de que $\varphi(x)$ esté comprendida entre un cierto valor y y $y + \Delta$, donde Δ es una constante. Afirmamos que z, que es una función sólo de y, crece siempre con y creciente cuando $n > 2$.

Si introducimos las nuevas variables $x_1 = \alpha x'_1 \ldots x_n = \alpha x'_n$, donde $\alpha = cte.$, tenemos

$$z = \alpha^n \int dx'_1 \ldots dx'_n .$$

Obtenemos además $\varphi(x) = \alpha^2 \varphi(x')$.

Así pues, los límites de integración de la integral obtenidos para $\varphi(x')$ son

$$\frac{y}{\alpha^2} \text{ y } \frac{y}{\alpha^2} + \frac{\Delta}{\alpha^2} .$$

Además, si suponemos que Δ es infinitamente pequeña, obtenemos

$$z = \alpha^{n-2} \int dx'_1 \ldots dx'_n .$$

Aquí, y' está comprendida entre los límites

37

$$\frac{y}{\alpha^2} \text{ y } \frac{y}{\alpha^2} + \frac{\Delta}{\alpha^2} .$$

La anterior ecuación puede escribirse también así

$$z(y) = \alpha^{n-2} z\left[\frac{y}{\alpha^2}\right].$$

Así pues, si elegimos que α sea positiva y $n > 2$, tendremos siempre

$$\frac{z(y)}{z\left[\frac{y}{\alpha^2}\right]} > 1,$$

que es lo que había que demostrar.

Utilicemos este resultado para demostrar que h es positiva.

Habíamos encontrado

$$h = \frac{1}{2} \frac{\omega'(\mathrm{E})}{\omega(\mathrm{E})},$$

donde

$$\omega(\mathrm{E}) = \int dp_1 \ldots dq_n ,$$

y E está comprendida entre E y $\mathrm{E}+\delta\overline{\mathrm{E}}$. Por definición, $\omega(\mathrm{E})$ es necesariamente positivo, por lo que sólo tenemos que ver que $\omega'(\mathrm{E})$ también es siempre positivo.

Elegimos E_1 y E_2 de modo que $\mathrm{E}_2 > \mathrm{E}_1$, demostramos que $\omega(\mathrm{E}_2) > \omega(\mathrm{E}_1)$ y descomponemos $\omega(\mathrm{E}_1)$ en una infinidad de sumandos de la forma

$$d[\omega(\mathrm{E}_1)] = dp_1 \dots dp_n \int dq_1 \dots dq_n \,.$$

En la integral indicada, las p tienen valores determinados tales que $V \leq \mathrm{E}_1$. Los límites de integración de la integral están caracterizados por L, estando comprendidos entre $\mathrm{E}_1 - V$ y $\mathrm{E}_1 + \delta\overline{\mathrm{E}} - V$.

A cada uno de esos sumandos infinitamente pequeños corresponde un término fuera de $\omega(\mathrm{E}_2)$ de magnitud

$$d[\omega(\mathrm{E}_2)] = dp_1 \dots dp_n \int dq_1 \dots dq_n \,,$$

38

donde las p y las dp tienen los mismos valores que en $d[\omega(\mathrm{E}_1)]$, pero L está comprendido entre los límites $\mathrm{E}_2 - V$ y $\mathrm{E}_2 - V + \delta\overline{\mathrm{E}}$.

De acuerdo, entonces, con la proposición que acaba de demostrarse,

$$d[\omega(\mathrm{E}_2)] > d[\omega(\mathrm{E}_1)].$$

En consecuencia,

$$\sum d[\omega(\mathrm{E}_2)] > \sum d[\omega(\mathrm{E}_1)],$$

donde Σ hay que extenderla a todas las regiones correspondientes de las p.

Sin embargo,

$$\sum d[\omega(\mathrm{E}_1)] = \omega(\mathrm{E}_1)\,,$$

si el signo de la suma se extiende a todas las p, por lo que

$$V \leq \mathrm{E}_1 \,.$$

Además, tenemos

$$\sum d[\omega(\mathrm{E}_2)] < \omega(\mathrm{E}_2)\,,$$

ya que la región de las p, que está determinada por la ecuación

$$V \leq \mathrm{E}_2$$

incluye toda la región definida por la ecuación

$$V \leq \mathrm{E}_1 \,.$$

§ 5. *Sobre el equilibrio de temperatura*

Elegimos ahora un sistema S de una constitución específica al que llamaremos termómetro. Dejemos que interactúe mecánicamente con el sistema Σ cuya energía es, con relación a él, infinitamente grande. Si el estado de todo el sistema es estacionario, el estado del termómetro estará definido por la ecuación

39

$$dW = A\,e^{-2hE}\,dp_1 \dots dq_n$$

donde dW es la probabilidad de que los valores de las variables de estado del termómetro estén dentro de los límites indicados. Las constantes A y h están relacionadas por la ecuación

$$1 = A \cdot \int e^{-2hE} dp_1 \ldots dq_n ,$$

donde la integración se extiende sobre todos los posibles valores de las variables de estado. La cantidad h determina, por tanto, por completo el estado del termómetro. Llamaremos h a la función temperatura, advirtiendo que, según lo dicho antes, cada cantidad H observable en el sistema S tiene que ser una función sólo de h, en la medida en que, como hemos supuesto, V_a no cambie. Sin embargo, la cantidad h depende sólo del estado del sistema Σ (§ 3), esto es, no depende de la forma en que Σ esté ligado térmicamente a S. A partir de aquí obtenemos inmediatamente el teorema: Si un sistema Σ está ligado a dos termómetros infinitamente pequeños S y S', rige el mismo valor de h para ambos termómetros. Si S y S' son sistemas idénticos, tendrán también valores idénticos de la cantidad observable H.

Introducimos ahora únicamente termómetros idénticos S ya llamamos H a la medida observable de la temperatura. Llegamos así al teorema: La medida de la temperatura H que es observable en S es independiente de la forma en que Σ esté ligado mecánicamente a S; la cantidad H determina h, que a su vez determina la energía E del sistema Σ, y este a su vez determina su estado según nuestra suposición.

De lo que hemos demostrado se sigue inmediatamente que si dos sistemas Σ_1 y Σ_2 están ligados mecánicamente, no pueden entonces formar un sistema que esté en estado estacionario a menos que los dos termómetros S conectados a ellos tengan iguales medidas de temperatura o, lo que viene a ser lo mismo, si ellos mismos tienen funciones de temperatura iguales. Como el estado de los sistemas Σ_1 y Σ_2 está completamente definido por las cantidades h_1 y h_2 o H_1 y H_2, se sigue que el equilibrio de temperatura se puede determinar sólo por las condiciones $h_1 = h_2$ o $H_1 = H_2$.

Sólo queda ver ahora que dos sistemas que tengan la misma función temperatura h (o la misma medida de temperatura H) se pueden

40

unir mecánicamente en un sistema único que tenga la misma función temperatura.

Supongamos que dos sistemas mecánicos Σ_1 y Σ_2 se han fundido en un único sistema, pero de tal forma que los términos de energía que contienen variables de estado de ambos sistemas sean infinitamente pequeños. Supongamos que tanto Σ_1 como Σ_2 estén conectados con un termómetro infinitamente pequeño S. Las lecturas H_1 y H_2 de éste son ciertamente idénticas, salvo en el infinitamente pequeño, porque se refieren sólo a diferentes posiciones dentro de un estado estacionario único. Lo mismo es cierto, desde luego, para las cantidades h_1 y h_2. Imaginemos ahora que los términos de energía comunes a ambos sistemas decrecen de forma infinitamente lenta hacia cero. De ese modo, tanto las cantidades H y h como las distribuciones de estado de los dos sistemas cambian infinitesimalmente, ya que están determinadas únicamente por la energía. Si se lleva a cabo entonces la separación mecánica completa de Σ_1 y Σ_2, las relaciones

$$H_1 = H_2, \qquad h_1 = h_2$$

continúan siendo igualmente válidas, y la distribución de estados cambia infinitesimalmente. Sin embargo, H_1 y h_1 pertenecerán ahora sólo a Σ_1, y H_2 y h_2 sólo a Σ_2. Nuestro proceso es estrictamente reversible, ya que consiste en una secuencia de estados estacionarios. Así pues, obtenemos el teorema:

Dos sistemas que tengan la misma función temperatura h se pueden fundir en un sistema único que tenga la función temperatura h de modo que la distribución de estados de esos dos sistemas cambia infinitesimalmente.

La igualdad de las cantidades h es pues la condición necesaria y suficiente para la combinación estacionaria (equilibrio térmico) de dos sistemas. Se sigue de aquí inmediatamente: Si los sistemas Σ_1 y Σ_2, así como Σ_1 y Σ_3, se pueden combinar mecánicamente en forma estacionaria (en equilibrio térmico), también pueden hacerlo entonces Σ_2 y Σ_3.

Me gustaría advertir aquí que hasta ahora hemos hecho uso de la hipótesis de que nuestros sistemas son mecánicos sólo dado que aplicamos el teorema de Liouville y el principio de la energía. Probablemente, las leyes básicas de la teoría del calor puedan desarrollarse para sistemas que estén definidos de forma mucho más general. No intentaremos hacer esto aquí, pero nos basaremos en las ecuaciones de la mecánica.

41

No nos ocuparemos aquí de la importante cuestión de hasta qué punto el hilo de las ideas puede separarse del modelo empleado y generalizado.

§ 6. *Sobre el significado mecánico de la cantidad h*[1]

La energía cinética L de un sistema es una función cuadrática homogénea de las cantidades q. Siempre es posible introducir variables r mediante una sustitución lineal de modo que la energía cinética aparezca en la forma

$$L = \frac{1}{2}(\alpha_1 r_1^2 + \alpha_2 r_2^2 + \ldots + \alpha_n r_n^2)$$

y que

$$\int dq_1 \ldots dq_n = \int dr_1 \ldots dr_n ,$$

cuando la integral se extiende sobre las correspondientes regiones infinitamente pequeñas. Las cantidades r son llamadas momentoides por Boltzmann. La energía cinética media correspondiente a un momentoide cuando el sistema, junto con otro de energía mucho mayor, forma un único sistema, adopta la forma

$$\frac{\int A'' e^{-2h\left[V+\alpha_1 r_1^2+\alpha_2 r_2^2+\ldots+\alpha_n r_n^2\right]} \cdot \frac{\alpha_\nu r_\nu^2}{2} \cdot dp_1 \ldots dp_n \cdot dr_1 \ldots dr_n}{\int A'' e^{-2h\left[V+\alpha_1 r_1^2+\alpha_2 r_2^2+\ldots+\alpha_n r_n^2\right]} \cdot dp_1 \ldots dp_n dr_1 \ldots dr_n} = \frac{1}{4h} .$$

Así pues, la energía cinética media es la misma para todos los momentoides de un sistema y es igual a

$$\frac{1}{4h} = \frac{L}{n},$$

donde L representa la energía cinética del sistema.

[1] Véase L. Boltzmann, *Gastheorie*, parte 2, §§ 33, 34, 42.

42

§ 7. *Gases ideales. Temperatura absoluta*

La teoría desarrollada contiene como caso especial la distribución de estados de Maxwell para gases ideales. Esto es, si en § 3 entendemos por sistema S una molécula de gas y por Σ la totalidad de los demás, la expresión de la probabilidad de que los valores de las variables $p_1 ... p_n$ de S estén en una región g que es infinitamente pequeña respecto a todas las variables será

$$dW = A\, e^{-2hE} \int_g dp_1 ... dq_n \,.$$

Se puede uno percatar inmediatamente, a partir de la expresión de la cantidad h encontrada en § 4, de que, salvo en el infinitamente pequeño, la cantidad h será la misma para una molécula de gas de otro tipo que se encuentre en el sistema, ya que los sistemas Σ que determinan h son idénticos para las dos moléculas salvo en el infinitamente pequeño. Lo que establece la distribución de estados generalizada de Maxwell para gases ideales.-

Además, se sigue inmediatamente que la energía cinética media del movimiento del centro de gravedad de una molécula de gas que se encuentre en un sistema S tiene el valor $\frac{3}{4}h$, ya que corresponde a tres momentoides. La teoría cinética de gases nos enseña que esta cantidad es proporcional a la presión del gas a volumen constante. Si, por definición, se supone proporcional a la temperatura absoluta, se obtiene una relación de la forma

$$\frac{1}{4h} = \kappa \cdot T = \frac{1}{2}\frac{\omega(\overline{\mathrm{E}})}{\omega'(\overline{\mathrm{E}})},$$

donde κ representa una constante universal y ω la función introducida en § 3.

§ 8. *El segundo principio de la teoría del calor como consecuencia de la teoría mecánica*

Consideremos un sistema físico dado S como sistema mecánico con coordenadas $p_1 ... p_n$. Como variables de estado del sistema introducimos las cantidades

43

$$\frac{dp_1}{dt} = p'_1 ... \frac{dp_n}{dt} = p'_n \,.$$

Las $p_1 ... p_n$ serán las fuerzas externas que tienden a acrecentar las coordenadas del sistema. V_i será la energía potencial del sistema y L su energía cinética, que es una función cuadrática homogénea de las p'_ν. Para semejante sistema, las ecuaciones del Lagrange del movimiento adoptan la forma

$$\frac{\partial(V_i - L)}{\partial p_\nu} + \frac{d}{dt}\left[\frac{\partial L}{\partial p'_\nu}\right] - P_\nu, \quad (\nu = 1, ... \nu = n)\,.$$

Las fuerzas externas están constituidas por dos tipos de fuerzas. El primer tipo, $P_\nu^{(1)}$, son las fuerzas que representan las condiciones del sistema y pueden derivarse de un potencial que es función sólo de las $p_1 \dots p_n$ (paredes adiabáticas, gravedad, etc.):

$$P_\nu^{(1)} = \frac{\partial V_\alpha}{\partial p_\nu}.$$

Como tenemos que considerar procesos compuestos por estados que se aproximan infinitamente a estados estacionarios, tenemos que suponer que aunque V_α contenga explícitamente el tiempo, las derivadas parciales de las cantidades $\partial V_\alpha / \partial p_\nu$ con respecto al tiempo son infinitamente pequeñas.

El segundo tipo de fuerzas, $P_\nu^{(2)} = \Pi_\nu$, no serán derivables de un potencial que dependa sólo de las p_ν. Las fuerzas Π representan las fuerzas que transmiten la influencia del calor.

Si se pone $V_\alpha + V_i = V$, las ecuaciones (1) se convierten en

$$\Pi_\nu = \frac{\partial (V - L)}{\partial p_\nu} + \frac{d}{dt}\left[\frac{\partial L}{\partial p'_\nu}\right].$$

El trabajo suministrado al sistema por las fuerzas Π_ν durante el tiempo dt representa la cantidad de calor dQ absorbida durante dt por el sistema S, que mediremos en unidades mecánicas.

44

$$dQ = \sum \Pi_\nu dp_\nu = \sum \frac{\partial V}{\partial p_\nu} dp_\nu - \sum \frac{\partial L}{\partial p_\nu} dp_\nu + \sum \frac{dp_\nu}{dt} \frac{d}{dt}\left[\frac{\partial L}{\partial p_\nu}\right] dt.$$

Sin embargo, como

$$\sum p'_\nu \frac{d}{dt}\left[\frac{\partial L}{\partial p'_\nu}\right] dt = d\sum p'_\nu \frac{\partial L}{\partial p'_\nu} - \sum \frac{\partial L}{\partial p'_\nu} dp'_\nu$$

y, además,

$$\sum \frac{\partial L}{\partial p'_\nu} p'_\nu = 2L, \qquad \sum \frac{\partial L}{\partial p'_\nu} dp_\nu + \sum \frac{\partial L}{\partial p'_\nu} dp'_\nu = dL,$$

tenemos

$$dQ = \sum \frac{\partial V}{\partial p'_\nu} dp_\nu + dL.$$

Como, además

$$T = \frac{1}{4\kappa h} = \frac{L}{n\kappa},$$

tendremos

$$\frac{dQ}{T} = n\kappa \frac{dL}{L} + 4\kappa h \sum \frac{\partial V}{\partial p_\nu} dp_\nu.$$

Nos ocuparemos ahora de la expresión

$$\sum \frac{\partial V}{\partial p_\nu} dp_\nu.$$

Representa el incremento de la energía potencial del sistema que tendría lugar durante el tiempo dt si V no dependiera explícitamente del tiempo. El elemento de tiempo dt se elegirá tan grande que la suma indicada arriba se puede sustituir por su valor medio para una infinidad de sistemas S de igual temperatura, y al mismo tiempo tan pequeño que los cambios explícitos de h y V con el tiempo sean infinitamente pequeños.

Supongamos que una infinidad de sistemas S en un estado estacionario, todos los cuales tienen idénticas h y V, cambian a nuevos sistemas estacionarios que están caracterizados por valores $h+\delta h$, $V+\delta V$ comunes a todos. En general, "δ" representará el cambio de una cantidad durante la transición del sistema a un nuevo estado; el símbolo "d" ya no representará el cambio con el tiempo sino diferenciales de integrales determinadas.-

45

El número de sistemas cuyas variables de estado están en la región infinitamente pequeña g antes del cambio está dado por la fórmula

$$dN = A\, e^{-2h(V+L)} \int dp_1 \ldots dp_n \,;$$

somos libres aquí para elegir la constante arbitraria en V para cada h y V_α dadas de modo que A sea igual a la unidad. Haremos esto para simplificar el cálculo y llamaremos y llamaremos V^* a esta función definida con más precisión.

Se puede ver fácilmente que el valor de la cantidad que buscamos será

$$\sum \frac{\partial V^*}{\partial p_n} dp_n = \frac{1}{N} \int \delta \left\{ e^{-2h(V+L)} \right\} \cdot V^* \, dp_1 \ldots dq_n \,, \tag{2}$$

donde la integración debería extenderse a todos los valores de las variables, ya que esta expresión representa el incremento de la energía potencial media del sistema que tendría efecto si la distribución de estados cambiase de conformidad con δV^* y δh, pero V no cambiase explícitamente.

Obtenemos, además

$$\left\{ \begin{aligned} 4\kappa h \sum \frac{\partial V}{\partial p_\nu} dp_\nu &= 4\kappa \frac{1}{N} \int \delta \left\{ e^{-2h(V^*+L)} \right\} \cdot h \cdot V \cdot dp_1 \ldots dq_n \\ &= 4\kappa \delta \left[h\overline{V} \right] - \frac{4\kappa}{N} \int e^{-2h(V^*+L)} \delta \left[hV \right] \, dp_1 \ldots dq_n . \end{aligned} \right. \tag{3}$$

Aquí y en lo que sigue, las integraciones tienen que extenderse sobre todos los posibles valores de las variables. Además, habría que tener in mente que el número de sistemas que consideramos no cambia. Esto proporciona la ecuación

$$\int \delta \left(e^{-2h(V^*+L)} \right) dp_1 \ldots dq_n = 0 \,,$$

o

$$\int e^{-2h(V^*+L)} \delta(hV) \, dp_1 \ldots dq_n + \delta h \int e^{-2h(V^*+L)} \delta(L) \, dp_1 \ldots dq_n = 0 \,,$$

o

$$\frac{4\kappa}{N} \int e^{-2h(V^*+L)} \delta(hV) \, dp_1 \ldots dq_n + 4\kappa \overline{L} \, \delta h = 0 \,. \tag{4}$$

46

Los términos $\overline{V}$ y $\overline{L}$ representan los valores medios de las energías potencial y cinética de los N sistemas. Sumando (3) y (4), se obtiene

$$4\kappa h \sum \frac{\partial V^*}{\partial p_\nu} dp_\nu = 4\kappa \delta \left[h\overline{V} \right] + 4\kappa \overline{L} \cdot \delta h \,,$$

o, ya que

$$h = \frac{n}{4\overline{L}}, \qquad \delta h = -\frac{n}{4L^2} \cdot \delta L,$$

$$4\kappa h \sum \frac{\partial V}{\partial p_\nu} dp_\nu = 4\kappa\delta\left[h\overline{V}\right] - n\kappa\frac{\delta L}{L}.$$

Si sustituimos esta fórmula en (1), obtenemos

$$\frac{dQ}{T} = \delta\left[4\kappa h\overline{V}*\right] = \delta\left[\frac{\overline{V}*}{T}\right].$$

Por lo tanto, dQ/T es una diferencial completa. Como

$$\frac{\overline{L}}{T} = n\kappa, \text{ y por tanto, es } \delta\left[\frac{L}{T}\right] = 0,$$

se puede poner también

$$\frac{dQ}{T} = \delta\left[\frac{E*}{T}\right].$$

Por lo tanto, excepto una constante aditiva arbitraria, $E*/T$ es la expresión de la entropía del sistema, donde hemos puesto $E* = V* + L$. El segundo principio aparece pues como consecuencia necesaria de la imagen mecanicista del mundo.

§ 9. *Cálculo de la entropía*

La expresión $\varepsilon = E*/T$ que obtuvimos para la entropía ε sólo parece sencilla porque $E*$ sigue teniendo que calcularse a partir de las condiciones del sistema mecánico. Esto es, tenemos

$$E* = E + E_0,$$

47

donde E se da directamente, pero E_0 tiene que determinarse como función de E y h a partir de la condición

$$\int e^{-2h(E-E_0)} dp_1 \ldots dq_n = N.$$

De esta forma, se obtiene

$$\varepsilon = \frac{E*}{T} = \frac{E}{T} + 2\kappa \log\left\{\int e^{-2hE} dp_1 \ldots dq_n\right\} + cte.$$

En la expresión así obtenida, la constante arbitraria que se tiene que añadir a la cantidad E no afecta al resultado, y el tercer término, llamado "cte.", es independiente de V y T.

La expresión de la entropía ε es extraña, porque depende únicamente de E y T, pero ya no pone de manifiesto la forma especial de E como suma de energía potencial y cinética. Este hecho sugiere que nuestros resultados son más generales que el modelo mecánico utilizado, tanto más cuanto que la expresión de h encontrada en §3 muestra la misma propiedad.

§ 10. *Extensión del segundo principio*

No había que hacer hipótesis respecto a la naturaleza de las fuerzas que corresponden al potencial V_α, ni siquiera que tales fuerzas tienen lugar en la naturaleza. Por tanto, la teoría mecánica del calor exige que lleguemos a resultados correctos si aplicamos el principio de Carnot a procesos ideales que pueden producirse a partir de procesos observados introduciendo V_α arbitrariamente elegidos. Por supuesto, los resultados obtenidos a partir de la consideración teórica de esos procesos tienen un significado real sólo si las fuerzas auxiliares ideales V_α ya no aparecen en ellos.

Berna, junio de 1902. (Registro de entrada: 26 de junio de 1902)

1903

ENERO

Carta de Einstein a Besso

Berna, jueves [finales de enero] de 1903

El lunes envié mi artículo, después de muchos retoques y correcciones [*Eine Theorie der Grundlagen der Thermodynamik*, Annalen der Physik, vol. XI, pp.417-433]. Ahora está ya del todo claro y simple y estoy plenamente satisfecho con él. Tomando por hipótesis el principio de la energía y la teoría atómica, obtengo los conceptos de temperatura y entropía y, suponiendo que las distribuciones de estados de los sistemas aislados no evolucionan nunca hacia distribuciones menos probables, obtengo también el segundo principio en su forma más general, a saber, la imposibilidad de un *perpetuum mobile* de segunda especie.

El artículo es el siguiente:

Albert Einstein. «***Eine Theorie der Grundlagen der Thermodynamik***». *Annalen der Physik*, 4. Folge, Band 11 (1903), S. 170-187. [«Teoría de los fundamentos de la termodinámica» (Firmado en Berna en enero de 1903. Registro de entrada: 26 de enero de 1903. Publicado: 16 de abril de 1903.)] [Recogido en Oeuvres Choisies, Libro 1, QUANTA. También en *TCPAE*, Vol. 2, Doc. 4. pp. 48-67. E. V.]

18

Una teoría de los fundamentos de la termodinámica

En un estudio aparecido recientemente he mostrado que los principios del equilibrio térmico y el concepto de entropía podían deducirse con ayuda de la teoría cinética del calor. Es natural plantearse ahora la cuestión de saber si la teoría cinética es verdaderamente indispensable para obtener los fundamentos de la teoría del calor, o bien si hipótesis de tipo más general quizá no basten ya. En este artículo nos proponemos probar que esta segunda parte de la alternativa es la adecuada e indicar mediante qué tipo de consideraciones puede alcanzarse este objetivo.

§ 1. *Una representación matemática general de los procesos*

en los sistemas físicos aislados

Supongamos que el estado de un sistema físico cualquiera que nos proponemos estudiar esté determinado de forma unívoca por un gran número (n) de magnitudes escalares $p_1, p_2 \ldots p_n$ a las que llamamos variables de estado. La evolución del sistema durante un elemento de tiempo dt está entonces determinada por las variaciones $dp_1, dp_2 \ldots dp_n$ que sufren las variables de estado durante este elemento de tiempo.

Supongamos que el sistema sea aislado, es decir, que el sistema considerado no esté en interacción con otros sistemas. Está claro, entonces, que el estado del sistema en un instante dado determina de forma única la variación del sistema durante el elemento de tiempo dt inmediatamente posterior, o, dicho de otro modo, determina las magnitudes $dp_1, dp_2 \ldots dp_n$. Este enunciado es equivalente a un sistema de ecuaciones de la forma:

(1) $$\frac{dp_i}{dt} = \varphi_i(p_1 \ldots p_n) \qquad (i = 1 \ldots i = n),$$

donde las funciones φ son funciones unívocas de sus argumentos.

Para semejante sistema de ecuaciones diferenciales lineales, no existe en general ninguna ecuación integral de la forma

$$\psi(p_1 \ldots p_n) = cte$$

que no contenga explícitamente el tiempo. Sin embargo, en el caso del sistema de ecuaciones que representa las variaciones de un sistema físico aislado del exterior, hay que suponer que existe al menos una ecuación de este tipo, a saber, la ecuación de la energía:

$$E(p_1 \ldots p_n) = cte.$$

Supondremos además aquí que no existe ninguna otra ecuación integral de este tipo que sea independiente de esta.

19

§ 2. *Distribución estacionaria de estados de un número infinitamente grande de sistemas físicos aislados que poseen prácticamente la misma energía*

La experiencia muestra que, después de cierto tiempo, un sistema físico aislado se encuentra en un estado en el que ninguna de las magnitudes observables del sistema varía ya en el transcurso del tiempo; calificamos a este estado de estacionario. Para que las ecuaciones (1) puedan representar semejante sistema físico, es necesario, evidentemente, que las funciones φ_i cumplan cierta condición.

Si hacemos ahora la hipótesis de que una magnitud observable esté siempre determinada por un valor medio temporal de una cierta función de las variables de estado $p_1 \ldots p_n$ y de que estas variables de estado $p_1 \ldots p_n$ toman siempre el mismo conjunto de valores, siempre con la misma frecuencia, entonces esta condición, que vamos a elevar al rango de hipótesis, debe implicar necesariamente que los valores medios de todas las funciones de las magnitudes $p_1 \ldots p_n$ son constantes y, por tanto, según lo que precede, que toda magnitud observable es constante.

Precisemos esta hipótesis de forma más particular. Consideremos un sistema físico representado por las ecuaciones (1) y cuya energía sea E a partir de un instante cualquiera y durante un tiempo T. Imaginemos que se elige un dominio cualquiera Γ de las variables de estado $p_1 \ldots p_n$ en un instante dado en el interior del intervalo de tiempo T; tanto si los valores de las variables $p_1 \ldots p_n$ están contenidos en este dominio Γ, como si están en el exterior de este, están pues en el interior del dominio Γ elegido durante una fracción τ del intervalo T. Nuestra condición se expresa entonces de la manera siguiente: si $p_1 \ldots p_n$ son variables de estado de un sistema físico, y por tanto un sistema que admite un estado estacionario, la magnitud τ/T posee para $T=\infty$ un límite determinado para cada dominio Γ. Este límite es infinitamente pequeño para todo dominio infinitamente pequeño.

El argumento que sigue se basa en esta hipótesis. Supongamos que haya un número muy grande (N) de sistemas físicos independientes, todos descritos por el mismo sistema de ecuaciones (1). Detengámonos en un instante cualquiera t y preguntémonos cuál es la distribución de estados posibles entre estos N sistemas, en la hipótesis en que la energía E de todos los sistemas esté comprendida entre E^* y el valor infinitamente próximo $E^*+\delta E^*$. Resulta inmediatamente de la hipótesis introducida que la probabilidad de que las variables de estado de un sistema elegido al azar entre los N que pertenecen al dominio Γ, en el instante t, tiene el valor:

$$\lim_{T=\infty}\left(\frac{\tau}{T}\right)=cte.$$

De donde el número de sistemas cuyas variables de estado pertenecen al dominio Γ en el instante t es:

20

$$N\cdot\lim_{T=\infty}\left(\frac{\tau}{T}\right).$$

Este número es pues independiente del tiempo. Si llamamos g a un dominio de estas coordenadas $p_1 \ldots p_n$ infinitamente pequeño para todas las variables, el número de los sistemas cuyas variables de estado están contenidas en un instante cualquiera en este dominio g, infinitamente pequeño y elegido arbitrariamente, es igual a:

(2) $$dN=\varepsilon(p_1 \ldots p_n)\int_g dp_1 \ldots dp_n .$$

Se determina la función ε escribiendo que la distribución de estados implicada por la ecuación (2) debe ser estacionaria. Si, en particular, el dominio g se elige de modo que p_1 esté comprendido entre los valores dados p_1 y p_1+dp_1, p_2 entre p_2 y p_2+dp_2, ..., p_n entre p_n y p_n+dp_n, entonces, en el instante t:

$$dN_t=\varepsilon(p_1 \ldots p_n)\cdot dp_1\cdot dp_2 \ldots dp_n,$$

donde el índice de dN representa el tiempo. Teniendo en cuenta la ecuación (1), se obtiene además en el instante $t+dt$ para el mismo dominio de variables de estado:

$$dN_{t+dt}=dN_t-\sum_{\nu=1}^{\nu=n}\frac{\partial(\varepsilon\varphi_\nu)}{\partial p_\nu}dp_1 \ldots dp_n\cdot dt .$$

Pero $dN_t=dN_{t+dt}$ ya que la distribución es estacionaria; se tiene pues:

$$\sum \frac{\partial(\varepsilon\varphi_\nu)}{\partial p_\nu} = 0 .$$

Y, por tanto:

$$-\sum \frac{\partial \varphi_\nu}{\partial p_\nu} = \sum \frac{\partial(\lg\varepsilon)}{\partial p_\nu} \cdot \varphi_\nu = \sum \frac{\partial(\lg\varepsilon)}{\partial p_\nu} \cdot \frac{dp_\nu}{dt} = \frac{d(\lg\varepsilon)}{dt} ,$$

donde $d(\lg\varepsilon)/dt$ representa la variación en función del tiempo de la función $\lg\varepsilon$ para cada uno de los sistemas, teniendo en cuenta las variaciones temporales de las magnitudes p_ν.

Resulta entonces:

$$\varepsilon = \exp\left[-\int dt \sum_{\nu=1}^{\nu=n} \frac{\partial \varphi_\nu}{\partial p_\nu} + \psi(E) \right] = e^{-m+\psi(E)} .$$

La función desconocida ψ es la constante de integración independiente del tiempo; puede depender de las variables $p_1 \dots p_n$, pero, según la hipótesis hecha en § 1, sólo de la forma en que estas variables se combinan en la energía E.

Pero, como $\psi(E) = \psi(E^*) = cte.$ para cada uno de los N sistemas considerados, la expresión de ε, en el caso precedente, se reduce a:

$$\varepsilon = cte \cdot \exp\left[-\int dt \sum_{\nu=1}^{\nu=n} \frac{\partial \varphi_\nu}{\partial p_\nu} \right] = cte \cdot e^{-m} .$$

21

Según lo que precede, se tiene pues:

$$dN = cte \cdot e^{-m} \int_g dp_1 \dots dp_n$$

Para simplificar, introduzcamos ahora nuevas variables de estado relativas a los sistemas considerados; llamémoslas π_ν. Se tiene entonces:

$$dN = \frac{e^{-m}}{\dfrac{D(\pi_1 \dots \pi_n)}{D(p_1 \dots p_n)}} \int_g d\pi_1 \dots d\pi_n ,$$

donde el símbolo D representa el determinante funcional. Elegiremos las nuevas coordenadas de forma que se tenga:

$$e^{-m} = \frac{D(\pi_1 \dots \pi_n)}{D(p_1 \dots p_n)} .$$

Se puede satisfacer esta ecuación de una infinidad de maneras, por ejemplo poniendo

$$\begin{aligned} \pi_2 &= p_2 \\ \pi_3 &= p_3 \qquad\qquad \pi_1 = \int e^{-m} \cdot dp_1 \\ &\dots \\ \pi_n &= p_n . \end{aligned}$$

Con las nuevas variables, se tiene:

$$dN = cte \cdot \int d\pi_1 \dots d\pi_n .$$

En lo que sigue, sólo nos referiremos a las nuevas variables.

§ 3. *Distribución de estados de un sistema en contacto con un sistema cuya energía es infinitamente grande respecto a la suya*

Supongamos ahora que cada uno de los N sistemas aislados se componga de dos partes Σ y σ que interaccionan mutuamente. Se supone que el estado del subsistema Σ puede definirse por los valores de las variables $\Pi_1 \ldots \Pi_\lambda$ y el del sistema σ por los valores de las variables $\pi_1 \ldots \pi_l$. Supongamos además que la energía E que, para cada sistema, no puede tomar más que valores comprendidos entre E^* y $E^* + \delta E^*$, y que debe por tanto ser igual a E^* salvo un infinitamente pequeño, se compone, salvo un infinitamente pequeño, de dos términos de los que, el primero, H, no está determinado más que por los valores de las variables de estado de Σ, y el segundo, η, no está determinado más que por los de σ, de suerte que, siempre salvo un infinitamente pequeño relativo, se tiene:

$$E = H + \eta .$$

22

En este caso, dos sistemas que interactúan se dice que están en contacto. Supondremos además que η es infinitamente pequeño frente a H.

Para el número dN_1 de los N sistemas cuyas variables de estado $\Pi_1 \ldots \Pi_\lambda$ (o $\pi_1 \ldots \pi_l$) están comprendidas entre los límites Π_1 y $\Pi_1 + d\Pi_1$, Π_2 y $\Pi_2 + d\Pi_2$ ... Π_λ y $\Pi_\lambda + d\Pi_\lambda$ (o π_1 y $\pi_1 + d\pi_1$, π_2 y $\pi_2 + d\pi_2$ ... π_l y $\pi_l + d\pi_l$), se obtiene la siguiente expresión:

$$dN_1 = C \cdot d\Pi_1 \ldots d\Pi_\lambda \cdot d\pi_1 \ldots d\pi_l ,$$

donde C puede ser función de $E = H + \eta$.

Pero como, según la hipótesis hecha antes, el valor de la energía de cada uno de los sistemas considerados es E^*, salvo un infinitamente pequeño, podemos, sin cambiar nada en el resultado, sustituir la constante C por $cte \cdot \exp.(-2hE^*) = cte \cdot \exp[-2h[H + \eta]]$, donde h representa una constante que se definirá luego. La expresión de dN_1 se convierte entonces en:

$$dN_1 = cte \cdot e^{-2h(H+\eta)} \cdot d\Pi_1 \ldots d\Pi_\lambda \cdot d\pi_1 \ldots d\pi_l .$$

El número de sistemas cuyas variables de estado π están comprendidas entre los límites indicados, pero para los que no se ha impuesto ninguna condición de limitación a las variables Π, es por tanto de la forma:

$$dN_2 = cte \cdot e^{-2h\eta} d\pi_1 \ldots d\pi_l \int e^{-2hH} d\Pi_1 \ldots d\Pi_\lambda ,$$

donde se debe tomar la integral sobre todos los valores de Π a los que corresponden valores de la energía H comprendidos entre $E^* - \eta$ y $E^* + \delta E^* - \eta$. Basta efectuar la integración para encontrar la distribución de estados de los sistemas σ. Esto, en efecto, es ahora posible.

Ponemos:

$$\int e^{-2hH} d\Pi_1 \ldots d\Pi_\lambda = \chi(E) ,$$

donde la integración que figura en el primer miembro atañe a todos los valores de las variables para los que H está comprendida entre los valores dados E y $E + \delta E^*$. La integral que interviene en la expresión de dN_2 es entonces de la forma:

$$\chi(E^* - \eta) ,$$

o sea, como η es infinitamente pequeña frente a E^*:

$$\chi(E^*) - \chi'(E^*)\cdot\eta .$$

Si se puede elegir h de modo que $\chi'(E^*) = 0$, la integral se reduce a una magnitud independiente del estado de σ.

Se puede pues poner, salvo un infinitamente pequeño:

$$\chi(E) = e^{-2hE}\int d\Pi_1 \ldots d\Pi_\lambda = e^{-2hE}\omega(E),$$

donde los límites de integración son los mismos que arriba y donde ω representa una nueva función de E.

La condición que atañe a h toma ahora la forma:

$$\chi'(E^*) = e^{-2hE^*}\{\omega'(E^*) - 2h\omega(E^*)\} = 0 .$$

23

En consecuencia:

$$h = \frac{1}{2}\frac{\omega'(E^*)}{\omega(E^*)} .$$

Si se elige h de esta forma, la expresión de dN_2 toma la forma:

(3) $$dN_2 = cte \cdot e^{-2h\eta} d\pi_1 \ldots d\pi_l .$$

Mediante una elección apropiada de las constantes, esta expresión representa la probabilidad de que las variables de estado de un sistema en contacto con otro sistema cuya energía es infinitamente grande frente a la suya, estén comprendidas en el interior de los límites indicados. Además, la magnitud h no depende más que del estado del sistema Σ cuya energía es infinitamente grande frente a la suya.

§ 4. *Temperatura absoluta y equilibrio térmico*

El estado del sistema σ depende pues únicamente de la magnitud h y ésta únicamente del estado del sistema Σ. A la magnitud $1/4h\kappa = T$, le damos el nombre de temperatura absoluta del sistema Σ, donde κ representa una constante universal.

Si llamamos «termómetro» al sistema σ, podemos ya enunciar los principios siguientes:

1. El estado del termómetro no depende más que de la temperatura absoluta del sistema Σ, pero no depende del tipo de contacto entre los sistemas Σ y σ.

2. Si dos sistemas Σ_1 y Σ_2 en contacto con un termómetro σ le confieren el mismo estado, poseen la misma temperatura absoluta, y confieren pues por contacto el mismo estado a otro termómetro σ'.

Sean, por otra parte, Σ_1 y Σ_2 dos sistemas en contacto uno con otro y supongamos además que el sistema Σ_1 esté en contacto con un termómetro σ. La distribución de estados de σ depende entonces de la energía del sistema $\varphi(\Sigma_1 + \Sigma_2)$, o bien de la magnitud $h_{1,2}$. Imaginemos que la interacción entre Σ_1 y Σ_2 disminuye de forma infinitamente lenta: la expresión de la energía $H_{1,2}$ del sistema $(\Sigma_1 + \Sigma_2)$ no cambia; eso se deduce claramente de nuestra definición de contacto y de la expresión de la magnitud h establecida en el § precedente. Finalmente, cuando la interacción ha cesado por completo, la distribución de estados de σ, que no cambia durante la separación de Σ_1 y de Σ_2, no depende más que de Σ_1 y, por tanto, de la magnitud h_1; el índice sólo tiene por objeto indicar aquí la pertenencia de la magnitud al sistema Σ_1. Se tiene pues:

$$h_1 = h_{12}.$$

De la misma forma se habría obtenido:

$$h_2 = h_{12}.$$

24

Por lo tanto:

$$h_1 = h_2,$$

o, dicho en palabras: si se separan dos sistemas Σ_1 y Σ_2, que constituyen un sistema aislado $(\Sigma_1 + \Sigma_2)$ de temperatura absoluta T, los dos sistemas Σ_1 y Σ_2, una vez aislados, mantienen la misma temperatura después de la separación. Consideremos un sistema dado en contacto con un gas perfecto. Supongamos que se puede representar totalmente este gas con ayuda del modelo de la teoría cinética de los gases. Tomemos como sistema σ una única molécula de gas monoatómico, de masa μ, cuyo estado esté totalmente determinado por sus coordenadas cartesianas x, y, z y las componentes de su velocidad ξ, η, ζ. Entonces, según § 3, se obtiene como expresión de la probabilidad de que las variables de estado de esta molécula estén comprendidas entre los límites x y $x + dx$, ... ζ y $\zeta + d\zeta$, la conocida expresión de Maxwell:

$$dW = cte \cdot e^{-h\mu(\xi^2+\eta^2+\zeta^2)}\, dx ... d\zeta .$$

De donde, por integración, el valor medio de la fuerza viva de la molécula, es:

$$\overline{\frac{\mu}{2}(\xi^2 + \eta^2 + \zeta^2)} = \frac{1}{4h}.$$

Pero, según la teoría cinética de los gases, se sabe que esta magnitud, a volumen constante del gas, es proporcional a la presión ejercida por el gas. Ahora bien, ésta es, por definición, proporcional a la magnitud llamada, en física, temperatura absoluta. La magnitud que hemos llamado temperatura absoluta no es pues otra que la temperatura de un sistema medida con el termómetro de gas.

§ 5. *Procesos infinitamente lentos*

Hasta ahora no hemos considerado más que sistemas que se encontraban en un estado estacionario. Estudiaremos ahora igualmente las variaciones de ciertos estados estacionarios, aquellos que se establecen tan lentamente que la distribución de estados en un momento cualquiera sólo difiere infinitamente poco de la distribución estacionaria; o, en términos más precisos: en cada instante, la probabilidad de que las variables de estado se sitúen en el interior de un cierto dominio G está representada por la fórmula dada antes, salvo un infinitamente pequeño. Damos el nombre de proceso infinitamente lento a este tipo de evolución.

Según lo que precede, si las funciones φ_ν (ecuación (1)) y la energía E de un sistema están determinadas, su distribución estacionaria de estados está igualmente definida. Un proceso infinitamente lento se caracteriza pues por el hecho de que, o bien varía la energía E, o bien las funciones φ_ν contienen explícitamente el tiempo, o bien las dos cosas a la vez, permaneciendo siempre muy pequeños los cocientes diferenciales con relación al tiempo.

25

Hemos hecho la hipótesis de que las variables de estado de un sistema aislado varían de acuerdo con las ecuaciones (1). Pero, a la inversa, no porque exista un sistema de ecuaciones (1) que rige las variables de estado de un sistema, es necesariamente este sistema aislado. En efecto, puede muy bien estarse en el caso de un sistema influido por otros sistemas de tal manera que esta influencia dependa únicamente de funciones de las coordenadas variables de los sistemas que influencian, funciones que no varían para una distribución constante de estados de los sistemas que influencian. En este caso se podrá análogamente representar la variación de las coordenadas p_v del sistema considerado por un sistema de la forma de las ecuaciones (1). Las funciones φ_v dependerán entonces, sin embargo, no solamente de la naturaleza física del sistema en cuestión, sino también de ciertas constantes definidas por los sistemas que influencian y por sus distribuciones de estados. A este tipo de influencia sobre un sistema dado lo llamamos adiabático. Es fácil ver que, en este caso, las ecuaciones (1) admiten también una ecuación de la energía en tanto las distribuciones de estados de los sistemas responsables de la influencia adiabática no varíen. Si no es este el caso, entonces las funciones φ_v del sistema considerado varían explícitamente con el tiempo, conservando las ecuaciones (1) en todo instante su validez. A semejante modificación de la distribución de estados del sistema considerado la llamamos adiabática.

Consideremos ahora un segundo modo de variación de los estados de un sistema Σ. Supongamos de entrada que Σ es un sistema que puede sufrir una influencia adiabática. Supongamos que, en el instante $t = 0$, el sistema Σ entre en interacción con un sistema P de temperatura diferente, que esta interacción sea del tipo que hemos llamado de «contacto», y que una vez que se hayan igualado las temperaturas de Σ y de P, se aleja el sistema P. La energía de Σ ha variado entonces. Mientras dura el proceso, las ecuaciones (1) relativas a Σ no son válidas; lo son, sin embargo, antes y después del proceso. A ese proceso lo llamamos «isopícnico» y a la energía cedida a Σ, «calor cedido».

Está claro que, en lo sucesivo, salvo en un infinitamente pequeño relativo, se puede concebir todo el proceso infinitamente lento de un sistema Σ como una sucesión continua de procesos adiabáticos e isopícnicos infinitamente pequeños; nos basta pues con estudiar estos procesos particulares para comprenderlos todos.

§ 6. *El concepto de entropía*

Supongamos un sistema físico cuyo estado instantáneo esté completamente determinado por los valores de las variables de estado $p_1 \dots p_n$. Se supone que este sistema efectúa un proceso infinitamente lento, estando sometidos los sistemas cuya influencia adiabática sufre a variaciones de estado infinitamente pequeñas y cediéndose, por otra parte, la energía al sistema considerado por sistemas en contacto. Tenemos en cuenta a estos últimos porque imponemos a la energía del sistema considerado

26

que dependa –además de las $p_1 \dots p_n$– de ciertos parámetros $\lambda_1 \lambda_2 \dots$ cuyos valores están determinados por las distribuciones de estados de los sistemas que influencian adiabáticamente al sistema estudiado. En el caso de los procesos puramente adiabáticos, se puede aplicar en cada instante un sistema de ecuaciones (1) cuyas funciones φ_ν dependen no sólo de las coordenadas p_ν, sino también de las variaciones lentas de las magnitudes λ; por lo tanto, en el caso de procesos adiabáticos se puede aplicar en cada instante la ecuación de la energía que se escribe:

$$\sum \frac{\partial E}{\partial p_\nu} \varphi_\nu = 0 .$$

Estudiemos ahora el incremento de energía del sistema en el transcurso de un proceso cualquiera infinitamente lento e infinitamente pequeño.

Para cada elemento de tiempo dt del proceso, se tiene:

(4) $$dE = \sum \frac{\partial E}{\partial \lambda} d\lambda + \sum \frac{\partial E}{\partial p_\nu} dp_\nu .$$

Para un proceso isopícnico infinitamente pequeño, todos los $d\lambda$, y por tanto el primer término del segundo miembro de esta ecuación, son nulos para cada elemento de tiempo. Pero como para un proceso isopícnico dE debe considerarse como calor cedido (véase el § precedente), el calor cedido dQ en semejante proceso se representa por tanto por la expresión:

$$dQ = \sum \frac{\partial E}{\partial p_\nu} dp_\nu$$

Por otra parte, en un proceso adiabático, en el curso del cual las ecuaciones (1) no dejan de ser válidas, se tiene, según la ecuación de la energía:

$$\sum \frac{\partial E}{\partial p_\nu} dp_\nu = \sum \frac{\partial E}{\partial p_\nu} \varphi_\nu dt = 0.$$

Por otra parte, según el § precedente, en un proceso adiabático para el que $dQ = 0$, se puede escribir igualmente:

$$dQ = \sum \frac{\partial E}{\partial p_\nu} dp_\nu .$$

Así pues, esta ecuación debe considerarse válida durante cada elemento de tiempo y en cualquier proceso. La ecuación (4) se convierte por tanto en:

(4') $$dE = \sum \frac{\partial E}{\partial \lambda} d\lambda + dQ .$$

Esta expresión representa también la variación de energía que tiene lugar en el curso del proceso infinitamente lento, cuando los valores de los $d\lambda$ y de dQ varían.

27

Al principio y al final del proceso, la distribución de estados del sistema considerado es estacionario; si el sistema está en contacto, antes y después del proceso, con un sistema cuya energía es infinitamente grande frente a la suya, hipótesis aquí puramente formal, la distribución de estados está definida por la ecuación:

$$dW = cte \cdot e^{-2hE} dp_1 \ldots dp_n$$
$$= e^{c-2hE} dp_1 \ldots dp_n .$$

dW representa aquí la probabilidad de que, en un instante dado cualquiera, los valores de las variables de estado del sistema estén comprendidos entre los límites indicados. La constante c está definida por la ecuación:

(5) $$\int e^{c-2hE} dp_1 \ldots dp_n = 1,$$

donde la integración debe efectuarse sobre todos los valores de las variables.

En particular, si la ecuación (5) es válida antes del proceso considerado, lo será también después:

(5') $$\int \exp\left[(c+dc) - 2(h+dh)(E + \sum \frac{\partial E}{\partial \lambda} d\lambda)\right] dp_1 \ldots dp_n = 1.$$

A partir de las dos últimas ecuaciones, se obtiene:

$$\int (dc - 2Edh - 2h \sum \frac{\partial E}{\partial \lambda} d\lambda) \cdot e^{c-2hE} dp_1 \ldots dp_n = 0.$$

Ahora bien, teniendo en cuenta que, en la integración, la expresión entre paréntesis puede considerarse constante, que la energía E del sistema antes y después del proceso no difiere nunca de forma notable de un valor medio determinado, y que se verifica la ecuación (5):

(5'') $$dc - 2Edh - 2h \sum \frac{\partial E}{\partial \lambda} d\lambda = 0.$$

Pero, según la ecuación (4'), se tiene:

$$-2hdE + 2h \sum \frac{\partial E}{\partial \lambda} d\lambda + 2hdQ = 0.$$

Sumando las dos últimas ecuaciones, se obtiene:

$$2h \cdot dQ = d(2hE - c),$$

es decir, como $1/4h = \kappa \cdot T$:

$$\frac{dQ}{T} = d(\frac{E}{T} - 2\kappa c) = dS.$$

Esta ecuación expresa el hecho de que dQ/T es una diferencial total de una magnitud a la que llamaremos entropía del sistema. Teniendo en cuenta la ecuación (5), se obtiene:

$$S = 2\kappa(2hE - c) = \frac{E}{T} + 2\kappa \lg \int e^{-2hE} dp_1 \ldots dp_n,$$

28

donde la integración debe efectuarse sobre todos los valores de las variables.

[La paginación que sigue corresponde al Volumen 2 de *TCPAE,* E.V.]

61

§ 7. *Probabilidad de las distribuciones de estados*

Para deducir la segunda ley en su forma más general, tenemos que investigar la probabilidad de distribuciones de estados.

Consideremos un número muy grande (N) de sistemas aislados, todos los cuales pueden representarse mediante el mismo sistema de ecuaciones (1), y cuyas energías coincidan, salvo un infinitamente pequeño. La distribución de estados de estos N sistemas puede representarse entonces por una ecuación de la forma:

(2') $$dN = \varepsilon(p_1 \ldots p_n, t)\, dp_1 \ldots dp_n,$$

donde, en general, ε depende explícitamente de las variables de estado $p_1 ... p_n$ y también del tiempo. Aquí, la función ε caracteriza por completo la distribución de estados.

De § 2 se sigue que, cuando la distribución de estados es constante, lo que, según nuestras hipótesis, es siempre el caso para valores muy grandes de t, tendrá que ser $\varepsilon = cte.$, por lo que, para una distribución estacionaria de estados, se tendrá:

62

$$dN = cte \cdot dp_1 ... dp_n .$$

Se sigue de aquí inmediatamente que la expresión de la probabilidad dW de los valores de las variables de estado de un sistema elegido al azar entre los N sistemas que están en la región infinitamente pequeña g de las variables de estado localizadas dentro de los límites de energía supuestos viene dada por:

$$dW = cte \cdot \int_g dp_1 ... dp_n .$$

Esta proposición puede también formularse como sigue: si toda la región correspondiente de las variables de estado que está determinada por los límites de energía supuestos está dividida en l regiones parciales $g_1, g_2 ... g_l$, de modo que:

$$\int_{g_1} = \int_{g_2} = ... = \int_{g_l} ,$$

y si llamamos W_1, W_2, etc., a las probabilidades que tienen los valores de las variables de estado del sistema elegido arbitrariamente en $g_1, g_2 ...$ en un cierto instante, entonces:

$$W_1 = W_2 = ... W_l = \frac{1}{l} .$$

La probabilidad de que en un momento dado el sistema considerado pertenezca a una región específica entre esas $g_1 ... g_l$ regiones es pues tan grande como la probabilidad de que pertenezca a cualquier otra de esas regiones.

La probabilidad de que, en un instante elegido al azar, ε_1 de los N sistemas considerados pertenezcan a la región g_1, ε_2 a la región g_2, ... ε_l a la región g_l, es pues:

$$W = \left[\frac{1}{l}\right]^N \frac{N!}{\varepsilon_1! \varepsilon_2! ... \varepsilon_n!} ,$$

o también, como hay que suponer que $\varepsilon_1, \varepsilon_2 ... \varepsilon_n$ son números muy grandes:

$$\lg W = cte - \sum_{\varepsilon=1}^{\varepsilon=l} \varepsilon \lg \varepsilon .$$

63

Si l es suficientemente grande, puede ponerse sin error apreciable

$$\lg W = cte - \int \varepsilon \lg \varepsilon \, dp_1 ... dp_n .$$

En esta ecuación, W representa la probabilidad de que una distribución dada de estados, que se expresa por los números $\varepsilon_1, \varepsilon_2 ... \varepsilon_l$, o, si no, por una función específica ε de $p_1 ... p_n$ según la ecuación (2'), predomine en un instante dado.

Si en esta ecuación ε fuera constante, esto es, independiente de las p_ν dentro de los límites de energía considerados, la distribución de estados considerados sería entonces estacionaria y, como se puede probar fácilmente, la expresión de la probabilidad W de la distribución de estados sería un máximo. Si ε depende de los valores de las p_ν, se puede ver que la expresión de $\lg W$ para la distribución de estados considerada no tiene un extremo, esto es, que existen distribuciones de estados que difieren infinitesimalmente de la considerada para las que W es más grande.

Si hacemos un seguimiento de los N estados considerados durante un intervalo de tiempo arbitrario, la distribución de estados, y por tanto también W, continuará cambiando continuamente con el tiempo, y tendremos que suponer que, siempre, distribuciones de estados más probables seguirán a otras improbables, es decir, que W crece hasta que la distribución de estados se haya hecho constante y W haya alcanzado un máximo.

Se verá en las siguientes secciones que la segunda ley de termodinámica puede deducirse de esta proposición.

De entrada, tenemos

$$-\int \varepsilon' \lg \varepsilon' dp_1 \dots dp_n > -\int \varepsilon \lg \varepsilon \, dp_1 \dots dp_n ,$$

donde la función ε determina la distribución de estados de los N sistemas en un cierto instante t, la función ε' determina la distribución de estados en un cierto instante posterior t', y la integración en ambos miembros debe extenderse a todos los valores de las variables. Además, si las magnitudes $\lg \varepsilon$ y $\lg \varepsilon'$ de los sistemas individuales entre los N sistemas no difieren señaladamente entre sí, entonces, como

64

$$\int \varepsilon \, dp_1 \dots dp_n = \int \varepsilon' dp_1 \dots dp_n = N ,$$

la última ecuación se convierte en:

(6) $$-\overline{\lg \varepsilon'} \geq -\overline{\lg \varepsilon} .$$

§ 8. *Aplicación de los resultados obtenidos a un caso concreto*

Consideremos un número finito de sistemas físicos $\sigma_1, \sigma_2 \dots$ que, juntos, constituyen un sistema aislado al que llamaremos sistema total. Los sistemas $\sigma_1, \sigma_2 \dots$ no interactúan térmicamente entre sí de forma notoria, pero podrían afectarse uno a otro adiabáticamente. La distribución de estados de cada uno de los sistemas $\sigma_1, \sigma_2 \dots$, a los que llamaremos sistemas parciales, será estacionaria hasta el infinitamente pequeño. Las temperaturas absolutas de los sistemas parciales pueden ser cualesquiera y diferentes unas de otras.

La distribución de estados del sistema σ_1 no es notoriamente diferente de la distribución de estados que correspondería si σ_1 estuviera en contacto con un sistema físico de la misma temperatura. Podemos por tanto representar su distribución de estados por la ecuación:

$$d\omega_1 = e^{c_{(1)} - 2h_{(1)} E_{(1)}} \int dp_1^{(1)} \dots dp_n^{(1)} ,$$

donde los índices (1) indican relación con el sistema parcial σ_1.

Ecuaciones análogas tienen validez para los demás sistemas parciales. Como los valores instantáneos de las variables de estado de los sistemas parciales individuales son independientes de los de los demás sistemas, obtenemos para la distribución de estados del sistema total una ecuación de la forma

(7) $$d\omega = d\omega_1 \cdot d\omega_2 ... = \left\{ \exp \left[\sum (c_\nu - 2h_\nu E_\nu) \right] \right\} \cdot \int_g dp_1 ... dp_n ,$$

donde la suma hay que extenderla a todos los sistemas y la integración a la región arbitraria g, que es infinitamente pequeña en todas las variables del sistema total.

65

Supongamos ahora que, después de algún tiempo, los sistemas parciales $\sigma_1, \sigma_2 ...$ entran en algún tipo cualquiera de interacción mutua, pero que durante ese proceso el sistema total continúa siendo un sistema aislado. Tras cierto lapso de tiempo aparecerá un estado del sistema total en el que los sistemas parciales $\sigma_1, \sigma_2 ...$ no interaccionarán térmicamente entre sí y, salvo en el infinitamente pequeño, estará en un estado estacionario.

Así pues, una ecuación completamente análoga a la que rige antes del proceso seguirá teniendo validez para la distribución de estados del sistema total:

(7') $$d\omega' = d\omega'_1 \cdot d\omega'_2 ... = \left\{ \exp \left[\sum (c'_\nu - 2h'_\nu E'_\nu) \right] \right\} \cdot \int_g dp_1 ... dp_n .$$

Consideremos ahora N de tales sistemas totales. Salvo en el infinitamente pequeño, la ecuación (7) valdrá para cada uno de esos sistemas en el instante t, y la ecuación (7') en el instante t'. En tal caso, la distribución de estados de los N sistemas totales considerados en los instantes t y t' estará dada por las ecuaciones:

$$dN_t = N \cdot \left\{ \exp \left[\sum (c_\nu - 2h_\nu E_\nu) \right] \right\} \cdot dp_1 ... dp_n$$

$$dN_t = N \cdot \left\{ \exp \left[\sum (c'_\nu - 2h'_\nu E'_\nu) \right] \right\} \cdot dp_1 ... dp_n$$

A estas dos distribuciones de estados podemos ahora aplicar los resultados de la sección anterior. Ni

$$\varepsilon = N \cdot \exp \left[\sum (c_\nu - 2h_\nu E_\nu) \right]$$

ni

$$\varepsilon' = N \cdot \exp \left[\sum (c'_\nu - 2h'_\nu E'_\nu) \right]$$

son aquí señaladamente diferentes para los sistemas individuales entre los N, por lo que podemos aplicar la ecuación (6), lo que proporciona:

$$\sum (2h' E' - c') \geq \sum (2hE - c),$$

66

o, teniendo en cuenta que, según § 6, las cantidades $2h_1 E_1 - c_1$, $2h_2 E_2 - c_2$, ... son idénticas a las entropías $S_1, S_2 ...$ de los sistemas parciales, salvo una constante universal,

(8) $$S'_1 + S'_2 + ... \geq S_1 + S_2 + ... ,$$

es decir, la suma de las entropías de los sistemas parciales de un sistema aislado, tras algún proceso arbitrario es igual o mayor que la suma de las entropías de los sistemas parciales antes del proceso.

§ 9. *Deducción del segundo principio*

Consideremos un sistema aislado a cuyos sistemas parciales llamaremos W, M, y $\Sigma_1, \Sigma_2 \ldots$. Supongamos que el sistema W, al que llamaremos reservorio de calor, tiene una energía que es infinitamente grande comparada con la del sistema M (motor). De modo similar, la energía de los sistemas $\Sigma_1, \Sigma_2 \ldots$, que interactúan entre sí adiabáticamente, será infinitamente grande comparada con la de M. Supondremos que todos los sistemas parciales $M, W, \Sigma_1, \Sigma_2 \ldots$ están en estado estacionario.

Supongamos que el motor M atraviesa un proceso cíclico durante el cual cambia las distribuciones de estados de los sistemas $\Sigma_1, \Sigma_2 \ldots$ de forma infinitamente lenta por influencia adiabática, es decir, realiza trabajo y recibe la cantidad de calor Q del sistema W. La influencia adiabática recíproca de los sistemas $\Sigma_1, \Sigma_2 \ldots$ al final del proceso diferirá entonces de la anterior al proceso. Decimos que el motor M ha convertido en trabajo la cantidad de calor Q.

Calcularemos ahora el incremento de entropía de los sistemas parciales individuales durante el proceso considerado. Según los resultados de § 6, el incremento de entropía del reservorio de calor W es igual a $-Q/T$, si llamamos T a la temperatura absoluta. La entropía de M es la misma antes y después del proceso, porque el sistema M ha sufrido un proceso cíclico. Los sistemas $\Sigma_1, \Sigma_2 \ldots$ no cambian en absoluto sus entropías durante el proceso porque estos sistemas sólo experimentan una influencia adiabática que es infinitamente lenta. De ahí que el incremento de entropía $S' - S$ del sistema total tenga el valor

67

$$S' - S = -\frac{Q}{T}.$$

Como, según los resultados de la última sección, esta cantidad $S' - S$ es siempre ≥ 0, se sigue que

$$Q \leq 0 \quad .$$

Esta ecuación expresa la imposibilidad de la existencia de un perpetuum mobile de segunda especie.

Berna, enero de 1903.

(Registro de entrada: 26 de enero de 1903)

1904

MARZO-JUNIO

Albert Einstein. «***Zur allgemeinen molekularen Theorie der Wärme***». *Annalen der Physik*, 4. Folge, Band 14 (1904), S. 354-362. (Firmado en Berna el 27 de marzo de 1904. Registro de entrada: 29 de marzo de 1904. Publicado: 2 de junio de 1904.)]

[Recogido en *TCPAE*. Vol. 2. The Swiss Years. Writings: 1900-1909. Doc. 5. pp. 99-107 (German Version)] («Teoría molecular general del calor»)

354

Teoría molecular general del calor

Me propongo aportar aquí algunos complementos a un artículo que publiqué el año pasado.

Por «Teoría molecular general del calor» entiendo una teoría que se basa esencialmente en hipótesis enunciadas en el § 1. del citado artículo. Para evitar repeticiones inútiles, supongo conocido este artículo y utilizo la misma notación.

Empiezo por dar de la entropía de un sistema una expresión estrictamente análoga a la obtenida por Boltzmann en el caso de un gas perfecto y supuesta por Planck en su teoría de la radiación. Después de deducir, de forma sencilla, el segundo principio de termodinámica, estudio el significado que hay que dar a una constante universal que juega un papel importante en la teoría molecular general del calor. Para terminar, aplico la teoría a la radiación del cuerpo negro y deduzco de ahí, sin ayuda de hipótesis específicas suplementarias, una relación extraordinariamente interesante entre la constante universal ya mencionada (determinada a su vez a partir de las magnitudes de los cuantos elementales de materia y de electricidad) y el orden de magnitud de las longitudes de onda de la radiación.

§ 1. *Expresión de la entropía*

En el caso de un sistema que no puede recibir energía más que en forma de calor, o, dicho de otro modo, un sistema que interactúa de forma no adiabática con otros sistemas, la temperatura absoluta T y la energía E están ligadas por la ecuación (véase § 3 y 4, *loc. cit.*)

(1) $$h=\frac{1}{2}\frac{\omega'(E)}{\omega(E)}=\frac{1}{4\kappa T}.$$

[1]) A. Einstein, Ann. D. Phys. 11. p. 170. 1903

355

donde κ representa una constante absoluta y ω está definida por la ecuación (ligeramente modificada con relación a la del artículo citado):

$$\omega(E)\cdot\delta E=\int_{E}^{E+\delta E}dp_1\ldots dp_n\,.$$

La integral del segundo miembro hay que tomarla sobre todos los valores de las variables que definen de forma completa y unívoca el estado instantáneo del sistema y que corresponden a valores de la energía comprendidos entre E y $E+\delta E$.

De la ecuación (1) se deduce:

$$S=\int\frac{dE}{T}=2\kappa\lg[\omega(E)].$$

Esta expresión representa la entropía del sistema (despreciando las constantes de integración, arbitrarias). En resumen, esta expresión no vale más que para los sistemas cuyo estado se modifica de forma puramente térmica; es igualmente válida para los sistemas que sufren modificaciones de estado adiabáticas e isopícnicas.

La demostración puede hacerse a partir de la última ecuación del § 6., *loc. cit.*; dejo de lado este punto, ya que no pretendo aquí aplicar este teorema en toda su generalidad.

§ 2. *Deducción del segundo principio*

Según la experiencia, si un sistema se encuentra en un entorno de cierta temperatura constante T_0 y está en interacción térmica («contacto») con dicho entorno, adquiere él también esta temperatura T_0 y la mantiene indefinidamente.

Sin embargo, según la teoría molecular del calor, este enunciado no tiene validez estricta, sino sólo con cierta aproximación, aunque muy grande en todos los casos en que los sistemas son accesibles a la investigación directa. Si, además, el sistema considerado permanece en contacto con el medio exterior durante un tiempo infinitamente largo, la probabilidad W de que,

356

en un instante cualquiera, el valor de su energía esté comprendida entre E y $E+1$ es (véase § 3., l c.):

$$W = Ce^{-\frac{E}{2\kappa T_0}}\omega(E),$$

donde C es una constante. Este valor es siempre diferente de cero, cualquiera que sea E; sin embargo, presenta un máximo para un cierto valor de E y, para todo valor de E que se separe de él por poco que sea, bien hacia arriba o bien hacia abajo, toma valores muy pequeños –al menos en el caso de los sistemas accesibles a la observación directa. Llamemos «reservorio de calor» al sistema considerado y digamos, por adelantar, que la expresión de arriba representa la probabilidad de que, en el medio considerado, la energía del reservorio de calor tenga el valor E. El resultado del § anterior permite escribir W igualmente en la forma:

$$W = Ce^{\frac{1}{2\kappa}(S-\frac{E}{T_0})},$$

donde S es la entropía del reservorio de calor.

Supongamos ahora que nos ocupamos de un cierto número de reservorios, colocados todos en el mismo medio exterior cuya temperatura es T_0. La probabilidad de que la energía del primer reservorio tenga el valor E_1, la del segundo el valor E_2..., la del último el valor E_l, se tiene entonces, en notación fácilmente comprensible:

$$M = W_1 W_2 ... W_l =$$

(a) $$= C_1 \cdot C_2 ... C_l \exp\left[\frac{1}{2\kappa}\left\{\sum_1^l S - (\sum_1^l E)\Big/T_0\right\}\right]$$

Supongamos ahora que estos reservorios se pongan en interacción con una máquina que funciona según un proceso cíclico en el curso del cual no hay intercambio de calor ni entre los reservorios de calor y el medio exterior ni entre el medio exterior y la máquina. Llamemos $E'_1, E'_2 ... E'_l$ y $S'_1, S'_2 ... S'_l$ a las energías y entropías de los sistemas al final del proceso considerado.

357

El estado del conjunto de los reservorios, definido por estos valores, está afectado por la probabilidad:

(b) $$M' = C_1 \cdot C_2 \ldots C_l \exp\left[\frac{1}{2\kappa}\left\{\sum_1^l S' - (\sum_1^l E')\Big/T_0\right\}\right].$$

En este proceso, ni el estado del medio exterior ni el de la máquina han sido modificados, ya que la máquina realiza un ciclo.

Hagamos ahora la hipótesis según la cual a estados de gran probabilidad no pueden suceder estados de menor probabilidad; entonces:

$$M' \geq M$$

Pero, según el principio de conservación de la energía:

$$\sum_1^l E = \sum_1^l E'.$$

Si se tiene esto en cuenta, de las ecuaciones (a) y (b) se sigue:

$$\sum S' \geq \sum S.$$

§ 3. *Significado de la constante κ en teoría cinética atómica*

Consideremos un sistema físico cuyo estado instantáneo esté completamente determinado por los valores de las variables de estado $p_1, p_2 \ldots p_n$.

Cuando este sistema está «en contacto» con un sistema cuya energía es infinitamente grande en comparación con la suya y cuya temperatura absoluta es T_0, el reparto de sus estados está dado por la ecuación:

$$dW = Ce^{-\frac{E}{2\kappa T_0}} dp_1 \ldots dp_n.$$

En esta ecuación, κ es una constante universal cuyo significado nos proponemos estudiar aquí.

Se obtiene este, en el marco de la teoría cinética atómica, procediendo, como es habitual desde los trabajos de Boltzmann, de la forma siguiente. Tomemos para p_ν las coordenadas cartesianas $x_1 y_1 z_1$, $x_2 y_2 z_2$ ... $x_n y_n z_n$, y sean $\xi_1 \eta_1 \zeta_1$, $\xi_2 \eta_2 \zeta_2$ ... $\xi_n \eta_n \zeta_n$, las [componentes] de las velocidades de los diversos átomos del sistema (supuestos puntuales). Esta elección de variables de estado es posible en la medida en que satisfacen la condición:

32

$$\sum \frac{\partial \varphi_\nu}{\partial p_\nu} = 0$$

(véase § 2, *loc. cit.*). Resulta entonces:

$$E = \Phi(x_1 \ldots z_n) + \sum_1^n \frac{1}{2} m_\nu (\xi_\nu^2 + \eta_\nu^2 + \zeta_\nu^2),$$

donde el primer término de la suma designa la energía potencial del sistema, y el segundo su fuerza viva. Consideremos ahora un dominio infinitamente pequeño $dx_1 \ldots dz_n$. El valor medio de la magnitud:

$$\frac{1}{2} m_\nu (\xi_\nu^2 + \eta_\nu^2 + \zeta_\nu^2)$$

sobre este dominio es:

$$\overline{L_\nu} = \overline{\frac{m}{2}(\xi_\nu^2 + \eta_\nu^2 + \zeta_\nu^2)}$$

$$= \frac{e^{-\frac{\Phi(x_1 \ldots z_n)}{4\kappa T_0}} dx_1 \ldots dz_n \int \frac{m_\nu}{2}(\xi_\nu^2 + \eta_\nu^2 + \zeta_\nu^2)\, e^{\frac{\sum_1^n \frac{m_\nu}{2}(\xi_\nu^2+\eta_\nu^2+\zeta_\nu^2)}{2\kappa T_0}} d\xi_1 \ldots d\zeta_n}{e^{-\frac{\Phi(x_1 \ldots z_n)}{4\kappa T_0}} dx_1 \ldots dz_n \int e^{\frac{\sum \frac{m_\nu}{2}(\xi_\nu^2+\eta_\nu^2+\zeta_\nu^2)}{2\kappa T_0}} d\xi_1 \ldots d\zeta_n}$$

$$= 3 \frac{\int_{-\infty}^{+\infty} m_\nu \xi_\nu^2 e^{\frac{m_\nu \xi_\nu^2}{4\kappa T_0}} d\xi_\nu}{\int_{-\infty}^{+\infty} e^{\frac{m_\nu \xi_\nu^2}{4\kappa T_0}} d\xi_\nu} - 3\kappa T_0.$$

Esta magnitud no depende pues ni del dominio ni del átomo elegidos; no es otra que el valor medio [de la fuerza viva] del átomo a la temperatura T_0. La magnitud 3κ es igual al cociente de la fuerza viva media de un átomo por la temperatura absoluta.

Por otra parte, la constante κ está estrechamente ligada al número N de moléculas reales contenidas en una «molécula» en el sentido de los químicos (peso equivalente referido a un gramo de hidrógeno tomado como unidad). Se sabe, en efecto, que para semejante cantidad de gas perfecto, se tiene, tomando el gramo y el centímetro por unidades:

33

$$p\vartheta = RT, \text{ siendo } R = 8{,}31 \cdot 10^7$$

Pero, según la teoría cinética de los gases:

$$p\vartheta = \frac{2}{3} N \overline{L},$$

donde $\overline{L}$ representa el valor medio de la fuerza viva del movimiento del centro de gravedad de una molécula. Por otra parte, dado que:

$$\overline{L} = \overline{L_\nu},$$

resulta:

$$N \cdot 2\kappa = R.$$

La constante 2κ es pues igual al cociente de la constante R por el número de moléculas contenidas en un «equivalente».

Si se pone, con O.F. Meyer, $N = 6{,}4 \cdot 10^{23}$, se obtiene $\kappa = 6{,}5 \cdot 10^{-17}$.

§ 4. *Significado general de la constante κ*

Consideremos un sistema en contacto con otro sistema de energía infinitamente mayor que la suya y de temperatura T. La probabilidad dW de que el valor de su energía, en un instante cualquiera, esté comprendida entre E y $E+dE$ es:

$$dW = Ce^{-\frac{E}{2\kappa T}}\omega(E)\,dE\,.$$

El valor medio $\overline{E}$ de E se escribe:

$$\overline{E} = \int_0^\infty CE\,e^{-\frac{E}{2\kappa T}}\omega(E)\,dE\,.$$

Por otra parte:

$$1 = \int_0^\infty C\,e^{-\frac{E}{2\kappa T}}\omega(E)\,dE\,,$$

siendo:

$$\int_0^\infty (\overline{E} - E)\,e^{-\frac{E}{2\kappa T}}\omega(E)\,dE = 0\,.$$

Además, derivando con relación a T:

$$\int (2\kappa T^2 \frac{d\overline{E}}{dT} + \overline{E}E - E^2)\,e^{-\frac{E}{2\kappa T}}\omega(E)\,dE = 0\,.$$

Esta relación significa que el valor medio de la cantidad entre paréntesis es nula; por consiguiente:

$$2\kappa T^2 \frac{d\overline{E}}{dT} = \overline{E^2} - \overline{E}\overline{E}\,.$$

34

En general, el valor instantáneo E de la energía difiere del valor medio $\overline{E}$ de una cierta magnitud que se llama «fluctuación en energía»:

$$E = \overline{E} + \varepsilon\,.$$

Resulta entonces:

$$\overline{E^2} - \overline{E}\overline{E} = \overline{\varepsilon^2} = 2\kappa T^2 \frac{d\overline{E}}{dT}\,.$$

La cantidad $\overline{\varepsilon^2}$ da la medida de la estabilidad térmica del sistema: cuanto mayor es $\overline{\varepsilon^2}$, menos estable es el sistema.

Así pues la constante absoluta κ determina la estabilidad térmica del sistema La última relación obtenida es interesante pues no lleva consigo ya ningún término que recuerde las hipótesis en las que se basa la teoría.

Las magnitudes $\overline{\varepsilon^3}$, $\overline{\varepsilon^4}$ etc. se obtienen fácilmente por derivaciones sucesivas.

§ 5. *Aplicación a la radiación*

La última de las relaciones escritas arriba permitiría determinar de forma precisa el valor de la constante universal κ, si se estuviera en condiciones de determinar la desviación cuadrática media de la fluctuación en energía del sistema. En el actual estado de nuestros conocimientos, no es ese el caso. De hecho sólo conocemos un único tipo de sistema físico para el que la experiencia sugiere fluctuaciones en energía: aquél en el que se tiene un espacio vacío que alberga una radiación térmica.

En efecto, está claro que, para un espacio sede de una radiación térmica y cuyas dimensiones lineales son mucho mayores que la longitud de onda que corresponde al máximo de energía irradiada a la temperatura considerada, el módulo de las fluctuaciones en energía es mucho menor, de media, que el valor medio de la energía irradiada en este espacio; por el contrario, cuando el espacio tiene un tamaño del mismo orden de magnitud que la longitud de onda mencionada, las fluctuaciones en energía son del mismo orden de magnitud que la energía irradiada en el espacio.

Seguramente se objetará que no se puede afirmar que un *espacio* sede de una radiación deba asemejarse a un *sistema* del tipo supuesto –y eso, aunque se tenga derecho a aplicar la teoría molecular general. Quizá debiera suponerse, por ejemplo, que los límites de este espacio varían con su estado electromagnético. Pero eso son detalles que apenas tienen importancia mientras no nos interesemos más que en los órdenes de magnitud.

Por lo tanto, si en la última ecuación del § precedente, ponemos:

$$\overline{\varepsilon^2} = \overline{E}^2$$

y, según la ley de Stefan-Boltzmann:

35

$$\overline{E} - c\vartheta T^4,$$

donde ϑ es el volumen en cm^3 y c la constante de la ley en cuestión, entonces el valor obtenido para $\sqrt[3]{\vartheta}$ debe ser del mismo orden de magnitud que la longitud de onda que corresponde al máximo de energía irradiada a la temperatura considerada. Se obtiene:

$$\sqrt[3]{\vartheta} = \frac{2\sqrt[3]{\kappa/c}}{T} = \frac{0{,}42}{T},$$

tomando para κ el valor encontrado a partir de la teoría cinética y para c el valor $7{,}06 \cdot 10^{-15}$.

Si se llama λ_m a la longitud de onda que corresponde al máximo de energía de la radiación, la experiencia muestra que:

$$\lambda_m = \frac{0{,}293}{T}.$$

Parece pues que la utilización de la teoría molecular general del calor permite determinar de forma correcta a la vez la dependencia de λ_m en temperatura y su orden de magnitud. Habida cuenta del carácter extraordinariamente general de las hipótesis hechas aquí, no creo que esta concordancia sea por casualidad.

Berna, 27 de marzo de 1904
Registro de entrada: 29 de marzo de 1904

1905

LA CUÁNTICA

EL EFECTO FOTOELÉCTRICO

MARZO-JUNIO

Albert Einstein. «***Über einen die Erzeugung und Verwandlung des Lichtes betreffenden heuristischen Gesichtspunkt***». *Annalen der Physik*. IV. Folge. Band 17. 1905. Páginas: 132-148. Fechado en Berna el 17 de marzo de 1905. Registro de entrada: 18 de marzo de 1905. Publicado: 9 de junio de 1905. [Recogido en *TCPAE*. Volume 2: The Swiss Years: Writings, 1900-1909. Doc. 14, pp 149-166 (German Version)] («Un punto de vista heurístico sobre la generación y transformación de la luz»)

132

Un punto de vista heurístico sobre la generación y transformación de la luz

Entre los conceptos teóricos que han desarrollado los físicos sobre los gases y otros cuerpos ponderables y la teoría de Maxwell de los procesos electromagnéticos en el llamado espacio vacío existe una diferencia formal profunda. Porque, mientras consideramos completamente determinado el estado de un cuerpo por las posiciones y velocidades de un número muy grande pero finito de átomos y electrones, nos servimos, para la determinación del estado electromagnético de un espacio, de funciones espaciales continuas, de modo que un número finito de dimensiones no puede considerarse suficiente para la determinación completa del estado electromagnético de un espacio. Según la teoría de Maxwell hay que concebir la energía en todos los fenómenos puramente electromagnéticos, luego también en la luz, como función espacial continua, mientras que la energía de un cuerpo ponderable debe representarse, según el criterio actual de los físicos, como una suma que se extiende a los átomos y los electrones. La energía de un cuerpo ponderable no puede dividirse en un número arbitrario de partes y de tamaños, mientras que según la teoría de Maxwell (o con más generalidad, según cualquier teoría ondulatoria) la energía de un rayo de luz, emitido por una fuente de luz puntual, se distribuye de forma continua en un volumen permanentemente creciente.

La teoría ondulatoria de la luz, que opera con funciones espaciales continuas, ha dado un resultado excelente para la representación de los fenómenos puramente ópticos y probablemente no será sustituida nunca por otra teoría. Pero no hay que perder de vista que las observaciones ópticas se refieren a valores temporales medios y no a valores momentáneos, y a pesar de la confirmación total de la teoría de la difracción, reflexión, refracción, dispersión, etc. por la

133

experimentación, cabe pensar que la teoría de la luz, que opera con funciones espaciales continuas, lleve a contradicciones con la experiencia cuando se aplique a los fenómenos de la generación de la luz y de la transformación de la luz.

A mí me parece en efecto, que las observaciones sobre la "radiación negra", fotoluminiscencia, la generación de rayos catódicos por luz ultravioleta y otros grupos de fenómenos referentes a la generación o a la transformación de la luz, resultan más comprensibles si se supone que la energía de la luz se encuentra repartida discontinuamente por el espacio. A partir de esta suposición, en la propagación de un rayo de luz que parte de un punto, la energía no se reparte de modo continuo sobre espacios cada vez mayores, sino que ésta consiste en un número finito de cuantos de energía localizados en puntos espaciales, que se mueven sin dividirse y que sólo pueden ser absorbidos y generados enteros.

A continuación voy a presentar el proceso de pensamiento y los hechos que me han llevado por este camino, y espero que el punto de vista que voy a exponer resulte útil para algunos investigadores en sus estudios.

§ 1. Una dificultad referente a la teoría de la "radiación negra".

De entrada nos situamos en el mismo punto de partida que la teoría de Maxwell y la teoría de los electrones, y observamos el siguiente caso: en un espacio cerrado por paredes totalmente reflectantes se encuentra un número de moléculas de gas y electrones que se mueven libremente y que ejercen los unos sobre los otros fuerzas conservativas cuando se acercan mucho entre sí, es decir, que pueden chocar como moléculas de gas según la teoría cinética de los gases[1]). Un número

1 Esta suposición equivale a la condición previa de que las energías cinéticas medias de moléculas de gas y electrones son iguales entre sí en caso de equilibrio térmico. Como es sabido, con ayuda de esta condición previa dedujo el Sr. Drude, por vía teórica, la relación entre conductividad térmica y eléctrica de los metales.

p.134

de electrones se encuentra encadenado a unos puntos del espacio, muy distantes los unos de los otros, por medio de fuerzas proporcionales a las elongaciones, dirigidas hacia estos puntos. También estos electrones entrarán en interacción conservativa con las moléculas y electrones libres, si estos últimos se les acercan mucho. A estos electrones encadenados a puntos espaciales los llamaremos "resonadores"; emiten ondas electromagnéticas de un periodo determinado y también las absorben.

Tomando por base la teoría de Maxwell para el caso del equilibrio dinámico, y de acuerdo con el criterio actual sobre generación de la luz, la radiación, en el espacio considerado, tendría que ser idéntica a la "radiación negra" – al menos si se supone que existen resonadores de todas las frecuencias que deban considerarse.

Prescindamos de momento de la radiación emitida y absorbida por los resonadores y preguntémonos por la condición de la interacción (los choques) de moléculas y electrones que corresponde al equilibrio dinámico. La teoría cinética de los gases propone para este último la condición de que la fuerza viva media de un electrón de resonador tiene que ser igual a la energía cinética media del movimiento de avance de una molécula de gas. Si se descompone el movimiento del electrón de resonador en tres movimientos vibratorios perpendiculares entre sí, se encuentra para el valor medio $\overline{E}$ de la energía de tal movimiento vibratorio rectilíneo

$$\overline{E} = \frac{R}{N} T \ ,$$

siendo R la constante absoluta de los gases, N el número de las "moléculas reales" por equivalente-gramo y T la temperatura absoluta. Como los valores medios temporales de las energías cinética y potencial del resonador, la energía $\overline{E}$ es igual a 2/3 del valor de la fuerza viva de una molécula de gas monoatómica libre. Si por cualquier causa –en nuestro caso por fenómenos de radiación– ocurriera que la energía de un resonador tuviera un valor medio temporal mayor o menor que $\overline{E}$, los choques con electrones

135

y moléculas libres llevarían a una cesión de energía al gas o, respectivamente, a una absorción de energía del gas, que por término medio sería distinta de cero. De modo que en el caso que tratamos, el equilibrio dinámico sólo es posible si cada resonador posee la energía media $\overline{E}$.

Hagamos ahora la misma reflexión respecto a la interacción de los resonadores y la radiación existente en el espacio. El Sr. Planck dedujo [1]) para este caso la condición de equilibrio dinámico en el supuesto de que la radiación pueda ser considerada como un proceso lo más desordenado posible. [2]) Obtuvo:

$$\overline{E}_\nu = \frac{L^3}{8\pi\nu^2}\rho_\nu .$$

donde $\overline{E}_\nu$ es la energía media de un resonador de frecuencia propia ν (por componente de vibración), L la velocidad de la luz, ν la frecuencia y $\rho_\nu d\nu$ la energía por unidad de volumen de aquella parte de la radiación cuyo número de oscilaciones está entre ν y $\nu + d\nu$.

1) M. Planck, Ann. D. Phys. 1. P. 99. 1900.

2) Esta condición puede formularse de la siguiente manera. Desarrollemos la componente Z de la fuerza eléctrica (Z) en cualquier punto del respectivo espacio entre los límites de tiempo t = 0 y t = T (donde T es un tiempo muy grande en relación con todas las duraciones de vibración a considerar) en una serie de Fourier

$$Z = \sum_{\nu=1}^{\nu=\infty} A_\nu sin\left(2\pi\nu\frac{t}{T} + \alpha_\nu\right),$$

siendo $A_\nu \geq 0$ y $0 \leq \alpha_\nu \leq 2\pi$. Si consideramos que en el mismo punto espacial se realiza tal desarrollo con cualquier frecuencia y con orígenes de tiempo aleatorios, se obtienen para las magnitudes A_ν y α_ν distintos sistemas de valor. Así pues, para la frecuencia de las diferentes combinaciones de valor de las magnitudes A_ν y α_ν probabilidades (estadísticas) dW de la forma:

$$dW = f(A_1 A_2 ... \alpha_1 \alpha_2 ...) dA_1 dA_2 ... d\alpha_1 d\alpha_2 ...$$

La radiación es entonces la más desordenada pensable, si

$$f(A_1, A_2 ... \alpha_1, \alpha_2 ...) = F_1(A_1) F_2(A_2) ... f_1(\alpha_1) . f(\alpha_2) ...,$$

es decir, si la probabilidad de un valor determinado de una de las magnitudes A o α es independiente de los valores que poseen las demás magnitudes A o x. Cuanto más nos acerquemos a la condición de que los distintos pares de magnitudes A_ν y α_ν dependan de procesos de emisión y absorción de grupos *especiales* de resonadores, tanto más podremos considerar en nuestro caso la radiación como "la más desordenada posible".

136

Si la energía de radiación de frecuencia ν en su totalidad no se reduce ni aumenta de forma continua, tiene que cumplirse:

$$\frac{R}{N}T = \overline{E} = \overline{E}_\nu = \frac{L^3}{8\pi\nu^2}\rho_\nu,$$

$$\rho_\nu = \frac{R}{N}\frac{8\pi\nu^2}{L^3}T.$$

Esta relación, encontrada como condición de equilibrio dinámico, no sólo no concuerda con la experiencia, sino que indica también que en nuestro caso no puede hablarse de una determinada distribución de la energía entre éter y materia. Porque cuanto más amplio se elige el espectro de frecuencias de vibración de los resonadores, mayor será la energía de radiación del espacio, obteniéndose en el límite

$$\int_0^\infty \rho_\nu d\nu = \frac{R}{N}\frac{8\pi}{L^3}T\int_0^\infty \nu^2 d\nu = \infty$$

§ 2. Determinación de Planck de los cuantos elementales.

Demostraremos a continuación que la determinación de los cuantos elementales dada por el Sr. Planck es hasta cierto punto independiente de la teoría de la "radiación negra" establecida por él.

La fórmula [1]) de Planck para ρ_ν, que hasta ahora concuerda con la experiencia, es

$$\rho_\nu = \frac{\alpha\nu^3}{e^{\frac{\beta\nu}{T}} - 1},$$

donde

$$\alpha = 6{,}10 \cdot 10^{-56},$$
$$\beta = 4{,}866 \cdot 10^{-11}$$

Para valores grandes de T/ν, es decir, para grandes longitudes de onda y densidades de radiación, esta fórmula se convierte en el límite en la siguiente:

$$\rho_\nu = \frac{\alpha}{\beta}\nu^2 T$$

1 M. Planck, Ann. d. Phys. 4. p. 561. 1901.

137

Obsérvese que esta fórmula concuerda con la que se ha desarrollado en § 1 a partir de la teoría de Maxwell y de la de los electrones. Igualando los coeficientes de ambas fórmulas se obtiene:

$$\frac{R}{N}\frac{8\pi}{L^3} = \frac{\alpha}{\beta}$$

o

$$N = \frac{\beta}{\alpha}\frac{8\pi R}{L^3} = 6{,}17 \cdot 10^{23},$$

es decir, un átomo de hidrógeno pesa $1/N$ gramos = $1{,}62 \cdot 10^{-24}$ g. Este es exactamente el valor al que llegó el Sr. Planck y que concuerda suficientemente con los valores que se obtienen para esta magnitud por otras vías.

A partir de todo lo expuesto llegamos a la conclusión: cuanto mayor es la densidad de energía y la longitud de onda de una radiación, más útiles resultan ser las bases teóricas que nosotros utilizamos; sin embargo, para pequeñas longitudes de onda y pequeñas densidades de radiación estos fundamentos fracasan por completo.

En lo sucesivo deberá contemplarse la "radiación negra" en función de la experiencia y no de un modelo teórico sobre la génesis y propagación de la radiación.

§ 3. Sobre la entropía de radiación

La siguiente consideración está contenida en un famoso trabajo del Sr. W. Wien y cabe aquí como simple prurito de completitud.

Sea una radiación que ocupe el volumen v. Supongamos que las características perceptibles de esa radiación estén completamente determinadas si la densidad de radiación $\rho(\nu)$ está dada para todas las frecuencias.[1]) Como las radiaciones de diferentes frecuencias pueden considerarse separables las unas de las otras sin prestación de trabajo y sin aportación de calor, podrá representarse la entropia de radiación en la forma

$$S = v\int_0^\infty \varphi(\rho,\nu)d\nu$$

siendo φ una función de las variables ρ y ν.

1 Esta suposición es arbitraria. Naturalmente nos atendremos a esta suposición, la más simple, mientras la experiencia no nos obligue a abandonarla.

138

φ puede reducirse a una función de una sola variable planteando que su entropía no se modifica por compresión adiabática de una radiación entre paredes reflectantes. No queremos entrar ahora en ello, sino estudiar directamente cómo se puede determinar la función φ a partir de la ley de la radiación del cuerpo negro.

En la "radiación negra" ρ es función de ν, de modo que la entropía, para una energía dada, es un máximo, es decir, que

$$\delta\int_0^\infty \varphi(\rho,\nu)d\nu = 0$$

si

$$\delta\int_0^\infty \rho d\nu = 0$$

De esto se deduce que para cada elección de $\delta\rho$ como función de ν

$$\int_0^\infty \left(\frac{\partial\varphi}{\partial\rho} - \lambda\right)\delta\rho d\nu = 0,$$

siendo λ independiente de ν. De modo que, en la radiación negra, $\partial\varphi/\partial\rho$ es, pues, independiente de ν.

Para el aumento de temperatura en dT de una radiación negra de volumen $v = 1$ vale la ecuación:

$$dS = \int_{\nu=0}^{\nu=\infty} \frac{\partial \varphi}{\partial \rho} d\rho d\nu$$

o, como $\partial\varphi / \partial\rho$ es independiente de ν:

$$dS = \frac{\partial \varphi}{\partial \rho} dE$$

Como dE es igual al calor aportado y el proceso es reversible, vale también:

$$dS = \frac{1}{T} dE$$

Por comparación se obtiene:

$$\frac{\partial \varphi}{\partial \rho} = \frac{1}{T}$$

Esta es la ley de la radiación negra. Se puede así

139

determinar, a partir de la función φ, la ley de la radiación negra y, viceversa , de esta última la función φ por integración, teniendo en cuenta que φ desaparece para $\rho = 0$.

§ 4. Ley límite para la entropía de la radiación monocromática en caso de poca densidad de radiación.

De las observaciones anteriores sobre la "radiación negra" se desprende que la ley

$$\rho = \alpha \nu^3 e^{-\beta \frac{\nu}{T}}$$

establecida originalmente por el Sr. W. Wien para la "radiación negra" no tiene validez exacta. Lo mismo se ha visto confirmado experimentalmente por completo para valores grandes de ν / T. Tomaremos esta fórmula como base para nuestros cálculos, sin perder de vista que nuestros resultados sólo son válidos dentro de ciertos límites.

De esta fórmula resulta en primer lugar:

$$\frac{1}{T} = -\frac{1}{\beta \nu} \lg \frac{\rho}{\alpha \nu^3}$$

luego, utilizando la relación encontrada en el párrafo anterior:

$$\varphi(\rho, \nu) = -\frac{\rho}{\beta \nu} \left\{ \lg \frac{\rho}{\alpha \nu^3} - 1 \right\}.$$

Sea ahora una radiación de energía E dada, cuya frecuencia se encuentra entre ν y $\nu + d\nu$, y que ocupa el volumen v. La entropía de esta radiación es:

$$S = v\varphi(\rho, v)dv = -\frac{E}{\beta v}\left\{\lg\frac{E}{v\alpha v^3 dv} - 1\right\}.$$

Limitémonos a estudiar la dependencia de la entropía del volumen ocupado por la radiación. Si denominamos S_0 a la entropía de la radiación, en el supuesto de que ésta ocupe el volumen v_0, obtenemos:

$$S - S_0 = \frac{E}{\beta v}\lg\left(\frac{v}{v_0}\right).$$

Esta ecuación indica que la entropía de una radiación monocromática, de densidad suficientemente pequeña, varía con el volumen según la misma ley que la entropía de un gas ideal o la de una disolución diluida. La

140

ecuación que acabamos de encontrar deberá interpretarse en lo sucesivo tomando como base el principio introducido en física por el Sr. Boltzmann, según el cual la entropía de un sistema es función de la probabilidad de su estado.

§ 5. Estudio teórico-molecular de la dependencia funcional de la entropía de gases y disoluciones diluidas del volumen

En el cálculo de la entropía por vía teórico-molecular se emplea con frecuencia la palabra "probabilidad" con un significado que no se ajusta a la definición de probabilidad del cálculo de probabilidades. En particular suelen atribuirse hipotéticamente los "casos de igual probabilidad" a aquellos en los que los modelos teóricos aplicados son lo suficientemente determinados para dar una deducción en lugar de aquella determinación hipotética. En un trabajo específico quiero demostrar que, para consideraciones sobre procesos térmicos, basta y sobra con la llamada "probabilidad estadística", con lo que espero eliminar una dificultad lógica que subsiste en la aplicación del principio de Boltzmann. En cambio aquí sólo daremos su formulación general y su aplicación a casos muy particulares.

Si tiene sentido hablar de la probabilidad de un estado de un sistema, y si cada aumento de entropía puede considerarse como un paso a un estado más probable, la entropía S_1 de un sistema es función de la probabilidad W_1 de su estado momentáneo. De modo que si se tienen dos sistemas que no estén en interacción S_1 y S_2 se puede poner:

$$S_1 = \varphi_1(W_1)$$
$$S_2 = \varphi_2(W_2)$$

Considerando ambos sistemas como un sistema único de entropía S y de probabilidad W, es:

$$S = S_1 + S_2 = \varphi(W)$$

y

$$W = W_1 \cdot W_2 .$$

141

La última relación dice que los estados de ambos sistemas son sucesos independientes uno de otro.

De estas ecuaciones se deduce:

$$\varphi(W_1 \cdot W_2) = \varphi_1(W_1) + \varphi(W_2)$$

y de ello finalmente

$$\varphi_1(W_1) = C\,\mathrm{lg}(W_1) + const.$$
$$\varphi_2(W_2) = C\,\mathrm{lg}(W_2) + const.$$
$$\varphi(W) = C\,\mathrm{lg}(W) + const.$$

De modo que la magnitud C es una constante universal; tiene, como se desprende de la teoría cinética de los gascs, cl valor R/N, teniendo las constantes R y N el mismo significado que arriba. Si S_0 representa la entropía en cierto estado inicial de un sistema y W la probabilidad relativa de un estado de entropía S obtenemos en general:

$$S - S_0 = \frac{R}{N} \mathrm{lg} W .$$

Tratemos primero el siguiente caso especial. En un volumen v_0 se encuentra un número (n) de puntos móviles (moléculas, por ejemplo) a los que hará referencia nuestra deliberación. Aparte de éstos puede encontrarse en ese espacio un número cualquiera de puntos móviles de cualquier otro tipo. No se ponen condiciones previas a la ley según la cual se mueven los puntos observados en el espacio como para que, respecto a este movimiento, ninguna parte de espacio (y ninguna dirección) prevalezca sobre la otra. Sea además el número de los puntos móviles observados (los mencionados primero) tan pequeño que se pueda prescindir de cualquier efecto de unos puntos sobre otros.

Al sistema observado, que puede ser por ejemplo un gas ideal o una disolución diluida, le corresponde una cierta entropía S_0. Imaginemos una parte del volumen v_0, de magnitud v, y todos los n puntos móviles trasladados al volumen v, sin cambiar nada más en el sistema. A este estado le corresponde evidentemente otro valor de la entropía (S), y vamos a determinar ahora la diferencia de entropía con ayuda del principio de Boltzmann.

142

Preguntamos: ¿cuál es la probabilidad del último estado mencionado en relación con el inicial? O: ¿qué probabilidad hay de que en un momento temporal tomado al azar se encuentren (casualmente) en el volumen v todos los n puntos móviles - independientes los unos de los otros- de un volumen dado v_0?

Para esta probabilidad, que es una "probabilidad estadística" se obtiene evidentemente el valor:

$$W=\left(\frac{v}{v_0}\right)^n;$$

y aplicando el principio de Boltzmann:

$$S-S_0=R\left(\frac{n}{N}\right)\lg\left(\frac{v}{v_0}\right).$$

Llama la atención que para la deducción de esta ecuación, de la que se puede derivar fácilmente por termodinámica la ley de Boyle-Gay-Lussac y la ley homónima de la presión osmótica [1]) no sean necesarias condiciones previas sobre la ley por la que se rige el movimiento de las moléculas.

§ 6. Interpretación de la expresión de la dependencia de la entropía de la radiación monocromática del volumen según el principio de Boltzmann

En § 4 hemos encontrado para la dependencia de la entropía de la radiación monocromática del volumen la expresión:

$$S-S_0=\frac{E}{\beta\nu}\lg\left(\frac{v}{v_0}\right).$$

Escribiendo esta fórmula en la forma:

$$S-S_0=\frac{R}{N}\lg\left[\left(\frac{v}{v_0}\right)^{\frac{N}{R}\cdot\frac{E}{\beta\nu}}\right]$$

1 Si E es la energía del sistema se obtiene:

$$-d(E-TS)=pdv=TdS=R\frac{n}{N}\cdot\frac{dv}{v}$$

así que

$$pv=R\frac{n}{N}T.$$

143

y comparándola con la fórmula general, que expresa el principio de Boltzmann

$$S-S_0=\frac{R}{N}\lg W,$$

se llega a la siguiente conclusión:

Si la radiación monocromática de frecuencia ν y de energía E está encerrada en el volumen v_0 (por paredes reflectantes) la probabilidad de que en un momento temporal tomado al azar se encuentre toda la energía de radiación en el volumen parcial v del volumen v_0 es:

$$W=\left(\frac{v}{v_0}\right)^{\frac{N}{R}\cdot\frac{E}{\beta\nu}}.$$

De ello seguimos deduciendo:

La radiación monocromática de baja densidad (dentro del ámbito de validez de la fórmula de radiación de Wien) se comporta en la forma en que lo haría teóricamente el calor como si se compusiera de cuantos de energía, de magnitud $R\beta\nu/N$, independientes entre sí.

Comparemos además la magnitud media de los cuantos de energía de la "radiación negra" con la fuerza viva media del movimiento del centro de gravedad de una molécula a la misma temperatura. Esta última es $\frac{3}{2}(R/N)T$, mientras que para la magnitud media del cuanto de energía, tomando como base la fórmula de Wien, se obtiene:

$$\frac{\int_0^\infty \alpha\nu^3 e^{-\frac{\beta\nu}{T}}d\nu}{\int_0^\infty \frac{N}{R\beta\nu}\alpha\nu^3 e^{-\frac{\beta\nu}{T}}d\nu} = 3\frac{R}{N}T.$$

Ahora bien, si la radiación monocromática (de densidad suficientemente pequeña) se comporta respecto a la dependencia de la entropía del volumen como un medio discontinuo compuesto de cuantos de energía de magnitud $R\beta\nu/N$, es natural estudiar si también las leyes de la

144

generación y transformación de la luz responden como si la luz estuviese constituida por tales cuantos de energía. De esta cuestión vamos a tratar a continuación.

§ 7. Sobre la regla de Stokes.

Consideremos una luz monocromática transformada por fotoluminiscencia en luz de otra frecuencia y, de acuerdo con el resultado anterior, supongamos que tanto la luz generadora como la luz generada se componen de cuantos de energía de magnitud $(R/N)\beta\nu$, siendo ν la frecuencia. El proceso de transformación habrá de ser interpretado pues de la siguiente forma. Todo cuanto de energía de frecuencia ν_1 emitido es absorbido y puede originar por sí solo un cuanto de luz de frecuencia ν_2–al menos cuando la densidad de distribución de los cuantos de energía generadores es lo suficientemente pequeña; tal vez en la absorción del cuanto de luz generador pueden producirse también cuantos de luz de frecuencias ν_3, ν_4 etc., así como energía de otro tipo (por ejemplo, calor). Es irrelevante investigar mediante qué procesos intermedios se llega a este resultado final. Si no cabe considerar la sustancia fotoluminiscente como fuente continua de energía, la energía de un cuanto de energía generado –según el principio de conservación de la energía– no puede ser mayor que la de un cuanto de luz generador; por lo que tiene que ser válida la expresión:

$$\frac{R}{N}\beta\nu_2 \leq \frac{R}{N}\beta\nu_1$$

o

$$\nu_2 \leq \nu_1$$

Esta es la conocida regla de Stokes.

En nuestra opinión hay que destacar especialmente que, con exposición débil, y si se mantienen las demás condiciones, la cantidad de luz generada tiene que ser proporcional a la intensidad luminosa excitante, porque cada cuanto de energía excitante originará un proceso elemental del tipo arriba insinuado, independientemente del efecto de los demás cuantos de energía excitantes. En especial no existirá límite inferior alguno para la intensidad de la luz excitante por debajo del cual la luz perdería la facultad de generar luz.

145

Según la interpretación de los fenómenos expuesta son posibles desviaciones de la regla de Stokes en los siguientes casos:

1. si el número de los cuantos de energía por unidad de volumen, que están simultáneamente en fase de transformación, es tan grande que un cuanto de energía de la luz generada pueda recibir su energía de varios cuantos de energía generadores;

2. si la luz generadora (o generada) no es de la índole energética que corresponde a una "radiación negra" del ámbito de validez de la ley de Wien; si la luz excitante, por ejemplo, ha sido generada por un cuerpo de temperatura tan alta que, para esa longitud de onda, ya no vale la ley de Wien.

Esta última posibilidad merece especial interés porque, de acuerdo con el criterio desarrollado, no hay que descartar que una "radiación no de Wien", aun muy diluida, se comporte en sentido energético de forma distinta que una "radiación negra" del ámbito de validez de la ley de Wien.

§ 8. Generación de rayos catódicos por exposición de cuerpos sólidos

El criterio usual de que la energía de la luz se reparte de forma continua sobre el espacio irradiado tropieza con enormes dificultades –expuestas en un trabajo de vanguardia del Sr. Lenard[1] – cuando se intentan explicar los fenómenos fotoeléctricos.

De acuerdo con la idea de que la luz excitante está compuesta de cuantos de energía de la energía $\left(R/N\right)\beta\nu$, puede concebirse la generación de rayos catódicos mediante luz de la siguiente forma. En la capa superficial del cuerpo penetran cuantos de energía, y su energía se transforma, por lo menos parcialmente, en energía cinética de electrones. La imagen más simple es que un cuanto de luz cede toda su energía a un único electrón; vamos a suponer que ocurre esto. Sin embargo no vamos a excluir que los electrones absorban sólo parcialmente la energía de cuantos de luz. Un electrón, dotado de energía cinética en el interior del cuerpo,

1) P. Lenard, Ann. d. Phys. 8.p. 169 y 170. 1902

146

habrá perdido parte de su energía cinética cuando haya llegado a la superficie. También habrá que suponer que cada electrón, al abandonar el cuerpo, tendrá que rendir un trabajo P (característico del cuerpo) al salir del mismo. Los electrones superficiales, excitados perpendicularmente, abandonarán el cuerpo con la máxima velocidad normal. La energía cinética de tales electrones es

$$\frac{R}{N}\beta\nu - P.$$

Si el cuerpo está cargado con el potencial positivo Π y rodeado por conductores de potencial cero, y si Π está en condiciones de impedir la pérdida de electricidad del cuerpo, debe cumplirse:

$$\Pi\varepsilon = \frac{R}{N}\beta\nu - P,$$

siendo ε la masa eléctrica del electrón, o

$$\Pi E = R\beta\nu - P',$$

donde E es la carga de un equivalente-gramo de un ion monovalente y P' el potencial de esta cantidad de electricidad negativa en relación con el cuerpo.[1]

Si $E = 9{,}6\cdot 10^3$, $\Pi \cdot 10^{-8}$ es el potencial, en voltios, que adquiere el cuerpo al ser radiado en el vacío.

En primer lugar, para ver si la relación obtenida es coincidente, en orden de magnitud, con la experiencia, hacemos $P' = 0$, $\nu = 1{,}03\cdot 10^{15}$ (lo que corresponde al límite del espectro solar en el ultravioleta) y $\beta = 4{,}866\cdot 10^{-11}$. Se obtiene $\Pi\cdot 10^7$ = 4,3 voltios, resultado que coincide en orden de magnitud con los resultados del Sr. Lenard. [2])

Si la fórmula obtenida es exacta, Π, como función de la frecuencia de la luz excitadora, debe ser, representado en coordenadas cartesianas, una recta cuya inclinación es independiente de la naturaleza de la sustancia analizada.

1 Suponiendo que el electrón individual deba ser arrancado de una molécula neutra por la luz con la inversión de cierto trabajo, no hay que cambiar nada en la relación a la que se ha llegado; bastará con considerar P' como la suma de dos sumandos.

2 P. Lenard, Ann. d. Phys. 8. p. 165 y 184. Tabla 1, Fig. 2. 1902.

147

A mí me parece que nuestra opinión no contradice las propiedades del efecto fotoeléctrico observadas por el Sr. Lenard. Si cada cuanto de energía de la luz excitadora, independientemente de los demás, cede su energía a electrones, la distribución de velocidad de los electrones, es decir, la cualidad de la radiación catódica generada, será independiente de la intensidad de la luz excitadora; por otro lado, si se mantienen las mismas condiciones, el número de electrones que abandonan el cuerpo será proporcional a la intensidad de la luz excitadora.[1]

Sobre los eventuales límites de validez de las leyes mencionadas habría que hacer observaciones similares a las que se hacen sobre las hipotéticas desviaciones de la regla de Stokes.

En todo lo precedente hay que suponer que cada unidad de energía de al menos una parte de los cuantos de energía de la luz generadora se cede por completo a un único electrón. Si no se establece esta evidente condición previa se llega, en vez de la anterior, a la siguiente ecuación:

$$\Pi E + P' \leq R\beta\nu .$$

Para la luminiscencia catódica, que constituye el proceso inverso al que acabamos de considerar, se obtiene, procediendo del mismo modo:

$$\Pi E + P' \geq R\beta\nu .$$

En las sustancias analizadas por el Sr. Lenard PE es siempre mucho mayor que $R\beta\nu$, porque la tensión que han debido atravesar los rayos catódicos para poder generar luz visible se eleva en algunos casos a unos cientos de voltios, en otros a miles.[2]) De modo que hay que suponer que la energía cinética de un electrón se emplea para generar muchos cuantos de energía luminosa.

§ 9. Ionización de gases por luz ultravioleta

Supongamos que para la ionización de un gas por luz ultravioleta cada cuanto de energía luminosa absorbido

1 P.Lenard, l.c.p. 150 y p.166-168.
2 P. Lenard, Ann. d. Phys. 12. p. 469. 1903.

148

se emplea para la ionización de una molécula de gas. Se deduce de aquí en primer lugar que el trabajo de ionización (es decir, el trabajo teóricamente necesario para la ionización) de una molécula no puede ser mayor que la energía de un cuanto de energía de luz absorbido y eficaz. Llamando J al trabajo (teórico) de ionización por equivalente-gramo, tiene que ser:

$$R\beta\nu \geq J .$$

En cambio, según las mediciones de Lenard, la mayor longitud de onda eficaz para el aire es aproximadamente $1{,}9 \cdot 10^{-5}$ cm , de modo que

$$R\beta\nu = 6{,}4\cdot 10^{12}\ \text{Erg} \geq J\,.$$

También se obtiene un límite superior para el trabajo de ionización de las tensiones de ionización en gases diluídos. Según J. Stark, [1]) la menor tensión de ionización medida (en ánodos de platino) para el aire es aprox. 10 voltios.[2]) Resulta pues para J el límite superior $9{,}6\cdot 10^{12}$, que es casi igual al que acabamos de encontrar. Y todavía se infiere otra consecuencia que me parece muy importante verificar mediante experimentación. Si cada cuanto de energía de luz absorbido ioniza una molécula, tiene que existir entre la cantidad de luz absorbida L y el número j de moléculas-gramo, ionizadas por ella, la relación:

$$j = \frac{L}{R\beta\nu}\,.$$

Si nuestro criterio se ajusta a la realidad, tiene que ser válida esta relación para cualquier gas que (en la correspondiente frecuencia) no muestre ninguna absorción apreciable que no vaya acompañada de ionización.

Berna, 17 de Marzo de 1905

1 J. Stark, Die Elektrizität in Gasen , (*La electricidad en los gases*) p. 57. Leipzig 1902.
2 De hecho en el interior del gas la tensión de ionización para iones negativos es cinco veces mayor.

(Registro de entrada: 18 de Marzo de 1905.)

EL MOVIMIENTO BROWNIANO

Albert Einstein. «***Über die von der molekularkinestischen Theorie der Wärme geforderte Bewegung von in ruhenden Flüssigkeiten suspendierten Teilchen***». ANNALEN DER PHYSIK. IV. Folge. 17. Bd. 322. Páginas: 549-560. Registro de entrada: 11 de Mayo de 1905. («Sobre el movimiento de partículas suspendidas en fluidos en reposo exigido por la teoría cinético molecular del calor»)

549

Sobre el movimiento de partículas suspendidas en líquidos en reposo exigido por la teoría cinético-molecular del calor

En este trabajo se quiere demostrar que según la teoría cinético-molecular del calor los cuerpos suspendidos en líquidos, de tamaño visible al microscopio, deben realizar a consecuencia del movimiento molecular del calor movimientos de tal magnitud que estos movimientos puedan ser detectados fácilmente con el microscopio. Es posible que los movimientos que aquí se van a tratar sean idénticos al llamado "movimiento molecular Browniano"; sin embargo los datos sobre éste a los que he tenido acceso son tan imprecisos que no puedo formarme un criterio al respecto.

Si el movimiento que aquí vamos a tratar es realmente observable, junto con lo que cabe esperar de su sujeción a las leyes que lo regulan, la termodinámica clásica ya no puede considerarse exactamente válida para espacios microscópicamente diferenciables y será posible en tal caso una determinación exacta del tamaño verdadero del átomo. Si por el contrario la predicción de este movimiento fuese equivocada, se obtendría un argumento de peso contra la interpretación cinético-molecular del calor.

§ 1. *Presión osmótica atribuible a las partículas suspendidas.*

Supongamos que en el volumen parcial V^* de un líquido de volumen total V se disuelve un número z de moléculas-gramo de un no electrólito. Si el volumen V^* está separado del disolvente puro por una pared permeable para el disolvente, pero no para la sustancia disuelta,

550

actúa sobre esta pared la llamada presión osmótica que, para valores suficientemente grandes de V^*/z, satisface la ecuación:

$$p\,V^* = R\,T\,z.$$

En cambio, si en lugar de la sustancia disuelta en el volumen parcial V^* del líquido existen pequeños cuerpos en suspensión, que tampoco pueden atravesar la pared, permeable para el disolvente, no cabe esperar, de acuerdo con la teoría clásica de la termodinámica – por lo menos si obviamos la fuerza de gravedad, que no viene al caso – que sobre la pared actúe ninguna fuerza; porque la "energía libre" del sistema parece ser que no depende, según el criterio usual, de la posición de la pared y de los cuerpos en suspensión, sino solamente de las masas totales y las cualidades de la sustancia suspendida, del líquido y de la pared, así como de la presión y la temperatura. Cierto es que para el cálculo de la energía libre habría que tener en cuenta la energía y la entropía de las superficies limítrofes (fuerzas de capilaridad); sin embargo podremos prescindir de ellas, pues con los cambios de posición de la pared y de los cuerpos suspendidos que nos ocupan no es probable que se produzcan cambios en el tamaño y en la naturaleza de las superficies en contacto.

Sin embargo a partir de la teoría cinético-molecular del calor se llega a otra interpretación. De acuerdo con esta teoría una molécula disuelta se distingue de un cuerpo en suspensión *únicamente* por el tamaño y no se entiende por qué a un número de cuerpos en suspensión no tiene que corresponder la misma presión osmótica que al mismo número de moléculas disueltas. Habrá que suponer que los cuerpos suspendidos realicen, a causa del movimiento molecular del líquido, un movimiento desordenado, aunque muy lento, en el líquido; si la pared les impide abandonar el volumen V^*, ejercerán fuerzas sobre la pared, igual que moléculas disueltas. De modo que si existen n cuerpos suspendidos en el volumen V^*, o sea que $n/V^* = \nu$ por unidad de volumen, y si los contiguos se encuentran a bastante distancia, les corresponderá una presión osmótica p de magnitud:

551

$$p = \frac{RT}{V^*} \cdot \frac{n}{N} = \frac{RT}{N} \cdot \nu,$$

donde N es el número de moléculas reales contenidos en una molécula-gramo. En el siguiente apartado se demostrará que la teoría cinético-molecular del calor conduce realmente a esta interpretación ampliada de la presión osmótica.

§ 2. *La presión osmótica desde el punto de vista de la teoría cinético-molecular del calor* [1]

Si $p_1 p_2 ... p_l$ son variables de estado de un sistema físico, que determinan por completo el estado momentáneo de éste (por ejemplo las coordenadas y componentes de velocidad de todos los átomos del sistema), y si el sistema completo de las ecuaciones de variación de estas variables de estado está dado en la forma

$$\frac{\partial p_\nu}{\partial t} = \varphi_\nu (p_1 ... p_l)(\nu - 1,2...l)$$

siendo $\sum \frac{\partial \varphi_\nu}{\partial p_\nu} = 0$, la entropia del sistema estará dada por la expresión:

$$S = \frac{\overline{E}}{T} + 2\kappa \lg \int e^{-\frac{E}{2\kappa T}} dp_1 ... dp_l .$$

Aquí significan T la temperatura absoluta, $\overline{E}$ la energía del sistema, E la energía como función de p_ν. La integral debe extenderse por todas las combinaciones de valores de p_ν compatibles con las condiciones del problema. κ está ligada a las constantes N arriba mencionadas por la relación $2\kappa N = R$. Por eso obtendremos para la energía libre F:

$$F = -\frac{R}{N} T \lg \int e^{-\frac{EN}{RT}} dp_1 ... dp_l = -\frac{RT}{N} \lg B.$$

[1] En este apartado se presupone que se conocen los trabajos del autor sobre los fundamentos de la termodinámica (véase Ann. d. Phys. 9. p. 417. 1902; 11. p. 170.1903). Para la comprensión de los resultados del presente trabajo se puede prescindir del conocimiento de aquellos trabajos así como de este apartado del presente trabajo.

552

Imaginémonos ahora un líquido encerrado en el volumen V y supongamos que en el volumen parcial V^* de V se encuentran n moléculas disueltas -o bien cuerpos suspendidos- que son retenidas en el volumen V^* por una pared semipermeable; por ello quedan afectados los límites de integración de la integral B que aparecen en las expresiones de S y F. El volumen total de las moléculas disueltas -o de los cuerpos en suspensión- es pequeño frente a V^*. Este sistema está representado por completo en el sentido de la teoría mencionada por las variables de estado $p_1 ... p_l$.

Aunque la imagen molecular estuviera determinada hasta el último detalle, el cálculo de la integral *B* ofrecería sin embargo tales dificultades que apenas se podría pensar en un cálculo exacto de *F*. Aquí sin embargo sólo necesitamos saber cómo depende *F* del tamaño del volumen *V**, en el que están contenidas todas las moléculas disueltas o cuerpos suspendidos (llamados en lo sucesivo "partículas", para abreviar).

Llamemos x_1, y_1, z_1 a las coordenadas rectangulares del centro de gravedad de la primera partícula, $x_{2,}, y_2, z_2$ a las de la segunda, etc., x_n, y_n, z_n a las de la última partícula y asignemos, para los centros de gravedad de las partículas, los dominios paralelepipédicos infinitamente pequeños $dx_1 dy_1 dz_1, dx_2 dy_2 dz_2 \ldots dx_n dy_n dz_n$, situados todos en *V**. Se quiere hallar el valor de la integral que aparece en la expresión de *F*, con la limitación de que los centros de gravedad de las partículas se encuentren en las zonas que se les acaba de asignar. En cualquier caso esta integral puede ponerse en la forma

$$dB = dx_1 dy_1 \ldots dz_n \cdot J$$

siendo *J* independiente de $dx_1 dy_1$ etc., así como de *V**, es decir, de la posición de la pared semipermeable. Pero *J* es también independiente de la elección particular de *las posiciones* de los dominios de los centros de gravedad y del valor de *V**, como vamos a ver en seguida. En efecto, consideremos un segundo sistema de dominios infinitamente pequeños asociados a los centros de gravedad de las partículas, denotados por $dx_1 dy_1 dz_1, dx_2 dy_2 dz_2 \ldots dx_n dy_n dz_n$, dominios que, se supone, se diferencian de los inicialmente dados sólo por su situación y no por su tamaño y que asimismo están contenidos todos en *V**; valdrá pues análogamente:

$$dB' = dx'_1\, dy'_1 \ldots dz'_n \cdot J',$$

553

donde

$$dx_1 dy_1 \ldots dz_n = dx'_1\, dy'_1 \ldots dz'_n .$$

Es, pues:

$$\frac{dB}{dB'} = \frac{J}{J'}.$$

A partir de la teoría molecular del calor, expuesta en los trabajos citados, se puede deducir fácilmente[1] que *dB/B* –o *dB'/B*– es igual a la probabilidad de que en un momento, escogido arbitrariamente, los centros de gravedad de las partículas se encuentren en los dominios $(dx_1 \ldots dz_n)$ –o en los dominios $(dx'_1 \ldots dz'_n)$. Ahora bien, si los movimientos de las partículas individuales son (con suficiente aproximación) independientes los unos de los otros, si el líquido es homogéneo y no actúan fuerzas sobre las partículas, las probabilidades correspondientes a ambos sistemas de dominios, para dominios de igual tamaño, tendrán que ser iguales la una a la otra, por lo que se cumplirá:

$$\frac{dB}{B} = \frac{dB'}{B}.$$

Así pues, de esta ecuación y de la última ecuación encontrada se sigue

$$J = J'.$$

Queda demostrado por tanto que J no depende ni de V^*, ni de $\nu_1, y_1 \ldots z_n$. Integrando, se obtiene:

$$B = \int J dx_1 \ldots dz_n = JV^{*n}$$

y de aquí

$$F = -\frac{RT}{N}\{\lg J + n \lg V^*\}$$

y

$$p = -\frac{\partial F}{\partial V^*} = \frac{RT}{V^*} \cdot \frac{n}{N} = \frac{RT}{N}\nu.$$

Mediante esta reflexión se prueba que la existencia de la presión osmótica es una consecuencia de la teoría cinético-molecular del calor y que, según esta teoría, moléculas disueltas y cuerpos suspendidos en igual cantidad se comportan, con dilución alta, exactamente igual respecto a la presión osmótica.

[1] A. Einstein, Ann. d. Phys. 11. p. 179. 1903.

554

§ 3. *Teoría de la difusión de pequeñas esferas suspendidas.*

Supongamos que en un líquido haya partículas en suspensión distribuidas desordenadamente. Queremos estudiar el estado de equilibrio dinámico de las mismas en el supuesto de que sobre las partículas individuales actúe una fuerza K que dependa del lugar pero no del tiempo. Para simplificar supondremos que la fuerza tiene en todas partes la dirección del eje X.

Si ν es el número de partículas suspendidas por unidad de volumen, en caso de equilibrio termodinámico ν será una función de x tal que para cualquier desplazamiento virtual δx de la sustancia suspendida la variación de la energía libre se anula. Se tiene pues:

$$\delta F = \delta E - T\delta S = 0$$

Supongamos que el fluido tiene, perpendicularmente al eje X, la sección transversal 1 y que está limitado por los planos $x = 0$ y $x = l$. Se tiene entonces:

$$\delta E = -\int_0^l K\nu\delta x dx$$

y

$$\delta S = \int_0^l R\frac{\nu}{N}\frac{\partial \delta x}{\partial x}dx = -\frac{R}{N}\int_0^l \frac{\partial \nu}{\partial x}\delta x dx.$$

La condición de equilibrio buscada será, por tanto:

(1)
$$-K\nu + \frac{RT}{N}\frac{\partial \nu}{\partial x} = 0$$

o

$$K\nu - \frac{\partial p}{\partial x} = 0.$$

La última ecuación expresa que la fuerza K está equilibrada por las fuerzas de presión osmótica.

Utilizaremos la ecuación (1) para averiguar el coeficiente de difusión de la sustancia en suspensión. Podemos interpretar el estado de equilibrio dinámico que acabamos de considerar como

555

superposición de dos procesos que transcurren en sentido contrario, es decir

1. de un movimiento de la sustancia suspendida bajo el efecto de la fuerza K que actúa sobre cada una de las partículas suspendidas,
2. de un proceso de difusión que debe concebirse como consecuencia de los movimientos desordenados de las partículas debidos al movimiento molecular del calor.

Si las partículas en suspensión tienen forma esférica (radio esférico P) y el líquido posee el coeficiente de viscosidad k, la fuerza K imprimirá a cada partícula la velocidad[1]

$$\frac{K}{6\pi kP},$$

y atravesarán la unidad de sección por unidad de tiempo

$$\frac{\nu K}{6\pi kP}$$

partículas.

Además, si D representa el coeficiente de difusión de la sustancia en suspensión y μ la masa de una partícula, pasarán, como consecuencia de la difusión, por unidad de tiempo

$$-D\frac{\partial(\mu\nu)}{\partial x} \text{ gramos}$$

o

$$-D\frac{\partial\nu}{\partial x}$$

partículas a través de la unidad de sección. Como debe imperar el equilibrio dinámico, tendrá que ser:

(2) $$\frac{\nu K}{6\pi kP} - D\frac{\partial\nu}{\partial x} = 0$$

A partir de las dos condiciones (1) y (2) encontradas para el equilibrio dinámico, se puede calcular el coeficiente de difusión. Se obtiene:

$$D = \frac{RT}{N} \cdot \frac{1}{6\pi kP}.$$

El coeficiente de difusión de la sustancia suspendida depende sólo pues,

[1] Véase, por ejemplo, G. Kirchhoff, Vorlesungen über Mechanik , 26. Vorlesung § 4. (Lecciones de mecánica. Lección 26, § 4).

556

aparte de constantes universales y de la temperatura absoluta, del coeficiente de viscosidad del líquido y del tamaño de las partículas suspendidas.

§ 4. *Sobre el movimiento desordenado de partículas suspendidas en un líquido y su relación con la difusión.*

Pasaremos ahora a examinar más detalladamente los movimientos desordenados que, ocasionados por el movimiento molecular del calor, dan lugar a la difusión analizada en el párrafo anterior.

Habrá que suponer obviamente que cada una de las partículas realiza un movimiento que es independiente del movimiento de todas las demás partículas; hay que considerar también que los movimientos de una misma partícula en diferentes intervalos de tiempo son procesos independientes unos de otros, en tanto no se opte por intervalos de tiempo demasiado pequeños.

Consideremos ahora un intervalo de tiempo τ muy pequeño con relación a los intervalos de tiempo observables, pero lo suficientemente grande como para suponer que los movimientos realizados por una partícula en dos intervalos de tiempo τ consecutivos son sucesos independientes.

Supongamos que en un líquido haya en total n partículas en suspensión. En un intervalo de tiempo τ, las coordenadas X de las partículas individuales aumentarán en

Δ, donde Δ tiene para cada partícula un valor diferente (positivo o negativo). Para Δ regirá cierta ley estadística: el número *dn* de partículas que, en el intervalo de tiempo τ, experimentan un desplazamiento comprendido entre Δ y $\Delta + d\Delta$, se podrá ser expresar por una ecuación de la forma

$$dn = n\varphi(\Delta)d\Delta$$

siendo

$$\int_{-\infty}^{+\infty} \varphi(\Delta)d\Delta = 1$$

y φ diferente de cero sólo para valores muy pequeños de Δ, y cumpliendo la condición

$$\varphi(\Delta) = \varphi(-\Delta)$$

557

Analizaremos ahora cómo depende de φ el coeficiente de difusión, limitándonos de nuevo al caso en el que el número ν de partículas por unidad de volumen sólo dependa de *x* y de *t*.

Sea $\nu = f(x,t)$ el número de partículas por unidad de volumen; calcularemos la distribución de partículas en el instante $t + \tau$ a partir de su distribución en el instante *t*. Partiendo de la definición de la función $\varphi(\Delta)$ se obtiene fácilmente el número de partículas que, en el instante $t + \tau$, se encuentran entre dos planos, perpendiculares al eje *X*, de abscisas *x* y *x* + *dx*. Se obtiene:

$$f(x, t+\tau)dx = dx \cdot \int_{A=-\infty}^{A=+\infty} f(x+\Delta)\varphi(\Delta)d\Delta .$$

Ahora bien, como τ es muy pequeño, podemos poner:

$$f(x, t+\tau) = f(x,t) + \tau\frac{\partial f}{\partial t} .$$

Si desarrollamos además $f(x+\Delta, t)$ en potencias de Δ:

$$f(x+\Delta, t) = f(x,t) + \Delta\frac{\partial f(x,t)}{\partial x} + \frac{\Delta^2}{2!}\cdot\frac{\partial^2 f(x,t)}{\partial x^2} \ldots \text{ etc.}$$

Este desarrollo se puede poner bajo el signo integral, porque a esta última sólo contribuyen valores muy pequeños de Δ. Obtendremos:

$$f + \frac{\partial f}{\partial t}\cdot\tau = f\cdot\int_{-\infty}^{+\infty}\varphi(\Delta)d\Delta + \frac{\partial f}{\partial x}\cdot\int_{-\infty}^{+\infty}\Delta\varphi(\Delta)d\Delta + \frac{\partial^2 f}{\partial x^2}\cdot\int_{-\infty}^{+\infty}\frac{\Delta^2}{2}\varphi(\Delta)d\Delta \ldots$$

En el segundo miembro, debido a que $\varphi(x) = \varphi(-x)$, se anulan los términos de orden segundo, cuarto, etc, mientras que los términos de orden primero, tercero, quinto etc., es cada uno muy pequeño respecto al precedente. A partir de esta ecuación, teniendo en cuenta que

$$\int_{-\infty}^{+\infty} \varphi(\Delta) d\Delta = 1,$$

558

poniendo

$$\frac{1}{\tau} \cdot \int_{-\infty}^{+\infty} \frac{\Delta^2}{2} \varphi(\Delta) d\Delta = D$$

y considerando sólo el primer y tercer término del segundo miembro, se obtiene:

(1) $$\frac{\partial f}{\partial t} = D \frac{\partial^2 f}{\partial x^2}$$

Esta es la conocida ecuación diferencial de la difusión, en la que se reconoce que *D* es el coeficiente de difusión.

A este desarrollo puede unirse otra reflexión importante. Hemos supuesto que todas las partículas individuales estaban referidas al mismo sistema de coordenadas. Pero eso no es necesario, porque los movimientos de las partículas individuales son independientes unos de otros. Vamos a referir ahora el movimiento de cada partícula a un sistema de coordenadas, cuyo origen coincide con la posición del centro de gravedad de la partícula en cuestión en el instante $t = 0$, con la diferencia de que ahora $f(x, t)dx$ representa el número de partículas cuyas coordenadas X han *aumentado* desde el instante $t = 0$ hasta el instante $t = t$ en una cantidad comprendida entre x y $x + dx$. También en este caso cambia pues la función f según ecuación (1). Además para $x \geq\leq 0$ y $t = 0$, tiene que ser, evidentemente

$$f(x,t) = 0 \quad \text{y} \quad \int_{-\infty}^{+\infty} f(x,t) dx = n$$

El problema, que coincide con el problema de la difusión a partir de un punto (despreciando la interacción entre las partículas que se difunden), está ahora matemáticamente determinado por completo; su solución es:

$$f(x,t) = \frac{n}{\sqrt{4\pi D}} \cdot \frac{e^{-\frac{x^2}{4Dt}}}{\sqrt{t}}.$$

La distribución frecuencial de los cambios de posición acaecidos en un instante cualquiera *t*, es pues la misma que la de los

559

errores casuales, lo que era de suponer. Es relevante, sin embargo, el modo en que la constante del exponente depende del coeficiente de difusión. Calcularemos ahora con ayuda de esta ecuación el desplazamiento λ_x en la dirección del eje *X* que sufre una partícula por término medio, o –dicho con más precisión– la raíz cuadrada de la media aritmética de los cuadrados de los desplazamientos en la dirección del eje *X*; resulta ser:

$$\lambda_x = \sqrt{\overline{x^2}} = \sqrt{2Dt}\,.$$

El desplazamiento medio es por tanto proporcional a la raíz cuadrada del tiempo. Es fácil ver que la raíz del valor medio de los cuadrados de *todos los desplazamientos* de las partículas tiene el valor $\lambda_x\sqrt{3}$.

§ 5. *Fórmula del desplazamiento medio de partículas suspendidas. Un método nuevo para determinar el verdadero tamaño del átomo*

En § 3 hemos encontrado, para el coeficiente de difusión *D* de una sustancia en suspensión -en forma de pequeñas esferas de radio *P*- en un líquido, el valor:

$$D = \frac{RT}{N}\cdot\frac{1}{6\pi kP}\,.$$

También encontramos en § 4 para el valor medio de los desplazamientos de las partículas en la dirección del eje *X* en el instante *t*:

$$\lambda_x = \sqrt{2Dt}$$

Eliminando *D*, obtendremos:

$$\lambda_x = \sqrt{t}\cdot\sqrt{\frac{RT}{N}\cdot\frac{1}{3\pi kP}}$$

Esta ecuación permite conocer cómo tiene que depender λ_x de *T*, *k* y *P*.

Vamos a calcular la magnitud de λ_x para un segundo, si para *N* se pone, según los resultados de la teoría cinética de gases, $6\cdot 10^{-23}$; como líquido elegimos agua a 17ºC ($k = 1{,}35\cdot 10^{-2}$) y supondremos que el diámetro de las partículas es 0,001 mm. Se obtiene:

$$\lambda_x = 8\cdot 10^{-5}\,\text{cm} = 0{,}8 \text{ micras.}$$

El desplazamiento medio en 1 minuto sería pues de unas 6 micras.

560

A la inversa, se puede utilizar la relación hallada para determinar *N*. Se obtiene:

$$N = \frac{t}{\lambda_x^2} \cdot \frac{RT}{3\pi kP}.$$

¡Ojalá que pronto consiga un investigador resolver la cuestión aquí suscitada, tan importante para la teoría del calor!

Berna, Mayo de 1905.

(Registro de entrada: 11 de mayo de 1905.)

NOVIEMBRE

Philipp Lenard ha enviado a Einstein su artículo: «*Über die Lichtemissionen der Alkalimetalldämpfe und –sälze und über die Zentren dieser Emission*» (Annalen der Physik, vol. XVII, 1905, p. 197-247) («Sobre las emisiones luminosas de vapores y sales de metales alcalinos y sobre los centros de esta emisión»), en el que observa que las diferentes rayas de emisión del vapor de sodio provienen de regiones diferentes del arco eléctrico que produce la emisión. Einstein, contesta.

Carta de Einstein a Philipp Lenard

Berna, 16 de noviembre de 1905

Sr. Profesor:

Le agradezco de todo corazón el artículo que me ha enviado y que he leído con la misma admiración que sus trabajos anteriores. En esta ocasión, querría permitirme un breve apunte objetivo.

Las experiencias que conozco no excluyen la posibilidad de que la emisión o la absorción de cada raya espectral particular esté ligada a un estado determinado del centro emisor (átomo) o absorbente característico de la raya. Usted ha demostrado ya algo similar para las *series* particulares. *A priori*, la simplicidad abogaría por una hipótesis de este género, puesto que, para la emisión o absorción de la luz, ya no sería necesario admitir mecanismos que posean la variedad de toda una serie.

Según este esbozo teórico, la absorción de una serie por un vapor (frío) sería tal que la absorción de luz de la raya ν_1 convierte al centro absorbente en posible receptor de la luz de la raya ν_2, etc. La absorción de ν_2 no sería entonces posible más que en una absorción simultánea de ν_1 por el vapor.

1906

FEBRERO

Como es sabido, este artículo –publicado en los *Annalen der Physik*, como se indica, en febrero de 1906– es la tesis doctoral de Einstein, presentada en la Universidad de Zúrich el 20 de julio de 1905 y publicada ese mismo año en Berna por la editorial

Buchdruckerei K. J. Wyss. Los directores de la tesis fueron los doctores A. Kleiner y H. Burkhardt. También es sabido que está dedicada a su amigo Marcel Grossmann.

Albert Einstein. «***Eine neue Bestimmung der Moleküldimensionen***». *Annalen der Physik*, 4. Folge, Band 19 (1906), S. 289-306. [«Nueva determinación de las dimensiones moleculares» (Firmado en Berna el 30 de abril de 1905. Registro de entrada: 19 de agosto de 1905. Publicado: 8 de febrero de 1906.)] [*TCPAE,* Vol 2. E.V., pp.104-122]

105

Nueva determinación de las dimensiones moleculares

Las primeras determinaciones del tamaño real de las moléculas fueron posibles gracias a la teoría cinética de los gases, mientras que los fenómenos físicos observados en los líquidos no han servido en absoluto para determinar tamaños moleculares. Esto se debe, sin duda, a que no ha sido posible todavía superar los obstáculos que impiden el desarrollo de una teoría cinético-molecular minuciosa de los líquidos. En este trabajo se va a probar que se puede obtener el tamaño de las moléculas de sustancias disueltas en una disolución diluida sin disociar a partir del rozamiento interno de la disolución y el disolvente puro y de la difusión de la sustancia disuelta en el disolvente si el volumen de la molécula de la sustancia disuelta es grande comparado con el volumen de la molécula del disolvente. Esto se debe a que, con respecto a su movilidad en el disolvente y a su efecto sobre el rozamiento interno de éste, tal molécula se comportará aproximadamente como un cuerpo sólido suspendido en un disolvente, lo que permitirá aplicar al movimiento del disolvente en el entorno inmediato de una molécula las ecuaciones hidrodinámicas en las que el líquido se considera homogéneo, por lo que su estructura molecular no se tiene en cuenta. Como forma del cuerpo sólido que represente la molécula disuelta, elegiremos la forma esférica.

§ 1. *Influencia ejercida en el movimiento de un líquido por una esfera muy pequeña suspendida en él*

Basaremos nuestra consideración en un líquido homogéneo incompresible, con un coeficiente de viscosidad k, cuyas componentes de la velocidad u, v, w se dan como funciones de las coordenadas x, y, z y del tiempo. En un punto cualquiera x_0, y_0, z_0, las funciones u, v, w se desarrollan como funciones de $x - x_0$, $y - y_0$, $z - z_0$ según el teorema de Taylor y se delimita alrededor de este punto una región G tan pequeña que dentro de ella sólo se tienen en cuenta los términos lineales de este desarrollo. Como es sabido, el movimiento del líquido contenido en G puede considerarse entonces como superposición de tres movimientos, a saber,

106

1. Un desplazamiento paralelo de todas las partículas del líquido sin que cambien sus posiciones relativas;

2. Una rotación del líquido sin cambio de la posición relativa de las partículas del líquido;

3. Un movimiento de dilatación en tres direcciones mutuamente perpendiculares (los ejes principales de la dilatación).

Supongamos ahora que en la región G hay un cuerpo rígido esférico cuyo centro esté situado en el punto x_0, y_0, z_0 y cuyas dimensiones sean muy pequeñas comparadas con las de la región G. Supongamos además que el movimiento que consideramos es tan lento que tanto la energía cinética de la esfera como la del líquido se pueden despreciar. Supongamos también que las componentes de la velocidad de un elemento de superficie de la esfera coinciden con las correspondientes componentes de la velocidad de las partículas de líquido adyacentes, esto es, que la capa de transición (supuesta continua) muestra en todas partes un coeficiente de viscosidad que no es infinitamente pequeño.

Es obvio que la esfera sólo toma parte en los movimientos parciales 1 y 2, sin que se modifique el movimiento de las partículas del entorno, ya que el líquido se mueve como un cuerpo rígido en estos movimientos parciales y hemos despreciado los efectos de la inercia.

Sin embargo, el movimiento 3 se modifica por la presencia de la esfera y nuestra siguiente tarea será investigar el efecto de la esfera en este movimiento del líquido. Si referimos el movimiento 3 a un sistema de coordenadas cuyos ejes sean paralelos a los ejes principales de dilatación y ponemos

$$x - x_0 = \xi,$$
$$y - y_0 = \eta,$$
$$z - z_0 = \zeta,$$

podemos describir el movimiento de arriba, si no está presente la esfera, por las ecuaciones

(1)
$$\begin{cases} u_0 = A\xi, \\ v_0 = B\eta, \\ w_0 = C\zeta; \end{cases}$$

107

A, B, C son constantes que, debido a la incompresibilidad del líquido, satisfacen la condición

(2) $$A + B + C = 0.$$

Si se coloca ahora una esfera rígida de radio P en el punto x_0, y_0, z_0, el movimiento del líquido circundante cambiará. Por conveniencia, llamaremos a P "finito" y a los valores ξ, η, ζ, para los que el movimiento del líquido ya no es modificado apreciablemente por la esfera, "infinitamente grandes".

Debido a la simetría del movimiento del líquido, está claro que la esfera no puede llevar a cabo ni una traslación ni una rotación durante el movimiento considerado, y obtenemos las condiciones límite

$$u = v = w = 0 \quad \text{para } \rho = P,$$

donde hemos puesto

$$\rho = \sqrt{\xi^2 + \eta^2 + \zeta^2} > 0.$$

u, v, w representan aquí las componentes de la velocidad del movimiento considerado ahora (modificado por la esfera). Si ponemos

$$(3)\qquad \begin{aligned} u &= A\xi + u_1, \\ v &= B\eta + v_1, \\ w &= C\zeta + w_1, \end{aligned}$$

las velocidades u_1, v_1, w_1 tendrían que anularse en el infinito, ya que en el infinito el movimiento representado en las ecuaciones (3) se reduciría al representado por las ecuaciones (1).

Las funciones u, v, w tienen que satisfacer las ecuaciones de la hidrodinámica incluyendo el rozamiento interno y despreciando la inercia. Tendrán pues validez las siguientes ecuaciones[1]:

[1] G. Kirchhoff, *Vorlesungen über Mechanik*. 26. Vorl. [Lecciones de mecánica. Lección 26]

108

$$(4)\qquad \begin{cases} \dfrac{\delta p}{\delta \xi} = k\Delta u \dfrac{\delta p}{\delta \eta} = k\Delta v \dfrac{\delta p}{\delta \zeta} = \Delta w, \\ \dfrac{\delta u}{\delta \xi} + \dfrac{\delta v}{\delta \eta} + \dfrac{\delta w}{\delta \zeta} = 0, \end{cases}$$

donde Δ representa el operador

$$\frac{\delta^2}{\delta \xi^2} + \frac{\delta^2}{\delta \eta^2} + \frac{\delta^2}{\delta \zeta^2}$$

y p la presión hidrostática.

Como las ecuaciones (1) son soluciones de las ecuaciones (4) y éstas son lineales, según (3) las magnitudes u_1, v_1, w_1 tienen que satisfacer también las ecuaciones (4). Determiné u_1, v_1, w_1 y p mediante un método dado en el § 4 de las lecciones de Kirchhoff mencionadas[1] antes y obtuve

[1] "De las ecuaciones (4) se sigue que $\Delta p = 0$. Si tomamos p de acuerdo con esta condición y determinamos una función V que satisfaga la ecuación

$$\Delta V = \frac{1}{k}\rho,$$

se satisfacen entonces las ecuaciones (4) si se pone

$$u = \frac{\delta V}{\delta \xi} + u', \quad v = \frac{\delta V}{\delta \eta} + v', \quad w = \frac{\delta V}{\delta \zeta} + w'$$

y se elige u', v', w' de modo que $\Delta u' = 0$, $\Delta v' = 0$, $\Delta w' = 0$, y

$$\frac{\delta u'}{\delta \xi} + \frac{\delta v'}{\delta \eta} + \frac{\delta w'}{\delta \zeta} = -\frac{1}{k} p."$$

Si se pone ahora

$$\frac{p}{k} = 2c \frac{\delta^2 \frac{1}{\rho}}{\delta \xi^2}$$

y, de acuerdo con esto

$$V = c\frac{\delta^2 \rho}{\delta\xi^2} + b\frac{\delta^2 \frac{1}{\rho}}{\delta\xi^2} + \frac{a}{2}\left[\xi^2 - \frac{\eta^2}{2} - \frac{\zeta^2}{2}\right]$$

y

$$u' = -2c\frac{\delta \frac{1}{\rho}}{\delta\xi}, \quad v' = 0, \quad w' = 0,$$

entonces las constantes a, b, c se pueden determinar de modo que $u = v = w = 0$ para $\rho = P$. Superponiendo tres de tales soluciones, obtenemos la solución dada en las ecuaciones (5) y (5a).

[109

(5)
$$\begin{cases} p = -\frac{5}{3}kP^3\left\{A\frac{\delta^2\left[\frac{1}{\rho}\right]}{\delta\xi^2} + B\frac{\delta^2\left[\frac{1}{\rho}\right]}{\delta\eta^2} + C\frac{\delta^2\left[\frac{1}{\rho}\right]}{\delta\zeta^2}\right\} + cte., \\ u = A\xi - \frac{5}{3}P^3 A\frac{\xi}{\rho^3} - \frac{\delta D}{\delta\xi}, \\ v = B\eta - \frac{5}{3}P^3 B\frac{\eta}{\rho^3} - \frac{\delta D}{\delta\eta}, \\ w = C\zeta - \frac{5}{3}P^3 C\frac{\zeta}{\rho^3} - \frac{\delta D}{\delta\zeta}, \end{cases}$$

donde

(5 a)
$$\begin{cases} D = A\left\{\frac{5}{6}P^3\frac{\delta^2\rho}{\delta\xi^2} + \frac{1}{6}P^5\frac{\delta^2\left[\frac{1}{\rho}\right]}{\delta\xi^2}\right\} \\ \quad + B\left\{\frac{5}{6}P^3\frac{\delta^2\rho}{\delta\eta^2} + \frac{1}{6}P^5\frac{\delta^2\left[\frac{1}{\rho}\right]}{\delta\eta^2}\right\} \\ \quad + C\left\{\frac{5}{6}P^3\frac{\delta^2\rho}{\delta\zeta^2} + \frac{1}{6}P^5\frac{\delta^2\left[\frac{1}{\rho}\right]}{\delta\zeta^2}\right\}. \end{cases}$$

Se puede demostrar fácilmente que las ecuaciones (5) son soluciones de las ecuaciones (4). Como

$$\Delta\xi = 0, \quad \Delta\frac{1}{\rho} = 0, \quad \Delta\rho = \frac{2}{\rho}$$

y

$$\Delta\left[\frac{\xi}{\rho^3}\right] = -\frac{\delta}{\delta\xi}\left\{\Delta\left[\frac{1}{\rho}\right]\right\} = 0,$$

obtenemos

$$k\Delta u = -k\frac{\delta}{\delta\xi}\{\Delta D\} = -k\frac{\delta}{\delta\xi}\left\{\frac{5}{3}P^3 A\frac{\delta^2\frac{1}{\rho}}{\delta\xi^2} + \frac{5}{3}P^3 B\frac{\delta^2\frac{1}{\rho}}{\delta\eta^2} + \ldots\right\}.$$

Sin embargo, según la primera de las ecuaciones (5), la última de las expresiones que obtuvimos es idéntica a $\frac{\delta n}{\delta\xi}$. Del mismo modo, se puede probar que se satisfacen la segunda y tercera de las ecuaciones (4). Obtenemos además

110

$$\frac{\delta u}{\delta\xi} + \frac{\delta v}{\delta\eta} + \frac{\delta w}{\delta\xi} = (A + B + C) + \frac{5}{3}P^3\left\{A\frac{\delta^2\left[\frac{1}{\rho}\right]}{\delta\xi^2} + B\frac{\delta^2\left[\frac{1}{\rho}\right]}{\delta\eta^2} + C\frac{\delta^2\left[\frac{1}{\rho}\right]}{\delta\zeta^2}\right\} - \Delta D.$$

Pero como según la ecuación (5a)

$$\Delta D = \frac{5}{3}AP^3\left\{A\frac{\delta^2\left[\frac{1}{\rho}\right]}{\delta\xi^2} + B\frac{\delta^2\left[\frac{1}{\rho}\right]}{\delta\eta^2} + C\frac{\delta^2\left[\frac{1}{\rho}\right]}{\delta\zeta^2}\right\},$$

se sigue que la última de las ecuaciones (4) se satisface igualmente. En lo que respecta a las condiciones límite, para ρ infinitamente grande nuestras ecuaciones para u, v, w se reducen a las ecuaciones (1). Introduciendo el valor de D de la ecuación (5a) en la segunda de las ecuaciones (5), obtenemos

(6) $$u = A\xi - \frac{5}{2}\frac{P^3}{\rho^6}\xi(A\xi^2 + B\eta^2 + C\zeta^2) + \frac{5}{2}\frac{P^5}{\rho^7}\xi(A\xi^2 + B\eta^2 + C\zeta^2) - \frac{P^5}{\rho^5}A\xi.$$

Como se ve, u se anula para $\rho = P$. Por razones de simetría, sucede lo mismo para v y w. Hemos demostrado así que las ecuaciones (5) satisfacen las ecuaciones (4) así como las condiciones límite del problema.

Se puede demostrar también que las ecuaciones (5) son la única solución de las ecuaciones (4) compatible con las condiciones límite de nuestro problema. Señalemos aquí solamente la demostración. Supongamos que en un espacio finito las componentes de la velocidad u, v, w de un líquido satisfagan las ecuaciones (4). Si existiese todavía otra solución U, V, W de las ecuaciones (4) en la que $U = u$, $V = v$, $W = w$ en los límites del espacio en cuestión, entonces $(U - u,\ V - v,\ W - w)$ sería solución de las ecuaciones (4) en la que las componentes de la velocidad se anulan en el límite del espacio. Por lo tanto no se suministra trabajo mecánico al líquido en el espacio que consideramos. Como despreciamos la energía cinética del líquido, se sigue que en este espacio el trabajo convertido en calor es también cero. Esto lleva a la conclusión de que en todo el espacio debemos tener $u = u_1, v = v_1, w - w_1$ si el espacio está al menos parcialmente limitado por paredes estacionarias. Pasando al límite, este resultado puede extenderse también al caso en que el espacio que consideramos sea infinito, como en el caso considerado arriba. De este modo se puede probar que la solución encontrada arriba es la única solución del problema.

111

Situamos ahora una esfera una esfera de radio R alrededor del punto x_0, y_0, z_0, siendo R infinitamente grande comparado con P, y calculamos la energía que se convierte en calor (en la unidad de tiempo) en el líquido del interior de la esfera. Esta energía W es igual al trabajo proporcionado mecánicamente al líquido. Si X_n, Y_n, Z_n representan las componentes de la presión ejercida sobre la superficie de la esfera de radio R, tendremos

$$W = \int (X_n u + Y_n v + Z_n w)\, ds,$$

donde hay que extender la integral sobre la superficie de la esfera de radio R. Tenemos aquí

$$X_n = -\left[X\xi \frac{\xi}{\rho} + X\eta \frac{\eta}{\rho} + X\zeta \frac{\zeta}{\rho} \right],$$

$$5\,Y_n = -\left[Y\xi \frac{\xi}{\rho} + Y\eta \frac{\eta}{\rho} + Y\zeta \frac{\zeta}{\rho} \right],$$

$$Z_n = -\left[Z\xi \frac{\xi}{\rho} + Z\eta \frac{\eta}{\rho} + Z\zeta \frac{\zeta}{\rho} \right],$$

donde

$$X\xi = p - 2k \frac{\delta u}{\delta \xi}, \qquad Y\zeta = Z\eta = -k\left[\frac{\delta v}{\delta \zeta} + \frac{\delta w}{\delta \eta} \right],$$

$$Y\eta = p - 2k \frac{\delta v}{\delta \eta}, \qquad Z\xi = X\zeta = -k\left[\frac{\delta v}{\delta \xi} w + \frac{\delta u}{\delta \zeta} \right],$$

$$Z\zeta = p - 2k \frac{\delta w}{\delta \zeta}, \qquad X\eta = Y\xi = -k\left[\frac{\delta u}{\delta \eta} + \frac{\delta v}{\delta \xi} \right].$$

Las expresiones de u, v, w se hacen más sencillas si tenemos en cuenta que para $\rho = R$ los términos con el factor P^5/ρ^5 se anulan comparados con los del factor P^3/ρ^3. Tendremos que poner

(6a)
$$\begin{cases} u = A\xi - \frac{5}{2} P^3 \frac{\xi(A\xi^2 + B\eta^2 + C\zeta^2)}{\rho^5}, \\ v = B\eta - \frac{5}{2} P^3 \frac{\eta(A\xi^2 + B\eta^2 + C\zeta^2)}{\rho^5}, \\ w = C\zeta - \frac{5}{2} P^3 \frac{\zeta(A\xi^2 + B\eta^2 + C\zeta^2)}{\rho^5}. \end{cases}$$

A partir de la primera de las ecuaciones (5) obtenemos para p, despreciando términos de modo similar

112

$$p = -5k\, P^3 \frac{A\xi^2 + B\eta^2 + C\zeta^2}{\rho^5} + cte.$$

En primer lugar obtenemos

$$X\xi = -2kA + 10kP^3 \frac{A\xi^2}{\rho^5} - 25kP^3 \frac{\xi^2(A\xi^2 + B\eta^2 + C\zeta^2)}{\rho^7} \,,$$

$$X\eta = \qquad +10kP^3 \frac{A\xi\eta}{\rho^5} - 25kP^3 \frac{\eta^2(A\xi^2 + B\eta^2 + C\zeta^2)}{\rho^7} \,,$$

$$X\zeta = \qquad +10kP^3 \frac{A\xi\zeta}{\rho^5} + 25kP^3 \frac{\zeta^2(A\xi^2 + B\eta^2 + C\zeta^2)}{\rho^7} \,,$$

y a partir de aquí

$$X_n = 2Ak\frac{\xi}{\rho} - 10AkP^3 \frac{\xi}{\rho^4} + 25kP^3 \frac{\xi(A\xi^2 + B\eta^2 + C\zeta^2)}{\rho^6} \,.$$

Con ayuda de las expresiones de Y_n y Z_n deducidas por permutación cíclica, y despreciando todos los términos que contienen el cociente P/ρ con una potencia superior a la tercera, obtenemos

$$X_n u + Y_n v + Z_n w + \frac{2k}{\rho}(A^2\xi^2 + B^2\eta^2 + C^2\zeta^2)$$
$$-10k\frac{P^3}{\rho^4}(A^2\xi^2 + . + .) + 20k\frac{P^3}{\rho^6}(A\xi^2 + . + .)^2 \,.$$

Y si integramos sobre la esfera y tenemos en cuenta que

$$\int ds = 4\pi R^2 \,,$$

$$\int \xi^2 ds = \int \eta^2 ds = \int \zeta^2 ds = \frac{4}{3}\pi R^4 \,,$$

$$\int \xi^4 ds = \int \eta^4 ds = \int \zeta^4 ds = \frac{4}{5}\pi R^6 \,,$$

$$\int \eta^2\zeta^2 ds = \int \zeta^2\xi^2 ds = \int \xi^2\eta^2 ds = \frac{4}{15}\pi R^6 \,,$$

$$\int (A\xi^2 + B\eta^2 + C\zeta^2)^2 ds = \frac{4}{15}\pi R^6 (A^2 + B^2 + C^2) \,,$$

obtenemos

113

(7) $$W = \frac{8}{3}\pi R^3 k\delta^2 - \frac{8}{3}\pi P^3 k\delta^2 = 2\delta^2 k(V - \Phi) \,,$$

donde hemos puesto

$$\delta = A^2 + B^2 + C^2 \,,$$

$$\frac{4}{3}\pi R^3 = V$$

y

$$\frac{4}{3}\pi P^3 = \Phi \,.$$

Si no estuviese presente la esfera suspendida $(\Phi = 0)$, obtendríamos para la energía consumida en el volumen V

(7a) $$W_0 = 2\delta^2 kV .$$

Así pues, la presencia de la esfera disminuye la energía consumida en $2\delta^2 k\Phi$. Es notorio que el efecto de la esfera suspendida sobre la cantidad de energía consumida sea exactamente el mismo que sería si la presencia de la esfera no modificase en absoluto el movimiento del líquido a su alrededor.

§ 2. Cálculo del coeficiente de viscosidad de un líquido en el que están suspendidas muchas pequeñas esferas distribuidas irregularmente

En la sección anterior hemos considerado el caso en que en una región G, del orden de magnitud definido antes, hay suspendida una esfera que es muy pequeña comparada con esa región, y hemos investigado cómo afecta esta esfera al movimiento del líquido. Supondremos ahora que la región G contiene infinitas esferas de igual radio distribuidas al azar, y que este radio es tan pequeño que el volumen combinado de todas las esferas es muy pequeño comparado con la región G. Supongamos que el número de esferas por unidad de volumen sea n, donde, salvo pequeños periodos despreciables, n es constante en todas partes del líquido.

Partimos de nuevo del movimiento de un líquido homogéneo sin esferas suspendidas y consideramos otra vez el movimiento más general de dilatación. Si no hay esferas presentes, una elección adecuada del sistema de coordenadas

114

nos permitirá representar las componentes de la velocidad u_0, v_0, w_0 en el punto arbitrario x, y, z de la región G por las ecuaciones

$$u_0 = Ax ,$$
$$v_0 = By ,$$
$$w_0 = Cz ,$$

donde

$$A + B + C = 0 .$$

Una esfera suspendida en el punto x, y, z afectará a este movimiento en la forma que pone de manifiesto la ecuación (6). Como elegimos la distancia media entre esferas próximas de modo que sea muy grande comparada con el radio y como, en consecuencia, las componentes adicionales de la velocidad que provienen de todas las esferas suspendidas son muy pequeñas comparadas con u_0, v_0, w_0, obtenemos para las componentes u, v, w en el líquido, si se tienen en cuenta las esferas suspendidas y se desprecian términos de órdenes superiores,

$$
(8)\quad \begin{cases}
u = Ax - \sum \left\{ \dfrac{5}{2} \dfrac{P^3}{\rho_\nu^2} \dfrac{\xi_\nu (A\xi_\nu^2 + B\eta_\nu^2 + C\zeta_\nu^2)}{\rho_\nu^3} \right. \\
\qquad\qquad \left. - \dfrac{5}{2} \dfrac{P^5}{\rho_\nu^4} \dfrac{\xi_\nu (A\xi_\nu^2 + B\eta_\nu^2 + C\zeta_\nu^2)}{\rho_\nu^3} + \dfrac{P^5}{\rho_\nu^4} \dfrac{A\xi_\nu}{\rho_\nu} \right\}, \\
v = By - \sum \left\{ \dfrac{5}{2} \dfrac{P^3}{\rho_\nu^2} \dfrac{\eta_\nu (A\xi_\nu^2 + B\eta_\nu^2 + C\zeta_\nu^2)}{\rho_\nu^3} \right. \\
\qquad\qquad \left. - \dfrac{5}{2} \dfrac{P^5}{\rho_\nu^4} \dfrac{\eta_\nu (A\xi_\nu^2 + B\eta_\nu^2 + C\zeta_\nu^2)}{\rho_\nu^3} + \dfrac{P^5}{\rho_\nu^4} \dfrac{B\eta_\nu}{\rho_\nu} \right\}, \\
w = Cz - \sum \left\{ \dfrac{5}{2} \dfrac{P^3}{\rho_\nu^2} \dfrac{\zeta_\nu (A\xi_\nu^2 + B\eta_\nu^2 + C\zeta_\nu^2)}{\rho_\nu^3} \right. \\
\qquad\qquad \left. - \dfrac{5}{2} \dfrac{P^5}{\rho_\nu^4} \dfrac{\zeta_\nu (A\xi_\nu^2 + B\eta_\nu^2 + C\zeta_\nu^2)}{\rho_\nu^3} + \dfrac{P^5}{\rho_\nu^4} \dfrac{C\zeta_\nu}{\rho_\nu} \right\},
\end{cases}
$$

115

donde la suma se tiene que extender sobre todas las esferas de la región G y donde hemos puesto

$$
\begin{aligned}
\xi_\nu &= x - x_\nu, \\
\eta_\nu &= y - y_\nu, \qquad \rho_\nu = \sqrt{\xi_\nu^2 + \eta_\nu^2 + \zeta_\nu^2}\,. \\
\zeta_\nu &= z - z_\nu .
\end{aligned}
$$

Las variables x_ν, y_ν, z_ν son las coordenadas de los centros de las esferas. Además, de las ecuaciones (7) y (7a) concluimos que, salvo cantidades infinitamente pequeñas de orden superior, la presencia de cada esfera da como resultado una disminución de la producción de calor en $2\delta^2 k\Phi$ por unidad de tiempo y que la energía convertida en calor en la región G tiene el valor

$$W = 2\delta^2 k - 2n\delta^2 k\Phi$$

por unidad de volumen, o

$$(7b) \qquad W = 2\delta^2 k(1-\varphi)\,,$$

donde φ representa la fracción de volumen ocupado por las esferas.

La ecuación (7b) da la impresión de que el coeficiente de viscosidad de la mezcla no homogénea de líquido y esferas suspendidas (llamada, para abreviar, en adelante "mezcla") que investigamos es más pequeño que el coeficiente de viscosidad k del líquido. Sin embargo, esto no es así, ya que A, B, C no son los valores de las dilataciones principales del movimiento del líquido representado por las ecuaciones (8); llamaremos A^*, B^*, C^* a las dilataciones principales de la mezcla. Por razones de simetría, se sigue que las direcciones de dilatación principales de la mezcla son paralelas a las direcciones de las dilataciones principales A, B, C, esto es, a los ejes de coordenadas. Si escribimos las ecuaciones (8) en la forma

$$
\begin{aligned}
u &= Ax + \sum u_\nu, \\
v &= By + \sum v_\nu, \\
z &= Cz + \sum w_\nu,
\end{aligned}
$$

obtenemos

116

$$A^* = \left[\frac{\delta u}{\delta x}\right]_{x=0} = A + \sum\left[\frac{\delta u_\nu}{\delta x}\right]_{x=0} = A - \sum\left[\frac{\delta u_\nu}{\delta x_\nu}\right]_{x=0} .$$

Si excluimos de la consideración al entorno inmediato de las esferas individuales, podemos omitir el segundo y tercer términos de las expresiones de u, v, w y obtenemos así para $x = y = z = 0$:

(9)
$$\begin{cases} u_\nu = -\dfrac{5}{2}\dfrac{P^3}{r_\nu^2}\dfrac{x_\nu(Ax_\nu^2 + By_\nu^2 + Cz_\nu^2)}{r_\nu^3} , \\ v_\nu = -\dfrac{5}{2}\dfrac{P^3}{r_\nu^2}\dfrac{y_\nu(Ax_\nu^2 + By_\nu^2 + Cz_\nu^2)}{r_\nu^3} \\ w_\nu = -\dfrac{5}{2}\dfrac{P^3}{r_\nu^2}\dfrac{z_\nu(Ax_\nu^2 + By_\nu^2 + Cz_\nu^2)}{r_\nu^3} \end{cases}$$

donde hemos puesto

$$r_\nu = \sqrt{x_\nu^2 + y_\nu^2 + z_\nu^2} > 0 .$$

Extendemos la suma sobre el volumen de una esfera K de radio R muy grande cuyo centro está en el origen de coordenadas. Además, si suponemos que las esferas *irregularmente* distribuidas están distribuidas *uniformemente* y sustituimos la suma por una integral, obtenemos

$$\begin{aligned} A^* &= A - n\int_K \frac{\delta u_\nu}{\delta x_\nu} dx_\nu dy_\nu dz_\nu , \\ &= A - n\int \frac{u_\nu x_\nu}{r_\nu} ds , \end{aligned}$$

donde la última integral hay que extenderla sobre la superficie de la esfera K. Teniendo en cuenta (9), encontramos

$$\begin{aligned} A^* &= A - \frac{5}{2}\frac{P^3}{R^6} n\int x_0^2(Ax_0^2 + By_0^2 + Cz_0^2) ds , \\ &= A - n(\frac{4}{3}P^3\pi)A = A(1-\varphi) . \end{aligned}$$

117

Análogamente,

$$\begin{aligned} B^* &= B(1-\varphi) , \\ C^* &= C(1-\varphi) . \end{aligned}$$

Si ponemos

$$\delta^{*2} = A^{*2} + B^{*2} + C^{*2} ,$$

tenemos entonces, despreciando términos infinitamente pequeños de orden superior,

$$\delta^{*2} = \delta^2(1-2\varphi) .$$

Para el desarrollo del calor por unidad de tiempo y volumen, encontramos

$$W^* = 2\delta^2 k(1-\varphi) .$$

Si k^* representa el coeficiente de viscosidad de la mezcla, tenemos

$$W^* = 2\delta^{*2} k^* .$$

Despreciando cantidades infinitesimales de orden superior, las tres últimas ecuaciones proporcionan

$$k^* = k(1+\varphi) .$$

Obtenemos, por tanto, el siguiente resultado:

Si hay esferas rígidas muy pequeñas suspendidas en un líquido, el coeficiente de rozamiento interno aumenta en una fracción que es igual al volumen total de las esferas suspendidas en la unidad de volumen, siempre y cuando este volumen total sea muy pequeño.

§ 3. Volumen de una sustancia disuelta cuyo volumen molecular es grande comparado con el del disolvente

Consideremos una disolución diluida de una sustancia que no se disocia en la disolución. Una molécula de la sustancia disuelta será grande comparada con una molécula del disolvente y será considerada como una esfera rígida de

118

radio P. En ese caso podemos aplicar el resultado obtenido en § 2. Si k^* representa el coeficiente de viscosidad de la disolución y k el del disolvente puro, tenemos

$$\frac{k^*}{k} = 1+\varphi ,$$

donde φ es el volumen total de las moléculas por unidad de volumen de la disolución.

Queremos calcular φ para una disolución acuosa de azúcar al 1%. De acuerdo con las observaciones de Burkhard (Tablas de Landolt y Börnstein), $k^*/k = 1.0245$ (a 20ºC) para una disolución acuosa de azúcar al 1%, de donde $\varphi = 0.0245$ para (casi exactamente) 0.01 gr de azúcar. Por tanto, un gramo de azúcar disuelto en agua tiene el mismo efecto sobre el coeficiente de viscosidad que el que producen pequeñas esferas rígidas suspendidas de un volumen total de 2.45 cm^3. Esta consideración desprecia el efecto ejercido sobre el rozamiento interno del disolvente por la presión osmótica resultante del azúcar disuelto.

Recordemos que 1 gr de azúcar sólido tiene un volumen de 0.61 cm^3. Este mismo volumen se encuentra también para el volumen específico s de azúcar en disolución si se considera la disolución de azúcar como una *mezcla* de agua y azúcar en forma disuelta. Esto es, la densidad de una disolución acuosa de azúcar al 1% (referida a agua de la misma temperatura) a 17.5º es 1.00388. De aquí que tengamos (despreciando la diferencia entre la densidad de agua a 4º y a 17.5º)

$$\frac{1}{1.00388} = 0.99 + 0.01\, s ,$$

y, por tanto

$$s = 0.61 .$$

Así pues, mientras la disolución de azúcar se comporta como una mezcla de agua y azúcar sólido con respecto a su densidad, el efecto sobre el rozamiento interno es cuatro veces más grande que el que resultaría de la suspensión de la misma cantidad de azúcar. Desde el punto de vista de la teoría molecular, a mí me parece que este resultado apenas puede interpretarse de otro modo que suponiendo que la molécula de azúcar en la disolución dificulta la movilidad del agua en su entorno inmediato, por lo que una cantidad de agua cuyo volumen es aproximadamente tres

119

veces más grande que el volumen de la molécula de azúcar está ligada a la molécula de azúcar.

De aquí que podamos decir que una molécula de azúcar disuelta (es decir, la molécula junto con el agua retenida por ella) se comporta en el sentido hidrodinámico como una esfera con un volumen de $2.45 \cdot 342/N$ cm^3, donde 342 es el peso molecular del azúcar y N es el número de moléculas reales en una molécula-gramo.

§ 4. Difusión de una sustancia no disociada en una disolución líquida

Consideremos una disolución del tipo considerado en § 3. Si actúa una fuerza K sobre la molécula, a la que consideramos como una esfera de radio P, la molécula se moverá con una velocidad w, que está determinada por P y el coeficiente de viscosidad k del disolvente, ya que tenemos la ecuación[1]

(1) $$w = \frac{K}{6\pi kP}.$$

Utilizamos esta relación para calcular el coeficiente de difusión de una disolución no disociada. Si p representa la presión osmótica de la sustancia disuelta, que hay que estimar como la única fuerza productora de movimiento en la disolución diluida que consideramos, entonces la fuerza que actúa en la dirección del eje X sobre la sustancia disuelta por unidad de volumen de la disolución es igual a $-\delta p/\delta x$. Si hay ρ gramos en una unidad de volumen y m es el peso molecular de la sustancia disuelta y N el número de moléculas reales en una molécula-gramo, entonces $(\rho/m)\cdot N$ es el número de moléculas (reales) en la unidad de volumen, y la fuerza ejercida sobre la molécula en virtud del gradiente de concentración es

(2) $$K = -\frac{m}{\rho N}\frac{\delta p}{\delta x}.$$

Si la disolución es suficientemente diluida, la presión osmótica está dada por la ecuación

[1]G. Kirchhoff, *Vorlesungen über Mechanik*. 26. Vorl. [Lecciones de mecánica. Lección 26], ecuación (22)

120

(3) $$p = \frac{R}{m}\rho T,$$

donde T es la temperatura absoluta y $R = 8.31 \cdot 10^7$. De las ecuaciones (1), (2) y (3) obtenemos para la velocidad de migración de la sustancia disuelta

$$w = -\frac{RT}{6\pi k}\frac{1}{NP}\frac{1}{\rho}\frac{\delta\rho}{\delta x}.$$

Finalmente, la cantidad de sustancia que pasa por unidad de tiempo a través de una sección unidad de corte en la dirección del eje X es

(4) $$w\rho = -\frac{RT}{6\pi k}\cdot\frac{1}{NP}\frac{\delta\rho}{\delta x}.$$

De aquí que obtengamos para el coeficiente de difusión D

$$D = \frac{RT}{6\pi k}\cdot\frac{1}{NP}.$$

Así pues, a partir del coeficiente de difusión y del coeficiente de viscosidad del disolvente podemos calcular el producto del número N de moléculas reales en una molécula-gramo y el radio molecular P hidrodinámicamente efectivo.

En esta deducción, la presión osmótica se ha tratado como una fuerza que actúa sobre las moléculas individuales, lo que obviamente no coincide con el punto de vista de la teoría cinético-molecular, ya que, según ésta, la presión osmótica en el caso que consideramos hay suponerla sólo como una fuerza aparente. Sin embargo, esta dificultad desaparece cuando se considera que las fuerzas osmóticas (aparentes) que corresponden a las diferencias de concentración en la disolución se pueden mantener en equilibrio (dinámico) con fuerzas numéricamente iguales que actúan sobre las moléculas individuales en la dirección opuesta, lo que puede percibirse fácilmente basándose en la termodinámica.

La fuerza osmótica que actúa sobre la unidad de masa $-\frac{1}{\rho}\frac{\delta p}{\delta x}$ se puede contrapesar por la fuerza $-P_x$ (ejercida sobre las moléculas disueltas individuales) si

$$-\frac{1}{\rho}\frac{\delta p}{\delta x} - P_x = 0\ .$$

121

Por lo tanto, si se supone que sobre la sustancia disuelta por unidad de masa actúan dos sistemas de fuerza P_x y $-P_x$ que se equilibran entre sí, entonces $-P_x$ contrapesa la presión osmótica y sólo la fuerza P_x, que es numéricamente igual a la presión osmótica, permanece como causa del movimiento. Así pues, la dificultad mencionada antes ha sido eliminada.[1]

§ 5. Determinación de las dimensiones moleculares con ayuda de las relaciones obtenidas

En § 3, encontramos

$$\frac{k^*}{k} = 1 + \varphi = 1 + n\cdot\frac{4}{3}\pi P^3,$$

donde n es el número de moléculas disueltas por unidad de volumen y P es el radio de la molécula hidrodinámicamente efectivo. Si tenemos en cuenta que

$$\frac{n}{N} = \frac{\rho}{m},$$

donde ρ representa la masa de la sustancia disuelta por unidad de volumen y m su peso molecular, obtenemos

$$NP^3 = \frac{3}{4\pi}\frac{m}{\rho}\left[\frac{k^*}{k} - 1\right].$$

Por otra parte, en § 4 hallamos que

$$NP = \frac{RT}{6\pi k}\frac{1}{D} .$$

Estas dos ecuaciones nos permiten calcular por separado las cantidades P y N, de las que N tiene que resultar ser independiente de la naturaleza del disolvente, la sustancia disuelta y la temperatura, si nuestra teoría se corresponde con los hechos.

[1]Puede encontrarse una presentación detallada de esta línea de pensamiento en *Ann. d. Phys.* 17 (1905), p. 549.

122

Llevaremos a cabo el cálculo para una disolución acuosa de azúcar. A partir de los datos del rozamiento interno de la disolución de azúcar citada antes, se sigue que para 20ºC

$$NP^3 = 200 .$$

Según los experimentos de Graham (calculados por Stefan), el coeficiente de difusión del azúcar en agua es 0.384 a 9.5ºC, si se elige el día como unidad de tiempo. La viscosidad del agua a 9.5ºC es 0.0135. Introduciremos estos datos en nuestra fórmula del coeficiente de difusión, aunque se han obtenido utilizando disoluciones al 10% y no cabe esperar una estricta validez de nuestra fórmula con concentraciones tan altas. Obtenemos

$$NP = 2.08 \cdot 10^{16} .$$

Despreciando las diferencias entre los valores de P a 9.5º y 20º, los valores encontrados para NP^3 y NP proporcionan

$$P = 9.9 \times 10^{-8} \text{ cm},$$
$$N = 2.1 \times 10^{23} .$$

El valor hallado para N muestra un acuerdo satisfactorio en su orden de magnitud con los valores encontrados para esta cantidad por otros métodos.

Berna, 30 de abril de 1905

—

SUPLEMENTO

[Añadido a la versión del Doc. 15 que fue publicado como artículo en *Annalen der Physik* 19 (1906): pp. 289-305] [*Annalen der Physik* 19 (1906), pp.305-306] [*TCPAE*, V-2, p.191, Doc. 33]

La nueva edición de las tablas físico-químicas de Landolt y Bernstein contiene datos mucho más útiles para calcular el tamaño de la molécula de azúcar y el número N de moléculas reales en una molécula-gramo.

Thovert encontró (Tablas, p. 372) que el coeficiente de difusión del azúcar en agua a 18.5ºC con una concentración de 0.005 mol/litro tiene el valor 0.33 cm^2/día. Además, a partir de una tabla que contiene valores observados obtenida por Hosking (Tablas, p. 81) podemos encontrar por interpolación que en una disolución diluida de azúcar, un incremento del 1% en contenido de azúcar a 18.5ºC corresponde a un incremento de 0.00025 en el coeficiente de viscosidad.

Basándose en estos datos, se encuentra

$$P = 0.78 \cdot 10^{-6} \text{ mm}$$

y

$$N = 4.15 \cdot 10^{23} \ .$$

Berna, enero de 1906.

Albert Einstein. «***Zur Theorie der Brownschen Bewegung***». *Annalen der Physik*, 4. Folge, Band 19 (1906), S. 371-381. [«Teoría del movimiento browniano» (Firmado en Berna en diciembre de 1905. Registro de entrada: 19 de diciembre de 1905. Publicado: 8 de febrero de 1906.)] [*TCPAE*, Volumen II. Doc. **32**, pp. 180-190 (E.V.)]

180

Teoría del movimiento browniano

Poco después de la publicación de mi trabajo sobre el movimiento de partículas suspendidas en fluidos en reposo exigido por la teoría molecular del calor,[1] el Sr. Siedentopf (Jena) me informó de que él y otros físicos –quizá el prof. Gouy (Lyon) haya sido el primero– se han llegado a convencer por observación directa de que el llamado movimiento browniano está causado por movimiento térmico azaroso de las moléculas del fluido.[2] No sólo las propiedades cualitativas del movimiento browniano, sino también el orden de magnitud de los caminos atravesados por las partículas, están en completo acuerdo con los resultados de la teoría. No compararé aquí el escaso material que tengo disponible con los resultados de la teoría, sino que dejaré esta comparación a quienes estén envueltos en investigaciones experimentales sobre este tópico.

Este trabajo pretende suplementar mi trabajo antes mencionado en varios puntos. Deduciremos aquí no sólo el movimiento de traslación, sino también el de rotación de partículas suspendidas en el caso especial más sencillo en que las partículas tengan forma esférica. Estableceremos también los tiempos de observación más breves para los que el resultado dado en el trabajo sigue siendo válido.

Utilizaremos aquí un método de deducción más general, en parte para mostrar que el movimiento browniano se refiere a los fundamentos de la teoría molecular del calor, y en parte para poder deducir las fórmulas del movimiento de traslación y del movimiento de rotación mediante una investigación ordinaria. Supongamos que α es un parámetro observable de un sistema físico en equilibrio térmico y que el sistema está en el llamado equilibrio indiferente para cualquier valor (posible) de α. Según la termodinámica clásica, que hace una distinción *fundamental* entre calor y otras formas de energía, no tienen lugar cambios espontáneos de α, pero según la teoría molecular del calor, sí que ocurren. En lo que sigue, investigaremos qué leyes tienen que obedecer estos cambios según esta última

[1]A. Einstein, *Ann. d. Phys.* 17 (1905), p. 549
[2]M. Gouy, *Jour. de Phys.* 7, No. 2 (1888), p. 561

181

teoría. Tendremos pues que aplicar estas leyes a los siguientes casos especiales:

1. α es la coordenada x del centro de gravedad de una partícula de forma esférica suspendida en un fluido homogéneo (no sujeto a gravitación).

2. α es el ángulo de rotación que determina la posición de una partícula esférica suspendida en un fluido y capaz de rotar respecto a un diámetro.

§ 1. Un caso de equilibrio termodinámico

Supongamos que en un entorno de temperatura absoluta T existe un sistema físico en interacción térmica con este entorno y en estado de equilibrio térmico. Este sistema, que posee también por tanto la temperatura T, estará completamente determinado por las variables de estado $p_1...p_n$ según la teoría molecular del calor.[1] En los casos especiales que hay que considerar, podemos elegir para lasa variables de estado $p_1...p_n$ las coordenadas y componentes de la velocidad de todos los átomos que constituyen el sistema que consideramos.

La probabilidad de que, en un instante de tiempo elegido al azar, todas las variables de estado $p_1...p_n$ estén en la región $n-$fold infinitamente pequeña $(dp_1...dp_n)$ está dado por la ecuación

$$(1) \qquad dw = Ce^{-\frac{N}{RT}E}dp_1...dp_n,$$

donde C representa una constante, R la constante universal de la ecuación de los gases, N el número de moléculas reales por molécula-gramo, y E la energía.

Supongamos que α es un parámetro observable del sistema y que a cada sistema de valores $p_1...p_n$ corresponde un valor definido α. Representemos con $Ad\alpha$ la probabilidad de que en un instante elegido al azar el valor del parámetro α esté entre α y $\alpha + d\alpha$. Tendremos entonces

[1] Véase *Ann. d. Phys.* 17 (1905), p 549

[2] M. Gouy, *Jour. de Phys.* No. 2 (1888), p. 561

182

$$(2) \qquad Ad\alpha = \int_{d\alpha} Ce^{-\frac{N}{RT}E}dp_1...dp_n,$$

donde la integral del segundo miembro se extiende sobre todas las combinaciones de aquellas variables de estado cuyo valor de α esté comprendido entre α y $\alpha + d\alpha$.

Nos limitaremos al caso en que la naturaleza del problema haga inmediatamente evidente que todos los (posibles) valores de α tienen la misma probabilidad (frecuencia), esto es, que la cantidad A es independiente de α.

Imaginemos ahora un segundo sistema que difiere del sistema que acabamos de considerar por el solo hecho de que actúa sobre él una fuerza de potencial $\Phi(\alpha)$ que depende sólo de α. Si E es la energía del sistema considerado antes, $E+\Phi$ será la energía del sistema considerado ahora, por lo que obtendremos la siguiente relación, análoga a la ecuación (1):

$$dw' = C'e^{-\frac{N}{RT}(E+\Phi)}dp_1...dp_n.$$

A su vez, esto proporciona una relación análoga a la ecuación (2) para la probabilidad dW de que, en un instante elegido arbitrariamente, el valor de α esté comprendido entre α y $\alpha + d\alpha$:

$$(\mathrm{I}) \qquad dW = \int C' e^{-\frac{N}{RT}(E+\Phi)} dp_1 \ldots dp_n = \frac{C'}{C} e^{-\frac{N}{RT}\Phi} A d\alpha = A' e^{-\frac{N}{RT}\Phi} d\alpha ,$$

donde A' es independiente de α.

Esta relación, que corresponde exactamente a la ley exponencial utilizada frecuentemente por Boltzmann en sus investigaciones sobre la teoría de gases, es característica de la teoría molecular del calor. Determina lo que se desvía un parámetro de un sistema sujeto a una fuerza externa constante del valor correspondiente al equilibrio estable debido al movimiento azaroso molecular.

183

§ 2. Ejemplos de aplicación de la ecuación deducida en § 1

Consideremos un cuerpo cuyo centro de gravedad se pueda desplazar a lo largo de una línea recta (el eje X de un sistema de coordenadas). Supondremos que el cuerpo está rodeado por una gas y que existe equilibrio térmico y mecánico. Según la teoría molecular, el cuerpo se moverá hacia atrás y hacia delante a lo largo de la línea recta de forma azarosa debido a la no uniformidad de las colisiones moleculares, de modo que ninguno de los puntos de la recta tendrá preferencia en este movimiento debido a que no se ejercen sobre el cuerpo otras fuerzas que las de las colisiones moleculares en la dirección de la línea recta. Por tanto, la abscisa x del centro de gravedad es un parámetro del sistema que posee las propiedades estipuladas arriba para el parámetro α.

Introduciremos ahora una fuerza $K = -Mx$ que actúa sobre el cuerpo en la dirección de la línea recta. Según la teoría molecular el centro de gravedad del cuerpo realizará también entonces movimientos al azar, pero sin desviarse demasiado del punto $x = 0$, mientras que según la termodinámica clásica tendrá que estar en reposo en el punto $x = 0$. Según la teoría molecular (fórmula I),

$$dW = A' e^{-\frac{N}{RT} M \frac{x^2}{2}} dx$$

es igual a la probabilidad de que en un instante elegido al azar el valor de la abscisa esté entre x y $x + dx$. A partir de aquí encontramos la distancia media al centro de gravedad desde el punto $x = 0$,

$$\sqrt{\overline{x^2}} = \frac{\int_{-\infty}^{+\infty} x^2 A' e^{-\frac{N}{RT}\frac{Mx^2}{2}} dx}{\int_{-\infty}^{+\infty} A' e^{-\frac{N}{RT}\frac{Mx^2}{2}} dx} = \sqrt{\frac{RT}{NM}} .$$

Para que $\sqrt{\overline{x^2}}$ sea suficientemente grande para ser accesible a la observación, la fuerza que determina la posición de equilibrio del cuerpo tiene que ser muy pequeña. Haciendo $\sqrt{\overline{x^2}} = 10^{-4}$ cm como límite inferior de observabilidad, obtenemos $M =$ aproximadamente $5 \cdot 10^{-6}$

184

para $T = 300$. Así pues, para que el cuerpo realice fluctuaciones observables al microscopio, la fuerza que actúa sobre él no debe exceder de cinco millonésimas de dina para una elongación de 1 cm.

Añadamos ahora una observación teórica adicional a la ecuación deducida. Supongamos que el cuerpo que consideramos lleva una carga eléctrica distribuida sobre un espacio muy pequeño, y que el gas que rodea al cuerpo está tan rarificado que el cuerpo realiza oscilaciones periódicas sólo ligeramente modificadas por el gas circundante. El cuerpo radia entonces ondas eléctricas al espacio y absorbe energía de la radiación del espacio circundante; media pues un intercambio de energía entre radiación y gas. Podemos deducir la ley límite de la radiación térmica, que parece tener validez para longitudes de onda largas y temperaturas altas, formulando la condición de que el cuerpo en cuestión emite en promedio tanta radiación como absorbe. Llegamos así[1] a la siguiente fórmula para la densidad de radiación ρ_ν que corresponde a la frecuencia ν:

$$\rho_\nu = \frac{R}{N}\frac{8\pi\nu^2}{L^3}T,$$

donde L representa la velocidad de la luz.

La fórmula de la radiación dada por el Sr. Planck[2] se reduce a esta para frecuencias bajas y temperaturas altas. A partir del coeficiente de la ley límite podemos determinar la cantidad N y llegar así a la determinación de Planck de los cuantos elementales. El hecho de que en la forma indicada no obtengamos la verdadera ley de la radiación, sino sólo una ley límite, me parece que radica en una imperfección fundamental de nuestras concepciones físicas.

Utilizaremos también la fórmula (I) para decidir lo pequeñas que tienen que ser las partículas suspendidas para quedar permanentemente suspendidas a pesar del efecto de la gravedad. Podemos limitarnos al caso en que la partícula tenga una gravedad específica mayor que el líquido, ya que el caso opuesto es completamente análogo.

Si v es el volumen de la partícula, ρ su densidad, ρ_0 la densidad del líquido, g la aceleración de la gravedad y x la distancia vertical a un punto desde el extremo del recipiente, la ecuación (I) proporcionará

[1] Véase *Ann. d. Phys.* 17 (1905), p. 549, §§ 1 y 2

[2] M. Planck, *Ann. d. Phys.* 1 (1900), p. 99.

185

$$dW = cte \cdot e^{-\frac{N}{RT}v(\rho-\rho_0)gx}dx \,.$$

Encontraremos pues que las partículas suspendidas pueden flotar en un fluido si, para valores de x que no escapen a la observación debido a su pequeñez, la cantidad

$$\frac{N}{RT}v(\rho-\rho_0)gx$$

no tiene un valor demasiado elevado –siempre que las partículas que han alcanzado el extremo del recipiente no se queden adheridas a él por una circunstancia u otra.

§ 3. Cambios en el parámetro α generados por movimiento térmico

Volvamos de nuevo al caso general discutido en § 1 para el que dedujimos la ecuación (I). En aras de una forma de expresión y de visualización más sencilla, supondremos ahora, sin embargo, que hay implicados un número muy grande (n) de sistemas idénticos del tipo descrito allí; en ese caso tenemos que vérnoslas con números en vez de con probabilidades. La ecuación (I) expresa entonces lo siguiente:

De N sistemas, hay

(Ia) $$dn = \varphi e^{-\frac{N}{RT}\Phi} d\alpha = F(\alpha)d\alpha$$

sistemas en los que el valor del parámetro α está comprendido entre α y $\alpha + d\alpha$ en un instante elegido al azar.

Utilizaremos esta relación para determinar la magnitud de los cambios irregulares del parámetro α producidos por los procesos térmicos aleatorios. A ese fin, expresamos simbólicamente que, dentro del lapso de tiempo t, la función $F(\alpha)$ no cambia bajo el efecto combinado de la fuerza correspondiente al potencial Φ y el proceso térmico aleatorio; t representa aquí un tiempo tan pequeño que los cambios correspondientes de las cantidades α de los sistemas individuales

186

pueden considerarse como cambios infinitamente pequeños en el argumento de la función $F(\alpha)$.

Si se marcan longitudes numéricamente iguales a α a lo largo de una línea recta que parta de algún origen especificado, a cada sistema corresponderá entonces un punto (α) sobre esta línea recta. $F(\alpha)$ es la densidad de los puntos de sistema (α) sobre la línea. Durante el tiempo t tendrán que cruzar entonces un punto arbitrario (α_0) de la línea exactamente tantos puntos de sistema en una dirección como en la opuesta.

Supongamos que una fuerza correspondiente al potencial Φ produce un cambio de magnitud

$$\Delta_1 = -B\frac{\partial\Phi}{\partial\alpha}t$$

en α, donde B es independiente de α, esto es, la velocidad de cambio de α será proporcional a la fuerza operante e independiente del valor del parámetro. Al factor B lo llamaremos "movilidad del sistema con respecto a α."

Por lo tanto, si la fuerza externa operase sin que la cantidad α cambiase por el proceso térmico molecular aleatorio, entonces

$$n_1 = B\left[\frac{\partial\Phi}{\partial\alpha}\right]_{\alpha=\alpha_0} \cdot t \cdot F(\alpha_0)$$

puntos de sistema cruzarían el punto (α_0) hacia el lado negativo durante el tiempo t.

Sea $\psi(\Delta)$ la probabilidad de que, debido al proceso térmico aleatorio, el parámetro α de un sistema experimente durante el tiempo t un cambio cuyo valor esté comprendido entre Δ y $\Delta + d\Delta$, donde $\psi(\Delta) = \psi(-\Delta)$ y ψ es independiente de α. El número de puntos de sistema que cruzan el punto (α_0) hacia el lado positivo a causa del proceso térmico aleatorio durante el tiempo t es entonces

$$n_2 = \int_{\Delta=0}^{\Delta=\infty} F(\alpha_0 - \Delta)\, d\Delta\,,$$

donde hemos puesto

187

$$\int_{\Delta}^{\infty} \psi(\Delta)\, d\Delta = \chi(\Delta)\,.$$

El número de puntos de sistema que viajan hacia el lado negativo debido al proceso térmico aleatorio es

$$n_3 = \int_{\Delta}^{\infty} F(\alpha_0 + \Delta)\chi(\Delta)\, d\Delta\,.$$

La expresión matemática de la invariabilidad de la función F es pues

$$-n_1 + n_2 - n_3 = 0\,.$$

Si sustituimos las expresiones encontradas para n_1, n_2, n_3, y tenemos en cuenta que Δ es infinitamente pequeño, y que $\psi(\Delta)$ difiere de cero sólo para valores infinitesimales de Δ, obtenemos tras sencillo cálculo

$$B\left[\frac{\partial \Phi}{\partial \alpha}\right]_{\alpha=\alpha_0} F(\alpha_0)t + \frac{1}{2}F'(\alpha_0)\overline{\Delta^2} = 0\,.$$

Aquí,

$$\overline{\Delta^2} = \int_{-\infty}^{+\infty} \Delta^2 \psi(\Delta)\, d\Delta$$

representa la media de los cuadrados de los cambios de las cantidades α producidos por el proceso térmico irregular durante el tiempo t. A partir de esta relación, si tenemos en cuenta la ecuación (Ia),

(II) $$\sqrt{\overline{\Delta^2}} = \sqrt{\frac{2R}{N}} \cdot \sqrt{BTt}\,.$$

R representa aquí la constante de la ecuación de los gases $(8.31 \cdot 10^7)$, N el número real de moléculas en una molécula-gramo (aproximadamente $4 \cdot 10^{23}$), B la "movilidad del sistema con respecto al parámetro α," T la temperatura absoluta, y t el tiempo dentro del cual tienen lugar los cambios en α producidos por el proceso térmico aleatorio.

188

§ 4. Aplicación de la ecuación deducida al movimiento browniano

Utilizando las ecuaciones (II), calcularemos ahora el desplazamiento medio en una dirección particular (la dirección X de un sistema de coordenadas) experimentado durante el tiempo t por un cuerpo esférico suspendido en un líquido. Con este fin tendremos que sustituir el correspondiente valor de B en la ecuación de arriba.

Si se ejerce una fuerza sobre una esfera de radio P suspendida en un líquido de coeficiente de rozamiento k, la esfera se moverá con la velocidad[1] $K/6\pi kP$. De aquí que tengamos que poner

$$B = \frac{1}{6\pi kP}\,,$$

de modo que –de conformidad con el artículo citado arriba- para el desplazamiento medio de la esfera suspendida en la dirección del eje X obtenemos el valor

$$\sqrt{\overline{\Delta_x^2}} = \sqrt{t}\sqrt{\frac{RT}{N}\frac{1}{3\pi kP}}\,.$$

En segundo lugar, consideremos el caso en que la esfera en cuestión esté centrada en el líquido de modo que pueda rotar libremente (sin sufrir rozamiento) alrededor de uno de sus diámetros, y tratemos de determinar la rotación media $\sqrt{\overline{\Delta_r^2}}$ de la esfera producida por el proceso térmico aleatorio durante el tiempo t.

Si sobre una esfera de radio P, centrada en un líquido cuyo coeficiente de rozamiento es k, actúa un par de torsión D, la esfera rotará con la velocidad[2] angular

$$\psi = \frac{D}{8\pi k P^3} .$$

En consecuencia, tendremos que poner

$$B = \frac{1}{8\pi k P^3} .$$

Obtenemos pues

$$\sqrt{\overline{\Delta_r^2}} = \sqrt{t}\sqrt{\frac{RT}{N}\frac{1}{4\pi k P^3}} .$$

[1] Véase G. Kirchhoff, *Vorles. über Mechanik* (Lecciones de mecánica). Lección 26.
[2] Ibid

189

Por lo tanto, el movimiento de rotación producido por el movimiento molecular disminuye mucho más deprisa con P creciente de lo que lo hace el movimiento de traslación.

Para $P = 0.5$ mm y agua a 17°, la fórmula proporciona aproximadamente 11 segundos de arco para el ángulo atravesado en un segundo de promedio, y aproximadamente 11 minutos de arco para el atravesado en una hora. Para $P = 0.5$ micras y agua a 17°, obtenemos unos 100 grados de arco para $t = 1$ segundo.

En el caso de una partícula suspendida que flota libremente, tienen lugar tres movimientos rotacionales de este tipo mutuamente independientes.

La fórmula deducida para $\sqrt{\overline{\Delta^2}}$ podría aplicarse igualmente a otros casos. Por ejemplo, si la inversa de la resistencia eléctrica de un circuito cerrado se sustituye por B, la fórmula muestra cuánta electricidad fluirá en promedio a través de una sección particular de corte del conductor durante el tiempo t, relación que conecta de nuevo con la ley límite de la radiación del cuerpo negro para longitudes de onda grandes y temperaturas elevadas. Sin embargo, como no pude encontrar otras consecuencias adicionales comprobables experimentalmente, cualquier tratamiento de nuevos casos especiales se me antoja inútil.

§ 5. Sobre el límite de validez de la fórmula de $\sqrt{\overline{\Delta^2}}$

Está claro que la fórmula (II) no puede ser válida para intervalos de tiempo arbitrariamente pequeños. Esto se debe a que la velocidad media del cambio de α que resulta del proceso térmico,

$$\frac{\sqrt{\overline{\Delta^2}}}{t} = \sqrt{\frac{2RTB}{N}} \cdot \frac{1}{\sqrt{t}} ,$$

se hace infinitamente grande para un intervalo de tiempo t infinitamente pequeño, lo que es obviamente imposible porque todo cuerpo suspendido se tendría entonces que mover con velocidad instantánea infinitamente grande. La razón de esto es que hemos supuesto implícitamente en nuestra deducción que el proceso que tiene lugar durante el tiempo t hay que imaginarlo como un suceso independiente del proceso que ocurre durante el tiempo inmediatamente precedente. Pero, cuanto más corto es

190

el tiempo t elegido, tanto menos se aplica esta suposición, ya que, si en el tiempo $z = 0$ el valor instantáneo de la velocidad de cambio fuera

$$\frac{d\alpha}{dt} = \beta_0,$$

y si en algún intervalo de tiempo subsiguiente la velocidad de cambio β no estuviera influenciada por el proceso térmico aleatorio sino que el cambio de β estuviera determinado solamente por la resistencia pasiva $(1/\beta)$, $d\beta/dz$ obedecería la relación

$$-\mu\frac{d\beta}{dz} = \frac{\beta}{B}.$$

μ está definida aquí por la estipulación de que $\mu(\beta^2/2)$ sería la energía que corresponde a la velocidad de cambio β. Por lo tanto, en el caso de movimiento de traslación de una esfera suspendida, por ejemplo, $\mu(\beta^2/2)$ sería la energía cinética de la esfera más la energía cinética del líquido comoviente. Integrando, obtenemos

$$\beta = \beta_0 e^{-\frac{z}{\mu B}}.$$

De este resultado se concluye que la fórmula (II) sólo vale para intervalos de tiempo que sean grandes comparados con B.

Para corpúsculos con un diámetro de 1 micra y densidad $\rho = 1$ en agua a temperatura ambiente, el límite más bajo de validez de la fórmula (II) es aproximadamente 10^{-7} segundos; este límite inferior de intervalos de tiempo crece como el cuadrado del radio corpuscular. Ambos hechos siguen siendo ciertos tanto para el movimiento de traslación como para el de rotación de las partículas.

Berna, diciembre de 1905. (Registro de entrada: 19 de diciembre de 1905)

MARZO – MAYO

Albert Einstein. «***Zur Theorie der Lichterzeugung und Lichtabsortion***». *Annalen der Physik*, 20 (1906), pp. 199-206. (Fechado en Berna. Registro de entrada el 13 de marzo de 1906. Publicado el 11 de mayo de 1906) [Recogido en *TCPAE*, Vol. 2. Doc. **34**. pp. 192-199 (EV), pp. 350-357 (GV)] («Teoría de la emisión y absorción de luz»)

199

Teoría de la emisión y absorción de luz

En un trabajo que publiqué el año pasado[1] probé que la teoría de la electricidad de Maxwell, junto con la teoría de electrones, conduce a resultados que están en contradicción con las experiencias sobre la radiación del cuerpo negro. Por un camino descrito en ese trabajo llegué a la conclusión de que la luz de frecuencia ν sólo puede ser absorbida o emitida en cuantos de energía $(R/N)\beta\nu$, donde R representa la constante absoluta de la ecuación de los gases aplicada a una molécula gramo, N el número de moléculas reales en una molécula gramo, β el coeficiente exponencial de la fórmula de la radiación de Wien (y de Planck), y ν la frecuencia de la luz en cuestión. Esta relación se desarrolló para un rango que corresponde al rango de validez de la fórmula de la radiación de Wien.

En ese momento me pareció que en cierto modo, la teoría de la radiación de Planck constituía un homólogo a mi trabajo. Sin embargo, nuevas consideraciones, que se presentan en el § 1 de este trabajo, me hicieron ver que el fundamento teórico sobre el que se basa la teoría de la radiación de Planck difiere del que resultaría de la teoría de Maxwell y de la teoría de electrones justamente porque la teoría de Planck hace uso implícito de la mencionada hipótesis de los cuantos de luz.

En § 2 de este artículo haré uso de la hipótesis de los cuantos de luz para deducir una relación entre el efecto Volta y la difusión fotoeléctrica.

[1] A. Einstein, *Ann. d. Phys.* 17 (1905): 132

[2] M. Planck, *Ann d. Phys.* 4 (1901): 561

200

§ 1. La teoría de la radiación de Planck y los cuantos de luz

En el § 1 de mi trabajo citado antes probé que la teoría molecular del calor, junto con la teoría de la electricidad de Maxwell y la teoría de

electrones, conduce a una fórmula para la radiación del cuerpo negro que contradice la experiencia

$$\rho_\nu = \frac{R}{N}\frac{8\pi\nu^2}{L^3}T. \tag{1}$$

ρ_ν representa aquí la densidad de radiación a la temperatura T y a una frecuencia comprendida entre ν y $\nu+1$.

¿Cuál es la razón de que el Sr. Planck no llegase a la misma fórmula pero obtuviese en cambio la expresión

$$\rho_\nu = \frac{\alpha\nu^3}{e^{\frac{\beta\nu}{T}}-1}? \tag{2}$$

El Sr. Planck dedujo que la energía media $\overline{E_\nu}$ de un resonador de frecuencia propia ν situado en un espacio lleno de radiación desordenada venía dada por la ecuación

(3) $$\overline{E}_\nu = \frac{L^3}{8\pi\nu^2}\rho_\nu .$$

Esto redujo el problema de la radiación del cuerpo negro al problema de determinar $\overline{E}_\nu$ como función de la temperatura. Este último problema se habrá resuelto si se puede calcular la entropía de uno de los muchos resonadores, igualmente constituidos, que interactúan entre sí, de frecuencia ν que están en equilibrio dinámico.

Consideremos a los resonadores como iones que pueden efectuar vibraciones sinusoidales rectilíneas alrededor de una posición de equilibrio. El hecho de que los iones tengan cargas eléctricas es irrelevante en el cálculo de esta entropía; simplemente tenemos que considerar estos iones como masas puntuales (átomos) cuyo estado momentáneo

[1] M. Planck, Ann. d. Phys. 1 (1900): 99

201

está completamente determinado por su desviación instantánea x de la posición de equilibrio y por su velocidad instantánea $dx/dt = \xi$.

Para que la distribución de estados de estos resonadores esté determinada inequívocamente en equilibrio termodinámico, hay que suponer que, aparte de los resonadores, existe un número arbitrariamente pequeño de moléculas en movimiento libre que, al colisionar con los iones, pueden transferir energía de resonador a resonador; no tendremos en cuenta estas últimas moléculas al calcular la entropía.

Podríamos determinar $\overline{E}_\nu$ como función de la temperatura a partir de la ley de distribución de Maxwell-Boltzmann y obtener así la fórmula de la radiación (1) no válida. Se llega al camino seguido por el Sr. Planck del siguiente modo.

Supongamos que $p_1,...p_n$ son variables de estado elegidas adecuadamente que determinan por completo el estado de un sistema físico (es decir, en nuestro caso los valores x y ξ de todos los resonadores). A la temperatura absoluta T, la entropía S de este sistema está representada por la ecuación:

(4) $$S = \frac{\overline{H}}{T} + \frac{R}{N}\log\int e^{-\frac{N}{RT}H}\, dp_1...dp_n ,$$

donde $\overline{H}$ representa la energía del sistema a la temperatura T, H representa la energía como función de $p_1,...p_n$ y la integral hay que extenderla a todas las posibles combinaciones de los valores de $p_1,...p_n$.

Si el sistema consta de un número muy grande de estructuras moleculares –y la fórmula tiene significado y validez sólo en este caso– entonces sólo aquellas combinaciones de valores de las $p_1,...p_n$ cuya H difiera muy poco de $\overline{H}$ contribuyen significativamente al valor de la integral que aparece en S.[3] Si se tiene esto en cuenta, es fácil ver que, salvo para magnitudes despreciables, se puede poner

$$S = \frac{R}{N}\log\int_{H}^{H+\Delta H} dp_1...dp_n ,$$

[1] A. Einstein, *Ann. d. Phys.* 11 (1903): 170
[2] l. c. §6
[2] Se sigue de §3 y §4 *loc. cit.*

202

donde ΔH debería elegirse muy pequeño, aunque suficientemente grande como para hacer que $R\log(\Delta H)/N$ sea una magnitud despreciable. S es entonces independiente del valor de ΔH.

Si se sustituyen las variables x_α y ξ_α de los resonadores en vez de $dp_1...dp_n$ en la ecuación y se tiene en cuenta que la ecuación que tiene validez para el resonador α^o es

$$\int_{E_\alpha}^{E_\alpha+dE_\alpha} dx_\alpha d\xi_\alpha = \text{const.}\, dE_\alpha$$

(debido a que E_α es una función cuadrática y homogénea de x_α y ξ_α), se obtiene la siguiente expresión para S:

(5) $$S = \frac{R}{N}\log W,$$

donde hay que poner

(5a) $$W = \int_H^{H+\Delta H} dE_1...dE_n\,.$$

Si se pudiese calcular S según esta fórmula, se llegaría de nuevo a la fórmula de la radiación (1) no válida. Para llegar a la fórmula de Planck hay que postular que, más que suponer cualquier valor, la energía E_α de un resonador sólo puede suponer valores que son múltiplos enteros de ε, siendo

$$\varepsilon = \frac{R}{N}\beta\nu\,.$$

Esto se debe a que, al hacer $\Delta H = \varepsilon$, se ve inmediatamente de la ecuación (5a) que, salvo por un factor intrascendente, W se convierte en la misma magnitud que el Sr. Planck llamó "número de complexiones".

De aquí que tengamos que considerar la siguiente proposición como la base subyacente a la teoría de Planck de la radiación:

La energía de un resonador elemental sólo puede adoptar valores que son múltiplos enteros de $(R/N)\beta\nu$; por emisión y absorción, la energía de un resonador cambia por saltos de múltiplos enteros de $(R/N)\beta\nu$.

203

Sin embargo, esta suposición implica otra segunda, ya que contradice las bases teóricas a partir de las cuales se desarrolla la ecuación (3), ya que si la energía de un resonador sólo puede cambiar a saltos, la energía media de un resonador en un espacio de radiación no se puede obtener a partir de la teoría ordinaria de la electricidad ya que ésta no reconoce valores de energía *diferenciados* de un resonador. Por lo tanto, la siguiente suposición subyace a la teoría de Planck:

Aunque la teoría de Maxwell no es aplicable a resonadores elementales, sin embargo la energía *media* de un resonador elemental en un espacio de radiación es igual a la energía calculada por medio de la teoría de la electricidad de Maxwell.

Esta proposición sería inmediatamente plausible si, en todas aquellas partes del espectro que son relevantes para la observación, $\varepsilon = (R/N)\beta\nu$ fuera pequeño comparado con la energía media $\overline{E}_\nu$ de un resonador; sin embargo este no es en absoluto el caso, pues dentro del rango de validez de la fórmula de la radiación de Wien, $\overline{E}_\nu/\varepsilon$ tiene el valor $e^{-\beta\nu/T}$, y por tanto, $\overline{E}_\nu$ es mucho más pequeña que ε. Por lo tanto, sólo unos pocos resonadores tienen energías diferentes de cero.

En mi opinión, las anteriores consideraciones no refutan en absoluto la teoría de la radiación de Planck; me parece más bien que prueban que con su teoría de la radiación, el Sr. Planck introdujo en física un nuevo elemento hipotético: la hipótesis de los cuantos de luz.

§2. Una relación cuantitativa esperada entre la difusión fotoeléctrica y el efecto Volta

Es bien sabido que si los metales se ordenan en función de su sensibilidad fotoeléctrica, se obtiene la serie de potencial eléctrico de Volta, en la que un metal es tanto más fotosensible cuanto más cerca esté del extremo electropositivo de la serie de potencial eléctrico.

204

Este hecho puede entenderse hasta cierto punto suponiendo únicamente que las fuerzas que generan las dobles capas efectivas, que no se analizan aquí, no se localizan en la superficie de contacto entre el metal y el metal, sino en la superficie de contacto entre el metal y el gas.

Supongamos que estas fuerzas generan una doble capa eléctrica en la superficie de un trozo de metal M que limita un gas, y una diferencia de potencial V correspondiente entre metal y gas, tomada como positiva cuando el metal tiene el potencial más alto.

Supongamos que V_1 y V_2 son las diferencias de potencial entre los metales M_1 y M_2 en equilibrio electrostático si están aislados uno de otro. Si se ponen en contacto ambos metales, se perturba el equilibrio eléctrico y tiene lugar la igualación completa del voltaje de los metales. Por ello, las simples capas estarán superpuestas sobre las antes mencionadas dobles capas en las superficies de contacto gas-metal; a éstas corresponde un campo electrostático en el espacio de aire cuya integral de línea iguala la diferencia de potencial.

Si V_{l_1} y V_{l_2} representan los potenciales eléctricos en puntos del espacio de gas directamente adyacente a los metales en contacto, y *V'* representa el potencial en el interior de los metales, tenemos

$$V'-V_{l_1} = V_1 ,$$
$$V'-V_{l_2} = V_2 ,$$

y, por tanto

$$V_{l_2} - V_{l_1} = V_1 - V_2 .$$

Así pues, la diferencia de Volta medible electrostáticamente es numéricamente igual a la diferencia de los potenciales adquirida por los metales en el gas si están aislados uno de otro.

Si se ioniza el gas, las fuerzas eléctricas presentes en el espacio de gas generarán una migración de los iones a la que corresponde una corriente en los metales que, en el lugar de contacto de los metales,

[1] Despreciamos el efecto de fuerzas termoeléctricas

205

es dirigida desde el metal con la *V* más alta (menos electropositivo) al metal con la *V* más baja (más electropositivo).

Supongamos que un metal *M* está aislado en un gas. Sea *V* su diferencia de potencial con respecto al gas que corresponde a la doble capa. Para mover una unidad de electricidad negativa del metal al gas, hay que suministrar una cantidad de trabajo numéricamente igual al potencial *V*. De aquí que, cuanto mayor sea *V*, esto es, cuanto menos electropositivo sea el metal, tanta más energía se necesita para la difusión fotoeléctrica, es decir, tanto más pequeña es la sensibilidad fotoeléctrica del metal.

Hasta ahora hemos considerado los hechos sin hacer suposiciones respecto a la naturaleza de la difusión fotoeléctrica. Sin embargo, la hipótesis de los cuantos de luz proporciona también una relación cuantitativa entre el efecto Volta y la difusión fotoeléctrica. Así, para mover un cuanto elemental negativo (carga ε) del metal al gas, hay que proporcionarle al menos una energía V_ε. Entonces, un tipo de luz será capaz de extraer electricidad negativa del metal sólo si el "cuanto de luz" de ese tipo de luz tiene al menos el valor V_ε. Obtenemos así[1]

$$V_\varepsilon \leq \frac{R}{N} \beta \nu$$

o

$$V \leq \frac{R}{A} \beta \nu \ ,$$

Donde *A* representa la carga de una molécula-gramo de un ion monovalente.

Si suponemos ahora que parte de los electrones que absorben son capaces de abandonar el metal en cuanto la energía de los cuantos de luz sobrepase el valor V_ε[1] –lo que es una suposición plausible– obtenemos

$$V = \frac{R}{A} \beta \nu \ ,$$

donde ν representa la frecuencia más baja fotoeléctricamente efectiva.

Por lo tanto, si ν_1 y ν_2 son las frecuencias de luz más bajas que actúan sobre los metales M_1 y M_2,

[1] Se desprecia la energía térmica de los electrones

206

tendrá validez la ecuación siguiente para la diferencia Volta de potencial V_{12} de los dos metales:

$$-V_{12} = V_1 - V_2 = \frac{R}{A}\beta(\nu_1 - \nu_2),$$

o, si V_{12} se mide en voltios:

$$V_{12} = 4.2 \times 10^{-15}(\nu_2 - \nu_1).$$

Esta fórmula contiene la siguiente proposición, válida en líneas generales: cuanto más electropositivo es un metal, tanto más pequeña es la frecuencia más baja de la luz que es efectiva para ese metal. Sería de gran interés saber si esta fórmula expresa los hechos asimismo en forma cuantitativa.

Berna, marzo de 1906. (Registro de entrada: 13 de marzo de 1906)

AGOSTO

Frecuente, en Einstein, hacer reseñas de artículos o de libros de otros autores. He aquí un ejemplo.

> Albert Einstein. Review of M. Planck: «***Vorlesungen über die Theorie der Wärmestrahlung***». Leipzig. J. A. Barth, 1906. 222 pp. 7.80 mark. [Beiblätter zu den Annalen der Physik 30 (1906): 764-766 (Suplemento a los Annalen)] [Recogido en *TCPAE*, Vol. 2, Doc. 37, pp. 374-376 (GV); pp. 211-213 (EV)] (Mediados de agosto de 1906) (Reseña del libro de Planck: «*Lecciones sobre la teoría de la radiación del calor*»)

764

ÓPTICA

Lecciones sobre la teoría de la radiación térmica

En el libro que consideramos, las obras fundamentales de Kirchhoff, W. Wien y el autor se han reunido en un conjunto de maravillosa claridad y unidad, de modo que está perfectamente adaptado para familiarizar por completo al lector con la materia aun cuando el ámbito de la misma le fuese totalmente desconocido.

En la primera sección (pp. 1-23), los conceptos y términos básicos (tales como “coeficiente de emisión”, “coeficiente de difusión”, “superficie reflectante”, “superficie lisa" y "superficie rugosa", "superficie negra", "cuerpo negro", "coeficiente de absorción", "haz de rayos", "intensidad", "densidad de radiación", etc., son, de entrada, definidos y –en la medida en que sus definiciones están interrelacionadas– ligados matemáticamente. Se deducen, a continuación (pp. 23-48), la relación de Clausius referente a la relación de densidades de radiación en medios con diferentes índices de refracción

765

así como la relación de Kirchhoff entre emisividad y absorbancia.

Mientras hasta aquí sólo se han utilizado las leyes de la óptica de rayos, la segunda sección (pp. 44-99) hace uso de la teoría de Maxwell, aunque exclusivamente para la deducción de la presión de radiación. La magnitud de esta última, como insiste el autor, no se puede obtener basándose en consideraciones energéticas. Con ayuda de la expresión obtenida para la presión de radiación, se deducen la ley de Stefan-Boltzmann y la ley del desplazamiento de Wien, y se definen los conceptos de "temperatura de radiación monocromática" y "temperatura de un haz de rayos elemental monocromático".

La ley del desplazamiento de Wien proporciona, para la densidad de energía u en el espectro normal, la ecuación $u = \nu^3\varphi(T/\nu)$, siendo T la temperatura absoluta y ν la frecuencia. Las secciones tres y cuatro del libro (pp. 100-179) contienen una exposición de las investigaciones fundamentales del autor tendentes a la determinación de la función φ que aparece en la ley de desplazamiento de Wien. Aunque no ha sido posible alcanzar este objetivo por medios puramente deductivos, utilizando únicamente ayudas teóricas suficientemente respaldadas por la experiencia, en la medida en que el autor se sirve de una hipótesis apoyada únicamente en la analogía, todo lector imparcial encontrará, no obstante, que el resultado obtenido es altamente probable.

Aunque no ha sido posible alcanzar este objetivo por medios puramente deductivos, utilizando únicamente ayudas teóricas suficientemente respaldadas por la experiencia, en la medida en que el autor se sirve de una hipótesis apoyada únicamente en la analogía, todo lector imparcial encontrará, no obstante, que el resultado obtenido es altamente probable.

El curso de la investigación es el siguiente: en primer lugar, se establece la ecuación de oscilación de un resonador de pequeñas dimensiones y pequeño amortiguamiento situado en un campo de radiación sobre la base de las ecuaciones de Maxwell. Se determina a continuación la energía media de un resonador en un campo de radiación estacionario con ayuda de la ecuación de oscilación y, utilizando la segunda ley, la "temperatura del resonador" como función de la función universal de antes. Esto reduce el problema de la distribución de energía en el espectro normal a la tarea de determinar la entropía de un sistema que consta de un gran número de resonadores de radiación de la misma frecuencia.

El curso de la investigación es el siguiente: en primer lugar, se establece la ecuación de oscilación de un resonador de pequeñas dimensiones y pequeño amortiguamiento situado en un campo de radiación sobre la base de las ecuaciones de Maxwell.

766

Para resolver este último problema se explica, de entrada, basándose en la obra de Boltzmann, que se llega a una determinación correcta de la entropía S si se pone $S = k \log W$, donde k representa una constante (universal) y W el número de "complexiones". Esta magnitud representa la multiplicidad de todas aquellas posibles distribuciones de las variables elementales que pertenecen al complejo de magnitudes observadas a las que corresponde la entropía S.

Para poder determinar la magnitud W contando, hay que dividir toda la región disponible de variables de estado en regiones elementales discretas. En general el resultado depende tanto del tamaño absoluto como de la relación de tamaños de estas regiones elementales. Mientras que para determinar la magnitud W de un sistema resonador se elige la relación de tamaños de las regiones elementales, como en el caso de una estructura oscilante sinusoidal en la teoría de gases, se elige –en contraposición al supuesto de regiones elementales infinitamente pequeñas utilizada en general hasta ahora en la teoría de gases– que las regiones elementales sean de magnitud finita (= hv), donde v representa la frecuencia y h una constante universal; hv tiene dimensión de energía. El autor señala repetidamente la necesidad de introducir esta constante universal h e insiste en la importancia de una interpretación física de la misma (que no se da en el libro).

A partir de la expresión de la entropía S, obtenida en la forma indicada, se deduce la conocida fórmula de la radiación de Planck

$$u = \frac{8\pi h v^3}{C^3} \cdot \frac{1}{e^{hv/k \cdot T} - 1}.$$

La cuarta sección contiene además la determinación de Planck de los cuantos elementales, así como un análisis de obras de diversos autores sobre la teoría de la radiación.

La última sección del libro (pp. 180-222), que se ocupa de los procesos irreversibles de la radiación, ofrece una profunda perspectiva de la naturaleza de la irreversibilidad de los procesos térmicos.

NOVIEMBRE - DICIEMBRE

Albert Einstein. «***Die Plancksche Theorie der Strahlung und die Theorie der spezifischen Wärme***». *Annalen der Physik*, 22 (1907), pp. 180-190. (Registro de entrada: 9 de noviembre de 1906. Publicado el 28 de diciembre de 1906) [Recogido en *TCPAE*. Vol. 2. The Swiss Years. Writings 1900-1909. Doc. **38**. pp. 379-390 (German Version); pp. 214-224 (English Version)] («La teoría de la radiación de Planck y la teoría de los calores específicos»)

180

La teoría de la radiación de Planck y la teoría de los calores específicos

En dos trabajos[1] anteriores he probado que la interpretación de la ley de distribución de energía de la radiación del cuerpo negro, según la teoría de Boltzmann de la segunda ley, conduce a una nueva concepción de los fenómenos de emisión y absorción de luz que, aunque están todavía lejos de tener el carácter de una teoría completa, es notoria en la medida en que facilita la comprensión de una serie de regularidades. Este trabajo mostrará que la teoría de la radiación –en particular la teoría de Planck– conduce a una modificación de la teoría cinético-molecular del calor mediante la que se pueden eliminar algunas dificultades que obstaculizan la mejora de esa teoría. El trabajo suministra también una relación entre el comportamiento térmico y óptico de los sólidos.

—

Daremos de entrada una deducción de la energía media del resonador de Planck que demuestra claramente su relación con la mecánica molecular.

A este fin haremos uso de unos pocos resultados de la teoría molecular general del calor.[1] Supongamos que el estado de un sistema, en el sentido de la teoría molecular, está completamente determinado por las (muchas) variables $P_1, P_2 ... P_n$. Supongamos que el proceso molecular tiene lugar según las ecuaciones

$$\frac{dP_\nu}{dt} = \Phi_\nu(P_1, P_2 ... P_n), \qquad (\nu = 1,2...n),$$

y que la relación

$$\sum \frac{\partial \Phi_\nu}{\partial P_\nu} = 0 \tag{1}$$

tiene validez para todos los valores de las P_ν.

[1] A. Einstein, Ann. d. Phys. 17 (1905): 132 y 20 (1905): 199.

181

Supongamos además que un sistema parcial del sistema de las P_ν esté determinado por las variables $p_1 ... p_n$ (que pertenecen a las P_ν) y demos por supuesto que cabe imaginar que la energía de todo el sistema se compone de dos partes, una de las cuales (E) depende *sólo* de las $p_1 ... p_m$, mientras que la otra es independiente de $p_1 ... p_m$. Supongamos también que E es infinitamente pequeña comparada con la energía total del sistema.

La probabilidad dW de que, en un instante cogido al azar, las p_ν estén en una región infinitamente pequeña $(dp_1, dp_2,...dp_m)$ está dada entonces por la ecuación

$$dW = Ce^{-\frac{N}{RT}E} dp_1 ... dp_m . \tag{2}$$

C es aquí una función de la temperatura absoluta (T), N es el número de moléculas en un equivalente-gramo, R es la constante de la ecuación de los gases referida a una molécula-gramo.

Si se pone

$$\int_{dE} dp_1 ... dp_m = \omega(E)\, dE ,$$

donde hay que extender la integral a todas las combinaciones de las P_ν a las que corresponden valores de energía comprendidos entre E y $E+dE$, se obtiene

(3) $$dW = Ce^{-\frac{N}{RT}E}\,\omega(E)\,dE\,.$$

Si se eligen como variables P_ν las coordenadas del centro de masas y las componentes de la velocidad de masas puntuales (átomos, electrones) y se supone que las aceleraciones dependen sólo de las coordenadas, pero no de las velocidades, se llega a la teoría cinético-molecular del calor. La relación (1) se satisface aquí, por lo que, asimismo tiene validez la ecuación (2).

En particular, si se supone que se ha elegido como sistema de las p_ν una partícula de masa elemental que pueda desarrollar oscilaciones sinusoidales a lo largo de una línea recta, y se representa su distancia instantánea a la posición de equilibrio y su velocidad por x y ξ, respectivamente, se obtiene

(2a) $$dW = Ce^{-\frac{N}{RT}E}\,dx\,d\xi\,,$$

[1] A. Einstein, Ann. d. Phys. 11 (1903): 170ff.

182

y como hay que tomar $\int dx\,d\xi = \text{const.}\,dE$, de ahí que $\omega = \text{const.}$[1]:

(3a) $$dW = \text{const.}\,e^{-\frac{N}{RT}E}\,dE\,.$$

El valor medio de la energía de la partícula masiva es por tanto

(4) $$\overline{E} = \frac{\int Ee^{-\frac{N}{RT}E}\,dE}{\int e^{-\frac{N}{RT}E}\,dE} = \frac{RT}{N}\,.$$

Es obvio que la fórmula (4) puede aplicarse también a un ion que realiza oscilaciones rectilíneas. Si se hace esto y se tiene en cuenta que, según un estudio de Planck[2], la relación

(5) $$\overline{E}_\nu = \frac{L^3}{8\pi\nu^2}\rho_\nu$$

tiene que ser válida entre su energía media $\overline{E}$ y la densidad ρ_ν de la radiación del cuerpo negro en la frecuencia allí considerada, y eliminando luego $\overline{E}$ de (4) y (5) se llega a la fórmula de Rayleigh

(6) $$\rho_\nu = \frac{R}{N}\frac{8\pi\nu^2}{L^3}T\,,$$

que, como es bien conocido, representa sólo una ley limitada a valores grandes de T/ν.

Para llegar a la teoría de Planck de la radiación del cuerpo negro se puede proceder como sigue. Se conserva la ecuación (5), esto es, se supone que la teoría de Maxwell de la electricidad proporciona la relación correcta entre la densidad de radiación y $\overline{E}$. Por otra parte, se abandona la ecuación (4), esto es, se supone que es la aplicación de la teoría cinético-molecular la que genera conflicto con la experiencia. Sin embargo, mantenemos las fórmulas (2) y (3) de la teoría molecular general del calor. En vez de poner

$$\omega = \text{const.}$$

de acuerdo con la teoría cinético-molecular, ponemos $\omega = 0$ para todos los valores de E que no estén excesivamente cerca de 0, ε, 2ε, 3ε, etc.

[1] Ya que hay que poner $E = ax^2 + b\xi^2$.

[2] M. Planck, *Ann. d. Phys*. 1 (1900): 99.

[3] Véase M. Planck, *Vorlesungen über die Theorie der Wärmestrahlung* [Lecciones sobre teoría de la radiación térmica]. (Leipzig: J. A. Barth, 1906), §§149, 150, 154, 160, 166.

183

Sólo entre 0 y $0+\alpha$, ε y $\varepsilon+\alpha$, 2ε y $2\varepsilon+\alpha$, etc., (donde α es infinitamente pequeño comparado con ε), será ω diferente de cero, de modo que

$$\int_0^{\alpha} \omega\, dE = \int_{\varepsilon}^{\varepsilon+\alpha} \omega\, dE = \int_{2\varepsilon}^{2\varepsilon+\alpha} \omega\, dE = \ldots = A\,.$$

Como puede verse de la ecuación (3), esta estipulación implica el supuesto de que la energía de la estructura elemental que consideramos admite sólo valores infinitamente próximos a 0, ε, 2ε, etc.

Utilizando la estipulación anterior para ω, se obtiene, con ayuda de (3):

$$\overline{E} = \frac{\int E\, e^{-\frac{N}{RT}}\omega(E)\, dE}{\int e^{-\frac{N}{RT}E}\omega(E)\, dE} = \frac{0 + A\varepsilon\, e^{-\frac{N}{RT}\varepsilon} + A\cdot 2\varepsilon\, e^{-\frac{N}{RT}}\ldots}{A + A\, e^{-\frac{N}{RT}\varepsilon} + A\, e^{-\frac{N}{RT}2\varepsilon} + \ldots} = \frac{\varepsilon}{e^{-\frac{N}{RT}\varepsilon} - 1}\,.$$

Si se hace también $\varepsilon = (R/N)\beta\nu$ (según la hipótesis cuántica), se obtiene de aquí

$$\overline{E} = \frac{\frac{R}{N}\beta\nu}{e^{\frac{\beta\nu}{T}} - 1} \tag{7}$$

así como, con ayuda de (5), la fórmula de la radiación de Planck:

$$\rho_\nu = \frac{8\pi}{L^3}\cdot\frac{R\beta}{N}\frac{\nu^3}{e^{\frac{\beta\nu}{T}} - 1}\,.$$

La ecuación (7) pone de manifiesto la dependencia de la energía media del resonador de Planck de la temperatura.

—

De lo anterior se percibe con claridad en qué sentido tiene que modificarse la teoría cinético-molecular del calor para ponerla de acuerdo con la ley de distribución de la radiación del cuerpo negro, pues aunque se haya pensado antes que el movimiento de las moléculas obedece las mismas leyes que tienen validez para el movimiento de los cuerpos en nuestro mundo de percepción sensorial

184

(en esencia sólo estamos añadiendo el postulado de reversibilidad completa), tenemos que suponer ahora, para iones capaces de oscilar a las frecuencias particulares que pueden lograr un intercambio de energía entre materia y radiación, que la diversidad de estados que pueden adoptar es menor que para los cuerpos en el ámbito de nuestra experiencia. Tuvimos que hacer la suposición de que el mecanismo de transferencia de energía es tal que la energía de las estructuras elementales sólo puede adoptar los valores 0, $(R/N)\beta\nu$, $2(R/N)\beta\nu$, etc.

Creo que no tenemos que contentarnos con este resultado, ya que se suscita la cuestión: si las estructuras elementales que hay que adoptar en la teoría del intercambio de energía entre radiación y materia no pueden percibirse en función de la teoría cinético-molecular ordinaria, ¿no estamos entonces también obligados a modificar la teoría para las demás estructuras que oscilan periódicamente consideradas en la teoría molecular del calor? En mi opinión, la respuesta no es dudosa. Si la teoría de la radiación de Planck va a la raíz de la materia, cabe esperar entonces que las contradicciones entre la teoría cinético-molecular ordinaria y la experiencia tengan que extenderse asimismo a otras áreas de la teoría del calor que se puedan resolver a lo largo de las líneas indicadas. En mi opinión, este es de hecho el caso, como intentaré mostrar ahora.

—

La concepción más sencilla que se puede uno formar respecto al movimiento térmico en sólidos es que sus átomos individuales realizan oscilaciones sinusoidales alrededor de posiciones de equilibrio. Con esta suposición, al aplicar la teoría cinético-molecular (ecuación (4)) –teniendo en cuenta que hay que atribuir tres grados de libertad de movimiento a cada átomo–

[1] Es obvio que esta suposición hay que extenderla también a cuerpos capaces de una oscilación que conste de un número cualquiera de estructuras elementales

185

se obtiene para el calor específico de un equivalente-gramo de la sustancia

$$c = 3Rn,$$

o, expresado en calorías-gramo,

$$c = 5.94\, n,$$

si n representa el número de átomos de la molécula. Es bien sabido que esta relación se aplica con notabilísima aproximación a la mayor parte de los elementos y a muchos compuestos en el estado sólido de agregación (regla de Dulong y Petit, regla de F. Neumann y Kopp).

Sin embargo, si se examinan estos hechos más de cerca, se encuentran dos dificultades que parecen poner límites estrechos a la aplicabilidad de la teoría molecular.

1. Existen elementos (carbono, boro y silicio) que, en el estado sólido y a temperaturas ordinarias tienen calores específicos atómicos mucho menores que 5.94. Además, el calor específico por molécula-gramo es menor que $n \cdot 5.94$ en todos los compuestos sólidos que contienen oxígeno, hidrógeno o al menos uno de los elementos recién mencionados.

2. El Sr. Drude ha probado que los fenómenos ópticos (dispersión) llevan a la conclusión de que hay que atribuir varias masas elementales que se muevan independientemente una de otra a cada átomo de un compuesto en que identificó con éxito las frecuencias propias infrarrojas con oscilaciones de átomos (iones átomos) y las frecuencias propias ultravioleta con oscilaciones de electrones. Esto plantea una segunda dificultad significativa para la teoría cinético-molecular del calor, porque el calor específico tendría que exceder significativamente el valor $5.94 \cdot n$, ya que el número de masas puntuales móviles por molécula es más grande que el número de átomos de estas.

Basándose en lo anterior, habría que señalar aquí lo siguiente: si se supone que los portadores de calor en los sólidos son estructuras periódicamente oscilantes cuya frecuencia es independiente de su energía de oscilación, entonces, según la teoría de la radiación de Planck no se debería esperar que el

P. Drude, *Ann. d. Phys.* 14 (1904): 677.

186

valor del calor específico fuese siempre $5.94 \cdot n$. Más bien, tenemos que poner (7)

$$\overline{E} = \frac{3R}{N} \frac{\beta \nu}{e^{\frac{\beta \nu}{T}} - 1}.$$

La energía de N de tales estructuras elementales, medidas en calorías-gramo tiene pues el valor

$$5.94 \frac{\beta \nu}{e^{\frac{\beta \nu}{T}} - 1},$$

por lo que cada una de tales estructuras elementales oscilantes contribuye al calor específico con el valor

$$5.94 \frac{e^{\frac{\beta \nu}{T}} \cdot \left[\frac{\beta \nu}{T}\right]^2}{\left[e^{\frac{\beta \nu}{T}} - 1\right]^2} \tag{8}$$

por equivalente gramo. Así pues, la suma sobre todas las especies de estructuras elementales oscilantes

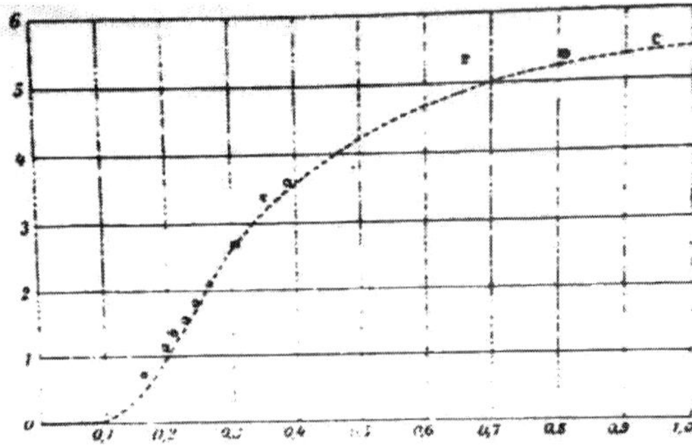

que se dan en la sustancia sólida en cuestión proporciona la siguiente expresión para el calor específico por equivalente-gramo[1]:

(8a)
$$c = 5.94 \sum \frac{e^{\frac{\beta\nu}{T}} \cdot \left[\frac{\beta\nu}{T}\right]^2}{\left[e^{\frac{\beta\nu}{T}} - 1\right]^2}.$$

La figura de arriba muestra el valor de la expresión (8) como función de $x = (T/\beta\nu)$. Si $(T/\beta\nu) > 0.9$,

[1] Esta consideración puede extenderse fácilmente a los cuerpos anisótropos.
[2] Véase la curva punteada.

187

la contribución de la estructura al calor específico molecular no difiere significativamente del valor 5.94, lo que se sigue también de la teoría cinético molecular hasta ahora aceptada; cuanto más pequeña es ν, tanto más pequeña es la temperatura a la que este será ya el caso. En contraposición, si $(T/\beta\nu) < 0.1$, la estructura elemental en cuestión no contribuye significativamente al calor específico. Entre medias, se produce un crecimiento inicialmente más rápido y luego más lento de la expresión (8).

De lo que se ha dicho se sigue, ante todo, que los electrones capaces de oscilación, que tienen que postularse para explicar las frecuencias ultravioletas propias, no pueden contribuir significativamente al calor específico a temperaturas normales (T = 300), debido a que la desigualdad $(T/\beta\nu) < 0.1$ se convierte en la desigualdad $\lambda < 4.8\mu$ a T = 300. Por otra parte, si la estructura elemental satisface la condición $\lambda > 4.8\mu$, entonces, de acuerdo con lo que se ha dicho antes, su contribución al calor específico tiene que ser próxima a 5.94 a temperaturas ordinarias.

Como, generalmente, para frecuencias propias infrarrojas es $\lambda > 4.8\mu$, según nuestras concepciones estas oscilaciones propias tienen que contribuir al calor específico y, cuanto mayor sea λ, mayor es esta contribución. Según las investigaciones de Drude, estas frecuencias propias tienen que atribuirse a los propios átomos ponderables (iones átomos). La conclusión más obvia parece ser por tanto considerar exclusivamente a los iones átomos positivos como los portadores de calor en los sólidos (aislantes).

Si se conocen las frecuencias de oscilación propias infrarrojas *v* de un cuerpo sólido, su calor específico y su dependencia de la temperatura quedarían completamente determinados por la ecuación (8a). Habría que esperar significativas desviaciones de la relación $c = 5.94\ n$ a temperaturas normales si la sustancia en cuestión mostrase una frecuencia óptica propia infrarroja para la que $\lambda < 4.8\mu$; a temperaturas suficientemente bajas, los calores específicos de todos los cuerpos sólidos deberían decrecer significativamente con temperatura decreciente. Además, la ley de Dulong y Petit, así como la ley más general c = 5.94 *n*, deben tener validez para todos los cuerpos a temperaturas suficientemente altas, si en estos últimos no se aprecia ninguna nueva libertad de movimiento (iones-electrones).

188

Las dos dificultades antes mencionadas quedan eliminadas por la nueva interpretación, y considero probable que ésta se demuestre en principio. Por supuesto, no se puede suponer que corresponda exactamente a los hechos. Cuando los cuerpos sólidos se calientan, experimentan cambios en su disposición molecular (por ejemplo, cambios de volumen) que están relacionados con cambios en su contenido energético; todos los cuerpos sólidos que conducen la electricidad contienen masas elementales que se mueven libremente y que contribuyen al calor específico; las oscilaciones térmicas desordenadas son quizás de una frecuencia algo diferente a las oscilaciones naturales de las mismas formaciones elementales en los procesos ópticos. Por último, sin embargo, la suposición de que las estructuras elementales consideradas tienen una frecuencia de oscilación independiente de la energía (temperatura) es sin duda inadmisible.

No obstante, es interesante comparar nuestras conclusiones con la experiencia. Como se trata sólo de una aproximación, suponemos, de acuerdo con la regla de F. Neumann-Kopp, que cada elemento, aunque tenga un calor específico anormalmente bajo, contribuye de la misma manera al calor específico molecular en todos sus compuestos sólidos. Las cifras que figuran en la tabla siguiente proceden del libro de texto de química de Roskoe. Observamos que todos los elementos de calor atómico anormalmente pequeño tienen un peso atómico pequeño; esto es según nuestra

Element	Spezifische Atomwärme	$\lambda_{ber.}$
S und P	5,4	42
Fl	5	33
O	4	21
Si	3,8	20
B	2,7	15
H	2,3	13
C	1,8	12

interpretación, hay que esperar esto, ya que, ceteris paribus, pesos atómicos bajos corresponden a frecuencias de oscilación altas. La última columna de la tabla hace un listado de los valores de λ en micras que están obtenidos de estos números,

189

si se supone que son válidos a $T = 300$, con ayuda de la curva que muestra la relación entre x y c.

Además, tomamos algunos datos sobre oscilaciones infrarrojas propias (reflexión metálica, rayos residuales) de algunos sólidos transparentes de las tablas de Landolt y Börnstein; las λ observadas están clasificadas en la tabla de abajo como "$\lambda_{obs.}$"; los números que hay debajo de "$\lambda_{calc.}$" están tomados de la tabla de arriba, si se refieren a átomos con calor específico anormalmente bajo; para los demás se supone que $\lambda > 48\mu$.

Körper	$\lambda_{beob.}$	$\lambda_{ber.}$
CaFl	24; 31,6	33; > 48
NaCl	51,2	> 48
KCl	61,2	> 48
$CaCO_3$	6,7; 11,4; 29,4	12; 21; > 48
SiO_2	8,5; 9,0; 20,7	20; 21

En la tabla, *NaCl* y *KCl* contienen sólo átomos con calor específico normal; des luego, las longitudes de onda de sus oscilaciones infrarrojas propias son mayores que 48μ. Las otras sustancias contienen sólo átomos con calores específicos anormalmente bajos (excepto para el *Ca*); y desde luego, las frecuencias de estas oscilaciones varían entre 4.8 y 48μ. En general, los valores de λ obtenidos teóricamente de calores específicos son considerablemente más grandes que los observados. Es posible que estas desviaciones pudieran explicarse por una variación fuerte de la frecuencia de la estructura elemental con su energía. Sea como fuere, el acuerdo de la λ observada y la calculada es notable tanto respecto a la secuencia como respecto al orden de magnitud.

Finalmente, aplicamos también la teoría al diamante. Su frecuencia infrarroja propia no es conocida, pero se puede calcular basándose en la teoría descrita si el calor específico molecular c es conocido para alguna temperatura T; la x que corresponde a c se puede tomar directamente de la curva, y λ se calcula entonces de la relación $(TL/\beta\lambda) = x$.

190

Estoy utilizando los resultados experimentales de H. F. Weber, que tomé de las tablas de Landolt y Börnstein (véase la siguiente tabla). Para $T = 331.3$ tenemos $c = 1.838$; de acuerdo con la teoría descrita, se sigue de aquí que $\lambda = 11.0\mu$. Basándose en este valor, los de la tercera columna de la tabla se calculan según la fórmula $x = (TL/\beta\lambda)$, $(\beta = 4.86 \cdot 10^{-11})$.

T	c	x
222,4	0,762	0,1679
262,4	1,146	0,1980
283,7	1,354	0,2141
306,4	1,582	0,2312
331,3	1,838	0,2500
358,5	2,118	0,2705
413,0	2,661	0,3117
479,2	3,280	0.3615
520,0	3,631	0,3924
879,7	5,290	9,6638
1079,7	5,387	0,8147
1258,0	5,507	0,9493

Los puntos cuyas abscisas son estos valores de x y cuyas ordenadas son los valores de c tal como se obtienen experimentalmente de las observaciones de Weber y que están en el listado de la tabla, deberían estar en la curva x,c mostrada antes. Dibujamos estos puntos –indicados por círculos– en la figura de arriba; de hecho, están casi sobre la curva. De aquí que podamos suponer que los portadores elementales de calor en el diamante son casi estructuras monocromáticas.

Por tanto, según la teoría cabe esperar que el diamante muestre un máximo de absorción en $\lambda = 11\mu$.

Berna, noviembre de 1906.

(Registro de entrada: 9 de noviembre de 1906)

1907

FEBRERO

Albert Einstein. «***Theoretische Bemerkungen über die Brownsche Bewegung***». *Zeitschrift für Elektrochemie und angewandte physikalische Chemie*, Band. 13 (1907), Nr. 6, S. 41-42. [«Observaciones teóricas sobre el efecto browniano» (Firmado en Berna en enero de 1907. Registro de entrada: 22 de enero de 1907. Publicado: 8 de febrero de 1907.)] [TCPAE. Volumen II. Doc. **40**. pp. 229-231]

229

Observaciones teóricas sobre el movimiento browniano

Incitado por la investigación de Svedberg sobre el movimiento de partículas publicado recientemente en *Z. f. Elektroch.*, considero apropiado llamar la atención sobre algunas propiedades de este movimiento exigidas por la teoría molecular. Espero que las observaciones que siguen hagan algo más fácil a los físicos que estudian este problema experimentalmente interpretar sus datos de observación y compararlos con la teoría.

1. La teoría molecular del calor permite el cálculo del valor medio de la velocidad instantánea que posee una partícula a la temperatura absoluta T, ya que la energía cinética del movimiento del centro de gravedad de la partícula es independiente del tamaño y naturaleza de la partícula y de la naturaleza de su entorno, por ejemplo, del líquido en el que está suspendida la partícula; esta energía cinética es igual a la de una molécula de gas monoatómica. La velocidad media $\sqrt{\overline{\upsilon^2}}$ de una partícula de masa m está por tanto determinada por la ecuación

$$m\frac{\overline{\upsilon^2}}{2}=\frac{3}{2}\frac{RT}{N},$$

donde $R = 8.3 \cdot 10^7$, T es la temperatura absoluta, y N es el número de moléculas reales en una molécula-gramo (aproximadamente $4 \cdot 10^{23}$). Calcularemos $\sqrt{\overline{\upsilon^2}}$, así como las demás cantidades que se considerarán más abajo, para partículas de soluciones coloidales de platino estudiadas por el Sr. Svedberg. Para estas partículas tenemos que poner $m = 2.5 \cdot 10^{-15}$, de modo que para $T = 292$ obtenemos

$$\sqrt{\overline{\upsilon^2}}=\sqrt{\frac{3RT}{mN}}=8.6 \text{ cm/seg.}$$

230

2. Examinaremos ahora si hay alguna posibilidad de observar realmente esta enorme velocidad en una partícula suspendida.

Si no supiéramos nada sobre la teoría molecular del calor, esperaríamos lo siguiente: si comunicamos una velocidad a una partícula suspendida en un líquido mediante el impulso de una fuerza externa, esta velocidad se agotaría rápidamente debido a la fricción del líquido. Despreciemos la inercia de este y tengamos en cuenta que la resistencia experimentada por la partícula que se mueve con velocidad υ es $6\pi kP\upsilon$, donde k representa el coeficiente de viscosidad del líquido y P el radio de la partícula. Obtenemos la ecuación

$$m\frac{d\upsilon}{dt}=-6\pi kP\upsilon$$

Esto proporciona, para el tiempo ϑ en el que la velocidad disminuye a un décimo de su valor inicial

$$\vartheta=\frac{m}{0.434 \cdot 6\pi kP}.$$

Para la partícula de platino (en agua) mencionada arriba, tenemos que poner $P = 2.5 \cdot 10^{-6}$ cm, y $\eta = 0.01$, por lo que obtenemos

$$\vartheta = 3.3 \cdot 10^{-7} \text{ segs.}$$

Volviendo a la teoría molecular del calor, tenemos que modificar este análisis. Es cierto que tenemos que suponer asimismo ahora que, debido al rozamiento, la partícula pierde casi todo su movimiento inicial durante el tiempo muy corto ϑ. Pero tenemos que suponer también que durante este tiempo la partícula recibe nuevos impulsos por un proceso que es el recíproco del rozamiento interno, por lo que mantiene una velocidad que, en promedio, es igual a $\sqrt{\overline{\upsilon^2}}$. Pero como tenemos que suponer que la dirección y la magnitud de estos impulsos son (casi) independientes de la dirección inicial del movimiento y de la velocidad de la partícula, tenemos que concluir que la velocidad y

[1] Para partículas “microscópicas”, ϑ es significativamente más grande ya que, por lo demás, bajo condiciones iguales, ϑ es proporcional al cuadrado del radio de la partícula.

231

dirección del movimiento habría cambiado drásticamente y de forma completamente irregular ya en el tiempo ϑ extraordinariamente pequeño.

Es importante, por tanto –al menos para partículas ultramicroscópicas, determinar $\sqrt{\overline{\upsilon^2}}$ mediante observación.

3. Si nos limitamos a investigar los caminos, o, para ser más precisos, los cambios de posición en tiempos τ que son sustancialmente más grandes que ϑ, tendremos, de acuerdo con la teoría molecular del calor

$$\sqrt{\overline{\lambda_x^2}} = \sqrt{\tau}\sqrt{\frac{RT}{N}\cdot\frac{1}{3\pi kP}},$$

donde λ_x representa el cambio de la coordenada x de la partícula que tiene lugar durante τ. Como velocidad media en el intervalo de tiempo τ podemos definir la cantidad

$$\frac{\sqrt{\overline{\lambda_x^2}}}{\tau} = \frac{\omega}{\sqrt{\tau}}$$

donde, para abreviar, hemos puesto

$$\sqrt{\frac{RT}{N}\cdot\frac{1}{3\pi kP}} = \omega\,.$$

Pero esta velocidad media aumenta al disminuir τ; en la medida en que τ sea grande comparado con ϑ, la velocidad no se aproxima a ningún valor límite con τ decreciente.

Como un observador que opere con ciertos medios de observación no puede percibir en cierto modo nunca caminos recorridos en tiempos arbitrariamente cortos, una cierta *velocidad media* le parecerá siempre una *velocidad instantánea*. Pero está claro que a la velocidad así obtenida no corresponde ninguna propiedad objetiva del movimiento investigado, al menos si la teoría se corresponde con los hechos.

Berna, enero de 1907. (Registro de entrada: 22 de enero)

MARZO

Albert Einstein. «***Über die Gültigkeitsgrenze des Satzes von thermodynamischen Gleichgewicht und über die Möglichkeit einer neuen Bestimmung der Elementarquanta***». *Annalen der Physik* 23 (1907) pp. 569-572. [(Firmado en Berna en diciembre de 1906. Registro de entrada: 12 de diciembre de 1906. Publicado el 5 de marzo de 1907.)] [Recogido en *TCPAE*. Vol. 2. The Swiss Years. Writings: 1900-1909. Doc. **39**. p.393-396 (GV); pp. 225-228 (EV)] («Sobre los límites de validez del teorema de equilibrio termodinámico y sobre la posibilidad de una nueva determinación de los cuantos elementales»)

569

Sobre los límites de validez del teorema de equilibrio termodinámico y sobre la posibilidad de una nueva determinación de los cuantos elementales

Supongamos que el estado de un sistema físico esté determinado, en el sentido termodinámico, por los parámetros λ, μ, etc. (por ejemplo, lecturas de un termómetro, longitud o volumen de un cuerpo, cantidad de una sustancia de cierto tipo en una fase). Si, como suponemos, el sistema no está interactuando con otros sistemas, entonces, según las leyes de la termodinámica, el equilibrio tendrá lugar en los valores particulares λ_0, μ_0, etc., de los parámetros, para los que la entropía S del sistema es máxima. Sin embargo, según la teoría molecular del calor, esto no es exactamente correcto, sino sólo aproximadamente; según esta teoría, el valor del parámetro λ no es constante incluso en el equilibrio de temperatura, pero muestra fluctuaciones irregulares, aunque muy raramente es diferente de λ_0.

A primera vista, el examen teórico de la ley estadística que gobierna estas fluctuaciones parecería exigir que tuvieran que aplicarse ciertas estipulaciones referentes al modelo molecular. Sin embargo, no es este el caso. Más bien, en esencia, es suficiente con aplicar la conocida relación de Boltzmann que liga la entropía S con la probabilidad estadística de un estado. Como sabemos, esta relación es

$$S = \frac{R}{N} \log W ,$$

Donde R es la constante de la ecuación de los gases y N es el número de moléculas en un equivalente-gramo.

Consideremos un estado del sistema en el que el parámetro λ tiene un valor $\lambda_0 + \varepsilon$ que difiere muy poco de λ_0. Para llevar el parámetro λ a lo largo de un camino reversible a energía constante E,

570

habrá que proporcionar algún trabajo A al sistema y detraer la correspondiente cantidad de calor. Según las relaciones termodinámicas, tenemos

$$A = \int dE - \int TdS,$$

o, como el cambio en cuestión es infinitamente pequeño y $\int dE = 0$,

$$A = -T(S - S_0) .$$

Por otra parte, sin embargo, de acuerdo con el vínculo entre entropía y probabilidad de estado, tenemos

$$S - S_0 = \frac{R}{N} \log\left[\frac{W}{W_0}\right].$$

De las dos últimas ecuaciones se sigue que

$$A = -\frac{RT}{N} \log \frac{W}{W_0}$$

o

$$W = W_0 e^{-\frac{N}{RT}A} .$$

El resultado implica un cierto grado de inexactitud porque, de hecho, no se puede hablar de la probabilidad de un *estado,* sino sólo de la probabilidad de un *dominio* de estado. Si, en vez de la ecuación encontrada, escribimos

$$dW = \text{const}.\ e^{-\frac{N}{RT}A}\, d\lambda\,,$$

entonces la última ley es exacta. La arbitrariedad debida a haber introducido la diferencial de λ en vez de la diferencial de alguna función de λ en la ecuación no afectará a nuestro resultado.

Ponemos ahora $\lambda = \lambda_0 + \varepsilon$ y nos limitaremos al caso en que A se pueda desarrollar en potencias positivas de ε, y de que sólo el primer término que no se anula de esta serie contribuya apreciablemente al valor del exponente en aquellos valores de ε para los que la función exponencial sea todavía apreciablemente diferente de cero. Así pues, ponemos $A = \alpha\varepsilon^2$ y obtenemos

$$dW = \text{const}.\ e^{-\frac{N}{RT}\alpha\varepsilon^2}\, d\varepsilon\,.$$

571

Por lo tanto, en este caso rige la ley de error aleatorio para las desviaciones ε. Para el valor medio del trabajo A se obtiene

$$\overline{A} = \frac{1}{2}\frac{R}{N}T\,.$$

De aquí que el valor medio del cuadrado de la fluctuación ε de un parámetro λ es tal que, para cambiar el parámetro λ de λ_0 a $\lambda_0 + \sqrt{\overline{\varepsilon^2}}$ a energía constante del sistema, el trabajo externo A que habría que aplicar, si la termodinámica fuese estrictamente válida, es igual a $\frac{1}{2}\frac{R}{N}T$ (esto es, un tercio de la energía cinética media de un átomo).

Si se introducen los valores numéricos de R y N, se obtiene, aproximadamente

$$\overline{A} = 10^{-16}T\,.$$

—

Aplicaremos ahora el resultado obtenido a un condensador cortocircuitado de capacitancia c (medida electrostáticamente). Si $\sqrt{\overline{p^2}}$ es la diferencia de potencial (electrostático) media que el condensador adopta como resultado del desorden molecular, entonces

$$\overline{A} = \frac{1}{2}c\,\overline{p^2} = 10^{-16}T\,.$$

Supongamos que el condensador es un condensador de aire que consta de dos sistemas de placas entrelazadas que contienen 30 placas cada uno. La distancia promedio entre cada placa y la placa contigua del otro sistema será 1 mm. El tamaño de las placas será 100 cm^2. La capacitancia c es entonces aproximadamente 5.000. A temperatura normal se obtiene entonces

$$\sqrt{\overline{p^2}_{stat}} = 3.4\times 10^{-9}\,.$$

Medida en voltios, se obtiene

$$\sqrt{\overline{p^2}_{volt}} = 10^{-6}\,.$$

Si se supone que los dos sistemas de placas se pueden mover uno respecto a otro, de modo que puedan separarse por completo, se puede conseguir que la capacitancia sea del orden de magnitud 10 después de que las placas se hayan separado.

572

Si π representa la diferencia de potencial que resulta de p debido a la separación, se obtiene

$$\sqrt{\pi^2} = 10^{-6} \cdot \frac{5.000}{10} = 0.0005 \text{ voltios.}$$

Por lo tanto, si el condensador está cortocircuitado cuando los sistemas de placas están juntos, y se separan las placas después de haberse interrumpido la conexión, resultarán diferencias de potencial del orden de magnitud de medio milivoltio entre los sistemas de placas.

A mí no me parece que sea imposible que estas diferencias de potencial puedan ser accesibles a la medida. Pues si partes del metal pueden conectarse y separarse eléctricamente sin la concurrencia de otras diferencias de potencial *irregulares* del mismo orden de magnitud que las calculadas arriba, tiene entonces que ser posible conseguir el objetivo combinando el condensador de placas de antes con un multiplicador. Tendríamos entonces un fenómeno semejante al movimiento browniano en el dominio de la electricidad que podría utilizarse para determinar la magnitud N.

Berna, diciembre de 1906.

(Registro de entrada: 12 de diciembre de 1906)

MARZO - ABRIL

Albert Einstein. «***Berichtigung zu meiner Arbeit: „Die Plancksche Theorie der Strahlung etc.“***». *Annalen der Physik*, 4. Folge, Band 22 (1907), S. 800. (Registro de entrada: 3 de marzo de 1907. Publicado el 4 de abril de 1907.) [Recogido en *TCPAE*. Vol. 2. The Swiss Years. Writings: 1900-1909. Doc. **42**. p. 405 (GV); pp. 233-234 (EV)] («Corrección a mi trabajo: "Teoría de Planck de la radiación etc."»)

800

Corrección a mi trabajo: "Teoría de Planck de la radiación etc."

En el citado trabajo, publicado en el número de enero de este año, escribí: "Según las investigaciones de Drude, estas frecuencias propias hay que atribuirlas a los propios átomos ponderables (iones átomo). La conclusión más obvia parece ser por tanto la de considerar exclusivamente los iones átomo positivos como los portadores de calor en los sólidos (aislantes)."

Esta propuesta no se sostiene a dos respectos: En primer lugar, hay que suponer iones átomo cargados no sólo positivamente, sino también negativamente. En segundo lugar –y este es el punto esencial las investigaciones de Drude no justifican el supuesto de que cualquier estructura elemental capaz de oscilar que actúe como portadora de calor tenga siempre carga eléctrica. Por lo tanto, de la existencia de una región de absorción se puede desde luego deducir (dentro de las limitaciones mencionadas) la existencia de un tipo de estructura elemental que haga una contribución con una dependencia de temperatura característica al calor específico; sin embargo, la conclusión recíproca no es válida, ya que, sin ninguna duda, podrían existir portadores de calor no cargados, esto es, aquellos que no son ópticamente observables. Esto cabe esperarlo en especial con átomos no ligados químicamente.

La conclusión extraída de la naturaleza del calor específico del diamante en la última frase del artículo no es por tanto tampoco legítima. Debería decir:

"Por lo tanto, según la teoría, cabe esperar que el diamante muestre, o bien un máximo de absorción en $\lambda = 11\mu$, o bien que no tiene en absoluto frecuencia propia infrarroja demostrable ópticamente."

—

Errata

Cuadernillo. 22, p. 287, línea 4 a partir del final, en la ecuación (2), la letra π debería omitirse.

Imprenta de Metzger & Wittig en Leipzig

—

DICIEMBRE

Carta de Einstein a Johannes Stark

Berna, 7 de diciembre de 1907

Señor profesor:

Me encanta que se interese usted por el asunto de los cuantos luminosos. Le agradeceré que me envíe todo lo que publique usted en este apasionante dominio.

En las experiencias de Ladenburg me parece que no se ha tenido suficientemente en cuenta la luz ultravioleta reflejada y difundida, de modo que los números establecidos por el Sr. Ladenburg podrían perfectamente ser inferiores a la realidad, visto que, conforme a las experiencias de Lenard, la máxima velocidad de los electrones no se da más que en una pequeña minoría de ellos.

[*TCPAE*. Vol. 5. Doc. **66** (p. 46, E.V.)]

—

1908

ENERO

Carta de Einstein a Sommerfeld

Berna, 14 de enero de 1908

... Creo que estamos todavía lejos de poseer fundamentos elementales satisfactorios para los procesos eléctricos y mecánicos. Este pesimismo me lo inspira en particular la serie de vanas tentativas emprendidas para dar, de la segunda constante universal de la ley de radiación de Planck, una interpretación concreta[2]. Dudo incluso seriamente de que se pueda mantener la validez universal de las ecuaciones de Maxwell para el espacio vacío.

[*TCPAE*. Vol. 5. Doc. **73**. (p. 50, E.V.)]

—

ABRIL

Albert Einstein. «***Elementare Theorie der Brownschen Bewegung***». *Zeitschrift für Elektrochemie und angewandte physikalische Chemie*, Band 14 (1908), S. 235-239. [«Teoría elemental del movimiento browniano» (Registro de entrada: 1 de abril de 1908. Publicado: 24 de abril de 1908.)] [*TCPAE*. Volumen II, Doc. **50**, pp. 318-328]

318

Teoría elemental del movimiento browniano[1]

En una conversación, el profesor R. Lorenz me señaló que muchos químicos darían la bienvenida a una teoría elemental del movimiento browniano. Respondiendo a este requerimiento, presento en lo que sigue una teoría sencilla de este fenómeno. El hilo de pensamiento que hay que expresar es, brevemente, como sigue: en primer lugar investigaremos cómo depende el proceso de difusión en una disolución diluida no disociada de la distribución de la presión osmótica en la disolución y de la movilidad de la materia disuelta con relación al disolvente. Para el caso en que una molécula de la materia disuelta sea grande comparada con una molécula del disolvente obtenemos una expresión del coeficiente de difusión en la que no aparecerán magnitudes que dependan de la naturaleza del disolvente diferentes de la viscosidad del disolvente y del diámetro de las moléculas disueltas.

Atribuiremos luego el proceso de difusión a los movimientos aleatorios de las moléculas disueltas y encontraremos cómo se puede calcular la magnitud media de estos movimientos aleatorios de las moléculas disueltas a partir del coeficiente de difusión, esto es, según el resultado mencionado arriba, a partir de la viscosidad del disolvente y del tamaño de las moléculas disueltas. El resultado así obtenido será entonces válido no sólo para moléculas reales disueltas sino también para cualesquiera corpúsculos suspendidos en el líquido.

§ 1. Difusión y presión osmótica

Supongamos que el recipiente cilíndrico *Z* (Fig. 93) está lleno de una disolución diluida. Supongamos además que el interior de *Z* está dividido en dos partes *A* y *B* por el pistón móvil *K*, que constituye una pared semipermeable. Si la concentración

[1] Por movimiento browniano entendemos el movimiento irregular efectuado por partículas microscópicas suspendidas en un líquido. Véase, por ejemplo, el trabajo de Svedberg en *Zeistsch. f. Elektrochemie* 12 (1906), pp. 47 y 51.

319

de la disolución es mayor en *A* que en *B*, hay que aplicar entonces una fuerza externa al pistón, dirigida hacia la izquierda, para mantenerlo en equilibrio, y esta fuerza es igual a la diferencia entre las dos presiones osmóticas ejercidas por la sustancia disuelta sobre el pistón desde la izquierda y desde la derecha, respectivamente. Si no se aplica esta presión externa al pistón, éste se moverá hacia la derecha bajo la influencia de la presión osmótica mayor ejercida por la disolución en *A* hasta que las concentraciones en *A* y *B*

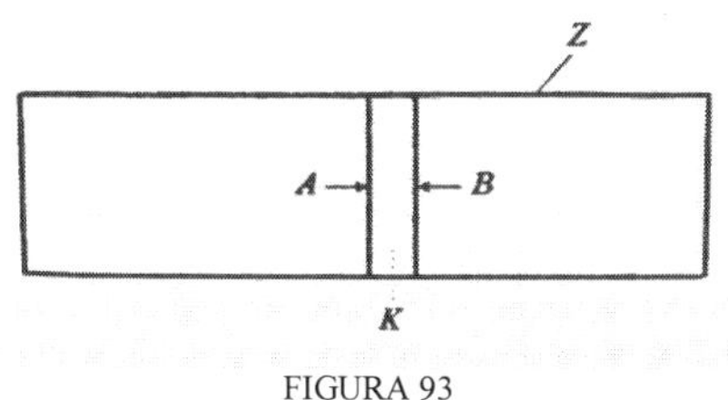

FIGURA 93

ya no difieran. Esta consideración demuestra que son precisamente las fuerzas de presión osmótica las que originan la igualación de las concentraciones en la difusión, ya que podemos impedir la difusión, esto es, la igualación de las concentraciones, contrarrestando las diferencias osmóticas que corresponden a diferencias en las concentraciones con fuerzas externas que actúen sobre paredes semipermeables. Se sabe desde hace mucho tiempo que la presión osmótica puede considerarse la fuerza motriz en los procesos de difusión. Como sabemos, Nernst utilizó esto como base para su investigación de la conexión entre movilidad iónica, coeficiente de difusión y EMF en celdillas de concentración.

Supongamos que la difusión tiene lugar a lo largo del eje del cilindro dentro del cilindro Z (Fig. 94), cuya sección de corte sea = 1. Examinemos primero las fuerzas osmóticas que originan el movimiento de difusión de la sustancia disuelta contenidas entre los planos infinitamente próximos E y E'. Desde la izquierda, la fuerza de presión osmótica p actúa sobre la superficie límite de la lámina E, y desde la derecha, la presión p' actúa sobre la superficie límite E'; la resultante de las fuerzas de presión es, por tanto

$$p - p'.$$

320

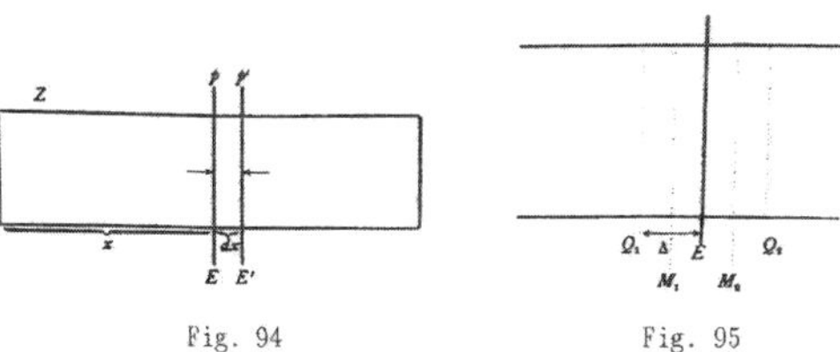

Fig. 94 Fig. 95

Llamaremos x a la distancia a la superficie E desde el extremo del recipiente, y $x + dx$ a la distancia a la superficie E desde el mismo extremo del recipiente; dx será pues igual al volumen de la lámina de líquido considerada. Como $p - p'$ es la presión osmótica que actúa sobre el volumen dx de la sustancia disuelta,

$$K = \frac{p - p'}{dx} = -\frac{p' - p}{dx} = -\frac{dp}{dx}$$

es la fuerza osmótica que actúa sobre la sustancia disuelta contenida en la unidad de volumen. Como, además, la presión osmótica está dada por la ecuación

$$p = RTv,$$

donde R representa la constante de la ecuación de los gases ($8.31 \cdot 10^7$), T la temperatura absoluta y v el número de moléculas-gramo disueltas por unidad de volumen, obtenemos, finalmente, la siguiente expresión para la fuerza osmótica K que actúa sobre la sustancia disuelta por unidad de volumen

(1) $$K = -RT\,\frac{d\nu}{dx}\cdot$$

Para poder calcular los movimientos de difusión que pueden producir estas fuerzas motrices tenemos que saber también qué resistencia ofrece el disolvente al movimiento de la sustancia disuelta. Si actúa una fuerza motriz k sobre la molécula, le comunicará a esta una velocidad proporcional υ según la ecuación

321

(2) $$\upsilon = \frac{k}{\Re},$$

donde $\Re$ es una constante a la que llamaremos resistencia de fricción de la molécula. En general, esta resistencia de fricción no puede determinarse por métodos teóricos. Pero si podemos considerar la molécula aproximadamente como una esfera que es grande comparada con una molécula del disolvente, entonces podemos determinar la resistencia de fricción de la molécula disuelta por los medios de la hidrodinámica ordinaria, en la que la constitución molecular del líquido no se tiene en cuenta. Dentro de los límites de validez de la hidrodinámica ordinaria, una esfera que se mueve en un líquido obedece la ecuación (2), donde ponemos

(3) $$\Re = 6\pi\eta\rho.$$

η representa aquí el coeficiente de viscosidad del líquido, y ρ el radio de la esfera. Si podemos suponer que las moléculas de una sustancia disuelta son aproximadamente esféricas y grandes comparadas con las moléculas del disolvente, entonces la ecuación (3) se puede aplicar a las moléculas individuales disueltas.

Podemos calcular ahora la cantidad de sustancia disuelta que se difunde a través de una sección de corte del cilindro por unidad de tiempo. La unidad de volumen contiene ν moléculas-gramo, que asciende a νN moléculas reales, donde N representa el número de moléculas reales en una molécula-gramo. Si se distribuye una fuerza K entre estas νN moléculas contenidas en la unidad de volumen, les proporcionará una velocidad que es νN veces más pequeña que la velocidad que podría proporcionar a una molécula suelta si actuase únicamente sobre ésta. Teniendo en cuenta la ecuación (2) obtenemos pues para la velocidad υ que la fuerza K puede comunicar a νN moléculas

$$\upsilon = \frac{1}{\nu N}\cdot\frac{K}{\Re}.$$

En el caso considerado, K es igual a la fuerza osmótica ejercida sobre las νN moléculas contenidas en la unidad de volumen, que determinamos antes, de modo que obtenemos, utilizando la ecuación (1),

322

(4) $$\upsilon\nu = -\frac{RT}{N}\cdot\frac{1}{\Re}\cdot\frac{d\nu}{dx}$$

El primer miembro contiene el producto de la concentración ν de la sustancia disuelta y la velocidad con la que la sustancia disuelta circula debido al proceso de difusión. Este producto representa pues la cantidad de sustancia disuelta (en moléculas-gramo) transportada por segundo a través de la sección de corte unidad por difusión. El factor $\frac{d\nu}{dx}$ en el segundo miembro de esta ecuación no es por tanto[1] otra cosa que el coeficiente de difusión D de la disolución considerada. De aquí que, en general, tengamos

(5) $$D=\frac{RT}{N}\cdot\frac{1}{\mathfrak{R}},$$

y, en el caso de que las moléculas que se difunden puedan considerarse esféricas y grandes comparadas con las moléculas del disolvente, tendremos, según la ecuación (3)

(5a) $$D=\frac{RT}{N}\cdot\frac{1}{6\pi\eta\rho}.$$

Así pues, en el caso que acabamos de mencionar, el coeficiente de difusión no depende de otras constantes cualesquiera características de las sustancias en cuestión que la viscosidad del disolvente η y el radio de la molécula.[2]

[1] Habría que advertir que el valor numérico del coeficiente de difusión es independiente de la elección de unidad para la concentración.

[2] Esta ecuación permite la determinación aproximada del radio de moléculas (grandes) a partir del coeficiente de difusión si éste es conocido, ya que

$$\rho=\frac{RT}{6\pi N\eta}\cdot\frac{1}{D},$$

donde tenemos que poner $R=8.31\cdot10^{7}$ y $N=6\cdot10^{23}$. Por cierto, el valor de N tiene un margen de incertidumbre de alrededor del 50%. Esta relación podría ser relevante para la determinación del tamaño aproximado de las moléculas en disoluciones coloidales.

323

§ 2. Difusión y movimiento aleatorio de moléculas

La teoría molecular del calor permite todavía otro punto de vista desde el que puede contemplarse el proceso de difusión. El proceso de movimiento aleatorio, que es lo que se tiene que considerar que es el contenido de calor de una sustancia, originará que las moléculas individuales de un líquido cambien su posición del modo más aleatorio posible. Este movimiento fortuito zigzagueante –como era– de las moléculas de la sustancia disuelta en una disolución tendrá como consecuencia que la distribución inicial no uniforme de la concentración dejará gradualmente paso a una uniforme.

Consideraremos ahora este proceso con algún mayor detalle, limitándonos de nuevo al caso considerado en § 1, en el que sólo hay que tener en cuenta la difusión en una dirección única, esto es, en la dirección del eje (eje x) del cilindro Z. Supongamos que conocemos las coordenadas x de todas las moléculas disueltas en un cierto instante t, y también en el instante $t+\tau$, donde τ representa un intervalo de tiempo tan corto que las concentraciones en nuestra disolución cambian muy poco durante él. Durante este tiempo τ, la coordenada x de la primera molécula disuelta cambiará en una cierta cantidad Δ_1 a causa del movimiento térmico aleatorio, la de la segunda molécula cambiará en Δ_2, etc... Estos desplazamientos Δ_1, Δ_2, etc., serán en parte negativos (dirigidos a la izquierda) y en parte positivos (dirigidos a la derecha). Además, la magnitud de estos desplazamientos variará de molécula a molécula. Pero como suponemos, como antes, que la disolución es diluida, este desplazamiento está determinado únicamente por el disolvente de alrededor, mientras que el resto de las moléculas disueltas no tiene efecto apreciable; por esa razón, estos desplazamientos Δ serán, *en promedio*, de igual magnitud en partes de la disolución que tengan concentraciones diferentes y serán con la misma frecuencia positivos y negativos.

Veremos ahora cuánta sustancia se difunde a través de la sección de corte unidad de nuestra disolución durante el tiempo τ si conocemos la magnitud de los desplazamientos Δ en la dirección del eje del cilindro experimentados en promedio por las moléculas disueltas. Para simplificar esta consideración, supondremos que todas las moléculas experimentan un desplazamiento Δ igual de grande, experimentando la mitad de las moléculas el desplazamiento $+\Delta$, (esto es, hacia la derecha), y la otra mitad el desplazamiento $-\Delta$ (es decir, hacia la izquierda). Sustituiremos entonces los desplazamientos individuales Δ_1, Δ_2, etc., por su valor medio Δ.

324

Según nuestra hipótesis simplificadora, el plano E de nuestro cilindro (Fig. 95) se puede cruzar durante el tiempo τ de izquierda a derecha sólo por aquellas moléculas que antes del intervalo τ estuvieran localizadas a la izquierda de E a una distancia de E menor que Δ. Todas estas moléculas están localizadas entre los planos Q_1 y E (Fig. 95). Pero como sólo la mitad de estas moléculas experimentan el desplazamiento $+\Delta$, sólo la mitad de ellas cruzarán el plano E. Pero la mitad de la sustancia disuelta contenida entre Q_1 y E asciende, en moléculas-gramo, a

$$\frac{1}{2}\nu_1\Delta \text{ ,}$$

Donde ν_1 representa la concentración media en el volumen Q_1E, esto es, la concentración en el plano medio M_1. Como la sección de corte es igual a 1, Δ representa el volumen encerrado entre Q_1 y E que, al multiplicarlo por la concentración media, da la sustancia disuelta contenida en este volumen en moléculas-gramo.

Por una consideración análoga encontramos que la cantidad de sustancia disuelta que cruza E de derecha a izquierda durante el tiempo τ es igual a

$$\frac{1}{2}\nu_2\Delta \text{ ,}$$

donde ν_2 representa la concentración en el plano medio M_2. La cantidad de sustancia que se difunde a través de E de izquierda a derecha durante el tiempo τ es obviamente igual a la diferencia entre estos dos valores, y por tanto igual a

(6) $$\frac{1}{2}\Delta(\nu_1 - \nu_2) \cdot$$

ν_1 y ν_2 son las concentraciones en dos secciones de corte separadas por la pequeñísima distancia Δ. Si representamos de nuevo por x la distancia a una sección de corte desde el extremo izquierdo del cilindro, tendremos, de acuerdo con la definición de cociente diferencial

325

$$\frac{\nu_2 - \nu_1}{\Delta} = \frac{d\nu}{dx}$$

y, de aquí

$$\nu_1 - \nu_2 = -\Delta\frac{d\nu}{dx},$$

por lo que la cantidad de sustancia que se difunde durante τ a través de E es igual a

(6a) $$-\frac{1}{2}\Delta^2\frac{d\nu}{dx} \text{ .}$$

La cantidad de sustancia, expresada en moléculas-gramo, que se difunde a través de E por *unidad de tiempo* es por tanto igual a

$$-\frac{1}{2}\frac{\Delta^2}{\tau}\frac{dv}{dx}.$$

Hemos obtenido así un segundo valor para el coeficiente de difusión D. Tenemos

(7) $$D=\frac{1}{2}\frac{\Delta^2}{\tau},$$

Donde Δ representa el camino recorrido en promedio por una molécula disuelta durante el tiempo τ en la dirección del eje x.

Resolviendo (7) para Δ, obtenemos

(7a) $$\Delta=\sqrt{2D}\sqrt{\tau}.$$

§ 3. Movimiento de las moléculas individuales. Movimiento browniano

Si igualamos los valores del coeficiente de difusión en las ecuaciones (5) y (7), obtenemos, al resolver para Δ

[1] Para ser más exacto, Δ es igual a la raíz cuadrada de la media de los cuadrados de los desplazamientos individuales Δ_1^2, Δ_2^2, etc. Para mayor precisión escribiremos, por tanto, $\sqrt{\Delta^2}$ en vez de Δ.

326

(8) $$\Delta=\sqrt{\frac{2RT}{N\Re}}\sqrt{\tau}.$$

A partir de esta fórmula se ve que el camino recorrido en promedio por una molécula no es proporcional al tiempo[1], sino a la raíz cuadrada del tiempo. Esto se debe a que los caminos recorridos en dos unidades consecutivas de tiempo no siempre hay que sumarlos, sino que con la misma frecuencia hay que restarlos. El desplazamiento experimentado en promedio por una molécula a causa del movimiento molecular aleatorio se puede calcular, de acuerdo con la ecuación (7a), a partir del coeficiente de difusión, o según la ecuación (8), a partir de la fuerza de resistencia $\Re$ ofrecida a un movimiento forzado dotado de velocidad $\upsilon = 1$.

Si la molécula disuelta es esférica y grande comparada con la molécula del disolvente, podemos sustituir por $\Re$ en la ecuación (8) el valor dado en la ecuación (3), de modo que obtenemos

(8a) $$\Delta=\sqrt{\frac{RT}{N}\cdot\frac{1}{3\pi\eta\rho}}\sqrt{\tau}.$$

Esta ecuación nos permite calcular el desplazamiento promedio[2] Δ a partir de la temperatura T, la viscosidad del disolvente η y el radio molecular ρ.

Pero según el concepto cinético-molecular, no existe diferencia fundamental entre una molécula disuelta y un corpúsculo suspendido. Tendremos que considerar por tanto que la ecuación (8a) es válida asimismo para cualquier tipo de partículas esféricas suspendidas.

Calcularemos ahora el camino Δ recorrido en promedio por una partícula con un diámetro de 1 micra en 1 segundo en una dirección concreta, en agua a temperatura ambiente. Ponemos

$$R=8.31\cdot 10^7, \qquad \eta=0.0135,$$

$$T = 290, \qquad \rho = 0.5 \cdot 10^{-4},$$
$$N = 6 \cdot 10^{23}, \qquad \tau = 1.$$

[1] Véase A. Einstein, *Zeitsch. f. Elektrochemie* 6 (1907)
[2] Para ser más exacto, la raíz cuadrada del valor medio de Δ^2.

327

Obtenemos

$$\Delta = 0.8 \cdot 10^{-4}\ \text{cm} = 0.8\ \text{micras}.$$

Este número tiene una incertidumbre de $\pm$ 25 % debido a la baja precisión con la que se conoce N.

Tiene interés comparar el movimiento propio medio de las partículas microscópicas que acabamos de calcular con el de las moléculas disueltas o iones. Para una sustancia disuelta no disociada cuyo coeficiente de difusión es conocido, Δ se puede calcular a partir de la ecuación (7a). Para azúcar a temperatura ambiente tenemos $D = \frac{0.33}{24 \cdot 60 \cdot 60}$. De aquí obtenemos, a partir de la ecuación (7a), para $\tau = 1$

$$\Delta = 27.6\ \text{micras}.$$

A partir del número N y del volumen molecular del azúcar sólido podemos concluir que el diámetro de una molécula de azúcar es del orden de magnitud de una milésima de micra, esto es, aproximadamente mil veces más pequeño que el diámetro de la partícula suspendida considerada antes. Según la ecuación (8a), podemos por tanto esperar que Δ sea aproximadamente $\sqrt{1000}$ veces más grande para el azúcar que para la partícula con un diámetro de 1 micra. Como hemos visto ahora, esto es aproximadamente correcto.

Para iones, Δ se puede determinar a partir de su velocidad de migración l de la ecuación (8). l es igual a la cantidad de electricidad en culombios que fluiría por segundo a través de 1 cm^2 para una concentración $v = 1$ del ion en cuestión y con un gradiente de potencial de 1 voltio por centímetro. En este proceso imaginario, la velocidad υ del movimiento de los iones (en centímetros/segundo) está dado obviamente por la ecuación

$$l = \upsilon \cdot 96{,}000.$$

Además, como 1 voltio contiene 10^8 unidades electromagnéticas, y la carga de un ion (monovalente) es igual a $\frac{9{,}600}{N}$ unidades electromagnéticas, la fuerza k ejercida sobre un ion en el proceso supuesto será

$$k = \frac{10^8 \cdot 9{,}600}{N}.$$

328

Sustituyendo este valor de k y el valor de υ obtenido a partir de la ecuación obtenida antes,

$$\upsilon = \frac{l}{96{,}000},$$

en la ecuación (2), obtenemos

$$\mathfrak{R} = \frac{k}{\upsilon} = \frac{10^8 \cdot 9{,}600 \cdot 96{,}000}{lN}.$$

Con la definición habitual de l, esta fórmula tiene validez asimismo para iones polivalentes. Sustituyendo este valor de $\mathfrak{R}$ en la ecuación (8), obtenemos

$$\Delta = 4.25 \cdot 10^{-5} \sqrt{lT\tau}\ .$$

Para temperatura ambiente y $\tau = 1$

Ion	l	Δ en micras
H	300	125
K	65	58
Ion diisoamilamonio $C_{10}H_{24}N$	24	35

Registro de entrada: 1 de abril

1909

ENERO - MARZO

Albert Einstein. «***Zum gegenwärtigen Stand des Strahlungsproblems***». *Physikalische Zeitschrift.* AÑO 10, Nº 6 (1909), pp. 185-193. [Fechado en Berna en enero de 1909; Registro de entrada: 23 de enero de 1909. Publicado el 15 de marzo de 1909] [Recogido en *TCPAE*. Volume 2: The Swiss Years: Writings, 1900-1909. Doc. **56**, pp 542-550 (GV)] («Sobre el estado actual del problema de la radiación»)

542

Sobre el estado actual del problema de la radiación

Esta revista ha publicado recientemente expresiones de opinión de los Sres. H. A. Lorentz[1], Jeans[2] y Ritz[3] que ofrecen una buena perspectiva del estado actual de este importantísimo problema. En la creencia de que sería beneficioso que todos los que han pensado seriamente respecto a esta materia comunicasen sus puntos de vista, aun cuando no hubiesen llegado a un resultado final, me gustaría comunicar lo siguiente.

1. La forma más sencilla en la que podemos expresar las leyes de la electrodinámica ya establecidas es la presentada por las ecuaciones de Maxwell en derivadas parciales. En contraposición al Sr. Ritz[3], considero que las formas que contienen funciones retardadas son meramente formas matemáticas auxiliares. La razón por la que me veo obligado a tomar este punto de vista es, ante todo, que esas formas no incorporan el principio de la energía, mientras que creo que deberíamos acogernos a la estricta validez del principio de la energía hasta que hayamos encontrado importantes razones para renunciar a esta estrella guía. Es desde luego cierto que las ecuaciones de

Maxwell del espacio vacío, tomadas en sí mismas, no dicen nada, que sólo representan una construcción intermediaria; pero, como es bien conocido, podría decirse exactamente lo mismo respecto a las ecuaciones de Newton del movimiento, así como respecto a cualquier teoría que necesite ser suplementada por otras teorías para proporcionar una imagen de un complejo de fenómenos. Lo que distingue a las ecuaciones diferenciales de Maxwell-Lorentz de las formas que contienen funciones retardadas es la circunstancia de que proporcionan una expresión de la energía y el momento del sistema que se considera, para cualquier instante de tiempo, con relación a cualquier sistema de coordenadas no acelerado. Con una teoría que opera con fuerzas retardadas no es en absoluto posible describir el estado instantáneo de un sistema sin utilizar estados anteriores del sistema para esta descripción.

Por ejemplo, si una fuente de luz *A* ha emitido un haz de luz hacia la pantalla *B*, pero este no ha alcanzado todavía la pantalla *B*, entonces, de acuerdo con las teorías que operan con fuerzas retardadas, el haz de luz no está representado por nada salvo por los procesos que han tenido lugar en el cuerpo emisor durante la emisión precedente. Energía y momento –si no se quiere renunciar del todo a estas magnitudes– tienen que representarse entonces como integrales de tiempo.

Por cierto, el Sr. Ritz alega que la experiencia nos fuerza a abandonar estas ecuaciones diferenciales y a introducir los potenciales retardados. Sin embargo, sus argumentos no me parecen válidos.

Si se pone, con Ritz

$$f_1 = \frac{1}{4\pi}\int \frac{\varphi\left[x', y', z', t - \frac{r}{c}\right]}{r} dx', dy', dz'$$

y

[1]H. A. Lorentz, Phys. Zeit. 9 (1908): 562-563.
[2]H. Jeans, Phys. Zeit. 9 (1908): 853-855.
[3]W. Ritz, Phys. Zeit. 9 (1908): 903-907.

543

$$f_2 = \frac{1}{4\pi}\int \frac{\varphi\left[x', y', z', t + \frac{r}{c}\right]}{r} dx', dy', dz',$$

entonces tanto f_1 como f_2 son soluciones de la ecuación

$$\frac{1}{c^2}\frac{\partial^2 f}{\partial t^2} - \Delta f = \varphi(xyzt),$$

de aquí que

$$f_3 = a_1 f_1 + a_2 f_2$$

sea también una solución si $a_1 + a_2 = 1$. Pero no es cierto que la solución f_3 sea una solución *más general* que f_1 y que se especialice la teoría al poner $a_1 = 1,\ a_2 = 0$. Poner

$$f(x, y, z, t) = f_1,$$

equivale a calcular el efecto electromagnético en el punto *x*, *y*, *z* a partir de aquellos movimientos y configuraciones de las magnitudes eléctricas que tuvieron lugar *antes* del instante *t*. Al poner

$$f(x, y, z, t) = f_2,$$

estamos determinando los efectos electromagnéticos anteriores a partir de movimientos que tienen lugar después del instante *t*.

En el primer caso, el campo eléctrico se calcula a partir de la totalidad de los procesos que lo producen, y en el segundo caso, de la totalidad de los procesos que lo absorben. Si todo el proceso ocurre en un espacio (finito) limitado por todas partes, entonces se puede representar en la forma

$$f = f_1$$

así como en la forma

$$f = f_2 .$$

Si consideramos un campo que esté emitido desde el finito al infinito, podemos utilizar sólo, naturalmente, la forma

$$f = f_1 ,$$

precisamente porque *no se ha tomado en consideración* la totalidad de los procesos de absorción. Pero aquí estamos tratando con una paradoja engañosa del infinito. Ambos tipos de representación pueden utilizarse siempre, con independencia de lo distantes que se suponga que están los cuerpos absorbentes. Por lo tanto, no puede concluirse que la solución $f = f_1$ es más especial que la solución $a_1 f_1 + a_2 f_2$, donde $a_1 + a_2 = 1$.

Que un cuerpo no "recibe energía del infinito salvo que otro cuerpo pierda una cantidad correspondiente de energía" no puede tampoco sacarse a colación como argumento, en mi opinión. Ante todo, si queremos ser fieles a la experiencia, no podemos hablar del infinito, sino sólo de espacios que están fuera del espacio considerado. Además no es más permisible inferir la irreversibilidad de los procesos electromagnéticos elementales de la inviabilidad de observación de tal proceso, de lo que es permisible inferir la irreversibilidad de los procesos elementales del movimiento atómico de la segunda ley de la termodinámica.

2. La interpretación de Jeans puede discutirse sobre la base de que no podría ser permisible aplicar los resultados generales de la mecánica estadística a cavidades llenas de radiación. Sin embargo, la ley deducida por Jeans se puede lograr también del siguiente modo.

Según la teoría de Maxwell, un ion capaz de oscilar respecto a una posición de equilibrio en la dirección del eje *X* emitirá y absorberá, de promedio, iguales cantidades de energía por unidad de tiempo sólo si tiene validez la siguiente relación entre la energía media de oscilación $\overline{E_\nu}$ y la densidad de energía de la radiación ρ_ν en la frecuencia propia ν del oscilador:

$$E_\nu = \frac{c^3}{8\pi\nu^2}\rho_\nu , \qquad \text{(I)}$$

Donde *c* representa la velocidad de la luz. Si el ion que oscila puede interactuar también con moléculas de gas (o, en general, con un sistema que se puede describir mediante la teoría molecular), entonces, de acuerdo con la teoría estadística del calor, deberemos tener necesariamente

$$\overline{E_\nu} = \frac{RT}{N} \qquad \text{(II)}$$

(*R* = constante de los gases, *N* = número de átomos en un átomo-gramo, *T* = temperatura absoluta), si, de promedio, no se transfiere por el oscilador ninguna energía del gas al espacio de radiación[1].

De estas dos ecuaciones llegamos a

$$\rho_\nu = \frac{R}{N}\frac{8\pi}{c^3}\nu^2 T\,, \qquad \text{(III)}$$

es decir, exactamente la misma ley que encontraron también los Sres. Jeans y H. A. Lorentz[2].

3. No puede haber duda, en mi opinión, de que nuestros puntos de vista habituales conducen inevitablemente a la ley propuesta por el Sr. Jeans. Sin embargo, podemos considerar casi igualmente bien establecido que la fórmula (III) no es

[1]Véase A. Einstein, *Ann. d. Phys.* 17 (1905): 133-136

[2]M. Planck, *Ann. d. Phys.* 1 (1900): 99. M. Planck, *Vorlesungen über die Theorie der Wärmestrahlung* (Lecciones sobre teoría de la radiación térmica), capítulo 3.

[3]Debería advertirse explícitamente que esta ecuación es una consecuencia inevitable de la teoría estadística del calor. El intento, en la página 178 del libro de Planck recién citado, de cuestionar la validez general de la ecuación II, está basado sólo, me parece a mí, en una laguna en las consideraciones de Boltzmann que ha sido entretanto subsanada por las investigaciones de Gibbs.

544

incompatible con los hechos. Después de todo, ¿por qué los sólidos emiten luz visible sólo por encima de una temperatura fija, marcadamente definida? ¿Por qué no pululan por todas partes los rayos ultravioletas si se están produciendo constantemente a temperaturas ordinarias? ¿Cómo es posible almacenar placas fotográficas altamente sensibles en cajas durante mucho tiempo si producen constantemente rayos de onda corta? Para argumentos suplementarios remito al § 166 de la obra de Planck reiteradamente citada. Tendremos, por tanto, que decir que la experiencia nos fuerza a rechazar bien la ecuación (I), exigida por la teoría electromagnética, bien la ecuación (II), exigida por la mecánica estadística, o bien ambas ecuaciones.

4. Tenemos que preguntarnos ahora cómo se relaciona la teoría de la radiación de Planck con la teoría indicada en 2. y que se basa en nuestros fundamentos teóricos habitualmente aceptados. En mi opinión, la respuesta a esta cuestión se hace más problemática por el hecho de que la presentación de Planck de su propia teoría adolece de cierta imperfección lógica. Trataré de explicar brevemente esto ahora.

a) Si se adopta el punto de vista de que la irreversibilidad de los procesos en la Naturaleza es sólo *aparente*, y de que el proceso irreversible consiste en una transición a un estado más probable, hay que dar entonces en primer lugar una definición de la probabilidad W de un estado. La única definición digna de consideración, en mi opinión, sería la siguiente.

Sean $A_1, A_2 \ldots A_l$ todos los estados que un sistema cerrado, con cierto contenido en energía, puede adoptar; o, con más precisión, todos los estados que podemos distinguir en tal sistema con ayuda de ciertos medios auxiliares. Según la teoría clásica, después de cierto tiempo el sistema adoptará un estado particular (por ejemplo, A_l) permaneciendo luego en este estado (equilibrio termodinámico). Sin embargo, según la teoría estadística, el sistema se mantendrá adoptando, en secuencia irregular, todos los estados $A_1, A_2 \ldots A_l$.[1] Si se observa el sistema durante un periodo de tiempo θ muy largo, habrá una cierta porción τ_ν de este tiempo tal que, durante τ_ν, y sólo durante τ_ν, el sistema ocupe el estado A_ν. [La magnitud] $\bar{\tau}_\nu/\theta$ tendrá un valor límite definido al que llamaremos probabilidad W del estado A_ν que consideramos.

A partir de esta definición se puede probar que la entropía S tiene que satisfacer la ecuación

$$S = \frac{R}{N} \log W + \text{const.},$$

donde la constante es la misma para todos los estados de la misma energía.

b) Ni el Sr. Boltzmann ni el Sr. Planck dieron una definición de *W*. De forma puramente formal pusieron *W* = número de complexiones del estado que se considera.

Si se exige ahora que estas complexiones sean igualmente probables, donde la probabilidad de la complexión está definida en la misma forma en que hemos definido la probabilidad del estado en a), se obtendrá precisamente la definición de la probabilidad de un estado dada en a); sin embargo, el elemento "complexión" –innecesario desde el punto de vista lógico– se ha utilizado en la definición.

Aun cuando la relación indicada entre *S* y *W* sea válida sólo si la probabilidad de una complexión se define en la forma indicada o en una forma equivalente, ni el Sr. Boltzmann ni el Sr. Planck han definido la probabilidad de una complexión. Pero el Sr. Boltzmann se percató con claridad de que el marco teórico-molecular que había elegido dictaba su elección de las complexiones en una forma del todo definida; analizó esto en las páginas 404 y 405 de su trabajo "Über die Beziehung ..." que apareció en las *Wiener Sitzungsberichte* en 1877.[2] De modo similar, el Sr. Planck no habría tenido libertad en la elección de las complexiones en la teoría de resonadores de la radiación. Hubiese estado autorizado a postular el par de ecuaciones

$$S = \frac{R}{N} \log W$$

y

$$W = \text{número de complexiones}$$

sólo si hubiera añadido la condición de que las complexiones tienen que elegirse de modo que, en el modelo teórico elegido por él, [las complexiones] se hubiesen encontrado igualmente probables basándose en consideraciones estadísticas. De este modo habría llegado a la fórmula defendida por Jeans. Aunque todo físico debe

[1]Que sólo se puede sostener esta última interpretación se sigue inmediatamente de las propiedades del movimiento browniano.

[2]Véase L. Boltzmann, *Vorlesungen über Gastheorie* (Lecciones sobre teoría de gases), Vol. I, p. 40, líneas 9-23

545

alegrarse de que el Sr. Planck desconsiderase estas exigencias en forma tan afortunada, no debería olvidarse que la fórmula de la radiación de Planck es incompatible con el fundamento teórico del que el Sr. Planck partió.

5. Es sencillo ver la forma en que se podrían modificar las bases de la teoría de Planck para conseguir que la fórmula de la radiación de Planck se dedujese verdaderamente de las bases teóricas. No presentaré aquí las derivaciones oportunas, sino que me referiré más bien a mis trabajos sobre este particular.[1] El resultado es como sigue: se llega a la fórmula de la radiación de Planck si

1. se asume la ecuación (I) entre energía del resonador y presión de radiación, que Planck dedujo de la teoría de Maxwell[2];
2. se modifica la teoría estadística del calor mediante la siguiente suposición: una estructura que es capaz de llevar a cabo oscilaciones de frecuencia ν y

que, debido a poseer carga eléctrica, es capaz de convertir energía de radiación en energía de materia y viceversa, no puede adoptar estados de oscilación de cualquier energía, sino sólo aquellos estados de oscilación cuya energía es múltiplo de $h\nu$. Aquí, h es la constante, así llamada por Planck, que aparece en su ecuación de radiación.

6. Como la modificación de los fundamentos de la teoría de Planck recién descrita conduce necesariamente a cambios muy profundos en nuestras teorías físicas, es muy importante buscar las interpretaciones –mutuamente independientes– más sencillas posible de la fórmula de la radiación de Planck así como de la ley de la radiación en general, en la medida en que esta última se puede suponer conocida. Se describirán a continuación dos consideraciones sobre este asunto que se distinguen por su simplicidad.

Hasta ahora, la ecuación $S = (R/N) \lg W$ se ha aplicado fundamentalmente para calcular la magnitud W, basándose en una teoría más o menos completa, y luego para calcular la entropía a partir de W. Sin embargo, esta ecuación puede aplicarse también a la inversa, utilizando valores S_ν de entropía obtenidos empíricamente para obtener

[1]A. Einstein, *Ann. d. Phys*. 20 (1906) y *Ann. d. Phys*. 22 (1907), §1.

[2]Esto es equivalente a suponer que la teoría electromagnética de la radiación proporciona al menos promedios de tiempo correctos. Sin embargo, esto apenas se puede dudar, dada la utilidad de este teoría en óptica.

la probabilidad estadística de los estados individuales A_ν de un sistema aislado. Una teoría que proporcione valores para la probabilidad de un estado que difieran de los obtenidos de este modo tiene obviamente que ser rechazada.

Ya realicé una consideración del tipo indicado para determinar ciertas propiedades estadísticas de la radiación de calor encerrada en una cavidad en un trabajo anterior[1], en el que presenté en primer lugar la teoría de los cuantos de luz. Sin embargo, como en aquella ocasión partí de la fórmula de la radiación de Wien, que es válida sólo en el límite (para pequeños valores de ν/T), presentaré aquí una consideración similar que proporciona una interpretación sencilla del contenido de la fórmula de la radiación de Planck.

Supongamos que V y υ sean dos espacios interconectados limitados por paredes difusoras completamente reflectantes. Supongamos encerrada en estos espacios una radiación de calor con el rango de frecuencia $d\nu$. Sea H la energía de radiación que existe instantáneamente en V y η la energía de radiación que existe instantáneamente en υ. Después de algún tiempo, la proporción $H_0{:}\eta_0 = V{:}\upsilon$ tendrá validez permanentemente, con cierta aproximación. En un instante de tiempo arbitrariamente elegido, η se desviará de η_0 según una ley estadística que se obtiene directamente de la relación entre S y W si se pasa a las diferenciales

$$dW = \text{const.}\, e^{\frac{N}{R}\cdot S}\, d\eta\,.$$

Si Σ y σ representan la entropía de la radiación en los dos respectivos espacios, y si ponemos $\eta = \eta_0 + \varepsilon$, tenemos

$$d\eta = d\varepsilon$$

y

$$S = \Sigma + \sigma = \Sigma_0 + \sigma_0 + \left\{\frac{d(\Sigma+\sigma)}{d\varepsilon}\right\}_0 \varepsilon + \frac{1}{2}\left\{\frac{d^2(\Sigma+\sigma)}{d\varepsilon^2}\right\}_0 \varepsilon^2 \ldots.$$

Como

$$\left\{\frac{d(\Sigma+\sigma)}{d\varepsilon}\right\}_0=0,$$

si se supone que V es muy grande comparado con υ, la segunda ecuación se reduce a

$$S=\text{const.}+\frac{1}{2}\left\{\frac{d^2\sigma}{d\varepsilon^2}\right\}_0\varepsilon^2+\ldots.$$

Si nos conformamos con el primer término que no se anula de la serie, y por tanto generando un error que es tanto más pequeño cuanto más grande es el valor de υ comparado con el cubo de la longitud de onda de la radiación, obtenemos

$$dW=\text{const.}\cdot e^{-\frac{1}{2}\frac{N}{R}\left[\frac{d^2\sigma}{d\varepsilon^2}\right]_0\varepsilon^2}\cdot d\varepsilon.$$

[1] *Ann. d. Phys.* 17 (1905): 132-148.

546

A partir de aquí obtenemos para el valor medio $\overline{\varepsilon^2}$ del cuadrado de la fluctuación de energía de la radiación que tiene lugar en υ

$$\overline{\varepsilon^2}=\frac{1}{\frac{N}{R}\left\{\frac{d^2\sigma}{d\varepsilon^2}\right\}_0}.$$

Si se conoce la fórmula de la radiación, podemos calcular σ de ella. Si se considera la fórmula de la radiación de Planck como expresión de la experiencia, se obtiene, tras sencillo cálculo,

$$\overline{\varepsilon^2}=\frac{R}{Nk}\left\{\nu\,h\eta_0+\frac{c^3}{8\pi\nu^2 d\nu}\cdot\frac{\eta_0{}^2}{v}\right\}$$

Hemos llegado por tanto a una expresión fácilmente interpretable para el valor medio de las fluctuaciones de la energía radiación presente en υ. Veremos ahora que la teoría ordinaria de la radiación es incompatible con este resultado.

Según la teoría ordinaria, las fluctuaciones son debidas únicamente a la circunstancia de que los infinitos rayos que atraviesan el espacio, que constituyen la radiación presente en υ, interfieren mutuamente y por lo tanto proporcionan una energía momentánea que a veces es mayor y a veces menor que la suma de las energías que los rayos individuales proporcionarían si no estuvieran en absoluto interfiriendo entre sí. Podríamos pues determinar exactamente la magnitud $\overline{\varepsilon^2}$ por una consideración que, matemáticamente, es algo más complicada. Nos conformaremos aquí con una consideración dimensional sencilla. Deben satisfacerse las siguientes condiciones:

1. La magnitud de la fluctuación media depende sólo de λ (longitud de onda), $d\lambda$, σ y υ, donde σ representa la densidad de radiación referida a las longitudes de onda ($\sigma\,d\lambda=\rho\,d\nu$).

2. Como las energías de radiación de gamas de longitud de onda contigua y volúmenes son sencillamente aditivas, y las correspondientes fluctuaciones son independientes una de otra, para unas λ y ρ dadas, $\overline{\varepsilon^2}$ tiene que ser proporcional a las magnitudes $d\lambda$ y υ.

3. $\overline{\varepsilon^2}$ tiene la dimensión de cuadrado de una energía.

La expresión de $\overline{\varepsilon^2}$ está así completamente determinada salvo un factor numérico (de magnitud 1). De esta forma se llega a la expresión $\sigma^2\lambda^4\upsilon d\lambda$ que según la introducción de las variables utilizadas antes se reduce al segundo término de la fórmula de $\overline{\varepsilon^2}$ recién desarrollada. Pero habríamos obtenido únicamente este segundo término de $\overline{\varepsilon^2}$ si hubiésemos partido de la fórmula de Jeans.

[1] Véase, por ejemplo, el libro de Planck reiteradamente citado, ecuación (230).
[2] Por supuesto, sólo si son suficientemente grandes.

Habría entonces que haber hecho también $\frac{R}{Nk}$ igual a una constante de orden de magnitud 1, que corresponde a la determinación de Planck del cuanto elemental[2]. Por lo tanto, el primer término de la expresión de $\overline{\varepsilon^2}$ de antes, que para la radiación visible que nos rodea en cualquier parte hace una contribución mucho mayor que el segundo, no es compatible con la teoría ordinaria.

Si se pone, con Planck, $\frac{R}{kN} = 1$, entonces, el primer término, si es el único presente, proporcionará una fluctuación de la energía de radiación igual a la producida si la radiación se compusiera de cuantos puntuales de energía $h\nu$ que se mueven independientemente uno de otro. Se puede probar esto mediante un sencillo cálculo. Habría que recordar que la contribución del primer término a la fluctuación de energía porcentual promedio

$$\left[\sqrt{\frac{\overline{\varepsilon^2}}{\eta_0^{\,2}}}\right]$$

es tanto mayor cuanto menor es la energía η_0 y que la magnitud de esta fluctuación porcentual proporcionada por el primer término es independiente del tamaño del espacio υ sobre el que está distribuida la radiación; menciono esto para mostrar lo fundamentalmente diferentes que son las propiedades estadísticas reales de la radiación de las que cabe esperar sobre la base de nuestra teoría habitual, que está basada en ecuaciones diferenciales homogéneas lineales.

7. En lo precedente hemos calculado las fluctuaciones de la distribución de energía para obtener información sobre la naturaleza de la radiación térmica. En lo que sigue mostraremos brevemente cómo se pueden obtener resultados análogos calculando las fluctuaciones de la *presión* de radiación debida a las fluctuaciones del momento.

Supongamos que una cavidad rodeada en todas partes por materia, de temperatura absoluta T, contiene un espejo que se puede mover libremente en la dirección perpendicular a su normal[1]. Si suponemos que se mueve con una cierta velocidad desde el principio, entonces, debido a este movimiento, se reflejará más radiación en su frontal que en su trasera; de aquí que la presión de radiación que actúa sobre el frontal será mayor que la que actúa sobre la trasera. Por lo tanto, debido a su movimiento respecto a la radiación de la cavidad,

[1] Llevando a cabo la consideración de interferencia indicada arriba, se obtendría $\frac{R}{Nk} = 1$.

[2] Los movimientos del espejo considerados aquí son completamente análogos al llamado movimiento browniano de partículas suspendidas.

actuará sobre el espejo una fuerza comparable a la fricción que, poco a poco, tendría que consumir el momento si no existiera una causa de movimiento que compensara exactamente el promedio de momento perdido por la fuerza de fricción antes mencionada. A las fluctuaciones irregulares de la energía de un espacio de radiación estudiadas antes corresponden también fluctuaciones irregulares del momento, o fluctuaciones irregulares de las fuerzas de presión ejercidas por la radiación sobre el espejo, que tendrían que poner al espejo en movimiento aunque inicialmente hubiese estado en reposo. La velocidad media del movimiento del espejo se tiene entonces que determinar a partir de la relación entropía-probabilidad, y la ley de las fuerzas de fricción antes mencionadas, de la ley de la radiación, que se supone conocida. De estos dos resultados se puede calcular el efecto de las fluctuaciones de presión que, a su vez, hace posible extraer conclusiones referentes a la constitución de la radiación o, con más precisión, referentes a los procesos elementales de la reflexión de la radiación del espejo.

Supongamos que υ representa la velocidad del espejo en el instante t. Debido a la fuerza de fricción mencionada antes, esta velocidad disminuye en $\frac{P\nu\tau}{m}$ en el pequeño intervalo de tiempo τ, donde m representa la masa del espejo y P la fuerza retardadora correspondiente a la unidad de velocidad del espejo. Representamos, además, por Δ el cambio de velocidad del espejo durante τ que corresponde a las fluctuaciones irregulares de la presión de radiación. La velocidad del espejo en el instante $t + \tau$ es

$$\upsilon - \frac{P\tau}{m}\upsilon + \Delta .$$

Por la condición de que, en promedio, υ no se modificará durante τ, obtenemos

$$\overline{\left[\upsilon - \frac{P\tau}{m}\upsilon + \Delta\right]} = \overline{\upsilon^2}$$

o, si omitimos magnitudes relativamente infinitesimales y tenemos en cuenta que el valor promedio de $\upsilon\Delta$, obviamente, se anula:

$$\Delta^2 = \frac{2P\tau}{m}\overline{\upsilon^2} .$$

En esta ecuación, $\overline{v^2}$ puede sustituirse utilizando la ecuación

$$\frac{\overline{mv^2}}{2} = \frac{1}{2}\frac{RT}{N} ,$$

que se puede deducir de la ecuación de entropía-probabilidad. Antes de dar el valor de la constante de fricción P, especializamos el problema que consideramos suponiendo que el espejo refleja por completo la radiación de un cierto rango de frecuencias (entre ν y $\nu + d\nu$) y es completamente transparente a la radiación de otras frecuencias. Mediante un cálculo omitido aquí en aras de la brevedad, se obtiene de una investigación puramente electrodinámica la siguiente ecuación, que es válida para una distribución de radiación cualquiera:

$$P = \frac{3}{2c}\left[\rho - \frac{1}{3}\nu\frac{d\rho}{d\nu}\right] d\nu\, f ,$$

Donde ρ representa de nuevo la densidad de radiación a la frecuencia ν y f el área de la superficie del espejo. Sustituyendo los valores obtenidos para $\overline{\upsilon^2}$ y P, obtenemos

$$\frac{\overline{\Delta^2}}{\tau} = \frac{RT}{N} \cdot \frac{3}{c} \left[\rho - \frac{1}{3} \nu \frac{d\rho}{d\nu} \right] d\nu \, f \, .$$

Si transformamos esta expresión utilizando la fórmula de la radiación de Planck, obtenemos

$$\frac{\Delta^2}{\tau} = \frac{1}{c} \left[h\rho\nu + \frac{c^3}{8\pi} \frac{\rho^2}{\nu^2} \right] d\nu \, f \, .$$

El estrecho vínculo entre esta relación y la deducida en la última sección para la fluctuación de energía $\left(\overline{\varepsilon^2}\right)$ es inmediatamente obvio[1] y pueden aplicarse a ella consideraciones exactamente análogas. De nuevo, según la teoría ordinaria, la expresión se reduciría al segundo término (fluctuación debida a la interferencia). Si estuviese presente el primer término solo, las fluctuaciones de la presión de radiación se podrían explicar por completo suponiendo que la radiación se compone de complejos no demasiado extensos de energía *hν* que se mueven independientemente. También en este caso la fórmula dice que, de acuerdo con la fórmula de Planck, los efectos de las dos causas de fluctuación mencionadas actúan como fluctuaciones (errores) que surgen de causas mutuamente independientes (aditividad de los términos de los que se compone el cuadrado dc la fluctuación).

8. En mi opinión, las dos últimas consideraciones muestran concluyentemente que la constitución de la radiación tiene que ser diferente de lo que creemos habitualmente. Es cierto que, como ha demostrado el excelente acuerdo de teoría y experimento en óptica, nuestra actual teoría proporciona correctamente los promedios de tiempo, que sólo pueden observarse directamente, pero esto lleva necesariamente a leyes sobre propiedades térmicas de la radiación que demuestran ser incompatibles con la experiencia si se mantiene la relación entropía-probabilidad. La discrepancia entre los fenómenos y la teoría es tanto más prominente cuanto más grande sea *ν* y más pequeña *ρ*. Para *ρ* pequeña, las fluctuaciones temporales de la energía de radiación de

[1] Esta relación puede escribirse en la forma (suponiendo $\frac{R}{Nk} = 1$)

$$\overline{\varepsilon^2} = \left\{ h\rho\nu + \frac{c^3\rho^2}{8\pi\nu^2} \right\} \upsilon d\nu$$

548

un espacio dado o de la fuerza de la presión de radiación sobre una superficie dada son mucho más grandes que las esperadas a partir de nuestra teoría ordinaria.

Hemos visto que la ley de la radiación de Planck se puede entender si se hace uso del supuesto de que la energía de oscilación de frecuencia *ν* puede tener lugar sólo en cuantos de magnitud *hν*. Según lo dicho anteriormente, no es suficiente suponer que la radiación sólo puede ser *emitida* y *absorbida* en cuantos de esta magnitud, es decir, que nos estamos ocupando de una propiedad de la materia que emite o absorbe sólo; las consideraciones 6 y 7 muestran que las fluctuaciones en la distribución espacial de la radiación y en la presión de radiación tienen lugar también como si la radiación se compusiera de cuantos de la magnitud indicada. Ciertamente, no puede afirmarse que la teoría cuántica derive de la ley de radiación de Planck como *consecuencia* y que se excluyan otras interpretaciones. Sin embargo, se puede desde luego afirmar que la teoría cuántica proporciona la interpretación más sencilla de la fórmula de Planck.

Habría que insistir en que las consideraciones presentadas no habrían perdido, en lo esencial, su valor si resultase que la fórmula de Planck no es válida; es precisamente esa parte de la fórmula de Planck que ha sido adecuadamente confirmada por la experiencia (la ley de la radiación de Wien válida en el límite de ν/T grandes) la que conduce a la teoría del cuanto de luz.

9. La investigación experimental de las consecuencias de la teoría de los cuantos de luz es, en mi opinión, una de las tareas más importantes que la física experimental actual tiene que resolver. Los resultados obtenidos a ese respecto se pueden dividir en tres grupos.

a) Hay pistas referentes a la energía de aquellos procesos elementales que están asociados con la absorción o emisión de radiación de una cierta frecuencia (regla de Stokes; velocidad de los rayos catódicos producidos por luz o rayos X; luminiscencia catódica, etc.). A este grupo pertenece también el interesante uso que el Sr. Stark ha hecho de la teoría de los cuantos de luz para esclarecer la peculiar distribución de energía en el espectro de una raya espectral emitida por rayos canales.[1]

El método de deducción es siempre como sigue: Si un proceso elemental produce otro, entonces la energía de este último no es mayor que la del primero. Por otra parte, la energía de uno de los dos procesos elementales (de magnitud $h\nu$) es conocida si el último consiste en la absorción o emisión de radiación de una frecuencia específica.

Sería especialmente interesante el estudio de las excepciones a la ley de Stokes. Para explicar estas excepciones hay que suponer que un cuanto de luz es emitido sólo si el centro de emisión en cuestión ha absorbido dos cuantos de luz. La frecuencia de ese suceso, y por lo tanto también la intensidad de la luz emitida que tiene una longitud de onda más pequeña que la productora, tendrá que ser en este caso proporcional al cuadrado de la intensidad de la luz excitadora con irradiación débil (según la ley de acción de masas), mientras que, según la regla de Stokes, hay que esperar, con irradiación débil, una proporcionalidad con la primera potencia de la intensidad de la luz excitadora.

b) Si la absorción[1] de cada cuanto de luz ocasiona un proceso elemental de cierto tipo, entonces $E/h\nu$ es el número de estos procesos elementales si es E la cantidad de energía de radiación de frecuencia ν absorbida.

Así, por ejemplo, si la cantidad E de radiación de frecuencia ν es absorbida por un gas que se está ionizando, hay que esperar entonces que $E/Nh\nu$ moléculas-gramo del gas se ionicen. Esta relación sólo parece presumir el conocimiento de N, pues si la fórmula de la radiación de Planck se escribe en la forma

$$\rho = \alpha\nu^3 \frac{1}{e^{\frac{\beta\nu}{T}} - 1},$$

entonces $E/R\beta\nu$ es el número de moléculas-gramo ionizadas.

Esta relación, que ya presenté en mi primer trabajo[2] sobre el tema ha pasado lamentablemente desapercibida hasta ahora.

c) Los resultados señalados en 5 llevan a una

[1] J. Stark, Phys. Zeit. 9 (1908): 767.
[2] Por supuesto, una consideración análoga tiene validez también a la inversa para la producción de luz por procesos elementales (por ejemplo, por colisiones de iones).
[3] *Ann. d. Phys.* (4) 17 (1905): 132-148, § 9.

549

modificación de la teoría cinética del calor[1] específico y a ciertas relaciones entre el comportamiento óptico y térmico de los cuerpos.

10. Parece difícil establecer un sistema teórico que interprete los cuantos de luz en una forma completa, al modo en que nuestra mecánica molecular ordinaria, junto con la teoría de Maxwell-Lorentz, es capaz de interpretar la fórmula de la radiación propuesta por el Sr. Jeans. Que sólo estamos tratando con una *modificación* de nuestra teoría ordinaria y no con su completa *abolición* parece estar ya implicado en el hecho de que la ley de Jeans parece ser válida en el límite (para ν/T pequeñas). Un indicio de cómo hubiera podido probablemente llevarse a cabo esta modificación viene dado por una consideración dimensional realizada por el Sr. Jeans hace unos años que, en mi opinión, es extraordinariamente importante y que –modificada en algunos puntos– describiré ahora brevemente.

Supongamos que un espacio cerrado contiene un gas ideal, radiación y iones, y que, debido a su carga, los iones son capaces de servir de mediadores de un intercambio de energía entre gas y radiación. En una teoría de la radiación ligada a la consideración de este sistema cabe esperar que jueguen un papel las siguientes magnitudes, es decir, que aparezcan en la expresión que hay que obtener para la densidad de radiación ρ:

1) la energía media η de una estructura molecular (salvo un factor numérico anónimo igual a RT/N),
2) la velocidad de la luz c,
3) el cuanto elemental ε de electricidad,
4) la frecuencia ν.

De la dimensión de ρ, considerando únicamente las dimensiones de las cuatro magnitudes mencionadas arriba, se puede determinar de forma sencilla cuál tiene que ser la forma de la expresión de ρ. Sustituyendo el valor de RT/N por η, obtenemos

$$\rho = \frac{\varepsilon^2}{c^4}\nu^3\Psi(\alpha),$$

donde

$$\alpha = \frac{R\varepsilon^2}{Nc}\frac{\nu}{T},$$

Donde Ψ representa una función que se mantiene indeterminada. Esta ecuación contiene la ley de desplazamiento de Wien, de cuya validez difícilmente pueda todavía dudarse.

[1] A. Einstein, *Ann. d. Phys.* (4) 22 (1907): 180-190 y 800.

Esto tiene que entenderse como una confirmación del hecho de que, aparte de las cuatro magnitudes introducidas arriba, ninguna otra magnitud que tenga dimensión juega un papel en la ley de la radiación.

Concluimos de aquí que, salvo para factores numéricos adimensionales que aparezcan en desarrollos teóricos y que, por supuesto, no pueden determinarse por consideraciones dimensionales, los coeficientes $\frac{\varepsilon^2}{c^4}$ y $\frac{R\varepsilon^2}{Nc}$ que aparecen en la ecuación de ρ tienen que ser numéricamente igual a los coeficientes que aparecen en la fórmula de la radiación de Planck (o Wien). Como los factores numéricos adimensionales no determinables de arriba es improbable que cambien el orden de magnitud, podemos poner, en cuanto se refiere al orden de magnitud

$$\frac{h}{c^3}=\frac{\varepsilon^2}{c^4} \text{ y } \frac{h}{k}=\frac{R}{N}\frac{\varepsilon^2}{c},$$

y por tanto

$$h=\frac{\varepsilon^2}{c} \text{ y } k=\frac{N}{R}.$$

La segunda de estas ecuaciones es la que fue utilizada por el Sr. Planck para determinar los cuantos elementales de materia o electricidad. Con respecto a la expresión de h, habría que advertir que

$$h=6\cdot10^{-27}$$

y

$$\frac{\varepsilon^2}{c}=7\cdot10^{-30}.$$

Hay tres órdenes decimales de separación. Pero esto puede deberse al hecho de que los factores adimensionales no son conocidos.

El aspecto más importante de esta deducción es que relaciona la constante del cuanto de luz h con el cuanto elemental ε de electricidad. Habría que recordar que el cuanto elemental ε es desconocido en la electrodinámica[2] de Maxwell-Lorentz. Para construir el electrón en la teoría hay que recurrir a fuerzas exteriores; habitualmente se introduce una estructura rígida para evitar que las masas eléctricas del electrón se separen bajo la influencia de su interacción eléctrica. La relación $h=\frac{\varepsilon^2}{c}$ me parece que indica que la misma modificación de la teoría que contenga el cuanto elemental ε como consecuencia contendrá también la estructura cuántica de la radiación como consecuencia.

[1] La fórmula de Planck se escribe

$$\rho=\frac{8\pi h\nu^3}{c^3}\frac{1}{e^{\frac{h\nu}{kT}}-1}.$$

[2] Véase levi-Civita: "Sur le mouvement etc." Comptes Rendus (1907).

550

La ecuación fundamental de óptica

$$D(\varphi)=\frac{1}{c^2}\frac{\partial^2\varphi}{\partial^2 t}-\left[\frac{\partial^2\varphi}{\partial x^2}+\frac{\partial^2\varphi}{\partial y^2}+\frac{\partial^2\varphi}{\partial z^2}\right]=0$$

deberá sustituirse por una ecuación en la que la constante universal c (probablemente su cuadrado) aparezca también en un coeficiente. La ecuación que se busca (o el sistema de ecuaciones que se busca) tiene que ser homogénea en sus dimensiones. Tiene que mantenerse sin cambios al aplicar la transformación de Lorentz. No puede ser lineal y homogénea. En el límite, tiene que conducir a la forma $D(\varphi)=0$, al menos si la ley de Jeans es realmente válida en el límite de ν/T pequeñas.

No he conseguido encontrar un sistema de ecuaciones que satisfaga estas condiciones que me habrían parecido adecuadas para construir el cuanto eléctrico elemental y los cuantos de luz. Sin embargo, la variedad de posibilidades no parece tan grande como para que haya que desistir de esta tarea.

Apéndice

De lo que se ha dicho arriba, en 4., en este trabajo, el lector podría tener fácilmente una impresión incorrecta respecto al punto de vista adoptado por el Sr. Planck con respecto a su propia teoría de la radiación térmica. Lo que juzgo apropiado para observar lo siguiente.

En su libro, el Sr. Planck insistió en distintos sitios en que su teoría no debería ser considerada como algo completo o definitivo. Al final de su introducción, por ejemplo, dice textualmente: "Considero importante, sin embargo, insistir especialmente, también en este punto, en el hecho de que, tal como se detalla con detenimiento en la última sección del libro, la teoría desarrollada aquí no pretende en absoluto ser completa, aun cuando creo que permite una aproximación viable por la que considerar los procesos de radiación de energía desde el mismo punto de vista que los del movimiento molecular."

Los oportunos análisis realizados en mi trabajo no deberían interpretarse como una objeción (en el estricto sentido del término) contra la teoría de Planck, sino más bien como un intento de formular y aplicar el principio de probabilidad-entropía de forma más rigurosa de lo que se ha hecho hasta ahora. Era necesaria una formulación más rigurosa de este principio porque, sin ella, las elaboraciones subsiguientes del trabajo, en las que se insinuaba la estructura molecular de la radiación, no habrían sido confirmadas adecuadamente. Como mi concepción del principio no debería parecer elegida *ad hoc* o arbitraria, tenía que mostrar por qué su formulación ordinaria no me ha satisfecho del todo.

Berna, enero de 1909.

(Registro de entrada: 23 de enero de 1909)

MARZO

Carta de Einstein a H. A. Lorentz

[Berna, 30 de marzo de 1909]

Señor:

A la vez que la carta, le envío un breve artículo sobre la teoría de la radiación que es el modesto resultado de algunos años de reflexión. No he llegado a una verdadera comprensión de las cosas. Sin embargo, si le envío mi trabajo e incluso le pido que le eche un vistazo es por la razón siguiente.

Este trabajo contiene algunas observaciones en las que deduzco que no sólo la mecánica molecular, sino incluso la electrodinámica de Maxwell-Lorentz son incompatibles con la fórmula [de Planck] de la radiación. Las consideraciones que expongo en el párrafo 7 de mi trabajo me parecen particularmente consistentes. Además, en el párrafo 10, indico en qué medida el análisis dimensional efectuado hace algunos años por Jeans parece indicarnos en qué dirección debe efectuarse la modificación de la teoría, modificación que estimo indispensable. Albergo la esperanza de que descubra usted el verdadero camino para llegar a ella, suponiendo, claro, que encuentre usted de valor probatorio los argumentos que, en este trabajo, me hacen sacar la conclusión de la inconsistencia de los fundamentos de la teoría. Por el contrario, si juzga usted inválidos estos argumentos, quizá su contra argumentación nos dé la clave del problema de la radiación.

[*TCPAE*. Vol. 5. Doc. **146**. (p. 105 E.V.)]

—

ABRIL - MAYO

Albert Einstein & W. Ritz. «***Zum gegenwärtigen Stand des Strahlungsproblems***». *Physikalische Zeitschrift* AÑO 10, Nº 9 (1909), pp. 323-324. [Fechado en Zürich, abril de 1909. Registro de entrada: 13 de abril de 1909. Publicado: 1 de mayo de 1909] [Recogido en *TCPAE*. Volume 2. The Swiss Years: Writings, 1900-1909. Doc. **57**, pp.554-555 (GV)] («Sobre el estado actual del problema de la radiación»)

323

Sobre el estado actual del problema de la radiación

Para aclarar las diferencias de opinión que surgieron en nuestras respectivas publicaciones, observamos lo siguiente.

En los casos especiales en los que un proceso electromagnético se mantiene restringido a un espacio finito, los procesos se pueden representar en la forma

$$f = f_1 = \frac{1}{4\pi}\int \frac{\varphi\left[x', y', z', t - \frac{r}{c}\right]}{r} dx'dy'dz'$$

así como en la forma

$$f = f_2 = \frac{1}{4\pi}\int \frac{\varphi\left[x', y', z', t + \frac{r}{c}\right]}{r} dx'dy'dz'$$

y en otras formas.

Mientras Einstein cree que cabría restringirse a este caso sin limitar *sustancialmente* la generalidad de la consideración, Ritz considera que esta restricción no es *en principio* permisible. Si se adopta este punto de partida, entonces la experiencia obliga a considerar la representación mediante potenciales retardados como lo único posible, si se está dispuesto a considerar que el hecho de la irreversibilidad d elos procesos de radiación tiene ya que encontrar su expresión en las ecuaciones fundamentales. Ritz considera la restricción a la forma de potenciales retardados como una de las raíces de la segunda ley, mientras Einstein cree que la irreversibilidad se debe exclusivamente a razones de probabilidad.

Zurich, abril de 1909.

(Registro de entrada: 13 de abril de 1909)

[1] W. Ritz, Phys. Zeit. 9 (1908), pp. 903-907 y A. Einstein, Phys. Zeit. 10 (1909), pp. 185-193.

—

Carta de Einstein a Jakob Laub

Berna, lunes [17 de mayo de 1909]

Trabajo ininterrumpidamente en la cuestión de la constitución de la radiación y mantengo, a este respecto, una abundante correspondencia con H. A. Lorentz y Planck. El primero es un espíritu extrañamente profundo y, al mismo tiempo, un hombre encantador. Planck es asimismo un interlocutor muy agradable. Sin embargo tiene el defecto de no saber familiarizarse fácilmente con un razonamiento que le resulte extraño. En cambio no ha encontrado nada que responder a mi crítica. Espero, pues, que la haya leído y aprobado. Esta cuestión de los cuantos es de una importancia y de una dificultad tan grandes que todo el mundo debería aportar sus esfuerzos a ella. Yo he logrado imaginar algo que, en el terreno formal, es más o menos convincente, pero tengo una excelente razón para pensar que no vale un duro.

[*TCPAE*. Vol. 5. Doc. **160**. (p. 119, E.V.)]

—

Carta de Einstein a Jakob Laub

[Berna, 19 de mayo de 1909]

En este momento mantengo una correspondencia del mayor interés con H. A. Lorentz sobre el problema de la radiación. Admiro a este hombre más que a ningún otro; diría incluso que lo adoro.

Mi trabajo sobre los cuantos de luz avanza lentamente. Creo que voy por el buen camino. Ecuaciones diferenciales lineales con singularidades. Pero aún no he avanzado mucho.

[*TCPAE*. Volumen 5. Doc. **161**. (p. 121, E.V.)]

—

Einstein ha recibido carta de Lorentz fechada el 6 de mayo. Einstein responde.

Carta de Einstein a Lorentz

Berna, 23 de mayo de 1909

Señor, querido maestro:

Verdaderamente no puedo expresarle la alegría que me ha generado su larga carta y el placer con el que trabajo sobre sus bellísimas y claras explicaciones. Lo único que lamento es que todos los que sufren con este problema no reciban para leerla esta carta.

De entrada, en lo que concierne a la objeción de van der Waals, también me parece a mí que no versa sobre un punto esencial, puesto que el intercambio de energía entre la materia y la cavidad conducirá siempre a la misma distribución de radiación, tanto si el intercambio está asegurado por electrones como por iones ponderables. Además ha evitado usted, como indica, este pequeño inconveniente modificando ligeramente su demostración.

Voy a un punto de su carta sobre el que me parece que divergimos algo. Ve usted una dificultad en el hecho de que, si se razona como Planck, se comprueba que el estado de la radiación en el éter es diferente según que el intercambio de energía esté asegurado por *resonadores* o por *electrones libres*. Ahora bien, yo veo las cosas de otro modo, en la medida en que, de todas maneras, el argumento de Planck, en mi opinión, no funciona del todo en este caso. Al introducir los cuantos *hv*, el Sr. Planck llegó a leyes estadísticas relativas a los resonadores que son incompatibles con los fundamentos teóricos actuales de la teoría. Por lo mismo, renuncia pues (implícitamente) a aplicar de forma consecuente el electromagnetismo y la mecánica molecular. Pero, si abandonamos nuestros fundamentos teóricos en el argumento sobre los *resonadores*, tendremos que abandonarlos también en el argumento sobre los *electrones libres* y, entonces, su demostración de la ley de Jeans ve también ceder el suelo bajo ella. Para mí, la dificultad proviene solamente de que la base de la teoría de Planck (la introducción de los cuantos *hv*) no concierne a los elementos de base de la teoría, sino sólo al caso particular de entidades oscilantes monocromáticas. En consecuencia, no sabemos, ni estamos cerca de encontrar, qué tipo de leyes eléctricas y mecánicas de base hay que introducir en el caso de electrones libres y del espacio vacío con el fin de estar de acuerdo con la teoría de Planck. Me parece pues que no hay contradicción, sino sólo cierta dificultad en generalizar el argumento de Planck.

Su modificación del tratamiento de Gibbs del conjunto canónico me ha gustado mucho. Se ve así de forma magnífica en qué medida la teoría implicada por los fenómenos de radiación se diferencia de la admitida hasta ahora. ¡Si se pudiera entender, por poco que fuera, la relación $\varepsilon = h\nu$! A este propósito es interesante señalar que, según la teoría de la relatividad, la energía (ε) y la frecuencia (ν) de un complejo luminoso monocromático que se propaga en una dirección determinada se transforman, en un cambio del sistema de coordenadas, de tal manera que ε/ν permanece constante.

En lo que concierne a los cuantos de luz, he debido expresarme de forma poco clara. En efecto, no pienso en absoluto que haya que concebir la luz compuesta por cuantos independientes unos de otros y localizados en volúmenes relativamente pequeños. Para explicar el límite de Wien de la fórmula de la radiación es, desde luego, lo que sería más cómodo. Pero la división de un rayo luminoso en la superficie de medios refringentes ha prohibido pura y simplemente por sí sola esta concepción. Un rayo luminoso se divide, mientras que un cuanto luminoso no puede dividirse sin que haya cambio de frecuencia.

Me ha gustado mucho la exposición que hace usted de las dificultades que se derivan, en teoría de los cuantos, de la posibilidad de interferencias y de la nitidez de las imágenes. Veo cuánto ha reflexionado usted de forma penetrante en estas cosas que me han causado ya tantos quebraderos de cabeza. Como he dicho, a mi entender queda excluido que la luz esté constituida por puntos discretos, independientes unos de otros. Me imagino las cosas aproximadamente del siguiente modo.

Según las ecuaciones de Maxwell, está excluido que un proceso ondulatorio pueda propagarse en una dirección determinada sin extenderse infinitamente en un plano perpendicular a su dirección de propagación y sin hacerse infinito en cada plano de igual fase. Debido a esta propagación en todas las direcciones, la energía de cada sistema de ondas se extiende en un espacio cada vez más grande. Es ahí, a mi entender, donde desbarra nuestra actual teoría de la luz. Creo que la luz se concentra más bien alrededor de puntos singulares de forma análoga a la que tenemos costumbre de suponer en el caso del campo electrostático. Imagino pues a cada cuanto de luz como un punto, rodeado de un campo vectorial muy extenso, decreciente con la distancia de forma cualquiera. Este punto es una singularidad sin la cual el campo vectorial no puede existir. Soy incapaz de decir si, en presencia de numerosos cuantos de luz cuyos campos se solapan, hay que suponer una simple superposición de sus campos vectoriales. De todas formas, para poder determinar los procesos, habría que disponer de ecuaciones del movimiento de los puntos singulares además de las ecuaciones diferenciales relativas al campo vectorial. La energía del campo electromagnético debería –al menos para una radiación de densidad suficientemente débil– depender en cierto modo del número de estos puntos singulares. No habría absorción más que por desaparición de ese punto singular, o bien por degeneración del campo de radiación asociado a este punto. El campo de vectores estaría totalmente determinado por el dato de los movimientos de todas las singularidades, aunque bastaría un número finito de variables para caracterizar una radiación. Habría que suponer que, en la división de un rayo en el límite de dos medios, habría reorganización de los puntos singulares y desaparición de los que estén presentes antes de la reflexión o la refracción. En resumen, no me parece en absoluto que lo esencial resida en la hipótesis de puntos singulares, sino en la hipótesis de ecuaciones de campo que admitan soluciones para las cuales se propagan cantidades finitas de energía, sin ser difundidas, en una dirección determinada y a la velocidad *c*.

Podría creerse que puede alcanzarse este objetivo gracias a una ligera modificación de la teoría de Maxwell. Sin embargo, mis investigaciones en este sentido no han tenido éxito. La idea de ocasionar una disminución de los grados de libertad disponibles introduciendo acoplamientos apenas me seduce pues este recurso es, en suma, demasiado hecho a medida para el caso de la cavidad radiante. Aun cuando se acertase a formularlo matemáticamente, su interpretación física no sería menos difícil que en el caso del *modus procedendi* de Planck. Contrariamente a la opinión que he sostenido en mi última publicación, me parece que es posible que las ecuaciones diferenciales buscadas sean lineales y homogéneas. Desde luego, de las propiedades estadísticas de la radiación se desprende que no se obtiene un nuevo proceso de radiación a partir del precedente multiplicando todas las amplitudes (intensidad de campo) por una misma constante arbitraria. Pero se puede tener en cuenta esta exigencia introduciendo simplemente singularidades y sin optar por ecuaciones no lineales y no homogéneas. A esto no veríamos constreñidos sin duda, entiendo, si se intentase salir del paso sin introducir puntos singulares, lo que ciertamente sería la solución más satisfactoria.

Que falte el factor 900 en la relación no rigurosa entre h y ε me incomoda igualmente, aunque la introducción de un factor como $6(4\pi)^2$ no tenga ciertamente nada de extraordinario. Pero el hecho de que, por un argumento de dimensiones, se llegue a la ley de desplazamiento de Wien y a una determinación completamente correcta del orden de magnitud del cuanto elemental de Planck me parece muy significativo. Además, debería tenerse en cuenta, en mi opinión, la posibilidad de concebir cuantos luminosos y electrones como singularidades definidas matemáticamente de forma idéntica, puesto que la Naturaleza parece economizar constantes universales (masas). Me gustó mucho leer su largo artículo de los *Annalen*. Y, naturalmente, me alegra responder a la invitación de hacerle partícipe de mi opinión sobre su contenido. Me alegra todo lo que me da ocasión de mantener relaciones más estrechas con usted.

A mi entender, apenas puede concederse importancia al hecho de que los electrones arrancados por rayos ultravioletas tengan una energía cinética muy poco diferente de la de un electrón a la temperatura del metal (alrededor de 50 veces más grande, no obstante). En efecto, la velocidad de los electrones emitidos aumenta con v y alcanza valores extraordinarios en el caso de los rayos Röntgen duros, de los que se está seguro de que son fundamentalmente de la misma naturaleza que la luz. Tengo también mis dudas sobre que quepa esperar además (incluso sin hipótesis de cuantos de luz) que le energía cinética de los electrones emitidos corresponda a la temperatura del haz luminoso incidente. Esta concepción es tanto menos inverosímil si se piensa lo poco que depende, para una densidad de radiación débil, la temperatura de la radiación de esta densidad. Pero, a densidades de radiación más fuertes, este efecto debería ser fácilmente observable. En particular, el hecho de que la regla de Stokes (para las sustancias a las que se aplica) sea válida con gran precisión aboga (igualmente) por esta concepción. Quiero decir con ello que si, cuando hay fosforescencia, v_0 es la frecuencia de la luz incidente y v_m la frecuencia máxima de la luz secundaria, v_m es siempre más pequeña que v_0, pero a menudo muy poco inferior. Lenard, en particular, ha subrayado lo llamativo de este punto. Además, también hay que decir que la hipótesis según la cual la energía de los electrones emitidos correspondería a la temperatura del haz de rayos incidentes apenas es apoyada por nuestras concepciones teóricas actuales (electromagnetismo).

Los argumentos de dimensiones del final de su carta me han generado mucho interés. Se ve perfectamente que no forzosamente hay necesidad de introducir ε en las ecuaciones y que también se puede introducir un factor constante de la dimensión de una longitud. Si creo tanto en este asunto de las dimensiones (¿se tratará de superstición?) es precisamente a causa de la facilidad con la que se obtiene de ese modo la ley de desplazamiento de Wien y se determinan los cuantos elementales de Planck.

Para terminar, me gustaría añadir una breve observación relativa a la posibilidad de establecer nuevas ecuaciones fundamentales del electromagnetismo. La ecuación:

$$\Delta\varphi - \lambda^2\Delta\Delta\varphi = 0,$$

donde $\Delta = \partial^2/\partial x^2 + \partial^2/\partial y^2 + \partial^2/\partial z^2$, admite la solución:

$$\varphi = \varepsilon\frac{1-e^{-\frac{r}{\lambda}}}{r}$$

que sólo depende de $r = \sqrt{x^2 + y^2 + z^2}$.

Esta solución tiende hacia ε/r para grandes valores de r y $r = 0$ no es una singularidad. Es la única solución de esta ecuación que disfruta de estas dos propiedades. Esta ecuación diferencial asociada a la solución precedente podría dispensarnos de la estructura rígida del electrón. Cuatro ecuaciones de este tipo podrían dar un sistema electrodinámico de ecuaciones si se generaliza Δ a $\Delta - (1/c^2)\partial^2/\partial t^2$. Se tendrían ecuaciones de cuarto orden y ya no de segundo, pero, en cambio, se tendría la condición de que no intervienen singularidades. Quizá semejante sistema pudiese incluso dar no solamente los electrones, sino también los cuantos de luz. La innovación residiría asimismo en que la densidad de electricidad y la densidad de corriente tendrían en todo punto valores dependientes exclusivamente del campo.

La ecuación básica deja arbitrario el factor ε. Por eso me preguntaba si no hay una ecuación diferencial no lineal que sea integral de:

$$\Delta\varphi - \lambda^2\Delta\Delta\varphi = 0$$

que contenga a ε y λ como coeficientes y que conduzca a la solución

$$\varphi = \varepsilon\frac{1 - e^{-\frac{r}{\lambda}}}{r}$$

con un valor determinado de ε. Si fuese este el caso, sería encantador, pero hasta ahora mis esfuerzos no han tenido éxito.

Quizá usted, al primer vistazo, ya vea que todas estas esperanzas y esfuerzos sean vanos. Me sentiría muy agradecido si me lo dijera, porque no hay nada más detestable que desplegar esfuerzos indefectiblemente condenados al fracaso.

Con mis más afectuosos saludos, suyo

A. Einstein
35, Aergertenstrasse, Berna

[*TCPAE*. Vol. 5. Doc. **163** (p. 122, E.V.)]

SEPTIEMBRE

EL CONGRESO DE SALZBURGO

[La relevancia de la aportación de Einstein al Congreso de Salzburgo, ocasión en que conoce a Born, es definitiva para entender el camino evolutivo del pensamiento físico y sondear las dificultades de entendimiento entre ambos que el conjunto de las cartas ofrece. La *dualidad onda-corpúsculo* aparece en la escena de la Historia:

Albert Einstein. «***Über die Entwicklung unserer Anschauungen über das Wesen und die Konstitution der Strahlung***». *Deutsche Physikalische Gesellschaft, Verhandlungen* 7 (1909); pp. 482-500. Publicado también en *Physikalische Zeitschrift* 10 (1909), pp. 817-826. [81° encuentro de Naturalistas y médicos alemanes. Salzburgo, 21 de septiembre de 1909] [Recogido en *TCPAE*. Volume 2: The Swiss Years: Writings, 1900-1909. Doc. **60**, pp. 564-582 (GV)] («La evolución de nuestras concepciones sobre la naturaleza y la constitución de la radiación»)

Los *Collected Papers* (GV) recogen, en la página 563 del Vol. 2, previa al desarrollo del artículo, los siguientes detalles:

Versión impresa de la ponencia presentada el 21 de septiembre de 1909 en la 81ª reunión de la Gesellschaft Deutscher Naturforscher und Ärzte en Salzburgo, probablemente bajo el título: «Sobre los cambios más recientes que han experimentado nuestros puntos de vista sobre la naturaleza de la luz» (»Über die neueren Umwandlungen, welche unsere Anschauungen über die Natur des Lichtes erfahren haben«) (Verhandlungen 1910, Part 2, p. 41). Publicado el 30 de octubre de 1909 en: *Deutsche Physikalische Gesellschaft, Verhandlungen* 7 (1909): 482-500. La misma versión se recibió el 14 de octubre de 1909 y se publicó el 10 de noviembre de 1909 en: *Physikalische Zeitschrift* 10 (1909): 817-825. La aparición de saltos de página en la versión publicada en la *Physikalische Zeitschrift* –versión que sólo difiere de este documento en la ortografía– se anota en este documento en los márgenes: la indicación de página va seguida de la primera palabra o parte de palabra, al principio de la página citada.

564

La evolución de nuestras concepciones sobre la naturaleza y la constitución de la radiación

Desde que se comprobó que la luz presenta fenómenos de interferencia y de difracción, parecía prácticamente incontestable que había que concebirla como un movimiento ondulatorio. Dado que la luz era capaz de propagarse en el vacío, hubo que imaginar que existía análogamente en el vacío una especie de sustancia particular que permitía la propagación de las ondas luminosas. Para interpretar las leyes de propagación de la luz en los cuerpos ponderables, fue necesario suponer que esta sustancia, a la que se llamó éter luminoso, se encontraba asimismo en ellos, siendo esencialmente el éter luminoso en el interior de los cuerpos ponderables el que permitía la propagación de la luz. La existencia de este éter luminoso parecía incontestable. En el primer volumen de su excelente tratado de física, aparecido en 1902, Chwolson escribe en la introducción al capítulo sobre el éter: «La probabilidad de la hipótesis de la existencia de este agente raya con la certidumbre.»

Pero hoy es forzoso considerar la hipótesis del éter como un punto de vista obsoleto. Es también innegable que existe un conjunto importante de hechos relativos a la radiación que indican que la luz posee ciertas propiedades fundamentales que se comprenden mucho mejor si se adopta el punto de vista de la teoría newtoniana de la emisión de la luz que el de la teoría ondulatoria. Creo, por esa razón, que la próxima etapa del desarrollo de la

565

física teórica nos proporcionará una teoría de la luz que podrá interpretarse como una especie de fusión de la teoría ondulatoria y de la teoría de la emisión de luz. En los párrafos que siguen me propongo sostener esta opinión y demostrar que se hace indispensable un cambio radical de nuestras concepciones sobre la naturaleza y la constitución de la luz.

El genial descubrimiento de Maxwell, esto es, la posibilidad de interpretar la luz como un proceso electromagnético, constituye ciertamente el mayor progreso que haya realizado la óptica teórica desde la introducción de la teoría ondulatoria. En lugar de magnitudes mecánicas, a saber, deformación y velocidad de partes del éter, esta teoría hace intervenir estados electromagnéticos del éter y de la materia, reduciendo con ello los problemas de óptica a problemas de electromagnetismo. A medida que se ha ido desarrollando la teoría electromagnética, la cuestión de saber si los procesos electromagnéticos pueden reducirse a procesos mecánicos ha pasado paulatinamente a un segundo plano, habiéndose adquirido la costumbre de considerar los conceptos de intensidad de campo eléctrico y magnético, de densidad específica de electricidad [carga por unidad de volumen], etc., como conceptos elementales que no exigen interpretación mecánica.

La introducción de la teoría electromagnética ha simplificado los fundamentos de la óptica teórica disminuyendo el número de hipótesis arbitrarias. La vieja cuestión de la dirección de las vibraciones de la luz polarizada ha quedado sin objeto. Las dificultades referentes a las condiciones en los límites en la frontera entre dos medios provenían de los fundamentos de la [antigua] teoría. Ya no fue necesario recurrir a una hipótesis arbitraria destinada a asegurar la unión de ondas luminosas longitudinales. La presión de la luz, que no se estableció hasta una época relativamente reciente y que juega un papel tan importante en la teoría de la radiación, ha surgido como consecuencia de la teoría. No pretendo en absoluto dedicarme aquí a hacer una enumeración exhaustiva de los logros de la teoría electromagnética, que todo el mundo conoce, sino más bien abordar un punto importante en el que la teoría electromagnética está de acuerdo –o más exactamente, parece estar de acuerdo– con la teoría cinética.

Efectivamente, en las dos teorías las ondas luminosas se suponen en esencia

566

constituidas por estados de un medio hipotético omnipresente –el éter–, incluso en ausencia de radiación. De ahí la idea de que los movimientos de este medio deban tener influencia en los fenómenos ópticos y electromagnéticos. La búsqueda de las leyes a las que debe someterse esta influencia ha sido el origen de un cambio en nuestras concepciones fundamentales referentes a la naturaleza de la radiación, cambio cuya evolución vamos a referir brevemente.

No podía dejar de plantearse una cuestión fundamental: ¿acompaña el éter luminoso los movimientos de la materia o tiene más bien un movimiento, en el interior de la materia, diferente del de esta última o incluso podría ser que no tomase parte alguna en los movimientos de la materia y permaneciese permanentemente inmóvil? Para zanjar esta cuestión, Fizeau realizó una importante experiencia de interferencias que descansaba en el argumento siguiente. Sea V la velocidad de propagación de la luz en un cuerpo cuando éste está en reposo. Si ese cuerpo arrastra por completo su éter con él cuando está en movimiento, la luz debería propagarse entonces, con relación a este cuerpo, como si éste estuviese en reposo. La velocidad de propagación con relación al cuerpo debería ser pues igualmente V en este caso. Pero desde un punto de vista absoluto, es decir, con relación a un observador que no se desplaza con el cuerpo, la velocidad de propagación de un rayo luminoso debe ser igual a la suma geométrica de V y de la velocidad ϑ con la que se desplaza el cuerpo. Si la velocidad de propagación y la velocidad de desplazamiento tienen la misma dirección y el mismo sentido, V_{abs} es simplemente igual a la suma de dos velocidades, esto es:

$$V_{abs} = V + \vartheta .$$

Tratando de comprobar la validez del resultado implicado por la hipótesis del arrastre total del éter luminoso, Fizeau hizo pasar dos haces de luz monocromática y coherente según el eje de dos tubos llenos de agua, haciéndolos interferir a continuación. Estableciendo entonces simultáneamente una circulación de agua según el eje de los tubos y a lo largo de toda su longitud, en el sentido de la luz para uno y en sentido contrario para el otro, obtenía un desplazamiento de las franjas de interferencia, de donde podía deducir la incidencia de la velocidad del cuerpo en la velocidad absoluta.

567

Como se sabe, resultó que, si la influencia de la velocidad del cuerpo tiene efectivamente el sentido esperado, es sin embargo sistemáticamente más pequeña que la correspondiente a la hipótesis de un arrastre total. Se obtiene:

$$V_{abs} = V + \alpha\vartheta,$$

donde α es siempre menor que 1. Despreciando el efecto de la dispersión, se tiene:

$$\alpha = 1 - \frac{1}{n^2}.$$

Esta experiencia probó que no hay arrastre total del éter por la materia y que, en general, se está por tanto ante un movimiento relativo del éter con relación a la materia. Ahora bien, la Tierra es un cuerpo cuya velocidad con relación al sistema solar cambia de dirección en el transcurso del año: hay que admitir pues que el éter en nuestros laboratorios comparte tan escasamente el movimiento de la Tierra como parece compartir el del agua en la experiencia de Fizeau. Se infiere de aquí que existe un movimiento relativo del éter respecto a nuestros aparatos, movimiento variable en el curso del día y de la noche. Cabe esperar que, en las experiencias de óptica, esta velocidad relativa ocasione una anisotropía aparente del espacio, es decir, que los fenómenos ópticos dependan de la orientación de los aparatos. Se emprendieron experiencias de lo más diverso para verificar tal anisotropía, sin que pudiera constatarse la dependencia esperada de los fenómenos en función de la orientación de los aparatos.

Esta contradicción fue resuelta, en gran parte, gracias al trabajo pionero de H. A. Lorentz en 1895. Lorentz probó que suponiendo un éter en reposo que no participa en los movimientos de la materia se llega, sin postular nuevas hipótesis, a una teoría que da cuenta de casi todos los fenómenos. Se pueden explicar así en particular los resultados de la experiencia de Fizeau descrita antes, así como el resultado negativo de las experiencias mencionadas arriba que tienen por objeto evidenciar el movimiento de la Tierra con relación al éter. Sólo una experiencia parecía contradecir la teoría de Lorentz,

568

a saber, el experimento interferencial de Michelson y Morley.

Lorentz había probado que, en su teoría, si no se tienen en cuenta términos que contengan, como factor, la segunda potencia o superior de la relación (velocidad del cuerpo / velocidad de la luz), un movimiento de traslación del conjunto de los aparatos no tiene incidencia en la marcha de los rayos en las experiencias de óptica. Ahora bien, se conocía ya en esta época la experiencia interferencial de Michelson y Morley, experiencia que ponía de manifiesto que, en un caso particular, los términos que contienen la segunda potencia del cociente (velocidad del cuerpo / velocidad de la luz) no se observan aun cuando cabía esperarlo de la teoría del éter luminoso en reposo. Como es sabido, Lorentz y FitzGerald, con el fin de enmarcar esta experiencia en el dominio de la teoría, introdujeron la hipótesis de que todos los cuerpos y, por tanto, en particular los que unen entre sí los elementos del dispositivo experimental de Michelson y Morley, cambian de forma de manera determinada cuando se mueven con relación al éter.

Pero este estado de cosas no podía ser más insatisfactorio. La única teoría, utilizable y clara en cuanto a sus fundamentos, era la teoría de Lorentz, que suponía un éter absolutamente inmóvil. Había que considerar a la Tierra con un movimiento respecto a este éter. Sin embargo, todas las tentativas experimentales destinadas a acreditar este movimiento resultaron infructuosas, lo que obligó a formular una hipótesis completamente peculiar para comprender por qué era inobservable este movimiento relativo.

La experiencia de Michelson sugirió suponer que todos los fenómenos siguen exactamente las mismas leyes con relación a un sistema de coordenadas que se mueva con la Tierra y, con más generalidad, con relación a cualquier sistema con movimiento no acelerado. A esta suposición la llamaremos, en lo que sigue, «principio de relatividad». Antes de abordar la cuestión de saber si este principio de relatividad es sostenible, vamos a examinar brevemente lo que se deriva de la hipótesis del éter si nos atenemos a este principio.

569

Si nos basamos en la hipótesis del éter, la experiencia obliga a suponer que es inmóvil. El principio de relatividad estipula entonces que las leyes de la Naturaleza referidas a un sistema de coordenadas *K'* en movimiento uniforme con relación al éter son idénticas a las correspondientes leyes referidas a un sistema de coordenadas *K* en reposo con relación al éter. Pero, si esto es así, no hay más razones para considerar que el éter está en reposo con relación a *K* que con relación a *K'*. En consecuencia, privilegiar a uno de los dos sistemas de coordenadas, *K* o *K'*, suponiendo que el éter está en reposo con relación a él, no tiene absolutamente nada de natural. De aquí resulta que no se puede llegar a una teoría satisfactoria más que si se renuncia a la hipótesis del éter. En ese caso, los campos electromagnéticos que constituyen la luz aparecen no ya como estados de un medio hipotético, sino como entidades autónomas emitidas por las fuentes luminosas, exactamente igual que en la teoría newtoniana de la emisión luminosa. Igual que en esta última teoría, un espacio que no atravesado por radiación y libre de materia ponderable se presenta como realmente vacío.

A primera vista, parece imposible conciliar la esencia misma de la teoría de Lorentz con el principio de relatividad. En efecto, según la teoría de Lorentz, cuando un rayo luminoso se propaga en el vacío, lo hace siempre con la velocidad fija *c* con relación a un sistema de coordenadas *K* en reposo en el éter, con independencia del estado de movimiento del cuerpo emisor. A este enunciado lo llamaremos principio de constancia de la velocidad de la luz. Según el teorema de adición de velocidades, el mismo rayo luminoso, referido a un sistema de coordenadas *K'* en traslación uniforme con relación al éter, no debe propagarse con la misma velocidad *c*. Las leyes de propagación de la luz parecen pues ser diferentes según que estén referidas a uno u otro de los dos sistemas de coordenadas y parece de ahí inferirse que el principio de relatividad es incompatible con las leyes de propagación de la luz.

Pero el teorema de adición de velocidades descansa en las suposiciones arbitrarias de que las indicaciones temporales, así como las referentes a la forma de los cuerpos en movimiento,

570

tienen un significado independiente del estado de movimiento del sistema de coordenadas utilizado. No obstante, es fácil ver que, para definir el tiempo y la forma de los cuerpos en movimiento, es necesario introducir relojes que estén en reposo con relación al sistema de coordenadas utilizado. Los conceptos anteriores deben fijarse de forma particular para cada sistema de coordenadas y no es previsible que las definiciones dadas en dos sistemas de coordenadas *K* y *K'* que se mueven uno respecto a otro conduzcan a valores de tiempo *t* y *t'* que sean los mismos para un único suceso;

asimismo, es imposible decir a priori que todo enunciado que verse sobre la forma de los cuerpos, que sea válido cuando esté referido al sistema de coordenadas *K*, siga siéndolo cuando esté referido al sistema de coordenadas *K'* que se mueve con relación a *K*.

Se infiere de aquí que las ecuaciones de transformación utilizadas hasta ahora para el paso de un sistema de coordenadas a otro que se mueve con movimiento uniforme respecto al primero están basadas en suposiciones arbitrarias. Si se abandonan estas últimas, el fundamento de la teoría de Lorentz, o, con más generalidad, el principio de constancia de la velocidad de la luz, resulta ser conciliable con el principio de relatividad. Se llega así a nuevas ecuaciones de transformación de las coordenadas, definidas de forma única por los dos principios y tales que, mediante una elección adecuada de los orígenes de coordenadas y tiempos, transforman la ecuación

$$x^2 + y^2 + z^2 - c^2t^2 = x'^2 + y'^2 + z'^2 - c^2t'^2$$

en una identidad. En esta expresión, *c* representa la velocidad de la luz en el vacío; *x*, *y*, *z*, *t* son las coordenadas espacio-temporales con relación a *K* y *x'*, *y'*, *z'*, *t'* las coordenadas con relación a *K'*,

Este camino conduce a lo que se ha convenido en llamar la teoría de la relatividad, de cuyas consecuencias me gustaría citar sólo una, en razón de la modificación de las concepciones fundamentales en física que ocasiona. Resulta que la masa inerte de un cuerpo disminuye en L/c^2 cuando este emite la energía radiante *L*. Se puede llegar a este resultado del siguiente modo.

Consideremos que un cuerpo en suspensión libre, sin movimiento, emite, en dos direcciones opuestas, la misma

571

cantidad de energía en forma de radiación. Al hacerlo, el cuerpo permanece en reposo. Llamemos E_0 a la energía del cuerpo antes de la emisión, E_1 a su energía después de la emisión y *L* a la cantidad de energía de radiación emitida; según el principio de la energía, se tiene:

$$E_0 = E_1 + L\,.$$

Consideremos ahora el cuerpo y la radiación que emite colocándonos en un sistema de coordenadas con relación al cual el cuerpo se desplaza con velocidad ϑ. La teoría de la relatividad proporciona entonces el modo de calcular la energía de la radiación emitida con relación al nuevo sistema de coordenadas. El valor que se obtiene es

$$L' = L \cdot \frac{1}{\sqrt{1 - \frac{\vartheta^2}{c^2}}}\,.$$

Como el principio de conservación de la energía tiene que tener asimismo validez para el nuevo sistema de coordenadas, se obtiene, utilizando una notación análoga,

$$E_0 = E_1 + L\frac{1}{\sqrt{1 - \frac{\vartheta^2}{c^2}}}\,.$$

Por sustracción, y despreciando términos de cuarto grado o superior en ϑ/c, se obtiene

$$(E'_0 - E_0) = (E'_1 - E_1) + \frac{1}{2}\frac{L}{c^2}\vartheta^2 .$$

Sin embargo, $(E'_0 - E_0)$ no es otra cosa que la energía cinética del cuerpo antes de la emisión de luz y $(E'_1 - E_1)$ no es sino su energía cinética después de la emisión de luz. Si M_0 representa la masa del cuerpo antes de la emisión y M_1 su masa después de la emisión, se puede escribir, despreciando términos de orden superior a dos,

$$\frac{1}{2}M_0\vartheta^2 = \frac{1}{2}M_1\vartheta^2 + \frac{1}{2}\frac{L}{c^2}\vartheta^2 ,$$

o

$$M_0 = M_1 + \frac{L}{c^2} .$$

572

Así pues, la masa inerte de un cuerpo disminuye en la emisión de luz. La energía emitida debe considerarse parte de la masa del cuerpo. Con más alcance, se concluye de aquí que cada absorción o pérdida de energía ocasiona, respectivamente, un aumento o disminución de la masa del cuerpo considerado. Energía y masa aparecen pues como magnitudes equivalentes, tal como el calor y el trabajo en mecánica.

La teoría de la relatividad ha cambiado pues nuestras concepciones sobre la naturaleza de la luz en la medida en que no concibe la luz como resultante de estados de un medio hipotético, sino como algo que existe de forma autónoma, con el mismo rango que la materia. Esta teoría comparte con la teoría corpuscular de la luz el aspecto característico de transferir masa inerte del cuerpo emisor al absorbente. La teoría de la relatividad no ha cambiado nada en nuestra concepción de la estructura de la radiación y, en particular, de la distribución de energía en el espacio irradiado. Creo, no obstante, que, en lo que concierne a este aspecto de la cuestión, estamos en el umbral de una evolución cuyo alcance no puede captarse todavía, pero que es sin duda de la mayor importancia. En lo que sigue, expondré lo que, en gran parte, es una opinión por completo personal, resultado de reflexiones que todavía no han sido corroboradas suficientemente por otros. Si, aun con todo, avanzo aquí estas ideas, no es por exceso de confianza en mis propias ideas, sino porque espero poder convencer a alguno de ustedes para que se ocupe de las cuestiones que voy a abordar.

Incluso sin profundizar más en consideraciones teóricas, puede advertirse que nuestra teoría de la luz es incapaz de explicar algunas propiedades fundamentales de los fenómenos luminosos. ¿Por qué el hecho de que una reacción fotoquímica determinada tenga lugar o no depende sólo del color de la luz y no de su intensidad? ¿Por qué los rayos de longitud de onda corta son generalmente más activos químicamente que los de longitud de onda larga? ¿Por qué la velocidad de los rayos catódicos producidos por efecto fotoeléctrico es independiente de la intensidad de la luz? ¿Por qué hacen falta temperaturas elevadas, y por tanto grandes energía moleculares,

573

para que la radiación emitida por los cuerpos contenga componentes de longitud de onda corta?

La teoría ondulatoria, en su forma ordinaria, no da respuesta a ninguna de estas cuestiones. En particular, no se comprende en absoluto por qué los rayos catódicos, producidos por efecto fotoeléctrico o por rayos Röntgen, alcanzan una velocidad tan importante, con independencia de la intensidad de la radiación. La aparición de cantidades de energía tan grandes sobre una entidad molecular sometida a la influencia de una fuente en la que la energía está repartida según una densidad tan débil como lo que indica la teoría ondulatoria en el caso de radiaciones luminosas y de rayos X, condujo a los físicos de talento a recurrir a una hipótesis muy sofisticada. Supusieron que, en el proceso, la luz jugaba únicamente un papel de desencadenante y que las energías moleculares que se manifestaban eran de naturaleza radiactiva. No daré aquí ningún argumento en contra de esta hipótesis que está ya prácticamente abandonada.

La característica fundamental de la teoría ondulatoria que está en el origen de estas dificultades es, a mi parecer, la siguiente. Mientras que en la teoría cinético-molecular, a cada proceso que no ponga en juego más que un pequeño número de partículas elementales (por ejemplo, en cada colisión molecular) corresponde un proceso inverso, no es ese el caso en la teoría ondulatoria para los procesos elementales de radiación. En la teoría ordinaria, un ion oscilante engendra una onda esférica que se propaga hacia el exterior. El proceso inverso, como *proceso elemental*, no existe. En efecto, aunque es cierto que una onda esférica que se propague hacia el interior es matemáticamente posible, no lo es menos que su realización aproximada necesita una cantidad enorme de entidades emisoras elementales. El proceso elemental de emisión de luz no posee pues, como tal, carácter reversible. A mi entender, es en este punto en el que nuestra teoría ondulatoria no es adecuada. Parece que, desde este punto de vista, la teoría de la emisión de Newton encierra más verdad que la teoría ondulatoria, puesto que, según ella, la energía que se confiere a una partícula de luz en su emisión no se dispersa en el espacio infinito, sino que permanece disponible para un proceso elemental de absorción.

574

Basta pensar en las leyes de producción de la radiación catódica secundaria con ayuda de los rayos Röntgen.

Si rayos catódicos primarios caen sobre una placa metálica P_1, generan rayos X. Si estos últimos caen sobre una segunda placa metálica P_2, hay producción de nuevos rayos catódicos cuya velocidad es del mismo orden de magnitud que la velocidad de los rayos catódicos primarios. La velocidad de los rayos catódicos secundarios no depende, que sepamos hoy, ni de la distancia entre las placas P_1 y P_2, ni de la intensidad de los rayos catódicos primarios, sino exclusivamente de la velocidad de los rayos catódicos primarios. Supongamos, por el momento, que esto sea rigurosamente exacto. ¿Qué ocurre si disminuimos la intensidad de los rayos catódicos primarios –o las dimensiones de la placa P_1 sobre la que caen– lo suficiente como para que el impacto de un electrón de los rayos catódicos primarios pueda considerarse como un proceso aislado? Si lo que precede es realmente exacto, hay que admitir, dado que la velocidad de los rayos secundarios no depende de la intensidad de los rayos catódicos primarios, que, al nivel de P_2 (después de cada impacto de electrón sobre P_1), o bien no se ha producido nada, o bien hay emisión secundaria en P_2 de un electrón con una velocidad del mismo orden de magnitud que la que tenía el electrón incidente sobre P_1. Dicho de otro modo, el proceso elemental de radiación parece desarrollarse de tal forma que, contrariamente a lo que predice la teoría ondulatoria, la energía del electrón primario no se ha repartido ni dispersado en forma de onda esférica que se propaga en todas las direcciones. Parece, por el contrario, que gran parte al menos de esta energía esté disponible en cualquier lugar de P_2 o en cualquier otro sitio. *El proceso elemental de emisión parece estar orientado.* Además, se tiene la impresión de que los procesos de producción de rayos X en P_1 y los procesos de producción de rayos catódicos secundarios en P_2 son procesos esencialmente inversos uno de otro.

La constitución de la radiación parece pues ser distinta de la que se deriva de nuestra teoría ondulatoria. A este respecto, la teoría de la radiación térmica nos ha proporcionado algunas importantes pistas: de entrada, la teoría

575

sobre la que el Sr. Planck basó su fórmula de la radiación. Como no puedo suponer que esta teoría sea universalmente conocida, describiré brevemente sus puntos esenciales.

El interior de una cavidad a temperatura T contiene radiación cuya composición es independiente de la naturaleza del cuerpo. La cantidad de radiación por unidad de volumen que hay en la cavidad, cuya frecuencia está comprendida entre v y $v + dv$, es ρdv. El problema consiste en determinar ρ en función de v y T. Si la cavidad contiene un resonador eléctrico de frecuencia propia v_0, débilmente amortiguado, la teoría electromagnética de la radiación permite calcular la media temporal de la energía $(\overline{E})$ del resonador como función de $\rho(v_0)$. El problema se reduce así a determinar $\overline{E}$ como función de la temperatura, lo que puede reducirse a su vez al problema siguiente. Si la cavidad contiene un gran número (N) de resonadores de frecuencia v_0, ¿cómo depende la entropía de este sistema de resonadores de la energía de estos?

Para resolver este problema, el Sr. Planck acude a la relación general entre entropía y probabilidad de estado tal como la dedujo Boltzmann en sus investigaciones sobre teoría de gases. De forma general, se tiene,

$$entropía = k \cdot \log W,$$

donde k representa una constante universal y W es la *probabilidad* del estado considerado. Esta probabilidad viene medida por el "número de complexiones", número que especifica de cuántas maneras diferentes puede realizarse el estado considerado. En el caso de la cuestión planteada antes, el estado del sistema de resonadores está definido por su energía total, por lo que el problema que hay que resolver se enuncia así: ¿de cuántas maneras diferentes se puede repartir la energía total dada entre los N resonadores? Para determinar esto, el Sr. Planck divide la energía total en pequeñas partes idénticas de magnitud ε determinada. Una complexión se determina estableciendo cuántas de esas ε pertenecen a cada resonador. Se determina el número de estas complexiones

576

correspondiente a la energía total y se le hace igual a W.

El Sr. Planck dedujo a continuación de la ley de desplazamiento de Wien –ley que puede deducirse de los fundamentos de la termodinámica– que debe hacerse $\varepsilon = hv$, donde h representa un número independiente de v. Llega así a su fórmula de radiación

$$\rho = \frac{8\pi h v^3}{c^3} \cdot \frac{1}{e^{\frac{hv}{kT}} - 1},$$

fórmula que hasta la fecha concuerda por completo con la experiencia.

Podría parecer, a la vista de esta deducción, que la fórmula de la radiación de Planck debe considerarse una consecuencia de la teoría electromagnética de la radiación ordinaria. Sin embargo, no es este el caso, en particular por la razón siguiente. El número de complexiones del que se acaba de hablar podría considerarse expresión de la multiplicidad de probabilidades de distribución de la energía total entre N resonadores sólo en el caso en que cualquier distribución imaginable de energía pudiese figurar, al menos hasta cierta aproximación, entre las complexiones utilizadas para calcular W. Esto exige que para todas las v a las que corresponda una densidad de energía perceptible ρ, el cuanto de energía ε sea pequeño comparado con la energía media de los resonadores $\overline{E}$. Ahora bien, un cálculo sencillo pone de manifiesto que, para una longitud de onda de 0.5μ y una temperatura absoluta $T = 1700$, $\varepsilon/\overline{E}$ no sólo no es pequeño respecto a 1, sino que de hecho es muy grande comparado con 1. Su valor es aproximadamente 6.5×10^7. Así pues, en el caso de este ejemplo numérico, hay que proceder al cuenteo de complexiones como si la energía del resonador no pudiese tomar más que los valores cero, 6.5×10^7 veces su valor medio, o un múltiplo de este. Está claro que, al proceder así, no se utiliza, para el cálculo de la entropía, más que una ínfima parte de las distribuciones de energía que los fundamentos de la teoría nos obligan a considerar como posibles. El número de estas complexiones no expresa pues, si nos atenemos a los fundamentos de la teoría, la probabilidad del estado en el sentido en que lo entiende Boltzmann. En mi opinión, admitir la teoría de Planck

577

es lo mismo que rechazar pura y simplemente los fundamentos de nuestra teoría de la radiación.

He tratado ya de demostrar que deben abandonarse nuestros actuales fundamentos de la teoría de la radiación. En cualquier caso, es impensable rechazar la teoría de Planck con el pretexto de que no es conciliable con estos fundamentos. Esta teoría ha conducido a una determinación de los cuantos elementales que ha sido brillantemente confirmada por las medidas más recientes de estas magnitudes basadas en el cuenteo de partículas α. Rutherford y Geiger han obtenido de media para el cuanto elemental de electricidad el valor 4.65×10^{-10} y Regener 4.79×10^{-10}, mientras que el Sr. Planck, con ayuda de su teoría de la radiación, encontró el valor intermedio 4.69×10^{-10}.

La teoría de Planck conduce a la siguiente conjetura. Si verdaderamente es cierto que la energía de un resonador radiante no puede tomar más que valores múltiplos de hv, es tentador hacer la hipótesis de que la emisión y la absorción de la radiación se efectúan sólo por cuantos de energía que tengan ese valor. Basándose en esta hipótesis, llamada hipótesis de los cuantos de luz, es posible responder a la cuestión planteada antes respecto a la absorción y emisión de la radiación. Por lo que sabemos, las consecuencias cuantitativas de esta hipótesis de los cuantos de luz están también siendo confirmadas. La cuestión que se plantea es: ¿no cabría imaginar que la fórmula de Planck fuese correcta, pero que, no obstante, pueda darse una deducción que no descanse en una suposición de tan horrible aspecto como la teoría de Planck? ¿No sería posible sustituir la hipótesis de los cuantos de luz por otra hipótesis que diese cuenta igual de bien de los fenómenos conocidos? Si es necesario modificar los elementos de la teoría, ¿no se podría al menos conservar las ecuaciones de propagación de la radiación y no modificar más que la forma de concebir los fenómenos elementales de emisión y de absorción?

Para clarificar estos asuntos, vamos a intentar proceder al revés de cómo lo hizo el Sr. Planck con su teoría de la radiación. Consideremos correcta la fórmula de radiación de Planck

578

y preguntémonos si se puede deducir de ella algo respecto a la constitución de la radiación. De las dos consideraciones que he desarrollado a este propósito, no esbozaré aquí más que una que, por su nitidez, me parece particularmente convincente.

Supongamos una cavidad llena de un gas perfecto que contenga una placa de materia sólida, de modo que esta placa sólo pueda moverse libremente en la dirección perpendicular a su plano. Debido al carácter aleatorio de los choques de las moléculas de gas con la placa, ésta adquiere un movimiento tal que su energía cinética media es igual al tercio de la energía cinética media de una molécula de gas monoatómico. Este es un resultado de la mecánica estadística. Supongamos ahora que, aparte del gas, al que se puede suponer constituido por un pequeño número de moléculas, hay también radiación presente en la cavidad y que esta radiación sea lo que se llama una radiación térmica, siendo su temperatura la misma que la del gas. Esto será así siempre que las paredes de la cavidad estén a la temperatura fija T, sean impermeables a la radiación y no sean en todas partes reflectantes por el lado interno de la cavidad. Supongamos además, en un primer momento, que nuestra placa sea totalmente reflectante por las dos caras. En estas condiciones, no sólo el gas, sino también la radiación actúa sobre la placa. La radiación ejercerá presión sobre las dos caras de la placa. Las fuerzas de presión que actúan sobre las dos caras son iguales si la placa está inmóvil. Pero si está en movimiento, se reflejará más radiación sobre la superficie que va por delante en el movimiento (cara delantera) que sobre la cara posterior. La fuerza de presión –que actúa hacia atrás– ejercida sobre la cara delantera es, por tanto, mayor que la fuerza de presión que actúa sobre la cara trasera. De aquí que, como resultante de las dos fuerzas, quede una fuerza que contrarresta el movimiento de la placa y que crece con la velocidad de la placa. Para abreviar, llamaremos a esta resultante “fricción de radiación”.

Suponiendo por un instante que este razonamiento diese perfecta cuenta de la acción mecánica de la radiación sobre la placa, llegamos a la interpretación siguiente. Debido a las colisiones con las moléculas del gas, la placa

579

recibe impulsos de dirección aleatoria durante intervalos aleatorios de tiempo. Entre dos choques de este tipo, la velocidad de la placa no deja de disminuir a causa de la fricción de radiación, lo que se traduce en una transformación de la energía cinética de la placa en energía radiante. En consecuencia, la energía de las moléculas del gas debería transformarse sistemáticamente en energía radiante por medio de la placa hasta que toda la energía presente se convierta en energía de radiación. No podría darse pues el equilibrio entre gas y radiación.

Este argumento es erróneo porque, a ejemplo de las fuerzas de presión ejercidas por el gas sobre la placa, las fuerzas ejercidas por la radiación sobre la placa no pueden considerarse constantes en el transcurso del tiempo y libres de fluctuaciones aleatorias. Para que el equilibrio térmico sea posible es necesario que las fuerzas de presión de radiación sean de tal naturaleza que compensen, de media, las pérdidas de velocidad de la placa debidas a la fricción de radiación; de ese modo, la energía cinética media de la placa será igual al tercio de la energía cinética de una molécula gaseosa monoatómica. Conociendo la ley de radiación es posible calcular la fricción de radiación y deducir de ahí el valor medio de los impulsos que debe sufrir la placa debido a las fluctuaciones de la presión de radiación para que pueda darse el equilibrio estadístico.

El argumento se hace todavía más interesante si se elige una placa que sólo refleje por completo la radiación de un dominio de frecuencias dv y deje pasar, sin absorción, cualquier radiación de otra frecuencia; se obtienen entonces las fluctuaciones de la presión de radiación en el intervalo de frecuencia *dv*. Daré ahora el resultado del cálculo correspondiente a este caso. Si Δ designa el impulso transferido a la placa durante un tiempo τ debido a las fluctuaciones aleatorias de la radiación, la expresión que se obtiene para el valor medio del cuadrado de Δ es:

$$\overline{\Delta^2} = \frac{1}{c}(h\rho\nu + \frac{c^3\rho^2}{8\pi\nu^2})\, d\nu\, f\tau .$$

Lo primero que sorprende es la simplicidad de esta expresión; apenas puede imaginarse

580

otra fórmula para la radiación distinta de la de Planck, acorde con la experiencia dentro de los límites de los errores experimentales, y que suministre una expresión de las propiedades estadísticas de la presión de radiación tan simple como esta.

Para interpretar esta fórmula hay que señalar, de entrada, que la expresión de la media cuadrática de las fluctuaciones es una suma de dos términos. Todo sucede entonces como si hubiese dos causas independientes y diferentes de las fluctuaciones de la presión de radiación. Como $\overline{\Delta^2}$ es proporcional a *f*, se deduce que las fluctuaciones de presión que corresponden a dos porciones contiguas de la placa, que tienen dimensiones lineales grandes respecto a la longitud de onda correspondiente a la frecuencia de reflexión, son sucesos independientes uno de otro.

La teoría ondulatoria permite explicar únicamente el segundo término de la expresión encontrada para $\overline{\Delta^2}$. En efecto, según la teoría ondulatoria, haces cuyos rayos tengan direcciones, frecuencias y estados de polarización poco diferentes deben interferir entre sí; al conjunto de estas interferencias que se producen de forma completamente desordenada debe corresponder una fluctuación de la presión de radiación. Un sencillo argumento de análisis dimensional prueba que la expresión de esta fluctuación debe tener la forma del segundo término de nuestra fórmula. Como se ve, la estructura ondulatoria de la radiación da lugar a las fluctuaciones de la presión de radiación que cabe esperar.

Pero, ¿cómo explicar el primer término de la fórmula? Este término no puede despreciarse en ningún caso; por el contrario, es, por decirlo así, el único término determinante en el dominio de validez de la llamada ley de radiación de Wien. Así, para $\lambda = 0.5\mu$ y T = 1700, este término es alrededor de $6.5\cdot 10^7$ veces más grande que el segundo. Imaginemos que la radiación se compone de complejos muy poco extensos, de energía *hv*, que se desplazan a través del espacio independientemente unos de otros y que se reflejan igualmente con independencia unos de otros –interpretación que representa una visualización muy grosera de la hipótesis de los cuantos de luz–, entonces la placa estará sometida, debido a fluctuaciones de la presión de radiación, a impulsos representados sólo por el primer término.

581

En mi opinión, la anterior fórmula, que es consecuencia de la fórmula de la radiación de Planck, conduce a la siguiente conclusión. *Al lado de las irregularidades espaciales de la distribución de cantidad de movimiento de la radiación que derivan de la teoría ondulatoria, existen otras irregularidades de la distribución espacial de la cantidad de movimiento que, para densidades pequeñas de la energía de radiación, sobrepasan ampliamente las primeras irregularidades.* Añado que otro argumento, relativo a la distribución espacial de la energía, da resultados por completo acordes con los precedentes que versan sobre la distribución espacial de la cantidad de movimiento.

Que yo sepa, no se ha conseguido elaborar todavía una teoría matemática de la radiación que dé cuenta a la vez de la estructura ondulatoria y de la estructura que debe deducirse del primer término de la fórmula anterior (estructura en cuantos). La dificultad proviene principalmente de que las características propias de las fluctuaciones de la radiación, tal como se expresan en la fórmula, no ofrecen apenas puntos de apoyo formales que permitan elaborar una teoría. Supongamos por un momento que no se conociesen todavía los fenómenos de difracción y de interferencia, pero que se supiera que el valor medio de las fluctuaciones irregulares de la presión de radiación viene dada por el segundo término de la ecuación, siendo v un parámetro característico del color pero de significación desconocida. ¿Quién tendría suficiente imaginación para elaborar, a partir de ahí, la teoría ondulatoria de la luz?

Sin embargo, mientras tanto, me parece que la concepción más natural es aquella en la que la aparición de los campos electromagnéticos y de la luz se asocie a puntos singulares, tal como ocurre con la aparición de los campos electrostáticos en la teoría del electrón. No se excluye que, en semejante teoría, toda la energía del campo electromagnético pueda considerarse localizada en esas singularidades, como sucede en la antigua teoría de la acción a distancia. La imagen que me hago es la de estos puntos singulares rodeados cada uno por un campo de fuerzas que tiene, en esencia, carácter de onda plana pero cuya amplitud disminuye con la distancia al punto singular.

582

Si varias de estas singularidades están separadas por distancias pequeñas frente a las dimensiones del campo de fuerzas que rodea al punto singular, los campos de fuerza deberían superponerse y de su suma tendría que resultar un campo de fuerzas ondulatorio quizá poco diferente de un campo ondulatorio en el sentido de la actual teoría electromagnética de la luz. Sobra decir que no hay que conceder crédito a este modelo mientras no haya dado lugar a una teoría exacta. No he hecho uso de él sino para ilustrar rápidamente el hecho de que las dos características estructurales (estructura ondulatoria y estructura en cuantos), atribuibles ambas a la radiación, conforme a la fórmula de Planck, no tienen por qué ser tenidas por incompatibles.

[Registro de entrada: 14 de octubre de 1909.]

—

585

DEBATE
subsiguiente a la conferencia

Planck: Al tomarme la libertad de decir unas palabras a modo de comentario sobre la conferencia, quiero empezar uniéndome al agradecimiento de la audiencia entera, que ha escuchado con el mayor interés la presentación del Sr. Einstein y que, aun cuando puedan haber surgido discrepancias, se ha sentido estimulada a posterior reflexión. Naturalmente, me limitaré a aquellos aspectos en los que mi opinión difiere de la del conferenciante. Después de todo, la mayor parte de cuanto ha dicho no tropezará con desacuerdos. También yo insisto en la necesidad de introducir ciertos cuantos. No podemos progresar en la teoría de la radiación sin dividir, en cierto sentido, la energía en cuantos, a los que hay que concebir como átomos de acción. La cuestión ahora es dónde buscar esos cuantos. Según las últimas consideraciones del Sr. Einstein, habría que concebir la radiación libre en el vacío –y, por tanto, las propias ondas de luz– constituida en forma atómica y abandonar por ello las ecuaciones de Maxwell. Este me parece un paso que, en mi opinión, es todavía innecesario. No entraré en detalles, sino que resaltaré lo siguiente. En la última consideración, el Sr. Einstein deduce las fluctuaciones de la radiación libre en el vacío puro del movimiento de la materia. Esta inferencia me parece absolutamente irreprochable sólo en el caso en que las interacciones entre la radiación en el vacío y el movimiento de la materia sean completamente conocidas; si no es este el caso, el puente para cruzar del movimiento del espejo a la intensidad de la luz incidente ha desaparecido. Sin embargo, me parece que sabemos muy poco respecto a esta interacción entre la energía eléctrica libre en el vacío y el movimiento de los átomos de materia. En esencia este es también el caso de la presión de radiación, al menos según la teoría de la dispersión comúnmente aceptada, que reduce también la reflexión a absorción y emisión. Sin embargo, precisamente emisión y absorción son los puntos oscuros sobre los que sabemos muy poco. Podemos saber algo sobre absorción, pero, ¿qué sabemos sobre emisión? Suponemos que está producida por aceleración de electrones. Pero este es el punto más débil de toda la teoría de electrones. Se supone que el electrón posee cierto volumen y cierta densidad finita de carga; sea debido a carga superficial o de volumen, no es posible arreglárselas sin eso, lo que, en cierto sentido, entra en conflicto con la concepción atomística de la electricidad. Esto no son imposibilidades, sino dificultades, y casi me sorprende que no haya topado con más oposición.

Es en este punto en el que creo que la teoría cuántica puede utilizarse con ventaja. Podemos establecer leyes sólo para grandes intervalos de tiempo. Pero para intervalos pequeños de tiempo y grandes aceleraciones hacemos todavía frente a un vacío cuyo relleno exige nuevas hipótesis. Quizá podamos permitirnos suponer que un resonador oscilante no tiene una energía que varíe de modo continuo, sino que, en vez de eso, su energía sea simple múltiplo de un cuanto elemental. Creo que utilizando esta teoría puede lograse una teoría satisfactoria de la radiación. La cuestión, entonces, es: ¿Cómo cabe imaginar algo así? Es decir, uno se pregunta por la pinta de un modelo mecánico o electrodinámico de semejante resonador. Pero la mecánica y la electrodinámica ordinaria no proporcionan elementos de acción discretos, por lo que no podemos realizar un modelo mecánico o electrodinámico. Por lo tanto, mecánicamente parece imposible y tendremos que hacernos a eso. Después de todo, nuestros intentos de representar mecánicamente el éter lumínico han fallado también por completo. Hubo también intentos de concebir la corriente eléctrica de forma mecánica y compararla con una corriente de agua, pero esto también hubo que abandonarlo y, del mismo modo que nos hicimos a eso, habrá que acostumbrarse a semejante resonador. Por supuesto, habría que elaborar esta teoría con mucho mayor detalle de lo que se ha hecho hasta ahora; quizá tenga alguien más suerte que yo. En cualquier caso, creo que habría que intentar ante todo transferir todo el problema de la teoría cuántica al área de la *interacción*

586

entre materia y energía de radiación; los procesos en el puro vacío podrían explicarse entonces con ayuda de las ecuaciones de Maxwell.

H. Ziegler: Si se conciben los *urátomos* de materia como diminutas esferas invisibles que poseen la invariable velocidad de la luz, es posible entonces describir todas las interacciones de estados corpusculares y fenómenos electromagnéticos, lo que establecería ese puente entre entidades materiales e inmateriales que el Sr. Planck juzga desaparecido.

Stark: El Sr. Planck señalaba que no tenemos razones por el momento para cambiar a la consecuencia de Einstein de considerar concentrada la radiación en el espacio donde se encuentra desligada de la materia. Inicialmente también yo era de la opinión de que, por ahora, podíamos limitarnos a reducir la ley elemental a cierto modo de acción de los resonadores. Pero creo que existe un fenómeno que conduce a la conclusión de que la radiación electromagnética separada de la materia, en el espacio, tiene que considerarse concentrada. Tengo en mente el fenómeno de que incluso a grandes distancias, de hasta 10 m., la radiación electromagnética que ha abandonado un tubo de rayos *X* por el espacio circundante puede todavía conseguir acción concentrada sobre un electrón aislado. Creo que este fenómeno representa una razón para considerar la cuestión de si la energía de la radiación electromagnética no debería considerarse concentrada incluso donde se encuentra separada de la materia.

Rubens: El punto de vista que representa el Sr. Einstein parecería proporcionar una conclusión práctica que puede someterse a prueba experimental. Como sabemos, no son sólo los rayos α, sino también los rayos β los que producen un efecto luminoso de centelleo sobre una pantalla fluorescente. Según el punto de vista expresado, esto vale también para los rayos γ y *X*.

Planck: Los rayos *X* son un caso especial; yo no diría demasiado sobre ellos. Stark ha dicho algo a favor de la teoría cuántica y quiero apostillar algo contra eso; estoy pensando en las interferencias en las enormes diferencias de fase de cientos de miles de longitudes de onda. Cuando un cuanto interfiere consigo mismo, tendría que tener una extensión de cientos de miles de longitudes de onda. Esto constituye también una cierta dificultad.

Stark: Los fenómenos de interferencia pueden enfrentarse fácilmente a la hipótesis cuántica. Sin embargo, en cuanto se hayan tratado con más benevolencia hacia la hipótesis cuántica se encontrará también una explicación para ellos –es lo que espero. En lo que respecta al aspecto experimental, hay que insistir en que los experimentos a los que aludía el Sr. Planck implican radiación muy densa, de modo que, en el haz de luz, estuviese concentrado un número muy grande de cuantos de la misma frecuencia, lo que habrá que tener en cuenta cuando se debata sobre esos fenómenos de interferencia. Con radiación de muy baja densidad, lo más probable es que los fenómenos de interferencia fueran diferentes.

Einstein: Probablemente no fuese tan difícil como se cree incorporar los fenómenos de interferencia, por lo siguiente. No hay por qué suponer que la radiación se compone de cuantos que no interactúan; esto haría imposible explicar los fenómenos de interferencia. Yo imagino un cuanto como una singularidad rodeada por un campo vectorial grande. Haciendo uso de un gran número de cuantos se puede construir un campo vectorial que no difiere mucho del tipo de campo vectorial que suponemos involucrado en las radiaciones. Puedo imaginar perfectamente que cuando los rayos inciden sobre una superficie límite, tiene lugar una separación de los cuantos, debido a la interacción en la superficie límite, posiblemente según la fase del campo resultante en la que los cuantos consiguen la interferencia. Las ecuaciones para el campo resultante no serían probablemente muy diferentes de las de la teoría imperante. Respecto a la interferencia, no debería ser necesario cambiar gran cosa en las concepciones comúnmente predominantes. Me gustaría comparar esto con el proceso de molecularización de los portadores del campo electrostático. El campo, provocado por partículas eléctricas atomizadas, no es esencialmente muy diferente de las concepciones previas, y no es imposible que algo similar suceda en la teoría de la radiación. No veo ninguna dificultad fundamental en los fenómenos de interferencia.

—

DICIEMBRE

Carta de Einstein a Besso

31 de diciembre de 1909

Lo más interesante es que se puede dar una infinita variedad de distribuciones de la energía compatibles con las ecuaciones de Maxwell. Puede que, después de todo, la solución del problema de los cuantos resida ahí. En efecto, si u, v, w representan [las componentes] de la densidad de corriente, ρ la densidad de electricidad, $\Gamma_x, \Gamma_y, \Gamma_z, \varphi$ los potenciales, se puede plantear para la densidad de energía:

$$\varphi\rho + (\Gamma_x u + . + .) + \left(\varphi \frac{\partial^2 \varphi}{\partial t^2} - \frac{\partial \varphi^2}{\partial t}\right) + \left\{\left(\frac{\partial \Gamma_x^2}{\partial t} - \Gamma_x \frac{\partial^2 \Gamma_x}{\partial t^2}\right) + .. + ..\right\}$$

Esta expresión es generalizable sustituyendo:

$$\varphi \text{ por } \varphi - \partial\psi / \partial t$$
$$\Gamma_x \text{ por } \Gamma_x + \partial\psi / \partial x,$$

donde ψ es una solución cualquiera de la ecuación diferencial $\Delta\psi - \partial^2\psi / \partial t^2 = 0$, lo que es compatible con las ecuaciones de Maxwell. Esperemos que no sea una ventana ciega.

[*TCPAE*. Vol. 5. Doc. **195** (p. 144, E.V.)]

1910

ENERO

Albert Einstein. «***Antwort auf Plancks Manuskript***». *Archives des sciences physiques et naturelles*, 29 (1910). (Antes del 18 de enero de 1910) [Recogido en *TCPAE*. Vol. 3.

The Swiss Years: Writings 1909-1911. Doc. **3**. pp. 177-178 (GV)] («Respuesta al manuscrito de Planck»)

177

Respuesta al manuscrito de Planck

En la página 6 de su manuscrito, dice usted: "Por lo tanto, si las oscilaciones de las partículas emisoras están sujetas a ciertas fluctuaciones, estas fluctuaciones se manifestarán también en la intensidad de la luz que emiten." Se refiere usted aquí al *auténtico* punto que ante todo hace que me parezca imposible explicar las fluctuaciones de la radiación *únicamente* por el carácter cuántico de la emisión, ya que, obviamente, no debe existir ninguna dependencia de las propiedades estadísticas de la radiación de la distancia a la pared emisora. Comparemos los dos casos:

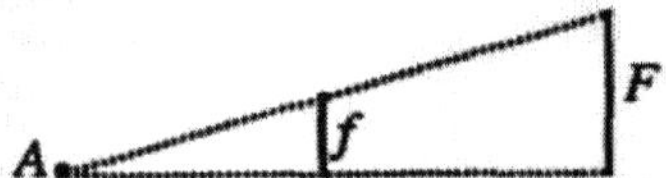

A recibe radiación una vez de la superficie *f* y otra vez de *F*. Supongamos que *f* y *F* están hechas del mismo material y están a la misma temperatura. Si la radiación se produce en *f* y *F* en cuantos de la misma magnitud finita, pero se distribuye por el espacio en ondas esféricas, las fluctuaciones serán más pequeñas en el segundo caso que en el primero ya que se combinarán un mayor número de actos cuánticos de emisión con un porcentaje más pequeño de energía para cada acto individual. Una vela produce a una distancia de 1 m una luz muy parpadeante; 100 velas del mismo tipo producen a una distancia de 10 m luz de la misma intensidad pero con menos parpadeo. Además, no introduje la constante *h* en el argumento dimensional que proporcionó la fluctuación de la presión de radiación, porque esta constante no se inscribe en la teoría de la radiación puramente ondulatoria. Tal como yo lo veo, incluso a una distancia arbitraria de la pared emisora, esta última teoría no permite, para cualesquiera fluctuaciones, más que fluctuaciones debidas a interferencia. Uno de estos días recomendaré una investigación más exacta de este problema a algún doctorando.

Considera usted además una debilidad de la concepción cuántica que no haya forma de imaginar campos estáticos y estacionarios. En este asunto soy definitivamente de la opinión de que el desarrollo de la electrodinámica relativista conducirá a una localización de la energía diferente de la que estamos ahora acostumbrados a suponer sin ninguna buena razón. Sin éter, la energía distribuida de modo continuo por el espacio se me antoja un absurdo. Se puede ver también fácilmente que la localización de la energía como lo hace la vieja

178

teoría de acción a distancia es compatible con la teoría de Maxwell; un día de estos publicaré esto junto con algún otro material. Aunque la intuitiva representación de Faraday rindió importantes servicios al desarrollo de la electrodinámica, no puede concluirse de ahí, en mi opinión, que haya que mantenerla en todos sus detalles.

Carta de Einstein a Sommerfeld

Zúrich, 19 de enero de 1910

Sr. Profesor Sommerfeld:

Nada en el ámbito de la física me había producido tanto efecto, desde hace mucho tiempo, como su trabajo sobre la distribución de energía de la radiación Röntgen en función de la dirección. El argumento teórico que da la correcta distribución de la parte de la radiación Röntgen debida a la aceleración se basa en un único proceso elemental. Ahora bien, según la concepción de los cuantos, la emisión elemental debería ser esencialmente *orientada*: aunque no se ve por qué, con una estructura cuantificada de la radiación, la distribución sería, de media, precisamente la que da la teoría actual. Según la teoría de los cuantos, se debe incluso suponer que la *frecuencia* de aparición de ciertas direcciones de emisión condiciona la distribución de energía observada según las diversas direcciones de emisión. Pero esta dificultad no me parece que sea la más enojosa; la reflexión siguiente me inquieta bastante más.

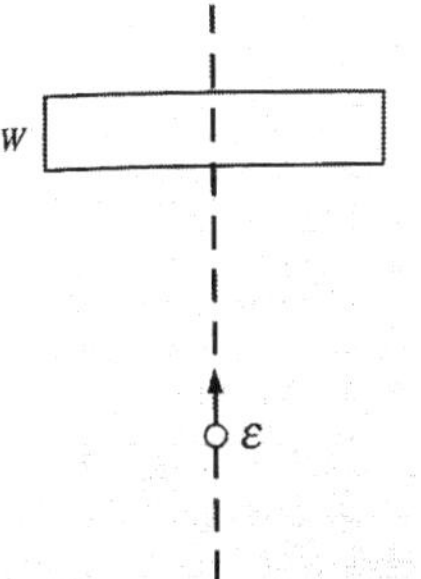

Sea ε un electrón detenido por la pared *W*. Sus argumentos parecen demostrar con relativa certidumbre que resulta de aquí un efecto de ralentización que, en lo esencial, es realmente rectilíneo, aunque el proceso elemental aparezca totalmente determinado por el electrón, la dirección de su movimiento y la orientación de la pared. No veo ahí nada que pueda oponerse a que todo el proceso elemental, comprendida la emisión Röntgen (primera parte), se efectúe de forma totalmente simétrica alrededor de este eje del movimiento.

En cambio, suponer que la emisión se hace según una dirección lateral no cuadra del todo con esta simetría; por el contrario, la contraviene. Podría incluso pasar por una *prueba* en contra de la hipótesis de la emisión orientada.

Hagamos sitio ahora al abogado de la parte contraria.

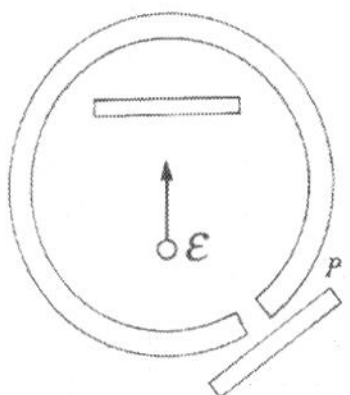

Supongamos que nos ocupamos del proceso precedente; supongamos además que el sistema esté rodeado por una envoltura esférica, opaca a la radiación Röntgen y agujereada con una pequeña abertura, y que detrás de la abertura haya una placa metálica *P*. Sabemos que la placa metálica *P* emite en este caso rayos secundarios cuya energía cinética es del mismo orden de magnitud que la de los electrones incidentes ε y no depende de la luminosidad de la abertura (agujereada) en la pantalla. ¿Tiene la placa *P* la propiedad de acumular parsimoniosamente migajas de ondas esféricas Röntgen hasta que esté en condiciones de dotar dignamente de energía a uno de sus hijos electrones, de modo que éste pueda efectuar su viaje a través del espacio con el vigor que conviene a su nacimiento röntgeniano?

¿Cuál de los dos abogados es un granuja? Yo creo que, como ocurrió antes en el caso de la relatividad, estas dificultades tienen por origen ciertos prejuicios. Conozco incluso uno de estos prejuicios, aunque no sepa si es esencial. Se trata de la localización que atribuimos a la energía electromagnética en la teoría de Maxwell, localización completamente arbitraria; pero, hasta ahora, esta constatación apenas me ha ayudado a dilucidar la cuestión. ¿No podría ser que el electrón no deba concebirse como una entidad tan simple como la suponemos? ¿Qué no se va a imaginar cuando todo es confusión?

Hablemos ahora del otro objeto de mis desvelos, el cuerpo rígido. En efecto, me parece que los datos experimentales son insuficientes para elaborar la teoría de cuerpos con una aceleración cualquiera. Si no hubiesen existido la experiencia de Fizeau y las medidas de la velocidad de la luz en el vacío, habría faltado el material necesario para la edificación de la teoría de la relatividad; a mi entender, estamos en una situación parecida frente al problema de la aceleración. Creo que no es posible decir nada más que sobre sistemas con aceleración infinitamente lenta. Al menos se debe intentar imaginar hipótesis sobre el comportamiento de los cuerpos rígidos que hagan posible una rotación uniforme.

En la actualidad, no dispongo de mucho tiempo para mí, dado que mi nueva función me acapara bastante más de lo que pensaba; mi mala memoria y las circunstancias hacen que hasta ahora me haya entregado al diletantismo en mi profesión.

A. Einstein

P. S.

Lo que dice usted en su carta sobre la constitución de la radiación Röntgen obtenida por frenado significa, por lo que se me alcanza, que renuncia usted a la explicación electromagnética del reparto espacial de la intensidad de la radiación Röntgen que dio usted en su bello artículo de diciembre (*Phys. Zeit.*). Aparte de esto, esta concepción no puede, a mi entender, dar satisfacción más que si una construcción de este tipo tiene asimismo validez para la luz. En efecto, la producción de rayos catódicos por la luz y por rayos Röntgen descansa manifiestamente en el mismo proceso fundamental (las diferencias son sólo cuantitativas).

[*TCPAE*. Vol. 5. Doc. **197**. (p. 146, E.V.)]

—

MAYO

Albert Einstein. «***Sur la théorie des quantités lumineuses et la question de la localisation de l'énergie électromagnétique***». *Archives des sciences physiques et naturelles*, série 4, vol. 29 (1910), pp. 525-528. [Versión impresa del artículo presentado el 7 de mayo de 1910 en la Reunión de la Société Suisse de Physique in Neuchâtel. Publicado el 15 de mayo de 1910 en Archives des sciences physiques et naturelles 29 (1910): 525-528] [Recogido el texto en francés en *TCPAE*, vol. 3, Doc. **5**, pp. 249-252 (GV). En la (EV) pp. 207-208, el texto viene traducido al inglés).] («Sobre la teoría de las cuantos de luz y la cuestión de la localización de la energía electromagnética»)

525

Sobre la teoría de las cuantos de luz y la cuestión de la localización de la energía electromagnética

Lo que se entiende por «teoría de los cuantos luminosos» puede formularse de la manera siguiente: una radiación de frecuencia v no puede ser emitida o absorbida más que en una cantidad bien determinada de magnitud hv (y no en una cantidad menor). Con ayuda de esta teoría, varios grupos de fenómenos que hasta ahora no tenían explicación se pueden considerar desde un mismo punto de vista. Sucede así con la ley de Stokes de la fosforescencia, con las principales leyes de la emisión de radiación catódica por la luz visible y por la luz ultravioleta (así como por los rayos Röntgen). De hecho, la energía cinética L de la radiación catódica generada electro-ópticamente

[1] h es una constante universal que interviene en la ecuación de la radiación de Wien $\left(\rho = h\nu^3 e^{-\frac{h\nu}{RT}}\right)$ y en la de Planck $\left(\rho = h\nu^3 \frac{1}{e^{\frac{h\nu}{RT}} - 1}\right)$.

526

crece, *al menos aproximadamente*, de forma proporcional a la frecuencia de la luz excitadora según la fórmula $L = c + h\nu$, donde c es una constante negativa que depende de la naturaleza del cuerpo considerado. En general, puede decirse que la teoría de los cuantos luminosos es la expresión cuantitativa del hecho experimental de que la energía de los fenómenos moleculares producidos por la luz es tanto más grande cuanto más se refracta es la luz utilizada.

Se admite hoy en general que la mecánica molecular, con ayuda de las ecuaciones de Maxwell-Lorentz, conduce a la fórmula de la radiación $\rho = K\nu^2 T$, como lo han probado en particular los Sres. Jeans y H.A. Lorentz. Esta fórmula es contradicha por la experiencia y no contiene la constante h: de donde se concluye que los fundamentos de la teoría deben modificarse de forma que la constante h juegue en ellos un papel. Sólo de esta forma será posible establecer una teoría de la radiación y comprender las leyes fundamentales de la radiación citadas antes. Esta modificación de los fundamentos no se ha llevado a cabo todavía. Los teóricos no están ni siquiera de acuerdo sobre la cuestión siguiente: ¿se pueden explicar los cuantos luminosos únicamente por una propiedad de la sustancia que emite o que absorbe o bien debe atribuirse además a la propia radiación electromagnética una segunda especie de estructura tal que la energía, en la propia radiación, esté ya dividida en cantidades definidas? Creo haber demostrado que debe adoptarse esta última forma de ver las cosas.[1] Las consideraciones en las que me baso descansan en un principio de Boltzmann según el cual la entropía S y la probabilidad estadística W de un estado de un sistema aislado están ligadas por la relación

$$S = \frac{R}{N} \log W ,$$

[1] A. Einstein, *Ann. d. Phys.* 4, 17, 1905, pp. 139 y siguientes

527

Donde R es la constante de los gases perfectos y N el número de moléculas contenidas en una molécula-gramo. Si se da una imagen molecular completa del sistema considerado, se puede calcular la probabilidad estadística W de cada estado del sistema y, de ahí, calcular S mediante la fórmula. Si, por el contrario, se conoce termodinámicamente el sistema, se conocerá S y, de ahí, se podrá deducir la probabilidad estadística de cada estado del sistema. Es verdad que a partir de W no se puede establecer de forma única y bien determinada una teoría elemental (por ejemplo, una teoría molecular) del sistema. Sin embargo puede considerarse inaceptable cualquier teoría que dé valores falsos de W para cada uno de los estados. Por medio de la termodinámica se puede encontrar la entropía de la radiación en un espacio vacío, utilizando la ley de radiación del cuerpo negro, y resolver la cuestión siguiente: consideremos dos espacios cerrados por paredes impermeables y que se comunican mediante un conducto que puede cerrarse; sea V el volumen de uno de ellos y V_0 el volumen total; supongamos que esos espacios están llenos de una radiación de frecuencia comprendida entre ν y $\nu + d\nu$ y cuya energía total es E_0. Tratamos de calcular la entropía S del sistema para cada reparto posible de le energía E_0 entre los dos espacios. A partir de la entropía S de cada uno de estos repartos posibles se puede deducir la probabilidad estadística que corresponde a cada uno de ellos. De esta forma, y para una radiación suficientemente diluida, se encuentra que la probabilidad de que, en un instante dado, toda la energía E_0 esté comprendida en el volumen V, viene dada por la expresión:

$$W = \left(\frac{V}{V_0}\right)^{\frac{E_0}{h\nu}}.$$

Se puede ver fácilmente que esta expresión no es compatible con el principio de superposición. La radiación se comporta, en cuanto al reparto entre los dos espacios, como si su energía estuviese localizada en $\frac{E_0}{h\nu}$ puntos que se mueven independientemente unos de otros.

528

Se sigue de aquí que la propia radiación debe tener, en cuanto a la localización de su energía, una estructura que la teoría ordinaria no da, a menos que se quisiera admitir que el empleo de paredes impermeables es inadmisible en estas consideraciones.

Para terminar, digamos que la localización de la energía que se acepta habitualmente (así como la cantidad de movimiento en el campo electromagnético) no es ni mucho menos una consecuencia forzosa de las ecuaciones de Maxwell-Lorentz. Además, se puede dar, por ejemplo, un reparto compatible con dichas ecuaciones que, para estados estáticos y estacionarios, coincida por completo con la que da la antigua teoría de la acción a distancia.

JULIO

Carta de Einstein a Sommerfeld

Zúrich, julio de 1910

Querido colega:

He tardado tanto en escribirle porque estoy dividido: me gustaría mucho que viniese usted a Zúrich durante las vacaciones del verano, pero no tengo valor para invitarle, ya que no he encontrado nada medianamente sistemático sobre la constitución de la energía de la radiación. Hay, no obstante, una cosa en apariencia ineludible que creo ver con certidumbre y es que la energía de carácter periódico, cuando aparece, lo hace siempre por cuantos de energía que son múltiplos de $h\nu$. En principio, es imposible aislar cantidades de energía más pequeñas, bien en forma de radiación o bien en forma de oscilación de entidades materiales. Errar es humano; no me sorprendería que encontrase usted un fallo en mis razonamientos. Pero, en tal caso, se trataría de la idea salvadora que nos sacaría del dilema. He reflexionado sobre un número infinito de posibilidades diferentes, pero siempre regreso al mismo punto: sin la hipótesis de la divisibilidad finita de la energía de los procesos periódicos, no se sale de ahí. Lo que H. A. Lorentz y M. Planck han dicho en los *Annalen* no me ha enseñado nada. Tampoco creo que se pueda aplicar la concepción groseramente materialista de la estructura puntiforme de la radiación que permita restituirle de la forma más sencilla sus propiedades estadísticas. En cuanto a saber si las ecuaciones de Maxwell en el vacío se pueden seguir manteniendo, eso no me parece fundamental, por la sencilla razón de que estas ecuaciones sólo tienen contenido físico si van asociadas a la expresión de la energía y de la fuerza ponderomotriz. Planck no ha producido el menor argumento válido contra mis reflexiones estadísticas relativas al reparto de la energía y del impulso de la radiación, y, en la discusión por escrito de la cuestión, se ha callado rotundamente (ha terminado por no contestarme). Pero parece paulatinamente seguro que las moléculas de las sustancias sólidas se comportan en esencia, en cuanto a su contenido en calor, como resonadores de Planck. Nernst confirma mi relación para la plata y algunos otros cuerpos; he leído recientemente que el diamante tiene realmente un máximo de absorción infrarroja allí donde permitía preverlo su comportamiento térmico (el valor teórico para el calor específico era $\lambda = 11\mu$, el valor observado ha sido = 12μ). Que la dependencia en v del máximo del efecto fotoeléctrico no se dé todavía por probado que es independiente de la naturaleza del metal, apenas me impresiona. A primera vista, la independencia de la velocidad máxima de los electrones emitidos con relación a la intensidad de la luz productora me parece más importante.

El corazón del problema me parece el siguiente: «¿Se pueden conciliar los cuantos de energía, por una parte, y el principio de Huyghens por otra?» Las apariencias están en contra, pero Dios parece haber encontrado un artificio.

Su último artículo me ha gustado mucho. ¿Cómo ha podido pensar usted que yo sería incapaz de apreciar la belleza de semejante investigación? La consideración de las relaciones formales [en un espacio] de cuatro dimensiones me parece un progreso comparable a la introducción en hidrodinámica y en electrostática de las funciones complejas [de un espacio] de dos dimensiones. A este respecto, es verosímil que me haya expresado de forma inexacta cuando hablé con usted en Salzburgo. Las condiciones de un suceso (las ecuaciones diferenciales) son simétricas de cuatro dimensiones; cuando se ha comprendido esto es más fácil encontrar tales condiciones.

La importancia de las consideraciones [en un espacio] de cuatro dimensiones me parece limitada por el hecho de que, en las soluciones de las ecuaciones que nos interesan, las cuatro dimensiones no aparecen de la misma manera.

[*TCPAE*. Vol. 5. Doc. **211**. (p. 157, E.V.)]

AGOSTO - DICIEMBRE

Albert Einstein (mit L. Hopf). «***Über einen Satz der Wahrscheinlichkeitsrechnung und seine Anwendung in der Strahlungstheorie***». *Annalen der Physik*, 4. Folge, Band 33, S. 1096-1104, (1910). Registro de entrada: 29 de agosto de 1910. Publicado el 20 de diciembre de 1910. [Recogido en *TCPAE*, Vol. 3, Doc. **7**, pp. 259-267 (GV); pp.211-219 (EV)] («Un teorema de cálculo de probabilidades y su aplicación a la teoría de la radiación»)

211

Un teorema de cálculo de probabilidades y su aplicación a la teoría de la radiación

§ 1. *El problema físico como punto de partida*

Si se quiere calcular cualquier efecto de la radiación en la teoría de la radiación, por ejemplo, la fuerza que actúa sobre un oscilador, se usan siempre las series de Fourier en la forma general

$$\sum_n \left(A_n \sin 2\pi n \frac{t}{T} + B_n \cos 2\pi n \frac{t}{T} \right)$$

como expresión analítica de la fuerza eléctrica o magnética. El problema se particulariza así inmediatamente a un punto espacial dado, lo que carece de importancia para lo que sigue; t representa la variable tiempo, y T el periodo de tiempo –muy largo– para el se aplica la serie. Cuando se calcula cualquier valor promedio –y, en general, semejantes valores sólo tienen lugar en la teoría de la radiación– se consideran los coeficientes individuales A_n, B_n independientes uno de otro y se supone que cada coeficiente sigue la ley de Gauss de error con independencia de los valores numéricos de los demás coeficientes, de modo que la probabilidad[1] dW de una combinación de valores A_n, B_n tiene que ser simplemente el producto de las probabilidades de los coeficientes individuales

(1) $$dW = W_{A_1} \cdot W_{A_2} \dots W_{B_1} \cdot W_{B_2} \dots dA_1 \dots dB_1 \dots$$

Como la teoría de la radiación, en la forma en que deriva exactamente de los fundamentos generalmente aceptados de la teoría de la electricidad y de la mecánica estadística conduce, como sabemos, a conflictos irresolubles con la experiencia, es natural desconfiar de esta sencilla hipótesis de independencia y culparle de los fallos de la teoría de la radiación.

Veremos en lo que sigue que esta salida es imposible y que, por el contrario, el problema físico se puede reducir a un problema puramente matemático que conduce a la ley estadística (1).

Es decir, si se considera una radiación que llega procedente de cierta dirección,[2] se tiene la seguridad de que esta radiación tiene una grado de orden superior al de la radiación total que actúa en un punto. Pero cabe siempre suponer que la radiación que llega de una dirección específica emerge de un gran número de centros de emisión, esto es, la superficie que emite la radiación puede subdividirse en muchos elementos de superficie que emiten radiación

[1] Por "probabilidad de un coeficiente" tenemos obviamente que entender lo siguiente: suponemos que la fuerza eléctrica se desarrolla en serie de Fourier para muchos momentos de tiempo. La fracción de esos desarrollos en la que un coeficiente está dentro de un rango específico de valores es la probabilidad de este rango de valores para el coeficiente considerado.

[2] Con más precisión: "correspondiente a cierto ángulo elemental $d\kappa$."

212

independientemente uno de otro; como no hay límite en la distancia de esta superficie al punto de prueba, tampoco lo hay en su extensión total. Dentro de estos elementos de radiación que emergen de los elementos de superficie individuales introducimos de nuevo un principio de orden superior en el que suponemos que todos estos elementos de radiación tiene la misma forma y difieren sólo en sus fases temporales; o, en términos matemáticos: los coeficientes de la serie de Fourier que representan la radiación de los elementos de superficie individuales serán los mismos para todos los elementos de superficie, y sólo los tiempos iniciales diferirán de un elemento a otro. Si la ecuación (1) se puede demostrar basándose en estos principios de orden, tendrá entonces validez a fortiori en caso de que estos principios se hayan abandonado. Si el índice S representa el elemento de superficie individual, la radiación emitida será de la forma

$$\sum_{(n)} a_n \sin 2\pi n \frac{t - t_s}{T}.$$

Por lo tanto, la radiación total que consideramos se representará por la doble suma

$$\sum_s \sum_n a_n \left(\sin 2\pi n \frac{t}{T} \cos 2\pi n \frac{t_s}{T} - \cos 2\pi n \frac{t}{T} \sin 2\pi n \frac{t_s}{T} \right). \tag{2}$$

La comparación de (2) y (1) lleva pues a las expresiones

$$\begin{cases} A_n = a_n \sum_s \cos 2\pi n \frac{t_s}{T}, \\ -B_n = a_n \sum_n \sin 2\pi n \frac{t_s}{T}, \end{cases} \tag{3}$$

Donde n es un número muy grande y t_S puede adoptar cualquier valor entre 0 y T, por lo que los sumandos individuales

$$\cos 2\pi n \frac{t_s}{T} \text{ y } \sin 2\pi n \frac{t_s}{T}$$

están distribuidos al azar entre –1 y +1 y es igualmente probable que sean positivos como negativos. Si podemos demostrar la validez general de nuestra ecuación (1) para una combinación de sumas de esas cantidades, habremos demostrado también la imposibilidad de introducir cualquier principio de orden en la radiación propagada en el espacio vacío.

§ 2. *Formulación del problema matemático general*

Nos planteamos el siguiente problema matemático: se nos da un número muy grande de elementos cuyos valores numéricos α (correspondientes a t_S) siguen una ley estadística conocida. A partir de estos valores numéricos formamos ciertas funciones

213

$f_1(\alpha), f_2(\alpha)$ ... (que corresponden a $\sin 2\pi n \frac{t_s}{T}$, $\cos 2\pi n \frac{t_s}{T}$). Tenemos que someter a estas funciones a una restricción adicional: a saber, partiendo de la probabilidad de que una de las cantidades α esté entre α y $\alpha + d\alpha$ se sigue una ley estadística para las f; supongamos que la probabilidad $\varphi(f)df$ de que f tenga un valor comprendido entre f y $f + df$ sea siempre una función tal que el valor promedio

$$\overline{f} = \int_{-\infty}^{+\infty} f\varphi(f)df = 0.$$

(Se puede ver fácilmente que nuestras funciones sin y cos satisfacen desde luego este supuesto, ya que si cada valor de t_S comprendido entre 0 y T es igualmente probable, los valores

$$\overline{\sin 2\pi n\frac{t_s}{T}}$$

y

$$\overline{\cos 2\pi n\frac{t_s}{T}}$$

se anulan.)

Reunimos ahora un número Z (muy grande) de tales elementos α en un sistema. A ese sistema pertenecen algunas sumas

$$\sum_{(z)} f_1(\alpha),\ \sum_{(z)} f_2(\alpha)\ \cdots$$

(que corresponden a los coeficientes A_n/a_n, B_n/a_n). Nos planteamos la tarea de encontrar la ley estadística que obedece una combinación de estas sumas.

De entrada, aclararemos un punto esencial.

La ley estadística que obedecen las propias sumas Σ no será en absoluto independiente del número Z de elementos. Esto se puede ver fácilmente en el caso especialmente sencillo en que $f(\alpha)$ puede adoptar sólo los valores +1 y –1. En ese caso, se tiene, evidentemente

$$\sum_{(Z+1)} = \sum_{(Z)} \pm 1$$

y

$$\overline{\sum_{(Z+1)}^{2}} = \overline{\sum_{(Z)}^{2}} + 1\cdot$$

Así pues, el valor cuadrático medio de la suma crece proporcionalmente al número de elementos. De aquí que, si queremos lograr una ley estadística que sea independiente de Z, como $\overline{\Sigma^2}/Z$ permanece constante, no deberemos considerar las Σ, sino las cantidades

$$S = \frac{\Sigma}{\sqrt{Z}}.$$

214

§ 3. *Ley estadística de las S individuales*

Antes de investigar una combinación de todas las cantidades

$$S^{(n)} = \frac{\sum_{(Z)} f_n(\alpha)}{\sqrt{Z}},$$

formularemos la ley de probabilidad de una de esas cantidades suelta.

Consideremos una variedad de sistemas-N del tipo definido arriba. A cada sistema corresponde un valor numérico S. Debido a la distribución estadística de las α, estas cantidades obedecen una ley de probabilidad específica, de modo que el número de sistemas cuyos valores numéricos están comprendidos entre S y $S + dS$ es:

(4) $$dN = F(S)dS.$$

Si añadimos ahora un elemento más a cada sistema que consta de Z elementos, esto es, si pasamos de S_Z a S_{Z+1}, los miembros individuales de nuestra variedad cambiarán sus valores numéricos y entrarán en otra región dS. No obstante, si esto es posible para llegar a una ley estadística que sea independiente de Z, entonces el número dN no tiene que cambiar en esta transición. Por lo tanto, el número de sistemas que entran en una región dada dS (en nuestro caso más sencillo, unidimensional) tiene que ser el mismo que el número de sistemas que lo abandonan. Si Φ representa el número de sistemas que pasan por un valor numérico dado S_0 en su transición de Z a $Z+1$ elementos, en lo que respecta a magnitud y dirección, deberá ser

(5) $$\operatorname{div} \Phi = 0,$$

y por lo tanto

$$\frac{d\Phi}{dS} = 0$$

y como, desde luego, Φ tiene que ser siempre cero para $S = \infty$, tendremos también

(6) $$\Phi = 0.$$

Tenemos ahora

$$S_{(Z+1)} = \frac{\Sigma_{(Z+1)} f(\alpha)}{\sqrt{Z+1}} = S_{(Z)}\sqrt{\frac{Z}{Z+1}} + \frac{f(\alpha)}{\sqrt{Z+1}},$$

o, como Z tiene que ser un número muy grande,

(7) $$S_{(Z+1)} = S_{(Z)} - \frac{S_{(Z)}}{2Z} + \frac{f(\alpha)}{\sqrt{Z}}.$$

215

Por lo tanto, el número Φ se compone de dos partes: una, Φ_1, que proviene del sumando $-S/2Z$, y otra, Φ_2, que viene de $f(\alpha)/\sqrt{Z}$.

Φ_1 contiene todas aquellas S que han estado a una distancia positiva $\leq S_0/2Z$ del valor S_0; y, por cierto, estos miembros cruzan S_0 en la dirección negativa. Como $S_0/2Z$ es un número muy pequeño, el número de estos miembros es, salvo cantidades infinitamente pequeñas de orden superior,

(8) $$\Phi_1 = -\frac{S_0}{2Z} F(S_0) \cdot$$

Las contribuciones al número Φ_2 provienen de cualquier distancia Δ positiva y negativa a S_0; desde luego, las contribuciones son positivas o negativas dependiendo de si Δ es negativa o positiva. El número dN a la distancia Δ está dado por

$$F(S_0 + \Delta)dS = F(S_0 + \Delta)d\Delta,$$

o, como, después de todo, sólo los valores pequeños de Δ son importantes, por

$$\left\{F(S_0) + \Delta\left(\frac{dF}{d\Delta}\right)_{S_0}\right\}d\Delta.$$

De este número, cruzan el valor S_0 en la dirección positiva todos aquellos que, viniendo de una Δ negativa, tienen una $f(\alpha)$ tan grande que

$$\frac{f(\alpha)}{\sqrt{Z}} \geq |\Delta|,$$

y por lo tanto el número será

$$\int_{-\Delta\sqrt{Z}}^{+\infty} \varphi(f)df \cdot$$

Análogamente, el número que va en la dirección negativa será

$$\int_{-\infty}^{-\Delta\sqrt{Z}} \varphi(f)df \cdot$$

Tendremos entonces

216

$$\Phi_2 = \int_{-\infty}^{0} d\Delta \left\{ F(S_0) + \Delta\left(\frac{dF}{d\Delta}\right)_{S_0} \right\} \int_{-\Delta\sqrt{Z}}^{+\infty} \varphi(f)df$$

$$- \int_{-\infty}^{0} d\Delta \left\{ F(S_0) + \Delta\left(\frac{dF}{d\Delta}\right)_{S_0} \right\} \int_{-\infty}^{-\Delta\sqrt{Z}} \varphi(f)df.$$

Integrado por partes, se convierte en

$$\Phi_2 = -\int_{-\infty}^{0} d\Delta \left\{ \Delta \cdot F(S_0) + \frac{\Delta^2}{2}\left(\frac{dF}{d\Delta}\right)_{S_0} \right\} \varphi(-\Delta\sqrt{Z}) \cdot Z$$

$$- \int_{0}^{\infty} d\Delta \left\{ \Delta F(S_0) + \frac{\Delta^2}{2}\left(\frac{dF}{d\Delta}\right)_{S_0} \right\} \varphi(-\Delta\sqrt{Z}) \cdot \sqrt{Z}.$$

Ahora, como mediante el supuesto,

$$\int_{-\infty}^{+\infty} f\varphi(f)df = 0,$$

obtenemos, si introducimos $\Delta\sqrt{Z} = f$ como variable,

$$(9)\qquad \begin{cases} \Phi_2 = -\dfrac{1}{2Z}\left(\dfrac{dF}{d\Delta}\right)_{S_0} \displaystyle\int_{-\infty}^{+\infty} f^2\varphi(f)df \\ = -\dfrac{1}{2Z}\left(\dfrac{dF}{d\Delta}\right)_{S_0} \cdot \overline{f^2}. \end{cases}$$

(8) y (9) insertados en (6) proporcionan la ecuación diferencial

$$SF + \overline{f^2}\frac{dF}{ds} = 0,$$

cuya solución

$$(10)\qquad F = cte \cdot e^{-\frac{s^2}{2\overline{f^2}}},$$

expresa la ley de errores de Gauss.

217

§ 4. *Ley estadística para una combinación de todas las $S^{(n)}$*

Extendamos ahora las consideraciones de la sección precedente del caso unidimensional al caso de un número cualquiera de dimensiones. Esta vez tenemos que considerar una combinación de muchas cantidades $S^{(n)}$. Supongamos que el número de sistemas en una región pequeña

$$dS^{(1)}dS^{(2)}...$$

sea

$$(11)\qquad dN = F(S^{(1)}, S^{(2)}...)dS^{(1)}dS^{(2)}...$$

Exigimos de nuevo que *dN* no cambie cuando pasemos de $S^{(n)}_{(Z)}$ a $S^{(n)}_{(Z+1)}$, lo que lleva de nuevo a la ecuación diferencial (5),

$$\text{div } \Phi = 0.$$

Sin embargo, en el presente caso, el número Φ tiene componentes en cualquier dirección $S^{(1)}, S^{(2)}...$, y las llamaremos $\Phi^{(1)}, \Phi^{(2)}...$ Así pues, (5) adopta la forma

$$\sum_n \frac{\partial \Phi^{(n)}}{\partial S^{(n)}} = 0\,.$$

Las expresiones $S^{(n)}_{(Z)}$ y $S^{(n)}_{(Z+1)}$ están relacionadas por la ecuación (7), como antes, y los argumentos de la sección precedente son por tanto completamente aplicables al cálculo de los $\Phi^{(n)}$ individuales. En consecuencia, tenemos

$$\Phi^{(n)} = S^{(n)}F + \overline{f_n^2}\,\frac{\partial F}{\partial S^{(n)}}\,.$$

Podemos seguir simplificando esta expresión suponiendo que todos los $\overline{f_n^2}$ sean iguales. Lo que obviamente equivale a suponer que las funciones individuales f_n están multiplicadas por constantes apropiadas. (En el caso especial de nuestros sin y cos, esta simplificación se satisface automáticamente.)

De esta forma obtenemos finalmente la siguiente ecuación diferencial para la función F:

(12)
$$\sum_n \frac{\partial}{\partial S^{(n)}}\left(S^{(n)}F + \overline{f^2}\,\frac{\partial F}{\partial S^{(n)}} \right) = 0\,.$$

Llegamos a la solución de esta ecuación diferencial considerando la siguiente integral extendida sobre todo el espacio:

218

(13)
$$\begin{cases} \displaystyle\int \frac{1}{F}\sum_0^{n_1}{}_n \left\{ \left(S^{(n)}F + \overline{f^2}\,\frac{\partial F}{\partial S^{(n)}} \right)^2 \right\} dS^{(1)} \ldots dS^{(n_1)} \\ \displaystyle = \int \sum_0^{n_1}{}_n \left\{ \left(S^{(n)}F + \overline{f^2}\,\frac{\partial F}{\partial S^{(n)}} \right) \left(S^{(n)} + \overline{f^2}\,\frac{\partial \log F}{\partial S^{(n)}} \right) \right\} dS^{(1)} \ldots (n_1). \end{cases}$$

Pero

$$\int \sum_0^{n_1}{}_n \left\{ \left(S^{(n)}F + \overline{f^2}\,\frac{\partial F}{\partial S^{(n)}} \right) S^{(n)} \right\} dS^{(1)} \ldots dS^{(n_1)}$$

$$= \int \left(F \sum_0^{n_1}{}_n S^{(n)2} + \overline{f^2} \sum_0^{n_1}{}_n S^{(n)}\,\frac{\partial F}{\partial S^{(n)}} \right) dS^{(1)} \ldots dS^{(n_1)},$$

o, si integramos por partes el segundo sumando y tenemos en cuenta que en el infinito deberemos tener $F = 0$,

$$= \int F \left(\sum_0^{n_1}{}_n S^{(n)2} - \overline{f^2} \cdot n_1 \right) dS^{(1)} \ldots dS^{(n_1)}\,.$$

Sin embargo, esta expresión se anula ya que

$$\int F S^{(n)2} dS^{(1)} \ldots dS^{(n_1)}$$

no es otra cosa que el valor medio $\overline{S^{(n)2}}$ que dedujimos en la última sección para el caso en que se considerase sólo una S suelta; en este caso se sigue de la ecuación (10) que

$$\overline{S^2} = \overline{f^2}\,.$$

Por otra parte, la integración por partes proporciona

219

$$\int \sum \left\{ \left(S^{(n)} F + \overline{f^2} \frac{\partial F}{\partial S^{(n)}} \right) \overline{f^2} \frac{\partial \log F}{\partial S^{(n)}} \right\} dS^{(1)} \ldots dS^{(n_1)}$$

$$= \int \overline{f^2} \log F \sum \left\{ \frac{\partial}{\partial S^{(n)}} \left(S^{(n)} F + \overline{f^2} \frac{\partial F}{\partial S^{(n)}} \right) \right\} dS^{(1)} \ldots dS^{(n_1)}$$

que, según (12), se anula también.

Esto demuestra que la integral (13) se anula; sin embargo, debido al carácter cuadrático del integrando, esto es posible sólo si, en cualquier parte y para cada n, se tiene

(14) $$S^{(n)} F + \overline{f^2} \frac{\partial F}{\partial S^{(n)}} = 0 \cdot$$

Llegamos por tanto a una ley estadística para F que es idéntica a la ley de errores de Gauss respecto a cualquier $S^{(n)}$:

(15) $$F = cte \cdot \exp\left(-\frac{S^{(1)2}}{2\overline{f^2}} \right) \cdot \exp\left(-\frac{S^{(2)2}}{2\overline{f^2}} \right).$$

La probabilidad de una combinación de valores $S^{(n)}$ es pues sencillamente el producto de las probabilidades de las $S^{(n)}$ individuales.

Está claro que, si la ecuación (15) tiene validez para $S^{(1)}, S^{(2)} \ldots$, entonces se satisface la misma ecuación para una combinación de cantidades

$$S^{(n)'} = \alpha_n S^{(n)}.$$

En ese caso, en los exponentes, en vez de $\overline{f^2}$, se tienen las cantidades $\alpha_n^2 \overline{f^2}$. Pero los coeficientes A_n, B_n en nuestro problema físico son del tipo $S^{(n)'}$; y, desde luego, tenemos que poner

$$S^{(n)} = \frac{A_n}{a_n \sqrt{Z}},$$

y de aquí

$$\alpha_n = a_n \sqrt{Z}.$$

Queda así demostrada también la validez de la ecuación (1) y la imposibilidad de construir un relación teórico-probabilística entre los coeficientes de la serie de Fourier que describe la radiación térmica.

(Registro de entrada: 29 de agosto de 1910)

OCTUBRE

LA OPALESCENCIA CRÍTICA

Albert Einstein. «***Theorie der Opaleszenz von homogenen Flüssigkeiten und Flüssigkeitsgemischen in der Nähe des kritischen Zustandes***». Annalen der Physik 33, 1910. pp. 1275-1298. Octubre de 1910. Registro de entrada: 8 de octubre. Publicado el 20 de diciembre de 1910. [*TCPAE*. Vol. 3. Doc. **9** (pp. 287-310. GV.)(231-249 EV.)] («Teoría de la opalescencia de líquidos homogéneos y mezclas de líquidos cerca del estado crítico»)

1275

Teoría de la opalescencia de líquidos homogéneos y mezclas de líquidos cerca del estado crítico

Smoluchowski ha demostrado en un importante trabajo teórico [1]) que la opalescencia en líquidos en la proximidad de estado crítico, así como la opalescencia en mezclas de líquidos próximas a la proporción crítica de mezcla y a la temperatura crítica, pueden explicarse de manera sencilla desde el punto de vista de la teoría molecular del calor. Dicha explicación se basa en la siguiente conclusión general del principio de entropía-probabilidad de Boltzmann: un sistema físico cerrado al exterior pasa, en el transcurso de un tiempo infinitamente largo, por todos los estados que son compatibles con el valor (constante) de su energía. Sin embargo, la probabilidad estadística de un estado solo es notablemente diferente de cero si el trabajo que, según la termodinámica, se necesitaría para generar el estado a partir del estado de equilibrio termodinámico ideal es del mismo orden de magnitud que la energía cinética de una molécula de gas monoatómica a la temperatura en cuestión.

Si un trabajo tan pequeño es suficiente para provocar, en espacios líquidos del orden de magnitud del cubo de la longitud de onda, una densidad que se desvía notablemente de la densidad media del líquido o una proporción de mezcla que se desvía notablemente de la media, entonces es evidente que debe producirse el fenómeno de la opalescencia (fenómeno de Tyndall). Smoluchowski demostró que esta condición se cumple efectivamente en las proximidades de los estados críticos, pero no proporcionó un cálculo exacto de la cantidad de luz emitida lateralmente por opalescencia. En lo que sigue se pretende llenar este vacío.

[1]M. v. Smoluchowski, Ann. d. Phys. 25. p. 205-226. 1908.

1276

§ 1. Generalidades sobre el principio de Boltzmann.

El principio de Boltzmann puede formularse mediante la ecuación

$$S = (R/N) \lg W + \text{const.} \tag{1}$$

En este caso,

R es la constante de los gases
N es el número de moléculas en una molécula-gramo,
S es la entropía,
W es la magnitud que se suele denominar «probabilidad» del estado al que corresponde el valor de entropía S.

Por lo general, W se equipara al número de tipos diferentes posibles (configuraciones) en los que se puede concebir el estado considerado, definido de forma incompleta por los parámetros observables de un sistema en el sentido de una teoría molecular. Para poder calcular W, se necesita una teoría *completa* (por ejemplo, una teoría mecánico-molecular completa) del sistema considerado. Por lo tanto, parece cuestionable si, con este tipo de concepción, el principio de Boltzmann tiene algún sentido *por sí solo*, es decir, sin una teoría *completa* de la mecánica molecular u otra teoría que represente completamente los procesos elementales (teoría elemental). La ecuación (1) parece carecer de contenido sin la adición de una teoría elemental o, como también se podría expresar, desde un punto de vista fenomenológico.

Sin embargo, el principio de Boltzmann adquiere un contenido independiente de cualquier teoría elemental si se acepta y generaliza la afirmación de la cinética molecular de que la irreversibilidad de los procesos físicos es solo aparente.

Supongamos que el estado de un sistema en sentido fenomenológico está determinado por las variables $\lambda_1 \ldots \lambda_n$, que en principio son observables. A cada estado Z le corresponde una combinación de valores de estas variables. Si el sistema está cerrado al exterior, la energía –y, en general, ninguna otra función de las variables– es invariable. Imaginemos todos los estados del sistema acordados con el valor energético

1277

del sistema y designémoslos con $Z_1 \ldots Z_l$. Si la irreversibilidad de los procesos no es fundamental, el sistema recorrerá estos estados $Z_1 \ldots Z_l$ una y otra vez a lo largo del tiempo. Bajo esta suposición, se puede hablar de la probabilidad de los estados individuales en el siguiente sentido. Si imaginamos que el sistema se observa durante un tiempo enormemente largo Θ y se determina la fracción τ_1 del tiempo Θ en la que el sistema tiene el estado Z_1, entonces τ_1/Θ es la probabilidad del estado Z_1. Lo mismo se aplica a la probabilidad de los demás estados Z. Según Boltzmann, la aparente irreversibilidad se debe a que los estados tienen diferentes probabilidades y a que el sistema probablemente adopta estados de mayor probabilidad cuando se encuentra en un estado de probabilidad relativamente baja. La aparente regularidad de los procesos irreversibles se debe a que las probabilidades de los distintos estados Z son de *diferente magnitud*, de modo que, de todos los estados adyacentes a un estado determinado Z, *uno* de ellos, debido a su enorme probabilidad en comparación con los demás, seguirá prácticamente siempre al estado mencionado en primer lugar.

La probabilidad recién descrita, cuya definición no requiere ninguna teoría elemental, es la que se relaciona con la entropía en la ecuación (1). Es fácil comprender que la ecuación (1) debe ser válida para la probabilidad así definida. La entropía es una función que (dentro del ámbito de validez de la termodinámica) no disminuye en ningún proceso en el que el sistema sea aislado. Hay otras funciones que tienen esta propiedad; pero todas ellas, si la energía E es la única función invariante en el tiempo del sistema, tienen la forma φ (S, E), donde $\partial\varphi/\partial S$ es siempre positiva. Dado que la probabilidad W es también una función que no disminuye en ningún proceso, W es también una función de S y E únicamente, o, si solo se comparan estados de la misma energía, una función de S únicamente. Que la relación dada entre S y W en la ecuación (1)

1278

es la única posible se puede deducir, como es sabido, de la proposición de que la entropía de un sistema global compuesto por subsistemas es igual a la suma de las entropías de los subsistemas. Así, la ecuación (1) se puede demostrar para todos los estados Z que pertenecen al mismo valor de energía.

Esta interpretación del principio de Boltzmann se enfrenta inicialmente a la siguiente objeción. No se puede hablar de la probabilidad estadística de un *estado*, sino solo de la de un *área de estado*. Esta se define por una parte g del «área de energía» E $(\lambda_1 \ldots \lambda_n) = 0$. W desciende aparentemente a cero con el tamaño de la parte seleccionada del área de energía. Esto haría que la ecuación (1) careciera de sentido si la relación entre S y W no fuera de un tipo muy especial. En (1) aparece lg$W$ multiplicado por el factor muy pequeño R/N. Si se piensa en W determinado para un área G_ω tan grande que sus dimensiones se encuentran aproximadamente en el límite de lo perceptible, entonces lg$W$ tendrá un valor determinado. Si el área se reduce aproximadamente e^{10} veces, el lado derecho solo se reducirá en la cantidad insignificante 10(R/N) debido a la reducción del tamaño del área. Por lo tanto, si las dimensiones del área se eligen pequeñas en comparación con las dimensiones observables, pero lo suficientemente grandes como para que R/N lg G_{ω}/G sea numéricamente insignificante, la ecuación (1) tendrá un contenido suficientemente preciso.

Hasta ahora se había supuesto que $\lambda_1 \ldots \lambda_n$ determinaban *por completo* el estado del sistema considerado en sentido fenomenológico. Sin embargo, la ecuación (1) conserva todo su significado cuando nos preguntamos por la probabilidad de un estado determinado de forma incompleta en sentido fenomenológico. Preguntemos por la probabilidad de un estado definido por determinados valores de $\lambda_1 \ldots \lambda_v$ (donde $v < n$), mientras dejamos indeterminados los valores de $\lambda_v \ldots \lambda_n$. Entre todos los estados con los valores $\lambda_1 \ldots \lambda_v$, los valores de $\lambda_v \ldots \lambda_n$ que maximizan la entropía del sistema con $\lambda_1 \ldots \lambda_v$ constantes serán, con mucho, los más frecuentes. En este caso, se mantendrá la ecuación (1) entre este valor máximo de energía y

1279

la probabilidad *de este* estado.

§ 2. *Sobre las desviaciones de un estado de equilibrio termodinámico.*

Extraeremos ahora conclusiones de la ecuación (1) sobre la relación entre las propiedades termodinámicas de un sistema y sus propiedades estadísticas. La ecuación (1) proporciona directamente la probabilidad de un estado cuando se conoce su entropía. Sin embargo, hemos visto que esta relación no es exacta; más bien, cuando se conoce S, solo se puede determinar el orden de magnitud de la probabilidad W del estado en cuestión. No obstante, a partir de (1) se pueden deducir relaciones exactas sobre el comportamiento estadístico de un sistema, concretamente en el caso de que el rango de las variables de estado para las que W tiene valores relevantes pueda considerarse infinitamente pequeño.

De la ecuación (1) resulta

$$W = \text{konst.}\, e^{\frac{N}{R} S}.$$

Esta ecuación es válida en términos de magnitud si se asigna a cada estado Z un pequeño área, del orden de magnitud de las áreas perceptibles. La constante se determina en términos de magnitud considerando que W para el estado de máxima entropía (entropía S_0) es del orden de magnitud uno, de modo que en términos de magnitud se tiene

$$W = e^{\frac{N}{R}(S - S_0)}.$$

De ello se deduce que la probabilidad *dW* de que las magnitudes $\lambda_1 \ldots \lambda_n$ se encuentren entre λ_1 y $\lambda_1 + d\lambda_1 \ldots \lambda_n$ y $\lambda_n + d\lambda_n$, en términos de orden de magnitud, viene dada por la ecuación [1])

$$dW = e^{\frac{N}{R}(S - S_0)} \,.\, d\lambda_1 \,.\,.\, d\lambda_n$$

[1]Supondremos que las áreas de extensión observable en λ tienen una extensión finita.

1280

y concretamente en el caso de que el sistema solo esté determinado de forma incompleta por $\lambda_1 \ldots \lambda_n$ (en sentido fenomenológico). [1]) En sentido estricto, *dW* se diferencia de la expresión dada por un factor *f*, de modo que se debe establecer

$$dW = e^{\frac{N}{R}(S - S_0)} \,.\, f \,.\, d\lambda_1 \ldots d\lambda_n \,.$$

En este caso, *f* será una función de $\lambda_1 \ldots \lambda_n$ y de tal magnitud que no afecte a la magnitud del factor situado a la derecha. [2])

Ahora formamos *dW* para el entorno inmediato de un máximo de entropía. Si el desarrollo de Taylor converge en el área considerada, se debe establecer

$$S = S_0 - \tfrac{1}{2} \sum \sum s_{\mu\nu} \lambda_\mu \lambda_\nu + \ldots$$
$$f = f_0 + \sum \lambda_\nu \left(\frac{\partial f}{\partial \lambda_\nu}\right) + \ldots$$

si para el estado del máximo de entropía $\lambda_1 = \lambda_2 = \lambda_n = 0$. La doble suma en la expresión para *S* es esencialmente positiva, ya que se trata de un máximo de entropía. Por lo tanto, en lugar de λ, se puede introducir una nueva variable, de modo que esa doble suma se convierta en una suma simple en la que solo aparezcan los cuadrados de las nuevas variables, denominadas de nuevo λ. Se obtiene

$$dW = \text{konst.}\, e^{-\frac{N}{2R} \sum s_\nu \lambda_\nu^2 + \ldots} \,.\, \left[f_0 + \sum \left(\frac{\partial f}{\partial \lambda_\nu} \lambda_\nu\right)\right] d\lambda_1 \ldots d\lambda_n \,.$$

Los términos que aparecen en el exponente se multiplican por el número muy grande *N*/*R*. Por lo tanto, el factor exponencial desaparecerá prácticamente para aquellos valores de λ que, debido a su pequeñez, no corresponden a estados del sistema que se desvíen de manera significativa del estado de equilibrio termodinámico.

1) En el otro caso, debido al principio de energía, la diversidad de los estados posibles sería solo $(n - 1)$ dimensional.

2) No sabemos nada sobre el orden de magnitud de las derivadas de la función *f* según λ. Sin embargo, en lo sucesivo supondremos que el orden de magnitud de la derivada de *f* es igual al de la propia función *f*.

1281

Para valores tan pequeños de λ, siempre se podrá sustituir el factor f por el valor f_0 que tiene en estado de equilibrio termodinámico. En todos estos casos, en los que las variables solo se desvían ligeramente de sus valores correspondientes al equilibrio térmico ideal, la fórmula puede sustituirse por

$$(2) \qquad dW = \text{konst.}\, e^{-\frac{N}{R}(S-S_0)} \,.\, d\lambda_1 \ldots d\lambda_n$$

Para desviaciones tan pequeñas del equilibrio termodinámico, como las que se dan en nuestro caso, la magnitud $S - S_0$ tiene un significado claro. Si imaginamos que los estados que nos interesan, cercanos al equilibrio termodinámico, se producen de forma reversible por influencia externa, según la termodinámica se aplica la ecuación energética

$$dU = dA + TdS,$$

si se designa con U la energía del sistema y con dA el trabajo elemental suministrado al mismo. Solo nos interesan los estados que puede adoptar un sistema cerrado al exterior, es decir, los estados que pertenecen al mismo valor energético. Para la transición de un estado de este tipo a uno vecino, $dU = 0$. Además, solo se producirá un error insignificante si sustituimos T en la ecuación anterior por la temperatura T_0 del equilibrio termodinámico. La ecuación anterior se convierte entonces en

$$dA + T_0\, dS = 0$$

o

$$(3) \qquad \int dS = S - S_0 = (1/T_0)A,$$

donde A representa el trabajo que, según la termodinámica, habría que realizar para llevar el sistema del estado de equilibrio termodinámico al estado considerado. Por lo tanto, podemos escribir la ecuación (2) en la forma

$$(2\text{a}) \qquad dW = \text{konst.}\, e^{\frac{N}{RT_0}A}\, d\lambda_1 \ldots d\lambda_n .$$

1282

Consideremos ahora que los parámetros λ se han elegido de tal manera que se anulan en el equilibrio termodinámico. En un entorno determinado, A será desarrollable en λ según el teorema de Taylor, cuyo desarrollo, con la elección adecuada de λ, tendrá la forma $A + \frac{1}{2}\, \Sigma a_\nu \lambda_\nu^2$ + términos de grado superior al segundo en λ, donde todos los a_ν son positivos. Además, dado que en el exponente de la ecuación (2a) la magnitud A aparece multiplicada por el factor muy grande N/RT_0, el factor exponencial solo se desviará notablemente de cero para valores muy pequeños de A, es decir, también para valores muy pequeños de λ. Para valores tan pequeños de λ, los términos de grado superior al primero en la expresión de A solo aportarán contribuciones insignificantes en comparación con los de segundo grado. Si este es el caso, podemos establecer para la ecuación (2a)

$$(2b)\qquad dW = \text{konst.}\, e^{-\frac{N}{2RT_0}\sum a_\nu d_\nu^2}\, d\lambda_1 \ldots d\lambda_n,$$

una ecuación que tiene la forma de la ley de error de Gauss.

En este trabajo nos limitaremos a este caso especial tan importante. De (2b) se deduce inmediatamente que el valor medio del trabajo de desviación A_ν correspondiente al parámetro λ_ν tiene el valor

$$(4)\qquad \overline{A_\nu} = \overline{\tfrac{1}{2} a_\nu \lambda_\nu^2} = \frac{RT_0}{2N}.$$

Por lo tanto, este trabajo medio es igual a la tercera parte de la energía cinética media de una molécula de gas monoatómica.

§ 3. *Sobre las desviaciones de la distribución espacial de líquidos y mezclas de líquidos con respecto a la distribución uniforme.*

Denotamos con ϱ_0 la densidad media de una sustancia homogénea o la densidad media de uno de los componentes de una mezcla binaria de líquidos. Debido a la irregularidad del movimiento térmico, la densidad ϱ en un punto del líquido será, en general, diferente de ϱ_0.

1283

Si el líquido está encerrado en un cubo que, con respecto a un sistema de coordenadas, se caracteriza por

$$0 < x < L,$$
$$0 < y < L$$

y

$$0 < z < L,$$

podemos establecer para el interior de este cubo

$$(5)\qquad \begin{cases} \varrho = \varrho_0 + \triangle, \\ \triangle = \sum\limits_{\varrho}\sum\limits_{\sigma}\sum\limits_{\tau} B_{\varrho\sigma\tau} \cos 2\pi\varrho\frac{x}{2L}\cos 2\pi\sigma\frac{y}{2L}\cos 2\pi\tau\frac{z}{2L}. \end{cases}$$

Las magnitudes ϱ, σ, τ significan los números enteros positivos. Sin embargo, hay que señalar lo siguiente.

En sentido estricto, no se puede hablar de la densidad de un líquido en un punto del espacio, sino solo de la densidad media en un espacio cuyas dimensiones son grandes en comparación con la distancia media entre moléculas vecinas. Por esta razón, los términos de la expansión en los que una de las magnitudes ϱ, σ, τ está por encima de ciertos límites no tienen significado físico. Sin embargo, de lo que sigue se desprende que esta circunstancia no es relevante para nosotros.

Las magnitudes $B_{\varrho,\sigma,\tau}$ cambiarán con el tiempo, de tal manera que su media será igual a cero. Nos preguntamos cuáles son las leyes estadísticas a las que están sujetas las magnitudes B. Estas desempeñan el papel de los parámetros λ del párrafo anterior, que determinan el estado de nuestro sistema en sentido fenomenológico.

Obtenemos estas leyes estadísticas según el párrafo anterior, determinando el trabajo A en función de las magnitudes B. Esto es posible de la siguiente manera. Si designamos con $\varphi(\varrho)$ el trabajo que hay que realizar para llevar la unidad de masa de la densidad media ϱ_0 a la densidad ϱ de forma isotérmica, este trabajo tiene para la masa $\varrho d\tau$ que se encuentra en el elemento de volumen $d\tau$ el valor

$$\varrho\varphi d\tau,$$

1284

es decir, para todo el cubo de líquido el valor

$$A = \int \varrho \cdot \varphi \cdot d\tau.$$

Tendremos que suponer que las desviaciones Δ de la densidad respecto a la media son muy pequeñas y estableceremos

$$\varrho = \varrho_0 + \Delta,$$
$$\varphi = \varphi(\varrho_0) + \left(\frac{\partial \varphi}{\partial \varrho}\right)_0 \Delta + \frac{1}{2}\left(\frac{\partial^2 \varphi}{\partial \varrho^2}\right)_0 \Delta^2 + \ldots$$

De ello se deduce, dado que $\varphi(\varrho_0) = 0$ y $\int \Delta \, d\tau = 0$,

$$A = \left(\frac{\partial \varphi}{\partial \varrho} + \frac{1}{2}\varrho \frac{\partial^2 \varphi}{\partial \varrho^2}\right)_0 \int \Delta^2 d\tau,$$

omitiéndose el índice «0» por simplicidad. En el integrando se omiten los términos de cuarto grado y superiores, lo que evidentemente solo está permitido si

$$\frac{\partial \varphi}{\partial \varrho} + \frac{1}{2}\varrho \frac{\partial^2 \varphi}{\partial \varrho^2}$$

no es demasiado pequeño y los términos multiplicados por Δ^4, etc., no son demasiado grandes. Sin embargo, según (5)

$$\int \Delta^2 d\tau = \frac{L^3}{8} \sum_\varrho \sum_\sigma \sum_\tau B^2_{\varrho,\sigma,\tau},$$

ya que desaparecen las integrales espaciales de los productos dobles de los términos de la suma de Fourier. Por lo tanto,

$$A = \left(\frac{\partial \varphi}{\partial \varrho} + \frac{1}{2}\varrho \frac{\partial^2 \varphi}{\partial \varrho^2}\right) \frac{L^3}{8} \sum_\varrho \sum_\sigma \sum_\tau B^2_{\varrho\sigma\tau}.$$

Si expresamos el trabajo que debe realizarse por unidad de masa para pasar de un estado de equilibrio termodinámico a un estado de ϱ determinado como función del volumen específico $1/\varrho = v$, y se pone por tanto

$$\varphi(\varrho) = \psi(v),$$

se obtiene una expresión aún más sencilla

$$(6) \qquad A = \frac{L^3}{16} v^3 \frac{\partial^2 \psi}{\partial v^2} \sum_{\varrho} \sum_{\sigma} \sum_{\tau} B^2_{\varrho\sigma\tau},$$

donde las magnitudes v y $\partial^2\psi/\partial v^2$ deben sustituirse por el estado de equilibrio termodinámico ideal. Observamos que los coeficientes B solo aparecen de forma cuadrática, pero no

1285

como productos dobles en la expresión de A. Por lo tanto, las magnitudes B son parámetros del sistema del tipo que aparecen en las ecuaciones (2b) y (4) del párrafo anterior. Las magnitudes B siguen (independientemente unas de otras) la ley de error de Gauss, y la ecuación (4) da dircctamcntc

$$(7) \qquad \frac{L^3}{8} v^3 \frac{\partial^2 \psi}{\partial v^2} \overline{B^2_{\varrho\sigma\tau}} = \frac{RT_0}{N}.$$

Las propiedades estadísticas de nuestro sistema están, por tanto, completamente determinadas o se reducen a la función ψ determinable termodinámicamente.

Observamos que solo se permite ignorar los términos con Δ^3, etc., si $\partial^2\psi/\partial v^2$ no es demasiado pequeño para el equilibrio termodinámico ideal, o incluso desaparece. Esto último ocurre con líquidos y mezclas de líquidos que se encuentran exactamente en estado crítico. Dentro de un cierto rango (muy pequeño) alrededor del estado crítico, las fórmulas (6) y (7) dejan de ser válidas. Sin embargo, no existe ninguna dificultad *de principio* para completar la teoría teniendo en cuenta los términos de grado superior en los coeficientes. [1])

§ 4. Cálculo de la luz difractada por un medio infinitamente poco heterogéneo y sin absorción.

Una vez que hemos determinado, a partir del principio de Boltzmann, la densidad de una sustancia uniforme o la proporción de una mezcla en función de la ubicación, pasamos a examinar la influencia que el medio ejerce sobre un rayo de luz que lo atraviesa.

Sea de nuevo $\varrho = \varrho_0 + \Delta$ la densidad en un punto del medio o, si se trata de una mezcla, la densidad espacial de uno de los componentes. El rayo de luz considerado sea monocromático. En relación con él, el medio puede caracterizarse por el índice de refracción g o por la constante dieléctrica aparente ε correspondiente a la frecuencia en cuestión,

1) Véase M. V. Smoluchowski, 1. c., p. 215.

1286

que está relacionada con el índice de refracción por la relación $g = \sqrt{\varepsilon}$. Establecemos

$$(8) \qquad \varepsilon = \varepsilon_0 + \left(\frac{\partial \varepsilon}{\partial \varrho}\right)_0 \triangle = \varepsilon_0 + \iota ;$$

donde ι, al igual que Δ, debe tratarse como una magnitud infinitamente pequeña.

En cada punto del medio se aplican las ecuaciones de Maxwell, que, dado que podemos ignorar la influencia de la velocidad del cambio temporal de ε sobre la luz, adoptan la forma

$$\frac{\varepsilon}{c}\frac{\partial \mathfrak{E}}{\partial t} = \operatorname{curl} \mathfrak{H}, \qquad \operatorname{div} \mathfrak{H} = 0,$$

$$\frac{1}{c}\frac{\partial \mathfrak{H}}{\partial t} = -\operatorname{curl} \mathfrak{E}, \qquad \operatorname{div}(\varepsilon \mathfrak{E}) = 0,$$

donde $\mathfrak{E}$ es la intensidad del campo eléctrico, $\mathfrak{H}$ la intensidad del campo magnético y c la velocidad de la luz en el vacío. Eliminando $\mathfrak{H}$ se obtiene

$$(9) \qquad \frac{\varepsilon}{c^2}\frac{\partial^2 \mathfrak{E}}{\partial t^2} = \triangle \mathfrak{E} - \operatorname{grad} \operatorname{div} \mathfrak{E},$$

$$(10) \qquad \operatorname{div}(\varepsilon \mathfrak{E}) = 0 .$$

Sea ahora $\mathfrak{E}_0$ el campo eléctrico de una onda luminosa, tal y como transcurriría si ε no variara con la ubicación, lo que denominaremos «el campo de la onda luminosa excitante». El campo real (campo total) $\mathfrak{E}$ diferirá infinitesimalmente de $\mathfrak{E}_0$ en el campo de opalescencia $\mathfrak{e}$, de modo que se debe establecer

$$(11) \qquad \mathfrak{E} = \mathfrak{E}_0 + \mathfrak{e}.$$

Si sustituimos las expresiones para ε y $\mathfrak{E}$ de (8) y (11) en (9) y (10), obtenemos, despreciando infinitesimales de segundo orden y teniendo en cuenta que $\mathfrak{E}_0$ satisface las ecuaciones de Maxwell con una constante dieléctrica constante ε_0,

$$(9\text{a}) \qquad \frac{\varepsilon_0}{c^2}\frac{\partial^2 \mathfrak{e}}{\partial t^2} - \triangle \mathfrak{e} = -\frac{1}{c^2}\iota \frac{\partial^2 \mathfrak{E}_0}{\partial t^2} - \operatorname{grad} \operatorname{div} \mathfrak{e},$$

$$(10\text{a}) \qquad \operatorname{div}(\iota \mathfrak{E}_0) + \operatorname{div}(\varepsilon_0 \mathfrak{e}) = 0 .$$

1287

Si se desarrolla (10a) y se tiene en cuenta que div $\mathfrak{E}_0 = 0$ y grad $\varepsilon_0 = 0$, se obtiene

$$\operatorname{div} \mathfrak{e} = -\frac{1}{\varepsilon_0} \mathfrak{E}_0 \operatorname{grad} \iota .$$

Si se sustituye esto en (9a), se obtiene

$$(9b) \qquad \frac{\varepsilon_0}{c^2}\frac{\partial^2 \mathfrak{e}}{\partial t^2} - \triangle \mathfrak{e} = -\frac{1}{c^2}\iota\frac{\partial^2 \mathfrak{E}_0}{\partial t^2} + \frac{1}{\varepsilon_0}\operatorname{grad}\{\mathfrak{E}_0 \operatorname{grad}\iota\} = \mathfrak{a},$$

donde el lado derecho es un vector conocido, que se abrevia con "$\mathfrak{a}$". Por lo tanto, entre el campo de opalescencia $\mathfrak{e}$ y el vector $\mathfrak{a}$ existe una relación de la misma forma que entre el potencial vectorial y la corriente eléctrica. Como es sabido, la solución es

$$(12) \qquad \mathfrak{e} = \frac{1}{4\pi}\int \frac{\{\mathfrak{a}\}_{t_0 - \frac{r}{V}}}{r}\, d\tau,$$

donde r es la distancia de $d\tau$ al punto de incidencia, $V = c/\sqrt{\varepsilon_0}$ es la velocidad de propagación de las ondas luminosas. La integral espacial debe extenderse a todo el espacio en el que el campo de luz excitante $\mathfrak{E}_0$ es distinto de cero. Si solo se extiende a una parte de este espacio, se obtiene la parte del campo de opalescencia que genera la onda de luz excitante al atravesar la parte del espacio en cuestión.

Nos ponemos la tarea de determinar la parte del campo de opalescencia que es generada por una onda de luz monocromática plana excitante en el interior del cubo

$$0 < x < l,$$
$$0 < y < l,$$
$$0 < z < l.$$

La longitud del borde l de este cubo es pequeña en comparación con la longitud del borde L del cubo considerado anteriormente.

La onda de luz plana excitante viene dada por

$$(13) \qquad \mathfrak{E}_0 = \mathfrak{A}\cos 2\pi n\left(t - \frac{\mathfrak{n}\mathfrak{r}}{V}\right),$$

1288

donde n es el vector unitario de la normal a la onda (componentes α, β, γ) y $\mathfrak{r}$ es el vector radio (componentes x, y, z) trazado desde el origen de coordenadas. Por simplicidad, elegimos el punto de incidencia en una distancia D infinitamente grande con respecto a l en el eje X de nuestro sistema de coordenadas. Para un punto de incidencia de este tipo, la ecuación (12) toma la forma:

$$(12a) \qquad \mathfrak{e} = \frac{1}{4\pi D}\int \{\mathfrak{a}\}_{t_1 + \frac{x}{V}}\, d\tau.$$

Hay que poner pues

$$t_0 - \frac{r}{V} = t_0 - \frac{D - x}{V}$$

donde, para abreviar, se ha puesto

$$t_0 - \frac{D}{V} = t_1$$

y se puede sustituir el factor $1/r$ del integrando por el factor constante $1/D$, que es relativamente infinitesimal.

Ahora tenemos que calcular la integral espacial que se extiende sobre nuestro cubo de longitud de arista l, que aparece en (12a), sustituyendo la expresión para a de (9b). Facilitamos este cálculo introduciendo el siguiente símbolo. Si φ es un escalar o vector, cuya función es de x, y, z con t, entonces establecemos

$$\varphi\left(x, y, z, t_1 + \frac{x}{V}\right) = \varphi^*,$$

de modo que φ^x solo depende de x, y y z. De ello se deduce inmediatamente la ecuación

$$\operatorname{grad} \varphi^* = (\operatorname{grad} \varphi)^* + \mathrm{i}\frac{1}{V}\left(\frac{\partial \varphi}{\partial t}\right)^*,$$

de la que se deduce

$$\int (\operatorname{grad} \varphi)^* d\tau = \int \operatorname{grad} \varphi^* d\tau - \mathrm{i}\frac{1}{V}\int \left(\frac{\partial \varphi}{\partial t}\right)^* d\tau,$$

donde i es el vector unitario en la dirección del eje X. La primera de las integrales de la derecha se puede transformar mediante integración parcial. Si $\mathfrak{N}$ es la normal unitaria exterior a la superficie del espacio de integración y ds es el elemento de superficie, entonces

$$\int \operatorname{grad} \varphi^* d\tau = \int \varphi^* \mathfrak{N}\, ds.$$

1289

Por lo tanto, se tiene

$$(14) \qquad \int (\operatorname{grad} \varphi)^* d\tau = \int \varphi^* \mathfrak{N}\, ds - \mathrm{i}\frac{1}{V}\int \left(\frac{\partial \varphi}{\partial t}\right)^* dt.$$

Si φ es una función de carácter ondulatorio, la integral de superficie del lado derecho de nuestra ecuación no aportará ninguna contribución proporcional al volumen del espacio de integración, ni ninguna otra que nos interese. En este caso, una integral de la forma

$$\int (\operatorname{grad} \varphi)^* \, d\tau$$

solo puede aportar una contribución a la componente X.

Si ahora se forman las dos integrales que se obtienen al sustituir $\mathfrak{a}$ (ecuación (9b)) en la integral que aparece en (12a)

$$\int \mathfrak{a}^* d\tau,$$

se observa que la segunda de estas integrales tiene la forma del lado izquierdo de (14), donde $\varphi = \mathfrak{E}_0$ grad ι. Dado que se trata efectivamente de una función de carácter ondulatorio, que además se anula cuando grad ι se anula en la superficie, según (14) esta segunda integral puede aportar una parte considerable sólo a la componente X de $\mathfrak{e}$. Un cálculo más preciso nos enseña que esta segunda integral compensa precisamente la componente X de la primera integral. No necesitamos demostrarlo específicamente, porque $\mathfrak{e}_x$ debe anularse debido a la transversalidad de la luz. En virtud de lo acabamos de decir, de (12a) y (9b) se deduce

$$(12b) \qquad \begin{cases} \mathfrak{e}_x = 0, \\ \mathfrak{e}_y = -\dfrac{1}{4\pi D c^2}\displaystyle\int \iota \left(\frac{\partial^2 \mathfrak{E}_{0y}}{\partial t^2}\right)^* d\tau, \\ \mathfrak{e}_z = -\dfrac{1}{4\pi D c^2}\displaystyle\int \iota \left(\frac{\partial^2 \mathfrak{E}_{0z}}{\partial t^2}\right)^* d\tau. \end{cases}$$

Ahora calculamos $\mathfrak{e}_y$ sustituyendo en la segunda de estas ecuaciones de la ecuación (13)

$$\left(\frac{\partial^2 \mathfrak{E}_{0y}}{\partial t^2}\right)^* = -\mathfrak{A}_y (2\pi n)^2 \cos 2\pi n \left(t_1 + \frac{x}{V} - \frac{\alpha x + \beta y + \gamma z}{V}\right)$$

Además, sustituimos ι mediante las ecuaciones (8)

1290

y (5). De este modo, intercambiando los signos de suma e integración, obtenemos

$$\mathfrak{e}_y = \frac{\mathfrak{A}_y (2\pi n)^2}{4\pi D c^2} \frac{\partial \varepsilon}{\partial \varrho} \sum_\varrho \sum_\sigma \sum_\tau B_{\varrho\sigma\tau} \iiint \cos 2\pi n \left(t_1 + \frac{(1-\alpha)x - \beta y - \gamma z}{V}\right)$$

$$\cdot \cos\left(2\pi \varrho \frac{x}{2L}\right) \cdot \cos\left(2\pi \sigma \frac{y}{2L}\right) \cdot \cos\left(2\pi \tau \frac{z}{2L}\right) dx\, dy\, dz,$$

donde la integral espacial debe extenderse sobre el cubo de longitud de arista l. La integral espacial tiene la forma

$$J_{\varrho\sigma\tau} = \iiint \cos(\lambda x + \mu y + \nu z) \cos \lambda' x \cos \mu' y \cos \nu' z \, dx\, dy\, dz,$$

teniendo en cuenta que λ, μ, ν, λ', μ', ν' deben considerarse números muy grandes. [1]) En este caso, se debe establecer

$$(15)\begin{cases} J_{\varrho\sigma\tau} = \left(\frac{1}{2}\right)^3 l^3 \dfrac{\sin(\lambda-\lambda')\frac{l}{2}}{\frac{(\lambda-\lambda')l}{2}} \cdot \dfrac{\sin(\mu-\mu')\frac{l}{2}}{\frac{(\mu-\mu')l}{2}} \cdot \dfrac{\sin(\nu-\nu')\frac{l}{2}}{\frac{(\nu-\nu')l}{2}} \\ \cos\left(2\pi n t_1 + \frac{(\lambda-\lambda')l}{2} + \frac{(\mu-\mu')l}{2} + \frac{(\nu-\nu')l}{2}\right). \end{cases}$$

Además de esta expresión, en la integración se descuidan aquellas expresiones que tienen una o varias de las magnitudes muy grandes ($\lambda + \lambda'$), etc. en el denominador. Se observa que J solo se desvía notablemente de cero para aquellos $\varrho\ \sigma\ \tau$ para los que las diferencias ($\lambda - \lambda'$), etc. no son muy grandes. Observamos que aquí se establece

$$(15\,a)\quad\begin{cases} \lambda = \quad 2\pi n \frac{1-\alpha}{V}, & \lambda' = \frac{\pi\varrho}{L}, \\ \mu = -\,2\pi n \frac{\beta}{V}, & \mu' = \frac{\pi\sigma}{L}, \\ \nu = -\,2\pi n \frac{\nu}{V}, & \nu' = \frac{\pi\tau}{L}. \end{cases}$$

1) A continuación se calcula como si λ, μ, ν fueran *positivos*. Si no es este el caso, uno o varios signos en (15) cambian. Sin embargo, el resultado final es siempre el mismo.

1291

Si ponemos, para abreviar

$$\frac{\mathfrak{A}_y (2\pi n)^2}{4\pi D c^2} \frac{\partial\varepsilon}{\partial\varrho} = A,$$

entonces es

$$(12\,c)\qquad \mathfrak{e}_y = A \sum_\varrho \sum_\sigma \sum_\tau B_{\varrho\sigma\tau} J_{\varrho\sigma\tau}.$$

Esta ecuación, en combinación con (15) y (15a), da como resultado el valor instantáneo del campo de opalescencia para cada momento $t_0 = t_1 + D/V$ a partir del punto $x = D$, $y = z = 0$. Nos interesa especialmente la intensidad media de la luz opalescente, tomando el valor medio tanto en lo que respecta al tiempo como a las fluctuaciones de densidad que provocan la opalescencia. Como medida de esta intensidad media puede servir el valor medio de $\mathfrak{e}^2 = \mathfrak{e}_y^2 + \mathfrak{e}_z^2$. Es

$$\mathfrak{e}_y^2 = A^2 \sum_\varrho \sum_\sigma \sum_\tau \sum_{\varrho'} \sum_{\sigma'} \sum_{\tau'} B_{\varrho\sigma\tau} B_{\varrho'\sigma'\tau'} J_{\varrho\sigma\tau} J_{\varrho'\sigma'\tau'},$$

donde la suma se extiende a todas las combinaciones de los índices ϱ, σ, τ, ϱ', σ', τ', siempre para el mismo valor de t_1. Ahora calculamos el valor medio de esta magnitud en relación con las diferentes distribuciones de densidad. De (15) se desprende que las magnitudes $J_{\varrho\sigma\tau}$ no dependen de la distribución de densidad, ni tampoco la magnitud mediante una barra superpuesta, por lo que obtenemos

$$\overline{\mathfrak{e}_y^2} = A^2 \sum\sum\sum\sum\sum\sum \overline{B_{\varrho\sigma\tau} B_{\varrho'\sigma'\tau'}} J_{\varrho\sigma\tau} J_{\varrho'\sigma'\tau'} .$$

Sin embargo, dado que, según el § 3, las magnitudes B cumplen la ley de error gaussiana de forma independiente entre sí (al menos en la medida en que llega la aproximación que seguimos), si no es $\varrho = \varrho'$, $\sigma = \sigma'$ y $\tau = \tau'$, entonces

$$\overline{B_{\varrho\sigma\tau} B_{\varrho'\sigma'\tau'}} = 0 .$$

Por lo tanto, nuestra expresión para $\overline{\mathfrak{e}_y^2}$ se reduce a

$$\overline{\mathfrak{e}_y^2} = A^2 \sum\sum\sum \overline{B^2_{\varrho\sigma\tau}} J^2_{\varrho\sigma\tau} .$$

Sin embargo, este valor medio aún no es el que buscamos. También hay que tomar el valor medio con respecto al *tiempo*. Este solo aparece en el último factor de la expresión

1292

para $J_{\varrho\sigma\tau}$. Si se tiene en cuenta que el valor medio temporal de este factor es ½ y se establece la abreviatura

$$(16) \qquad \begin{cases} \dfrac{(\lambda - \lambda')\,l}{2} = \xi , \\[2mm] \dfrac{(\mu - \mu')\,l}{2} = \eta , \\[2mm] \dfrac{(\nu - \nu')\,l}{2} = \zeta , \end{cases}$$

se obtiene la expresión

$$\overline{\overline{\mathfrak{e}_y^2}} = \frac{1}{2} A^2 \cdot \left(\frac{l}{2}\right)^6 \sum\sum\sum \overline{B^2_{\varrho\sigma\tau}} \frac{\sin^2\xi}{\xi^2} \frac{\sin^2\eta}{\eta^2} \frac{\sin^2\zeta}{\zeta^2} .$$

Según (7), $\overline{B^2_{\rho\sigma\tau}}$ es además independiente de $\varrho\sigma\tau$, por lo que puede colocarse delante del signo de suma. Además, según (16) y (15a), los ξ que pertenecen a valores consecutivos de ϱ difieren en $[(\pi/2)(l/L)]$, es decir, en una cantidad infinitamente pequeña. Por lo tanto, la suma triple que aparece se puede convertir en una integral triple. Dado que, según lo dicho anteriormente, para el intervalo $\Delta\xi$ de dos valores ξ consecutivos en la suma triple, la relación es

$$\Delta\xi \cdot \frac{2}{\pi} \frac{L}{l} = 1$$

entonces

$$\sum\sum\sum \frac{\sin^2 \xi}{\xi^2} \frac{\sin^2 \eta}{\eta^2} \frac{\sin^2 \zeta}{\zeta^2}$$

$$= \left(\frac{2}{\pi} \frac{L}{l}\right)^3 \sum\sum\sum \frac{\sin^2 \xi}{\xi^2} \frac{\sin^2 \eta}{\eta^2} \frac{\sin^2 \zeta}{\zeta^2} \Delta \xi \Delta \eta \Delta \zeta,$$

y esta última suma se puede escribir sin más como una integral triple. De (16) y (15a) se deduce que esta integral debe tomarse prácticamente entre los límites $-\infty$ y $+\infty$, de modo que se descompone en un producto de tres integrales, cada una de las cuales tiene el valor π. Teniendo esto en cuenta, se obtiene finalmente, con ayuda de (7) y sustituyendo la expresión para A por $\overline{\overline{\mathfrak{e}_y^2}}$, la expresión

$$\overline{\overline{\mathfrak{e}_y^2}} = \frac{R T_0}{N} \frac{\left(\frac{\partial \varepsilon}{\partial \varrho}\right)^2}{v^2 \frac{\partial^2 \psi}{\partial v^2}} \left(\frac{2 \pi n}{c}\right)^4 \frac{l^3}{(4 \pi D)^2} \frac{\mathfrak{A}_y^2}{2}$$

1293

o, si se introduce de forma coherente el volumen específico v y se sustituye c/n por la longitud de onda λ de la luz excitante:

$$(17) \qquad \overline{\overline{\mathfrak{e}_y^2}} = \frac{R T_0}{N} \frac{v \left(\frac{\partial \varepsilon}{\partial v}\right)^2}{\frac{\partial^2 \psi}{\partial v^2}} \left(\frac{2 \pi}{\lambda}\right)^4 \frac{\Phi}{(4 \pi D)^2} \frac{\mathfrak{A}_y^2}{2}.$$

En este caso, el volumen opalescente irradiado, cuya forma no es relevante, se denomina Φ. Se aplica una fórmula análoga con respecto a la componente z, mientras que su componente x desaparece de e. De ello se deduce que, para la intensidad y el estado de polarización de la luz opalescente emitida en una dirección determinada, es determinante la proyección del vector eléctrico de la luz excitante sobre el plano normal al rayo opalescente, que también puede ser la dirección de propagación de la luz excitante. [1]) Si J_e es la intensidad de la luz excitante, J_0 la de la luz opalescente a una distancia D del punto de excitación en una dirección determinada, y φ el ángulo entre el vector eléctrico de la luz excitante y el plano normal al rayo opalescente considerado, entonces, según (17)

$$(17\text{a}) \qquad \frac{J_0}{J_e} = \frac{R T_0}{N} \frac{v \left(\frac{\partial \varepsilon}{\partial v}\right)^2}{\frac{\partial^2 \psi}{\partial v^2}} \left(\frac{2 \pi}{\lambda}\right)^4 \frac{\Phi}{(4 \pi D)^2} \cos^2 \varphi.$$

Calculamos la absorción aparente debida a la opalescencia mediante la integración de la luz opalescente en todas las direcciones. Si se designa con δ el espesor de la capa irradiada y con α la constante de absorción ($e^{-\alpha\delta}$ = factor de atenuación de la intensidad), se obtiene:

$$(18) \qquad \alpha = \frac{1}{6\pi}\frac{R T_0}{N}\frac{v\left(\frac{\partial \varepsilon}{\partial v}\right)^2}{\frac{\partial^2 \psi}{\partial v^2}}\left(\frac{2\pi}{\lambda}\right)^4.$$

[1]No es de extrañar que nuestra luz opalescente tenga esta propiedad en común con la luz opalescente causada por cuerpos suspendidos pequeños en comparación con la longitud de onda de la luz. En ambos casos se trata de perturbaciones irregulares y rápidamente variables de la homogeneidad de la sustancia irradiada.

1294

Es importante que el resultado principal de nuestra investigación, dado por la fórmula (17a), permita una determinación exacta de la constante *N*, es decir, del tamaño absoluto de las moléculas. A continuación, este resultado se aplicará al caso especial de la sustancia homogénea, así como a las mezclas binarias líquidas cercanas al estado crítico.

§ 5. *Sustancia homogénea*

En el caso de una sustancia homogénea tenemos que poner

$$\psi = -\int p\, dv,$$

y, por tanto

$$\frac{\partial^2 \psi}{\partial v^2} = -\frac{\partial p}{\partial v}.$$

Además, según la relación de Clausius-Mosotti-Lorentz, es

$$\frac{\varepsilon - 1}{\varepsilon + 2} v = \text{konst.},$$

y, por tanto

$$\left(\frac{\partial \varepsilon}{\partial v}\right)^2 = \frac{(\varepsilon - 1)^2 (\varepsilon + 2)^2}{9 v^2}.$$

Si se introduce este valor en (17a), se obtiene

$$(17\,b) \qquad \frac{J_0}{J_e} = \frac{R T_0}{N}\frac{(\varepsilon - 1)^2(\varepsilon + 2)^2}{9 v\left(-\frac{\partial p}{\partial v}\right)}\left(\frac{2\pi}{\lambda}\right)^4 \frac{\Phi}{(4\pi D)^2}\cos^2\varphi.$$

En esta fórmula, que da la relación entre la intensidad de la luz opalescente y la luz excitante, si esta última se mide en la distancia *D* del volumen irradiado primario *Φ*,

R es la constante de los gases,
T es la temperatura absoluta,

N es el número de moléculas en un gramo-molécula,
ε es el cuadrado del exponente de refracción para la longitud de onda λ,
υ es el volumen específico,
$\partial p/\partial v$ es el cociente diferencial isotérmico de la presión con respecto al volumen,
φ es el ángulo entre el vector del campo eléctrico de la onda excitante y el plano normal al rayo opalescente considerado.

1295

El hecho de que $\partial p/\partial v$ sea el cociente diferencial isotérmico y no el adiabático se debe a que, de todos los estados que pertenecen a una distribución de densidad dada, el estado de temperatura igual con una energía total dada es el estado de mayor entropía y, por lo tanto, también el de mayor probabilidad estadística.

Si la sustancia en cuestión es un gas ideal, hay que poner $\varepsilon + 2 = 3$. En este caso, se obtiene

$$\text{(17c)} \qquad \frac{J_0}{J_e} = \frac{R\,T_0}{N}\,\frac{(\varepsilon-1)^2}{p}\left(\frac{2\pi}{\lambda}\right)^4 \frac{\Phi}{(4\pi D)^2}\cos^2\varphi\,.$$

Como muestra un cálculo aproximado, esta fórmula permite explicar muy bien la existencia de luz predominantemente azul emitida por el mar de aire* irradiado. [1]) Cabe destacar que nuestra teoría no hace uso *directo* de la suposición de una distribución discreta de la materia.

[* Einstein emplea aquí el término “Luftmeer”. Cabe suponer que se refiere a la atmósfera.]

§ 6. *Mezcla de líquidos.*

También en el caso de una mezcla de líquidos se aplica la derivación según la ecuación (17a), si se establece

v = volumen específico de la unidad de masa del primer componente,
ψ = trabajo necesario para llevar de forma reversible la unidad de masa del primer componente a temperatura constante de forma reversible desde el volumen específico del equilibrio térmico a otro volumen específico determinado.

La magnitud ψ puede sustituirse por magnitudes accesibles por la experiencia en el caso de que el vapor que coexiste con la mezcla de líquidos considerada pueda considerarse una mezcla de gases ideales y que la mezcla se considere incompresible. Entonces encontramos ψ mediante la siguiente consideración elemental.

La unidad de masa del primer componente se mezcla con la masa k del segundo componente. k es entonces una medida de la composición de la mezcla, cuya masa total es $1 + k$.

[1]La ecuación (17c) también se puede obtener sumando las emisiones de las moléculas de gas individuales, considerándolas distribuidas de forma completamente irregular. (Véase Rayleigh, *Phil. Mag.* **47**. p. 375. 1899 y Papers **4**. p. 400.)

1296

Esta mezcla tiene una fase de vapor, y sea p'' la presión parcial, v'' el volumen específico del segundo componente en la fase de vapor. Este sistema está encerrado en una envoltura que tiene una pared semipermeable a través de la cual puede entrar y salir el segundo componente en forma de gas, pero no el primero. En una segunda envoltura relativamente infinita hay una cantidad relativamente infinita de la mezcla con la composición (caracterizada por k_0) para la que queremos calcular la opalescencia. Esta segunda mezcla también tiene un espacio de vapor con una pared semipermeable, y la presión parcial —volumen específico del segundo componente en el espacio de vapor— se denomina p_0'', v_0''. En el interior de ambas envolturas reina la temperatura T_0. Ahora calculamos el trabajo $d\psi$ necesario para aumentar en dk el grado de concentración k en el primer recipiente, transportando de forma reversible la masa dk del segundo componente del segundo recipiente al primero en forma de gas. Este trabajo se compone de las tres partes siguientes:

$$-\frac{dk}{M''} p_0'' v_0''$$

(trabajo al extraer del segundo recipiente)

$$\frac{dk}{M''} R T_0 \lg \frac{p''}{p_0''}$$

(compresión isotérmica hasta la presión parcial en el primer recipiente)

$$\frac{dk}{M''} R T_0 \lg \frac{p''}{p_0''}$$

(trabajo al introducir en el primer recipiente).

En este caso, el volumen del líquido es insignificante en comparación con el volumen del gas. M'' es el peso molecular del segundo componente en la fase de vapor. Dado que el primer y tercer término se cancelan según la ley de Mariotte, obtenemos

$$d\psi = \frac{R T_0}{M''} dk \lg \frac{p''}{p_0''} .$$

Por lo tanto, la función ψ se puede calcular directamente a partir de las concentraciones y las presiones parciales. Ahora tenemos que determinar $\partial^2\psi/\partial v^2$ para el estado que hemos designado con el índice «0». Es

$$\lg\left(\frac{p''}{p_0''}\right) = \lg\left(1 + \frac{p'' - p_0''}{p_0''}\right) = \lg(1+\pi) = \pi - \frac{\pi^2}{2} \cdots ,$$

donde π designa el cambio de presión relativo del segundo componente

1297

con respecto al estado original. De las dos últimas ecuaciones se deduce

$$\frac{\partial \psi}{\partial v} = \frac{R T_0}{M''} \frac{\pi - \frac{\pi^2}{2} \cdots}{\frac{\partial v}{\partial k}} .$$

Si se diferencia una vez más según v y se tiene en cuenta que

$$\frac{\partial}{\partial v} = \frac{\frac{\partial}{\partial k}}{\frac{\partial v}{\partial k}}$$

se obtiene, si se hace $\pi = 0$ en el resultado:

$$\left(\frac{\partial^2 \psi}{\partial v^2}\right)_0 = \frac{R\,T_0}{M''} \frac{\frac{\partial \pi}{\partial k}}{\left(\frac{\partial v}{\partial k}\right)^2} = \frac{R\,T_0}{M''} \frac{\frac{1}{p''}\frac{\partial p''}{\partial k}}{\left(\frac{\partial v}{\partial k}\right)^2}.$$

Si tenemos esto en cuenta, y también que

$$\frac{\partial \varepsilon}{\partial v} = \frac{\frac{\partial \varepsilon}{\partial k}}{\frac{\partial v}{\partial k}},$$

la fórmula (17a) se convierte en

$$\text{(17d)} \qquad \frac{J_0}{J_e} = \frac{M''}{N} \frac{v\left(\frac{\partial \varepsilon}{\partial k}\right)^2}{\frac{\partial (\lg p'')}{\partial k}} \left(\frac{2\pi}{\lambda}\right)^4 \frac{\Phi}{(4\pi D)^2} \cos^2 \varphi.$$

Esta fórmula, que solo contiene magnitudes accesibles al experimento, determina las propiedades de opalescencia de las mezclas binarias de líquidos, en la medida en que se pueden tratar sus vapores saturados como gases ideales, perfectamente excepto en una pequeña zona en las inmediaciones del punto crítico. Sin embargo, debido a la fuerte absorción de luz y a su gran dependencia de la temperatura, aquí se descarta de todos modos un análisis cuantitativo. Repetimos aquí los significados de los símbolos que aparecen en la fórmula, en la medida en que no se indican en la fórmula (17b); aquí

1298

M'' es el peso molecular del segundo componente en la fase de vapor,
v es el volumen de la mezcla líquida en la que se encuentra la unidad de masa del primer componente,
k es la masa del segundo componente que corresponde a la unidad de masa del primer componente,
p'' es la presión de vapor del segundo componente.

Para que no resulte extraño que en (17d) los dos componentes desempeñen un papel diferente, observo que existe la conocida relación termodinámica

$$\frac{1}{M''}\frac{dp''}{p''} = -\frac{1}{M'}\cdot\frac{1}{k}\frac{dp'}{p'}$$

De ella se puede concluir que es indiferente qué componente se trate como primero o segundo.

Sería muy interesante realizar un estudio experimental cuantitativo de los fenómenos aquí tratados. Por un lado, sería valioso saber si el principio de Boltzmann realmente da como resultado los fenómenos aquí considerados y, por otro lado, mediante tales estudios se podrían obtener valores exactos para el número *N*.

Zúrich, octubre de 1910.

(Registro de entrada: 8 de octubre de 1910).

—

NOVIEMBRE

Carta de Einstein a Laub.

Zúrich, 4 de noviembre de 1910

Tengo en estos momentos serias esperanzas de resolver el problema de la radiación *sin los cuantos de luz*. Tengo una enorme curiosidad por ver cómo suceden las cosas. Habría que renunciar al principio de conservación de la energía en su actual forma.

[*TCPAE*. Vol. 5. Doc. **231**, p. 166 (E.V.)]

—

DICIEMBRE

Carta de Einstein a Laub

[Zúrich, 28 de diciembre de 1910]

El enigma de la radiación no lleva trazas de ceder. Por otra parte, se pueden deducir indirectamente varias cosas adicionales a partir de la fórmula de Planck. Meyer está realizando de nuevo experimentos muy interesantes sobre rayos Γγ. Pero, en general, el secreto sigue sin resolverse.

[*TCPAE*. Vol. 5. Doc. **241**, p. 170 (E.V.)]

—

1911

ENERO

Al parecer, Ludwig Darmstädter, historiador de las ciencias, ha debido de solicitar a Einstein hace ya tiempo un texto manuscrito. Einstein se lo envía, aunque no ve con claridad para qué lo quiere:

Carta de Einstein a Ludwig Darmstädter

Zúrich, 2 de enero de 1911

Estimado colega:

No le he enviado lo que me pidió hace tanto tiempo porque no sabía qué era lo que realmente debía enviarle. ¿El objetivo de la recopilación es ofrecer material para estudios comparativos de escritura a mano? ¿Tiene algún interés *lo que* está escrito en el papel? Sea como fuere, si puede utilizar el documento adjunto para sus fines, por favor, tómelo. Pero si desea algo más, por favor, envíeme instrucciones más específicas.

[*TCPAE*. Vol. 5. Doc. **243**, p. 171 (E.V.)]

MANUSCRITO DE EINSTEIN

Observación respecto a una dificultad fundamental de la física teórica

2 de enero de 1911

En la actualidad, nuestra imagen física del mundo se basa en las ecuaciones del campo electromagnético en el vacío establecidas por Maxwell. Parece cada vez más claro que todos los resultados establecidos sobre estas bases y que se refieren a procesos lentos, es decir, cuya frecuencia no es demasiado rápida, concuerdan perfectamente con la experiencia. La mecánica del punto ha permitido dar una formulación general de los límites de validez de la termodinámica. De esta misma mecánica del punto pudieron deducirse las leyes fundamentales de la termodinámica. Se llegó a determinar, con insospechada precisión y por vías muy diversas, el tamaño absoluto de los átomos y de las moléculas. Se pudo deducir de la mecánica estadística y del electromagnetismo la ley de la radiación térmica para grandes longitudes de onda y elevadas temperaturas. Sin embargo, para todos los fenómenos en los que la transformación de la energía afecta a procesos rápidamente oscilantes, las bases actuales de la teoría no nos son de ninguna utilidad. No conocemos ninguna deducción irreprochable de la ley del calor radiante para longitudes de onda corta y bajas temperaturas. No sabemos en qué se fundamenta la necesidad de tener temperaturas moleculares elevadas para producir una radiación de longitud de onda corta, ni sobre qué bases descansa el hecho de que esta radiación pueda engendrar, en su absorción, procesos elementales que liberan una energía relativamente elevada. No sabemos por qué el calor específico es más pequeño, para temperaturas bajas, de lo que indica la ley de Dulong y Petit. Tampoco sabemos por qué los grados de libertad mecánicos de la materia –que debemos admitir para concebir las propiedades ópticas de los cuerpos transparentes– no contribuyen al calor específico de esos mismos cuerpos.

Ha surgido no obstante un resultado. Max Planck mostró que se llega a una ley de la radiación que está de acuerdo con la experiencia modificando las fórmulas que resultan de los fundamentos actuales de la teoría como si la energía de las oscilaciones de frecuencia v no pudiese presentarse más que en forma de múltiplos enteros de la magnitud hv. Esta modificación llama a otra que, hasta ahora, ha demostrado ser eficaz: la modificación de los resultados de la mecánica en el caso de oscilaciones rápidas. Aunque no se trata de una verdadera teoría, se puede afirmar en cambio con certidumbre que la dinámica del punto no es válida para procesos de frecuencia rápida y que tampoco podemos seguir manteniendo nuestra concepción tradicional de la distribución de la energía de la radiación en el espacio.

A. Einstein

—

Einstein recibe una invitación de Lorentz para ir a Leiden a hablar de física y, específicamente, de cuántica. El propio Lorentz ha estado recientemente en Göttingen dando una serie de seis conferencias [«Alte und neue Fragen der Physik» (Viejas y nuevas cuestiones de la Física)] en las que ha tocado los temas: éter, relatividad, radiación y teoría cuántica. Einstein responde:

Carta de Einstein a Lorentz

Zúrich, 27 de enero de 1911

Querido profesor Lorentz

Le agradezco vivamente su amistosa carta. No sabe usted lo feliz que me hace conocerle. También es esta perspectiva la que me hade aceptar la amable invitación de ir a Leiden para pronunciar una conferencia, puesto que lo habitual es que evite en la medida de los posible todas las ocasiones que me obliguen a «subir a escena». He leído recientemente con un amigo los resúmenes de sus conferencias de Göttingen con gran placer. Pero al mismo tiempo me he percatado de que, por mi parte, no dejaba de ser un proyecto extravagante pretender llevar el agua de la física teórica al río de Leiden. Y, sin embargo, no lo he dudado ni un instante pues sé que tanto de usted como de su entorno encontraré benevolencia y no críticas despiadadas.

Acepto con alegría la hospitalidad que usted y su esposa tienen la gentileza de ofrecerme y me permitiré ir con mi mujer. Pero les ruego que no se apuren ustedes por nosotros.

Si le parece, puedo dar la conferencia el viernes mismo. Pero lo esencial viene luego, la conversación prevista con usted sobre el problema de la radiación. Desde ahora mismo quiero asegurarle que yo no soy el físico cuántico ortodoxo que usted cree, lo que quizá se deba a ciertas imprecisiones de expresión en mis trabajos. Tengo una tremenda curiosidad por saber lo que va usted a pensar de mis ideas. Cuando se habla de cosas inacabadas, no se las llega a entender sin un vivo intercambio de propuestas y contrarréplicas.

Ya le avisaré de la hora de nuestra llegada. Al dirigirle a usted y a su señora esposa mis cordiales saludos, le doy de nuevo las gracias con mi más sincera admiración.

[*TCPAE*. Vol. 5. Doc. **250**, p. 175 (E.V.)]

—

FEBRERO

Carta de Einstein a Lorentz

Zúrich, 15 de febrero de 1911

Me encuentro de nuevo en mi celda, con el bello recuerdo de los maravillosos días que he podido pasar con usted. Le agradezco de todo corazón, a usted y a su querida familia, habernos acogido a los dos con tanta cordialidad. Emana de usted tanta bondad y humanidad que ni un instante en toda mi estancia en su casa he tenido la desagradable impresión de no merecer tanta bondad y atención. Espero que su querida esposa se haya repuesto de las fatigas que lamentablemente se impuso por nuestra causa; le ruego me diga en unas palabras en una tarjeta postal cómo están ustedes.

No le estoy menos agradecido por las importantes sugerencias científicas que me ha hecho usted. La idea que me parece más maravillosa es aquella de la que me hizo usted partícipe el sábado por la tarde, cuando ya se había marchado todos los físicos. Me han parecido también notables las exposiciones de los señores Kammerlingh Onnes y Keesom. Me parece que las relaciones entre la conductividad eléctrica y la temperatura tienen que ser seguramente muy importantes, siempre que no se caiga una vez más en la misma dificultad: no se sabe si hay que atribuir la modificación de la conductividad eléctrica principalmente a la modificación del número de electrones o a la de sus libres recorridos medios, o bien a las dos. Pero confío en que lleguen ustedes pronto a superar estas dificultades.

He comprobado igualmente el pasaje del artículo sobre los osciladores en el que faltaba el factor ½. Gracias a Dios, no se trataba esta vez más que de una errata; por lo demás, en lo que sigue, el factor numérico es de nuevo correcto. A propósito de nuestras conversaciones sobre los cuantos en el caso de oscilaciones de entidades materiales, me gustaría volver sobre un tema menor. La fluctuación relativa de la temperatura de un cuerpo está dada por:

$$\frac{\sqrt{\overline{\tau^2}}}{T_0}=\sqrt{\frac{R}{N}}\frac{1}{\sqrt{c}},$$

Donde c representa la capacidad térmica. Esto tiene asimismo validez para una parte de un sólido, siendo c la capacidad térmica de esta parte. Si esta parte del sólido se comporta como una entidad compuesta por n resonadores de Planck, es decir, si su energía térmica está dada por la fórmula:

$$E=\frac{nh\nu}{e^{\frac{h\nu}{kT}}-1},$$

entonces la fluctuación relativa de su energía térmica es tal que:

$$\frac{\overline{\Delta E^2}}{E^2}=\frac{h\nu}{E}+\frac{1}{n}.$$

Según la mecánica estadística, no debería existir más que el segundo término. El primero es preponderante si el contenido en energía es pequeño; en este caso, la fluctuación relativa del contenido en energía es independiente del hecho de saber entre cuántos resonadores (átomos oscilantes) está repartido este contenido en energía. Si el calor específico se comporta verdaderamente como indica la teoría, el principio de Boltzmann nos obliga a suponer que la energía está asimismo repartida de forma muy irregular en el interior de un sólido.

[*TCPAE*. Vol. 5. Doc. **254**. (p. 179, E.V.)]

—

Albert Einstein. «***Eine gedrängte Übersicht über die neue Lichtquantentheorie***». Publicado en el vol. 4 de *Vierteljahrsschrift der Naturforschenden Gesellschaft in Zúrich. Sitzungsberichte*. Jahrgang 56. (1911). Sesión del 21 de febrero de 1911. [Recogida en *TCPAE*. Vol. 3. Doc. 20. p. 457 (GV)] («Una visión condensada de la nueva teoría cuántica de la luz» [Resumen sobre la nueva teoría de los cuantos de luz])

El título anterior no se corresponde propiamente con el de ningún artículo einsteiniano, sino con la referencia que se da en las Actas de Sesiones de la Sociedad de Naturalistas de Zúrich. Sobre la sesión de ese día, y tras algunas presentaciones de nuevos miembros de la Sociedad, dicen las Actas:

Tuvo lugar a continuación, sin redacción de acta y de manera informal, una discusión muy viva sobre el principio de relatividad. Hicieron uso de la palabra los señores profesores: Prof. Stodola, Prof. Meissner, Fritz Müller, Dr. Laemmel, Ingenieur Bloch y el Prof. Einstein, quien, para empezar, hizo la deducción de las ecuaciones de transformación y, al final, un resumen sobre la nueva teoría de los cuantos de luz. Expresó lo siguiente:

xvi

Resumen sobre la nueva teoría de los cuantos de luz

Se ha comprobado que, cuando se aplican la teoría de la electricidad de Maxwell y el enfoque cinético-molecular a algunos fenómenos de la generación y transformación de la luz, surgen contradicciones con los hechos observados, en particular los que se refieren a la "radiación del cuerpo negro" y a la generación de rayos catódicos. Estas contradicciones pueden hacerse desaparecer introduciendo la hipótesis de trabajo de que, en la propagación de la luz, la energía no llena el espacio de forma continua, sino que está constituida por un número finito de cuantos de energía localizados en puntos espaciales que se mueven sin dividirse y que pueden ser absorbidos y generados como un todo. Si estos cuantos de energía inciden sobre una sustancia fotoluminiscente, entonces, según el principio de conservación de la energía, la energía radiante emitida en un proceso elemental tiene que ser igual o más pequeña que la energía radiante incidente, y partiendo de la fórmula de la energía de un cuanto de luz se llega de forma sencilla a la bien conocida regla de la frecuencia de Stokes. Cuando los rayos catódicos se generan iluminando cuerpos sólidos, la energía de los cuantos de luz se convierte en energía cinética de los electrones, y sólo ahora nos percatamos de que la cualidad de la radiación catódica, esto es, la velocidad de los electrones, puede ser independiente de la intensidad de la luz excitadora, mientras que el número de electrones emitidos es proporcional al número de cuantos luminosos. Pero de la fórmula de la radiación de Planck se infiere que, junto con esto, tiene que ocurrir un cambio respecto a nuestra concepción del mecanismo cinético-molecular de transferencia de energía a los iones o electrones capaces de oscilación (resonadores), en el sentido de que su energía puede cambiar sólo a saltos por un múltiplo entero de exactamente un cuanto de energía luminosa. Si este mecanismo se realiza con las oscilaciones de las moléculas materiales de un cuerpo sólido debidas al movimiento térmico del cuerpo, se llega al sorprendente esclarecimiento del cambio de los calores (moleculares) específicos de los sólidos con la temperatura que hasta ahora seguía siendo un absoluto misterio.

(Fin de la sesión 10:30)

—

NOTA SUPLEMENTARIA:

En: «*TCPAE*. Vol. 3. The Swiss Years. Writings: 1909-1911. Doc. **20**. p.456 (GV)» se registra el siguiente comentario:

> 20. Declaración sobre la hipótesis cuántica de la luz
>
> [Einstein 1911j]
>
> La declaración se hizo al término de una nueva discusión sobre el Doc. 17, que tuvo lugar en una reunión de la Naturforschende Gesellschaft posterior a la presentación del Doc. 17. No existen actas del debate previo a esta declaración del 21 de febrero.
>
> Publicado el 12 de abril de 1912
>
> En: Naturforschende Gesellschaft in Zúrich. Sitzungsberichte (1911): XVI. Publicado en el nº 4 de *Vierteljahrsschrift der Naturforschenden Gesellschaft* in Zúrich 56 (1911) [*Revista trimestral de la Sociedad de Naturalistas*]. Acta de la reunión del 21 de febrero de 1911.

El Doc. **17** es el siguiente: «Die Relativität's Theorie» (Conferencia pronunciada en la sesión de la *Zürch. Naturforschenden Gesellschaft* el 16 de enero de 1911.) En esa fecha, Einstein era profesor en la Universidad alemana de Praga, si bien se trasladaba con alguna frecuencia a Zúrich para tratar temas sobre los que trabajaba en ese momento.

—

MAYO

Carta e Einstein a Besso

Praga, 13 de mayo de 1911

> Ya no me pregunto si estos cuantos existen realmente. Y ya no intento construirlos porque ahora sé que mi cerebro no es capaz de hacerlo. Pero exploro, a pesar de todo, las consecuencias con todo el cuidado que es posible, para enterarme del dominio de aplicación de este concepto.

[*TCPAE*. Vol5. Doc. **267**, p. 187 (E.V.)]

—

OCTUBRE - NOVIEMBRE

PRIMER CONGRESO SOLVAY

Albert Einstein. «***Zum gegenwärtigen Stande des Problems der spezifischen Wärme***». *Deutsche Bunsengesellschaft, Abhandlungen*, Nr. 7 (1914), S. 330-364 [1914]. [Recogido en *TCPAE*, Vol. 3, Doc. **26**, [pp. 521-543 + Debate: pp. 550-561 (GV); pp. 402-425 + Debate pp. 426-437 (EV)] Aunque está editado en 1914, el texto corresponde a la conferencia pronunciada por Einstein en el Primer Congreso Solvay, en el otoño de 1911 (Del 30 de octubre al 3 de noviembre). («Sobre el estado actual del problema de los calores específicos»)

[Eucken, Arnold, ed., Die Theorie der Strahlung und der Quanten, Verhandlungen auf einer von E. Solvay einberufenen Zusammenkunft (30. Oktober bis 3. November 1911)], mit einem Anhange über die Entwicklung der quantentheorie vom Herbst 1911 bis Sommer 1913. Halle a. S.: Knapp, 1914. [Teoría de la radiación y los cuantos. Deliberaciones de un encuentro convocado por E. Solvay (desde el 30 de octubre hasta el 3 de noviembre de 1911), con un apéndice sobre el desarrollo de la teoría cuántica desde el otoño de 1911 hasta el verano de 1913] (*Abhandlungen der Deutschen Bunsen Gesellschaft für angewandte physikalische Chemie*, vol. 3, nº 7) pp.330-352] [Trabajos de la Sociedad Alemana Bunsen de Química física aplicada]

402

Sobre el estado actual del problema de los calores específicos

Fue en el dominio de los calores específicos donde la teoría cinética del calor logró uno de sus primeros y más refinados éxitos, permitiendo el cálculo exacto del calor específico de un gas monoatómico a partir de la ecuación de estado. De nuevo, ahora, es en el dominio de los calores específicos donde surge la inadecuación de la mecánica molecular.

Según la mecánica molecular, la energía cinética media de un átomo no ligado rígidamente a otros átomos es en general $\frac{3}{2}\frac{RT}{N}$, si llamamos R a la constante de los gases, T la temperatura absoluta, y N el número de moléculas en una molécula-gramo. Se sigue de aquí directamente que el calor específico de un gas monoatómico ideal a volumen constante es (3/2) R, o 2,97 calorías, por molécula-gramo, lo que está en muy buen acuerdo con la experiencia. Si el gas no se mueve libremente, sino que está limitado a una posición de equilibrio, posee no sólo la energía cinética media citada arriba, sino, además, también energía potencial; habrá que suponer que este es el caso para los cuerpos sólidos. Para que la disposición de los átomos sea estable, la energía potencial correspondiente al desplazamiento de un átomo de su posición de equilibrio tiene que ser positiva. Además, como la distancia media a la posición de equilibrio tiene que incrementarse con la agitación térmica, esto es, con la temperatura, esta energía potencial tiene que corresponder siempre a un componente *positivo* del calor específico. Por lo tanto, según nuestra mecánica molecular, el calor atómico de un cuerpo sólido tiene que ser siempre mayor que 2.97. Como sabemos, en el caso en que las fuerzas que ligan al átomo a su condición de equilibrio sean proporcionales al desplazamiento, la teoría proporciona el valor de $2 \cdot 2.97 = 5.94$ para el calor atómico. Se ha sabido durante mucho tiempo que, para la mayor parte de los elementos sólidos, los calores atómicos poseen valores que no se desvían sustancialmente de 6 a temperaturas ordinarias (ley de Dulong y Petit). Pero también se ha sabido durante mucho tiempo que hay elementos con calores atómicos más pequeños. Así, ya en 1875, H.F. Weber encontró que el valor del calor atómico del diamante a –50°C es aproximadamente 0.76, mucho más pequeño que lo permitido por la mecánica molecular.

403

Este solo resultado ya muestra que la mecánica molecular no puede proporcionar calores específicos correctos para cuerpos sólidos –al menos, no a bajas temperaturas. Además, las leyes de dispersión llevan a la conclusión de que en vez de constar sólo de *un* punto material, el átomo puede poseer puntos materiales cargados eléctricamente (electrones de polarización) que se mueven independientemente del átomo como un todo y que –a pesar de la mecánica estadística– no contribuyen al calor específico.

No estuvimos en condiciones de relacionar estas inconsistencias de la teoría con otras propiedades físicas de la materia hasta hace unos pocos años, cuando las investigaciones de Planck sobre la radiación térmica arrojaron nueva luz de forma completamente inesperada sobre este dominio.[1] Aunque no hayamos llegado todavía al extremo de necesitar suplantar la mecánica clásica con una mecánica que fuese asimismo capaz de proporcionar resultados correctos para oscilaciones térmicas rápidas, hemos encontrado sin embargo la ley de la que se deducen las desviaciones de la ley de Dulong y Petit, y hemos sabido que estas desviaciones están relacionadas por ley con otras propiedades físicas de las sustancias. En lo que sigue, esbozaré las líneas de razonamiento de las investigaciones de Planck de forma que se realce con claridad la conexión con nuestro problema.

Es posible llegar a una teoría de la ley de radiación de la cavidad en el equilibrio térmico (ley de radiación del cuerpo negro) realizando un análisis teórico para determinar la densidad y composición a la que la radiación está en equilibrio estadístico con un gas ideal, dada la presencia de estructuras que hacen posible un intercambio de energía entre radiación y gas. Una de esas estructuras es un punto material ligado a un punto del espacio por fuerzas proporcionales a su desplazamiento desde este punto (oscilador); supondremos que el punto material del oscilador está provisto de carga eléctrica. Supongamos que un gas ideal y osciladores del tipo indicado están encerrados en un volumen limitado por paredes perfectamente reflectantes. Debido a sus cargas eléctricas, los osciladores tienen que emitir radiación y recibir continuamente impulso del campo de radiación. Por otra parte, el punto material del oscilador individual choca con moléculas de gas intercambiando de esta forma energía con el gas. Así pues los osciladores provocan un intercambio de energía entre el gas y la radiación, y la distribución de energía del sistema en el estado de equilibrio estadístico está completamente determinada por la energía total, si suponemos que hay presentes osciladores de todas las frecuencias.

En una investigación basada en la electrodinámica de Maxwell y en las ecuaciones mecánicas del movimiento del punto material del oscilador, Planck ha probado ahora que –suponiendo que sólo están presentes oscilador y radiación, pero no el gas- existe la siguiente relación entre la energía cinética media $\overline{E_\nu}$ de un oscilador de frecuencia ν y la densidad de radiación u_ν[2]

[1] M. Planck, *Vorl. über d. Theorie der Wärmestrahlung*, pp. 104-166.
[2] Suponemos aquí un oscilador con tres grados de libertad.

404

$$\overline{E}_\nu = \frac{3}{8}\frac{c^3 u_\nu}{\pi\nu^2}. \tag{1}$$

Por otra parte, la mecánica estadística sugiere lo siguiente: Si el volumen contiene sólo un gas y osciladores (sin carga), existe una relación entre la temperatura T y la energía media $\overline{E}_\nu$ del oscilador de la forma

(2) $$\overline{E}_\nu = \frac{3RT}{N}.$$

Pero si los osciladores interactúan simultáneamente con la radiación y el gas, como tenemos que suponer en nuestro análisis, las ecuaciones (1) y (2) se satisfarán simultáneamente si tienen individualmente validez en los casos especiales discutidos, ya que si una de estas ecuaciones no se satisficiera, esto implicaría un transporte de energía, bien entre radiación y resonadores o bien entre el gas y los resonadores.

Eliminando $\overline{E}_\nu$ de ambas ecuaciones, encontramos como condición de equilibrio entre radiación y gas la ecuación

$$u_\nu = \frac{8\pi R}{c^3 N}\nu^2 T.$$

Esta es la única ecuación de radiación que está simultáneamente de acuerdo con nuestra mecánica y nuestra electrodinámica. Sin embargo, se admite generalmente que esta ecuación no corresponde a la realidad, ya que esta ecuación permite que la integral $\int_0^\infty u_\nu d\nu$ se haga infinita, lo que haría imposible el equilibrio térmico entre radiación y materia en el caso en que el contenido de calor de esta fuese diferente de cero, mientras que puede considerarse experimentalmente probado que no existe en realidad equilibrio estadístico con densidad finita de radiación.

Enfrentado a este fallo de nuestras teorías para ajustarse a la realidad, Planck procede de la siguiente manera: Rechaza (2), y por tanto un fundamento en la mecánica, pero conserva (1), aun cuando asimismo se haya aplicado la mecánica en la deducción de (1). Obtiene su teoría de la radiación sustituyendo (2) por una relación en cuya deducción introdujo, por primera vez, la hipótesis cuántica. Sin embargo, para lo que sigue, no necesitamos ni (2) ni una relación correspondiente, sino sólo la ecuación (1). Esta última nos dice lo grande que tiene que ser la energía media de un oscilador para que emita de promedio tanta radiación como absorbe. Incluso si abandonamos (2), tenemos que aceptar la idea de que (1) es válida no sólo cuando el oscilador esté influido únicamente por la radiación, sino también cuando las moléculas de un gas que tiene la misma temperatura choquen con el oscilador, ya que si estas moléculas alterasen la energía media del oscilador, se emitiría más radiación por el oscilador de la que absorbe, o viceversa.

405

La ecuación (1) sigue siendo válida también cuando las variaciones de energía del resonador están determinadas predominantemente por la interacción entre el oscilador y el gas; desde luego es también válida en ausencia total de interacción con la radiación, por ejemplo cuando los osciladores no tienen en absoluto carga. La ecuación es también válida si el cuerpo que actúa con el oscilador no es un gas ideal sino otro tipo de cuerpo, en la medida en que el oscilador vibre de forma aproximadamente monocromática.

Así pues, si la función de ν y T obtenida en las investigaciones de la radiación del cuerpo negro se sustituye por la densidad de radiación u_ν de (1), llegamos a la energía térmica media de una estructura que vibra de forma aproximadamente monocromática como función de ν y T. Partiendo de la fórmula de la radiación de

Planck como fórmula confirmada en el más alto grado de aproximación, obtenemos, de la ecuación (1)

$$\overline{E_\nu} = \frac{3h\nu}{e^{\frac{h\nu}{kT}} - 1}, \tag{3}$$

donde $k = \dfrac{R}{N}$ y h es la segunda constante de la fórmula de Planck $(6.55 \cdot 10^{-27})$. Si suponemos que un átomo-gramo de un elemento sólido consta de N de esos osciladores aproximadamente monocromáticos, obtenemos su calor atómico c diferenciando respecto a T y multiplicando por N, donde ponemos $h/k = \beta$:

$$c = 3R \frac{e^{\frac{\beta\nu}{T}} \left(\frac{\beta\nu}{T} \right)}{\left(e^{\frac{\beta\nu}{T}} - 1 \right)^2}. \tag{4}$$

La Fig. 22 que se acompaña, tomada de un artículo de Nernst,[3] muestra hasta qué punto esta fórmula proporciona valores correctos de los calores específicos de elementos sólidos a bajas temperaturas en la figura. En ésta, las curvas obtenidas experimentalmente se dibujan en líneas gruesas y las teóricas en líneas delgadas; adjuntos a estas se señalan los correspondientes valores de $\beta\nu$.

Aun cuando existen diferencias sistemáticas entre los valores observados y los teóricos, la concordancia es sin embargo

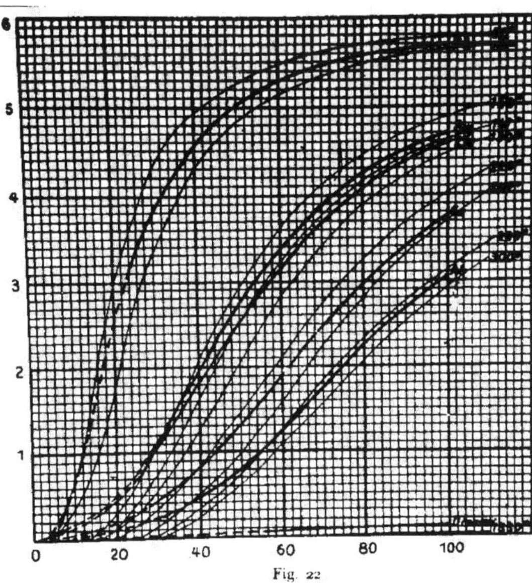

Fig. 22

asombrosa, si se tiene en cuenta que cada curva individual está completamente determinada por un parámetro ν único, esto es, la frecuencia propia del átomo del elemento en cuestión. Así pues, lo que queda de la ecuación (1), que según lo precedente, no parecía por completo justificado desde un punto de vista puramente teórico, ha sido completamente justificado por el experimento.

[3] *Zeitschr. f. Elektrochemie* 17 (1911): 274

406

Es necesario insistir en una cosa: *De ningún modo cabría inferir de la confirmación empírica de la fórmula (1) que la hipótesis cuántica es correcta.* En general, de la confirmación de (1) no se puede concluir nada respecto a la mecánica que no pudiera deducirse de la fórmula de la radiación y de la ecuación (2).

Ahora bien, ¿cuál es la fuente de las sistemáticas discrepancias entre las curvas observadas y las teóricas? ¿Por qué ocurre que, con temperaturas decrecientes, el calor específico se aproxima a cero con menos rapidez que lo que la teoría nos haría esperar? Para obtener la respuesta que considero correcta a esta cuestión tenemos que intentar ahondar más en el mecanismo de las oscilaciones térmicas de los átomos. Madelung,[4] y luego, independientemente de él, Sutherland descubrieron lo siguiente: En sales binarias (por ejemplo, *KCl*), la frecuencia de las ondas elásticas (tal como se calcula a partir de las constantes de elasticidad) en las que longitud de onda alcanza el orden de magnitud de la distancia intermolecular, es del mismo orden de magnitud que las frecuencias infrarrojas de esos cuerpos (tal como se calcula a partir de la radiación residual). Este hecho sugiere que aquellas fuerzas de interacción atómicas que determinan las frecuencias propias infrarrojas

[4] E. Madelung, *Nachrichten d. königl. Ges. d. W. z. Göttingen, Mat.-Phys. Kl.* 20 (1909): 100-106.
[5] W. Sutherland, *Phil. Mag.* (6) 20 (1910): 657.

407

o, con más generalidad, las oscilaciones de los átomos alrededor de sus posiciones de equilibrio, son esencialmente idénticas a las fuerzas que se oponen a la deformación de los sólidos. Motivados por esta idea, Madelung y yo hemos intentado hacer un cálculo aproximado de estas frecuencias propias a partir de las constantes elásticas, prestando Madelung atención a las frecuencias propias ópticas de compuestos simples, mientras que yo me ocupaba de aquellas frecuencias propias que determinan el calor específico. El siguiente es probablemente el modelo más primitivo en que puede basarse el cálculo. Partiendo de una representación en la que los átomos están ordenados en una retícula cúbica, se las ve uno con un cuadro en el que cada átomo tiene 26 átomos vecinos, todos los cuales están situados aproximadamente a la misma distancia d de él. Supongamos que a cada cambio Δ de esta distancia d se oponga una fuerza $\alpha\Delta$, donde la constante α determina el grado de rigidez de este cuerpo modelo. La compresibilidad k de este cuerpo modelo, así como la frecuencia propia ν del átomo, se pueden expresar entonces como función de α. Obtenemos así la última frecuencia manteniendo a los 26 átomos vecinos en su posición de reposo, mientras que el átomo que consideramos se supone que oscila. Eliminando la variable auxiliar α de estas dos relaciones, obtenemos la siguiente relación entre ν y k:

$$(5) \qquad \frac{c}{\nu} = \lambda = 1.08 \cdot 10^3 M^{\frac{1}{3}} \rho^{\frac{1}{6}} k^{\frac{1}{2}},$$

Donde c representa la velocidad de la luz en el vacío, λ la longitud de onda en el vacío que corresponde a ν, M la masa del átomo-gramo y ρ la densidad.

Utilizando esta fórmula, yo obtuve para la plata $\lambda \cdot 10^4 = 73$, mientras que Nernst, a partir del calor específico, obtuvo $\lambda \cdot 10^4 = 90$. Como este buen acuerdo en el orden de magnitud difícilmente es un asunto casual, la identidad esencial de las fuerzas que determinan el grado de rigidez y las que determinan la frecuencia propia térmica puede considerarse firmemente establecida. Naturalmente, semejante fórmula puede dar sólo una aproximación tosca, ya que no tiene en cuenta las propiedades individuales de la sustancia (por ejemplo, la estructura cristalina), que no aparecen en la fórmula.

El grado de aproximación con el que la fórmula (5) es capaz de representar la actual situación depende, en última instancia, de la medida en que se caracteriza un cuerpo particular, por ejemplo, por la distancia d entre átomos vecinos, la masa de los átomos individuales y la compresibilidad. En la medida en que este sea el caso, en vez de la compresibilidad, por ejemplo, se pueden postular otras características fundamentales como la magnitud definidora de la sustancia, y derivar una expresión para la frecuencia propia por análisis dimensional.

[6] E. Madelung, *Physik. Zeitschr.* 11 (1910): 898
[7] A. Einstein, *Ann. d. Phys.* (4) 34 (1911): 120

408

Lindemann[8] elige la temperatura de fusión T_s como la tercera magnitud de definición obteniendo así la fórmula

(6)
$$\nu = 2.12 \cdot 10^{12} \sqrt{\frac{T_s}{M v^{\frac{2}{3}}}},$$

en la que el factor numérico se determina empíricamente, y en la que T_s representa la temperatura de fusión, v el volumen atómico y M el peso atómico (gramo).

Hasta ahora, esta fórmula ha mostrado un inesperado acuerdo con los hechos. La tabla siguiente se ha tomado del anteriormente citado trabajo de Nernst:

Element	$\nu \cdot 10^{-12}$ aus der spezifischen Wärme	$\nu \cdot 10^{-12}$ aus Lindemanns Formel
Pb	1,44	1,4
Ag	3,3.	3,3
Zn	3,6	3,3
Cu	4,93	5,1
Al	5,96	5,8
I	1,5	1,4

Preguntamos ahora de nuevo: ¿porqué la dependencia de la temperatura observada del calor específico difiere de la dependencia determinada teóricamente? En mi opinión, la causa de este desvío debe buscarse en el hecho de que las oscilaciones térmicas de los átomos se desvían marcadamente de las oscilaciones monocromáticas y, por tanto, no tienen en realidad una frecuencia definida sino más bien un rango de frecuencias. Mencionamos arriba el cálculo de ν a partir de fuerzas elásticas; en este cálculo introdujimos la hipótesis simplificadora de que los átomos que rodean al átomo oscilante que consideramos se mantienen fijos en su sitio. Sin embargo, en realidad oscilan también e influencian continuamente los movimientos del átomo considerado. No intentaré un examen más detallado del movimiento real del átomo, sino que utilizaré un caso especialmente intuitivo para demostrar que la existencia de una frecuencia definida es imposible. Si imaginamos dos átomos adyacentes que oscilan a lo largo de la línea que les une, mientras permanecen fijos todos los demás átomos, es obvio que esos átomos tiene que tener una frecuencia mayor cuando oscilan en direcciones opuestas

[8] *Physk. Zeitschr.* 11 (1910): 609.

[9] Sobre esta cuestión no hay consenso en absoluto. Así, Nernst, que rescató de su limbo teórico los resultados referentes a esta cuestión, no comparte mi opinión (véase, por ejemplo, *Sitzungsbercihte d. Berl. Akad.* (1911), parte XXII).

409

(es decir, de modo que sus desplazamientos tengan signos opuestos en todo momento) que cuando se mueven en la misma dirección, ya que actúan fuerzas elásticas entre los dos en el primer caso, pero no en el segundo. Por tanto habrá que suponer que el cuerpo se comporta como una mezcla de osciladores de diferentes frecuencias. Ahora bien, Nernst y Lindemann encontraron que se tienen suficientemente en cuenta los resultados experimentales si se supone que la sustancia se comporta como una mezcla de osciladores, la mitad de los cuales tiene la frecuencia v y la otra mitad la frecuencia v/2. A esta hipótesis corresponde la fórmula

$$c=\frac{3}{2}R\left[\frac{\left(\frac{\beta v}{T}\right)^{2}e^{\frac{\beta v}{T}}}{\left(e^{\frac{\beta v}{T}}-1\right)}+\frac{\left(\frac{\beta v}{2T}\right)^{2}e^{\frac{\beta v}{2T}}}{\left(e^{\frac{\beta v}{2T}}-1\right)^{2}}\right]. \tag{4a}$$

Sin embargo, de acuerdo con lo que he dicho antes, no creo que estemos aquí ante una fórmula teórica. El único camino para encontrar una fórmula exacta a partir de (4) sería sumar sobre infinitos valores de v. Pero con esta fórmula, Nernst y Lindemann hicieron un avance muy valioso al obtener un mejor acuerdo con la experiencia sin tener que introducir una nueva constante que caracterizase la sustancia particular.

Naturalmente, la ecuación (4), o la (4a) hace también posible representar el calor específico de compuestos en estado sólido. Todo lo que hay que hacer es establecer una expresión de la forma (4a) para cada tipo de átomo y sumar estas expresiones. Los compuestos exhiben ordinariamente frecuencias propias infrarrojas que muestran como bandas de absorción óptica en la región del infrarrojo y como regiones correspondientes de reflexión metálica. Como ha probado Drude, estas frecuencias propias infrarrojas corresponden a oscilaciones de átomos ponderables cargados. Estas son, por tanto, oscilaciones de las mismas estructuras y bajo la influencia de las mismas fuerzas que las que acabamos de estudiar. La única diferencia es que, al revés que las fuerzas que median en las interacciones térmicas, las fuerzas que ponen a los átomos en movimiento cuando se irradia el cuerpo muestran algún grado de orden en el espacio, de modo que las fases de oscilación de átomos adyacentes cargados idénticamente no son independientes una de otra. De ahí que no pueda establecerse sin reservas que las frecuencias propias ópticas sean idénticas a las frecuencias térmicas; pero, en cualquier caso, probablemente no se desvíen demasiado de estas.

Esta consecuencia de la teoría acredita también ser correcta. Según Nernst, los calores moleculares de *KCl* y *NaCl* se pueden explicar satisfactoriamente basándose en la hipótesis de que en cada una de estas sustancias el átomo metálico y el halógeno tienen la misma frecuencia propia. La comparación de la frecuencia propia, tal como se calcula a partir

[10] Podría ser muy instructiva una investigación del calor específico de compuestos sólidos binarios que se compongan de un átomo muy pesado y uno muy ligero, ya que los átomos de luz probablemente realicen oscilaciones que se aproximen a las oscilaciones monocromáticas supuestas por la teoría.

410

del calor específico, con el máximo de absorción infrarroja demuestra, como muestran los datos tomados del artículo de Nernst,

$\beta\nu$ aus spezifischer Wärme	$\beta\nu$ aus Reststrahlen
218	203 und 232
287	309 und 265

que el esperado acuerdo existe realmente, y que es muy bueno. Posteriores estudios teóricos y experimentales de esta relación entre el comportamiento térmico y óptico de aislantes proporcionarán muy probablemente resultados muy interesantes. En particular, cabe esperar que enseñarán algo sobre la naturaleza de la absorción de radiación, ya que en el área de las oscilaciones infrarrojas parece que estamos a las puertas de una comprensión no sólo de los aspectos ópticos, sino también de los aspectos térmicos del fenómeno. La comprensión de la dependencia de la temperatura del proceso de absorción sería de gran interés.

Los importantes avances descritos antes no deberían engañarnos ni mucho menos sobre el hecho de que estamos completamente a oscuras respecto a las leyes de los movimientos atómicos periódicos y, en general, respecto a las leyes mecánicas para el caso en que aparezcan velocidades relativamente pequeñas junto con grandes derivadas de la velocidad respecto al tiempo. Esto se hace obvio si intentamos aplicar a estructuras con otros tipos de movimiento el tipo de argumento que nos condujo a la dependencia de la temperatura de la energía media de estructuras que oscilan de modo sinusoidal. Este problema nos lleva siempre a intentar encontrar la energía media que la estructura (dotada de cargas eléctricas) adopta en un campo de radiación de cuerpo negro. Pero no es posible resolver este problema sin recurrir a la mecánica, la misma mecánica que ha acreditado fehacientemente ser inválida. Tal como están las cosas ahora, deberíamos considerar un puro golpe de suerte que los argumentos de Planck proporcionen correctamente –o parezca que lo hagan– la ecuación (1), sobre la que se basa la teoría del calor específico. De hecho, razonamientos completamente análogos proporcionan resultados erróneos en otros casos.

En particular, si imaginamos que un resonador –por ejemplo, una molécula monoatómica con frecuencia propia ultravioleta– se mueve libremente en un espacio lleno de radiación, podemos calcular la energía cinética media del movimiento de traslación adquirido por esta estructura investigando las oscilaciones y las fuerzas que la radiación produce en la estructura.[11] En este caso, esta energía cinética media tiene que ser igual a la deducida para una molécula de gas a partir de la teoría cinética de gases. Sin embargo, cuando se basa en la ley de radiación establecida empíricamente (esto es, la fórmula de Planck), el indicado argumento proporciona valores que son demasiado pequeños para la energía cinética del movimiento de traslación. Vemos pues que

[11] A. Einstein y S. Hopf, *Ann. d. Phys.* (4) 33 (1910): 1105.

411

deberíamos acoger con escepticismo cada nueva aplicación del método de deducir las propiedades térmicas de la materia a partir de la fórmula de la radiación, ya que en cada un de tales aplicaciones tenemos que basarnos en una mecánica que adolece con toda seguridad de validez general y sobre una electrodinámica que probablemente no pueda mantenerse.

A pesar de este recelo fundamental, debería tratar de aplicarse este método al movimiento de rotación de una molécula diatómica rígida respecto a un eje perpendicular a la línea que une los átomos. Habría que suponer que los átomos tienen cargas eléctricas opuestas y restringirse a considerar la rotación respecto a un eje fijo en el espacio.

He intentado resolver este problema, pero no he tenido éxito debido a dificultades matemáticas. La solución nos daría una pista sobre lo baja que debe ser la temperatura para que cupiese esperar que la ratio de los calores específicos estuviese por debajo del valor $7/5$.

§ 2. *Observaciones teóricas sobre la hipótesis cuántica*

Volvamos ahora a la importantísima cuestión, aunque por desgracia fundamentalmente irresuelta: ¿Cómo hay que reformular la mecánica para que haga justicia a la fórmula de la radiación así como a las propiedades térmicas de la materia? Lo más importante que sabemos a este respecto está ya contenido en el trabajo fundamental de Planck sobre la fórmula de la radiación y consiste en lo siguiente: se llega a una fórmula de la energía media del oscilador como función de la temperatura que sea consistente con la experiencia pasada si se supone que el oscilador puede tomar sólo aquellos valores de energía que sean múltiplos enteros de $h\nu$ ($0\cdot h\nu$, $1\cdot h\nu$, $2\cdot h\nu$, etc.).

Según la mecánica estadística, la probabilidad dW de que la energía de un oscilador (unidimensional) a la temperatura T esté comprendida entre E y $E + dE$ está dada por

$$dW = cte \cdot e^{-\frac{E}{kT}} dE\,.$$

Según la hipótesis de arriba, y trabajando duramente con este resultado, habría que poner para esos valores de energía E que son múltiplos de hν

$$W = cte \cdot e^{-\frac{E}{kT}},$$

pero, para todos los demás valores de la energía, $W = 0$. Para la energía media del oscilador obtenemos $\overline{E} = \sum EW$, o, como tenemos que tener $\sum W = 1$,

[12] Nernst siguió otra vía para resolver este problema (*Z. f. Elektroch.* 17 [1911]: 270). Volveremos sobre esto en §4.
[13] M. Planck, *Ann. d. Phys.* 1 (1900): 69.

412

$$\overline{E} = \frac{\sum EW}{\sum W} = \frac{0e^{-\frac{0}{kT}} + h\nu e^{-\frac{h\nu}{kT}} + 2h\nu e^{-\frac{2h\nu}{kT}} + \ldots}{e^{-\frac{0}{kT}} + e^{-\frac{h\nu}{kT}} + e^{-\frac{2h\nu}{kT}} + \ldots} = \frac{h\nu}{e^{\frac{h\nu}{kT}} - 1} .$$

Esta es la ecuación encontrada por Planck que, según su teoría, debe sustituir a la fórmula (2), y que, junto con (1), conduce a la fórmula de la radiación de Planck.

Todo lo simple que es esta hipótesis y todo lo simple que es llegar a la fórmula de Planck con su ayuda, su contenido nos choca, en una inspección más detenida, por anti-intuitivo y extravagante. Consideremos un átomo de diamante a 73° (abs): ¿Qué puede decirse sobre la oscilación del átomo basándose en la hipótesis de Planck? Si ponemos, con Nernst, $\nu = 27.3 \cdot 10^{12}$, obtenemos a partir de la fórmula del oscilador

$$\frac{\overline{E}}{h\nu} = e^{-18.6} .$$

Sin embargo, la energía media $\overline{E}$ del oscilador es una fracción pequeña –próxima a cero (aproximadamente 10^{-8})– del cuanto de energía $h\nu$. En un momento dado, sólo oscila uno de cada 10^{8} átomos, mientras que los demás átomos están completamente en reposo. Con independencia de lo firme que sean nuestras convicciones respecto a que nuestra mecánica ordinaria no sea aplicable a tales movimientos, este cuadro sorprende por lo extraordinariamente extraño.

Me gustaría hacer una observación adicional. Según Eucken,[15] el diamante, a bajas temperaturas, no conduce el calor mucho peor que el cobre; la dependencia de la temperatura de la conductividad térmica no es aquí, en todo caso, muy grande. Intentemos reflejar esto desde el punto de vista de la teoría cuántica. Para hacerlo, tenemos que formarnos una imagen de cómo se mueven los cuantos. Como, a muy bajas temperaturas, están muy separados, probablemente se muevan independientemente uno de otro. Además, si es posible hablar del movimiento sinusoidal de un átomo, un cuanto tiene que estar ligado al átomo al menos durante la mitad del periodo de oscilación. Pero cuando el cuanto se transfiere a otro átomo, se tendría que transferir desde luego a uno de los átomos vecinos, haciéndolo siempre según las reglas del azar. No llevaré a cabo el cálculo simple que puede desarrollarse sobre estas bases, sino que advertiré sólo que el flujo de calor tiene que ser proporcional a la derivada espacial de la densidad cuántica, de modo que para bajas temperaturas

$$\text{flujo de calor} \sim -\frac{d}{dx}\left(e^{\frac{h\nu}{kT}}\right) \sim -\frac{1}{T^2} e^{-\frac{h\nu}{kT}} \frac{dT}{dx},$$

[14] En aras de una interpretación teórica limpia, he basado mis cálculos en la fórmula original y no en la fórmula mejorada de Nernst; lo que está permitido, por cierto, porque trabajamos con una estimación aproximada.

[15] *Phys. Zeitschr.* 12 (1911): 1905.

413

por lo que

$$\text{conductividad térmica} \sim \frac{1}{T^2} e^{-\frac{h\nu}{kT}} .$$

Así pues, a diferencia de lo encontrado por Eucken, la conductividad térmica tendría que tender exponencialmente a cero a bajas temperaturas. Para evitar esta conclusión, hay que introducir hipótesis del todo inverosímiles sobre el movimiento de los cuantos. Está visto que será difícil llevar a la teoría cuántica a su forma más simple en conformidad con la experiencia de un modo satisfactorio.

En esta situación, es una buena idea invertir la dirección e intentar deducir las propiedades estadísticas de los procesos térmicos partiendo del comportamiento térmico de los cuerpos, ahora bien conocido. Al actuar así contamos con el teorema general de Boltzmann relativo a la relación de la probabilidad estadística y la entropía de estados

$$S = k \log W + cte.$$

El teorema de Boltzmann da directamente la probabilidad estadística W de los estados individuales que puede adoptar un sistema aislado si se conoce la entropía S.

Aplicamos el teorema a un cuerpo sólido de capacidad térmica c que esté en contacto con un reservorio de capacidad calorífica infinitamente grande cuya temperatura es T. Supondremos que el cuerpo posee la energía E cuando está en equilibrio térmico ideal, pero que su energía instantánea se desviará de E en una cantidad pequeñísima ε, como lo hará también su temperatura instantánea, a la que llamaremos $T + \tau$; esto es una consecuencia inevitable del desorden del movimiento térmico. La energía correspondiente a un valor específico de ε o τ se obtiene de la ecuación

$$dS = \frac{cd\tau}{T+\tau} - \frac{cd\tau}{T},$$

y, por tanto, eligiendo una constante de integración adecuada y despreciando términos de orden superior al segundo en τ

[16] Cuando llevo a cabo el cálculo indicado, obtengo para el límite superior de la conductividad térmica

$$\frac{9}{13} \nu^{-\frac{1}{3}} N^{-\frac{2}{3}} \nu c$$

Los valores proporcionados por esta fórmula son además demasiado pequeños en comparación con la experiencia; este resultado se obtiene también sin la hipótesis cuántica.

414

$$S = -\frac{c\tau^2}{2T^2} = -\frac{\varepsilon^2}{2cT^2}.$$

A partir de aquí se obtiene, con ayuda del teorema de Boltzmann,

$$W = cte \cdot e^{-\frac{\varepsilon^2}{2kcT^2}}.$$

De ahí que el cuadrado medio $\overline{\varepsilon^2}$ de la desviación de la energía del valor medio $\overline{E}$ sea

$$\overline{\varepsilon^2} = kcT^2.$$

Esta ecuación es completamente general. La aplicamos ahora a un sólido ideal, químicamente simple que consta de n átomo-gramos y que tiene la frecuencia ν. Para este sólido tenemos que poner

$$c = 3 \cdot n \cdot R \frac{\left(\frac{h\nu}{kT}\right)^2 e^{\frac{h\nu}{kT}}}{\left(e^{\frac{h\nu}{kT}} - 1\right)^2}.$$

Sustituyendo esta expresión en la ecuación anterior y eliminando T con ayuda de la relación

$$E = 3nN \frac{h\nu}{e^{\frac{h\nu}{kT}} - 1},$$

obtenemos la relación sencilla

$$\overline{\left(\frac{\varepsilon}{E}\right)^2} = \frac{h\nu}{E} + \frac{1}{3Nn} = \frac{1}{Z_q} + \frac{1}{Z_f} ,$$

donde $Z_q = \dfrac{E}{h\nu}$ representa el número medio de "cuantos" de Planck encontrados en el cuerpo, y $Z_f = 3nN$ el número total de grados de libertad de todos los átomos del sistema tomados juntos.

A partir de esta ecuación se ve que las fluctuaciones relativas de energía del sistema producidas por el movimiento térmico irregular provienen de dos causas completamente diferentes que corresponden a los dos términos del segundo miembro. La fluctuación relativa correspondiente al

415

segundo término, que es la única fluctuación según nuestra mecánica, proviene del hecho de que el número de grados de libertad del cuerpo es finito; es independiente de la magnitud del contenido de energía. Pero la fluctuación relativa correspondiente al primer término no tiene nada que ver con los grados de libertad que tenga el cuerpo. Esta fluctuación depende únicamente de la frecuencia propia y de la magnitud de la energía media, y se anula cuando esta energía es muy grande. La magnitud de esta fluctuación muestra un acuerdo exacto con la hipótesis cuántica, según la cual la energía se compone de cuantos de magnitud *hv* que cambian su posición independientemente unos de otros; de hecho, despreciando el segundo término, la ecuación puede escribirse en la forma

$$\sqrt{\overline{\left(\frac{\varepsilon}{E}\right)^2}} = \frac{1}{\sqrt{Z_q}} .$$

Pero hemos visto antes que esta concepción puede ser difícil de conciliar con los descubrimientos empíricos en conducción del calor. Esta fórmula muestra también con claridad que la fluctuación correspondiente a este término no tiene nada que ver con el átomo individual, o al menos no con su tamaño. Esta fluctuación podría surgir debido a que, despreciando portadores de energía, cuanta menos energía hay que distribuir, más pequeña será la variedad de posibilidades de distribución de energía. El grado de orden de movimiento molecular que se obtiene con energía total baja tiene que ser similar al que se obtiene cuando sólo hay presentes pocos grados de libertad. Quizá el fallo de la teoría cuántica ordinaria haya que buscarlo principalmente en la circunstancia de que esta restricción sobre estados posibles se ha concebido como una propiedad del grado individual de libertad. Pero la esencia de la teoría cuántica parece continuar siendo igualmente válida; si E es del orden de magnitud de $h\nu$, la fluctuación relativa de energía es del orden de magnitud de 1, esto es, la fluctuación de la energía es del mismo orden de magnitud que la energía, o, la energía total está alternativamente presente y no presente; se comporta, en esencia, como algo con divisibilidad limitada. Pero, no obstante, cuantos de energía ligados de magnitud determinada no tienen necesariamente que existir.

Surge ahora la cuestión: ¿agota la ecuación de fluctuación que acabamos de deducir el contenido termodinámico de la fórmula de la radiación de Planck o de la ecuación de Planck del oscilador (3)? Se puede ver fácilmente que este es efectivamente el caso, ya que, de acuerdo con nuestra inferencia del teorema de Boltzmann, si sustituimos

[17] Esto se puede deducir fácilmente de la ecuación

$$dW = cte \cdot e^{-\frac{E}{kT}} dE_1 dE_2 \ldots dE_{3n},$$

donde los índices se refieren a los grados individuales de libertad.

416

$$\overline{\varepsilon^2} = kcT^2 = kT^2 \frac{dE}{dT}$$

por $\overline{\varepsilon^2}$ en la ecuación de fluctuación, obtenemos (3) por integración. Así pues, una mecánica que condujese a la ecuación que hemos deducido para las fluctuaciones de energía de un sólido ideal tendría que conducir también a la fórmula del oscilador de Planck.

Tratemos ahora la cuestión de hasta qué punto estamos forzados a atribuir asimismo una estructura cuantitativa especial (en sentido amplio) a la radiación. He investigado este asunto de varias maneras diferentes y he llegado siempre a los mismos resultados.

Consideremos de nuevo un cuerpo K de capacidad calorífica c que esté en permanente intercambio de calor con un entorno U de capacidad calorífica infinita y de temperatura T. Debido a la irregularidad de los procesos térmicos elementales, la energía de K fluctúa alrededor de su valor medio E de modo que, en general, se desvía de éste en una diferencia ε variable. Como antes, deducimos a partir del principio de Boltzmann que el valor medio de esta fluctuación está dado por la ecuación

$$\overline{\varepsilon^2} = kcT^2.$$

Supondremos ahora que el intercambio de calor entre U se efectúa únicamente mediante radiación térmica. Supongamos que la superficie de K sea completamente reflectante salvo para una sección f de superficie que absorbe por completo (es negra) en la región $d\nu$ y, por lo demás, refleja por completo. La superficie f recibe constantemente radiación de U y devuelve radiación a U. La energía de radiación emitida desde f durante un tiempo dado será mayor o menor que la absorbida por f dependiendo de si la temperatura de K es mayor o menor que T; la temperatura de K tiende por tanto a aproximarse al valor T. Las fluctuaciones continuas de la temperatura o la energía de K que se derivan directamente del principio de Boltzmann resultan de fluctuaciones irregulares del proceso de radiación con el tiempo; estas fluctuaciones tienen que ser de la magnitud que resulta precisamente en las fluctuaciones de temperatura de K y, por tanto, pueden calcularse.

Se puede deducir sin cálculo una importante propiedad de la fluctuación de la radiación emitida por f y de la absorbida por f: a saber, la propiedad de que estas dos fluctuaciones tienen que ser, en promedio, iguales. Esto es evidente en el caso especial en que la superficie f esté situada directamente enfrente de otra superficie de la envolvente, f', a una distancia muy pequeña, ya que en este caso es evidente que la radiación emitida por f' fluctúa según la misma ley que la radiación emitida por f y que la radiación emitida por f' es idéntica a la radiación absorbida por f. Pero si la envoltura U tiene una posición arbitraria, la fluctuación de la energía absorbida por f no puede ser diferente de la del caso que acabamos de considerar, ya que la radiación emitida por f fluctúa independientemente de la posición de U, y el efecto total de las dos fluctuaciones (la fluctuación de la energía de K) es también independiente de la posición de U. Así pues, se ha demostrado nuestra afirmación. El mismo argumento implica también que la fluctuación de la radiación que atraviesa,

417

en la forma especificada, una superficie localizada en alguna parte de un espacio que contiene radiación térmica es igual a la fluctuación de emisiones procedentes de una superficie limitada, del mismo tamaño, de un cuerpo negro.

Si llamamos s a la energía de radiación emitida o absorbida en promedio durante un intervalo específico t de tiempo por la superficie f a la temperatura T, entonces s es una función de la temperatura relacionada con u_ν por la ecuación

$$s = \frac{1}{4} L u_\nu f d\nu t$$

(L velocidad de la luz en el vacío).

Pero la energía emitida o absorbida en un intervalo de tiempo t elegido arbitrariamente se desviará de s en σ_e y σ_a, respectivamente, donde σ_e y σ_a toman valores positivos y negativos con igual probabilidad (a menudo, por igual). Supongamos que el tiempo t se elige tan grande que σ_e y σ_a sean grandes comparados con s, pero no obstante tan pequeños que la desviación τ de la temperatura del cuerpo K de su valor medio cambie sólo en una pequeña fracción de su valor durante t.

Si ε es la desviación de la energía del cuerpo K de su valor medio E en un instante cualquiera, en el siguiente intervalo de tiempo t, ε cambiará debido a la absorción en la cantidad de energía

$$s_T + \sigma_a$$

y debido a la emisión en la cantidad

$$-\left(s_{T+\frac{\varepsilon}{c}} + \sigma_e \right),$$

donde, con aproximación suficientemente buena, es

$$s_{T+\frac{\varepsilon}{c}} = s_T + \frac{ds}{dT} \cdot \frac{\varepsilon}{c} .$$

Por tanto, después del lapso de tiempo t, la desviación ε de la energía de su valor medio será

$$\varepsilon - \frac{ds}{dT} \cdot \frac{\varepsilon}{c} + \sigma_a - \sigma_e \cdot$$

Como el valor medio ε es constante en el tiempo, tendremos

$$\overline{\left(\varepsilon - \frac{ds}{dT} \frac{\varepsilon}{c} + \sigma_a - \sigma_e \right)^2} = \overline{\varepsilon^2} .$$

418

Si tenemos en cuenta que

$$\left(\frac{ds}{dT} \right)^2 \frac{\varepsilon^2}{c^2}$$

se puede despreciar por ser proporcional a t^2, y que, además,

$$\overline{\varepsilon \sigma_a} = \overline{\varepsilon \sigma_a} = 0 ,$$

del mismo modo que

$$\overline{\varepsilon \sigma_e} = 0$$

y

$$\overline{\sigma_a \sigma_e} = 0\,,$$

tenemos entonces, si ponemos también

$$\overline{\sigma_a^2} = \overline{\sigma_e^2} = \overline{\sigma^2}$$

(la igualdad de estas dos cantidades se ha demostrado antes),

$$\overline{\sigma^2} = \frac{ds}{dT}\frac{\overline{\varepsilon^2}}{c}\,.$$

Si se introduce aquí el valor de $\overline{\varepsilon^2}$ deducido del teorema de Boltzmann, se obtiene

$$\overline{\sigma^2} = kT^2\frac{ds}{dT}\cdot$$

Así pues, las fluctuaciones de radiación térmica demuestran ser independientes de la capacidad calorífica del cuerpo *K*, que es como debería ser. Si se expresa *s* mediante *u*, utilizando la relación dada arriba, se sustituye *u* usando la fórmula de la radiación de Planck, se diferencia después, y finalmente se elimina de nuevo *T* introduciendo la cantidad *s* en vez de *T*, se obtiene

$$\overline{\left(\frac{\sigma}{s}\right)^2} = \frac{h\nu}{s} + \frac{c^2}{2\pi\nu^2 f d\nu\, t}\,.$$

Esta ecuación da la expresión de la fluctuación relativa media de la energía de radiación que atraviesa *f* en *una* dirección durante el tiempo *t*, y por supuesto –como se ha visto– tanto en el caso en que *f* esté localizada en la vecindad inmediata de una pared negra como en el caso en que *f* esté localizada a gran distancia de las paredes que encierran el volumen.

419

También aquí, el cuadrado de la fluctuación relativa consta de dos partes que señalan dos causas mutuamente independientes de las fluctuaciones. El segundo término se puede explicar fácilmente y calcular con precisión a partir de la teoría ondulatoria. La fluctuación de la energía de radiación que atraviesa una superficie *f* durante el tiempo *t*, que corresponde a este término, está causada por el hecho de que, entre el infinito número de haces planos de rayos fuera de los cuales se puede componer la radiación que atraviesa la superficie *f*, los que tienen casi idénticas direcciones y frecuencias (y estados de polarización) interfieren entre sí, esto es, dependiendo de sus ángulos de fase, bien se refuerzan o bien se debilitan mutuamente en su mayoría en la región del espacio-tiempo que consideramos. Como estos ángulos de fase de los diferentes haces tienen que ser totalmente independientes entre sí, si las paredes del espacio están infinitamente distantes, el análisis de probabilidad proporciona exactamente el valor medio de estas fluctuaciones. He establecido mediante cálculos que este resultado coincide con el segundo término de nuestra fórmula. Además, incluso sin calcular se puede ver que esta fluctuación relativa basada en interferencia tiene que ser independiente de la amplitud de todo el proceso, esto es, de *s*, y también que esta fluctuación es tanto más pequeña cuanto más pequeña es la longitud de onda (y, por tanto, cuanto mayor es *ν*), y cuanto mayores son el tiempo, el espacio y el dominio de frecuencia sobre la que la energía *s* está distribuida.

Sin embargo, la óptica ondulatoria probablemente no pueda explicar el primer término de nuestra expresión de la fluctuación. Este término corresponde a una irregularidad en la distribución de la energía de radiación, que es tanto más relevante cuanto más pequeña sea la cantidad de la energía *s* implicada. La concepción de que la energía de radiación está distribuida en cuantos localizados de magnitud $h\nu$ conduce a una fluctuación de este tipo. Sin embargo, parece absolutamente imposible explicar los fenómenos de la difracción de la luz y de la interferencia basándose en esta concepción. Estamos aquí ante un rompecabezas irresuelto, exactamente igual que en el estudio del movimiento térmico en un sólido. En todo caso, de este análisis parece desprenderse que nuestra electrodinámica ya no puede ponerse de acuerdo con los hechos con los que sí puede nuestra mecánica.

Por otra parte, este decepcionante resultado nos obliga a someter a análisis crítico los fundamentos del argumento que acabamos de tratar. La salida más natural sería que el teorema de Boltzmann necesita corrección, que la fórmula de la fluctuación de energía media $(\overline{\varepsilon^2})$ no es correcta. Semejante modificación no sería de ninguna ayuda, ya que, para valores pequeños de ν a una temperatura dada, la teoría proporciona fluctuaciones $\overline{\sigma^2}$ que están de acuerdo con la teoría ondulatoria; y este acuerdo desaparecería si hubiera que cambiar la fórmula de $\overline{\varepsilon^2}$.

Además, se podría suponer que $\overline{\varepsilon^2}$ puede depender del mecanismo mediador del intercambio de calor entre K y el entorno. Si fuera este el caso, la concepción de Boltzmann de la naturaleza de los procesos irreversibles sería en principio errónea, ya que la "probabilidad del estado" dependería de cosas de las que, según la experiencia,

420

la entropía no depende (el modo de interacción térmica entre K y el entorno).

Cabría suponer, además, que el calor absorbido por K, cuando este cuerpo es irradiado, no es exactamente igual a la radiación que incide sobre K, de modo que las fluctuaciones del calor captado por K no son iguales a las fluctuaciones de las radiaciones en el rango dado de longitudes de onda que inciden sobre la superficie f. Semejante concepción no necesariamente significa una violación real de la ley de la energía, ya que es posible suponer que la diferencia hipotética entre las dos cantidades de energía se va a acumular. Por supuesto, se enfrenta uno entonces a la tarea de imaginar el mecanismo de esa acumulación, tal como, de forma análoga, hay que afrontar la tarea de imaginar el enorme desorden de la distribución espacial de la energía de radiación. Si rechazamos asimismo esta hipótesis de la acumulación, tendremos que decidir abandonar la ley de la energía en su actual forma y concebirla como una ley que únicamente puede pretender validez estadística, en analogía con las conclusiones del segundo principio de termodinámica. ¿Quién tendría la audacia de dar una respuesta categórica a estas cuestiones? Sólo he pretendido mostrar aquí lo fundamentales y profundamente arraigadas que son las dificultades en las que la fórmula de la radiación nos enreda aun cuando la contemplemos como un dato conocido de forma puramente empírica.

§ 3. *La hipótesis cuántica y el carácter general de los experimentos afines*

Los resultados positivos producidos por las investigaciones descritas en la última sección se pueden resumir como sigue: Cuando un cuerpo absorbe o emite energía térmica por un mecanismo cuasi periódico, las propiedades estadísticas del mecanismo son tal como serían si la energía se propagase en cuantos enteros de magnitud $h\nu$. Aun cuando comprendemos poco los detalles del mecanismo por el que la Naturaleza produce esta propiedad de estos procesos, tenemos que esperar igualmente que la desaparición de esa energía de carácter periódico vaya acompañada por la generación de paquetes de energía en forma de cuantos discretos de magnitud *hν*, y, en segundo lugar, que la energía en cuantos discretos de magnitud *hν* tiene que estar disponible de modo que se pueda producir energía de carácter periódico en la región de frecuencia *ν*. En particular, si una radiación en el rango de frecuencia $\Delta\nu$ es capaz de producir cierto tipo de efecto, por ejemplo, cierta reacción fotoquímica

[18] Además de lo que se ha dicho en el texto, me permito señalar que la fórmula de las fluctuaciones de energía $\overline{\varepsilon^2}$ se puede aplicar también a un espacio lleno de radiación limitado por paredes no absorbentes y dispersantes de luz y que pueden intercambiar radiación del rango de frecuencia *dν* con algún cuerpo. Por supuesto, cabría llegar a una fórmula de fluctuación de construcción similar. En este caso, la hipótesis de acumulación es inconcebible, por lo que sólo parece mantenerse la elección entre la estructura *hν* y el abandono de la validez estricta del principio de la energía.

421

con cierta densidad concreta de la radiación incidente, tiene entonces que inducir también el mismo efecto con una densidad de radiación menor, independientemente de lo quc pequeña que pueda ser esta densidad.

Estas consecuencias parecen estar confirmadas en todos los sentidos, a cuyo respecto hay que señalar que, según nuestras concepciones teóricas convencionales, hubiéramos esperado un comportamiento totalmente diferente. Cabría haber pensado que era necesaria cierta densidad mínima de energía electromagnética oscilatoria para inducir, por ejemplo, la descomposición fotoquímica de una molécula; la vibración electromagnética provocada en una molécula con una densidad de radiación más pequeña no debería ser capaz de causar la ruptura de la molécula. Por otra parte, nuestras concepciones predominantes no pueden explicar por qué la radiación de frecuencia superior debiera producir procesos elementales de mayor energía que la radiación de frecuencia menor. En resumen, no entendemos ni el efecto específico de la frecuencia ni la falta de un efecto específico de la intensidad. Además, se ha señalado en muchos debates que según nuestras concepciones teóricas es inconcebible que la luz, y más aún los rayos Röntgen y los rayos *γ*, con independencia de lo bajas que sean sus intensidades, debiera ser capaz de acelerar electrones con tal fuerza que saliesen fuera de los cuerpos con sus bien conocidas altas velocidades. En el efecto fotoeléctrico, en particular, la energía cinética de los electrones emitidos es del mismo orden de magnitud que el producto *hν* de la radiación incidente y resulta incluso que esta energía cinética crece aproximadamente como *hν* y *ν* en rangos carentes de efectos de resonancia. A la vista de esta experiencia, no cabe cerrar tranquilamente la propia mente (en especial si se tienen en cuenta las grandes fluctuaciones de la conductividad del aire irradiado con rayos *γ*) a la concepción de que la energía aparece en forma de cuantos grandes en el curso de la absorción de radiación, y también que la formación de energía secundaria no es de ninguna manera algo espacial y temporalmente uniforme. Estas discontinuidades, que encontramos tan fuera de lugar en la teoría de Planck, parecen no existir realmente en la Naturaleza.

Las dificultades existentes en la forma de formular una teoría satisfactoria de estos procesos fundamentales parecen en la actualidad insuperables. ¿De dónde coge un electrón de un trozo de metal golpeado por rayos Röntgen la gran energía cinética que vemos en los rayos catódicos secundarios? Después de todo, el campo de los rayos Röntgen afecta a todo el metal; ¿por qué sólo una pequeña porción de electrones alcanza la velocidad de estos rayos catódicos? ¿Cómo es que la energía absorbida se manifiesta sólo en unos pocos sitios? ¿Qué diferencia a estos lugares de otros? Estas y otras muchas preguntas se están haciendo en vano.

Una cuestión interesante es si la absorción tiene carácter de suceso casual también cuando se contempla desde el punto de vista de la radiación absorbida, lo que equivale a la cuestión de si dos haces coherentes de rayos siguen siendo completamente coherentes si cada uno de ellos se debilita en la misma fracción de su valor por absorción. Sin duda, todo el mundo supone que la coherencia se mantendrá por entero; sería estupendo saberlo con seguridad.

422

Y hay otra cuestión a la que sería deseable dar contestación experimental: Se supone generalmente que las altas velocidades que muestran los electrones procedentes de cuerpos irradiados por luz ultravioleta o rayos Röntgen se producen en un acto elemental único. Pero, en realidad, no tenemos ninguna prueba de ello. Cabría imaginar a priori que los electrones alcanzan estas altas velocidades poco a poco, mediante colisiones con muchas moléculas irradiadas. Si fuese este el caso, seríamos capaces de reducir la velocidad de emisión reduciendo el espesor de la capa efectivamente irradiada. En ese caso, tendría también que transcurrir –en especial en la irradiación con rayos Röntgen débiles– cierto tiempo medible desde el comienzo de la irradiación hasta la formación de rayos secundarios. Estos tipos de experimentos, si resultasen ser positivos, podrían suministrar una demostración irrefutable de que esas altas velocidades del electrón no se deben a una distribución cuantizada de la energía de radiación.

Finalmente, sería de gran importancia investigar con la mayor precisión posible si los efectos secundarios que surgen en la absorción de radiación son en realidad absolutamente independientes de la *intensidad* de la radiación excitadora. En la actualidad hay que sostener que la temperatura de un haz de rayos de baja intensidad y alta frecuencia depende sólo débilmente de la intensidad. Así, si la *temperatura* del haz de radiación (con o sin la influencia de la fase desplegada en el haz) determinase, por ejemplo, la distribución de velocidad de los electrones en el efecto fotoeléctrico, se pondría entonces de manifiesto una *ligera*, aunque medible, dependencia de esta distribución de velocidad de la intensidad de la radiación.

§ 4. *Rotación de las moléculas de gas* Hipótesis de Sommerfeld[19]

Son conocidos otros dos importantes intentos de referir la constante h de Planck a propiedades mecánicas de estructuras elementales. En primer lugar, utilizando un argumento aproximado, Nernst intentó determinar la energía rotacional de moléculas de gas como función de la temperatura. En segundo lugar, Sommerfeld calculó la radiación electromagnética emitida en la parada de electrones de rayos catódicos, así como en la aceleración de partículas de rayos β, basándose en la hipótesis $Lt = h$, donde L representa la energía cinética de la partícula, τ su tiempo de colisión, y h la constante de Planck. Veremos hasta qué punto estas dos cosas pueden deducirse de la fórmula de la radiación sin recurrir a hipótesis especiales. Aunque deberemos contentarnos con aproximaciones toscas.

Si, en aras de la simplicidad, suponemos, con Nernst, que todas las moléculas del gas diatómico que se considera tienen una frecuencia angular v determinada, que es la misma para

[19] A. Sommerfeld, "Über die Struktur der γ-Strahlen", *Sitz. –Ber. d. Königl. Bayerischen Akad. d. Wiss. Phys. Klasse* (1911): 1-60. (*Estructura de los rayos γ*)

423

todas las moléculas, la relación entre la energía rotacional E, la frecuencia y la temperatura no diferirá sustancialmente de la correspondiente relación del oscilador lineal. Tendremos, aproximadamente

$$E = \frac{h\nu}{e^{\frac{h\nu}{kT}} - 1} .$$

Si llamamos I al momento de inercia respecto a un eje que pasa por el centro de gravedad de la molécula y es perpendicular a la línea que une los átomos, tendremos que suponer entonces, de acuerdo con la mecánica,

$$E = \frac{1}{2} I (2\pi\nu)^2 \cdot$$

Estas dos ecuaciones contienen la relación entre E y T que hemos estado buscando; todo lo que queda es eliminar v.[20] Nernst y Lindemann han señalado ya que sería de extraordinario interés investigar la absorción infrarroja de gases diatómicos cuyas moléculas, probablemente como en el *HCl*, poseen un momento eléctrico. En tales casos se podría utilizar la ley de Kirchhoff para encontrar a partir de los coeficientes de absorción los coeficientes de emisión para las diferentes frecuencias, y a partir de estos el número de moléculas momentáneamente presentes con una velocidad angular particular –la ley estadística del movimiento rotacional. Por supuesto, una parte de los fenómenos de absorción habría que atribuirlos a la oscilación relativa de las dos moléculas [átomos].

Volvamos ahora a la hipótesis de Sommerfeld referente a colisiones elementales.

Una de las áreas no afectada por la mecánica molecular es la teoría cinética de gases monoatómicos, ya que en este caso el mecanismo de colisiones es inmaterial. Pero podemos saber algo respecto a éste a partir de la fórmula de la radiación utilizando un procedimiento completamente análogo al adoptado para el oscilador; lamentablemente, por ahora tenemos que hacerlo asimismo sin una teoría exacta en este caso.

Como en § 1, supondremos que la radiación térmica y un gas monoatómico están en equilibrio térmico en algún recinto. En este caso, sin embargo, la posibilidad de interacción térmica entre gas y radiación se producirá dotando a las moléculas individuales del gas de carga eléctrica. Si estas moléculas colisionan con otras moléculas o con la pared, emitirán y absorberán radiación. Supongamos que estas colisiones son tan infrecuentes que cada colisión puede considerarse por sí misma un suceso aislado. La radiación emitida en una colisión es fácil de determinar con ayuda de la teoría de Maxwell, si se da la velocidad del átomo emitido como función del tiempo.

[20] En vez de la segunda de estas relaciones, Nernst adoptó la relación $\beta\nu = a\sqrt{T}$. Pero esta relación sólo podía satisfacerse si el calor específico era independiente de la temperatura.

424

Según la ley de Kirchhoff,

$$u_\nu = \frac{8\pi}{c}\frac{\varepsilon_\nu}{\alpha_\nu},$$

donde ε_ν representa el coeficiente de emisión y α_ν el coeficiente de absorción de un medio. Si ν se mantiene constante, u_ν será prácticamente cero hasta cierta temperatura, después de la cual se incrementará rápidamente. Como α_ν se mantiene finito, lo que dijimos respecto a u_ν se aplica también a ε_ν. Según la fórmula de Wien o Planck, la condición para que u_ν o ε_ν sean diferentes de cero es

$$\frac{h\nu}{kT} < Z,$$

Donde Z es algún número del orden de magnitud 1. Como, salvo un factor despreciable, kT es igual a la energía media E del movimiento de traslación de las moléculas de gas, esta condición puede también escribirse en la forma

$$h\nu < ZE.$$

Así pues, si E es la energía de su movimiento de traslación, las moléculas cargadas del gas tienen que colisionar de tal forma que no se emitirán frecuencias que no concuerden con esta ecuación.

Si las colisiones fuesen repentinas, se violaría la ecuación, según la teoría de Maxwell, ya que tendrían que aparecer en la radiación emitida incluso las frecuencias más grandes. No existen, por tanto, colisiones repentinas; la colisión tiene que tener lugar gradualmente, de forma que las frecuencias mayores que ν no se producirán. Se puede demostrar fácilmente que la duración τ de las colisiones que satisfacen estas condición es del orden de magnitud de

$$\frac{1}{\nu_{\max}}.$$

En consecuencia, la anterior relación se puede escribir también en la forma $h = E\tau \times$ un número del orden de magnitud 1.

Esta es la hipótesis de Sommerfeld, que permite el cálculo correcto, al menos en orden de magnitud, de la fracción de la energía de radiación catódica que se convierte en radiación Röntgen.

Así pues, para deducir la hipótesis de Sommerfeld de la ecuación de radiación sólo se necesita suponer, en esencia, que la energía del electrón determina la emisión. Si esta línea de razonamiento corresponde a la realidad, una estructura elemental cargada, por ejemplo, un electrón, pierde sólo una fracción muy pequeña de su energía cinética en una colisión si no hay implicadas velocidades del electrón como las que tienen lugar en el efecto fotoeléctrico o si los rayos catódicos son no demasiado rápidos. Si se considera la aceleración de los electrones por radiación como

425

el reverso de los procesos de emisión, hay que inclinarse a pensar que una aceleración de este tipo tiene que producirse también en muchas etapas. Como se ha señalado ya, cabría esperar entonces que, en condiciones absolutamente idénticas, por ejemplo, en el efecto fotoeléctrico, los electrones saliesen con velocidades más bajas de capas muy finas, irradiadas eficazmente, que de capas más gruesas.

—

NOVIEMBRE

DEBATE SOLVAY

Estado actual del problema de los calores específicos

«DEBATE»

[Recogido en *TCPAE*. Vol. 3. Doc. **27**. pp. 550-561 (GV)]

[Versión impresa de la discusión celebrada el 3 de noviembre de 1911 tras la presentación de la ponencia de Einstein: «Sobre el estado actual del problema de los calores específicos» en el primer Congreso Solvay de Bruselas. Tanto la ponencia de Einstein como el debate subsiguiente no se publicaron en alemán hasta 1914.]

[Publicado en: Eucken, Arnold, ed., Die Theorie der Strahlung und der Quanten, Verhandlungen auf einer von E. Solvay einberufenen Zusammenkunft (30. Oktober bis 3. November 1911)], mit einem Anhange über die Entwicklung der quantentheorie vom Herbst 1911 bis Sommer 1913. Halle a. S.: Knapp, **1914**, pp. 353-364 [Teoría de la radiación y los cuantos. Deliberaciones de un encuentro convocado por E. Solvay (desde el 30 de octubre hasta el 3 de noviembre de 1911), con un apéndice sobre el desarrollo de la teoría cuántica desde el otoño de 1911 hasta el verano de 1913] (*Abhandlungen der Deutschen Bunsen Gesellschaft für angewandte physikalische Chemie*, vol. 3, nº 7)]

Dos años antes se publicó una traducción francesa por Paul Langevin y Maurice de Broglie, eds.: «La theorie du rayonnement et les quanta. Rapports et discussions de la réunion tenue ä Bruxelles, du 30 octobre au 3 novembre 1911, sous les auspices de M. E. Solvay.» París: Gauthier-Villars, 1912, pp. 436-450. [Teoría de la radiación y cuantos. Informes y discusiones de la reunión celebrada en Bruselas, del 30 de octubre al 3 de noviembre de 1911, bajo los auspicios de M. E. Solvay]

550

Debate.

Einstein: Creo que todos estamos de acuerdo en que la llamada teoría cuántica actual es una herramienta útil, pero no una teoría en el sentido ordinario de la palabra. La teoría cuántica actual es una herramienta útil, pero no una teoría en el sentido ordinario de la palabra, al menos no una teoría que pueda desarrollarse de forma coherente en la actualidad. Por otra parte, también ha resultado que la mecánica clásica, que encuentra su expresión en las ecuaciones de Lagrange y Hamilton, ya no puede considerarse un esquema útil para la representación teórica de todos los fenómenos físicos (cf. en particular el informe de H. A. Lorentz).

Esto plantea la cuestión de qué teoremas generales de la física podemos seguir esperando aplicar en el campo que nos ocupa. En primer lugar, todos estaremos de acuerdo en que hay que atenerse al principio de la energía.

Un segundo principio, cuya validez, en mi opinión, debemos respetar absolutamente, es la definición de Boltzmann de entropía por probabilidad. El tenue rayo de luz teórica que vemos hoy extenderse sobre los estados de equilibrio estadístico en procesos de carácter oscilatorio se debe a este principio. Sin embargo, todavía existen muchos puntos de vista diferentes sobre el contenido y la validez de este principio. Por ello, en primer lugar expondré brevemente mi punto de vista al respecto.

Si existe un sistema físico cerrado externamente de energía dada, el sistema puede seguir asumiendo una gran variedad de estados, que se caracterizan por una serie de magnitudes en principio observables (por ejemplo, volumen, concentraciones, energías de las partes del sistema, etc.). Todos estos estados del sistema compatibles con el valor energético dado se denominan Z_1, Z_2 .... Z_l. Si el sistema se lleva a uno de estos estados (Z_a), entonces, según la termodinámica, el sistema debería pasar sucesivamente por ciertos estados Z_b, Z_c hacia un estado final Z_g, el estado de equilibrio termodinámico, en el que permanece permanentemente. Sin embargo, sabemos por la teoría estadística del calor, por una parte, y por la experiencia con el movimiento browniano, por otra, que esta visión no es más que una aproximación más o menos burda del comportamiento medio de un sistema. En realidad, los fenómenos sólo parecen tener el carácter de no reversibilidad contenido en esta descripción, y no hay persistencia en un estado de equilibrio termodinámico.

551

Más bien, el sistema asume los estados Z_1 .... Z_l todos sin excepción a lo largo del tiempo.

Boltzmann atribuye la sucesión aparentemente inequívoca de estados a partir de un estado Z_a y la aparente persistencia final en un estado Z_g de equilibrio termodinámico al hecho de que en la inmensa mayoría de los casos a un estado Z_a le sigue un estado Z_b de mayor probabilidad. De todos los estados Z_b, $Z_{b'}$, $Z_{b''}$, en los que Z_a puede cambiar en un tiempo τ muy corto, el estado Z_b se producirá prácticamente siempre, porque tiene una probabilidad enormemente mayor que el estado Z_a y que todos los demás estados $Z_{b'}$, $Z_{b''}$ etc. Por tanto, la aparente sucesión inequívoca de estados consiste en realidad en que se suceden estados de probabilidad cada vez mayor.

Sin embargo, tal consideración sólo adquiere fuerza persuasiva una vez que se ha aclarado qué se entiende por «probabilidad» de un estado. Si el sistema pasa por los estados Z_1 .... Z_l (en las secuencias más diversas), cada estado tendrá una frecuencia temporal determinada.

Habrá una parte τ_1 de un tiempo muy grande T durante la cual el sistema se encuentre en el estado Z_1; si τ_1/T para T grande tiende a un valor límite, lo llamamos probabilidad W_1 del primer estado, etc. La probabilidad W de un estado se entiende así como su frecuencia temporal en un sistema abandonado a sí mismo durante un tiempo infinitamente largo. Desde este punto de vista, es curioso que en la inmensa mayoría de los casos, si se parte de un determinado estado inicial, hay un estado vecino que el sistema supone –si se le deja a su aire durante un tiempo infinitamente largo– que se produce con más frecuencia que los demás. Si, por el contrario, prescindimos de tal definición física de W, la afirmación de que en la inmensa mayoría de los casos un sistema pasa de un estado a otro de mayor probabilidad es una afirmación sin contenido o –si se ha equiparado W con alguna expresión matemática elegida arbitrariamente– una afirmación arbitraria.

Si W se define de la manera indicada, de la propia definición se deduce que un sistema abandonado a sí mismo (cerrado al exterior) en un estado cualquiera debe en la mayoría de los casos asumir estados sucesivos de probabilidad cada vez mayor, y de ello se deduce que entre W y la entropía S la ecuación de Boltzmann

$$S = k \lg W + \text{konst.}$$

existe. Esto se deduce del hecho de que W –en la medida en que el carácter del curso unilateral de los acontecimientos se conserva en absoluto– debe aumentar siempre con el tiempo, y que no puede haber ninguna

552

función independiente de S que tenga esta propiedad al mismo tiempo que S. Que la relación entre S y W es precisamente la dada en la ecuación de Boltzmann se deduce de las relaciones

$$S_{\text{total}} = \Sigma\, S, \qquad W_{\text{total}} = \Pi\,(W),$$

que se aplican a la entropía o probabilidad de los estados de tales sistemas que se combinan a partir de varios subsistemas.

Si W se define como una frecuencia temporal de la manera indicada, la ecuación de Boltzmann contiene directamente un enunciado físico. Contiene una relación entre magnitudes principalmente observables, es decir, es verdadera o falsa. La ecuación de Boltzmann suele aplicarse de esta manera: Se parte de una cierta teoría elemental (por ejemplo, mecánica molecular), se determina la probabilidad de un estado por medios teóricos y se calcula la entropía a partir de ella utilizando la ecuación de Boltzmann para conocer finalmente las propiedades termodinámicas del sistema en cuestión. Sin embargo, también se puede proceder a la inversa: Determina los valores de entropía de los estados individuales a partir del comportamiento térmico del sistema determinado empíricamente y utiliza la ecuación de Boltzmann para calcular su probabilidad.

El siguiente ejemplo sirve para explicar esta aplicación del principio de Boltzmann: En un recipiente cilíndrico hay un líquido, y en él está suspendida una partícula cuyo peso supera al del líquido que desplaza en P. Según la termodinámica, la partícula se hundiría hasta el fondo y permanecería allí. Según la teoría cinética del calor, la partícula cambiará su altura sobre el suelo en sucesiones irregulares sin llegar nunca al reposo. Para elevar la partícula a la altura z sobre el suelo, hay que realizar el trabajo P_z. Para que la energía del sistema no varíe, al mismo tiempo debe retirarse del sistema una cantidad de calor igual a este trabajo, de modo que la entropía del sistema se expresa en función de la altura z de la partícula mediante

$$S = \text{konst.} - Pz/T.$$

Según la ecuación de Boltzmann, la probabilidad W de que la partícula se encuentre a una altura z en un instante dado se calcula a partir de esto:

$$W = Ce^{-Pz/kT}.$$

Esta es la ley que Perrin determinó realmente a partir de sus observaciones. Es evidente que esta relación sólo expresa los hechos expuestos por Perrin si la probabilidad W se define de la manera expuesta anteriormente.

El sencillo ejemplo citado también ilustra bien la visión de Boltzmann de un proceso no reversible.

553

Si P no es demasiado pequeño, entonces, para z razonablemente grande, el exponente Pz/kT tendrá un valor considerable debido a la pequeñez de la constante k (= R/N); W será, por tanto, pequeño y disminuirá muy rápidamente a medida que aumente z. Si se lleva la partícula a una cierta altura sobre el suelo y luego se la deja a su suerte, en la gran mayoría de los casos se hundirá hasta el suelo en una línea casi vertical y a una velocidad casi constante (proceso no reversible en el sentido de la termodinámica). Sin embargo, sabemos que la partícula puede elevarse por sí misma, aunque muy raramente, a cualquier altura por encima del fondo del recipiente.

Lorentz: El Sr. Einstein habla de la probabilidad de una cierta altura z de la partícula. Para satisfacer el rigor, la probabilidad de que la partícula se encuentre entre z y $z + dz$ debe expresarse por Wdz. Esta diferencia no carece de importancia, ya que entraña una dificultad. En lugar de z, se podría elegir cualquier función de esta variable, por ejemplo $z' = z^2$, como coordenada. Entonces habría que introducir una probabilidad W', que se define como sigue

$$W'dz' = Wdz,$$

o

$$W' = W/2z.$$

Esto conduciría al valor $S' = k \log W'$ para la entropía, que difiere de $S = k \log W$ en una cantidad variable, $k \log 2z$. Y eso es inadmisible.

Einstein: Estrictamente hablando, no se puede hablar de la probabilidad de que la partícula (o su centro de gravedad) se encuentre a la altura z, sino sólo de la probabilidad de que se encuentre en el intervalo de alturas comprendido entre z y $z + dz$.

Pero este hecho no implica en absoluto que la ecuación de Boltzmann $S = k \log W$ no pueda tener validez exacta. Pues también es fácil ver que, con respecto a la entropía, se aplica una observación bastante análoga a la que el Sr. Lorentz acaba de hacer con respecto a la probabilidad. En rigor, tampoco se puede hablar de la entropía de un estado particular, sino sólo de la de una región de estados.

Para mostrarlo con un ejemplo bastante sencillo, imaginemos un recipiente cilíndrico que contiene, como antes, un líquido; suspendida en él hay una partícula cuya altura variable sobre el suelo se denota de nuevo por z. Para simplificar el caso, imagino que el peso de la partícula está exactamente compensado por su flotabilidad. Preguntamos ahora por la entropía del estado caracterizado

554

por el hecho de que el centro de gravedad de la partícula se encuentra a una cierta altura z. Para encontrar el valor de la entropía de este estado, hay que realizarlo de forma reversible, lo que es posible de la siguiente manera. Imaginemos dos tamices impermeables a la partícula; uno está inicialmente a la altura $z = 0$, el otro a la altura $z = l$. Estos tamices pueden ser empujados infinitamente despacio desde ambos lados hacia una cierta altura $z = z_0$. Una vez finalizado este proceso, la partícula se encuentra a la altura $z = z_0$. Durante este proceso, tenemos que realizar trabajo mecánico para vencer la presión osmótica de la partícula. Si hemos acercado los tamices tanto como la distancia δ, este trabajo es igual a $+ (RT/N) \lg (l/\delta)$. Para fijar la partícula a la altura $z = z_0$, hay que llevar S al valor cero, es decir, hay que realizar una cantidad de trabajo logarítmicamente infinita. También es fácil ver que la entropía tiene el valor – trabajo/T, de modo que tenemos que fijar

$$S = \text{konst.} + (R/N) \lg \delta.$$

Por lo tanto, S también se hace infinito al hacerse cero δ. Por lo tanto, el intervalo dz incluye la entropía

$$S = \text{konst.} + (R/N) \lg dz.$$

Por otra parte, la probabilidad W para el intervalo dz es:

$$W = \text{konst.}\ dz.$$

De hecho, pues, aquí, con independencia de la elección del dominio dz, la ecuación de Boltzmann

$$S = (R/N) \lg W + \text{konst.}$$

se cumple. Se deduce con gran probabilidad que la ecuación de Boltzmann es exactamente válida si S y W se refieren al mismo dominio de estado.

Poincaré: En la definición de probabilidad, la elección de qué diferencial utilizar como factor no es arbitraria; hay que tomar un elemento del espacio de fases.

Lorentz: El Sr. Einstein no sigue el método de Gibbs; habla simplemente de la probabilidad de un cierto valor de la coordenada z.

Einstein: Este punto de vista se caracteriza por el hecho de que se utiliza la probabilidad (temporal) de un estado definido de forma *puramente fenomenológica.* Esto tiene la ventaja de que no es necesario tomar como base ninguna teoría elemental específica (por ejemplo, ninguna mecánica estadística).

Poincaré: En cada teoría que se introduce en lugar de la mecánica ordinaria, se debe utilizar un elemento *invariante* como diferencial en lugar del elemento en el espacio de fases.

555

Wien: En mi opinión, sólo se puede establecer una relación entre entropía y probabilidad para la radiación si se remite a los átomos emisores.

Einstein: Una consideración análoga, a la que acabamos de indicar para el caso de la partícula en suspensión, puede aplicarse también a la radiación encerrada en una cavidad. [10] Imaginemos una caja con paredes interiores completamente reflectantes o completamente blancas del volumen total V, en la que se encierra una energía de radiación E cuya frecuencia es casi ν. El interior de la caja está dividido en dos partes de volumen V_1 y V_2 respectivamente por un tabique también reflectante o blanco que tiene un agujero. Normalmente la radiación se distribuirá sobre los volúmenes V_1 y V_2 de tal manera que las componentes energéticas E_1 y E_2 de los volúmenes V_1 y V_2 se comporten como estos volúmenes. Sin embargo, debido a las irregularidades del proceso de radiación, también se producirán todas las demás distribuciones compatibles con el valor dado E de la energía total. Cada una de las distribuciones (E_1, E_2) tiene una probabilidad W. Sin embargo, cada una de las distribuciones tiene también un cierto valor de entropía S. Entre W y S debe existir la ecuación de Boltzmann. Como la entropía de cada una de esas distribuciones puede determinarse a partir de la ley de radiación, la probabilidad estadística W de cada distribución se obtiene a partir de la ecuación de Boltzmann. Si la radiación está tan enrarecida que pertenece al rango de validez de la ley de radiación de Wien, se puede observar que la ley de distribución estadística es como si la radiación consistiera en entidades puntuales, cada una de las cuales tiene la energía $h\nu$. En particular, la probabilidad de que toda la energía E se localice en el volumen parcial V_1 viene dada por la expresión

$$W = (V_1/V)^{E/h\nu}.$$

El resultado es tan interesante porque no puede armonizarse con la teoría ondulatoria de la radiación. Esto se puede ver sin cálculos mediante la siguiente consideración de semejanza:

Sea una distribución de radiación para un cierto valor E_0 de la energía total. Si ahora imagino todas las componentes del campo eléctrico y magnético multiplicadas por una constante α, se crea un nuevo campo vectorial correspondiente a las ecuaciones de Maxwell, que tiene el mismo rango de frecuencias que el original y está desordenado en la misma medida que éste. En este último campo, todas las densidades de energía son exactamente α^2 veces mayores que en el original. De esto se deduce sin más que en este último la distribución de energía α^2E_1 α^2E_1, α^2E_2 se produce con la misma probabilidad, es decir, con la misma frecuencia, que en el campo de radiación original la distribución de energía E_1, E_2.

556

De ello se deduce que la teoría de la ondulación en su forma actual implica que la frecuencia (probabilidad) de una determinada relación de distribución E_1/E_2 debe ser independiente del valor de la energía total E. Sin embargo, esto contradice la expresión para W que hemos derivado de la entropía de radiación utilizando la ecuación de Boltzmann.

La hipótesis cuántica es un intento provisional de interpretar la expresión de la probabilidad estadística W de la radiación. Si se imagina que la radiación está constituida por pequeños complejos de energía $h\nu$, entonces se ha encontrado una interpretación clara para la ley de probabilidad de la radiación diluida. Subrayo el carácter provisional de esta idea auxiliar, que no parece compatible con las conclusiones experimentalmente probadas de la teoría de la ondulación. Pero como, en mi opinión, de tales consideraciones se deduce que las localizaciones de energía en el campo de radiación, que resultan de nuestra teoría electromagnética actual, no corresponden a la realidad en el caso de la radiación enrarecida, hay que admitir de una u otra forma una hipótesis como la de los cuantos, además de la electromagnética de Maxwell, que nos es indispensable.

Planck: Yo también me atengo a la relación

$$S = k \log W + \text{konst.}$$

para todos los casos, como expresión general del principio de que la segunda ley de la termodinámica es básicamente una ley de probabilidad. Por tanto, la entropía de un estado siempre proporciona directamente su probabilidad. Pero, por otra parte, no creo que exista una definición completamente general de la probabilidad que sea útil también fuera de la dinámica clásica, que permita calcular la probabilidad de un estado completamente arbitrario, únicamente sobre la base de las fluctuaciones temporales (o espaciales) del estado, sin tener en cuenta las zonas elementales independientes de igual probabilidad. Especialmente desde el punto de vista de la hipótesis cuántica, parece haber estados cuyo carácter es demasiado complicado para conservar la simple conexión de la probabilidad con las fluctuaciones a la que conduce la consideración de los dominios elementales.

En lo que respecta a la radiación térmica en el vacío, en mi opinión su entropía (o probabilidad) no puede deducirse en absoluto sólo de las fluctuaciones energéticas de la radiación libre, sino sólo remontándose a la sustancia emisora de la que procede la radiación, o centrándose en la absorción (véase mi informe, p. 84). De lo contrario no es posible reconocer los sucesos elementales, igualmente probables, que se encuentran detrás del suceso compuesto.

Lorentz: Sin embargo, me parece que siempre se podría hablar de una probabilidad de que el contenido de energía en una de las mitades

557

de ese volumen se encuentre entre ξ y $\xi + d\xi$. Esto podría medirse por el intervalo de tiempo durante el cual esta distribución de energía está realmente presente. Si ahora se supone, por un lado, que una cierta distribución de energía que se desvía de la distribución uniforme de energía tiene una cierta probabilidad, y si se supone, por otro lado, que esto determina un valor muy específico de entropía, entonces no veo por qué no se debería aplicar el teorema de Boltzmann.

Langevin: Si se puede definir una probabilidad así como una entropía para la radiación, parece difícil evitar la relación general de Boltzmann entre estas dos cantidades. Si consideramos un sistema compuesto de materia y éter, la probabilidad de cualquier configuración es igual al producto de la probabilidad del estado de la materia y la del éter tomadas por separado; la entropía total es igual a la suma de las entropías individuales, y por lo tanto, como resultado de una consideración como la dada por el Sr. Planck en su informe, debe haber proporcionalidad entre la entropía y el logaritmo de la probabilidad; el factor de proporcionalidad es el coeficiente de Boltzmann tanto para el éter como para la materia.

Poincaré: La definición tanto de probabilidad como de entropía se basa en esto.

Lorentz: En efecto, el primer elemento $h\nu/E$ de la fórmula del Sr. Einstein parece totalmente incompatible con las ecuaciones de Maxwell y las opiniones predominantes sobre los procesos electromagnéticos. Esto puede verse tanto en la formulación del Sr. Einstein como en la siguiente consideración: Sea P un disco diatérmico situado en un espacio lleno de radiación negra. Consideremos ahora la energía de los rayos que emanan del disco en una dirección determinada y que están contenidos en un volumen limitado v en un tiempo t. Esta energía E procede de las cantidades de energía E_1 y E_2 que, en un tiempo t' ligeramente anterior, estaban presentes en dos espacios υ_1 y υ_2, ambos iguales a υ y situados a ambos lados del disco, uno en el mismo lado que υ, el otro en el lado opuesto. Si denotamos el valor medio común de E, E_1 y E_2 por E_0, las desviaciones de este valor medio por α, α_1, α_2, y si despreciamos las fluctuaciones en el volumen υ causadas por la interferencia de los rayos reflejados y transmitidos, obtenemos $\overline{\alpha_1^2} = \overline{\alpha_2^2}$ y deberíamos encontrar el mismo valor para α^2.

Mientras tanto, rige lo siguiente (r significa el coeficiente de reflexión)

$$E = rE_1 + (1-r)E_2,$$
$$\alpha = r\alpha_1 + (1-r)\alpha_2,$$
$$\overline{\alpha^2} = [r^2 + (1-r)^2]\overline{\alpha_1^2},$$

558

este último valor es menor que α_1^2. Este resultado se debe al hecho de que asumimos tácitamente que siempre se reflejaría la misma fracción a una determinada frecuencia y un determinado ángulo de incidencia.

Nernst: ¿No podrían demostrarse las fluctuaciones de temperatura midiendo la resistencia eléctrica a temperaturas muy bajas?

Wien: Sería posible evitar las dificultades de las fluctuaciones suponiendo una acumulación de energía en los átomos que no contribuye directamente al aumento de temperatura. Tales procesos podrían ocurrir también en la conducción del calor.

Einstein: En primer lugar, esta hipótesis no sirve para explicar la ley de distribución de la radiación entre dos espacios comunicantes, que se basa en el principio de Boltzmann. Además, es evidente que no se aplica a los gases monatómicos ideales; sin embargo, el cuerpo denominado K puede estar constituido por tales gases sin que cambie nada esencial en la consideración final.

Langevin: Creo, como el Sr. Planck, que las condiciones no son las mismas cuando un cuerpo en una cavidad está o muy cerca de la pared o muy lejos de ella. En este último caso, las fluctuaciones de emisión y absorción en la superficie de la pared y en la del pequeño cuerpo son independientes entre sí; la probabilidad de ambos sucesos consiste, por tanto, en un producto de probabilidades individuales. Sin embargo, si las superficies están muy próximas, el medio que las separa no puede absorber energía alguna, las fluctuaciones no son independientes entre sí y las consideraciones estadísticas ya no pueden aplicarse de la forma habitual.

Kamerlingh Onnes: Basándose en la idea del Sr. Nernst, pero de forma diferente, el Sr. Einstein calcula una desviación del 4% en el calor molecular que cabe esperar a 0ºC para el hidrógeno a presión constante respecto al de un gas diatómico [14]. Quisiera volver a la observación hecha en la conferencia del Sr. Nernst sobre el calor específico del hidrógeno. El cálculo allí mencionado mostró que el hidrógeno a partir de 14º absolutos [14ºK] mostraría una clara desviación en la dirección del valor para el gas monatómico, lo que nos llevó al Sr. Keesom y a mí a realizar la prueba experimental. Hay que señalar ahora que esta prueba parecía prometedora, porque incluso a 0ºC, sobre la misma base de cálculo, cabía esperar una liquidación, que ya se indica en los resultados experimentales de Pier mencionados por el Sr. Nernst. Según un cálculo más preciso, pero siempre realizado a la manera de Nernst, la desviación sería de aproximadamente el 3% del calor molecular a volumen constante. El resultado de Pier da alrededor del 4%.

559

Lorentz: Tal vez sea interesante indicar a qué resultado se llega cuando se aplica el concepto de elementos de energía a una esfera rígida capaz de girar alrededor de un diámetro.

Si v es el número de revoluciones por segundo, la energía es igual a qv^2, siendo q una constante. La hipótesis de que esta energía debe ser múltiplo de hv conduce a las fórmulas siguientes, en las que n es un número entero:

$$q\nu^2 = nh\nu, \quad \nu = n\frac{h}{q}, \quad q\nu^2 = n^2\frac{h^2}{q}.$$

Por tanto, la esfera sólo tendría que poder girar a determinadas velocidades, que forman una progresión aritmética; los posibles valores de energía deberían, por tanto, relacionarse entre sí como los cuadrados de los números ordinarios.

Por lo demás, esta observación no tiene gran importancia. Al aplicar la hipótesis de los elementos de energía, podemos limitarnos a sistemas en los que una determinada frecuencia, causada por la naturaleza del proceso en cuestión, esté dada desde el principio.

Poincaré: El Sr. Nernst cita una fórmula en la que v es proporcional a $\sqrt{T}$.

Einstein: Esto contradice el resultado final al que llegó el propio Sr. Nernst y, por tanto, debería cambiarse.

Poincaré: A una temperatura dada, v se distribuirá según una cierta ley; ¿a qué resultado se llegaría para el calor específico si se tuvieran en cuenta todos los valores de v según su frecuencia relativa?

Hasenöhrl: El modelo del oscilador de Nernst, en el que un átomo ligero gira alrededor de otro mucho más pesado a distancias constantes (Zeitschr. f. Elektroch. 17, p. 825 [1911]), no tiene ninguna oscilación propia definida; pero si se calcula la energía del mismo, suponiendo ciertas regiones elementales en el espacio de fases, se obtiene una expresión de la forma [1])

$$\frac{c}{e^{\frac{c'}{T}} - 1}$$

[1]) Esta fórmula es fácil de deducir. La energía es completamente cinética y tiene el valor

$$E = C_1(\dot{\vartheta}^2 + \sin^2\vartheta\dot{\varphi}^2) = C\left(p_1^2 + \frac{1}{\sin^2\vartheta}p_2^2\right)$$

(ϑ y φ son coordenadas esféricas; $p_1 = \frac{\partial E}{\partial\dot{\vartheta}}$, $p_2 = \frac{\partial E}{\partial\dot{\varphi}}$; C_1 y C son constantes). Si se utiliza la expresión de la mecánica estadística de Gibbs, se obtiene

$$e^{-\frac{\psi}{\Theta}} = \int_0^{\pi} d\vartheta \int_0^{2\pi} d\varphi \int\int_{-\infty}^{+\infty} dp_1 dp_2 e^{-\frac{C}{\Theta}\left(p_1^2+\frac{1}{\sin^2\vartheta}p_2^2\right)} = \frac{4\pi^2}{C}\Theta,$$

560

en la que c y c' dependen sólo del momento de inercia y no hay ningún valor de la frecuencia de oscilación v. Para ver si esto se puede conciliar con la fórmula de radiación de Planck, habría que investigar también la relación entre la energía del resonador y la energía de radiación, que probablemente no sea tan sencilla como en el caso del resonador de Planck. El cálculo de esta relación parece topar con grandes dificultades matemáticas.

Langevin: La introducción de elementos de energía me parece, como lo muestra la observación del Sr. Planck basada en su hipótesis de los elementos del espacio de fases, que sólo es admisible si el sistema tiene una cierta frecuencia independiente de la energía almacenada. En el caso de la rotación, la situación es muy diferente, aquí el período depende de la energía cinética; la energía potencial no está presente en absoluto. Por tanto, me parece arbitrario aplicar la hipótesis del cuanto de energía a la rotación de las moléculas.

Lindemann: La suposición de que una molécula de gas diatómica que gira con la frecuencia v sólo puede absorber cuantos de magnitud hv probablemente sea inadmisible. Si fuera este el caso, una molécula de gas que se calentara desde el cero absoluto tendría que adquirir la frecuencia v_1 desde la primera colisión que recibiera.

de lo que se sigue

$$\overline{E} = -\Theta^2 \frac{d}{d\Theta}\left(\frac{\psi}{\Theta}\right) = \Theta.$$

Introducimos ahora el volumen de fase

$$V = \int_0^{2\pi} d\varphi \int_0^{\pi} d\vartheta \int\int dp_1 dp_2,$$

donde p_1 y p_2 deben tomarse entre los límites 0 y $C\left(p_1^2 + \frac{1}{\sin^2\vartheta}p_2^2\right) = E$.

Un sencillo cálculo proporciona

$$V = \frac{4\pi^2}{C}E, \quad E = \frac{C}{4\pi^2}V,$$

$$e^{-\frac{\psi}{\Theta}} = \int_0^{\infty} e^{-\frac{1}{\Theta}\frac{C}{4\pi^2}V} dV = \frac{4\pi^2}{C}\Theta.$$

Según la teoría cuántica habría que escribir, en vez de la integral, la suma:

$$e^{-\frac{\psi}{\Theta}} = \sum_{x=0}^{x=\infty} he^{-\frac{1}{\Theta}\frac{C}{4\pi^2}xh} = \frac{h}{1-e^{-\frac{1}{\Theta}\frac{Ch}{4\pi^2}}}.$$

Lo que da

$$\overline{E} = -\Theta^2 \frac{d}{d\Theta}\left(\frac{\psi}{\Theta}\right) = \frac{Ch}{4\pi^2} \frac{1}{e^{\frac{1}{\Theta}\frac{Ch}{4\pi^2}} - 1}.$$

La magnitud h no es aquí idéntica a la del Sr. Planck; aquí tiene las dimensiones del cuadrado de un efecto (Hasenöhrl).

561

Dado que entonces sólo podría absorber un múltiplo entero de $h\nu_1$, su frecuencia tras el segundo impacto sería $\nu_1\sqrt{1+n_1}$, tras el tercero $\nu_1\sqrt{1+n_1}\sqrt{1+n_2}$ y así sucesivamente.

Es extremadamente improbable que otra molécula con el momento de rotación opuesto, pero exactamente igual, actúe alguna vez sobre la molécula. Al final, las velocidades de rotación serían tan altas que no podrían intercambiarse en absoluto, es decir, el calor atómico sería $\frac{3}{2}R$.

La introducción de los cuantos no es en absoluto arbitraria, sino absolutamente necesaria, y probablemente haya que atenerse a la fórmula $\frac{h\nu}{e^{\frac{h\nu}{kT}}-1} = (2\pi\nu)^2 I$ o una similar, ya que de lo contrario se entra en conflicto con las leyes de la radiación; sin embargo, esta fórmula difícilmente puede deducirse de los puntos de vista habituales de la teoría cuántica.

Lorentz: Recuerdo una conversación que tuve con el Sr. Einstein hace algún tiempo. Hablábamos de un péndulo simple que puede acortarse agarrando el hilo con dos dedos y deslizándose a lo largo de él. Si al principio el péndulo tenía exactamente un elemento de energía correspondiente a su período de oscilación, al final del experimento su energía debe ser evidentemente menor que la de un elemento de energía correspondiente a la nueva frecuencia.

Einstein: Si se cambia la longitud del péndulo de forma continua e infinitamente lenta, la energía de oscilación sigue siendo la misma $h\nu$ si inicialmente era igual a $h\nu$; la energía de oscilación cambia como ν. Rige lo mismo para un circuito eléctrico oscilante sin resistencia y para radiación libre.

Lorentz: Este resultado es de lo más curioso y resuelve esta dificultad. En general, la hipótesis de los cuantos de energía conduce a problemas interesantes en todos los casos en que la frecuencia puede modificarse arbitrariamente.

Warburg: La frecuencia de un péndulo de hilo oscilante puede aumentarse sin realizar trabajo si, como en el experimento de Galileo, se deja que, en la posición de equilibrio, un punto del hilo caiga contra una varilla fija, y fijando este punto durante el ascenso de la masa del péndulo.

DICIEMBRE

Carta de Einstein a Ludwig Hopf

Praga, [diciembre] de 1911

Querido Sr. Hopf:

Acaba de llegar su carta, lo que remueve mi mala conciencia respecto a usted. Pero tengo una excusa: trabajo *como una bestia de carga*, aunque no avanzo demasiado rápido. He efectuado la deducción termodinámica de la ley de equivalencia fotoquímica sin recurrir a los cuantos. He conseguido deducir la teoría de la gravitación para un campo *estático* con el rigor deseado. El resultado es magnífico y de una extraña simplicidad. La teoría de Abraham es completamente falsa. Así que me veo obligado a polemizar con él. Hay también algo que me opone a Nernst; ha encontrado una prueba del famoso tercer principio, pero es completamente falsa –así que otra justa científica en perspectiva y que promete ser violenta. Aparte de eso, me peleo con la dispersión en el infrarrojo. Hay algo que no va en el término de rozamiento. No creo en el axioma de Haber $\Sigma h\nu$. En el efecto fotoeléctrico resonante, los electrones se supone que saldrían sin velocidad. Habrá usted advertido, por el estilo de mi carta, que también yo descarrilo –aunque todavía no estoy en el mismo estado que Stark. En cuanto a la correlación mutua de las fluctuaciones primarias producidas por los rayos γ, no creo en eso. Es imposible, según la teoría. Pregunte pues al Sr. Meyer si todo el proceso de transferencia de energía entre la absorción de los rayos γ y la ionización se ha aclarado de forma satisfactoria. Yo creo que, en su caso, fragmentos de granada que corresponden al mismo acto de absorción caen en las *dos* cajas. Lamentablemente, no he podido encontrar tiempo para reflexionar seriamente en las experiencias.

En Bruselas no hemos llegado realmente a nada, pero el espectáculo fue absolutamente divertido. Nadie ha encontrado nada que oponer a la teoría de las fluctuaciones. Planck se ha defendido, sí, pero estaba contra la pared. Usted mismo lo puede constatar. Sin embargo, el asunto me sigue pareciendo oscuro. Desde luego, los cuantos desempeñan su función de cuantos, pero no tienen existencia, no más que el éter en reposo. Éste se revuelve concienzudamente en su tumba, en este momento, con la esperanza de encontrar una nueva vida –el pobre.

Vuelvo a agradecerle cordialmente sus regalos navideños a mis hijos, pero le ruego que no envíe nada en lo sucesivo. Con o sin ellos, aquí, jóvenes y viejos conservarán de usted un amistoso recuerdo.

Le mando mis saludos, así como a Meyer, pero *no* al fortísimo* rabioso.

[* Se refiere a Johannes Stark (stark: fuerte)]

[Fuente: Oeuvres Choisies. L I. Quanta, p. 128] [*TCPAE*: Vol. 5. Doc. **364**. (p. 266, E.V.), fecha: Praga, después del 20 de febrero de 1912]

1912

ENERO

Albert Einstein. «***Thermodynamische Begründung des photochemischen Äquivalentgesetzes***». *Annalen der Physik*, 4. Folge, Band 37 (1912), S. 832-838. [Recogido en *TCPAE*. Vol. 4, Doc. 2, pp. 89-94 (EV); pp. 115-121 (GV)] (Firmado en Praga en enero de 1912. Registro de entrada: 18 de enero de 1912. Publicado: 26 de marzo de 1912.)] [(«Fundamento termodinámico de la ley del equivalente fotoquímico»)]

89

Fundamento termodinámico de la ley del equivalente fotoquímico

En lo que sigue se deducirán simultáneamente, en forma esencialmente termodinámica, la ley de radiación de Wien y la de la equivalencia fotoquímica. Por ley de equivalencia fotoquímica entiendo la proposición de que la descomposición de un equivalente-gramo por medio de un proceso fotoquímico exige la absorción de energía de radiación $Nh\nu$, si N representa el número de moléculas en una molécula-gramo, h la conocida constante de la fórmula de Planck de la radiación y ν la frecuencia de la radiación actuante.[1] La ley parece ser en esencia una consecuencia de la suposición de que el número de moléculas descompuestas por unidad de tiempo es proporcional a la densidad de la radiación actuante; habría que recalcar, sin embargo, que las relaciones termodinámicas y la ley de radiación no permiten la sustitución de este supuesto por cualquier otro supuesto arbitrario, como se probará brevemente al final de este artículo.

Se pone de manifiesto con claridad, además, en lo que sigue, que la ley de equivalencia y los supuestos que conducen a ella son válidos sólo en la medida en que la radiación actuante esté dentro del ámbito de validez de la ley de Wien. Pero, ahora mismo, la validez de la ley para esa radiación apenas puede ya ponerse en duda.

§ 1. Equilibrio termodinámico entre la radiación y un gas parcialmente disociado desde el punto de vista de la ley de acción de masas

Supongamos que, en un volumen V, haya una mezcla de tres gases químicamente diferentes, de pesos moleculares m_1, m_2, m_3. Sea n_1 el número de moles del primer gas, n_2 el del segundo y n_3 el del tercero.[2] Supongamos que es posible la reacción entre estos tres tipos de moléculas de modo que una molécula del primer tipo se descompone en una molécula del segundo tipo y una del tercero. En un estado de equilibrio termodinámico, las reacciones

[1] Véase A. Einstein, *Ann. d. Phys.* 17 (1905), p. 132

[2] Naturalmente, uno de los gases con índices 2 y 3 puede ser un gas de electrones

$$m_1 \rightarrow m_2 + m_3$$

y

$$m_2 + m_3 \rightarrow m_1$$

tienen lugar con igual frecuencia.

Consideraremos el caso en que la descomposición de las moléculas m_1 tiene lugar exclusivamente como resultado del efecto de la radiación térmica, esto es, debido al efecto de una parte de la radiación térmica cuya frecuencia difiera poco de una frecuencia específica ν_0. Supongamos que el promedio de energía de radiación absorbida en esa descomposición sea ε. En este caso, la radiación del ámbito de frecuencia ν_0 y sólo esa, tiene que emitirse, a la inversa, en el proceso de combinación de m_2 y m_3 en m_1, y la energía de radiación emitida en un proceso de recombinación tiene que ser también en promedio ε, ya que, si no, la existencia del gas rompería el equilibrio, pues el número de procesos de descomposición es igual al número de procesos de combinación.

Si la mezcla de gases posee la temperatura *T*, el sistema puede estar entonces, naturalmente, en equilibrio termodinámico si la radiación con frecuencia próxima a ν_0 que está presente en el espacio posee la densidad (monocromática) ρ correspondiente a la radiación térmica de temperatura *T*. Analizaremos ahora más de cerca las dos reacciones opuestas que se contrapesan exactamente haciendo algunas suposiciones sobre su mecanismo.

Supongamos que la descomposición de una molécula del primer tipo tiene lugar como si no estuvieran presentes las demás moléculas (supuesto I). Se sigue de aquí que tenemos que postular que el número de moléculas del primer tipo que se descomponen por unidad de tiempo es proporcional a su número (n_1) bajo, por lo demás, las mismas circunstancias, y que el número de moléculas que se descomponen por unidad de tiempo es independiente de las densidades de los tres gases. Supondremos además que la probabilidad de que una molécula del primer tipo que se descompone durante una unidad de tiempo es proporcional a la densidad monocromática de radiación ρ (supuesto II).

Hay que recalcar, en particular en lo que se refiere al segundo de estos supuestos, que su exactitud no es en absoluto evidente en sí misma. Incluye la proposición de que el efecto químico de la radiación que incide sobre un cuerpo sólo depende de la cantidad total de radiación actuante, pero no de la intensidad de la radiación; la existencia de un umbral de acción más bajo para la radiación está completamente excluida por este supuesto. Éste nos pone en conflicto con los resultados de dos artículos de E. Warburg[3] que me estimularon a acometer el presente trabajo.

De los dos supuestos se sigue que el número *Z* de moléculas del primer tipo que se descompone por unidad de tiempo está dado por la expresión

[3] E.Warburg, *Verh. d. Deutsch. Physik. Ges.* 9 (1908), p. 24 y 9 (1909), p.21.

91

(1) $$Z = A\rho\, n_1 .$$

De acuerdo con lo que se ha dicho, el factor de proporcionalidad *A* puede depender sólo de la temperatura *T* del gas. Según lo anterior, la ecuación tiene también validez en el caso en que la densidad de radiación ρ (a frecuencia ν_0) sea diferente de la densidad que corresponde a la temperatura *T* del gas.

Respecto al proceso de recombinación, suponemos que es una reacción ordinaria de segundo orden en el sentido de la ley de acción de masas, es decir, que el número de moléculas del primer tipo formadas por unidad de volumen y tiempo es proporcional al producto de las concentraciones n_2/V y n_3/V, con el coeficiente de proporcionalidad que depende sólo de la temperatura del gas, pero no de la densidad de radiación que está presente (supuesto II). Así pues, el número *Z'* de moléculas del primer tipo formadas por unidad de tiempo es

(2) $$Z' = A' \cdot V \cdot \frac{n_2}{V} \cdot \frac{n_3}{V} .$$

El sistema que consideramos, que se compone de radiación y mezcla de gases, está siempre en equilibrio termodinámico si el número *Z* de procesos de descomposición es igual al número *Z'* de procesos de combinación, ya que, en tal caso, no sólo no cambia la cantidad de cada tipo de gas, sino tampoco la cantidad de radiación presente.[4] Esta condición se expresa

$$(3)\qquad \frac{\frac{n_2}{V}\frac{n_3}{V}}{\frac{n_1}{V}} = \frac{\eta_2\eta_3}{\eta_1} = \frac{A}{A'}\rho,$$

Donde *A* y *A'* dependen sólo de la temperatura de la mezcla de gases. Una consecuencia peculiar de este argumento es que sería posible un equilibrio termodinámico a una temperatura dada del gas y con una densidad cualquiera dada de radiación (es decir, también temperatura de radiación). Pero no hay aquí violación de la segunda ley, lo que conecta con el hecho de que un proceso químico está necesariamente ligado a una transferencia de calor de la radiación al gas; no se puede construir un perpetuum mobile de segunda especie con ayuda del sistema que consideramos.

[4] Al leer las galeradas se me ocurre que esta conclusión, que es esencial para lo que sigue, vale sólo en el supuesto de que, a una temperatura dada del gas, ε es independiente de ρ.

92

§ 2. Condición para el equilibrio termodinámico del sistema considerado en § 1

Si S_s es la entropía de la radiación contenida en el volumen *V*, y S_g la entropía de la mezcla de gases, entonces, para cada uno de los estados de equilibrio encontrados en la sección anterior se tiene que cumplir la condición de que el cambio de entropía total se anula para cada cambio virtual infinitamente pequeño de los estados de la radiación y del gas. El cambio virtual que hay que considerar consiste en la conversión de una cantidad de energía de radiación N_ε (en el entorno de ν_0) en energía de la mezcla de gases, con descomposición simultánea de una molécula de gas (mol-gramo) del primer tipo. En ese cambio virtual la temperatura de la mezcla cambiaría en cantidad no despreciable. Para evitarlo, supondremos, en la forma conocida, que la mezcla de gases está en conexión termoconductiva permanente con un reservorio infinitamente grande de calor de la misma temperatura *T*. En ese caso, la temperatura de la mezcla de gases no cambia durante el cambio virtual; por otra parte, hay que tener en cuenta que, durante un cambio virtual, el reservorio de calor absorbe la energía $-(\delta E_s + \delta E_g)$ en forma de calor, si E_s es la energía de radiación y E_g la energía del gas. La condición para el equilibrio es pues

$$(4)\qquad \delta S_s + \delta S_g - \frac{\delta E_s + \delta E_g}{T} = 0\,.$$

Tenemos que calcular ahora los términos individuales de esta ecuación. En primer lugar, para el cambio virtual que consideramos, tenemos

$$\delta E_s = -N\varepsilon,$$

$$\delta S_s = -\frac{N\varepsilon}{T_s},$$

donde T_s representa la temperatura que corresponde a la densidad de radiación ρ. Las variaciones relativas al gas las calculamos según los métodos termodinámicos ordinarios, mediante los que tratamos los calores específicos como entidades independientes de la temperatura –lo que no es esencial para lo que sigue. De entrada, se obtiene

$$E_g = \sum n_1 \left\{ c_{v_1} T + b_1 \right\}$$
$$S_g = \sum n_1 \left\{ c_{v_1} \lg T + c_1 - R \lg \frac{n_1}{V} \right\}.$$

Aquí,

c_{v_1} es la capacidad calorífica por molécula-gramo a volumen constante,

b_1 es la energía por molécula-gramo del gas del tipo 1 a T = 0,

c_1 es una constante de integración de la entropía del primer tipo de gas.

Estas ecuaciones proporcionan inmediatamente las siguientes:

93

$$\delta E_g = \sum \delta n_1 \left\{ c_{v_1} T + b_1 \right\},$$
$$\delta S_g = \sum \delta n_1 \left\{ c_{v_1} \lg T + c_1 - R - R \lg \frac{n_1}{V} \right\},$$

donde hay que poner

(4a’) $\qquad \delta n_1 = -1, \quad \delta n_2 = +1, \quad \delta n_3 = +1.$

En virtud de estas ecuaciones de las variaciones y de la ecuación (3), la ecuación (4) toma la forma

(4a) $$-\frac{N\varepsilon}{RT_s} + \lg \alpha - \lg\left(\frac{A}{A'}\rho\right) = 0,$$

donde, para abreviar, hemos puesto

(4a’’) $$\lg \alpha = \frac{N\varepsilon}{RT} + \frac{1}{R} \sum \delta n_1 \left\{ c_{v_1} \lg T + c_1 - R - c_{v_1} - \frac{b_1}{T} \right\}.$$

La magnitud que representamos por α es independiente de T_s.

§ 3. Conclusiones derivadas de la condición de equilibrio

Escribamos ahora (4 a) en la forma

(4b) $$\rho = \frac{A'\alpha}{A} e^{-\frac{N\varepsilon}{RT_s}}.$$

Como la relación entre T_s y ρ tiene que ser independiente de T, las cantidades $A'\alpha/A$ y ε tienen que ser independientes de T. Como estas cantidades son también independientes de T_s, llegamos asía la relación entre ρ y T que corresponde a la fórmula de Wien de la radiación. Concluimos de aquí:

Las hipótesis sobre el curso de los procesos fotoquímicos postulados en § 1 son compatibles con la conocida ley empírica de la radiación térmica sólo en la medida en que la radiación actuante cae dentro del rango de validez de la ley de Wien de la radiación; pero en ese caso, la ley de Wien es una consecuencia de nuestros supuestos.

Si, introduciendo la constante de Planck, escribimos la fórmula de Wien de la radiación en la forma

$$\rho = \frac{8\pi h \nu^3}{c^3} e^{-\frac{h\nu}{\kappa T_s}},$$

vemos entonces, por comparación con (4b), que las ecuaciones

(5) $$\varepsilon = h\nu_0,$$

(6) $$\frac{A'\alpha}{A} = \frac{8\pi h\nu_0^3}{c^3},$$

94

se tienen que satisfacer. Así pues, como consecuencia más importante obtenemos (5), que establece que *una molécula de gas que se descompone por absorción de radiación de frecuencia ν_0 absorbe (en promedio) la energía de radiación $h\nu_0$ en el curso de su descomposición*. Supusimos el tipo más sencillo de reacción, pero podríamos igualmente haber deducido la ecuación (5) para otras reacciones de gases que tienen lugar por absorción de luz del mismo modo. Es también obvio que esta relación se puede demostrar de forma similar para disoluciones distintas. La reacción puede ser perfectamente válida en general.

Además, si sustituimos la cantidad α en (4a'') con ayuda de (6), teniendo en cuenta (3), llamando $\eta_2\eta_3/\eta_1 = \kappa$ para abreviar y aplicando la fórmula de Wien de la radiación, obtenemos

$$\lg\kappa = \frac{Nh\nu_0}{RT} - \frac{Nh\nu_0}{RT_s} + \frac{1}{R}\sum \delta n_1\left\{c_{\nu_1}\lg T + c_1 - (c_{\nu_1} + R) - \frac{b_1}{T}\right\}.$$

Para $T = T_s$, esta ecuación se reduce a la conocida ecuación del equilibrio de disociación de gases, una prueba de que la anterior teoría no contradice la teoría termodinámica de la disociación.

Praga, enero de 1912

(Registro de entrada: 18 de enero de 1912)

MAYO – JULIO

Albert Einstein. «***Nachtrag zu meiner Arbeit: „Thermodynamische Begründung des photochemischen Äquivalentgesetzes“***». *Annalen der Physik*, 4. Folge, Band 38 (1912), S. 881-884. [Recogido en *TCPAE*, Vol. 4, Doc. 5, pp. 121-124 (EV); pp. 166-169 (GV)] (Firmado en Praga en mayo de 1912. Registro de entrada: 12 de mayo de 1912. Publicado: 12 de julio de 1912.)] («Suplemento a mi trabajo: „Fundamento termodinámico de la ley del equivalente fotoquímico“»)

121

Suplemento a mi trabajo: "Fundamento termodinámico de la ley del equivalente fotoquímico"

En el trabajo indicado[1] se ve de forma esencialmente termodinámica, basándose en ciertos supuestos sugeridos por la experiencia, que en la descomposición fotoeléctrica de una molécula de gas por radiación (débil) de frecuencia ν_0 se absorbe (en promedio) la energía de radiación $h\nu_0$. Esa investigación hay que suplementarla en un punto importante. A saber, en ese análisis se postuló que sólo un rango de frecuencia infinitamente pequeño puede tener un efecto fotoquímico sobre el gas. De aquí que no se obtenga respuesta a la cuestión de si la frecuencia de la radiación absorbida o la frecuencia propia de la molécula que absorbe determina la cantidad de energía absorbida por descomposición molecular.

Se puede obtener una respuesta a esa cuestión sólo si se considera el caso en que un rango de frecuencia finito sea capaz de efectuar una descomposición de la molécula. La investigación de este caso se me ocurrió a raíz de una comunicación personal del Sr. Warburg, que está investigando la descomposición fotoquímica del ozono; el Sr. Warburg me dijo que la radiación de un rango de frecuencia que no es de ningún modo pequeño comparado con ν_0 ejerce un efecto fotoquímico sobre la molécula O_3.

Así pues, basaremos nuestro análisis en el caso en que sobre la molécula que consideramos actúan cualesquiera rangos elementales de frecuencia, que juntos pueden formar un rango finito continuo; llamemos $\nu^{(1)}$, $\nu^{(2)}$, etc., a las frecuencias medias de estos rangos elementales. A las hipótesis hechas en el primer trabajo añadimos el supuesto de que el número de moléculas que se descomponen por unidad de tiempo es igual a la suma del número de moléculas que se descompondrían por unidad de tiempo por la acción de las radiaciones de las regiones de frecuencia individual si actuasen solas. En tal caso, para el número de moléculas del primer tipo que se descomponen en la unidad de tiempo (véase fórmula (1), p. 834, del primer trabajo), obtenemos

(1a) $$Z = n_1(A^{(1)}\rho^{(1)} + A^{(2)}\rho^{(2)} \ldots) .$$

La ecuación (2) para el número Z' de recombinaciones que tienen lugar por unidad de tiempo sigue siendo válida sin alteración.

En el caso que consideramos ahora, se encuentra también el caso de

[1] A. Einstein, *Ann. d. Phys.* 37 (1912), p. 832

122

equilibrio termodinámico "ordinario", en el que la radiación es radiación de *cuerpo negro* de la misma temperatura que la temperatura de la mezcla de gases. De la misma forma, a una temperatura dada existen infinitas constituciones de la radiación para las que el equilibrio termodinámico "extraordinario" tendrá validez si $\eta_2\eta_3/\eta_1$ tiene el valor apropiado. Pero en el caso considerado ahora, $Z = Z'$ ya no es una condición *suficiente* para el equilibrio termodinámico, ya que, para que este esté presente hay que exigir también que, para cada región elemental efectiva de frecuencia de radiación, la energía de radiación absorbida por unidad de tiempo sea igual a la energía de radiación creada de nuevo por unidad de tiempo.

Es fácil probar que tienen que existir casos de equilibrio termodinámico "extraordinario", ya que, si llamamos

$$\eta_{10},\quad \eta_{20},\quad \eta_{30},$$
$$\rho_0^{(1)},\quad \rho_0^{(2)} \ldots$$

a las concentraciones moleculares y a las densidades de radiación en un caso de equilibrio termodinámico "ordinario", donde tanto la mezcla de gases como la radiación actuante de los rayos elementales individuales poseen la temperatura T, entonces

$$\frac{\eta_{10}}{x},\quad \eta_{20},\quad \eta_{30},$$
$$x\rho_0^{(1)},\ x\rho_0^{(2)} \ldots$$

son valores de las concentraciones moleculares y de las densidades de radiación para los que se obtiene el equilibrio termodinámico "extraordinario" para valores arbitrarios de x

sólo si la mezcla de gases posee la temperatura T, ya que, de (1a) y (2) se sigue que la condición $Z = Z'$ se sigue satisfaciendo; además, la energía de radiación producida por unidad de tiempo para, digamos, el primer rango permanece sin cambio ya que η_2 y η_3 se han mantenido sin cambio y no hay tampoco cambios en la energía absorbida por unidad de tiempo procedente de la radiación del primer rango elemental, debido a que el producto $\eta_1 \cdot \rho^{(1)}$ se ha mantenido sin cambiar.

Estos estados de equilibrio termodinámico extraordinario, asociados con la temperatura T de la mezcla, se distinguen por el hecho de que las densidades $\rho^{(1)}$, $\rho^{(2)}$, etc., de los rangos elementales cambian como las correspondientes densidades $\rho_0^{(1)}$, $\rho_0^{(2)}$, etc., que estos rangos tienen a la temperatura T de la mezcla en equilibrio termodinámico "ordinario". Si se satisface esta condición para el equilibrio termodinámico extraordinario

(5)
$$\frac{\rho^{(1)}}{\rho_0^{(1)}} = \frac{\rho^{(2)}}{\rho_0^{(2)}} \quad \text{etc.,}$$

entonces se puede reformular (1a) del siguiente modo:

123

$$Z = n_1\left(A^{(1)}\rho^{(1)} + A^{(2)}\frac{\rho_0^{(2)}}{\rho_0^{(1)}}\rho^{(1)} + \ldots\right) = n_1\left(A^{(1)} + A^{(2)}\frac{\rho_0^{(2)}}{\rho_0^{(1)}} + \ldots\right)\rho^{(1)},$$

o, finalmente, en forma más abreviada

(1b)
$$Z = A^{(1)*}\rho^{(1)}n_1,$$

donde $A^{(1)*}$ sólo depende de T (temperatura de la mezcla).

Haciendo uso de (1b) y (2) del primer trabajo, se obtiene, en vez de la ecuación (3), p. 835, la correspondiente ecuación

(3a)
$$\frac{\frac{n_2}{V}\frac{n_3}{V}}{\frac{n_1}{V}} = \frac{\eta_2\eta_3}{\eta_1} = \frac{A^{(1)*}}{A'}\rho^{(1)}.$$

Si se satisface esta ecuación, así como (5), se obtiene el equilibrio termodinámico "extraordinario".

Si tenemos ante nosotros un caso de equilibrio termodinámico extraordinario, tendremos que contemplar entonces como admisible un cambio virtual del sistema en el que una molécula-gramo del primer tipo molecular se descompone, en la mezcla, por absorción de la energía $N\varepsilon^{(1)}$ de la radiación del primer rango elemental de tal forma que las cantidades de energía de los demás rangos elementales de radiación permanecen sin cambio. En este cambio virtual se tiene que satisfacer la condición de que $\delta S_{\text{total}} = 0$, como en el primer caso considerado, donde la radiación de sólo un rango elemental aislado tiene que ser fotoquímicamente activa.[2]

El procedimiento matemático es exactamente el mismo que el dado en el artículo del caso monocromático, con la única diferencia de que las magnitudes que se refieran a la radiación tienen que referirse al primer rango elemental. Específicamente, obtenemos, en vez de (5), la ecuación

(5a)
$$\varepsilon^{(1)} = h\nu^{(1)}.$$

Así pues, de los argumentos esbozados se sigue que la energía absorbida por descomposición molecular no depende de la frecuencia propia de la molécula absorbente, sino de la frecuencia de la radiación que lleva a cabo la descomposición. Pero si se demostrase que esto no era cierto para (5a), habría entonces que concluir,

[2] Este método sólo sería pues inadmisible si las leyes elementales de absorción y emisión estuviesen constituidas de modo que la absorción o emisión de radiación de una frecuencia estuviese necesariamente relacionada con la absorción o emisión de otras frecuencias.

124

en mi opinión, que la absorción y emisión de los diferentes rangos de frecuencia efectivos no tienen lugar independientemente uno de otro, pero que están relacionados necesariamente uno con otro. En ese caso, el desplazamiento virtual que acabamos de considerar habría que considerarlo incompatible con las leyes elementales.

Praga, mayo de 1912

(Registro de entrada: 12 de mayo de 1912)

—

Carta de Einstein a Wien

Praga, 17 de mayo de 1912

> No se puede creer seriamente en la existencia de cuantos numerables, porque es incompatible con las propiedades de interferencia de la luz emitida en varias direcciones a partir de un punto luminoso. Sin embargo, sigo prefiriendo la teoría de los cuantos "pura y dura" a los compromisos que se han encontrado hasta ahora para sustituirla.

[*TCPAE*. Vol. 5. Doc. **395**. (p. 298, E.V.)]

—

Einstein ha pasado unos días "de vacaciones" en Berlín. Ha trabajado allí con todos: Nernst, Planck, Warburg, Rubens. Escribe a la vuelta a su amigo zuriqués Zangger:

Carta de Einstein a Heinrich Zangger

Praga, 20 de mayo de 1912

> El último resultado significativo que hemos obtenido allí es que el hidrógeno se comporta respecto al calor, a baja temperatura, como un gas monoatómico. He elaborado estos últimos días una teoría a este respecto. «Teoría» es un término grandilocuente: no es más que una búsqueda a tientas que no descansa en ninguna base verdadera. Cuantos más éxitos consigue la teoría de los cuantos, tanto más estúpido es su aspecto. Los que no son físicos se burlarían a gusto si pudieran seguir una evolución tan extravagante.

[*TCPAE*. Vol. 5. Doc. **398**. (p. 299, E.V.)]

—

1913

Albert Einstein. «***Einige Argumente für die Annahme einer molekularen Agitation beim absoluten Nullpunkt***» [mit O. Stern] (*con* O. Stern). *Annalen der Physik*, 4. Folge, Band 40 (1913), S. 551-560. [Recogido en *TCPAE*, Vol. 4, Doc. **11**, pp. 137-145 (EV); pp. 275-284 (GV)] (Firmado en Zúrich en diciembre de 1912. Registro de entrada: 5 de enero de 1913. Publicado: 20 de marzo de 1913.)] [«Algunos argumentos para presumir una agitación molecular en el cero absoluto»]

137

Algunos argumentos para presumir una agitación molecular en el cero absoluto

Según la primera fórmula de Planck, la expresión de la energía de un resonador es:

(1) $$E = \frac{h\nu}{e^{\frac{h\nu}{kT}} - 1},$$

y, según la segunda:

(2) $$E = \frac{h\nu}{e^{\frac{h\nu}{kT}} - 1} + \frac{h\nu}{2}.$$

El valor límite para altas temperaturas, si partimos el desarrollo de $e^{\frac{h\nu}{kT}}$ con el término cuadrático, se convierte, para (1), en:

$$\lim_{T=\infty} E = kT - \frac{h\nu}{2},$$

y, para (2), en:

$$\lim_{T=\infty} E = kT.$$

Así pues, según la fórmula (1), la energía como función de la temperatura, tal como se representa en la Fig. 1, empieza con cero para $T = 0$, el valor exigido por la teoría clásica, pero permanece coherentemente un poco más pequeño que éste, en $h\nu/2$, a altas temperaturas. Según la fórmula (2), la energía del resonador en el cero absoluto es $h\nu/2$, contrariamente a la teoría clásica, pero a altas temperaturas se aproxima asintóticamente a la energía exigida por esta. Por otra parte, la derivada de la energía con respecto a la temperatura, esto es, el calor específico, es el mismo en ambos casos.

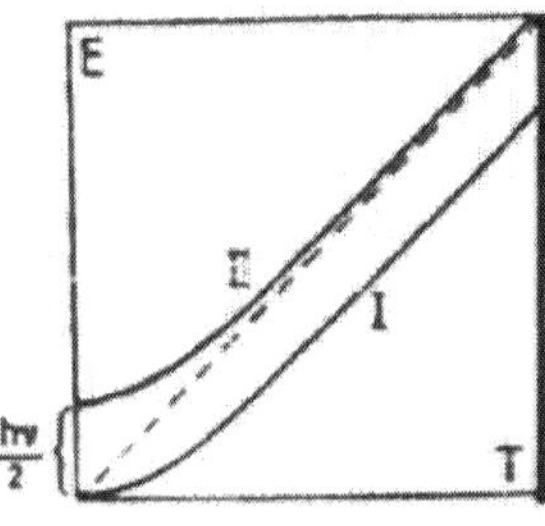

Fig. 1.

Por lo tanto, estas fórmulas son equivalentes para estructuras en las que v no cambia, mientras que la teoría de aquellas estructuras cuya v tiene diferentes valores para diferentes estados se ve sustancialmente afectada por la hipótesis de una energía de punto cero. El caso ideal sería el de un sistema consistente en estructuras monocromáticas cuyo valor-v se puede

138

modificar arbitrariamente, con independencia de la temperatura. La dependencia de la energía de la frecuencia a temperatura constante dependería considerablemente de la existencia de una energía de punto cero. Lamentablemente, no tenemos experiencia con estructuras de este tipo. Pero estamos acostumbrados a estructuras –a saber, moléculas giratorias de gas– cuyos movimientos térmicos muestran una similitud[1] de gran alcance a los de estructuras monocromáticas, y para los que la frecuencia media se modifica con la temperatura. Así pues, la justificación para suponer una energía de punto cero debería investigarse, de entrada, en el caso de estas estructuras. En lo que sigue, investigaremos en primer lugar hasta qué punto las conclusiones sobre el comportamiento teórico de tales estructuras puede esbozarse a partir de la fórmula de Planck.

El calor específico del hidrógeno a bajas temperaturas

De lo que se trata es de cómo depende la energía rotacional de una molécula diatómica de la temperatura. Por analogía con la teoría del calor específico de los sólidos, tiene justificación suponer que la energía cinética media de rotación no depende de si la molécula posee o no un momento eléctrico en la dirección de su eje de simetría. Si la molécula posee ese momento, no tiene que perturbar el equilibrio termodinámico entre moléculas de gas y radiación. Concluimos de aquí que la energía cinética de rotación que adquiere la molécula bajo la influencia de la radiación exclusivamente tiene que ser la misma que la que adquiere a través de colisiones con otras moléculas. Así pues, la cuestión estriba en para qué valor medio de energía rotacional un dipolo rígido no reactivo estará en equilibrio con radiación de una temperatura específica. Cualesquiera que pudieran ser las leyes de la radiación, habrá que seguir manteniendo el supuesto de que un dipolo que rota radia dos veces tanta energía por unidad de tiempo como un resonador unidimensional, por lo que la amplitud del momento eléctrico y mecánico es igual al momento eléctrico y mecánico del dipolo. Una hipótesis análoga tendrá validez para el valor medio de la energía absorbida. Si, en aras de la simplicidad, suponemos también que, aproximadamente, todos los dipolos de nuestro gas rotan con la misma velocidad a una temperatura dada, llegaremos a la conclusión de que, en el equilibrio, la energía cinética de un dipolo tiene que ser dos veces tan grande como la de un resonador unidimensional de la misma frecuencia. Basándonos en las hipótesis que hemos hecho, podemos utilizar las expresiones (1) y (2) para calcular directamente la energía cinética de una molécula de gas que rota con dos grados de libertad, donde, a cada temperatura, E y v están relacionadas por la ecuación

[1] Quien primero llamó la atención sobre este asunto fue Nernst. Véase *Zeitschr. f. Elektroch.* 17 (1911), pp. 270, 825.

139

$$E = \frac{J}{2}(2\pi\nu)^2$$

(J es el momento de inercia de la molécula).

Así pues, para la energía rotacional por mol se obtiene:

(3) $$E = N_0 \cdot \frac{J}{2}(2\pi\nu)^2 = N_0 \frac{h\nu}{e^{\frac{h\nu}{kT}} - 1}$$

y, respectivamente

(4) $$E = N_0 \cdot \frac{J}{2}(2\pi\nu)^2 = N_0 \left(\frac{h\nu}{e^{\frac{h\nu}{kT}} - 1} + \frac{h\nu}{2} \right).$$

Pero como ν y T están vinculados por una ecuación trascendental, no es posible expresar dE/dT como función explícita de T; en lugar de ello, si se pone para abreviar $2\pi^2 J = p$, se obtiene como fórmula para el calor específico de rotación:

(5) $$c_r = \frac{dE}{dT} = \frac{dE}{d\nu} \cdot \frac{d\nu}{dT} = N_0 2p\nu \frac{\nu}{T\left(1 + \frac{kT}{p\nu^2 + h\nu}\right)}$$

y, respectivamente,

(6) $$c_r = \frac{dE}{dT} = \frac{dE}{d\nu} \cdot \frac{d\nu}{dT} = N_0 2p\nu \frac{\nu}{T\left(1 + \frac{kT}{p\nu^2 - \frac{h^2}{4p}}\right)}$$

donde ν y T están ligados por la ecuación:

(5a) $$T = \frac{h}{k} \frac{\nu}{\ln\left(\frac{h}{p\nu} + 1\right)}$$

y, respectivamente,

(6a) $$T = \frac{h}{k} \frac{\nu}{\ln\left(\frac{h}{p\nu - \frac{h}{2}} + 1\right)}.$$

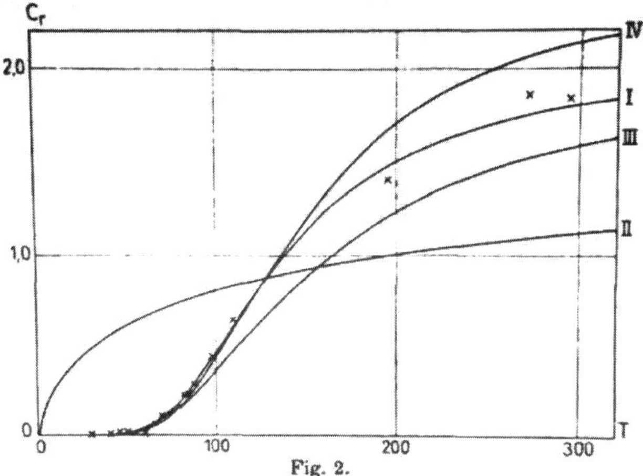

Fig. 2.

La curva I de la Fig. 2 representa el calor específico calculado basándose en (6) y (6a), donde p tiene el valor $2.90 \cdot 10^{-40}$;[2] la curva II se calcula a partir de (5) y (5a) utilizando $p = 2 \cdot 10^{-40}$. Las cruces indican los valores medidos por Eucken.[3] Como podemos ver, la curva II presenta un recorrido no concordante con los experimentos, mientras que la curva I, que se basa en el supuesto de una energía de punto cero, reproduce los resultados de las medidas de forma espléndida. Para averiguar qué valor adopta ν para el límite $T = 0$ según la fórmula (4), escribimos (4) en la siguiente forma:

$$e^{\frac{h\nu}{kT}} = \frac{h}{p\nu - \frac{h}{2}} - 1 = \frac{p\nu + \frac{h}{2}}{p\nu - \frac{h}{2}} .$$

Se ve entonces que ν no puede hacerse cero para $T = 0$, ya que, en tal caso, el segundo miembro convergería hacia –1 mientras en el primer miembro hay una potencia de e. Por lo tanto, ν tiene que permanecer finita para lim $T = 0$ y, por supuesto, el segundo miembro tiene que converger hacia ∞ tal como el primer miembro, y, por lo tanto, tendremos $p\nu_0 - h/2 = 0$, si ν_0 representa el valor límite de ν para $T = 0$. Así pues, $\nu_0 = h/2p$. En el caso que consideramos, ν_0 es $11.3 \cdot 10^{-12}$. El valor de ν se modifica al principio muy poco

[2] Si se calcula el diámetro molecular que corresponde a este momento de inercia, se obtiene $9 \cdot 10^{-9}$, que es aproximadamente la mitad del valor obtenido a partir de la teoría de gases.
[3] Eucken, *Sitzungsber. d. Preuss. Akad.* (1912), p. 141

141

con temperatura creciente; por tanto, a 102° absolutos, $\nu = 11.4 \cdot 10^{12}$; a 189°, $\nu = 12.3 \cdot 10^{12}$; a 323°, $\nu = 14.3 \cdot 10^{12}$. Esto explica por qué, hasta cierto punto, Eucken podría haber representado sus medidas mediante la sencilla fórmula de Einstein con una ν independiente de la temperatura (curva III, Fig. 2). Aun así, se ve que incluso esta fórmula falla a temperaturas superiores, por no mencionar el hecho de que sin la hipótesis de una energía de punto cero la constancia de ν resulta absolutamente incomprensible. Se ve pues que el calor específico del hidrógeno hace probable la existencia de una energía de punto cero y sólo queda por investigar hasta qué grado hay que considerar seguro el valor particular *hv*/2. Como en la investigación que sigue sobre la ley de radiación hay que suponer que la energía de punto cero es *hv*, hemos calculado asimismo el calor específico del hidrógeno para este supuesto ($p = 5.6 \cdot 10^{-40}$, curva IV, Fig. 2). Es evidente que la curva es demasiado empinada y demasiado alta a temperaturas superiores. Por otra parte, habría que advertir que, en cualquier caso, la curva podría resultar ser más llana si se tuviese en cuenta la distribución de velocidad entre las moléculas. Por tanto, esta posibilidad no puede descartarse definitivamente, aun cuando es improbable que la energía de punto cero sea igual a hv.[4]

Deducción de la ley de radiación

Se mostrará en lo que sigue cómo puede deducirse, basándose en el supuesto de una energía de punto cero, la fórmula de Planck de la radiación de un modo natural, aunque no del todo riguroso,

[4] Si se supone que la entropía de estructuras que giran es igual a cero a $T = 0$, tal como la entropía de sólidos según el teorema de Nernst, se obtiene para la fracción total de entropía en un mol que deriva de la rotación de moléculas diatómicas

$$S_r = \int_0^T \frac{c_r}{T} dT = \int_{\nu_0}^{\nu} \ln\frac{\nu+\nu_0}{\nu-\nu_0} d\nu = \frac{2p\nu^2}{T} + k\ln\left[\left(\frac{p\nu}{h}\right)^2 - 1\right].$$

Para temperaturas elevadas se obtiene:

$$S_r = R\ln T + 2R + R\ln\frac{2\pi^2 Jk}{h^2}.$$

Según Sackur (*Nernst-Festchrift*, 1912, 414), la constante de entropía de la rotación:

$$R + R\ln\frac{16\pi^3 Jk}{h^2},$$

es en lo principal, esto es, en lo que respecta a la expresión Jk/h^2, idéntica a la expresión dada arriba. Da la casualidad de que se obtiene el mismo resultado si se sustituye la fórmula (6), en vez de la fórmula (5), por c_r.

142

y sin suponer ninguna discontinuidad. El camino que seguimos a este fin es esencialmente el mismo que Einstein y Hopf[5] utilizaron en un trabajo que apareció hace años. Consideremos el movimiento de traslación de un resonador que se puede mover libremente, ligado firmemente, digamos, a una molécula de gas, bajo la influencia de un campo de radiación incoherente. En ese caso, la energía cinética media, en el equilibrio térmico, que obtiene el gas como resultado de la radiación tiene que ser el mismo que el que obtendría como resultado de colisiones con otras moléculas. Se obtiene de esa forma la conexión entre la densidad de radiación del cuerpo negro y la energía cinética media de una molécula de gas, esto es, la temperatura. Einstein y Hopf encuentran de este modo la ley de Rayleigh-Jeans. Llevaremos a cabo el mismo análisis suponiendo una energía de punto cero. La influencia ejercida por la radiación se puede desglosar en dos efectos diferentes, según Einstein y Hopf. En primer lugar, el movimiento de traslación rectilíneo de la molécula resonadora experimenta un tipo de fricción causado por la presión de radiación sobre el oscilador que se mueve. Esta fuerza K es proporcional a la velocidad υ, de modo que $K = -P\upsilon$, al menos si υ es pequeña comparada con la velocidad de la luz. El impulso impartido a la molécula resonadora durante el breve tiempo τ, durante el cual υ no debería cambiar apreciablemente, es pues $-P\upsilon\tau$. En segundo lugar, la radiación imparte fluctuaciones de impulso Δ a la molécula resonadora que son independientes del movimiento de la molécula hasta un primer grado de aproximación y son las mismas en todas las direcciones, de modo que sólo su valor cuadrático medio $\overline{\Delta^2}$ durante el tiempo τ determina la energía cinética. Si esta última posee el valor $k(T/2)$ exigido por la mecánica estadística (en aras de la simplicidad, supondremos que el oscilador se mueve sólo en la dirección x y oscila sólo en la dirección z), entonces tiene que ser válida la siguiente ecuación, según Einstein y Hopf (1.c. p. 1107):

$$\overline{\Delta^2} = 2kTP\tau .$$

En cuanto al cálculo de P, podemos suponer que sólo se deben tener en cuenta las oscilaciones inducidas por propia radiación y que estas se pueden calcular como si la energía de punto cero no estuviera presente. De aquí que podamos utilizar el valor calculado por Einstein y Hopf (1.c. p. 1111):

$$P = \frac{3c\sigma}{10\pi\nu}\left(\rho - \frac{\nu}{3}\frac{d\rho}{d\nu}\right).$$

Para calcular $\overline{\Delta^2}$, tomamos (1.c. p. 1111) como el impulso experimentado por el oscilador durante el tiempo τ en la dirección x:

$$J = \int_0^\tau k_x dt = \int_0^\tau \frac{\partial E_z}{\partial x} f dt ,$$

[5] A. Einstein y L. Hopf, *Ann. d. Phys*. 33 (1910), pp. 1105-1115.

143

donde f es el impulso del oscilador. Consideraremos en primer lugar sólo el caso en que la energía de la oscilación inducida por la radiación es despreciable comparada con la energía de punto cero del resonador, lo que está ciertamente permitido a temperaturas suficientemente bajas. Si representamos por f_0 el impulso máximo del resonador, obtenemos:

$$f = f_0 \cos\frac{2\pi n_0 t}{T} ,$$

Donde T es un intervalo de tiempo largo y $n_0/T_0 = \nu_0$ es la frecuencia del resonador. Desarrollamos $\partial E_z/\partial x$ en serie de Fourier:

$$\frac{\partial E_z}{\partial x} = \sum C_n \cos\left(2\pi n\frac{t}{T} - \vartheta_n\right).$$

Entonces,

$$J = \int_0^\tau \sum C_n \cos\left(2\pi n\frac{t}{T} - \vartheta_n\right) f_0 \cos\left(2\pi n_0\frac{t}{T}\right)dt =$$

$$= f_0 \sum C_n \frac{T}{2\pi(n_0 - n)} \sin\left(\pi\frac{n_0 - n}{T}\tau\right)\cos\left(\pi\frac{n_0 - n}{T}\tau - \vartheta_n\right),$$

ya que el término con $1/n_0 + n$ se anula, al ser $n+n_0$ un número muy grande. Ahora bien, si se hace $n/T = \nu$ y se eleva al cuadrado, se obtiene

$$\overline{J^2} = \overline{\Delta^2} = f_0^2 \overline{C_n^2} \frac{T}{8} \int_{-\infty}^{+\infty} \frac{\sin^2 \pi(\nu_0 - \nu)\tau}{[\pi(\nu_0 - \nu)]^2} d\nu ,$$

o

$$\overline{\Delta^2} = \frac{1}{8} f_0^2 \cdot \overline{C_n^2 T} \cdot \tau \cdot$$

Ahora (1.c. p. 1114):

$$\overline{C_n^2 T} = \frac{64}{15} \frac{\pi^3 \nu^2}{c^2} \rho .$$

Y, por tanto:

$$\overline{\Delta^2} = \frac{8}{15} \frac{\pi^3 \nu^2}{c^2} \rho\tau \cdot f_0^2 .$$

Si el resonador posee la energía de punto cero $h\nu$,[6] entonces:

[6] Resultó que, con el método de cálculo esbozado aquí, la energía de punto cero se tiene que hacer igual a $h\nu$ para llegar a la fórmula de Planck de la radiación. Posteriores investigaciones tendrán que mostrar si la discrepancia entre este supuesto y el supuesto subyacente a la investigación sobre el hidrógeno desaparece si el cálculo es más riguroso.

144

$$\frac{1}{2} K f_0^2 = h\nu \quad \text{o} \quad f_0^2 = \frac{2h\nu}{K} = \frac{3}{8} \frac{h\sigma c^3}{\pi^4 \nu^2} .$$ [7]

En consecuencia:

$$\overline{\Delta^2} = \frac{1}{5\pi} hc\,\sigma\rho\tau \cdot$$

Si se sustituye esto en la ecuación

$$\overline{\Delta^2} = 2kTP\tau ,$$

se llega a la ley de radiación de Wien. Sin embargo, renunciaremos ahora al supuesto de que la oscilación del resonador que es inducida por la radiación se puede despreciar Si suponemos ahora que la energía de las oscilaciones impartidas al resonador por la radiación produce fluctuaciones de impulso que son independientes de las fluctuaciones correspondientes a la energía de punto cero, podemos entonces sumar los valores cuadráticos medios de las dos fluctuaciones de impulso.[8] Así pues, tenemos que sumar al valor de $\overline{\Delta^2}$ calculado arriba el valor calculado por Einstein y Hopf (1.c. p. 1114, ecuación (15)), y obtenemos

$$\overline{\Delta^2} = \frac{1}{5\pi} hc\sigma\rho\tau + \frac{c^4 \sigma\tau}{40\pi^2 \nu^3} \rho^2 .$$

Por otra parte,

$$\overline{\Delta^2} = 2kTP\tau = 2kT\tau \cdot \frac{3c\sigma}{10\pi\nu} \left(\rho - \frac{\nu}{3} \cdot \frac{d\rho}{d\nu} \right) .$$

Se obtiene de aquí la ecuación diferencial de ρ:

$$h\rho + \frac{c^3}{8\pi\nu^3} \rho^2 = 3kT \left(\rho - \frac{\nu}{3} \cdot \frac{d\rho}{d\nu} \right) .$$

Al resolver esta ecuación, se obtiene

$$\rho = \frac{8\pi\nu^2}{c^3} \frac{h\nu}{e^{\frac{h\nu}{kT}} - 1} ,$$

que es la ley de radiación de Planck, y la energía del resonador se convierte en

$$E = \frac{h\nu}{e^{\frac{h\nu}{kT}} - 1} + h\nu .$$

[7] M. Planck, *Wärmestrahlung* [Radiación térmica] (6ª ed.), p. 112 (ecuación (168)).
[8] Apenas es necesario insistir en que este tipo de procedimiento sólo puede justificarse por nuestra ignorancia de las verdaderas leyes del resonador.

Resumen

145

1. Los resultados de Eucken sobre el calor específico del hidrógeno hace probable la existencia de una energía de punto cero igual a $h\nu/2$.

2. La hipótesis de la energía de punto cero abre una vía para deducir la fórmula de Planck de la radiación sin recurrir a ningún tipo de discontinuidades. Sin embargo, parece dudoso que las demás dificultades puedan también superarse sin la hipótesis de los cuantos.

Zúrich, diciembre de 1912

(Registro de entrada: 5 de enero de 1913)

Observaciones añadidas en la corrección de pruebas

El profesor Weiss llamó nuestra atención sobre el hecho de que las medidas de Curie sobre el paramagnetismo del oxígeno gaseoso muestran también que la energía rotacional de éste a altas temperaturas tiene el valor exigido por la teoría clásica, y no uno más pequeño en la cantidad $h\nu/2$, como cabría esperar sin la hipótesis de una energía de punto cero. Es fácil probar que, en este último caso, dada la precisión de las medidas de Curie, habrían tenido que ponerse de manifiesto las desviaciones de la ley de Curie.

MARZO

Albert Einstein. «***Déduction thermodynamique de la loi de l'équivalence photochimique***». *Journal de physique*, serie 5, vol. 3 (1913), pp. 277-282. [Recogido en *TCPAE*. Vol. 4, Doc. **12**, pp. 287-292 (GV) & pp. 146-150 (EV)] [«Deducción termodinámica de la ley de equivalencia fotoquímica» Conferencia pronunciada en París el 27 de marzo de 1913 ante la Sociedad francesa de Física. (Publicada en abril de 1913 en: *Journal de physique* 3 (1913), pp.277-282)]

277

Deducción termodinámica de la ley de equivalencia fotoquímica[1]

La hipótesis cuántica nos condujo a suponer las siguientes relaciones entre los procesos fotoquímicos y la radiación que los produce: en todo fenómeno fotoquímico elemental que afecta a la descomposición de una molécula por radiación, se toma de ésta la energía $h\nu$, siendo h la conocida constante de la fórmula de Planck y ν la frecuencia de la radiación actuante. Nos ocuparemos de esta ley sin adoptar el punto de vista de la teoría cuántica, partiendo, por el contrario, de una concepción más fenomenológica y sin intentar formarnos una representación del mecanismo de la acción en cuestión.

Supongamos un gas, una molécula del cual representaremos por AB. Supongamos además que, por influencia de la radiación, estas moléculas AB se descomponen en sus componentes A y B y que esta descomposición está ligada a la absorción de radiación. Supondremos también que el intervalo de frecuencia capaz de producir esta reacción no es de extensión infinitamente pequeña.

Formularemos algunas hipótesis referentes a esta reacción de descomposición fotoquímica y extraeremos de ellas algunas conclusiones por medio de los métodos de la termodinámica clásica. Las primeras de estas hipótesis son:

1. Cuando una radiación del intervalo $d\nu$, de la región del espectro a la que es sensible la radiación, actúa sobre el gas, el número de moléculas descompuestas por unidad de tiempo es proporcional a la intensidad de la radiación y al número de moléculas AB presentes.

2. La energía luminosa ε absorbida en la descomposición de una molécula-gramo de AB es independiente de la intensidad de la radiación, pero no puede depender de la frecuencia de la radiación utilizada y de la temperatura del gas.

3. Entre la radiación y el gas no existe otra acción que el fenómeno fotoquímico, que es de tal tipo que la transferencia de la energía ε de frecuencia ν de la radiación al gas está vinculada, de forma unívoca,

[1] Conferencia pronunciada en la Sociedad Francesa de Física el 27 de marzo de 1913

278

como si se tratase de un mecanismo rígido, a la descomposición de la molécula-gramo de AB.

Tiene que ser posible que la radiación del cuerpo negro a temperatura T esté en equilibrio termodinámico con una mezcla de gases AB, A y B a la misma temperatura T para concentraciones moleculares específicas η_{AB}, η_A y η_B. A un estado de este tipo lo llamaremos "equilibrio termodinámico propio." En este estado, la radiación del intervalo de frecuencia $d\nu$ se descompone en cierto número de moléculas AB por unidad de tiempo. El mismo número de moléculas AB tiene que formarse de nuevo a partir de los productos de descomposición por unidad de tiempo, y en este proceso inverso, el gas tiene que emitir exactamente la misma energía de radiación en el intervalo $d\nu$ que fue absorbida en la descomposición.

Con respecto a la energía de radiación emitida en la recombinación, formularemos dos hipótesis adicionales, cuya exactitud no parece muy dudosa si la densidad de radiación es suficientemente baja.

4. El número de recombinaciones de moléculas A y B por unidad de tiempo es independiente de la densidad de radiación.

5. La energía de radiación, de un intervalo $d\nu$ de frecuencia dado, emitida durante la recombinación de una molécula-gramo de A con una molécula-gramo de B es independiente de la densidad de radiación.

Si se satisfacen estas condiciones, implican la siguiente proposición:

(1) $$\rho(\nu),^{1} \quad \eta_{AB}, \quad \eta_A, \quad \eta_B$$

caracterizan un caso de "equilibrio termodinámico propio", existen entonces equilibrios termodinámicos que estás caracterizados por

(1a) $$\rho' = \frac{\rho}{\alpha}, \quad \eta'_{AB} = \alpha\eta_{AB}, \quad \eta' = \eta_A, \quad \eta'_B = \eta_B,$$

donde α es una constante arbitraria independiente de ν, si la temperatura de la mezcla de gases en el caso (1a) es la misma que en el caso (1).

[1] $\rho(\nu)$es la densidad de radiación del cuerpo negro a temperatura T correspondiente a la frecuencia ν.

279

De hecho, se sigue de la hipótesis 1 y de la hipótesis 4 que el número de moléculas descompuestas por unidad de tiempo y el número de moléculas recombinadas por unidad de tiempo son las mismas en los dos casos. Además, se sigue de 2 y 5 que la distribución de energía entre radiación y gas es invariable si, simultáneamente, se mantiene la hipótesis 3. Así pues, el estado (1a) tiene existencia estable; de aquí que debiera considerarse como un estado de equilibrio termodinámico que podemos llamar "equilibrio termodinámico impropio."

Para encontrar las consecuencias de nuestra hipótesis, escribiremos las ecuaciones que expresan el hecho de que todos los estados (1a) son estados de equilibrio termodinámico. Para hacer esto más sencillo, suplementaremos el sistema constituido por gas y radiación con un reservorio de calor infinitamente grande con el que el gas está en comunicación térmica permanente (por conducción de calor). Supongamos que el sistema está completamente aislado del entorno. En ese caso, para cada desplazamiento virtual se tendrá:

(2) $$\delta S_s + \delta S_g + \delta S_r = 0,$$

donde S_s es la entropía de la radiación, S_g la de la mezcla de gases y S_r la del reservorio. Consideremos el desplazamiento virtual siguiente: una molécula-gramo de AB se descompone con la absorción de la energía de radiación ε en el intervalo $d\nu$ en el entrono de la frecuencia ν.

Por lo tanto, tenemos, en primer lugar:

(a) $$\delta S_g = -\frac{\varepsilon}{T'_s},$$

si T'_s representa la temperatura de la radiación de frecuencia ν que corresponde a la densidad $\rho' = \rho/\alpha$.

Para la entropía de la mezcla de gases, tenemos la conocida ecuación

$$S_g = \sum n_\lambda (\sigma_\lambda + R \log V - R \log n_\lambda),$$

donde

n_λ = número de moléculas-gramo de gas de tipo λ.

$\sigma_\lambda = \int \frac{du_\lambda}{T}$ (u_λ = energía del gas de tipo λ por molécula-gramo)

$E_g = \sum n_\lambda u_\lambda$ es por tanto la energía total de la mezcla de gases

V = volumen
R es la constante universal de los gases

280

De aquí resulta

(b) $$\delta S_g = \sum \delta n_g (\sigma'_\lambda - R \log \eta'_\lambda),$$

donde

δn_λ es el cambio del número de moléculas-gramo en el desplazamiento virtual ($\delta n_1 = -1$, $\delta n_2 = \delta n_3 = +1$)

$\sigma'_\lambda = \sigma_\lambda - R$

η'_λ = concentración de volumen del gas de tipo λ en el caso (1a)

Habría que advertir que, debido a (1a), se tiene también

(b') $$\sum \delta n_\lambda \log \eta'_\lambda = \sum \delta n_\lambda \log \eta_\lambda - \log \alpha = \sum \delta n_\lambda \log \eta_\lambda + \log \frac{\rho}{\rho'} .$$

Finalmente, sea E_s la energía de radiación y E_g la de la mezcla. En virtud del principio de equivalencia, $(\delta E_s + \delta E_g)$ será igual al calor comunicado al reservorio, por lo que

$$\delta S_r = -\frac{\delta E_s + \delta E_g}{T},$$

o, si δE_s y δE_g se sustituyen por sus valores,

$$\delta S_r = \frac{\varepsilon}{T} - \sum \delta n_\lambda \frac{u_\lambda}{T} .$$

Teniendo en cuenta (a), (b), (b') y (c), la ecuación (2) se convierte en:

(2a) $$\sum \delta n_\lambda \left(\sigma_\lambda - \frac{u_\lambda}{T} - R \log \eta_\lambda \right) + \frac{\varepsilon}{T} - \frac{\varepsilon}{T'_s} + R \log \rho - R \log \rho' = 0 .$$

Esta ecuación debería ser válida también en el caso especial en que $\alpha = 1$. En ese caso, (a) se reduce a (1), es decir, el estado se convierte en uno de equilibrio termodinámico propio. En tal caso, $T'_s = T$ y $\rho' = \rho$. Se sigue de aquí que el primer término de (2a) tiene que anularse; se obtiene entonces

$$\sum \delta n_\lambda \left(\sigma'_\lambda - \frac{u_\lambda}{T} - R \log \eta_\lambda \right) = 0,$$

ecuación que no es otra que la conocida condición de equilibrio termoquímico entre gases ideales. En consecuencia, la ecuación (2a) se transforma en

$$\frac{\varepsilon}{RT'_s} + \log \rho' = \frac{\varepsilon}{RT} + \log \rho .$$

281

Teniendo en cuenta la ecuación (2), el segundo término es una constante para una temperatura dada del gas y una frecuencia dada. Por lo tanto, es independiente de ρ y T'_s. Lo mismo tiene que ser cierto para el primer término, por lo tanto

(3) $$\rho' = A e^{-\frac{\varepsilon}{RT'_s}} .$$

Esta ecuación pone de manifiesto que, según la hipótesis que hemos formulado, la dependencia de la temperatura de la radiación monocromática tiene que obedecer la ley de Wien, según la cual

(3a) $$\rho = \frac{8\pi h \nu^3}{c^3} e^{-\frac{h\nu N}{RT}} .$$

Sabemos que, para una frecuencia dada, la fórmula de Wien sólo es válida para radiación suficientemente débil. Así pues, como se ve, nuestras hipótesis no son válidas para densidades de radiación arbitrarias.

Pero el hecho de que nuestros análisis proporcionen, por una parte, la conocida fórmula del equilibrio termoquímico y, por otra, la fórmula de Wien de la radiación, acredita que para densidades de radiación suficientemente bajas conducen a resultados que están de acuerdo con las observaciones.

Comparando las ecuaciones (3) y (3a) se ve que

(4) $$\varepsilon = Nh\nu,$$

donde N es el número de moléculas en una molécula-gramo y h la bien conocida constante de Planck. Esta ecuación expresa la ley de equivalencia fotoquímica, que ya ha sido deducida antes a partir de la hipótesis cuántica.

Prestemos asimismo atención a una particularidad de importancia fundamental. Como punto de partida, hemos supuesto que la molécula absorbente tiene un dominio de susceptibilidad $(\nu_1 - \nu_2)$ finito. En (4), ν representa una frecuencia cualquiera de ese dominio, y la actividad fotoquímica de esta frecuencia ν se ha examinado al someterla a un desplazamiento virtual. Por lo tanto, se sigue de (4) que la energía absorbida durante la descomposición de una molécula-gramo del gas que consideramos es sin duda una cantidad característica del mecanismo de absorción, pero que esta cantidad ε depende sólo de la frecuencia de la radiación actuante.

282

Esta consecuencia se puede deducir también de la hipótesis del cuanto de luz; pero como, por razones bien conocidas, hay que proceder con gran prudencia e incluso desconfianza cuando se hace uso de esta hipótesis, me parece importante que esta consecuencia se establezca sobre bases más sólidas. Sería deseable la comprobación de este resultado bien mediante radiación luminosa o mediante rayos Röntgen.

JULIO

LA IRRUPCIÓN BOHR

Niels Bohr (*Dr. phil. Copenhagen**). «***On the Constitution of Atoms and Molecules***». (*The London, Edinburgh, and Dublin Philosophical Magazine*. S. 6. Vol. 26. No. 151, pp. 1-25. July 1913.) [Firmado el 5 de abril de 1913] («Sobre la constitución de átomos y moléculas»)

1

Sobre la constitución de átomos y moléculas

Introducción

Para explicar los resultados de experimentos sobre dispersión de rayos α por la materia, el profesor Rutherford[1] ha propuesto una teoría de la estructura de los átomos. Según esta teoría, los átomos se componen de un núcleo cargado positivamente rodeado por un sistema de electrones que se mantienen juntos por fuerzas atractivas del núcleo; la carga negativa total de los electrones es igual a la carga positiva del núcleo. Además, se supone que el núcleo es sede de la parte esencial de la masa del átomo y que tiene dimensiones lineales sumamente pequeñas comparadas con las dimensiones lineales del átomo entero. Se infiere que el número de electrones de un átomo es aproximadamente igual a la mitad del peso atómico. Hay que prestar gran interés a este modelo atómico, ya que, como ha mostrado Rutherford, suponer la existencia de núcleos, como los citados, parece ser necesario para dar cuenta de los resultados de los experimentos sobre dispersión de ángulo grande de los rayos α.[2]

Sin embargo, en el intento de explicar alguna de las propiedades de la materia basándose en este modelo atómico nos encontramos con dificultades de naturaleza grave que surgen de la aparente

* Transmitido por el Prof. E. Rutherford, F.R.S.
[1] E. Rutherford, Phil. Mag. xxi. p. 669 (1911).
[2] Véase también Geiger y Marsden, Phil. Mag. April 1913.

2

inestabilidad del sistema de electrones: dificultades evitadas deliberadamente en modelos atómicos considerados previamente, por ejemplo, en el propuesto por Sir J. J. Thomson.[1] Según la teoría de este último, el átomo está constituido por una esfera de electrificación positiva uniforme, dentro de la cual los electrones se mueven en órbitas circulares.

La principal diferencia entre los modelos atómicos propuestos por Thomson y Rutherford estriba en la circunstancia de que las fuerzas que actúan sobre los electrones en el modelo atómico de Thomson permiten ciertas configuraciones y movimientos de los electrones para los que el sistema está en equilibrio estable; sin embargo, tales configuraciones no existen al parecer para el segundo modelo atómico. La naturaleza de la diferencia en cuestión se verá quizá de forma más clara si se advierte que entre las magnitudes que caracterizan al primer átomo aparece una –el radio de la esfera positiva- de dimensiones de una longitud y del mismo orden de magnitud que la extensión lineal del átomo, mientras que semejante longitud no aparece entre las magnitudes que caracterizan al segundo átomo, a saber, las cargas y masas de los electrones y el núcleo positivo; ni tampoco puede determinarse exclusivamente mediante estas últimas magnitudes.

La forma de considerar un problema de este tipo ha sufrido, sin embargo, alteraciones esenciales en los últimos años debido al desarrollo de la teoría de la radiación de energía y al testimonio directo de los nuevos supuestos introducidos en esta teoría, conseguidos mediante experimentos sobre diferentes fenómenos tales como calores específicos, efecto fotoeléctrico, rayos Röntgen, etc. El resultado de deliberar sobre estas cuestiones parece ser el reconocimiento general de la inadecuación de la electrodinámica clásica en la descripción del comportamiento de sistemas de tamaño atómico. Cualquiera que pueda ser la alteración de las leyes de movimiento de los electrones, parece necesario introducir en las leyes en cuestión una magnitud ajena a la electrodinámica clásica, esto es, la constante de Planck o, como se llama a menudo, el cuanto elemental de acción. Mediante la introducción de esta magnitud, la cuestión de la configuración estable de los electrones en los átomos ha cambiado esencialmente, ya que esta constante es de tales dimensiones y magnitud que, junto con la masa y carga de las partículas, puede determinar una longitud del orden de magnitud exigida.

Este artículo es un intento de mostrar que la aplicación de las ideas de arriba al modelo atómico de Rutherford proporciona una base

[1] J. J. Thomson, Phil. Mag. vii. p. 237 (1904)
[2] Véase f. inst., "Théorie du rayonnement et les quanta." Rapports de la réunion à Bruxelles, Nov. 1911. Paris, 1912. [Teoría de la radiación y los cuantos. Informes de la reunión de Bruselas]

3

para una teoría de la constitución de los átomos. Se verá además que desde esta teoría somos conducidos a una teoría de la constitución de las moléculas.

En esta primera parte del artículo se analiza el mecanismo de ligadura de los electrones por un núcleo positivo en relación con la teoría de Planck. Se mostrará que, desde el punto de vista adoptado, es posible dar cuenta de forma sencilla de la ley del espectro de rayas del hidrógeno. Se dan, además, razones para una hipótesis principal en la que se basan las consideraciones contenidas en las partes siguientes.

Quiero expresar aquí mi agradecimiento al Prof. Rutherford por su amable y estimulante interés en este trabajo.

PARTE 1.- LIGADURA DE ELECTRONES POR NÚCLEOS POSITIVOS

§ 1. *Consideraciones generales*

La inadecuación de la electrodinámica clásica para dar cuenta de las propiedades de los átomos de un modelo atómico como el de Rutherford aparecerá muy claramente si consideramos un sistema simple consistente en un núcleo cargado positivamente de dimensiones muy pequeñas y un electrón que describe órbitas cerradas a su alrededor. Supongamos, por simplicidad, que la masa del electrón es despreciable comparada con la del núcleo y, además, que la velocidad del electrón es pequeña comparada con la de la luz.

Supongamos de entrada que no hay radiación de energía. En este caso, el electrón describirá órbitas elípticas estacionarias. La frecuencia de revolución ω y el eje mayor de la órbita $2a$ dependerán de la cantidad de energía W que hay que transferir al sistema para apartar a distancia infinita al electrón del núcleo. Si llamamos e y E, respectivamente, a la carga del electrón y del núcleo y m a la masa del electrón, obtenemos

$$\omega = \frac{\sqrt{2}}{\pi}\frac{W^{\frac{3}{2}}}{eE\sqrt{m}}, \quad 2a = \frac{eE}{W} \quad . \; . \; . \; . \qquad (1)$$

Además se puede ver fácilmente que el valor medio de la energía cinética del electrón, tomada para una revolución entera, es igual a W. Como se ve, si el valor de W no está dado, no habrá valores de ω y a característicos del sistema en cuestión.

Tomemos en cambio ahora en cuenta el efecto de la radiación de energía calculado en la forma habitual a partir de la aceleración del electrón. En este caso el electrón

4

ya no describirá órbitas estacionarias. W se incrementará continuamente y el electrón se aproximará al núcleo describiendo órbitas de dimensiones cada vez más pequeñas y cada vez con mayor frecuencia; el electrón, en promedio, ganará energía cinética a la vez que el sistema entero pierde energía. Este proceso continuará hasta que las dimensiones de la órbita sean del mismo orden de magnitud que las dimensiones del electrón o las del núcleo. Un sencillo cálculo muestra que la energía irradiada durante el proceso considerado será enormemente grande comparada con la irradiada mediante procesos moleculares ordinarios.

Es obvio que el comportamiento de semejante sistema será diferente del de un sistema atómico que tenga lugar en la naturaleza. En primer lugar, los átomos reales en su estado permanente parecen tener dimensiones y frecuencias absolutamente fijas. Además, si consideramos cualquier proceso molecular, el resultado parece ser siempre que después de haberse irradiado cierta cantidad de energía característica de los sistemas en cuestión, los sistemas se instalan de nuevo en un estado estable de equilibrio en el que las distancias entre las partículas son del mismo orden de magnitud que antes del proceso.

Ahora bien, el punto esencial de la teoría de Planck de la radiación es que la radiación de energía de un sistema atómico no tiene lugar en la forma continua que supone la electrodinámica ordinaria, sino que, por el contrario, tiene lugar en emisiones claramente separadas, siendo la cantidad de energía irradiada desde un vibrador atómico de frecuencia ν en emisión separada igual a $\tau h\nu$, donde τ es un número entero y h es una constante universal.[1]

Volviendo al caso sencillo de un electrón y un núcleo positivo considerado antes, supongamos que el electrón, al principio de la interacción con el núcleo, estaba a gran distancia del núcleo y que no tenía una apreciable velocidad respecto a éste. Supongamos además que el electrón, después de que la interacción haya tenido lugar, se ha estabilizado en una órbita estacionaria alrededor del núcleo. Supondremos, por razones que se referirán más tarde, que la órbita en cuestión es circular: esta suposición no generará sin embargo ninguna alteración en los cálculos de sistemas que sólo contengan un único electrón.

Supongamos ahora que, durante la ligadura del electrón, se emite una radiación homogénea de frecuencia ν igual a la mitad de la frecuencia de revolución del electrón en su

[1] Véase f. inst., M. Planck, Ann. d. Phys. xxxi. p. 758 (1910); xxxvii. p. 642 (1912); *Verh. Deutsch. Phys. Ges.* 1911, p. 138.

5

órbita final; entonces, partiendo de la teoría de Planck, cabría esperar que la cantidad de energía emitida mediante el proceso considerado es igual a $\tau h\nu$, donde h es la constante de Planck y τ un número entero. Si suponemos que la radiación emitida es homogénea, surge la segunda suposición referente a la frecuencia de la radiación, ya que la frecuencia de revolución del electrón al principio de la emisión es 0. Sin embargo, la cuestión de la rigurosa validez de ambos supuestos y también de la aplicación hecha de la teoría de Planck se analizará con más detalle en § 3.

Poniendo

$$W = \tau h \frac{\omega}{2}, \quad . \ . \ . \ . \qquad (2)$$

obtenemos, con ayuda de la fórmula (1)

$$W = \frac{2\pi^2 me^2 E^2}{\tau^2 h^2}, \quad \omega = \frac{4\pi^2 me^2 E^2}{\tau^3 h^3}, \quad 2a = \frac{\tau^2 h^2}{2\pi^2 meE} \quad . \ . \ . \qquad (3)$$

Si en estas expresiones damos a τ diferentes valores, obtenemos una serie de valores para W, ω y a que corresponden a una serie de configuraciones del sistema. Según las consideraciones anteriores, nos vemos conducidos a suponer que estas configuraciones corresponderán a estados del sistema en los que no hay radiación de energía; estados que, en consecuencia, serán estacionarios en la medida en que el sistema no sea perturbado desde fuera. Puede verse que el valor de W es el mayor si τ tiene su valor más pequeño 1. Este caso corresponderá por tanto al estado más estable del sistema, esto es, corresponderá a la ligadura del electrón para cuya ruptura se requiera la mayor cantidad de energía.

Haciendo en las expresiones anteriores $\tau = 1$ y $E = e$, e introduciendo los valores experimentales

$$e = 4 \cdot 7.10^{-10}, \quad \frac{e}{m} = 5 \cdot 31.10^{17}, \quad h = 6 \cdot 5.10^{-27},$$

obtenemos

$$2a = 1 \cdot 1.10^{-8} \text{ cm.}, \quad \omega = 6 \cdot 2.10^{15} \frac{1}{\text{sec.}}, \quad \frac{W}{e} = 13 \text{ volt.}$$

Vemos que estos valores son del mismo orden de magnitud que las dimensiones lineales de los átomos, las frecuencias ópticas, y los potenciales de ionización.

La importancia general de la teoría de Planck para el análisis del comportamiento de sistemas atómicos fue señalada originalmente por Einstein.[1] Las consideraciones de Einstein

[1] A. Einstein, *Ann. d. Phys.* xvii. p. 132 (1905); xx. p. 199 (1906); xxii, p. 180 (1907)

se han desarrollado y aplicado respecto a un número de diferentes fenómenos, en especial por Stark, Nernst y Sommerfeld. El acuerdo en lo que se refiere al orden de magnitud entre valores observados para las frecuencias y dimensiones de los átomos y valores para estas cantidades calculados mediante consideraciones similares a las dadas arriba ha sido objeto de mucha discusión. Fue señalado en primer lugar por Haas,[1] en un intento de explicar el significado y valor de la constante de Planck basándose en el modelo atómico de J. J. Thomson, con ayuda de las dimensiones lineales y frecuencia del átomo de hidrógeno.

Sistemas del tipo considerado en este artículo, en los que las fuerzas entre partículas varían inversamente al cuadrado de la distancia, son analizados en relación con la teoría de Planck por J. W. Nicholson.[2] En una serie de trabajos, este autor ha mostrado que parece que es posible dar cuenta de líneas de origen hasta ahora desconocido en el espectro de nebulosas estelares y en el de la corona solar, suponiendo la presencia en estos cuerpos de ciertos elementos hipotéticos de constitución señalada con exactitud. Se supone que los átomos de estos elementos consisten simplemente en un anillo de unos pocos electrones que rodean un núcleo positivo de dimensiones despreciables. Las relaciones entre las frecuencias correspondientes a las rayas en cuestión se comparan con las relaciones entre las frecuencias que corresponden a diferentes modos de vibración del anillo de electrones. Nicholson ha obtenido una relación con la teoría de Planck probando que se puede dar cuenta de las razones entre la longitud de onda de diferentes conjuntos de líneas del espectro de la corona con gran precisión suponiendo que la razón entre la energía del sistema y la frecuencia de rotación del anillo es igual a un múltiplo entero de la constante de Planck. La cantidad que Nicholson menciona como energía es igual a dos veces la cantidad a la que hemos llamado arriba W. En el último artículo citado Nicholson ha juzgado necesario dar a la teoría una forma más compleja, representando sin embargo aún la razón de la energía a la frecuencia mediante una función sencilla de números enteros.

El excelente acuerdo entre los valores observados y calculados de la razones entre las longitudes de onda en cuestión parece un argumento fuerte a favor de la validez del fundamento de los cálculos de Nicholson.

[1] A. E. Haas, *Jahrb. d. Rad. u. El.* vii. p. 261 (1910). Véase además, A. Schidlof, *Ann. d. Phys.* xxxv. p. 90 (1911); E. Wertheimer. *Phys. Zeitschr.* xii. p. 409 (1911), *Verh. deutsch. Phys. Ges.* 1912, p. 431; F. A. Lindemann, *Verh. deutsch. Phys. Ges.* 1911, pp. 482, 1107: F. Haber, *Verh. deutsch. Phys. Ges.* 1911, p. 1117.

[2] J. W. Nicholson, Month. Not. Roy. Astr. Soc. lxxii. pp. 49, 139, 677, 693, 729 (1912).

7

Pueden formularse sin embargo serias objeciones contra la teoría. Estas objeciones están íntimamente conectadas con el problema de la homogeneidad de la radiación emitida. En los cálculos de Nicholson la frecuencia de las rayas en un espectro de líneas se identifica con la frecuencia de vibración de un sistema mecánico en un estado de equilibrio perfectamente señalado. Como se utiliza una relación de la teoría de Planck, podemos esperar que la radiación se emita en cuantos; pero sistemas como el considerado, en los que la frecuencia es función de la energía, no pueden emitir una cantidad finita de radiación homogénea, ya que, tan pronto como haya empezado la emisión de radiación, la energía y también la frecuencia del sistema se alteran. Además, según el cálculo de Nicholson, los sistemas son inestables para algunos modos de vibración. Aparte de semejantes objeciones –que pueden ser sólo formales (véase p. 23)– hay que señalar que la teoría, en la forma dada, no parece ser capaz de dar cuenta de las leyes bien conocidas de Balmer y Rydberg que relacionan las frecuencias de las rayas en los espectros de línea de los elementos habituales.

Se intentará ahora probar que las dificultades en cuestión desaparecen si consideramos los problemas desde el punto de vista adoptado en este artículo. Antes de proceder puede ser útil repetir brevemente las ideas que caracterizan los cálculos de la página 5. Los principales supuestos utilizados son:

1) Que el equilibrio dinámico de los sistemas en los estados estacionarios se puede analizar mediante la mecánica ordinaria, mientras que la transición de los sistemas entre diferentes estados estacionarios no puede tratarse con este fundamento.
2) Que el último proceso es seguido por la emisión de una radiación homogénea, para la que la relación entre la frecuencia y la cantidad de energía emitida es la dada por la teoría de Planck.

El primer supuesto parece evidente, ya que es sabido que la mecánica ordinaria no puede tener validez absoluta, sino que será sólo válida en cálculos de ciertos valores medios del movimiento de los electrones. Por otra parte, en los cálculos del equilibrio dinámico en un estado estacionario en el que no hay desplazamiento relativo de las partículas, no necesitamos distinguir entre los movimientos reales y sus valores medios. El segundo supuesto está en obvia contraposición con las ideas habituales de la electrodinámica, pero parece ser necesario para dar cuenta de los hechos experimentales.

En los cálculos de la página 5 hemos hecho uso además

8

de las más especiales hipótesis, a saber, que los diferentes estados estacionarios corresponden a la emisión de un número diferente de cuantos de energía de Planck y que la frecuencia de la radiación emitida durante la transición del sistema de un estado en el que todavía no se irradia energía a uno de los estados estacionarios es igual a la mitad de la frecuencia de revolución del electrón en este último estado. También podemos, sin embargo (véase § 3), llegar a las expresiones (3) para estados estacionarios utilizando supuestos de forma ligeramente diferente. Pospondremos, por tanto, el análisis de los supuestos especiales y mostraremos de entrada cómo, con ayuda de los supuestos principales de antes y de las expresiones (3) para los estados estacionarios, podemos dar cuenta del espectro de rayas del hidrógeno.

§ 2. Emisión de espectros de línea

Espectro del hidrógeno.- Hay indicios generales que indican que un átomo de hidrógeno consiste sencillamente en un electrón único que rota alrededor de un núcleo positivo de carga e.[1] La reforma de un átomo de hidrógeno, cuando el electrón ha sido apartado a grandes distancias del núcleo –por ejemplo, por efecto de una descarga eléctrica en un tubo de vacío– corresponderá en consecuencia a la ligadura de un electrón por un núcleo positivo considerado en la página 5. Si en (3) hacemos $E = e$, obtenemos para la cantidad de energía irradiada por la formación de uno de los estados estacionarios,

$$W_\tau = \frac{2\pi^2 me^4}{h^2\tau^2}.$$

La cantidad de energía emitida en la transición del sistema desde un estado correspondiente a $\tau = \tau_1$ a otro correspondiente a $\tau = \tau_2$ es, en consecuencia

$$W_{\tau_2} - W_{\tau_1} = \frac{2\pi^2 me^4}{h^2}\left(\frac{1}{\tau_2^2} - \frac{1}{\tau_1^2}\right).$$

Si suponemos ahora que la radiación en cuestión es homogénea y que la cantidad de energía emitida es igual a $h\nu$, donde ν es la frecuencia de la radiación, obtenemos

$$W_{\tau_2} - W_{\tau_1} = h\nu,$$

[1] Véase f. inst. N. Bohr, Phil. Mag. xxv. p. 24 (1913). La conclusión extraída en el citado trabajo se sustenta con fuerza en el hecho de que el hidrógeno, en los experimentos sobre rayos positivos de Sr. J. J. Thomson, es el único elemento que nunca se encuentra con una carga positiva correspondiente a la pérdida de más de un electrón (comp. Phil. Mag. xxiv. p. 672 (1912)).

9

y, de esta

$$\nu = \frac{2\pi^2 me^4}{h^3}\left(\frac{1}{\tau_2^2} - \frac{1}{\tau_1^2}\right). \quad . \quad . \quad . \quad . \qquad (4)$$

Como se ve, esta expresión da cuenta de la ley que relaciona las rayas en el espectro del hidrógeno. Si hacemos $\tau_2 = 2$ y que τ_1 varíe, obtenemos la serie ordinaria de Balmer. Si hacemos $\tau_2 = 3$ obtenemos la serie en el ultra-rojo observada por Paschen e imaginada previamente por Ritz. Si hacemos $\tau_2 = 1$ y $\tau_2 = 4, 5, ...$, obtenemos series respectivamente en el extremo ultravioleta y el extremo ultra-rojo, que no se han observado, pero cuya existencia cabe esperar.

El acuerdo en cuestión es tanto cuantitativo como cualitativo. Si hacemos

$$e = 4\cdot 7.10^{-10}, \quad \frac{e}{m} = 5\cdot 31.10^{17}, \quad \text{y} \quad h = 6\cdot 5.10^{-27},$$

obtenemos

$$\frac{2\pi^2 me^4}{h^3} = 3\cdot 1.10^{15}.$$

El valor observado para el factor de fuera del paréntesis de la fórmula (4) es $3\cdot 290.10^{15}$.

El acuerdo entre los valores teóricos y observados está dentro de la incertidumbre debida a errores experimentales en las constantes que intervienen en la expresión del valor teórico. Volveremos en § 3 a considerar la posible importancia del acuerdo en cuestión.

Puede señalarse que el hecho de que no haya sido posible observar más de 12 líneas de la serie de Balmer en experimentos con tubos de vacío, mientras que se han observado 33 rayas en los espectros de algunos cuerpos celestes, es exactamente lo que deberíamos esperar de la teoría de arriba. Según la ecuación (3), el diámetro de la órbita del electrón en los diferentes estados estacionarios es proporcional a τ^2. Para $\tau = 12$ el diámetro es igual a $1\cdot 6.10^{-6}$ cm., o igual a la distancia media entre las moléculas de un gas a una presión de unos 7 mm. de mercurio; para $\tau = 33$, el diámetro es igual a $1\cdot 2.10^{-5}$ cm., que corresponde a la distancia media de las moléculas a una presión de $0\cdot 02$ mm. de mercurio aproximadamente. Según la teoría, la condición necesaria para que aparezca un gran número de líneas es pues una densidad muy pequeña del gas; para obtener simultáneamente

[1] F. Paschen, *Ann. d. Phys.* xxvii. p. 565 (1908).

una intensidad suficiente para la observación, el espacio rellenado con el gas tiene que ser muy grande. Si la teoría es correcta, no podemos pues esperar nunca ser capaces de observar, en experimentos con tubos de vacío, las líneas correspondientes a los números altos de la serie de Balmer del espectro de emisión del hidrógeno; sin embargo sí sería posible observar las rayas investigando el espectro de absorción de este gas. (véase § 4).

Se observará que, en el procedimiento de antes, no obtenemos otras series de líneas generalmente atribuidas al hidrógeno; por ejemplo, las series que Pickering[1] fue el primero en observar en el espectro de la estrella ζ Puppis, y el conjunto de series recientemente encontradas por Fowler[2] mediante experimentos con tubos de vacío que contenían una mezcla de hidrógeno y helio. Veremos, sin embargo, que con ayuda de la teoría anterior podemos dar cuenta con naturalidad de estas series de rayas si las atribuimos al helio.

Un átomo neutro de este último elemento consiste, según la teoría de Rutherford, en un núcleo positivo de carga $2e$ y dos electrones. Ahora bien, si consideramos la ligadura de un electrón único por un núcleo de helio, obtenemos, haciendo $E = 2e$ en las expresiones (3) de la página (5) y procediendo exactamente de la misma forma que antes,

$$\nu = \frac{8\pi^2 me^4}{h^3}\left(\frac{1}{\tau_2^2} - \frac{1}{\tau_1^2}\right) = \frac{2\pi^2 me^4}{h^3}\left(\frac{1}{\left(\frac{\tau_2}{2}\right)^2} - \frac{1}{\left(\frac{\tau_1}{2}\right)^2}\right).$$

Si en esta fórmula hacemos $\tau_2 = 1$ o $\tau_2 = 2$, obtenemos series de líneas en el extremo ultravioleta. Si hacemos $\tau_2 = 3$ y dejamos que τ_1 varíe, obtenemos una serie que incluye 2 de las series observadas por Fowler y llamadas por él primera y segunda series principales del espectro del hidrógeno. Si hacemos $\tau_2 = 4$, obtenemos la serie observada por Pickering en el espectro de ζ Puppis. Todas las segundas rayas de esta serie son idénticas a una raya de la serie de Balmer del espectro del hidrógeno; la presencia de hidrógeno en la estrella en cuestión puede dar cuenta por tanto del hecho de que estas rayas sean de mayor intensidad que el resto de las rayas de la serie. La serie se observa también en los experimentos de Fowler y se en este artículo se la designa como la serie Nítida del espectro del espectro del hidrógeno. Finalmente, si en la fórmula de antes hacemos $\tau_2 = 5, 6, \ldots$, obtenemos series cuyas rayas fuertes hay que esperarlas en el ultravioleta.

La razón por la que el espectro considerado no se observa en

[1] E.C. Pickering, Astrophys. J. iv. P. 369 (1896); v. p. 92 (1987).
[2] A. Fowler, Month. Not. Roy. Astr. Soc. lxxiii. Diciembre de 1912.

11

los tubos ordinarios de helio puede deberse a que, en tales tubos, la ionización del helio no es tan completa como en la estrella considerada o en los experimentos de Fowler, donde se enviaba una fuerte descarga a través de una mezcla de hidrógeno y helio. La condición para que aparezca el espectro, según la teoría de arriba, es que los átomos de helio se presenten en un estado en el que hayan perdido los dos electrones. Supondremos ahora que la cantidad de energía de la que hay que hacer uso para extraer el segundo electrón de un átomo de helio es mucho mayor que la que se utiliza para extraer el primero. Además, de los experimentos sobre rayos positivos se sabe que los átomos de hidrógeno pueden adquirir carga negativa; por lo tanto, la presencia de hidrógeno en los experimentos de Fowler puede hacer que salgan más electrones de alguno de los átomos de helio de lo que sería el caso si sólo estuviera presente el helio.

Espectros de otras sustancias.– En el caso de sistemas que contengan más electrones tendremos que esperar –en conformidad con el resultado de experimentos– leyes más complicadas para los espectros de línea que las consideradas. Intentaré probar que el punto de vista adoptado antes permite, al menos, cierta comprensión de las leyes observadas.

Según la teoría de Rydberg –con la generalización dada por Ritz[1]– la frecuencia correspondiente a las rayas del espectro de un elemento se pueden expresar por

$$\nu = F_r(\tau_1) - F_s(\tau_2),$$

donde τ_1 y τ_2 son números enteros, y F_1, F_2, F_3, ... son funciones de τ que son, aproximadamente, igual a $\frac{K}{(\tau+a_1)^2}$, $\frac{K}{(\tau+a_2)^2}$, ... K es una constante universal igual al factor que está fuera del paréntesis en la fórmula (4) del espectro del hidrógeno. Las diferentes series aparecen si hacemos τ_1 o τ_2 igual a un número fijo y hacemos que el otro varíe.

La circunstancia de que la frecuencia se pueda escribir como una diferencia entre dos funciones de números enteros sugiere un origen de las rayas del espectro en cuestión similar al que hemos supuesto para el hidrógeno; es decir, que las rayas corresponden a una radiación emitida durante la transición del sistema entre dos estados estacionarios diferentes. Para sistemas que contengan más de un electrón, el análisis detallado puede ser muy complicado, ya que habrá muchas configuraciones diferentes de los electrones que puedan considerarse como estados estacionarios. Esto puede dar cuenta de los diferentes conjuntos de series en el espectro de línea emitido desde las

[1] W. Ritz, *Phys. Zeitschr.* ix. p. 521 (1908).

12

sustancias en cuestión. Intentaré aquí probar sólo cómo se puede, con ayuda de la teoría, explicar sencillamente que la constante K que interviene en la fórmula de Rydberg es la misma para todas las sustancias.

Supongamos que el espectro en cuestión corresponde a la radiación emitida durante la ligadura de un electrón; y supongamos además que el sistema que incluye al electrón considerado es neutro. La fuerza sobre el electrón, cuando está a gran distancia del núcleo y de los electrones previamente ligados, será aproximadamente la misma que en el caso considerado arriba de la ligadura de un electrón por un núcleo de hidrógeno. La energía correspondiente a uno de los estados estacionarios será por tanto, para τ grande, muy aproximadamente igual a la dada por la expresión (3) en la página (5), si hacemos $E = e$. Para τ grande obtenemos, en consecuencia

$$\lim(\tau^2 . F_1(\tau)) = \lim(\tau^2 . F_2(\tau)) = ... = \frac{2\pi^2 me^4}{h^3},$$

en conformidad con la teoría de Rydberg.

§ 3. *Consideraciones generales. Continuación.*

Volveremos ahora al análisis (véase p. 7) de los supuestos especiales utilizados en la deducción de las expresiones (3) de la p. 5 para los estados estacionarios de un sistema constituido por un electrón que rota alrededor de un núcleo.

Por lo pronto, hemos supuesto que los diferentes estados estacionarios corresponden a la emisión de un número diferente de cuantos de energía. Si se consideran sistemas en los que la frecuencia sea función de la energía, este supuesto, sin embargo, puede considerarse improbable, ya que, en cuanto se emite un cuanto la frecuencia se altera. Veremos ahora que podemos abandonar el supuesto utilizado y mantener todavía la ecuación (2) de la p. 5 y, de ese modo, la analogía formal con la teoría de Planck.

En primer lugar, se observará que no ha sido necesario suponer, para dar cuenta de la ley de los espectros mediante las expresiones (3) de los estados estacionarios, que se emita en ningún caso una radiación que corresponda a más de un único cuanto de energía $h\nu$. Se puede obtener información adicional sobre la frecuencia de la radiación comparando los cálculos de la radiación de energía en la región de vibraciones lentas basados en la mecánica ordinaria. Como es sabido, los cálculos sobre esta base están de acuerdo con los experimentos sobre la radiación de energía en la citada región.

Supongamos que la razón entre la cantidad total de

13

energía emitida y la frecuencia de revolución del electrón para los diferentes estados estacionarios está dada por la ecuación $W = f(\tau).h\omega$, en vez de por la ecuación (2). Procediendo de la misma forma que antes, obtenemos en este caso, en vez de (3)

$$W = \frac{\pi^2 me^2 E^2}{2h^2 f^2(\tau)}, \qquad \omega = \frac{\pi^2 me^2 E^2}{2h^3 f^3(\tau)}.$$

Suponiendo, como antes, que la cantidad de energía emitida durante la transición del sistema desde un estado correspondiente a $\tau = \tau_1$ a uno para el que $\tau = \tau_2$ es igual a $h\nu$, en vez de (4) obtenemos

$$\nu = \frac{\pi^2 me^2 E^2}{2h^3}\left(\frac{1}{f^2(\tau_2)} - \frac{1}{f^2(\tau_1)}\right).$$

Como se ve, para obtener una expresión de la misma forma que la serie de Balmer tenemos que hacer $f(\tau) = c\tau$.

Para determinar c, consideremos ahora la transición del sistema entre dos estados estacionarios sucesivos correspondientes a $\tau = N$ y $\tau = N - 1$; introduciendo $f(\tau) = c\tau$, obtenemos para la frecuencia de la radiación emitida

$$\nu = \frac{\pi^2 me^2 E^2}{2c^2 h^3} \cdot \frac{2N - 1}{N^2 (N-1)^2}.$$

Para la frecuencia de revolución del electrón antes y después de la emisión tenemos

$$\omega_N = \frac{\pi^2 me^2 E^2}{2c^3 h^3 N^3} \quad \text{y} \quad \omega_{N-1} = \frac{\pi^2 me^2 E^2}{2c^3 h^3 (N-1)^3}.$$

Si N es grande, la razón entre la frecuencia antes y después de la emisión será muy aproximadamente igual a 1; y según la electrodinámica ordinaria cabría esperar por tanto que la razón entre la frecuencia de radiación y la frecuencia de revolución también sea muy aproximadamente igual a 1. Esta condición sólo se satisfará si $c = \frac{1}{2}$. Haciendo $f(\tau) = \frac{\tau}{2}$ llegamos, sin embargo, de nuevo a la ecuación (2) y, en consecuencia, a la expresión (3) de los estados estacionarios.

Si consideramos la transición del sistema entre dos estados correspondientes a $\tau = N$ y $\tau = N - n$, donde n es pequeña comparada con N, obtenemos, con la misma aproximación que arriba, haciendo $f(\tau) = \frac{\tau}{2}$,

$$\nu = n\omega.$$

14

La posibilidad de emisión de una radiación de tal frecuencia puede interpretarse también, desde la analogía con la electrodinámica ordinaria, como un electrón que al rotar alrededor de un núcleo en una órbita elíptica emite una radiación que, de acuerdo con el teorema de Fourier, pueda resolverse en componentes homogéneas cuyas frecuencias sean $n\omega$, si ω es la frecuencia de revolución del electrón.

Nos vemos llevados pues a suponer que la interpretación de la ecuación (2) no es que los diferentes estados estacionarios correspondan a una emisión de diferentes números de cuantos de energía, sino que la frecuencia de la energía emitida durante la transición del sistema desde un estado en el que todavía no se ha irradiado energía a uno de los diferentes estados estacionarios es igual a diferentes múltiplos de $\frac{\omega}{2}$, donde ω es la frecuencia de revolución del electrón en el estado considerado. Partiendo de este supuesto obtenemos exactamente las mismas expresiones que antes de los estados estacionarios, y de éstas, con ayuda de los supuestos principales de la p. 7, la misma expresión para la ley del espectro del hidrógeno. En consecuencia, podemos considerar nuestras consideraciones preliminares de la p. 5 sólo como una forma sencilla de representar los resultados de la teoría.

Antes de abandonar el análisis de este asunto, volveremos por un momento a la cuestión de la relevancia del acuerdo entre loas valores observados y calculados de la constante que interviene en las expresiones (4) de la serie de Balmer del espectro de hidrógeno. De la consideración de arriba se seguirá que, tomando el punto de partida en la forma de la ley del espectro de hidrógeno y suponiendo que las diferentes rayas corresponden a una radiación homogénea emitida durante la transición entre diferentes estados estacionarios, llegaremos exactamente a la misma expresión de la constante en cuestión que la dada por (4), sólo si suponemos (1) que la radiación se emite en cuantos $h\nu$, y (2) que la frecuencia de la radiación emitida durante la transición del sistema entre estados estacionarios sucesivos coincide con la frecuencia de revolución del electrón en la región de vibraciones lentas.

Como todos los supuestos utilizados en este procedimiento de representar la teoría son de lo que podemos llamar carácter cualitativo, está justificado esperar –si es que todo el procedimiento es sensato- un absoluto acuerdo entre los valores calculados y observados de la constante en cuestión y no sólo un acuerdo aproximado. La fórmula (4) puede por tanto ser de valor en el análisis de los resultados de determinaciones experimentales de las constantes e, m y h.

15

Aunque, obviamente, no puede haber duda de la base mecánica de los cálculos realizados en este artículo, es posible, sin embargo, hacer una interpretación muy simple del resultado del cálculo de la p. 5 con ayuda de símbolos tomados de la mecánica ordinaria. Si llamamos M al momento angular del electrón alrededor del núcleo, tenemos inmediatamente para una órbita circular $\pi M = \frac{T}{\omega}$, donde ω es la frecuencia de revolución y T la energía cinética del electrón; para una órbita circular tenemos además $T = W$ (véase p. 3) y de (2), p. 5, obtenemos en consecuencia

$$M = \tau M_0,$$

donde

$$M_0 = \frac{h}{2\pi} = 1 \cdot 04 \times 10^{-27}.$$

Si suponemos por tanto que la órbita del electrón en los estados estacionarios es circular, el resultado del cálculo de la p. 5 se puede expresar por la sencilla condición: que el momento angular del electrón alrededor del núcleo en un estado estacionario del sistema es igual a un múltiplo entero de un valor universal, independiente de la carga del núcleo. La posible importancia del momento angular en el análisis de sistemas atómicos en relación con la teoría de Planck ha sido resaltada por Nicholson.[1]

No se observa el gran número de diferentes estados estacionarios salvo investigando la emisión y absorción de radiación. En la mayor parte de los demás fenómenos físicos, sin embargo, sólo observamos los átomos de la materia en un estado singular diferenciado, esto es, el estado de los átomos a baja temperatura. Las anteriores consideraciones nos llevan de modo inmediato a la hipótesis de que el estado "permanente" es aquel de los estados estacionarios durante cuya formación se emite la mayor cantidad de energía. Según la ecuación (3) de la p. (5), este estado es el que corresponde a $\tau = 1$.

§ 4. *Absorción de radiación*

Para dar cuenta de la ley de Kirchhoff es necesario introducir hipótesis sobre el mecanismo de absorción de radiación que corresponden a las que hemos utilizado al considerar la emisión. Tenemos que suponer, por tanto, que un sistema constituido por un núcleo y un electrón que rota a su alrededor puede, bajos ciertas circunstancias, absorber una radiación de frecuencia igual a la frecuencia de la radiación homogénea emitida durante

[1] J. W. Nicholson, *loc. cit.* p. 679.

16

la transición del sistema entre diferentes estados estacionarios. Consideremos la radiación emitida durante la transición del sistema entre dos estados estacionarios A_1 y A_2 correspondientes a valores de τ iguales a τ_1 y τ_2, $\tau_1 > \tau_2$. Como la condición necesaria para una emisión de la radiación en cuestión era la presencia de sistemas en el estado A_1, tenemos que suponer que la condición necesaria para una absorción de la radiación es la presencia de sistemas en el estado A_2.

Estas consideraciones parecen estar en conformidad con experimentos sobre absorción en gases. En gas hidrógeno en condiciones ordinarias por ejemplo no hay absorción de radiación de frecuencia correspondiente al espectro de rayas de este gas; semejante absorción sólo se observa en gas hidrógeno en estado luminoso. Esto es lo que cabría esperar según lo anterior. Hemos supuesto en la p. 9 que la radiación en cuestión era emitida durante la transición de los sistemas entre estados estacionarios correspondientes a $\tau \geq 2$. Si embargo, el estado de los átomos en gas hidrógeno en condiciones ordinarias debería corresponder a $\tau = 1$; además, los átomos de hidrógeno en condiciones ordinarias se combinan en moléculas, esto es, en sistemas en los que los electrones tienen frecuencias diferentes de las que tienen en los átomos (véase Parte III). De la circunstancia de que ciertas sustancias en estado no luminoso, como por ejemplo vapor de sodio, absorban radiación correspondiente a líneas del espectro de rayas de las sustancias podemos, por otra parte, concluir que las líneas en cuestión son emitidas durante la transición del sistema entre dos estados, uno de los cuales es el estado permanente.

Cuánto difieren las anteriores consideraciones de una interpretación basada en la electrodinámica ordinaria quizá lo muestre con más claridad el hecho de que nos hemos visto forzados a suponer que un sistema de electrones absorberá radiación de frecuencia diferente de la frecuencia de vibración de los electrones calculada de forma ordinaria. En esta conexión puede ser interesante mencionar una generalización de las consideraciones a las que hemos sido conducidos por experimentos sobre el efecto fotoeléctrico y que puede arrojar algo de luz sobre el problema en cuestión. Consideremos un estado del sistema en el que el electrón sea libre, esto es, en el que el electrón posea energía cinética suficiente para apartarse a distancias infinitas del núcleo. Si suponemos que el movimiento del electrón está gobernado por la mecánica ordinaria y que no hay radiación (perceptible) de energía, la energía total del sistema –como en los estados estacionarios considerados antes- será constante. Además, habrá perfecta continuidad entre los dos tipos de estados, del mismo modo que la diferencia entre

17

frecuencia y dimensiones de los sistemas en los estados estacionarios sucesivos disminuirá sin límite si τ crece. En aras de la brevedad, en las próximas consideraciones nos referiremos a los dos tipos de estados en cuestión como estados "mecánicos"; aunque esta notación sólo pretende realzar el supuesto de que, en ambos casos, se puede dar cuenta del movimiento del electrón mediante la mecánica ordinaria.

Rastreando la analogía entre los dos tipos de estados mecánicos, cabría esperar ahora la posibilidad de una absorción de radiación, son sólo correspondiente a la transición del sistema entre dos estados estacionarios diferentes, sino correspondiente también a la transición entre uno de los estados estacionarios y un estado en el que el electrón fuese libre; y, como antes, cabría esperar que la frecuencia de esta radiación estuviese determinada por la ecuación $E = h\nu$, donde E es la diferencia entre la energía total del sistema en los dos estados. Como se verá, semejante absorción de radiación es exactamente lo que se observa en experimentos de ionización por luz ultravioleta y por rayos Röntgen. Obviamente, de esta forma obtenemos la misma expresión de la energía cinética de un electrón expulsado de un átomo por efecto fotoeléctrico que la deducida por Einstein,[1] esto es $T = h\nu - W$, donde T es la energía cinética del electrón expulsado y W la cantidad total de energía emitida durante la ligadura original del electrón.

Las consideraciones de arriba pueden además dar cuenta del resultado de algunos experimentos de R. W. Wood[2] sobre absorción de luz por vapor de sodio. En estos experimentos se observa una absorción correspondiente a una gran número de rayas de la serie principal del sodio y, además, una absorción continua que empieza en la cabeza de la serie y se extiende hasta el extremo ultravioleta. Esto es exactamente lo que cabría esperar según la analogía en cuestión y, como veremos, una consideración más minuciosa de los anteriores experimentos nos permite rastrear la analogía todavía más. Como se ha mencionado en la p. 9, los radios de las órbitas de los electrones serán, para estados estacionarios correspondientes a altos valores de τ, muy grandes comparados con las dimensiones atómicas ordinarias. Esta circunstancia se utilizó como explicación de la no aparición en experimentos con tubos de vacío de líneas correspondientes a los números más altos de la serie de Balmer del espectro de hidrógeno. Esto está también en conformidad con experimentos sobre el espectro de emisión del sodio; en la serie principal del espectro de emisión de esta sustancia

[1] A. Einstein, *Ann. d. Phys.* xvii. p. 146 (1905)
[2] R. W. Wood, Physical Optics, p. 513 (1911)

18

se observan más bien pocas líneas. Ahora bien, en los experimentos de Wood la presión no era muy baja y los estados correspondientes a valores altos de τ podían por tanto no aparecer; sin embargo se detectaron unas 50 líneas en el espectro de absorción. En los experimentos en cuestión observamos en consecuencia una absorción de radiación que no va acompañada por una transición completa entre dos estados estacionarios diferentes. Según la presente teoría tenemos que suponer que esta absorción va seguida de una emisión de energía durante la cual los sistemas regresan al estado estacionario original. Si no hay colisiones entre los diferentes sistemas, esta energía será emitida como radiación de la misma frecuencia que la observada, y no habrá verdadera absorción sino sólo dispersión de la radiación original; no tendrá lugar una verdadera absorción a menos que la energía en cuestión se transforme, por colisiones, en energía cinética de partículas libres. Análogamente, de los anteriores experimentos podemos ahora concluir que un electrón ligado –también en los casos en que no hay ionización– tendrá una influencia absorbente (dispersante) sobre una radiación homogénea, en la medida en que la frecuencia de la radiación sea mayor que W/h, donde W es la cantidad total de energía emitida durante la ligadura del electrón. Esto estaría muy a favor de una teoría de la absorción como la bosquejada arriba, como puede en tal caso no haber duda de la coincidencia de la frecuencia de la radiación y una frecuencia de vibración característica del electrón. Se verá además que el supuesto de que habrá absorción (dispersión) de cualquier radiación correspondiente a una transición entre dos estados mecánicos está en perfecta analogía con el supuesto utilizado en general de que un electrón libre tendrá influencia absorbente (dispersante) sobre luz de cualquier frecuencia. Las correspondientes consideraciones tendrán validez para la emisión de radiación.

En analogía con el supuesto utilizado en este trabajo de que la emisión de espectros de línea se debe a la re-formación de átomos después de que se hayan extraído uno o más de los electrones tenuemente ligados, podemos suponer que la radiación Röntgen homogénea es emitida durante la adaptación de los sistemas después de que uno de los electrones fuertemente ligados haya escapado, por ejemplo, por impacto de partículas catódicas.[1] En la próxima parte de este artículo, que trata de la constitución de los átomos, consideraremos la cuestión de forma más minuciosa e intentaremos probar que un cálculo basado en este supuesto está en acuerdo cuantitativo con los resultados de varios experimentos: sólo mencionaremos brevemente aquí un problema con el que nos encontramos en tal cálculo.

[1] Cotéjese con J. J. Thomson, Phil. Mag. xxiii. p. 456 (1912)

19

Diversos experimentos sobre los fenómenos de rayos X sugieren que no sólo la emisión y absorción de radiación no puede tratarse con ayuda de la electrodinámica ordinaria, sino que ni siquiera el resultado de una colisión entre dos electrones el primero de los cuales está ligado a un átomo. Quizá pueda verse esto con más claridad mediante algunos cálculos muy instructivos sobre la energía de partículas β emitidas por sustancias radiactivas publicados recientemente por Rutherford.[1] Estos cálculos sugieren fuertemente que un electrón de gran velocidad, al atravesar un átomo y colisionar con los electrones ligados perderá energía en cuantos finitos diferenciados. Como se ve inmediatamente, esto es muy diferente de lo que cabría esperar si el resultado de las colisiones estuviese gobernado por las leyes mecánicas ordinarias. El fallo de la mecánica clásica en este problema cabría también esperarse de antemano de la ausencia de algo parecido a equipartición de energía cinética entre electrones libres y electrones ligados en átomos. Desde el punto de vista de los estados "mecánicos" vemos, sin embargo, que el siguiente supuesto –que está de acuerdo con la analogía de antes- podría dar cuenta del resultado del cálculo de Rutherford y de la ausencia de equipartición de energía cinética: dos electrones que colisionan, ligados o libres, estarán, tanto tras la colisión como antes, en estados mecánicos. Obviamente, la introducción de tal supuesto no originaría necesariamente ninguna alteración en el tratamiento clásico de una colisión entre dos partículas libres. Pero, si se considera una colisión entre un electrón libre y uno ligado, se seguiría que el electrón ligado, debido a la colisión, podría no adquirir una cantidad de energía menor que la diferencia en energía correspondiente a estados estacionarios sucesivos y, en consecuencia, que el electrón libre que colisiona con él pudiera no perder una cantidad menor.

El carácter preliminar e hipotético de las anteriores consideraciones no necesita resaltarse. La intención, en cambio, ha sido mostrar que la generalización bosquejada de la teoría de los estados estacionarios puede permitir posiblemente una base simple para representar un número de hechos experimentales que no pueden explicarse con ayuda de la electrodinámica ordinaria y que los supuestos utilizados no parecen ser inconsistentes con experimentos o fenómenos para los que se ha dado una explicación satisfactoria mediante la dinámica clásica y la teoría ondulatoria de la luz.

[1] E. Rutherford, Phil. Mag. xxiv. pp. 453 & 893 (1912).

20

§ 5. *Estado permanente de un sistema atómico*

Volveremos ahora al objeto principal de este artículo –el análisis del estado "permanente" de un sistema consistente en núcleos y electrones ligados. Para un sistema constituido por un núcleo y un electrón que rota a su alrededor, este estado está determinado, según lo anterior, por la condición de que el momento angular del electrón alrededor del núcleo es igual a $\frac{h}{2\pi}$.

Respecto a la teoría de este trabajo, el único átomo neutro que contiene un electrón único es el átomo de hidrógeno. El estado permanente de este átomo debería corresponder a los valores de a y ω calculados en la p. 5. Lamentablemente, sin embargo, sabemos muy poco sobre el comportamiento de átomos de hidrógeno debido a la pequeña disociación de moléculas de hidrógeno a temperaturas ordinarias. Para obtener una comparación más próxima a los experimentos es necesario considerar sistemas más complicados.

Si se consideran sistemas en los que haya más electrones ligados a un núcleo positivo, la configuración de los electrones que se presenta como estado permanente es aquella en la que los electrones están dispuestos en un anillo alrededor del núcleo. En el análisis de este problema basándose en la electrodinámica ordinaria, nos encontramos – al margen del asunto de la radiación de energía– con nuevas dificultades debido a la cuestión de la estabilidad del anillo. Ignorando por el momento esta última dificultad, consideraremos de entrada las dimensiones y frecuencia de los sistemas en relación con la teoría de Planck de la radiación.

Consideremos un anillo constituido por n electrones que giran alrededor de un núcleo de carga E, estando colocados los electrones a intervalos angulares iguales alrededor de la circunferencia de un círculo de radio a.

La energía potencial total del sistema por los electrones y el núcleo es

$$P = -\frac{ne}{a}(E - es_n),$$

donde

$$s_n = \frac{1}{4}\sum_{s=1}^{s=n-1}\operatorname{cosec}\frac{s\pi}{n}.$$

Para la fuerza radial ejercida sobre un electrón por el núcleo y los demás electrones, obtenemos

$$F = -\frac{1}{n}\frac{dP}{da} = -\frac{e}{a^2}(E - es_n).$$

21

Si llamamos T a la energía cinética de un electrón y despreciamos las fuerzas electromagnéticas debidas al movimiento de los electrones (véase Parte II), obtenemos, al hacer la fuerza centrífuga de un electrón igual a la fuerza radial

$$\frac{2T}{a} = \frac{e}{a^2}(E - es_n),$$

o

$$T = \frac{e}{2a}(E - es_n).$$

A partir de aquí, obtenemos, para la frecuencia de revolución

$$\omega = \frac{1}{2\pi}\sqrt{\frac{e(E - es_n)}{ma^3}}.$$

La cantidad total de energía W transferida necesariamente al sistema para sacar a los electrones a distancias infinitas del núcleo y de todos los demás electrones es

$$W = -P - nT = \frac{ne}{2a}(E - es_n) = nT,$$

igual a la energía cinética total de los electrones.

Como se ve, la única diferencia entre la anterior fórmula y las que rigen para el movimiento de un electrón único en una órbita circular alrededor de un núcleo es el cambio de E por $E - es_n$. Se ve también inmediatamente que, correspondiendo al movimiento de un electrón en una órbita elíptica alrededor del núcleo, existirá un movimiento de los n electrones en el que cada uno rote en una órbita elíptica con el núcleo en el foco, y los n electrones estén situados en algún momento a intervalos angulares iguales sobre un círculo con el núcleo como centro. El eje mayor y la frecuencia de la órbita de los electrones individuales para este movimiento estarán dados por las expresiones (1) de la p. 3 si sustituimos E por $E - es_n$ y W por $\frac{W}{n}$. Supongamos ahora que el sistema de n electrones que giran en un anillo alrededor de un núcleo está formado de forma análoga al que se supone para un único electrón que gira alrededor de un núcleo. Se supondrá por tanto que los electrones, antes de estar ligados al núcleo, estaban a gran distancia de éste y no poseían velocidades apreciables, y también que durante la ligadura se emite una radiación homogénea. Como en el caso de un electrón único, tenemos aquí que la cantidad total de energía emitida durante la formación del sistema es igual a la energía cinética final de los electrones. Si suponemos ahora que durante la

22

formación del sistema los electrones están, en algún momento, situados a intervalos angulares iguales sobre la circunferencia de un círculo con el núcleo en el centro, de la analogía con las consideraciones de la p. 5 nos vemos conducidos a suponer la existencia de una serie de configuraciones estacionarias en las que la energía cinética por electrón es igual a $\tau h \frac{\omega}{2}$, donde τ es un número entero, h la constante de Planck y ω la frecuencia de revolución. La configuración en la que se emite la mayor cantidad de energía es, como antes, aquella en la que $\tau = 1$. Supondremos que esta configuración es el estado permanente del sistema si los electrones están colocados, en este estado, en un anillo único. En cuanto al caso de un electrón único obtenemos que el momento angular de cada uno de los electrones es igual a $\frac{h}{2\pi}$. Cabe señalar que en vez de considerar los electrones individuales podíamos haber considerado el anillo como una entidad. Sin embargo esto hubiera conducido al mismo resultado, ya que en este caso la frecuencia de revolución ω será sustituida por la frecuencia $n\omega$ de la radiación del anillo entero calculada a partir de la electrodinámica ordinaria, y T por la energía cinética nT.

Pueden existir otros muchos estados estacionarios correspondientes a los demás modos de formarse el sistema. El supuesto de la existencia de tales estados parece necesaria para dar cuenta de los espectros de línea de sistemas que contienen más de un electrón (p. 11); lo que es sugerido también por la teoría de Nicholson mencionada en la p. 6, a la que volveremos enseguida. Sin embargo la consideración de los espectros no da indicación, en cuanto a mí se me alcanza, de la existencia de estados estacionarios en los que todos los electrones estén colocados en un anillo y que correspondan a valores mayores de la energía total emitida que el que hemos supuesto arriba que es el estado permanente.

Además, puede haber configuraciones estacionarias de un sistema de n electrones y un núcleo de carga E en las que no todos los electrones estén ubicados en un anillo único. Sin embargo, la cuestión de la existencia de tales configuraciones estacionarias no es esencial para nuestra determinación del estado permanente, en la medida en que suponemos que los electrones en este estado del sistema están colocados en un anillo único. En la p. 24 se analizarán sistemas que correspondan a configuraciones más complicadas.

Utilizando la relación $T = h\frac{\omega}{2}$ obtenemos, con ayuda de las expresiones de arriba de T y ω, valores de a y ω que corresponden

23

al estado permanente del sistema que sólo difieren de los dados por las ecuaciones (3) de la p. 5 si se sustituye E por $E - es_n$.

El asunto de la estabilidad de un anillo de electrones que giran alrededor de una carga positiva es analizado con gran detalle por Sir J. J. Thomson.[1] Una adaptación del análisis de Thomson para el caso considerado aquí de un anillo que rota alrededor de un núcleo de dimensiones lineales despreciables la da Nicholson.[2] La investigación del problema en cuestión se divide, de forma natural, en dos partes: una referente a la estabilidad para desplazamientos de los electrones en el plano del anillo; otra relativa a desplazamientos perpendiculares a este plano. Como muestran los cálculos de Nocholson, la respuesta a la cuestión de la estabilidad difiere mucho en estos dos casos. Mientras que el anillo, para los últimos desplazamientos, es en general estable si el número de electrones no es grande, Nicholson no considera estable el anillo para desplazamientos del primer tipo.

Sin embargo, de acuerdo con el punto de vista adoptado en este trabajo, la cuestión de la estabilidad para desplazamientos de los electrones en el plano del anillo está muy íntimamente unida a la cuestión del mecanismo de ligadura de los electrones, y este no puede tratarse basándose en la dinámica ordinaria. La hipótesis de la que haremos uso en lo que sigue es que la estabilidad de un anillo de electrones que giran alrededor de un núcleo se garantiza mediante la condición de arriba de la constancia universal del momento angular, junto con la condición adicional de que la configuración de las partículas es aquella en cuya formación se emite la mayor cantidad de energía. Como se verá, esta hipótesis, en lo referente a la cuestión de la estabilidad para un desplazamiento de los electrones perpendicular al plano del anillo, es equivalente a la utilizada en los cálculos mecánicos ordinarios.

Volviendo a la teoría de Nicholson sobre el origen de la rayas observadas en el espectro de la corona solar, veremos ahora que las dificultades mencionadas en la p. 6 sólo pueden ser formales. En primer lugar, desde el punto de vista considerado arriba, la objeción respecto a la inestabilidad de los sistemas para desplazamientos de los electrones en el plano del anillo no puede ser válida. Además, la objeción respecto a la emisión de la radiación en cuantos no tendrá relación con los cálculos en cuestión si suponemos que en el espectro de la corona no nos estamos ocupando de una verdadera emisión sino sólo de una dispersión de radiación. Esta suposición parece probable si consideramos

[1] *Loc. cit.*
[2] *Loc. cit.*

24

las condiciones del cuerpo celeste en cuestión, ya que debido a la enorme rarefacción de la materia puede haber comparativamente pocas colisiones que perturben los estados estacionarios y causen una verdadera emisión de luz correspondiente a la transición entre diferentes estados estacionarios; por otra parte, en la corona solar habrá intensa iluminación de luz de todas las frecuencias que puede excitar las vibraciones naturales de los sistemas en los diferentes estados estacionarios. Si la suposición anterior es correcta, comprendemos inmediatamente la forma completamente diferente de las leyes que ligan las rayas analizadas por Nicholson y las que ligan los espectros de línea ordinarios considerados en este trabajo.

Continuando con el estudio de sistemas de constitución más complicada, haremos uso del siguiente teorema, que puede demostrarse muy fácilmente:

"En todo sistema constituido por electrones y núcleos positivos, en el que los núcleos estén en reposo y los electrones se muevan en órbitas circulares con velocidad pequeña comparada con la velocidad de la luz, la energía cinética será numéricamente igual a la mitad de la energía potencial."

Con ayuda de este teorema obtenemos –como en los anteriores casos de un electrón único o de un anillo que rota alrededor de un núcleo– que la cantidad total de energía emitida, por la formación de los sistemas a partir de una configuración en la que las distancias que separan las partículas son infinitamente grandes y en la que las partículas no tienen velocidades unas con relación a otras, es igual a la energía cinética de los electrones en la configuración final.

En analogía con el caso de un anillo único nos vemos aquí obligados a suponer que, correspondiendo a cualquier configuración de equilibrio, existirá una serie de configuraciones estacionarias geométricamente similares del sistema en la que la energía cinética de cada electrón es igual a la frecuencia de revolución multiplicada por $\frac{\tau}{2}h$, donde τ es un número entero y h la constante de Planck. En cualquiera de estas series de configuraciones estacionarias, la que corresponde a la mayor cantidad de energía emitida será aquella en la que τ sea igual a 1 para todos los electrones. Considerando que la razón de la energía cinética a la frecuencia, para una partícula que rota en una órbita circular, es igual a π veces el momento angular alrededor del centro de la órbita, nos vemos conducidos pues a la siguiente generalización sencilla de la hipótesis mencionada en las pp. 15 y 22.

"En cualquier sistema molecular constituido por núcleos positivos y electrones en el que los núcleos estén en reposo unos respecto a otros y los electrones se muevan en órbitas circulares, el momento angular

25

de cada electrón alrededor del centro de su órbita será igual, en el estado permanente del sistema, a $\frac{h}{2\pi}$*, donde* h *es la constante de Planck".*

En analogía con las consideraciones de la p. 23, supondremos que una configuración que satisfaga esta condición es estable si la energía total del sistema es menor que en cualquier configuración próxima que satisfaga la misma condición del momento angular de los electrones.

Como se menciona en la introducción, la hipótesis de arriba se utilizará en una próxima comunicación como base para una teoría de la constitución de átomos y moléculas. Se probará que conduce a resultados que parecen estar en conformidad con experimentos sobre un número de diferentes fenómenos.

Se ha buscado el fundamento de la hipótesis enteramente en relación con la teoría de Planck de la radiación; con ayuda de consideraciones dadas después se intentará arrojar algo más de luz sobre su fundamento desde otro punto de vista.

5 de abril de 1913.

NOVIEMBRE

Difícil encontrar mejor presentador de los prolegómenos de la cuántica.

(Albert Einstein. «MAX PLANCK ALS FORSCHER». *Naturwissenschaften* 1 (1913) pp. 1077-79; 7 de noviembre de 1913) [Se recoge también en *The Collected Papers of Albert Einstein.* Vol. 4. Doc. **23**. Pages 561/562/563. Asimismo en *Oeuvres Choisies*, L. 5, pp. 241-246] («Max Planck como científico»)

Max Planck como científico

Para el curso académico 1913-1914, el rectorado de la Universidad de Berlín ha sido puesto en manos del físico teórico Max Planck. Sus colegas más próximos y los más distantes queremos aprovechar gustosamente esta oportunidad para festejar los logros que la ciencia debe a su trabajo.

El primer trabajo independiente de Max Planck fue su discurso inaugural "Über den zweiten Haupsatz der mechanischen Wärmetheorie" (Sobre el segundo principio de de la teoría mecánica del calor [Termodinámica]) que presentó a sus 21 años en la Universidad de Munich, en 1879. Es revelador que Planck empezase su actividad publicista con el tratamiento de un tópico de tal generalidad para volver sólo en los años siguientes al tratamiento de problemas más específicos que, naturalmente, tenían relación con aquellas primeras investigaciones. Esto es característico de su forma de trabajar y quizá del método del teórico puro en general. Parte siempre de una proposición de la mayor generalidad posible y deduce de ella resultados particulares especiales que compara entonces con la experiencia.

El primer gran logro científico de Planck es el tercero de sus trabajos, titulado "Über das Prinzip von der Vermehrung der Entropie" (Sobre el principio del incremento de la entropía) (*Wied. Ann.* 32 (1887): 462), que trata de la teoría general del equilibrio químico, prestando especial atención a las disoluciones diluidas. Es cierto que los resultados generales de este artículo ya habían sido deducidos más de diez años antes por Gibbs y, los relativos a las disoluciones diluidas, en parte por van't Hoff. Pero los trabajos de Gibbs eran poco conocidos y no fácilmente accesibles; incluso reconocer su valor fue ya un logro y, de hecho, creo que Planck hubiera pasado por alto inadvertidamente los trabajos de Gibbs –como casi todo el mundo– de no haber emprendido él mismo una vía similar de forma independiente. El gran valor de la susodicha obra de Planck reside en el hecho de que estableció unas pocas fórmulas referentes al equilibrio de disoluciones diluidas de tan gran generalidad que todas las leyes sobre disoluciones deducibles termodinámicamente se contienen en ellas. Sobre la base de sus fórmulas generales, Planck fue el primero, y desde luego antes que Arrhenius, en llegar a la conclusión de que en soluciones acuosas con reducción de la presión de vapor "anormalmente alta" (respectivamente por debajo del punto de congelación o por encima del de ebullición), la sustancia disuelta tiene que estar disociada. Las fórmulas generales de Planck incluyen la llamada ley de Ostwald de disolución de electrolitos binarios como caso particular.

No hablaremos aquí de los trabajos de Planck que tienen que ver con cuestiones termodinámicas más específicas. No dejaremos, no obstante, sin mencionar el polémico artículo de Planck "Gegen die neuere Energetik" (Contra la reciente energética), publicado en 1896 en *Wied. Ann.*, vol. 56, porque tuvo sin duda un influencia significativa en quienes trabajaban en este terreno. Se trata de un artículo breve, escrito con autoridad, que muestra que la energética no sirve verdaderamente como método heurístico pues opera con conceptos insostenibles. A los partidarios del pensamiento científico lúcido, la lectura de este pequeño y descarado artículo les puede compensar el fastidio que probablemente no puedan reprimir al leer trabajos del tipo de los que aquí se combaten.

En el año 1896, Planck volvió a la teoría de la radiación. Sabido es que sus estudios en este dominio tuvieron una poderosa influencia en el desarrollo actual de la física. Los grandes avances que se han hecho en la teoría del calor durante los últimos años a duras penas se habrían logrado sin estos estudios. La compleja entidad de resultados, concepciones teóricas y formulaciones de problemas que vienen hoy a la mente del físico al oír el término "quanta", que anima y a la vez dificulta su existencia, ha surgido de esos estudios. Para valorar los logros de Planck en este terreno tendremos que echar una breve ojeada al desarrollo de la teoría de la radiación.

Todos los cuerpos irradian calor. En consecuencia, cualquier oquedad de un cuerpo no transparente está impregnada de radiación térmica. Sobre la base de argumentos termodinámicos sencillos, Kirchhoff encontró en los años sesenta del pasado siglo que esta radiación tiene que ser uniforme en todas las direcciones y que sus propiedades dependen nada más que de la temperatura del cuerpo que contiene la cavidad. Así pues, si llamamos

$$u d\nu$$

a la energía de la radiación del espectro de frecuencias $d\nu$ contenido en la cavidad en la unidad de volumen, u (densidad de radiación monocromática) depende sólo de la temperatura absoluta T y de la frecuencia ν, siendo en cambio completamente independiente de la naturaleza física y química de las paredes de la cavidad. $u(\nu,T)$ es pues, usando la expresión ordinaria, una función universal de las dos variables ν y T y su determinación es la tarea experimental y teórica más importante de la teoría de la radiación. Al principio no pudo averiguarse nada de esta función por procedimientos puramente termodinámicos.

El siguiente avance teórico lo hizo Boltzmann en 1884 al mostrar que se puede deducir la ley de la densidad de radiación total

$$\int_0^\infty u d\nu = \sigma T^4 ,$$

por medios termodinámicos basándose en la ley de la presión de radiación que dedujo Maxwell de la teoría electromagnética de la radiación y según la cual, la radiación reflejada, absorbida o emitida por una superficie ejerce determinada presión sobre ésta. Aun cuando esta ley diese la densidad de la radiación total como función de la temperatura, no decía nada sobre cómo tiene que ser la distribución espectral de esta radiación. Apareció entonces, en 1893, el importante trabajo de W. Wien en el que se demostraba convincentemente que la radiación de cavidad de una temperatura concreta T_1 se puede convertir en radiación de cavidad de otra temperatura T_2 mediante compresión adiabática o, respectivamente, mediante expansión de la radiación entre paredes reflectantes. A partir de aquí, Wien pudo determinar teóricamente la función u para cualquier temperatura T, aunque su dependencia de la frecuencia ν se hubiese determinado para una temperatura particular; la función desconocida u de dos variables se puede reducir a una función desconocida de una sola variable. El resultado de Wien (ley de desplazamiento) se expresa por la fórmula

$$u = \nu^3 f\left(\frac{\nu}{T}\right)$$

donde f representa una función universal desconocida de *una* variable $\frac{\nu}{T}$. ¡Sería edificante poder evaluar la materia cerebral sacrificada por los físicos teóricos en el altar de esta función universal f; y no se divisa el final de este sacrificio cruel! Es más: la mecánica clásica fue también víctima del mismo y todavía no puede decirse si las ecuaciones electrodinámicas de Maxwell sobrevivirán a la crisis a la que ha llevado la función f.

Planck fue el único que tuvo éxito en el intento de determinar teóricamente y de entender la función f. Investigó primero las oscilaciones irregulares llevadas a cabo por un resonador eléctrico de frecuencia propia ν_0 en un campo de radiación según las leyes de la mecánica y la electrodinámica de Maxwell. Encontró una relación sencilla entre la energía de oscilación media U del resonador y la densidad de radiación monocromática u correspondiente a la frecuencia ν_0 del resonador. Así, el problema de la radiación estaba resuelto si la energía U de un resonador o, mejor, de un sistema de muchos resonadores, se podía determinar como función de la temperatura. El método mediante el que Planck resolvió este problema en su rompedor trabajo de 1901 era tan audaz como brillante. Se basó en un teorema que Boltzmann desarrolló para la teoría de gases, que establece que la entropía S de un estado es igual al logaritmo de la probabilidad W de este estado multiplicada por k. Si se calcula la probabilidad correspondiente a un contenido particular de energía de un sistema de resonadores monocromáticos, se puede calcular la entropía S del sistema y, a partir de ahí, la temperatura. Este cálculo, que no podía realizarse sin alguna arbitrariedad debido a la definición insuficientemente precisa de W, condujo a la fórmula

$$u = \frac{8\pi h\nu^3}{c^3}\cdot\frac{1}{e^{\frac{h\nu}{kT}}-1}$$

[c representa la velocidad de la luz en el vacío] que, por el momento, ha sido sistemáticamente confirmada por la experiencia. Esta última proporciona los valores numéricos de las constantes h y k. El gran triunfo que aportó este análisis consiste en lo siguiente. La constante k se tomó del antes mencionado principio de Boltzmann, donde se define

$$k = \frac{R}{N} = \frac{\text{constante universal de los gases}}{\text{número de moléculas por atomo - gramo}}.$$

Así pues, la magnitud k, que se determina a partir de medidas de radiación, da con absoluta precisión N, es decir, el tamaño absoluto de las moléculas, y el tamaño molecular obtenido de esta forma volvía a estar en satisfactorio acuerdo con los resultados de las determinaciones de esta magnitud basados en la teoría de gases. Desde entonces, se han llegado a conocer determinaciones exactas de N basadas en fundamentos completamente diferentes y que confirman brillantemente el resultado de Planck.

Pero, ¿cuál es el significado de la otra constante de la Naturaleza h que aparece en la fórmula de la radiación de Planck? Para llegar a una fórmula de radiación utilizable, Planck tuvo que tratar la energía del sistema de resonadores como si éste se compusiese de quanta de energía discreta de magnitud $h\nu_0$, suposición que no está en consonancia con la electrodinámica ni tampoco con la primera parte de la investigación de Planck. Ahí reside la gran dificultad que ha venido ocupando a los teóricos durante los últimos 8 años aproximadamente. Planck modificó su teoría durante estos últimos años para resolver esta contradicción; queda para el futuro la decisión sobre si sus esfuerzos abocaron en la solución correcta.

En cualquier caso, sucedía que la fórmula de Planck no sólo es útil como tal, sino que también la realidad física se atiene a las magnitudes auxiliares que aparecen en la deducción teórica. Por otra parte, el efecto fotoeléctrico y los rayos catódicos generados por rayos Röntgen que inciden sobre la materia muestran que, cuando se absorbe radiación, aparecen ciertamente quanta de energía del orden de magnitud $h\nu$. Resultaba por otra parte que la disminución del calor específico de los sólidos a bajas temperaturas puede atribuirse a que, contrariamente a la mecánica estadística, la energía térmica de cualquier estructura depende de la temperatura del mismo modo que lo hace la de los resonadores en la teoría de Planck.

Finalmente, un tercer ámbito en el que estamos en enorme deuda con Planck es el de la teoría de la relatividad. El hecho de que los jóvenes físicos empezasen a prestar atención a ésta tan rápidamente es debido, en gran medida, al arrojo y al calor con que abogó por ella. Planck fue el primero en establecer las ecuaciones de movimiento del punto material de acuerdo con la teoría de la relatividad. Además, mostró que el principio de mínima acción tiene un significado tan fundamental en esta teoría como en la mecánica clásica. Asimismo, en la investigación de la dinámica de sistemas, desarrolló la importante interconexión que liga a la energía y a la masa inerte según la teoría de la relatividad.

Recordemos por fin las obras de Planck más exhaustivas, sus libros sobre termodinámica y radiación térmica, que pertenecen a las obras maestras de la literatura física. En estos libros, que se pueden encontrar en la biblioteca de cualquier físico, reunió Planck la mayor parte de los resultados más importantes de sus investigaciones haciéndolas fácilmente accesibles a sus colegas. Gran parte del gusto con el que se lleva uno a la mano una y otra vez cualquiera de estos libros es atribuible al estilo sencillo y verdaderamente artístico que caracteriza todos los escritos de Planck; al estudiar los escritos de Planck se tiene la impresión de que la necesidad artística es uno de los móviles más importantes de su genio creador. No en vano se dice que después de graduarse Planck en el Gymnasium, no sabía si decidirse por estudiar física o música.

Ojalá que el incansable esfuerzo por el conocimiento de este hombre esté destinado a prestar valiosos servicios a la ciencia en el futuro y, en particular, a contribuir con éxito a la solución de las dificultades a las que nos enfrentamos hoy gracias a los bellísimos resultados de sus propias investigaciones.

1914

FEBRERO

Albert Einstein. «***Méthode pour la détermination de valeurs statistiques d'observations concernant des grandeurs soumises à des fluctuations irrégulières***». *Archives des sciences physiques et naturelles* 37 (1914), pp. 254-256. [Recogido en *TCPAE*, Vol. 4, Doc. **29**, pp. 300-301] (Conferencia pronunciada el 28 de febrero de 1914 en la Sociedad Suiza de Física, en Basilea) (Publicada el 15 de marzo de 1914)] [«Método para determinar valores estadísticos de observaciones relativas a magnitudes sometidas a fluctuaciones irregulares»]

300

Método para determinar valores estadísticos de observaciones relativas a magnitudes sometidas a fluctuaciones irregulares

Supongamos que la magnitud $y = F(t)$ (por ejemplo, el número de manchas solares) está determinado empíricamente como función del tiempo para un intervalo T muy grande. ¿Cómo puede representarse el comportamiento estadístico de y?

Una respuesta a este asunto, sugerida por la teoría de la radiación, es la siguiente.

Supongamos que se desarrolla y en serie de Fourier:

$$y = F(t) = \sum A_n \cos \pi n \frac{t}{T} .$$

Los sucesivos coeficientes A_n del desarrollo serán muy diferentes uno de otro en magnitud y signo y se sucederán uno a otro de forma irregular. Pero si se forma el valor medio $\overline{A_n^2}$ de A_n^2 para un intervalo Δn de n muy grande, aunque suficientemente pequeño para que $\frac{\pi \Delta n}{T}$ sea muy pequeño, este valor medio será una función continua de n.

Lo llamaremos *intensidad* I de y correspondiente a n. La intensidad así definida tendrá un periodo $\Theta = \frac{T}{n}$; la representaremos por $I(\Theta)$; el problema es determinarla.

Un cálculo sencillo proporciona:

$$I(\Theta) = \overline{A_n^2} = \frac{2}{T^2} \int_0^T \int_0^T F(t) F(n) \cdot \cos \pi n \frac{t-n}{T} dndt .$$

Se sigue de aquí que la función I que andamos buscando pueda posiblemente determinarse aproximadamente salvo un factor numérico por la siguiente regla:

Se elige un intervalo de tiempo Δ y se forma el valor medio:

(1) $$M(\Delta) = \overline{F(t) F(t+\Delta)} ,$$

que, para la curva dada y, es una función característica de Δ. Para valores grandes de Δ, esta curva convergerá hacia un límite que puede hacerse cero mediante una elección adecuada de las abscisas (el eje de t y el eje de Δ). Se tiene entonces:

301

(2) $$I(\Theta == \int_0^\infty M(\Delta) \cos \pi \frac{\Delta}{\Theta} d\Delta .$$

Los recursos mecánicos que pueden llevar a cabo la integración indicada en (2) son ya conocidos. Además, mi amigo el Sr. Habicht me ha hecho ver que la determinación de los promedios en (1) se puede hacer fácilmente con ayuda de un integrador mecánico de fácil manejo. Así pues, la ejecución práctica del método no parece presentar excesivas dificultades.

Observemos también que un integrador que permita la formación de promedios del tipo (1) puede usarse también para contestar a la siguiente cuestión: ¿Existe o no una relación de causa y efecto entre dos magnitudes F_1 y F_2 que están ambas determinadas empíricamente como funciones del tiempo? Desde luego, si se forma

$$M(\Delta) = \overline{F_1(t) F_2(t+\Delta)}$$

como función de Δ, se obtiene una línea recta horizontal para $M(\Delta)$ si no hay relaciones de causa y efecto. Si semejante relación existe, sin retardo apreciable, se obtiene una curva que tiene un extremo para $\Delta = 0$. Si hay retardo apreciable, la curva tiene un extremo correspondiente a otro valor de Δ.

Albert Einstein. «***Eine Methode zur statistischen Verwertung von Beobachtungen scheinbar unregelmässig quasiperiodisch verlaufender Vorgänge***» *Archives des sciences physiques et naturelles* 37 (1914) (Posterior al 28 de febrero de 1914) [Recogido en *TCPAE*, Libro 4, Doc. **30**, pp. 302-305 (EV); pp. 603-607 (GV)] (Se supone que es una extensión del Doc. **29**). Manuscrito que nunca se publicó. [«Método para la utilización estadística de observaciones de procesos en curso cuasiperiódicos de apariencia irregular»]

302

Método para la utilización estadística de observaciones de procesos en curso cuasi periódicos de apariencia irregular

Supongamos que se observa una magnitud F que fluctúa de forma cuasiperiódica en función de un t independiente durante un intervalo T de t muy grande. ¿Cómo pueden obtenerse, a partir de las observaciones, datos estadísticos sobre F de carácter sintético? En lo que sigue presento un nuevo tipo de método mediante el que alcanzar este objetivo esperando que demuestre ser aplicable en la práctica.

Supongamos que se desarrolla F en serie de Fourier en todo el intervalo T, de modo que se tenga

$$F(t) = \frac{A_0}{2} + \sum_{1}^{\infty} A_n \cos\left(2\pi n \frac{t}{T} + \varphi_n\right). \qquad \text{... (1)}$$

Por supuesto, este desarrollo no puede realizarse, y aunque hubiera que realizarlo sería de poca ayuda, ya que las A_n y φ_n variarían con n en una forma de lo más compleja e irregular. Es aconsejable, por tanto, introducir el siguiente conocido concepto de la teoría de la radiación. Formemos el cuadrado medio de aquellas magnitudes A_n $(\overline{A_n^2})$, que pertenecen a una región Δn de n que está caracterizado por las dos condiciones

Δn es grande comparado con 1

$\frac{\Delta n}{n}$ es pequeño comparado con 1.

Esta cantidad $\overline{A_n^2}$, que es análoga a la intensidad en la teoría de la radiación, proporciona –desarrollada como función de n– una expresión estadística completa del carácter de los cambios en la cantidad F. De aquí que nuestra tarea tenga que ser buscar un método para obtener esta magnitud que no exija la determinación de las A_n individuales.

A este fin introducimos una cantidad $\chi(\Delta)$, a la que llamaremos "característica", y que se definirá como sigue

$$\chi(\Delta) = \overline{F(t)F(t+\Delta)} = \frac{1}{T}\int_{0}^{T} F(t)F(t+\Delta)dt \cdot \qquad \text{... (2)}$$

Δ representa aquí una cantidad que es pequeña comparada con T. Es fácil ver que esta

303

característica representa también una expresión del carácter estadístico peculiar de F, ya que expresa el grado de dependencia que existe entre valores de F cuyos argumentos difieren en Δ. Resultará que existe una dependencia sencilla entre la "característica" y la "curva de intensidad."

Del significado de χ se sigue que no es necesario elegir exactamente T como intervalo de integración en (2); en vez de este, se podría elegir cualquier intervalo de t suficientemente grande. En el caso de la elección hecha en (2), hay que suponer que $F(t)$ continúa sobre $t = T$ hasta $t = T + \Delta$ de forma que, para este trozo, se pone $F(T+t') = F(t')$. Hacemos esto para poder aplicar el desarrollo (1) sin interrupciones. Este recurso no tiene relevancia práctica porque $\chi(\Delta)$ dependerá de Δ sólo para Δ que sean tan pequeñas que Δ sea pequeño comparado con T. Si no fuera este el caso, el intervalo de observación T entero no sería suficientemente grande para una investigación estadística.

Si introducimos (1) en (2), obtenemos

$$2\chi(\Delta) = \frac{A_0^2}{2} + \sum_1^\infty A_n^2 \cos\left(\frac{2\pi n\Delta}{T}\right). \qquad \text{... (3)}$$

Se percibe inmediatamente de aquí la estrecha relación entre la función intensidad y la característica, ya que, como el coseno en (3) varía lentamente con n debido a la pequeñez de $\frac{\Delta}{T}$, se puede sustituir inmediatamente A_n^2 por el valor medio $\overline{A_n^2}$ caracterizado arriba. Además, introducimos la magnitud $\frac{2\pi n}{T} = x$ en lugar de n; si n recorre los enteros, $x\Delta$ recorre valores que difieren muy poco uno de otro, esto es, en $\Delta dx = \frac{2\pi\Delta}{T}$. Podemos, por tanto, convertir la suma de (3) en la integral

$$2\chi(\Delta) = cte. + \int_0^\infty \frac{T}{2\pi}\overline{A_n^2}\cos(x\Delta)ds$$

o, si ponemos

$$\frac{T}{2\pi}\overline{A_n^2} = I(x),$$

cantidad que es independiente de la magnitud de T y a la que llamaremos "intensidad" espectral,

$$2\chi(\Delta) = cte. + \int_0^\infty I(x)\cos(x\Delta)dx \qquad \text{... (3a)}$$

Donde x es una frecuencia multiplicada por 2π y referida a la unidad de longitud del eje t.

304

Hemos obtenido así la relación general entre la función intensidad I y la característica χ, de modo que esta relación está puesta en una forma independiente de la elección de T. La tarea que nos pusimos originalmente exige finalmente que solucionemos (3a) para I. Si por $\psi(\Delta)$, por ejemplo, representamos la característica de la constante aditiva, si ponemos

$$\chi(\Delta) - \chi(\infty) = \psi(\Delta), \qquad \text{... (4)}$$

tendremos, debido a que la integral de (3a) se anula en cualquier caso para Δ infinitamente grande

$$2\psi(\Delta) = \int_0^\infty I(x)\cos(x\Delta)dx \,. \qquad \text{... (3b)}$$

Multiplicamos esta ecuación por $\cos y\Delta$ e integramos a continuación entre Δ = 0 y Δ = *G*, donde consideramos que la cantidad *G* es un número grande que posteriormente haremos crecer hasta infinito. Obtenemos

$$\int_{\Delta=0}^{\Delta=G} \psi(\Delta)\cos(y\Delta)d\Delta = \int_{x=0}^{x=\infty} I(x)dx \int_{\Delta=0}^{\Delta=G} \cos(x\Delta)\cos(y\Delta)d\Delta = \int_{x=0}^{x=\infty} I(x)dx \cdot Z(x,y)\,,$$

donde

$$Z(x,y) = \frac{1}{2}\left|\frac{\sin(x+y)\Delta}{x+y} + \frac{\sin(x-y)\Delta}{x-y}\right|_{\Delta=0}^{\Delta=G} .$$

Para el límite inferior de integración, Δ = 0, *z* se anula siempre, incluso cuando $x-y=0$. Para el límite superior de integración, Δ = *G*, el primer término de *Z* es una función rápidamente oscilante de *x* que, cuando se multiplica por I_x y se integra, no hace ninguna contribución finita a la integral doble que se tiene que construir. Por lo tanto, esta se reduce a

$$\frac{1}{2}\int_{x=0}^{x=\infty} I(x)\frac{\sin(x-y)G}{x-y}dx \,.$$

El factor $\sin(x-y)G$, que oscila con rapidez infinita para una variable *x* también produciría la anulación de esta integral si la función $\dfrac{I(x)}{x-y}$ no se hiciese infinita para *x* = *y*. Así pues, las partes de la región de integración que no estén muy próximas al punto *x* = *y* no pueden, en ningún caso, contribuir nada a la integral. A la luz de esto, se obtiene fácilmente

305

$$\int_0^\infty I(x)\frac{\sin(x-y)G}{x-y}dx = I(y)\int_{-\infty}^{+\infty}\frac{\sin u}{u}du = \pi I(y) \,.$$

Teniendo esto en cuenta, se obtiene, cambiando *x* por *y* en el resultado

$$I(x) = \frac{4}{\pi}\int_0^\infty \psi(\Delta)\cos(x\Delta)d\Delta \,, \qquad \text{... (5)}$$

ecuación que, junto con las ecuaciones previas

$$\psi(\Delta) = \chi(\Delta) - \chi(\infty) \qquad \text{... (4)}$$

$$\chi(\Delta) = \frac{1}{T}\int_0^T F(t)F(t+\Delta)dt \,, \qquad \text{... (2)}$$

resuelve la tarea propuesta.

Sería demasiado tedioso llevar a cabo una evaluación puramente computacional de las integrales dadas en (2) y (4) para muchos valores del argumento Δ o *x*. Sería aconsejable construir dispositivos mecánicos para llevar a término estas operaciones de elevación al cuadrado. En particular, sería posible construir un artilugio que resuelva un problema del que la integración dada en (2) sea sólo un caso especial. Tengo in mente un aparato que resuelva el siguiente problema.

Supongamos que $F(t)$ y $\Phi(t)$ son dos funciones dadas empíricamente. Hay que encontrar la magnitud

$$\Theta = \int_0^T F(t)\Phi(t)dt$$

utilizando un artilugio mecánico. Semejante aparato se podría utilizar también para determinar la función

$$\Theta(\Delta) = \int_0^T F(t)\Phi(t+\Delta)dt\,,$$

que permite decidir si hay o no relación causal entre las dos magnitudes F y Φ.

Si no hay relación causal, Θ es independiente de Δ; por otra parte, si existe relación causal, $\Theta(\Delta)$ será una función con un extremo. Basándose en el valor de Δ al que pertenece este extremo, se obtendrá también información sobre la naturaleza de esta relación causal.

Para terminar, quiero expresar mi agradecimiento a mi primer colega, G. Pick, por diversas observaciones gracias a las cuales se ha simplificado sustancialmente la presentación de este tópico.

—

JULIO - AGOSTO

Albert Einstein. «***Beiträge zur Quantentheorie***». *Deutsche physikalische Gesellschaft, Berichte*, (oder *Verhandlungen*, Band 16 (1914)), S. 820-828. [Recogido en *TCPAE*. Volume 6: The Berlin Years: Writings, 1914-1917. Doc. **5**. pp 30-38 (GV); pp. 20-25 (EV)] [Registro de entrada: 24 de julio de 1914. Presentado en la sesión del 24 de julio de 1914. Publicado: 30 de agosto de 1914] [«Contribuciones a la teoría cuántica»]

30

Contribuciones a la teoría cuántica

Se presentan aquí dos consideraciones que, en cierto sentido, van juntas, en la medida en que muestran hasta qué punto los importantísimos y más recientes resultados de la teoría del calor, esto es, la fórmula de la radiación de Planck y el teorema de Nernst, se pueden deducir de forma puramente termodinámica utilizando ideas básicas de la teoría cuántica y sin necesidad de recurrir al principio de Boltzmann.

Para justificar el presente intento de fijar teóricamente el teorema de Nernst, tengo que señalar que todos los esfuerzos realizados para deducir teóricamente el teorema de Nernst de forma termodinámica, utilizando el teorema experimental de que la capacidad calorífica se anula en $T = 0$, han fracasado por completo. Estoy dispuesto, si los colegas así lo desean, a corroborar esta alegación frente a los intentos individuales de comprobarla.

§ 1. *Deducción termodinámica de la fórmula de la radiación de Planck*

Consideremos un gas químicamente uniforme cuyas moléculas son todas portadoras de un resonador.[1] La energía de estos resonadores no adoptará cualquier valor sino sólo ciertos valores discretos ε_σ (por mol). Me tomo la libertad de considerar dos moléculas químicamente distintas, esto es, en principio separables mediante paredes semipermeables,

1) Por "resonador" entendemos aquí un portador, completamente general, de energía molecular interna, sin definir en lo sucesivo sus características específicas.

31

si sus energías de resonador ε_σ y ε_τ son diferentes. Al actuar así, se puede considerar también el gas, que originalmente se consideraba uniforme, como una mezcla de diferentes gases cuyos constituyentes están caracterizados por distintos valores ε_σ. Si se impone la condición de que esta mezcla esté en equilibrio termodinámico frente a cualesquiera cambios en los valores ε de las moléculas, se obtiene la ley estadística según la cual las energías de resonador de las moléculas están divididas. A continuación, tratando retroactivamente de nuevo las energías de resonador como "energía térmica", obtengo la parte de calor específico del gas que puede ubicarse en los resonadores de las moléculas.

Sean n_0, n_1, n_2, etc., los moles de moléculas y $\varepsilon_0, \varepsilon_1, \varepsilon_2$, etc., sus correspondientes energías de resonador. La energía U y la entropía S de la mezcla están entonces dadas por las expresiones:

$$U = \sum_\sigma n_\sigma \{ cT + u_0 + \varepsilon_\sigma \}$$

$$S = \sum_\sigma n_\sigma \{ c \lg T + R \lg V \} + \sum_\sigma n_\sigma \{ s_\sigma - R \lg n_\sigma \}.$$

El calor específico c (a volumen constante) por mol –siguiendo la idea esbozada arriba– hay que tomarlo a energía constante de resonador ε_σ, que es la misma para todos los componentes. s_σ es la constante de entropía del gas tipo con energía de resonador ε_σ; y esta constante puede a priori tener valores diferentes para cada σ. A continuación tenemos que formar la energía libre $F = U - TS$ y que establecer la condición de que, para cada reacción que se considere:

$$\delta F = \delta(U - TS) = 0.$$

Tenemos en cuenta la totalidad de las posibles reacciones de resonador considerando para cada v la reacción

$$\delta n_0 = -1$$

$$\delta n_\sigma = +1.$$

De esta forma se obtiene el sistema de ecuaciones:

$$\left(s_\sigma - \frac{\varepsilon_\sigma}{T} - R \lg n_\sigma \right) - \left(s_0 + \frac{\varepsilon_0}{T} - R \lg n_0 \right) = 0$$

o

$$\frac{n_\sigma}{n_0} = \exp \left[(s'_\sigma - s'_0) - \frac{\varepsilon_\sigma - \varepsilon_0}{RT} \right]. \qquad (1)$$

32

Esta es la distribución de equilibrio que buscamos, donde $s'_\sigma = \frac{s_\sigma}{R}$.

Supongamos ahora que el resonador que consideramos es monocromático, con un grado de libertad y con frecuencia v. Para llegar a la fórmula de Planck de la energía media de esa estructura, tenemos que introducir dos hipótesis:

A. Las constantes de entropía de todos los componentes de nuestra mezcla son iguales aunque los componentes difieran en la energía de resonador; es decir, para todo σ

$$s_\sigma = s_0 \,.$$

Esta condición previa corresponde al teorema de Nernst.

B. La energía de resonador (por mol) es una integral múltiple de Nhv:

$$\varepsilon_\sigma = \sigma N h\nu \,.$$

Esta es la hipótesis cuántica para una estructura monocromática.

Basándonos en estas hipótesis, obtenemos:

$$n_\sigma = n_0 \exp\left[-\frac{\sigma h\nu}{KT}\right], \qquad (1\text{ a})$$

de donde se sigue

$$\bar{\varepsilon} = \frac{\sum\limits_0^\infty \varepsilon_\sigma n_\sigma}{\sum\limits_0^\infty n_\sigma} = +RT^2 \frac{d}{cT}\left\{\lg \sum e^{-\frac{\varepsilon\sigma}{RT}}\right\} = \frac{\sum \sigma N h\nu \, e^{-\frac{\sigma h\nu}{KT}}}{\sum e^{-\frac{\sigma h\nu}{KT}}} \qquad (2)$$

$$= N \frac{h\nu}{e^{\frac{h\nu}{KT}} - 1} \,.$$

Esta es la fórmula de Planck para la energía media de un resonador[2] monocromático unidimensional.

Es llamativo a más de un respecto que, de esta forma, se llegue a la fórmula de Planck. Por lo pronto, parece que los conceptos de cambio físico y

[1]) Se me ha indicado que Bernoulli dio una deducción similar de la fórmula de Planck (*ZS. f. Elektrochem.* 20, 269, 1914). Sin embargo, Bernoulli basó su resultado en dos fórmulas erróneas [4) y 5) de este trabajo].

33

químico de una molécula pierden su principal diferencia. El cambio de tipo cuántico del estado físico de una molécula parece no ser diferente en principio del cambio químico. Pero cabe ir incluso más lejos. Las leyes del movimiento browniano han llevado a desdibujar la diferencia principal entre una molécula y un sistema físico de extensión cualquiera; por otra parte, Debye ha probado que sistemas físicos de cualquier extensión se pueden describir con gran éxito mediante diferentes estados teórico-cuánticos. Incluso el cambio de estado de tipo cuántico de un sistema extenso se puede entender de forma análoga al cambio químico de una molécula. En este sentido, las ecuaciones (1) y (2) se pueden aplicar resueltamente a las vibraciones propias de sistemas de cualquier extensión.

Supongamos además que la componente de energía de resonador ε_σ de la mezcla esté separada de las otras. Nuestra deducción se basa en el supuesto de que esto es posible, en principio, sin que cambie la energía de resonador. Esta hipótesis es análoga a la de la teoría del equilibrio químico, es decir, que una mezcla química se puede separar en sus constituyentes elementales sin que tengan lugar reacciones químicas. Supongamos ahora que la temperatura de la componente aislada cambia mientras que la energía de resonador ε_σ permanece constante. Hasta qué punto es posible esto en la práctica depende de la "velocidad de reacción" con la que las moléculas cambian su ε . La componente puede enfriarse arbitrariamente sin pérdida de la energía ε_σ si esta velocidad es suficientemente pequeña. En ese caso tenemos una estructura similar a la radiactiva. Sin embargo, para una primera comprensión de los fenómenos radiactivos del diamagnetismo no es necesario suponer la existencia de una energía de punto cero en el sentido de Planck. Basta con suponer la existencia de una energía dividida de tipo cuántico que alcanza su equilibrio térmico con suficiente lentitud.

Por otra parte, esta deducción es también útil para una mejor comprensión del teorema de Nernst, como se concluye del hecho de que la deducción de la fórmula de Planck exigía la hipótesis 1. Para entender mejor esta conexión

34

intentaremos extender nuestro análisis a estructuras de más de un grado de libertad. ¿Cómo habría que razonar si el resonador de energía ε_σ tuviera dos grados de libertad? En la deducción de (1) era completamente irrelevante cómo estaba constituida la estructura de la energía ε_σ ; todavía hay que mantener, por tanto, esta ecuación. De forma similar se puede mantener la hipótesis 2. Si nos basamos también en la hipótesis 1, obtenemos de nuevo la ecuación (2) para la energía media, es decir, sólo la mitad de la que es correcta para el resonador bidimensional. Para obtener el resultado correcto aquí, ya no se puede seguir considerando iguales las constantes de entropía de las componentes de la mezcla caracterizadas por diferentes ε_σ .

Esto se entiende inmediatamente si sustituimos el resonador monocromático de dos grados de libertad por dos resonadores de un grado de libertad cada uno. La energía de resonador $\varepsilon_{\sigma\tau}$ hay que tomarla entonces como:

$$\varepsilon_{\sigma\tau} = (\sigma + \tau)\, h\nu \,.$$

Obtenemos el valor correcto de la energía media si seguimos suponiendo que los dos tipos de moléculas σ , τ y σ', τ' son separables –a menos que $\sigma = \sigma'$ y $\tau = \tau'$ – y si las componentes de la mezcla satisfacen la hipótesis 1. Se obtiene entonces:

$$\frac{n_{\sigma\tau}}{n_{00}} = e^{-\frac{\varepsilon_{\sigma\tau}-\varepsilon_{00}}{RT}}$$

$$\bar{\varepsilon} = RT^2 \frac{d}{dT}\left\{ \lg \sum_\sigma \sum_\tau e^{-\frac{(\sigma+\tau)h\nu}{RT}} \right\} = 2N \frac{h\nu}{e^{\frac{h\nu}{KT}} - 1} \,. \qquad (2a)$$

Que la hipótesis 1, como equivalente al teorema de Nernst, no hay que usarla como fundamento si el portador de energía ε_σ tiene dos grados de libertad y si el estado de la molécula está caracterizado únicamente por la energía ε_σ (con independencia de hasta qué punto esta energía esté distribuida entre los grados de libertad), está probablemente relacionado con lo siguiente: *La hipótesis es aceptable si y sólo si el estado de la molécula –representada por el índice σ en (3)– está caracterizado por completo por estándares teórico-cuánticos de modo que sólo pueda realizarse en un*

35

sentido. En este caso, la ley de distribución correcta es:

$$\frac{n_\sigma}{n_0} = e^{-\frac{\varepsilon_\sigma - \varepsilon_0}{RT}}. \qquad (1a)$$

Si nos limitamos al caso de que sólo existan posibilidades discretas de realización del "estado interno" de la molécula, a la que se refiere ε_σ, tenemos entonces que sujetarnos a (1a), en el supuesto de que se elija para cada posibilidad de realización un índice separado (o un sistema de índices separado). Con esta limitación, (1) sigue siendo válido no sólo para una "molécula" en el sentido ordinario, sino también para un sistema físico considerado en el sentido teórico-cuántico de Jeans-Debye. De esta forma estamos seguros de quedar dentro de los límites de la teoría cuántica comprobada experimentalmente.

La energía ε_σ está referida a la molécula-gramo. La magnitud $\frac{\varepsilon_\sigma}{N} = \varepsilon^*_\sigma$ de una molécula individual se seguirá introduciendo si la "molécula" es un sistema que debe considerarse una estructura única accesible a la experiencia. En este caso hay que poner:

$$\frac{n_\sigma}{n_0} = \omega_\sigma = \exp\left[-N\frac{\varepsilon^*_\sigma - \varepsilon^*_0}{RT}\right]. \qquad (1b)$$

§ 2. *Entropía. Teorema de Nernst*

Pensemos ahora en un sistema físico que juegue el papel de la "molécula" de la sección precedente. A este fin es necesario imaginar que el sistema no está aislado, sino ligado a un reservorio de calor infinitamente grande. Supondremos que el sistema está determinado termodinámicamente por la temperatura y un parámetro λ (por ejemplo, el volumen), o por varios parámetros. Los posibles estados del sistema y, por lo tanto, sus valores de energía realizables ε^*_σ dependerán entonces de los valores del parámetro λ. Si λ es constante, habrá que aceptar la validez de la ecuación (3b). La energía media del sistema está entonces dada por

$$\overline{\varepsilon^*} = \frac{\sum \varepsilon^*_\sigma \omega_\sigma}{\sum \omega_\sigma} = \frac{\sum \varepsilon^*_\sigma \exp\left[-\frac{N\varepsilon^*_\sigma}{RT}\right]}{\sum \exp\left[-\frac{N\varepsilon^*_\sigma}{RT}\right]} = \frac{R}{N}T^2\frac{d}{dT}\lg\left\{\sum \exp\left[-\frac{N\varepsilon^*_\sigma}{RT}\right]\right\}. \qquad (3)$$

36

Se deduce de aquí la entropía a λ constante como función de T:

$$S - S_0 = \int_{T_0}^{T} \frac{d\overline{\varepsilon^*}}{T} = \left|\frac{\overline{\varepsilon^*}}{T}\right|_{T_0}^{T} + \int_{T_0}^{T} \frac{\overline{\varepsilon^*}}{T^2}dT,$$

o, con una elección adecuada del valor de S_0:

$$S = \frac{\overline{\varepsilon^*}}{T} + \frac{R}{N}\lg\left\{\sum e^{-\frac{N\varepsilon^*_\sigma}{RT}}\right\}. \qquad (4)$$

Si el sistema tiene un gran número de grados de libertad, (1b) implica, en forma bien conocida, que sólo hay que considerar aquellos estados del sistema que corresponden a un rango pequeño de ε^*_σ. Al evaluar la suma de (4) podemos constreñirnos a este estrecho rango dentro del cual ε_ω es constante. Se obtiene entonces:

$$S = \frac{R}{N} \lg Z \,, \qquad \text{(4a)}$$

Donde Z es el número de estados elementales posibles en teoría cuántica y $\overline{\varepsilon^*}$ el valor de energía asociado a Z.[1]) La ecuación (4a) expresa el principio de Boltzmann en la formulación de Boltzmann-Planck.

Hasta ahora sólo hemos considerado cambios de estado con λ constante. Surge de aquí la cuestión de si (4a) sigue siendo o no válida en cambios de estado en el sistema cuando λ cambia. Esta cuestión no se puede responder sin hacer hipótesis especiales. La hipótesis más natural que se ofrece es la hipótesis adiabática de Ehrenfest, que puede formularse así:

Con cambios adiabáticos reversibles de λ, cualquier estado posible desde el punto de vista teórico-cuántico cambia a otro estado posible.

Una consecuencia de esta hipótesis es que el número Z de realizaciones teórico-cuánticas posibles no cambia durante los procesos adiabáticos. Como vale lo mismo para S, tenemos que concluir,

[1]) Esto es equivalente a una transición de un conjunto “canónico” a uno “micro-canónico”.

37

de la hipótesis adiabática de Ehrenfest (que es una generalización natural de la ley de desplazamiento de Wien), que el principio de Boltzmann de la fórmula (4a) tiene validez general. *La entropía de un sistema tiene, por tanto, para todos los estados (definidos termodinámicamente) de un sistema –en el supuesto de que sean realizables desde le punto de vista teórico-cuántico en el mismo número de formas– el mismo valor.*

Nos preguntamos ahora si cabe esperar algo respecto al rango de validez del teorema de Nernst. Supongamos que haya un sistema físico en el cero absoluto en dos estados A_1 y A_2 definidos termodinámicamente. Podemos comparar los valores de entropía de estos estados si podemos encontrar el número z de realizaciones teórico-cuánticas posibles del sistema.

Podemos considerar que el estado del sistema en el cero absoluto, desde el punto de vista de la teoría cuántica y de la teoría molecular (esto es, en su micro-estado), está descrito por completo si están dadas las posiciones de los centros de gravedad de los átomos individuales que constituyen en sistema (se supone que los átomos están numerados). Z es entonces el número que dice cuántos de estos micro-estados son posibles sin que el sistema abandone su estado definido termodinámicamente.

Si todas las fases del sistema son químicamente homogéneas y están cristalizadas en retículas espaciales de modo que esté determinado en qué posiciones están situados los átomos de diversos tipos, entonces se puede cambiar de un micro-estado a otro, contenido en Z, sólo de tal forma que se intercambien posiciones de átomos del mismo tipo. Por el contrario, los estados generados por los intercambios de átomos de diferente tipo no se cuentan. Si el sistema está constituido por n_1 moléculas del primer tipo, n_2 del segundo, etc., Z tiene el valor:

$$Z = n_1! n_2! \ldots$$

Se sigue de aquí, teniendo en cuenta (4a), que la entropía tiene el mismo valor en todos estos estados. *Y, por lo tanto, se sigue la validez del teorema de Nernst en la formulación de Planck, esto es, para sustancias químicamente simples y cristalizadas.*

38

Sin embargo, si dos tipos de átomos forman una mezcla, no abandonamos el estado termodinámico del sistema si intercambiamos dos átomos de diferente tipo. Se obtiene entonces:

$$Z = (n_1 + n_2)!,$$

mientras que para sustancias en un estado no mezclado, sería correcto:

$$Z = n_1! n_2!.$$

Así pues, la igualdad de entropías en el cero absoluto no tiene validez en este caso. En vez de ello se obtiene para la diferencia de entropías entre las sustancias en un estado mezcla y en uno no mezclado el valor:

$$\frac{R}{N} \lg \frac{(n_1 + n_2)!}{n_1! n_2!},$$

valor que se reduce, por supuesto, a $2R\lg 2$, si $n_1 = n_2 = N$.

1915

JUNIO - SEPTIEMBRE

Albert Einstein. «***Antwort auf eine Abhandlung M. von Laues: Ein Satz der Wahrscheinlichkeitsrechnung und seine Anwendung auf die Strahlungstheorie***». *Annalen der Physik*, 4. Volge, Band 47 (1915), S. 879-885. (Registro de entrada: 24 de junio de 1915. Publicado: 3 de septiembre de 1915) [Recogido en *TCPAE*. Volume 6: The Berlin Years: Writings, 1914-1917. Doc. **18**. pp. 199-205 (GV); pp. 88-94 (EV)] [«Respuesta a un trabajo de M. von Laue: un teorema de cálculo de probabilidades y su aplicación a la teoría de la radiación» (Discusión sobre el tema homónimo de 1910)]

199

Respuesta a un trabajo de M. von Laue: un teorema de cálculo de probabilidades y su aplicación a la teoría de la radiación

En el citado artículo, Laue presenta el fundamento matemático de la estadística de la radiación en una forma que, en cuanto a precisión y belleza, no deja nada que desear. Sin embargo, en lo que atañe a la aplicación de estos fundamentos a la teoría de la radiación, me parece que ha caído víctima de un error crítico que exige urgente corrección. Laue exige que los coeficientes del desarrollo de Fourier, como sucede en las oscilaciones locales de la radiación natural, no necesitan ser estadísticamente independientes uno de otro. Si estuviera justificada esta exigencia, podríamos contar verdaderamente con un método muy prometedor para superar las dificultades que se ponen de manifiesto en la "indigeribilidad" teórica de todas las leyes en las que la "*h*" de Planck juega un papel importante. Esta fue precisamente la razón que me impulsó hace cinco años a investigar este asunto con más detalle en un artículo que escribí con L. Hopf.

El resultado de este artículo, desarrollado de modo no del todo impecable, es reconocido por Laue como una conclusión correcta de los supuestos básicos que se hacen en él. Lo que Laue rechaza es la aceptabilidad de estos supuestos básicos, que pueden formularse como sigue:

Si obtengo una radiación completamente desordenada (esto es, coeficientes de Fourier mutuamente independientes estadísticamente) superponiendo un número infinito de radiaciones absolutamente idénticas, de modo que las fases totales de este conglomerado sobrepuesto estén elegidas al azar, entonces la radiación natural tiene que ser a fortiori estadísticamente desordenada.

Este supuesto básico me parece a mí evidente. Sin embargo, que un experto experimentado,

200

como Laue, no comparta esta opinión demuestra lo contrario. Así que daré en lo que sigue una demostración, libre de dicho supuesto y que –espero– probará irrefutablemente que nuestra teoría ondulatoria exige sin ninguna duda la independencia estadística mutua de los coeficientes de Fourier. No obstante, antes de entrar en esta demostración, mostraré por qué las consideraciones de las partes II y II del artículo de Laue no son, en mi opinión, una prueba convincente.

Laue considera la radiación procedente de un gran número de resonadores que emiten perpendicularmente a una capa (de espesor $c\tau$), sobre la que están irregularmente distribuidos. En la parte II de su artículo supone que todos estos resonadores oscilan simultáneamente y según la misma ley; y en la parte III, que las oscilaciones de todos los resonadores están gobernadas por la misma ley estadística, que se supone dada. En ambos casos, no se sigue la independencia estadística de los coeficientes de Fourier en el desarrollo de la radiación resultante. A partir de aquí no cabría deducir –en mi opinión– que sea admisible la hipótesis de que esta independencia no existe tampoco en la *radiación natural*. Después de todo, no se ha probado que el grado de desorden de esta distribución irregular de resonadores en una capa de espesor $c\tau$ tenga que ser el mismo que el que se encuentra en la radiación natural.

El recelo se acentúa al ver en los cálculos de Laue que el grado de dependencia estadística de dos términos en el desarrollo de la radiación resultante caracterizado por los índices p y p' está determinado por un término:

$$\frac{\pi(p - p')\tau}{T},$$

esto es, por *una cantidad que depende del espesor de la capa*. Pero una dependencia estadística de este tipo en la radiación natural –si pudiera encontrarse allí esa dependencia– no tendría nada que ver con el método de generación de la radiación que consideramos aquí.

Así pues, en mi opinión, ninguno de los casos considerados por Laue es equivalente al desorden que se encuentra en la radiación natural,

201

y sus resultados no permiten concluir nada en lo que a la radiación natural respecta. Ratifico, en consecuencia, mi exigencia previa e intentaré sustentarla con una nueva demostración que haga uso de los teoremas de probabilidad que Laue ha ideado en este trabajo.

§ 1. *Propiedades estadísticas de la radiación desarrolladas por superposición de una infinidad de radiaciones generadas de forma mutuamente independiente*

Cada uno de los componentes de la radiación que se considera estarán representados en el intervalo de 0 a T por un desarrollo de Fourier de la forma

$$\sum_n a_n^{(\nu)} \cos 2\pi\, n\frac{t}{T} + b_n^{(\nu)} \sin 2\pi\, n\frac{t}{T}, \tag{1}$$

donde los coeficientes satisfacen la ley de probabilidad

$$dW = f^{(\nu)}(a_1^{(\nu)} \dots a_z^{(\nu)} \dots, b_1^{(\nu)} \dots b_z^{(\nu)})\, da_1^{(\nu)} \dots db_z^{(\nu)} \dots, \tag{2}$$

ley que puede ser diferente para cada componente de radiación (ν). Además, la ley puede ser tal que

$$\left.\begin{aligned} \overline{a_n^{\nu}} &= \int a_n^{\nu} f^{(\nu)} da_1^{(\nu)} \dots db_z^{(\nu)} = 0 \\ \overline{b^{\nu}} &= \int b_n^{\nu} f^{(\nu)} da_1^{(\nu)} \dots db_z^{(\nu)} = 0 \end{aligned}\right\} . \tag{3}$$

La radiación resultante está dada en el intervalo de tiempo de 0 a T por la expresión

$$\left.\begin{aligned} &\sum_n A_n \cos 2\pi n\frac{t}{T} + B_b \sin 2\pi n\frac{t}{T} \\ &= \sum_\nu \sum_n \left(a_n^{(\nu)} \cos 2\pi n\frac{t}{T} + b_n^{(\nu)} \sin 2\pi n\frac{t}{T} \right) \end{aligned}\right\} \tag{4}$$

de donde se sigue la validez de las relaciones

$$\left.\begin{aligned} A_n &= \sum_\nu a_n^{(\nu)} \\ B_n &= \sum_\nu b_n^{(\nu)} \end{aligned}\right\} . \tag{5}$$

¿Qué ley estadística se sigue ahora para los coeficientes de Fourier $A_1 \dots B_z$?

202

Haciendo uso de consideraciones por completo análogas a las de la parte I del artículo de Laue, se encuentra que la ley estadística que estamos buscando es como sigue:

$$dW = cte \cdot \left(\exp\left[-\sum_{mn} (\alpha_{mn} A_m A_n + \beta_{mn} B_m B_n + 2\gamma_{mn} A_m B_n) \right] \right) dA_1 \dots dB_z \,. \tag{6}$$

A partir de esta relación puede verse que la superposición de infinitos componentes de radiación no garantiza en absoluto la independencia estadística de los coeficientes de Fourier. Sin embargo, la ley (6) permite todavía reducir la cuestión de la independencia estadística de los coeficientes de Fourier a otra más sencilla. La independencia estadística se satisface si y sólo si el exponente de la función exponencial contiene sólo los cuadrados de las A_m y B_n, y que, en cambio, no tenga que satisfacerse ningún producto de estas cantidades, por ejemplo:

$$\left.\begin{array}{l}\alpha_{mn} = \beta_{mn} = 0 \quad \text{para } m \neq n \\ \gamma_{\mu\nu} = 0\end{array}\right\} . \tag{7}$$

Está claro, además, debido a (3) y (5), que bajo dependencia estadística tienen que obtenerse las relaciones

$$\left.\begin{array}{l}\overline{A_m A_n} = \overline{B_m B_n} = 0 \quad \text{para } m \neq n \\ \overline{A_m B_n} = 0\end{array}\right\} . \tag{7a}$$

El número de condiciones (7a) es igual al número de condiciones (7), y todas las condiciones (7a) son mutuamente independientes. Se sigue, por tanto, que con la validez de (6) las condiciones (7a) son *suficientes* para garantizar la independencia estadística de los coeficientes de Fourier.

Conseguimos de este modo el siguiente resultado preliminar: Como tenemos que admitir, para la radiación natural, que sus propiedades estadísticas no cambian por superposición de radiaciones parciales incoherentes, puede verse que las ecuaciones (7a) son condiciones suficientes para la radiación natural para asegurar la independencia estadística de sus coeficientes de Fourier.

§ 2. *Demostración de la independencia estadística de los coeficientes de Fourier de la radiación natural*

Supongamos que $F(t)$ es una componente del vector radiación de radiación natural estacionaria, dada para un periodo de tiempo infinito. T es un lapso de tiempo grande si se compara

203

con el periodo de oscilación de la longitud de onda más larga de la radiación. $F(t)$ hay que representarla entre t_0 y t_0+T por la serie de Fourier:

$$\sum_n \left(A_n \cos 2\pi n \frac{t-t_0}{T} + B_n \sin 2\pi n \frac{t-t_0}{T} \right) . \tag{4a}$$

Los coeficientes de Fourier A_n, B_n, de $F(t)$ dependerán obviamente de la elección del instante t_0. Suponiendo que el desarrollo se lleva a cabo para muchos t_0 seleccionados arbitrariamente, obtenemos datos estadísticos para la deducción de las propiedades estadísticas de los coeficientes A_n, B_n que tenemos que exigir necesariamente en la radiación natural.

Para deducir estas propiedades, desarrollamos en primer lugar $F(t)$ en serie de Fourier entre los tiempos 0 y θ, donde θ es muy grande comparado con T. Para este intervalo de tiempo, será

$$F(t) = \sum_\nu \alpha_\nu \cos(2\pi\nu \frac{t}{\theta} + \phi_n) . \tag{8}$$

Los coeficientes A_n y B_n se pueden expresar con t_0 y los coeficientes α_ν y ϕ_ν del desarrollo (8) si se elige t_0 entre $t = 0$ y $t = \theta - T$. Se obtiene a continuación

$$\left.\begin{aligned} A_n &= \frac{2}{T}\sum_{\nu}\left\{\int_{t_0}^{t_0+T}\alpha_\nu\cos\left(2\pi\nu\frac{t}{\theta}+\phi_\nu\right)\cos\left(2\pi n\frac{t-t_0}{T}\right)dt\right\} \\ B_n &= \frac{2}{T}\sum_{\nu}\left\{\int_{t_0}^{t_0+T}\alpha_\nu\cos\left(2\pi\nu\frac{t}{\theta}+\phi_\nu\right)\sin\left(2\pi n\frac{t-t_0}{T}\right)dt\right\} \end{aligned}\right\}. \qquad (9)$$

Tras llevar a cabo esta integración y despreciar, en la forma sabida, términos con el factor $\frac{1}{\pi(\nu/\theta+n/T)}$ frente a aquellos que tienen el factor $\frac{1}{\pi(\nu/\theta-n/T)}$, se obtiene

$$\left.\begin{aligned} A_n &= \sum_{\nu}\alpha_\nu\frac{\sin\pi\left(\nu\frac{T}{\theta}-n\right)\cos\left(\chi_{\nu n}+2\pi\nu\frac{t_0}{\theta}\right)}{\pi\left(\nu\frac{T}{\theta}-n\right)} \\ B_n &= -\sum_{\nu}\alpha_\nu\frac{\sin\pi\left(\nu\frac{T}{\theta}-n\right)\cos\left(\chi_{\nu n}+2\pi\nu\frac{t_0}{\theta}\right)}{\pi\left(\nu\frac{T}{\theta}-n\right)} \end{aligned}\right\} \qquad (10)$$

204

donde

$$\chi_{\nu n}=\pi\left(\nu\frac{T}{\theta}+n\right)+\phi_\nu .$$

Las fórmulas (10) sólo son válidas para valores de t_0 comprendidos entre $t_0=0$ y $t_0=\theta-T$, ya que, debido a (8), el desarrollo se aplica sólo al intervalo de tiempo $0-\theta$. Sin embargo nos permitimos aplicar la fórmula (8) al intervalo $0-(\theta+T)$. Actuando así sustituimos la función $F(t)$ entre los valores de tiempo θ y $\theta+T$ con los valores de $F(t)$ entre 0 y T. Este procedimiento falseará nuestra consideración de los valores medios, pero sólo en cantidades infinitesimales, ya que el intervalo de tiempo T es infinitesimal respecto a θ. Avanzando a partir de esta observación, utilizaremos las ecuaciones (19) como si fuesen válidas en el intervalo entero $0<t_0<\theta$.

Con ayuda de (10) formamos el valor medio $\overline{A_m A_n}$, esto es, la cantidad

$$\overline{A_m A_n}=\frac{1}{\theta}\int_0^\theta A_m A_n dt \cdot$$

Durante este proceso, se da la integral

$$\int_0^\theta \cos\left(\chi_{\mu m}+2\pi\mu\frac{t_0}{\theta}\right)\cos\left(\chi_{\nu n}+2\pi\nu\frac{t_0}{\theta}\right)dt_0 ,$$

pero se anula con los enteros μ y ν cuando $\mu\neq\nu$, y para $\mu=\nu$ tiene el valor $\frac{\theta}{2}(-1)^{m-n}$.

Teniendo en cuenta esto, la primera ecuación (10) proporciona

$$\overline{A_m A_n} = \frac{(-1)^{m-n}}{2}\sum_\nu \alpha_\nu^2 \frac{\sin\pi\left(\nu\frac{T}{\theta}-m\right)\sin\pi\left(\nu\frac{T}{\theta}-n\right)}{\pi^2\left(\nu\frac{T}{\theta}-m\right)\left(\nu\frac{T}{\theta}-n\right)}$$

$$= \frac{1}{2}\sum \alpha_\nu^2 \frac{\sin^2\pi\nu\frac{T}{\theta}}{\pi^2\left(\nu\frac{T}{\theta}-m\right)\left(\nu\frac{T}{\theta}-n\right)}. \qquad (11)$$

A priori, es obvio que una dependencia estadística entre componentes de radiación sólo cabe esperarla entre frecuencias próximas; m y n caen, por tanto, en el mismo estrecho rango espectral, y lo mismo rige para aquellos valores ν que contribuyen sustancialmente a nuestra suma.

205

El cociente del segundo miembro de (11) cambia sólo lentamente con ν, ya que T/θ es una cantidad pequeña. Se puede, por tanto, promediar sobre muchos términos secuenciales con respecto a α_ν^2 sin error apreciable, y el valor medio $\overline{\alpha_\nu^2}$ puede considerarse como constante frente a la suma, ya que ésta se extiende sólo en un rango espectral estrecho. La suma sobre los cocientes puede transformarse entonces en una integral y se obtiene:

$$\overline{A_m A_n} = \frac{1}{2}\overline{\alpha_\nu^2}\frac{\theta}{\pi T}\int\frac{\sin^2 x}{(x-m\pi)(x-n\pi)}dx. \qquad (12)$$

En vez de tomar la integral entre los extremos del antedicho rango espectral, se puede tomar sin error apreciable entre $-\infty$ y $+\infty$.

La integral tiene el valor π para $m = n$, pero se anula[1] siempre si $m \neq n$ (siendo m y n enteros). La anulación de $\overline{A_m A_n}$ se muestra al margen; pueden análogamente aportarse pruebas de la anulación de $\overline{B_m B_n}$ (para $m \neq n$). De la anulación de estos valores medios se sigue, de acuerdo con § 1, la independencia de los coeficientes de Fourier, como se ha exigido.

1) La integral es igual a

$$\frac{1}{(m-n)\pi}\left\{\int_{-\infty}^{+\infty}\frac{\sin^2 x}{x-m\pi}dx - \int_{-\infty}^{+\infty}\frac{\sin^2 x}{x-n\pi}dx\right\}.$$

Cada una de las dos últimas integrales es igual a

$$\int_{-\infty}^{+\infty}\frac{\sin^2 y}{y}dy = 0\cdot$$

Nota añadida en las pruebas de imprenta:

En vez de promediar sobre muchos términos secuenciales en la suma (11), para obtener su valor cabe basarse también en una infinidad de desarrollos (8) mutuamente independientes y promediar sobre estos. Esta formación del valor medio, aplicada a (11) lleva el valor medio $\overline{\alpha_\nu^2}$ delante del símbolo de la suma. El resultado final sigue siendo, por supuesto, el mismo.

(Registro de entrada: 24 de junio de 1915)

—

1916

JUNIO

Carta a Lorentz

17 de junio de 1916

No he rematado la teoría de la radiación de los sistemas materiales. Pero una cosa es clara: las dificultades de los cuantos afectan tanto a la nueva teoría de la gravitación como a la teoría de Maxwell.

[*TCPAE*. Vol. 8A. Doc. **226**]

JULIO

Albert Einstein. «***Strahlungs-emission und -absorption nach der Quantentheorie***». *Deutsche physikalische Gesellschaft, Verhandlungen*, vol. 18 (1916), pp. 318-323. (Registro de entrada: 17 de julio de 1916. Publicado el 30 de julio de 1916) [Recogido en *TCPAE*. Volume 6: The Berlin Years: Writings, 1914-1917. Doc. **34**. pp. 364-369 (GV); pp. 212-216 (EV)] [«Emisión y absorción de la radiación según la teoría cuántica»]

364

Emisión y absorción de la radiación según la teoría cuántica

Hace dieciséis años, cuando Planck creó la teoría cuántica deduciendo su fórmula de la radiación, hizo la siguiente aproximación. Calculó la energía media $\overline{E}$ de un resonador como función de la temperatura según sus principios básicos de teoría cuántica recién encontrados, y determinó a partir de aquí la densidad de radiación ρ como función de la frecuencia ν y de la temperatura. Lo llevó a cabo –basándose en consideraciones electromagnéticas– deduciendo una relación entre la densidad de radiación y la energía $\overline{E}$ del resonador:

$$\overline{E} = \frac{c^3 \rho}{8\pi\nu^2}. \qquad (1)$$

Esta deducción fue un atrevimiento sin precedentes, pero encontró brillante confirmación. No sólo se confirmó la fórmula de la radiación propiamente dicha y el valor calculado en ella del cuanto elemental, sino que también el valor de $\overline{E}$, calculado mediante la teoría cuántica, fue confirmado por posteriores investigaciones sobre el calor específico. De esta forma, la ecuación (1), hallada originalmente por razonamientos electromagnéticos, se confirmó también. Sin embargo, seguía siendo insatisfactorio el hecho de que el análisis electromagnético-mecánico, que condujo a (1), es incompatible con la teoría cuántica, y no sorprende que el propio Planck y todos los teóricos que trabajan este tópico intentasen incesantemente modificar la teoría para basarla en fundamentos no contradictorios.

Como la teoría de los espectros de Bohr ha logrado grandes éxitos, ya no parece haber duda de que la idea básica de la teoría cuántica tiene que mantenerse. Parece que la uniformidad de la teoría tiene que establecerse de modo que las consideraciones electromagnético-mecánicas que condujeron a Planck a la ecuación (1) deben sustituirse por reflexiones teórico-cuánticas sobre la interacción entre

365

materia y radiación. En este empeño me siento impulsado por la consideración siguiente, atractiva tanto por su sencillez como por su generalidad.

§ 1. *El resonador de Planck en un campo de radiación*

El comportamiento de un resonador monocromático en un campo de radiación, según la teoría clásica, puede entenderse fácilmente si se recuerda el modo de tratamiento que se utilizó en primer lugar en la teoría del movimiento browniano. Sea E la energía del resonador en un momento dado de tiempo; preguntamos por la energía después de que haya transcurrido un tiempo τ. Se supone aquí que τ es grande comparado con el periodo de oscilación del resonador, pero lo suficientemente pequeño como para que el cambio porcentual de E durante τ pueda considerarse infinitamente pequeño. Se pueden distinguir dos tipos de cambio. De entrada, el cambio

$$\Delta_1 E = -AE\tau$$

efectuado por emisión; en segundo lugar, el cambio $\Delta_2 E$ generado por el trabajo realizado por el campo eléctrico sobre el resonador. Este segundo cambio crece con la densidad de radiación y tiene un valor al azar y un signo al azar. Una consideración estadística electromagnética proporciona la relación de valor medio

$$\overline{\Delta_2 E} = B\rho\tau \; .$$

Las constantes A y B pueden calcularse en la forma conocida. Llamemos $\Delta_1 E$ al cambio de energía debido a la radiación emitida y $\Delta_2 E$ al cambio de energía debido a la radiación incidente. Como el valor medio de E, tomado sobre muchos resonadores, se supone que es independiente del tiempo, tiene que ser

$$\overline{E + \Delta_1 E + \Delta_2 E} = \overline{E}$$

o

$$\overline{E} = \frac{B}{A}\rho \, .$$

Se obtiene la relación (1) si se calculan B y A para el resonador monocromático en la forma conocida con ayuda del electromagnetismo y de la mecánica.

Emprenderemos ahora las correspondientes consideraciones, pero sobre una base teórico-cuántica y sin suposiciones particulares

366

sobre la interacción entre la radiación y esas estructuras a las que llamaremos "moléculas".

§ 2. *Teoría cuántica de la radiación*

Consideremos un gas de moléculas idénticas que están en equilibrio estático con la radiación térmica. Supongamos que cada molécula es capaz de adoptar sólo una secuencia discreta de estados Z_1, Z_2, etc., con valores de energía $\varepsilon_1, \varepsilon_2$, respectivamente. Se sigue entonces, en la forma conocida y en analogía con la mecánica estadística, que la probabilidad W_n del estado Z_n (o número relativo de moléculas que estaban en el estado Z_n) está dada por

$$W_n = p_n e^{\frac{-\varepsilon_n}{KT}} \qquad (2)$$

donde *K* es la conocida constante de Boltzmann. p_n es el "peso estadístico del estado Z_n, esto es, una constante característica del estado cuántico de la molécula pero independiente de la temperatura del gas *T*.

Supongamos ahora que una molécula puede ir del estado Z_n al estado Z_m absorbiendo radiación de la frecuencia específica $\nu = \nu_{nm}$; y de la misma manera, del estado Z_m al estado Z_n emitiendo esa radiación. La energía de radiación implicada es $\varepsilon_m - \varepsilon_n$. En general, esto es posible para cualquier combinación de dos índices *m* y *n*. Con respecto a cualquiera de estos procesos elementales tiene que existir un equilibrio estadístico en el equilibrio térmico. Por lo tanto, podemos limitarnos a un único proceso elemental correspondiente a un par definido de índices (*n*, *m*).

En el equilibrio térmico, tantas cuantas moléculas cambien por unidad de tiempo del estado Z_n al estado Z_m al absorber radiación, tantas pasarán del estado Z_m al Z_n con emisión de radiación. Estableceremos hipótesis sencillas respecto a estas transiciones en las que nuestro principio rector es el caso restrictivo de la teoría clásica, tal como se ha bosquejado brevemente antes.

Distinguiremos aquí también dos tipos de transiciones:

367

a) *Emisión de radiación.* Será una transición desde el estado Z_m al estado Z_n con emisión de la energía de radiación $\varepsilon_m - \varepsilon_n$. Esta transición tendrá lugar sin influencia externa. Difícilmente cabe imaginar que se trate de algo que no sea similar a las reacciones radiactivas. El número de transiciones por unidad de tiempo se escribirá

$$A_m^n N_m,$$

donde A_m^n es una constante característica de la combinación de los estados Z_m y Z_n, y N_m es el número de moléculas en el estado Z_m.

b) *Índice de radiación.* El índice está determinado por la radiación en la que está radicada la molécula; lo supondremos proporcional a la densidad de energía ρ de la frecuencia eficaz. En el caso del resonador puede originar tanto una pérdida de energía como un incremento de energía; es decir, en nuestro caso, puede originar tanto una transición $Z_n \rightarrow Z_m$ como una transición $Z_m \rightarrow Z_n$. El número de transiciones $Z_n \rightarrow Z_m$ por unidad de tiempo es entonces

$$B_n^m N_n \rho,$$

y el número de transiciones $Z_m \rightarrow Z_n$ se expresará

$$B_m^n N_m \rho,$$

donde B_n^m, B_m^n son constantes relacionadas con la combinación de estados Z_n, Z_m.

Como condición para el equilibrio estadístico entre las reacciones $Z_n \rightarrow Z_m$ y $Z_m \rightarrow Z_n$, se encuentra, por tanto, la ecuación

$$A_m^n N_m + B_m^n N_m \rho = B_n^m N_n \rho \,. \tag{3}$$

Por otra parte, la ecuación (2) proporciona

$$\frac{N_n}{N_m} = \frac{p_n}{p_m} \exp\left[\frac{\varepsilon_m - \varepsilon_n}{KT}\right]. \tag{4}$$

De (3) y (4) se sigue

$$A_m^n p_m = \rho(B_n^m p_n e^{\frac{\varepsilon_m - \varepsilon_n}{KT}} - B_m^n p_m)\,. \tag{5}$$

ρ es la densidad de radiación de la frecuencia que se emite con la transición $Z_n \rightarrow Z_m$ y se absorbe con $Z_m \rightarrow Z_n$. Nuestra ecuación muestra

368

la relación entre T y ρ a esta frecuencia. Si postulamos que ρ debe tender a infinito cuando T crece, tenemos necesariamente

$$B_n^m p_n = B_m^n p_m \,. \tag{6}$$

Si se introduce la abreviatura

$$\frac{A_m^n}{B_m} = \alpha_{mn}, \tag{7}$$

se obtiene

$$\rho = \frac{\alpha_{mn}}{e^{\frac{\varepsilon_m - \varepsilon_n}{KT}} - 1}\,. \tag{5a}$$

Esta es la relación de Planck entre ρ y T, con las constantes sin determinar. Las constantes A_m^n y B_m^n podrían calcularse directamente si dispusiéramos de una versión modificada de la electrodinámica y de la mecánica que estuviese en conformidad con la hipótesis cuántica.

Que ρ tenga que ser una función universal de T y ν implica que α_{mn} y $\varepsilon_m - \varepsilon_n$ no pueden depender de la constitución particular de la molécula, sino sólo de la frecuencia eficaz ν. De la ley de Wien se sigue además que α_{mn} tiene que ser proporcional a la tercera potencia, y $\varepsilon_m - \varepsilon_n$ a la primera potencia de ν. En consecuencia, se tiene

$$\varepsilon_m - \varepsilon_n = h\nu\,, \tag{8}$$

donde h es una constante.

Aunque las tres hipótesis que atañen a la emisión y al índice de radiación conducen a la fórmula de la radiación de Planck, reconozco, desde luego, que eso no las eleva a la categoría de resultados confirmados. Pero la simplicidad de la hipótesis, la generalidad con la que con tanta soltura puede realizarse el análisis y la vinculación natural con el oscilador lineal de Planck (como caso límite de la electrodinámica y de la mecánica clásicas) parece hacer altamente probable que estamos ante rasgos básicos de una futura representación teórica. La ley estadística de emisión postulada no es otra cosa que la ley de Rutherford de desintegración radiactiva, y la ley que expresa (8), junto con (5a), es idéntica a la segunda hipótesis básica de la teoría de los espectros de Bohr, lo que habla también a favor de la hipótesis expuesta aquí.

§ 3. *Observación respecto a la ley de equivalencia fotoquímica*

La ley de equivalencia fotoquímica encaja con nuestra línea de pensamiento en la forma siguiente. Supongamos un gas a tan baja temperatura que la radiación térmica de frecuencia ν, que lleva del estado Z_m al estado Z_n, prácticamente no tiene lugar.

Según (2) y (5a), el estado Z_m será muy improbable frente al estado Z_n, de modo que supondremos que casi todas las moléculas del gas están en el estado Z_n. Al margen del proceso $Z_m \to Z_n$ considerado antes, supongamos que la molécula que está en el estado Z_m tiene también capacidad para realizar otro proceso "químico" elemental, por ejemplo, disociación monomolecular. Supongamos además que la velocidad de reacción de esta disociación es grande comparada con el ritmo de incidencia de la reacción $Z_m \to Z_n$.

¿Qué sucederá ahora si irradiamos el gas con la frecuencia eficaz? Al absorber radiación de energía $\varepsilon_m - \varepsilon_n = h\nu$, las moléculas pasarán constantemente del estado Z_n al estado Z_m. Sólo una pequeña fracción de esas moléculas regresarán al estado Z_n por emisión o absorción. Con mucho, la mayor parte sufrirá disociación química, como corresponde a la mayor velocidad de reacción de este proceso que hemos postulado. Esto significa que, por molécula que se disocie, encontraremos que prácticamente se ha absorbido la energía de radiación $h\nu$, tal como exige la ley de equivalencia.

La esencia de esta interpretación es que se consigue la disociación molecular por absorción de luz a través del estado cuántico Z_m, pero no directamente sin este estado intermedio. En consecuencia, no es necesario distinguir entre una absorción de radiación químicamente eficaz y una ineficaz. La absorción de luz y el proceso químico parecen ser procesos independientes.

AGOSTO

Carta de Einstein a Besso

Berlín, 11 de agosto de 1916

He tenido una iluminación respecto a la absorción y la emisión. Una demostración extrañamente simple, yo diría que *la* demostración misma de la fórmula de Planck. Todo enteramente cuántico. Estoy escribiendo el artículo.

[*TCPAE*. Vol. 8. Part A. Doc. **250** (p. 329, G.V.)]

Poco después, una segunda carta:

Carta de Einstein a Besso

Berlín-Wilmersdorf, 24 de agosto de 1916

Te he enviado hace ya tiempo mis trabajos sobre gravitación y sobre la fórmula de Planck. El segundo te gustará. El desarrollo es puramente cuántico y proporciona la fórmula de Planck.

Prosiguiéndolo, se puede mostrar de forma convincente que los procesos elementales de la emisión y la absorción son procesos dirigidos. Basta examinar el movimiento (browniano) de una molécula (según el desarrollo hallado) en el dominio de la emisión luminosa. Y esta demostración, que aparece en el folleto de la *Zürcher Phys. Ges.* en homenaje a Kleiner, se hace igualmente sin ningún razonamiento relevante de la teoría ondulatoria.

[*TCPAE*. Vol 8. Part A. Doc. **251**. (p. 330, G.V.)]

A. Einstein. «***Zur Quantentheorie der Strahlung***». (Publicado después del 24 de agosto de 1916 en: *Mitteilungen der Physikalische Gesellschaft* Zürich, 18 (1916): pp. 47-62.) [Recogido en *TCPAE*. Volume 6: The Berlin Years: Writings, 1914-1917. Doc. **38**, pp. 382-391 (GV).] [«Sobre la teoría cuántica de la radiación»] [El mismo trabajo fue recibido el 3 de marzo de 1917 y publicado el 15 de marzo de 1917 en: *Physikalische Zeitschrift* 18 (1917): pp. 121-128.]

47

Sobre la teoría cuántica de la radiación

La similitud formal entre la curva de distribución cromática de la radiación térmica y la ley de Maxwell de distribución de velocidades es demasiado sorprendente como para que haya podido permanecer oculta tanto tiempo. De hecho, esta analogía había ya llevado a W. Wien, en el importante trabajo teórico en el que dedujo la ley de desplazamiento

$$\rho = \nu^3 f\left(\frac{\nu}{T}\right), \tag{1}$$

a una determinación de mayor alcance de la fórmula de la radiación. Como es bien sabido obtuvo entonces la fórmula[1]:

$$\rho = \alpha \nu^3 e^{\frac{-h\nu}{kT}} \tag{2}$$

que todavía hoy se reconoce como la ley límite correcta para grandes valores de ν/T (fórmula de radiación de Wien). Hoy sabemos que ninguna consideración basada en la mecánica y la electrodinámica clásicas puede proporcionar una fórmula de radiación útil, sino que la teoría clásica conduce necesariamente a la fórmula de Rayleigh

$$\rho = \frac{k\alpha}{h}\nu^2 T \,. \tag{3}$$

Cuando luego Planck, en su investigación fundamental, basó su fórmula de la radiación

$$\rho = \alpha \nu^3 \frac{1}{e^{\frac{h\nu}{kT}} - 1} \tag{4}$$

en la suposición de elementos de energía discretos, a partir de la cual se desarrolló en rápida sucesión la teoría cuántica, la reflexión de Wien, que había conducido a la ecuación (2), volvió a caer en el olvido de forma natural.

Recientemente he encontrado una derivación de la fórmula de radiación de Planck, relacionada con la consideración original de Wien[1]) y que se basa en la premisa básica de la teoría cuántica,

[1]) *Verh. d. deutsche physikal. Gesellschaft*, nº 13/14, 1916, p. 318. Las consideraciones expuestas en el trabajo recién citado se repiten en el presente estudio.

48

en la que la relación de la curva de Maxwell con la curva de distribución cromática cobra todo su sentido. Esta derivación merece atención no sólo por su sencillez, sino sobre todo porque parece arrojar algo de luz sobre el proceso de emisión y absorción de radiación por la materia, que sigue siendo tan oscuro para nosotros. Tomando como base algunas hipótesis sobre la emisión y absorción de radiación por las moléculas que son obvias desde el punto de vista de la teoría cuántica, he probado que las moléculas con estados distribuidos en equilibrio de temperatura en el sentido de la teoría cuántica están en equilibrio dinámico con la radiación de Planck; de este modo manera se ha obtenido la fórmula de Planck (4) de una manera asombrosamente sencilla y general. Resultó de la condición de que la distribución de estados de energía interna de las moléculas requerida por la teoría cuántica debe producirse únicamente a través de la absorción y emisión de radiación.

Si las hipótesis introducidas sobre la interacción de la radiación y la materia son correctas, deben proporcionar algo más que la distribución estadística correcta de la energía *interna* de las moléculas. Cuando se absorbe y se emite radiación, también se transfiere *momento* a las moléculas; esto conduce a una determinada distribución de la velocidad de estas últimas por la mera interacción de la radiación y las moléculas. Evidentemente, ésta debe ser la misma que la distribución de velocidades que adoptan las moléculas bajo el único efecto de las colisiones mutuas, es decir, debe corresponder a la distribución de Maxwell. Se debe exigir que la energía cinética media que asume una molécula (por grado de libertad) en el campo de radiación de Planck de temperatura T sea igual a $kT/2$; esto debe aplicarse independientemente de la naturaleza de las moléculas consideradas e independientemente de las frecuencias absorbidas y emitidas por ellas. En este artículo queremos demostrar que este requisito de gran alcance se cumple de hecho en general; esto da un nuevo apoyo a nuestras sencillas hipótesis sobre los procesos elementales de emisión y absorción.

49

Sin embargo, para que surja este resultado, es necesario hacer ciertas adiciones a las hipótesis anteriores, que sólo se referían al intercambio de *energía*. Surge la pregunta: ¿recibe la molécula un impacto cuando absorbe o emite la energía ε? Desde el punto de vista de la electrodinámica clásica, consideremos, por ejemplo, la radiación. Si un cuerpo irradia la energía ε, recibe el retroceso (impulso) ε/c si toda la cantidad de radiación ε se irradia en la misma dirección. Sin embargo, si la radiación se emite mediante un proceso espacialmente simétrico, por ejemplo, ondas esféricas, no se produce ningún retroceso. Esta alternativa también desempeña un papel en la teoría cuántica de la radiación. Si una molécula absorbe la energía ε en forma de radiación durante la transición de un estado teórico-cuántico posible a otro, o si emite la energía en forma de radiación, entonces dicho proceso elemental puede considerarse como parcial o totalmente dirigido espacialmente o también como simétrico (no dirigido). *Ahora se puede ver que sólo podemos llegar a una teoría sin contradicciones si entendemos estos procesos elementales como procesos completamente orientados*; éste es el resultado principal de las siguientes consideraciones.

§ 1. Hipótesis básicas de la teoría cuántica. Distribución canónica de estados.

Según la teoría cuántica, una molécula de cierto tipo, aparte de su orientación y movimiento de traslación, sólo puede tener una serie discreta de estados $Z_1, Z_2 ... Z_n ...$ cuya energía (interna) sea $\varepsilon_1, \varepsilon_2 ... \varepsilon_n ...$ Si las moléculas de este tipo pertenecen a un gas de temperatura *T*, la frecuencia relativa W_n de estos estados Z_n viene dada por la fórmula correspondiente a la distribución canónica de estados de la mecánica estadística

$$W_n = p_n e^{\frac{-\varepsilon_n}{kT}}. \tag{5}$$

En esta fórmula, $k = R/N$ es la conocida constante de Boltzmann, p_n es un número característico de la molécula y del enésimo estado cuántico

50

de la misma, independiente de *T*, que puede describirse como el «peso» estadístico de este estado. La fórmula (5) puede derivarse del principio de Boltzmann o por medios puramente termodinámicos. La ecuación (5) es la expresión de la generalización más amplia de la ley de Maxwell de distribución de velocidades.

En cuanto a los principios de la teoría cuántica, los últimos avances se refieren a la determinación teórica de los estados teórico-cuánticos posibles Z_n y de sus pesos p_n. Para la presente investigación de principio no es imperativa una determinación más precisa de los estados cuánticos.

§ 2. Hipótesis sobre el intercambio de energía por radiación.

Sean Z_n y Z_m dos estados posibles de la molécula de gas en el sentido de la teoría cuántica, cuyas energías ε_n y ε_m satisfacen la desigualdad

$$\varepsilon_m > \varepsilon_n.$$

Supongamos que la molécula pueda pasar del estado Z_n al estado Z_m absorbiendo la energía radiante $\varepsilon_m - \varepsilon_n$; y, del mismo modo, supongamos posible una transición del estado Z_m al estado Z_n liberando esta energía radiante. Y supongamos que, en este proceso, sea ν la frecuencia de la radiación absorbida o emitida por la molécula para la combinación de índices (m, n) considerada.

Introduzcamos algunas hipótesis sobre las leyes que rigen esta transición, que se obtienen trasladando las condiciones conocidas para un resonador de Planck según la teoría clásica a las aún desconocidas de la teoría cuántica.

a) *Emisión espontánea de radiación* (*Ausstrahlung*). Según Hertz, un resonador de Planck que oscile irradia energía de manera conocida, independientemente de que esté excitado o no por un campo externo. En consecuencia, una molécula puede ser capaz de cambiar del estado Z_m al estado Z_n emitiendo la energía radiante $\varepsilon_m - \varepsilon_n$, de frecuencia v, sin ser excitada por causas externas. La probabilidad dW de que esto realmente tenga lugar en el elemento de tiempo dt es

$$dW = A_m^n dt\,, \tag{A}$$

51

donde A_m^n es una constante característica de la combinación de índices considerada.

La ley estadística supuesta corresponde a la de una reacción radiactiva y el proceso elemental supuesto a una reacción de este tipo en la que sólo se emiten rayos γ. No es necesario suponer que este proceso no lleva tiempo; este tiempo tiene únicamente que ser despreciable en comparación con los tiempos en los que la molécula se encuentra en los estados Z_1, etc.

b) *Radiación inducida* (*Einstrahlung*). Si un resonador de Planck se encuentra en un campo de radiación, la energía del resonador cambia porque el campo electromagnético de la radiación transfiere trabajo al resonador; este trabajo puede ser positivo o negativo dependiendo de las fases del resonador y del campo oscilante. En consecuencia, introducimos las siguientes hipótesis teórico-cuánticas. Bajo el efecto de la densidad de radiación ρ de frecuencia v, una molécula puede cambiar del estado Z_n al estado Z_m absorbiendo la energía de radiación $\varepsilon_m - \varepsilon_n$, según la ley de probabilidad

$$dW = B_n^m \rho\, dt \tag{B}$$

Del mismo modo, es posible una transición $Z_m \rightarrow Z_n$ bajo la influencia de la radiación, por la que se libera la energía de radiación $\varepsilon_m - \varepsilon_n$, según la ley de probabilidad

$$dW = B_m^n \rho\, dt\,. \tag{B'}$$

B_n^m y B_m^n son constantes. Llamamos a ambos procesos «cambios de estado por radiación inducida (*Einstrahlung*)».

La cuestión ahora es qué tipo de momento se transfiere a la molécula durante estos cambios de estado. Empecemos por los procesos de radiación inducida (*Einstahlung*). Si un haz de radiación procedente de una dirección determinada realiza un trabajo en un resonador de Planck, la energía correspondiente se elimina del haz. Según el teorema del momento, esta transferencia de energía corresponde también a una transferencia de momento del haz al resonador. Por tanto, este último sufre un efecto de fuerza en la dirección del haz. Si la energía transferida es negativa, la fuerza que actúa sobre el resonador también lo hace en sentido contrario. En el caso de la hipótesis cuántica, esto significa obviamente lo siguiente. Si el proceso $Z_n \rightarrow Z_m$ tiene lugar por radiación inducida (*Einstrahlung*) con

52

un haz de radiación, el momento $(\varepsilon_m - \varepsilon_n)/c$ se transfiere a la molécula en la dirección de propagación del haz. En el proceso de irradiación $Z_m \rightarrow Z_n$, el momento transferido tiene la misma magnitud pero la dirección opuesta. En el caso de que la molécula esté expuesta simultáneamente a varios haces de radiación, suponemos que toda la energía $\varepsilon_m - \varepsilon_n$ de un proceso elemental se toma de uno de estos haces de radiación o se añade a él, de modo que el momento $(\varepsilon_m - \varepsilon_n)/c$ también se transfiere a la molécula en este caso.

En el caso del resonador de Planck, no se transfiere ningún momento al resonador cuando se emite energía por emisión espontánea (*Ausstrahlung*) porque, según la teoría clásica, la emisión de radiación (*Ausstrahlung*) tiene lugar en forma de onda esférica. Sin embargo, ya se ha señalado que sólo podemos llegar a una teoría cuántica libre de contradicciones suponiendo que el proceso de emisión de radiación es también un proceso dirigido. Por cada proceso elemental de emisión de radiación ($Z_m \rightarrow Z_n$), se transfiere entonces a la molécula un momento de magnitud $(\varepsilon_m - \varepsilon_n)/c$. Si la molécula es isótropa, debemos suponer que todas las direcciones de emisión de radiación son igualmente probables. Si la molécula no es isótropa, llegamos a la misma afirmación si la orientación cambia en el transcurso del tiempo según las leyes del azar. Por cierto, tal suposición debe hacerse también para las leyes estadísticas (B) y (B') de la radiación inducida (*Einstrahlung*), ya que de lo contrario las constantes B_n^m y B_m^n tendrían que depender de la dirección, lo que podemos evitar suponiendo la isotropía o pseudoisotropía (por promediación en el tiempo) de la molécula.

§ 3 Derivación de la ley de radiación de Planck.

Nos preguntamos ahora por la densidad efectiva de radiación ρ que debe prevalecer para que el intercambio de energía entre radiación y moléculas no perturbe la distribución de estados de las moléculas según la ecuación (5) en virtud de las leyes estadísticas (A), (B) y (B'). Para ello es necesario y suficiente que por término medio tengan lugar por unidad de tiempo tantos procesos elementales del tipo

53

(B) como de los tipos (A) y (B') juntos. Esta condición proporciona, mediante (5), (A), (B), (B') para los procesos elementales correspondientes a la combinación de índices (m, n), la ecuación

$$p_n e^{-\frac{\varepsilon_n}{kT}} B_n^m \rho = p_m e^{-\frac{\varepsilon_m}{kT}} (B_m^n \rho + A_m^n).$$

Además, si ρ debe crecer hasta el infinito con T, lo que queremos suponer, tiene entonces que existir la relación

$$p_n B_n^m = p_m B_m^n. \tag{6}$$

entre las constantes B_n^m y B_m^n. Obtenemos entonces, como condición de equilibrio dinámico de nuestra ecuación

$$\rho = \frac{\frac{A_m^n}{B_m^n}}{e^{\frac{\varepsilon_m - \varepsilon_n}{kT}} - 1} \tag{7}$$

Esta es la dependencia de la densidad de radiación con la temperatura según la ley de Planck. De la ley de desplazamiento de Wien (1) se deduce inmediatamente que tiene que ser

$$\frac{A_m^n}{B_m^n} = \alpha \nu^3 \tag{8}$$

y

$$\varepsilon_m - \varepsilon_n = h\nu, \tag{9}$$

donde α y h son constantes universales. Para determinar el valor numérico de la constante α, habría que disponer de una teoría exacta de los procesos electrodinámicos y mecánicos; por el momento, hay que basarse en el tratamiento del caso límite de Reyleigh de altas temperaturas, para el que la teoría clásica es válida en el límite.

Como es bien sabido, la ecuación (9) constituye la segunda regla principal de la teoría de los espectros de Bohr, la cual, después de que Sommerfeld y Epstein la completaran, ya puede decirse que pertenece al estado establecido de nuestra ciencia. También contiene implícitamente la ley de equivalencia fotoquímica, como he demostrado.

§ 4. Método para calcular el movimiento de las moléculas en el campo de radiación.

Pasemos ahora a investigar los movimientos que nuestras moléculas realizan bajo la influencia de la radiación.

54

Para ello utilizaremos un método bien conocido de la teoría del movimiento browniano, y que ya he utilizado varias veces para la investigación computacional de los movimientos en el espacio de radiación. Para simplificar el cálculo, sólo lo realizaremos para el caso de que los movimientos sólo se produzcan en una dirección, la dirección X del sistema de coordenadas. Además, nos contentaremos con calcular el valor medio de la energía cinética del movimiento de traslación, prescindiendo así de la prueba de que estas velocidades ϑ se distribuyen según la ley de Maxwell. Supongamos que la masa M de la molécula sea lo suficientemente grande como para que las potencias superiores de ϑ/c puedan despreciarse frente a las inferiores; podemos entonces aplicar la mecánica ordinaria a la molécula. Podemos además llevar a cabo el cálculo, sin perdida real de generalidad, como si los estados con índices m y n fueran los únicos que puede asumir la molécula.

El momento $M\vartheta$ de una molécula experimenta dos cambios en el corto tiempo τ. A pesar de que la radiación está igualmente constituida en todas las direcciones, la molécula, debido a su movimiento, experimentará una fuerza, procedente de la radiación, que contrarresta el movimiento. Sea esta fuerza igual a $R\vartheta$, donde R es una constante que se calculará más adelante. Esta fuerza llevaría a la molécula al reposo si la irregularidad de los efectos de la radiación no diera lugar a que en el tiempo τ se transfiriera a la molécula un impulso Δ de signo y magnitud variables; esta influencia no sistemática mantendrá un cierto movimiento de la molécula contrario al anteriormente mencionado. Al final del corto tiempo τ considerado, el momento de la molécula tendrá el valor

$$M\vartheta - R\vartheta\tau + \Delta .$$

Dado que la distribución de las velocidades debe permanecer constante en el tiempo, el valor medio de la citada magnitud tiene que ser igual al valor medio absoluto de la magnitud $M\vartheta$; los valores medios de los cuadrados de ambas magnitudes, extendidos sobre un tiempo prolongado o sobre un gran número de moléculas, tienen que ser por tanto iguales entre sí:

$$\overline{(M\vartheta - R\vartheta\tau + \Delta)^2} = \overline{(M\vartheta)^2} .$$

55

Como hemos tenido en cuenta el efecto sistemático de ϑ sobre el momento de la molécula, tenemos que despreciar el valor medio $\overline{\vartheta\Delta}$. Desarrollando el primer miembro de la ecuación, se obtiene:

$$\overline{\Delta^2} = 2RM\overline{\vartheta^2}\tau . \tag{10}$$

El valor medio $\overline{\vartheta^2}$ que la radiación –de temperatura T– produce en nuestras moléculas por su interacción con ellas debe ser tan grande como el valor medio $\overline{\vartheta^2}$ que alcanza la molécula de gas –según las leyes de los gases– a la temperatura cinética T del gas. Esto se debe a que, de lo contrario, la presencia de nuestras moléculas perturbaría el equilibrio térmico entre la radiación térmica y cualquier gas de la misma temperatura. Por tanto, debe ser

$$\frac{\overline{M\vartheta^2}}{2} = \frac{kT}{2} . \tag{11}$$

La ecuación (10) se convierte entonces en:

$$\frac{\overline{\Delta^2}}{\tau} = 2RkT . \tag{12}$$

La investigación debe continuar como sigue. Dada la radiación ($\rho(\nu)$), Δ^2 y R serán calculables por nuestras hipótesis sobre la interacción entre la radiación y las moléculas. Insertando los resultados en (12), esta ecuación debe satisfacerse idénticamente si ρ se expresa en función de ν y T mediante la ecuación de Planck (4).

§ 5. Cálculo de R.

Supongamos que una molécula del tipo considerado se mueve uniformemente a lo largo del eje *X* del sistema de coordenadas *K* con velocidad ϑ. Preguntamos por el momento medio transferido de la radiación a la molécula por unidad de tiempo. Para poder calcularlo, debemos juzgar la radiación desde un sistema de coordenadas *K'* que esté en reposo respecto a la molécula considerada. Esto se debe a que sólo hemos formulado nuestras hipótesis sobre emisión y absorción para moléculas en reposo. La transformación al sistema *K'* se ha realizado varias veces en la literatura, en particular precisamente en la disertación berlinesa de Mosengeil. Sin embargo, en aras de la completitud, repetiré aquí las sencillas consideraciones.

56

Con respecto a *K*, la radiación es isótropa; es decir, la radiación de la gama de frecuencias $d\nu$ por unidad de volumen asignada a un determinado ángulo sólido infinitesimal $d\chi$ con respecto a la dirección de su haz es

$$\rho\, d\nu \frac{d\chi}{4\pi} \tag{13}$$

donde ρ depende sólo de la frecuencia ν, pero no de la dirección. A esta radiación peculiar corresponde una radiación peculiar en relación con el sistema de coordenadas *K'*, que también se caracteriza por un rango de frecuencias $d\nu'$ y por un determinado ángulo sólido $d\chi'$. La densidad de volumen de esta radiación particular es

$$\rho'(\nu',\varphi')d\nu'\frac{d\chi'}{4\pi}. \tag{13'}$$

Esto define ρ'. Depende de la dirección, que se define comúnmente por el ángulo φ' con el eje *X'* y el ángulo ψ' de la proyección *Y'*-*Z'* con el eje *Y'*. Estos ángulos corresponden a los ángulos φ y ψ, que definen del mismo modo la dirección de $d\chi$ con respecto a *K*.

$$\frac{\rho'(\nu',\varphi')}{\rho(\nu)}\frac{d\nu'}{d\nu}\frac{d\chi'}{d\chi} = 1 - 2\frac{\vartheta}{c}\cos\varphi$$

(14)

o

$$\rho'(\nu',\varphi') = \rho(\nu)\frac{d\nu}{d\nu'}\frac{d\chi}{d\chi'}\cdot(1 - 2\frac{\vartheta}{c}\cos\varphi)$$

(14')

La teoría de la relatividad también da las fórmulas válidas con la aproximación deseada

$$\nu' = \nu(1 - \frac{\vartheta}{c}\cos\varphi) \tag{15}$$

$$\cos\varphi' = \cos\varphi - \frac{\vartheta}{c} + \frac{\vartheta}{c}\cos^2\varphi \tag{16}$$

$$\psi' = \psi\ . \tag{17}$$

De (15) se deduce con la aproximación correspondiente

$$\nu = \nu'(1 + \frac{\vartheta}{c}\cos\varphi') \,.$$

57

Por lo tanto, también en la aproximación deseada

$$\rho(\nu) = \rho(\nu' + \frac{\vartheta}{c}\nu'\cos\varphi'),$$

o

$$\rho(\nu) = \rho(\nu') + \frac{\partial\rho}{\partial\nu}(\nu') \cdot \frac{\vartheta}{c}\nu'\cos\varphi' \,. \tag{18}$$

Además, según (15), (16) y (17)

$$\frac{d\nu}{d\nu'} = 1 + \frac{\vartheta}{c}\cos\varphi'$$

$$\frac{d\chi}{d\chi'} = \frac{\sin\varphi}{\sin\varphi'}\frac{d\varphi}{d\varphi'}\frac{d\psi}{d\psi'} = \frac{d(\cos\varphi)}{d(\cos\varphi')} = 1 - 2\frac{\vartheta}{c}\cos\varphi'$$

Gracias a estas dos relaciones y a (18), (14') se convierte en

$$\rho'(\nu', \varphi') = \left[\rho(\nu') + \frac{\vartheta}{c}\nu'\cos\varphi'\frac{\partial\rho}{\partial\nu}(\nu')\right](1 - 3\frac{\vartheta}{c}\cos\varphi') \,. \tag{19}$$

Con la ayuda de (19) y de nuestras hipótesis sobre la e*misión espontánea de radiación* (*Ausstrahlung*) y la *radiación inducida* (*Einstrahlung*) de la molécula, podemos calcular fácilmente el momento medio transferido a la molécula por unidad de tiempo. Antes de hacerlo, sin embargo, debemos decir algo para justificar el camino que hemos tomado. Se puede objetar que las ecuaciones (14), (15), (16) se basan en la teoría de Maxwell del campo electromagnético, que es incompatible con la teoría cuántica. Sin embargo, esta objeción se aplica más a la forma que a la esencia del asunto. En efecto, sea cual sea la teoría de los procesos electromagnéticos, el principio de Doppler y la ley de la aberración seguirán siendo válidos en cualquier caso y, por tanto, también las ecuaciones (15) y (16). Además, la validez de la relación energética (14) va ciertamente más allá de la de la teoría ondulatoria; según la teoría de la relatividad, esta ley de transformación rige también, por ejemplo, para la densidad energética de una masa de densidad en reposo infinitamente pequeña que se desplaza a (cuasi) la velocidad de la luz. Por consiguiente, la ecuación (19) puede reivindicar su validez para cualquier teoría de la radiación.

Según (B), la radiación correspondiente al ángulo espacial $d\chi'$ daría lugar a

$$B_n^m \rho'(\nu', \varphi') \frac{d\chi'}{4\pi}$$

procesos elementales de *Einstrahlung* del tipo $Z_n \rightarrow Z_m$ por segundo si la molécula volviera inmediatamente al estado Z_n después de cada uno de dichos procesos elementales.

58

Sin embargo, en realidad, según (5), el tiempo de permanencia en el estado Z_n por segundo es igual a

$$\frac{1}{S} p_n e^{-\frac{\varepsilon_n}{kT}}$$

donde, para abreviar, se ha puesto

$$S = p_n e^{-\frac{\varepsilon_n}{kT}} + p_m e^{-\frac{\varepsilon_m}{kT}} . \tag{20}$$

Por tanto, el número de estos procesos por segundo es en realidad

$$\frac{1}{S} p_n e^{-\frac{\varepsilon_n}{kT}} B_n^m \rho'(\nu', \varphi') \frac{d\chi'}{4\pi} .$$

En cada uno de estos procesos elementales se transfiere al átomo el momento $(\varepsilon_m - \varepsilon_n)\cos\varphi'/c$ en la dirección del eje X' positivo. De manera análoga, basándonos en (B'), encontramos que el número correspondiente de procesos elementales de *Einstrahlung* del tipo $Z_m \rightarrow Z_n$ por segundo es

$$\frac{1}{S} p_m e^{-\frac{\varepsilon_m}{kT}} B_m^n \rho'(\nu', \varphi') \frac{d\chi'}{4\pi}$$

y que, durante cada uno de tales procesos elementales, se transfiere a la molécula el momento $-(\varepsilon_m - \varepsilon_n)\cos\varphi'/c$. Por tanto, teniendo en cuenta (6) y (9), el momento total transferido a la molécula por unidad de tiempo por radiación inducida (*Einstrahlung*) es

$$\frac{h\nu}{cS} p_n B_n^m (e^{-\frac{\varepsilon_n}{kT}} - e^{-\frac{\varepsilon_m}{kT}}) \int \rho'(\nu', \varphi') \cos\varphi' \frac{d\chi'}{4\pi} ,$$

donde la integración debe extenderse sobre todos los elementos de ángulo sólido. Al llevar a cabo esta integración se obtiene, en virtud de (19), el valor

$$-\frac{h\nu}{c^2 S}\left[\rho - \frac{1}{3}\nu\frac{\partial\rho}{\partial\nu}\right] p_n B_n^m e^{-\frac{\varepsilon_n}{kT}} - e^{-\frac{\varepsilon_m}{kT}} \cdot \vartheta .$$

La frecuencia efectiva se denota de nuevo por ν (en lugar de ν').

Sin embargo, esta expresión representa el momento total transferido en promedio por unidad de tiempo a una molécula que se mueve a la velocidad ϑ. Pues está claro que los procesos elementales de emisión espontánea (*Ausstrahlung*) que tienen lugar sin la influencia de la radiación,

59

vistos desde el sistema K', no tienen dirección preferente y por tanto no pueden transferir momento a la molécula por término medio. Obtenemos por tanto como resultado final de nuestra consideración:

$$R = \frac{h\nu}{c^2 S}\left[\rho - \frac{1}{3}\nu\frac{\partial\rho}{\partial\nu}\right] p_n B_n^m e^{-\frac{\varepsilon_n}{kT}}(1 - e^{-\frac{h\nu}{kT}}) . \qquad (21)$$

§ 6. Cálculo de $\overline{\Delta^2}$.

Es mucho más fácil calcular el efecto de la irregularidad de los procesos elementales sobre el comportamiento mecánico de la molécula, pues este cálculo puede basarse en una molécula en reposo con el grado de aproximación con el que nos hemos contentado desde el principio.

Supongamos que algún suceso hace que se transfiera un momento λ a una molécula en la dirección X y que este momento tenga distinto signo y distinta magnitud en distintos casos y que, sin embargo, rija para λ una ley estadística tal que el valor medio λ se anule. Sean ahora λ_1, λ_2 ... los valores de momento que varias causas que actúan independientemente una de otra transfieren a la molécula en la dirección X, de modo que el momento Δ transferido en conjunto venga dado por

$$\Delta = \Sigma\lambda_\nu .$$

Ahora bien, si los valores medios $\overline{\lambda_\nu}$ para los λ_ν individuales son nulos, se tiene:

$$\overline{\Delta^2} = \overline{\Sigma\lambda_\nu^2} . \qquad (22)$$

Si los valores medios $\overline{\lambda_\nu}$ de los impulsos individuales son iguales entre sí $(= \overline{\lambda^2})$ y si l es el número total de sucesos que proporcionan los impulsos, rige la siguiente relación

$$\overline{\Delta^2} = l\overline{\lambda^2} . \qquad (22a)$$

Según nuestras hipótesis, en cada proceso de radiación inducida (*Einstrahlung*) y de emisión espontánea (*Ausstrahlung*) se transferirá pues a la molécula el impulso

$$\lambda = \frac{h\nu}{c}\cos\varphi ,$$

siendo aquí φ el ángulo entre el eje X y una dirección elegida según las leyes del azar. Se obtiene así

$$\overline{\lambda^2} = \frac{1}{3}\left(\frac{h\nu}{c}\right)^2 . \qquad (23)$$

Como suponemos que todos los procesos elementales que tienen lugar deben entenderse como sucesos independientes, podemos

60

aplicar (22a). l es entonces el número de procesos elementales que tienen lugar en total en el tiempo τ. Esto el doble del número de procesos de *Einstrahlung* $Z_n \rightarrow Z_m$ en el tiempo τ. Por tanto, es

$$l = \frac{2}{S} p_n B_n^m e^{-\frac{\varepsilon_n}{kT}} \rho\tau \ . \tag{24}$$

De (23), (24) y (22) se obtiene

$$\frac{\overline{\Delta^2}}{\tau} = \frac{2}{3S}\left(\frac{h\nu}{c}\right)^2 p_n B_n^m e^{-\frac{\varepsilon_n}{kT}} \rho . \tag{25}$$

§ 7. Resultado.

Para demostrar ahora que, según nuestras hipótesis básicas, los impulsos ejercidos por la radiación sobre las moléculas nunca perturban el equilibrio termodinámico, basta con insertar los valores calculados en (25) y (21) para $\overline{\Delta^2}/\tau$ y R, después de sustituir, de acuerdo con (4), en (21) la magnitud

$$\left(\rho - \frac{1}{3}\nu\frac{\partial\rho}{\partial\nu}\right)(1 - e^{-\frac{h\nu}{kT}})$$

por $\frac{\rho h\nu}{3kT}$. Se ve entonces inmediatamente que nuestra ecuación fundamental (12) se satisface idénticamente.

Las consideraciones que ahora se han completado apoyan firmemente las hipótesis dadas en el § 2 sobre la interacción entre materia y radiación a través de procesos de absorción y emisión, o mediante *Einstrahlung* y *Ausstrahlung*. A estas hipótesis me llevó el deseo de postular, de la forma más sencilla posible, un comportamiento teórico cuántico de las moléculas análogo al de un resonador de Planck en la teoría clásica. La hipótesis cuántica general para la materia ha dado con naturalidad como resultado la segunda regla de Bohr (ecuación 9) y la fórmula de radiación de Planck.

Pero lo que me parece más importante es el resultado relativo al impulso transferido a la molécula durante la *Einstrahlung* y la *Ausstrahlung*. Si se cambiase uno de nuestros supuestos sobre el impulso, el resultado sería una violación de la ecuación (12); parece difícil que sea posible permanecer en armonía con esta relación requerida por la teoría del calor

61

si no es sobre la base de nuestras hipótesis. Por lo tanto, podemos considerar lo siguiente como bastante seguro.

Si un haz de radiación hace que una molécula alcanzada por él absorba o emita la cantidad de energía $h\nu$ en forma de radiación mediante un proceso elemental

(*Einstrahlung*), el momento $h\nu/c$ se transfiere siempre a la molécula, a saber, en la dirección de propagación del haz cuando se absorbe energía y en la dirección opuesta cuando se emite energía. Si la molécula se encuentra bajo el efecto de varios haces de radiación dirigidos, sólo uno de ellos interviene en un proceso elemental de *Einstrahlung*; sólo este haz determina entonces la dirección del momento transferido a la molécula.

Si la molécula sufre una pérdida de energía de magnitud $h\nu$ sin excitación externa emitiendo esta energía en forma de emisión (*Ausstrahlung*), este proceso también es *dirigido*. En las ondas esféricas no hay *Ausstrahlung*. En el proceso elemental de *Ausstrahlung*, la molécula sufre un retroceso de magnitud $h\nu/c$ en una dirección determinada sólo por «azar» en el estado actual de la teoría.

Estas propiedades de los procesos elementales requeridos por la ecuación (12) hacen que el establecimiento de una teoría propiamente cuántica de la radiación parezca casi inevitable. La debilidad de la teoría reside, por un lado, en que no nos acerca a la conexión con la teoría ondulatoria y, por otro, en que el tiempo y la dirección de los procesos elementales los deja al «azar»; no obstante, confío plenamente en la fiabilidad del camino emprendido.

Todavía cabe aquí hacer sitio a una observación de carácter general. Casi todas las teorías que versan sobre radiación de temperatura se basan en la consideración de las interacciones entre radiación y moléculas. En general, sin embargo, uno se contenta con considerar el intercambio de energía sin tener en cuenta el intercambio de momento. Es fácil sentirse justificado al hacerlo, porque la pequeñez de los impulsos transmitidos por la radiación hace que éstos pasen casi siempre a un segundo plano frente a otras causas generadoras de movimiento en la realidad. Pero, a efectos *teóricos*, estos pequeños efectos

62

junto con los evidentes de transferencia de energía por radiación deben considerarse enteramente equivalentes, ya que energía e impulso están estrechamente relacionados entre sí; por tanto, una teoría sólo puede considerarse justificada cuando se demuestra que, según ella, los momentos transferidos de la radiación a la materia conducen a los tipos de movimiento que la teoría del calor exige.

SEPTIEMBRE

Carta de Einstein a Besso

Berlín, 6 de septiembre de 1916

Los trabajos de Planck no proporcionan ninguna relación entre h y ε. Se tiene una vaga idea de la homogeneidad de la fórmula y del hecho de que los órdenes de magnitud de ε^2/c y de h son muy próximos, pero este último punto todavía no ha sido aclarado por ninguna teoría. Para obtener la ley del desplazamiento de Wien, se necesita el principio de Doppler y la ley de presión de radiación que, hasta aquí, no han sido formuladas, como por otra parte la noción e frecuencia, sino por medio de la teoría ondulatoria. Lo que hay de esencial es que las consideraciones estadísticas que conducen a la fórmula de Planck se han sistematizado, y que se puede concebir la cosa de una manera general por el hecho de que, para la constitución particular de las moléculas consideradas, se ha partido únicamente de la idea más general de los cuantos. Esto conduce al resultado (que todavía no se encuentra en el trabajo que te he enviado) de que, cuando existe intercambio de energía elemental entre la radiación y la materia, se transfiere el impulso $h\nu/c$ a la molécula. Se deduce que todo este proceso elemental de esta naturaleza es un proceso *enteramente orientado*. Así queda establecida la existencia de los cuantos de luz.

[*TCPAE*. Vol. 8. Part A. Doc. **254** (p. 332, G.V.)]

1917

FEBRERO

Carta de Einstein a Dällenbach

[Berlín, después del 15 de febrero de 1917]

Ha captado usted de forma completamente correcta los inconvenientes ligados al continuo. Si el punto de vista molecular referente a la materia es correcto (apropiado), es decir, si una parte del mundo debe representarse por un número finito de puntos móviles, entonces el continuo de la teoría actual lleva consigo una multitud de posibilidades en exceso grande. Estoy asimismo convencido de que esta exagerada multitud está en el origen del hecho de que nuestros actuales medios de descripción tropiezan con la teoría de los cuantos. Me parece que la cuestión es: cómo formular enunciados relativos al discontinuo sin recurrir a un continuo (el espacio-tiempo); éste debería ser excluido de la teoría, en tanto que es una construcción sobrevenida que no se justifica por la esencia del problema y que no corresponde a nada "real". A este respecto, nos falta lamentablemente el formalismo matemático adecuado. ¡Cuántas veces me ha atormentado esta cuestión!

[*TCPAE*. Vol. 8. Part A. Doc. 299 (p. 391, G.V.)]

MAYO

Albert Einstein. «***Zum Quantensatz von Sommerfeld und Epstein***». *Deutsche Physikalische Gesellschaft, Verhandlungen,* vol. 19 (1917), pp. 82-92. (Presentado en la sesión del 11 de mayo de 1917. Publicado el 30 de mayo) [Recogido en *TCPAE*, Vol. 6, Doc. **45**, pp. 434-443 (EV); pp. 556-566 (GV).] [«Sobre el teorema cuántico de Sommerfeld y Epstein»]

82

Sobre el teorema cuántico de Sommerfeld y Epstein

§ 1. *Formulación previa*

Apenas hay ya duda de que la condición cuántica para sistemas mecánicos periódicos con un grado de libertad es (según Sommerfeld y Debye)

$$\int p dq = \int p \frac{dq}{dt} dt = nh \cdot \qquad (1)$$

La integral hay que extenderla aquí sobre un periodo completo de movimiento; q representa la coordenada y p la coordenada asociada al momento del sistema. El trabajo de Sommerfeld sobre teoría de espectros demuestra con certidumbre que en sistemas con varios grados de libertad varias condiciones cuánticas deben ocupar el lugar de esta condición cuántica *única*; en general tantas (l) como grados de libertad tenga el sistema. Estas l condiciones son, según Sommerfeld,

$$\int p_i dq_i = n_i h\,. \tag{2}$$

Como esta formulación no es independiente de la elección de coordenadas, sólo puede ser correcta para una elección concreta de coordenadas. El sistema (2) representa una afirmación definida respecto al movimiento sólo tras haberse hecho esta elección y si las q_i son funciones periódicas del tiempo.

El principal progreso posterior se debe a Epstein (y Schwarzschild). El primero basó su regla de selección de las coordenadas q_i de Sommerfeld en el teorema de Jacobi, que plantea en una forma bien conocida: Sea $H(H(q_i p_i))$ la función hamiltoniana de las q_i y las p_i y t, que se da en las ecuaciones canónicas

$$\dot{p}_i = -\frac{\partial H}{\partial q_i} \tag{3}$$

$$\dot{q}_i = \frac{\partial H}{\partial p_i}, \tag{4}$$

83

y que es igual a la función energía si no contiene explícitamente el tiempo t.[1]) Si $J(t,\ q_1 ... q_l,\ \alpha_1 ... \alpha_l)$ es una integral completa de las ecuaciones diferenciales parciales de Hamilton-Jacobi

$$\frac{\partial J}{\partial t} + H\left(q_i, \frac{\partial J}{\partial q_i}\right) = 0\,, \tag{5}$$

la solución de las ecuaciones canónicas es

$$\frac{\partial J}{\partial \alpha_i} = \beta_i \tag{6}$$

$$\frac{\partial J}{\partial q_i} = p_i\,. \tag{7}$$

Si H no depende explícitamente del tiempo –como supondremos en lo que sigue– podemos resolver (5) con

$$J = J^* - ht, \tag{8}$$

donde h representa una constante y J^* ya no depende explícitamente del tiempo t. Se sustituyen entonces (5), (6) y (7) por las ecuaciones

$$H\left(q_i\, \frac{\partial J^*}{\partial q_i}\right) = h \tag{5a}$$

$$\left.\begin{aligned} \frac{\partial J^*}{\partial \alpha_i} &= \beta_i \\ \frac{\partial J^*}{\partial h} &= t - t_0 \end{aligned}\right\} \tag{6a}$$

$$\frac{\partial J^*}{\partial q_i} = p_i, \tag{7a}$$

donde, sin embargo, la primera de las ecuaciones (6a) representa sólo $l-1$ ecuaciones, y donde α_l se sustituye por la constante h, y β_l por la constante $-t_0$.

Según Epstein, las coordenadas q_i se tienen que elegir de modo que exista una integral completa de (5a) en la forma de

$$J^* = \sum_i J_i(q_i), \tag{8a}$$

donde J_i depende de q_i pero es independiente de las otras q. Las condiciones cuánticas (2) de Sommerfeld serán entonces válidas para estas coordenadas q_i si las q_i son funciones periódicas de t.

[1]) Debido a que en este caso se tiene $\frac{dH}{dt} = \sum_i \frac{\partial H}{\partial q_i}\dot{q}_i + \sum_i \frac{\partial H}{\partial p_i}\dot{p}_i = 0$ ·

84

A pesar de los grandes éxitos que ha logrado la extensión del teorema cuántico de Sommerfeld-Epstein para sistemas de varios grados de libertad, sigue siendo insatisfactorio que haya que depender de la separación de variables, debido a (8), ya que probablemente no tiene nada que ver con el problema cuántico per se. En lo que sigue me gustaría sugerir una modificación menor de la condición de Sommerfeld-Epstein evitando así esa deficiencia. Señalaré brevemente la idea básica explicándola posteriormente con más detalle.

§ 2. *Formulación modificada*

Aunque pdq es invariante con sistemas de un grado de libertad (esto es, es independiente de la elección de las coordenadas q), los productos individuales $p_i dq_i$ en un sistema de varios grados de libertad, por otra parte, no son invariantes; por lo tanto, la condición cuántica (2) no tiene significado invariante. Sólo es invariante la suma $\sum_i p_i dq_i$ extendida sobre todos los l grados de libertad. Para deducir de esta suma una multiplicidad de condiciones cuánticas invariantes hay que proceder como sigue. Consideremos las p_i como funciones de q_i. O, en términos geométricos, se puede considerar que p_i es un vector (de carácter "covariante") en un espacio l–dimensional de las q_i. Si se dibuja cualquier curva cerrada dentro de este q_i-espacio (y no necesita ni mucho menos ser un "camino orbital" del sistema mecánico) entonces su integral de línea

$$\int \sum p_i dq_i \tag{9}$$

es invariante. Si las p_i son funciones de las q_i, cada curva cerrada proporcionará, en general, un valor diferente de la integral (9). Sin embargo, si el vector p_i es derivable de un potencial J^*, esto es, si son válidas las siguientes relaciones

$$\frac{\partial p_i}{\partial q_k} - \frac{\partial p_k}{\partial q_i} = 0, \tag{10}$$

y

$$p_i = \frac{\partial J^*}{\partial q_i}, \tag{10a}$$

la integral (9) tiene entonces el mismo valor para todas las curvas cerradas que puedan transformarse continuamente una en otra. Y la integral (9) se anula para todas las curvas que se puedan contraer a un punto por modificación continua.

85

Sin embargo, si el espacio de las q_i considerado está multi-conectado, existirán entonces curvas que no pueden reducirse a un punto por deformación continua. Si J^* no es una función de valor único (sino de ∞ valores) de las q_i, la integral (9) será, en general, diferente de cero para tales curvas. No obstante, habrá un número finito de caminos cerrados en el espacio-q en el cual todas las líneas cerradas de este espacio pueden reducirse por procesos continuos. En este sentido, el número finito de condiciones

$$\int \sum_i p_i dq_i = n_i h \tag{11}$$

se pueden prescribir como condiciones cuánticas. En mi opinión, tienen que sustituir a las condiciones cuánticas (2). Habrá que esperar que el número de ecuaciones (10) que no pueden reducirse una a otra sea igual al número de grados de libertad del sistema. Si este número es más pequeño, nos enfrentamos a un caso de "degeneración".

La idea básica sugerida arriba (con toda intención llena de lagunas) se explicará con más detalle en adelante.

§ 3. *Deducción descriptiva de la ecuación diferencial de Hamilton-Jacobi*

Si se da un punto P del espacio de coordenadas, con las coordenadas Q_i y con la velocidad asociada, esto es, las coordenadas P_i del momento asociado, entonces su movimiento está completamente determinado[1]) por las ecuaciones canónicas (3) y (4). Cada punto de la curva orbital L tiene así cierta velocidad, es decir, las p_i de L son funciones definidas de q_i. Si se supone que, en una "superficie" $(l - 1)$-dimensional del espacio de coordenadas, cada punto P está dado por sus Q_i y sus P_i, a cada punto le corresponde entonces un movimiento con una curva orbital L en el espacio de coordenadas. Estas órbitas llenan el espacio de coordenadas (o parte de él) continuamente, dado que las P_i son, sobre la superficie, funciones continuas de las Q_i.

[1]) Se supondrá que H no depende explícitamente del tiempo t.

86

Existirá una curva orbital a través de cada punto (q_i) del espacio de coordenadas; y, por lo tanto, habrá coordenadas p_i de momento definidas asociadas a este punto. Así pues, se da un campo vectorial p_i para el espacio de coordenadas. Consideramos tarea nuestra encontrar la ley de este campo vectorial.

Si se consideran las p_i como funciones de las q_i en el sistema canónico de ecuaciones (3), tenemos que sustituir los primeros miembros por

$$\sum_k \frac{\partial p_i}{\partial q_k}\frac{dq_k}{dt},$$

lo que, según (4), puede escribirse

$$\sum_k \frac{\partial p_i}{\partial q_k}\frac{\partial H}{\partial p_k}.$$

Así pues, en vez de (3), obtenemos

$$\frac{\partial H}{\partial q_i} + \sum_k \frac{\partial H}{\partial p_k}\frac{\partial p_i}{\partial q_k} = 0\,. \qquad (12)$$

Este es un sistema de l ecuaciones diferenciales lineales que tiene que ser satisfecho por las p_k como funciones de las q_k.

Preguntamos ahora si existen campos vectoriales para los cuales exista un potencial J^*, esto es, que satisfagan las condiciones (10) y (10a). En este caso, en virtud de (10), la expresión (12) toma la forma

$$\frac{\partial H}{\partial q_i} + \sum_k \frac{\partial H}{\partial p_k}\frac{\partial p_k}{\partial q_i} = 0\,.$$

Esta ecuación dice que H es independiente de las q_i. Por lo tanto, campos de potenciales del tipo deseado existen, y su potencial J^* satisface la ecuación de Hamilton-Jacobi (5a), o J satisface (5), respectivamente.

Se ha visto pues que las ecuaciones (3) pueden sustituirse por (7a) y (5a), o por (7) y (5), respectivamente. Veremos todavía que el sistema de ecuaciones (4) es satisfecho por (6a) o (6), aunque sin consecuencias para las deliberaciones siguientes. Las ecuaciones (4) forman un sistema de ecuaciones diferenciales totales para la determinación de las q_i como funciones del tiempo, después de, en virtud de (7a), integrar (5a) y expresar las p_i como funciones de las q_i. Según la teoría de ecuaciones diferenciales

87

de primer orden, el sistema de ecuaciones diferenciales totales es equivalente a la ecuación diferencial parcial

$$\sum_k \frac{\partial H}{\partial p_k}\frac{\partial \phi}{\partial q_k} + \frac{\partial \phi}{\partial t} = 0\,. \qquad (13)$$

Esta última se satisface por

$$\phi = \frac{\partial J}{\partial \alpha_i}$$

Si J es una integral completa de (5), ya que, si se inserta el valor de ϕ en el primer miembro de (13), se obtiene, gracias a la consideración de (7)

$$\sum_k \frac{\partial H}{\partial\left(\frac{\partial J}{\partial q_k}\right)}\frac{\partial^2 J}{\partial q_k \partial \alpha_i} + \frac{\partial^2 J}{\partial t \partial \alpha_i}$$

o

$$\frac{\partial}{\partial \alpha_i}\left\{H\left(q_k, \frac{\partial J}{\partial q_k}\right) + \frac{\partial J}{\partial t}\right\},$$

cantidades que, en virtud de (5), se anulan. Se sigue de aquí que las ecuaciones (4) están integradas por (6), (6a), respectivamente.

§ 4. *El campo –p_i de órbita única*

Llegamos ahora a un punto verdaderamente esencial que he evitado cuidadosamente mencionar durante el esbozo preliminar de la idea básica en § 2. En nuestras deliberaciones de § 3 supusimos que le campo- p_i estaba generado por (l – 1) veces un número infinito de movimientos mutuamente independientes que se visualizaban exactamente por otras tantas curvas orbitales en el espacio- q_i. Pero imaginemos ahora que hacemos un seguimiento del movimiento no perturbado de un sistema único durante un tiempo infinitamente largo y la curva orbital asociada dibujada (en sentido figurado) en el espacio- q_i. Pueden tener lugar aquí dos casos.

1. Que exista una parte del espacio- q_i tal que, en el transcurso del tiempo, la curva orbital se aproxime arbitrariamente a cada punto de este dominio (l- dimensional) del espacio.

2. Que la curva orbital quepa en su totalidad en un continuo de menos de l dimensiones. Esto incluye el caso especial del movimiento en una trayectoria exactamente cerrada.

El caso 1 es el más general; los casos 2 se obtienen como resultado de especializaciones del caso 1. Como ejemplo del caso 1 pensemos

88

en el movimiento de un punto material bajo la acción de una fuerza central descrito por dos coordenadas que fijan la posición del punto en el plano orbital (por ejemplo, las coordenadas polares r y ϕ). El caso 2 tiene lugar cuando la ley de atracción es exactamente proporcional a $\frac{1}{r^2}$ y cuando se desprecian desviaciones del movimiento kepleriano –que la teoría de la relatividad exige. El camino de la órbita es entonces cerrado y sus puntos constituyen un continuo de una dimensión. Si se ve en el espacio tridimensional, el movimiento central es siempre un movimiento de tipo 2 ya que la curva orbital entera puede caber en un continuo de dos dimensiones. En una perspectiva tridimensional, el movimiento central debe percibirse como un caso especial de movimiento, definido por una ley de fuerza más complicada (por ejemplo, el movimiento estudiado por Epstein en la teoría del efecto Stark).

La consideración que sigue se refiere al caso general 1. Consideremos un elemento $d\tau$ del espacio- q_i. La curva orbital del movimiento que estudiamos pasa infinitamente a menudo por $d\tau$. Existe un sistema (p_i) de coordenadas de momento para cada uno de tales pasos. A priori, son posibles dos tipos de órbita, obviamente de características básicamente diferentes.

Tipo a): Los sistemas-p_i se repiten de modo que sólo un número *finito* de sistemas- p_i corresponden a $d\tau$. El proceso de movimiento puede representarse con las p_i como funciones de valor único de las q_i.

Tipo b): Existen infinitos sistemas- p_i en la ubicación que consideramos. En este caso, las p_i *no pueden* representarse como funciones de las q_i.

Se advierte inmediatamente que el tipo b) excluye la condición cuántica que formulamos en § 2. Por otra parte, la mecánica estadística clásica trabaja esencialmente sólo con el tipo b), ya que sólo en este caso es el conjunto microcanónico de *un* sistema equivalente al conjunto tiempo.[1])

[1]) El conjunto microcanónico contiene sistemas que poseen todavía, con q_i dadas, p_i arbitrariamente dadas (conmensurables con los valores de la energía).

89

En resumen, podemos decir: la aplicación de la condición cuántica (11) exige que existan órbitas tales que una órbita única determine el campo- p_i para el que exista un potencial J^*.

§ 5. *El "espacio de coordenadas racionalizado"*

Ya se ha advertido que las p_i son, en general, funciones de valor múltiple de las q_i. Como ejemplo sencillo contemplemos de nuevo la revolución plana de un punto sometido a la fuerza de atracción de un centro fijo. El punto se mueve de modo que su distancia r al centro de atracción oscila periódicamente entre un valor mínimo r_1 y un valor máximo r_2. Mirando a un punto del espacio de las q_i, esto es, a un punto en la superficie en forma de anillo limitada por los radios r_1 y r_2, se percibe que la curva orbital, en el transcurso del tiempo, pasará infinitamente a menudo y arbitrariamente cerca de este punto, o –expresándolo de forma un tanto imprecisa– pasará a través de él. Pero la componente radial de la velocidad tiene diferentes signos dependiendo de que el paso tenga lugar en un segmento orbital en el que r crece o en el que decrece; y, por lo tanto, las p_ν son funciones de dos valores de las q_ν.

Como mejor se resuelven las molestias asociadas a esta idea es mediante el conocido método que introdujo Riemann en la teoría de funciones. Supongamos que la superficie en forma de anillo está doblada de modo que hay dos hojas congruentes en forma de anillo encima de cada una. Supongamos que las partes orbitales con dr/dt positiva están en el anillo superior y que las partes con dr/dt negativa están en el anillo inferior, con el sistema vectorial asociado a las p_ν. Imaginemos que las dos hojas están conectadas a lo largo de las líneas circulares debido a que la órbita debe avanzar de una hoja en forma de anillo a la otra cuando la curva orbital toca uno de los dos círculos límite. Se entiende fácilmente que las p_ν de ambas hojas coinciden a lo largo de esos círculos. Interpretadas en esta superficie doble, las p_ν son no sólo funciones continuas de las q_ν, sino también funciones monovalentes –lo que representa el valor de este concepto.

Hay, evidentemente, dos tipos de curvas cerradas en esta superficie doble; no pueden ni reducirse a un punto por deformación continua,

90

ni puede un tipo reducirse al otro. La Fig. 1 representa un ejemplo de cada uno de los dos tipos (L_1 y L_2). Las partes de una línea en la superficie inferior se dibujan a trazos. Todas las demás curvas cerradas en la superficie doble se pueden bien contraer a un punto por deformación continua, o bien, mediante el mismo proceso, se pueden trazar sobre los tipos L_1 y L_2 con una o varias revoluciones. El teorema cuántico (11) habría que aplicarlo a los tipos de camino L_1 y L_2.

Obviamente, estas consideraciones hay que generalizarlas a todos los movimientos que satisfacen la condición de § 4.

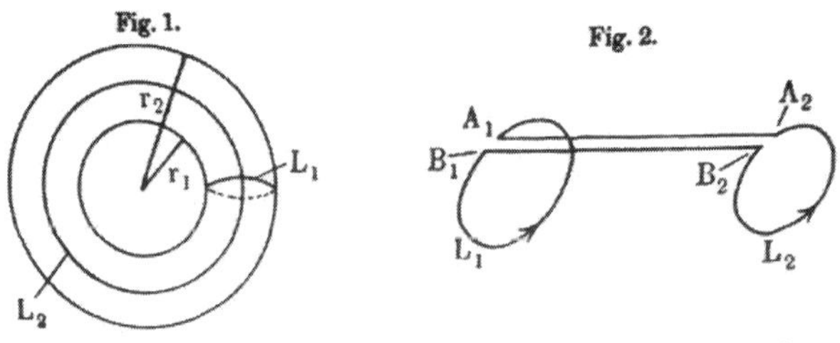

El espacio de fase hay que suponerlo dividido en un número de "trazos" que están conectados a lo largo de "superficies" (l – 1)-dimensionales de modo que –si se interpretan en la variedad así construida– las p_i son funciones monovalentes y continuas (también en las transiciones de un trazo a otro). A esta construcción geométrica auxiliar la llamaremos "espacio de fase racionalizado". El teorema cuántico (11) se aplicará a todas las líneas cerradas en el espacio de coordenadas racionalizado.

Para atribuir un significado preciso al teorema cuántico en esta formulación, la integral $\int\sum p_i dq_i$, extendida sobre el espacio-q_i racionalizado, tiene que tener el mismo valor para todas las curvas cerradas que pueden deformarse una en otra continuamente. La demostración sigue enteramente el esquema habitual. En el espacio-q_i racionalizado, sean L_1 y L_2 (véase el esquema de la Fig. 2) curvas cerradas que se pueden deformar continuamente una en otra preservando la orientación direccional indicada. El contorno de la figura es entonces una curva cerrada que puede reducirse continuamente a un punto.

91

En virtud de (10), se sigue de aquí que la integral de línea extendida sobre el camino entero se anula. Si se considera además que las integrales extendidas sobre las líneas de conexión infinitamente próximas $\overline{A_1A_2}$ y $\overline{B_1B_2}$ son iguales, debido a la validez única de las p_i en el espacio-q_i racionalizado, se tiene el resultado de que las integrales extendidas sobre L_1 y L_2 son iguales.

El potencial J^* tiene también infinitos valores en el espacio-q_i racionalizado; pero según el teorema cuántico, esta multivalidez es la más sencilla posible, ya que, si J^* es el valor del potencial de *un* punto en el espacio-q_i racionalizado, los demás valores son $J^* + nh$, donde n es un entero.

—

Suplemento añadido en las pruebas de imprenta

Posterior reflexión mostró que la segunda condición para que sea aplicable la fórmula (11) en § 4 se satisface siempre automáticamente, esto es, tiene validez el teorema: si un movimiento produce un campo- p_i, entonces éste tiene necesariamente un potencial J^*.

Según el teorema de Jacobi, cualquier movimiento se puede deducir de una integral completa J^* de (5a). A cualquier velocidad, existe al menos una función J^* de las q_i a partir de las cuales se pueden calcular las coordenadas de momento p_i de un sistema de movimientos considerados para todo punto de una curva orbital mediante las ecuaciones

$$p_i = \frac{\partial J^*}{\partial q_i}.$$

Tenemos que recordar ahora que J^* se ha obtenido mediante una ecuación diferencial parcial, esto es, a través de una prescripción de cómo la función J^* tiene que continuar en el espacio- q_i. Por lo tanto, si queremos saber cómo cambia J^* para un sistema en el transcurso de su movimiento, tenemos que prever cómo se extiende J^* a lo largo de una curva orbital (y su entorno) según la ecuación diferencial. Si la órbita, tras cierto tiempo (más bien largo), regresa en estrecha proximidad a un punto P a través del cual la curva orbital ha pasado antes, entonces $\frac{\partial J^*}{\partial q_i}$ proporciona la coordenada de momento para ambos tiempos si integramos J^* continuamente a lo largo del trozo entero de curva orbital entre ambos puntos.

92

No cabe de ningún modo esperar que esta continuación conduzca a un regreso a valores previos de $\frac{\partial J^*}{\partial q_i}$; en vez de eso habría, en general, que esperar encontrar un sistema totalmente diferente de las p_i cada vez que la configuración de las q_i que consideramos se logre de nuevo en el transcurso del movimiento. Por lo tanto, es absolutamente imposible representar las p_i como funciones de las q_i para un movimiento que *continúa indefinidamente*. Pero si las p_i –o un número finito de sistemas de valor de estas cantidades– se repiten por repetición de la configuración de coordenadas, las $\frac{\partial J^*}{\partial q_i}$ se pueden expresar como funciones de las q_i para un movimiento que continúa indefinidamente. Por tanto, si existe un campo- p_i para un movimiento que continúa indefinidamente, entonces existe también un potencial J^* asociado.

En consecuencia, podemos decir lo siguiente: si existen l ecuaciones para las $2l$ ecuaciones del movimiento de la forma

$$R_k(q_i, p_i) = cte, \qquad (14)$$

donde las R_k son funciones algebraicas de las p_i, entonces $\sum p_i dq_i$ es siempre una diferencial completa, ya que las p_i se expresan en función de las q_i con ayuda de (14). La condición cuántica exige que la integral $\int \sum_i p_i dq_i$, cuando está extendida sobre una curva irreducible, sea un múltiplo de h. Esta condición cuántica coincide con la de Sommerfeld-Epstein cuando, específicamente, cada p_i depende sólo de la q_i asociada.

Si existen menos de l integrales del tipo (14), como es el caso, por ejemplo, según Poincaré en el problema de tres cuerpos, entonces las p_i no se pueden expresar mediante las q_i y la condición cuántica de Sommerfeld-Epstein falla también en la forma ligeramente generalizada que se ha dado aquí.

—

NOVIEMBRE

Albert Einstein. «***Eine Ableitung des Theorems von Jacobi***». *Königlich Preussische Akademie der Wissenschaften, Sitzungsberichte,* (1917), pt. 2, pp. 606-608. (Registro de entrada: 22 de noviembre de 1917. Publicado el 29 de noviembre de 1917) [Recogido en *TCPAE*. Vol. 6. The Berlin Years: Writings 1914-1917. Doc. **47**, pp. 572-575 (GV); pp. 445-447 (EV)] [«Una deducción del teorema de Jacobi»]

606

Una deducción del teorema de Jacobi

Las ecuaciones canónicas de la dinámica

$$\frac{dp_i}{dt} = -\frac{\partial H}{\partial q_i} \tag{1}$$

$$\frac{dq_i}{dt} = \frac{\partial H}{\partial p_i}, \tag{2}$$

Donde H es, en el caso más general, una función de las coordenadas q_i, los momentos p_i y el tiempo t, se pueden integrar –como es bien sabido– según Hamilton-Jacobi determinando una función J de las q_i y el tiempo t como solución de la ecuación diferencial parcial

$$\frac{\partial J}{\partial t} + \overline{H} = 0 \cdot \tag{3}$$

Aquí $\overline{H}$ se obtiene aquí a partir de H sustituyendo en H las p_i por las derivadas $\frac{\partial J}{\partial q_i}$. Si J es una integral completa de estas ecuaciones con las constantes de integración α_i, entonces el sistema (1), (2) de las ecuaciones canónicas está integrado generalmente por las ecuaciones

$$\frac{\partial J}{\partial q_i} = p_i \tag{4}$$

$$\frac{\partial J}{\partial \alpha_i} = \beta_i \cdot \tag{5}$$

Los textos de dinámica más detallados comprueban mediante cálculo que, si se satisfacen (3), (4) y (5), se satisfacen necesariamente las ecuaciones canónicas (1), (2). No sé, sin embargo, de ningún camino natural, libre de artificios sorprendentes, en que partiendo de las ecuaciones canónicas se llegue al sistema de Hamilton-Jacobi (3), (4), (5). Ese es el camino que se da en lo que sigue.

Si, para un tiempo definido t_0, se dan las coordenadas q_i^0 y los momentos asociados p_i^0 del sistema, entonces su movimiento

607

está determinado por (1) y (2). Represento este movimiento como el movimiento de un punto en el espacio n-dimensional de las coordenadas q_i. Suponiendo que, en el tiempo t_0, están dados los momentos p_i^0 para todos los puntos (q_i) del espacio de coordenadas mediante las ecuaciones (1) y (2) del correspondiente sistema, de modo que las p_i^0 son funciones continuas de las q_i, entonces, debido a (1) y (2), estas condiciones iniciales determinan los movimientos de todos los puntos. Al contenido (esencia) de todos estos movimientos le llamaremos "campo de corriente" (*Strömungsfeld*).

En vez de describir el campo de corriente en el sentido de (1) y (2) dando coordenadas y momentos de cada punto del sistema como funciones del tiempo, cabe pensar también que el estado de movimiento –tal como es medido por las p_i– se da en cada punto (q_i) como función del tiempo, de modo que las q_i y t se contemplen como variables independientes. Ambos tipos de descripción corresponden exactamente a los que, en hidrodinámica, se basan en ecuaciones lagrangianas o eulerianas de movimientos de fluidos, respectivamente.

En el segundo tipo de descripción hay que sustituir el primer miembro de (1) por

$$\frac{\partial p_i}{\partial t} + \sum_\nu \frac{\partial p_i}{\partial q_\nu} \frac{dq_\nu}{dt}$$

o, según (2), por

$$\frac{\partial p_i}{\partial t} + \sum_\nu \frac{\partial H}{\partial p_\nu} \frac{\partial p_i}{\partial q_\nu}.$$

De acuerdo con (1), tenemos por tanto el sistema de ecuaciones

$$\frac{\partial p_i}{\partial t} + \frac{\partial H}{\partial q_i} + \sum_\nu \frac{\partial H}{\partial p_\nu} \frac{\partial p_i}{\partial q_\nu} = 0 \cdot \tag{6}$$

Las $\frac{\partial H}{\partial q_i}$ y las $\frac{\partial H}{\partial p_i}$ son funciones conocidas de las q_i, las p_i, y t. En consecuencia, (6) es el sistema de ecuaciones diferenciales parciales que satisfacen las componentes p_i del vector momento del campo de corriente.

La propia cuestión plantea si existen campos de corriente en los que el vector momento tenga un potencial tal que satisfaga las condiciones

$$\frac{\partial p_i}{\partial q_k} - \frac{\partial p_k}{\partial q_i} = 0 \tag{7}$$

$$p_i = \frac{\partial J}{\partial q_i}. \tag{7a}$$

608

Si se satisface (7), (6) toma la forma

$$\frac{\partial p_i}{\partial t} + \left(\frac{\partial H}{\partial q_i} + \sum_\nu \frac{\partial H}{\partial p_\nu} \frac{\partial p_\nu}{\partial q_i} \right) = 0\,.$$

El segundo término es la derivación completa de H con respecto a la coordenada q_i. Si $\overline{H}$ representa aquella función de q_i y el tiempo t que resulta de H cuando las p_i de H se expresan en función de q_i y t, se obtiene

$$\frac{\partial p_i}{\partial t} + \frac{\partial \overline{H}}{\partial q_i} = 0$$

o, introduciendo la función potencial J de (7a)

$$\frac{\partial}{\partial q_i} \left(\frac{\partial J}{\partial t} + \overline{H} \right) = 0\,.$$

Estas ecuaciones se satisfacen si se exige para J la ecuación diferencial

$$\frac{\partial J}{\partial t} + \overline{H} = 0 ,$$

que no es otra cosa que la ecuación hamiltoniana (3). Junto con (7a), resuelve las ecuaciones (6) del campo de corriente.

Las ecuaciones (5) se obtienen del siguiente modo. Si J es una integral completa con las constantes arbitrarias α_i, entonces (3) sigue siendo válida si se sustituye, en J, α_i por $\alpha_i + d\alpha_i$. De ahí que tenga que ser válida

$$\frac{\partial^2 J}{\partial t \partial \alpha_i} + \sum_{\nu} \frac{\partial H}{\partial p_\nu} \frac{\partial^2 J}{\partial q_\nu \partial \alpha_i} = 0 .$$

En virtud de (2), podemos escribir

$$\left(\frac{\partial}{\partial t} + \sum_{\nu} \frac{dq_\nu}{dt} \frac{\partial}{\partial q_\nu} \right) \left(\frac{\partial J}{\partial \alpha_i} \right) = 0 .$$

Pero el operador del paréntesis es idéntico al operador $\left(\frac{d}{dt} \right)$, una derivada respecto al tiempo en el sentido de la descripción "lagrangiana". Por lo tanto, $\frac{\partial J}{\partial \alpha_i}$ permanece constante para *un* sistema durante su movimiento y, en consecuencia, un sistema de ecuaciones de la forma (5) tiene que ser válido para el movimiento de un punto en el sistema.

—

1919

NOVIEMBRE

Ernst Rutherford lleva a cabo la primera experiencia de desintegración radiactiva artificial:

> «Collision of α-particles with light atoms». *The Philosophical Magazine*, vol. 37, 1919, p. 581.

—

1920

ENERO

Carta de Einstein a Born [13] *

Lunes, 27 de enero de 1920

> El asunto de la causalidad también me atosiga mucho. ¿Es concebible la absorción-emisión cuántica de luz en el sentido de la exigencia de la causalidad absoluta o subsiste algún residuo estadístico? Debo confesar que ahí me falta el arrojo de la convicción. Soy muy, pero que muy reacio a renunciar a la causalidad *absoluta*. La interpretación de Stern no la entiendo, porque no acabo de encontrar el sentido nítido de la frase de que la Naturaleza es «comprensible». (La

cuestión de si la causalidad es o no estricta tiene un significado claro, aunque probablemente no tenga nunca una respuesta segura).

Comentario adicional de Born:

De más importancia son las observaciones de Einstein sobre los cuantos. Contienen ya la raíz de sus posteriores posiciones respecto a la mecánica cuántica. Quiere aferrarse incondicionalmente a una teoría del continuo, y por tanto a las ecuaciones diferenciales, y dar cuenta de los fenómenos cuánticos (discontinuidades) mediante «sobredeterminación» (más ecuaciones que incógnitas).

[* Las sucesivas numeraciones en corchete de las cartas Einstein-Born corresponden a la propia clasificación del libro «*E-B Briewechsel 1916-1955*» de Born publicado en 1969. La versión española de las sucesivas cartas que figuran aquí corresponde a mi libro: «*E-B Cartas (y algunos aledaños)*.» STI Ediciones. Zaragoza, 1915.]

MARZO

Carta de Einstein a Born [14]

3 de marzo de 1920

Tu observación sobre la movilidad de los iones me ha interesado mucho; creo que tu idea es buena. Siempre que tengo un momento libre ando a vueltas con el problema de los cuantos desde el punto de vista relativista. No creo que la teoría pueda prescindir del continuo. Pero no acabo de dar una forma concreta a mi idea favorita: interpretar la estructura cuántica, con ayuda de ecuaciones diferenciales, mediante una sobredeterminación.

Comentario adicional de Born:

La idea de Einstein de hacer comprensible la estructura cuántica en el marco de la descripción ordinaria mediante ecuaciones diferenciales, completándolas de forma que contuvieran una sobredeterminación, le tuvo ocupado durante muchos años; discutimos a menudo al respecto. Aunque de ahí no se sacó nada, él creía tan firmemente en la fertilidad de esta idea que no renunció a ella ni aún después del descubrimiento de la mecánica cuántica. Su rechazo de ésta estaba sin duda relacionado con esto.

MAYO

Carta de Einstein a Niels Bohr

[Berlín], 2 de mayo de 1920

Querido señor:

El maravilloso regalo que me envía usted desde Neutralia, donde todavía corren hoy la leche y la miel, me proporciona la agradable ocasión de escribirle. Se lo agradezco de todo corazón. Rara vez he encontrado en el transcurso de mi vida a un hombre que, como usted, me haya procurado tanta alegría por su sola presencia. Comprendo ahora por qué Ehrenfest le quiere tanto. En este mismo momento estoy estudiando sus grandes trabajos y cuando, en mi lectura, tropiezo en algún punto, experimento el placer de ver aparecer ante mí su amable rostro infantil sonriéndome y dándome explicaciones. He aprendido mucho de usted y, principalmente, cuáles son sus sentimientos profundos respecto a los asuntos científicos.

En su forma de deducir unos de otros los estados cuánticos con ayuda de estados cuánticos (a la manera de un hojaldre riemanniano), hay un punto que sigue siendo oscuro para mí. Me parece, en efecto, que la inversión del proceso que, a partir del estado $J_1 = h$, da el estado $J_2 = 2h$, da, a partir del estado $J_1 = h$, el estado $J = h/2$ que, sin embargo, se supone que no es un estado cuántico. En algún sitio se debe atravesar sin embargo la modificación discontinua del periodo de integración, si le he entendido correctamente.

Me alegro, por adelantado, de los encuentros que tendremos en Copenhague. Mientras espero volver a verle, le deseo mucha dicha e inspiración en su trabajo.

[*TCPAE*. Vol. 10. Doc. **4**]

1921

ENERO

Carta de Einstein a Born [29]

31 de enero de 1921

Últimamente no he pensado sino en pequeñeces. Quizá lo mejor sea una cuestión experimental sobre el campo de radiación. Las leyes estadísticas de la radiación permiten dudar de si el campo de Maxwell existe realmente en la radiación. La intensidad media de campo en la radiación térmica fuerte es del orden de magnitud de 100 Volt/cm; donde esté presente un campo semejante, tiene que producir sobre los átomos que emiten y absorben un efecto Stark perceptible. Pero si impera el otro reparto del efecto del campo, según las leyes estadísticas de la radiación, entonces el efecto debería tener lugar sólo sobre unas pocas moléculas, y, en éstas, muy fuerte, de modo que, junto a una línea nítida, se tendría un efecto muy débil y difuso. Voy a intentar la cosa con Pringsheim, aunque no es fácil.

Comentario adicional de Born:

La carta contiene diversas observaciones científicas. Ante todo, la duda en la existencia del campo maxwelliano de radiación, que no es compatible con las leyes estadísticas de la radiación. En uno de sus primeros trabajos, Einstein había puesto de manifiesto que la teoría ondulatoria de la radiación implica que, según un cálculo de Lorentz, el cuadrado medio de la oscilación de la energía de radiación es proporcional al cuadrado de la densidad media de energía. La teoría cuántica de la luz de Einstein, en la que se concibe la radiación como un tipo de gas compuesto de «fotones», establece que para cada gas ideal, existe una proporcionalidad entre el cuadrado de la fluctuación y la propia densidad media de energía. Pero si se utiliza la ley empírica de la radiación de Planck, se encuentra para el cuadrado medio de la fluctuación exactamente la suma de estos dos términos. Eso significa que la radiación no se compone sólo de ondas ni sólo de partículas, sino de ambas a la vez. Esa era la famosa y tristemente célebre «dualidad» que desde entonces atormentó siempre a Einstein y de la que todavía hablaremos mucho en estas cartas. Nunca quiso admitir que este resultado, suyo propio, fuese definitivo. Aquí pretende deshacerse del campo de Maxwell argumentando que el efecto Stark del campo de radiación térmica es suficientemente grande por sí mismo como para permitir sentenciar entre teoría corpuscular y teoría ondulatoria. Desconozco si llevó realmente a cabo los experimentos planeados con Pringsheim.

FEBRERO

Carta de Born a Einstein [30]

Frankfurt, 12 de febrero de 1921

Tu audaz idea de utilizar el efecto Stark de los campos en la radiación térmica para decidir sobre su carácter estadístico, es muy bella; espero que saques algo de ahí.

MARZO

Carta de Einstein a Rusch

Berlín, 18 de marzo de 1921

Si fuese sólo una cuestión de buena voluntad, le habría escrito ya hace mucho. Pero llevo una existencia febril, trepidante, en la que apenas encuentro tiempo para reflexionar. ¡Qué no ha sucedido en el mundo desde la última vez que nos vimos! Me aterra sólo pensarlo. ¡Y qué no conoceremos en los años venideros! Casi es un consuelo saber que uno mismo y toda esta agitación desaparecerán un día. Lo más bonito del mundo es y sigue siendo la ciencia, que ha producido en este periodo frutos verdaderamente magníficos. Yo he tenido la suerte de poder desarrollar hasta el final la idea de relatividad del movimiento y de conocer en vida su confirmación, así como de encontrar una teoría satisfactoria de la fórmula de Planck.* La cuestión de los cuantos sigue siendo en sí misma, evidentemente, tan oscura como antes. Parece que se choca aquí con una falla de nuestras bases teóricas que ningún investigador está actualmente en condiciones de superar. Pero las ideas desarrolladas por Rutherford y Bohr sobre la estructura del átomo constituyen a pesar de todo un formidable éxito. Recientemente, Rutherford ha demostrado la desintegración radiactiva de átomos ligeros (por ejemplo, de aluminio) por efecto de los rayos α.

Es lamentable que tenga usted tal impresión de aislamiento. De hecho, me imagino la vida con los chinos llena de encantos y de seducciones. Los escasos chinos que he conocido me han gustado mucho. Humanamente, aquellas gentes, con su refinadísima civilización, parecen incluso muy superiores a nosotros, de modo que tienen más que perder que ganar con nuestro contacto.

Se han exagerado mucho los conflictos en los que estoy implicado aquí. Mi actitud respecto a mis semejantes es demasiado objetiva y mi situación personal demasiado segura para que eso me pueda afectar de alguna manera. Sigo avanzando poco a poco y rumio mis pensamientos en la medida en que aún saco tiempo libre en semejante torbellino. Por otra parte, los descubrimientos de gran porte están reservados a la juventud y, por lo tanto, ya no me conciernen. Estoy a punto de salir para América por espacio de dos meses. Hace ya mucho que le habría enviado algunos artículos si las circunstancias presentes no hicieran tan endiabladamente complicado el asunto. Pero recuperaré el retraso.

[*Oeuvres Choisies*. L. I. Quanta. P. 148]

[* Se refiere al artículo «*Zur Quantentheorie der Strahlung*» de 1916]

OCTUBRE

Carta de Einstein a Besso

20 de octubre de 1921

Está en curso en Berlín una experiencia* interesante sobre la emisión luminosa. El rayo luminoso se desvía según la teoría ondulatoria.

[* Se refiere a la experiencia de Geiger-Bothe]

NOVIEMBRE

Carta de Born a Einstein [35]

Göttingen, 29 de noviembre de 1921

Comentario adicional de Born:

La afirmación de Ramsauer de que el libre recorrido de los electrones en el Argón tendía a infinito al decrecer su velocidad, tuvo que parecer en ese momento «descabellada». Y sin embargo era correcta. Sólo se pudo explicar mediante la mecánica ondulatoria de de Broglie*: las ondas materiales de electrones tienen una longitud de onda proporcional a la velocidad. Si se consideran sus colisiones con los átomos como fenómenos de difracción, es inmediatamente evidente que los electrones lentos, es decir, los de longitud de onda grande, resultan poco influenciados por los obstáculos atómicos.

[* Louis de Broglie obtendrá el Premio Nobel de Física de 1929 por el descubrimiento[+] de la naturaleza ondulatoria de los electrones.] [[+] Louis de Broglie no descubre, sino que postula, es decir, conjetura, "inventa". Einstein no estaría pues de acuerdo con el argumento empleado por el comité del Nobel.]

DICIEMBRE

Carta de Einstein a Born [36]

30 de diciembre de 1921

Gracias a la excelente colaboración de Geiger y Bothe está ya listo el experimento sobre la emisión de luz. Resultado: la emisión de luz de las partículas de rayos canales que se mueven es estrictamente monocromática, mientras que, según la teoría ondulatoria, el color de la emisión elemental tendría que ser diferente según las diferentes direcciones. Se demuestra así con seguridad que el campo ondulatorio no tiene existencia real y que la emisión de Bohr es un proceso momentáneo en sentido intrínseco. Es mi experiencia científica más fuerte desde hace años.

Comentario adicional de Born:

La investigación sobre emisión de luz por rayos canales, que Einstein llevó a cabo junto con Bothe y Geiger, y cuyo resultado califica como su «experiencia científica más fuerte desde hace años», aparece de nuevo en las cartas siguientes. Acabó siendo una gran decepción.

1922

ENERO

Carta de Born y Franck a Einstein [37]

Göttingen, 1 de enero de 1922

Querido Einstein:

Nosotros, Franck y Born, estamos absolutamente conmocionados por el contenido de tu carta, aun cuando, en nuestra torpeza, seamos incapaces de reconstruir la disposición del experimento de rayos canales.

Respuesta de Einstein, en el mismo mes, sin concretar fecha (Carta [38]):

La gracia es la siguiente: la partícula de rayo canal, según la teoría ondulatoria, emite de modo continuo, en direcciones diferentes, colores variables. Así pues, en medios dispersivos, una onda se propaga con una velocidad que es función del lugar. De ahí que debiera producirse una combadura de las superficies de onda, como en la refracción terrestre. Sin embargo, el resultado experimental es, a toda prueba, negativo.

—

Albert Einstein. «***Über ein den Elementarprozeß der Lichtemission betreffendes Experiment***». *Königlich Preußische Akademie der Wissenschaften, Sitzungsberichte*, 1921, 2, pp. 882-883. (Presentado el 8 de diciembre de 1921. Publicado el 5 de enero de 1922) [Recogido en *TCPAE*, Vol. 7, Doc. **68**, pp. 484-485 (GV)] [«Un experimento referente al proceso elemental de emisión de luz»]

882

Una experiencia referente al proceso elemental de emisión de luz

Nadie duda de que la radiación emitida por un átomo en reposo en un proceso elemental (en el sentido de la teoría cuántica) es monocromática. En el caso de una partícula emisora dotada de una velocidad con relación a un sistema de coordenadas, la radiación emitida en el proceso elemental debe tener una frecuencia diferente según la dirección considerada. Si ϑ es la velocidad de desplazamiento de la partícula y ν_0 la frecuencia de emisión del proceso elemental de la partícula, se debe tener en primera aproximación:

$$\nu = \nu_0 (1 + \frac{\vartheta}{c} \cos \theta), \tag{1}$$

donde θ es el ángulo que forma la dirección del movimiento de la partícula con la dirección de emisión considerada.

Por otra parte, si se considera la condición de emisión de Bohr, fundamental para la teoría de los cuantos:

$$E_2 - E_1 = h\nu \tag{2}$$

que liga la variación de la energía del átomo con la frecuencia emitida, se está inducido a atribuir una frecuencia única a cada acto de emisión elemental, esté o no el átomo en movimiento.

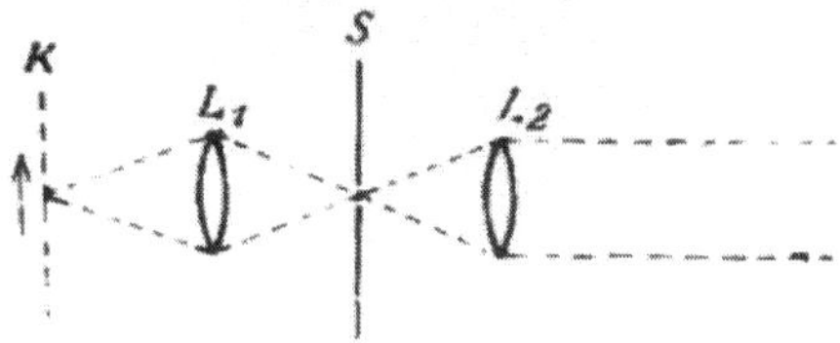

La cuestión de saber si la que es buena es la concepción que deriva de la teoría ondulatoria o la que sugiere, si no implica, la teoría de los cuantos, puede zanjarse mediante la siguiente experiencia (véase el esquema de arriba). Se forma la imagen de un haz delgado de rayos canales K que constituyen la fuente luminosa por medio de la lente L_1 en el plano de la ranura S que selecciona una pequeña parte de esta imagen. La luz que proviene de la imagen de cada una de las partículas elementales se hace paralela gracias a la lente L_2; con más precisión, las superficies de igual fase se convierten en planos.

883

Según la teoría ondulatoria, la luz resultante de un acto elemental y que pasa por el borde inferior de la lente será, en virtud del principio de Doppler, de longitud de onda más corta que la que pasa por el borde superior de la lente. Los planos de igual fase situados después de la lente L_2 no serán por tanto exactamente paralelos, sino ligeramente inclinados unos con relación a otros, en forma de abanico. Si se coloca un telescopio ajustado al infinito detrás de L_2, se verá una imagen de la rendija exactamente en el mismo lugar que si la luz fuera emitida por partículas en reposo. Desde luego, los puntos imagen correspondientes a las diferentes superficies de fase de un proceso elemental no se confundirán, pero estarán todos situados en el interior de la imagen óptica de la ranura.

Sin embargo, las cosas cambian si se interpone entre L_2 y el anteojo una capa de sustancia dispersiva, por ejemplo de sulfuro de carbono. Debido a la dispersión y a la dependencia de la frecuencia según la posición, las superficies de igual fase se propagarán más lentamente abajo que arriba, de modo que cabe esperar observar una desviación de la luz emitida por las partículas en movimiento de los rayos canales. Esta desviación, si existe, debe ser fácilmente observable. Si las distancias KL_1 y L_1S son iguales, si llamamos Δ a la distancia SL_2 y L al espesor de la capa del medio dispersivo, el ángulo α de desviación está dado por la fórmula:

$$\alpha = \frac{L}{\Delta}\frac{\vartheta}{c}\frac{dn}{\frac{d\nu}{\nu}}, \qquad (3)$$

donde ϑ/c representa la relación entre la velocidad de las partículas de los rayos canales y la de la luz, n el índice de refracción de la sustancia dispersiva, ν la frecuencia y dn y $d\nu$ los aumentos –ligados entre sí– de estas magnitudes. Para una capa de CS_2 de 50 cm. de longitud, con $\Delta = 1$, cabe esperar un ángulo de desviación superior a 2°.

Por el contrario, si el acto elemental tiene una frecuencia única, entonces la frecuencia de un proceso elemental individual debe ser independiente de la dirección; la desviación prevista por la teoría ondulatoria no existirá pues. No haré aquí más precisiones sobre esta eventualidad; quiero señalar simplemente que se la podría conciliar perfectamente con la existencia del efecto Doppler probada por J. Stark.

He emprendido, con el Sr. Geiger, la tarea de dar respuesta experimental a la cuestión planteada aquí.

—

Carta de Einstein a Ehrenfest

[Berlín], 11 de enero de 1922

Querido Ehrenfest:

El resultado de la experiencia sobre la luz es negativo, de forma segura –díselo a Bohr. Se puede concluir de aquí que el campo de emisión no tiene componente que tenga las dos propiedades:

a) ser ondulatoria;

b) estar repartida en todas las direcciones del espacio.

Me pregunto en estos momentos si el campo fantasma no puede sustituirse, *a pesar de todo*, por una interacción entre procesos elementales. Voy a tratar de zanjar esta cuestión también experimentalmente.

Cito a Haber en mi artículo sobre la superconductividad. Desarrolló una concepción parecida a la mía, hace unos años, en un trabajo para la Academia –evidentemente, sin «serpientes».

[*TCPAE*. Vol. 13. Doc. **13**]

[Einstein se está refiriendo al artículo anterior y, por tanto, a la experiencia realizada en diciembre de 1921 por Geiger-Bothe. Que el resultado sea negativo significa que la experiencia contradice la teoría ondulatoria.]

Carta de Einstein a Born y Franck [40]

18 de enero de 1922

Laue rechaza vehementemente mi experimento, es decir, mi interpretación del mismo. Sostiene que la teoría ondulatoria no exige en modo alguno la combadura de los rayos. En sustitución de la teoría, sugirió un precioso experimento, mediante ondas capilares, que ya muestran fuerte dispersión, para investigar la eventual combadura ondulatoria de los rayos, que es tan difícil de establecer con el rigor necesario. Hoy ya hubo gran discusión en el coloquio.

Comentario adicional de Born

Tras la cancelación de la invitación, esta carta contiene por primera vez dudas acerca de la validez del razonamiento subyacente al experimento de rayos canales, dudas que provienen desde luego de Max von Laue, por entonces, sin discusión, un experto de primer rango en todas las cuestiones ópticas. En lo que se refiere a Franck y a mí, nuestra entusiástica recepción del mensaje de Einstein sobre el experimento no se basaba ciertamente en nuestra propia reflexión, sino en la alegría de que Einstein hubiese logrado dar de nuevo un importante paso adelante.

Tercia, de nuevo, Einstein en el tema:

Albert Einstein. «***Über ein optisches Experiment, dessen Ergebnis mit der Wellentheorie unvereinbar ist.***» («Un experimento óptico cuyo resultado es incompatible con la Teoría Ondulatoria») {Theoretischer Teil: Albert Einstein; Experimenteller Teil: H. Geiger und W. Bothe.} (*KAdW. Sitzungsberichte.*) [*TCPAE*. Vol. 13. Doc. 29 (pp. 47-54 (EV)]

[Berlín, hacia el 19 de enero de 1922]

47

PARTE TEÓRICA

En una nota que ha aparecido recientemente en estas Actas (*Berichte*), he considerado un experimento óptico que prometía ofrecer interesantes hallazgos sobre el proceso elemental de la emisión de luz. Los señores Geiger y Bothe realizaron este experimento en el Physikalisch Technische Reichsanstalt con el resultado concluyente de que la difracción requerida por la teoría ondulatoria de la luz emitida por partículas de rayos canales en medios dispersivos *no* se produce. La importancia de este hallazgo me lleva a prologar la descripción de los experimentos con una presentación más precisa de algunas consideraciones relacionadas con él.

En nuestras teorías actuales sobre la luz, dos sistemas teóricos funcionan de forma independiente uno junto al otro, ambos aparentemente indispensables y, sin embargo, contradictorios entre sí:

48

la teoría ondulatoria o la teoría del campo electromagnético, respectivamente, y la teoría cuántica. La teoría ondulatoria ha sido hasta la fecha indispensable para la interpretación teórica de la refracción, la difracción, la interferencia y la dispersión, así como para comprender la conexión entre los fenómenos ópticos y electromagnéticos en sentido estricto. Abarca una enorme gama de fenómenos, que denominaremos el campo de la «óptica verdadera». Pero falla en todos los problemas de absorción, emisión y, en general, en todas las propiedades energéticas más sutiles de la radiación. Es absolutamente incapaz de explicar la fórmula de Planck, las leyes espectrales, las leyes del efecto fotoeléctrico, la actividad fotoquímica, etc. La teoría cuántica, por el contrario, resulta ser una guía indispensable en el ámbito de la conformidad con una ley natural de la energía, pero hasta ahora ha fracasado por completo en la «óptica verdadera».

Sin duda, los físicos ahora son favorables a la opinión de que la teoría cuántica abarca características más profundas de la realidad física que la teoría ondulatoria y que, en todos los problemas accesibles a ambas teorías, la teoría cuántica ha demostrado ser superior. Sin embargo, dado que la teoría ondulatoria es capaz de describir los fenómenos dentro del ámbito de la óptica verdadera con excepcional exactitud, sin fallar en un solo caso, sigue hoy prevaleciendo la creencia de que algún día conseguiremos fusionar la teoría cuántica y la teoría ondulatoria en un todo único sin negar la validez exacta de esta última.

Consideremos ahora el proceso de emisión de luz de una sola molécula de gas desde el punto de vista de ambas teorías. Según la teoría ondulatoria, un electrón que vibra en relación con la molécula genera un sistema de ondas electromagnéticas esféricas. Estas ondas esféricas son concéntricas si la molécula emisora en su conjunto tiene una velocidad nula, y excéntricas si la molécula emisora tiene una velocidad relativa al sistema de coordenadas. El color de la radiación emitida no es entonces una función constante de la dirección de emisión, sino una función continua (principio de Doppler) según la fórmula

$$\nu = \nu_0 \left(1 + \frac{q}{c} \cos \vartheta \right), \qquad \ldots (1)$$

siempre que ν signifique la frecuencia de la radiación emitida, q la velocidad de la molécula y ϑ el ángulo entre esta y la dirección de emisión considerada. La partícula emite en varias direcciones radiación *coherente* de *varios colores*. La distancia entre planos opuestos de la misma fase, es decir, de longitud de onda λ, es espacialmente variable. Por lo tanto, se podría ver a partir del campo ondulatorio, incluso a partir de una parte finita del mismo, si proviene de una molécula estacionaria o en movimiento, si el campo ondulatorio fuera perceptible. Esta variabilidad local de λ disminuye, para las ondas que se propagan libremente, con la distancia desde la molécula, pero puede mantenerse sin pérdida a grandes distancias si se permite que las ondas pasen a través de una lente

49

con la partícula moviéndose dentro de su plano focal. Los planos de onda de la misma fase se despliegan entonces detrás de la lente ligeramente oblicuos entre sí. Cuanto mayor es la variabilidad de λ en una dirección transversal a la dirección de propagación, mayor es la velocidad de la molécula y menor es la distancia focal de la lente. Así pues, en este caso, incluso la radiación a gran distancia de la molécula emisora tiene una característica accesible en principio a la observación que es característica del estado de movimiento de la partícula emisora. ¿Posee realmente esta propiedad la radiación emitida por una partícula en movimiento? Se podría pensar que esto ya ha sido verificado por la observación de Stark del efecto Doppler de la luz emitida por partículas de rayos canal en movimiento. Sin embargo, tal conclusión sería injustificada. La existencia del efecto Doppler no prueba que la misma partícula emita radiación de diferente frecuencia *simultáneamente en varias direcciones*, sino solo que cuando una partícula emite cualquier radiación en una dirección, tiene una frecuencia acorde con el principio de Doppler. Esto también podría ocurrir si, en un proceso elemental de emisión, toda la energía radiante se emitiera en una sola dirección, por ejemplo, según la teoría de la emisión de la luz de Newton.

Antes de entrar en la cuestión de la demostrabilidad de la estructura en forma de abanico de la radiación emitida por las partículas en movimiento que requiere la teoría ondulatoria, consideremos el proceso de emisión desde el punto de vista de la teoría cuántica. Esto requiere lo siguiente:

1) La energía de la molécula solo puede alcanzar determinados valores E_1, E_2 … (juzgado desde un sistema de coordenadas relativo a la molécula).

2) En la transición del estado con mayor energía E_m al de menor energía E_n, la diferencia $E_m - E_n$ se emite a la frecuencia v, por lo que

$$E_m - E_n = hv \qquad \dots (2)$$

3) El tiempo de emisión es pequeño en comparación con el tiempo que, según la teoría ondulatoria, debería tardar la emisión en poder explicar la capacidad de interferencia de la luz, observada empíricamente, para grandes diferencias de recorrido.

Por un lado, se sabe por los experimentos de Wien sobre la emisión de luz de los rayos canal en alto vacío que el período medio de permanencia en ese estado de mayor energía y el tiempo de emisión *juntos* son del orden de magnitud de 10^{-8} segundos; por otro lado, la estadística cuántica exige que los tiempos de transición sean muy pequeños en comparación con los períodos de permanencia en las órbitas «estacionarias» de Bohr. Por lo tanto, los tiempos de emisión deben ser inferiores a 10^{-10} segundos, lo que no es conciliable con una interpretación de la capacidad de interferencia observada de la luz espectral en el sentido de la teoría ondulatoria. La teoría cuántica entra así en conflicto con la teoría ondulatoria.

50

4) El proceso de emisión es, en términos energéticos, un proceso *dirigido*. La derivación cuántica teórica de la ley de radiación de Planck requiere que, tras la emisión de un cuanto, se transfiera un momento de la cantidad hv/c al átomo emisor; esto significa, según la ley de la presión de radiación, que toda la energía hv de la emisión cuántica se emite en una misma dirección. (A. Einstein. Zur Quantentheorie der Strahlung. *Phys. Zeitschr*. 1917. pp. 121 a 128).

Estos resultados conducirían necesariamente a una teoría de la emisión pura (teoría corpuscular) de la luz si los efectos de interferencia no plantearan obstáculos insuperables a una interpretación desde este punto de vista. En particular, según cualquier teoría de la emisión, parece imposible que una fuente de luz irradie luz coherente en diferentes direcciones, lo que sin duda es el caso; la eficacia de un microscopio, por ejemplo, se basa en que la luz emitida por el objeto, que se envía a los bordes opuestos de una lente de microscopio, se someta a interferencia.

Aunque la teoría corpuscular de la luz no puede explicar algunos fenómenos, sí expresa características de los fenómenos de la luz que se suelen interpretar con la ayuda de la teoría ondulatoria. Por ejemplo, también permite comprender el principio de Doppler. Si una molécula en movimiento emite un cuanto de frecuencia propia ν_0 (visto desde la molécula) en una dirección que forma el ángulo ϑ con respecto a la dirección del movimiento, entonces la pérdida de velocidad que experimenta la molécula es $(h\nu_0/c) \times (\cos\vartheta/m)$. Esta pérdida de velocidad corresponde a la pérdida de energía $mq \times (h\nu_0 \cos\vartheta/cm) = h\nu_0 \times (q \cos\vartheta/c)$. Como esta energía debe transformarse en la energía radiante del cuanto, se convierte, en total, en $h\nu_0 + h\nu_0 (q\cos\vartheta/c)$ o $h\nu_0(1 + q \cos\vartheta/c)$, que según la regla cuántica debe ser igual a $h\nu$ si ν significa la frecuencia del cuanto desde el marco de referencia que no se mueve con él. De esto se deduce la ecuación (1).

Hay algo que reviste especial importancia para nosotros. Según la teoría corpuscular, no se puede saber, a partir de un cuanto que se mueve por el espacio, si procede de una molécula en movimiento o estacionaria, al menos si se imagina el cuanto como un punto que se mueve a la velocidad c y que se caracteriza únicamente por un valor de energía y, tal vez, una dirección de polarización. El cuanto podría igualmente provenir de una molécula en reposo con una frecuencia de emisión adecuada. Por el contrario, hemos visto que, según la teoría ondulatoria, el proceso elemental está dotado de cualidades formales que, en principio, permiten establecer si la emisión proviene de una molécula en reposo o en movimiento.

51

Ahora nos preguntamos cuál es el criterio experimental para la propiedad que, según la teoría ondulatoria, se le atribuye a la luz procedente de una partícula en movimiento. En consecuencia, la distancia entre dos superficies de la misma fase y, por lo tanto, la frecuencia de la radiación es una función de la posición. Si dejamos que dicha radiación «en abanico» atraviese un medio dispersivo, entonces, a la frecuencia ν, la velocidad de propagación estándar de las superficies con la misma fase también es una función de la posición. De ello se deduce que, durante la propagación, las superficies de igual fase deben estar sujetas a una rotación, es decir, las normales de onda están sujetas a un cambio continuo de dirección, que debe ser detectable como una desviación de la luz después de que el tren de ondas abandone el medio dispersivo. Dado que esta deducción ha sido criticada con razón por el Sr. Laue por no ser lo suficientemente rigurosa, ofrezco otra en el apéndice de la parte teórica, cuyo cariz concluyente nadie debería poder poner en duda.

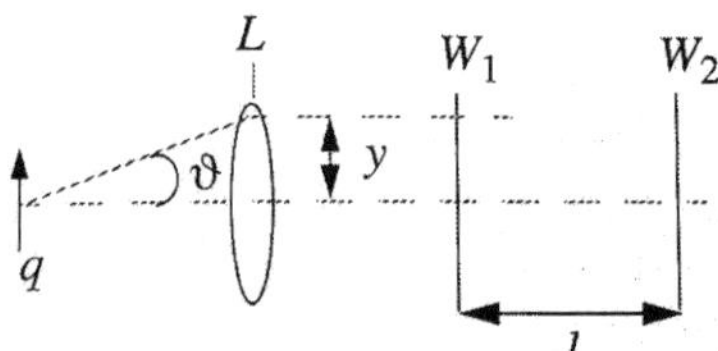

Observamos la superficie de ondas de igual fase, que es emitida por la molécula que se mueve perpendicularmente al eje óptico dentro del plano focal de la lente L, al pasar por el eje óptico. Se trata de una superficie esférica de radio creciente hasta la lente L; tras pasar por la lente L, es un plano que permanece perpendicular al eje óptico hasta su entrada en el medio dispersivo. Sea V la velocidad de propagación sobre la abscisa y. $\left(-\frac{1}{V}\frac{\partial V}{\partial y}\right)$ es entonces el ángulo de desviación de la longitud de onda normal hacia arriba por unidad de recorrido en el medio dispersivo. La desviación a lo largo de todo el recorrido en el medio dispersivo es l veces mayor. Mediante la refracción al salir del medio dispersivo, esta desviación se multiplica por n ($n = c/V$), por lo que se obtiene para la desviación total A (de la longitud de onda normal)

$$A = l\frac{dn}{dy}.$$

Por otro lado, sin embargo,

$$\frac{dn}{dy} = \frac{dn}{d\nu}\frac{d\nu}{dy} = \frac{dn}{d\nu}\frac{\nu q}{c}\frac{d\vartheta'}{dy} = \frac{dn}{\left(\frac{d\nu}{\nu}\right)}\frac{q}{c}\frac{l}{\Delta},$$

donde Δ significa la distancia focal de la lente. De este modo, se obtiene para el ángulo de desviación la expresión ya indicada en la primera comunicación:

52

$$A = \frac{dn}{\left(\frac{d\nu}{\nu}\right)}\frac{q}{c}\frac{l}{\Delta}. \qquad \ldots (3)$$

Para $\Delta = 1$ cm, una capa de ácido sulfocarbónico de 25 cm de longitud y $q/[c] = 1/300$ produce una desviación del orden de magnitud 10^{-2}.

Sea una línea abierta (o cerrada) en el plano con las coordenadas ξ, η, s que se extiende desde un punto de referencia a lo largo de su longitud de arco medida. Dicha línea tiene entonces soluciones a la ecuación de onda del tipo

$$\varphi = \int \frac{A}{\sqrt{r}} e^{j\omega(t - \frac{r}{v} + \alpha)} ds \qquad \ldots . (6)$$

La integral debe extenderse a lo largo de la curva. r es una función de ξ y η y, por lo tanto, indirectamente de s; A y α son funciones dadas de s. (6) resuelve la ecuación de onda a distancias de la curva que son grandes en comparación con la longitud de onda. Para lo que sigue, nos limitaremos al caso en el que r es grande en comparación con la longitud de la curva y esta última es grande en comparación con la longitud de onda de la radiación; A y α son variables constantes a lo largo de la curva si se representa la longitud de la curva como del orden de magnitud 1. ($s \cdot dA/ds$ y $s \cdot d\alpha/ds$ son finitos). Debido a que, en estas condiciones, la curva parece formar un ángulo pequeño desde el punto de partida, las superficies de igual fase en el punto de partida son casi verticales a la conexión de un punto arbitrario de la curva con el punto de partida.

Cualquier elección de la curva y de las funciones A y α da como resultado, en una parte del espacio que excluye la curva, la solución de un problema plano de desviación. Sin embargo, aquí no nos interesa el fenómeno de la desviación, sino la trayectoria del rayo, sin tener en cuenta la desviación. ¿Cómo se puede derivar esto de (6)? Para un punto de partida dado, $\frac{A}{\sqrt{r}}$ es una función de s que cambia gradualmente;

53

$\omega\left(t-\frac{r}{V}-\alpha\right)=H$, sin embargo, es generalmente una función de s que cambia rápidamente. Así, e^{-jH} oscila rápidamente hacia adelante y hacia atrás con s variable entre valores de signo diferente y cantidad igual, de tal manera que las partes de las integrales producidas por partes finitas de la curva se cancelan virtualmente. Solo se hace una excepción para aquellos puntos de la curva en los que el punto de partida considerado, $\frac{\partial H}{\partial s}$, desaparece. Si existen, entonces el punto de partida está iluminado; de lo contrario, está oscuro. Esta condición nos da la trayectoria del rayo, sin tener en cuenta la desviación.

Para todas las consideraciones siguientes, la curva es a partir de ahora una línea recta que se extiende entre $\xi = -b$ y $\xi = +b$ en la abscisa. En este caso, hay que establecer para r, desarrollando hasta términos de segundo orden en ξ,

$$r = r_0 - \frac{x}{r_0}\xi + \frac{1}{2}\frac{y^2}{r_0^3}\xi^2, \qquad \ldots (7)$$

donde se establece $r_0 = \sqrt{x^2+y^2}$. Nuestra condición fundamental para la iluminación del punto de partida establece entonces que, para el punto de partida y una cantidad para ξ entre $-b$ y $+b$, se debe cumplir la condición

$$\frac{\partial H}{\partial \xi} = 0. \qquad \ldots (8)$$

La ecuación (8a) da como resultado

$$\gamma\left(t-\frac{r_0}{V_0}\right)-\frac{\omega_0}{c}\left(v_0\frac{dn}{d\omega}\gamma - n_0\frac{x}{r_0}\right)=0.$$

Si, por las mismas consideraciones que en el caso sin dispersión, se establece de nuevo $t-\frac{r_0}{V_0}=0$, se obtiene

$$x = r_0^2\frac{1}{n}\frac{dn}{d\omega}\gamma \qquad \ldots (13)$$

54

La radiación emitida en el momento $t = 0$ se propaga, por lo tanto, en una línea curva, para ser precisos, en una trayectoria circular. La longitud de onda normal que, según uno de nuestros resultados anteriores, tiene la dirección del vector radial trazado hasta el punto de partida r_0, sufre por lo tanto una desviación en el sentido de un x creciente de magnitud

$$r_0 \frac{1}{n}\frac{dn}{d\omega}\cdot\gamma . \qquad \ldots (14)$$

Este resultado es equivalente a nuestra ecuación (3). Para verlo, solo hay que tener en cuenta que la velocidad de rotación del haz es $\frac{q}{\Delta}$ fuera del dieléctrico dispersivo; dentro de él, por lo tanto, es igual a $\frac{q}{\Delta n}$, término que se iguala a $\gamma\frac{V}{\omega}$. Además, para r_0 hay que fijar la longitud l de la capa dispersiva e introducir para V el índice de refracción n, y para ω la frecuencia ν.

Se demuestra rigurosamente que la ecuación (3), que no está confirmada por la experiencia, es en realidad una consecuencia de la teoría ondulatoria.

MARZO

Carta de Einstein a Ehrenfest

[Berlín], 15 de marzo de 1922

> De hecho, es mejor que tenga tantos motivos de distracción, porque si no, el problema de los cuantos me habría vuelto loco hace mucho. El hecho de que la luz emitida en direcciones diametralmente opuestas pueda interferir parece establecido incontestablemente. ¿Cómo poner eso de acuerdo con la directividad energética de los procesos elementales? El especialista de física teórica es decididamente bien poca cosa frente a la Naturaleza ... ¡y frente a sus alumnos!

[*TCPAE*. Vol. 13. Doc. **87**]

ABRIL

Carta de Einstein a Born [42]

Berlín (sin fecha)

> También yo, hace unos meses, he cometido una monumental metedura de pata (experimento sobre emisión de luz con rayos canales). Pero hay que consolarse: sólo la muerte nos libra de las meteduras de pata. Los trabajos de Bohr me infunden un gran respeto, por el certero instinto que les guía. Está bien que estéis trabajando en el Helio. Sin embargo, en la actualidad lo más interesante es el experimento de Stern y Gerlach. Sin colisiones, según los actuales métodos de razonamiento, no es posible entender por medio de la radiación la disposición de los átomos; en realidad, una disposición debería durar más de 100 años. He hecho al respecto un pequeño cálculo con Ehrenfest. Rubens tiene el resultado experimental por absolutamente seguro.
>
> *Comentario adicional de Born*
>
> Admite aquí Einstein que su razonamiento, que condujo al experimento de rayos canales, era falso: un error garrafal. Debo añadir que ahora (1965), al releer las viejas cartas, no he entendido en absoluto el análisis de Einstein y lo he tenido de inmediato por insostenible, antes

incluso de haber seguido leyéndolas. Por supuesto, esto se debe sencillamente a todo lo que, en los más de 40 años que median, hemos aprendido sobre la propagación de la luz; así, por ejemplo, el aserto de que las leyes de propagación de la luz en los cuerpos transparentes no tienen nada que ver con los cuantos y son perfectamente descritas por la teoría ondulatoria (ecuaciones de Maxwell y su generalización relativista para cuerpos en movimiento). Eso es probablemente lo que ya entonces estaba claro para Laue y lo que adujo frente a las ideas de Einstein. Einstein lo comprendió y admitió su «coladura».

Es extraño que Einstein me mencionase a mí la experiencia de Stern-Gerlach como «la más interesante». Se había olvidado de que el experimento se había llevado a cabo en mi Instituto, ante mis propios ojos, tras discusiones conmigo y con la ayuda de los fondos que yo había recaudado por mis conferencias sobre la relatividad.

Si mi memoria no me engaña, el pequeño cálculo que Einstein había llevado a cabo con Ehrenfest, que probaba que la orientación direccional de los átomos en el campo magnético –predicha por Sommerfeld y que el experimento de Stern-Gerlach confirmó experimentalmente– no era explicable clásicamente, también lo hizo Stern.

—

JUNIO

El 24 de junio es asesinado en Berlín el ministro de Estado alemán Walter Rathenau, con quien Einstein mantiene vínculos afectivos e intelectuales.

—

AGOSTO – SEPTIEMBRE

Albert Einstein (& Paul Ehrenfest). «***Quantentheoretische Bemerkungen zum Experiment von Stern und Gerlach***». *Zeitschrift für Physik*, vol. 11 (1922), pp. 31-34. (Manuscrito fechado en mayo-junio y completado antes del 30 de julio de 1922. Recibido el 21 de agosto de 1922. Publicado el 16 de septiembre de 1922) [Recogido en *TCPAE*. Vol. 13, Doc. **315**, pp. 441-444 (GV)] [«Observaciones teórico-cuánticas sobre el experimento de Stern-Gerlach»]

31

§ 1.

O. Stern y W. Gerlach[1] han lanzado un chorro de átomos de plata en forma gaseosa a través de un campo magnético con ánimo de comprobar si los átomos poseen un momento magnético y, en caso de que sí, cuál es su orientación al atravesar el campo magnético. Su experiencia ha dado el importantísimo resultado siguiente: el momento magnético de todos los átomos está alineado a lo largo de la dirección de las líneas de fuerza durante la travesía del campo; con más precisión, está dirigido en el sentido del campo para prácticamente la mitad de los átomos y en sentido contrario para la otra mitad. Surge naturalmente la cuestión: ¿de qué forma llegan a tener los átomos esta orientación?

§ 2.

A este respecto, conviene ante todo señalar que los átomos no sufren ninguna colisión durante su trayecto en el campo magnético deflector –las últimas colisiones que sufren tienen lugar en el crisol durante la vaporización.

Empecemos ya por preguntarnos cómo modifican, en general, los átomos magnéticos su orientación bajo la influencia de un campo magnético. En la medida en que se puede despreciar la emisión y la absorción de radiación, así como las colisiones y demás efectos del mismo tipo, los átomos efectúan en el campo magnético un movimiento de precesión (rotación de Larmor) alrededor de la dirección del campo. Si, en comparación con la velocidad del movimiento de precesión, las variaciones de loa dirección del campo son lentas, el ángulo de precesión se mantiene. En consecuencia, el posicionamiento según las inclinaciones requeridas por la teoría de los cuantos (0 y π para el átomo de plata según la experiencia de Stern-Gerlach) no pueden hacerse sin influencias exteriores del tipo radiación o colisiones.

§ 3.

La explicación más inmediata de lo que se constata experimentalmente parece, a primera vista, ser la siguiente: el posicionamiento de los átomos se efectúa a su entrada en el campo del electroimán por intercambio de radiación. Es necesario, entonces, que haya no sólo cesión de energía, sino también, en el caso de los átomos que se disponen antiparalelamente a las líneas de fuerza, ganancia de energía tomada al campo de radiación. ¿Con qué rapidez se efectúa (a temperatura ambiente)[3] esta reorganización de los momentos atómicos bajo el efecto de la radiación?

1) [O. Stern und W. Gerlach. «Der experimentelle Nachweis der Richtungsquantelung im Magnetfeld», *Zeitschrift für Physik*, vol. 9. 1922, pp. 349-352]

El tiempo requerido puede evaluarse de forma relativamente segura en el caso de las transiciones de estados cuánticos a estados cuánticos. Sabemos, efectivamente, que en ese caso, el tiempo de transición relativo a una población de átomos es idéntica, al menos en orden de magnitud, al que da el modelo clásico correspondiente. En el caso que nos interesa, el de un átomo dotado de un momento magnético y en precesión, el modelo clásico sería un dipolo magnético que emite una radiación en su rotación cónica. El tiempo requerido para el posicionamiento del dipolo sería, en el supuesto de que sólo intervenga la radiación emitida en el movimiento de precesión, del orden de 10^{11} segundos (para una intensidad de campo de 10.000 gauss). No obstante, si se tiene en cuenta la influencia de la radiación térmica ambiente («inmersión positiva y negativa»[1]), este tiempo se reduce a alrededor de 10^{9} segundos.

De todas formas, se trata de tiempos cuyo orden de magnitud no tiene nada que ver con los de la experiencia, ya que el posicionamiento se efectúa en ella en un tiempo inferior a 10^{-4} segundos.

§ 4.

Si se intenta resolver esta dificultad, no se tiene otra elección, a primera vista, que las dos hipótesis siguientes:

A. El mecanismo real es tal que los átomos no pueden nunca encontrarse en un estado en que no estén totalmente cuantificados.

B. En impactos rápidos se obtienen estados que violan la regla cuántica referente a la orientación; el establecimiento de los posicionamientos exigidos por la regla cuántica se hace por emisión y absorción de radiación con una velocidad de reacción extraordinariamente más grande que en el caso de las transiciones de estados cuánticos a estados cuánticos.

A priori, no parece posible, en el actual estado de cosas, zanjar entre estas dos hipótesis; pero conviene tener claramente presente en qué difieren desde el punto de vista de los principios y a qué género de dificultades conducen una y otra.

§ 5. *Discusión de la hipótesis* A

1. La experiencia de Stern-Gerlach ilustra particularmente bien lo que implica esta hipótesis: en la vaporización en el crisol,

cada átomo de plata está totalmente cuantificado inmediatamente después de cada colisión; su eje magnético está pues alineado según el campo magnético imperante, aun cuando éste sea muy débil. Después de la última

[1]) Véase A. Einstein, «Zur Quantentheorie der Strahlung», *Phys. ZS*, vol. 18, 1917, p. 121, § 2.

33

colisión, mientras atraviesa las distintas porciones del campo, su dirección se ajusta continuamente a la dirección del campo en el punto considerado.[1])

2. Mientras una parte de los momentos (cuantificados) será paralela al campo, la otra será antiparalela; el reparto estadístico está regido aquí por la temperatura y la intensidad del campo durante la evaporación en el crisol, y no por la temperatura (de la radiación) y las diversas intensidades del campo imperante en el espacio atravesado después.

3. Habría entonces que resolverse a admitir lo siguiente: los campos, por débiles que sean, tienen inmediatamente después del choque (es decir, después de la acción de un campo mucho más fuerte) una influencia determinante sobre la orientación. Sería necesario entonces que, en las variaciones que afectan por ejemplo a la dirección del campo magnético –variaciones que pueden ser tan rápidas como se quiera con relación a la relación de Larmor–, el eje magnético del átomo siguiese perfectamente la dirección del campo, tal como ocurre cuando las variaciones son tan lentas como se quiera. Con más generalidad, un sistema mecánico debería instalarse cuando las condiciones exteriores varían de forma arbitrariamente rápida, en el mismo estado final que cuando estas variaciones se ejecutan de forma infinitamente lenta (adiabática). Con ayuda de algunos ejemplos, es fácil probar que eso vuelve a violar las ecuaciones de la mecánica.[2])

§ 6. *Discusión de la hipótesis* B

1. En el caso de la experiencia de Stern-Gerlach, se tendría el esquema siguiente: en la vaporización en el crisol, el eje magnético de un átomo, inmediatamente después de cada colisión, se orienta arbitrariamente con relación al campo débil que impera en este sitio. El proceso de orientación, con posicionamiento paralelo y antiparalelo al campo, se efectúa por radiación infrarroja, o, con más precisión, por emisión positiva y

negativa. Además, es esencial suponer que a estas transiciones de estados no cuánticos a estados cuánticos

[1]) Una hipótesis similar fue ya avanzada por el doctor G. Breit en una discusión en el seminario de física de Leiden.
[2]) Un ejemplo en cierto modo ficticio: se sabe que una disminución adiabática de la longitud del hilo de un péndulo pesante modifica la frecuencia ν, y por tanto la energía ε, de modo que se sigue cumpliendo la regla cuántica. Por el contrario, si se disminuye bruscamente la longitud del hilo, por ejemplo en posición vertical, ν aumenta, mientras que, según la mecánica, no hay aporte de energía. La hipótesis A implica pues un aporte de trabajo incomprensible desde el punto de vista mecánico..

Segundo ejemplo: un átomo magnético en un campo magnético débil. En una rotación infinitamente lenta del campo (infinitamente lenta respecto a la velocidad de precesión), el eje magnético del átomo sigue, según las leyes de la mecánica, la dirección del campo. Si sucede lo mismo en una variación rápida de la dirección del campo, se produce una variación del momento cinético, incomprensible desde el punto de vista mecánico.

34

corresponden probabilidades de transición de un orden de magnitud netamente superior al relativo a las transiciones de estados cuánticos a estados cuánticos.[1]) Después de la última colisión, mientras se atraviesan las diferentes partes del campo, la dirección del campo se ajusta casi adiabáticamente a la dirección variable del campo – compensándose cada vez las eventuales y muy ligeras variaciones angulares por un intercambio extraordinariamente débil de energía, de frecuencia «muy infrarroja» (bastante más infrarroja incluso que la frecuencia de precesión).

2. También aquí el reparto estadístico entre las orientaciones paralela y antiparalela al campo estaría, en lo esencial, determinada por la temperatura y la intensidad del campo en el crisol.

3. Según la hipótesis B, un vapor monoatómico cuyos átomos son portadores de momentos magnéticos debería emitir y absorber radiación, en un campo magnético, de la parte de las longitudes de onda correspondiente a la frecuencia del movimiento de precesión; y, por lo tanto, para el campo magnético considerado, en el dominio de las ondas eléctricas.

4. Es característico de l hipótesis B que haga depender el ajuste de los estados cuánticos de la posibilidad de inmersión en la radiación y de emisión de radiación. Establece por tanto una diferencia de principio entre sistemas puramente mecánicos y los susceptibles de irradiar. Por ejemplo, el eje de rotación de un trompo simétrico y pesante no debería poder posicionarse de forma cuántica en el campo gravitatorio más que si llevase cargas eléctricas convenientes. En suma, si se quisiese extender por ejemplo la hipótesis B, del posicionamiento en orientación al de los estados cuánticos, es decir, si no se autorizasen posicionamientos espontáneos según órbitas cuánticas 8en el caso, por ejemplo, de las vibraciones de una red cristalina o de las rotaciones de una molécula) más que cuando hay cargas eléctricas convenientes, se llegaría a una contradicción manifiesta con las experiencias que versan sobre los calores específicos, por ejemplo del diamante y del H_2 gaseoso.

§ 7.

Las dificultades que se acaban de enumerar muestran que las dos tentativas de interpretación de los resultados hallados por Stern y Gerlach discutidos aquí no son satisfactorias ni una ni otra. La concepción de Bohr –según la cual no existe en absoluto cuantificación definida en campos complejos- no ha sido analizada.

Leiden-Berlín, mayo-junio de 1922

[1]) Correspondiente a un tiempo de posicionamiento de 10^{-4} segundos en vez de 10^{9} segundos.

—

OCTUBRE

A principios de mes, Einstein y su esposa Elsa inician un viaje a Japón que continuará después a Palestina y España. En el transcurso del viaje, Einstein recibe la notificación de que se le ha concedido el Premio Nobel correspondiente al año 1921 [que, en su momento, había quedado desierto]. En el miso *lote* se otorga a Bohr el Nobel correspondiente a 1922.

—

1923

ENERO

Carta de Einstein a Niels Bohr

Cerca de Singapur y a bordo del Haruna Maru
10 de enero de 1923

Querido Bohr

Recibí su amable carta justo antes de mi salida para Japón. Puedo decir sin exagerar que no me ha producido menos satisfacción que el premio Nobel. Me ha parecido especialmente encantador su temor a recibir el premio antes que yo: es muy propio de Bohr. Sus últimas investigaciones sobre el átomo me han acompañado en mi viaje y han acrecentado el afecto que le profeso. Creo haber entendido por fin la relación entre electricidad y gravitación. Eddington se ha acercado a la solución más que Weyl.

El viaje es magnífico. Japón y los japoneses me encantan y estoy seguro de que le ocurriría a usted lo mismo. Además, mi viaje a través del océano brinda una existencia magnífica a quien le gusta rumiar –es como un claustro. A ello hay que añadir el espantoso calor de la proximidad del ecuador. Cae perezosamente del cielo un agua caliente esparciendo la calma de una penumbra vegetal –que esta breve carta testimonia.

Le saludo cordialmente. Aguardo el placer de volver a verle a usted, como muy tarde en Estocolmo.

ABRIL

P. Debye. «***Zerstreuung von Röntgenstrahlen und Quantentheorie***». Physikalische Zeitschrift, No. 8. 15. April 1923. 24. Jahrgang. pp. 161-166. ORIGINALMITTEILUNGEN (Contribuciones originales) [Firmado en Zúrich el 10 de marzo de 1923. (Registro de entrada: 14 de marzo de 1923)] («Dispersión de rayos Röntgen y teoría cuántica»)

161

Dispersión de rayos Röntgen y teoría cuántica

1. La radiación Röntgen dispersada presenta, como es sabido, polarización y reparto irregular de la intensidad en las diferentes direcciones del espacio. Si se calcula la radiación proveniente de un electrón libre según las leyes de la Electrodinámica, el resultado teórico coincide cualitativamente, como demostró J. J. Thomson, con la experiencia. Así lo ha reflejado la polarización observada por Barkla mediante cálculo; también está más dispersada en el mismo sentido y en sentido contrario de los rayos primarios que perpendicularmente a ellos. Si Θ es el ángulo entre el rayo primario y el secundario, se sigue, para la dependencia del ángulo de la intensidad i_s dispersada, la fórmula

$$i_s \approx \frac{1 + \cos^2 \Theta}{2} .$$

Para longitudes de onda relativamente grandes de la radiación primaria existe, sin embargo, entre el reparto de intensidad observado y calculado, una diferencia esencial. Hacia delante ($\vartheta = 0$) estará en la práctica considerablemente más irradiado que hacia atrás ($\vartheta = \pi$). Se podría demostrar que este efecto se basa en que las distancias entre los electrones en el átomo son del mismo orden de magnitud que las longitudes de onda de la radiación Röntgen utilizada en tales experimentos. En consecuencia, los rayos secundarios de los electrones de un átomo interfieren entre sí y la intensidad de dispersión para las longitudes de onda media es aritméticamente proporcional a z^2 para $\Theta = 0$ y proporcional a z para $\Theta = \pi$, si z representa[1] el número de electrones en el átomo.

Si se pasa ahora a longitudes de onda absolutamente pequeñas, entonces el efecto interferencial se deberá reducir, según el cálculo, a un dominio angular cada vez más pequeño en el entorno de $\Theta = 0$ y la intensidad en el dominio restante se dará de nuevo mediante la fórmula de Thomson. Todos los resultados experimentales con ondas cortas están en contradicción con esto. En lo que sigue, me gustaría exponer algunas reflexiones que se refieren exclusivamente al ámbito de estas ondas cortas.

Cuatro puntos me parecen especialmente dignos de atención:

(1) La radiación dispersada en la dirección de la radiación primaria ($\Theta = 0$) es esencialmente más fuerte que en la dirección opuesta ($\Theta = \pi$), en oposición a la proporcionalidad encontrada por cálculo con $(1 + \cos^2 \Theta)$.

(2) De ahora en adelante parece indudable que la radiación dispersada en la dirección de la radiación primaria es más dura que en la dirección contraria. La longitud de onda, por tanto, no se conserva, en oposición otra vez a los resultados de los cálculos antes referidos.

(3) La energía total de la radiación dispersada sucumbe bajo el correspondiente valor límite del cálculo de Thomson. Este estaba, por otra parte, en concordancia con el resultado de 0,2 obtenido experimentalmente por Barkla del coeficiente de dispersión s para la densidad ρ bajo la suposición hoy ya indudable de que, en los elementos ligeros, el número de electrones es igual al número atómico.

(4) Toda dispersión va acompañada siempre de una emisión de electrones. Cuanto más corta sea la longitud de onda, tanto más parecen ser emitidos los electrones en la dirección del rayo primario.

Los experimentos no son todos tan inequívocos en sus resultados como para que los asertos 1 a 4 se puedan dar experimentalmente por completamente establecidos en todos sus detalles. De todos modos, en los últimos tiempos he tenido la impresión, a partir de una sinopsis de A. H. Compton,[2] de que

[1] P. Debye, Ann. d. Phys. 46, 809, 1915; véase también la presentación resumida en los "Naturwissenschaften" 1922, Cuaderno 16.

[2] Boletín del consejo nacional de investigación, Vol. 4, parte 2, número 20, octubre de 1922 (National Academy of Sciences, Washington D.C.). Me gustaría remitir también allí para toda la bibliografía detallada.

162

corresponden a la realidad con mayor probabilidad. Por eso no quiero prolongar por más tiempo dar una explicación para someter a discusión, con ayuda de la teoría cuántica, este efecto que hace ya mucho tiempo me pareció posible.

2. Supongamos que la Electrodinámica clásica falla también en el cálculo de la radiación dispersada de un electrón libre excitado por rayos primarios y se tiene que sustituir por una interpretación cuántica. Rige especialmente la siguiente idea. La radiación Röntgen primaria de frecuencia ν_0 transfiere a un electrón libre[1] en un proceso único la energía $h\nu_0$. Esta energía se transforma cuantitativamente sirviendo, en primer lugar, para generar un rayo secundario de frecuencia ν y la cantidad de energía $h\nu$ y, en segundo lugar, para conferir al electrón una velocidad υ.

La radiación secundaria se interpreta, en el sentido de Einstein, como "radiación de aguja". Basándose en estas premisas se puede obtener ahora una imagen muy detallada del proceso si se suponen válidos en este dominio a) el teorema de la energía y b) el teorema del impulso. Ambos teoremas son, sin hipótesis adicionales, sólo suficientes.

Las velocidades de los electrones serán comparables con la velocidad de la luz c; calculamos por ello con las fórmulas de la teoría de la relatividad y, en consecuencia, para la energía de un electrón con masa en reposo m que se mueve con la velocidad υ, tenemos

$$E = mc^2\left(\frac{1}{\sqrt{1-\beta^2}} - 1\right), \tag{1}$$

si, como de costumbre, se pone

$$\beta = \upsilon/c. \tag{1'}$$

Para el impulso I (dirigido en la dirección de la velocidad), rige

$$I = \frac{mv}{\sqrt{1-\beta^2}}. \tag{2}$$

La utilización del teorema de la energía proporciona la primera ecuación

$$h\nu_0 = mc^2\left(\frac{1}{\sqrt{1-\beta^2}} - 1\right) + h\nu. \tag{I}$$

Supongamos ahora que el rayo secundario parte bajo un ángulo Θ con el rayo primario y, por otra parte, sea ϑ el ángulo bajo el que es lanzado el electrón. Supongamos que ambas direcciones están en un plano con el rayo primario. La utilización del teorema del impulso proporciona entonces dos ecuaciones, una para las componentes del impulso en la dirección del rayo primario y otra para las componentes perpendiculares a esta. Se escriben

$$\frac{h\nu}{c} = \frac{mv}{\sqrt{1-\beta^2}}\cos\vartheta + \frac{h\nu}{c}\cos\Theta, \tag{II}$$

$$0 = \frac{mv}{\sqrt{1-\beta^2}}\sin\vartheta + \frac{h\nu}{c}\sin\Theta, \tag{III}$$

pues, como es sabido, una energía de radiación $u = h\nu$ posee un impulso u/c en su dirección de propagación.

Se logra una perspectiva inmejorable introduciendo la siguiente magnitud sin dimensiones:

$$\mu = \frac{\nu}{\nu_0}, \tag{3}$$

es decir, la relación de la frecuencia secundaria a la frecuencia primaria, y

$$x = \frac{mc^2}{h\nu_0}. \tag{4}$$

La magnitud mc^2/h tiene la dimensión de una frecuencia, que se representará por N. Numéricamente, resulta ser

$$N = 1{,}23 \cdot 10^{20}\ \frac{1}{seg},$$

correspondiente a una longitud de onda

$$\Lambda = 0{,}0243 \cdot 10^{-8}\ \text{cm}$$

y, por definición, es universal.

Introduciendo μ y x, las ecuaciones fundamentales adoptan la forma

$$1-\mu = x\left(\frac{1}{\sqrt{1-\beta^2}} - 1\right), \tag{I'}$$

$$1-\mu\cos\Theta = x\frac{\beta}{\sqrt{1-\beta^2}}\cos\vartheta, \tag{II'}$$

$$-\mu\sin\Theta = x\frac{\beta}{\sqrt{1-\beta^2}}\sin\vartheta. \tag{III'}$$

Según (4), corresponde $x = \infty$ a la frecuencia primaria $\nu_0 = 0$ y $x = 0$ a la frecuencia primaria $\nu_0 = \infty$.

Si hay ahora una radiación secundaria en la dirección Θ, las tres ecuaciones (I'), (II'), (III') permiten el cálculo de las tres magnitudes μ, β y ϑ. Para una x dada, es decir, para una longitud de onda dada de la radiación primaria, se obtiene entonces, en primer lugar, de μ, según (3), la frecuencia ν del rayo secundario, en segundo lugar, de β, según (I'), la velocidad υ del electrón secundario y en tercer lugar, con ϑ, la dirección en la que este electrón es lanzado.

3. Se logra una perspectiva sobre las relaciones por ejemplo en la forma siguiente. De (II') y (III') se deduce, eliminando ϑ:

$$1+\mu^2 - 2\mu\cos\Theta = x^2\frac{\beta^2}{1-\beta^2}$$

[1] Sobre la hipótesis de "electrones libres" véase el párrafo 4.

163

y sustituyendo por $1-\beta^2$ de (I') el valor deducible de aquí

$$1+\frac{1-\mu}{x}=\sqrt{1+\frac{1+\mu^2-2\mu\cos\Theta}{x^2}}.$$

Elevando al cuadrado esta ecuación y haciendo

$$1+\mu^2-2\mu\cos\Theta=(1-\mu)^2+2\mu(1-\cos\Theta),$$

se obtiene

$$1-\mu=\frac{\mu}{x}(1-\cos\Theta)$$

o

$$\mu=\frac{1}{1+\frac{1}{x}(1-\cos\Theta)}=\frac{1}{1+\frac{2}{x}\sin^2\frac{\Theta}{2}}. \qquad (5)$$

Como $\mu = \nu/\nu_0$ (5) significa que la frecuencia de la radiación secundaria es siempre más pequeña que la frecuencia primaria, exceptuado el caso en que el rayo secundario constituya la continuación del rayo primario. Por lo demás, la reducción de la frecuencia es tanto más considerable cuanto más pequeña es x, es decir, según (4), cuanto más pequeña es la longitud de onda de la radiación primaria. Sin embargo, el efecto sólo es intenso si la longitud de onda primaria λ es comparable con la longitud de onda universal Λ o más pequeña.

El segundo miembro de (I') es la relación entre la energía del electrón lanzado

$$E=mc^2\left(\frac{1}{\sqrt{1-\beta^2}}-1\right)$$

y la energía del cuanto primario $h\nu_0$. Así pues, haciendo uso de (5) se sigue

$$\frac{E}{h\nu_0}=x\left(\frac{1}{\sqrt{1-\beta^2}}-1\right)=1-\mu=\frac{\frac{2}{x}\sin^2\frac{\Theta}{2}}{1+\frac{2}{x}\sin^2\frac{\Theta}{2}} \qquad (6)$$

fórmula que, sin más, proporciona la energía del electrón secundario, con independencia de la dirección del correspondiente rayo Röntgen secundario. Si este rayo constituye la continuación del rayo primario ($\Theta = 0$), es $E = 0$; si va en sentido contrario ($\Theta = \pi$), entonces E es máxima, esto es

$$E=\frac{1}{1+\frac{x}{2}}.$$

Cuanto más pequeña es x, es decir, cuanto más pequeña es la longitud de onda del rayo primario, tanto mayor es la fracción de cuanto de radiación primaria que se halla en el rayo electrónico, de modo que, con longitud de onda decreciente, aparece una preferencia cada vez mayor de la energía de los electrones frente a la energía de la radiación secundaria.

Finalmente, tiene que determinarse todavía la dirección de la velocidad del electrón lanzado. Si se divide (III') por (II') se obtiene, de entrada

$$tg\,\vartheta=-\frac{\mu\sin\Theta}{1-\mu\cos\Theta},$$

aunque, teniendo en cuenta (5), se puede escribir también

$$tg\,\vartheta = -\frac{x}{1+x}\frac{1}{tg\frac{\Theta}{2}}. \tag{7}$$

Si Θ va desde 0 hasta π, el segundo miembro de (7) recorre todos los valores de $-\infty$ a 0. Como ϑ está limitado al dominio entre 0 y π, este ángulo va simultáneamente de $\pi/2$ a π. Ahora bien, debido a (6), sólo β^2 está determinada, y no la propia β, por lo que la elección del signo es todavía libre. Sin embargo, las ecuaciones (II') deberán satisfacerse individualmente con valores de ϑ comprendidos entre $\pi/2$ y π, por lo que se condiciona así la elección del signo negativo para β. Eso significa que los electrones serán lanzados siempre hacia delante. Sin embargo, la dirección de la radiación secundaria se desvía hacia arriba del rayo primario, suponiendo horizontal a éste, por lo que el electrón va hacia abajo. Para ondas primarias largas (x grande) será en el límite

$$tg\,\vartheta = -\frac{1}{tg\frac{\Theta}{2}},$$

de manera que, sencillamente, es

$$\vartheta = \frac{\pi}{2} + \frac{\Theta}{2}.$$

Sin embargo, cuanto más pequeña sea la longitud de onda primaria, tanto más pequeño será el factor $\frac{x}{1+x}$; además, para valores pequeños de Θ, seguirá por tanto siendo pequeño el segundo miembro de (7), es decir ϑ será siempre aproximadamente igual a π. Para radiación primaria mucho más dura, los electrones serán lanzados por tanto en su mayoría aproximadamente en la dirección del rayo primario. En la Fig. 1 se presentan las relaciones teóricas para el caso $x = 1$, es decir, para

$$\lambda_0 = \Lambda = 0{,}0243 \cdot 10^{-8} \text{ cm}.$$

La mitad superior de la figura muestra un semicírculo punteado de radio $h\nu_0$ y además una serie de flechas limitada por una curva de trazo continuo. La longitud de la misma indica la magnitud

164

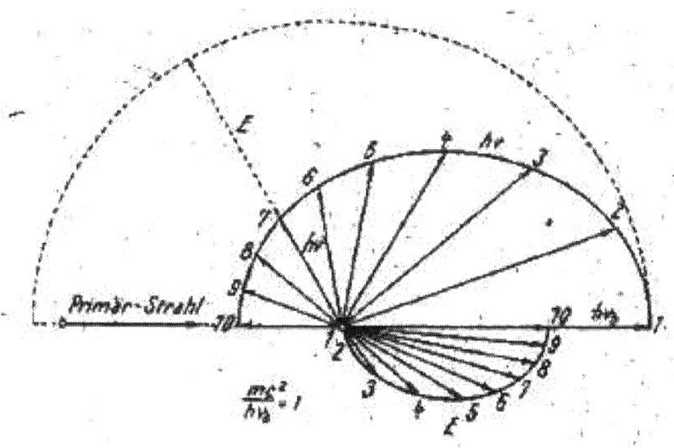

del cuanto de radiación secundaria $h\nu$, según (5)[1]. El trozo de radio comprendido entre esta curva y el círculo da el respectivo valor absoluto de la energía E del electrón, pues $h\nu$ y E, según el teorema de la energía (véase (6)), se tienen que complementar mutuamente. La mitad inferior de la figura contiene una serie de flechas, limitada asimismo por una curva de trazo continuo. Estas flechas representan mediante su longitud el respectivo monto de la energía electromagnética E y señalan en la dirección de la velocidad del electrón. Tanto las flechas del cuanto de radiación $h\nu$, como las flechas de E están numeradas de modo que están provistas con el correspondiente mismo número. Su dirección está calculada según (7). Como se ve, la flechas inferiores permanecen restringidas a un dominio angular de 90º, mientras que la dirección del cuanto de radiación secundaria cubre un dominio de 180º.

4. Las consecuencias referidas en **3** coinciden cualitativamente con el primero, el segundo y el último de los puntos subrayados al principio. Con anterioridad me pareció demasiado grande el cambio de frecuencia exigido, y que (5) requiere ya, por ejemplo para una longitud de onda primaria $\lambda_0 = 0{,}708$ Å y bajo un ángulo de observación de 90º, una relación de frecuencia

$$\mu = \frac{\nu}{\nu_0} = \frac{1}{1+\frac{1}{x}} \cong 1 - \frac{1}{x} + \ldots = 1 - 0{,}0330\,.$$

Ahora bien, Compton[2] refiere, por observación directa para $\lambda_0 = 0{,}708$ (molibdeno K_α), haber constatado en la radiación de dispersión del grafito bajo 90º respecto al rayo primario un crecimiento de la longitud de onda del 3,4 por ciento. Esto coincide con el valor calculado de μ. Por lo demás, él mismo cita para el cálculo de este efecto la fórmula

$$\frac{\nu}{\nu_0} = 1 - \frac{h}{mc\,\lambda_0},$$

de la que refiere que, basándose en el principio de Doppler, se puede deducir; coincide con el desarrollo dado arriba para $\mu = \nu/\nu_0$. Aunque sin embargo sigue sin estar clara la cuestión de si este cambio de frecuencia se manifiesta –y cómo– en la reflexión cristalina, o si, en particular, los ángulos tras sucesivas reflexiones en orden creciente sugieren algo de cada efecto.

La totalidad de las medidas sobre reflexión cristalina da la impresión de que, del cambio de frecuencia en cuestión, no hay nada que decir. Así pues, es de interés esencial confrontar la observación de Compton con todas las medidas y constatar si se está aquí verdaderamente ante dos efectos completamente diferentes.

La orientación de las precedentes reflexiones con respecto al conocido planteamiento de Einstein del efecto fotoeléctrico

$$E = h\nu_0$$

es asimismo de interés. Este planteamiento no es aplicable a un proceso entre la radiación y un electrón individual libre, pues si se originase, en el sentido de esta ecuación, un electrón lanzado, por ejemplo, en la dirección del rayo primario a expensas de la energía de radiación $h\nu_0$ y no hubiera presente ningún otro efecto, se tendría (para masa constante m)

$$\frac{mv^2}{2} = h\nu_0,$$

es decir, se generaría un impulso de valor

$$mv = \sqrt{2mh\nu_0}\,.$$

Con la radiación se anularía así el impulso

$$\frac{h\nu_0}{c}\,.$$

Estos dos valores no se compensan en general en absoluto. Para ondas luminosas y rayos Röntgen no muy duros, el impulso generado sería mayor que el anulado. Habría por tanto una contradicción con el teorema del impulso. La ecuación de Einstein es sin embargo prácticamente exacta en todos los dominios y se tiene por tanto que concluir que la unión del electrón con el átomo juega aquí un papel. Debido a esta ligadura puede también absorber impulso el tronco atómico y es entonces posible una compensación; el pequeño

[1] Como muestra (5), la curva es una elipse en cuyo foco izquierdo está el centro de radiación. Los ejes horizontal y vertical son, respectivamente

$$a = h\nu_0 \frac{x+1}{x+2} \text{ y } b = h\nu_0 \sqrt{\frac{x}{x+2}},$$

y el centro de la elipse está separado del centro de radiación en $\frac{h\nu_0}{1+x}$.

[2] l. c. p. 19

165

impulso $\frac{h\nu_0}{c}$ anulado con la radiación aparece como diferencia entre el impulso dirigido en dirección contraria por electrón y tronco atómico, sin que sea necesario que disminuya la energía del electrón sensiblemente por debajo de $h\nu_0$. Para un electrón completamente libre la compensación de arriba se alcanzará mediante la emisión simultánea de una radiación de aguja secundaria. En este caso, como muestra (6), tiene lugar una transferencia completa del cuanto de radiación al electrón sólo en el límite de longitudes de onda infinitamente pequeñas. Ahora bien, hay indicios de que el efecto fotoeléctrico ordinario, en el sentido de Einstein, para el que la fuerzas internas en el átomo, como se acaba de mostrar, son de influencia contribuyente, se puede sustituir, cada vez más, con longitudes de onda decrecientes de la radiación primaria, por un efecto del tipo tratado arriba, para el que el electrón es aproximadamente libre y las fuerzas internas ya no juegan ningún papel. Esta transición debería producirse con una longitud de onda mayor cuanto menor sea el peso atómico del cuerpo irradiado, ya que al disminuir el peso atómico también disminuyen las fuerzas en el interior del átomo.

5. El tercero de los resultados experimentales puestos de relieve al principio no se ha tratado todavía hasta ahora. En el sentido de la teoría cuántica actual, esta cuestión de la intensidad sólo puede resolverse mediante una especificación sobre la probabilidad de un proceso individual. En nuestro caso, hay que indicar la probabilidad de que, dada una intensidad *i* de la radiación primaria, se produzca un haz secundario que apunte en un rango angular $d\Omega$ cuya línea central forme un ángulo Θ con la dirección primaria. Si nos apoyamos ahora en el principio de correspondencia, es decir, si se exige que en el límite de ondas largas posean validez los resultados de la Electrodinámica, tiene entonces que ser válido, para cualquier probabilidad, el planteamiento

$$cte \cdot i \frac{1+\cos^2\Theta}{2} d\Omega,$$

Donde *cte* es la constante de la fórmula de Thomson.

En el ámbito de la Óptica, Bohr se las arregló para postular: el planteamiento de probabilidad válido para ondas infinitamente largas debe tener también validez con suficiente exactitud en dominios ópticos. Esto vale también aquí, pues, según (5), la energía dispersada de un electrón será proporcional a

$$\int_0^\pi \frac{1+\cos^2\Theta}{2} \frac{\sin\Theta d\Theta}{1+\frac{1}{x}(1-\cos\Theta)},$$

mientras que en el límite de ondas largas (x = ∞) es proporcional a la integral:

$$\int_0^{\pi} \frac{1+\cos^2\Theta}{2} \sin\Theta d\Theta .$$

La relación entre estas dos integrales es el factor *f*, por el que se tiene que multiplicar el valor límite para la dispersión para encontrar el valor real de una longitud de onda λ_0 cualquiera. El factor *f* es una función de

$$x = \frac{mc^2}{h\nu_0} = \frac{\lambda_0}{\Lambda} .$$

El cálculo da

$$f(x) = \frac{3}{4} x^3 \left\{ \left(1 + \frac{2}{x} + \frac{2}{x^2}\right) \ln\left(1 + \frac{1}{x}\right) - \frac{1}{x}\left(1 + \frac{3}{2}\frac{1}{x}\right) \right\} . \qquad (8)$$

Para valores grandes de x es

$$f(x) = 1 - \frac{7}{16}\frac{1}{x} + \ldots ;$$

y para valores pequeños de x se tiene

$$f(x) = \frac{3}{2} x \left[\ln \frac{1}{x} - \frac{3}{4} + \ldots \right] .$$

Para $\lambda_0 = 0$ es por tanto el factor $f = 0$; crece pues con longitudes de onda crecientes y alcanza el valor 1 para $\lambda_0 = \infty$. La variabilidad esencial de f está concentrada, naturalmente, en un dominio en el entorno de

$$\lambda_0 = \Lambda = 0{,}0234 \text{ Å}$$

Por tanto, la teoría exige de hecho una dispersión que decaiga lentamente bajo el valor límite electrodinámico, salvo 0. Hay que señalar, sin embargo, que la disminución de la dispersión en esta exposición va mano a mano con un crecimiento simultáneo presente de la energía del electrón, esto es, que ambos efectos juntos corresponden, en el monto de energía, al valor límite electrodinámico para cualquier longitud de onda. Si se estableciera, sin objeción, que el monto total de radiación y energía electromagnética cae también por debajo del valor límite para rayos duros, esto sería de especial interés, teniendo en cuenta la enmienda de la extrapolación utilizada (a partir de $\lambda_0 = \infty$), pues en ese dominio reina todavía gran confusión. Que el principio de correspondencia puede utilizarse similarmente para describir, también en la representación cuántica,

las relaciones de polarización, sólo se ha mencionado brevemente.

Para terminar, me gustaría resaltar que no pretendo que las precedentes reflexiones representen otra cosa que un intento de extraer de los dos supuestos: "cuantos" y "radiación de aguja", términos de entrada lo más detallados posible haciendo uso exclusivo de leyes lo más generales posibles: "teorema de la energía" y "teorema del impulso". Ahora bien, mientras de la mano de la experiencia se desvelan de cada esquema divergencias características, quizá podamos esperar conseguir una idea más profunda de las leyes cuánticas, en especial en lo que atañe a su relación con la óptica ondulatoria.

Zúrich, 10 de marzo de 1923

(Registro de entrada: 14 de marzo de 1923)

MAYO

La experiencia Compton (colisión entre un cuanto luminoso dotado de energía y de impulso y un electrón casi libre), realizada en 1922, va a producir un cambio de opinión decisivo a favor de los cuantos luminosos. Si bien Debye ha llegado a las mismas conclusiones, e incluso se adelanta a Compton en la publicación de su artículo – que no en la presentación, el efecto ha pasado a la historia con el nombre de Compton. Einstein lo explicará en la prensa para el gran público en abril de 1924.

Arthur H. Compton. «***A quantum theory of the scattering of x-rays by light elements***». *The Physical Review*, Second Series. May, 1923. Vol. 21, No. 5. pp. 483-502. [Firmado en Washington University, Saint Louis, el 13 de diciembre de 1922] («Teoría cuántica de la dispersión de rayos X por elementos ligeros»)

483

UNA TEORÍA CUÁNTICA DE LA DISPERSIÓN DE RAYOS X POR ELEMENTOS LIGEROS

RESUMEN

Una teoría cuántica de la dispersión de rayos X y rayos γ por elementos ligeros.

–Se sugiere la hipótesis de que cuando un cuanto de rayo X es dispersado gasta toda su energía y momento en un electrón particular. A su vez, este electrón dispersa el rayo en una dirección precisa. El cambio de momento del cuanto de rayo X debido al cambio en su dirección de propagación da por resultado un retroceso del electrón dispersante. La energía del cuanto dispersado es pues menor que la energía del cuanto primario debido a la energía cinética de retroceso del electrón dispersante. El correspondiente *incremento de la longitud de onda del haz dispersado es*

$$\lambda_\theta - \lambda_0 = (2h/mc)\sin^2\frac{1}{2}\theta = 0.0484\sin^2\frac{1}{2}\theta,$$

donde h es la constante de Planck, m la masa del electrón dispersante, c la velocidad de la luz, y θ el ángulo entre el rayo incidente y el dispersado. Por lo tanto, el incremento es independiente de la longitud de onda. Se ha encontrado, mediante un método indirecto y no del todo riguroso, que *la distribución de la radiación dispersada* se concentra en la dirección delantera según una ley definida (Ec. 27). La energía total sacada del haz primario resulta menor que la dada por la teoría clásica de Thomson en la relación $1/1+2\alpha$, donde $\alpha = h/mc\lambda_0 = 0.0242/\lambda_0$. De esta energía, una fracción $(1+\alpha)/(1+2\alpha)$ reaparece como radiación dispersada, mientras que la restante es verdaderamente absorbida y transformada en energía cinética de retroceso de los electrones dispersantes. Por lo tanto, si σ_0 es el *coeficiente de absorción dispersante* según la teoría clásica, el coeficiente según esta teoría es $\sigma = \sigma_0/(1+2\alpha) = \sigma_s + \sigma_a$, donde σ_s es el verdadero coeficiente dispersante $\left[(1+\alpha)\sigma/(1+2\alpha)^2\right]$, y σ_a es el coeficiente de absorción debido a la dispersión $\left[\alpha\sigma/(1+2\alpha)^2\right]$. Se han dado resultados experimentales no publicados que muestran que para el grafito y la radiación Mo-K la radiación dispersada es más larga que la primaria, siendo la diferencia observada ($\lambda_{\pi/2} - \lambda_0 = .022$) muy próxima al valor calculado $.024$. En el caso de rayos γ dispersados, se ha encontrado que la longitud de onda varía con θ de acuerdo con la teoría, aumentando de $.022$ Å (primaria) a $.068$ Å ($\theta = 135^{\circ}$). También la velocidad de los rayos β secundarios excitados en elementos ligeros por rayos γ está de acuerdo con la sugerencia de que son electrones de retroceso. En cuanto a la variación predicha con λ, los resultados de Hewlett para el carbono para longitudes de onda por debajo de 0.5 Å están en excelente acuerdo con esta teoría; también la concentración predicha en la dirección delantera acredita estar de acuerdo con los resultados experimentales,

484

tanto para rayos X como para rayos γ. Este notable *acuerdo entre experimento y teoría* indica claramente que la dispersión es un fenómeno cuántico y puede ser explicado sin introducir ninguna nueva hipótesis como el tamaño del electrón o cualesquiera constantes nuevas; y también que un cuanto de radiación transporta con él tanto momento como energía. La restricción a los elementos ligeros se debe al supuesto de que las fuerzas constrictivas que actúan sobre los electrones dispersantes son despreciables, lo que probablemente sólo esté justificado para los elementos más ligeros.

En la Fig. 4 se da un **espectro de rayos K del Mo dispersados por grafito**, comparado con el espectro de los rayos primarios, y que muestra el cambio de longitud de onda.

Radiación de un radiador isotrópico en movimiento.- Se encuentra en una dirección θ con la velocidad $I_0/I' = (1-\beta)^2/(1-\beta\cos\theta)^4 = (\nu_0/\nu')$. Para la radiación total desde un cuerpo negro en movimiento a un observador en reposo, $I/I' = (T/T')^4 = (\nu_m/\nu'_m)^4$, donde las magnitudes con prima se refieren al cuerpo en reposo.

***

La teoría clásica de J. J. Thomson de la dispersión de rayos X, aunque respaldada por los primeros experimentos de Barkla y otros, se ha mostrado incapaz de explicar muchos de los más recientes experimentos. Esta teoría, basada en la electrodinámica ordinaria, conduce al resultado de que la energía dispersada por un electrón atravesado por una haz de rayos X de intensidad unidad es la misma sea cual sea la longitud de onda de los rayos incidentes. Además, cuando los rayos X atraviesan una capa fina de materia, la intensidad de la radiación dispersada en las dos caras de la capa debería ser la misma. Experimentos sobre dispersión de rayos X por elementos ligeros han mostrado que estas predicciones son correctas si se utilizan rayos X de dureza moderada; pero si se emplean rayos X muy duros o rayos γ, se observa que la energía dispersada es decididamente menor que el valor teórico de Thomson y que está fuertemente concentrada en la cara emergente de la placa dispersante.

Hace varios años, el autor sugirió que esta dispersión reducida de los rayos X de longitud de onda muy corta podía ser el resultado de la interferencia entre los rayos dispersados por diferentes partes del electrón, si el diámetro del electrón es comparable con la longitud de onda de la radiación. Suponiendo correcto el radio del electrón, esta hipótesis proporcionaba una explicación cualitativa de la dispersión para cualquier longitud de onda particular. Pero experimentos recientes han mostrado que el tamaño del electrón que tiene que suponerse así crece con la longitud de onda de los rayos X utilizados y la idea de que un electrón cuyo tamaña varía con la longitud de onda de los rayos incidentes es difícil de defender.

Recientemente ha aparecido una dificultad incluso más seria con la teoría clásica de la dispersión de rayos X. Se sabe desde hace mucho tiempo que los rayos γ secundarios son más blandos que los rayos primarios que los excitan, y recientes experimentos han mostrado que esto también es cierto para los rayos X. Por examen espectroscópico de los rayos secundarios de grafito he podido comprobar

[1] A. H. Compton, Bull. Nat. Research Council, No. 20, p. 10 (Oct.., 1922)

485

que solo una pequeña parte, acaso, de la radiación X secundaria es de la misma longitud de onda que la primaria. Mientras la energía de la radiación X secundaria es tan aproximadamente igual a la calculada a partir de la teoría clásica de Thomson que es difícil atribuirla a otra cosa que no sea una verdadera dispersión, estos resultados prueban que si hay alguna dispersión comparable en magnitud con la predicha por Thomson, es de una longitud de onda mayor que los rayos X primarios.

Semejante cambio de longitud de onda es abiertamente contraria a la teoría de Thomson de la dispersión, pues exige que los electrones dispersantes, radiando como lo hacen debido a sus vibraciones forzadas cuando son atravesados por un rayo X primario, darán origen a radiación de la misma frecuencia exactamente que la de la radiación que cae sobre ellos. Tampoco ninguna modificación de la teoría, tal como la hipótesis de un electrón grande, sugiere una salida a la dificultad. Este fallo hace parecer improbable que pueda alcanzarse una explicación satisfactoria de la dispersión de rayos X sobre la base de la electrodinámica clásica.

HIPÓTESIS CUÁNTICA DE LA DISPERSIÓN

Según la teoría clásica, cada rayo X afecta a todos los electrones de la materia atravesada y la dispersión observada es debida a los efectos combinados de todos los electrones. Desde el punto de vista de la teoría cuántica podemos suponer que cualquier cuanto particular de rayos X no es dispersado por todos los electrones del radiador, sino que gasta toda su energía en algún electrón particular. Este electrón a su vez dispersa el rayo en una dirección determinada que forma un ángulo con el haz incidente. Esta combadura del camino del cuanto de radiación se traduce en un cambio en su momento. Como consecuencia, el electrón dispersante retrocederá con un momento igual al cambio de momento del rayo X. La energía del rayo dispersado será igual a la del rayo incidente menos la energía cinética de retroceso del electrón dispersante; y como el rayo dispersado tiene que ser un cuanto completo, la frecuencia se reducirá en la misma proporción en que lo hace la energía. Así pues, en la teoría cuántica deberíamos esperar que la longitud de onda de los rayos X dispersados fuese mayor que la de los rayos incidentes.

El efecto del momento del cuanto de rayo X es poner

[1] En trabajos anteriores (Phil. Mag. 41, 749, 1921; Phys. Rev. 18, 96, 1921) he defendido la opinión de que la atenuación de la radiación X secundaria se debía a la adición considerable de algún tipo de radiación fluorescente. Gray (Phil. Mag. 26, 611, 1913; Frank. Inst. Journ., Nov., 1920, p. 643) y Florance (Phil. Mag. 27, 225, 1914) han considerado que los indicios apoyaban una genuina dispersión y que la atenuación es, en cierto modo, un acompañamiento del proceso de dispersión. Las consideraciones que se presentan en este artículo indican que esta interpretación es la correcta.

[2] A. H. Compton, sitio citado, p. 16.

486

en movimiento el electrón dispersante con un ángulo de menos de 90° con el haz primario. Sin embargo, es bien sabido que la energía radiada por un cuerpo que se mueve es mayor en la dirección de su movimiento. Cabría esperar, por tanto, como se observa experimentalmente, que la intensidad de la radiación dispersada debiera ser mayor en la dirección general de los rayos X primarios que en la dirección opuesta.

Cambio de la longitud de onda debido a la dispersión.- Supongamos, como en la Fig. 1A,

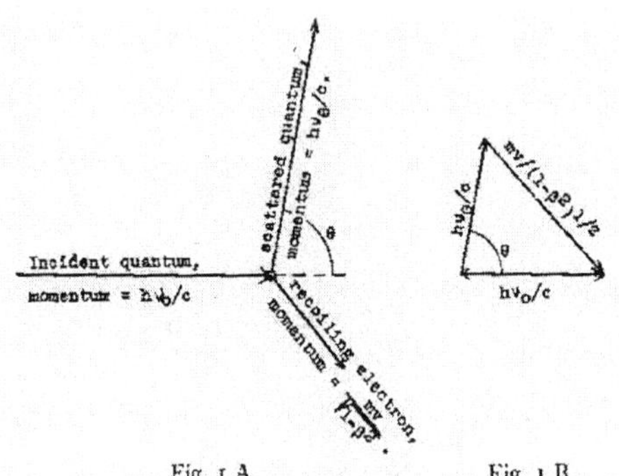

Fig. 1 A Fig. 1 B

que un cuanto de rayo X de frecuencia ν_0 es dispersado por un electrón de masa m. El momento del rayo incidente será $h\nu_0/c$, donde c es la velocidad de la luz y h es la constante de Planck, y el del rayo dispersado es $h\nu_\theta/c$ con un ángulo θ respecto al momento inicial. En consecuencia, el principio de conservación del momento exige que al momento de retroceso del electrón dispersante sea igual a la diferencia vectorial entre los momentos de estos dos rayos, como en la Fig. 1B. El momento del electrón, $m\beta c/\sqrt{1-\beta^2}$, está dado pues por la relación

$$\left(\frac{m\beta c}{\sqrt{1-\beta^2}}\right)^2=\left(\frac{h\nu_0}{c}\right)^2+\left(\frac{h\nu_\theta}{c}\right)^2+2\frac{h\nu_0}{c}\cdot\frac{h\nu_\theta}{c}\cos\theta, \qquad (1)$$

donde β es la razón de la velocidad de retroceso del electrón a la velocidad de la luz. Pero la energía $h\nu_\theta$ del cuanto dispersado es igual a la del cuanto incidente $h\nu_0$ menos la energía cinética de retroceso del electrón dispersante, es decir,

$$h\nu_\theta=h\nu_0-mc^2\left(\frac{1}{\sqrt{1-\beta}}-1\right). \qquad (2)$$

Tenemos pues dos ecuaciones independientes que contienen las dos magnitudes desconocidas β y ν_θ. Al resolver la ecuación, se encuentra

$$\nu_\theta = \nu_0 \Big/ (1 + 2\alpha \sin^2 \frac{1}{2}\theta), \tag{3}$$

487

donde

$$\alpha = h\nu_0 / mc^2 = h/mc\lambda_0 . \tag{4}$$

O, en función de la longitud de onda en vez de la frecuencia,

$$\lambda_\theta = \lambda_0 + (2h/mc)\sin^2 \frac{1}{2}\theta . \tag{5}$$

De la ecuación (2) se sigue que $1/(1-\beta^2) = \{1 + \alpha[1 - (\nu_\theta/\nu_0)]\}^2$, o resolviendo explícitamente para β

$$\beta = 2\alpha \sin\frac{1}{2}\theta \frac{\sqrt{1 + (2\alpha + \alpha^2)\sin^2 \frac{1}{2}\theta}}{1 + 2(\alpha + \alpha^2)\sin^2 \frac{1}{2}\theta} . \tag{6}$$

La ecuación (5) indica un incremento en la longitud de onda debido al proceso de dispersión que varía desde un pequeño porcentaje en el caso de rayos X ordinarios a más del 200 por cien en el caso de rayos γ dispersados hacia atrás. Al mismo tiempo, la velocidad de retroceso del electrón dispersante, tal como se calcula a partir d ela ecuación (6), varía desde cero, cuando el rayo es dispersado directamente hacia delante, hasta aproximadamente el 80 por cien de la velocidad de la luz cuando un rayo γ es dispersado con un ángulo grande.

Es interesante advertir que, según la teoría clásica, si un rayo X fuese dispersado por un electrón que se mueve en la dirección de propagación a la velocidad $\beta' c$, la frecuencia del rayo dispersado con un ángulo θ está dada por el principio de Doppler como

$$\nu_\theta = \nu_0 \Big/ \left(1 + \frac{2\beta'}{1-\beta'}\sin^2 \frac{1}{2}\theta\right). \tag{7}$$

Se verá que esta expresión es exactamente de la misma forma que la ecuación (3), deducida de la hipótesis de retroceso del electrón dispersado. Desde luego, si $\alpha = \beta'/(1-\beta)$ o $\beta' = \alpha/(1+\alpha)$, las dos expresiones se hacen idénticas. Está claro, por tanto, que, en cuanto atañe al efecto sobre la longitud de onda, podemos sustituir el electrón de retroceso por un electrón dispersante que se mueva en la dirección del haz incidente a una velocidad tal que

$$\overline{\beta} = \alpha/(1+\alpha). \tag{8}$$

A $\overline{\beta}c$ le llamaremos "velocidad efectiva" de los electrones dispersantes.

Distribución de energía de un radiador isotrópico en movimiento.- Preparando el terreno para investigar la distribución espacial de la energía dispersada por un electrón en retroceso, estudiaremos la energía radiada desde un cuerpo isotrópico que se mueve. Si un observador que se mueve con el cuerpo radiante traza una esfera a su alrededor, la condición de isotropía significa que la probabilidad es igual para todas las direcciones de emisión de cada cuanto de energía. Es decir, la probabilidad de que un cuanto atraviese la esfera entre los ángulos θ' y $\theta'+d\theta'$ con la dirección del movimiento es $\frac{1}{2}\sin\theta' d\theta'$. Pero

488

la superficie que el observador en movimiento considera una esfera (Fig. 2A)

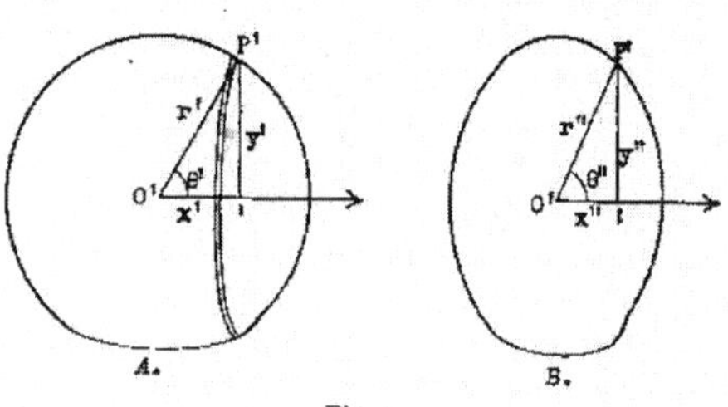

Fig. 2

es considerada por el observador estacionario un esferoide achatado cuyo eje polar está reducido por el factor $\sqrt{1-\beta^2}$. En consecuencia, un cuanto de radiación que atraviese la esfera con el ángulo θ', cuya tangente es y'/x' (Fig. 2A), al observador estacionario le parece que atraviesa el esferoide con un ángulo θ'' cuya tangente es y''/x'' (Fig. 2B). Como $x'=x''/\sqrt{1-\beta^2}$ y $y'=y''$, tenemos

$$\tan\theta' = y'/x' = \sqrt{1-\beta^2}\, y''/x'' = \sqrt{1-\beta^2}\tan\theta'', \tag{9}$$

y

$$\sin\theta' = \frac{\sqrt{1-\beta^2}\tan\theta''}{\sqrt{1+(1-\beta^2)\tan^2\theta''}}. \tag{10}$$

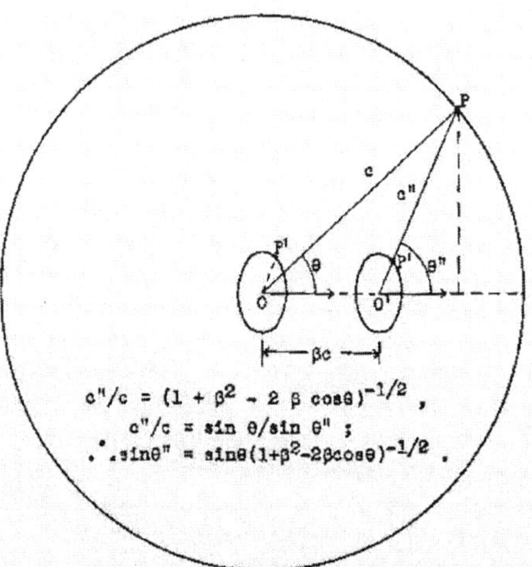

Fig. 3. El rayo que atraviesa el esferoide en movimiento en P' con un ángulo θ'' alcanza la superficie esférica estacionaria trazada alrededor de O, en el punto P, con un ángulo θ.

489

Supongamos que, como en la Fig. 3, se emite un cuanto en el instante $t=0$ cuando el cuerpo radiante está en O. Si atraviesa la esfera del observador en movimiento con un ángulo θ', atraviesa el correspondiente esferoide achatado (el que imagina el observador estacionario que se mueve con el cuerpo) con un ángulo θ''. Al cabo de 1 segundo, el cuanto habrá alcanzado algún punto P en una esfera de radio c trazada alrededor de O, mientras que el radiador se habrá desplazado una distancia βc. El observador estacionario en P encuentra por tanto que la radiación le llega a él procedente del punto O, con un ángulo θ con la dirección del movimiento. Esto es, si el observador en movimiento considera que el cuanto ha sido emitido con un ángulo θ' con la dirección del movimiento, al observador estacionario el ángulo le parece que es θ, donde

$$\sin\theta \Big/ \sqrt{1+\beta^2-2\beta\cos\theta} = \sin\theta'', \tag{11}$$

y θ'' está dado en función de θ' por la ecuación (10). Se sigue que

$$\sin\theta' = \sin\theta \frac{\sqrt{1-\beta^2}}{1-\beta\cos\theta}. \tag{12}$$

Al diferenciar la ecuación (12) se obtiene

$$d\theta' = \frac{\sqrt{1-\beta^2}}{1-\beta\cos\theta} d\theta. \tag{13}$$

La probabilidad de que al observador estacionario le parezca que un cuanto dado ha sido emitido entre los ángulos θ y $\theta + d\theta$ es, por tanto

$$P_\theta d\theta = P_{\theta'} d\theta' = \frac{1}{2}\sin\theta' d\theta',$$

donde los valores de $\sin\theta'$ y $d\theta'$ están dados por las ecuaciones (12) y (13). Sustituyendo estos valores, se encuentra

$$P_\theta d\theta = \frac{1-\beta^2}{(1-\beta\cos\theta)^2} \cdot \frac{1}{2}\sin\theta d\theta. \tag{14}$$

Supongamos que el observador que se mueve advierte que se emiten n' cuantos por segundo. El observador estacionario estimará la velocidad de emisión como

$$n'' = n'\sqrt{1-\beta^2},$$

cuantos por segundo, debido a la diferencia de velocidad de marcha entre los relojes en movimiento y los estacionarios. De estos n'' cuantos, el número de los que son emitidos entre los ángulos θ y $\theta + d\theta$ es $dn'' = n'' \cdot P_\theta d\theta$. Pero si, con el ángulo θ, son emitidos dn'' por segundo, el número de cuantos recibidos por segundo con este ángulo por un observador estacionario será $dn = dn''/(1-\beta\cos\theta)$, ya que el radiador se aproxima al observador con velocidad $\beta\cos\theta$. La energía de cada cuanto es, sin embargo, $h\nu_\theta$, donde ν_θ es la frecuencia de la radiación

490

tal como la recibe el observador estacionario. Así pues, la intensidad, o energía por unidad de área y unidad de tiempo, de la radiación recibida con un ángulo θ y a una distancia R es

$$I_\theta = \frac{h\nu_\theta \cdot dn}{2\pi R^2 \sin\theta d\theta} = \frac{h\nu_\theta}{2\pi R^2 \sin\theta d\theta} \cdot \frac{n'(1-\beta^2)^{3/2}}{(1-\beta\cos\theta)^3} \cdot \frac{1}{2}\sin\theta d\theta =$$
$$= \frac{n' h\nu_\theta}{4\pi R^2} \cdot \frac{(1-\beta^2)^{3/2}}{(1-\beta\cos\theta)^3}. \tag{15}$$

Si es ν' la frecuencia del oscilador que emite la radiación medida por un observador que se mueve con el radiador, el observador estacionario juzga que su frecuencia es $\nu'' = \nu'\sqrt{1-\beta^2}$, y, en virtud del efecto Doppler, la frecuencia de la radiación recibida con un ángulo θ es

$$\nu_\theta = \nu''/(1-\beta\cos\theta) = \nu'\left[\sqrt{1-\beta^2}/(1-\beta\cos\theta)\right]. \tag{16}$$

Sustituyendo este valor de ν_θ en la ecuación (15), obtenemos

$$I_\theta = \frac{n' h\nu'}{4\pi R^2} \cdot \frac{(1-\beta^2)^2}{(1-\beta\cos\theta)^4}. \tag{17}$$

Pero la intensidad de la radiación observada por el observador en movimiento a una distancia R de la fuente es $I' = n' h\nu'/4\pi R^2$. Por tanto,

$$I_\theta = I'\left[(1-\beta)^2/(1-\beta\cos\theta)^4\right] \tag{18}$$

es la intensidad de la radiación recibida con un ángulo θ con la dirección del movimiento de un radiador isotrópico, que se mueve con velocidad βc, y que radiaría con intensidad I' si estuviera en reposo.[2]

Es interesante advertir, al comparar las ecuaciones (16) y (18), que

$$I_\theta / I' = (\nu_\theta/\nu')^4. \tag{19}$$

[1] A primera vista, la suposición de que el cuanto que para el observador que se mueve tenía energía $h\nu'$ será $h\nu$ para el observador estacionario parece inconsistente con el principio de la energía. Cuando se considera, sin embargo, el trabajo realizado por el cuerpo que se mueve contra la retro-presión de radiación, se encuentra que se satisface el principio de la energía. La conclusión lograda por el actual método de cálculo está en acuerdo exacto con la que se obtendría según las ecuaciones de Lorentz, que considera que la radiación consiste en ondas electromagnéticas.

[2] G. H. Livens da para I_θ/I' el valor $(1-\beta\cos\theta)^{-2}$ ("The Theory of Electricity", p. 600, 1918). A pequeñas velocidades este valor difiere del obtenido aquí en el factor $(1-\beta\cos\theta)^{-2}$. La diferencia se debe a que Livens desprecia la concentración de radiación en los ángulos pequeños, tal como se expresa en nuestra ecuación (14). Cunningham ("The Principle of Relativity", p. 60, 1914) muestra que si se emite una onda plana por un radiador que se mueve en la dirección de propagación con velocidad βc, la intensidad I recibida por un observador estacionario es mayor que la intensidad I' estimada por el observador en movimiento en la relación $(1-\beta^2)/(1-\beta)^2$, lo que está de acuerdo con el valor calculado según los métodos empleados aquí.

El cambio de frecuencia dado en la ecuación (16) es el de la relatividad ordinaria. No he sabido que se haya publicado ningún resultado equivalente a mi fórmula (18) para la intensidad de la radiación proveniente de un cuerpo en movimiento.

491

Este resultado se puede obtener sencillamente para la radiación total de un cuerpo negro, que es un caso especial de radiador isotrópico. Pues, si se supone que un radiador semejante se mueve de modo que la frecuencia de intensidad máxima que para un observador en movimiento es ν'_m, al observador estacionario le parecerá que es ν_m. Entonces, según la ley de Wien, la temperatura aparente T, tal como la estima el observador estacionario, es mayor que la temperatura T' para el observador que se mueve en la relación $T/T' = \nu_m/\nu'_m$. Según la ley de Stefan, sin embargo, la intensidad de la radiación total de un cuerpo negro es proporcional a T^4; por lo tanto, si I y I' son las intensidades de la radiación medidas por los observadores estacionario y en movimiento respectivamente,

$$I/I' = (T/T') = (\nu_m/\nu'_m)^4 \,. \tag{20}$$

El acuerdo de este resultado con la ecuación (19) se puede tomar como confirmación de la corrección de la última expresión.

Intensidad de dispersión de los electrones en retroceso.- Hemos visto que el cambio de frecuencia de la radiación dispersada por los electrones en retroceso es la misma que si la radiación fuese dispersada por electrones que se mueven en la dirección de propagación con una velocidad efectiva $\beta = \alpha/(1+\alpha)$, donde $\alpha = h/mc\lambda_0$. Parece obvio que como estos dos métodos de cálculo tienen como resultado el mismo cambio de longitud de onda, tienen que ocasionar también el mismo cambio en la intensidad del haz dispersado. Este supuesto está sustentado por el hecho de que, como en la ecuación 19, encontramos que el cambio de intensidad es en ciertos casos únicamente función del cambio de frecuencia. Sin embargo, no he conseguido probar estrictamente que si dos métodos de dispersión dan por resultado las mismas longitudes de onda relativas con ángulos diferentes, darán también por resultado la misma intensidad relativa con diferentes ángulos. Sin embargo, supondremos que esta proposición es cierta y calcularemos la intensidad relativa del haz dispersado con diferentes ángulos, en la hipótesis de que los electrones dispersantes se mueven en la dirección del haz primario con velocidad $\beta = \alpha/(1+\alpha)$. Si nuestra suposición es correcta, los resultados del cálculo se aplicarán también a la dispersión por electrones en retroceso.

Para un observador que se mueva con el electrón dispersante, la intensidad de la dispersión con un ángulo θ', según la electrodinámica ordinaria, debería ser proporcional a $(1+\cos^2\theta')$, si el haz primario no está polarizado. En teoría cuántica, esto significa que la probabilidad de que un cuanto sea emitido entre los ángulos θ' y $\theta'+d\theta'$ es proporcional a $(1+\cos^2\theta')\cdot\sin\theta' d\theta'$, ya que $2\pi\sin\theta' d\theta'$ es el ángulo sólido comprendido entre θ' y $\theta'+d\theta'$. Esto se puede escribir $P_{\theta'}d\theta' = k(1+\cos^2\theta')\sin\theta' d\theta'$.

492

El factor de proporcionalidad k se puede determinar llevando a cabo la integración

$$\int_0^\pi P_{\theta'}d\theta' = k\int_0^\pi (1+\cos^2)\sin\theta' d\theta' = 1 \,,$$

con el resultado de que $k = 3/8$. Así pues

$$P_{\theta'}d\theta' = (3/8)(1+\cos^2\theta')\sin\theta' d\theta'$$

(21)

es la probabilidad de que sea emitido un cuanto con el ángulo θ' tal como lo mide un observador que se mueva con el electrón dispersante.

Para el observador estacionario, sin embargo, le cuanto expulsado con un ángulo θ' parece moverse con un ángulo θ con la dirección del haz primario, siendo $\sin\theta'$ y

$d\theta'$ los que se dan en las ecuaciones (12) y (13). Sustituyendo estos valores en la ecuación (21), encontramos para la probabilidad de que un cuanto dado sea dispersado entre los ángulos θ y $\theta + d\theta$,

$$P_\theta d\theta = \frac{3}{8}\sin\theta\, d\theta \frac{(1-\beta^2)\left\{(1+\beta^2)(1+\cos^2\theta) - 4\beta\cos\theta\right\}}{(1-\beta\cos\theta)^4}.$$

(22)

Supongamos que el observador estacionario advierte que se dispersan n cuantos por segundo. En el caso del radiador que emite n'' cuantos por segundo mientras se acerca al observador, el cuanto n''^{o} fue emitido cuando el radiador estaba más cerca del observador, por lo que el intervalo entre la recepción del 1° y del n''^{o} cuanto fue menor de un segundo. Esto es, se recibieron más cuantos por segundo de los que se emitieron en el mismo tiempo. En el caso de dispersión, sin embargo, aunque suponemos que cada electrón dispersante se mueve hacia delante, el cuanto n^{o} es dispersado por un electrón que parte de la misma posición que el 1er cuanto. Por lo tanto, el número de cuantos recibidos por segundo es también n.

Hemos visto (ecuación 3) que la frecuencia del cuanto recibido con un ángulo θ es $\nu_\theta = \nu_0 \Big/ (1+2\alpha\sin^2\frac{1}{2}\theta) = \nu_0/\{1+\alpha(1-\cos\theta)\}$, donde ν_0, la frecuencia del haz incidente, es también la frecuencia del rayo dispersado en la dirección del haz incidente. La energía dispersada por segundo con el ángulo θ es por tanto $nh\nu_\theta P_\theta d\theta$, y la intensidad, o energía por segundo por unidad de área, del rayo dispersado a una distancia R es

$$I_\theta = \frac{nh\nu_\theta P_\theta d\theta}{2\pi R^2 \sin\theta\, d\theta} =$$

$$= \frac{nh}{2\pi R^2}\cdot\frac{\nu_\theta}{1+\alpha(1-\cos\theta)}\cdot\frac{3}{8}\cdot\frac{(1-\beta^2)\left\{(1+\beta^2)(1+\cos^2\theta)-4\beta\cos\theta\right\}}{(1-\beta\cos\theta)^4}.$$

Sustituyendo β por su valor $\alpha/(1+\alpha)$, y reduciendo, se convierte en

$$I = \frac{3nh\nu_0}{16\pi R}\frac{(1+2\alpha)\left\{1+\cos^2\theta+2\alpha(1+\alpha)(1-\cos\theta)^2\right\}}{(1+\alpha-\alpha\cos\theta)^5}.$$

(23)

493

En la dirección delantera, donde $\theta = 0$, la intensidad del haz dispersado es pues

$$I_0 = \frac{3}{8\pi}\frac{nh\nu_0}{R^2}(1+2\alpha).$$

(24)

Por lo tanto

$$\frac{I_\theta}{I_0} = \frac{1}{2}\frac{1+\cos^2\theta+2\alpha(1+\alpha)(1-\cos\theta)^2}{\{1+\alpha(1-\cos\theta)\}^5}.$$

(25)

En la hipótesis de electrones en retroceso, sin embargo, para un rayo dispersado directamente hacia delante, la velocidad de retroceso es cero (ecuación 6). Como en este caso el electrón dispersante está en reposo, la intensidad del haz dispersado debería ser el calculado basándose en la teoría clásica, esto es

$$I_0 = I(Ne^4/R^2m^2c^4),$$

(26)

donde I es la intensidad del haz primario que atraviesa los N electrones que son efectivos en la dispersión. Al combinar este resultado con la ecuación (25), encontramos para la intensidad de los rayos X dispersados con un ángulo θ con el rayo incidente,

$$I_\theta = I\frac{Ne^4}{2R^2m^2c^4}\frac{1+\cos^2\theta+2\alpha(1+\alpha)(1-\cos\theta)^2}{\{1+\alpha(1-\cos\theta)\}^5}.$$

(27)

El cálculo de la energía extraída del haz primario puede hacerse ahora sin dificultad. Hemos supuesto que se dispersaban n cuantos por segundo. Pero, comparando las ecuaciones (24) y (26), encontramos que

$$n = \frac{8\pi}{3}\frac{INe^4}{h\nu_0 m^2c^4(1+2\alpha)}.$$

La energía extraída del haz primario por segundo es $nh\nu_0$. Si definimos el *coeficiente de absorción dispersante* como la fracción de la energía del haz primario extraída por el proceso de dispersión por unidad de longitud de camino a través del medio, tiene el valor

$$\sigma = \frac{nh\nu_0}{I} = \frac{8\pi}{3}\frac{Ne^4}{m^2c^4}\cdot\frac{1}{1+2\alpha} = \frac{\sigma_0}{1+2\alpha},$$

(28)

donde N es el número de electrones dispersantes por unidad de volumen y σ_0 es el coeficiente de dispersión calculado basándose en la teoría clásica.[1]

Para determinar la energía total dispersada realmente tenemos que integrar la intensidad dispersada sobre la superficie de una esfera que rodea el material dispersante, esto es, $\varepsilon_\delta = \int_0^\pi I_\theta \cdot 2\pi R^2 \sin\theta\, d\theta$. Sustituyendo el valor de I_θ de la ecuación (27) e integrando, se convierte en

$$\varepsilon_\delta = \frac{8\pi}{3}\frac{INe^4}{m^2c^4}\frac{1+\alpha}{(1+2\alpha)^2}.$$

[1] Véase J. J. Thomson, "Conduction of Electricity through Gases," segunda edición, p. 325.

494

El *coeficiente de dispersión verdadero* es pues

$$\sigma_s = \frac{8\pi}{3}\frac{Ne^4}{m^2c^4}\frac{1+\alpha}{(1+2\alpha)^2} = \sigma_0\frac{1+\alpha}{(1+2\alpha)^2}.$$

(29)

Está claro que la diferencia entre la energía total extraída del haz primario y la que reaparece como radiación dispersada es la energía de retroceso de los electrones dispersantes. Esta diferencia representa por tanto un tipo de absorción auténtica que resulta del proceso de dispersión. El correspondiente *coeficiente de absorción real* debido a la dispersión es

$$\sigma_a = \sigma - \sigma_s = \frac{8\pi}{3}\frac{Ne^4}{m^2c^4}\frac{\alpha}{(1+2\alpha)^2} = \sigma_0\frac{\alpha}{(1+2\alpha)^2}.$$

(30)

TEST EXPERIMENTAL.

Investigaremos ahora la concordancia de estas diversas fórmulas con experimentos sobre el cambio de longitud de onda debido a la dispersión, y sobre la magnitud de la dispersión de rayos X y rayos γ por elementos ligeros.

Longitud de onda de los rayos dispersados.- Si en la ecuación (5) sustituimos los valores aceptados de h, m y c, obtenemos

$$\lambda_\theta = \lambda_0 + 0.0484\sin^2\frac{1}{2}\theta,$$

(31)

si λ se expresa en unidades Ángstrom. Quizá sea sorprendente que el incremento deba ser el mismo para todas las longitudes de onda. Sin embargo, como resultado de un extenso estudio experimental del cambio de longitud de onda en la dispersión, el autor ha concluido que "por encima del rango de rayos primarios desde 0.7 hasta 0.0025 Å, la longitud de onda de los rayos X secundarios a 90º con el haz incidente es en líneas generales 0.03 Å mayor que la del haz primario que lo excita."[1] Así pues, los experimentos sustentan la teoría mostrando un incremento de longitud de onda que parece independiente de la longitud de onda incidente y que es también del propio orden de magnitud.

Es posible hacer una prueba cuantitativa de la exactitud de la ecuación (31) en el caso de los característicos rayos K del molibdeno cuando son dispersados por grafito. En la Fig. 4 se muestra un espectro de los rayos X dispersados por grafito en ángulo recto con el haz primario, cuando el grafito es atravesado por rayos X procedentes de un blanco de molibdeno.[2] La línea continua representa el espectro de estos rayos dispersado y hay que compararla con la línea discontinua, que representa el espectro de los rayos primarios, utilizando las mismas rendijas y cristal y el mismo potencial en el tubo. El espectro primario, por ejemplo, está dibujado a una escala mucho menor que

[1] A. H. Compton, Bull. N. R. C., No. 20, p. 17 (1922)

[2] Cabe esperar que se publique ponto una descripción de los experimentos en los que se basa esta figura.

495

el secundario. El punto cero de ambos rayos X primario y secundario se determinaba buscando la posición de las líneas de primer orden a ambos lados del punto cero.

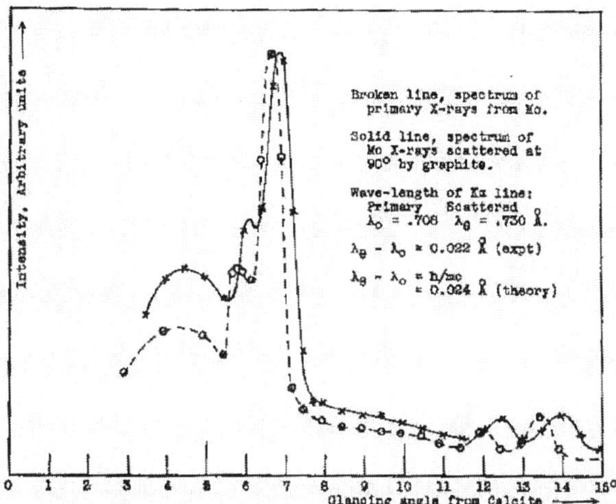

Fig. 4. Espectro de rayos X de molibdeno dispersados por grafito, comparado con el espectro de los rayos X primarios, que muestra un incremento de la longitud de onda en la dispersión.

Se verá que la longitud de onda de los rayos dispersados es incuestionablemente mayor que la de los rayos primarios que los excitan. Así, la línea Kα del molibdeno tiene una longitud de onda 0.708 Å. Esto es,

$$\lambda_\theta - \lambda_0 = 0.022 \text{ Å (experimento)}.$$

Pero según la presente teoría (ecuación 5),

$$\lambda_\theta - \lambda_0 = 0.0484 \sin^2 45° = 0.024 \text{ Å (teoría)},$$

lo que constituye una concordancia muy satisfactoria.

La variación de la longitud de onda del haz dispersado con el ángulo se ilustra en el caso de rayos γ. El autor ha medido[1] el coeficiente de absorción de masa en plomo de rayos dispersados con diferentes ángulos cuando son atravesadas diversas sustancias por rayos γ duros de RaC. Los resultados medios para el hierro, aluminio y parafina se dan en la columna 2 de la Tabla 1. Esta variación del coeficiente de absorción corresponde a una

[1] A. H. Compton, Phil. Mag. 41, 760 (1921)

496

diferencia de longitud de onda con diferentes ángulos. Haciendo uso del valor dado por Hull y Rice para el coeficiente de absorción de masa del plomo para longitud de onda 0.122, 3.0, recordando[1] que la absorción fluorescente característica τ/ρ es proporcional a λ^2, y estimando la parte de la absorción debida a la dispersión por el método descrito abajo, encuentro para las longitudes de onda correspondientes a estos coeficientes de absorción los valores dados en la cuarta columna de la Tabla 1. que esta extrapolación es muy

TABLE I

Wave-length of Primary and Scattered γ-rays

	Angle	μ/ρ	τ/ρ	λ obs.	λ calc.
Primary.........	0°	.076	.017	0.022 A	(0.022 A)
Scattered........	45°	.10	.042	.030	0.029
"	90°	.21	.123	.043	0.047
"	135°	.59	.502	.068	0.063

Longitud de onda de rayos γ primarios y dispersados

aproximadamente correcta se señala por el hecho de que da para el haz primario una longitud de onda 0.022 Å. Esto está en buen acuerdo con el valor 0.025 Å del autor, calculado a partir de la dispersión de rayos γ por plomo con ángulos pequeños, y con las medidas de Ellis de sus espectros de rayos β, que muestra líneas de longitud de onda .045, .025, .021 y .020 Å, con la línea .020 la más fuerte. Tomando $\lambda_0 = 0.022$ Å, las longitudes de onda con los demás ángulos se pueden calcular de la ecuación (31). Los resultados, dados en el última columna de la Tabla 1, y que se muestran gráficamente en la Fig. 5, están en satisfactorio acuerdo con los valores medidos. Hay pues buenas razones para creer que la ecuación (5) representa con precisión la longitud de onda de los rayos X dispersados por elementos ligeros.

Velocidad de retroceso de los electrones dispersantes.- Los electrones que retroceden en el proceso de dispersión de rayos X ordinarios no han sido observados. Probablemente esto se deba a que su número y velocidad es habitualmente pequeño comparado con el número y velocidad de los fotoelectrones lanzados como resultado de la absorción fluorescente característica. He señalado en alguna parte,[4] sin embargo, que hay buenas razones para creer que la mayor parte de los rayos β secundarios excitados en elementos ligeros por la acción de rayos γ son esos electrones de retroceso. Según la ecuación (6), la velocidad de estos electrones debería variar de 0, cuando el rayo γ es dispersado hacia delante, a $v_{\max} = \beta_{\max} c = 2c\alpha\left[(1+\alpha)/(1+2\alpha+2\alpha^2)\right]$, cuando el cuanto de rayo γ

[1] Véase L. de Broglie, Jour. de Phys. et Rad. 3, 33 (1922); A. H. Compton, Bull. N. R. C., No. 20, p. 43 (1922).
[2] A. H. Compton, Phil. Mag. 41, 777 (1921).
[3] C. D. Ellis, Proc. Roy. Soc. A, 101, 6 (1922).
[4] A. H. Compton, Bull. N. R. C., No. 20, p. 27 (1922).

497

es dispersado hacia atrás. Si para rayos γ duros de radio C, $\alpha = 1.09$, correspondiente a $\lambda = 0.022$ Å, obtenemos así $\beta_{\max} = 0.82$. La velocidad efectiva de los electrones dispersados es, por tanto (ecuación 8), $\beta = 0.52$. Estos resultados están de acuerdo con el hecho de que la velocidad promedio de los

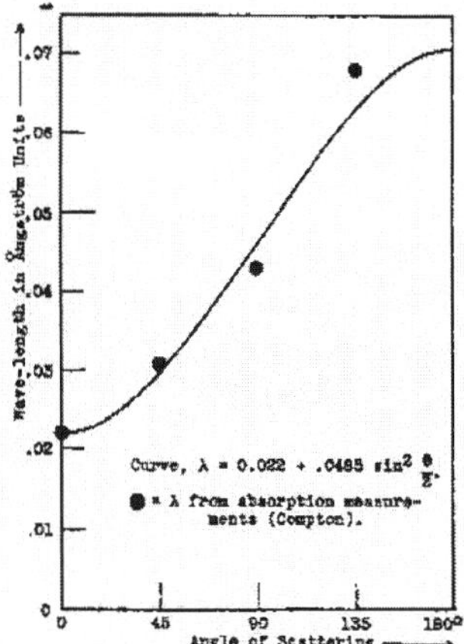

Fig. 5. Longitud de onda de rayos γ dispersados con diferentes ángulos con el haz primario, que muestra un incremento con ángulos grandes similar al efecto Doppler.

rayos β excitados por los rayos γ del radio es algo mayor que la mitad de la de la luz.[1]

Absorción de rayos X debida a la dispersión.- Se logra información válida referente a la magnitud de la dispersión mediante las medidas de absorción de rayos X debida a la dispersión. Por encima de un amplio rango de longitudes de onda, la fórmula de la absorción de masa total, $\mu/\rho = \kappa\lambda^3 + \sigma/\rho$, resulta ser válida, donde μ e el coeficiente de absorción lineal, ρ es la densidad, κ es una constante, y σ es la energía perdida debida al proceso de dispersión. Habitualmente, el término $\kappa\lambda^3$, que representa la absorción fluorescente, es el más importante; pero cuando se utilizan elementos ligeros y longitudes de onda cortas, el proceso de dispersión da cuenta de prácticamente toda la pérdida de energía. En este caso, la constante κ se puede determinar mediante medidas de las longitudes de onda más largas, y el valor de σ/ρ se puede estimar entonces con considerable precisión para las longitudes de onda más cortas a partir de los valores observados de μ/ρ.

Hewlett ha medido el coeficiente de absorción total para el carbono sobre un amplio rango de longitudes de onda. Partiendo de sus datos para las longitudes de onda más largas

[1] E. Rutherford, Radioactive Substances and their Radiations, p. 273.
[2] C. W. Hewlett, Phys. Rev. 17, 284 (1921).

498

he calculado que el valor de κ, si λ se expresa en Å, es 0.912. Al restar los correspondientes valores de $\kappa\lambda^3$ de sus valores observados de μ/ρ, se obtienen los valores de σ/ρ representados por las cruces de la Fig. 6.

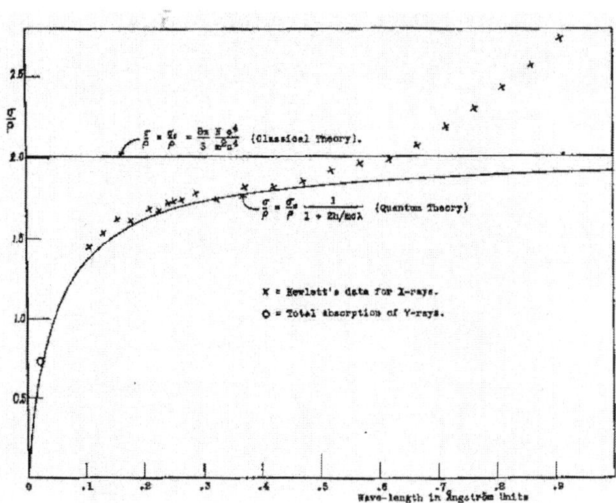

Fig. 6. Absorción en carbono debido a la dispersión, para rayos X homogéneos.

El valor de σ_0/ρ, tal como se calcula para el carbono partiendo de la fórmula de Thomson, se indica por la línea horizontal en $\sigma/\rho = 0.201$. Los valores de σ/ρ calculados a partir de la ecuación (28) se representan por la curva continua. El círculo muestra el valor experimental de la absorción total de rayos γ por carbono, que en este caso se debe completamente al proceso de dispersión.

Para longitudes de onda menores de 0.5 Å, donde la prueba es más significativa, el acuerdo está quizá dentro del error experimental. Los experimentos de Owen,[1] Crowther,[2] y Barkla y Ayers[3] muestran que, aproximadamente a 0.5 Å, el "exceso de dispersión" empieza a ser apreciable, creciendo rápidamente en importancia con las longitudes de onda más largas.[4] Es probable que sea este efecto el que motive el incremento de la absorción de dispersión por encima del valor teórico para las longitudes de onda más largas. Por tanto, los valores experimentales de la absorción debidas a la dispersión parecen estar en acuerdo satisfactorio con la presente teoría.

No se ha advertido absorción verdadera debida a la dispersión en el caso de

[1] E. A. Owen, Proc. Camb. Phil. Soc. 16, 165 (1911).
[2] J. A. Crowther, Proc. Roy. Soc. 86, 478 (1912).
[3] Barkla y Ayers, Phil. Mag. 21, 275 (1911).
[4] Véase A. H. Compton, Washington University Studies, 8, 109 ff. (1921)

499

rayos X. En el caso de rayos γ duros, sin embargo, Ishino ha probado que hay absorción verdadera, así como dispersión, y que para los elementos más ligeros la absorción verdadera es proporcional al número atómico. Esto es, esta absorción es proporcional al número de electrones presentes, tal como es la dispersión. Da para el coeficiente de absorción de masa verdadero de los rayos γ duros de RaC, tanto en aluminio como en hierro, el valor 0.021. Según la ecuación (30), la absorción de masa verdadera por el aluminio debería ser 0.021 y, por el hierro, 0.020, aceptando que la longitud de onda efectiva de los rayos sea 0.022 Å. La diferencia entre la teoría y los experimentos es menor que el probable error experimental.

Ishino ha calculado también que los coeficientes de dispersión de masa verdaderos de los rayos γ del RaC por aluminio y hierro son 0.045 y 0.042 respectivamente. Estos valores están muy lejos de los valores 0.193 y 0.187 predichos por la teoría clásica. Pero si se toma $\lambda = 0.022$ Å, como antes, los correspondientes valores calculados a partir de la ecuación (29) son 0.040 y 0.038, que no difieren seriamente de los valores experimentales.

Es bien sabido que para rayos X blandos dispersados por elementos ligeros la dispersión total está de acuerdo con la fórmula de Thomson. Lo que concuerda con la presente teoría, según la cual el coeficiente de dispersión verdadero σ_s se aproxima al valor de Thomson σ_0 cuando $\alpha \equiv h/mc\lambda$ se hace pequeño (ecuación 29).

Intensidad relativa de los rayos X dispersados en diferentes direcciones con el haz primario.- Nuestra ecuación (27) predice una concentración de la energía en la dirección delantera. Gran número de experimentos sobre dispersión de rayos X han mostrado que, salvo para el exceso de dispersión con ángulos pequeños, la ionización debida al haz dispersado es simétrica en los lados de incidencia y emergente de la placa dispersante. La diferencia de intensidad en los dos lados, según la ecuación (27) debería ser, sin embargo, apreciable. Así pues, si la longitud de onda es 0.7 Å, que es probablemente la que utilizaron Barkla y Ayers en sus experimentos de dispersión por carbono, la relación entre la intensidad de los rayos dispersados con 40° y la de los dispersados con 140° debería ser aproximadamente 1.10. Pero su relación experimental era 1.04, lo que difiere de nuestra teoría más allá de su probable error experimental.

Se recordará, sin embargo, que nuestra teoría, y también el experimento, indica una diferencia en la longitud de onda de los rayos X dispersados en diferentes direcciones. Los rayos X más blandos que son dispersados hacia atrás son los más fácilmente absorbidos y, aunque de intensidad menor, pueden producir una

[1] M. Ishino, Phil. Mag. 33, 140 (1917)
[2] M. Ishino, loc. cit.
[3] Barkla y Ayers, loc. cit.

500

ionización igual a la del haz dispersado hacia adelante. Desde luego, si α es pequeño comparado con la unidad, como es el caso para rayos X ordinarios, la ecuación (27) puede escribirse aproximadamente $I_\theta / I'_\theta = (\lambda_0/\lambda_\theta)^3$ donde I'_θ es la intensidad del haz dispersado con el ángulo θ según la teoría clásica. La parte de la absorción que se convierte en ionización es sin embargo proporcional a λ^3. Por tanto si, como es habitualmente el caso, sólo una pequeña parte de los rayos X que entran en la cámara de ionización es absorbida por el gas de la cámara, la ionización es también proporcional a λ^3. Así, si i_θ representa la ionización debida al haz dispersado con el ángulo θ y si i'_θ es la correspondiente ionización en la teoría clásica, tenemos $i_\theta / i'_\theta = (I_\theta / I'_\theta)(\lambda_\theta/\lambda_0)^3 = 1$, o $i_\theta = i'_\theta$. Esto es, en primera aproximación, la ionización debería ser la misma que la de la teoría clásica, aunque la energía del haz dispersado es menor. Esta conclusión está en buen acuerdo con los experimentos que se han llevado a cabo sobre dispersión de rayos X ordinarios, si se corrige el exceso de dispersión que aparece con ángulos pequeños.

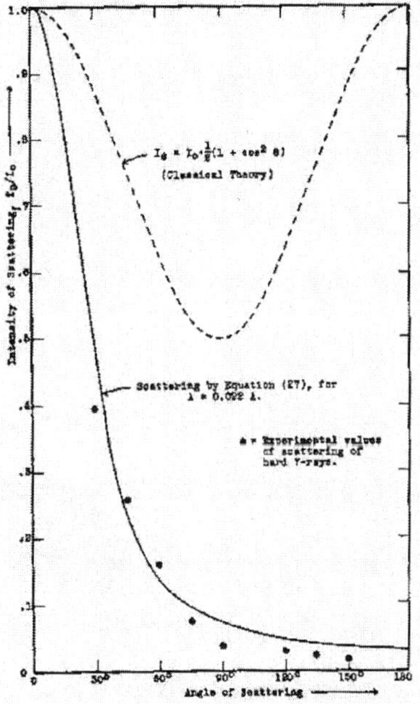

Fig. 7. Comparación de intensidades experimentales y teóricas de rayos γ dispersados.

501

En el caso de longitudes de onda muy cortas, sin embargo, el caso es diferente. El autor ha medido los rayos γ dispersados con diferentes ángulos por hierro, utilizando una cámara de ionización diseñada para absorber incluso la mayor parte del haz primario de rayos γ.[1] No está claro cuánto variará exactamente la ionización debida a los rayos γ con la longitud de onda bajo las condiciones del experimento, pero parece probable que la variación no sea grande. Si suponemos, en consecuencia, que la ionización mide la intensidad del haz de rayos γ dispersado, estos datos de la intensidad están representados por los círculos de la Fig. 7. Los experimentos mostraban que la intensidad a 90° era 0.074 veces la predicha por la teoría clásica, o $0.037\,I_0$, donde I_0 es la intensidad de la dispersión con ángulo $\theta = 0$ tal como se calcula tanto en la teoría clásica como en la cuántica. Las intensidades absolutas del haz dispersado se han dibujado tomando I_0 como unidad. La curva continua muestra la intensidad en las mismas unidades, calculada según la ecuación (27). Como antes, la longitud de onda de los rayos γ se toma como 0.022 Å. El precioso acuerdo entre los valores teóricos y experimentales de la dispersión es más chocante si se advierte que no hay una única constante que pueda amoldarse y conectar los dos conjuntos de valores.

DELIBERACIÓN

Este notable acuerdo entre nuestras fórmulas y los experimentos deja pocas dudas de que la dispersión de rayos X es un fenómeno cuántico. La hipótesis de un electrón grande para explicar estos efectos es, en consecuencia, superflua, ya que puede verse ahora que todos los experimentos sobre dispersión de rayos X a los que se ha aplicado esta hipótesis son explicables desde el punto de vista de la teoría cuántica sin introducir ninguna hipótesis nueva o nuevas constantes. Además, la presente teoría da cuenta satisfactoria del cambio de longitud de onda debido a la dispersión, lo que no se explicaba en la hipótesis del electrón grande. Desde el punto de vista de la dispersión de rayos X y rayos γ, por tanto, ya no cabe sustentar la hipótesis de un electrón cuyo diámetro sea comparable con la longitud de onda de rayos X duros.

La presente teoría depende esencialmente del supuesto de que cada electrón efectivo en la dispersión dispersa un cuanto entero. Esto implica también la hipótesis de que los cuantos de radiación se reciben procedentes de direcciones determinadas y son dispersados en direcciones determinadas. El respaldo experimental de la teoría señala muy convincentemente que un cuanto de radiación transporta consigo tanto momento como energía prescritos.

Se ha hecho énfasis en el hecho de que, en su actual forma, la

A. H. Compton, Phil. Mag. 41, 758 (1921)

502

teoría cuántica de la dispersión se aplica sólo a elementos ligeros. La razón de esta restricción se debe a que hemos supuesto tácitamente que no hay fuerzas de constricción que actúen sobre los electrones dispersantes. Esta suposición está probablemente legitimada en el caso de los elementos muy ligeros, pero no puede ser cierta para los elementos pesados, ya que, si la energía cinética de retroceso de un electrón es menor que la energía exigida para sacar al electrón del átomo, no hay posibilidad de que el electrón retroceda en la forma que lo hemos supuesto. Falta investigar las condiciones de dispersión en tal caso.

La forma en que tiene lugar la interferencia, como por ejemplo en los casos de exceso de dispersión y de reflexión de rayos X, no está todavía clara. Quizá si un electrón está ligado al átomo demasiado firmemente para retroceder, el cuanto incidente de radiación pueda esparcirse sobre un gran número de electrones, distribuyendo su energía y momento entre ellos, haciendo por tanto posible la interferencia. En cualquier caso, el problema de la dispersión está tan estrechamente ligado a los de reflexión e interferencia que es posible que un estudio del problema pueda arrojar algo de luz sobre la difícil cuestión de la relación entre interferencia y teoría cuántica.

Muchas de las ideas puestas en juego en este artículo se han desarrollado debatiéndolas con el profesor G. E. M. Jauncey de este departamento.

WASHINGTON UNIVERSITY,
SAINT LOUIS,
13 de diciembre de 1922

—

SEPTIEMBRE

Louis de Broglie. RADIATIONS.- «***Ondes et quanta***». [Note de M. Louis de Broglie, présenté para M. Jean Perrin.] *C. R. Acad. Sci. Paris*, 177, 507 (1923) (Séance du 10 Septembre 1923. pp. 507-510.) (Sesión del 10 de septiembre.) [Nota del Sr. Louis de Broglie, presentada por el Sr. Jean Perrin] [«Ondas y cuantos»]

507

Ondas y cuantos[1]

Consideremos un móvil material de masa propia m_0 que se mueve con relación a un observador fijo con velocidad $v = \beta c\,(\beta < 1)$. Según el principio de inercia debe poseer una energía interna igual a m_0c^2. Por otra parte, el principio de los cuantos lleva a atribuir esta energía interna a un fenómeno periódico simple de frecuencia ν_0 tal que

$$h\nu_0 = m_0c^2,$$

siendo c, siempre, la velocidad límite de la teoría de la relatividad y h la constante de Planck.

Para el observador fijo, a la energía total del móvil corresponderá una frecuencia $\nu = \dfrac{m_0c^2}{h\sqrt{1-\beta^2}}$. Pero, si este observador fijo observa el fenómeno periódico interno del móvil, lo verá ralentizado y le atribuirá una frecuencia

[1] Respecto a la presente Nota, véase M. BRILLOUIN, *Comptes rendus*, t. 168, 1919, p. 1318

508

$\nu_1 = \nu_0\sqrt{1-\beta^2}$; para él, este fenómeno varía pues como

$$\sin 2\pi\nu_1 t.$$

Supongamos ahora que, en el instante $t = 0$, el móvil coincide en el espacio con una onda de frecuencia ν definida arriba que se propaga en la misma dirección que él con velocidad $\dfrac{c}{\beta}$. Esta onda, de velocidad mayor que c, no puede corresponder a un transporte de energía; la consideraremos sólo como una onda ficticia asociada al movimiento del móvil.

Afirmo que si, en el instante $t = 0$, hay concordancia de fase entre los vectores de la onda y el fenómeno interno del móvil, esta concordancia de fase subsistirá. En efecto, en el instante t el móvil está a una distancia del origen igual a $vt = x$; su movimiento interno está entonces representado por $\sin 2\pi\nu_1 \dfrac{x}{v}$.

La onda, en este punto, está representada por

$$\sin 2\pi\nu\left(t - \frac{x\beta}{c}\right) = \sin 2\pi\nu x\left(\frac{1}{v} - \frac{\beta}{c}\right).$$

Como los dos senos son iguales, la concordancia de fase se realiza si se tiene

$$\nu_1 = \nu(1-\beta^2),$$

condición satisfecha evidentemente por las definiciones de ν y ν_1.

La demostración de este importante resultado se basa únicamente en el principio de relatividad restringida y en la exactitud de la relación de los cuantos tanto para el observador fijo como para el observador arrastrado.

Apliquemos esto, de entrada, a un átomo de luz. En otro lugar[1] he advertido que el átomo de luz debe considerarse como un móvil de masa muy pequeña ($< 10^{-50}$ gr.) que se mueve con una velocidad sensiblemente igual a c (aunque ligeramente inferior). Llegamos pues al enunciado siguiente: «*El átomo de luz, que equivale en razón de su energía total a una radiación de frecuencia ν, es sede de un fenómeno interno que, visto por el observador fijo, tiene, en cada punto del espacio, la misma fase que una onda de frecuencia ν que se propaga en la misma dirección con una velocidad sensiblemente igual (aunque muy ligeramente superior) a la constante llamada velocidad de la luz.*»

Pasemos ahora al caso de un electrón que describe, con velocidad uniforme

[1] Véase *Journal de Physique*, 6ª serie, t. 3, 1922, p. 422.

509

sensiblemente inferior a c, una trayectoria cerrada. En el instante $t = 0$, el móvil está en un punto O. La onda ficticia asociada, que parte de O y describe toda la trayectoria con velocidad $\frac{c}{\beta}$, alcanza al electrón en el instante τ en un punto O' tal que $\overline{\mathrm{OO'}} = \beta c \tau$.

Se tiene pues

$$\tau = \frac{\beta}{c}\left[\beta c\,(\tau + \mathrm{T}_r)\right] \quad \text{o} \quad \tau = \frac{\beta^2}{1-\beta^2}\mathrm{T}_r\,,$$

donde T_r es el periodo de revolución del electrón en su órbita. La fase interna del electrón, cuando este va de O a $\mathrm{O'}$, cambia en

$$2\pi\nu_1\tau = 2\pi\frac{m_0c^2}{h}\mathrm{T}_r\frac{\beta^2}{\sqrt{1-\beta^2}}$$

Es *casi necesario* suponer que la trayectoria del electrón no es estable *más que si* la onda ficticia al pasar por O' encuentra al electrón en fase con ella: la onda de frecuencia ν y velocidad $\frac{c}{\beta}$ debe estar en resonancia a lo largo de la trayectoria. Esto conduce a la condición

$$\frac{m_0\beta\, c^2}{\sqrt{1-\beta^2}}\mathrm{T}_r = nh, \qquad \text{siendo } n \text{ entero.}$$

Vamos a ver que esta condición de estabilidad es exactamente la de las teorías de Bohr y Sommerfeld para una trayectoria descrita con velocidad constante. Llamemos p_x, p_y, p_z a las cantidades de movimiento del electrón según tres ejes rectangulares. La condición general de estabilidad enunciada por Einstein es, en efecto

$$\int_0^{T_r}(p_x dx + p_y dy + p_z dz) = nh \qquad (n \text{ entero})^1$$

lo que, en el presente caso, puede escribirse

$$\int_0^{T_r} \frac{m_0}{\sqrt{1-\beta^2}}(v_x^2+v_y^2+v_z^2)dt = \frac{m_0\beta^2c^2}{\sqrt{1-\beta^2}}\mathrm{T}_r = nh,$$

como arriba.

[1] El caso de movimientos cuasi periódicos no presenta ninguna nueva dificultad. La necesidad de satisfacer la condición enunciada en el texto para una infinidad de pseudoperiodos conduce a las condiciones de Sommerfeld.

510

En el caso de un electrón que gira con una velocidad angular ω en un círculo de radio R, se encuentra de nuevo, para velocidades suficientemente pequeñas, la primitiva fórmula de Bohr: $m_0\omega \mathrm{R}^2 = n\frac{h}{2\pi}$.

Si la velocidad varía a lo largo de la trayectoria, se vuelve a encontrar la fórmula de Bohr-Einstein si β es pequeño. Si β toma valores grandes, el asunto se hace más complicado y necesitará un examen especial.

Siguiendo el mismo método, hemos llegado a resultados importantes que se comunicarán próximamente. Estamos desde ahora en condiciones de explicar los fenómenos de difracción e interferencias teniendo en cuenta los cuantos de luz.

—

Louis de Broglie. OPTIQUE.- «***Quanta de lumière, diffraction et interférences.***» [Note de M. Louis de Broglie, transmise par M. Jean Perrin.] *C. R. Acad. Sci. Paris, 177*, pp. 548-550 (1923) (Sesión del 24 de septiembre]) [Nota del Sr. Louis de Broglie, transmitida por el Sr. Jean Perrin] [«Cuantos de luz, difracción e interferencias»]

548

ÓPTICA.- *Cuantos de luz, difracción e interferencias.*

1. En una Nota reciente[1] hemos visto que un observador, para describir el movimiento de un móvil con velocidad βc $(\beta < 1)$, debe asociarle una onda sinusoidal *no material* que se propaga en la misma dirección con velocidad $\frac{c}{\beta} = \frac{c^2}{v}$; la frecuencia de esta onda es igual a la energía total, con relación al observador, del móvil considerado, dividida por la constante h de Planck. Por lo demás, se puede considerar la velocidad βc como la «velocidad de grupo» de ondas que tienen velocidades $\frac{c}{\beta}$ y frecuencias $\frac{m_0c^2}{h\sqrt{1-\beta^2}}$,

[1] *Comptes rendus* [Actas], t. 177, 1923, p. 507. En esta Nota he hecho una restricción inútil: las condiciones de Bohr se encuentran incluso en el caso de velocidades variables muy elevadas.

549

que corresponden a valores de β próximos pero ligeramente diferentes. Dejando de lado el significado físico de esta onda (eso será la difícil tarea encomendada a un electromagnetismo ampliado para que lo explique), recordamos que el móvil tiene la misma fase interna que la porción de la onda situada en el mismo punto; la llamaremos pues «la onda de fase».

Los átomos de luz, cuya existencia admitimos, no se propagan siempre en línea recta, como lo prueban los fenómenos de difracción. Parece pues *necesario* modificar el principio de inercia. Proponemos introducir en la base de la dinámica del punto material libre el postulado siguiente: «En cada punto de su trayectoria, un móvil libre sigue con movimiento uniforme el *radio* de su onda de fase, es decir (en un medio isótropo) la normal a las superficies de igual fase». En general, el móvil seguirá pues la trayectoria rectilínea fijada por el principio de Fermat aplicado a la onda de fase, que se confunde aquí con el principio de mínima acción aplicado al móvil bajo la forma de Maupertuis. Pero si el móvil debe atravesar una abertura cuyas dimensiones son pequeñas con relación a la longitud de onda de la onda de fase, su trayectoria se curvará en general como el radio de la onda difractada. La conservación de la energía está a salvo, pero no la de la cantidad de movimiento, a menos que se transmita una presión a los átomos materiales que forman el borde de la abertura.

El nuevo principio introducido en la base de la dinámica explicaría la difracción de los átomos de luz, *por pequeño que sea su número*. Además, un móvil cualquiera podría difractarse en ciertos casos. Un flujo de electrones que atraviese una abertura suficientemente pequeña presentaría fenómenos de difracción. Quizá sea por aquí por donde haya que buscar confirmaciones experimentales de nuestras ideas.

Concebimos pues la onda de fase como guía de los desplazamientos de energía, y esto es lo que puede permitir la síntesis de ondas y cuantos. La teoría de ondas iba demasiado lejos al negar la estructura discontinua de la energía radiante y no suficientemente lejos renunciando a intervenir en la dinámica. *La nueva dinámica del punto material libre es a la antigua dinámica (incluida la de Einstein) lo que la óptica ondulatoria es a la óptica geométrica.* Si se reflexiona sobre esto se verá que la síntesis propuesta parece la coronación lógica del desarrollo comparado de la dinámica y de la óptica desde el siglo XVII.

II. Vayamos ahora a la explicación de las franjas de interferencia. Admitiremos que un átomo material tiene una probabilidad de absorber o de emitir un átomo de luz determinada por la resultante de uno de los vectores

550

de las ondas de fase que se cruzan sobre él; naturalmente, la emisión no es posible más que si el átomo está excitado y la absorción más que si un átomo de luz se encuentra en las cercanías. La hipótesis precedente es, en el fondo, completamente análoga a la que admite la teoría electromagnética cuando liga la intensidad de la luz *descubrible* (es decir, capaz de actuar fotoeléctricamente sobre el ojo, la placa fotográfica o el bolómetro) a la intensidad del vector eléctrico resultante.

Cualquier causa que haya desencadenado la emisión de un cuanto de luz en una fuente «puntual», su onda de fase, al pasar por los átomos próximos, desencadenará otras emisiones de cuantos cuya vibración interna supondremos en fase con la propia onda. Todos los átomos luminosos emitidos tendrían así la misma onda de fase que el primero; diremos que están acoplados en onda[1]. La onda de fase única transporta pues consigo una multitud de pequeños trozos de energía que, por otra parte, deslizan un poco en su superficie, como se deduce de nuestra última Nota.

Estudiemos la experiencia de las rendijas de Young: algunos átomos de luz atravesarán las rendijas y se difractarán siguiendo el radio de la porción de onda de fase que les rodea. En el espacio situado detrás de la pared, su capacidad para actuar fotoeléctricamente variará en cada punto según el estado de interferencia de loas ondas de fase que han atravesado, al difractarse, las dos rendijas. Habrá pues franjas brillantes y oscuras, como prevén las teorías ondulatorias, *por débil que sea la intensidad de la luz incidente.*

Este sistema de explicación, que toma prestado lo esencial de la teoría de ondas introduciendo los cuantos, debe generalizarse para todas la franjas de interferencia y de difracción.

[1] Probablemente sean estos átomos acoplados en onda los que intervienen en la fórmula de las fluctuaciones de la radiación negra. Véase *Comptes rendus* [Actas], t. 175, 1922, p. 811.

DICIEMBRE

Albert Einstein. «***Bietet die Feldtheorie Möglichkeiten für die Lösung des Quantenproblems?***» *Preussische Akademie der Wissenschaften, Phys.-math. Klasse, Sitzungsberichte*, 1923, pp. 359-364. (Sitzung der physikalisch-mathematischen Klasse vom 13. Dezember 1923 (Sesión del Seminario de física matemática del 13 de diciembre de 1923) (Presentado en la Sesión plenaria de la Academia el 15 de enero de 1924) [Recogido en *TCPAE*. Volume 14: The Berlin Years: Writings & Correspondence, April 1923-May 1925. Doc. **170**. pp. 268-273 (GV)] [¿Ofrece la teoría de campo posibilidades de resolver el problema cuántico?]

359

¿Ofrece la teoría de campo posibilidades de resolver el problema cuántico?

Los grandes éxitos que puede invocar la teoría de los cuantos después de una evolución de apenas un cuarto de siglo no debe hacernos olvidar que esta teoría adolece todavía de fundamentos lógicos. Sabemos, por otra parte, que los fundamentos que buscamos no pueden consistir en un simple complemento de la mecánica y de la electrodinámica clásicas, pues el principio de equipartición de la energía que resulta de la mecánica clásica, así como las leyes sobre las propiedades energéticas de la radiación que resultan de la electrodinámica clásica, están en total contradicción con los hechos. Citemos simplemente a modo de indicación la caída de los calores específicos a bajas temperaturas y los procesos secundarios que aparecen en la absorción y la difusión de una radiación de corta longitud de onda (efecto Compton).

A la vista de los hechos que resumen las reglas de los cuantos se podría dudar de que sea posible dominar las dificultades perfeccionando de forma coherente las teorías existentes. Hasta el momento, la esencia de la evolución teórica a la que van ligados los nombres de «mecánica», «electrodinámica de Maxwell-Lorentz» y «teoría de la relatividad» consiste en que se trabaja sobre ecuaciones diferenciales que determinan los sucesos de forma unívoca en un continuo espacio-temporal de cuatro dimensiones en la medida en que son conocidos en una sección espacial de este continuo. Precisamente, en la determinación unívoca mediante ecuaciones diferenciales de la sucesión temporal de los fenómenos es en lo que consiste el método que nos permite satisfacer la ley de causalidad. Las dificultades encontradas han hecho dudar de la posibilidad de describir los procesos reales por ecuaciones en derivadas parciales. De golpe se ha puesto en duda la posibilidad de aplicar sin ruptura de la continuidad la ley de causalidad tomando por base el continuo espacio-temporal de cuatro dimensiones. Todas estas dudas son legítimas desde el punto de vista epistemológico y completamente comprensibles habida cuenta de las grandes dificultades encontradas. Pero, antes de considerar seriamente posibilidades tan extremas, hay que comprobar si de los esfuerzos emprendidos y de los hechos constatados hasta la fecha, se deduce realmente que es imposible arreglárselas con las ecuaciones en derivadas parciales. A cualquiera que se haya impresionado por la maravillosa seguridad

360

con la que la teoría ondulatoria interpreta fenómenos tan complicados desde el punto de vista geométrico como los de interferencia y difracción de la luz le costará creer que las ecuaciones en derivadas parciales sean en última instancia incapaces de dar cuenta de los hechos.

Si se examina la teoría de MAXWELL-LORENTZ de forma crítica se ve que el fundamento en el que se basa está constituido por dos partes cuya solución formal es bastante débil, a saber, las ecuaciones diferenciales del campo y las ecuaciones del movimiento del electrón (positivo y negativo). Los fenómenos de interferencia y difracción tan admirablemente confirmados por la experiencia están gobernados esencialmente, desde el punto de vista formal, sólo por las ecuaciones del campo; los procesos de absorción, de los que la teoría no puede dar cuenta de manera que sea conforme a la experiencia, están determinados principalmente por la ley del movimiento del electrón. Se puede uno pues ver llevado a considerar (y esta es una idea expresada a menudo) que hay que mantener las ecuaciones del campo y renunciar por el contrario a las ecuaciones del movimiento del electrón[1]. A decir verdad, esto tendría también por consecuencia que debe abandonarse la teoría habitual de la localización de la energía en el campo. Si esta posibilidad teórica no ha sido explorada antes es por la sencilla razón de que hasta la fecha no se veía qué camino emprender para llegar a otras ecuaciones del movimiento del electrón. El intento de MIE de completar las ecuaciones de campo de modo que sean válidas igualmente en el interior de los electrones no ha producido hasta ahora ningún resultado utilizable. Este método habría podido conducir a una unificación de los fundamentos haciendo superfluas las ecuaciones del movimiento particulares para los electrones. Por qué este camino no ha podido aportar contribución decisiva a la solución del problema de los cuantos, aparecerá en el curso de las consideraciones que siguen y que desembocan en lo que constituye, en mi opinión, el punto más esencial de todo el problema.

Según las teorías precedentes, el estado inicial de un sistema puede elegirse libremente y las ecuaciones diferenciales dan inmediatamente su evolución con el tiempo. Pero, en el estado actual de nuestro conocimiento de los estados cuánticos, tal como se ha desarrollado estos diez últimos años, en particular con la teoría de Bohr, esta característica teórica no corresponde a la realidad. El estado inicial de un electrón en movimiento alrededor de un núcleo de hidrógeno no puede elegirse libremente y esta elección debe satisfacer más bien las condiciones cuánticas. Para decir las cosas de forma general, no sólo la evolución con el tiempo sino también el propio estado inicial obedecen a leyes.

De este conocimiento de los procesos de la Naturaleza a la que, sin duda, conviene conceder una significación general, ¿es posible dar cuenta en el seno de una teoría basada en las ecuaciones en derivadas parciales? Con toda certeza; basta para eso que las variables del campo estén «sobredeterminadas» por las ecuaciones. Es decir, que el número de ecuaciones de campo sea superior al de las variables de campo que estas ecuaciones determinan. (En el caso de la teoría de la relatividad general,

1) Los fundamentos de la mecánica están en contradicción por sí solos con los hechos cuánticos (se echa en falta el principio de equipartición de la energía). Las ecuaciones del movimiento del punto material deben abandonarse, por tanto, con independencia de saber si se puede o no conservar la teoría del campo.

361

basta que el número de ecuaciones independientes sea superior al de las variables de campo disminuido en cuatro unidades, puesto que estas ecuaciones no determinan, en razón de la libertad de elección sobre las coordenadas, más que las variables de campo menos cuatro.) La geometría de RIEMANN ofrece un bello ejemplo de sobredeterminación que, por su contenido, no deja de tener relación, parece, con nuestro problema. Si se exige que todas las componentes $R_{ik,lm}$ del tensor de curvatura de Riemann sean nulas, la variedad es euclídea; está pues completamente determinada y no admite ninguna «condición inicial» suplementaria. En el continuo de cuatro dimensiones se tienen 20 ecuaciones, algebraicamente independientes unas de otras, que satisfacen los diez coeficientes $g_{\mu\nu}$ de la forma métrica cuadrática.

Buscamos, de forma análoga, sobredeterminar por ecuaciones los sucesos en un campo electromagnético y gravitacional, estando esta posibilidad limitada por las siguientes condiciones:

1. Las ecuaciones deben ser covariantes generales y no deben hacer intervenir más que las componentes $g_{\mu\nu}$ del campo métrico y $\phi_{\mu\nu}$ del campo eléctrico.

2. El sistema de ecuaciones buscado debe en todo caso incluir el sistema que se satisface en virtud de las teorías de la gravitación y de Maxwell, es decir:

$$R_{il} = -\kappa T_{il}$$

$$T_{il} = -\phi_{i\alpha}\phi_l^{\alpha} + \frac{1}{4} g_{il}\phi_{\alpha\beta}\phi^{\alpha\beta},$$

donde R_{il} representa el tensor de curvatura de rango 2.

3. El sistema de ecuaciones buscado, el que sobredetermina el campo, debe admitir en cualquier caso esta solución estática y de simetría esférica que, en virtud de las ecuaciones de arriba, describe un electrón, positivo o negativo.

Si se llega a que las ecuaciones diferenciales sobredeterminan suficientemente el campo total respetando estas tres condiciones, se tiene derecho a esperar que el comportamiento mecánico de los puntos singulares (los electrones) estará igualmente determinado por estas ecuaciones, de modo que los estados iniciales del campo y de los puntos singulares estén también ellos sometidos a condiciones restrictivas.

Suponiendo que el problema de los cuantos pueda resolverse con ayuda de ecuaciones diferenciales, cabe esperar conseguirlo así. En lo que sigue voy a exponer lo que he intentado hacer en este sentido sin poder pretender que las ecuaciones a las que he llegado posean verdaderamente una significación física. Mis reflexiones habrán alcanzado su objetivo si dan lugar a una colaboración con matemáticos y persuaden a estos de que la vía en la que me empeño merece seguirse y de que la marcha debe ser llevada absolutamente a término. Como siempre, en teoría de la relatividad general es difícil obtener, a partir de las ecuaciones, informaciones sobre sus soluciones que puedan ser confrontadas a resultados experimentales comprobados, en este caso los ligados a la teoría de los cuantos.

362

§ 2. *Deducción de un sistema de ecuaciones sobredeterminadas*

Partimos del sistema de ecuaciones sobredeterminado

$$R_{ik,lm} = \Psi_{ik,lm} \tag{1}$$

En este sistema,

$$R_{ik,lm} = g_{ij} R^j_{ik,lm} = g_{ij}\left(\frac{\partial \Gamma^j_{kl}}{\partial x_m} - \frac{\partial \Gamma^j_{km}}{\partial x_l} - \Gamma^j_{\sigma l}\Gamma^\sigma_{km} + \Gamma^j_{\sigma m}\Gamma^\sigma_{kl}\right)$$

representa el tensor de curvatura de RIEMANN (con signo contrario al de costumbre), $\Psi_{ik,lm}$ es un tensor homogéneo y de segundo grado en las componentes de campo eléctrico $\phi_{\mu\nu}\left(=\frac{\partial \phi_\mu}{\partial x_\nu} - \frac{\partial \phi_\nu}{\partial x_\mu}\right)$ y que tiene las mismas propiedades de simetría que $R_{ik,lm}$.

Obtenemos esto equiparando $\Psi_{ik,lm}$ con una combinación lineal de tensores:

$$\Phi'_{ik,lm} = \phi_{ik}\phi_{lm} + \frac{1}{2}(\phi_{il}\phi_{km} - \phi_{im}\phi_{kl}) \tag{2}$$

$$\Phi''_{ik,lm} = g_{il}\Phi'_{km} + g_{km}\Phi'_{il} - g_{im}\Phi'_{kl} - g_{kl}\Phi'_{im} \tag{3}$$

$$\Phi'''_{ik,lm} = (g_{il}g_{km} - g_{im}g_{kl})\Phi' \tag{4}$$

donde en (3) se pone, para abreviar

$$g^{km}\Phi'_{ik,lm} = \Phi'_{il} \tag{5}$$

y en (4)

$$g_{il}\Phi'_{il} = \Phi'. \tag{6}$$

Por tanto debe ser

$$\Psi_{ik,lm} = A'\Phi'_{ik,lm} + A''\Phi''_{ik,lm} + A'''\Phi'''_{ik,lm}. \tag{7}$$

Basándonos en que se conocerán pronto, damos a las constantes A', A'', A''' los valores

$$\left.\begin{aligned} A' &= -2 \\ A'' &= +\frac{2}{3} \\ A''' &= -\frac{1}{6} \end{aligned}\right\} \tag{7 a}$$

Sobre las propiedades del sistema (1) señalamos lo siguiente. Si se multiplica por g^{il} y se suma sobre los índices i y l, se obtienen las ecuaciones

$$R_{km} = -\left(\frac{1}{4} g_{km}\phi_{\alpha\beta}\phi^{\alpha\beta} - \phi_{k\alpha}\phi^{m\alpha}\right). \tag{8}$$

Estas son las conocidas ecuaciones de campo de la teoría de la relatividad general, que contienen las ecuaciones de Maxwell, si además del campo gravitacional sólo existe el campo electromagnético. El sistema (8) tiene, como es sabido, la solución[1] estática de simetría central

1) Véase H. WEYL, «Raum, Zeit, Materie» § 32.

363

$$\left.\begin{aligned}
&ds^2 = f^2 dt^2 - [h^2 dr^2 + r^2(d\vartheta^2 + \cos^2\vartheta d\psi^2)] \\
&f^2 = \frac{1}{h^2} = 1 - \frac{2m}{r} + \frac{\varepsilon^2}{2r^2} \\
&\phi_{4\alpha} = \frac{\partial}{\partial x_\alpha}\left(\frac{\pm\varepsilon}{r}\right) \\
&\phi_{23} = \phi_{31} = \phi_{12} = 0
\end{aligned}\right\} \tag{9}$$

A esta solución, que muestra un punto singular (o una línea universo singular) que representa al electrón negativo o positivo, la designaremos simbólicamente por

$$L(m,\varepsilon) \tag{10}$$

debido a las constantes m (masa ponderable) y ε (masa eléctrica) que aparecen en ella. El sistema de ecuaciones de campo sobredeterminadas que buscamos tiene que tener asimismo la solución $L(m,\varepsilon)$.

Las mismas ecuaciones (1) no pueden ser todavía el sistema de ecuaciones que buscamos, pues, según ellas, el campo métrico -con campo eléctrico que se anula- es necesariamente euclídeo. A eso responde que ya la solución $L(m,0)$ de SCHWARZSCHILD no satisfaga al sistema de ecuaciones (1). Por el contrario, al calcular, me he convencido de que el electrón «sin masa» representa una solución de (1). Por este motivo me parece que las ecuaciones que cumplen la sobredeterminación del campo que buscamos, se tienen que deducir de (1) por generalización. Se brinda para esto un procedimiento aproximado. Introduciendo un sistema de coordenadas «geodésico» local se prueba fácilmente que las derivaciones covariantes del tensor de RIEMANN $R_{ik,lm;n}$ satisfacen la identidad (encontrada por BIANCHI)

$$0 \equiv R_{ik,lm;n} + R_{ik,mn;l} + R_{ik,nl;m}. \tag{11}$$

Se sigue de aquí que las ecuaciones más generales

$$\Psi_{ik,lmn} = \Psi_{ik,lm;n} + \Psi_{ik,mn;l} + \Psi_{ik,nl;m} = 0 \tag{12}$$

están contenidas en (1).

Ahora bien, tengo por no improbable que las ecuaciones (12), junto, asimismo, con las ecuaciones (8) de la actual teoría de la relatividad general que se deducen de (1), constituyan el sistema de ecuaciones buscado para la sobredeterminación del campo total.

La demostración aritmética de que $L(m,\varepsilon)$ satisface el sistema de ecuaciones (12) no me ha sido posible debido a su mayor complejidad. Sin embargo parece del todo plausible, ya que tanto $L(0,\varepsilon)$ como $L(m,0)$ satisfacen el sistema (12). Pues bien, este es el caso, debido a la anulación de las intensidades de campo eléctrico, en primer lugar porque $L(0,\varepsilon)$ es una solución de (1). Multiplicando (12) por $g^{il}g^{km}$ y sumando sobre los índices $iklm$ se obtienen las ecuaciones de MAXWELL.

364

Existe, por tanto, una cierta probabilidad de que la unión de los sistemas (12) y (8) proporcione la sobredeterminación buscada del campo total. Surgen las siguientes preguntas:

¿Satisface $L(m,\varepsilon)$ al sistema de ecuaciones (12)?

¿Determina el sistema doble (12), (8) el comportamiento mecánico de las singularidades?

¿Corresponden los fenómenos, en virtud de (12), (8), a lo que sabemos por la teoría cuántica?

Las dos últimas preguntas plantean grandes exigencias a los matemáticos que las quieran resolver; hay que idear métodos de aproximación para hacer frente al problema del movimiento. Pero la circunstancia de que parezca existir aquí una posibilidad para dar un fundamento realmente científico a la teoría cuántica justifica grandes esfuerzos. Hay que recalcar, finalmente, una vez más que, para mí, en este informe, la idea de la sobredeterminación es la principal; admito de buen grado que la derivación de las ecuaciones (12) no es tan apremiante como cabría desear.

Suplemento para la corrección de pruebas. La primera de las preguntas planteadas arriba ha encontrado respuesta mientras tanto. El Dr. GROMMER ha establecido, mediante cálculo directo, que la solución $L(m,\varepsilon)$ satisface el sistema (12).

Carta de Einstein a Ehrenfest

13 de diciembre de 1923

> Vuelvo a mi teoría, o a lo que podría llegar a ser. Su finalidad: llegar a una sobredeterminación gracias a ecuaciones diferenciales cuyas soluciones satisfagan siempre las ecuaciones de Maxwell y de la gravitación y que den existencia al electrón puntual. Debido a la sobredeterminación, es indiferente que estas singularidades tengan una u otra ecuación particular del movimiento.

[*TCPAE*. Vol. 14]

Carta de Einstein a Lorentz

25 de diciembre de 1923

> Veo una posibilidad de librarse de los hechos cuánticos a partir de la teoría de campos, a condición de abandonar las ecuaciones de la mecánica. El comportamiento mecánico de los electrones (singularidades) debe estar determinado también por ecuaciones de campo sobredeterminadas. Lamentablemente, las dificultades matemáticas me desbordan …

[*TCPAE*. Vol. 14]

1924

ENERO

Carta de Einstein a Besso

Berlín, 5 de enero de 1924

Hace tiempo que no te he escrito y han pasado mientras muchas cosas. Pero los acontecimientos exteriores siguen siendo superficiales y lo que importa es la ciencia. La idea con la que peleo concierne a la comprensión de los hechos cuánticos y consiste en una sobredeterminación de las leyes por más ecuaciones diferenciales que variables de campo. Eso debe permitir comprender que las condiciones iniciales no son arbitrarias, sin abandonar la teoría de campos. Naturalmente, quizá sea una vía sin salida, pero hay que intentar seguirla; en todo caso, es lógicamente posible. Se renuncia por completo a la ecuación del movimiento de los puntos materiales (electrones): el comportamiento mecánico de estos últimos deberá también estar determinado por las leyes del campo. Te enviaré el artículo preliminar sobre esta cuestión en cuanto se imprima.* La parte matemática es de una dificultad enorme; el lazo con la experiencia es lamentablemente cada vez más indirecto. Al menos se trata de una *posibilidad* lógica de satisfacer la realidad sin *sacrificium intellectus.*

[* Se trata de: «***Bietet die Feldtheorie Möglichkeiten für die Lösung des Quantenproblems?***»]
[*TCPAE*. Vol. 14.][Carta nº 72 de la edición de Pierre Speziali]

[Se publica en este mes el artículo Bohr-Kramers-Slater (*Phil. Mag.*, **47**, 785 – 1924). Sin renunciar a las ecuaciones de Maxwell en el vacío, los autores alumbran una nueva concepción de las interacciones entre átomos y radiación en la que el «salto cuántico» de los átomos está determinado sólo estadísticamente, por medio de un campo virtual (sin energía), emitido en los estados estacionarios, que satisface las ecuaciones de Maxwell y de modo que la energía y el impulso totales se conservan sólo estadísticamente. El argumento se articula en torno al principio de correspondencia de Bohr (analogía formal entre la teoría cuántica y el electromagnetismo clásico) en el marco de los postulados de la teoría de Bohr (existencia de estados estacionarios y relación $\Delta E = h\nu$)].

—

ABRIL

La dimensión didáctica, a través de la prensa. Suplemento dominical del *Diario de Berlín*:

Albert Einstein. «***Das Komptonsche Experiment. Ist die Wissenschaft um ihrer selbst willen da?***». *Berliner Tageblatt*, Domingo, 20 de abril de 1924. Suplemento dominical 1. [Recogido en *TCPAE*, Vol. 14, Doc. 236, pp. 365-366 (GV) (Fotocopia de la versión original del periódico, en letra gótica)] («El experimento Compton. ¿Existe la ciencia por sí misma?»)

El experimento Compton

¿Existe la ciencia por sí misma?

¿Existe la ciencia por sí misma? Es esta una cuestión a la que se debe contestar con igual firmeza sí y no, según se le dé un sentido u otro. El investigador debe servir a la ciencia por sí misma, sin preocuparse de sus resultados prácticos. De lo contrario la ciencia se marchita perdiendo de vista sus nexos esenciales. Faltaría en tal caso a su gran misión educativa que consiste en despertar en todos, y en mantener despierta, la aspiración a comprender las causas. Pero esta gran misión que hace de ella garante de uno de los ideales más preciados de la humanidad muestra igualmente en qué medida la ciencia no tiene derecho a existir por sí misma. La comunidad de investigadores es en cierto modo como un órgano del cuerpo de la humanidad: alimentado por la sangre, este órgano segrega una sustancia esencial a la vida que debe suministrarse a todas las partes de este cuerpo y cuya falta le haría perecer. Eso no quiere decir que todos los seres humanos tengan que atiborrarse de saberes eruditos y detallados, como sucede con demasiada frecuencia en nuestras escuelas en las que se lleva esta línea hasta el hartazgo. Tampoco es posible que sea el gran público quien tenga que decidir en cuestiones científicas. Pero sí es necesario que todo hombre que piense tenga ocasión de participar con completa lucidez en los grandes problemas científicos de su tiempo y eso incluso si su posición social no le permite consagrar una parte importante de su tiempo y de su energía a la reflexión teórica. Sólo desempeñando esta importante tarea adquiere la ciencia, desde el punto de vista social, derecho a existir.

Desde este punto de vista me haré eco en lo que sigue de un importante experimento referente a la luz, es decir, a la radiación electromagnética, que hace aproximadamente un año llevó a cabo el físico americano Compton. Para percibir por entero el significado de este experimento, habrá que tener presente la singularísima situación en que se encuentra hoy la doctrina de la radiación.

Hasta bien entrada la primera mitad del siglo XIX se estaba, en óptica, ocupado principalmente con la reflexión y refracción de la luz (espejos cóncavos, sistemas de lentes). Hasta entonces se mantuvo en esencia la teoría corpuscular –de la emisión– de la luz de Newton. Según ésta, la luz debía estar formada por corpúsculos que se mueven en línea recta y con movimiento uniforme en un medio homogéneo pero que en las superficies, en general, sufren un cambio súbito de dirección. Utilizando esta idea básica, se elaboró una teoría bastante completa de casi todos los fenómenos conocidos hasta ese momento, en especial del telescopio y del microscopio.

Sin embargo, cuando hace unos cien años se conocieron con más precisión los fenómenos de interferencia y difracción (y de polarización de la luz), se hizo evidente la necesidad de sustituir la hipótesis básica de Newton sobre la naturaleza de la luz por los supuestos, completamente diferentes, de la teoría ondulatoria, que ya había sido formulada aproximadamente siglo y medio antes por Huygens. Según ésta, la luz debía consistir en ondas elásticas que se propagan hacia todas partes a través del espacio (éter) de forma similar a como lo hacen, en dos dimensiones, las ondas superficiales del agua a partir de un punto en el que se somete a oscilaciones a dicha superficie. Sólo esta teoría era capaz de no dejar lugar a dudas de por qué un rayo de luz se propaga en todas las direcciones después de haber atravesado una rendija muy estrecha. Sólo ella permite dar una explicación de cómo, en medio de una zona del espacio llena de luz, hay lugares oscuros a causa de los fenómenos de interferencia y difracción, es decir, de cómo puede neutralizarse localmente la acción de varios haces luminosos. Esta teoría ondulatoria permitía describir los complicados fenómenos de difracción e interferencia con una precisión, por así decirlo, astronómica, de modo que pronto se creyó a pies juntillas en su corrección.

La teoría ondulatoria consiguió modificarse y, a la vez, un fundamento todavía más sólido merced a las investigaciones de Faraday y Maxwell, según las cuales el campo ondulatorio de la luz fue despojado de su carácter mecánico. La teoría de Maxwell de la electricidad y del magnetismo transforma al mismo tiempo la teoría ondulatoria de la luz sin apenas cambiar su contenido formal. Esta teoría establece además relaciones cuantitativas entre el comportamiento óptico y eléctrico del espacio vacío así como de los cuerpos ponderables y reduce el número de hipótesis independientes en las que se basa la óptica ondulatoria. La física parecía así tener, a finales de siglo, un fundamento permanente en el que cabía esperar basar todos sus dominios, inclusive el de la mecánica.

Pero no fue así. De los trabajos de Planck sobre la ley de la radiación emitida por cuerpos calientes se infería que la teoría no estaba en condiciones de explicar esta ley. Tampoco se podía explicar el resultado general de que los efectos de la radiación, según su naturaleza, no dependen de la intensidad de ésta, sino sólo de su color. Esto es de lo más paradójico y parece incompatible con la idea fundamental de la teoría ondulatoria. Piénsese en cualquier sitio en alta mar en donde se generen olas gigantescas que, a partir del centro de agitación, se propaguen hacia todas partes. Naturalmente, los picos de onda así generados serán tanto menos altos cuanto más se hayan propagado desde el centro de agitación. Pensemos ahora en barcos de igual tamaño repartidos en dicha zona marítima antes de que las citadas olas se generasen. ¿Qué sucederá si estas olas entran en acción? Los barcos próximos al lugar de la generación volcarán o se destruirán, pero a los que estén suficientemente alejados no les ocurrirá ninguna calamidad; sólo experimentarán un balanceo inofensivo. Cabría pensar ahora que a las moléculas alcanzadas por la radiación les sucediese lo mismo que a los barcos alcanzados por las olas de mar. Que las moléculas cambien químicamente o no, no sólo debería depender de su longitud de onda sino también de la intensidad de la radiación actuante; esto es, justamente, lo que la experiencia no confirma.

Ante este fallo de la teoría general se echó mano de la hipótesis de los cuantos de luz. Sin perjuicio del respeto que merecía la teoría ondulatoria, ganó terreno la hipótesis de trabajo de que la radiación se comporta respecto a la energía como si estuviese constituida por proyectiles de energía cuyo valor de energía sólo dependiese de la frecuencia (color) de la radiación y es proporcional a ella. La teoría corpuscular de la luz de Newton vuelve a estar viva, aunque haya fracasado por completo en el ámbito de las propiedades geométricas esenciales de la luz.

Se dispone ahora por tanto de dos teorías de la luz, ambas indispensables y –como se tiene hoy que admitir a pesar de veinte años de esfuerzos enormes de los físicos teóricos– sin ninguna conexión lógica. La teoría cuántica hizo posible la teoría del átomo de Bohr y ha explicado tantas cosas que tiene que tener un gran contenido de verdad. En estas circunstancias, es de la máxima importancia preguntarse hasta qué punto se ha atribuido a los corpúsculos de luz –los cuantos– el carácter de proyectiles.

Un proyectil no sólo transfiere energía al obstáculo con el que choca sino también un impulso en la dirección de su movimiento. ¿Ocurre lo mismo con los cuantos de luz? Hace ya mucho que se contestó "sí" a esta pregunta basándose en consideraciones teóricas y el experimento de Compton ha demostrado la exactitud de esta previsión. Para comprender este método experimental hay que considerar con más exactitud el mecanismo de un proceso conocido como "dispersión", en el que se basa, por ejemplo, el color azul del cielo.

Si una onda electromagnética llega a una partícula eléctrica elemental (electrón) libre –o a una ligada a un átomo, dicha partícula, debido al campo eléctrico variable de la onda, se moverá con un movimiento oscilatorio. De ahí que irradie a su vez ondas de la misma frecuencia en todas direcciones (como una antena de radiotelegrafía) cuya energía se capta de la onda primitiva. Esto hace que la luz se disperse (al menos en parte) en todas direcciones por el medio –que contiene tales partículas– atravesado por la radiación y eso provoca que la luz primaria nunca sea de longitud de onda más corta. Así se interpreta la dispersión de la radiación según la teoría ondulatoria.

El fenómeno se interpreta de otro modo según la teoría cuántica. Según ésta, un cuanto de luz choca con el electrón, por lo que cambia su dirección y, simultáneamente, presta una velocidad al electrón. La energía cinética transferida en este choque al electrón tiene que ser por tanto sustraída al cuanto incidente, de modo que al cuanto dispersado le corresponda una energía más pequeña y, por tanto –en términos de teoría de ondas, una frecuencia menor que la de la radiación incidente. Una reflexión más minuciosa muestra que este defecto de frecuencia de la radiación dispersada se puede calcular con exactitud. El cambio porcentual de frecuencia resulta ser muy pequeño para la luz visible, pero muy considerable para la radiación Röntgen pura y dura –que no es otra cosa que luz de longitud de onda muy corta.

Compton ha descubierto ahora que la luz Röntgen dispersada por el oportuno choque pone de manifiesto, de hecho, el cambio de frecuencia exigido por la teoría cuántica (pero no por la teoría ondulatoria). Hay que explicar esto como sigue: según la teoría de Rutherford-Bohr, cada átomo posee un número de electrones ligados al mismo de modo que, respecto al choque cuántico del rayo Röntgen, se comportan aproximadamente como si se moviesen por separado libremente. Para la luz dispersada por éste es aplicable, por tanto, la reflexión anterior. El resultado positivo del experimento Compton demuestra que no sólo respecto a la transferencia de energía, sino también respecto al efecto del choque, la radiación se comporta como si se compusiera de proyectiles discretos de energía.

(Albert Einstein. *Das Komptonsche Experiment*. Berliner Tageblatt, 20 de Abril de 1924.)

Carta de Einstein a Born [48]

29 de abril de 1924

El punto de vista de Bohr sobre la radiación me interesa mucho. Pero no querría verme arrastrado a renunciar a la causalidad estricta sin haberme opuesto antes de forma radicalmente distinta que hasta ahora. La idea de que un electrón expuesto a radiación elija *por libre iniciativa* el momento y la dirección en que quiere saltar me resulta insoportable. Si fuera así, preferiría ser zapatero o empleado en un antro de juego que físico. Ciertamente, mis tentativas de dar a los cuantos forma tangible han fracasado una y otra vez, pero ni con mucho he abandonado la esperanza. Y si no funciona en absoluto, siempre queda el consuelo de que el fracaso reside exclusivamente en mí.

Comentario de Max Born

Al margen de cuestiones personales, (la carta) encierra una profesión de fe física y filosófica: el rechazo de leyes estadísticas como último fundamento de la física. Este tema reaparecerá una y otra vez y conducirá a un áspero debate entre Einstein y yo. Quiero asimismo decir aquí cuál es el último fundamento de este divorcio. Einstein estaba firmemente convencido de que la física nos proporciona conocimiento del mundo, que tiene existencia objetiva al margen de nuestra percepción. En el curso de mis experiencias en el dominio de los fenómenos cuánticos atómicos adquirí lentamente, junto con otros físicos, la convicción de que esto no es así y que del mundo objetivo no teníamos, en cada instante, más que un conocimiento grosero, aproximado, y de que, gracias a determinadas leyes –las leyes de probabilidad de la mecánica cuántica– podíamos deducir estados desconocidos de ese mundo (los futuros, por ejemplo).

MAYO

Carta de Einstein a Michele Besso

Kiel, 24 de mayo de 1924

En el plano científico, estoy sumergido casi sin interrupción en el problema de los cuantos y creo verdaderamente estar sobre la buena pista –si es ése el caso. Lo mejor que he conseguido en este dominio en el pasado es el trabajo aparecido en 1912 en la *Physikalische Zeitschrift*. Mis nuevos esfuerzos tratan de conciliar los cuantos y el campo de Maxwell. De los resultados experimentales de estos últimos años no hay mucho que decir, excepto las experiencias de Stern y Gerlach así como la experiencia de Compton (difusión de rayos Roentgen con cambio de frecuencia) que tengan importancia; las primeras demuestran la existencia única de estados cuánticos, y la última la realidad del impulso de los cuantos de luz.

[Carta 73.1 de la edición de Pierre Speziali]

—

Carta de Einstein a Ehrenfest

Berlín, 31 de mayo de 1924

Querido Ehrenfest:

Te felicito por tu feliz regreso y admiro sinceramente que, después de todas tus tribulaciones, pienses ya en arrastrarme a California. A mí me pasa todo lo contrario. Yo soy un poco salvaje y la idea de este viaje me incomoda, a pesar de todas las bellezas de la región. A eso se añade mi promesa a los Sudamericanos de que mi primer viaje fuera de Europa sería para visitarles. Tenía ya que haber ido este año, pero he tenido que anularlo. Me he borrado de Nápoles (Congreso de filosofía) después de haber aceptado. Así que dile a la gente (a Millikan, en todo caso) que me parece muy amable de su parte que hayan pensado en mí, pero que les pido que por el momento no me inviten.

Las ecuaciones de diciembre* no han conducido a nada. Sigo otra pista, siempre en el sentido de una sobredeterminación. Pero no salgo del dilema: la sobredeterminación de las ondas en el espacio vacío exige las ecuaciones de Maxwell; pero éstas, *vía* principio de Huyghens, exigen necesariamente la radiación emitida por los electrones que giran en las órbitas estacionarias de Bohr. Cuando sustituyo (o completo) las ecuaciones de Maxwell por ecuaciones no lineales pierdo la posibilidad de superponer las ondas luminosas.

Recientemente he hecho un informe en el coloquio sobre el trabajo de Bohr, Kramers y Slater. Esta idea es una vieja conocida mía, pero no la creo muy sólida. Razones principales:

La Naturaleza parece atenerse estrictamente a las reglas de conservación (Franck-Hertz, regla de Stokes). ¿Por qué las acciones a distancia tendrían que ser una excepción?

Una caja de paredes reflectantes en un espacio vacío, incluida la radiación, debería ejecutar un movimiento browniano siempre creciente.

El abandono definitivo de la causalidad estricta me resulta difícilmente soportable.

Casi se estaría tentado a reclamar también un campo de radiación virtual acústico (elástico) en el caso de cuerpos sólidos, porque difícilmente puede creerse que la mecánica cuántica tenga que basarse necesariamente en una teoría eléctrica de la materia.

El proceso de dispersión habitual (fuera de la frecuencia propia de la molécula) que determina, en lo esencial, el comportamiento óptico de los cuerpos, cuadra mal con este esquema, ya que se supone que la radiación virtual no da directamente lugar a una radiación virtual, sino sólo a probabilidades para que haya paso de un estado molecular a otro. Seguro que no se trata más que de una reserva «arquitectónica».

[* Se refiere al artículo: «***Bietet die Feldtheorie Möglichkeiten für die Lösung des Quantenproblems?***»]

[Oeuvres Choisies. Libro I. Quanta, p. 164.]

—

JUNIO

Un hito relevante. S. N. Bose escribe a Einstein.

Carta de Bose a Einstein

Dacca (India), 4 de junio de 1924

Respetado señor:

Me he aventurado a enviarle el artículo que adjunto para que lo lea usted y dé su opinión. Estoy ansioso por saber lo que piensa de él. Como verá, he intentado deducir el coeficiente en la Ley de Planck al margen de la electrodinámica clásica suponiendo simplemente que las regiones elementales últimas en el espacio de fases tienen el contenido. No sé suficiente alemán para traducir el trabajo. Si cree usted que vale la pena publicarlo, le agradeceré que se las arregle para que lo publiquen en *Zeitschrift für Physik*. Aun siendo un completo desconocido para usted, no dudo en hacerle semejante petición. Porque todos somos alumnos suyos, aunque sólo nos beneficiemos de sus enseñanzas a través de sus escritos. No sé si todavía recuerda que alguien de Calcuta le pidió permiso para traducir al inglés sus artículos sobre la relatividad. Usted accedió a la solicitud. Y el libro se publicó. Fui yo quien tradujo su trabajo sobre la Relatividad Generalizada.

Atentamente
S. N. Bose

[*TCPAE*. Vol. 14. Doc. **261**. Página 399 (GV).]

—

JULIO

Satyendra Nath **Bose** (Dacca-University, Indien). «***Plancks Gesetz und Lichtquantenhypothese***». *Zeitschrift für Physik*. 26, 178-181 (1924). Eingegangen am 2. Juli 1924 [Registro de entrada]. Traducido por Albert Einstein («Ley de Planck e hipótesis de los cuantos de luz»)

Ley de Planck e hipótesis de los cuantos de luz

El espacio de fases de un cuanto de luz respecto a un volumen dado se reparte en “celdas” de magnitud h^3. El número de posibles distribuciones de los cuantos luminosos de una radiación definida macroscópicamente en estas células proporciona la entropía y, por tanto, todas las propiedades termodinámicas de la radiación.

La fórmula de Planck de la distribución de la energía en la radiación del cuerpo negro representa el punto de partida de la Teoría Cuántica que se ha desarrollado en los últimos veinte años y ha producido ricos frutos en todos los dominios de la física. Desde la publicación en el año 1901, se han propuesto muchos tipos de deducción de esta ley. Se acepta que los supuestos fundamentales de la teoría cuántica son incompatibles con las leyes de la electrodinámica clásica. Hasta la fecha, todas las deducciones se sirven de la relación

$$\rho_\nu = \frac{8\pi\nu^2 d\nu}{c^3} E,$$

es decir, de la relación entre la densidad de radiación y la energía media de un oscilador, y hacen hipótesis sobre el número de grados de libertad del éter, como aparece en la anterior ecuación (primer factor del segundo miembro). Sin embargo, este factor sólo podía deducirse a partir de la teoría clásica. Este es el punto insatisfactorio en todas las deducciones y no puede extrañar que se hagan siempre nuevos esfuerzos para dar una deducción que esté libre de este fallo lógico.

Una deducción notable y elegante fue dada por Einstein. Este reconoció el fallo lógico de todas las deducciones hasta la fecha e intentó deducir la fórmula independientemente de la teoría clásica. A partir de hipótesis muy sencillas sobre el intercambio de energía entre moléculas y campo de radiación, encontró la relación

$$\rho_\nu = \frac{\alpha_{mn}}{e^{\frac{\nu_m - \nu_n}{kT}} - 1}.$$

Sin embargo, para poner de acuerdo esta fórmula con la de Planck, tuvo que hacer uso de la ley de distribución de Wien y el principio de correspondencia de Bohr. La ley de Wien está basada en la teoría clásica y el principio de correspondencia supone que la teoría cuántica coincide con la teoría clásica en ciertos casos límite.

En ningún caso me parecen suficientemente justificadas lógicamente las deducciones. Por el contrario, me parece que, para la deducción de la ley, la hipótesis de los cuantos de luz, junto con la mecánica estadística (tal como fue adaptada por Planck a las necesidades de la teoría cuántica), es suficientemente independiente de la teoría clásica. Esbozaré a continuación brevemente el método.

Supongamos que la radiación está contenida en el volumen V y que su energía total es E. Supongamos que hay presentes distintos tipos de cuantos, cada uno de ellos en número N_s y energía $h\nu_s$ (desde s = 0 hasta s = ∞). La energía total es entonces

$$E = \sum_s N_s h\nu_s = V\int \rho_\nu d\nu \qquad (1)$$

La solución del problema requiere pues la determinación de los N_s que determinan ρ_ν. Si podemos especificar la probabilidad para cada distribución caracterizada por cualesquiera N_s, determinaremos la solución mediante la condición de que esta probabilidad debe ser un máximo sin perjuicio de la condición suplementaria (1). Buscaremos ahora esta probabilidad.

El cuanto tiene un momento de valor $\frac{h\nu_s}{c}$ en la dirección de su desplazamiento. El estado instantáneo del cuanto se caracterizará por sus coordenadas x, y, z y los correspondientes momentos p_x, p_y, p_z; estas seis magnitudes pueden considerarse como coordenadas puntuales en un espacio hexadimensional, con lo que tendremos la relación

$$p_x^2 + p_y^2 + p_z^2 = \frac{h^2\nu^2}{c^2},$$

en virtud de la cual el citado punto es forzado a permanecer sobre una superficie cilíndrica por la frecuencia del cuanto. A la gama de frecuencias $d\nu_s$ corresponde en este sentido el espacio de fases

$$\int dxdydzdp_x dp_y dp_z = V \cdot 4\pi \left(\frac{h\nu}{c}\right)^2 \frac{hd\nu}{c} = 4\pi \frac{h^3\nu^2}{c^3} V d\nu .$$

Si dividimos todo el volumen de fases en celdas de magnitud h^3, a la gama de frecuencias $d\nu$ corresponderán por tanto $4\pi V \cdot \frac{\nu^2}{c^3}$ celdas. Respecto al modo de este reparto no puede decirse nada en concreto. Sin embargo se tiene que contemplar el número total de celdas como el número de posibles colocaciones de un cuanto en el volumen dado. Para tener en cuenta el hecho de la polarización parece conveniente por el contrario multiplicar este número por 2, de modo que para el número de celdas correspondientes a $d\nu$ obtendremos $8\pi V \frac{\nu^2 d\nu}{c^3}$.

Es fácil ahora calcular la probabilidad termodinámica de un estado (definido macroscópicamente). Sea N^s el número de cuantos correspondientes a la gama de frecuencias $d\nu^s$. ¿De cuántos modos se pueden distribuir estas celdas correspondientes a $d\nu^s$? Sea p_0^s el número de celdas vacantes, p_1^s el número de las que contienen un cuanto, p_2^s el número de celdas que contienen dos cuantos y así sucesivamente. El número de posibles distribuciones será pues

$$\frac{A^s!}{p_0^s!\,p_1^s!\ldots}, \quad \text{siendo } A^s = \frac{8\pi\nu^2}{c^3} d\nu^s,$$

y donde

$$N^s = 0 \cdot p_0^s + 1 \cdot p_1^s + 2 \cdot p_2^s \ldots$$

es el número de cuantos correspondientes a $d\nu^s$.

La probabilidad del estado definido por la totalidad de los p_r^s es, evidentemente

$$\prod_s \frac{A^s!}{p_0^s!\,p_1^s!\ldots}.$$

Teniendo en cuenta que podemos considerar los p_r^s como números grandes, tendremos

$$\lg W = \sum_s A^s \lg A^s - \sum_s \sum_r p_r^s \lg p_r^s,$$

donde

$$A^s = \sum_r p_r^s .$$

Esta expresión deberá ser máxima con la condición suplementaria

$$E = \sum_s N^s h\nu^s ; \quad N^s = \sum_r r p_r^s .$$

La aplicación de la variación proporciona las condiciones

$$\sum_s \sum_r \delta p_r^s (1 + \lg p_r^s) = 0, \qquad \sum_s \delta N^s h\nu^s = 0$$

$$\sum_r \delta p_r^s = 0 \qquad \delta N^s = \sum_r r\delta p_r^s .$$

Se sigue de aquí

$$\sum_s \sum_r \delta p_r^s (1 + \lg p_r^s + \lambda^s) + \frac{1}{\beta} \sum_s h\nu^s \sum_r r \delta p_r^s = 0 .$$

De aquí se deduce, de entrada

$$p_r^s = B^s e^{-\frac{rh\nu^s}{\beta}} .$$

Pero como

$$A^s = \sum_r B^s e^{-\frac{rh\nu^s}{\beta}} = B^s \left(1 - e^{-\frac{h\nu^s}{\beta}}\right)^{-1} ,$$

será

$$B_s = A^s \left(1 - e^{-\frac{h\nu^s}{\beta}}\right) .$$

Se tiene además

$$N^s = \sum_r r p_r^s = \sum_r r A^s \left(1 - e^{-\frac{h\nu^s}{\beta}}\right) e^{-\frac{rh\nu^s}{\beta}} = \frac{A^s e^{-\frac{h\nu^s}{\beta}}}{1 - e^{-\frac{h\nu^s}{\beta}}} .$$

Teniendo en cuenta el valor de A^s hallado arriba, es pues

$$E = \sum_s \frac{8\pi h {\nu^s}^3 d\nu^s}{c^3} V \frac{e^{-\frac{h\nu^s}{\beta}}}{1 - e^{-\frac{h\nu^s}{\beta}}} .$$

Haciendo uso de los resultados anteriores se encuentra además

$$S = k \left[\frac{E}{\beta} - \sum_s A^s \lg \left(1 - e^{-\frac{h\nu^s}{\beta}}\right) \right] ,$$

de donde, teniendo en cuenta que $\frac{\partial S}{\partial E} = \frac{1}{T}$, se sigue que $\beta = kT$. Si se sustituye esto en la ecuación de E de antes, se obtiene

$$E = \sum_s \frac{8\pi h {\nu^s}^3}{c^3} V \frac{1}{e^{\frac{h\nu^s}{kT}} - 1} d\nu^s ,$$

ecuación que es equivalente a la fórmula de Planck.

(Traducido al alemán por A. Einstein.)

Carta a Ehrenfest

Berlín, 12 de julio de 1924

Bohr, Kramers y otro* han abolido los cuantos «errantes». Pero no se podrá pasar sin ellos. Bose, un indio, ha dado una bella demostración de la ley de Planck y de su constante basándose en los cuantos luminosos errantes. La demostración es elegante, pero lo esencial sigue siendo oscuro. He aplicado su teoría al gas perfecto. Estricta teoría de la «degeneración». Sin energía de punto cero y, hacia arriba, sin defecto de energía. Saber si es eso, sólo Dios lo sabe. Que las sustancias no obedezcan la ley de los estados correspondientes, la teoría no da cuenta de eso.

[* Slater]
[Oeuvres Choisies. L. I. Quanta, p. 166]

AGOSTO

Albert Einstein. «***Comentario sobre el artículo de Bose: "Wärmegleichgewicht im Strahlungsfeld bei Anwesenheit von Materie"***». («Equilibrio térmico en el campo de radiación en presencia de materia»). [Satyendra Nath Bose (Manindra, Physikal. Laboratorium Dacca-Universität, 14. Juni 1924.)]. *Zeitschrift für Physik*, 27 (1924), pp. 392-393. (Registro de entrada: 19 de agosto de 1924. Publicado: Agosto-Septiembre de 1924. [Recogido en: *TCPAE*. Vol. 14. Doc. **305**. pp. 477-478 (GV)]

477

No considero correcta la hipótesis de Bose sobre la probabilidad de los procesos elementales de radiación por las siguientes razones.

Para el equilibrio estadístico entre un estado de Bohr y otro, rige la siguiente relación, como ha explicado Bose

$$(n_r/g_r)\ [N_v\ /\ (A_v + N_v)] = n_s/g_s$$

De ello se deduce que las probabilidades de las transiciones $r \rightarrow s$ y $s \rightarrow r$ tienen que ser proporcionales a los lados izquierdo y derecho de esta ecuación. Por tanto, las probabilidades de transición de una molécula tienen

478

que comportarse (si, para simplificar, hacemos igual a 1 los pesos estadísticos de ambos estados) como $N_v\ /\ (A_v + N_v)$: 1. Partiendo del conocimiento del equilibrio termodinámico no se puede deducir nada más. Según mi hipótesis, estas probabilidades deberían ser proporcionales a N_v (es decir, a la densidad de radiación) o a $A_v + N_v$, y según la hipótesis de Bose a $N_v\ /\ (A_v + N_v)$ o 1.

Según esta última hipótesis, la radiación externa puede provocar una transición del estado Z_r de menor energía al estado Z_s de mayor energía, pero no viceversa, de Z_s a Z_r. Sin embargo, esto contradice el principio generalmente reconocido de que la teoría clásica debe representar un caso límite de la teoría cuántica. Según esta última, un campo de radiación puede transferir tanto energía positiva como negativa a un resonador (dependiendo de la fase), y ambas son igualmente probables. Por tanto, las probabilidades de ambas transiciones deben depender de la densidad de radiación, es decir, de N_v, en contraposición con la hipótesis de Bose. En la última edición de su libro sobre la teoría de la radiación, Planck analizó detalladamente hasta qué punto la teoría cuántica es un caso límite de la teoría clásica.

En segundo lugar, según la hipótesis de Bose, un cuerpo frío debería tener una capacidad de absorción que depende de la densidad de radiación (disminuyendo con ella). En estado frío, los cuerpos deberían absorber la radiación «no de *Wien*» más débilmente que la radiación menos intensa del rango válido de la fórmula de radiación de *Wien*. De ser así, esto ya se habría descubierto en el caso de la radiación ultra-roja procedente de fuentes luminosas calientes.

A. Einstein.

JULIO – SEPTIEMBRE

Albert Einstein. «***Quantentheorie des einatomigen idealen Gases***». *Preussische Akademie der Wissenschaften*. Gesamtsitzung vom 10. Juli 1924 (Berlin). Ausgegeben am 20. September. Sitzungsber. *Physikalisch-mathematische Klasse. Sitzungsberichte* (1924): pp. 261–267. («Teoría cuántica del gas ideal monatómico». Academia Prusiana de Ciencias. Berlín. Sesión conjunta del 10 de julio de 1924. Publicado el 20 de septiembre en las *Sitzungsberichte* (Actas de Sesiones), pp. 261-267.) [Recogido en *TCPAE*. Vol. 14, Doc **283**, pp. 276-283 (EV) & pp. 434-440 (GV)]

261

Teoría cuántica del gas ideal monatómico

A día de hoy no existe aún una teoría cuántica del gas ideal monatómico libre de apreciaciones arbitrarias. Esta laguna se colmará en lo que sigue sobre la base de un nuevo enfoque ideado por el Sr. D. BOSE, en el que este autor ha basado una derivación muy notable de la fórmula de la radiación de PLANCK[1].

El camino que, siguiendo a Bose, se va a llevar a continuación, puede caracterizarse del siguiente modo. El espacio de fases de una estructura elemental (en este caso una molécula monatómica) con relación a un volumen (tridimensional) dado se divide en «celdas» de extensión h^3. Si hay muchas estructuras elementales, su distribución (microscópica), en lo que respecta a la termodinámica, se caracteriza por el modo y manera en que las estructuras elementales se distribuyen en estas celdas. La «probabilidad» de un estado definido macroscópicamente (en el sentido de PLANCK) es igual al número de estados microscópicos diferentes a través de los cuales cabe pensar que se realiza el estado macroscópico. La entropía del estado macroscópico y, por tanto, el comportamiento estadístico y termodinámico del sistema viene determinado entonces por el teorema de BOLTZMANN.

§1 Las celdas

El volumen de fase, que pertenece a un cierto rango de las coordenadas x, y, z y momentos asociados p_x, p_y, p_z de una molécula monatómica, viene expresado por la integral

$$\Phi = \int dxdydzdp_x dp_y dp_z \tag{1}$$

Si V es el volumen disponible para la molécula, el volumen de fase de todos los estados cuya energía $E = \frac{1}{2m}(p_x^2 + p_y^2 + p_z^2)$ es inferior a un cierto valor E viene dado por

$$\Phi = V \cdot \frac{4}{3}\pi(2mE)^{3/2}. \tag{1a}$$

[1] De próxima aparición en el «*Zeitschr. für Physik*».

262

El número Δs de celdas pertenecientes a una determinada región elemental ΔE de energía es en consecuencia

$$\Delta s = 2\pi \frac{V}{h^3}(2m)^{\frac{3}{2}} E^{\frac{\tau}{2}} \Delta E \tag{2}$$

Si $\Delta E/E$ es arbitrariamente pequeño, siempre puede elegirse V tan grande de modo que Δs sea un número muy grande.

§ 2 Probabilidad de estado y entropía.

Definamos ahora el estado macroscópico del gas.

Supongamos ahora que hay moléculas de masa m en el volumen V_n. Δn de ellas pueden tener valores de energía entre E y $E+\Delta E$. Estas se distribuyen entre las Δs celdas. Entre las Δs celdas deben contener

$p_0\Delta s$ ninguna molécula,
$p_1\Delta s$ 1 molécula,
$p_2\Delta s$ 2 moléculas
etc.

Las probabilidades p_r asociadas a la celda s son, obviamente, funciones del número de celda s y del índice entero r, por lo que, en lo sucesivo, se denominarán de forma más precisa p_r^s. Obviamente, para todo s es:

$$\sum_r p_r^s = 1. \tag{3}$$

Para p_r^s y Δn dados, el número de distribuciones posibles de las moléculas Δn en el dominio de energías considerado es igual a

$$\frac{\Delta s!}{\prod_{r=0}^{r=\infty} (p_r^s \Delta s)!},$$

que, según el teorema de STIERLING y la ecuación (3), puede sustituirse por

$$\frac{1}{\prod_r p_r^{s\Delta s p_r^s}}$$

para lo cual también puede ponerse el producto que corre sobre todos los r y s

$$\frac{1}{\prod_{rs} p_r^{s p_r^s}} \tag{4}$$

Si la formación del producto se extiende sobre todos los valores de s de 1 a ∞, entonces (4) representa obviamente el número total de iones complejos o la probabilidad en el sentido de PLANCK de un estado (macroscópico) del gas definido por las p_r^s. Para la entropía S de este estado, el teorema de BOLTZMANN proporciona la expresión

$$S = -\kappa \lg \sum_{sr} (p_r^s \lg p_r^s) \tag{5}$$

263

§ 3 Equilibrio termodinámico.

En el equilibrio termodinámico, S es un máximo, por lo que, además de (3), deben cumplirse las condiciones adicionales de que el número total n de átomos y su energía total $\overline{E}$ tengan valores dados. Estas condiciones se expresan obviamente en las dos ecuaciones[1]

$$n = \sum_{sr} r p_r^s \tag{6}$$

$$\overline{E} = \sum_{sr} E^s r p_r^s \,, \tag{7}$$

donde E^s es la energía de una molécula que pertenece a la s-ésima celda de fase. De (1a) es fácil concluir que

$$\left.\begin{aligned} E^s &= c s^{\frac{2}{3}} \\ c &= (2m)^{-1} h^2 \left(\frac{4}{3}\pi V\right)^{-\frac{2}{3}} \end{aligned}\right\}. \tag{8}$$

Realizando la variación según las p_r^s como variables, se encuentra que, si se eligen adecuadamente las constantes β^s, A y B, tiene que ser

$$\left.\begin{aligned} p_r^s &= \beta^s e^{-\alpha^s r} \\ \alpha^s &= A + B s^{\frac{2}{3}} \end{aligned}\right\}. \tag{9}$$

Según (3) debe ser aquí

$$\beta^s = 1 - e^{-\alpha^s}. \tag{10}$$

A partir de aquí resulta de entrada el número medio de moléculas por celda

$$n^s = \sum_r r p_r^s = \beta^s \sum_r r e^{-\alpha^s r} = -\beta^s \frac{d}{d\alpha^s}\left(\sum e^{-\alpha^s}\right) = -\beta^s \frac{d}{d\alpha^s}\left(\frac{1}{1-e^{-\alpha^s}}\right) = \frac{1}{e^{\alpha^s} - 1}. \tag{11}$$

Por tanto, las ecuaciones (6) y (7) adoptan la forma

$$n = \sum_s \frac{1}{e^{\alpha^s} - 1} \tag{6a}$$

$$\overline{E} = c \sum \frac{s^{\frac{2}{3}}}{e^{\alpha^s} - 1}, \tag{7a}$$

ecuaciones que junto con

$$\alpha^s = A + Bs^{\frac{2}{3}}$$

determinan las constantes A y B. La ley de la distribución macroscópica de estados para el equilibrio termodinámico queda así completamente determinada.

[1] Pues $n^s = \sum_r rp_r^s$ es el número de moléculas que corresponden por término medio a la celda s-ésima.

264

Sustituyendo los resultados de este apartado en (5) se obtiene la expresión de la entropía de equilibrio

$$S = -\kappa \left\{ \sum_s [\lg(1 - e^{-\alpha^s})] - An - \frac{B}{C} \overline{E} \right\}. \tag{12}$$

Tenemos ahora que calcular la temperatura del sistema. Para ello, aplicamos la ecuación de definición de la entropía a un calentamiento isopícnico infinitamente pequeño y obtenemos

$$d\overline{E} = \Gamma dS = \kappa T \left\{ \sum_s \frac{d\alpha^s}{1 - e^{\alpha^s}} - ndA - \frac{\overline{E}}{c} dB - Bd\left(\frac{\overline{E}}{c} \right) \right\},$$

que, teniendo en cuenta (9), (6) y (7), da

$$d\overline{E} = \kappa TBd\left(\frac{\overline{E}}{c} \right) = \kappa T \frac{B}{c} d\overline{E}$$

o

$$\frac{1}{\kappa T} = \frac{B}{c}. \tag{13}$$

Así pues, la temperatura también se expresa indirectamente por la energía y las restantes magnitudes dadas. De (12) y (13) se deduce además que la energía libre F del sistema viene dada por

$$F = \overline{E} - TS = \kappa T\left\{\lg\sum_{s}(1-e^{-\alpha^{s}}) - An\right\}. \tag{14}$$

De aquí resulta para la presión p del gas:

$$p = -\frac{\partial F}{\partial V} = -\kappa T\frac{\overline{E}}{c}\frac{\partial B}{\partial V} = -\overline{E}\frac{\partial \lg c}{\partial V} = \frac{2}{3}\frac{\overline{E}}{V}. \tag{15}$$

Se obtiene por tanto el extraño resultado de que la relación entre la energía cinética y la presión es exactamente la misma que en la teoría clásica, donde se deriva del teorema del virial.

§ 4. La teoría clásica como caso límite.

Si se desprecia la unidad con respecto a $e^{\alpha s}$, se obtienen los resultados de la teoría clásica; de lo que sigue se verá pronto en qué condiciones es legítimo este desprecio. Según (11), (9) y (13), el número medio n^s de moléculas por celda viene dado entonces por

$$n^{s} = e^{-\alpha^{s}} = e^{-A}\cdot e^{-\frac{E^{s}}{\kappa T}}. \tag{11a}$$

El número de moléculas cuya energía se encuentra en el intervalo elemental dE^s viene dado por tanto, según (8), por

$$\frac{3}{2}c^{-\frac{3}{2}}e^{-A}e^{-\frac{E}{\kappa T}}E^{\frac{1}{2}}dE, \tag{11b}$$

265

en conformidad con la teoría clásica. La ecuación (6) proporciona pues cuando se aplica el mismo desprecio

$$e^{A} = \pi^{\frac{3}{2}}h^{-3}\frac{V}{n}(2m\kappa T)^{\frac{3}{2}}. \tag{16}$$

Para el hidrógeno gaseoso a presión atmosférica, esta cantidad es aproximadamente igual a $6\cdot 10^{4}$, es decir, muy grande con respecto a 1. Aquí, por tanto, la teoría clásica sigue proporcionando una aproximación bastante buena. Sin embargo, el error aumenta considerablemente con el aumento de la densidad y la disminución de la temperatura y es bastante considerable para el helio en las proximidades del estado crítico, pero entonces ya no podemos hablar de un gas ideal.

A partir de (12) calcularemos ahora la entropía para nuestro caso límite. Sustituyendo en (12) $\lg(1-e^{-\alpha s})$ por $-e^{-\alpha s}$ y esto por $-\frac{1}{e^{\alpha s}-1}$ se obtiene, teniendo en cuenta (6a)

$$S = \nu R \lg \left[e^{\frac{5}{2}} \frac{V}{h^3 n} (2\pi m \kappa T)^{\frac{3}{2}} \right], \tag{17}$$

donde ν es el número de moles y R la constante de la ecuación de estado de los gases ideales. Este resultado sobre el valor absoluto de la entropía es consistente con resultados bien conocidos de la estadística cuántica.

Según la teoría aquí expuesta, el teorema de NERNST se cumple para los gases ideales. Es cierto que nuestras fórmulas no pueden aplicarse directamente a temperaturas extremadamente bajas, porque hemos supuesto en su derivación que las p_r^s cambian sólo relativamente muy poco cuando s varía en 1. Sin embargo, se reconoce inmediatamente que la entropía debe anularse en el cero absoluto. Pues entonces todas las moléculas se encuentran en la primera celda, pero para este estado sólo hay una única distribución de las moléculas en el sentido de nuestro recuento. Se deduce de aquí inmediatamente que el supuesto es correcto.

§ 5 La desviación de la ecuación de los gases de la teoría clásica.

Nuestros resultados relativos a la ecuación de estado están contenidos en las siguientes ecuaciones:

$$n = \sum_{\sigma} \frac{1}{e^{\alpha^s} - 1} \qquad (18) \qquad \text{(comp. (6a))}$$

$$\overline{E} = \frac{3}{2} pV = c \sum_{\sigma} \frac{s^{\frac{2}{3}}}{e^{\alpha^s} - 1} \qquad (19) \qquad \text{(comp. (7a) y (15))}$$

$$\alpha^s = A + \frac{cs^{\frac{2}{3}}}{\kappa T} \qquad (20) \qquad \text{(comp. (9) y (13))}$$

$$c = \frac{E^s}{s^{\frac{2}{3}}} = \frac{h^2}{2m} \left(\frac{4}{3} \pi V \right)^{-\frac{2}{3}}. \qquad (21) \qquad \text{(comp. (8))}$$

266

Reformularemos y discutiremos a continuación estos resultados. De las consideraciones del § 4 se deduce que la cantidad e^{-A}, que denotaremos por λ, es menor que 1. Es una medida de la «degeneración» del gas. Podemos ahora escribir (18) y (19) en forma de sumas dobles como sigue

$$n = \sum_{s\tau} \lambda^{\tau} e^{-\frac{cs^{3/2}\tau}{\kappa T}} \tag{18a}$$

$$\overline{E} = c \sum_{s\tau} s^{2/3} \lambda^{\tau} e^{-\frac{cs^{2/3}\tau}{\kappa T}} \tag{19a}$$

donde hay que sumar sobre τ para todas las σ de 1 a ∞.

Podemos realizar la suma sobre *s* sustituyéndola por una integración de 0 a ∞. Esto está permitido debido a la lenta variabilidad de la función exponencial con σ. Obtenemos así:

$$n = \frac{3\sqrt{\pi}}{4}\left(\frac{\kappa T}{c}\right)^{\frac{3}{2}}\sum_{\tau}\tau^{-\frac{3}{2}}\lambda^{\tau} \tag{18b}$$

$$\overline{E} = c\frac{9\sqrt{\pi}}{8}\left(\frac{\kappa T}{c}\right)^{\frac{5}{2}}\sum_{\tau}\tau^{-\frac{5}{2}}\lambda^{\tau}\,. \tag{19b}$$

(18b) determina el parámetro de degeneración λ en función de *V*, *T* y *n*; a partir de éste, (19b) determina la energía y por tanto también la presión del gas.

La discusión general de estas ecuaciones puede hacerse buscando la función que exprese la suma en (19b) mediante la suma en (18b). En general, por división, se obtiene

$$\frac{\overline{E}}{n} = \frac{3}{2}\kappa T\frac{\sum_{\tau}\tau^{-\frac{5}{2}}\lambda^{\tau}}{\sum_{\tau}\tau^{-\frac{3}{2}}\lambda^{\tau}}\,. \tag{22}$$

Por tanto, la energía media de la molécula de gas a esta temperatura (así como la presión) es siempre inferior al valor clásico, y el factor que expresa la reducción es tanto menor cuanto mayor es el parámetro de degeneración λ.

Esta misma es, según (18b) y (21), una función específica de $\left(\frac{V}{n}\right)^{\frac{2}{3}}mT$.

Si λ es tan pequeño que λ^2 puede despreciarse frente a 1, se obtiene

$$\frac{E}{n} = \frac{3}{2}\kappa T\left[1 - 0.0318h^{3}\frac{n}{V}(2\pi m\kappa T)^{-\frac{3}{2}}\right] \tag{22a}$$

Consideremos ahora cómo influyen los cuantos en la distribución de estados de MAXWELL. Desarrollando (11) en potencias de λ, teniendo en cuenta (20), se obtiene

$$n^{s} = konst\cdot e^{-\frac{E^{s}}{\kappa T}}\left(1 + \lambda e^{-\frac{E^{s}}{\kappa T}} + \ldots\right). \tag{23}$$

267

El corchete expresa la influencia de los cuantos en la ley de distribución de MAXWELL. Se puede observar que las moléculas lentas son más frecuentes que las rápidas de lo que sería el caso según la ley de MAXWELL.

Por último, querría llamar la atención sobre una paradoja que no consigo resolver. No tiene ninguna dificultad tratar también el caso de una mezcla de dos gases diferentes según el método aquí expuesto. En este caso, cada tipo de molécula tiene sus «celdas» particulares. De ahí resulta la aditividad de las entropías de los componentes de la mezcla. Cada componente se comporta pues, en cuanto a energía molecular, presión y distribución estadística respecta, como si estuviera presente solo. Una mezcla de números de moléculas n_1, n_2, cuyas moléculas del primer y segundo tipo difieren entre sí arbitrariamente poco (en particular en lo que respecta a la masa molecular m_1, m_2), produce por tanto una presión y una distribución de estados diferentes a una temperatura dada que un gas uniforme de número de moléculas $n_1 + n_2$ de prácticamente la misma masa molecular y el mismo volumen. Sin embargo, esto parece prácticamente imposible.

Publicado el 20 de septiembre

Actas. Phys-math. Cl. 1924

—

SEPTIEMBRE

Carta a Otto Halpern

Anet, septiembre de 1924

Estimado colega:

Ha puesto usted de relieve de manera muy clara en su carta un punto de importancia fundamental. En efecto, nos enfrentamos a dos hipótesis diferentes en lo que respecta a los casos elementales de igual probabilidad.

1) Las distribuciones de los cuantos individuales en las «celdas» tienen todas la misma probabilidad (ley de Wien).

2) Las diferentes tablas de distribuciones de los cuantos en las celdas tienen todas la misma probabilidad (ley de Planck)

La hipótesis 2 no encaja con la hipótesis de una distribución independiente de los cuantos individuales; por el contrario, expresa, en el lenguaje de la teoría de los cuantos existentes, una dependencia recíproca de estos últimos entre sí.

Es imposible decidir entre (1) y (2) independientemente de la experiencia. La representación según la cual los cuantos son una especie de átomos *independientes* manda elegir (1); sin embargo, la experiencia exige (2). La demostración de Bose no puede considerarse pues como una verdadera base teórica de la ley de Planck; sólo permite recuperarla a partir de una hipótesis ciertamente simple, pero arbitraria desde el punto de vista estadístico.

He aplicado el enfoque de Bose a las moléculas de gas. Esto significa también que presupongo implícitamente que existen ciertas dependencias estadísticas entre los estados de las moléculas, lo que nada en la teoría de los gases como tal justifica. Sería aún más interesante saber si los gases reales se comportan como indica esta teoría.

Saludos cordiales. Suyo

Einstein

[O. C. Vol. 1. Quanta, p. 179]

—

OCTUBRE

Pauli, que ha estado analizando con Einstein el artículo BKS, escribe al propio Bohr:

Carta de Pauli a Niels Bohr

2 de octubre de 1924

Einstein está convencido de que la aplicación de los conceptos de energía y de impulso a los balances relativos a un único proceso elemental sigue teniendo sentido.

Por eso está convencido de que el curso futuro de las cosas llevará a asignar una realidad más fuerte al cuanto de luz, en cuanto es portador de energía y de cantidad de movimiento, que al campo ondulatorio (aun cuando sea de mal gusto hacer cálculos sobre las dimensiones de los cuantos). Desde el momento en que se ha abandonado la idea de que la frecuencia de la luz debe coincidir con la del electrón emisor, se ha atribuido de forma sentimental, según él, al carácter ondulatorio de la luz algo de fantasmagórico. Piensa, por tanto, que las propiedades ondulatorias de la luz están engendradas de forma más bien secundaria e indirecta.

Además, Einstein está disgustado por la forma en que se explica, según la manera de ver de usted, la anchura natural de las rayas espectrales. A este respecto, lo que es determinante es, a la vez, las longitudes de los trenes de onda limitados por el proceso de transición (y, por tanto, el tiempo de vida) y la sutileza de los estados estacionarios. No hay conexión lógica entre ellos y toda teoría que deba presuponer una armonía preestablecida le es profundamente antipática.

[Traducido de Wolfgang Pauli, *Wissenschaftlicher Briefwechsel*, vol. 1, A. Hermann, K. von Meyenn, V.F. Weisskopf (ed.), Berlin, Springer-Verlag, 1979.][Fuente: *Oeuvres Choisies*.]

—

NOVIEMBRE

Reservas de Einstein con respecto a Bohr-Kramers-Slater.

[*Vossische Zeitung*, 3 de noviembre de 1924]

1) Validez estricta del principio de conservación de la energía para todos los procesos elementales conocidos. Hipótesis de su no validez para las acciones a distancia muy poco natural.

2) Armonía preestablecida entre probabilidades estadísticas e intensidad de la emisión y absorción virtuales no satisfactoria.

3) En la refracción y la difusión, el campo incidente virtual tiene otros efectos que probabilidades estadísticas, en el sentido de que sitúa a los átomos en el estado de emitir a su vez un campo virtual; hay pues un efecto directo, y no simplemente estadístico, sobre los átomos (junto a, pues, y además de la acción estadística). Paso al caso estático.

4) Validez únicamente estadística del principio de conservación de la cantidad de movimiento implica o validez macroscópica de las leyes de conservación de la energía y de la cantidad de movimiento (radiación en una cavidad provista de un espejo capaz de desplazarse libremente).

5) ¿Cómo debe estar condicionado el campo virtual que corresponde al regreso de un electrón antes libre a una órbita de Bohr? (Muy problemático.)

6) No es nada natural suponer que todas las transferencias de energía e impulso se hacen como si existiesen cuantos (aparte la estadística) y, a la vez, rechazar los cuantos por principio.

7) Todo abandono *de principio* de la causalidad no puede autorizarse más que en caso de necesidad absoluta.

9) Debido a la analogía profunda que existe entre oscilaciones mecánicas y oscilaciones eléctricas, habría que suponer a fin de cuentas que existen otras oscilaciones virtuales. [No hay 8)]

[Fuente: *Oeuvres Choisies*. L. I. Quanta, p. 166-168]

---

*Carta de Einstein a Magnus**

Berlín W. 30, 22 de noviembre de 1924
Haberlandstrasse 5

Señor:

En la teoría de la luz o de la radiación, la física utiliza actualmente dos temas de base que parece imposible ligar lógicamente, la teoría ondulatoria y la teoría de los cuantos luminosos. Esta última concepción tiene puntos de convergencia con la antigua teoría corpuscular de Newton. Hasta el momento, nadie ha podido dominar el conjunto del dominio partiendo de una sola de las dos teorías. Pero es natural que los teóricos vivan esta situación como algo intolerable y no dejen de buscar hacerse una idea verdadera de la constitución de la luz. Las tentativas de Bohr, Kramers y Slater parten actualmente de la teoría ondulatoria, mientras que yo me inclino a considerar los cuantos luminosos como elementos estructurales reales de la radiación. Sin embargo, no ha habido nunca, propiamente hablando, controversia y tanto menos cuanto que ninguna de las dos teorías ha conseguido hasta la fecha representar globalmente de manera poco más o menos satisfactoria el conjunto de los fenómenos que hay que tener en cuenta. En cambio, hay que esperar que la vía experimental zanje próximamente entre las dos posibilidades teóricas que acabo de citar. Los físicos aguardan con el mayor interés el resultado de las investigaciones experimentales llevadas a cabo con este fin por Geiger y Bothe en el Instituto físico-técnico de Berlín.

Mis sinceros saludos

Albert Einstein

[* Posiblemente, Erwin Magnus]

[Oeuvres Choisies. Libro I. Quanta, p. 169]

LA MECÁNICA CUÁNTICA

Suele considerarse la tesis de de Broglie como el punto de transición nominal de la hasta la fecha llamada cuántica o teoría cuántica a la, en lo sucesivo, llamada Mecánica Cuántica. Sin embargo, el Comité del Nobel otorgará el premio de 1932 a Heisenberg por su descubrimiento de la Mecánica Cuántica. Una vez más, los orígenes son confusos y, algunos términos, inapropiados (descubrimiento $\neq$ invención).

LA CAMPANADA DE DE BROGLIE

Sucintamente, la tesis de Louis de Broglie es esta: la materia, como la luz, debe presentar propiedades ondulatorias ligadas a propiedades corpusculares por las fórmulas $E = h\nu$ y $\lambda = h/p$. Estamos ante otro cambio de perspectiva en el pensamiento físico.

NOVIEMBRE

Louis de Broglie. «***Recherches sur la Théorie des Quanta***». (Thèse de Doctorat) (Soutenue devant la Faculté des Sciences de Paris le 25 novembre 1924) [Réédition du texte de 1924] Paris, 1963. Masson et Cie., Éditeurs. Publié avec le Concours du Centre National de la Recherche Scientifique. («Investigaciones sobre la teoría de los cuantos»)

3

PRÓLOGO

En el momento en que acabo de dejar la Cátedra de Teorías Físicas de la Facultad de Ciencias de París y este Instituto Henri Poincaré en donde, desde hace 34 años, enseñaba las teorías de la Física contemporánea y me esforzaba por orientar los trabajos de jóvenes investigadores, un grupo de antiguos alumnos o discípulos, muchos de los cuales ocupan ahora puestos importantes en la jerarquía universitaria en el Centro Nacional de Investigación Científica, ha tomado la iniciativa de mandar reimprimir la tesis doctoral que defendí ante la Facultad de Ciencias de París el 25 de noviembre de 1924, trabajo que puede considerarse haber sido el origen de todo el desarrollo de las teorías que constituyen la que hoy se llama «Mecánica ondulatoria» o «Mecánica cuántica».

Estoy profundamente conmovido por la manifestación de simpatía que representa la reimpresión de mi tesis y quiero, ante todo, expresar a cuantos han tomado esta iniciativa, y también a todos aquellos que, antes o más recientemente, de cerca o de lejos, fueron colaboradores o alumnos míos, mis sentimientos de reconocimiento y afecto amistoso.

Ver reimpreso hoy este texto, ya antiguo, vuelve a focalizar mi atención sobre un periodo lejano de mi vida. Semejante reminiscencia es, a la vez, dulce y un poco triste: evoca los ardores y los hermosos horizontes de la juventud, pero también recuerda la rápida fuga de los días tan poéticamente expresada por Malherbe cuando escribe:

Tout le plaisir des jours est en leur matinée
La nuit es déjà à qui passe midi.

[Todo el placer de los días reside en su mañana / la noche se cierne ya sobre quien sobrepasa el mediodía]

4

Rememoro pues aquellos breves años en que mi pensamiento, alimentado por innumerables lecturas que abarcaban los dominios más diversos, volvía sin cesar al grave problema del doble aspecto granular y ondulatorio de la luz que Einstein había planteado, casi veinticinco años antes, en su genial teoría de los cuantos de luz. Después de haber reflexionado de largo, en soledad y meditación, tuve de golpe la idea, durante el año 1923, de que había que generalizar el descubrimiento hecho por Einstein en 1905 extendiéndolo a todas las partículas materiales y, en particular, a los electrones. Descubrí entonces las relaciones que generalizaban las de la teoría de los cuantos de luz que permiten establecer, entre cualquier partícula material y la onda electromagnética que yo le asociaba, un lazo análogo al que Einstein había establecido entre la onda electromagnética y lo que actualmente llamamos fotón. Expuestas en notas en las Actas de la Academia de Ciencias a principios de otoño de 1923, estas ideas, quizá poco desarrolladas y precisadas, fueron al año siguiente objeto de mi tesis.

Conforme me adentraba con cierta intrepidez en un terreno por completo inexplorado, estaba convencido –y los textos que publiqué en esta época lo demuestran claramente– de que había que llegar a una verdadera síntesis de las nociones de onda y corpúsculo conservando las imágenes precisas de realidad física que se habían atribuido entonces a estos dos conceptos. Durante los tres años siguientes a la defensa de mi tesis intenté construir, debo reconocer que de forma bastante imperfecta, una teoría en conformidad con el fin que me proponía. No tengo que recordar aquí, pues lo he hecho varias veces en otros sitios en estos últimos años, cómo se topó mi teoría, en la época del Congreso Solvay de octubre de 1927, con una viva oposición y cómo, desanimado por las objeciones que se le hicieron, me adherí, siempre con algunas reticencias, a la interpretación completamente diferente que eminentes sabios opusieron a la mía y que ha permanecido desde entonces como interpretación «ortodoxa» de la Mecánica cuántica. Hay que recordar que esta interpretación,

5

debida sobre todo a la llamada Escuela «de Copenhague», no fue nunca aceptada, por grandes promotores de la física de los cuantos tales como Max Planck, Albert Einstein o Erwin Schrödinger que, hasta su muerte, no dejaron de oponerse a ella.

Hace una decena de años, tras nuevas reflexiones de profundización en este problema capital de la física contemporánea, volví a la idea de que mis tentativas de hace 35 años, por insuficientes que con toda justicia hubieran podido parecer, estaban no obstante orientadas en la buena dirección. Un atento examen de las objeciones hechas a la teoría ortodoxa por los ilustres físicos que acabo de nombrar y por algunos otros me llevaron a la conclusión de que esta interpretación desembocaba en ciertas conclusiones paradójicas y ciertamente poco aceptables que se encubren bajo un elegante y preciso formalismo matemático cuyas grandes líneas conozco bien por haberlo estudiado y enseñado durante mucho tiempo. A mi entender, todas estas conclusiones paradójicas provienen del hecho de que se ha renunciado a la imagen clara del corpúsculo concebido como una concentración de energía localizada rigurosamente en el espacio en el transcurso del tiempo y de que, al abandonar la idea de que la onda es un proceso físico que se propaga realmente en el espacio, se ha acabado por considerar la función de onda como un simple artificio matemático que permite calcular probabilidades.

He retomado pues mi antigua tentativa de considerar al corpúsculo como una región muy pequeña de alta concentración del campo incorporada a una onda extensa, aunque introduciendo elementos nuevos que me parece que la han mejorado un poco. De entrada, con mi concepción he reconocido cada vez más la necesidad de introducir la no linealidad en las ecuaciones de onda de la mecánica ondulatoria ya que creo que sólo una fuerte no linealidad muy localizada puede dar cuenta de la existencia de una fuerte y permanente concentración de energía del tipo deseado en el seno de una onda que obedece en cualquier otra parte a una ecuación sensiblemente lineal. Por otra parte, también me ha parecido cada vez más que esta introducción de la no linealidad debía permitir obtener un día

6

una interpretación física de lo que se llaman «transiciones cuánticas». Las transiciones cuánticas abarcan no sólo aquellas que, en los sistemas atómicos y moleculares, acompañan a la emisión y absorción de radiación, sino también todos los intercambios de energía y de cantidad de movimiento entre partículas o sistemas observables. La interpretación ortodoxa declara que estas transiciones escapan por completo y definitivamente a todos nuestros modos de representación, lo que me parece que constituye el abandono total de cualquier esperanza de explicación racional. Creo que es más satisfactorio admitir que las transiciones cuánticas son procesos transitorios muy rápidos, probablemente de carácter no lineal, cuya descripción escapa a las teorías lineales actuales, pero que será sin duda posible en el marco de una teoría no lineal más amplia. Con ayuda de algunos jóvenes colaboradores[1], a los debo agradecer en particular su simpatía y auxilio, he reflexionado mucho en estos últimos tiempos sobre las perspectivas nuevas que abre esta concepción de las transiciones cuánticas y he tenido la impresión de percibir nuevos y muy vastos horizontes.

Otra idea que me ha parecido necesario añadir a las primitivas concepciones de mi teoría de la doble solución es la introducción de un elemento aleatorio en el movimiento del corpúsculo en el seno de su onda. Una de las características esenciales del desarrollo de la mecánica ondulatoria ha sido, en efecto, introducir la noción de probabilidad incluso cuando se trata de una única partícula en apariencia aislada. En el marco de las ideas que adopto, en el que se vuelve a la interpretación tradicional de la noción de probabilidad, esto no es prácticamente concebible más que si la partícula en apariencia aislada está en realidad en constante interacción con un medio oculto muy complejo. Se encuentra así la hipótesis emitida en 1954 por los señores Bohm y Vigier según la cual lo que llamamos el vacío sería sede de un «medio subcuántico», una especie de inmenso

[1] Los Sres. Francis FER, Georges LOCHAK y Joao Luis ANDRADE E SILVA

reservorio de energía oculta en el que el mundo de las partículas microfísicas no constituiría en cierto modo más que la «superficie observable». Sería sin duda prematuro querer hacerse una imagen precisa del medio subcuántico, pero el sólo hecho de admitir su existencia lleva a comparar cualquier partícula observable con un gránulo en contacto energético con un termostato oculto análogo a los gránulos de las memorables experiencias de Jean Perrin. Parece pues natural introducir, incluso en el estudio de una sola partícula en apariencia aislada, nociones de termodinámica estadística que permitan utilizar métodos clásicos desde hace mucho en la teoría de fluctuaciones. Esto es lo que yo he intentado hacer recientemente y, aunque esta tentativa no sea todavía más que un esbozo bastante vago, permite vislumbrar también, o eso creo, muy vastos horizontes.

Es esencial advertir que mis esfuerzos por obtener una nueva interpretación de la mecánica ondulatoria no pretenden en absoluto contestar la exactitud de las previsiones de la mecánica cuántica o de la teoría cuántica de campos. Según una frase de Einstein que he citado a menudo, creo que la teoría ordinaria permite previsiones estadísticas exactas, pero no proporciona una descripción completa de la realidad física, debiendo expresarse esta mediante una imagen sintética precisa de la onda y del corpúsculo y de sus relaciones mutuas. Se objetará que mi reinterpretación es inútil ya que, se me dirá, no conduce a ninguna previsión nueva de fenómenos observables. Admito que eso sea actualmente exacto (salvo, quizá, en lo que concierne a la teoría general de partículas del Sr. Vigier y de sus colaboradores, cuya idea de base es obtener una representación de las partículas en el marco del espacio-tiempo). Pero creo poder oponer a la objeción precedente las dos observaciones siguientes. En primer lugar, si una interpretación del tipo de la que considero puede llegar a desarrollarse sobre bases sólidas, nos permitirá comprender la verdadera naturaleza del dualismo de ondas y corpúsculos, lo que de ningún modo permiten

8

hacer ni los formalismos extraordinariamente abstractos actualmente en boga, ni la bastante oscura noción de complementariedad. Ahora bien, me parece que la finalidad de la Ciencia, en lo que tiene de más elevado, ha sido siempre llegar a comprender. Además, como lo prueba la historia de las Ciencias, cada vez que se ha llegado a comprender bien la verdadera naturaleza de una clase de fenómenos físicos, esta mejor comprensión ha conducido rápidamente siempre a nuevas previsiones y aplicaciones.

El resultado de mis esfuerzos es todavía, lo confieso, bastante fragmentario. Sin embargo, en el momento en que la reedición de mi tesis vuelve mi pensamiento hacia la época en que fui el primero en percibir en toda su generalidad el problema de la relación entre las ondas y los corpúsculos, creo poder afirmar que este problema está muy lejos de estar completamente resuelto por la interpretación ortodoxa de la mecánica cuántica. Debo pues terminar deseando que un mayor número de jóvenes investigadores se inclinen hacia el estudio de este apasionante problema inspirándose directamente en los datos de la experiencia, liberándose de las ideas preconcebidas y no concediendo un valor demasiado exclusivo a los formalismos matemáticos, aun siendo elegantes y rigurosos, que corren el riesgo a veces de enmascarar las realidades físicas profundas.

10 de diciembre de 1962
LOUIS DE BROGLIE.

ANNALES DE PHYSIQUE

EXTRAIT

RECHERCHES SUR LA THÉORIE DES QUANTA
Par M. Louis de Broglie

Annales de Physique – 10e Série – Tome III – Janvier-Février 1925

MASSON & Cie, ÉDITEURS
120, BOULEVARD ST-GERMAIN, PARIS (VIe)

22

INVESTIGACIONES SOBRE LA TEORÍA DE LOS CUANTOS

SUMARIO.- La historia de las teorías ópticas pone de manifiesto que el pensamiento científico ha dudado durante mucho tiempo entre una concepción dinámica y una y una concepción ondulatoria de la luz: esas dos representaciones son pues sin duda menos opuestas de lo que se había supuesto y el desarrollo de la teoría de los cuantos parece confirmar esta conclusión.

Guiados por la idea de una relación general entre las nociones de frecuencia y energía, admitimos en el presente trabajo la existencia de un fenómeno periódico de naturaleza todavía por precisar que estaría ligado a cualquier resto aislado de energía y que dependería de su masa propia por la ecuación de Planck-Einstein. La teoría de la relatividad lleva entonces a asociar al movimiento uniforme de todo punto material la propagación de una cierta onda cuya *fase* se desplaza en el espacio más deprisa que la luz (capítulo I).

Para generalizar este resultado al caso del movimiento no uniforme nos vemos obligados a admitir una proporcionalidad entre el vector impulso universo de un punto material y un vector característico de la propagación de la onda asociada cuya componente de tiempo es la frecuencia. El principio de Fermat aplicado a la onda se hace entonces idéntico al principio de mínima acción aplicado al móvil. Los radios de la onda son idénticos a las trayectorias posibles del móvil (capítulo II).

El enunciado precedente aplicado al movimiento periódico de un electrón en el átomo de Bohr permite encontrar las condiciones de estabilidad cuánticas como expresiones de la resonancia de la onda a lo largo de la trayectoria (capítulo III). Este resultado se puede extender al caso de los movimientos circulares del núcleo y del electrón alrededor de su centro de gravedad común en el átomo de hidrógeno (capítulo IV).

La aplicación de estas ideas generales al cuanto de luz concebido por Einstein conduce a numerosas concordancias muy interesantes. Permite esperar, a pesar de las dificultades que subsisten, la constitución de una óptica a la vez atomística y ondulatoria que establece una especie de correspondencia estadística

entre la onda ligada al grano de energía luminosa y la onda electromagnética de Maxwell (capítulo V).

En particular, el estudio de la difusión de rayos X y γ por los cuerpos amorfos nos sirve para ver lo deseable que es hoy una conciliación de este género (capítulo VI).

Finalmente, la introducción de la noción de onda de fase en la mecánica estadística lleva a justificar la intervención de los cuantos en la teoría dinámica de los gases y a encontrar las leyes de la radiación negra que traducen la distribución de la energía entre los átomos en un gas de cuantos de luz.

INTRODUCCIÓN HISTÓRICA

I.- Del siglo XVI al siglo XX.

La ciencia moderna nació a finales del siglo XVI como resultado de la renovación intelectual debida al Renacimiento. Mientras la Astronomía de posición se hacía cada día más precisa, las ciencias del equilibrio y el movimiento, la estadística y la dinámica se constituyeron lentamente. Se sabe que fue newton el primero que hizo de la Dinámica un cuerpo de doctrina homogéneo y con su memorable ley de la gravitación universal abrió a la nueva ciencia un campo enorme de aplicaciones y comprobaciones. Durante los siglos XVIII y XIX, un gran número de geómetras, astrónomos y físicos desarrollaron los principios de Newton y la Mecánica alcanzó tal grado de belleza y armonía racional que casi se olvidó su carácter de ciencia física. En particular, se consiguió deducir toda esta ciencia de un solo principio, el principio de mínima acción enunciado en primer lugar por Maupertuis y después, de otra manera, por Hamilton y cuya forma matemática es notoriamente elegante y condensada.

Por su intervención en Acústica, Hidrodinámica, Óptica y Capilaridad, la Mecánica pareció reinar brevemente en todos los dominios. Tuvo más dificultades para absorber una nueva rama de la ciencia nacida en el

24

siglo XIX: la Termodinámica. Si uno de los dos grandes principios de esta ciencia, el de la conservación de la energía, se deja interpretar fácilmente por las concepciones de la Mecánica, no ocurre lo mismo con el segundo, el del aumento de la entropía. Los trabajos de Clausius y de Boltzmann sobre la analogía de las magnitudes termodinámicas con ciertas magnitudes que intervienen en los movimientos periódicos, trabajos que en estos momentos vuelven a estar totalmente a la orden del día, no consiguieron restablecer por completo el acuerdo entre los dos puntos de vista. Pero la admirable teoría cinética de los gases de Maxwell y Boltzmann y la doctrina más general llamada Mecánica estadística de Boltzmann y Gibbs acreditaron que la Dinámica, si se completa con consideraciones sobre probabilidad, permite la interpretación de las nociones fundamentales de la termodinámica.

Desde el siglo XVII, la ciencia de la luz, la óptica, había atraído la atención de los investigadores. Los fenómenos más corrientes (propagación rectilínea, reflexión, refracción), los que constituyen hoy día nuestra óptica geométrica, fueron naturalmente los primeros conocidos. Diversos sabios, en particular Descartes y Huyghens trabajaron en discernir las leyes y Fermat las compendió mediante un principio sintético que lleva su nombre y que, enunciado en nuestro lenguaje matemático actual, recuerda por su forma el principio de mínima acción. Huyghens se había decantado hacia una teoría ondulatoria de la luz, pero Newton, percibiendo en las grandes leyes de la óptica geométrica una analogía profunda con la dinámica del punto material de la que él era creador, desarrolló una teoría corpuscular de la luz, llamada «teoría de la emisión» y llegó incluso a dar cuenta, con ayuda de hipótesis un poco artificiales, de fenómenos ahora catalogados en la óptica ondulatoria (anillos de Newton).

El comienzo del siglo XX vivió una reacción contra las ideas de Newton y a favor de las de Huyghens. Las experiencias

25

sobre interferencias, las primeras de las cuales se deben a Young, eran difíciles, si no imposibles de interpretar desde el punto de vista corpuscular. Fresnel desarrolló entonces su admirable teoría elástica de la propagación de las ondas luminosas y, desde entonces, el crédito de la concepción de Newton no dejó de disminuir.

Uno de los grandes éxitos de Fresnel fue explicar la propagación rectilínea de la luz, cuya interpretación era tan intuitiva en la teoría de la emisión. Cuando dos teorías basadas en ideas que nos parecen enteramente diferentes dan cuenta, con la misma elegancia, de una verdad experimental, siempre cabe preguntarse si la oposición entre los dos puntos de vista es real y no se debe solamente a la insuficiencia de nuestros esfuerzos de síntesis. Esta cuestión no se planteó en la época de Fresnel y la noción de corpúsculo de luz fue considerada ingenua y se abandonó.

El siglo XIX vio nacer una rama completamente nueva de la física que ha producido en nuestra concepción del mundo y en nuestra industria inmensos cambios: la ciencia de la Electricidad. No tenemos que recordar aquí cómo se constituyó gracias a los trabajos de Volta, Ampère, Laplace, Faraday, etc. Lo único que importa es decir que Maxwell supo extractar en fórmulas de soberbia concisión matemática los resultados de sus predecesores y demostrar que toda la óptica podía considerarse una rama del electromagnetismo. Los trabajos de Hertz, y más aún los del Sr. H. A. Lorentz, perfeccionaron la teoría de Maxwell; Lorentz introdujo en ella, además, la noción de la discontinuidad de la electricidad ya elaborada por el Sr. J. J. Thomson y tan brillantemente confirmada por la experiencia. Desde luego, el desarrollo de la teoría electromagnética desposeyó de su realidad al éter elástico de Fresnel y parecía, por ello, separar la óptica del dominio de la Mecánica, pero muchos físicos,

26

sucesores del propio Maxwell, esperaban aún encontrar, a final del siglo pasado, una experiencia mecánica del éter electromagnético y, como consecuencia, no solamente supeditar de nuevo la óptica a las explicaciones dinámicas, sino subordinar incluso a ellas, de un solo golpe, todos los fenómenos eléctricos y magnéticos.

El siglo terminó pues alumbrado por la esperanza de una síntesis próxima y completa de toda la física.

II.- El siglo XX: Relatividad y cuantos

No obstante, quedaban algunas sombras en el panorama. Lord Kelvin, en 1900, pronosticaba que dos nubes negras aparecían amenazantes en el horizonte de la física. Una de estas nubes representaba las dificultades planteadas por la famosa experiencia de Michelson y Morley, que parecía incompatible con las ideas entonces aceptadas. La segunda nube representaba el fracaso de los métodos de la mecánica estadística en el dominio de la radiación negra; el teorema de la equipartición de la energía, consecuencia rigurosa de la mecánica estadística, conduce, en efecto, a un reparto bien definido de la energía entre las diversas frecuencias en la radiación de equilibrio termodinámico; ahora bien, esta ley, la ley de Rayleigh-Jeans, está en flagrante contradicción con la experiencia y es en sí misma absurda, ya que prevé un valor infinito para la densidad total de energía, lo que evidentemente no tiene ningún sentido físico.

En los primeros años del siglo XX, las dos nubes de lord Kelvin se condensaron, si se me permite decirlo así, una en la teoría de la relatividad y la otra en la teoría de los cuantos.

Cómo se estudiaron las dificultades provocadas por la experiencia de Michelson, por Lorentz y Fitz-Gerald en primer lugar, y cómo fueron resueltas luego por el Sr. A. Einstein gracias a un esfuerzo intelectual quizá sin parangón, es lo que no desarrollaremos aquí, al haber sido el asunto

27

expuesto muchas veces en estos últimos años por voces más autorizadas que la nuestra. En este relato supondremos pues conocidas las conclusiones esenciales de la teoría de la relatividad, al menos en su forma restringida, y haremos mención de ellas cuando sea necesario.

Por el contrario, indicaremos rápidamente el desarrollo de la teoría de los cuantos. La noción de cuantos fue introducida en la ciencia en 1900 por el Sr. Max Planck. Este científico estaba entonces estudiando teóricamente la cuestión de la radiación negra y, como el equilibrio termodinámico no debe depender de la naturaleza de los emisores, había imaginado un emisor muy simple, llamado «resonador de Planck» constituido por un electrón sometido a una unión cuasi-elástica y teniendo de ese modo una frecuencia de vibración independiente de su energía. Si se aplican a los intercambios de energía entre tales resonadores y la radiación las leyes clásicas del electromagnetismo y de la mecánica estadística, se encuentra la ley de Rayleigh, cuya innegable inexactitud hemos señalado más arriba. Para evitar esta conclusión y encontrar resultados más acordes con los hechos experimentales, el Sr. Planck admitió un postulado extraño: «Los intercambios de energía entre los resonadores (la materia) y la radiación no tienen lugar más que por cantidades finitas iguales a h veces la frecuencia, siendo h una nueva constante universal de la física». A cada frecuencia corresponde pues una especie de átomo de energía, un *cuanto* de energía. Los datos de la observación proporcionaron al Sr. Planck las bases necesarias para el cálculo de la constante h y el valor hallado entonces ($h = 6{,}545 \times 10^{-27}$) no ha sido modificado, prácticamente, por las innumerables determinaciones posteriores hechas por los métodos más diversos. Es éste uno de los más bellos ejemplos de la potencia de la física teórica.

Rápidamente, los cuantos se convirtieron en mancha de aceite que no tardó en impregnar todas las partes de la física. Mientras su introducción dejaba de lado ciertas dificultades relativas

28

a los calores específicos de los gases, permitió en primer lugar al Sr. Einstein, luego a los Sres. Nernst y Lindemann y finalmente, en una forma más perfecta, a los Sres. Debye, Born y von Karman, formular una teoría satisfactoria de los calores específicos de los sólidos y explicar por qué la ley de Dulong y Petit, sancionada por la estadística clásica, sufre importantes excepciones y no es, igual que la ley de Rayleigh, más que una forma límite válida en un cierto dominio.

Los cuantos penetraron también en una ciencia en la que apenas se les hubiera esperado: la teoría de los gases. El método de Boltzmann aboca a que quede indeterminado el valor de la constante aditiva que figura en la expresión de la entropía. El Sr. Planck, para dar cuenta del teorema de Nernst y obtener la previsión exacta de las constantes químicas, admitió que había que hacer intervenir los cuantos y lo hizo en forma bastante paradójica atribuyendo al elemento de extensión en fase de una molécula una magnitud finita igual a h^3.

El estudio del efecto fotoeléctrico planteó un nuevo enigma. Se llama efecto fotoeléctrico a la expulsión por la materia de electrones en movimiento bajo la influencia de una radiación. Muestra la experiencia, lo que es un hecho paradójico, que la energía de los electrones expulsados depende de la frecuencia de la radiación excitadora y no de su intensidad. El Sr. Einstein, en 1905, explicó este extraño fenómeno admitiendo que la radiación puede ser absorbida únicamente por cuantos $h\nu$; en consecuencia, si el electrón absorbe la energía $h\nu$ y si, para salir de la materia, tiene que gastar un trabajo w, su energía cinética final será $h\nu - w$. Esta ley está perfectamente ratificada. Con su profunda intuición, el Sr. Einstein percibió que, en cierto modo, había motivos para volver a la concepción corpuscular de la luz y emitió la hipótesis de que toda radiación de frecuencia ν está dividida en átomos de energía de valor $h\nu$. Esta hipótesis de los cuantos de luz (Lichtquanten), en oposición con todos los hechos de la óptica ondulatoria, se juzgó demasiado simplista y fue rechazada por la mayor parte

29

de los físicos. Mientras los Sres. Lorentz, Jeans y otros le planteaban temibles objeciones, el Sr. Einstein replicaba haciendo ver que el estudio de las fluctuaciones en la radiación negra conducía también a la concepción de la discontinuidad de la energía radiante. El congreso internacional de física que tuvo lugar en Bruselas en 1911 bajo los auspicios del Sr. Solvay se consagró por entero al asunto de los cuantos y fue a continuación de este congreso cuando Henri Poincaré publicó, poco tiempo antes de su muerte, una serie de artículos en los que hacía ver la necesidad de aceptar las ideas de Planck.

En 1913 apareció la teoría del átomo del Sr. Niels Bohr. Admite, con los Sres. Rutherford y Van den Broek, que el átomo está formado por un núcleo positivo rodeado por una nube de electrones, teniendo el núcleo N cargas elementales positivas de $4{,}77 \cdot 10^{-10}$ u.e.e., y siendo N el número de electrones, de modo que el conjunto es neutro. N es el número atómico, igual al número de orden del elemento en la serie periódica de Mendeleiev. Para estar en condiciones de prever las frecuencias ópticas, en particular para el hidrógeno, cuyo átomo de un único electrón es especialmente sencillo, Bohr hace dos hipótesis:

1º Entre la infinidad de trayectorias que puede describir un electrón que gira alrededor de un núcleo, sólo algunas son estables y la condición de estabilidad hace intervenir la constante de Planck. Precisaremos en el capítulo III la naturaleza de estas condiciones; 2º Cuando un electrón intraatómico pasa de una trayectoria estable a otra, hay emisión o absorción de un cuanto de energía de frecuencia ν. La frecuencia emitida o absorbida, ν, está pues ligada a la variación $\delta\varepsilon$ de la energía total del átomo por la relación $|\delta\varepsilon| = h\nu$.

Sabido es cuál ha sido la magnífica fortuna de la teoría de Bohr desde hace diez años. Ha permitido inmediatamente la previsión de las series espectrales del hidrógeno y del helio ionizado: el estudio de los espectros de rayos X y la famosa ley de Moseley que liga el número atómico a los referentes espectrales del dominio Röntgen han extendido considerablemente el campo

30

de su aplicación. Los Sres. Sommerfeld, Epstein, Schwarzschild, el propio Bohr y otros han perfeccionado la teoría, enunciado condiciones de cuantificación más generales, explicado los efectos Stark y Zeemann, interpretado los espectros ópticos en sus detalles, etc. Pero el significado profundo de los cuantos continúa sin conocerse. El estudio del efecto fotoeléctrico de los rayos X por el Sr. Maurice de Broglie, el del efecto fotoeléctrico de los rayos γ debido a los Sres. Rutherford y Ellis han acentuado cada vez más el carácter corpuscular de estas radiaciones, pareciendo constituir el cuanto de energía $h\nu$ cada día más un verdadero átomo de luz. Pero las antiguas objeciones contra esta perspectiva subsistían e, incluso en el dominio de los rayos X, la teoría ondulatoria conseguía preciosos éxitos: previsión de los fenómenos de interferencia de Laue y de los fenómenos de difusión (trabajos de Debye, de W. L. Bragg, etc.). Sin embargo, muy recientemente, la difusión ha sido a su vez sometida al punto de vista corpuscular por el Sr. H. A. Compton: sus trabajos teóricos y experimentales han demostrado que un electrón que difunde una radiación debe sufrir cierto impulso, como en un choque; naturalmente, se observa que la energía del cuanto de radiación disminuye en el proceso y, en consecuencia, la radiación difundida presenta una frecuencia variable según la dirección de difusión y más débil que la frecuencia de la radiación incidente.

En resumen, parecía llegado el momento de intentar un esfuerzo con objeto de unificar los puntos de vista corpuscular y ondulatorio y de profundizar algo en el verdadero sentido de los cuantos. Eso es lo que hemos hecho recientemente y esta tesis tiene por objetivo principal presentar una exposición más completa de las nuevas ideas que hemos propuesto, de los éxitos a los que nos han llevado y asimismo de las numerosísimas lagunas que contienen[1].

[1] Citamos aquí algunas obras en las que se tratan cuestiones relativas a los cuantos: [véase p. 12]

31

CAPÍTULO PRIMERO

La onda de fase

I. - LA RELACIÓN DEL CUANTO Y LA RELATIVIDAD

Una de las concepciones nuevas más importantes introducidas por la relatividad es la de la inercia de la energía. Según Einstein, debe considerarse que la energía tiene masa y toda masa representa energía. La masa y la energía están siempre ligadas una a otra por la relación general

$$\text{energía} = \text{masa} \times c^2$$

siendo c la constante llamada «velocidad de la luz», pero a la que preferiremos llamar «velocidad límite de la energía» por

J. PERRIN, *Les atomes*, Alcan, 1913.
H. Poincaré, *Dernières pensées*, Flammarion, 1913.
E. BAUER, *Recherches sur le rayonnement*, Thèse de doctorat, 1912.
La théorie du rayonnement et les quanta (1er Congreso Solvay, 1911), publicada por P. LANGEVIN y M. de BROGLIE.
M. PLANCK, *Theorie der Wärmestrahlung*, J. A. Barth, Leipzig, 1921 (4ª edición).
L. BRILLOUIN, *La théorie des quanta et l'atome de Bohr* (Conf. rapports), 1921.
F. REICHE, *Die Quantentheorie*, J. Springer, Berlín, 1921.
A. SOMMERFELD, *La constitution de l'atome et les raies spectrales*. Trad. BELLENOT, A. Blanchard, 1923.
A. LANDÉ, *Vorschritte der Quantentheorie*, F. Steinhopff, Dresde, 1922.
Atomes et electrons (3er Congreso Solvay). Gauthier-Villars, 1923.

32

razones que se expondrán más tarde. Puesto que siempre hay proporcionalidad entre la masa y la energía, materia y energía deben considerarse términos sinónimos que designan la misma realidad física.

La teoría atómica primero y la teoría electrónica después nos han enseñado a considerar que la materia es esencialmente discontinua, lo que nos lleva a admitir que todas las formas de energía, contrariamente a las antiguas ideas sobre la luz, están si no por completo concentradas en pequeñas porciones del espacio, sí al menos condensadas alrededor de ciertos puntos singulares.

El principio de la inercia de la energía atribuye a un cuerpo cuya masa propia (es decir, medida por un observador ligado a ella) es m_0 una energía propia m_0c^2. Si el cuerpo está en movimiento uniforme con velocidad $v = \beta c$ con relación a un observador fijo, su masa tendrá para éste el valor $\frac{m_0}{\sqrt{1-\beta^2}}$, conforme a un resultado bien conocido de la Dinámica Relativista y, en consecuencia, su energía será $\frac{m_0c^2}{\sqrt{1-\beta^2}}$. Como la energía cinética puede definirse como el aumento que experimenta la energía de un cuerpo para el observador fijo cuando pasa del reposo a la velocidad $v = \beta c$, se encuentra para su valor la expresión siguiente:

$$\mathrm{E}_{\mathrm{cin}} = \frac{m_0c^2}{\sqrt{1-\beta^2}} - m_0c^2 = m_0c^2\left(\frac{1}{\sqrt{1-\beta^2}} - 1\right)$$

que, naturalmente, para valores pequeños de β conduce a la forma clásica

$$E_{cin} = \frac{1}{2}m_0v^2.$$

Recordado esto, busquemos en qué forma podemos hacer intervenir los cuantos en la dinámica de la Relatividad. A nosotros nos parece que la idea fundamental de la teoría

33

de los cuantos consiste en la imposibilidad de pensar en una cantidad aislada de energía sin asociarle cierta frecuencia. Este nexo se expresa por lo que yo llamaría la relación del cuanto:

$$\text{energía} = h \times \text{frecuencia},$$

con h, constante de Planck.

El desarrollo progresivo de la teoría de los cuantos ha puesto varias veces en primer plano la acción mecánica y muchas veces se ha intentado dar de la relación del cuanto un enunciado que hacía intervenir la acción en lugar de la energía. Evidentemente, la constante h tiene las dimensiones de una acción, esto es $\mathrm{ML^2T^{-1}}$, y eso no se debe al azar, ya que la teoría de la Relatividad nos enseña a incluir la acción entre los principales «invariantes» de la física. Pero la acción es una magnitud de carácter muy abstracto y, tras numerosas meditaciones sobre los cuantos de luz y el efecto fotoeléctrico, hemos vuelto a tomar por base el enunciado energético, sin perjuicio de buscar luego por qué la acción juega un papel tan grande en cuantiosos asuntos.

La relación del cuanto no tendría quizá mucho sentido si la energía pudiera distribuirse de forma continua en el espacio, pero acabamos de ver que sin duda no es así. Se puede imaginar pues que, como consecuencia de una gran ley de la Naturaleza, a cada porción de energía de masa propia m_0 esté vinculado un fenómeno periódico de frecuencia ν_0 de modo que se tenga:

$$h\nu_0 = m_0 c^2,$$

estando medida ν_0, claro está, en el sistema ligado a la porción de energía. Esta hipótesis es la base de nuestro sistema: vale, como todas las hipótesis, lo que valen las consecuencias que pueden deducirse de ella.

¿Debemos suponer que el fenómeno periódico está localizado en el *interior* de la porción de energía? Eso no es en absoluto

34

necesario y se deducirá de la sección III que, sin duda, está esparcido en una extensa región del espacio. Por otra arte, ¿qué habría que entender por interior de una porción de energía? Para nosotros, el electrón es el prototipo de fragmento aislado de energía, el que creemos, quizá injustificadamente, conocer mejor; ahora bien, según las concepciones aceptadas, la energía del electrón está repartida en todo el espacio con una concentración muy fuerte en una región de dimensiones muy pequeñas cuyas propiedades, por otra parte, conocemos muy mal. Lo que caracteriza al electrón como átomo de energía no es el pequeño lugar que ocupa en el espacio, ya que repito que lo ocupa por entero, sino el hecho de que es insecable, no divisible, de que forma *una unidad.*[1]

Habiendo admitido la existencia de una frecuencia ligada al fragmento de energía, busquemos cómo se manifiesta esta frecuencia al observador fijo al que nos referíamos más arriba. La transformación de tiempo de Lorentz-Einstein nos hace saber que un fenómeno periódico ligado al cuerpo en movimiento le resulta ralentizado, al observador fijo, en la relación de 1 a $\sqrt{1-\beta^2}$. Esta es la famosa retardación de los relojes. Por tanto, la frecuencia observada por el observador fijo será:

$$\nu_1 = \nu_0\sqrt{1-\beta^2} = \frac{m_0 c^2}{h}\sqrt{1-\beta^2}.$$

Por otra parte, como la energía del móvil para el mismo observador es igual a $\frac{m_0 c^2}{\sqrt{1-\beta^2}}$, la frecuencia correspondiente según la relación del cuanto es $\nu = \frac{1}{h}\frac{m_0 c^2}{\sqrt{1-\beta^2}}$. Las dos frecuencias ν_1 y ν son esencialmente diferentes ya que el factor $\sqrt{1-\beta^2}$ no figura en ellas de la misma forma. Hay una diferencia que me ha intrigado durante mucho tiempo;

[1] Respecto a las dificultades que se presentan en la interacción de varios centros electrizados, véase más abajo el capítulo IV.

35

he llegado a solventarla demostrando el teorema siguiente, al que llamaré teorema de la armonía de las fases:

«El fenómeno periódico ligado al móvil, y cuya frecuencia para el observador fijo es igual a $\nu_1 = \frac{1}{h} m_0 c^2 \sqrt{1-\beta^2}$, le parece a éste constantemente en fase con una onda de frecuencia $\nu = \frac{1}{h} m_0 c^2 \frac{1}{\sqrt{1-\beta^2}}$ que se propaga, en la misma dirección que el móvil, con velocidad $V = \frac{c}{\beta}$.»

La demostración es muy sencilla. Supongamos que en el instante $t = 0$ hubiese concordancia de fase entre el fenómenos periódico ligado al móvil y la onda definida aquí arriba. En el instante t, el móvil ha salvado desde el instante origen una distancia igual a $x = \beta c t$ y la fase del fenómeno periódico ha cambiado en $\nu_1 t = \frac{m_0 c^2}{h} \sqrt{1-\beta^2} \frac{x}{\beta c}$. La fase de la porción de onda que cubre el móvil ha cambiado en:

$$\nu\left(t - \frac{\beta x}{c}\right) = \frac{m_0 c^2}{h} \cdot \frac{1}{\sqrt{1-\beta^2}} \left(\frac{x}{\beta c} - \frac{\beta x}{c}\right) = \frac{m_0 c^2}{h} \sqrt{1-\beta^2} \frac{x}{\beta c}.$$

Como habíamos dicho, la concordancia de fases persiste.

Es posible dar de este teorema otra demostración idéntica en el fondo, pero más chocante. Si t_0 representa el tiempo para un observador ligado al móvil (tiempo propio del móvil), la transformación de Lorentz da:

$$t_0 = \frac{1}{\sqrt{1-\beta^2}} \left(t - \frac{\beta x}{c}\right).$$

El fenómeno periódico que imaginamos está representado para el mismo observador por una función sinusoidal

36

de $\nu_0 t_0$. Para el observador fijo está representado por la misma función sinusoidal de $\nu_0 \frac{1}{\sqrt{1-\beta^2}} \left(t - \frac{\beta x}{c}\right)$, función que representa una onda de frecuencia $\frac{\nu_0}{\sqrt{1-\beta^2}}$ que se propaga con velocidad $\frac{c}{\beta}$ en la misma dirección que el móvil.

Es indispensable razonar ahora sobre la naturaleza de la onda cuya existencia acabamos de concebir. El hecho de que su velocidad $V = \frac{c}{\beta}$ sea necesariamente superior a c (al ser β siempre inferior a 1, sin lo cual la masa sería infinita o imaginaria) nos demuestra que no se trata en absoluto de una onda que transporte energía. Nuestro teorema nos enseña, por otra parte, que representa la distribución en el espacio de fases de un fenómeno; es una «onda de fase».

Para precisar bien este último punto, vamos a exponer una comparación mecánica un poco grosera, pero que excita la imaginación. Supongamos una plataforma horizontal circular de radio muy grande; en esta plataforma están suspendidos dos sistemas idénticos formados por un resorte espiral del que se ha colgado un peso. El número de sistemas así suspendidos por unidad de superficie de la plataforma, su densidad, va en disminución muy rápida conforme nos alejamos del centro de la plataforma, de modo que hay condensación de sistemas alrededor del centro. Al ser idénticos todos los sistemas resorte-peso, todos tienen el mismo periodo; hagámosles oscilar con la misma amplitud y la misma fase. La superficie que pasa por los centros de gravedad de todos los pesos será un plano que subirá y bajará con movimiento alternativo. El conjunto así obtenido presenta una analogía muy grosera con el fragmento de energía aislado tal como lo concebimos.

La descripción que acabamos de hacer es adecuada a un observador ligado a la plataforma. Si otro observador ve que la plataforma se desplaza con movimiento de traslación uniforme

37

con velocidad $v = \beta c$, cada peso le parecerá un pequeño reloj que sufre la retardación de Einstein; además, la plataforma y la distribución de los sistemas oscilantes ya no serán isótropos alrededor del centro en razón de la constancia de Lorentz. Pero el hecho fundamental para nosotros (la sección 3ª nos lo hará comprender mejor) es el desfase de los movimientos de los diferentes pesos. Si, en un momento dado de su tiempo, nuestro observador fijo considera el lugar geométrico de los centros de gravedad de los diversos pesos, obtiene una superficie cilíndrica en el sentido horizontal cuyas secciones verticales paralelas a la velocidad de la plataforma son sinusoides. Corresponde, en el caso particular considerado, a nuestra onda de fase; según el teorema general, esta superficie está animada con una velocidad $\frac{c}{\beta}$ paralela a la de la plataforma y la frecuencia de vibración de un punto de abscisa fija que descansa constantemente sobre ella es igual a la frecuencia propia de oscilación de los resortes multiplicada por $\frac{1}{\sqrt{1-\beta^2}}$. Se ve claramente en este ejemplo (de ahí nuestra excusa para haber insistido tanto en ello) que la onda de fase corresponde al transporte de la fase y de ninguna manera al de la energía.

Nos parece que los resultados precedentes son de extraordinaria importancia porque, con ayuda de una hipótesis fuertemente sugerida por la propia noción de cuanto, establecen un lazo entre el movimiento de un móvil y la propagación de una onda dejando así entrever la posibilidad de una síntesis de teorías antagonistas sobre la naturaleza de las radiaciones. Podemos ya advertir que la propagación rectilínea de la onda de fase está ligada al movimiento rectilíneo del móvil; el principio de Fermat aplicado a la onda de fase determina la forma de estos rayos que son reales, mientras que el principio de Maupertuis aplicado al móvil determina su trayectoria rectilínea que es uno de los radios de la onda. En el capítulo II intentaremos generalizar esta coincidencia.

38

II. - VELOCIDAD DE FASE Y VELOCIDAD DE GRUPO

Necesitamos demostrar ahora una importante relación que existe entre la velocidad del móvil y la de la onda de fase. Si ondas de frecuencias muy próximas se propagan en una misma dirección Ox con velocidades V a las que llamaremos velocidades de propagación de la fase, estas ondas darán, por su superposición, fenómenos de pulsación si la velocidad V varía con la frecuencia ν. Estos fenómenos han sido estudiados en particular por lord Rayleigh en el caso de medios dispersivos.

Consideremos dos ondas de frecuencias próximas ν y $\nu' = \nu + \delta\nu$ y de velocidades V y $\mathrm{V}' = \mathrm{V} + \frac{d\mathrm{V}}{d\nu}\delta\nu$; su superposición se traduce analíticamente por la ecuación siguiente, obtenida despreciando el segundo número $\delta\nu$ frente a ν:

$$\sin 2\pi(\nu t - \frac{\nu x}{\mathrm{V}} + \varphi) + \sin 2\pi(\nu' t - \frac{\nu' x}{\mathrm{V}'} + \varphi') = 2\sin 2\pi(\nu t - \frac{\nu x}{\mathrm{V}} + \psi)\cdot$$

$$\cdot \cos 2\pi\left[\frac{\delta\nu}{2}t - x\frac{d\left(\frac{\nu}{\mathrm{V}}\right)}{d\nu}\frac{\delta\nu}{2} + \psi'\right].$$

Tenemos por tanto una onda resultante sinusoidal cuya amplitud está modulada en la frecuencia $\delta\nu$ pues el signo del coseno importa poco. Es este un resultado bien conocido. Si se llama U a la velocidad de propagación del pulso, o velocidad del grupo de ondas, se encuentra

$$\frac{1}{U} = \frac{d\left(\frac{\nu}{V}\right)}{d\nu}.$$

Volvamos a las ondas de fase. Si se atribuye al móvil una velocidad $v = \beta c$ sin dar a β un valor completamente determinado, sino imponiéndole sólo estar

39

comprendido entre β y $\beta + \delta\beta$; las frecuencias de las ondas correspondientes ocupan un pequeño intervalo ν, $\nu + \delta\nu$.

Vamos a establecer el siguiente teorema, que nos será útil posteriormente. «La velocidad del grupo de las ondas de fase es igual a la velocidad del móvil». En efecto, esta velocidad de grupo está determinada por la fórmula dada aquí arriba en la que V y ν pueden considerarse funciones de β, ya que se tiene:

$$V = \frac{c}{\beta} \qquad \nu = \frac{1}{h}\frac{m_0 c^2}{\sqrt{1-\beta^2}}.$$

Se puede escribir:

$$\mathrm{U} = \frac{\frac{d\nu}{d\beta}}{\frac{d\left(\frac{\nu}{\mathrm{V}}\right)}{d\beta}}.$$

Ahora bien

$$\frac{d\nu}{d\beta} = \frac{m_0 c^2}{h}\cdot\frac{\beta}{(1-\beta^2)^{\frac{3}{2}}}$$

$$d\frac{\left(\frac{\nu}{\mathrm{V}}\right)}{d\beta} = \frac{m_0 c}{h}\cdot\frac{d\left(\frac{\beta}{\sqrt{1-\beta^2}}\right)}{d\beta} = \frac{m_0 c}{h}\frac{1}{(1-\beta^2)^{\frac{3}{2}}}.$$

Por tanto:

$$U = \beta c = v.$$

La velocidad de grupo de las ondas de fase es exactamente igual a la velocidad del móvil. Este resultado exige una observación: en la teoría ondulatoria de la dispersión, si se exceptúan las zonas de absorción, la velocidad de la energía es igual a la velocidad de grupo.[1] Aquí, aunque situados en un punto de vista

[1] Véase, por ejemplo, LÉON BRILLOUIN. *La théorie des quanta et l'atome de Bohr*, capítulo I.

40

completamente diferente, nos encontramos con un resultado análogo, ya que la velocidad del móvil no es otra cosa que la velocidad de desplazamiento de la energía.

III. - LA ONDA DE FASE EN EL ESPACIO-TIEMPO

Minkowski fue el primer en hacer ver que se obtenía una representación geométrica simple de las relaciones del espacio y del tiempo introducidas por Einstein considerando una multiplicidad

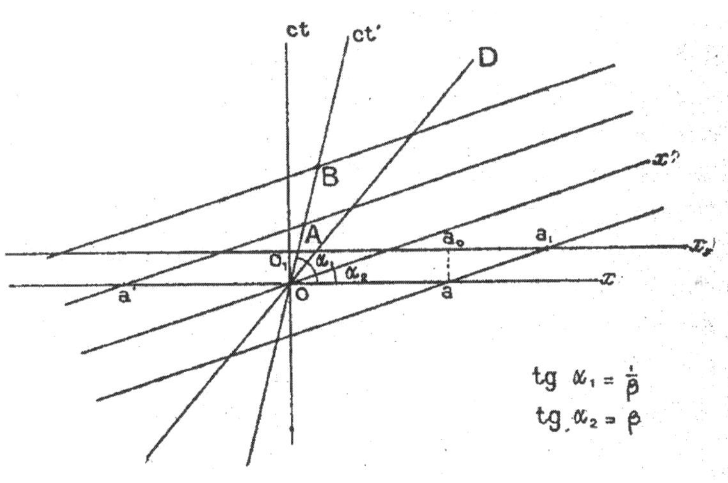

Fig. 1

euclídea de 4 dimensiones llamada Universo o Espacio-tiempo. Para ello tomaba 3 ejes de coordenadas rectangulares espaciales y un cuarto eje normal a los 3 primeros sobre el que se llevaban los tiempos multiplicados por $c\sqrt{-1}$. Se lleva hoy con más naturalidad sobre el cuarto eje la cantidad real ct, pero entonces los planos que pasan por este eje siendo perpendiculares al espacio tienen una geometría pseudo-euclídea hiperbólica cuyo invariante fundamental es $c^2dt^2 - dx^2 - dy^2 - dz^2$.

Consideramos pues el espacio-tiempo referido a los 4 ejes rectangulares del observador llamado «fijo». Tomaremos por eje de las x la trayectoria rectilínea del móvil y

41

representaremos en nuestro papel el plano *otx* que contiene el eje del tiempo y la citada trayectoria. En estas condiciones, la línea-universo del móvil viene representada por una recta inclinada al menos 45° sobre el eje del tiempo; esta línea es, por otra parte, el eje del tiempo para el observador ligado al móvil. Representaremos en nuestra figura los 2 ejes del tiempo cortándose en el origen, lo que no restringe la generalidad.

Si la velocidad del móvil para el observador fijo es βc, la pendiente de Ot' tiene por valor $\frac{1}{\beta}$. La recta ox', traza sobre el plano tox del espacio del observador arrastrado al tiempo O, es simétrica de Ot' con relación a la bisectriz OD; es fácil demostrarlo analíticamente por medio de la transformación de Lorentz, pero se deduce inmediatamente del hecho de que la velocidad límite de la energía, c, tiene el mismo valor para todos los sistemas de referencia. La pendiente de Ox' es pues β. Si el espacio que rodea al móvil es sede de un fenómeno periódico, el estado del espacio volverá a ser el mismo para el observador arrastrado cada vez que haya transcurrido un tiempo $\frac{1}{c}\overline{\text{OA}} = \frac{1}{c}\overline{\text{AB}}$ igual al periodo propio $T_0 = \frac{1}{\nu'_0} = \frac{h}{m_0 c^2}$ del fenómeno.

Las rectas paralelas a ox' son pues las trazas de estos «espacios equi-fase» del observador arrastrado sobre el plano xot. Los puntos $...a', o, a...$ representan en proyección sus intersecciones con el espacio del observador fijo en el instante O; estas intersecciones de 2 espacios de 3 dimensiones son superficies de 2 dimensiones e incluso planos, porque todos los espacio aquí considerados son euclídeos. Cuando el tiempo transcurre para el observador fijo, la sección del espacio-tiempo que, para él, es el espacio, está representada por una recta paralela a ox que se desplaza con movimiento uniforme hacia las t crecientes. Se ve fácilmente que los planos equi-fase $...a', o, a...$ se desplazan en el espacio del observador

42

fijo con velocidad $\frac{c}{\beta}$. En efecto, si la línea ox_1 de la figura representa el espacio del observador fijo en el instante $t = 1$, se tiene $\overline{aa_0} = c$. La fase que para $t = \text{O}$ se encontraba en a, se encuentra ahora en a_1; para el observador fijo, se ha desplazado pues en su espacio en la longitud $a_0 a_1$ en el sentido ox durante la unidad de tiempo. Se puede decir por tanto que su velocidad es:

$$\text{V} = a_0 a_1 = aa_0 \operatorname{cotg}(x\hat{o}x') = \frac{c}{\beta}$$

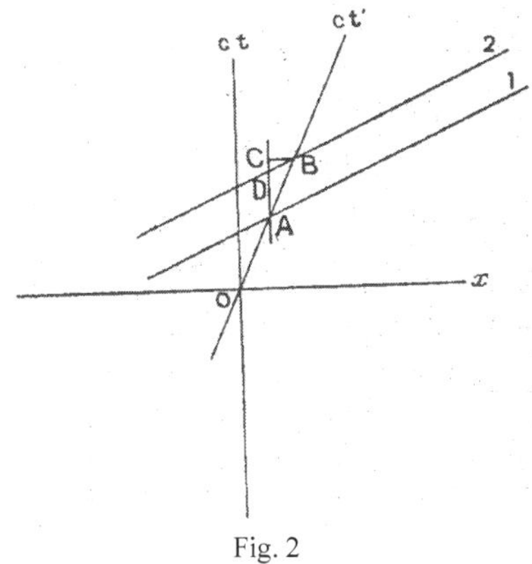

Fig. 2

tg CÂB = β; tg CDB = 1/β

El conjunto de los planos equi-fase constituye lo que hemos llamado la onda de fase.

Queda por examinar la cuestión de las frecuencias. Rehagamos una pequeña figura simplificada.

Las rectas 1 y 2 representan dos espacios equi-fase sucesivos del observador ligado. $\overline{\mathrm{AB}}$, como hemos dicho, es igual a c veces el periodo propio $T_0 = \dfrac{h}{m_0 c^2}$.

AC, proyección de AB sobre el eje Ot es igual a

$$c\mathrm{T}_1 = c\mathrm{T}_0 \frac{1}{\sqrt{1-\beta^2}}.$$

43

Se deduce esto de una simple aplicación de las relaciones trigonométricas; sin embargo, señalaremos que, al aplicar la trigonometría a figuras del plano xot, hay que tener siempre presente la anisotropía particular en este plano. El triángulo ABC nos da:

$$\overline{\mathrm{AB}}^2 = \overline{\mathrm{AC}}^2 - \overline{\mathrm{CB}}^2 = \overline{\mathrm{AC}}^2(1 - tg^2\mathrm{C\hat{A}B}) = \overline{\mathrm{AC}}^2(1-\beta^2)$$

$$\overline{\mathrm{AC}} = \frac{\overline{\mathrm{AB}}}{\sqrt{1-\beta^2}}$$

(l.q.h.q.d.)

La frecuencia $\dfrac{1}{\mathrm{T}_1}$ es la que el fenómeno periódico parece tener para el observador que lo sigue con los ojos en su desplazamiento. Es:

$$\nu_1 = \nu_0\sqrt{1-\beta^2} = \frac{m_0 c^2}{h}\sqrt{1-\beta^2}.$$

El periodo de las ondas en un punto del espacio para el observador fijo está dado no por $\dfrac{1}{c}\overline{\mathrm{AC}}$, sino por $\dfrac{1}{c}\overline{\mathrm{AD}}$. Calculemos.

En el pequeño triángulo BCD se encuentra la relación

$$\frac{\overline{CB}}{\overline{DC}} = \frac{1}{\beta}, \text{ de donde } \overline{DC} = \beta\overline{CB} = \beta^2\overline{AC}.$$

Pero $\overline{AD} = \overline{AC} - \overline{DC} = \overline{AC}(1-\beta^2)$. El nuevo periodo T es pues igual a:

$$T = \frac{1}{c}\overline{AC}(1-\beta^2) = T_0\sqrt{1-\beta^2}$$

y la frecuencia ν de las ondas se expresa por:

$$\nu = \frac{1}{T} = \frac{\nu_0}{\sqrt{1-\beta^2}} = \frac{m_0c^2}{h\sqrt{1-\beta^2}}.$$

Encontramos de nuevo aquí por tanto todos los resultados obtenidos

44

analíticamente en la 1ª sección, pero ahora vemos mejor cómo están ligados a la concepción general del espacio-tiempo y por qué el desfase de los movimientos periódicos que tienen lugar en puntos diferentes del espacio depende de la forma en que está definida la simultaneidad por la teoría de la Relatividad.

CAPÍTULO II

Principio de Maupertuis y principio de Fermat.

I. - OBJETIVO DE ESTE CAPÍTULO

En este capítulo queremos tratar de generalizar los resultados del capítulo primero para el caso de un móvil cuyo movimiento no es rectilíneo y uniforme. El movimiento variado supone la existencia de un campo de fuerza al que está sometido el móvil. En el estado actual de nuestros conocimientos parece haber sólo dos tipos de campos: los campos gravitacionales y los campos electromagnéticos. La teoría de la Relatividad generalizada interpreta que el campo gravitacional se debe a una curvatura del espacio-tiempo. En la presente tesis, dejaremos sistemáticamente de lado todo lo que concierne a la gravitación, sin perjuicio de volver a ella en otro trabajo. Para nosotros pues, en este momento, un campo de fuerza será un campo electromagnético y la dinámica del movimiento variado será el estudio del movimiento de un cuerpo portador de carga eléctrica en un campo electromagnético.

Debemos esperar encontrar en este capítulo grandes dificultades porque la teoría de la Relatividad, guía muy segura cuando se trata de movimientos uniformes, es todavía bastante dubitativa en sus conclusiones sobre el movimiento no uniforme. Con ocasión de la reciente estancia en París del Sr. Einstein, el Sr. Painlevé ha planteado contra la Relatividad divertidas objeciones; el Sr. Langevin ha podido despejarlas sin dificultad porque

45

todas ellas hacen intervenir aceleraciones, mientras que la transformación de Lorentz-Einstein no se aplica más que a los movimientos uniformes. Los argumentos del ilustre matemático han demostrado sin embargo una vez más que la aplicación de las ideas einsteinianas se hace muy delicada cuando nos ocupamos de aceleraciones y, en este aspecto, son muy instructivos. El método que nos ha permitido el estudio de la onda de fase en el capítulo primero ya no nos va a ser aquí de ninguna ayuda.

La onda de fase que acompaña el movimiento de un móvil, caso de que se admitan nuestras concepciones, tiene propiedades que dependen de la naturaleza de este móvil ya que su frecuencia, por ejemplo, está determinada por la energía total. Parece pues natural suponer que, si un campo de fuerza actúa sobre el movimiento de un móvil, actuará también sobre la propagación de su onda de fase. Guiado por la idea de una identidad profunda entre el principio de mínima acción y el de Fermat, me he visto abocado desde el principio de mis investigaciones sobre este asunto a *admitir* que para un valor dado de la energía total del móvil y como consecuencia de la frecuencia de su onda de fase, las trayectorias dinámicamente posibles de uno coincidían con los rayos posibles de la otra. Esto me ha llevado a un resultado muy satisfactorio que será expuesto en el capítulo III, a saber, la interpretación de las condiciones de estabilidad intraatómica establecidas por Bohr. Lamentablemente, harían falta hipótesis bastante arbitrarias sobre el valor de las velocidades de propagación V de la onda de fase en cada punto del campo. Nosotros, por el contrario, nos vamos a servir aquí de un método que nos parece mucho más general y más satisfactorio. Por una parte, estudiaremos el principio mecánico de la mínima acción bajo sus formas hamiltoniana y maupertuisiana en la dinámica clásica y en la Relatividad y, por otra, desde un punto de vista muy general, la propagación de las ondas y el principio de Fermat. Lo que nos conducirá entonces a concebir una síntesis

46

de estos dos estudios, síntesis sobre la que se puede discutir pero cuya elegancia teórica es incontestable. Obtendremos al mismo tiempo la solución del problema planteado.

II. - LOS DOS PRINCIPIOS DE MÍNIMA ACCIÓN EN LA DINÁMICA CLÁSICA

En la dinámica clásica, el principio de mínima acción, en su forma hamiltoniana, se enuncia de la forma siguiente:

«Las ecuaciones de la dinámica pueden deducirse del hecho de que la integral $\int_{t_1}^{t_2} \ell dt$, tomada entre límites fijos del tiempo para valores iniciales y finales dados de los parámetros q_i que determinan el estado del sistema, tiene un valor estacionario». Por definición, ℓ se llama función de Lagrange y se supone que depende de las variables q_i y $\dot{q}_i = \frac{dq_i}{dt}$.

Se tiene pues:

$$\delta \int_{t_1}^{t_2} \ell dt = 0.$$

De ahí se deducen, por un conocido método del cálculo de variaciones, las llamadas ecuaciones de Lagrange:

$$\frac{d}{dt}\left(\frac{\partial \ell}{\partial \dot{q}_i}\right) = \frac{\partial \ell}{\partial q_i},$$

en número igual al de las variables q_i.

Falta por definir la función ℓ. La dinámica clásica escribe:

$$\ell = \mathrm{E}_{\mathrm{cin}} - \mathrm{E}_{\mathrm{pot}},$$

diferencia entre las energías cinética y potencial. Veremos más tarde que la dinámica relativista emplea un valor diferente de ℓ.

Pasemos ahora a la forma maupertuisiana del principio de mínima acción. Para ello, advirtamos primero que

47

las ecuaciones de Lagrange, en la forma general dada más arriba, admiten una integral primera, llamada «energía del sistema» que es igual a

$$\mathrm{W} = -\ell + \sum_i \frac{\partial \ell}{\partial \dot{q}_i} \dot{q}_i$$

a condición, no obstante, de que la función ℓ no dependa explícitamente del tiempo, lo que en adelante supondremos siempre. Se tiene entonces:

$$\frac{d\mathrm{W}}{dt} = -\sum_i \frac{\partial \ell}{\partial q_i} \dot{q}_i - \sum_i \frac{\partial \ell}{\partial \dot{q}_i} \ddot{q}_i + \sum_i \frac{\partial \ell}{\partial q_i} \ddot{q}_i + \sum_i \frac{d}{dt}\left(\frac{\partial \ell}{\partial \dot{q}_i}\right) \dot{q}_i =$$

$$= \sum_i \dot{q}_i \left[\frac{d}{dt}\left(\frac{\partial \ell}{\partial \dot{q}_i}\right) - \frac{\partial \ell}{\partial q_i}\right],$$

cantidad nula, según las ecuaciones de Lagrange. Por tanto:

$$\mathrm{W} = \mathrm{C}^{\mathrm{te}}.$$

Apliquemos ahora el principio de Hamilton a todas las trayectorias «variadas» que conducen del estado inicial dado A al estado final dado B y que corresponden a un valor determinado de la energía W. Como W, t_1 y t_2 son constantes, se puede escribir:

$$\delta \int_{t_1}^{t_2} \ell dt = \delta \int_{t_1}^{t_2} (\ell + \mathrm{W}) dt = 0$$

o incluso:

$$\delta \int_{t_1}^{t_2} \sum_i \frac{\partial \ell}{\partial \dot{q}_i} dt = \delta \int_A^B \sum_i \frac{\partial \ell}{\partial \dot{q}_i} dq_i = 0,$$

estando extendida la última integral a todos los valores de q_i comprendidos entre los que definen los estados A y B, de modo que se elimine el tiempo; no ha lugar ya pues, en la nueva forma obtenida, para imponer ninguna restricción relativa a los límites del tiempo. Por el contrario, las trayectorias

48

variadas deben corresponder todas a un mismo valor W de la energía.

Según la notación clásica de las ecuaciones canónicas, ponemos: $p_i = \dfrac{\partial \ell}{\partial \dot{q}_i}$. Las p_i son los momentos conjugados de las variables q_i. El principio de Maupertuis se escribe, en la dinámica clásica:

$$\delta \int_A^B \sum_i p_i dq_i = 0,$$

donde $\ell = \mathrm{E}_{\mathrm{cin}} - \mathrm{E}_{\mathrm{pot}}$; $\mathrm{E}_{\mathrm{pot}}$ es independiente de las $\dot{q}_i$ y $\mathrm{E}_{\mathrm{cin}}$ es una función cuadrática homogénea de ellas. En virtud del teorema de Euler:

$$\sum_i p_i dq_i = \sum_i p_i \dot{q}_i dt = 2\mathrm{E}_{\text{cin}} dt .$$

Para el punto material, $\mathrm{E}_{\text{cin}} = \frac{1}{2} m v^2$ y el principio de mínima acción toma la forma más antiguamente conocida:

$$\delta \int_A^B m v dl = 0 ,$$

con dl, elemento de la trayectoria.

III. - LOS DOS PRINCIPIOS DE MÍNIMA ACCIÓN EN LA DINÁMICA DEL ELECTRÓN

Vamos ahora a retomar la cuestión de la dinámica del electrón desde el punto de vista relativista. El término «electrón» hay que tomarlo aquí en el sentido general de punto material portador de carga eléctrica. Supondremos que el electrón, colocado fuera de cualquier campo, posee una masa propia m_0; llamaremos e a su carga eléctrica.

Consideremos de nuevo el espacio-tiempo; a las coordenadas espaciales las llamaremos x^1, x^2 y x^3, y la

49

coordenada ct será x^4. El invariante fundamental «elemento de longitud» está definido por:

$$ds = \sqrt{(dx^4)^2 - (dx^1)^2 - (dx^2)^2 - (dx^3)^2} .$$

En esta sección y en la siguiente emplearemos constantemente ciertas notaciones del cálculo tensorial.

Una línea-universo tiene en cada punto una tangente definida en dirección por el vector «velocidad-universo», de longitud unidad, cuyas componentes contravariantes están dadas por la relación:

$$u^i = \frac{dx^i}{ds} \qquad (i = 1,2,3,4) .$$

Se comprueba de inmediato que: $u^i u_i = 1$.

Sea un móvil que describe la línea-universo; cuando pasa por el punto considerado posee una velocidad $v = \beta c$ de componentes $v_x v_y v_z$. Las componentes de la velocidad-universo son:

$$u_1 = -u^1 = -\frac{v_x}{c\sqrt{1-\beta^2}} \qquad u_2 = -u^2 = -\frac{v_y}{c\sqrt{1-\beta^2}}$$

$$u_3 = -u^3 = -\frac{v_z}{c\sqrt{1-\beta^2}} \qquad u_4 = u^4 = \frac{1}{\sqrt{1-\beta^2}}$$

Para definir un campo electromagnético debemos introducir un segundo vector-universo cuyas componentes se expresan en función del potencial vector $\vec{a}$ y del potencial escalar ψ por las relaciones:

$$\varphi_1 = -\varphi^1 = -a_x; \qquad \varphi_2 = -\varphi^2 = -a_y; \qquad \varphi_3 = -\varphi^3 = -a_z$$

$$\varphi_4 = \varphi^4 = \frac{1}{c}\psi .$$

Consideremos ahora dos puntos P y Q del espacio-tiempo que correspondan a valores dados de las coordenadas de espacio y del tiempo. Podemos considerar una integral curvilínea tomada a lo largo de una línea-universo que vaya de P a Q;

50

naturalmente, la función que hay que integrar debe ser invariante.

Sea:

$$\int_P^Q (-m_0 c - e\varphi_i u^i) ds = \int_P^Q (-m_0 c u_i - e\varphi_i) u^i ds$$

esta integral. El principio de Hamilton afirma que si la línea-universo de un móvil pasa por P y Q, tiene una forma tal que la integral definida aquí arriba tiene un valor estacionario.

Si definimos un tercer vector-universo por la relación:

$$\mathrm{J}_i = m_0 c u_i + e\varphi_i \qquad (i = 1,2,3,4),$$

el enunciado de mínima acción se convierte en:

$$\delta \int_P^Q (\mathrm{J}_1 dx^1 + \mathrm{J}_2 dx^2 + \mathrm{J}_3 dx^3 + \mathrm{J}_4 dx^4) = \delta \int_P^Q \mathrm{J}_i dx^i = 0 .$$

Daremos un poco más adelante un sentido físico al vector-universo J.

Por el momento, volvamos a la forma habitual de las ecuaciones dinámicas sustituyendo en la primera forma de la integral de acción ds por $cdt\sqrt{1-\beta^2}$. Obtenemos así:

$$\delta \int_{t_1}^{t_2} \left[-m_0 c^2 \sqrt{1-\beta^2} - ec\varphi_4 - e(\varphi_1 v_x + \varphi_2 v_y + \varphi_3 v_z) \right] dt = 0 ,$$

donde t_1 y t_2 corresponden a los puntos P y Q del espacio-tiempo.

Si existe un campo puramente electrostático, las cantidades $\varphi_1 \varphi_2 \varphi_3$ son nulas y la función de Lagrange toma la forma utilizada a menudo:

$$\ell = -m_0 c^2 \sqrt{1-\beta^2} - e\psi .$$

En todos los casos, al tener el principio de Hamilton siempre la forma $\delta \int_{t_1}^{t_2} \ell dt = 0$, desembocamos siempre en las ecuaciones de Lagrange:

$$\frac{d}{dt}\left(\frac{\partial \ell}{\partial \dot{q}_i} \right) = \frac{\partial \ell}{\partial q_i} \qquad (\mathrm{i} = 1,2,3).$$

51

En todos los casos en que los potenciales no dependen del tiempo, se encuentra de nuevo la conservación de la energía:

$$\mathrm{W} = -\ell + \sum_i p_i q_i = \mathrm{C}^{\mathrm{te}} \qquad p_i = \frac{\partial \ell}{\partial \dot{q}_i} \quad i = 1,2,3.$$

Siguiendo exactamente el mismo procedimiento que más arriba, se obtiene el principio de Maupertuis:

$$\delta \int_A^B \sum p_i dq_i = 0 ,$$

siendo A y B los dos puntos del espacio que corresponden, para el sistema de referencia empleado, a los puntos P y Q del espacio-tiempo.

Las cantidades $p_1 p_2 p_3$, iguales a las derivadas parciales de la función ℓ con relación a las velocidades correspondientes, pueden servir para definir un vector $\vec{p}$ al que llamaremos «vector momento». Si no hay campo magnético (haya o no campo eléctrico), las componentes rectangulares de este vector son:

$$p_x = \frac{m_0 v_x}{\sqrt{1-\beta^2}} \qquad p_y = \frac{m_0 v_y}{\sqrt{1-\beta^2}} \qquad p_z = \frac{m_0 v_z}{\sqrt{1-\beta^2}} .$$

Es por tanto idéntico a la cantidad de movimiento y la integral de acción de Maupertuis tiene la sencilla forma propuesta por el propio Maupertuis con la única diferencia de que la masa varía ahora con la velocidad según la ley de Lorentz.

Si hay campo magnético, se encuentran para las componentes del vector momento las expresiones:

$$p_x = \frac{m_0 v_x}{\sqrt{1-\beta^2}} + e a_x \qquad p_y = \frac{m_0 v_y}{\sqrt{1-\beta^2}} + e a_y \qquad p_z = \frac{m_0 v_z}{\sqrt{1-\beta^2}} + e a_z .$$

Ya no hay identidad entre el vector $\vec{p}$ y la cantidad de movimiento; en consecuencia, la expresión de la integral de acción se hace más complicada.

52

Consideremos un móvil situado en un campo y cuya energía total esté dada; en todo punto del campo que el móvil pueda alcanzar, su velocidad está dada por la ecuación de la energía pero, *a priori*, la dirección puede ser cualquiera. La expresión de $p_x p_y$ y p_z muestra que el vector momento tiene la misma magnitud en un punto de un campo electrostático cualquiera que sea la dirección considerada. Ya no es lo mismo si hay un campo magnético: la magnitud del vector $\vec{p}$ depende entonces del ángulo entre la dirección elegida y el potencial vector, como se ve al formar la expresión $p_x^{\,2} + p_y^{\,2} + p_z^{\,2}$. Esta observación nos será útil más adelante.

Para terminar esta sección, vamos a volver sobre el sentido físico del vector-universo J del que depende la integral de Hamilton. Lo hemos definido por la expresión:

$$\mathrm{J}_i = m_0 c u_i + e\varphi_i \qquad (i = 1,2,3,4) .$$

Con ayuda de los valores u_i y φ_i se encuentra:

$$J_1 = -p_x \qquad J_2 = -p_y \qquad J_3 = -p_z \qquad J_4 = \frac{W}{c} .$$

Las componentes contravariantes serán:

$$J^1 = p_x \qquad J^2 = p_y \qquad J^3 = p_z \qquad J_4 = \frac{W}{c} .$$

Nos las tenemos pues que ver con el célebre vector «Impulso-universo» que sintetiza la energía y la cantidad de movimiento.

De:

$$\delta \int_P^Q \mathrm{J}_i dx^i = 0 \qquad (i = 1,2,3,4)$$

se puede sacar de inmediato, si J_4 es constante:

$$\delta \int_P^Q \mathrm{J}_i dx^i = 0 \qquad (i = 1,2,3) .$$

53

Esta es la forma más condensada de pasar de uno de los enunciados de acción estacionaria a otro.

IV. - PROPAGACIÓN DE LAS ONDAS; PRINCIPIO DE FERMAT

Vamos a estudiar la propagación de la fase de un fenómeno sinusoidal por un método paralelo al de las dos últimas secciones. Para ello, nos situaremos en un punto de vista muy general y tendremos de nuevo que considerar el espacio-tiempo.

Consideremos la función $\sin\varphi$ en la que se supone que la diferencial de φ depende de las variables x^i de espacio y de tiempo. Existen en el espacio-tiempo una infinidad de líneas-universo a lo largo de las cuales la función φ es constante.

La teoría ondulatoria, tal como resulta, en particular, de los trabajos de Huyghens y de Fresnel, nos enseña a distinguir, entre esas líneas, algunas cuyas proyecciones sobre el espacio de un observador son para él los «rayos» en el sentido habitual de la óptica.

Sean P y Q, como antes, dos puntos del espacio-tiempo. Si pasa un rayo-universo por estos dos puntos, ¿cuál será la ley que determine su forma?

Consideraremos la integral curvilínea $\int_A^B d\varphi$ y tomaremos como principio que determina el rayo-universo el enunciado de forma hamiltoniana:

$$\delta\int_P^Q d\varphi = 0.$$

La integral debe ser, en efecto, estacionaria, sin lo cual, perturbaciones que hayan abandonado en concordancia de fase un cierto punto del espacio y se crucen en otro punto después de haber seguido caminos diferentes, presentarían fases diferentes.

54

La fase φ es un invariante; si hacemos, pues:

$$d\varphi = 2\pi(\mathrm{O}_1 dx^1 + \mathrm{O}_2 dx^2 + \mathrm{O}_3 dx^3 + \mathrm{O}_4 dx^4) = 2\pi \mathrm{O}_i dx^i$$

las cantidades O_i, generalmente funciones de las x^i, serán las componentes covariantes de un vector-universo, el vector onda-universo. Si l es la dirección del rayo en el sentido ordinario, nos vemos abocados habitualmente a considerar para la $d\varphi$ la forma:

$$d\varphi = 2\pi\left(\nu dt - \frac{\nu}{\mathrm{V}} dl\right),$$

donde ν se llama frecuencia y V velocidad de propagación. Se puede poner entonces:

$$\mathrm{O}_1 = -\frac{\nu}{\mathrm{V}}\cos(x,l), \quad \mathrm{O}_2 = -\frac{\nu}{\mathrm{V}}\cos(y,l),$$

$$\mathrm{O}_3 = -\frac{\nu}{\mathrm{V}}\cos(z,l), \quad \mathrm{O}_4 = \frac{\nu}{c}.$$

El vector onda-universo se descompone pues en una componente de tiempo proporcional a la frecuencia y un vector *espacio* $\vec{n}$ llevado sobre la dirección de propagación y que tiene por longitud $\frac{\nu}{\mathrm{V}}$. Lo llamaremos vector «número de ondas» porque es igual al inverso de la longitud de onda. Si la frecuencia ν es constante estamos obligados a pasar de la forma hamiltoniana:

$$\delta\int_P^Q \mathrm{O}_i dx^i = 0$$

a la forma de Maupertuis:

$$\delta\int_A^B \mathrm{O}_1 dx^1 + \mathrm{O}_2 dx^2 + \mathrm{O}_3 dx^3 = 0$$

donde A y B son los puntos del espacio correspondientes a P y Q.

Sustituyendo O_1, O_2 y O_3 por sus valores, se sigue:

$$\delta\int_A^B \frac{\nu dl}{\mathrm{V}} = 0 .$$

55

Este enunciado maupertuisiano constituye el principio de Fermat.

Igual que, en la sección precedente, para encontrar la trayectoria de un móvil de energía total dada que pasa por dos puntos dados, bastaba con conocer el reparto en el campo del vector $\vec{p}$, lo mismo aquí, para encontrar el rayo de una onda de frecuencia conocida que pasa por dos puntos dados basta conocer el reparto en el espacio del vector número de onda que determina en cada punto y para cada dirección la velocidad de propagación.

V. - EXTENSIÓN DE LA RELACIÓN DEL CUANTO

Hemos llegado al punto culminante de este capítulo. Habíamos planteado desde el principio la cuestión siguiente: «Cuando un móvil se desplaza en un campo de fuerza con movimiento variado, ¿cómo se propaga su onda de fase?» En vez de buscar por tanteo, como lo hice de entrada, para determinar la velocidad de propagación en cada punto y para cada dirección, voy a hacer una extensión de la relación del cuanto, un poco hipotética quizá, pero cuyo profundo acuerdo con el espíritu de la teoría de la Relatividad es indiscutible.

Hemos sido inducidos constantemente a hacer $h\nu = w$, siendo w la energía total del móvil y ν la frecuencia de su onda de fase. Por otra parte, las secciones precedentes nos han enseñado a definir dos vectores-universo J y O que juegan papeles perfectamente simétricos en el estudio del movimiento de un móvil y en el de la propagación de una onda.

Haciendo intervenir estos valores, la relación $h\nu = w$ se escribe:

$$\mathrm{O}_4 = \frac{1}{h}\mathrm{J}_4 .$$

El hecho de que dos vectores tengan una componente igual

56

no demuestra que ocurra lo mismo con los demás. No obstante, por una generalización muy indicada, pondremos:

$$\mathrm{O}_i = \frac{1}{h}\mathrm{J}_i \qquad (i = 1,2,3,4) .$$

La variación $d\varphi$ relativa a una porción infinitamente pequeña de la onda de fase tiene por valor:

$$d\varphi = 2\pi \mathrm{O}_i dx^i = \frac{2\pi}{h} \mathrm{J}_i dx^i \; .$$

El principio de Fermat se convierte pues en:

$$\delta \int_A^B \sum_1^3 \mathrm{J}_i dx^i = \delta \int_A^B \sum_1^3 p_i dx^i = 0 \, .$$

Llegamos por tanto al enunciado siguiente:

«El principio de Fermat aplicado a la onda de fase es idéntico al principio de Maupertuis aplicado al móvil; las trayectorias dinámicamente posibles del móvil son idénticas a los rayos posibles de la onda.»

Creemos que esta idea de una relación profunda entre los dos grandes principios de la Óptica geométrica y de la dinámica podría ser una guía preciosa para realizar la síntesis de ondas y cuantos.

La hipótesis de la proporcionalidad de los vectores J y O es una especie de extensión de la relación del cuanto cuyo enunciado actual es manifiestamente insuficiente puesto que hace intervenir la energía sin hablar de su inseparable compañera, la cantidad de movimiento. El nuevo enunciado es mucho más satisfactorio porque se expresa por la igualdad de dos vectores-universo.

VI. - CASOS PARTICULARES. DISCUSIONES

Las concepciones generales de la sección anterior deben aplicarse ahora a casos particulares con ánimo de precisar su sentido.

57

a) Consideremos de entrada el movimiento rectilíneo y uniforme de un móvil libre. Las hipótesis hechas al principio del capítulo primero nos han permitido, gracias al principio de relatividad restringido, el estudio completo de este caso. Veamos si podemos encontrar el valor previsto para la velocidad de propagación de la onda de fase:

$$\mathrm{V} = \frac{c}{\beta} \; .$$

Debemos poner aquí:

$$\nu = \frac{\mathrm{W}}{h} = \frac{m_0 c^2}{h\sqrt{1-\beta^2}} \, ,$$

$$\frac{1}{h} \sum_1^3 p_i dq_i = \frac{1}{h} \frac{m_0 \beta^2 c^2}{\sqrt{1-\beta^2}} dt = \frac{1}{h} \frac{m_0 \beta c}{\sqrt{1-\beta^2}} dl = \frac{\nu dl}{\mathrm{V}} \, ,$$

de donde $\mathrm{V} = \dfrac{c}{\beta}$. Hemos dado una interpretación de este resultado desde el punto de vista del espacio-tiempo.

b) Consideremos un electrón en un campo electrostático (átomo de Bohr). Debemos suponer que la onda de fase tiene una frecuencia ν igual al cociente por h de la energía total del móvil, es decir:

$$W = \frac{m_0 c^2}{\sqrt{1-\beta^2}} + e\psi = h\nu \; .$$

Al ser nulo el campo magnético, se tendrá simplemente:

$$p_x = \frac{m_0 v_x}{\sqrt{1-\beta^2}}, \text{ etc.},$$

$$\frac{1}{h}\sum_1^3 p_i dq_i = \frac{1}{h}\frac{m_0 \beta c}{\sqrt{1-\beta^2}} dl = \frac{\nu}{\mathrm{V}} dl,$$

de donde

$$\mathrm{V} = \frac{\dfrac{m_0 c^2}{\sqrt{1-\beta^2}} + e\psi}{\dfrac{m_0 \beta c}{\sqrt{1-\beta^2}}} = \frac{c}{\beta}\left(1 + \frac{e\psi\sqrt{1-\beta^2}}{m_0 c^2}\right)$$

$$= \frac{c}{\beta}\left(1 + \frac{e\psi}{\mathrm{W} - e\psi}\right) = \frac{c}{\beta}\cdot\frac{\mathrm{W}}{\mathrm{W} - e\psi}.$$

58

Este resultado obliga a varias observaciones. Desde el punto de vista físico significa que la onda de fase de frecuencia $\nu = \frac{\mathrm{W}}{h}$ se propaga en el campo electrostático con una velocidad variable de un punto a otro según el valor del potencial. En efecto, la velocidad V depende de ψ directamente por el término (en general pequeño frente a la unidad) $\frac{e\psi}{\mathrm{W} - e\psi}$ e indirectamente por β, que se calcula en cada punto en función de W y ψ.

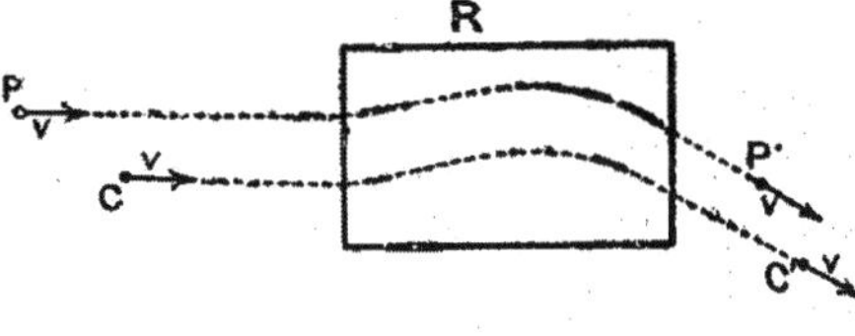

Fig. 3.

Se observará, además, que V es función de la masa y de la carga del móvil. Este punto puede parecer extraño, pero en realidad lo es menos de lo que parece. Consideremos un electrón cuyo centro C se desplaza con velocidad v; en la concepción clásica, en un punto P cuyas coordenadas en un sistema ligado al electrón se conozcan, se encuentra una cierta energía electromagnética que, en cierto modo, forma parte del electrón. Supongamos que después de haber atravesado una región R en la que impera un campo electromagnético más o menos complejo, el electrón se encuentra animado por la misma velocidad v pero dirigida en otra dirección.

El punto P del sistema ligado al electrón se convierte en P' y puede decirse que la energía que primitivamente estaba en P se ha transportado a P'. El desplazamiento de esta energía, aunque se conozcan los campos que imperan en R , no puede calcularse más que si se dan la masa y la carga del electrón. Estas indiscutible conclusión podría por un instante parecer insólita porque tenemos la inveterada costumbre de considerar la

59

masa y la carga (así como la cantidad de movimiento y la energía) como magnitudes ligadas al centro del electrón. Ocurre lo mismo con la onda de fase que, para nosotros, debe considerarse parte constitutiva del electrón y la propagación en un campo debe depender de la carga y de la masa.

Acordémonos ahora de los resultados obtenidos en el capítulo precedente en el caso del movimiento uniforme. Nos habíamos visto obligados entonces a considerar que la onda de fase era debida a las intersecciones por el espacio actual del observador fijo de los espacios pasados, presentes y futuros del observador arrastrado. Nos podía incluso tentar aquí encontrar el valor de V dado arriba estudiando las «fases» sucesivas del móvil y precisando el desplazamiento para el observador fijo de las secciones por su espacio de los estados equi-fase. Lamentablemente nos enfrentamos aquí a grandes dificultades. La Relatividad no nos enseña en la actualidad cómo recorta un observador arrastrado por un movimiento no uniforme, en cada instante, su espacio en el espacio-tiempo; no parece que haya muchos motivos para que esta sección sea plana como en el movimiento uniforme. Pero si se resolviese esta dificultad, todavía estaríamos atascados. En efecto, un móvil en movimiento uniforme debe describirse de la misma forma por el observador que está ligado a él, cualquiera que sea la velocidad del movimiento uniforme con relación a ejes de referencia; esto se deduce del principio de que ejes galileanos que posean, unos con relación a otros, movimientos de traslación uniforme son equivalentes. Por tanto, si nuestro móvil en movimiento uniforme está enmarcado, para un observador ligado, por un fenómeno periódico que tenga en todas partes la misma fase, debe ocurrir lo mismo para todas las velocidades del movimiento uniforme y eso es lo que justifica nuestro método del capítulo primero. Pero si el movimiento no es uniforme, la descripción del movimiento hecha por el observador ligado puede no ser ya la misma

60

y ya no sabemos en absoluto cómo va a definir el fenómeno periódico y si le atribuirá la misma fase en todo punto del espacio.

Quizá pudiera darse la vuelta al problema, admitir los resultados obtenidos en este capítulo por consideraciones completamente diferentes y tratar de deducir cómo debe considerar la teoría de la Relatividad estas cuestiones de movimiento variado para llegar a las mismas conclusiones. No podemos abordar este difícil problema.

c) Tomemos el caso general del electrón en un campo electromagnético. Se tiene:

$$h\nu = \mathrm{W} = \frac{m_0 c^2}{\sqrt{1-\beta^2}} + e\psi .$$

Además, hemos visto antes que había que poner:

$$p_x = \frac{m_0 v_x}{\sqrt{1-\beta^2}} + e a_x \text{, etc.,}$$

siendo a_x, a_y y a_z las componentes del potencial vector.

Por tanto:

$$\frac{1}{h}\sum_1^3 p_i dq^i = \frac{1}{h}\frac{m_0 \beta c}{\sqrt{1-\beta^2}}dl + \frac{e}{h}a_l dl = \frac{vdl}{\mathrm{V}}.$$

Se encuentra así:

$$\mathrm{V} = \frac{\dfrac{m_0 c^2}{\sqrt{1-\beta^2}} + e\psi}{\dfrac{m_0 \beta c}{\sqrt{1-\beta^2}} + ea_l} = \frac{c}{\beta}\frac{\mathrm{W}}{\mathrm{W}-e\psi}\cdot\frac{1}{1+e\dfrac{a_l}{\mathrm{G}}}$$

siendo G la cantidad de movimiento y a_l la proyección del potencial vector sobre la dirección l.

El medio ya no es isótropo en cada punto. La velocidad V varía con la dirección que se considere y la velocidad del móvil $\vec{v}$ no tiene la misma dirección que la normal a la onda de fase definida por el vector $\vec{p} = h\vec{n}$. El rayo no coincide

61

ya con la normal a la onda, conclusión clásica de la óptica de los medios anisótropos.

Cabe preguntarse en qué queda el teorema sobre la igualdad de la velocidad $v = \beta c$ del móvil y de la velocidad de grupo de las ondas de fase.

Observemos de entrada que la velocidad V de la fase *según el rayo* está definida por relación:

$$\frac{1}{h}\sum_1^3 p_i dq^i = \frac{1}{h}\sum_1^3 p_i \frac{dq^i}{dl}dl = \frac{\nu}{\mathrm{V}}dl;$$

$\dfrac{\nu}{\mathrm{V}}$ no es igual a $\dfrac{1}{h}p$ porque aquí dl y p no tienen la misma dirección.

Podemos, sin merma de la generalidad, tomar por eje de las x la dirección del movimiento del móvil en el punto considerado y llamar p_x a la proyección del vector $\vec{p}$ sobre esta dirección. Se tiene entonces la ecuación de definición:

$$\frac{\nu}{\mathrm{V}} = \frac{1}{h}p_x.$$

La primera de las ecuaciones canónicas proporciona la igualdad:

$$\frac{dq}{dt} = v = \beta c = \frac{\partial \mathrm{W}}{\partial p_x} = \frac{\partial(h\nu)}{\partial\left(h\dfrac{\nu}{\mathrm{V}}\right)} = \mathrm{U},$$

Siendo U la velocidad de grupo según el rayo.

El resultado del capítulo primero, § 2, es pues completamente general y deriva, en definitiva, directamente de las ecuaciones del primer grupo de Hamilton.

62

CAPÍTULO III

Las condiciones cuánticas de estabilidad de las trayectorias.

I. - LAS CONDICIONES DE ESTABILIDAD DE BOHR-SOMMERFELD

En su teoría del átomo, el Sr. Bohr fue el primero en emitir la idea de que, entre las trayectorias cerradas que puede describir un electrón alrededor de un centro positivo, sólo algunas son estables, siendo las demás irrealizables en la Naturaleza o, al menos, tan inestables que no ha lugar a tenerlas en cuenta. Limitándose a las trayectorias circulares que ponen en juego un solo grado de libertad, el Sr. Bohr enunció la condición siguiente: «Sólo son estables las trayectorias circulares para las cuales el momento de la cantidad de movimiento es múltiplo entero de $\frac{h}{2\pi}$, siendo h la constante de Planck». Esta condición se escribe:

$$m_0 \omega R^2 = n \frac{h}{2\pi} \qquad (n, \text{entero})$$

o bien:

$$\int_0^{2\pi} p_\theta d\theta = nh,$$

siendo θ el azimut elegido como coordenada q de Lagrange y p_θ el momento correspondiente.

Los Sres. Sommerfeld y Wilson, para extender este enunciado a los casos en que intervienen varios grados de libertad, han puesto de relieve que generalmente es posible elegir coordenadas q_i tales que las condiciones de cuantificación de las órbitas sean:

$$\oint p_i dq_i = n_i h \qquad (n_i, \text{enteros})$$

63

donde el signo $\oint$ indica una integral extendida a todo el dominio de variación de la coordenada.

En 1917, el Sr. Einstein dio a la condición de cuantificación una forma invariante con relación a los cambios de coordenadas.[1] La enunciaremos para el caso de trayectorias *cerradas*; en este caso, es la siguiente:

$$\oint \sum_1^3 p_i dq_i = nh \qquad (n, \text{entero})$$

estando extendida la integral a toda la longitud de la trayectoria. Se reconoce la integral de acción de Maupertuis cuyo papel se convierte así en capital en la teoría de los cuantos. Esta integral no depende, por otra parte, de la elección de las coordenadas espaciales, según una conocida propiedad que expresa, en suma, el carácter covariante de las componentes p_i del vector momento. Está definida por el método clásico de Jacobi como una integral completa de la ecuación en derivadas parciales:

$$\mathrm{H}\left(\frac{\partial s}{\partial q_i}, q_i\right) = \mathrm{W} \qquad i = 1,2 \ldots f.$$

integral completa que contiene f constantes arbitrarias, una de las cuales es la energía W. Si sólo hay un grado de libertad, la relación de Einstein fija la energía W; si hay más de uno (y en el caso habitual más importante, el del movimiento del electrón en el campo intraatómico, hay *a priori* 3), se obtiene solamente un relación entre W y el número entero n; esto es lo que ocurre con las elipses keplerianas si se desprecia la variación de la masa con la velocidad. Pero si el movimiento es cuasi-periódico, lo que por lo demás tiene siempre lugar en razón de la variación antedicha, es posible encontrar coordenadas que oscilen entre

[1] Zum Quantensatz von Sommerfeld und Epstein (*Ber. der deutschen Phys. Ges.*, 1917, p. 82).

64

valores límite (oscilaciones) y existe una infinidad de pseudo-periodos iguales aproximadamente a múltiplos enteros de los periodos de oscilación. Al final de cada uno de estos pseudos-periodos, el móvil regresa a un estado tan próximo como se quiera del estado inicial. La ecuación de Einstein aplicada a cada uno de estos pseudo-periodos conduce a una infinidad de condiciones que sólo son compatibles si se verifican las condiciones múltiples de Sommerfeld; al ser estas en número igual al de los grados de libertad, todas las constantes están fijadas y ya no queda ninguna indeterminación.

Para el cálculo de las integrales de Sommerfeld se ha hecho uso, con éxito, de la ecuación de Jacobi y del teorema de residuos, así como de la concepción de las variables angulares. Estas cuestiones han sido objeto de numerosos trabajos desde hace algunos años y han sido recopilados en el hermoso libro del Sr. Sommerfeld *Atombau und Spectrallinien* (edición francesa, traducción de Bellenot, Blanchard editor, 1923). No insistiremos en ello aquí y nos limitaremos a señalar que, a fin de cuentas, el problema de la cuantificación se reduce por completo, en principio, a la condición de Einstein para las órbitas cerradas. Si se consigue interpretar esta condición, se habrá aclarado al mismo tiempo todo el asunto de las trayectorias estables.

II. - INTERPRETACIÓN DE LA CONDICIÓN DE EINSTEIN

La noción de onda de fase nos va a permitir proporcionar una explicación de la condición de Einstein. De las consideraciones del capítulo II se sigue que la trayectoria del móvil es uno de los rayos de su onda de fase, debiendo ésta recorrer la trayectoria con una frecuencia constante (puesto que la energía total es constante) y una velocidad variable cuyo valor hemos aprendido a calcular. La propagación es pues análoga a la de una onda líquida en un canal

65

cerrado sobre sí mismo y de profundidad variable. Es físicamente evidente que, para tener un régimen estable, la longitud del canal debe estar en resonancia con la onda; en otros términos, las porciones de onda que se suceden a una distancia igual a un múltiplo entero de la longitud l del canal y que se encuentran en consecuencia en el mismo punto de éste, deben estar en fase. La condición de resonancia es $l = n\lambda$ si la longitud de onda es constante y $\oint \frac{\nu}{V} dl = n$ (entero) en el caso general.

La integral que interviene aquí es la del principio de Fermat; ahora bien, hemos visto que se la debía considerar igual a la integral de acción e Maupertuis dividida por h. La condición de resonancia es pues idéntica a la condición de estabilidad exigida por la teoría de los cuantos.

La integral que interviene aquí es la del principio de Fermat; ahora bien, hemos visto que se la debía considerar igual a la integral de acción de Maupertuis dividida por h. La condición de resonancia es pues idéntica a la condición de estabilidad exigida por la teoría de los cuantos.

Este precioso resultado, cuya demostración es tan inmediata cuando se han admitido las ideas del capítulo precedente, es la mejor demostración que podríamos dar de nuestra forma de atacar el problema de los cuantos.

En el caso particular de las trayectorias circulares en el átomo de Bohr se obtiene $m_0 \oint v dl = 2\pi R m_0 v = nh$ o, como se tiene $v = \omega R$, si es ω la velocidad angular,

$$m_0 \omega R^2 = n \frac{h}{2\pi},$$

que es la forma sencilla considerada primitivamente por Bohr.

Se ve bien pues por qué son estables ciertas órbitas, pero ignoramos todavía cómo tiene lugar el paso de una órbita estable a otra. El régimen turbulento que acompaña este paso no podrá estudiarse más que con ayuda de una teoría electromagnética convenientemente modificada; y todavía no la tenemos.

66

III. - CONDICIONES DE SOMMERFELD PARA LOS MOVIMIENTOS CUASI-PERIÓDICOS

Me propongo demostrar que, si la condición es estabilidad para una *órbita cerrada* es $\oint \sum_1^3 p_i dq^i = nh$, las condiciones de estabilidad para movimientos cuasi-periódicos son necesariamente $\oint p_i dq^i = n_i h \quad (n_i, \text{entero}, i = 1,2,3)$. Las condiciones múltiples de Sommerfeld se reducirán así también a la resonancia de la onda de fase.

Debemos subrayar en primer lugar que al tener el electrón dimensiones finitas, si, como admitimos, las condiciones de estabilidad dependen de las reacciones ejercidas sobre él por su propia onda de fase, debe haber concordancia de fase entre todas las porciones de la onda que pasan a una distancia del centro del electrón inferior a un valor determinado, pequeño pero *finito*, del orden por ejemplo de su radio (10^{-13} cm.). No admitir esta proposición vendría a significar: el electrón es un punto geométrico sin dimensiones y el rayo de su onda de fase es una línea de espesor nulo. Eso no es físicamente admisible.

Recordemos ahora una conocida propiedad de las trayectorias cuasi-periódicas. Si M es la posición del centro del móvil en un instante dado sobre la trayectoria y si se traza, con M como centro, una esfera de radio R elegido arbitrariamente, pequeño pero finito, es posible encontrar una infinidad de intervalos de tiempo tales que, al final de cada uno de ellos, el móvil haya vuelto a la esfera de radio R. Además, cada uno de estos intervalos de tiempo o «periodos aproximados» τ podrá satisfacer las relaciones:

$$\tau = n_1 T_1 + \varepsilon_1 = n_2 T_2 + \varepsilon_2 = n_3 T_3 + \varepsilon_3,$$

donde T_1, T_2 y T_3 son los periodos de variación (oscilación) de las coordenadas $q^1 q^2$ y q^3. Las cantidades ε_i siempre se pueden hacer más pequeñas que una cierta cantidad fijada

67

de antemano, η, pequeña pero finita. Cuanto más pequeña se elija η, más largo será el más corto de los periodos τ.

Supongamos que el radio R se elige igual a la distancia máxima de acción de la onda de fase sobre el electrón, distancia definida más arriba. Entonces se podrá aplicar a cada periodo aproximado τ la condición de concordancia de fase en la forma:

$$\int_0^\tau \sum_1^3 p_i dq^i = nh,$$

que puede también escribirse:

$$n_1\int_0^{T_1} p_1\dot{q}_1 dt + n_2\int_0^{T_2} p_2\dot{q}_2 dt + n_3\int_0^{T_3} p_3\dot{q}_3 dt + \varepsilon_1(p_1\dot{q}_1)_\tau +$$
$$+\varepsilon_2(p_2\dot{q}_2)_\tau + \varepsilon_3(p_3\dot{q}_3)_\tau = nh.$$

Pero una condición de resonancia no se satisface nunca rigurosamente. Si el matemático exige para la resonancia que una diferencia de fase sea exactamente igual a $n \times 2\pi$, el físico debe contentarse con escribir que es igual a $n \cdot 2\pi \pm \alpha$, siendo α inferior a una cantidad ε pequeña pero finita que mida, si puede decirse así, el margen dentro del cual la resonancia se puede considerar físicamente realizada.

Las cantidades p_i y q_i permanecen finitas en el curso del movimiento y se pueden encontrar seis cantidades P_i y $\dot{Q}_i$ tales que se tenga siempre:

$$p_i < P_i \qquad \dot{q}_i < \dot{Q}_i \qquad (i = 1,2,3).$$

Elijamos el límite η de modo que $\eta\sum_1^3 P_i\dot{Q}_i < \dfrac{\varepsilon h}{2\pi}$; como se ve, al escribir la condición de resonancia para cualquiera de los periodos aproximados, estará permitido despreciar los términos en ε_i y escribir:

$$n_1\int_0^{T_1} p_1\dot{q}_1 dt + n_2\int_0^{T_2} p_2\dot{q}_2 dt + n_3\int_0^{T_3} p_3\dot{q}_3 dt = nh.$$

68

En el primer miembro, los n_1, n_2, n_3 son enteros conocidos; en el segundo miembro, n es un entero cualquiera. Tenemos una infinidad de ecuaciones similares con valores diferentes de n_1, n_2 y n_3. Para satisfacerlas, es necesario y suficiente que cada una de las integrales

$$\int_0^{T_i} p_i q_i dt = \oint p_i dq_i$$

sea igual a un múltiplo entero de h.

Estas son exactamente las condiciones de Sommerfeld.

La demostración precedente parece rigurosa. No obstante, ha lugar a examinar una objeción. Las condiciones de estabilidad no pueden, efectivamente, entrar en juego más que al final de un tiempo del orden del más corto de los intervalos de tiempo τ - que ya es muy grande; si hubiera que esperar, por ejemplo, millones de años para que intervinieran, eso es lo mismo que decir que no se manifestarían nunca. Esta objeción no está fundada, ya que los periodos τ son muy grandes con relación a los periodos de oscilación T_i, pero pueden ser muy pequeños con relación a nuestra escala ordinaria de medida del tiempo; en el átomo, los periodos T_i son, en efecto, del orden de 10^{-15} a 10^{-20} segundos.

Es posible dar cuenta del orden de magnitud de los periodos aproximados en el caso de la trayectoria L_2 de Sommerfeld para el hidrógeno. La rotación del perihelio durante un periodo de oscilación del radio vector es del orden de $10^{-5} \cdot 2\pi$. El más corto de los periodos aproximados sería pues del orden de 10^5 veces el periodo de la variable radial (10^{-15} segundos), es decir, del orden de 10^{-10} segundos. Parece pues que las condiciones de estabilidad entrarán en juego en un tiempo inaccesible a nuestra experiencia y, en consecuencia, que las trayectorias «sin resonancia» nos parecerán absolutamente inexistentes.

El principio de la demostración desarrollada aquí arriba se ha tomado prestado al Sr. Léon Brillouin, que escribió en su tesis (p. 351): «Para que la integral de Maupertuis, tomada sobre

69

todos los periodos aproximados τ, sea un múltiplo entero de h, es necesario que cada una de las integrales relativas a cada variable y tomada sobre el periodo correspondiente sea igual a un número entero de cuantos; esta es exactamente la forma en que Sommerfeld escribe sus condiciones de cuantos».

CAPÍTULO IV

Cuantificación de los movimientos simultáneos de dos centros eléctricos

I. - DIFICULTADES SUSCITADAS POR ESTE PROBLEMA

En los capítulos precedentes hemos considerado constantemente un «fragmento aislado» de energía. Esta expresión está clara cuando se trata de un corpúsculo eléctrico (protón o electrón) alejado de cualquier otro cuerpo electrizado. Pero si dos centros electrizados están en interacción, el concepto de fragmento aislado de energía se hace menos claro. Hay ahí una dificultad que de ningún modo es propia de la teoría contenida en el presente trabajo y que no se ha dilucidado en el estado actual de la dinámica de la Relatividad.

Para comprender bien esta dificultad, consideremos un protón (núcleo de hidrógeno) de masa propia M_0 y un electrón de masa propia m_0. Si estas dos entidades están muy alejadas una de otra de modo que su interacción sea despreciable, el principio de la inercia de la energía se aplica sin dificultades: el protón posee la energía interna M_0c^2 y el electrón m_0c^2. La energía total es pues $(\mathrm{M}_0 + m_0)c^2$. Pero si los dos centros están lo suficientemente próximos como para que haya que tener en cuenta su energía potencial mutua $-\mathrm{P}(<0)$, ¿cómo se expresará la idea de inercia de la energía? Siendo, evidentemente, la energía total $(\mathrm{M} + m_0)c^2 - \mathrm{P}$, ¿cabe admitir que el protón tenga siempre una masa propia M_0 y el electrón

70

una masa propia m_0? ¿Se puede, por el contrario, dividir la energía potencial entre los dos constituyentes del sistema, atribuir al electrón una masa propia $m_0 - \frac{\alpha \mathrm{P}}{c^2}$ y al protón una masa propia $\mathrm{M}_0 - (1-\alpha)\frac{P}{c^2}$? En este caso, ¿cuál es el valor de α y cómo depende esta cantidad de M_0 y de m_0?

En las teorías atómicas del Bohr y Sommerfeld se admite que el electrón tiene siempre la masa propia m_0 sea cual sea su posición en el campo electrostático del núcleo. Al ser siempre la energía potencial mucho más pequeña que la energía interna m_0c^2, esta hipótesis es aproximadamente exacta, pero nada dice que sea rigurosa. Se puede calcular fácilmente el orden de magnitud de la corrección máxima (correspondiente a $\alpha = 1$) que habría que proporcionar al valor de la constante de Rydberg para los diferentes términos de la serie de Balmer si se adoptase la hipótesis inversa. Se encuentra $\frac{\delta \mathrm{R}}{\mathrm{R}} = 10^{-5}$. Esta corrección sería pues mucho más pequeña que la diferencia entre las constantes de Rydberg para el hidrógeno y para el helio $\left(\frac{1}{2000}\right)$, diferencia de la que el Sr. Bohr ha dado notoriamente cuenta por la consideración del arrastre del núcleo. Sin embargo, dada la extraordinaria precisión de las medidas espectroscópicas, quizá esté permitido pensar que la variación de la constante de Rydberg debida a la variación de la masa propia del electrón en función de su energía potencial podría, de existir, hacerse manifiesta.

II. - EL ARRASTRE DEL NÚCLEO EN EL ÁTOMO DE HIDRÓGENO

Una cuestión estrechamente ligada a la precedente es la del método que hay que emplear para aplicar las condiciones de cuantos a un conjunto de centros eléctricos en movimiento relativo. El caso más sencillo es el del movimiento del electrón en el átomo de hidrógeno cuando se tienen en cuenta

71

los desplazamientos simultáneos del núcleo. El Sr. Bohr ha podido tratar este problema apoyándose en el siguiente teorema de Mecánica Racional: «Si se refiere el movimiento del electrón a ejes de direcciones fijas ligados al núcleo, este movimiento es el mismo que si estos ejes fuesen galileanos y si el electrón poseyera una masa $\mu_0 = \frac{m_0 \mathrm{M}_0}{m_0 + \mathrm{M}_0}$».

En el sistema de ejes ligado al núcleo, el campo electrostático que actúa sobre el electrón puede considerarse constante en todo punto del espacio y se está así reducido al problema sin movimiento del núcleo gracias a la sustitución

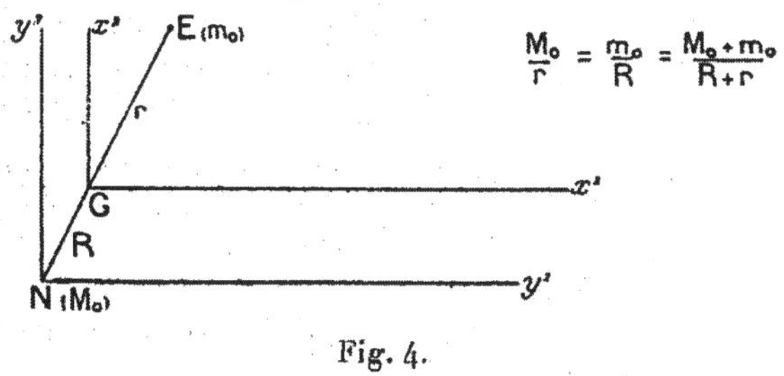

Fig. 4.

de la masa ficticia μ_0 por la masa real m_0. En el capítulo II del presente trabajo hemos establecido un paralelismo general entre las magnitudes fundamentales de la Dinámica y las de la teoría ondulatoria; el teorema enunciado más arriba determina por tanto qué valores hay que atribuir a la frecuencia de la onda de fase electrónica y a su velocidad en el sistema ligado al núcleo, sistema que no es galileano. Gracias a este artificio puede considerarse también en este caso que las condiciones cuánticas de estabilidad se pueden interpretar por la resonancia de la onda de fase. Lo haremos ciñéndonos al caso en que núcleo y electrón describen órbitas circulares alrededor de su centro de gravedad común. El plano de estas órbitas se tomará como plano de las coordenadas de índices 1 y 2 en los dos sistemas. Las coordenadas espaciales en el sistema galileano

72

ligado al centro de gravedad serán $x^1 x^2$ y x^3, y las del sistema ligadas al núcleo serán $y^1 y^2$ y y^3. Finalmente, se tendrá $x^4 = y^4 = ct$.

Llamemos ω a la velocidad de rotación de la recta NE alrededor del punto G.

Hagamos, por definición:

$$\eta = \frac{\mathrm{M}_0}{m_0 + \mathrm{M}_0}.$$

Las fórmulas que permiten pasar de uno de los sistemas de ejes al otro son las siguientes:

$$y^1 = x^1 + \mathrm{R}\cos\omega t \qquad y^2 = x^2 + \mathrm{R}\sin\omega t \qquad y^3 = x^3 \qquad y^4 = x^4.$$

Se deduce de aquí:

$$ds = (dx^4)^2 - (dx^1)^2 - (dx^2)^2 - (dx^3)^2 =$$

$$= \left(1 - \frac{\omega^2 \mathrm{R}^2}{c^2}\right)(dy^4)^2 - (dy^1)^2 - (dy^2)^2 - (dy^3)^2 - 2\frac{\omega\mathrm{R}}{c}\sin\omega t dy^1 dy^4 +$$

$$+ 2\frac{\omega\mathrm{R}}{c}\cos\omega t dy^2 dy^4.$$

Las componentes del vector Impulso-universo están definidas por las relaciones:

$$u^i = \frac{dy^i}{ds} \qquad p_i = m_0 c u_i + e\varphi_i = m_0 c g_{ij} u^j + e\varphi_i.$$

Se encuentra fácilmente:

$$p_1 = \frac{m_0}{\sqrt{1-\eta^2\beta^2}}\left[\frac{dy^1}{dt} + \omega\mathrm{R}\sin\omega t\right]$$

$$p_2 = \frac{m_0}{\sqrt{1-\eta^2\beta^2}}\left[\frac{dy^2}{dt} - \omega\mathrm{R}\cos\omega t\right] \qquad p_3 = 0.$$

La resonancia de la onda de fase se expresa, según las ideas generales del capítulo II, por la relación:

$$\left|\oint \frac{1}{h}(p_1 dy^1 + p_2 dy^2)\right| = n \qquad (n, \text{entero}),$$

estando extendida la integral a la trayectoria circular de radio $\mathrm{R} + r$ descrita por el electrón alrededor del núcleo.

73

Como se tiene:

$$\frac{dy^1}{dt} = -\omega(\mathrm{R}+r)\sin\omega t \qquad \frac{dy^2}{dt} = \omega(\mathrm{R}+r)\cos\omega t,$$

resulta:

$$\frac{1}{h}\oint(p_1 dy^1 + p_2 dy^2) = \frac{1}{h}\oint\frac{m_0}{\sqrt{1-\eta^2\beta^2}}(vdl - \omega \mathrm{R} vdt),$$

donde v representa la velocidad del electrón con relación a los ejes y, y dl el elemento de longitud de su trayectoria; así

$$v = \omega(\mathrm{R}+r) = \frac{dl}{dt}.$$

Finalmente, la condición de resonancia se convierte en:

$$\frac{m_0}{\sqrt{1-\eta^2\beta^2}}\omega(\mathrm{R}+r)\left(1-\frac{\omega \mathrm{R}}{v}\right)\cdot 2\pi(\mathrm{R}+r) = nh$$

o, suponiendo con la mecánica clásica que β^2 es despreciable frente a la unidad,

$$2\pi m_0\frac{\mathrm{M}_0}{m_0+\mathrm{M}_0}\omega(\mathrm{R}+r)^2 = nh.$$

Esta es exactamente la fórmula de Bohr que se deduce del teorema enunciado más arriba y que puede aquí por tanto considerarse como una condición de resonancia de la onda electrónica escrita en el sistema ligado al núcleo del átomo.

III. - LAS DOS ONDAS DE FASE DEL NÚCLEO Y DEL ELECTRÓN

En lo que antecede, la introducción de ejes ligados al núcleo nos ha permitido en cierta medida eliminar el movimiento de éste y considerar el desplazamiento del electrón en un campo electrostático constante; hemos sido así devueltos al problema tratado en el capítulo II.

Pero si pasamos a otros ejes ligados por ejemplo al centro de gravedad, el núcleo y el electrón describirán ambos

74

trayectorias cerradas y las ideas que nos han guiado hasta aquí deben conducirnos necesariamente a concebir la existencia de dos ondas de fase: la del electrón y la del núcleo; tenemos que examinar cómo deben expresarse las condiciones de resonancia de estas dos ondas y por qué con compatibles.

Consideremos de entrada la onda de fase del electrón. En el sistema ligado al núcleo, la condición de resonancia para esta onda es:

$$\oint p_1 dy^1 + p_2 dy^2 = 2\pi\frac{m_0\mathrm{M}_0}{m_0+\mathrm{M}_0}\omega(\mathrm{R}+r)^2 = nh,$$

donde la integral se toma a *tiempo constante* a lo largo del círculo de centro N y de radio $\mathrm{R}+r$, trayectoria relativa del móvil y rayo de su onda. Si pasamos a los ejes ligados al punto G, la trayectoria se convierte en un círculo de centro G y radio r; el rayo de la onda de fase que pasa por E es, en *cada instante*, el círculo de centro N y de radio $\mathrm{R}+r$, pero este círculo es móvil, ya que su centro gira con movimiento uniforme alrededor del origen de coordenadas. La condición de resonancia de la onda electrónica en un instante dado no se modifica; se escribe siempre:

$$2\pi\frac{m_0\mathrm{M}_0}{m_0+\mathrm{M}_0}\omega(\mathrm{R}+r)^2 = nh.$$

Pasemos a la onda del núcleo. En cuanto antecede, núcleo y electrón juegan un papel perfectamente simétrico y debe obtenerse la condición de resonancia cambiando M_0 y m_0, R y r. Se recae pues en la misma fórmula.

En resumen: se ve que la condición de Bohr se puede interpretar como expresión de la resonancia de cada una de las ondas en presencia. Las condiciones de estabilidad para los movimientos del núcleo y del electrón considerados aisladamente son compatibles porque son idénticos.

Es instructivo trazar, en el sistema de ejes ligado al

75

centro de gravedad, los rayos en el instante t de las dos ondas de fase (trazo continuo) y las trayectorias descritas en el transcurso del tiempo por los dos móviles (trazo discontinuo). Se consigue así imaginar perfectamente cómo describe cada móvil su trayectoria con una velocidad que, en todo momento, es tangente al rayo de la onda de fase.

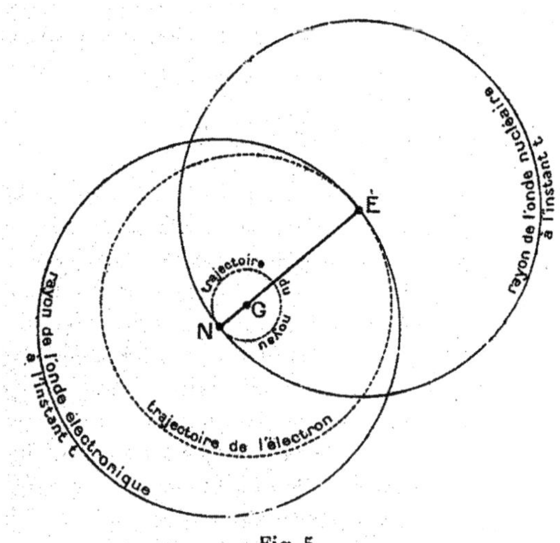

Fig. 5.

Insistamos en un último punto. Los rayos de la onda en el instante t son las envolventes de la velocidad de propagación, pero estos rayos no son las trayectorias de la energía, sólo les son tangentes en cada punto. Esto recuerda conclusiones conocidas de la hidrodinámica en las que las líneas de corriente, envolventes de las velocidades, no son las trayectorias de las partículas fluidas más que si su forma es invariable, o, en otras palabras, si el movimiento es permanente.

76

CAPÍTULO V

Los cuantos de luz [1]

I. - EL ÁTOMO DE LUZ

Como dijimos en la introducción, el desarrollo de la física de las radiaciones se lleva a cabo, desde hace varios años, en el sentido de un retorno, al menos parcial, a la teoría corpuscular de la luz. Una tentativa que hicimos para obtener una teoría atómica de la radiación negra, publicada por el *Journal de Physique* en noviembre de 1922, con el título «Cuantos de luz y radiación negra» y cuyos principales resultados se darán en el capítulo VII, nos había confirmado en la idea de la existencia real del átomo de luz. Las ideas expuestas en el capítulo primero y cuya deducción de las condiciones de estabilidad en el átomo de Bohr en el capítulo III parecen aportar una confirmación tan importante, parecen permitirnos dar un pequeño paso hacia la síntesis de las concepciones de Newton y de Fresnel.

Sin encubrir las dificultades planteadas por semejante atrevimiento, intentaremos precisar cómo cabe imaginar en la actualidad el átomo de luz. Lo concebimos del siguiente modo: para un observador ligado a él, se presenta como una pequeña región del espacio alrededor de la cual la energía está muy condensada y forma un conjunto indivisible. Esta aglomeración de energía, que tiene por valor total ε_0 (medida por

[1] Véase A. Einstein, *Ann. d. Phys.*, 17, 132 (1905); *Phys. Zeitsch.*, 10. 185 (1909).

el observador ligado), es necesario, según el principio de la inercia de la energía atribuirle una masa propia:

$$m_0 = \frac{\varepsilon_0}{c^2}.$$

Esta definición es completamente análoga a la que se pude dar del electrón. Subsiste, no obstante, una diferencia esencial de estructura entre el electrón y el átomo de luz. Mientras el electrón, hasta el presente, debe considerarse dotado de simetría esférica, el átomo de luz debe poseer un eje de simetría correspondiente a la polarización. Supondremos pues que el cuanto de luz posee la misma simetría que un dipolo de la teoría electromagnética. Esta imagen es absolutamente provisional y, si se da el caso, no se podrá especificar con alguna posibilidad de exactitud la constitución de la unidad luminosa más que después de haber hecho sufrir al electromagnetismo profundas modificaciones; y esta tarea no se ha llevado a cabo.

Conforme a nuestras ideas generales, supondremos que existe en la propia constitución del cuanto de luz un fenómeno periódico cuya frecuencia propia ν_0 está dada por la relación:

$$\nu_0 = \frac{1}{h} m_0 c^2.$$

La onda de fase que corresponde al movimiento de este cuanto con velocidad βc tendrá por frecuencia:

$$\nu = \frac{1}{h} \frac{m_0 c^2}{\sqrt{1-\beta^2}},$$

y está absolutamente indicado suponer que esta onda de fase es idéntica a la de las teorías ondulatorias o, más exactamente, que el reparto, concebido en la forma clásica de las ondas en el espacio, es una especie de media, en el tiempo, del reparto real de las ondas de fase que acompañan a los átomos de luz.

Es un hecho experimental que la energía luminosa se desplaza con una velocidad indiscernible del valor límite c. Al ser la velocidad c una velocidad que la energía no puede alcanzar nunca en razón misma de la ley de variación de la masa con la velocidad, nos vemos abocados, de modo natural, a suponer que las radiaciones están formadas por átomos de luz que se mueven con velocidades muy próximas a c, pero ligeramente inferiores.

Si un cuerpo tiene una masa propia extraordinariamente pequeña, habrá que darle, para comunicarle una energía cinética apreciable, una velocidad muy próxima a c; esto se sigue de la expresión de la energía cinética:

$$\mathrm{E} = m_0 c^2 \left(\frac{1}{\sqrt{1-\beta^2}} - 1 \right).$$

Además, a velocidades comprendidas en un intervalo muy pequeño $c-\varepsilon, c$, corresponden energías que tienen todas los valores de 0 a $+\infty$. Creemos, pues, que suponiendo que m_0 es extraordinariamente pequeña (más tarde precisaremos), los átomos de luz que posean una energía apreciable tendrán todos una velocidad muy próxima a c y, a pesar de que sus velocidades son casi iguales, tendrán energías muy diferentes.

Puesto que hacemos corresponder la onda de fase a la onda luminosa clásica, la frecuencia ν de la radiación estará definida por la relación:

$$\nu = \frac{1}{h} \frac{m_0 c^2}{\sqrt{1-\beta^2}}.$$

Insistamos, hecho del que hay que acordarse cada vez que se trate de átomos de luz, en la extremada pequeñez de $m_0 c^2$ frente a $\frac{m_0 c^2}{\sqrt{1-\beta^2}}$; la energía cinética puede por tanto escribirse simplemente:

$$\frac{m_0 c^2}{\sqrt{1-\beta^2}}.$$

79

La onda luminosa de frecuencia ν correspondería por tanto al desplazamiento de un átomo de luz con velocidad $\upsilon = \beta c$ ligada a ν por la relación:

$$\upsilon = \beta c = c\sqrt{1 - \frac{m_0^2 c^4}{h^2 \nu^2}}.$$

Salvo para vibraciones muy lentas, $\frac{m_0 c^2}{h\nu}$ y *a fortiori* su cuadrado serán muy pequeños y se podrá poner:

$$\upsilon = c\left(1 - \frac{m_0^2 c^4}{2h^2 \nu^2}\right).$$

Podemos intentar fijar un límite superior del valor de m_0. En efecto, experiencias de T. S. F. han puesto de manifiesto que radiaciones de algunos kilómetros de longitud de onda se propagan todavía sensiblemente con la velocidad c. Admitamos que ondas para las que $\frac{1}{\nu}=10^{-4}$ segundos tengan una velocidad diferente de c en menos de una centésima. El límite superior de m_0 será:

$$(m_0)_{\max}=\frac{\sqrt{2}}{10}\frac{h\nu}{c^2},$$

es decir, aproximadamente 10^{-44} gramos. Es incluso probable que debiera elegirse m_0 todavía más pequeño; quizá quepa esperar que un día, al medir la velocidad en el vacío de ondas de muy baja frecuencia, se encuentren números sensiblemente inferiores a c.

No hay que olvidar que la velocidad de propagación, de la que se acaba de hablar, no es la de la onda de fase, siempre superior a c, sino la del desplazamiento de la energía, detectable sólo experimentalmente.[1]

[1] Respecto a las objeciones que suscitan las ideas contenidas en esta sección, véase el apéndice.

80

II. - EL MOVIMIENTO DEL ÁTOMO DE LUZ

Los átomos de luz, para los cuales es sensiblemente $\beta=1$, irían pues acompañados de ondas de fase cuya velocidad $\frac{c}{\beta}$ sería también sensiblemente igual a c; es, creemos, esta coincidencia la que establecería entre el átomo de luz y su onda de fase un vínculo particularmente estrecho traducido por el doble aspecto corpuscular y ondulatorio de las radiaciones. La identidad de los principios de Fermat y de mínima acción explicaría por qué la propagación rectilínea de la luz es compatible a la vez con los dos puntos de vista.

La trayectoria del corpúsculo luminoso sería uno de los rayos de su onda de fase. Hay razones para creer, como veremos más tarde, que diversos corpúsculos podrían tener una misma onda de fase; sus trayectorias serían entonces diversos rayos de esta onda. La antigua idea de que el rayo es la trayectoria de la energía se vería así confirmada y precisada.

No obstante, la propagación rectilínea no es un hecho absolutamente general: una onda luminosa que incida sobre el borde de una pantalla se difracta y penetra en la sombra geométrica, y los rayos que pasan a distancias de la pantalla pequeñas con relación a la longitud de onda son desviados y ya no siguen la ley de Fermat. Desde el punto de vista ondulatorio, la desviación de los rayos se explica por el desequilibrio introducido entre las acciones de las diversas zonas muy próximas de la onda como consecuencia de la presencia de la pantalla. Situado en el punto de vista opuesto, Newton suponía que se ejercía una fuerza por el borde de la pantalla sobre el corpúsculo. Parece que podríamos llegar a un punto de vista sintético: el rayo de la onda se curvaría tal como lo prevé la teoría ondulatoria y el móvil, para el que el principio de inercia ya no sería válido, sufriría la misma desviación que el rayo, del que su movimiento es solidario; quizá podría decirse que la pared ejerce

81

una fuerza sobre él, si se toma la curvatura de la trayectoria como criterio de la existencia de una fuerza.

En lo que precede hemos sido guiados por la idea de que el corpúsculo y su onda de fase no son realidades físicas diferentes. Si se reflexiona se verá que parece resultar de aquí la siguiente conclusión: «Nuestra dinámica (incluida su forma einsteiniana) se ha quedado retrasada respecto a la Óptica: está todavía en el estadio de la Óptica Geométrica». Si nos parece hoy bastante probable que cualquier onda lleve consigo concentraciones de energía, la dinámica del punto material, por el contrario, enmascara sin duda una propagación de ondas y el verdadero sentido del principio de mínima acción es expresar una concordancia de fase.

Sería muy interesante buscar la interpretación de la difracción en el espacio-tiempo, pero nos encontramos aquí con las dificultades señaladas en el capítulo II respecto al movimiento variado y no hemos podido precisar la cuestión de forma satisfactoria.

III. - ALGUNAS SIMILITUDES ENTRE TEORÍAS OPUESTAS SOBRE LA RADIACIÓN

Vamos a ver, en algunos ejemplos, con qué facilidad la teoría corpuscular de las radiaciones da cuenta de cierto número de resultados conocidos de las teorías ondulatorias.

a) Efecto Doppler por movimiento de la fuente:

Consideremos una fuente de luz en movimiento con velocidad $v = \beta c$ en la dirección de un observador considerado inmóvil. Se supone que esta fuente emite átomos de luz; la frecuencia de las ondas de fase es ν y la velocidad $c(1-\varepsilon)$, donde $\varepsilon = \frac{1}{2}\frac{m_0{}^2 c^4}{h^2\nu^2}$. Para el observador fijo, estas magnitudes

82

tienen por valores ν' y $c(1-\varepsilon')$. El teorema de adición de velocidades da:

$$c(1-\varepsilon') = \frac{c(1-\varepsilon)+v}{1+\dfrac{c(1-\varepsilon)\cdot v}{c^2}}$$

o

$$1-\varepsilon' = \frac{1-\varepsilon+\beta}{1+(1-\varepsilon)\beta}$$

o, incluso, despreciando $\varepsilon\varepsilon'$:

$$\frac{\varepsilon}{\varepsilon'} = \frac{\nu'^2}{\nu^2} = \frac{1+\beta}{1-\beta}, \qquad \frac{\nu'}{\nu} = \sqrt{\frac{1+\beta}{1-\beta}}.$$

Si β es pequeño, se encuentran de nuevo las fórmulas de la antigua óptica:

$$\frac{\nu'}{\nu} = 1+\beta, \qquad \frac{\mathrm{T}'}{\mathrm{T}} = 1-\beta = 1-\frac{v}{c}.$$

Es asimismo fácil encontrar la relación de las intensidades emitidas por los dos observadores. Durante la unidad de tiempo, el observador arrastrado ve emitir a la fuente n átomos de luz por unidad de superficie. La densidad de energía del haz evaluada por este observador es, por tanto, $\frac{nh\nu}{c}$ y su intensidad $\mathrm{I} = nh\nu$. Para el observador inmóvil, los n átomos son emitidos en un tiempo igual a $\frac{1}{\sqrt{1-\beta^2}}$ y ocupan un volumen $c(1-\beta)\frac{1}{\sqrt{1-\beta^2}}=c\sqrt{\frac{1-\beta}{1+\beta}}$. La densidad de energía del haz le parece por tanto que es:

$$\frac{nh\nu'}{c}\sqrt{\frac{1+\beta}{1-\beta}}$$

y la intensidad:

$$I'=nh\nu'\sqrt{\frac{1+\beta}{1-\beta}}=nh\nu'\cdot\frac{\nu'}{\nu}.$$

83

De donde

$$\frac{\mathrm{I}'}{\mathrm{I}}=\left(\frac{\nu'}{\nu}\right)^2.$$

Todas estas fórmulas están demostradas desde el punto de vista ondulatorio en el libro de Laue, *Die Relativitätstheorie*, tomo 1°, 3ª ed., p. 119.

b) Reflexión en un espejo móvil:

Consideremos la reflexión de corpúsculos de luz que inciden perpendicularmente sobre un espejo plano perfectamente reflectante que se desplaza con velocidad βc en la dirección perpendicular a su superficie.

Sea ν'_1, para el observador fijo, la frecuencia de las ondas de fase que acompañan a los corpúsculos incidentes y $c(1-\varepsilon'_1)$ su velocidad. Para el observador ligado, esas mismas magnitudes serán ν_1 y $c(1-\varepsilon_1)$.

Si consideramos los corpúsculos reflejados, a los valores correspondientes los llamaremos ν_2, $c(1-\varepsilon_2)$, ν'_2 y $c(1-\varepsilon'_2)$.

La composición de velocidades da:

$$c(1-\varepsilon_1)=\frac{c(1-\varepsilon'_1)+\beta c}{1+\beta(1-\varepsilon'_1)},\qquad c(1-\varepsilon_2)=\frac{c(1-\varepsilon'_2)-\beta c}{1-\beta(1-\varepsilon'_2)}.$$

Para el observador ligado hay reflexión sobre un espejo fijo sin cambio de frecuencia, puesto que la energía se conserva. De donde:

$$\nu_1=\nu_2,\qquad \varepsilon_1=\varepsilon_2,\qquad \frac{1-\varepsilon'_1+\beta}{1+\beta(1-\varepsilon'_1)}=\frac{1-\varepsilon'_2-\beta}{1-\beta(1-\varepsilon'_2)}.$$

Despreciando $\varepsilon'_1\varepsilon'_2$, resulta:

$$\frac{\varepsilon'_1}{\varepsilon'_2}=\left(\frac{\nu'_2}{\nu'_1}\right)^2=\left(\frac{1+\beta}{1-\beta}\right)^2 \qquad \text{o} \qquad \frac{\nu'_2}{\nu'_1}=\frac{1+\beta}{1-\beta}.$$

Si β es pequeño, regresamos a la fórmula clásica:

$$\frac{\mathrm{T}_2}{\mathrm{T}_1}=1-2\frac{v}{c}.$$

84

Sería fácil tratar el problema suponiendo una incidencia oblicua.

Llamemos n al número de corpúsculos reflejados por el espejo durante un tiempo dado. La energía total de los n corpúsculos tras la reflexión, E'_2, está, respecto a su energía total antes de la reflexión, E'_1, en la relación:

$$\frac{nh\nu'_2}{nh\nu'_1}=\frac{\nu'_2}{\nu'_1}.$$

La teoría electromagnética da también esta relación, pero aquí es completamente evidente.

Si los n corpúsculos ocupaban antes de la reflexión un volumen V_1, después de la reflexión ocuparán un volumen $V_2 = V_1\frac{1-\beta}{1+\beta}$, como lo prueba un razonamiento muy simple. Las intensidades I'_1 y I'_2 antes y después de la reflexión están por tanto en la relación:

$$\frac{I'_2}{I'_1}=\frac{nh\nu'_2}{nh\nu'_1}.\frac{1+\beta}{1-\beta}=\left(\frac{\nu'_2}{\nu'_1}\right)^2.$$

Todos estos resultados los demuestra Laue desde el punto de vista ondulatorios, página 124.

c) Presión de radiación de la radiación negra:

Sea un recinto lleno de radiación negra a la temperatura T. ¿Cuál es la presión soportada por las paredes del recinto? Para nosotros, la radiación negra será un gas de átomos de luz y supondremos isótropo el reparto de velocidades. Sea u la energía total (o, lo que aquí viene a ser lo mismo, la energía cinética total) de los átomos contenidos en la unidad de volumen. Sea ds un elemento de superficie de la pared, dv un elemento de volumen, r su distancia y θ el ángulo de la recta que les une con la normal al elemento de superficie.

El ángulo sólido bajo el que se ve el elemento ds desde el punto O, centro de dv, es:

$$d\Omega=\frac{ds\cos\theta}{r^2}.$$

85

Consideremos sólo aquellos átomos del volumen dv cuya energía esté comprendida entre w y $w+dw$, en número $n_w dw dv$; el número de ellos cuya velocidad está dirigida hacia ds es, en razón de la isotropía:

$$\frac{d\Omega}{4\pi}\times n_w dw dv = n_w dw\frac{ds\cos\theta}{4\pi r^2}dv.$$

Tomando un sistema de coordenadas esféricas con la normal a ds como eje polar, se encuentra:

$$dv = r^2\sin\theta\, d\theta\, d\psi\, dr.$$

Además, al ser la energía cinética de un átomo de luz $\frac{m_0c^2}{\sqrt{1-\beta^2}}$ y su cantidad de movimiento $G=\frac{m_0 v}{\sqrt{1-\beta^2}}$, con $v=c$ muy aproximadamente, se tiene:

$$\frac{\mathrm{W}}{c} = \mathrm{G}\,.$$

Así pues, la reflexión de ángulo θ de un átomo de energía W comunica a ds un impulso $2\mathrm{G}\cos\theta = 2\frac{\mathrm{W}}{c}\cos\theta$. Los átomos del volumen dv que tengan esta energía le comunicarán por tanto, por reflexión, un impulso igual a:

$$2\frac{\mathrm{W}}{c}\cos\theta\, n_w dwr^2 \sin\theta\, d\theta\, d\psi\, dr\frac{ds\cos\theta}{4\pi r^2}\,.$$

Integremos con relación a W de 0 a ∞ señalando que $\int_0^{+\infty} wn_w dw = u$, con relación a los ángulos ψ y θ respectivamente de 0 a 2π y de 0 a $\frac{\pi}{2}$, y por fin con relación a r de 0 a c. Obtenemos así el impulso total sufrido en un segundo por el elemento ds y, dividiendo por ds, la presión de radiación:

$$p = u\cdot\int_0^{\frac{\pi}{2}}\cos^2\theta\sin\theta\, d\theta = \frac{u}{3}\,.$$

86

La presión de radiación es igual al tercio de la energía contenida en la unidad de volumen, resultado conocido de las teorías clásicas.

La facilidad con la que acabamos de encontrar en esta sección resultados proporcionados igualmente por las concepciones ondulatorias de la radiación nos revela la existencia, entre los dos puntos de vista en apariencia opuestos, de una armonía secreta cuya naturaleza nos hace presentir la noción de onda de fase.

IV. - LA ÓPTICA ONDULATORIA Y LOS CUANTOS DE LUZ [1]

El escollo de la teoría de los cuantos de luz es la explicación de los fenómenos que constituyen la óptica ondulatoria. La razón esencial de ello es que esta explicación necesita la intervención de la fase de fenómenos periódicos; puede parecer, por tanto, que hayamos hecho dar un paso muy grande a la cuestión llegando a concebir un lazo estrecho entre el movimiento de un corpúsculo de luz y la propagación de cierta onda. Es muy probable, en efecto, que si la teoría de los cuantos de luz llega un día a explicar los fenómenos de la óptica ondulatoria, lo hará por concepciones de este género. Desgraciadamente es todavía imposible llegar a resultados satisfactorios en este orden de ideas y sólo el futuro podrá decirnos si la audaz concepción de Einstein, juiciosamente flexibilizada y completada, permitirá dar cabida en su marco a los numerosos fenómenos cuyo estudio, de precisión maravillosa, llevó a los físicos del siglo XIX a considerar definitivamente establecida la hipótesis ondulatoria.

Limitémonos a dar vueltas alrededor de este difícil problema

[1] Véase a este respecto BATEMAN (H.). On the theory of Light quanta, *Phil. Mag.*, 46 (1923), 977, donde se encontrará una reseña histórica y una biografía.

87

sin tratar de atacarlo de frente. Para progresar en la vía seguida hasta aquí habría que establecer, como hemos dicho, cierto vínculo, de naturaleza sin duda estadística, entre la onda concebida en forma clásica y la superposición de las ondas de fase; esto conduciría ciertamente a atribuir a la onda de fase, así como, en consecuencia, al fenómeno periódico definido en el capítulo primero, una naturaleza electromagnética.

Puede considerarse probado, casi con certidumbre, que la emisión y la absorción de radiación tienen lugar de forma discontinua. El electromagnetismo, o, con más precisión, la teoría de los electrones nos da, por tanto, del mecanismo de estos fenómenos una visión inexacta. No obstante, el Sr. Bohr, mediante su principio de correspondencia, nos ha hecho ver que si se consideran las previsiones de esta teoría para la radiación emitida por un conjunto de electrones, estas previsiones poseen sin duda una especie de exactitud global. Quizá toda la teoría electromagnética tendría sólo un valor estadístico; las leyes de Maxwell vendrían a ser entonces una aproximación de carácter continuo de una realidad discontinua, un poco de la misma manera (aunque sólo un poco) que las leyes de la hidrodinámica dan una aproximación continua de los movimientos complejísimos y muy rápidamente variables de las moléculas de fluido. Esta idea de correspondencia, que parece todavía bastante imprecisa y bastante elástica, deberá servir de guía a los audaces investigadores que quieran constituir una nueva teoría electromagnética más en conformidad que la actual con los fenómenos de los cuantos.

En la sección siguiente reproduciremos consideraciones que hemos hecho sobre las interferencias; sinceramente, deben ser consideradas como sugerencias vagas más que como verdaderas explicaciones.

88

V. – LAS INTERFERENCIAS Y LA COHERENCIA

Nos preguntaremos de entrada cómo se constata la presencia de la luz en un punto del espacio. Se puede colocar allí un cuerpo sobre el que la radiación pueda ejercer un efecto fotoeléctrico, químico, calorífico, etc.; por otra parte, es posible que, en último análisis, todos los efectos de este género sean fotoeléctricos. Se puede observar también la difusión de las ondas producida por la materia en el punto considerado del espacio. Podemos decir por tanto que allí donde la radiación no puede actuar sobre la materia, es experimentalmente indetectable. La teoría electromagnética admite que las acciones fotográficas (experiencias de Wiener) y la difusión están ligadas a la intensidad del campo eléctrico resultante; allí donde el campo eléctrico es nulo, si hay energía magnética, es indetectable.

Las ideas desarrolladas aquí llevan a asimilar las ondas de fase a las ondas electromagnéticas, al menos en cuanto al reparto de las fases en el espacio, debiendo reservarse la cuestión de las intensidades. Esta idea, unida a la de correspondencia, nos lleva a pensar que la probabilidad de las reacciones entre átomos de materia y átomos de luz está ligada en cada punto a la resultante (o más bien al valor medio de ésta) de uno de los vectores que caracterizan a la onda de fase; allí donde esta resultante es nula, la luz es indetectable, hay interferencia. Se entiende pues que un átomo de luz que atraviese una región en que las ondas de fase interfieran podrá ser absorbido por la materia en ciertos puntos y en otros no podrá. Hay aquí el comienzo, todavía muy cualitativo, de una explicación de las interferencias compatible con la discontinuidad de la energía radiante. El Sr. Norman Campbell, en su libro *Modern electrical theory* (1913), parece haber entrevisto una solución del mismo género cuando escribió: «La teoría corpuscular sólo puede explicar cómo se transfiere la energía de la radiación de un sitio a

89

otro, mientras que la teoría ondulatoria sólo puede explicar por qué la transferencia a lo largo de una trayectoria depende de la que tiene lugar sobre otra. Casi parece que la propia energía sea transportada por corpúsculos, mientras que la capacidad de absorberla y de hacerla perceptible a la experiencia es transportada por ondas esféricas».

Para que puedan producirse interferencias con regularidad parece necesario establecer una especie de dependencia entre las emisiones de los diversos átomos de una misma fuente. Hemos propuesto expresar esta dependencia por el postulado siguiente. «La onda de fase ligada al movimiento de un átomo de luz puede desencadenar, al pasar sobre átomos materiales excitados, la emisión de otros átomos de luz cuya fase estará en concordancia con la de la onda». Una onda podría así transportar numerosos pequeños centros de condensación de energía que, por otra parte, se deslizarían ligeramente en su superficie quedando siempre en fase con ella. Si el número de átomos transportados fuese extraordinariamente grande, la estructura de la onda se aproximaría a las concepciones clásicas como a una especie de límite.

VI. - LA LEY DE FRECUENCIA DE BOHR. CONCLUSIONES

Sea cual sea el punto de vista en que uno se sitúe, el detalle de las transformaciones internas sufridas por el átomo cuando absorbe o emite no puede imaginarse todavía en modo alguno. Admitamos siempre al hipótesis granular: no sabemos si el cuanto absorbido por el átomo se funde de alguna manera con él o si subsiste en su interior en el estado de unidad aislada, ni tampoco sabemos si la emisión es la expulsión de un cuanto preexistente en el átomo o la creación de una unidad nueva a expensas de la energía interna de éste. Sea como fuere, parece cierto que la emisión no afecta más que a un único cuanto; en consecuencia, la energía total del corpúsculo, igual a h veces la frecuencia de la onda de fase que la acompaña, debería, para salvaguardar la conservación

90

de la energía, ser igual a la disminución del contenido energético total del átomo, lo que nos da la ley de frecuencias de Bohr:

$$h\nu = W_1 - W_2 .$$

Se ve pues que nuestras concepciones, después de habernos conducido a una explicación sencilla de las condiciones de estabilidad, permiten obtener también la ley de frecuencias *a condición, no obstante, de admitir que la emisión atañe siempre a un solo corpúsculo.*

Insistamos en que la imagen de la emisión proporcionada por la teoría de los cuantos de luz parece confirmada por las conclusiones de los Sres. Einstein y Léon Brillouin[1] que han puesto de manifiesto la necesidad de introducir en el análisis de las reacciones entre la radiación negra y una partícula libre la idea de una emisión estrictamente dirigida.

¿Qué debemos concluir de todo este capítulo? Seguramente, un fenómeno como la dispersión, que parecía incompatible con la noción de cuantos de luz en su forma simplista, nos parece ahora menos imposible de conciliar con ella gracias a la introducción de una fase. La teoría reciente de la difusión de los rayos X y γ dada por el Sr. A. H. Compton, que expondremos más adelante, parece apoyarse en serias pruebas experimentales y hacen tangible la existencia de los corpúsculos luminosos en un dominio en el que imperaban con autoridad los esquemas ondulatorios. Es incontestable, no obstante, que la concepción de los granos de energía luminosa no consigue todavía en modo alguno resolver los problemas de la óptica ondulatoria y que se enfrenta a dificultades muy serias; nos parece que sería prematuro pronunciarse sobre la cuestión de saber si conseguirá o no superarlas.

[1] A. Einstein, *Phys. Zeitschr.*, 18, 121, 1917; L. BRILLOUIN, *Journ. d. Phys.*, serie VI, 2, 142, 1921.

91

CAPÍTULO VI

La difusión de rayos X y γ.[1]

I. - TEORÍA DEL SR. J. J. THOMSON

En este capítulo queremos estudiar la difusión de los rayos X y γ y mostrar, en este ejemplo particularmente sugestivo, la posición respectiva actual de la teoría electromagnética y de la de los cuantos de luz.

Empecemos por definir el propio fenómeno de la difusión: cuando se envía una haz de rayos sobre un trozo de materia, una parte de la energía se disemina en el fragmento, en general, en todas las direcciones. Se dice que hay difusión y debilitamiento por difusión del haz mientras atraviesa la sustancia.

La teoría electrónica interpreta con mucha sencillez este fenómeno. Supone (lo que, por otra parte, parece en oposición directa con el modelo atómico de Bohr) que los electrones contenidos en un átomo están sometidos a fuerzas cuasi-elásticas y poseen un periodo de vibración bien determinado. En consecuencia, el paso de una onda electromagnética sobre estos electrones les imprimirá un movimiento oscilatorio cuya amplitud dependerá en general a la vez de la frecuencia de la onda incidente y de la frecuencia propia de los resonadores electrónicos. De acuerdo con la teoría de la onda de aceleración, el movimiento del electrón estará permanentemente amortiguado por la emisión de una onda de simetría cilíndrica. Se establecerá un régimen de equilibrio en el que el resonador extraerá en la radiación incidente la energía necesaria para compensar este amortiguamiento. El resultado

[1] *Passage de l'électricité à travers les gaz* [Paso de la electricidad a través de los gases]. Traducción francesa FRIC et FAURE. Gauthier-Villars, 1912, p. 321.

92

final será pues la diseminación de una fracción de la energía incidente en todas las direcciones del espacio.

Para calcular la magnitud del fenómeno de difusión hay que determinar primero el movimiento del electrón vibrante. Para eso se debe expresar el equilibrio entre la resultante de la fuerza de inercia y de la fuerza cuasi-elástica, por una parte, y la fuerza eléctrica ejercida por la radiación incidente sobre el electrón, por otra. En el dominio visible, el examen de los valores numéricos muestra que se puede despreciar el término de inercia frente al término cuasi-estático y se está así inducido a atribuir a la amplitud a la amplitud del movimiento vibratorio un valor proporcional a la amplitud de la luz excitadora, pero independiente de su frecuencia. La teoría de la radiación del dipolo enseña entonces que la radiación secundaria global está en razón inversa de la 4ª potencia de la longitud de onda; las radiaciones son pues tanto más difundidas cuanto más elevada sea su frecuencia. En esta conclusión basó lord Rayleigh su bella teoría sobre el color azul del cielo.[1]

En el dominio de las frecuencias muy elevadas (rayos X y γ), es por el contrario el término cuasi-elástico el que es despreciable frente al de la inercia. Todo sucede como si el electrón estuviese libre y la amplitud de su movimiento vibratorio fuese proporcional no sólo a la amplitud incidente, sino también a la 2ª potencia de la longitud de onda. De ahí resulta que la intensidad difundida global es esta vez independiente de la longitud de onda. Fue Monsieur J. J. Thomson el primero en llamar la atención sobre este hecho y constituyó la primera teoría de la difusión de rayos X. Sus dos principales conclusiones al respecto fueron las siguientes:

1º Si se llama θ al ángulo de prolongación de la

([1]) LORD RAYLEIGH dedujo esta teoría de la concepción elástica de la luz, pero, en este punto, ésta está en completo acuerdo con la concepción electromagnética

93

dirección de incidencia con la dirección de difusión, la energía difundida varía en función de θ como $(1 + \cos^2 \theta)/2$.

2º La energía total difundida por un electrón en un segundo mantiene con la intensidad incidente la relación:

$$\frac{I_\alpha}{I} = \frac{8\pi}{3} \frac{e^4}{m_0^{\ 2} c^4}$$

siendo e y m_0 las constantes del electrón y c la velocidad de la luz.

Un átomo contiene ciertamente varios electrones; hoy se tienen buenas razones para creer que su número p es igual al número atómico del elemento. Monsieur Thomson supuso «incoherentes» las ondas emitidas por los p electrones de un mismo átomo y, en consecuencia, consideró la energía difundida por un átomo igual a p veces la que difundiría un único electrón. Desde el punto de vista experimental, la difusión se traduce por un debilitamiento gradual de la intensidad del haz y este debilitamiento obedece a una ley exponencial

$$I_x = I_0 \, e^{-sx}$$

donde s es el coeficiente de debilitamiento por difusión o más brevemente coeficiente de difusión. El cociente s/ρ de este número por la densidad del cuerpo difusor es el coeficiente másico de difusión. Si se llama coeficiente atómico de difusión σ a la relación entre la energía difundida en un solo átomo y la intensidad de la radiación incidente, se ve fácilmente que está ligado a s por la ecuación:

$$\sigma = (s/\rho)\, A m_H.$$

A es aquí el peso atómico del difusor, m_H la masa del átomo de hidrógeno. Sustituyendo los valores numéricos en el factor $(8\pi/3)\,(e^4/m_0^{\ 2}c^4)$, se encuentra:

$$\sigma = 0{,}54 \cdot 10^{-24}\, p.$$

94

Ahora bien, la experiencia ha demostrado que la relación s/ρ es muy próxima a 0,2, de forma que debería tenerse:

$$A/p = (0{,}54 \cdot 10^{-24})/(0{,}2 \cdot 1{,}46 \cdot 10^{-24}) = (0{,}54/0{,}29)\ .$$

Esta cifra es próxima a 2, lo que está completamente de acuerdo con nuestra concepción actual de la relación entre el número de electrones intra-atómicos y el peso atómico. La teoría de M. Thomson ha conducido por tanto a interesantes coincidencias y los trabajos de distintos experimentadores, en particular los del Sr. Barkla, han demostrado hace ya mucho tiempo que se cumplía en gran medida ([1]).

II. – Teoría del Sr. Debye ([2])

Seguían subsistiendo dificultades. En particular, el Sr. W. H. Bragg había encontrado en algunos casos una difusión bastante más fuerte de la que da cuenta la teoría precedente y había sacado de ahí la conclusión de que existía proporcionalidad de la energía difundida no con el número de electrones atómicos, sino con el cuadrado de este número. El Sr. Debye ha presentado una teoría más completa compatible a la vez con los resultados de los Sres.. Bragg y Barkla.

El Sr. Debye considera los electrones intra-atómicos distribuidos regularmente en un volumen cuyas dimensiones son del orden de 10^{-8} cm.; para facilitar los cálculos los supone incluso a todos repartidos en un mismo círculo. Si la longitud de onda es grande con relación a las distancias medias de los electrones, los movimientos de estos deben

([1]) Se encontrarán enumerados los antiguos trabajos sobre la difusión de rayos X en el libro de MM. R. Ledoux-Lebard y A. Dauvillier, *La physique des Rayons X*. Gauthier-Villars, 1921, pp. 137 y siguientes.

([2]) *Ann. d. Phys*., 46, 1915, p, 809.

95

estar casi en fase y, en la onda total, se añadirán las amplitudes radiadas por cada uno de ellos. La energía difundida será entonces proporcional a p^2 y ya no a p, de forma que el coeficiente σ se escribirá:

$$\sigma = (8\pi/3)\ (e^4/m_0^2c^4)\ p^2.$$

En cuanto a la distribución en el espacio, será idéntica a la que había previsto M. Thomson.

Para ondas de longitudes de onda progresivamente decrecientes, la distribución en el espacio se hará disimétrica, siendo la energía difundida en el sentido de donde viene la radiación bastante más débil que en sentido opuesto. La razón es la siguiente: ya no pueden considerarse en fase las vibraciones de los diversos electrones cuando la longitud de onda se hace comparable a las distancias mutuas. Las amplitudes radiadas en las diversas direcciones ya no se añadirán, porque están desfasadas y la energía difundida será menor. No obstante, en un cono de pequeña abertura que rodee la prolongación de la dirección de incidencia, habrá siempre concordancia de fase y las amplitudes se sumarán, ya que para las direcciones contenidas en este cono la difusión será mucho mayor que para las otras. El Sr. Debye ha previsto, por otra parte, un curioso fenómeno: cuando se separa progresivamente del eje del cono ahora definido, la intensidad difundida no decrece inmediatamente de forma regular, sino que sufre primero variaciones periódicas; por tanto, sobre una pantalla colocada perpendicularmente al haz transmitido deberían observarse anillos claros y oscuros centrados en la dirección del haz. Aunque el Sr. Debye haya creído reconocer de entrada este fenómeno en ciertos resultados experimentales del Sr. Friedrich, no parece haber sido constatado hasta ahora.

Para las longitudes de onda cortas, los fenómenos deben simplificarse. El cono de difusión fuerte se contrae cada vez más, la distribución se hace simétrica y debe

96

ahora satisfacer las fórmulas de Thomson pues las fases de los diversos electrones se vuelven por completo incoherentes y son pues las energías y no las amplitudes las que se suman.

El gran interés de la teoría del Sr. Debye es haber explicado la fuerte difusión de los rayos X blandos y haber mostrado cómo debe efectuarse, cuando se eleva la frecuencia, el paso de este fenómeno al de Thomson. Es esencial no obstante percatarse de que, según las ideas de Debye, cuanto más elevada es la frecuencia, tanto más deben encontrarse bien realizados la simetría de la radiación difundida y el valor 0,2 del coeficiente s/ρ. Ahora bien, veremos en el párrafo siguiente que de ningún modo es así.

III.– Reciente teoría de los Sres. P. Debye y A. H. Compton ([1])

Las experiencias en el dominio de los rayos X duros y de los rayos γ han revelado hechos muy diferentes de los que las teorías precedentes pueden prever. De entrada, cuanto más se eleva la frecuencia, tanto más se acusa la disimetría de la radiación difundida; por otra parte, la energía difundida total disminuye, el valor del coeficiente másico s/ρ tiende a reducirse rápidamente en cuanto la longitud de onda cae por debajo de 0,3 o 0,2 Å y se hace muy débil para los rayos γ. De ese modo, allí donde la teoría de Thomson debería aplicarse cada vez mejor, se aplica cada vez menos.

Otros dos fenómenos han salido a la luz por recientes investigaciones experimentales en el primer rango de las cuales deben situarse las del Sr. A. H. Compton. En efecto, éstas han puesto de manifiesto que la difusión parece ir acompañada de una disminución de la frecuencia, variable en todo caso con la

([1]) P. Debye, *Phys. Zeitschr.*, 24, 1923, 161-166; A. H. Compton, *Phys. Rev.*, 21, 1923, 207; 21, 1923, 483; *Phil. Mag.*, 46, 1923, 897.

97

dirección de observación y, por otra parte, que parece provocar la puesta en movimiento de electrones. Casi simultáneamente e independientemente uno de otro, los Sres. P. Debye y A. H. Compton han logrado dar de estas desviaciones con relación a las leyes clásicas una interpretación basada en la noción de quantum de luz.

El principio es este: si un quantum de luz es desviado de su marcha rectilínea al pasar en el entorno de un electrón

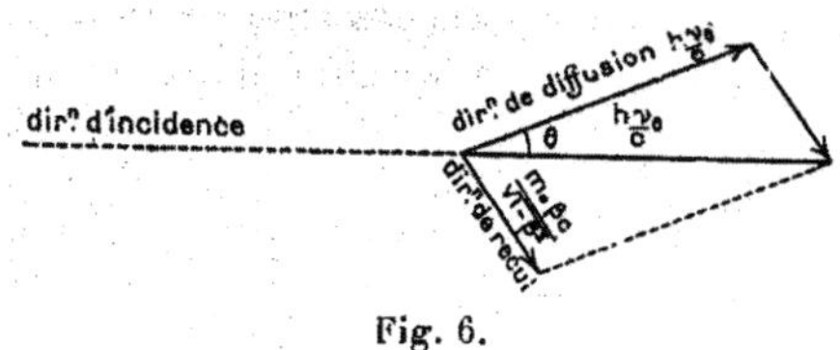

Fig. 6.

debemos suponer que durante el tiempo en que los dos centros de energía están suficientemente próximos, ejercen uno sobre otro una cierta acción. Cuando esta acción tenga fin, el electrón de entrada en reposo habrá tomado prestada al corpúsculo luminoso una cierta energía; según la relación del quantum, la frecuencia difundida será por tanto menor que la frecuencia incidente. La conservación de la cantidad de movimiento completa el problema. Supongamos que el quantum se desplaza en una dirección que forma un ángulo θ con la prolongación de la dirección de incidencia. Si las frecuencias antes y después de la difusión son ν_0 y ν_θ y la masa propia del electrón es m_0, se tendrá:

$$h\nu_\theta = h\nu_0 - m_0 c^2\left(\frac{1}{\sqrt{1-\beta^2}} - 1\right)$$

$$\left(\frac{m_0 \beta c}{\sqrt{1-\beta^2}}\right)^2 = \left(\frac{h\nu_0}{c}\right)^2 + \left(\frac{h\nu_\theta}{c}\right)^2 - 2\frac{h\nu_0}{c}\cdot\frac{h\nu_\theta}{c}\cos\theta$$

Esta segunda relación se muestra en la figura adjunta.

La velocidad $\upsilon = \beta c$ es la que adquiere el electrón por este proceso.

98

Denotemos por α a la relación $h\nu_0/m_0c^2$ igual al cociente de ν_0 por lo que llamamos frecuencia propia del electrón. Resulta:

$$\nu_\theta = \nu_0/[1 + 2\alpha \sin^2(\theta/2)]$$

o

$$\lambda_\theta = \lambda_0\,(1 + 2\alpha \sin^2(\theta/2))$$

Con ayuda de estas fórmulas se puede estudiar también la velocidad de proyección y la dirección del electrón «en retroceso». Se encuentra que en las direcciones de difusión que varían de 0 a π, corresponden para el electrón ángulos de retroceso que varían de $\pi/2$ a 0, variando la velocidad simultáneamente de 0 a un cierto máximo.

El Sr. Compton, apelando a hipótesis inspiradas por el principio de correspondencia, ha creído poder calcular el valor total de la energía difundida y explicar así la rápida disminución del coeficiente s/ρ. El Sr. Debye aplica la idea de correspondencia bajo una forma un poco diferente, pero consigue también interpretar este mismo fenómeno.

En un artículo de la *Physical Review*, de mayo de 1923, y en otro más reciente del *Philosophical Magazine* (noviembre de 1923), el Sr. A. H. Compton ha mostrado que las nuevas ideas expuestas arriba daban cuenta de muchos hechos experimentales y de que, en particular, para los rayos duros y los cuerpos ligeros, la variación de longitud prevista se verificaba cuantitativamente. Para los cuerpos más pesados y las radiaciones más blandas parece haber coexistencia de una raya difundida sin cambio de frecuencia y de otra raya difundida según la ley de Compton-Debye. Para las bajas frecuencias, la primera es preponderante e incluso parece a menudo existir ella sola. Experiencias

99

del Sr. Ross sobre la difusión de la raya MoK_{α} y de la luz verde por la parafina confirman esta manera de ver. La raya K_{α} da una fuerte raya difundida según la ley de Compton y una raya débil de frecuencia no modificada, raya esta última que parece ser la única que existe para la luz verde.

La existencia de una raya no desplazada parece deber explicar por qué la reflexión cristalina (fenómeno de Laue) no viene acompañada de una variación de longitud de onda. Los Sres. Jauncey y Wolfers han mostrado recientemente que, en efecto, si las rayas difundidas por los cristales empleados habitualmente como reflectores, sufrían de forma apreciable el efecto Compton-Debye, las medidas de precisión de las longitudes de onda Roentgen habrían ya puesto de manifiesto el fenómeno. Hay que suponer pues que, en este caso, la difusión tiene lugar sin degradación del quantum.

A primera vista, resulta tentador explicar la existencia de los dos tipos de difusión del siguiente modo: el efecto Compton se produciría cada vez que el electrón difusor estuviese libre o, cuando menos, que su ligazón con un átomo correspondiese a una energía débil frente a la del quantum incidente; en caso contrario habría difusión sin cambio de longitud de onda ya que, entonces, todo el átomo tomaría parte en el proceso sin adquirir velocidad apreciable en razón de su gran masa. El Sr. Compton tiene dificultades en admitir esta idea y prefiere explicar la raya no modificada por la intervención de varios electrones en el desvío de un mismo quantum; sería en tal caso el valor elevado de la suma de sus masas lo que impediría el paso de una energía notable de la radiación a la materia. Sea como fuere, se entiende bien por qué los elementos pesados y los rayos duros se comportan de forma distinta que los elementos ligeros y los rayos blandos.

En cuanto al modo de hacer compatibles la concepción de la difusión como desvío de una partícula luminosa y la conservación de la fase necesaria para explicar

100

las figuras de Laue, plantea las considerables dificultades aún no resueltas que hemos señalado en el capítulo precedente al respecto de la Óptica ondulatoria.

Cuando se trata de rayos X duros y de elementos ligeros, como es el caso de la radioterapia, los fenómenos deben ser completamente modificados por el efecto Compton, y esto es lo que parece ocurrir. Daremos un ejemplo. Es sabido que además del debilitamiento por difusión, un haz de rayos X que atraviesa la materia experimenta un debilitamiento por absorción, fenómeno que viene acompañado por una emisión de fotoelectrones. Una ley empírica debida a los Sres. Bragg y Pierce nos enseña que esta absorción varía como el cubo de la longitud de onda y sufre bruscas discontinuidades para todas las frecuencias características de los niveles intraatómicos de la sustancia considerada; además, para una misma longitud de onda y diversos elementos, el coeficiente atómico de absorción varía como la cuarta potencia del número atómico.

Esta ley está bien comprobada en el dominio medio de las frecuencias Röntgen y parece muy probable que deba aplicarse a los rayos duros. Como, según las ideas de que disponíamos antes de la teoría de Compton-Debye, la difusión era sólo una dispersión de la radiación, solamente la energía absorbida según la ley de Bragg podía producir una ionización en un gas, ionizando, por choques, los electrones fotoeléctricos dotados de grandes velocidades a los átomos que se encontraban. La ley de Bragg-Pierce permitiría pues calcular la relación de las ionizaciones producidas por una misma radiación dura en dos ampollas que contuviesen una, un gas pesado (por ejemplo CH_3I) y la otra un gas ligero (aire, por ejemplo). Incluso teniendo en cuenta numerosas correcciones accesorias, se encontró experimentalmente que esta relación era mucho más pequeña de lo que se preveía. El Sr. Dauvillier había

101

constatado este fenómeno para los rayos X y su interpretación nos ha intrigado durante mucho tiempo.

La nueva teoría de la difusión parece que explica bien esta anomalía. En efecto, si al menos en el caso de los rayos duros, una parte de la energía de los quanta de luz es transferida al electrón difusor, habrá no sólo dispersión de la radiación, sino también «absorción por difusión». La ionización del gas será debida a la vez a los electrones expulsados del átomo por el mecanismo de la absorción propiamente dicha y a los electrones puestos en movimiento de retroceso por la difusión. En un gas pesado (CH_3I), la absorción de Bragg es intensa y la de Compton es casi inapreciable, Para un gas ligero (aire), no es lo mismo en absoluto; la primera absorción, a causa de su variación en N^4 es muy débil y la segunda, que es independiente de N, se convierte en la más importante. La relación de las absorciones totales y, por tanto, de las ionizaciones en los dos gases, debe ser pues mucho más pequeña de lo que se preveía antes. Es posible incluso dar así cuenta de forma cuantitativa de la relación de las ionizaciones. Se ve pues con este ejemplo el gran interés práctico de las nuevas ideas de los Sres. Compton y Debye. El retroceso de los electrones difusores parece por lo demás dar la clave de muchos otros fenómenos inexplicados.

IV.– DIFUSIÓN POR LOS ELECTRONES EN MOVIMIENTO

La teoría de Compton-Debye puede generalizarse considerando la difusión de un quantum de radiación por un electrón en movimiento. Tomemos por eje de las x la dirección de propagación primitiva de un quantum de frecuencia inicial ν_1, eligiendo arbitrariamente los ejes de las y y de las z en ángulo recto uno con otro en un plano normal a ox y que pasa por el punto en que se produce la difusión. Al estar definida la dirección de la velocidad $\beta_1 c$ del electrón *antes* del choque por

102

los cosenos directores $a_1 b_1 c_1$, llamaremos θ_1 al ángulo que forma con ox, de modo que $a_1 = \cos\theta_1$; después del choque, el quantum de radiación difundida de frecuencia ν_2 se propaga en una dirección de cosenos directores pqr que forma el ángulo φ con la dirección de la velocidad inicial del electrón ($\cos\varphi = a_1 p + b_1 q + c_1 r$) y el ángulo θ con el eje ox ($p = \cos\theta$). Finalmente, el electrón tendrá una velocidad final $\beta_2 c$ cuyos cosenos directores serán $a_2 b_2 c_2$.

La conservación de la energía y de la cantidad de movimiento durante el choque permite escribir las ecuaciones:

$$h\nu_1 + \frac{m_0c^2}{\sqrt{1-\beta_1^2}} = h\nu_2 + \frac{m_0c^2}{\sqrt{1-\beta_2^2}},$$

$$\frac{h\nu_1}{c} + \frac{m_0\beta_1 c}{\sqrt{1-\beta_1^2}}a_1 = \frac{h\nu_2}{c}p + \frac{m_0\beta_2 c}{\sqrt{1-\beta_2^2}}a_2,$$

$$\frac{m_0\beta_1 c}{\sqrt{1-\beta_1^2}}b_1 = \frac{h\nu_2}{c}q + \frac{m_0\beta_2 c}{\sqrt{1-\beta_2^2}}b_2,$$

$$\frac{m_0\beta_1 c}{\sqrt{1-\beta_1^2}}c_1 = \frac{h\nu_2}{c}r + \frac{m_0\beta_2 c}{\sqrt{1-\beta_1^2}}c_2.$$

Eliminamos $a_2b_2c_2$ merced a la relación $a_2^2 + b_2^2 + c_2^2 = 1$; a continuación, entre la relación así obtenida y la que expresa la conservación de la energía, eliminamos β_2. Ponemos, con Compton $\alpha = h\nu_1/m_0c^2$. Resulta:

$$\nu_2 = \nu_1 \frac{1-\beta_1\cos\theta_1}{1-\beta_1\cos\varphi + 2\alpha\sqrt{1-\beta^2}\sin^2\frac{\theta}{2}}.$$

Si la velocidad inicial del electrón es nula o despreciable, encontramos la fórmula de Compton:

$$\nu_2 = \nu_1 \frac{1}{1+2\alpha\sin^2\frac{\theta}{2}}.$$

En el caso general, el efecto Compton representado por

103

el término en α subsiste, aunque disminuido; se añade además a ello un efecto Doppler. Si el efecto Compton es despreciable, se encuentra:

$$\nu_2 = \nu_1 \frac{1-\beta_1\cos\theta_1}{1-\beta_1\cos\varphi}.$$

Como, en este caso, la difusión del quantum no entorpece el movimiento del electrón, cabe esperar encontrar un resultado idéntico al de la teoría electromagnética. Eso es efectivamente lo que ocurre. Calcularemos la frecuencia difundida según la teoría electromagnética (teniendo en cuenta la relatividad). La radiación incidente tiene, para el electrón, la frecuencia:

$$\nu' = \nu_1 \frac{1-\beta_1\cos\theta_1}{\sqrt{1-\beta_1^2}}.$$

Si el electrón, manteniendo la velocidad de traslación $\beta_1 c$ se pone a vibrar con la frecuencia ν', el observador que recibe la radiación difundida en una dirección que forma el ángulo φ con la velocidad $\beta_1 c$ de la fuente le atribuye la frecuencia:

$$\nu_2 = \nu' \frac{\sqrt{1-\beta_1^2}}{1-\beta_1 \cos\varphi}$$

por lo que se tiene:

$$\nu_2 = \nu_1 \frac{1-\beta_1 \cos\theta_1}{1-\beta_1 \cos\varphi}.$$

El efecto Compton se mantiene en general bastante débil, mientras que, por el contrario, el efecto Doppler puede alcanzar, para electrones acelerados por caídas de potencial de algunos centenares de voltios, valores muy fuertes (aumento de un tercio de la frecuencia para 200 kilovoltios).

Se trata aquí de una elevación del quantum porque, al estar animado el cuerpo difusor de gran velocidad, puede ceder energía al átomo de radiación. Las condiciones

104

de aplicación de la regla de Stokes no se cumplen. No es imposible que algunas de las conclusiones enunciadas arriba puedan ser sometidas a comprobación experimental, al menos en lo que concierne a los rayos X.

CAPÍTULO VII

La mecánica estadística y los quanta

1. – RECORDATORIO DE ALGUNOS RESULTADOS DE LA TEMODINÁMICA ESTADÍSTICA

La interpretación de las leyes de la termodinámica con ayuda de consideraciones estadísticas es uno de los más hermosos éxitos del pensamiento científico, aunque no esstá exenta de ciertas dificultades y algunas objeciones. En el marco del presente trabajo no cabe hacer una crítica de estos métodos; nos contentaremos aquí, tras recordar en su forma más empleada actualmente algunos resultados fundamentales, con examinar cómo podrían ser introducidas nuestras nuevas ideas en la teoría de los gases y en la de la radiación negra.

Boltzmann fue el primero en poner de manifiesto que la entropía de un gas en un estado determinado es, salvo una constante aditiva, el producto del logaritmo de la probabilidad de este estado por la constante k, llamada «constante de Boltzmann», que depende de la elección de la escala de temperaturas. Llegó de entrada a esta conclusión al analizar los choques entre átomos suponiendo una agitación por completo desordenada de estos. Hoy, tras los trabajos de los Sres. Planck y Einstein, se considera más bien la relación $S = k \log P$ como la definición misma de la entropía S de un sistema. En esta definición, P no es la probabilidad matemática

105

igual al cociente del número de configuraciones microscópicas que dan la misma configuración macroscópica total al número total de configuraciones posibles, sino que es la probabilidad «termodinámica» simplemente igual al numerador de esta fracción. Esta elección del sentido de P vuelve a fijar en un cierto sentido (arbitario, en suma) la constante d ela entropía. Admitido este postulado, vamos a recordar una demostración bien conocida de la expresión analítica de las magnitudes termodinámicas, demostración que tiene la ventaja de ser válida tanto cuando la sucesión de estados posibles es discontinua como en el caso inverso.

Consideremos para eso Π ($\mathfrak{N}$) objetos que pueden distribuirse arbitrariamente entre *m* «estados» o «células» consideradas *a priori* igualmente probables. Se realizará una cierta configuración del sistema colocando n_1 objetos en la célula 1, n_2 en la célula 2, etc. La probabilidad termodinámica de esta configuración será:

$$P = \frac{\Pi!}{n_1!n_2!...n_n!}$$

Si Π y todas las n_i son números grandes, la fórmula de Stirling da para la entropía del sistema:

$$S = k \log P = k\Pi \log \Pi - k\sum_1^m n_i \log n_i .$$

Supongamos que a cada célula corresponde una valor dado de una cierta función ε a la que llamaremos «energía de un objeto colocado en esta célula». Consideremos una modificación del reparto de objetos entre células sometidas a la condición de dejar invariable la suma de energías. La variación de la entropía S será:

$$\delta S = -k\delta\left[\sum_1^m n_i \log n_i\right] = -k\sum_1^m \delta n_i - k\sum_1^m \log n_i \delta n_i$$

con las condiciones:

$$\sum_1^m \delta n_i = 0 \quad \text{y} \quad \sum_1^m \varepsilon_i \delta n^i = 0 .$$

106

La entropía máxima está determinada por la relación δS = 0. El método de los coeficientes indeterminados nos enseña que para realizar esta condición hay que satisfacer la ecucaión:

$$\sum_1^m \left[\log n_i + \eta + \beta\varepsilon_i\right]\delta n_i = 0$$

donde η y β son constantes, cualesquiera que sean las δn_i.

Se concluye de aquí que la distribución más probable, la única realizada en la práctica, se rige por la ley:

$$n_i = \alpha e^{-\beta\varepsilon_i} \qquad \left(\alpha = e^{-\eta}\right)$$

Es la llamada distribución «canónica». La entropía termodinámica del systema correspondiente a esta distribución más probable viene dada por:

$$S = k\Pi \log \Pi - \sum_{1}^{m} \left[k\alpha e^{-\beta\varepsilon_i} (\log \alpha - \beta\varepsilon_i) \right]$$

o, puesto que

$$\sum_{1}^{m} n_i = \Pi$$

y

$$\sum_{1}^{m} \varepsilon_i n_i = \text{energía total E}$$

$$S = k\Pi \log \frac{\Pi}{\alpha} + k\beta E = k\Pi \log \sum_{1}^{m} e^{-\beta\varepsilon_i} + k\beta E$$

Para determinar β utilizaremos la relación termodinámica:

$$\frac{1}{T} = \frac{dS}{dE} = \frac{\partial S}{\partial \beta} \cdot \frac{\partial \beta}{\partial E} + \frac{\partial S}{\partial E} = -k\Pi \frac{\sum_{1}^{m} \varepsilon_i e^{-\beta\varepsilon_i}}{\sum_{1}^{m} e^{-\beta\varepsilon_i}} \frac{d\beta}{dE} + kE \frac{d\beta}{dE} + k\beta$$

107

y como

$$\Pi \frac{\sum_{1}^{m} \varepsilon_i e^{-\beta\varepsilon_i}}{\sum_{1}^{m} e^{-\beta\varepsilon_i}} = \Pi \bar{\varepsilon} = E$$

$$\frac{1}{T} = k\beta, \qquad \beta = \frac{1}{kT}.$$

La energía libre se calcula por la relación:

$$F = E - TS = E - k\Pi T \log \left[\sum_{1}^{m} e^{-\beta\varepsilon_i} \right] - \beta kTE = -k\Pi T \log \left[\sum_{1}^{m} e^{-\beta\varepsilon_i} \right].$$

El valor medio de la energía libre referida a uno de los objetos es pues:

$$\overline{F} = -kT \log \left[\sum_{1}^{m} e^{-\beta\varepsilon_i} \right].$$

Apliquemos estas consideraciones generales a un gas formado por moléculas idénticas de masa m_0. El teorema de Liouville (válido igualmente en la dinámica de la relatividad) nos enseña que el elemento de extensión en fase de una molécula igual a *dxdydzdpdqdr* (donde *xy* y *z* son las coordenadas, *p*, *q*, *r* los momentos correspondientes) es un unvariante de las ecuaciones del movimiento cuyo valor es independiente de la elección de coordenadas. Hemos tenido en consecuencia que admitir que el número de estados de igual probabilidad representados por un elemento de esta extensión en fase era proporcional a la magnitud de éste. Esto conduce inmediatamente a la ley de reparto de Maxwell que da el número de átomos cuyo punto representativo cae en el elemento *dxdydzdpdqdr*:

$$dn = Cte \cdot e^{-\frac{\omega}{kT}} dxdydzdpdqdr$$

siendo ω la energía cinética de estos átomos.

Supongamos que las velocidades son bastante débiles para legimitar el uso

108

de la dinámica clásica; encontramos entonces:

$$\omega = \frac{1}{2} m_0 \upsilon^2 \qquad dpdqdr = 4\pi G^2 dG$$

donde $G = m_0 \upsilon = \sqrt{2m_0\omega}$ es la cantidad de movimiento. Finalmente, el número de átomos contenidos en el elemento de volumen cuya energía está comprendida entre ω y $\omega + d\omega$ viene dada por la fórmula clásica:

$$dn = Cte \cdot e^{-\frac{\omega}{kT}} 4\pi m_0^{\frac{3}{2}} \sqrt{2\omega}\, d\omega dxdydz\,.$$

Queda por calcular la energía libre y la entropía. Para ello nos pondremos como objeto de la teoría general no una molécula aislada, sino un gas formado todo él por N moléculas idénticas de masa m_0 cuyo estado está en consecuencia definido por 6N parámetros. La energía libre del gas en el sentido temodinámico estará definida, al modo Gibbs, como valor medio de la energía libre del gas $\mathfrak{F}$, es decir:

$$\overline{F} = -kT \log\left[\sum_{1}^{m} e^{-\beta\varepsilon_i}\right]. \qquad \beta = \frac{1}{kT}.$$

El Sr. Planck ha precisado cómo debía efectuarse esta suma: puede expresarse por una integral ampliada a toda la extensión en fase a 6N dimensiones, integral que es equivalente en sí misma al producto de N integrales séxtuples ampliadas a la extensión en fase de cada molécula; si bien hay que tener el cuidado de dividir el resultado por N! debido a la identidad de las moléculas. Al estar así calculada la energía libre, la entropía y la energía se deducen por las relaciones termodinámicas clásicas.

$$S = -\partial F/\partial T \qquad E = F + TS$$

Para efectuar los cálculos hay que precisar cuál es la constante cuyo producto por el elemeneto de extensión en fase

109

da el número de estados igualmente probables representados por puntos de este elemento. Este factor tiene las dimensiones del inverso del cubo de una acción. El Sr. Planck lo determina mediante la, un tanto desconcertante, hipótesis siguiente. «La extensión en fase de una molécula está dividida en celdas de igual probabilidad cuyo valor es finito e igual a h^3». Puede decirse, bien que en el interior de cada celdilla hay un solo punto en la que la probabilidad no sea nula o bien que que todos los puntos de una misma celdilla corresponden a estados imposibles de distinguir físicamente.

La hipótesis de Plack lleva a escribir para la energía libre:

$$F = -kT \log\left[\frac{1}{N!}\left(\int\int\int\int_{-\infty}^{+\infty}\int\int e^{-\frac{\varepsilon}{kT}}\frac{dxdydzdpdqdr}{h^3}\right)^N\right] = -NkT\log\left[\frac{e}{N}\int\int\int\int_{-\infty}^{+\infty}\int\int\frac{1}{h^2}e^{-\frac{\varepsilon}{kT}}dxdydzdpdqdr\right]$$

Efectuando la integración, se encuentra:

$$F = Nm_0c^2 - kNT\log\left[\frac{eV}{Nh^3}(2\pi m_0 kT)^{\frac{3}{2}}\right]$$

siendo V el volumen del gas y, en consecuencia

$$S = kN\log\left[\frac{e^{\frac{5}{2}}V}{Nh^3}(2\pi m_0 kT)^{\frac{3}{2}}\right]$$

$$E = Nm_0c^2 + \frac{3}{2}kNT\,.$$

Al final de su libro «Wärmestrahlung» (4ª edición), Planck señala cómo se deduce de aquí la «constante química» que interviene en el equilibrio de un gas con su fase condensada. Las medidas de esta constante química han aportado un fuerte apoyo al método de Planck.

Hasta aquí no hemos hecho intervenir ni la relatividad, ni

110

nuestras ideas sobre el vínculo de la dinámica con la teoría de ondas. Vamos a buscar cómo resultan modificadas las fórmulas precedentes por la introducción de estas dos nociones.

II. – NUEVA CONCEPCIÓN DEL EQUILIBRIO ESTÁTICO DE UN GAS

Si el movimiento de los átomos gaseosos viene acompañado por una propagación de ondas, el recipiente que contiene el gas va a estar surcado en todos los sentidos por estas ondas. De forma natural nos vemos inducidos a considerar, como en la concepción de la radiación negra desarrollada por el Sr. Jeans, que las ondas de choque que forman sistemas estacionarios (es decir, resonantes sobre las dimensiones del recinto) son las únicas estables; sólo ellas intervendrían en el estudio del equilibrio termodinámico. Es algo parecido a lo que encontramos con respecto al átomo de Bohr; también allí las trayectorias estables venían definidas por una condición de resonancia y las demás debían considerarse irrealizables normalmente en el átomo.

Cabría preguntarse cómo pueden existir en un gas sistemas estacionarios de ondas de fase, ya que el movimiento de los átomos está constantemente alterado por sus choques mutuos. De entrada se puede responder que gracias a la descoordinación del movimiento molecular, el número de átomos desviados de su dirección primitiva durante el tiempo *dt* por efecto de los choques está compensado exactamente por el número de aquellos cuyo movimiento vuelve, por dicho efecto, a la misma dirección; todo ocurre en suma como si los átomos describiesen una trayectoria rectilínea de una pared a otra ya que su identidad de estructura evita que debamos tener en cuenta su individualidad. Además, durante la duración del libre recorrido, la onda de fase puede recorrer varias veces la longitud de un recipiente incluso de grandes dimensiones.

111

Por ejemplo, si la velocidad media de los átomos de un gas es 10^5 cm/seg y el recorrido medio 10^{-5} cm., la velocidad media de las ondas de fase será $c^2/\upsilon = 9 \cdot 10^{15}$ cm/seg y durante el tiempo 10^{-10} seg., necesario de media en el libre recorrido, hará un progreso de $9 \cdot 10^5$ cm. o 9 kilómetros. Parece posible pues imaginar la existencia de ondas de fase estacionarias en una masa gaseosa en equilibrio.

Para comprender mejor la naturaleza de las modificaciones que tendremos que proporcionar a la mecánica estadística, consideraremos de entrada el caso simple en el que las moléculas se mueven a lo largo de una recta AB de longitud *l* reflejándose en A y B. La distribución inicial de las posiciones y de las velocidades se supone regida por el azar. La probabilidad de que una molécula se encuentre en un elemento *dx* de AB es por tanto *dx*/*l*. En la concepción clásica hay que tomar además la probabilidad de una velocidad comprendida entre υ y $\upsilon + d\upsilon$ proporcional a $d\upsilon$; pues si se constituye una extensión en fase tomando como variables *x* y υ, todos los elementos iguales a $dxd\upsilon$ serán igualment probables. El asunto es totalment distinto cuando se introducen las condiciones de estabilidad consideradas antes. Si las velocidades son suficientemente débiles como para permitir despreciar las condiciones relativistas, la longitud de onda ligada al movimiento de una molécula cuya velocidad es υ, será:

$$\lambda = \frac{\frac{c}{\beta}}{\frac{m_0 c^2}{h}} = \frac{h}{m_0 \upsilon}$$

y la condición de resonancia se escribirá:

$$l = n\lambda = n \cdot h/m_0\upsilon \qquad (n\text{, entero})$$

Si ponemos: $h/m_0 l = \upsilon_0$, resulta:

$$\upsilon = \upsilon_0.$$

112

La velocidad no podrá entonces tomar más que valores iguales a los múltiplos enteros de υ_0.

La variación δn del número entero n conrrespondieente a una variación $\delta\upsilon$ de la velocidad da el número de estados de una molécula compatibles con la existencia de ondas de fase estacionarias. Se ve en consecuencia que

$$\delta n = (m_0 l/h)\, \delta\upsilon.$$

Todo ocurrirá pues como si, en cada elemento $\delta x \delta \upsilon$ de la extensión en fase, correspondieran $(m_0/h)\ \delta x \delta \upsilon$ estados posibles, lo que es la expresión clásica del elemento de extensión en fase dividido por h. El examen de los valores numéricos muestra que a un valor de $\delta \upsilon$ incluso extremadamente pequeño para la escala de nuestras medidas experimentales, corresponde un gran intervalo δn; cualquier rectángulo, incluso muy pequeño, de la extensión en fase corresponde a un número enorme de valores «posibles» de υ. En general se podrá pues tratar en los cálculos la cantidad $(m_0/h)\ \delta x \delta \upsilon$ como una diferencial. Pero, en principio, la distribución de los puntos representativos ya no es en absoluto el que imagina la Mecánica estadística; es discontinua y supone que, por la acción de un mecanismo todavía imposible de precisar, los movimientos de átomos que estuvieran ligados a sistemas no estacionarios de ondas de fase, son automáticamente eliminados.

Pasemos ahora al caso más real del gas de tres dimensiones. El reparto de ondas de fase en el recinto será completamente análogo al que daba la antigua de la radiación negra para las ondas térmicas. Se podrá calcular, como lo hizo en este caso el Sr. Jeans, el número de ondas estacionarias contenidas en la unidad de volumen y cuyas frecuencias están comprendidas entre ν y $\nu + \delta\nu$. Para este número, distinguiendo la velocidad de

113

grupo U de la velocidad de fase V, la expresión siguiente:

$$n_\nu \delta\nu = \gamma \cdot \frac{4\pi}{UV^2} \nu^2 \delta\nu$$

siendo $\gamma = 1$ para las ondas longitudinales y $\gamma = 2$ para las ondas transversales. La expresión precedente no debe por otra parte causarnos ilusión: todos los valores de ν no están presentes en el sistema de ondas y, si se permite considerar en los cálculos la expresión anterior como una diferencial, es que, en general, en un intervalo de frecuencia muy pequeño habrá un número enorme de valores admisibles para ν.

Ha llegado el momento de hacer uso del teorema demostrado en el capítulo primero, párrafo II. A un átomo de velocidad $\upsilon = \beta c$, corresponde una onda que tiene por velocidad de fase $V = c/\beta$, por velocidad de grupo $U = \beta c$ y por frecuencia $\nu = \frac{1}{h} \cdot \frac{m_0 c^2}{\sqrt{1-\beta^2}}$. Si ω designa la energía cinética, se encuentra por las fórmulas de la relatividad:

$$h\nu = \frac{m_0 c^2}{\sqrt{1-\beta^2}} = m_0 c^2 + \omega = m_0 c^2 (1+\alpha) \qquad \left(\alpha = \frac{\omega}{m_0 c^2}\right).$$

De donde:

$$n_\omega d\omega = \gamma \cdot \frac{4\pi}{UV^2} \nu^2 d\nu = \gamma \cdot \frac{4\pi}{h^3} m_0{}^2 c(1+\alpha)\sqrt{\alpha(\alpha+2)}\, d\omega .$$

Si se aplica al conjunto de átomos la ley de distribución canónica demostrada antes, se obtiene para el número de los que están contenidos en el elemento de volumen *dxdydz* y cuya energía cinética está comprendida entre ω y $\omega + d\omega$:

$$(1) \qquad Cte\cdot\gamma\cdot\frac{4\pi}{h^3}m_0{}^2c(1+\alpha)\sqrt{\alpha(\alpha+2)}\,e^{-\frac{\omega}{kT}}d\omega dxdydz\,.$$

Por razón de simetría, para átomos materiales, las ondas de fase (*Ann. d. Phys.*, 10ª serie, t. III, enero-febrero de 1925)

114

deben ser análogas a ondas longitudinales; pongamos pues $\gamma = 1$. Además, para estos átomos, aparte de un número insignificante a temperaturas normales, la energía propia m_0c^2 es infinitamente más grande que la energía cinética. Podemos entonces confundir 1 + α con la unidad y encontramos para el número definido arriba:

$$Cte\cdot\frac{4\pi}{h^2}m_0^{\frac{3}{2}}\sqrt{2\omega}\,e^{-\frac{\omega}{kT}}d\omega dxdydz = Cte\cdot e^{-\frac{\omega}{kT}}\int_{\omega}^{\omega+d\omega}\frac{dxdydzdpdqdr}{h^3}$$

Es visible que nuestro método nos lleva a tomar para medir el número de estados posibles de la molécula correspondiente a un elemento de su extensión en fase, no la magnitud misma de este elemento, sino esta magnitud dividida por h^3. Justificamos pues la hipótesis del Sr. Planck y, en consecuencia, los resultados obtenidos por este sabio y expuestos más arriba. Se observará que estos son los valores encontrados para las velocidades V y U de la onda de fase que han permitido llegar a este resultado a partir de la fórmula de Jeans ([1]).

III. – EL GAS DE ÁTOMOS DE LUZ

Si la luz está dividida en átomos, la radiación negra puede ser considerada como un gas de tales átomos en equilibrio con la materia, algo así como un vapor saturado está en equilibrio con su fase condensada. Ya hemos demostrado en el capítulo III que esta idea conduce a una previsión exacta de la presión de radiación.

Buscamos aplicar a un tal gas de luz la fórmula

([1]) Sobre el objeto de este párrafo, véase: O. Sackur, *Ann. d. Phys.*, 36, 958 (1911) y 40, 67 (1913); H. Tetrode, *Phys. Zeitschr.*, 14, 212 (1913); *Ann. d. Phys.*, 38, 434 (1912); W. H. Keesom, *Phys. Zeitschr.*, 15, 695 (1914); O. Stern, *Phys. Zeitschr.*, 14, 629 (1913); E. Brody, *Zeitschr. f. Phys.*, 16, 79 (1921).

115

general 1 del párrafo precedente. Hay que poner aquí $\gamma = 2$ en razón de la simetría de la unidad luminosa sobre la que hemos insistido en el capítulo IV. Además, α es muy grande con relación a la unidad, si se exceptúan algunos átomos en número despreciable a las temperaturas habituales, lo que permite confundir $\alpha + 1$ y $\alpha + 2$ con α. Para el número de átomos por elemento de volumen de energía comprendida entre $h\nu$ y $h(\nu + d\nu)$ se obtendría entonces:

$$Cte\cdot\frac{8\pi}{c^3}\nu^2e^{-\frac{h\nu}{kT}}d\nu dxdydz$$

y para la densidad de energía correspondiente a las mismas frecuencias:

$$u_\nu d\nu = Cte\cdot\frac{8\pi h}{c^3}\nu^3 e^{-\frac{h\nu}{kT}}d\nu$$

Por otra parte sería fácil mostrar que la constante es igual a – 1 siguiendo un razonamiento contenido en mi artículo «Quanta de lumière et rayonnement noir» aparecido en el *Journal de Physique* en noviembre 1922.

Lamentablemente, la ley así obtenida es la ley de Wien, que es solamente el primer término de la serie que constituye la ley experimentalmente exacta de Planck. Eso no debe sorprendernos, pues suponiendo los movimientos de átomos de luz completamente independientes, debemos llegar necesariamente a una ley cuyo factor exponencial es idéntico al de la ley de Maxwell.

Sabemos por otra parte que una distribución continua de la energía radiante en el en el espacio conduciría a la ley de Rayleigh como lo muesstra el razonamiento de Jeans. Ahora bien, la ley de Planck admite las expresiones propuestas por los Sres. Wien y lord Rayleigh como formas límite válidas respectivamente para los valores muy grandes y muy pequeños del cociente *hν*/*k*T. Para encontrar de nuevo el resultado de Planck, habrá por tanto

116

que hacer aquí *una nueva hipótesis* que, sin alejarnos de la concepción de los quanta de luz, nos permita explicar cómo pueden ser válidas las fórmulas clásicas en un cierto dominio. Enunciamos esta hipótesis de la siguiente forma:

« Si dos o varios átomos tienen ondas de fase que se superponen exactamente, de las que puede decirse en consecuencia que son transportadas por la misma onda, sus movimientos ya no podrán ser considerados enteramente independientes y estos átomos ya no podrán ser tratados en los cálculos de probabilidad como unidades distintas». El movimiento de estos átomos «en onda» presentaría entonces una suerte de coherencia como consecuencia de interacciones imposibles de precisar, pero probablemente relacionados con el mecanismo que haría inestable el movimiento de los átomos cuya onda de fase no fuese estacionaria.

Esta hipótesis de coherencia nos obliga a retomar enteramente la demostración de la ley de Maxwell. Como ya no podemos tomar cada átomo como «objeto» de la teoría general, son las ondas de fase estacionarias elementales las que deben jugar este papel. ¿A qué llamamos onda estacionaria elemental? Una onda estacionaria puede considerarse debida a la superposición de dos ondas de fórmulas

$$(\sin,\cos)\left[2\pi\left(\nu t-\frac{x}{\lambda}+\varphi_0\right)\right]\qquad \text{y}\qquad (\sin,\cos)\left[2\pi\left(\nu t+\frac{x}{\lambda}+\varphi_0\right)\right]$$

donde φ_0 puede tomar todos los valores de 0 a 1. Dando a *ν* uno de los valores permitidos y a φ_0 un valor arbitrario entre 0 y 1, se define una onda estacionaria elemental. Consideremos un valor determinado de φ_0 y todos los valores permitidos de *ν* comprendidos en un pequeños intervalo *dν*. Cada onda elemental puede transportar 0, 1, 2… átomos y, como la ley de distribución canónica debe ser aplicable

117

a las ondas consideradas, encontramos para el número de átomos correspondiente:

$$N_\nu d\nu = n_\nu d\nu \frac{\sum_1^\infty p e^{-p\frac{h\nu}{kT}}}{\sum_0^\infty e^{-p\frac{h\nu}{kT}}}$$

Dando a φ_0 otros valores se obtendrán otros valores estables, y superponiendo varios de estos estados estables de manera que una misma onda estacionaria corresponda a varias ondas elementales, se obtendrá todavía un estado estable. Concluimos de aquí que el número de átomos cuya energía total corresponde a frecuencias comprendidas entre ν y $\nu + d\nu$ es

$$N_\nu d\nu = A\gamma \frac{4\pi}{h^3} m_0{}^2 (1+\alpha)\sqrt{\alpha(\alpha+2)}d\omega \sum_1^\infty e^{-p\frac{m_0 c^2+\omega}{kT}}$$

por unidad de volumen. A puede ser fundión de la temperatura.

Para un gas en el sentido ordinario del término, m_0 es tan grande que se pueden despreciar todos los términos de la serie frente al primero. Se encuentra pues la fórmula (1) del párrafo precedente.

Para el gas de luz, se encontrará ahora:

$$N_\nu d\nu = A\frac{8\pi}{c^3}\nu^2 \sum_1^\infty e^{-p\frac{h\nu}{kT}} d\nu$$

y, en consecuencia, para la densidad de energía:

$$u_\nu d\nu = A\cdot\frac{8\pi h}{c^3}\nu^3 \sum_1^\infty e^{-p\frac{h\nu}{kT}} d\nu .$$

Esta es la forma de Planck. Aunque hay que ver que

118

en este caso A = 1. De entrada, A es aquí ciertamente una constante y no una función de la temperatura. En efecto, la energía total de la radiación por unidad de volumen es:

$$u = \int_0^{+\infty} u_\nu d\nu = A\cdot\frac{48\pi h}{c^3}\left(\frac{kT}{h}\right)^4 \sum_1^\infty \frac{1}{p^4}$$

y la entropía total viene dada por:

$$dS = \frac{1}{T}[d(uV) + PdV] = V\frac{du}{T} + (u+P)\frac{dV}{T} = \frac{V}{T}\frac{du}{dT}dT + \frac{4}{3}u\frac{dV}{T}$$

(V: volumen total)

pues $u = f(T)$ y al ser P = $u/3$ – dS una diferencial exacta, la condición de integrabilidad se escribe:

$$\frac{1}{T}\frac{du}{dT} = \frac{4}{3}\frac{1}{T}\frac{du}{dT} - \frac{4}{3}\frac{u}{T^2} \quad \text{o} \quad 4\frac{u}{T} = \frac{du}{dT} \qquad u = \alpha T^4 .$$

Es la ley clásica de Stefan, que nos obliga a poner A = Cte. El razonamiento precedente nos proporciona los valores de la entropía y de la energía libre:

$$S = A\cdot\frac{64\pi}{c^3 h^3}k^4 T^3 V \sum_1^\infty \frac{1}{p^4}$$

$$F = U - TS = -A \cdot \frac{16\pi}{c^3 h^3} k^4 T^4 V \sum_1^{\infty} \frac{1}{p^4}.$$

Queda por determinar la constante A. Si conseguimos demostrar cuál es la unidad, habremos reencontrado todas las fórmulas de Planck.

Como hemos dicho más arriba, si se desprecian los términos en que $p > 1$, la cosa es fácil; la distribución de átomos que obedecen a la ley canónica simple

$$A \cdot \frac{8\pi}{c^3} \nu^2 e^{-\frac{h\nu}{kT}} d\nu,$$

119

pudiéndose efectuar el cálculo de la energía libre por el método de Planck como para un gas ordinario, y al identificar el resultado con la expresión anterior, se encuentra A = 1.

En el caso general hay que emplear un método más indirecto. Consideremos el término p^e de la serie de Planck:

$$u_{\nu p} d\nu = A \cdot \frac{8\pi}{c^3} h\nu^3 e^{-p\frac{h\nu}{kT}} d\nu.$$

Se puede escribir también:

$$A \frac{8\pi}{c^3 p} \nu^2 e^{-p\frac{h\nu}{kT}} d\nu \cdot p \cdot h\nu$$

lo que permite decir:

«La radiación negra puede ser considerada como mezcla de una infinidad de gases caracterizado cada uno por un valor entero p y que goza de la propiedad siguiente: el número de estados posibles de una unidad gaseosa situada en un elemento de volumen *dxdydz* y que tiene una energía comprendida entre $ph\nu$ y $ph(\nu + d\nu)$ es igual a $(8\pi/c^3 p) \cdot \nu^2 d\nu dx dy dz$.» Se puede por tanto calcular la energía libre por el método del primer párrafo. Se obtiene:

$$F = \sum_1^{\infty} F_p = -kT \sum_1^{\infty} \log\left[\frac{1}{n_p!}\left(\nu \int_0^{\infty} \frac{8\pi}{c^3 p} \nu^2 e^{-p\frac{h\nu}{kT}} d\nu\right)^{n_p}\right] = -kT \sum_1^{\infty} n_p \log\left[\frac{e}{n_p} V \int_o^{+\infty} \frac{8\pi}{c^3 p} \nu^2 e^{-p\frac{h\nu}{kT}} d\nu\right]$$

donde

$$n_p = V \int_0^{\infty} A \frac{8\pi}{pc^3} \nu^2 e^{-p\frac{h\nu}{kT}} d\nu = A \cdot \frac{16\pi}{c^3} \frac{k^3 T^3}{h^3} \cdot \frac{1}{p^4} \cdot V.$$

Por tanto:

$$F = -A \frac{16\pi}{c^3 h^3} k^4 T^4 \log\left(\frac{e}{A}\right) \sum_1 \frac{1}{p^4} \cdot V$$

120

y, por identificación con la expresión encontrada anteriormente:

$$\log\left(\frac{e}{A}\right) = 1 \qquad A = 1.$$

Que es lo que queríamos demostrar.

La hipótesis de coherencia adoptada arriba nos ha conducido pues a buen puerto evitándonos encallar en la ley de Rayleigh o en la de Wien. El estudio de fluctuaciones de la radiación negra nos va a proporcionar una nueva prueba de su importancia.

IV. – LAS FLUCTUACIONES DE ENERGÍA EN LA RADIACIÓN NEGRA ([1])

Si se distribuyen granos de energía de valor q en gran número de un cierto espacio y si sus poisiciones varían sin cesar según las leyes del azar, un elmento de volumen contendrá normalmente $\overline{n}$ granos, es decir, una energía $\overline{E} = \overline{n}q$. Pero el valor real de n se desviará constantemente de $\overline{n}$ y se tendrá $\overline{(n-\overline{n})^2} = \overline{n}$ según un conocido teorema de la teoría de probabilidades y, en consecuencia, la fluctuación cuadrática media de la energía será:

$$\overline{\varepsilon^2} = \overline{(n-\overline{n})^2}q^2 = \overline{n}q^2 = \overline{E}q$$

Por otra parte, es sabido que las fluctuaciones de energía en un volumen V de radiación negra están regidas por la ley de termodinámica estadística:

$$\overline{\varepsilon^2} = kT^2V\frac{d(u_\nu d\nu)}{dT}$$

([1]) *La teoría de la radiación negra y los quanta*, Reunión Solvay, informe del Sr. Einstein, p. 419; *Las teorías estadísticas en termodinámica*, Conferencias del Sr. H.-A. Lorentz en el Collège de France, Teubner, 1916, pp. 70 y 114.

121

en tanto que se refieren al intervalo de frecuencias ν, $\nu + d\nu$. Si se admite la ley de Rayleigh:

$$u_\nu = \frac{8\pi k}{c^3}\nu^2T, \qquad \overline{\varepsilon^2} = \frac{c^3}{8\pi\nu^2d\nu}\cdot\frac{(Vu_\nu d\nu)^2}{V}$$

y este resultado, como era de esperar, coincide con el que proporciona el cálculo de interferencias llevado según las reglas de la teoría electromagnética.

Si, por el contrario, se adopta la ley de Wien, que corresponde a la hipótesis de una radiación constituida por átomos enteramente independientes, se encuentra:

$$\overline{\varepsilon^2} = kT^2V\frac{d}{dT}\left(\frac{8\pi h}{c^3}\nu^3 e^{-\frac{h\nu}{kT}}d\nu\right) = (u_\nu V d\nu)h\nu$$

fórmula que se deduce también de $\overline{\varepsilon^2} = \overline{E}h\nu$.

Finalmente, en el caso real de la ley de Planck, se llega, como Einstein fue el primero en señalar, a la expresión:

$$\overline{\varepsilon^2} = (u_\nu V d\nu)h\nu + \frac{c^3}{8\pi\nu^2 d\nu}\cdot\frac{(u_\nu d\nu V)^2}{V}$$

$\overline{\varepsilon^2}$ aparece pues como la suma de lo que sería: 1° si la radiación estuviera formada por quanta *hv* independientes; 2° si la radiación fuese puramente ondulatoria.

Por otra parte, la concepción de los agrupamientos de átomos «en ondas» nos lleva a escribir la ley de Planck:

$$u_\nu d\nu = \sum_1^\infty \frac{8\pi h}{c^3}\nu^3 e^{-p\frac{h\nu}{kT}}d\nu = \sum_1^\infty n_{p,\nu}ph\nu d\nu$$

y, aplicando a cada tipo de agrupamientos la fórmula $\overline{\varepsilon^2} = \overline{n}q^2$, se obtiene:

$$\overline{\varepsilon^2} = \sum_1^\infty n_{p,\nu}d\nu(ph\nu)^2.$$

Naturalmente esta expresión es en el fondo idéntica a

122

la de Einstein; sólo es distinta la forma de escribirla. Pero la cuestión es que nos lleva a la siguiente afirmación: «Se pueden evaluar igualmente con corrección las fluctuaciones de la radiación negra sin acudir de ningún modo a la teoría de interferencias, sino introduciendo la coherencia de los átomos ligados a una misma onda de fase».

Parece pues casi seguro que todo intento de conciliación entre la discontinuidad de la energía radiante y las interferencias debería hacer intervenir a la hipótesis de coherencia del último párrafo.

APÉNDICE AL CAPÍTULO V

Sobre los quanta de luz.

Hemos proopuesto considerar los átomos de luz como pequeños centros de energía caracterizados por una masa propia muy débil m_0 y animados de velocidad generalmente muy próxima a *c*, de tal manera que existe entre la frecuencia ν, la masa propia m_0 y la velocidad β*c* la relación:

$$h\nu = \frac{m_0 c^2}{\sqrt{1-\beta^2}}$$

de la que se deduce:

$$\beta = \sqrt{1-\left(\frac{m_0 c^2}{h\nu}\right)^2}.$$

Esta manera de ver nos ha llevado a notables concordancias referentes al efecto Doppler y la presión de radiación.

Lamentablemente, plantea una gran dificultad: para frecuencias v cada vez más débiles, la velocidad βc de la energía radiante se haría cada vez más pequeña, se anularía para $hv = m_0c^2$ e inmediatamente se haría imaginaria (?). Esto es tanto más difícil de aceptar cuanto que, en

123

el dominio de las muy bajas frecuencias muy bajas, cabría esperar encontrar de nuevo las conclusiones de las antiguas teorías que asignan la velocidad c a la energía radiante.

Esta objeción es muy interesante porque atrae la atención sobre el paso de la forma puramente corpuscular de la luz que se manifiesta en el dominio de las altas frecuencias a la forma puramente ondulatoria de las muy bajas frecuencias. Hemos puesto de manifiesto en el capítulo VII que la concepción puramente corpuscular conduce a la ley de Wien, mientras que, como es bien sabido, la concepción puramente ondulatoria conduce a la ley de Rayleigh. El paso de una a otra de estas leyes debe, a mi parecer, estar ligado de forma estrecha a las respuestas que puedan hacerse a la objeción enunciada arriba.

Voy a desarrollar, más bien a título de ejemplo que con la esperanza de proporcionar una solución satisfactoria, una idea sugerida por las reflexiones precedentes.

En el capítulo VII he mostrado que era posible interpretar el paso de la ley de Wien a la ley de Rayleigh concibiendo la existencia de conjuntos de átomos de luz ligados a la propagación de una *misma* onda de fase. He insistido en el parecido que tomará semejante onda portadora de numerosos quanta con la onda clásica cuando el número de quanta crezca indefinidamente. No obstante, este parecido estará limitado en la concepción expuesta en el texto por el hecho de que cada grano de energía mantendría la masa propia muy pequeña, aunque finita m_0, mientras que la teoría electromagnética atribuye a la luz una masa propia nula. La frecuencia de la onda de múltiples centros de energía está determinado por la relación:

$$h\nu = \frac{\mu_0 c^2}{\sqrt{1-\beta^2}}$$

donde μ_0 es la masa propia de *cada uno* de los centros: esto parece necesario para dar cuenta de la emisión y de la absorción

124

de la energía por cantidades finitas $h\nu$. Pero quizá podríamos suponer que la masa de los centros de energía ligados a una misma onda difiere de la masa propia m_0 de un centro aislado y depende del número de otros centros con los que se encuentran en interacción. Se tendría entonces:

$$\mu_0 = f(p) \qquad \text{con} \qquad f(1) = m_0$$

designando por p el número de centros llevados por la onda.

La necesidad de replegarse a las fórmulas del electromagnetismo para las muy bajas frecuencias llevaría a suponer que $f(p)$ es una función decreciente de p que tiende a 0 cuando p tiende a infinito. La velocidad del conjunto de los p centros que forman una onda sería entonces:

$$\beta c = c\sqrt{1-\left[\frac{f(p)c^2}{h\nu}\right]^2}$$

Para las frecuencias muy altas, p sería casi siempre igual a 1, los granos de energía estarían aislados, se tendría la ley de Wien para la radiación negra y la fórmula del texto

$$\beta = \sqrt{1-\frac{m_0^2c^4}{h^2\nu^2}}$$

para la velocidad de la energía radiante.

Para las frecuencias muy débiles, p sería siempre muy grande y los granos estarían reunidos en grupos muy numerosos en una misma onda. La radiación obedecería a la ley de Rayleigh y la velocidad tendería hacia c cuando ν tendiese a cero.

La hipótesis precedente destruye un poco la simplicidad de la concepción del «quantum de luz», pero esta simplicidad ciertamente no puede conservarse por entero si se quiere poder conectar la teoría electromagnética con la discontinuidad que revelan los fenómenos fotoeléctricos. Esta conexión se obtendrá, me parece, por la introducción de la función $f(p)$ pues, para una energía dada, una onda deberá comprender un número p de granos cada vez más

125

grande cuando ν y $h\nu$ disminuyan; cuando la frecuencia se hace cada vez más débil, el número de granos debe aumentar indefinidamente, tendiendo su masa propia m_0 a cero y su velocidad a c, de modo que la onda que los transpora se hará cada vez más análoga a la onda electromagnética.

Hay que confesar que la estructura real de la energía luminosa sigue siendo todavía muy misteriosa.

RESUMEN Y CONCLUSIONES

En un vistazo histórico fugaz al desarrollo de la Física desde el siglo XVII, y en particular de la Dinámica y de la Óptica, hemos mostrado cómo el problema de losaquanta estaba en cierto modo contenido en germen en el paralelismo de las concepciones corpusculares y ondulatorias de la radiación; después, hemos recordado con alguna intensidad creciente cada día, que la noción de quanta se había impuesto a la atención de los sabios del siglo XX.

En el capítulo primero hemos admitido como postulado fundamental la existencia de un fenómeno periódico ligado a cada fragmento aislado de energía y dependiente de su masa propia por la relación de Planck-Einstein. La teoría de la Relatividad nos mostró entonces la necesidad de asociar al movimiento uniforme de todo móvil la propagación a velocidad constante de una cierta «onda de fase» y hemos podido interpretar esta propagación por la consideración del espacio-tiempo de Minkowski.

Al retomar, en el capítulo II, la misma cuestión en el caso más general de un cuerpo cargado eléctricamente que se desplaza con un movimiento variado en un campo electromagnético, hemos mostrado que, según nuestras ideeas, el principio de mínima acción bajo la forma de Maupertuis y el principio

126

de concordancia de fase debido a Fermat podrían perfectamente ser dos aspectos de una sola ley; esto nos ha conducido a concebir una extensión de la relación del quantum que da la velocidad de la onda de fase en el campo electromagnético. Ciertamente, esta idea de que el movimiento de un punto material disimula siempre la propagación de una onda, debería ser estudiada y completada, pero, si se llegase a darle una forma enteramente satisfactoria, representaría una síntesis de una gran belleza racional.

La consecuencia más importante que puede extraerse de ella está expuesta en el capítulo III. Después de haber recordado las leyes de estabilidad de las trayectorias cuantificadas tal como resultan de numerosos trabajos recientes, hemos mostrado que pueden interpretarse en el sentido de que expresan la resonancia de la onda de fase sobre la longitud de las trayectorias cerradas o cuasi-cerradas. Creemos que es allí donde está la primera explicación físicamente plausible propuesta para estas condiciones de estabilidad de Bohr-Sommerfeld.

Las dificultades planteadas por los desplazamientos simultáneos de dos centros eléctricos se estudian en el capítulo IV, en particular en el caso de los movimientos circulares del núcleo y del electrón alrededor de su centro de gravedad en el átomo de hidrógeno.

En el capítulo V, guiado por los resultados obtenidos anteriormente, tratamos de representar la posibilidad de una concentración de la energía radiante alrededor de ciertos puntos singulares y mostramos lo profunda armonía que parece existir entre los puntos de vista opuestos de Newton y Fresnel y revelada por la identidad de numerosas previsiones. La teoría electromagnética no puede mantenerse íntegramente bajo su actual forma, pero su reestructuración es un trabajo difícil y sugerimos a este respecto una teoría cualitativa de las interferencias.

En el capítulo VI resumimos las diversass teorías sucesivas de la difusión de los rayos X y γ por los cuerpos

127

amorfos, insistiendo en particular sobre la totalidad de la reciente teoría de los Sres. P. Debye y A.-H. Compton que parece hacer casi tangible la existencia de los quanta de luz.

Finalmente, en el capítulo VII, introducimos la onda de fase en la Mecánica estadística, reencontramos también el valor del elemento de extensión en fase que propuso Planck y obtenemos la ley de la radiación negra como la ley de Maxwell de una gas formado de átomos de luz a condición no obstante de admitir una cierta coherencia entre los movimientos de ciertos átomos, coherencia cuyo estudio de las fluctuaciones de energía parece también mostrar interés.

En resumen, he desarrollado ideas nuevas que quizá puedan contribuir a acelerar la síntesis necesaria que, de nuevo, unifique la física de las radiaciones hoy tan extrañamente escindidas en dos dominios en que reinan respectivamente dos concepciones opuestas: la concepción corpuscular y la de las ondas. He presentido que los principios de la Dinámica del punto material, si se supiera analizarlos correctamente, se presentarían sin duda expresando propagaciones y concordancias de fases y he intentado, como mejor he podido, extraer de ahí la explicación de un cierto número de enigmas planteados por la teoría de los Quanta. Al hacer este esfuerzo he llegado a algunas conclusiones interesantes que quizá permitan esperar llegar a resultados más completos siguiendo en la misma vía. Pero habría que constituir primero una teoría electromagnética nueva conforme, naturalmente, con el principio de Relatividad, que dé cuenta de la estructura discontinua de la energía radiante y de la naturaleza física de las ondas de fase, dejando por fin a la teoría de Maxwell-Lorentz un carácter de aproximación estadística que explicaría la legitimidad de su empleo y la exactitud de sus previsiones en un número muy grande de casos.

He dejado intencionadamente bastante vagas las definiciones de la onda de fase y del fenómeno periódico

128

de la que sería en cierto modo la traducción así como la del quantum de luz. La presente teoría debe ser pues considerada más bien como una forma cuyo contenido físico no está precisado enteramente que como una doctrina homogénea definitivamente constituida.

DICIEMBRE

Carta de Einstein a Paul Langevin.

Berlín, 16 de diciembre de 1924.

> El trabajo de *de Broglie* me ha causado una gran impresión. Ha levantado un cabo del gran velo. En un nuevo trabajo, llego a resultados que parecen respaldar los suyos. Cuando lo vea, exprésele, por favor, mi respeto y simpatía. Hablaré de sus ideas en nuestro coloquio.

[*TCPAE*. Volume 14: The Berlin Years: Writings & Correspondence, April 1923-May 1925. Doc. 398, pp. 608-609]

Carta de Einstein a Hendrik Lorentz

Berlín, 16 de diciembre de 1924

Un hermano menor del *de Broglie* (que conocemos) ha hecho un intento muy interesante de interpretar la regla cuántica de Bohr-Sommerfeld (París, Tesis, 1924). Creo que se trata de un primer débil rayo para iluminar el peor de nuestros enigmas físicos. También yo he encontrado algo que habla a favor de su construcción. *Geiger* y *Bothe* han llevado a cabo un experimento que habla a favor de los cuantos de luz estrictos y en contra de los puntos de vista expresados recientemente por *Bohr-Cramers-Slater*. En ese experimento han mostrado que, en el efecto Compton, la radiación desviada y el electrón expulsado al otro lado son sucesos estadísticamente dependientes. Por tanto, el principio de energía-momento parece aplicarse estrictamente y no sólo estadísticamente.

[*TCPAE*. Volume 14: The Berlin Years: Writings & Correspondence, April 1923-May 1925. Doc. **399**, pp. 610-611]

1925

ENERO

Carta de Einstein a Ehrenfest

[Berlín,] jueves, [8 de enero de 1925]

Ayer se presentó Kapitza en el coloquio (con mucha simpatía y respeto, Geiger fue el ponente). También despertó gran interés un trabajo de Hoffmann (Königsberg) sobre la radiación penetrante. El trabajo de Geiger y Bothe sobre las estadísticas del efecto Compton debería estar listo pronto. Son muy prudentes y no dicen nada todavía. Sólo hay rumores en el aire.

[*TCPAE*. Volume 14: The Berlin Years: Writings & Correspondence, April 1923-May 1925. Doc **415**, p. 629.]

Einstein presenta el 8 de enero en la sesión de la Academia su segundo trabajo sobre el mismo tema.

Albert Einstein. «***Quantentheorie des einatomigen idealen Gases***». Zweite Abhandlung. Fechado en diciembre de 1924. Presentado el 8 de enero de 1925. Publicado el 9 de febrero de 1925 en: *Preussische Akademie der Wissenschaften (Berlin). Physikalisch-mathematische Klasse. Sitzungsberichte* (1925): pp. 3-14. [Recogido en *TCPAE*. Volume 14: The Berlin Years: Writings & Correspondence, April 1923-May 1925. Doc. **385**, pp. 581-592 (GV)] («Teoría cuántica del gas perfecto monoatómico». Segundo artículo)

3

Teoría cuántica del gas ideal monatómico. (II)

En un artículo publicado recientemente en estas Actas (XXII 1924, pág. 261), se expuso una teoría de la «degeneración» de los gases ideales utilizando un método ideado por el Sr. D. BOSE para deducir la fórmula de radiación de PLANCK. El interés de esta teoría radica en que se basa en la hipótesis de una vasta relación formal entre radiación y gas. Según esta teoría, el gas degenerado difiere del gas de la estadística mecánica de modo análogo a como difiere la radiación según la ley de PLANCK de la radiación según la ley de WIEN. Si se toma en serio la deducción de Bose de la fórmula de la radiación de PLANCK, tampoco se puede entonces ignorar esta teoría del gas ideal, pues si está justificado interpretar la radiación como gas cuántico, entonces la analogía entre gas cuántico y gas molecular debe ser completa. En lo que sigue, las consideraciones anteriores se complementarán con algunas nuevas que a mí me parece que aumentan el interés por el tema. Por comodidad, escribo en términos formales lo que sigue como continuación del citado artículo.

§ 6. *El gas ideal saturado.*

En la teoría del gas ideal, parece un requisito evidente que el volumen y la temperatura de una cantidad de gas puedan darse arbitrariamente. La teoría determina entonces la energía o presión del gas. El estudio de la ecuación de estado contenida en las ecuaciones (18), (19), (20), (21) muestra, sin embargo, que para un número dado de moléculas *n* y una temperatura dada *T* el volumen no puede hacerse arbitrariamente pequeño. La ecuación (18) requiere que, para todo *s*, sea $\alpha^s \geq 0$, lo que según (20) significa que tiene que ser $A \geq 0$. Esto significa que en la ecuación (18b), válida en este caso, λ (= e^{-A}) debe estar entre 0 y 1. De (18b) se deduce que el número de moléculas de dicho gas para un volumen *V* dado no puede ser mayor que

$$n = \frac{(2\pi m\kappa T)^{\frac{3}{2}} V}{h^3} \sum_s^{\infty} \tau^{-\frac{3}{2}} . \qquad (24)$$

4

Pero, ¿qué ocurre si (por ejemplo, por compresión isotérmica) dejo que la densidad *n*/*V* de la sustancia aumente aún más a esta temperatura?

Afirmo que en este caso un número de moléculas que aumenta constantemente con la densidad total pasa al primer estado cuántico (estado sin energía cinética), mientras que las moléculas restantes se distribuyen según el valor del parámetro λ = 1. Lo que se afirma, pues, es que ocurre algo similar a la compresión isotérmica de un vapor más allá del volumen de saturación. Se produce una separación; una parte se «condensa», el resto sigue siendo un «gas ideal saturado» (*A* = 0 λ = 1).

Que las dos partes configuran efectivamente un equilibrio termodinámico puede verse mostrando que la sustancia «condensada» y el gas ideal saturado tienen, por mol, la misma función de PLANCK $\Phi = S - \frac{\overline{E} + pV}{T}$. Para la sustancia «condensada», Φ se anula, porque *S*, *E* y *V* se anulan individualmente [1]. Para el «gas saturado» se tiene, según (12) y (13), para *A* = 0, de entrada

$$S = -\kappa \sum_s \lg(1 - e^{-\alpha^s}) + \frac{\overline{E}}{T} . \qquad (25)$$

La suma puede escribirse como una integral y transformarse mediante integración parcial. Se obtiene así de entrada

$$\sum_s = -\int_0^\infty s \cdot \frac{e^{-\frac{cs^{\frac{2}{3}}}{\kappa T}}}{1-e^{-\frac{cs^{\frac{2}{3}}}{\kappa T}}} \cdot \frac{2}{3}\frac{cs^{-\frac{1}{3}}}{\kappa T} ds,$$

o según (8) y (11) y (15)

$$\sum_s = -\frac{2}{3}\int_0^\infty n_s E^s ds = -\frac{2}{3}\frac{\overline{E}}{\kappa T} = -\frac{pV}{\kappa T}. \qquad (26)$$

De (25) y (26) se deduce pues para el «gas ideal saturado»

$$S = \frac{\overline{E} + pV}{T},$$

o –como se requiere para la coexistencia del gas ideal saturado con la sustancia condensada–

$$\Phi = 0. \qquad (27)$$

Obtenemos así el teorema:

Según la ecuación de estado desarrollada del gas ideal, existe una densidad máxima de moléculas agitadas a cualquier temperatura.

[1] La parte «condensada» de la sustancia no requiere ningún volumen particular, ya que no contribuye a la presión.

5

Si se supera esta densidad, las moléculas sobrantes precipitan como inmóviles («condensan» sin fuerzas atractivas). Lo curioso es que el «gas ideal saturado» representa tanto el estado de máxima densidad posible de moléculas de gas en movimiento como la densidad a la que el gas se encuentra en equilibrio termodinámico con el «condensado». Por tanto, no existe un análogo del «vapor sobresaturado» para el gas ideal.

§ 7. *Comparación de la teoría del gas desarrollada con la que se desprende de la hipótesis de la independencia estadística mutua de las moléculas del gas.*

El Sr. EHRENFEST y otros colegas han criticado la teoría de la radiación de BOSE y mi teoría análoga de los gases ideales porque en estas teorías los cuantos o moléculas no han sido tratados como entidades estadísticamente independientes, sin que este hecho se haya señalado específicamente en nuestros artículos. Esto es absolutamente cierto. Si se tratan los cuantos como estadísticamente independientes entre sí en su localización, se llega a la ley de radiación de Wien; si se tratan análogamente las moléculas de los gases, se llega a la ecuación de estado clásica de los gases ideales, aunque se proceda exactamente de la misma manera que hemos hecho BOSE y yo. Confrontaré aquí las dos consideraciones para los gases con el fin de dejar bien clara la diferencia y poder comparar cómodamente nuestros resultados con los de la teoría de moléculas independientes.

Según ambas teorías, el número z_ν de «celdas» pertenecientes al dominio infinitesimal ΔE de energía molecular (en lo sucesivo denominado «dominio elemental») viene dado por

$$z_\nu = 2\pi \frac{V}{h^3}(2m)^{\frac{3}{2}} E^{\frac{1}{2}} \Delta E\,. \qquad (2a)$$

Definamos el estado del gas (macroscópicamente) especificando cuántas moléculas n hay en cada una de estas regiones infinitesimales. Hay que calcular el número W de posibilidades de realización (probabilidad PLANCK) del estado así definido,

a) según BOSE:

Un estado se define microscópicamente especificando cuántas moléculas hay en cada celda (ion complejo). El número de iones complejos para la ν-ésima región infinitesimal es entonces

$$\frac{(n_\nu + z_\nu - 1)!}{n_\nu!(z_\nu - 1)!}\,. \qquad (28)$$

Formando el producto sobre todas las regiones infinitesimales, se obtiene el número total de iones complejos de un estado y a partir de éste, según el teorema de BOLTZMANN, la entropía

$$S = \kappa \sum_\nu \{(n_\nu + z_\nu)\lg(n_\nu + z_\nu) - n_\nu \lg n_\nu - z_\nu \lg z_\nu\}. \qquad (29a)$$

6

Es fácil ver que en este método de cálculo la distribución de las moléculas entre las celdas no se trata como estadísticamente independiente. Esto se debe a que, según la hipótesis de la distribución independiente de las moléculas individuales entre las celdas, los casos que aquí se denominan «iones complejos» no se considerarían casos de igual probabilidad. El recuento de estos «iones complejos» de probabilidad diferente no daría entonces la entropía correcta si las moléculas fueran realmente estadísticamente independientes. La fórmula expresa así indirectamente una cierta hipótesis sobre una influencia mutua de las moléculas de naturaleza inicialmente bastante desconcertante, que determina precisamente la igualdad de probabilidad estadística de los casos definidos aquí como «complexiones».

b) según la hipótesis de la independencia estadística de las moléculas:

Un estado se define microscópicamente especificando en qué celda se encuentra ubicada cada molécula (complexión). ¿Cuántas complexiones forman parte de un estado definido macroscópicamente? Puedo distribuir n_ν determinadas moléculas de

$$z_\nu^{n_\nu}$$

maneras diferentes en las z_ν celdas del ν-ésimo dominio elemental. Si la asignación de moléculas a las regiones elementales ya se ha realizado de determinada manera, hay entonces en todo el

$$\Pi(z_\nu^{n_\nu})$$

diferentes distribuciones de moléculas en todas las celdas. Para obtener el número de complexiones en el sentido definido, hay que multiplicar ahora esta cantidad por el número

$$\frac{n!}{\Pi n_\nu!}$$

de asignaciones posibles de todas las moléculas a las regiones elementales para un n_ν dado. El principio de BOLTZMANN da entonces para la entropía la expresión

$$S = \kappa\left\{n \lg n + \sum_\nu (n_\nu \lg z_\nu - n_\nu \lg n_\nu)\right\}. \tag{29b}$$

El primer término de esta expresión no depende de la elección de la distribución macroscópica, sino únicamente del número total de moléculas. Al comparar las entropías de diferentes estados macroscópicos de un mismo gas, este término desempeña el papel de una constante irrelevante, que podemos omitir. Debemos omitirla si queremos conseguir –como es habitual en termodinámica– que la entropía sea, para un determinado estado interno del gas, proporcional al número de moléculas. Tenemos por tanto que poner

$$S = \kappa\sum_\nu n_\nu(\lg z_\nu - \lg n_\nu). \tag{29c}$$

Esta omisión del factor $n!$ en W para los gases suele fundamentarse en el hecho de que las complexiones

7

resultantes del mero intercambio de moléculas similares no se consideran diferentes y, por tanto, se calculan una sola vez.

Tenemos ahora que encontrar el máximo de S para ambos casos bajo las restricciones

$$\overline{E} = \sum E_\nu n_\nu = konst.$$
$$n = \sum n_\nu = konst.$$

En el caso a), se obtiene:

$$n_\nu = \frac{z_\nu}{e^{\alpha+\beta E} - 1}, \tag{30a}$$

que, al margen de la notación, concuerda con (13). En el caso b), se obtiene

$$n_{\kappa} = z_{\nu} e^{-\alpha-\beta E}. \tag{30b}$$

En ambos casos, $\beta\kappa T = 1$.

Se ve además que, en el caso b), aparece la ley de distribución MAXWELL. La estructura cuántica no es aquí perceptible (al menos no para un volumen total del gas infinitamente grande). Es fácil ver ahora que el caso b) es incompatible con el teorema de NERNST. Para calcular el valor de la entropía en el cero absoluto de temperatura en este caso, hay que calcular (29c) para el cero absoluto. En este punto, todas las moléculas estarán en el primer estado cuántico. Tenemos por tanto que poner

$$n_\nu = 0 \text{ para } \nu \neq 1$$
$$n_1 = n$$
$$z_1 = 1.$$

(29c) proporciona pues, para $T = 0$

$$S = -n \lg n. \tag{31}$$

Por lo tanto, el método de cálculo b) contradice el enunciado del teorema de NERNST. En cambio, el método de cálculo a) está de acuerdo con el teorema de NERNST, como se ve inmediatamente si se considera que en el cero absoluto, en el sentido del método de cálculo a), sólo hay una única complexión ($W= 1$). Según lo expuesto, el método b) conduce o bien a una violación del teorema de NERNST o bien a una violación del requisito de que la entropía, para un estado interno dado, debe ser proporcional al número de moléculas. Por estas razones, creo que debe darse preferencia al método de cálculo a) (es decir, el enfoque estadístico de BOSE), aunque no pueda tampoco demostrarse a priori la preferencia de este método de cálculo sobre otros. Este resultado, por su parte, constituye un apoyo para interpretar la profunda afinidad esencial entre radiación y gas, en la medida en que el mismo enfoque estadístico que conduce a la fórmula de PLANCK, cuando se aplica a los gases ideales, establece la concordancia entre la teoría de los gases y el teorema de NERNST.

8

§ 8. *Propiedades de fluctuación del gas ideal.*

Supongamos que un gas de volumen V se comunica con otro gas de la misma naturaleza pero de volumen infinitamente grande. Y que ambos volúmenes están separados por una pared que sólo deja pasar moléculas del intervalo de energía infinitesimal ΔE, pero que refleja moléculas de energía cinética diferente. La ficción de tal pared es análoga a la de la pared permeable cuasi monocromática en el campo de la teoría de la radiación. Nos preguntamos por la fluctuación Δ_ν del número de moléculas n_ν que pertenece al intervalo de energía ΔE. Se supone que no hay intercambio de energía entre moléculas de diferentes dominios de energía dentro de V, por lo que no pueden producirse fluctuaciones de números de moléculas que pertenezcan a energías fuera del ámbito ΔE.

Sea n_ν el valor medio de las moléculas pertenecientes a ΔE y $n_\nu + \Delta_\nu$ el valor instantáneo. Entonces (29a) proporciona el valor de la entropía en función de Δ_ν, poniendo en esta ecuación $n_\nu + \Delta_\nu$ en vez de n_ν. Si se sube a términos cuadráticos, se obtiene

$$S = \bar{S} + \overline{\frac{\partial S}{\partial \Delta_\nu}} \Delta_\nu + \frac{1}{2} \overline{\frac{\partial^2 S}{\partial \Delta_\nu^2}} \Delta_\nu^2 .$$

Rige una relación similar para el sistema residual infinitamente grande, es decir,

$$S^0 = \overline{S^0} + \overline{\frac{\partial S^\kappa}{\partial \Delta_\nu}} \Delta_\nu .$$

El término cuadrático es relativamente infinitamente pequeño aquí debido al tamaño relativamente infinito del sistema residual. Si la entropía total se denota por $\Sigma (= S + S^0)$, entonces $\overline{\frac{\partial \Sigma}{\partial \Delta_\nu}} = 0$, porque el equilibrio existe en promedio. Por tanto, sumando estas ecuaciones, se obtiene la relación para la entropía total

$$\Sigma = \bar{\Sigma} + \frac{1}{2} \overline{\frac{\partial^2 S}{\partial \Delta_\nu^2}} \Delta_\nu^2 . \qquad (32)$$

Según el principio de BOLTZMANN, para la probabilidad de Δ_ν se obtiene la ley

$$dW = konst.e^{\frac{S}{n}} d\Delta_\nu = konst.e^{\frac{1}{2\kappa} \overline{\frac{\partial^2 S}{\partial \Delta_\nu^2}} \Delta_\nu^2} d\Delta_\nu .$$

Se sigue de aquí para el cuadrado medio de la fluctuación

$$\overline{\Delta_\nu^2} = \frac{\kappa}{\left(- \overline{\frac{\partial^2 S}{\partial \Delta_\nu^2}} \right)} . \qquad (33)$$

Y de aquí, teniendo en cuenta (29 a), se obtiene

$$\overline{\Delta_\nu^2} = n_\nu + \frac{n_\nu^2}{z_\nu} . \qquad (34)$$

9

Esta ley de fluctuación es por completo análoga a la de la radiación cuasi monocromática de PLANCK. La escribimos en la forma

$$\overline{\left(\frac{\Delta_\nu}{n_\nu}\right)^2} = \frac{1}{n_\nu} + \frac{1}{z_\nu}. \tag{34a}$$

El cuadrado de la fluctuación relativa media de las moléculas del tipo subrayado consta de dos sumandos. El primero se hallaría presente sólo si las moléculas fueran independientes entre sí. Hay además, una componente del cuadrado medio de la fluctuación que es totalmente independiente de la densidad molecular media y está determinada únicamente por el dominio elemental ΔE y el volumen. Corresponde, en la radiación, a las fluctuaciones de interferencia. En los gases puede interpretarse también de forma análoga asignando adecuadamente al gas un proceso de radiación y calculando sus fluctuaciones de interferencia. Profundizaré en esta interpretación porque creo que se trata de algo más que de una mera analogía.

Cómo puede asignarse a una partícula material, o a un sistema de partículas materiales, un campo (escalar) de ondas lo ha expuesto el Sr. L. de Broglie en un muy notable artículo[1]. A una partícula material de masa m se le asigna primero una frecuencia ν_0 según la ecuación

$$mc^2 - h\nu_0 \tag{35}$$

La partícula se halla ahora en reposo con respecto a un sistema galileano K', en el que presumimos una oscilación de frecuencia ν_0 sincrónica en todas partes. Con relación a un sistema K, con respecto al cual K' con la masa m se mueve con velocidad υ a lo largo del eje X (positivo), existe entonces un proceso ondulatorio del tipo

$$\sin\left(2\pi\nu_0 \frac{t - \frac{\upsilon}{c^2}x}{\sqrt{1 - \frac{\upsilon^2}{c^2}}}\right).$$

La frecuencia ν y la velocidad de fase V de este proceso vienen dadas pues por

$$\nu = \frac{\nu_0}{\sqrt{1 - \frac{\upsilon^2}{c^2}}} \tag{36}$$

$$V = \frac{c^2}{\upsilon} \tag{37}$$

[1] Louis DE BROGLIE. Thèses. Paris. (Edit. Musson & Co.), 1924. Esta tesis contiene también una interpretación geométrica muy notable de la regla cuántica de BOHR-SOMMERFELD.

υ es entonces –como ha hecho ver el Sr. DE BROGLIE– al mismo tiempo la velocidad de grupo de esta onda. También es interesante que la energía $\frac{mc^2}{\sqrt{1-\frac{\upsilon^2}{c^2}}}$ de la partícula según (35) y (36) sea justamente igual a $h\nu$, de acuerdo con la relación básica de la teoría cuántica.

Se ve pues que a tal gas se le puede asignar un campo escalar de ondas, y me he convencido al hacer cálculos de que $1/Z_\nu$ es el cuadrado medio de la fluctuación de este campo de ondas, en la medida en que corresponde al rango de energía ΔE que hemos explorado antes.

Estas consideraciones arrojan luz sobre la paradoja de la que se hace mención al final de mi primer artículo. Para que dos trenes de ondas puedan interferir perceptiblemente, deben ser casi coincidentes respecto a V y ν. Lo que, según (35), (36) y (37), requiere que υ y m casi coincidan para ambos gases. Por tanto, los campos de ondas asociados a dos gases de masas moleculares significativamente diferentes no pueden interferir uno con otro de forma apreciable. De esto se puede concluir que, según la teoría aquí presentada, la entropía de una mezcla de gases se compone, a partir de la entropía de los componentes de la mezcla, exactamente de la misma forma aditiva que según la teoría clásica, al menos mientras los pesos moleculares de los componentes difieran hasta cierto punto uno de otro.

§ 9. *Observación sobre la viscosidad de los gases a bajas temperaturas.*

Según las consideraciones del párrafo anterior, parece que con cada proceso de movimiento haya asociado un campo ondulatorio, del mismo modo que con el movimiento de los cuantos de luz está asociado el campo ondulatorio óptico. Este campo ondulatorio –cuya naturaleza física sigue siendo oscura por el momento– debe en principio ser demostrable por los fenómenos de movimiento que le corresponden. De ese modo, un haz de moléculas de gas que atraviese una abertura debería sufrir una difracción análoga a la de un haz de luz. Para que tal fenómeno sea observable, la longitud de onda λ debe ser razonablemente comparable a las dimensiones de la abertura. De (35), (36) y (37) se deduce ahora para velocidades pequeñas con respecto a c

$$\lambda = V/\nu = h/m\upsilon. \qquad (38)$$

Esta λ es siempre extremadamente pequeña para moléculas de gas que se mueven a velocidades térmicas, normalmente incluso considerablemente menor que el diámetro molecular σ. De ello se deduce de entrada que la observación de esta difracción en aberturas o pantallas puestas ad hoc es de todo punto impensable.

Resulta sin embargo que, a bajas temperaturas, λ es, para los gases hidrógeno y helio, del orden de magnitud de σ, y de hecho parece que la influencia que debemos esperar según la teoría se ejerce sobre el coeficiente de fricción.

Si un enjambre de moléculas que se mueven con velocidad υ choca con otra molécula que, por comodidad, imaginamos inmóvil, esto es entonces comparable al caso en que un tren de ondas de cierta longitud de onda λ choca con una laminilla de diámetro 2σ. Se produce un fenómeno de difracción (de Fraunhofer) igual al que produciría una abertura del mismo tamaño. Se producen grandes ángulos de difracción cuando λ es del orden de magnitud de σ o mayor. Además de la desviación por colisión que se produce según la mecánica, también se producirán desviaciones mecánicamente imperceptibles de las moléculas de frecuencia similar a la primera, que reducen la longitud del camino libre. Así, en las proximidades de esa temperatura, se producirá de forma bastante repentina una disminución acelerada de la viscosidad conforme disminuye la temperatura. Una estimación de esa temperatura según la relación λ = σ da 56° para el H_2 y 40° para el He. Por supuesto, estas son estimaciones muy aproximadas, pero pueden sustituirse por cálculos más precisos. Se trata de una nueva interpretación de los resultados experimentales obtenidos para el hidrógeno por P. GÜNTHER a instancias de NERNST sobre la dependencia del coeficiente de viscosidad con la temperatura, para cuya explicación NERNST ya había ideado un enfoque cuántico [1].

§ 10. *Ecuación de estado del gas ideal saturado. Observaciones sobre la teoría de la ecuación de estado de los gases y sobre la teoría de los electrones de los metales.*

En § 6 se demostró que para un gas ideal en equilibrio con una «sustancia condensada» el parámetro de degeneración λ es igual a 1. La concentración, la energía y la presión de la parte de las moléculas dotada de movimiento están determinadas entonces, según (18b), (22) y (15), únicamente por T. Rigen, por tanto, las ecuaciones

$$\eta = \frac{n}{NV} = \frac{2.615}{Nh^3}(2\pi m\kappa T)^{\frac{3}{2}} = 1.12\cdot 10^{-15}(MRT)^{\frac{3}{2}} \qquad (39)$$

$$\frac{\overline{E}}{n} = \frac{1.348}{2.615}\cdot\kappa T \qquad (40)$$

$$p = \frac{1.348}{2.615}RT\eta\,. \qquad (41)$$

Siendo aquí: η, la concentración en moles,
N, el número de moléculas por mol,
M, la masa molar (peso molecular).

Con ayuda de (39) se comprueba que los gases reales no alcanzan valores de densidad tales que el gas ideal correspondiente estaría saturado. Sin embargo, la densidad crítica del helio es sólo unas cinco veces menor que la densidad de saturación η del gas ideal de la misma temperatura y peso molecular. Para el hidrógeno, la relación correspondiente es de aproximadamente 26.

[1] Véase W. NERNST, Sitzungsber. 1919, VIII, p. 118 – P. GÜNTHER. Sitzungsber. 1920, XXXVI, p. 720.

12

Dado pues que los gases reales existen a densidades de un orden de magnitud próximo a la densidad de saturación y que, según (41), la degeneración influye considerablemente en la presión, va a ser perceptible, si la presente teoría es correcta, una influencia cuántica nada despreciable en la ecuación de estado; en particular, habrá que investigar si las desviaciones de la ley de estados correspondientes de VAN DER WAALS pueden explicarse de este modo[1].

Por lo demás, también cabría esperar que el fenómeno de difracción mencionado en el párrafo anterior, que produce un aumento aparente del volumen real de la molécula a bajas temperaturas, influya en la ecuación de estado.

Hay un caso en el que puede que la Naturaleza haya realizado esencialmente el gas ideal saturado, a saber, con los electrones de conducción en el interior de los metales. Sabido es que la teoría de los electrones de los metales ha explicado cuantitativamente la relación entre conductividad eléctrica y térmica con notable aproximación (fórmula DRUDE-LORENTZ) bajo el supuesto de que, en el interior de los metales, hay disponibles electrones libres que conducen tanto la electricidad como el calor. Sin embargo, a pesar de este gran éxito, esta teoría no se considera actualmente correcta, en parte porque no podía hacer justicia al hecho de que los electrones libres no contribuyen de forma apreciable al calor específico del metal. Sin embargo, esta dificultad desaparece si se toma como base la presente teoría de los gases. De (39) se deduce que la concentración de saturación de los electrones (en movimiento) a temperatura ordinaria es aproximadamente igual a $5{,}5 \cdot 10^{-5}$, de modo que sólo una porción insignificante de los electrones podría contribuir a la energía térmica. La energía térmica media por electrón que participa en el movimiento térmico es aproximadamente la mitad de lo que es según la teoría molecular clásica. Si sólo existen fuerzas muy pequeñas que mantienen a los electrones inmóviles en su posición de reposo, también es comprensible que no participen en la conducción eléctrica. Es posible incluso que la desaparición de estas débiles fuerzas de ligadura a temperaturas muy bajas pueda motivar la superconductividad. Las fuerzas térmicas no serían comprensibles en absoluto sobre la base de esta teoría en tanto que el gas de electrones se trate como un gas ideal. Por supuesto, semejante teoría de los electrones de los metales no se basaría en la distribución de velocidades de MAXWELL, sino en la del gas ideal saturado según la presente teoría; de (8), (9) y (11) resulta para este caso especial:

$$dW = konst \frac{E^{\frac{1}{2}} dE}{e^{\frac{E}{nT}} - 1} . \tag{42}$$

[1] Este no es el caso, como hallé posteriormente al compararlo con la experiencia. La influencia buscada está oculta por interacciones moleculares de otro tipo.

13

Al reflexionar sobre esta posibilidad teórica, se llega a la dificultad de que para explicar la conductividad medida de los metales para el calor y la electricidad, hay que suponer longitudes de camino libre muy grandes (del orden de magnitud de 10^{-3} cm) debido a la muy baja densidad de volumen de los electrones que, según nuestros resultados, participan en la agitación térmica. Tampoco parece posible comprender, basándose en esta teoría, el comportamiento de los metales ante la radiación ultrarroja (reflexión, emisión).

§ 11. *Ecuación de estado del gas no saturado.*

Examinaremos ahora más detenidamente la desviación de la ecuación de estado del gas ideal respecto a la ecuación de estado clásica en el dominio no saturado. Para ello, nos remitiremos de nuevo a las ecuaciones (15), (18b) y (19b).

Para abreviar ponemos

$$\sum_{\tau=1}^{\tau=\infty} \tau^{-\frac{3}{2}} \lambda^{\tau} = y(\lambda)$$

$$\sum_{\tau=1}^{\tau=\infty} \tau^{-\frac{5}{2}} \lambda^{\tau} = z(\lambda)$$

y nos planteamos la tarea de expresar z en función de y ($z = \Phi(y)$). La solución a este problema, que debo al Sr. J. GROMMER, se basa en el siguiente teorema general (LAGRANGE):

Bajo la condición, cumplida en nuestro caso, de que y y z se anulen para $\lambda = 0$, y que y y z sean funciones regulares de λ en un cierto rango alrededor del punto cero, existe el desarrollo de TAYLOR

$$z = \sum_{\nu=1}^{\nu=\infty} \left(\frac{d^{\nu} z}{dy^{\nu}}_{\lambda=0} \right) \frac{y^{\nu}}{\nu!}, \tag{43}$$

para y suficientemente pequeño, donde los coeficientes de las funciones $y(\lambda)$ y $z(\lambda)$ pueden representarse mediante la fórmula de recursión

$$\frac{d^{\nu}(z)}{dy^{\nu}} = \frac{\frac{d}{d\lambda}\left(\frac{d^{\nu-1} z}{dy^{\nu-1}} \right)}{\frac{dy}{d\lambda}}. \tag{44}$$

Se obtiene así en nuestro caso el desarrollo, convergente hasta $\lambda = 1$ y cómodo de calcular

$$z = y - 0.1768\, y^2 - 0.0034\, y^3 - 0.0005\, y^4.$$

Introducimos ahora las notaciones

$$z/y = F(y).$$

14

Entonces las relaciones

$$\frac{E}{n} = \frac{3}{2} \kappa T F(y) \tag{19c}$$

$$p = RT\eta F(y)\,; \tag{22c}$$

valen para el gas ideal no saturado, es decir, entre $y = 0$ e $y = 2{,}615$, donde se ha puesto

$$y = \frac{h^3}{(2\pi m\kappa T)^{\frac{3}{2}}}\frac{n}{V} = \frac{h^3 N\eta}{(2\pi MRT)^{\frac{3}{2}}}. \qquad (18c)$$

De (19b) se obtiene el calor específico, referido al mol, a volumen constante c_V:

$$c_v = \frac{3}{2}R\left(F(y) - \frac{3}{2}yF'(y)\right) = \frac{3}{2}RG(y).$$

Para facilitar la visión de conjunto proporcionamos una representación gráfica de las funciones $F(y)$ y $G(y)$

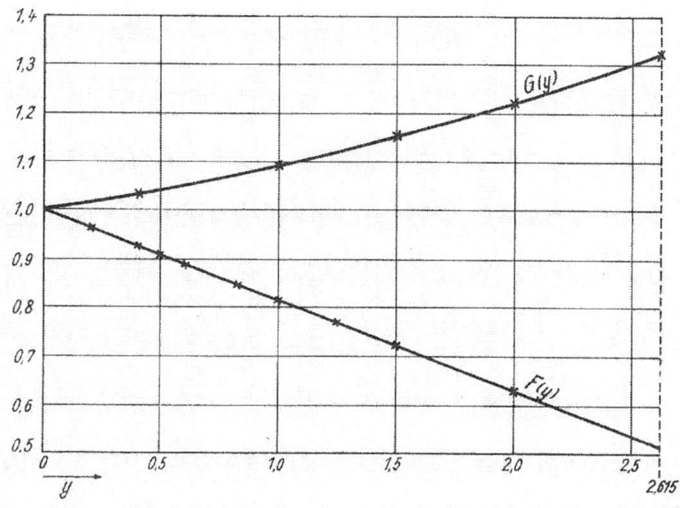

Si se tiene en cuenta el curso aproximadamente lineal de $F(y)$, se obtiene para p la buena ecuación de aproximación

$$p = RT\eta\left[1 - 0.186\frac{h^3 N^4\eta}{(2\pi MRT)^{\frac{3}{2}}}\right]. \qquad (22d)$$

Diciembre de 1924.

Publicado el 9 de febrero de 1925

Carta de Ehrenfest a Einstein

[Leyden,] 9 de enero de 1925

Si Bothe-Geiger encuentran «independencia estadística» entre el electrón y el cuanto de luz dispersado, eso no prueba nada. Pero si encuentran dependencia, será un triunfo de Einstein sobre Bohr. — Esta vez creo (¡por una vez! [«¡Por el amor de Dios, no se lo enseñes a tu mujer!»]) firmemente en ti, por lo que me alegraría que se demostrara la dependencia.

[*TCPAE*. Volume 14: The Berlin Years: Writings & Correspondence, April 1923-May 1925. Doc **417**, p. 632.]

—

Carta de Paul Langevin a Einstein

París, 13 de enero de 1925

He transmitido al Sr. Louis de Broglie la elogiosa valoración que me hizo usted de su trabajo; estoy seguro de que será muy sensible a ella.

[*TCPAE*. Volume 14: The Berlin Years: Writings & Correspondence, April 1923-May 1925. Doc **420**, p. 635.]

—

Carta de Max Born a Niels Bohr

Göttingen, 15 de enero de 1925

Estuve hace unos días en Berlín; todo el mundo hablaba allí del resultado del experimento de *Geiger-Bothe*, que, según se dice, había fallado a favor de los cuantos de luz. Einstein triunfa».

[Recogida en Bohr 1984, pp. 302-304.]

—

FEBRERO

Wolfgang Pauli enuncia su famoso principio de exclusión:

Pauli, W. (1925). «***Über den Zusammenhang des Abschlusses der Elektronengruppen im Atom mit der Komplexstruktur der Spektren***». *Zeitschrift für Physik* **31** (1): 765-783. («Sobre la conexión entre el cierre de los grupos de electrones en el átomo y la estructura compleja de los espectros») [Publicado en febrero]

—

Frecuente en Einstein hacer observaciones sobre trabajos de otros que se han aventurado en trabajos previos del propio Einstein. He aquí un ejemplo. Jordan, en su trabajo (tesis doctoral, 1924), ha merodeado por los artículos de 1916 de Einstein: «Strahlungs-emission und -absorption nach der Quantentheorie» y «Zur Quantentheorie der Strahlung». Einstein sale en esta "Observación" a su encuentro.

Albert Einstein. «***Bemerkung zu P. Jordans Abhandlung „Zur Theorie der Quantenstrahlung"***». *Zeitschrift für Physik* **31** (1925): 784–785. (Registro de entrada: 22 de enero de 1925. Publicado: febrero-abril de 1925). [Recogido en *TCPAE*. Vol. 14. Doc. 425, pp. 644-645] («Observación sobre el trabajo de P. Jordan: "Sobre la teoría de la radiación cuántica"»)

784

«*Observación sobre el trabajo de P. Jordan: "Sobre la teoría de la radiación cuántica"*»

Se va a probar que las hipótesis en las que el autor basa su teoría estadística de los procesos elementales de conversión de radiación son incompatibles con la existencia de un coeficiente de absorción.

P. Jordan, en el perspicaz estudio citado, ha tratado de refutar la tesis que yo planteé, según la cual debería ser teóricamente necesario que para cada proceso elemental de emisión y absorción tenga lugar la transferencia de un momento de magnitud $h\nu/c$ a la molécula emisora o absorbente. La corrección lógica de las consideraciones de P. Jordan me parece por completo válida. ¿Cómo es posible que el autor llegue a resultados que, según mis consideraciones anteriores, están excluídos? El intento del autor en el § 6 de su obra de explicar la razón de esta incongruencia no me parece del todo acertado. Por lo tanto, en lo que sigue, intentaré mostrar en qué se basa el autor para llegar a la fórmula de Planck sin la hipótesis de la «radiación de aguja», es decir, de la llamada transferencia de momento a la molécula en cada proceso elemental.

Sostengo que el autor llega a este resultado basándose en una hipótesis sobre el proceso elemental que, como contradictoria con la experiencia de la absorción de la luz, ni siquiera he considerado [3]. Esta hipótesis se expresa en § 5 en las ecuaciones (12), (13), (18), (18').

Para poder demostrar claramente lo que me importa, me limitaré al caso especial de una molécula inmóvil. El proceso elemental consiste en la absorción o emisión de la energía $h\nu$. Sin embargo, esta energía no procede ni se dirige en una dirección determinada, sino que se distribuye sobre las direcciones según una cierta función angular σ que es independiente de la distribución direccional de la radiación. Esta hipótesis puede plantearse tranquilamente para la emisión sin

3) ZS. f. Phys. 30, 297, 1924, Nr. 4/5

785

entrar en conflicto con la experiencia; es incompatible con nuestro conocimiento de las leyes de la absorción.

En aras de la claridad, especializo la función σ de la siguiente manera: cada acto de absorción consiste en la absorción de medio cuanto que se aproxima al átomo en la dirección de las X positivas y de medio cuanto que se acerca al átomo en la dirección de las X negativas. Sean ρ_+ y ρ_- las densidades de radiación monocromática correspondientes a estas dos direcciones. La ley de probabilidad para un acto de absorción es entonces, según (18').

$$W = be^{1/2\lg\rho_+ + 1/2\lg\rho_-} = b\sqrt{\rho_+\rho_-}$$

Si los medios de nuestra experiencia estuvieran formados por tales moléculas, no tendría ningún sentido hablar del coeficiente de absorción para un tipo de luz.

Es evidente que una molécula como la considerada anteriormente nunca recibiría impulso alguno en los actos elementales, y que, por tanto –al moverse en un campo de radiación térmica– tampoco sufriría ninguna fuerza de rozamiento media.

Todo esto guarda relación con el hecho de que la hipótesis del autor no trata las extracciones de radiación de haces de diferentes direcciones como independientes entre sí. Sin embargo, hay que hacer eso para estar en armonía con las experiencias más elementales de la absorción. Si se hace así, se llega necesariamente a la conclusión de que en cada proceso elemental de absorción o emisión se transfiere a la molécula un momento del valor absoluto $h\nu/c$.

—

Carta de Satyendra Nath Bose a Einstein

17, Rue de Sommerard Paris Ve, 27 de enero de 1925

Reverenciado Maestro:

Recibí su amable nota del 3 de noviembre en la que mencionaba usted sus objeciones a la ley elemental de Probabilidad. He estado pensando en sus objeciones todo el tiempo y por eso no le respondí de inmediato. Me parece que hay una manera de salir de la dificultad, y he plasmado mis ideas en forma de artículo que adjunto por separado. Parece que se mantiene la única hipótesis de irradiación negativa, que como usted mismo expresó, refleja el comportamiento clásico de un resonador en un campo fluctuante. Pero la hipótesis adicional de un cambio espontáneo, independiente del estado del campo me parece innecesaria. He intentado considerar el campo de radiación desde un nuevo punto de vista y he tratado de separar la propagación del cuanto de energía de la propagación de la influencia electromagnética. Tengo la vaga impresión de que dicha separación es necesaria para que la teoría cuántica armonice con la teoría de la relatividad generalizada.

Las ideas sobre el campo de radiación que me he aventurado a exponer parecen muy similares a las que Bohr expresó recientemente en *Philosophy Magazine* de mayo de 1924. Pero esto es sólo una suposición, ya que no puedo decir honestamente que haya comprendido con exactitud todo lo que quiere decir sobre sus campos y osciladores virtuales. Estoy impaciente por conocer su opinión al respecto. Se lo he enseñado al profesor Langevin y parece que lo considera interesante y digno de publicarse.

No puedo expresar con precisión lo agradecido que me siento por su aliento y el interés que ha mostrado por mis trabajos. Su primera tarjeta postal llegó en un momento crucial y ha hecho posible, más que ninguna otra, esta estancia en Europa. Estoy pensando en ir a Berlín a finales de este invierno, donde espero contar con su inestimable ayuda y orientación.

Atentamente,

Sn. Bose

[*TCPAE*. Vol. 14. Doc, **426**, p. 647.]

—

Aunque no lo parezca, seguimos en enero. Tercer artículo sobre el gas ideal.

Albert Einstein. «***Zur Quantentheorie des idealen Gases***». Dritte Abhandlung. (PAW. Sitzung der physikalisch-mathematischen Klasse vom 29. Januar 1925) (Academia Prusiana de Ciencias. Sesión del Seminario de física matemática del 29 de enero de 1925) Publicado el 5 de marzo en: *Preußische Akademie der Wissenschaften (Berlin). Physikalisch-mathematische Klasse. Sitzungsberichte* (1925), pp. 18–25. [Recogido en *TCPAE*. Volume 14: The Berlin Years: Writings & Correspondence, April 1923-May 1925. Doc. 427, pp 649-656. (GV)] («Teoría cuántica del gas ideal». Tercer artículo.)

18

Teoría cuántica del gas ideal

Inspirándome en una deducción de la fórmula de Planck de la radiación hecha por Bose, y que se basa consecuentemente en la hipótesis del cuanto de luz, he propuesto recientemente una teoría cuántica del gas ideal [1]. Esta teoría parece estar legitimada si se parte de la convicción de que un cuanto de luz (aparte de su propiedad de polarización) sólo se diferencia esencialmente de una molécula monatómica en que la masa en reposo del cuanto es prácticamente nula. Sin embargo, como la suposición de esta analogía en ningún modo es aceptada por todos los investigadores, y como el método estadístico aplicado por el Sr. BOSE y por mí mismo en absoluto está libre de dudas, sino que sólo parece estar justificado a posteriori por el éxito en el caso de la radiación, he buscado otras consideraciones sobre la teoría cuántica del gas ideal que estén lo más libres posible de hipótesis arbitrarias. Estas consideraciones se presentarán a continuación. Constituyen un apoyo eficaz a la teoría establecida anteriormente, aun cuando los resultados obtenidos no ofrezcan una sustitución completa de dicha teoría. Se trata aquí de hacer observaciones en el campo de la teoría de los gases que son en gran medida análogas en método y resultado a las que condujeron a la ley de desplazamiento de WIEN en el campo de la teoría de la radiación.

§ 1. Planteamiento del problema.

Sea V el volumen de un mol de un gas ideal, T la temperatura y m la masa de la molécula. Nos preguntamos por la ley estadística de distribución de velocidades, es decir, por lo análogo a la ley de distribución de Maxwell. Buscamos pues una ecuación del tipo

$$dn = \rho(L, \kappa T, V, m)\frac{V dp_1 dp_2 dp_3}{h^3}. \qquad (1)$$

dn representa aquí el número de moléculas cuyas componentes rectangulares del momento p_1, p_2, p_3 se encuentran dentro de los límites indicados por dp_1, dp_2, dp_3. L denota la energía cinética de la molécula $\left(\frac{1}{2m}(p_1^2 + p_2^2 + p_3^2)\right)$, ya que, debido a la evidente condición de isotropía, p_1, p_2, p_3 sólo pueden aparecer en el compuesto L en ρ. ρ es una función provisionalmente desconocida de las cuatro variables especificadas. Si se conoce la función densidad ρ, entonces, por supuesto,

[1] Estas Actas, XXII p. 261. 1924.

19

también se conoce la ecuación de estado, porque no cabe duda de que el cálculo mecánico a partir de las colisiones de las moléculas con la pared es decisivo para la presión. Por otra parte, no debemos suponer que las colisiones de las moléculas entre sí tienen lugar según las reglas de la mecánica, pues de lo contrario llegaríamos naturalmente a la ley de distribución de Maxwell y a la ecuación clásica de los gases.

§ 2. ¿Por qué la ecuación de estado clásica no encaja en la teoría cuántica?

Desde el primer trabajo de PLANCK sobre la teoría cuántica, la magnitud W del principio de Boltzmann

$$S = \kappa \lg W$$

se ha entendido como un *número entero*. Indica de cuántas maneras discretas (en el sentido de la teoría cuántica) puede realizarse el previsto estado de entropía S. Aunque en la mayoría de los casos no es posible calcular W teóricamente sin arbitrariedad, este enfoque lleva consigo la convicción de que S no contiene ninguna constante aditiva arbitraria, sino que está completamente determinada y siempre es positiva en el sentido de la teoría cuántica. Esta interpretación planckiana se convierte casi en una necesidad gracias al teorema de NERNST. En el cero absoluto, cesa todo desorden producido por la agitación térmica, y el estado previsto sólo puede realizarse de una manera ($W = 1$), lo que significa que tiene validez el teorema de NERNST ($S = 0$ para $T = 0$).

Esta sencilla forma de concebir el teorema de NERNST mediante la interpretación de PLANCK del principio de BOLTZMANN convence de la corrección general de esta interpretación. En particular, nos lleva a la convicción de que la entropía no puede hacerse negativa.

Según la ecuación de estado clásica de los gases ideales, la entropía del mol contiene el término aditivo $R \lg V$, que expresa su dependencia del volumen a temperatura constante. Este término puede hacerse arbitrariamente negativo reduciendo V de modo que la entropía misma se haga negativa. Ahora bien, estos valores de V para los gases reales están muy por debajo del volumen crítico de estos gases, de modo que no es necesario alcanzar valores negativos de entropía para los gases reales por la razón expuesta. Sin embargo, podemos estar convencidos de que la ficción de gases que se aproximan más al gas ideal que los realmente presentes en la Naturaleza no debe conducir a una violación de los teoremas térmicos generales. Según la ecuación de estado clásica, tendrían no obstante, como se ha dicho, que darse valores de entropía negativos en estados por principio realizables. Tenemos pues que rechazar por principio la ecuación de estado clásica y considerarla una ley límite de forma similar a la ecuación de radiación de WIEN, por ejemplo.

§ 3. Consideración dimensional. Método utilizado a continuación.

De (1) se deduce que ρ no tiene dimensiones. De aquí podemos sacar conclusiones sobre la estructura de la función ρ si suponemos que ρ no contiene ninguna otra

20

constante con dimensiones que la constante h de PLANCK. Se deduce entonces, de forma conocida, que ρ tiene que ser de la forma

$$\rho = \psi\left(\frac{L}{\kappa T}, \frac{m\left(\frac{V}{N}\right)^{\frac{2}{3}}\kappa T}{h^2}\right), \tag{2}$$

donde ψ es una función universal desconocida de dos variables adimensionales. La función ψ está sujeta a la condición

$$\frac{V}{h^3}\int \rho d\Phi = N, \tag{3}$$

siendo

$$d\Phi = \int_{L}^{L+dL} dp_1 dp_2 dp_3 = 2\pi(2m)^{\frac{3}{2}} L^{\frac{1}{2}} dL. \tag{4}$$

Más no se puede concluir a partir de consideraciones dimensionales. Sin embargo, la función ψ de dos variables se puede determinar sin hacer hipótesis dudosas, de modo que sólo quede sin determinar una función de una variable. Esto se puede lograr de dos maneras independientes, extrayendo de las dos afirmaciones las conclusiones:

1. La entropía de un gas no cambia en una compresión adiabática infinitamente lenta.
2. En un gas ideal, incluso en presencia de un campo de fuerzas externo estático conservativo, existe un estado estacionario en el que impera en todas partes la distribución de velocidades buscada.

Se supone que estas dos afirmaciones son válidas si se desprecia el efecto de las colisiones entre las moléculas. Son estas, sin embargo, debido al desprecio por principio de las colisiones, dos suposiciones indemostrables; pero son muy naturales, y su verosimilitud se hace además probable por el hecho de que ambas conducen al mismo resultado y de que, en el caso límite de anulación de la influencia cuántica, conducen a la distribución MAXWELL.

§ 4. Compresión adiabática

Supongamos que el gas está encerrado en un recipiente paralelepipédico de longitudes l_1, l_2, l_3 y que la distribución de velocidades es isótropa, pero por lo demás arbitraria. Las colisiones con la pared son elásticas. Entonces la distribución de estados no se modifica con el tiempo. Supongamos que esta distribución viene dada por

$$dn = \frac{V}{h^3}\rho d\Phi, \tag{5}$$

donde ρ es una función dada de L arbitraria.

Si movemos las paredes infinitamente despacio de forma adiabática, de modo que

$$\frac{\Delta l_1}{l_1} = \frac{\Delta l_2}{l_2} = \frac{\Delta l_3}{l_3} = \frac{1}{3}\frac{\Delta V}{V}, \tag{6}$$

21

la distribución sigue siendo isótropa, es decir, de la forma (5). ¿Cómo cambia la distribución?

Si $|p_1|$ es el valor absoluto de p_1 de una molécula, se obtiene entonces fácilmente

$$\Delta|p_1| = -|p_1|\frac{\Delta l_1}{l}. \tag{7}$$

aplicando las leyes de la colisión elástica.

Ecuaciones análogas tienen validez para $\Delta|p_2|$ y $\Delta|p_3|$. A partir de aquí, teniendo en cuenta (7), se obtiene

$$\Delta L = \frac{1}{m}(|p_1|\delta|p_1| + \cdot + \cdot) = -\frac{2}{3}L\frac{\Delta V}{V}. \tag{8}$$

De (4) se deduce además

$$\Delta d\Phi = 2\pi(2m)^{\frac{3}{2}}\left(L^{\frac{1}{2}}\Delta dL + \frac{1}{2}L^{-\frac{1}{2}}\Delta L dL\right),$$

o según (8):

$$\Delta d\Phi = -d\Phi\frac{\Delta V}{V} \tag{9}$$

y por tanto también

$$\Delta(Vd\Phi) = 0. \tag{10}$$

En todas estas fórmulas, Δ representa el cambio que experimenta la magnitud en cuestión como consecuencia del cambio adiabático de volumen.

Ahora bien, el número dN de moléculas consideradas en (5) no sufre ningún cambio durante el cambio adiabático de volumen. Por lo tanto es

$$0 = \Delta dn = \Delta(V\rho d\Phi)$$

o debido a (10)

$$\Delta\rho = 0\,. \tag{11}$$

Consideremos ahora la entropía del gas cuya distribución de estados viene dada por (5). Suponemos que esta entropía se compone aditivamente de partes que corresponden a los rangos individuales de energía dL. En la teoría de la radiación, esta hipótesis es análoga a aquella de que la entropía de una radiación se compone aditivamente a partir de sus componentes cuasimonocromáticos. Equivale a suponer que pueden introducirse paredes semipermeables para moléculas de diferentes rangos de velocidad [1]. Según esta hipótesis, tenemos que atribuir la entropía

$$\frac{dS}{\kappa} = \frac{V}{h^3} s(\rho, L) d\Phi \tag{12}$$

a un gas cuyas moléculas están distribuidas isotrópicamente y pertenecen al rango de momento $d\Phi$, donde s es una función provisionalmente desconocida de dos variables.

[1] Se puede suponer que tales paredes semipermeables se crean mediante campos de fuerza conservativos.

22

En la compresión adiabática considerada anteriormente, esta entropía debe permanecer inalterada; por lo tanto

$$\Delta dS = 0$$

o debido a (7) y (10)

$$0 = \Delta s = \frac{\partial s}{\partial \rho}\Delta\rho + \frac{\partial s}{\partial L}\Delta L\,.$$

De aquí se sigue, por (11)

$$\frac{\partial s}{\partial L} = 0\,, \tag{13}$$

por lo que s es función de ρ únicamente.

Estableceremos ahora la condición para que un gas esté en equilibrio termodinámico con respecto a la distribución de velocidades. Para ello, la entropía

$$\frac{S}{\kappa} = \frac{V}{h^3}\int s d\Phi$$

debe ser un máximo con respecto a todas las variaciones de ρ que satisfagan las dos condiciones

$$\delta\left\{\frac{V}{h^3}\int \rho d\Phi\right\}=0$$

y

$$\delta\left\{\frac{V}{h^3}\int L\rho d\Phi\right\}=0\,.$$

La ejecución de la variación proporciona la condición

$$\frac{\partial s}{\partial \rho}=AL+B\,, \tag{14}$$

donde A y B son independientes de L. Pero como s, y por tanto también $\frac{\partial s}{\partial \rho}$, es una función sólo de ρ, esta ecuación puede resolverse para ρ y obtener

$$\rho=\Psi(AL+B)\,, \tag{15}$$

donde Ψ es una función desconocida. Por supuesto, A y B pueden depender de κT, V/N, m y h.

La magnitud A puede determinarse aplicando el teorema de la entropía a un calentamiento isopícnico infinitesimal del gas. Si se llama E a la energía del gas y D a los cambios que ocurren durante este proceso, se tiene de entrada

$$DE=TdS=\frac{V}{h^3}\int LD\rho d\Phi=\frac{V\kappa T}{h^3}\int Dsd\Phi\,.$$

23

Como, según (14), es

$$Ds=D\rho(AL+B)$$

y como al permanecer constante el número de moléculas es

$$\int D\rho d\Phi=0\,,$$

se obtiene

$$\int LD\rho d\Phi(1-\kappa TA)=0$$

o

$$A=\frac{1}{\kappa T}\,.$$

En vez de (15) resulta pues

$$\rho = \Psi\left(\frac{L}{\kappa T} + B\right). \tag{15a}$$

§ 5. Gas en un campo de fuerzas conservativo.

Supongamos que un gas se encuentra en equilibrio dinámico bajo la acción de un campo de fuerzas conservativo. La energía potencial Π de una molécula es función de la posición. Sea ρ de nuevo la densidad molecular referida al espacio de fase reducido de seis dimensiones. Volvemos a despreciar las colisiones entre moléculas y suponemos que el movimiento de la molécula individual tiene lugar bajo la influencia del campo de fuerza externo según la mecánica clásica. La condición de que el movimiento sea estacionario proporciona entonces la condición

$$\sum_i \left(\frac{\partial(\rho \dot{x}_i)}{\partial x_i} + \frac{\partial(\rho \dot{p}_i)}{\partial p_i}\right) = 0. \tag{16}$$

De aquí, teniendo en cuenta las ecuaciones de movimiento de la molécula

$$\dot{x}_i = \frac{1}{m} p_i$$
$$\dot{p}_i = -\frac{\partial \Pi}{\partial x_i}$$

se sigue, en forma conocida,

$$\frac{\partial \rho}{\partial x_i} \dot{x}_i + \frac{\partial \rho}{\partial p_i} \dot{p}_i = 0. \tag{16a}$$

Por tanto, ρ es constante a lo largo de la trayectoria. Como, además, debido a la isotropía de la distribución de equilibrio, ρ sólo puede contener las p_i en la combinación L, ρ tiene que poder representarse en la forma

$$\rho = \Psi^*(L + \Pi) \tag{17}$$

Dado que en los distintos puntos de nuestro gas imperan distribuciones de equilibrio que corresponden a distintos valores de V a la misma temperatura, la ecuación (17) expresa a la vez la forma en la que la densidad de fase ρ depende de V, en tanto que Π es función de V.

24

§ 6. Conclusiones sobre la ecuación de estado del gas ideal.

Si escribimos detalladamente los resultados de los análisis de los dos últimos parágrafos con respecto al problema de la ecuación de estado, en vez de (15a) y (17) tenemos que escribir

$$\rho = \Psi\left(h, m, \frac{L}{\kappa T} + B\right), \tag{15b}$$

$$\rho = \Psi^*(h, m, \kappa T, L + \Pi). \tag{17b}$$

A, B y Π son funciones universales todavía desconocidas de h, m, κT, V. Ψ y Ψ^* son funciones *universales* adimensionales en esta notación. Cada uno de estos resultados muestra ahora que la ecuación (2) obtenida de la consideración dimensional debe especializarse de la siguiente manera:

$$\rho = \psi\left(\frac{L}{\kappa T} + \chi\left(\frac{m\left(\frac{V}{N}\right)^{\frac{2}{3}}\kappa T}{h^3}\right)\right). \tag{18}$$

ψ y χ son aquí dos funciones universales, cada una de una variable adimensional. Las dos funciones ψ y χ están vinculadas por (3), de modo que el resultado en realidad sólo contiene la función desconocida ψ. De (2), (3) y (4) se obtiene la relación

$$\int_{x=0}^{x=\infty} \psi(x+\chi)x^{\frac{1}{2}}dx = \frac{Nh^3}{2\pi(2m\kappa T)^{\frac{3}{2}}V}. \tag{19}$$

Si se da la función ψ, se puede calcular el segundo miembro de la ecuación para cada valor de χ; por inversión, también se obtiene χ como función del segundo miembro. Así que el problema se reduce de hecho a la cuestión de la función ψ.

§ 7. Relación de estos resultados con la teoría clásica y con la teoría cuántica del gas ideal dada por mí.

Examinaremos el caso en el que la constante h sale de la ley de distribución. Para abreviar, ponemos

$$u = \frac{h^3 N}{(m\kappa T)^{\frac{3}{2}}V}, \qquad \upsilon = \frac{L}{\kappa T}.$$

De (1) y (18) se ve que h se elimina de la expresión de dn sólo si $\frac{1}{u}\psi$ es independiente de u. En este caso llamaremos a esta función $\overline{\psi}(\upsilon)$. Si la función ϕ se elige adecuadamente, tiene entonces que tener validez una ecuación de la forma

$$\psi(\upsilon + \phi(u)) = u\overline{\psi}(\upsilon). \tag{20}$$

Si se toma el logaritmo de esta ecuación y la diferenciamos dos veces (con respecto a u y υ), se percibe fácilmente que lg ψ tiene que ser una función lineal. También ϕ se obtiene entonces fácilmente. Se ve que ψ tiene que ser de hecho la función exponencial (distribución de velocidad de MAXWELL). –

A la teoría clásica corresponde el planteamiento

$$\psi(\upsilon) = e^{-\upsilon}, \tag{21}$$

a la teoría estadística desarrollada por mí el planteamiento

$$\psi(\upsilon) = \frac{1}{e^{\upsilon} - 1}. \tag{22}$$

En vez de la función exponencial con exponente negativo aparece pues la función de Planck [1]. He demostrado en un artículo publicado recientemente que el planteamiento (22), a diferencia de (21), satisface el teorema de NERNST.

Con el presente estudio se han alcanzado dos objetivos. En primer lugar, se ha encontrado una condición general (ecuación (18)) que debe satisfacer cualquier teoría del gas ideal. En segundo lugar, de lo anterior se deduce que la ecuación de estado derivada por mí no se ve perturbada por la compresión adiabática ni por campos de fuerza conservativos.

[1] Esto se deduce fácilmente de (18), (20) y (21) del artículo citado arriba.

FEBRERO

Carta de Erwin Schrödinger a Einstein

Zúrich, Huttenstrasse 9, 5 de febrero de 1925.

Acabo de leer su interesante ensayo sobre la degeneración de los gases y topo con una seria preocupación. ¿Puedo explicársela?

Me desconcertaba el hecho de que la distribución (11) p. 263 no coincide *exactamente* con la distribución de Boltzmann, que desde su famoso trabajo sobre la radiación de 1917 se considera exactamente válida también en teoría cuántica. Consideraré ahora la primera ecuación (9). Si he entendido bien, p_r^s es la probabilidad de que la celda s-ésima contenga justamente r moléculas. Esto vale realmente para *cualquier* p_r^s que venga determinada por la condición de máximo, porque las distribuciones notablemente desviadas son muy improbables. Si n_s es el número medio de moléculas por celda «en la zona s», entonces la probabilidad de un número de moléculas r es, según una fórmula conocida,

$$\frac{(n_s)^r e^{-n_s}}{r!}$$

Si comparo esto con la primera ecuación (9) (centrándome inicialmente sólo en la dependencia de r), entonces (9) indica correctamente la dependencia exponencial, ¡pero falta $r!$ en el denominador. Esto también está relacionado con el hecho de que el factor β^s no es e^{-ns}, sino (aproximadamente) $1- n_s$, el valor aproximado para e^{-ns} con n_s pequeño. Me parece que la ausencia de $1/r!$ no es legítima, sino obviamente causada por las aproximaciones de Stirling en la página anterior. En cierto sentido, la fórmula sólo es correcta para $r = 1$; *en realidad* se desprecian los casos en los que hay *más* moléculas por celda. La fórmula (4) también da esta impresión, por pura sensación. ¡Si ahora añadimos el denominador $r!$ a (9), entonces en lugar de (11) obtenemos:

$$n^s = \sum_r r\beta_s e^{-\alpha^s r} = -\beta_s \frac{d}{d\alpha_s}(e^{e^{-\alpha_s}}) = \beta_s e^{-\alpha_s} e^{e^{-\alpha_s}}$$

y en lugar de (10):

$$1 = \sum_r \beta_s \frac{e^{-\alpha_s r}}{r!} = \beta_s e^{e^{-\alpha_s}};$$

con $n_s = e^{-\alpha}$.

La contradicción frente al principio de Boltzmann desaparece así, y creo que todas las desviaciones del gas ideal, que dependen esencialmente de este –1 en el denominador de la fórmula (11), también desaparecen.

No creo que mi exigencia del denominador $r!$ sea injustificada, pues dudo mucho que las desviaciones del gas ideal calculadas a continuación tengan significado real ni aun como consecuencias teóricas; creo que propiamente sólo son credencial de una aproximación no en todos los casos suficiente. De hecho, aparecen cuando (a baja temperatura) las n_s, en parte, alcanzan el orden de magnitud 1, de modo que ya no se puede hacer abstracción de la aparición de celdas con ocupación múltiple.

Le ruego me disculpe en caso de que haya cometido un craso error en mi razonamiento y le haya hecho perder el tiempo innecesariamente. Me tranquiliza que no le costará mucho esfuerzo descubrirlo.

Reciba, respetado profesor, el más cordial saludo de su siempre sincero devoto

Erwin Schrödinger

[*TCPAE*. Volume 14: The Berlin Years: Writings & Correspondence, April 1923-May 1925. Doc. 433, p. 662-663]

Einstein, contesta a Schrödinger:

Carta de Einstein a Erwin Schrödinger

Berlín, 28 de febrero de 1925

Estimado colega:

Hasta hoy no he tenido tiempo de responder a su carta del 5 de febrero. Su acusación no es injustificada, aunque no haya ningún error en mi artículo. En la estadística de Bose que utilizo, los cuantos y las moléculas no se tratan como *independientes entre sí*. Esta es la razón por la que la fórmula

$$w_r = \frac{(n_s)^r e^{-n_s}}{r!}$$

no tiene validez. Olvidé subrayar claramente que aquí se utiliza una estadística especial, que no puede justificarse provisionalmente más que por el éxito:

La complexión se caracteriza especificando el número de moléculas presentes en cada celda individual. El número complexiones así definido debería ser decisivo para la entropía. En este proceso, las moléculas no parecen localizarse independientemente unas de otras, sino que tienen preferencia por situarse junto a otra molécula en la misma celda. Esto es fácil de visualizar con números pequeños. Por ejemplo, 2 cuantos, 2 celdas:

Bose-Statistik

	1. Zelle I	2. Zelle I
1. Fall	:	–
2. Fall	•	•
3. Fall	–	:

unabhängige Molekule

	1. Zelle I	2. Zelle I
1. Fall	I II	–
2. Fall	I	II
3. Fall	II	I
4. Fall	–	I II.

Estadística de Bose

	1ª celda	2ª celda
1er caso		
2º caso		
3er caso		

Moléculas independientes

	1ª celda	2ª celda
1er caso		
2º caso		
3er caso		
4º caso		

Según Bose, las moléculas se agrupan con una frecuencia relativamente mayor que según la hipótesis de la independencia estadística de las moléculas. He expuesto el asunto en un 2º artículo aparecido luego en los *Sitzungsberichte* (Actas de Sesiones). Se trata allí también el caso de la estadística clásica. En un tercer artículo, actualmente en imprenta, se hacen consideraciones independientes de la estadística y análogas a la interpretación de la ley de desplazamiento de Wien. Estos últimos resultados me han convencido firmemente de que voy por buen camino.

Desde luego, no hay errores en mis cálculos.

Mi saludo cordial. Suyo

A. Einstein

P. S. No hay contradicción con el artículo de 1917, ya que la distribución de Maxwell sigue existiendo con una dilución suficiente de las moléculas; sin embargo, con una mayor densidad molecular mis consideraciones anteriores ya no pueden pretender ser correctas. Aquí es donde entra en juego la interacción entre las moléculas, que por el momento se ha tenido en cuenta estadísticamente, pero cuya naturaleza física sigue siendo un misterio.

[*TCPAE*. Volume 14: The Berlin Years: Writings & Correspondence, April 1923-May 1925. Doc. 446, p. 677-678]

—

JULIO

El 9 de julio presenta Einstein un trabajo sobre teoría unificada de campos: «Einheitliche Feldtheorie von Gravitation und Elektrizität». Preußische Akademie der Wissenschaften (Berlin). Physikalisch-mathematische Klasse. *Sitzungsberichte* (1925): pp. 414-419. Born, se entera incluso antes de su publicación en los *Sitzungsberichte* (4 de septiembre).

—

La relevancia informativa de la siguiente carta EB ([49]) *exige* ponerla íntegra.

Carta de Born a Einstein [49]

Göttingen, 15 de julio de 1925

Querido Einstein:

Tus queridas líneas nos han alegrado mucho. Mi mujer se marchó anteayer con los chicos a Silvaplana, en Engadina, y seguro que te escribe desde allí. Mientras, diré algo respecto a nosotros.

De entrada, en lo que concierne a la física, tus amistosas palabras sobre mi actividad derivan de tu bondad. Soy, empero, consciente de que lo que hago es perfectamente banal, comparado con tus ideas o con las de Bohr. Mi caja de ideas está totalmente desvencijada, no contiene gran cosa y, lo que hay, cruje aquí y allá, no tiene forma fija y cada vez se complica más. Tu cerebro, lo sabe el cielo, parece más pulcro. Sus productos son claros, simples y pertinentes. Los entendemos, si acaso, años más tarde. Así ha ocurrido también con tu degeneración de gases y la estadística de Bose. Por fortuna ha venido Ehrenfest y nos ha aportado algo de luz. He leído entonces el artículo de Louis de Broglie y paulatinamente he descubierto tus mañas. Creo ahora que la «teoría ondulatoria de la materia» puede llegar a ser asunto de mucho peso. Las reflexiones de nuestro Sr. Elsasser no están todavía en orden; de entrada, resulta que se ha equivocado a base de bien en el cálculo –aunque creo que se puede salvar lo esencial de sus observaciones, en particular la que atañe a la reflexión de los electrones. También trabajo algo en las ondas de De Broglie. Me parece que existe una relación (de naturaleza completamente formal) entre éstas y esa explicación mística de la reflexión, la difracción y la interferencia por cuantificación «espacial» que han propuesto Compton y Duane y que Epstein y Ehrenfest han estudiado más de cerca.

Pero me intereso sobre todo por el cálculo diferencial, también muy misterioso, que parece esconderse detrás de la teoría cuántica de la estructura del átomo. Junto con Jordan, estudio sistemáticamente, aunque con escaso despliegue intelectual, todas las coincidencias imaginables entre los sistemas multi-periódicos clásicos y los átomos cuánticos. A este respecto aparecerá pronto un artículo en el que estudiamos la influencia de campos no periódicos sobre los átomos. Es un trabajo preliminar de una investigación de los procesos de colisión atómica (extinción de la fluorescencia, fluorescencia sensibilizada según Franck, etc.); se pueden comprender, me parece a mí, los rasgos esenciales del fenómeno. El diferente comportamiento de los átomos depende fundamentalmente de si tienen un momento dipolar (promedio) o sólo un momento cuadrupolar o incluso simetría eléctrica superior. En cuanto a tus objeciones respecto al trabajo de Jordan, me siento todavía muy inseguro; pero como abordo ahora estas cosas desde mi (algo embrollado) punto de vista, las entenderé en breve. Desde luego, globalmente tienes tú razón, sólo que el parecer de Jordan descansa en una consideración algo distinta, ya que él permite haces de rayos coherentes, mientras que tú hablas sólo de incoherentes. Aun cuando Jordan no tenga razón en esto, lo que ahora mismo me parece muy probable, es una cabeza especialmente inteligente y aguda, que piensa con mucha mayor rapidez y seguridad que yo. En fin, mis jóvenes Heisenberg,

Jordan y Hund son brillantes. A menudo tengo que emplearme a fondo sólo para poder seguir sus reflexiones. Dominan maravillosamente la llamada «zoología de los términos». El nuevo trabajo de Heisenberg, que aparecerá pronto, tiene un aire muy místico, pero es sin duda exacto y profundo; con esa base, Hund ha puesto en orden todo el sistema periódico, ese embrollo de multipletes. También este trabajo saldrá pronto.– Al mismo tiempo hago también cálculos en la teoría de redes con otros alumnos menos independientes. Tenemos listo un trabajo (de un tal Bollnow) en el que se calcula, con muy buen resultado, la relación entre los ejes cristalográficos de dos cristales del sistema tetragonal, rutilo y anatas, dos formas de TiO_2, basándose en la exigencia de que la red esté en equilibrio electrostático.

Me ha entusiasmado tu comunicación sobre la, por fin feliz, unificación de gravitación y electrodinámica; el principio de acción que das ahí parece verdaderamente muy sencillo. Jordan y yo tenemos la intención de «variar»-lo cuando tengamos tiempo. Pero te rogamos cordialmente que nos envíes enseguida tu trabajo al respecto. Este asunto es más profundo que nuestro trabajo de filigrana. No me atrevería nunca a emprenderlo.

Este semestre hemos tenido otra vez muchas visitas. Kramers estuvo 8 días y, como he dicho antes, estuvo además Ehrenfest, con quien hemos congeniado mucho, mi mujer en particular. La semana pasada estuvo Kapitza, de Cambridge, y luego Joffé, de Leningrado, que nos ha causado una impresión enorme –ha hecho preciosos trabajos y no ha publicado casi nada. Ahora está Philipp Frank, con su mujer, y muchos otros. Para nosotros ha sido muy estimulante, pero a menudo excesivo para nuestras mujeres. Así que ellas se marchan también; mi mujer y la Sra. Courant ya se han ido y la Sra. Frank se va en dos días. Pero no saques la conclusión de que vuestra visita no fuese bienvenida. Sería una alegría muy especial. Sólo que tendría que caer en un momento de mayor calma. La mayor parte de los extranjeros están ya de vacaciones en julio y se nos echan encima entonces en hordas. Ya conoces tú ese jaleo. Mañana hay otra vez follón; se inaugura el nuevo instituto de hidrodinámica de Prandtl, con visita guiada, cena de gala, concierto. Lo que me cuesta a mí casi una jornada de trabajo. Pero también yo me largo pronto. El 30 de julio daré una conferencia en Tübingen, donde están Gerlach y Landé, y viajo luego a Engadina a reunirme con los míos. En octubre iré a Cambridge, me ha invitado Kapitza; y en invierno iremos todos al congreso de física de Moscú, Joffé quiere pagarnos el viaje. Así que, como ves, también nosotros visitamos el mundo, aunque no sea Japón o Argentina.– Otra cosa más: hoy, Kienle ha informado en el coloquio de astronomía de un nuevo estudio, muy bello (creo que de Mount Wilson): el compañero de Sirio es una de esas misteriosas enanas que tienen una masa gigantesca, de densidad 28000, y que, por tanto, según Eddington, es un amasijo de núcleos desnudos y electrones. Se ha demostrado ahora la existencia de un corrimiento al rojo (de alrededor de 20 km/seg) que corresponde exactamente a la enorme densidad (¡el radio pequeño!). En fin, termino.

Saluda cordialmente a tu esposa e hijos.

Tuyo,

Born

Comentario adicional de Born

Esta carta es en cierto modo la de contenido más rico y (para mí) la más importante. La teoría de la degeneración de los gases, concebida por el físico indio Bose, que Einstein hizo propia de inmediato y desarrolló en un importante artículo, aplicaba el comportamiento estadístico de la radiación, considerada como un gas de fotones que obedecía una estadística diferente de la habitual (de Boltzmann), a los gases ordinarios, que debían por tanto presentar a bajas temperaturas divergencias con relación al comportamiento normal (degeneración). Sin embargo, lo más importante era el lazo establecido con la teoría ondulatoria de la materia de De Broglie. Por instigación de Einstein, estudié ésta (que ya había sido publicada unos años antes). Por extraña coincidencia, llegó justo en ese momento una carta del físico americano Davisson, que, al estudiar la reflexión de electrones sobre superficies metálicas, había obtenido resultados, incomprensibles para él, que consignó en gráficos y tablas. Al estudiar esta carta con Franck, nos vino la idea de que los extraños máximos de las curvas de Davisson podrían explicarse eventualmente por la difracción de las ondas de materia electrónicas en la red cristalina, y una estimación grosera, con ayuda de las fórmulas de De Broglie, nos dio el valor exacto de la longitud de onda. Encargamos el desarrollo de esta idea a nuestro alumno Elsasser, que sólo había trabajado experimentalmente con Franck, pero quería pasarse a la teoría. Aun cuando en la carta (nº 49) se habla de dificultades, Elsasser tuvo finalmente éxito. Su trabajo debe ser considerado como la primera confirmación de la mecánica ondulatoria de De Broglie.

El nexo que yo suponía entre la «cuantificación espacial» de Duane y Compton y la condición de los cuantos de impulso de De Broglie existe de hecho: la condición cuántica de impulso de De Broglie es exactamente la misma, sólo que establecida de forma diferente y más plástica. Mientras que Duane habla de la disociación ideal de una radiación en componentes armónicos, de Broglie considera estos como ondas «materiales» reales que deben sustituir a las partículas. Más tarde interpreté yo la relación entre partículas y ondas de una forma diferente, que es hoy casi generalmente aceptada: las ondas representan la propagación de la probabilidad de presencia de una partícula. Pero este no es sitio para abordar este asunto en detalle.

Tampoco quiero entrar aquí en el «misterioso» cálculo diferencial (así, por ejemplo, M. Born y P. Jordan, «*Zeitschrift für Physik*», 33, 1925, pág. 32) del que se vale la teoría cuántica de los átomos. Remito al libro de Van der Waerden*, que contiene todas las comunicaciones más importantes sobre la génesis de la mecánica cuántica y una introducción detallada a las relaciones entre ellas.

* B. L. van der Waerden, «Sources of Quantum Mechanics», Ámsterdam 1967. Véase también Friedrich Hund, «Geschichte der Quantentheorie» (Historia de la teoría de los cuantos), Mannheim, 1967.

El encomio a mis jóvenes colaboradores Heisenberg, Jordan y Hund era bien merecido. Se cuentan hoy entre los físicos de primer orden.

La expresión «zoología de términos» representaba, en nuestra jerga, la acumulación de datos experimentales sobre rayas espectrales y su análisis en «términos» que designan, según Bohr, los niveles de energía de los átomos excitados. No existía ninguna teoría satisfactoria para las regularidades descubiertas; teníamos que admitirlas como hechos empíricos, de la misma forma que se admiten en zoología las características de las especies.

Vino entonces lo principal: unas líneas sobre el nuevo trabajo de Heisenberg, del que se ha dicho que parece místico, aun siendo cierto. Se trata sin duda del artículo (*Zeitschrift für Physik*, nº 35, 1925, pág. 879) en el que formula e ilustra, con ayuda de ejemplos sencillos, los principios fundamentales de la mecánica cuántica. Como mi recuerdo de esa época, que anunciaba una revolución en el pensamiento científico, está un poco machacado, le he escrito al profesor van der Waerden, quien ha confirmado mi sospecha. En su libro se puede consultar documentalmente con todo detalle la secuencia de los acontecimientos. Cito aquí sólo aquello que guarda relación con la carta a Einstein.

Heisenberg me dio su manuscrito el 11 o el 12 de julio, rogándome que juzgase si debía publicarse o si, como él no le sacaba más partido, quería yo hacer algo con él. Como estaba cansado, no lo leí inmediatamente, aunque sí, en todo caso, antes del 15 de julio, en que le escribí a Einstein. La seguridad con la que afirmo que este texto era exacto, a pesar de su resonancia mística, parece mostrar que, en esa fecha, yo había descubierto ya que el extraño cálculo de Heisenberg no era otra cosa que el bien conocido cálculo matricial; también sabía ya pues que la transcripción de Heisenberg de la condición cuántica ordinaria representa los elementos diagonales de la ecuación matricial

$$pq - qp = \frac{h}{2\pi i}$$

y que, por consiguiente, los restantes elementos de la magnitud $pq - qp$ tenían que ser nulos. Siendo así, fui lo suficiente prudente para no decirle nada a Einstein; había que probar primero que los elementos no diagonales se anulaban. Cómo lo logré, con ayuda de Jordan, y cómo nació entonces el trabajo de los tres hombres, Heisenberg, Jordan y yo, puede leerse en el libro de van der Waerden.

El citado trabajo de Hund sigue a otra investigación de Heisenberg escrita poco antes.

El hecho de haberme metido en estos asuntos con tanto detalle, aunque tengan tan poco que ver con Einstein, reside en que siento cierto orgullo en haber sido el primero en transcribir a símbolos «no conmutativos» una fórmula de mecánica cuántica.

La carta trata aún de otros dos asuntos científicos importantes: de la teoría de campo de Einstein, que debía unificar electrodinámica y gravitación, y del compañero de Sirio. Yo creo que mi entusiasmo respecto al éxito de la idea de Einstein era auténtico. Por aquel entonces todos teníamos por alcanzable y muy importante su objetivo. Einstein lo persiguió hasta el fin de su vida. A muchos de nosotros nos asaltaron dudas cuando, junto a estos dos tipos de campo, aparecieron en la física otros, en primer lugar el campo de mesones de Yukawa*, que es una generalización inmediata del campo electromagnético y sirve para describir las fuerzas nucleares, y luego los campos que pertenecen a otras partículas elementales. A partir de ahí tendimos, a ese respecto, a considerar los incesantes esfuerzos de Einstein como un trágico extravío.

Algunos comentarios respecto a la relación de visitantes de Göttingen. Kramers era holandés, alumno de Bohr, un hombre muy dotado y encantador. Ehrenfest ya ha sido evocado en estas páginas. Kapitza era un físico ruso que, en su juventud, había sorteado la revolución bolchevique yendo a Inglaterra y había estudiado en Cambridge. Hizo una gran carrera, fue colaborador del Laboratorio Cavendish y Fellow del Trinity College; sus visitas a Göttingen fueron en esta época. Posteriormente, regresó a Rusia, hizo las paces con los comunistas y consiguió altos honores. Joffé, una generación más viejo, se quedó en Rusia y fue considerado como el físico puntero de la Unión Soviética. Philipp Frank era físico teórico en la Universidad de Praga y marchó posteriormente a América. En Praga trabó amistad con Einstein escribiendo más tarde una fascinante biografía de Einstein.

Kienle era profesor de Astronomía en Göttingen. La conferencia citada en mi carta se refiere a una observación astronómica que puede considerarse como una confirmación de la antes citada teoría del gas de Bose-Einstein en la que se predice una «degeneración» del gas del tipo descrito. Pero como esta relación no se menciona en la carta, me gustaría creer que no estaba clara ni para Kienle ni para nosotros.

[* Hideki Yukawa, Premio Nobel de Física 1949 por su predicción de la existencia de los mesones.]

[*TCPAE*. Volume 15: The Berlin Years: Writings & Correspondence, June 1925-May 1927 Page 59. Doc. 17.]

LA MECÁNICA MATRICIAL

La física sigue cambiando sus perspectivas. Heisenberg se propone aquí «desarrollar una mecánica cuántica teórica, análoga a la mecánica clásica y en la que no figuren más que relaciones entre magnitudes observables». En todo caso, viene también a complicar formalmente las cosas.

Werner Heisenberg. «***Über quantentheoretische Umdeutung Kinematischer und mechanischer Beziehungen.***» *Zeitschrift für Physik. Bd. XXXIII.* (Eingegangen an 29. Juli 1925). («Reinterpretación cuántica de las relaciones cinemáticas y mecánicas». Por W. Heisenberg en Göttingen. (Registro de entrada: 29 de julio de 1925)

879

Reinterpretación cuántica de las relaciones cinemáticas y mecánicas.

En este trabajo se va a intentar establecer los fundamentos de una Mecánica Cuántica que esté basada exclusivamente en relaciones entre magnitudes en principio observables.

Es sabido que, a las reglas formales que se usan en la Mecánica Cuántica para el cálculo de magnitudes observables (por ejemplo, la energía en el átomo de hidrógeno), se les puede hacer la grave objeción de que esas reglas de cálculo contienen, como ingrediente esencial, relaciones entre magnitudes que, en apariencia, no pueden, por principio, ser observadas (como, por ejemplo, la posición o el periodo orbital del electrón) y que, por tanto, esas reglas carecen evidentemente de cualquier fundamento físico nítido, a menos que quiera uno seguir aferrándose a la esperanza de que esas magnitudes hasta ahora inobservables puedan quizá hacerse accesibles experimentalmente más adelante. Esta esperanza podría considerarse justificada si las mencionadas reglas fuesen en sí mismas consistentes y aplicables a un dominio claramente definido de problemas de teoría cuántica. La experiencia muestra, sin embargo, que sólo el átomo de hidrógeno y el efecto Stark de este átomo se ajustan a las reglas formales de la teoría cuántica, pero que surgen ya dificultades de fundamento con el problema de los "campos cruzados" (átomo de hidrógeno en campo eléctrico y magnético de dirección diferente), que la reacción de los átomos ante campos que cambian periódicamente no puede describirse ciertamente mediante las mencionadas reglas y que, finalmente, la ampliación de las reglas cuánticas al tratamiento de átomos con varios electrones se ha evidenciado imposible. Se ha convertido en costumbre describir este fracaso de las reglas de la teoría cuántica, que se caracterizaban esencialmente por la aplicación de la mecánica clásica, como una desviación de la mecánica clásica. Sin embargo, esta descripción apenas puede considerarse significativa si se tiene en cuenta que ya la condición de frecuencia de Einstein-Bohr (de hecho, válida en general) representa un rechazo tan completo de la mecánica clásica, o mejor, desde el punto de vista de la teoría ondulatoria, de la cinemática en la que se basa esta mecánica, que incluso en los problemas más sencillos de teoría cuántica,

880

la validez de la mecánica clásica es absolutamente impensable. En esta situación parece más aconsejable abandonar toda esperanza de observar las magnitudes hasta ahora inobservables (como la posición y el período orbital del electrón), admitiendo al mismo tiempo que la concordancia parcial de las reglas cuánticas mencionadas con la experiencia es más o menos casual, e intentar desarrollar una mecánica cuántica teórica análoga a la mecánica clásica, en la que sólo se den relaciones entre magnitudes observables. Además de la condición de frecuencia, pueden considerarse como las más importantes aproximaciones iniciales a dicha mecánica cuántica la teoría de dispersión de *Kramer* [1]) y los trabajos basados en esta teoría [2]). En lo que sigue buscaremos resaltar algunas nuevas relaciones mecano-cuánticas y utilizarlas para el tratamiento completo de algunos problemas especiales. Nos limitaremos a problemas de un grado de libertad.

§ 1. En la teoría clásica, la radiación de un electrón en movimiento (en la zona de ondas, es decir, E ~ H ~ $1/r$) no sólo viene dada por las expresiones:

$$\mathfrak{E} = \frac{e}{r^3 c^2}[\mathfrak{r}[\mathfrak{r}\dot{\mathfrak{v}}]],$$

$$\mathfrak{H} = \frac{e}{r^2 c^2}[\dot{\mathfrak{v}}\mathfrak{r}]$$

sino que en una siguiente aproximación se añaden términos adicionales, por ejemplo de la forma

$$\frac{e}{r c^3}\dot{\mathfrak{v}}\mathfrak{v},$$

que puede llamarse «radiación cuadrupolar», y en una aproximación aún mayor términos, por ejemplo, de la forma

$$\frac{e}{r\,c^4}\,\dot{\mathfrak{v}}\,\mathfrak{v}^2;$$

de esta manera la aproximación puede llevarse tan lejos como se desee. (En lo anterior E y H son las intensidades de campo en el punto de referencia, *e* la carga del electrón, r la distancia del electrón al punto de referencia y v la velocidad del electrón).

Cabe preguntarse cómo deberían ser esos términos superiores en la teoría cuántica. Dado que en la teoría clásica las aproximaciones

[1]) H. v. Krammers, *Nature* **113**, 673, 1924.

[2]) M. Born, *ZS. f. Phys.* **26**, 379, 1924. H. A. Krammers und W. Heisenberg, *ZS. F. Phys.* **31**, 681, 1925. M. Born und P. Jordan, *ZS.f. Phys.* (En prensa.)

881

superiores pueden calcularse fácilmente si se da el movimiento del electrón o su representación de Fourier, cabría esperar algo similar en la teoría cuántica. Esta cuestión no tiene nada que ver con la electrodinámica, sino que es, y esto nos parece especialmente importante, de naturaleza puramente *cinemática*; podemos plantearla en la forma más sencilla del siguiente modo: Si, en vez de la magnitud clásica $x(t)$, se da una magnitud cuántica que la sustituya, ¿qué magnitud cuántica sustituye entonces a $x(t)^2$?

Antes de poder responder a esta pregunta, debemos recordar que en la teoría cuántica no era posible asignar al electrón un punto en el espacio en función del tiempo mediante magnitudes observables. Sin embargo, también en la teoría cuántica se puede asignar al electrón una radiación; esta radiación se describe en primer lugar por las frecuencias, que aparecen como funciones de dos variables, en teoría cuántica en la forma:

$$\nu(n, n-\alpha) = \frac{1}{h}\{W(n) - W(n-\alpha)\},$$

y en teoría clásica en la forma:

$$\nu(n,\alpha) = \alpha \cdot \nu(n) = \alpha \cdot \frac{1}{h}\frac{dW}{dn}.$$

(Se ha puesto aquí $n \cdot h = J$, una de las constantes canónicas).

Como características para comparar la teoría clásica con la cuántica con respecto a las frecuencias pueden apuntarse las relaciones de combinación:

clásica:

$$\nu(n,\alpha) + \nu(n,\beta) = \nu(n,\alpha+\beta)$$

cuántica:

$$\nu(n,n-\alpha) + \nu(n-\alpha, n-\alpha-\beta) = \nu(n, n-\alpha-\beta)$$

o

$$\nu(n-\beta, n-\alpha-\beta) + \nu(n, n-\beta) = \nu(n, n-\alpha-\beta)\,.$$

En segundo lugar, para describir la radiación son necesarias, además de las frecuencias, las amplitudes. Las amplitudes pueden entenderse como vectores complejos (cada uno con seis determinantes independientes) y determinan la polarización y la fase. Las amplitudes son también funciones de las dos variables n y α, de modo que la parte que atañe a la radiación se representa por la siguiente expresión:

cuántica:

$$Re\,\{\mathfrak{A}(n, n-\alpha)\, e^{i\,\omega(n,\, n-\alpha)t}\}. \qquad (1)$$

clásica

$$Re\,\{\mathfrak{A}_{\alpha}(n)\, e^{i\,\omega(n)\,.\,\alpha t}\}. \qquad (2)$$

882

La fase (contenida en U) no parece de entrada tener ningún significado físico en teoría cuántica, ya que las frecuencias de la teoría cuántica no son por lo general conmensurables con sus armónicos. Sin embargo, veremos inmediatamente que la fase también tiene un significado definido en la teoría cuántica análogo al de la teoría clásica. Si consideramos ahora una cierta magnitud $x(t)$ en teoría clásica, se la puede imaginar representada por un conjunto de magnitudes de la forma

$$\mathfrak{A}_{\alpha}(n)\, e^{i\,\omega(n)\,.\,\alpha t},$$

que, dependiendo de que el movimiento sea o no periódico, unidas a una suma o a una integral representan $x(t)$ así:

$$\left.\begin{aligned} x(n,t) &= \sum_{-\infty}^{+\infty}{}_{\alpha}\, \mathfrak{A}_{\alpha}(n)\, e^{i\,\omega(n)\,.\,\alpha t} \\ x(n,t) &= \int_{-\infty}^{+\infty} \mathfrak{A}_{\alpha}(n)\, e^{i\,\omega(n)\alpha t}\, d\alpha. \end{aligned}\right\} \qquad (2\,a)$$

Semejante unión de las correspondientes magnitudes cuánticas no parece posible sin arbitrariedad debido a la igualdad de status de las magnitudes n, $n-\alpha$ y por tanto no tiene sentido; sin embargo, el conjunto de las magnitudes

$$\mathrm{A}\,(n, n-\alpha)\, e^{i\omega(n,\, n-\alpha)t}$$

se puede interpretar como representante de la magnitud $x(t)$ y se puede entonces intentar responder a la pregunta planteada anteriormente: ¿Qué representa la cantidad $x(t)^2$?

La respuesta clásica es obviamente:

$$\mathfrak{B}_\beta(n)\, e^{i\omega(n)\beta t} = \sum_{-\infty}^{+\infty}{}^{\alpha}\, \mathfrak{A}_\alpha \mathfrak{A}_{\beta-\alpha}\, e^{i\omega(n)(\alpha+\beta-\alpha)t} \tag{3}$$

bzw.

$$= \int_{-\infty}^{+\infty} \mathfrak{A}_\alpha \mathfrak{A}_{\beta-\alpha}\, e^{i\omega(n)(\alpha+\beta-\alpha)t}\, d\alpha, \tag{4}$$

[bzw.: o]

con lo que, entonces

$$x(t)^2 = \sum_{-\infty}^{+\infty}{}^{\beta}\, \mathfrak{B}_\beta(n)\, e^{i\omega(n)\beta t} \tag{5}$$

bzw.

$$= \int_{-\infty}^{+\infty} \mathfrak{B}_\beta(n)\, e^{i\omega(n)\beta t}\, d\beta. \tag{6}$$

883

En términos de teoría cuántica, parece el supuesto más sencillo y natural sustituir las relaciones (3, 4) por las siguientes:

$$\mathfrak{B}(n, n-\beta)\, e^{i\omega(n,n-\beta)t} = \sum_{-\infty}^{+\infty}{}^{\alpha}\, \mathfrak{A}(n, n-\alpha)\, \mathfrak{A}(n-\alpha, n-\beta)\, e^{i\omega(n,n-\beta)t} \tag{7}$$

bzw.

$$= \int_{-\infty}^{+\infty} d\alpha\, \mathfrak{A}(n, n-\alpha)\, \mathfrak{A}(n-\alpha, n-\beta)\, e^{i\omega(n,n-\beta)t}; \tag{8}$$

y de hecho este tipo de composición resulta casi inevitablemente de la relación de combinación de las frecuencias. Si se hace esta suposición (7) y (8), se reconoce también que las fases de la A cuántica tienen tanto significado físico como los de la teoría clásica: sólo el punto de origen del tiempo y, por tanto, una constante de fase *común* a todas las A es arbitraria y sin significado físico; sin embargo, la fase de cada U *individual* está incluida esencialmente en la magnitud B [1]). Una interpretación geométrica de semejantes relaciones de fase cuánticas, en analogía con la teoría clásica, parece, de entrada, difícilmente posible.

Si nos preguntamos de nuevo por el representante de la magnitud $x(t)^3$, encontramos sin dificultad:

en clásica

$$\mathfrak{C}(n, \gamma) = \sum_{-\infty}^{+\infty} \sum_{-\infty}^{+\infty}{}^{\alpha,\beta}\, \mathfrak{A}_\alpha(n)\, \mathfrak{A}_\beta(n)\, \mathfrak{A}_{\gamma-\alpha-\beta}(n). \tag{9}$$

en cuántica

$$\mathfrak{C}(n, n-\gamma) = \sum_{-\infty}^{+\infty}\sum_{-\infty}^{+\infty}{}_{\alpha,\beta}\ \mathfrak{A}(n, n-\alpha)\,\mathfrak{A}(n-\alpha, n-\alpha-\beta)\,\mathfrak{A}(n-\alpha-\beta, n-\gamma) \quad (10)$$

o las correspondientes integrales.

De modo similar, todas las magnitudes de la forma $x(t)^n$ pueden representarse cuánticamente, y si se da cualquier función $f\,[x(t)]$, es obviamente posible encontrar el análogo cuántico siempre que esta función pueda desarrollarse en serie de potencias de x. Sin embargo, surge una dificultad esencial cuando consideramos dos magnitudes $x(t)$, $y(t)$ y preguntamos por el producto $x(t)y(t)$.

[1]) Véase también H. A. Krammer y W. Heisenberg, 1.c. En las expresiones utilizadas allí para el momento de dispersión inducido, entran esencialmente las fases.

884

Si $x(t)$ se caracteriza por A e $y(t)$ por B, se obtiene, como representación de $x(t) \cdot y(t)$:

en clásica

$$\mathfrak{C}_\beta(n) = \sum_{-\infty}^{+\infty}{}_\alpha\ \mathfrak{A}_\alpha(n)\,\mathfrak{B}_{\beta-\alpha}(n).$$

en cuántica

$$\mathfrak{C}(n, n-\beta) = \sum_{-\infty}^{+\infty}{}_\alpha\ \mathfrak{A}(n, n-\alpha)\,\mathfrak{B}(n-\alpha, n-\beta).$$

Aunque clásicamente $x(t) \cdot y(t)$ siempre es igual a $y(t)x(t)$, esto no tiene por qué ser necesariamente así en la teoría cuántica.– En casos especiales, por ejemplo al formar $x(t) \cdot x(t)^2$, no se presenta esta dificultad.

Si, como en la pregunta planteada al principio de este apartado, se trata de formaciones de la forma

$$\upsilon(t)\dot{\upsilon}(t),$$

entonces cuánticamente $\upsilon\dot{\upsilon}$ debería sustituirse por $\frac{\upsilon\dot{\upsilon}+\dot{\upsilon}\upsilon}{2}$ para lograr que $\upsilon\dot{\upsilon}$ aparezca como cociente diferencial de $\upsilon^2/2$. De manera similar, siempre se pueden dar promedios teórico-cuánticos naturales que, sin embargo, son hipotéticos en un grado aún mayor que las fórmulas (7) y (8).

Aparte de la dificultad que acabamos de describir, las fórmulas del tipo (7), (8) deberían bastar en general para expresar la interacción de los electrones en un átomo mediante las amplitudes características de los electrones.

§ 2. Después de estas consideraciones, que tenían por objeto la cinemática de la teoría cuántica, pasaremos al problema mecánico, cuyo objetivo es determinar A, v, W a partir de las fuerzas dadas del sistema. En la teoría vigente hasta ahora, este problema se resuelve en dos pasos

3. Integración de la ecuación del movimiento

$$\ddot{x} + f(x) = 0 \qquad (11)$$

2. Determinación de la constante de los movimientos periódicos por

$$\oint p dq = \oint m\dot{x} dx = J (= nh)$$

(12)

Si se pretende construir una mecánica cuántica lo más análoga posible a la mecánica clásica, probablemente sea muy obvio adoptar directamente en la teoría cuántica la ecuación de movimiento (11), para lo cual sólo es necesario –a fin de no apartarse del fundamento seguro

885

de las magnitudes por principio observables– sustituir las magnitudes $\ddot{x}, f(x)$ por sus representantes cuánticas conocidas del §1. En la teoría clásica, es posible buscar la solución de (11) utilizando x en series de Fourier o integrales de Fourier con coeficientes (y frecuencias) indeterminados; sin embargo, obtenemos generalmente en tal caso un número infinito de ecuaciones con un número infinito de incógnitas o ecuaciones integrales, que sólo pueden transformarse en sencillas fórmulas de recursión para la A en casos especiales. En teoría cuántica, sin embargo, dependemos provisionalmente de este tipo de solución de (11), ya que, como se ha comentado anteriormente, no se ha podido definir ninguna función cuántica directamente análoga a la función $x(n, t)$.

Esto tiene como consecuencia que la solución cuántica de (11) es de entrada sólo factible en los casos más simples. Antes de entrar en ejemplos tan sencillos, derivemos la determinación cuántica de la constante según (12). Supongamos, pues, que el movimiento sea (clásicamente) periódico:

$$x = \sum_{-\infty}^{+\infty} {}^{\alpha}\, a_\alpha(n) e^{i\alpha\omega_n t}; \qquad (13)$$

entonces es

$$m\dot{x} = m \sum_{-\infty}^{+\infty} a_\alpha(n) \,.\, i\alpha\omega_n e^{i\alpha\omega_n t}$$

y

$$\oint m\dot{x}\, dx = \oint m\dot{x}^2 dt = 2\pi m \sum_{-\infty}^{+\infty} {}^{\alpha}\, a_\alpha(n) a_{-\alpha}(n) \alpha^2 \omega_n.$$

Como, además, es $a_{-\alpha}(n) = \overline{a_\alpha(n)}$ (x debe ser real), resulta que

$$\oint m\dot{x}^2\,dt = 2\pi m \sum_{-\infty}^{+\infty}{}^{\alpha} |a_\alpha(n)|^2 \alpha^2 \omega_n. \qquad (14)$$

Hasta ahora, esta integral de fase se ha hecho habitualmente igual a un múltiplo entero de h, es decir, igual a $n \cdot h$; sin embargo, tal condición no sólo encaja de forma muy forzada en el cálculo mecánico, sino que parece arbitraria incluso desde el punto de vista hasta la fecha vigente en el sentido del principio de correspondencia; pues por correspondencia, los J se definen, salvo una constante aditiva, como múltiplos enteros de h y, en vez de (14), tendría que aparecer naturalmente:

$$\frac{d}{dn}(nh) = \frac{d}{dn} \cdot \oint m\dot{x}^2\,dt,$$

es decir

$$h = 2\pi m \cdot \sum_{-\infty}^{+\infty}{}^{\alpha} \alpha \frac{d}{dn}(\alpha\omega_n \cdot |a_\alpha|^2). \qquad (15)$$

886

Sin embargo, tal condición sólo fija las a_α salvo una constante, y esta indeterminación ha dado lugar empíricamente a dificultades en la aparición de medios números cuánticos.

Si pedimos una relación cuántica entre magnitudes observables correspondientes a (14) y (15), la unicidad que falta se restablece por sí sola.

Aunque sólo la ecuación (15) tiene una sencilla transformación cuántica [1]) ligada a la teoría de la dispersión de Kramers:

$$h = 4\pi m \sum_{0}^{\infty}{}^{\alpha} \{|a(n, n+\alpha)|^2 \omega(n, n+\alpha) - |a(n, n-\alpha)|^2 \omega(n, n-\alpha)\}, \qquad (16)$$

esta relación basta aquí para la determinación inequívoca de las a; pues la constante inicialmente indeterminada en las magnitudes a viene determinada por sí misma por la condición de que exista un estado normal a partir del cual no se produzca más radiación; si el estado normal se denomina n_0, entonces deberán ser todas

$$a(n_0, n_0 - \alpha) = 0 \quad (\text{para } \alpha > 0).$$

Por tanto, la cuestión de la cuantificación por enteros o semienteros, en una mecánica cuántica que sólo utilice relaciones entre magnitudes observables, no debería plantearse.

Las ecuaciones (11) y (16) juntas contienen, si pueden resolverse, una determinación completa no sólo de las frecuencias y energías, sino también de las probabilidades de transición cuánticas. Sin embargo, la realización matemática real sólo se consigue inicialmente en los casos más sencillos; en muchos sistemas, como el átomo de hidrógeno, también surge una complicación particular, ya que las soluciones corresponden en parte a movimientos periódicos y en parte a movimientos aperiódicos, lo que significa que las series cuánticas (7), (8) y la ecuación (16) siempre se descomponen en una suma y una integral. Por lo general, en mecánica cuántica, no puede llevarse a cabo una separación en “movimientos periódicos y aperiódicos”.

No obstante, las ecuaciones (11) y (16) podrían quizás considerarse como una solución satisfactoria del problema mecánico, al menos en principio, si se pudiera demostrar que esta solución concuerda o no contradice las relaciones mecano-cuánticas conocidas hasta la fecha; que una pequeña perturbación de un problema mecánico da lugar a términos adicionales en la energía o en las frecuencias, que

[1]) Estas relaciones han sido ya dadas, basándose en consideraciones de dispersión, por W. Kuhn, *ZS. f. Phys. Phys.* **33**, 408, 1925, y Thomas, *Naturw.* **13**, 1925.

887

precisamente corresponden a las expresiones encontradas por Kramers y Born –en contraste con las que proporcionaría la teoría clásica. Además, habría que investigar si, en general, a la ecuación (11) corresponde también, en la interpretación cuántica propuesta aquí, una integral de energía $m\frac{\dot{x}^2}{2}+U(x)=const$ y si la energía así obtenida –similar a la condición clásica $\nu = \partial W/\partial J$– satisface la condición $\Delta W = h \cdot \nu$. Sólo una respuesta general a estas preguntas podría demostrar la conexión interna de los experimentos mecano-cuánticos anteriores y conducir a una mecánica cuántica que opere de forma consistente sólo con magnitudes observables. Aparte de una relación general entre la fórmula de dispersión de Kramers y las ecuaciones (11) y (16), sólo podemos responder a las preguntas planteadas anteriormente en los casos muy específicos que pueden resolverse mediante una simple recursión.

Esa relación general entre la teoría de la dispersión de Kramers y nuestras ecuaciones (11) y (16) consiste en que de la ecuación (11) (es decir, de su análoga cuántica) se deduce, igual que en la teoría clásica, que el electrón oscilante se comporta como un electrón libre con respecto a la luz, cuya longitud de onda es mucho más corta que todas las oscilaciones propias del sistema. Este resultado se sigue también de la teoría de Kramers si se tiene en cuenta también la ecuación (16). De hecho, Kramers encuentra para el momento inducido por la onda *E* cos $2\pi\nu t$:

$$M = e^2 E \cos 2\pi\nu t \cdot \frac{2}{h} \sum_{0}^{\infty}{}_{\alpha} \left\{ \frac{|a(n,n+\alpha)|^2 \nu(n,n+\alpha)}{\nu^2(n,n+\alpha)-\nu^2} - \frac{|a(n,n-\alpha)|^2 \nu(n,n-\alpha)}{\nu^2(n,n-\alpha)-\nu^2} \right\},$$

y por tanto, para $\nu >> \nu\,(n, n+\alpha)$

$$M = -\frac{2\,E e^2 \cos 2\pi\nu t}{\nu^2 . h} \sum_{0}^{\infty}{}_{\alpha} \left\{ |a(n,n+\alpha)|^2 \nu(n,n+\alpha) - |a(n,n-\alpha)|^2 \nu(n,n-\alpha) \right\},$$

que, debido a (16), se convierte en

$$M = -\frac{e^2 E \cos 2\pi\nu t}{\nu^2 . 4\pi^2 m}.$$

§ 3. Como ejemplo más sencillo se va a tratar a continuación el oscilador anarmónico:

$$\ddot{x} + \omega_0^2 x + \lambda x^2 = 0. \tag{17}$$

888

Clásicamente, esta ecuación puede satisfacerse mediante una aproximación de la forma

$$x = \lambda a_0 + a_1 \cos \omega t + \lambda a_2 \cos 2\,\omega t + \lambda^2 a_3 \cos 3\,\omega t + \cdots \lambda^{\tau-1} a_\tau \cos \tau\,\omega t,$$

donde las a son series de potencias en λ que comienzan con un término libre de λ. Intentamos una aproximación cuántica análoga y representamos x mediante términos de la forma:

$$\lambda\, a(n,n); \quad a(n,n-1)\cos\omega(n,n-1)t; \quad \lambda\, a(n,n-2)\cos\omega(n,n-2)t;$$
$$\ldots \lambda^{\tau-1} a(n,n-\tau)\cos\omega(n,n-\tau)t \ldots$$

Las fórmulas de recursión para determinar a y ω (salvo términos de orden λ) según las ecuaciones (3) y (4) o (7) y (8) son:

en clásica:

$$\left.\begin{aligned} \omega_0^2 a_0(n) + \frac{a_1^2(n)}{2} &= 0; \\ -\omega^2 + \omega_0^2 &= 0; \\ (-4\,\omega^2 + \omega_0^2)\,a_2(n) + \frac{a_1^2}{2} &= 0; \\ (-9\,\omega^2 + \omega_0^2)\,a_3(n) + a_1 a_2 &= 0; \\ \ldots\ldots\ldots\ldots\ldots\ldots & \end{aligned}\right\} \tag{18}$$

en cuántica:

$$\left.\begin{aligned} \omega_0^2 a_0(n) + \frac{a^2(n+1,n) + a^2(n,n-1)}{4} &= 0; \\ -\omega^2(n,n-1) + \omega_0^2 &= 0; \\ (-\omega^2(n,n-2) + \omega_0^2)\,a(n,n-2) + \frac{a(n,n-1)\,a(n-1,n-2)}{2} &= 0; \\ (-\omega^2(n,n-3) + \omega_0^2)\,a(n,n-3) \qquad\qquad & \\ + \frac{a(n,n-1)\,a(n-1,n-3)}{2} + \frac{a(n,n-2)\,a(n-2,n-3)}{2} &= 0; \\ \ldots\ldots\ldots\ldots\ldots\ldots\ldots\ldots\ldots\ldots & \end{aligned}\right\} \tag{19}$$

A ello hay que añadir la condición cuántica:

clásicamente ($J = nh$):

$$1 = 2\pi m \frac{d}{dJ} \sum_{-\infty}^{+\infty} \tau^2 \frac{|a_\tau|^2\,\omega}{4}.$$

cuánticamente:

$$h = \pi m \sum_0^\infty [|a(n+\tau, n)|^2 \omega(n+\tau, n) - |a(n, n-\tau)|^2 \omega(n, n-\tau)].$$

En primera aproximación, esto da, tanto clásica como cuánticamente:

$$a_1^2(n) \quad \text{bzw.} \quad a^2(n, n-1) = \frac{(n + \text{const})\, h}{\pi m \omega_0}. \tag{20}$$

889

En cuántica, la constante de (20) puede determinarse mediante la condición de que $a(n_0, n_0 - 1)$ sea cero en el estado normal. Si numeramos los n de tal manera que n sea cero en el estado normal, es decir, $n_0 = 0$, se sigue

$$a^2\,(n, n-1) = nh/\pi m\omega_0.$$

De las ecuaciones de recursión (18) se deduce entonces que en teoría clásica a_τ (en primera aproximación en λ) es de la forma $\kappa(\tau)n^{\tau/2}$, donde $\kappa(\tau)$ representa un factor independiente de n. En la teoría cuántica se obtiene, de (19)

$$a(n, n-\tau) = \varkappa(\tau) \sqrt{\frac{n!}{(n-\tau)!}}, \tag{21}$$

donde $\kappa(\tau)$ representa el mismo factor de proporcionalidad independiente de n. Para valores grandes de n, el valor cuántico de a_τ cambia naturalmente de forma asintótica al valor clásico.

Para la energía, tiene sentido intentar la aproximación clásica

$$\frac{m\dot{x}^2}{2} + m\omega_0^2 \frac{x^2}{2} + \frac{m\lambda}{3} x^3 = W$$

que en la aproximación calculada aquí también cuánticamente es realmente constante y tiene, según (19), (20) y (21), el valor:

clásica:

$$W = \frac{nh\omega_0}{2\pi}. \tag{22}$$

cuántica [según (7), (8)]:

$$W = \frac{(n + \frac{1}{2})\, h\omega_0}{2\pi} \tag{23}$$

(salvo para magnitudes de orden λ^2).

Según esta interpretación, la energía, ni siquiera en el caso del oscilador armónico puede ya representarse mediante la "mecánica clásica", es decir, (22), sino que tiene la forma (23).

El cálculo más preciso de las aproximaciones superiores en W, a, ω se realizará utilizando el ejemplo más sencillo del oscilador anarmónico del tipo:

$$\ddot{x} + \omega_0^2 x + \lambda x^3 = 0 .$$

Clásicamente, se puede poner aquí:

$$x = a_1 \cos \omega t + \lambda a_3 \cos 3 \omega t + \lambda^2 a_5 \cos 5 \omega t + \cdots,$$

y análogamente intentamos cuánticamente la aproximación

$$a(n, n-1) \cos \omega (n, n-1) t; \quad \lambda a(n, n-3) \cos \omega (n, n-3) t; \quad \ldots$$

890

Las magnitudes a son de nuevo series de potencias en λ, cuyo primer término, como en (21), tiene la forma:

$$a(n, n-\tau) = \varkappa(\tau) \sqrt{\frac{n!}{(n-\tau)!}},$$

tal como se obtiene calculando las ecuaciones correspondientes a las ecuaciones (18) y (19).

Si se realiza el cálculo de ω y a según (18) y (19) hasta la aproximación λ^2 o λ, se obtiene:

$$\omega(n, n-1) = \omega_0 + \lambda \cdot \frac{3 n h}{8 \pi \omega_0^2 m} - \lambda^2 \cdot \frac{3 h^2}{256 \omega_0^5 m^2 \pi^2} (17 n^2 + 7) + \cdots \quad (24)$$

$$a(n, n-1) = \sqrt{\frac{n h}{\pi \omega_0 m}} \left(1 - \lambda \frac{3 n h}{16 \pi \omega_0^3 m} + \cdots\right). \quad (25)$$

$$a(n, n-3) = \frac{1}{32} \sqrt{\frac{h^3}{\pi^3 \omega_0^7 m^3} n (n-1)(n-2)} \left(1 - \lambda \frac{39 (n-1) h}{32 \pi \omega_0^3 m}\right). \quad (26)$$

La energía, que se define como el término constante de

$$m \frac{\dot{x}^2}{2} + m \omega_0^2 \frac{x^2}{2} + \frac{m \lambda}{4} x^4$$

(que los términos periódicos son realmente todos nulos, no lo he podido demostrar en general, pero sí en los términos calculados) resulta ser

$$W = \frac{(n + \frac{1}{2}) h \omega_0}{2 \pi} + \lambda \cdot \frac{3 (n^2 + n + \frac{1}{2}) h^2}{8 . 4 \pi^2 \omega_0^2 . m}$$

$$- \lambda^2 \cdot \frac{h^3}{512 \pi^3 \omega_0^5 m^2} \left(17 n^3 + \frac{51}{2} n^2 + \frac{59}{2} n + \frac{21}{2}\right). \quad (27)$$

Esta energía también se puede calcular mediante el método de Kramers-Born interpretando el término $(m\lambda/4)x^4$ como término de perturbación del oscilador armónico. Entonces realmente se llega de nuevo exactamente al resultado (27), que me parece un apoyo notable para las ecuaciones mecano-cuánticas subyacentes. Además, la energía calculada según (27) satisface la fórmula [véase (24)]:

$$\frac{\omega(n, n-1)}{2\pi} = \frac{1}{h} \cdot [W(n) - W(n-1)],$$

que también debe considerarse como condición necesaria para la posibilidad de determinar las probabilidades de transición correspondientes a las ecuaciones (11) y (16).

891

Por último, consideremos como ejemplo el rotador y hagamos alusión a las relaciones de las ecuaciones (7) y (8) con las fórmulas de intensidad en el efecto Zeeman [1]) y en los multipletes [2]).

Supongamos que el rotador está representado por un electrón que orbita alrededor de un núcleo a una distancia *constante a*. Entonces, las "ecuaciones de movimiento" tanto clásicas como cuánticas establecen sólo que el electrón describe una rotación plana y uniforme alrededor del núcleo a una distancia constante a con velocidad angular ω. La "condición cuántica" resulta ser, según (12):

$$h = \frac{d}{dn}(2\pi m a^2 \omega)$$

y, según (16):

$$h = 2\pi m\{a^2\omega(n+1, n) - a^2\omega(n, n-1)\},$$

de lo que, en ambos casos, se sigue:

$$\omega(n, n-1) = \frac{h \cdot (n + const)}{2\pi m a^2}.$$

La condición de que la radiación se anule en el estado normal ($n_0 = 0$) conduce a la fórmula

$$\omega(n, n-1) = \frac{h \cdot n}{2\pi m a^2}. \tag{28}$$

La energía pasa a ser

$$W = (m/2)v^2,$$

o según (7) y (8)

$$W = \frac{m}{2} a^2 \cdot \frac{\omega^2(n, n-1) + \omega^2(n+1, n)}{2} = \frac{h^2}{8\pi^2 m a^2}(n^2 + n + \tfrac{1}{2}), \tag{29}$$

que de nuevo satisface la relación $\omega(n, n-1) = (2\pi/h)[W(n) - W(n-1)]$. Como apoyo a las fórmulas (28) y (29), que se desvían de la teoría hasta ahora vigente, se puede ver que muchos espectros de banda (incluso aquellos para los que la existencia de un momento electrónico es improbable) parecen requerir, según *Kratzer* [3]), fórmulas del tipo (28), (29) (que, en aras de la teoría mecánica clásica, se han intentado explicar hasta ahora por cuantificación por semienteros).

[1]) Goudsmit und R. de L. Kronig, *Naturw*. **13**, 90, 1925; H. Hönl, *ZS. f. Phys*. 31, 340, 1925.
[2]) R. de L. Kronig, *ZS. f. Phys*. **31**, 885, 1925; A. Sommerfeld und H. Hönl, *Sitzungsber. d. Preuß. Akad. d. Wiss*. 1925, S. 141; H. N. Russell, *Nature* **115**, 835, 1925.
[3]) Véase, por ejemplo: A. Kratzer, *Sitzungsber. d. Bayr. Akad*. 1922, S. 107.

892

Para llegar a las fórmulas de Goudsmit-Kronig-Hönl para el rotador, tenemos que abandonar el dominio de los problemas con un grado de libertad y suponer que el rotador, en cualquier dirección del espacio, realiza una precesión muy lenta v alrededor del eje *z* de un campo externo. El número cuántico correspondiente a esta precesión se llama *m*. El movimiento vendrá entonces representado por las magnitudes

$$\begin{aligned} z:&\quad a(n, n-1; m, m)\cos\omega(n, n-1)t; \\ x+iy:&\quad b(n, n-1; m, m-1)\,e^{i[\omega(n,n-1)+o]t}; \\ &\quad b(n, n-1; m-1, m)\,e^{i[-\omega(n,n-1)+o]t}. \end{aligned}$$

Las ecuaciones del movimiento son simplemente

$$x^2+y^2+z^2=a^2,$$

lo que, según (7), da lugar a las ecuaciones [1]):

$$\begin{aligned} &\tfrac{1}{2}\{\tfrac{1}{2}a^2(n,n-1;m,m)+b^2(n,n-1;m,m-1)+b^2(n,n-1;m,m+1) \\ &+\tfrac{1}{2}a^2(n+1,n;m,m)+b^2(n+1,n;m-1,m)+b^2(n+1,n;m+1,m)\}=a^2. \quad (30) \end{aligned}$$

$$\begin{aligned} &\tfrac{1}{2}a(n, n-1; m, m)\,a(n-1, n-2; m, m) \\ &= b(n, n-1; m, m+1)\,b(n-1, n-2; m+1, m) \\ &+ b(n, n-1; m, m-1)\,b(n-1, n-2; m-1, m). \quad (31) \end{aligned}$$

A ello hay que añadir, según (16), la condición cuántica:

$$\begin{aligned} &2\pi m\{b^2(n, n-1; m, m-1)\,\omega(n, n-1) \\ &- b^2(n, n-1; m-1, m)\,\omega(n, n-1)\} = (m+\text{const})\,h. \quad (32) \end{aligned}$$

Las relaciones clásicas correspondientes a estas ecuaciones:

$$\left.\begin{aligned} \tfrac{1}{2}a_0^2 + b_1^2 + b_{-1}^2 &= a^2; \\ \tfrac{1}{4}a_0^2 &= b_1 b_{-1}; \\ 2\pi m(b_{+1}^2 - b_{-1}^2)\,\omega &= (m+\text{const})\,h \end{aligned}\right\} \quad (33)$$

son suficientes (salvo la constante indeterminada en *m*) para determinar inequívocamente a_0, b_1, b_{-1}.

La solución más sencilla de las ecuaciones cuánticas (30), (31), (32) es:

$$b(n, n-1; m, m-1) = a\sqrt{\frac{(n+m+1)(n+m)}{4(n+\frac{1}{2})n}};$$

$$b(n, n-1; m-1, m) = a\sqrt{\frac{(n-m)(n-m+1)}{4(n+\frac{1}{2})n}};$$

$$a(n, n-1; m, m) = a\sqrt{\frac{(n+m+1)(n-m)}{(n+\frac{1}{2})n}}.$$

[1]) La ecuación (30) es esencialmente idéntica a las reglas de suma de Ornstein-Burger.

893

Estas expresiones concuerdan con las fórmulas de Goudsmit, Kronig y Hönl; no cabe, sin embargo, reconocer sin más que estas expresiones representen la *única* solución de (30), (31), (32) –lo que, no obstante, me parece probable si se tienen en cuenta las condiciones de contorno (anulación de *a* y *b* en el "borde", véanse los trabajos de Kronig, Sommerfeld y Hönl, Russell citados arriba).

Una consideración similar a la realizada aquí conduce también al resultado –para las fórmulas de intensidad de los multipletes– de que las reglas de intensidad mencionadas son coherentes con las ecuaciones (7) y (16). Este resultado debería verse a su vez como un apoyo a la corrección de la ecuación cinemática (7) en particular.

Si un método para determinar datos cuánticos mediante relaciones entre magnitudes observables, como el aquí propuesto, puede considerarse en principio satisfactorio, o si este método sigue representando un ataque demasiado burdo al problema físico de la mecánica cuántica, de entrada obviamente muy complicado, sólo podrá reconocerse mediante una investigación matemática más profunda del método aquí utilizado de manera muy superficial.

Göttingen, Instituto de Física Teórica.

AGOSTO

Carta de Einstein a Ehrenfest

Kiel, 18 de agosto de 1925

Tú, por supuesto, conoces el resultado de Geiger-Bothe; ninguno de nosotros dos tenía dudas al respecto. Jordan, en colaboración con Born, ha encontrado un precioso complemento a la teoría de la degeneración de los gases (estadística de la probabilidad de colisión). Yo tengo, una vez más, una teoría de la gravitación-electricidad: muy buena, pero dudosa.

[*TCPAE*. Vol. 15. Doc. **49**, p. 101]

SEPTIEMBRE

Ehrenfest planea un encuentro científico en Leiden en diciembre para homenajear a Lorentz con motivo del 50º aniversario de su tesis doctoral. Y espera con impaciencia particular un torneo dialéctico entre Bohr y Einstein:

Carta de Ehrenfest a Einstein

Leiden, 16 de septiembre de 1925

Tú eres consciente de la gran experiencia que sería para mí escucharos a ambos discutir entre vosotros sobre los enigmas cuánticos, pero puedes estar seguro de que casi siempre os dejaré solos. Para mí es especialmente interesante lo que arroje la discusión entre tú y Bohr sobre los experimentos que andáis siempre planeando en el límite entre "ondas y corpúsculos". Aunque espero que ambos os sintáis muy próximos en lo que respecta a los problemas generales, es probable que surjan conflictos fructíferos entre vosotros en este ámbito específico.

[*TCPAE*. Vol. 15. Doc. **68**, p. 122-123]

—

Carta de Einstein a Ehrenfest

Berlín, 18 de septiembre de 1925

Me alegra mucho estar con Bohr en diciembre. Ya no pienso en experimentos en el límite onda-partícula; creo que fue un esfuerzo desafortunado. Probablemente nunca se llegue a una teoría razonable por medios inductivos, aunque sí creo que experimentos absolutamente fundamentales como los de Stern-Gerlach o Geiger-Bothe pueden ser de gran utilidad. Lo que dices de Bohr y de mí, a diferencia de otros teóricos, en relación con tu trabajo no me sorprende. Hay destajistas de principios y virtuosos. Los tres pertenecemos al primer tipo y (al menos nosotros dos, sin duda) tenemos poco talento virtuoso. Así que el efecto de conocer a virtuosos excepcionales (Born o Debye) es el desaliento. Por cierto, a la inversa es similar.

[*TCPAE*. Vol. 15. Doc. **71**, p. 126]

—

Carta de Einstein a Erwin Schrödinger

Berlín, 26 de septiembre 1925

Querido colega:

He leído con gran interés sus esclarecedores comentarios sobre la entropía del gas ideal. También me parecen interesantes los comentarios sobre la teoría de la relatividad clásica.

Me gustaría darle aquí únicamente mi opinión sobre las ideas de Planck. También yo encuentro la idea básica plausible en sí misma, sobre todo porque proporciona una forma de garantizar que la molécula individual pueda adoptar cualquier valor de velocidad. Pero en ningún caso las moléculas individuales deberían estar especialmente «cuantificadas», como también ha dicho usted. Me parece que la realización más natural de la idea de Planck, que, sin embargo, conduce a fórmulas que no vienen al caso, es la siguiente.

Debido a la intercambiabilidad de las moléculas, cada uno de los $N!$ estados cuánticos del gas tiene la misma energía. Por tanto, me refiero a ellos como *un* estado. En la suma de estados, cada uno de ellos tiene el peso $N!$ Sería entonces

$$S - \frac{E}{T} = \kappa \log \sum_{0}^{\infty} \left(N! e^{-\frac{\varepsilon_n}{\kappa T}} \right), \qquad \ldots(1)$$

donde ε_n representa la energía del enésimo estado de diferente energía. El volumen de fase entre dos estados sucesivos (índice *n* o n + 1) habría que elegirlo entonces en consecuencia igual a

¡$N!h^{3N}$.

De aquí resulta

$$\varepsilon_n = \frac{\left(\frac{3N}{2e}\right)^{\langle\frac{2}{3}\rangle} h^2}{2mV^{\frac{2}{3}}} \cdot n^{\frac{2}{3N}} \frac{\langle 2^{2/3} \rangle}{\pi} \qquad \ldots(2)$$

(a menos que se hayan deslizado algunos pequeños errores de cálculo). En cualquier caso, el abominable factor $n^{2/3N}$ es correcto. La ley termodinámica contenida en (1) y (2) no sólo es muy fea. Tampoco se corresponde con el teorema de Nernst, ya que (1) para T = 0 debería convertirse en S = κlogN! Creo que aparte de la hipótesis básica de Planck, aquí no se utiliza ninguna suposición arbitraria. Me gustaría preguntarle si no comparte usted este punto de vista, porque de sus explicaciones parece desprenderse que fueran necesarias más hipótesis para la realización, con la excepción de la suposición tácita que se hace aquí de que la energía (cinética) para el primer estado cuántico se anula.

Mi saludo amistoso. Suyo

Albert Einstein

[*TCPAE*. VOL. 15. Doc. **80**, p.137-138]

Sigue Einstein con el tema Leiden-diciembre.

Carta de Einstein a Ehrenfest

Berlín, 20 de septiembre de 1925

Querido Ehrenfest:

No puedo escribir a Bohr. Si tiene ganas de ir, irá, salvo que tema a la fatiga o el barullo. No hay que forzarlo. Me alegra ya la sola idea de ir a Leiden. Si viene Bohr, sería quizá mejor que yo me aloje en otro sitio esta vez. Piensa en tus pobre mujeres y en ti mismo. Plantéale el asunto al joven Onnes, a quien tanto afecto tengo. Pero no le preguntes más que si Bohr ha dicho antes que sí. Planck no puede ir, pero la invitación le ha gustado mucho. Me alegro igualmente de ver a Langevin. Ya no hay necesidad, ahora, después de Locarno, de acercarse a los Profaxen. Como vanguardia hubiesen sido perfectos, pero como veteranos ya no tienen interés. Heisenberg ha descubierto la luna cuántica. En Göttingen creen en ella (yo no). Eddington ha realizado un estudio* muy bello sobre la ley de Planck y ha mejorado mi deducción de 1917. Mi trabajo del verano pasado no vale nada. Tengo ahora una idea interesante sobre la teoría de la electricidad, pero no sé si desembocará en soluciones válidas.

Saludos afectuosos a todos vosotros

E.

[Oeuvres Choisies. Libro I. Quanta, p. 198]

[* El trabajo de Eddington es: «On the derivation of Planck's law from Einstein's equation», *Philosophical Magazine*, vol. 50, 1925, pp. 803-808.]

OCTUBRE

Carta de Pascual Jordan a Einstein

Göttingen, 27 de octubre de 1925

Le agradezco sinceramente la amable tarjeta que me envió en su momento en relación con mi trabajo. No sé muy bien si puedo molestarle de nuevo con otro asunto, pero me gustaría mucho compartir con usted algunas reflexiones que he estado haciendo estos días. Contienen algunas cuestiones sobre la radiación de la cavidad y su tratamiento según la «mecánica cuántica», tal y como la fundamentó Heisenberg y tal y como el profesor Born y yo intentamos desarrollar en un trabajo (inicialmente para un grado de libertad) como teoría sistemática. (Si no me equivoco, se le ha enviado a usted una prueba de imprenta de este trabajo).

Las notas adjuntas están destinadas a un trabajo de Born, Heisenberg y yo mismo, en el que se generaliza la teoría de la mecánica cuántica a varios grados de libertad y se complementa en varios puntos. Contienen

a) una observación sobre la estadística de las oscilaciones propias cuantizadas. Si se hace esto de forma razonable (la estadística de Debye no es razonable), se llega automáticamente a la estadística de Bose, solo que se llama «oscilación propia» en lugar de «celda». Pero en realidad eso es bastante trivial. Probablemente habrá que acortar un poco las explicaciones correspondientes, ya que, como he visto posteriormente, Planck ya ha dicho algo similar en su último trabajo;

b) un cálculo al estilo interferencial de las fluctuaciones de energía basado en la mecánica cuántica para las oscilaciones propias. Afortunadamente, este cálculo conduce al resultado correcto:

$$\overline{\Delta^2} = h\nu\bar{E} + \frac{\overline{E^2}}{\mathrm{const.}\,V}.$$

Lamentablemente, el cálculo será difícil de entender sin los párrafos anteriores del trabajo. Pero sin duda es correcto. Nuestro trabajo estará terminado previsiblemente en un plazo de 8 a 14 días. (El profesor Born partió ayer hacia Estados Unidos). Se le enviará a usted una copia de las pruebas de imprenta.

[*TCPAE*. VOL. 15. Doc. **98**, p. 177]

NOVIEMBRE

Carta de Erwin Schrödinger a Einstein

Zúrich, 3 de noviembre de 1925

Hace ya bastante tiempo (el 28 de febrero), tuvo usted la bondad de responderme de la forma más amable a una objeción bastante tonta que hice a su primer trabajo sobre la degeneración, de tal manera que el asunto me quedó claro de inmediato. Solo gracias a su carta comprendí lo peculiar y novedoso de su enfoque estadístico, que antes no había entendido en absoluto, a pesar de que el trabajo de Bose lo había precedido. Pero, en realidad, el trabajo de Bose (por ejemplo, frente al de Jeans-Debye) 1) intercambia energía y resonadores de éter, 2) pero también invierte la estadística y, por lo tanto, llega naturalmente al mismo resultado que antes. Al principio, esto no me pareció especialmente interesante. Solo su teoría de la degeneración del gas es realmente algo fundamentalmente nuevo, y eso es algo que al principio no había entendido. Perdone que no haya respondido a esa carta, que me pareció tan valiosa, pero oí que estaba usted en Estados Unidos, pospuse la respuesta y luego se me olvidó.

Ahora no quiero volver a hacerlo con su carta del 26 de septiembre, que me ha alegrado enormemente, aunque todavía no he conseguido pensar sobre todo ello. Me gustaría reflexionar a fondo sobre la curiosa e interesante termodinámica con los niveles de energía proporcionales a $n^{2/3N}$. Por el momento, solo me he preguntado por qué esta forma sencilla, clara, evidente y absolutamente inequívoca de continuar con la idea de Planck ha podido permanecer oculta hasta que usted la ha revelado en tres líneas. ¿Cómo pudo Planck llegar a sus extrañas concepciones, cómo pudimos él y yo llegar a la conclusión coincidente de que existe una ambigüedad infinita que solo puede resolverse mediante supuestos especiales? Si la ley que se deriva de sus ecuaciones debe rechazarse por completo, como usted supone, entonces la información obtenida es aún más valiosa, porque entonces se tiene el resultado *seguro* de que la cuantización del cuerpo gaseoso en su conjunto con una disimetría completa (es decir, $N!$ permutaciones esenciales en cada estado cuántico) *no* puede tenerse en cuenta.

Sin embargo, esta suposición de disimetría de Planck me parece la menos segura. Todavía no tengo del todo claro si sus consideraciones cambiarían si se descartara. La aparición de simetrías (como, por ejemplo, en la molécula diatómica de átomos iguales) está sin duda relacionada con la degeneración dinámica. Aún no tengo claro si esta degeneración vuelve a llevar el peso estadístico, que se ve reducido por la simetría, a N! (en cuyo caso su deducción no se vería afectada). En cualquier caso, voy a reflexionar sobre el tema lo mejor que pueda y le estoy muy agradecido por la nueva luz que me ha aportado usted.

Actualmente estoy manteniendo correspondencia con Landé sobre sus interferencias cuánticas. (ZS. f. Phys. 33, p. 571). La idea me parece muy interesante, pero no está bien desarrollada. ¿Cómo se puede obtener la ley de radiación de Planck (en lugar de la de Wien) si los cuantos individuales se distribuyen por las celdas como si fueran independientes y solo posteriormente interfieren en sus celdas, pero de tal manera que la energía media de un mayor número de celdas, que contienen j cuantos (similares), no se ve alterada por la interferencia? Landé responde a esto: sí, la energía no se modifica, pero la entropía debe evaluarse según el contenido resultante de las celdas individuales. Bien. Pero la entropía solo interviene aquí como medida de probabilidad. Por lo tanto, si la probabilidad debe evaluarse según el contenido resultante de las celdas, entonces los cuantos no se distribuyen de forma prácticamente independiente entre las celdas y toda la ventaja del enfoque de L., que se supone que es una explicación de la extraña preferencia de los cuantos por «agruparse», me parece que se pierde. — Otras dos objeciones se refieren al uso incorrecto de fórmulas que sólo tienen validez para números grandes en números muy pequeños, y en principio son menos significativas que la primera, si es que esta es cierta.

Hace unos días leí con el mayor interés las ingeniosas tesis de Louis de Broglie, que por fin conseguí, y así comprendí claramente el §8 de su segundo trabajo sobre degeneración. La interpretación de De Broglie de las reglas cuánticas me parece relacionada con mi nota ZS. f. Phys. 12, 13, 1922, donde se muestra una propiedad curiosa del «factor de medida» de Weyl $e^{-\int \varphi_i dx_i}$ a lo largo de cada cuasiperíodo. Por lo que veo, los datos matemáticos son los mismos, solo que yo los expongo de forma mucho más complicada, menos elegante y no realmente general. Por supuesto, la reflexión de De Broglie en el marco de su gran teoría tiene un valor mucho mayor que mi observación aislada, con la que al principio no sabía qué hacer.

Estimado profesor, le agradezco una vez más sus dos amables cartas, que son tan valiosas para mí, y le envío un cordial saludo. Atentamente, su devoto

Schrödinger

[*TCPAE*. Volume 15: The Berlin Years: Writings & Correspondence, June 1925-May 1927. Doc. **191**, pp. 181-182]

DICIEMBRE

Carta de Einstein a Besso

25 de diciembre de 1925

La cosa más interesante proporcionada por la teoría estos últimos tiempos es la teoría de Heisenberg-Born-Jordan de los estados cuánticos. Una verdadera tabla de multiplicar de bruja en la que intervienen determinantes infinitos (matrices) en lugar de coordenadas cartesianas. Es altamente espiritual y está suficientemente a resguardo contra cualquier prueba de falsedad por una gran complejidad.

[Carta nº 79 de la edición de Pierre Speziali]

1926

ENERO

LA MECÁNICA ONDULATORIA

LA CAMPANADA DE SCHRÖDINGER

En fechas consecutivas, Schrödinger escribe cuatro artículos con el mismo título. He aquí el primero.

Erwin Schrödinger (Zúrich). «***Quantisierung als Eigenwertproblem***». (Erste Mitteilung). ANNALEN DER PHYSIK, Vierte Folge, Band 79 (1926, Nr. 4)), pp. 361-376. Eingegangen 27. Januar 1926. [«La cuantización como problema de valores propios». Primera comunicación. (Registro de entrada: 27 de enero de 1926)]

361

3. La cuantización como problema de valores propios

(Primera comunicación.)

§ 1. En esta comunicación me gustaría mostrar de entrada, utilizando el caso más simple del átomo de hidrógeno (no relativista y sin perturbaciones), que la regla de cuantización habitual puede sustituirse por otro requisito en el que no aparezca ya la expresión "números enteros". Más bien, la condición de entero surge del mismo modo natural que la condición de entero del *número de nodos* de una cuerda vibrante. El nuevo concepto es susceptible de generalizarse e incide, en mi opinión, muy profundamente en la verdadera naturaleza de las reglas cuánticas.

La forma habitual de estas últimas se basa en la ecuación diferencial parcial de *Hamilton*:

(1)
$$H\left(q, \frac{\partial S}{\partial q}\right) = E \, .$$

De esta ecuación se busca una solución que se representa como *suma* de funciones de cada una de las variables independientes q.

Sustituimos ahora S por una nueva función ψ desconocida de modo que ψ aparezca como un *producto* de funciones intermediarias de las coordenadas individuales.
Es decir, ponemos

(2)
$$S = K \lg \psi .$$

La constante K debe introducirse por razones dimensionales y tiene la dimensión de una *acción*. Se obtiene así

(1’) $$H\left(q, \frac{K}{\psi}\frac{\partial \psi}{\partial q}\right) = E.$$

No buscamos ahora una solución a la ecuación (1’), sino que planteamos la siguiente exigencia. Despreciando la variabilidad de la masa, y teniéndola en cuenta al menos cuando se trata del problema de *un* electrón, la ecuación (1’) siempre se puede reducir a la forma: forma cuadrática

362

de ψ y sus primeras derivadas = 0. Buscamos aquellas funciones reales ψ, finitas y dos veces continuamente diferenciables en todo el espacio de configuración, que hagan que la integral de la forma cuadrática [1]) recién mencionada, y que se extiende por todo el espacio de configuración, sea un *extremo. Mediante este problema variacional sustituimos las condiciones cuánticas.*

De entrada, tomaremos para H la función hamiltoniana del movimiento de Kepler y mostraremos que la exigencia establecida puede cumplirse para *todos* los valores E *positivos* pero sólo para *un conjunto discreto* de valores E *negativos*. Esto significa que el llamado problema variacional tiene un espectro de valores propios discreto y otro continuo. El espectro discreto corresponde a los términos de Balmer y el espectro continuo a las energías de las órbitas hiperbólicas. Para que exista concordancia numérica, K debe tener el valor $h/2\pi$.

Como la elección de coordenadas es irrelevante para establecer las ecuaciones variacionales, elegimos coordenadas cartesianas rectangulares. Entonces (1') se escribe en nuestro caso (e, m son carga y masa del electrón):

(1′′) $$\left(\frac{\partial \psi}{\partial x}\right)^2 + \left(\frac{\partial \psi}{\partial y}\right)^2 + \left(\frac{\partial \psi}{\partial z}\right)^2 - \frac{2m}{K^2}\left(E + \frac{e^2}{r}\right)\psi^2 = 0.$$
$$r = \sqrt{x^2 + y^2 + z^2}.$$

Y nuestro problema variacional se escribe

(3) $$\begin{cases} \delta J = \delta \iiint dx\,dy\,dz \left[\left(\frac{\partial \psi}{\partial x}\right)^2 + \left(\frac{\partial \psi}{\partial y}\right)^2 + \left(\frac{\partial \psi}{\partial z}\right)^2 - \right. \\ \left. \qquad - \frac{2m}{K^2}\left(E + \frac{e^2}{r}\right)\psi^2\right] = 0, \end{cases}$$

donde la integral se extiende sobre todo el espacio. A partir de aquí se encuentra, en la forma habitual

(4) $$\begin{cases} \frac{1}{2}\delta J = \int df\,\delta\psi\,\frac{\partial \psi}{\partial n} - \iiint dx\,dy\,dz\,\delta\psi \left[\Delta\psi + \right. \\ \left. \qquad + \frac{2m}{K^2}\left(E + \frac{e^2}{r}\right)\psi\right] = 0. \end{cases}$$

Por tanto, en primer lugar tiene que ser

(5) $$\Delta\psi + \frac{2m}{K^2}\left(E + \frac{e^2}{r}\right)\psi = 0$$

1) No se me escapa que esta formulación no es totalmente inequívoca.

363

y en segundo, la integral que hay que extender sobre la superficie cerrada infinitamente distante debe ser

(6) $$\int df\,\delta\psi\,\frac{\partial\psi}{\partial n} = 0\,.$$

(Resultará que, debido a este último requisito, todavía tenemos que complementar nuestro problema variacional con un requisito sobre el comportamiento de $\delta\psi$ en el infinito, de modo que el espectro *continuo* de valores propios afirmado anteriormente exista realmente. Pero hablaremos de ello más adelante).

La solución de (5) puede realizarse (por ejemplo) en coordenadas polares espaciales r, ϑ, φ utilizando ψ como *producto* de una función de r, de ϑ y de φ. El método es bien conocido. Para la dependencia de los ángulos polares, se obtiene una *función de superficie esférica* para la dependencia de r –llamaremos χ a la función– y la ecuación diferencial se obtiene fácilmente:

(7) $$\frac{d^2\chi}{dr^2} + \frac{2}{r}\frac{d\chi}{dr} + \left(\frac{2mE}{K^2} + \frac{2me^2}{K^2 r} - \frac{n(n+1)}{r^2}\right)\chi = 0\,.$$
$$n = 0,\ 1,\ 2,\ \ldots.$$

Es bien sabido que la restricción de n a números enteros es *necesaria* para que la dependencia de los ángulos polares sea *inequívoca*.– Necesitamos soluciones de (7) que sigan siendo finitas para todos los valores reales no negativos de r. Ahora bien, [1]) la ecuación (7) tiene dos singularidades en el plano r complejo, en $r = 0$ y $r = \infty$, la segunda de las cuales es un “punto de indeterminación” (punto esencialmente singular) de todas las integrales, mientras que la primera no lo es (para ninguna integral). Estas dos singularidades forman justamente *los puntos límite de nuestro intervalo real*. En tal caso, ahora sabemos que el requisito de *permanecer finito* en los puntos límite para la función χ es equivalente a una *condición de contorno*. *En general*, la ecuación no tiene integral alguna que permanezca finita en ambos puntos límite, pero tal integral existe

1) Estoy en flagrante deuda con Hermann Weyl por las orientaciones sobre el tratamiento de la ecuación (7). Remito a L. Schlesinger, Differentialgleichungen (Sammlung Schubert Nr. 13, Göschen 1900, especialmente los capítulos 3 y 5) para las afirmaciones no demostradas en lo que sigue.

364

sólo para ciertos valores señalados de las constantes que aparecen en la ecuación. Estos valores especiales hay que determinarlos.

El punto que acabamos de subrayar es el *quid* de toda la investigación.

Consideremos primero el punto singular $r = 0$. La llamada ecuación fundamental determinante, que determina el comportamiento de las integrales en este punto, es

(8) $$\rho(\rho - 1) + 2\rho - n(n + 1) = 0$$

con las raíces

(8') $$\rho_1 = n, \quad \rho_2 = -(n + 1).$$

Las dos integrales canónicas corresponden por tanto en este punto a los exponentes n y $-(n + 1)$. Como n no es negativo, sólo la primera nos resulta útil. Como corresponde al *mayor* exponente, se representa por una serie de potencias ordinarias que empieza por r^n. (La otra integral, que no nos interesa, puede contener un logaritmo debido a la diferencia entera entre los exponentes). Como el siguiente punto singular sólo está en el infinito, la serie de potencias converge continuamente y representa una *trascendente entera*. Establecemos, por tanto:

La solución que buscamos (salvo un factor trivial constante) es una trascendente entera, unívocamente determinada, que corresponde al exponente n en r = 0.

Se trata ahora de investigar el comportamiento de esta función en el *infinito* del eje real positivo. Para ello, simplificamos la ecuación (7) mediante la sustitución

(9) $$\chi = r^{\alpha} U,$$

donde α se elige de forma que se omita el término con $1/r^2$. Para ello, α debe tener uno de los dos valores n, $-(n + 1)$, como puede calcularse fácilmente. La ecuación (7) adopta entonces la forma

(7') $$\frac{d^2U}{dr^2} + \frac{2(\alpha + 1)}{r}\frac{dU}{dr} + \frac{2m}{K^2}\left(E + \frac{e^2}{r}\right)U = 0 .$$

Sus integrales corresponden, en $r = 0$, a los exponentes 0 y $-2\alpha - 1$. Para el primer valor α, $\alpha = n$, es la *primera*,

365

y para el segundo valor α, $\alpha = -(n + 1)$, la *segunda* de estas integrales es una trascendente entera y, según (9), conduce a la solución que *buscamos*, que es única. Así que no perdemos nada si nos limitamos a *uno* de los dos valores α. Elegimos

(10) $$\alpha = n.$$

Nuestra solución U corresponde entonces al exponente 0 en $r = 0$. Los matemáticos se refieren a la ecuación (7') como ecuación de Laplace. El tipo general es

(7'') $$U''+\left(\delta_0+\frac{\delta_1}{r}\right)U'+\left(\varepsilon_0+\frac{\varepsilon_1}{r}\right)U=0.$$

En nuestro caso, las constantes tienen los valores

(11) $$\delta_0=0,\quad \delta_1=2(\alpha+1),\quad \varepsilon_0=\frac{2mE}{K^2},\quad \varepsilon_1=\frac{2me^2}{K^2}.$$

Este tipo de ecuación es relativamente fácil de manejar porque la llamada transformación de Laplace, que generalmente da *de nuevo* lugar a una ecuación de *segundo* orden, conduce *aquí* a la de *primer* orden, que puede resolverse mediante cuadraturas. Esto permite representar las propias soluciones de (7") mediante integrales en el complejo. Aquí sólo doy el resultado final.[1]) La integral

(12) $$U=\int_L e^{zr}(z-c_1)^{\alpha_1-1}(z-c_2)^{\alpha_2-1}dz$$

es una solución de (7") para una trayectoria de integración L para la cual

(13) $$\int_L \frac{d}{dz}[e^{zr}(z-c_1)^{\alpha_1}(z-c_2)^{\alpha_2}]\,dz=0.$$

Las constantes c_1, c_2, α_1, α_2 tienen los siguientes valores. c_1 y c_2 son las raíces de la ecuación cuadrática

(14) $$z^2+\delta_0 z+\varepsilon_0=0$$

y

(14') $$\alpha_1=\frac{\varepsilon_1+\delta_1 c_1}{c_1-c_2},\qquad \alpha_2=\frac{\varepsilon_1+\delta_1 c_2}{c_2-c_1}.$$

1) Véase Schlesinger, op. cit. La teoría se debe a H. Poincaré y J. Horn.

366

En el caso de la ecuación (7') será, por tanto, según (11) y (10)

(14'') $$\begin{cases} c_1=+\sqrt{\dfrac{-2mE}{K^2}}, & c_2=-\sqrt{\dfrac{-2mE}{K^2}};\\ \alpha_1=\dfrac{me^2}{K_+\sqrt{-2mE}}+n+1, & \alpha_2=-\dfrac{me^2}{K_+\sqrt{-2mE}}+n+1. \end{cases}$$

La representación integral (12) permite no sólo estudiar el comportamiento asintótico de la totalidad de las soluciones cuando r tiende a infinito de una determinada manera, sino también precisar este comportamiento para una solución *particular*, lo que es siempre mucho más difícil.

Excluyamos de entrada el caso en que α_1 y α_2 sean enteros reales. Este caso, si se da, ocurre siempre para ambas magnitudes simultáneamente si y sólo si

$$\frac{me^2}{K_+\sqrt{-2mE}} = \text{número entero real.} \tag{15}$$

Supondremos pues ahora que (15) no se cumple.

El comportamiento de la totalidad de las soluciones para un cierto tipo de tendencia a infinito de r –pensaremos siempre para tendencia a infinito real y positiva– queda entonces [1]) caracterizado por el comportamiento de las dos soluciones linealmente independientes, que se obtienen por las *dos especializaciones* siguientes del camino de integración L, y que llamaremos U_1, y U_2. En *ambas* ocasiones z viene del infinito y vuelve al infinito por el mismo camino, en una dirección tal que

$$\lim_{z=\infty} e^{zr} = 0, \tag{16}$$

es decir, la parte real de zr se convertirá en infinito negativo. Esto satisface la condición (13). *Entre medias*, en *un* caso (solución U_1) se hace circular la posición c_1, y en el *otro* caso (solución U_2) la posición c_2, una vez cada una.

Estas dos soluciones se representan ahora *asintóticamente* (en el sentido de Poincaré) para valores r reales positivos muy grandes por

1) Si se cumple (15), al menos uno de los dos caminos de integración descritos en el texto se hace impracticable, ya que produce un resultado que tiende a cero.

367

$$\begin{cases} U_1 \sim e^{c_1 r} r^{-\alpha_1} (-1)^{\alpha_1} (e^{2\pi i \alpha_1} - 1)\, \Gamma(\alpha_1)(c_1 - c_2)^{\alpha_2 - 1}, \\ U_2 \sim e^{c_2 r} r^{-\alpha_2} (-1)^{\alpha_2} (e^{2\pi i \alpha_2} - 1)\, \Gamma(\alpha_2)(c_2 - c_1)^{\alpha_1 - 1}, \end{cases} \tag{17}$$

donde nos contentamos aquí con el primer término de la serie asintótica progresiva en potencias enteras negativas de r.

Tenemos que distinguir ahora entre los dos casos ($E > 0$, $E < 0$).
Sea primero

1. $E > 0$. En primer lugar, observemos que esto garantiza que (15) no se aplica eo ipso, porque esta magnitud se vuelve puramente imaginaria. Además, según (14”), c_1 y c_2 también se vuelven puramente imaginarias. Por tanto, las funciones exponenciales de (17) son funciones periódicas finitas, ya que r es real. Los valores de α_1 y α_2, según (14”), muestran que U_1 y U_2 tienden *ambas* a cero como r^{-n-1}. *Lo mismo tiene que valer por tanto para nuestra solución trascendente entera* U, cuyo comportamiento buscamos, *por mucho que esté compuesta por combinación lineal de* U_1 *y* U_2. Además, (9) muestra, considerando (10), que la función χ, es decir, la solución trascendente entera

de la ecuación (7) *originalmente presente*, sigue tendiendo a cero como $1/r$, ya que surge de U al multiplicar por r^n. Podemos decir por tanto:

La ecuación diferencial de Euler (5) *de nuestro problema variacional tiene soluciones para cada E positivo que son unívocamente finitas y continuas en todo el espacio y tienden a cero como* $1/r$ *en el infinito bajo oscilaciones constantes*. La condición de superficie (6) se discutirá más adelante.

2. $E < 0$. En este caso, la posibilidad (15) no se excluye *eo ipso*, pero de momento nos atenemos a su exclusión acordada. Entonces, según (14") y (17), U_1 crece para $r = \infty$ en todos los límites, mientras que U_2 tiende a cero *exponencialmente*. Por tanto, nuestra trascendente entera U (y lo mismo vale para χ) seguirá siendo finita si y sólo si U es idéntica a U_2 salvo un factor numérico. *Pero no es este el caso*. Esto puede reconocerse de la siguiente manera: si se elige una órbita *cerrada* alrededor de *ambos* puntos c_1 y c_2 para la trayectoria de integración L en (12), órbita que es entonces *realmente cerrada* en la superficie de Riemann del integrando debido a la naturaleza entera de la *suma* $\alpha_1 + \alpha_2$, y por tanto satisface eo ipso la

368

condición (13), puede demostrarse fácilmente que la integral (12) representa entonces *nuestra trascendente entera U*. Se puede desarrollar en una serie de potencias positivas de r, que converge en todo caso para r suficientemente pequeño, por lo que satisface la ecuación diferencial (7'), y por tanto debe coincidir con la de U. Así pues: U está representada por (12) si L es una órbita cerrada alrededor de ambos puntos, c_1 y c_2. Sin embargo, esta órbita cerrada puede distorsionarse de tal forma que aparezca *combinada aditivamente* a partir de las dos trayectorias de integración consideradas anteriormente, que corresponden a U_1 y U_2, *con factores que no tienden a cero*, como 1 y $e^{2\pi i\alpha_1}$. Por tanto, U no puede coincidir con U_2, sino que debe contener también a U_1. W.z.b.w. [Was zu beweisen war = QED: *Qod erat demonstrandum*]

Nuestra trascendente entera U, que es la única a considerar entre las soluciones de (7') para resolver el problema, sigue siendo por tanto, bajo los supuestos realizados, no finita para r grande.– Sujeto a la prueba de *completitud*, es decir, a la prueba de que nuestro método nos permite encontrar *todas* las soluciones linealmente independientes del problema, podemos afirmar lo siguiente:

Para E negativos, que no cumplen la condición (15), *nuestro problema variacional no tiene solución.*

Ahora sólo nos queda analizar el conjunto discreto de valores E negativos que *cumplen la condición* (15). α_1 y α_2 son entonces ambos enteros. De los dos métodos de integración que anteriormente nos proporcionaron el sistema fundamental U_1, U_2, el primero debe modificarse sin duda para proporcionar valores no nulos. Como $\alpha_1 - 1$ es ciertamente positivo, el punto c_1 no es ahora ni un punto de bifurcación ni un polo del integrando, sino un cero ordinario. El punto c_2 también puede hacerse regular si $\alpha_2 - 1$ es también pues no negativo. En *cualquier* caso, no obstante, se pueden especificar fácilmente dos trayectorias de integración adecuadas y la integración en ellas puede incluso realizarse en forma cerrada mediante funciones conocidas, de modo que el comportamiento de las soluciones es completamente nítido.

Sea pues

$$(15') \qquad \frac{me^2}{K\sqrt{-2mE}} = l\,; \quad l = 1, 2, 3, 4 \ldots.$$

369

Entonces, según (14''), es

$$(14''') \qquad \alpha_1 - 1 = l + n, \qquad \alpha_2 - 1 = -\,l + n.$$

Hay que distinguir ahora entre los dos casos $l \leq n$ y $l \geq n$. Consideremos en primer lugar

a) $l \leq n$. Entonces c_2 y c_1 pierden cualquier carácter singular, pero ganan la idoneidad de actuar como puntos inicial o final de la trayectoria de integración para cumplir la condición (13). Un tercer punto apropiado para este fin es el infinito real negativo. Cada camino entre dos de estos tres puntos proporciona una solución y, de estas tres soluciones, dos son linealmente independientes, como puede confirmarse fácilmente calculando las integrales en forma cerrada. En particular, la *solución trascendente entera* viene dada por el camino de integración de c_1 a c_2. Que *esta* integral siga siendo regular para $r = 0$ se reconoce inmediatamente sin calcularla. Subrayo esto porque es más probable que el cálculo real vele este hecho. Por otra parte, muestra que la integral crece más allá de todos los límites para r positiva infinitamente grande. *Por último*, para r grande, una de las *otras* dos integrales se mantiene, pero se hace infinita para $r = 0$.

Por tanto, en el caso $l < n$, no obtenemos *ninguna* solución al problema.

(b) $l > n$. En este caso, según (14'''), c_1 es un cero y c_2 un polo, cuando menos de primer orden, del integrando. Se dan entonces dos integrales independientes: una por el camino que lleva de $z = -\infty$ al cero, evitando el polo por precaución; la otra por el *residuo* en el polo. *Esta última* es la trascendente entera. Daremos su valor calculado, pero multiplicado inmediatamente por r^n, con lo que, según (9) y (10), obtenemos la solución χ de la ecuación original (7). (La constante multiplicativa irrelevante se ajusta arbitrariamente.) Se encuentra:

$$(18) \qquad \chi = f\left(r\frac{\sqrt{-2mE}}{K}\right), \qquad f(x) = x^n e^{-x} \sum_{k=0}^{l-n-1} \frac{(-2x)^k}{k!} \binom{l+n}{l-n-1-k}.$$

Se reconoce que esta es realmente una solución utilizable, ya que sigue siendo finita para todo r real no negativo.

370

Además, su anulación exponencial en el infinito garantiza la condición de superficie (6). Resumimos los resultados para E negativo:

Para E negativo, nuestro problema variacional tiene soluciones si y sólo si E satisface la condición (15). *Al número entero n, que indica el orden de la función de superficie esférica que aparece en la solución, sólo se le pueden atribuir entonces valores menores que l (de los cuales al menos uno está siempre disponible). La parte de la solución que depende de r viene dada por* (18).

Contando las constantes en las funciones de superficie esférica (que se sabe que son $2n + 1$), se encuentra además:

La solución encontrada contiene exactamente $2n + 1$ *constantes arbitrarias para una combinación admisible (n, l); para un valor l dado, por tanto,* l^2 *constantes arbitrarias.*

Hemos confirmado así las principales características de las afirmaciones hechas al principio sobre el espectro de valores propios de nuestro problema variacional, aunque todavía quedan algunas lagunas.

En primer lugar, la prueba de la completitud de *todo* el sistema acreditado de funciones propias. No me ocuparé de ello en esta nota. Después de otras experiencias cabe suponer que no hemos pasado por alto ningún valor propio.

En segundo lugar, hay que recordar ahora que las funciones propias acreditadas para E positivo no resuelven sin más el problema variacional en la forma en que se planteó al principio, porque en el infinito tienden a cero sólo como $1/r$, y por tanto $\partial\psi/\partial r$ en una esfera grande sólo tiende a cero como $1/r^2$. La integral de superficie (6) sigue siendo pues sólo del orden de $\delta\psi$ en el infinito. Así que si realmente se quiere obtener el espectro continuo, hay que añadir aún otra condición al *problema*: por ejemplo, que $\delta\psi$ se anule en el infinito, o al menos que tienda hacia un valor constante, independientemente de la dirección en la que se vaya al infinito espacial; en este último caso, las funciones de superficie esféricas hacen que la integral de superficie se anule.

371

§ 2. La condición (15) da como resultado

$$-E_l = \frac{me^4}{2K^2l^2}. \tag{19}$$

Se obtienen pues los bien conocidos niveles de energía de Bohr, que corresponden a los términos de Balmer, si a la constante K, que tuvimos que introducir en (2) por razones dimensionales, se le da el valor

$$K = \frac{h}{2\pi}. \tag{20}$$

Entonces es, por supuesto

$$-E_l = \frac{2\pi^2 me^4}{h^2l^2}. \tag{19'}$$

Nuestro l es el número cuántico principal. $n + 1$ es análogo al número cuántico azimutal; el desdoblamiento ulterior de este número en la determinación más detallada de las funciones de superficie esféricas puede hacerse análogo al desdoblamiento del número cuántico azimutal en un número cuántico "ecuatorial" y otro "polar". Estos números determinan *aquí* el sistema de líneas nodales en la esfera. También el «número cuántico radial» $l - n - 1$ determina exactamente el número de "esferas nodales", porque uno puede convencerse fácilmente de que la función $f(x)$ en (18) tiene exactamente $l - n - 1$ raíces reales positivas.– Los valores E positivos corresponden al continuo de las órbitas hiperbólicas, a las que se puede atribuir el número cuántico radial ∞ en cierto sentido. Esto es conforme con el hecho de que, como hemos visto, las correspondientes funciones de solución tiendan a infinito bajo oscilaciones *estables*.

También es interesante que el intervalo dentro del cual las funciones (18) son notablemente diferentes de cero y dentro del cual tienen lugar sus oscilaciones es, en cualquier caso, del *orden general de magnitud* del eje mayor de la elipse asociada. El factor por el que se multiplica el radio vector como argumento de la función f libre de constantes es –por supuesto– el recíproco de una longitud, y esta longitud es

$$\frac{K}{\sqrt{-2mE}} = \frac{K^2 l}{me^2} = \frac{h^2 l}{4\pi^2 me^2} = \frac{\alpha_l}{l}, \tag{21}$$

donde α_l es el semieje de la l-ésima órbita elíptica. (Las ecuaciones se deducen de (19) junto con la conocida relación $E_l = -e^2/2\alpha_l$).

372

La cantidad (21) da el orden de magnitud del área de las raíces para números l y n pequeños; entonces se puede pues suponer que las raíces de $f(x)$ son de orden uno. Por supuesto, esto ya no es así si los coeficientes del polinomio son números grandes. No querría entrar ahora en la estimación más precisa de las raíces, pero creo que la afirmación anterior se confirmará con bastante exactitud.

§ 3. Por supuesto, es muy natural relacionar la función ψ con *un proceso de oscilación* en el átomo, al que atribuir realidad en mayor medida que a las órbitas electrónicas –hoy a menudo puestas en duda. En un principio tuve también la intención de fundamentar la nueva versión de la regla cuántica de esta forma más descriptiva, pero luego preferí la forma matemática neutra anterior porque permite poner de manifiesto lo esencial con mayor claridad. Me parece que lo esencial es que el misterioso "requisito de condición de número entero" ya no aparece en la regla cuántica, sino que, por así decirlo, ha sido rastreado un paso más atrás: tiene su base en la finitud y unicidad de cierta función espacial.

Tampoco querría entrar todavía en la discusión de las posibilidades conceptuales de este proceso de oscilación hasta que se hayan calculado detalladamente con éxito casos algo más complicados en la nueva versión. No es seguro que sus resultados sean una mera copia de la teoría cuántica convencional. Por ejemplo, el problema relativista de Kepler, si se calcula exactamente según la regla dada al principio, conduce extrañamente a cuantos *parciales semienteros* (cuantos radiales y azimutales).

Permítasenos no obstante hacer aquí todavía algunas observaciones sobre la noción de oscilación. Ante todo me gustaría no pasar por alto que debo la inspiración de estas consideraciones principalmente a la ingeniosa tesis del Sr. Louis de Broglie[1]) y a su reflexión sobre la distribución espacial de esas "ondas de fase" de las que ha demostrado que siempre se asigna un *número entero* de ellas, medidas a lo largo de la órbita, a cada

1) L. de Broglie, Ann. de Physique (10) 3. S. 22. 1925 (Thèses, Paris 1924)

373

periodo o cuasi-periodo del electrón. La principal diferencia es que de Broglie piensa en ondas progresivas, mientras que nosotros, si atribuimos a nuestras fórmulas la noción de oscilación, nos vemos llevados a oscilaciones propias fijas. Recientemente he demostrado [1]) que la teoría de los gases de Einstein puede basarse en la consideración de tales oscilaciones propias estacionarias, para las cuales se aplica la ley de dispersión de las ondas de fase de de Broglie. Las consideraciones anteriores para el átomo podrían presentarse como una generalización de esas reflexiones sobre el modelo de gas.

Si las funciones individuales (18), multiplicadas por una función de superficie esférica de orden n, se entienden como la descripción de procesos propios de oscilación, entonces la cantidad E debe tener algo que ver con la frecuencia del proceso en cuestión. Ahora bien, estamos acostumbrados a que en los problemas de oscilación el "parámetro" (normalmente llamado λ) sea proporcional al *cuadrado* de la frecuencia. Pero, en primer lugar, tal planteamiento en el presente caso conduciría a frecuencias *imaginarias*, especialmente para los valores E *negativos*; en segundo lugar, al teórico cuántico le dice su intuición* que la energía debe ser proporcional a la frecuencia misma y no a su cuadrado.

[* Apela aquí Schrödinger al término «Gefühl» (instinto, presentimiento, intuición) como último recurso para dirimir un conflicto de otro modo irresoluble. Conviene recordar que Einstein ponía de los nervios a los teóricos cuánticos con el mismo argumento.]

La contradicción se resuelve como sigue. Para el «parámetro» E de la ecuación variacional (5) no se ha fijado de momento *ningún nivel cero natural*, especialmente porque la función desconocida ψ aparece multiplicada no sólo por E sino también por una función de r, que, bajo el correspondiente cambio del nivel cero de E, puede modificarse por una constante. En consecuencia, la "expectativa del teórico de la oscilación" debe corregirse en el sentido de que lo que se espera que sea proporcional al cuadrado de la frecuencia no es E en sí –lo que hasta ahora hemos llamado y seguiremos llamando– sino E incrementado por una cierta constante. Supongamos ahora que esta constante es *muy grande* comparada con la magnitud de todos los valores E negativos que concurren [que están limitados por (15)]. Entonces, en primer lugar, las frecuencias se hacen *reales*, pero, en segundo lugar, nuestros valores E, dado que sólo corresponden a *diferencias* de frecuencia relativamente pequeñas, se hacen en realidad muy aproximadamente proporcionales a estas diferencias de frecuencia.

1) De próxima aparición en la *Physik. Zeitschr.*

374

Esto, a su vez, es todo lo que el "instinto natural" del teórico cuántico puede exigir mientras no se fije el nivel cero de *energía*.

La interpretación de que la frecuencia del proceso de oscilación viene dada aproximadamente por

$$(22) \qquad \nu = C'\sqrt{C + E} = C'\sqrt{C} + \frac{C'}{2\sqrt{C}}E + \ldots$$

donde C es una constante muy grande con respecto a todos los E, tiene aún otra ventaja muy valiosa. *Permite comprender la condición de frecuencia de Bohr*. Según ésta, las *frecuencias de emisión* son proporcionales a las *diferencias* E y por tanto, según (22), también a las diferencias de las frecuencias propias ν de esos hipotéticos procesos de oscilación. De hecho, las frecuencias propias son todas muy grandes en comparación con las frecuencias de emisión y concuerdan estrechamente entre sí. Por tanto, las frecuencias de emisión aparecen como profundos "tonos de diferencia" de las oscilaciones propias mismas, que tienen lugar con una frecuencia mucho mayor. Que en la transición de energía de una oscilación normal a otra aparezca *cualquier cosa* –me refiero a la onda luminosa– a la que atribuir como *frecuencia* esa *diferencia* de frecuencia, es muy comprensible; basta con imaginar que la onda luminosa está ligada causalmente con las *pulsaciones* que aparecen necesariamente en cada punto del espacio durante la transición y que la frecuencia de la luz está determinada por la frecuencia con la que se repite por segundo el máximo de intensidad del proceso de pulsación.

Puede suscitar escrúpulos que estas conclusiones se basen en la relación (22) en su forma *aproximada* (en el desarrollo de la raíz cuadrada), motivo por el cual la condición de Bohr misma adquiere aparentemente el carácter de una fórmula aproximada. Sin embargo, esto es sólo aparente y se evita por completo cuando se desarrolla la teoría *relativista*, que es en resumidas cuentas la única manera de lograr una comprensión más profunda. La constante aditiva grande C está, por supuesto, íntimamente relacionada con la energía en reposo mc^2 del electrón. La aparición aparentemente *repetida* e *independiente* de la constante h [que ya fue introducida por (20)] en la condición de frecuencia también se explica –o se evita– mediante la teoría relativista.

375

Desgraciadamente, sin embargo, su correcto desarrollo sigue tropezando por el momento con ciertas dificultades –antes mencionadas.

Apenas es necesario subrayar cuánto más simpática sería la idea de que, en una transición cuántica, la energía pase de una forma de oscilación a otra que la idea de que los electrones salten. El cambio en la forma de oscilación puede tener lugar de modo continuo en el espacio y en el tiempo, puede durar fácilmente tanto como dure el proceso de emisión –como la experiencia atestigua (experimentos de rayos canales de W. Wien): y sin embargo, si durante esta transición el átomo se expone durante un tiempo relativamente corto a un campo eléctrico que desafine las frecuencias propias, las frecuencias de pulsación se desafinarán al mismo tiempo, y sólo mientras actúe el campo. Como es bien sabido, este hecho establecido experimentalmente ha causado las mayores dificultades de comprensión hasta ahora; cotéjese, por ejemplo, el debate en el conocido intento de solución de Bohr - Kramers - Slater.

Por lo demás, en el gozo por la aproximación humana a todas estas cosas, no debe desde luego olvidarse que la idea de que el átomo vibra, si no irradia, de sí en forma de *una* oscilación propia, esta idea, digo, *si* hay que sostenerla, sigue estando todavía muy lejos de la imagen *natural* de un sistema vibrante. Pues, como es sabido, un sistema macroscópico no se comporta así, sino que generalmente proporciona un popurrí de sus oscilaciones propias. Sin embargo, no hay que precipitarse al juzgar este punto. Incluso un popurrí de vibraciones propias en un átomo individual no alteraría nada, siempre y cuando no aparezcan otras frecuencias de pulsación distintas de aquellas que, según la experiencia, el átomo es capaz de emitir *en determinadas circunstancias*. Tampoco la emisión real simultánea de muchas de estas líneas espectrales por el mismo átomo contradice ninguna experiencia. Se podría perfectamente pensar, por tanto, que sólo en el estado normal (y aproximadamente en ciertos estados "metaestables") el átomo oscila con *una* frecuencia propia y, por esta misma razón, *no* irradia, porque no aparecen pulsaciones.

376

La *excitación* consistiría en una excitación simultánea de una u otras frecuencias propias más, motivo por el cual surgen entonces pulsaciones que provocan la emisión de luz.

En cualquier caso, me gustaría creer que las funciones propias pertenecientes a la *misma* frecuencia se excitan en general todas simultáneamente. La multiplicidad de valores propios corresponde –en el lenguaje de la teoría anterior– a la *degeneración*. La reducción de la cuantización de los sistemas degenerados debería corresponder a la distribución arbitraria de la energía en las funciones propias pertenecientes a *un* valor propio.

—

Adición durante la corrección del 28. II. 1926.

Para el caso de la mecánica clásica de los sistemas conservativos, el problema variacional puede formularse de forma más bella que al principio, sin referencia explícita a la ecuación diferencial parcial de Hamilton, de la siguiente manera. Sea $T(q, p)$ la energía cinética en función de las coordenadas y momentos, V la energía potencial, $d\tau$ el elemento de volumen del espacio de configuración "medido racionalmente", es decir, no simplemente el producto dq_1, dq_2 ... dq_n, sino dividido por la raíz cuadrada del discriminante de la forma cuadrática $T(q, p)$. (Véase Gibbs, Mecánica estadística.) Entonces ψ debería hacer *estacionaria* la "integral hamiltoniana"

$$\int d\tau \left\{ K^2 T\left(q, \frac{\partial \psi}{\partial q} \right) + \psi^2 V \right\} \tag{23}$$

bajo la *condición suplementaria de normalización*

$$\int \psi^2 d\tau = 1 . \tag{24}$$

Los *valores propios* de este problema variacional son, como se sabe, *los valores estacionarios* de la integral (23) y, según nuestra tesis, proporcionan *los niveles cuánticos de energía*.

Con respecto a (14´´), hay que señalar todavía que en la cantidad α_2 se tiene ante sí la conocida expresión de Sommerfeld $-\frac{B}{\sqrt{A}}+\sqrt{C}$ (véase «Atombau», 4ª ed., pág. 775).

Zurich, Instituto de Física de la Universidad.

(Registro de entrada: 27 de enero de 1926.)

Impreso por Metzger & Wittig en Leipzig.

FEBRERO

Carta de Einstein a Ehrenfest

Berlín, 12 de febrero de 1926.

Me he ocupado mucho de Heisenberg-Born. Cada vez me inclino más, a pesar de mi admiración por la idea, a considerarla inexacta. No puede existir la energía del punto cero de la radiación de la cavidad. Considero que el argumento de Heisenberg, Born y Jordan (fluctuaciones) a este respecto es inválido, ya que la probabilidad de que se produzcan grandes fluctuaciones (por ejemplo, que toda la energía se encuentre en el volumen parcial V de V_0) no es en absoluto correcta. Además, la no anulación del momento-impulso es incompatible con las reglas cuánticas para sistemas ($p_\mu q_\nu - p_\nu q_\mu = 0$). Por último, me parece que la teoría para un grado de libertad ya no es covariante con respecto a las transformaciones de coordenadas.

Si $H(p, q)$ es una función hamiltoniana de un movimiento puntual, puedo introducir una nueva coordenada

$$Q = \varphi(q) \text{ y el } P \text{ correspondiente.}$$

En la mecánica habitual, a estas variables les corresponde una función H^* tal que

$$H(p, q) = H^*(P, Q).$$

Si ahora se resuelve el problema al estilo de Heisenberg-Born para las nuevas variables PQ en matrices, debería dar la misma matriz de energía H^* que si se parte de $H(p, q)$, pero por el momento no lo creo. He encontrado un caso sencillo que se puede calcular. Grommer lo calculará. Te escribiré entonces el resultado.

[*TCPAE*. Volume 15: The Berlin Years: Writings & Correspondence, June 1925-May 1927. Doc. **194**, pp 339-340]

MARZO

Carta de Einstein a Pascual Jordan

Berlín, 6 de marzo de 1926

Me alegro de que venga usted a Berlín, así podremos hablar a menudo. En el asunto de las fluctuaciones hay gato encerrado. Con el término del punto cero ½ $h\nu$ se puede calcular el valor medio de las fluctuaciones, pero no la probabilidad de una fluctuación muy grande. Para la radiación débil (de Wien), por ejemplo, la probabilidad de que toda la radiación se encuentre en una porción V del volumen total V_0 es

$$W = \left(\frac{V}{V_0}\right)^{E/h\nu}.$$

Esto no se puede explicar obviamente con el término de punto cero, aunque la expresión está termodinámicamente garantizada.

Mi cordial saludo. Suyo,
A. Einstein

Por lo demás, la teoría de matrices me impresiona mucho.

[*TCPAE*. Volume 15: The Berlin Years: Writings & Correspondence, June 1925-May 1927. Doc. **212**, p. 364]

—

Carta de Einstein a Hedi Born [50]

7 de marzo de 1926

Las ideas de Heisenberg-Born nos tienen en vilo a todos, suspenden el alma y el pensamiento de cuantos se interesan por temas teóricos. Entre nosotros, gente de sangre espesa, en vez de una sorda resignación se ha instalado una tensión singular. (Carta [50])

Comentario adicional de Born:

Esta carta es notable por la toma de posición de Einstein respecto a la mecánica cuántica. A Heisenberg y a mí nos satisfizo. Pero no tardó mucho en llegar el enfriamiento.

—

No parece que el aire de Einstein sea el mismo ante Lorentz. Nueva apelación al instinto:

Carta de Einstein a Lorentz

Berlín, 13 de marzo de 1926

Me he ocupado a fondo de Born-Heisenberg. A pesar de toda la admiración por el genio que hay detrás de estos trabajos, mi instinto se rebela contra este género de concepción.

[*TCPAE*. Vol. 15. Doc. **218**, p. 371 (GV)]

—

ABRIL

Jordan responde a Einstein:

Carta de Jordan a Einstein

Göttingen, (después del) 6 de abril de 1926

Señor profesor:

Gracias por su amistosa carta. Paso a decirle lo que pienso de la fórmula $W = (V/V_0)^{E/h\nu}$. La cuestión de saber cuál es la probabilidad de que a un estado cuántico corresponda una distribución especial determinada de la energía no puede, según la teoría de matrices, formularse directamente. Clásicamente, existe una función $f(t)$, que es un número que especifica cuánta energía se encuentra en el volumen V cuando el sistema está en un estado determinado. Se tiene entonces derecho a preguntar cuál es la probabilidad de que $f(t)$ sea igual a la energía total. Pero, en teoría cuántica de matrices, no hay ningún número de este tipo; sería falso decir algo como: "debe simplemente añadirse la energía de punto cero a $f(t)$ para obtener la $f(t)$ cuántica", ya que la energía presente en V, en el sentido de la teoría cuántica, no es una matriz diagonal; no se puede pues asociar números a estados determinados (sino a transiciones).

Físicamente, la cuestión de saber cuál es la probabilidad de que toda la energía se encuentre en V, dado un cierto estado, tiene absolutamente sentido. Si se quiere ligar esta probabilidad a magnitudes definidas no se puede (en el estado actual de la teoría) proceder más que del siguiente modo: llamando $E(t)$ a la matriz de la energía en V, se pueden calcular los valores medios $\overline{E}$, $\overline{(E-\overline{E})^2}$, $\overline{(E-\overline{E})^4}$ y asociar estos valores a estados individuales [...]; la probabilidad de que, empíricamente, se encuentre que toda la energía está en V, está completamente definida por mediación de los valores medios [...]; para mí, no cabe ninguna duda de que, si se sigue este camino, se llega realmente a la fórmula $W = \left(\frac{V}{V_0}\right)^{E/h\nu}$.

[*TCPAE*. Vol 15. Doc. **247**, p. 419 (G.V.)]

—

Carta de Einstein a Ehrenfest

12 de abril de 1926

El truco de Born y Heisenberg parece claramente no ser justo. No parece posible ligar de forma unívoca un correspondiente ordinario a cada función matricial. Debería corresponder de forma no equívoca un problema matricial a cada problema mecánico. En cambio, Schrödinger ha elaborado una teoría, completamente diferente y audaz de los estados cuánticos, en la que hace jugar un papel a las ondas de de Broglie en el espacio de fases. Aparece en los *Annalen*. Nada de maquinaria infernal, sino, por el contrario, un pensamiento claro y de aplicación apremiante.

[*TCPAE*. Vol. 15. Doc. **253**, p. 427 (G.V.)]

—

Es extraño, pero parece que ha tenido que venir Planck a enseñarle a Einstein el recientísimo trabajo fundacional de Schrödinger. No se explaya Einstein en elogios, sino que pone algunas pegas, aunque es consciente de estar ante algo serio, como se ve en la carta anterior.

Carta de Einstein a Erwin Schrödinger

Berlín, 16 de abril de 1926

Querido colega:

El Sr. Planck me ha mostrado con justificable entusiasmo su teoría, que a continuación he estudiado yo también con gran interés. Al hacerlo, me ha surgido una inquietud que espero pueda usted disipar. Si tengo dos sistemas que no están en absoluto acoplados entre sí, y E_1 es un valor de energía cuánticamente posible del primero y E_2 es uno del segundo sistema, entonces $E_1 + E_2 = E$ debe ser uno del sistema total compuesto por ambos. Sin embargo, no veo por qué su ecuación

$$\mathrm{div\ grad}\varphi + \frac{E^2}{h^2(E-\Phi)}\varphi = 0$$

debería expresar esta propiedad.

Para que vea usted a qué me refiero, le presento otra ecuación que cumpliría esta condición:

$$\mathrm{div\ grad}\varphi + \frac{E-\Phi}{h^2}\varphi = 0$$

Porque las dos ecuaciones

$$\mathrm{div\ grad}\varphi_1 + \frac{E_1-\Phi_1}{h^2}\varphi_1 = 0$$

(válida para el espacio de fases del primer sistema)

y

$$\mathrm{div\ grad}\varphi_2 + \frac{E_2-\Phi_2}{h^2}\varphi_2 = 0$$

(válida para el espacio de fases del segundo sistema)

tienen como consecuencia

$$\mathrm{div\ grad}(\varphi_1\varphi_2) + \frac{(E_1+E_2)-(\Phi_1+\Phi_2)}{h^2}(\varphi_1\varphi_2) = 0$$

(válida en el espacio q combinado).

Para demostrarlo, basta con multiplicar las ecuaciones por φ_2 y φ_1, respectivamente, y sumarlas. $\Phi_1\varphi_2$ sería, por tanto, una solución de la ecuación para el sistema combinado, que corresponde al valor de energía $E_1 + E_2$.

He intentado en vano establecer una relación de este tipo para su ecuación. También me parece que la ecuación debería tener una estructura tal que la constante de integración de la energía no apareciera en ella, lo cual también es cierto en la ecuación que he mencionado (sin que por ello quiera atribuirle significado físico, sobre el que no he reflexionado lo suficiente).

Le saludo cordialmente. Suyo

Einstein.

¡La idea de su trabajo testimonia auténtica genialidad!

[*TCPAE*. Volume 15: The Berlin Years: Writings & Correspondence, June 1925-May 1927. Doc. **256**, pp. 433-434]

No tarda Einstein en rectificar. Le ha dado más vueltas, como cabía esperar.

Carta de Einstein a Erwin Schrödinger

Berlín, 22 de abril de 1926

Querido colega:

Veo que en su primer trabajo ha basado usted realmente su análisis en la ecuación

$$\text{div grad}\psi + \text{const}(E - \Phi)\psi = 0,$$

que corresponde al teorema de adición para sistemas independientes. Por lo tanto, mi carta era innecesaria.

En su trabajo sobre teoría de gases no veo ninguna diferencia con respecto al mío en cuanto al fundamento. Porque también en su caso el estado (de igual probabilidad) se caracteriza por la suma de los números n_1, n_2, n_3 ..., donde los números n_1, n_2 etc. tienen el mismo significado que en mi caso.

No entiendo en su exposición por qué puede utilizar la última forma en (4), ya que esta no es compatible con la condición $\Sigma\, n_s$ = const.

Mi saludo cordial. Suyo

A. Einstein

[*TCPAE*. Volume 15: The Berlin Years: Writings & Correspondence, June 1925-May 1927. Doc. 261, p. 438]

La fecha y el contenido de la respuesta de Schrödinger acreditan que éste no ha leído la rectificación de Einstein:

Carta de Erwin Schrödinger a Einstein

Zúrich, 23 de abril de 1926

Le agradezco sinceramente su amable carta del día 16. Su aprobación y la de Planck son para mí más valiosas que la de medio mundo. Por cierto, todo este asunto seguramente no habría surgido ahora, y tal vez nunca (quiero decir, no por mi parte), si su segundo trabajo sobre la degeneración del gas no me hubiera hecho darme cuenta de la importancia de las ideas de De Broglie.

La objeción que plantea usted en su última carta me alegra aún más. Se basa en un error de memoria. La ecuación

$$\text{div grad}\varphi + \frac{E^2}{h^2(E - \Phi)}\varphi = 0$$

de hecho *no* es mía, sino que mi ecuación se escribe literalmente exactamente como la construye usted a partir de los dos requisitos de la «aditividad» de los niveles cuánticos y la ausencia del valor absoluto de la energía:

$$\text{div grad}\varphi + \frac{E - \Phi}{h^2}\varphi = 0$$

Sus requisitos fundamentales se satisfacen pues. Por cierto, estoy muy agradecido por este lapsus de memoria, ya que su comentario me ha hecho consciente de una importante propiedad del aparato formal. Además, siempre aumenta la confianza en una formulación cuando se reconstruye a partir de unos pocos requisitos fundamentales –y especialmente si lo hace usted.

[*TCPAE*. Vol 15. Doc. **264**, p. 442]

Einstein es ahora mucho más explícito en su elogio al trabajo de Schrödinger:

Carta de Einstein a Schrödinger

Berlín, 26 de abril de 1926

Querido colega:

Muchas gracias por su carta. Estoy convencido de que con su formulación de la condición cuántica ha logrado usted un avance decisivo, al igual que estoy convencido de que el enfoque de Heisenberg-Born es erróneo. En este no se cumple la misma condición de aditividad del sistema.

[*TCPAE*. Vol. 15. Doc. **267**, pp. 445-446]

—

MAYO

Carta de Einstein a Lorentz

1 de mayo de 1926

La versión que da Schrödinger de la regla cuántica me impresiona mucho; me parece que hay ahí un cabo de la verdad, a pesar de toda la oscuridad que todavía subsiste sobre el sentido que hay que dar a las ondas en el espacio q [espacio de coordenadas] de n dimensiones.

[*TCPAE*. Vol. 15. Doc. **272**, p. 452 (G.V.)]

—

Carta de Einstein a Gustav Mie

22 de mayo de 1926

Querido colega:

Desgraciadamente, me ha sido imposible ir a esta sesión de la Sociedad de Física. Lo he sentido mucho. También a mí me impresiona mucho lo que han hecho Heisenberg y Schrödinger. La renuncia a la causalidad estricta no tiene por qué ser definitiva puesto que la teoría de Heisenberg no pretende en absoluto ser una teoría completa, sino simplemente una versión matemática del principio de correspondencia. Debo decir que, desde el punto de vista matemático, las funciones matriciales no me gustan nada. Pero, quizá todo esto tome otro aire más adelante.

En lo que concierne al asunto de los rayos canales, es casi seguro que las cosas ocurran de forma completamente clásica y que, en particular, la producción del campo ondulatorio se realiza como si el átomo excitado fuese portador de osciladores de Hertz. El dualismo ondas/cuantos no deja de agravarse: proceso cronológico energéticamente dirigido, proceso no cronológico, no dirigido geométricamente.

¿Cuándo llegará verdaderamente a comprenderse todo esto sobre bases suficientemente simples para que pueda sentirse algo parecido a una necesidad? Aunque el simple hecho de dominar el tema mediante el cálculo numérico ya me hace feliz.

Mis saludos cordiales

A. Einstein

[*TCPAE*. Vol. 15. Doc. **292**, p. 484 (G.V.)]

—

JUNIO

Carta de Einstein a Lorentz

Berlín, 26 de junio de 1926

El método de Schrödinger parece más acertado que el de Heisenberg, pero sigue siendo difícil introducir una función en el espacio de coordenadas y considerarla equivalente a un movimiento. Sin embargo, si se lograra hacer algo similar en el espacio tetradimensional, sería más satisfactorio.

[*TCPAE*. Vol. 15. Doc. **310**, p. 507]

—

JULIO

Carta de Gilbert N. Lewis a Einstein

Berkeley (California), 27 de julio de 1926

Querido profesor Einstein:

Le envío, en sobre aparte, algunos de mis últimos artículos, uno o dos de los cuales espero que le interesen, ya que se basan esencialmente en sus propias ideas, aunque intento llevarlas un poco más lejos de lo que nadie se ha atrevido a hacer hasta ahora.

Supongo no sólo que la mayoría de los procesos irreversibles se deben a la aparición aleatoria de procesos elementales que son en sí mismos reversibles, sino que todos los procesos atómicos y moleculares elementales, incluidos los procesos de radiación y absorción de la luz, son reversibles en todos los aspectos. De este modo, llego a una visión de la radiación que no concuerda con la que le lleva a derivar la ley de distribución de Planck.

Me gustaría mucho conocer su opinión sobre el artículo sobre *La naturaleza de la luz*. Aunque afirmo que es una extensión de su principio de relatividad, puede que sea un paso que usted no esté dispuesto a dar. Dudé mucho antes de aceptarlo, pero ahora estoy completamente convencido de que es correcto y de que, aunque no es toda la verdad, supone un buen comienzo para eliminar la paradoja del cuanto.

Si tiene tiempo para leer estos artículos, me gustaría mucho conocer su opinión al respecto.

[*TCPAE*. Volume 15: The Berlin Years: Writings & Correspondence, June 1925-May 1927. Doc. **333**, pp. 539-540]

—

AGOSTO

Carta de Einstein a Arnold Sommerfeld

Berlín, 21 de agosto de 1926

De los intentos recientes por obtener una formulación más profunda de las leyes cuánticas, el que más me gusta es el de Schrödinger. ¡Ojalá los campos ondulatorios introducidos allí pudieran trasplantarse del espacio de coordenadas *n*-dimensional al espacio de 3 o 4 dimensiones! Las teorías de Heisenberg-Dirac me producen forzosamente admiración, pero no me parecen realistas.

[*TCPAE*. Volume 15: The Berlin Years: Writings & Correspondence, June 1925-May 1927. Doc. **353**, p. 563]

—

Carta de Einstein a Paul Ehrenfest

Berlín, 23 de agosto de 1926

Me estoy matando con Dirac. Este equilibrio de vértigo entre genio y locura es horrible. ¡No hay nada que se pueda agarrar con las manos!

[*TCPAE*. Vol. 15. Doc. 356, p. 566]

—

Carta de Einstein a Paul Ehrenfest

Berlín, 27 de agosto de 1926

Tengo una actitud de admiración y desconfianza hacia la mecánica cuántica. No entiendo en absoluto a Dirac en detalle (efecto Compton). Lo abordaremos juntos. Schrödinger es muy seductor al principio. Pero las ondas en el espacio de coordenadas n-dimensional son difíciles de digerir, así como la falta de explicación de la frecuencia de la luz emitida. — Te he escrito que los experimentos con rayos canales han resultado totalmente acordes con la teoría ondulatoria. ¡Aquí ondas, aquí cuantos! Ambas realidades se mantienen firmes. Pero el diablo hace un verso sobre ello (que realmente rima).

[*TCPAE*. Volume 15: The Berlin Years: Writings & Correspondence, June 1925-May 1927. Doc. **362**, pp. 574-575]

—

OCTUBRE

Carta de Paul Langevin a Einstein

París, 20 de octubre de 1926

Las ideas de Louis de Broglie, de las que recuerdo haberle hablado por primera vez al borde del lago de Ginebra, parece que van haciendo rastro muy rápido y Schrödinger hace cosas bellísimas en esta dirección. Es este un dominio en el que la preparación matemática es muy útil. Será necesario pronto que los físicos conozcan todo un mundo de cosas desde su nacimiento.

[*TCPAE*. Vol. 15. Doc. 386, p. 603]

—

NOVIEMBRE

Carta de Max Born a Einstein

Göttingen, 30 de noviembre de 1926

En cuanto a mí, puedo decir que, desde la perspectiva física, estoy muy satisfecho, ya que mi idea de interpretar el campo ondulatorio de Schrödinger como un «campo fantasma», en tu sentido, está demostrando ser cada vez más válida. Pauli y Jordan han logrado grandes avances en esta dirección. Por supuesto, el campo de probabilidad no opera en el espacio habitual, sino en el espacio de fases (o de configuración). También hemos «casi» encontrado la conexión con el campo de Maxwell con cuantos de luz. El logro de Schrödinger se reduce a algo puramente matemático; su física es bastante pobre.

[*TCPAE*. Vol. 15. Doc. **422**, pp. 647-648]

—

DICIEMBRE

Carta de Einstein a Max Born [52]

Berlín, 4 de diciembre de 1926

La mecánica cuántica es ciertamente imponente. Pero una voz interior me dice que no es el verdadero Jacob. La teoría aporta muchas cosas, pero apenas nos acerca al secreto del Viejo. En todo caso, estoy convencido de que *Él* no juega a los dados. Ondas en el espacio 3n dimensional, cuya velocidad esté regulada por energía potencial (por ejemplo, bandas de goma)...

Comentario adicional de Born

El juicio de Einstein sobre la mecánica cuántica fue un duro golpe para mí: la rechazó, sin ningún fundamento propiamente dicho, invocando una «voz interior». Este rechazo juega un importante papel en cartas posteriores. Se basa en un desacuerdo filosófico profundo que separó a Einstein de la generación más joven, entre la que también me cuento, a pesar de ser yo sólo unos pocos años más joven que Einstein.

EL BAUTIZO DEL FOTÓN

El término fotón aparece por primera vez en la historia este año en este artículo del físico-químico Gilbert Newton Lewis, de Berkeley. La acuñación del nombre fue definitiva e instantáneamente asumida por la comunidad científica.

Gilbert N. Lewis. «***The conservation of Photons***». Nature, No. 2981, Vol. 118, pp. 874-875. Letters to the Editor. (Publicado: 18 de diciembre de 1926. Firmado en Berkeley, California, el 29 de octubre.) («La conservación de los fotones»)

874

La conservación de los fotones

Cualquiera que sea al punto de vista que se adopte en relación con la naturaleza de la luz, se tendrá que admitir ahora que el proceso por el que un átomo pierde energía radiante y otro átomo próximo o distante recibe la misma energía, se caracteriza por una notoria brusquedad y resolución. Recordemos el proceso en el que una molécula pierde o gana un átomo entero o un electrón entero, pero nunca una fracción de uno o de otro. Cuando el genio de Planck le condujo a la primera formulación de la teoría cuántica, se sugirió un nuevo tipo de atomicidad que llevó a Einstein a la idea de los cuantos de luz, que ha demostrado ser tan fértil. Desde luego tenemos ahora abundantes indicios de que puede considerarse que la energía radiante (al menos en el caso de frecuencias altas) viaja en unidades discretas cada una de las cuales recorre un camino definido de acuerdo con leyes mecánicas.

No pareciendo existir objeciones insuperables, se podría tener la tentación de adoptar la hipótesis de que estamos tratando aquí con un nuevo tipo de átomo, una entidad identificable, imposible de crear e indestructible, que actúa como portador de energía radiante y que, después de la absorción, persiste como un constituyente esencial del átomo absorbente hasta que más tarde es emitido de nuevo llevando consigo una nueva cantidad de energía. Si adelanto ahora esta hipótesis de un nuevo tipo de átomo, no pretendo que pueda probarse ya, sino sólo que la consideración de las diversas objeciones que pudieran aducirse muestre que no hay ni una de ellas que no pueda superarse.

Parecería inapropiado hablar de una de estas hipotéticas entidades como una partícula de luz, un corpúsculo de luz, un quantum de luz, o un cuanto de luz, si hemos de suponer que sólo emplea una diminuta fracción de su existencia como portador de energía radiante, mientras el resto del tiempo permanece como un elemento estructural importante en el interior del átomo. Causaría también confusión llamarlo simplemente un quantum, ya que más tarde será necesario distinguir entre el número de estas entidades presentes en un átomo y el llamado número cuántico. Me tomo pues la libertad de proponer para este hipotético nuevo átomo, que no es luz pero juega una parte esencial en cualquier proceso de radiación, el nombre de *fotón*.

Postulemos para el fotón las siguientes propiedades: (1) En cualquier sistema aislado, el número total de fotones es constante. (2) Toda la energía radiante es transportada por fotones y la única diferencia entre la radiación de una estación de radio y de un tubo de rayos X es que la primera emite un número mucho mayor de fotones, cada uno de los cuales transporta una cantidad de energía mucho menor. (3) Todos los fotones son intrínsecamente idénticos. Así como las moléculas de hidrógeno difieren una de otra en dirección y energía de traslación, y en dirección y cantidad de rotación, así dos fotones, tal como los ve un observador individual, difieren en dirección de movimiento, en energía y en polarización. Si nos estuviéramos moviendo con rápida aceleración hacia una estación de radio, parecería que sus fotones tenían cantidades crecientes de energía y recorrían toda la escala del espectro atravesando el visible y adentrándose en el ultravioleta. En cierto instante, por ejemplo, serían indistinguibles de los fotones emitidos por átomos de sodio excitados. (4) La energía de un fotón aislado, dividida por la constante de Planck, da la frecuencia del fotón, que es, por tanto, por definición, estrictamente monocromático; aunque dos fotones que provengan incluso de átomos similares no tendrían nunca exactamente la misma frecuencia. (5) Todos los fotones son parecidos en una propiedad que tiene las dimensiones de una acción o de momento angular, y es invariante respecto a una transformación relativista. (6) La condición de que la frecuencia de un fotón emitido por cierto sistema sea igual a alguna frecuencia física que exista dentro de ese sistema no se cumple en general, aunque se aproxima más a su cumplimiento cuanto más baja es la frecuencia.

Las objeciones graves a la idea de la conservación de los fotones se encuentran en un análisis de la termodinámica de la radiación y de las leyes de la espectroscopia. Según la termodinámica clásica de la radiación, la energía de una *hohlraum* [cavidad] a una temperatura dada está determinada únicamente por el volumen. Si definimos el número de fotones de un intervalo espectral pequeño por la cantidad de energía en ese intervalo dividida por $h\nu$, entonces, por la ley de desplazamiento de Wien, el número de fotones permanece constante en cualquier proceso adiabático reversible. En el proceso adiabático irreversible de libre expansión desde un volumen dado a un volumen mayor (ambos de paredes perfectamente reflectantes), también el número de fotones permanece constante, ya que ni las energías ni las frecuencias cambian. Si la radiación original, correspondiente a una temperatura definida, se expande libremente, por ejemplo hasta dieciséis veces el primer volumen, puede ser llevada entonces a una nueva temperatura de equilibrio introduciendo un cuerpo negro infinitesimal. Calculando a partir de sus ecuaciones encontramos que, en este proceso, se dobla el número de fotones. Si esto es así, no puede haber obviamente ley de conservación de los fotones. Sin embargo, si analizamos cuidadosamente la termodinámica de la radiación, encontramos que Wien y Planck han empleado tácitamente un postulado que se sustenta en hechos no experimentales: a saber, si se introduce un cuerpo negro infinitesimal en una *hohlraum* [cavidad], la radiación llegará a cierta temperatura y, entonces, ya no tendrán lugar a continuación más cambios cuando se introduzca un cuerpo negro grande de la misma temperatura.

Prescindiendo de este postulado y añadiendo una nueva variable, el número de fotones, a las variables que previamente se han considerado suficientes para definir el estado de un sistema, obtenemos una ciencia de la termodinámica muy ampliada. En esta nueva termodinámica, que incluye como equilibrios verdaderos y estables estados de equilibrio tales como aquellos a los que Einstein ha aplicado los términos "aussergewöhnlich" [extraordinario] y "impropement dit" [mal llamado] (*Ann. Phys*., 38, 881, 1912; *Jour. de Phys*., 3, 277, 1913), las conocidas leyes de la radiación y del equilibrio físico y químico se convierten en casos especiales, sólo ciertas para una provisión ilimitada de fotones. Incluso en un proceso tan fundamental como el flujo de calor tienen que participar dos factores, la cantidad de energía y el número de fotones transferido. Se publicará en breve una versión más completa de esta nueva termodinámica.

Volviendo a la espectroscopia, encontramos que el principio de conservación de los fotones es un conflicto obvio con las nociones existentes del proceso de radiación. Tenemos que suponer que en un proceso elemental de radiación el átomo emisor pierde un fotón, y sólo uno. Supongamos que un átomo que está en el estado 4-2 cae al 3-3, luego al 2-2 y luego al 1-1. Pierde por tanto tres fotones, pero si el mismo átomo cae directamente del estado 4-2 al 1-1 sólo pierde un fotón. Por lo tanto, si hemos de admitir la conservación de los fotones, tenemos que decir que el átomo no pasa precisamente del mismo estado inicial al mismo estado final por dos caminos, sino más bien que o bien el estado 4-2 o el

875

1-1 tienen que ser múltiples. Incluso si está dado el número cuántico interior, así como los números cuánticos total y azimutal, los estados atómicos tienen todavía que considerarse no completamente especificados. De hecho se han encontrado numerosos ejemplos de estructura superfina de los que todavía no se ha dado cuenta (véase la reseña de Ruark y Chenault, *Phil. Mag*., 50, 937m 1925).

Había esperado poder deducir ciertos principios de selección conocidos a partir de la conservación de los fotones. Hasta ahora no lo he tenido conseguido y sólo puedo afirmar que si suponemos la existencia de un número de estados atómicos de la misma energía, aproximadamente, pero con diferente número de fotones, la nueva teoría no está en conflicto con los resultados de la espectroscopia.

La regla de que se pierde un fotón, y sólo uno, en cada proceso elemental de radiación es mucho más rigurosa que cualquier principio de selección de los existentes y prohíbe la mayoría de los procesos que se supone ahora que tienen lugar. Para dar cuenta de la existencia aparente de estos procesos es necesario suponer que los átomos están frecuentemente cambiando su número fotónico por intercambio de fotones de energía muy pequeña correspondientes a radiación térmica en el extremo infra-rojo. La nueva teoría predice, por tanto, que muchos procesos atómicos se inhibirán a temperaturas muy bajas y de esto parece haber algunos indicios experimentales. Pero la existencia de nuevos factores extraños oscurece el asunto. Para simplificar las cosas, una corriente molecular podría pasar a través del centro de un tubo enfriado a temperatura muy baja de modo que se redujese al mínimo la cantidad de radiación térmica. La teoría predeciría que, en tales circunstancias, ciertos procesos dentro de la corriente, como la fluorescencia o la emisión de luz de átomos activados, cambiarían profundamente. Están ahora en marcha experimentos en esta dirección.

GILBERT N. LEWIS

Berkeley, California

29 de octubre.

—

1927

ENERO

Carta de Einstein a Paul Ehrenfest

Berlín, 11 de enero de 1927

Me alegro de que hayas encontrado algo bonito y tengo curiosidad. El problema del movimiento ha quedado muy bien, aunque todavía queda una pequeña pega. En cualquier caso, es interesante que las ecuaciones de campo puedan determinar el movimiento de las singularidades. Incluso creo que esto volverá a determinar el desarrollo de la teoría cuántica, pero aún no se vislumbra el camino hasta llegar allí. Mi corazón no se emociona con el *rollo* de Schödinger: es no causal y, en general, demasiado primitivo. Las masas existen, no me apeo del burro. No creo que haya que abandonar la cinemática.

Mis cordiales saludos a ti y a tus jóvenes

Einstein

Con todo esto, casi me olvido del gas. Me da igual que consideres o no las moléculas en su estado cuántico fundamental como una fase particular. Es absolutamente imposible determinar la ley de reparto de Boltzmann cuántica e incluso la ley de distribución de velocidades de Maxwell de forma termodinámica, de manera que se considere a las moléculas en cualquiera de sus estados cuánticos como un gas y al todo como una mezcla de gases de ese tipo. El punto importante es únicamente que con la hipótesis de partida se obtiene, a partir de una cierta densidad, un número creciente de moléculas sin energía. Aunque Pauli diga lo contrario, se tiene derecho a sustituir sin el menor escrúpulo la suma por una integral, e incluso se puede hacerlo esencialmente sin ninguna aproximación. Esto está ligado al hecho de que los valores de energía autorizados por los cuantos se reducen cada vez más a medida que el volumen global del gas crece.

Otra cuestión es saber si Fermi no tiene razón en exigir que no pueda haber más de una molécula por célula. Sobre esta cuestión hay dos puntos de vista enfrentados:

- la analogía moléculas cuantos luminosos (1);
- el principio de exclusión de Pauli (2).

Estas dos condiciones no pueden satisfacerse a la vez. Mi modo de calcular se basa en (1) y viola (2); el de Fermi se basa en (2) y viola (1) (porque la radiación, aunque lo diga Nernst, no tiene energía de punto cero y, de un modo general, porque es la única forma de obtener la ley de Planck).

Entre las dos hipótesis, sólo la experiencia puede zanjar, pero, dado que un gas tan perfecto no existe, es cosa ardua.

[*TCPAE*. Vol. 15. Doc. **450**, p. 707]

—

Carta de Einstein a Born [57]

(Sin fecha. Fecha probable, enero)

La semana pasada presenté en la Academia un pequeño artículo en el que muestro que se pueden asignar movimientos *completamente determinados* a la mecánica ondulatoria de Schrödinger sin ningún tipo de interpretación estadística. Aparecerá muy pronto en los Sitzungsberichte.

Comentario adicional de Born

Estas líneas (nº 57) acompañan a una carta de Ehrenfest a Einstein. Se trata de un tema de nombramiento, que hoy no tiene interés.

Sin embargo, las líneas de Einstein contienen también un mensaje científico. Ponen de manifiesto que Einstein rechazaba la interpretación estadística de la mecánica cuántica no sólo por la llamada de «una voz interior», sino que intentaba una interpretación no estadística de la mecánica ondulatoria de Schrödinger y presentó al respecto un trabajo en la Academia, del que no consigo acordarme. Éste, como muchos intentos similares de otros autores, se hundió en el olvido.

MARZO

NUEVA CAMPANADA DE HEISENBERG. LAS RELACIONES DE INCERTIDUMBRE

Werner Heisenberg (In Kopenhagen). «***Über den anschaulichen Inhalt der quantentheoretischen Kinematik und Mechanik***». *Zeitschrift für Physik* (**17**), pp.172-198. (Eingegangen am 23. März 1927). (Mit 2 Abbindungen) [«El ilustrativo contenido de la cinemática y la mecánica cuánticas». Registro de entrada: 23 de marzo de 1927. (Con dos figuras)]

172

El ilustrativo contenido de la cinemática y la mecánica cuánticas.

En el presente trabajo se van a establecer, de entrada, definiciones exactas de los términos: posición, velocidad, energía, etc. (por ejemplo, del electrón), que siguen también siendo válidos en la mecánica cuántica, y se mostrará que las magnitudes canónicamente conjugadas sólo pueden determinarse simultáneamente con una imprecisión característica (§ 1). Esta imprecisión es la verdadera razón de la aparición de correlaciones estadísticas en la mecánica cuántica. Su formulación matemática se logra mediante la teoría de Dirac-Jordan (§ 2). Partiendo de los principios así obtenidos, se va a hacer ver cómo pueden ser entendidos los procesos macroscópicos desde la perspectiva de la mecánica cuántica (§ 3). Para explicar la teoría se discutirán algunos experimentos mentales especiales (§ 4).

Creemos entender claramente una teoría física si, en todos los casos sencillos, podemos imaginar cualitativamente las consecuencias experimentales de esta teoría y si, al mismo tiempo, hemos percibido que la aplicación de la teoría nunca contiene contradicciones internas. Por ejemplo, creemos entender con claridad la idea de Einstein del espacio tridimensional cerrado porque, para nosotros, las consecuencias experimentales de esta idea son concebibles sin contradicción. Verdad es que estas consecuencias contradicen nuestros conceptos intuitivos habituales de espacio y de tiempo. Sin embargo, podemos convencernos de que la posibilidad de aplicar estos conceptos familiares de espacio y de tiempo a espacios muy grandes no puede deducirse ni de nuestras leyes de pensamiento ni de la experiencia. La interpretación plástica de la mecánica cuántica sigue todavía llena de contradicciones internas que se reflejan en la batalla de opiniones sobre la teoría del discontinuo y del continuo, los corpúsculos y las ondas. Sólo por esto, se podría concluir que no es posible una interpretación de la mecánica cuántica con los conceptos cinemáticos y mecánicos habituales. La mecánica cuántica surgió precisamente del intento de romper con estos conceptos cinemáticos familiares y sustituirlos por relaciones entre números concretos dados experimentalmente. Como esto parece haberse conseguido, el esquema matemático de la mecánica cuántica no requerirá ninguna revisión. Tampoco será necesaria una revisión de la geometría de espacio-tiempo para espacios y tiempos pequeños, ya que eligiendo masas suficientemente pesadas podemos aproximar arbitrariamente las leyes mecánico-cuánticas a las

173

clásicas, por pequeños que sean los espacios y tiempos implicados. Pero que es necesaria una revisión de los conceptos cinemáticos y mecánicos parece derivar directamente de las ecuaciones fundamentales de la mecánica cuántica. Si se da una cierta masa *m*, hablar de la posición y la velocidad del centro de gravedad de esta masa *m* tiene un sentido fácilmente comprensible en nuestro modo de ver habitual. En mecánica cuántica, sin embargo, se supone que existe una relación $\boldsymbol{pq} - \boldsymbol{qp} = h/2\pi i$ entre masa, posición y velocidad. Tenemos pues buenas razones para desconfiar del uso acrítico de los términos «posición» y «velocidad». Si se admite que las discontinuidades son de alguna manera típicas de los procesos en espacios y tiempos muy pequeños, es entonces hasta automáticamente plausible que fallen los términos «posición» y «velocidad»:

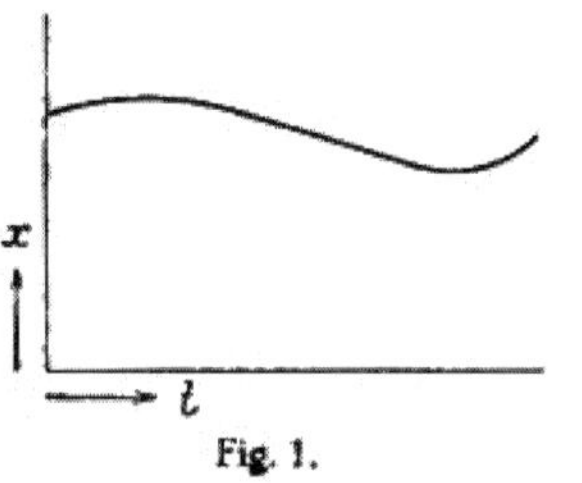

Fig. 1.

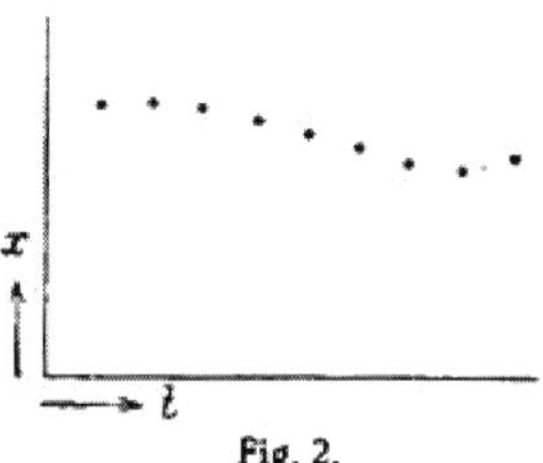

Fig. 2.

Si se piensa, por ejemplo, en el movimiento unidimensional de una masa puntual, entonces en una teoría del continuo se podrá dibujar una trayectoria $x(t)$ para la trayectoria de la partícula (más precisamente: de su centro de gravedad) (Fig. 1) y la tangente da la velocidad en cada caso. Sin embargo, en una teoría del discontinuo, esta curva será sustituida aproximadamente por una serie de puntos a distancia finita (Fig. 2). Obviamente, en este caso carece de sentido hablar de la velocidad en una posición concreta, porque la velocidad sólo puede definirse mediante dos puntos y porque, a la inversa, a cada punto le corresponden dos velocidades distintas.

Se plantea, pues, la cuestión de si no sería posible esclarecer, mediante un análisis más preciso de esos conceptos cinemáticos y mecánicos, las contradicciones que han existido hasta ahora en la interpretación intuitiva de la mecánica cuántica y llegar a una comprensión ilustrativa de las relaciones mecánico-cuánticas [1]).

[1]) El presente trabajo ha surgido de afanes y deseos que otros investigadores ya habían expresado claramente mucho antes, antes de la aparición de la mecánica cuántica. Recuerdo aquí en particular los trabajos de Bohr (↓ sigue en el pie de página siguiente)

174

§ 1. Los conceptos: posición, trayectoria, velocidad, energía.

Para poder seguir de cerca el comportamiento mecánico cuántico de cualquier objeto, hay que conocer la masa de este objeto y las fuerzas de interacción con cualquier campo y otros objetos. Sólo entonces podrá establecerse la función hamiltoniana del sistema mecánico cuántico. [Las consideraciones que siguen deben referirse en general a la mecánica cuántica no relativista, ya que las leyes de la electrodinámica teórico-cuántica se conocen aún de forma muy incompleta][1]). Cualquier otra afirmación sobre la «forma» del objeto es innecesaria; lo más apropiado es utilizar la palabra forma para describir la totalidad de esas fuerzas de interacción.

Si se quiere tener claro lo que se quiere decir con la expresión «posición del objeto», por ejemplo, del electrón (con relación a un sistema de referencia dado), entonces hay que especificar determinados experimentos con ayuda de los cuales se pretende medir la «posición del electrón»; de lo contrario, esta expresión carece de significado. No faltan experimentos de este tipo que, en principio, permiten incluso determinar la «posición del electrón» con la precisión que se desee, por ejemplo: se ilumina el electrón y se le observa al microscopio. La máxima precisión alcanzable en la determinación de la posición viene dada esencialmente por la longitud de onda de la luz utilizada. En principio, no obstante, será posible construir un microscopio de rayos Γ y utilizarlo para determinar la posición con tanta precisión como se desee. Sin embargo, hay un factor secundario esencial en esta determinación: el efecto Compton. Toda observación de la luz difusa procedente del electrón presupone un efecto fotoeléctrico (en el ojo, en la placa fotográfica, en la fotocélula), por lo que también puede interpretarse en el sentido de que un cuanto de luz que incide sobre el electrón, es reflejado o difractado en éste y, a continuación, desviado de nuevo por las lentes del microscopio, desencadena el efecto fotoeléctrico.

Recuerdo aquí en particular los trabajos de Bohr (↑ viene del pie de página anterior) sobre los postulados básicos de la teoría cuántica (por ejemplo, ZS. f. Phys. **13**, 117, 1923) y las discusiones de Einstein sobre la conexión entre campo de ondas y cuantos de luz. Más recientemente, los problemas aquí tratados han sido discutidos con mayor claridad y las cuestiones que se plantean han sido parcialmente respondidas por W. Pauli (Quantentheorie, Handb. D. Physik., vol. XXIII, en adelante citado como 1. c.); la mecánica cuántica ha cambiado poco en la formulación de Pauli de estos problemas. También es para mí un placer especial aprovechar esta oportunidad para agradecer al Sr. W. Pauli las numerosas sugerencias que he recibido en discusiones conjuntas orales y escritas, y que han supuesto una contribución esencial al presente trabajo.

[1]) Sin embargo, recientemente se han hecho grandes progresos en este campo gracias a los trabajos de P. Dirac [Proc. Roy. Soc. (A) 114, 243, 1927 y estudios publicados posteriormente].

175

En el momento de la determinación de la posición, es decir, en el momento en que el cuanto de luz es difractado por el electrón, éste cambia su momento de forma discontinua. Este cambio es tanto mayor cuanto menor sea la longitud de onda de la luz utilizada, es decir, cuanto más precisa sea la determinación de la posición. Así que, en el momento en que se conoce la posición del electrón, su impulso sólo puede conocerse hasta los valores que correspondan a este cambio discontinuo; por tanto, cuanto más precisa sea la determinación de la posición, con tanta mayor imprecisión será conocido el impulso y viceversa; ésta es una ilustración directa y plástica de la relación $\boldsymbol{pq} - \boldsymbol{qp} = h/2\pi i$. Si q_1 es la precisión con la que se conoce el valor q (q_1 es aproximadamente el error medio de q), es decir, en este caso la longitud de onda de la luz y p_1 la precisión con la que se puede determinar el valor p, es decir, el cambio discontinuo de p en el efecto Compton, entonces, según fórmulas elementales del efecto Compton, p_1 y q_1 están en la relación

$$p_1 q_1 \sim h. \quad (1)$$

Más adelante se demostrará que esta relación (1) tiene una conexión matemática directa con la relación de permutación $\boldsymbol{pq} - \boldsymbol{qp} = h/2\pi i$. Conviene señalar aquí que la ecuación (1) es la expresión precisa de los hechos que antes se pretendía describir dividiendo el espacio de fases en celdas de tamaño h.

Otros experimentos, como los de colisión, también pueden utilizarse para determinar la posición del electrón. Una medición exacta de la posición requiere colisiones con partículas muy rápidas, ya que los fenómenos de difracción, que según Einstein son consecuencia de las ondas de de Broglie (véase, por ejemplo, el efecto Ramsauer), impiden una determinación exacta de la posición. Con una medida exacta de la posición, el momento del electrón cambia de nuevo discontinuamente y una simple estimación de las precisiones con las fórmulas de las ondas de Broglie da de nuevo la relación (1).

Esta discusión parece haber definido con suficiente claridad el concepto «posición del electrón» y sólo es necesario añadir una palabra más sobre el «tamaño» del electrón. Si dos partículas muy rápidas chocan una tras otra contra el electrón en un intervalo de tiempo muy corto Δt, las posiciones del electrón definidas por las dos partículas están muy próximas entre sí a una distancia Δl. A partir de las leyes observadas para los rayos α, concluimos que Δl puede reducirse a tamaños del orden de 10^{-12} cm

176

siempre que se elija Δt suficientemente pequeño y suficientemente rápidas las partículas. Esto es lo que queremos decir cuando afirmamos que el electrón es un corpúsculo cuyo radio no supera los 10^{-12} cm.

Pasemos ahora al concepto «órbita del electrón». Por órbita entendemos una serie de puntos en el espacio (en un sistema de referencia dado) que el electrón asume sucesivamente como «posiciones». Como ya sabemos qué hay que entender por «posición en un momento dado», no surgen aquí nuevas dificultades. Sin embargo, es fácil ver que, por ejemplo, la expresión «la órbita 1*S* del electrón en el átomo de hidrógeno», utilizada a menudo, no tiene, desde nuestro punto de vista, ningún sentido. Para medir esta «órbita» 1*S*, habría que iluminar el átomo con luz cuya longitud de onda fuera en todo caso considerablemente inferior a 10^{-8} cm. Sin embargo, un solo cuanto de dicha luz es suficiente para desalojar completamente al electrón de su «órbita» (razón por la cual sólo puede definirse un único punto en el espacio a partir de dicha órbita). El término "órbita" no tiene por tanto aquí ningún significado razonable. Esto puede deducirse simplemente de las posibilidades experimentales sin necesidad de conocer las teorías más recientes.

En cambio, la medición de la posición imaginaria puede realizarse en muchos átomos en el estado 1*S*. (Los átomos en un estado «estacionario» dado pueden aislarse en principio, por ejemplo, mediante el experimento de Stern-Gerlach). Por tanto, para un determinado estado, por ejemplo 1*S*, del átomo, debe existir una función de probabilidad para las posiciones del electrón que corresponda al valor medio de la órbita clásica en todas las fases y que pueda determinarse con cualquier grado de precisión mediante mediciones. Según Born [1]), esta función viene dada por $\psi_{1S}(q)\overline{\psi}_{1S}(q)$ si $\psi_{1S}(q)$ es la función de onda de Schrödinger correspondiente al estado 1*S*. Con Dirac [1]) y Jordan [1]) me gustaría decir con vistas a posteriores

[1]) El significado estadístico de las ondas de de Broglie fue formulado por primera vez por A. Einstein (Sitzungsber. d. preuß. Akad. d. Wiss. 1925, p. 3). Este elemento estadístico de la mecánica cuántica desempeña después un papel esencial en M. Born, W. Heisenberg y P. Jordan, Quantenmechanik II (ZS. f. Phys. **35**, 557, 1926), especialmente el cap. 4, § 3, y P. Jordan (ZS. f. Phys. **37**, 376, 1926); se analiza matemáticamente en un trabajo seminal de M. Born (ZS. f. Phys. **38**, 803, 1926) y se utiliza para interpretar los fenómenos de colisión. El fundamento del enfoque probabilístico a partir de la teoría de transformación de matrices se encuentra en los trabajos: W. Heisenberg (ZS. f. Phys **40**, 501, 1926), P. Jordan (ibid. **40**, 661, 1926), W. Pauli (nota en ZS. f. Phys. **41**, 81, 1927), P. Dirac (Proc. Roy. Soc. (A) **113**, 621, 1926), P. Jordan (ZS. f. Phys. **40**, 809, 1926). En general, el aspecto estadístico de la mecánica cuántica es tratado por P. Jordan (Naturwiss. **15**, 105, 1927) y M. Born (Naturwiss. **15**, 238, 1927).

177

generalizaciones: La probabilidad viene dada por $S(1S,q)\overline{S}(1S,q)$, donde $S(1S, q)$ significa aquella columna de la matriz de transmutación $S(E, q)$ de E a q que pertenece a $E = E_{1S}$ (E = energía).

En el hecho de que en la teoría cuántica, para un determinado estado, por ejemplo 1*S*, sólo se pueda indicar la función de probabilidad de la posición del electrón, se puede ver, con Born y Jordan, un rasgo característicamente estadístico de la teoría cuántica en contraste con la teoría clásica. Sin embargo, si se desea, también se puede decir con Dirac que la estadística es aportada por nuestros experimentos. Porque, obviamente, incluso en la teoría clásica, sólo se podría especificar la probabilidad de una posición determinada del electrón en tanto no conozcamos las fases del átomo. Sin embargo, en realidad, esto es imposible porque cada experimento para determinar la fase destruye o cambia el átomo. En un cierto «estado» estacionario del átomo, las fases son en principio indeterminadas, lo que puede verse como una explicación directa de las conocidas ecuaciones

$$\boldsymbol{Et} - \boldsymbol{tE} = \mathrm{h}/2\pi\mathrm{i} \quad \text{o} \quad \boldsymbol{Jw} - \boldsymbol{wJ} = \mathrm{h}/2\pi\mathrm{i}.$$

($\boldsymbol{J}$ = variable del efecto, $\boldsymbol{w}$ = variable del ángulo)

El término «velocidad» de un objeto puede definirse fácilmente mediante mediciones si se trata de movimientos sin fuerza. Por ejemplo, se puede iluminar el objeto con luz roja y, mediante el efecto Doppler de la luz dispersada, determinar la velocidad de la partícula. La determinación de la velocidad se hace tanto más precisa cuanto mayor es la longitud de onda de la luz utilizada, ya que el cambio de velocidad de la partícula por cuanto de luz es entonces menor debido al efecto Compton. En consecuencia, la determinación de la posición es menos precisa, como se muestra en la ecuación (1). Si se quiere medir la velocidad del electrón en el átomo en un momento determinado, la carga nuclear y las fuerzas de los restantes electrones desaparecerán repentinamente en ese momento, de modo que el movimiento a partir de ese momento estará libre de fuerzas, y entonces se llevará a cabo la determinación anterior. De nuevo, como en el caso anterior, uno puede convencerse fácilmente de que no se puede definir una función $p(t)$ para un estado dado del átomo, por ejemplo 1*S*.

178

Por otra parte, existe de nuevo una función de probabilidad de p en este estado que, según Dirac y Jordan, tiene el valor $S(1S,p)\overline{S}(1S,p)$. $S(1S, p)$ significa de nuevo la columna de la matriz de transformación $S(E, p)$ de $\boldsymbol{E}$ a $\boldsymbol{p}$ que pertenece a $E = E_{1S}$.

Por último, hagamos referencia todavía a los experimentos que permiten medir la energía o los valores de la variable de acción J; dichos experimentos son especialmente importantes, ya que sólo con su ayuda podemos definir a qué nos referimos cuando hablamos del cambio discontinuo de la energía y de J. Los experimentos de colisión de Franck-Hertz permiten reducir la medición de la energía de los átomos a la medición de la energía de los electrones que se mueven en línea recta, debido a la validez del principio de conservación de la energía en la teoría cuántica. En principio, esta medición puede realizarse con una precisión arbitraria siempre que se prescinda de la determinación simultánea de la posición del electrón, es decir, de la fase (véase la determinación de p anterior), según la relación $\boldsymbol{Et} - \boldsymbol{tE} = h/2\pi i$. El experimento de Stern-Gerlach permite determinar el momento magnético o eléctrico medio del átomo, es decir, medir magnitudes que dependen únicamente de la variable de acción J. Las fases permanecen en principio indeterminadas. Del mismo modo que no tiene sentido hablar de la frecuencia de una onda luminosa en un momento determinado, tampoco se puede hablar de la energía de un átomo en un momento determinado. En el experimento de Stern-Gerlach, esto se corresponde con el hecho de que cuanto más corto es el lapso de tiempo en el que los átomos están bajo la influencia de la fuerza deflectora, menor es la precisión de la medición de la energía [1]). Un límite superior para la fuerza deflectora viene dado por el hecho de que la energía potencial de dicha fuerza deflectora dentro del haz sólo puede variar en cantidades que sean considerablemente menores que las diferencias de energía de los estados estacionarios, si se quiere que sea posible una determinación de la energía de los estados estacionarios. Si E_1 es una cantidad de energía que satisface esta condición (E_1 también indica la precisión de esa medida de energía), entonces E_1/d es el valor máximo de la fuerza deflectora, si d es la anchura del haz (medible por la anchura de la apertura utilizada). La desviación angular del haz atómico es entonces $E_1 t_1/dp$, donde t_1 denota el lapso de tiempo en el que los átomos están bajo la influencia de la fuerza deflectora

[1]) Véase sobre esto W. Pauli, 1. c. S. 61.

179

y p el momento de los átomos en la dirección del haz. Esta desviación debe ser al menos del mismo orden de magnitud que el ensanchamiento natural del haz causado por la difracción en la abertura para que sea posible realizar una medición. La desviación angular debida a la difracción es aproximadamente λ/d, si λ denota la longitud de onda de de Broglie, es decir

$$\lambda/d \sim E_1 t_1/dp \text{ o, puesto que } \lambda = h/p,$$

$$E_1 t_1 \sim h. \qquad (2)$$

Esta ecuación corresponde a la ecuación (1) y muestra cómo una determinación exacta de la energía sólo puede lograrse con una inexactitud correspondiente en el tiempo.

§ 2. *La teoría de Dirac-Jordan*

Los resultados de la sección anterior pueden resumirse y generalizarse en la siguiente afirmación: *todos los conceptos utilizados en la teoría clásica para describir un sistema mecánico también pueden definirse exactamente para procesos atómicos análogos a los conceptos clásicos*. Los experimentos que sirven a tal definición llevan consigo, sin embargo, según la pura experiencia, una indeterminación si exigimos de ellos la determinación simultánea de dos magnitudes canónicas conjugadas. El grado de esta indeterminación viene dado por la relación (1) (extendida a cualquier magnitud canónicamente conjugada. Es lógico comparar aquí la teoría cuántica con la teoría de la relatividad especial. Según la teoría de la relatividad, el término «simultáneo» no puede definirse de otro modo que mediante experimentos en los que la velocidad de propagación de la luz desempeña un papel esencial. Si hubiera una definición «más nítida» de simultaneidad, por ejemplo, señales que se propagan infinitamente rápido, la teoría de la relatividad sería imposible. Sin embargo, dado que tales señales no existen, pues más bien la velocidad de la luz figura ya en la definición de simultaneidad, se crea espacio para el postulado de la velocidad constante de la luz, por lo que este postulado no está en contradicción con el uso adecuado de los términos "posición, velocidad, tiempo". La situación es similar con la definición de los conceptos: «posición del electrón y velocidad» en la teoría cuántica. Todos los experimentos que podemos utilizar para definir estos términos contienen necesariamente la imprecisión indicada por la ecuación (1), aun cuando permitan definir exactamente los conceptos individuales p y q. Si hubiera experimentos que permitieran simultáneamente una determinación "más precisa" de p y q

180

que la que corresponde a la ecuación (1), la mecánica cuántica sería imposible. Esta imprecisión, fijada por la ecuación (1), sólo crea pues espacio para la validez de las relaciones que encuentran su expresión sucinta en las relaciones de permutación de la mecánica cuántica

$$\mathbf{pq} - \mathbf{qp} = h/2\pi i;$$

ella hace posible esta ecuación sin que haya que cambiar el significado físico de las magnitudes p y q.

Para aquellos fenómenos físicos cuya formulación teórico-cuántica aún se desconoce (por ejemplo, la electrodinámica), la ecuación (1) representa un requisito que puede ser útil para encontrar las nuevas leyes. Para la mecánica cuántica, la ecuación (1) puede derivarse de la formulación de Dirac-Jordan mediante una ligera generalización. Si determinamos la posición q del electrón en q' para un cierto valor η de cualquier parámetro con una precisión q_1, podemos expresar este hecho mediante una amplitud de probabilidad $S(\eta, q)$, que sólo difiere notablemente de cero en un dominio de tamaño aproximado q_1 alrededor de q'. En particular, se puede poner, por ejemplo

$$S(\eta,q) \text{ prop } e^{-\frac{(q-q')^2}{2q_1^2}-\frac{2\pi i}{h}p'(q-q')}, \text{ y, por tanto, } S\overline{S} \text{ prop } e^{-\frac{(q-q')^2}{q_1^2}}. \qquad (3)$$

Rige entonces la amplitud de probabilidad asociada a p

$$S(\eta, p) = \int S(\eta, q)\, S(q, p)\, dq. \tag{4}$$

Para $S(q, p)$ puede ponerse, según Jordan

$$S(q, p) = e^{2\pi i pq/h}. \tag{5}$$

Entonces, según (4), $S(\eta, p)$ sólo será sensiblemente diferente de cero para valores de p para los que $2\pi(p - p')q_1/h$ no sea significativamente mayor que 1. En particular, en el caso (3) rige:

$$S(\eta, p)\ \text{prop} \int e^{\frac{2\pi i(p-p')q}{h} - \frac{(q'-q)^2}{2q_1^2}}\, dq,$$

es decir

$$S(\eta, p)\ \text{prop}\ e^{-\frac{(p-p')^2}{2p_1^2} + \frac{2\pi i}{h}q'(p-p')}, \text{ y, por tanto, } S\overline{S}\ \text{prop}\ e^{-\frac{(p-p')^2}{p_1^2}},$$

donde

$$p_1 q_1 = h/2\pi. \tag{6}$$

181

La suposición (3) para $S(\eta, q)$ corresponde así al hecho experimental de que el valor p' se midió para p, el valor q' para q [con la restricción de precisión (6)].

Desde un punto de vista puramente matemático, la formulación Dirac-Jordan de la mecánica cuántica se caracteriza por el hecho de que las relaciones entre $\boldsymbol{p}$, $\boldsymbol{q}$, $\boldsymbol{E}$, etc., pueden escribirse como ecuaciones entre matrices muy generales, de modo que cualquier magnitud teórico-cuántica dada aparece como una matriz diagonal. La posibilidad de tal notación salta a la vista si se interpretan plásticamente las matrices como tensores (por ejemplo, momentos de inercia) en espacios multidimensionales entre los que existen relaciones matemáticas. Siempre se pueden colocar los ejes del sistema de coordenadas en el que se expresan estas relaciones matemáticas en los ejes principales de uno de estos tensores. Finalmente, la relación matemática entre dos tensores A y B siempre se puede caracterizar también mediante las fórmulas de transformación que convierten un sistema de coordenadas orientado según los ejes principales de A en otro orientado según los ejes principales de B. Esta última formulación corresponde a la teoría de Schrödinger. En cambio, la notación de números q de Dirac se considera la formulación propiamente «invariante» de la mecánica cuántica, independiente de todos los sistemas de coordenadas. Si queremos obtener resultados físicos a partir de este esquema matemático, debemos asignar números a las magnitudes teórico-cuánticas, es decir, a las matrices (o «tensores» en el espacio multidimensional). Esto hay que entenderlo en el sentido de que en ese espacio multidimensional se especifica arbitrariamente una dirección determinada (es decir, fijada por el tipo de experimento realizado) y se plantea la pregunta de cuál es el «valor» de la matriz (por ejemplo, en esa imagen, el valor del momento de inercia) en esa dirección predeterminada. Esta pregunta sólo tiene un significado claro si la dirección dada coincide con la dirección de uno de los ejes principales de esa matriz; en este caso hay una respuesta exacta a la pregunta planteada. Pero incluso si la dirección especificada se desvía sólo ligeramente de la de uno de los ejes principales de la matriz, sigue siendo posible hablar del «valor» de la matriz en la dirección especificada con un cierto grado de inexactitud debido a la inclinación relativa, con un cierto error probable. Por tanto, se puede decir: A cada magnitud o matriz teórico-cuántica se le puede asignar un número que indica su «valor» con un cierto error probable; el error probable depende del

182

sistema de coordenadas; para cada magnitud teórico-cuántica existe un sistema de coordenadas en el que el error probable para esta magnitud desaparece. Por lo tanto, un experimento concreto nunca puede proporcionar información precisa sobre todas las magnitudes teórico-cuánticas, sino que más bien divide las magnitudes físicas en «conocidas» y «desconocidas» (o: magnitudes conocidas con mayor y menor precisión) de un modo característico del experimento. Los resultados de dos experimentos sólo pueden derivarse exactamente el uno del otro si los dos experimentos dividen las magnitudes físicas en «conocidas» y "desconocidas" de la misma manera (es decir, si los tensores del espacio multidimensional, utilizados varias veces para la ilustración, se «ven» desde la misma dirección en ambos experimentos). Si dos experimentos dan lugar a categorizaciones diferentes en «conocidas» y «desconocidas», la correlación entre los resultados de esos experimentos sólo puede indicarse de forma apropiada estadísticamente.

Para discutir esta relación estadística con más detalle, realicemos un experimento mental. Un haz atómico de *Stern-Gerlach* se hace pasar primero por un campo F_1 que es tan fuertemente no homogéneo en la dirección del haz que provoca un número notable de transiciones debido al «efecto de sacudida». A continuación, el haz atómico fluye libremente durante un tiempo, pero a cierta distancia de F_1 comienza un segundo campo F_2, igualmente no homogéneo que F_1. Entre F_1 y F_2 y detrás de F_2, es posible medir el número de átomos en los distintos estados estacionarios mediante la aplicación de un eventual campo magnético. Fijemos en cero las fuerzas de radiación de los átomos. Si sabemos que un átomo estaba en el estado de energía E_n antes de pasar por F_1, podemos expresar este hecho experimental asignando al átomo una función de onda –por ejemplo, en el espacio p– con la energía definida E_n y la fase indeterminada β_n:

$$S(E_n, p) = \psi(E_n, p) e^{-\frac{2\pi i E_n(\alpha+\beta_m)}{h}}$$

Tras atravesar el campo F_1, esta función se habrá transformado en [1])

$$S(E_n, p) \xrightarrow{F_1} \sum_m c_{nm} \psi(E_m, p) e^{-\frac{2\pi i E_m(\alpha+\beta_m)}{h}}. \qquad (7)$$

[1]) Véase. P. Dirac, Proc. Roy. Soc. (A) **112**, 661, 1926 y M. Born, ZS. f. Phys. **40**, 167, 1926.

183

Fijemos en ella las β_m de alguna manera arbitraria, de modo que las c_{nm} estén determinadas de forma única por F_1. La matriz c_{nm} transforma los valores de energía antes del paso por F_1 en los valores después del paso por F_1. Si llevamos a cabo una determinación de los estados estacionarios después de F_1, por ejemplo mediante un campo magnético no homogéneo, encontraremos con una probabilidad $c_{nm}\bar{c}_{nm}$ que el átomo ha pasado del estado n al estado m. Si determinamos experimentalmente que el átomo ha pasado realmente al estado m, para calcular todo lo que sigue no tendremos que asignarle la función $\sum_m c_{nm}S_m$, sino la función S_m con una fase indeterminada; al determinar experimentalmente el «estado m», seleccionamos, de entre la abundancia de diferentes posibilidades (c_{nm}), un cierto m, pero, al mismo tiempo, como se explicará más adelante, destruimos todo lo que, referente a relaciones de fase, estaba todavía contenido en las magnitudes c_{nm}. Cuando el haz atómico pasa por F_2, se repite lo mismo que para F_1. Sean d_{nm} los coeficientes de la matriz de transformación que transforman las energías anteriores a F_2 en las posteriores a F_2. Si no se determina el estado entre F_1 y F_2, la función propia se transforma según el siguiente esquema:

$$S(E_n, p) \xrightarrow{F_1} \sum_m c_{nm} S(E_m, p) \xrightarrow{F_2} \sum_m \sum_l c_{nm} d_{ml} S(E_l, p). \qquad (8)$$

Hagamos $\sum_m c_{nm}d_{ml} = e_{nl}$. Si se determina el estado estacionario del átomo detrás de F_2, se encontrará el estado l con una probabilidad $e_{nl}\bar{e}_{nl}$. Si, por el contrario, la fijación «estado m» se hizo entre F_1 y F_2, la probabilidad para «l» detrás de F_2 vendrá dada por $d_{ml}\bar{d}_{ml}$. Si todo el experimento se repite varias veces (determinándose el estado entre F_1 y F_2 *cada vez*), el estado l se observará después de F_2 con la frecuencia relativa $Z_{nl} = \sum_m c_{nm}\bar{c}_{nm}d_{ml}\bar{d}_{ml}$. Esta expresión no concuerda con $e_{nl}\bar{e}_{nl}$. Por eso Jordan (1.c.) ha hablado de una «interferencia de probabilidades». Sin embargo, no estoy de acuerdo con esto. Al fin y al cabo, los dos experimentos que conducen a $e_{nl}\bar{e}_{nl}$ y Z_{nl} son realmente diferentes físicamente. En un caso, el átomo entre F_1 y F_2 no sufre ninguna perturbación; en el otro, es perturbado por los dispositivos que permiten determinar el estado estacionario. Estos dispositivos dan por resultado que la «fase» del átomo cambie en cantidades en principio incontrolables,

184

al igual que cambia el momento cuando se determina la posición del electrón (véase. § 1). El campo magnético para determinar el estado entre F_1 y F_2 desafinará los valores propios E; al observar la trayectoria del haz atómico (estoy pensando en las imágenes de Wilson, por ejemplo) los átomos se frenan de formas estadísticamente diferentes e incontrolables, y así sucesivamente. La consecuencia de esto es que la matriz de transformación final e_{nl} (de los valores de energía antes de entrar en F_1 a los de después de salir de F_2) ya no viene dada por $\sum_m c_{nm}d_{ml} = e_{nl}$, sino que cada término de la suma sigue teniendo un factor de fase desconocido. Por tanto, sólo podemos esperar que el valor medio de $e_{nl}\bar{e}_{nl}$ sobre todos estos posibles cambios de fase sea igual a Z_{nl}. Un simple cálculo demuestra que este es el caso. Podemos, pues, según ciertas reglas estadísticas, inferir de un experimento los posibles resultados de otro. El otro experimento selecciona por su parte uno muy concreto de entre la abundancia de posibilidades y limita así las posibilidades de todos los experimentos posteriores. Esta interpretación de la ecuación de la matriz de transformación *S* o de la ecuación de onda de Schrödinger sólo es posible porque la suma de soluciones representa una solución. Aquí es donde vemos el significado profundo de la linealidad de las ecuaciones de Schrödinger; por eso sólo pueden entenderse como ecuaciones para ondas en el espacio de fases y por eso consideraríamos inútil cualquier intento de sustituir estas ecuaciones por otras no lineales, por ejemplo, en el caso relativista (con varios electrones).

§ 3. *La transición de la micromecánica a la macromecánica*

Mediante el análisis de los términos "posición del electrón", "velocidad", «energía», etc. realizado en los apartados anteriores, los conceptos de cinemática y mecánica cuánticas me parecen suficientemente aclarados, de modo que también debe ser posible una comprensión clara de los procesos macroscópicos desde el punto de vista de la mecánica cuántica. La transición de la micromecánica a la macromecánica ya fue tratada por Schrödinger [1]), pero no creo que el razonamiento de Schrödinger capte la esencia del problema, por las siguientes razones: Según Schrödinger, en estados de alta excitación una suma de oscilaciones propias debería ser capaz de producir un paquete de ondas no demasiado grande, que, a su vez, con cambios periódicos de tamaño, realiza los movimientos periódicos del "electrón" clásico.

[1]) E. Schrödinger, Naturwiss. **14**, 664, 1926.

185

Hay que plantear la siguiente objeción: Si el paquete de ondas tuviera las propiedades aquí descritas, la radiación emitida por el átomo podría desarrollarse en una serie de Fourier en la que las frecuencias de los armónicos fueran múltiplos enteros de una frecuencia fundamental. Sin embargo, según la mecánica cuántica, las frecuencias de las líneas espectrales emitidas por el átomo nunca son múltiplos enteros de una frecuencia fundamental, con la excepción del caso especial del oscilador armónico. Por tanto, el razonamiento de Schrödinger sólo es factible para el oscilador armónico del que se ocupa; en todos los demás casos, un paquete de ondas se propaga por todo el espacio que rodea al átomo en el transcurso del tiempo. Cuanto mayor sea el estado de excitación del átomo, más lenta será la dispersión del paquete de ondas. Pero si se espera lo suficiente, se producirá. El argumento anterior sobre la radiación emitida por el átomo puede utilizarse inicialmente contra todos los intentos de lograr una transición directa de la mecánica cuántica a la mecánica clásica para números cuánticos elevados. Por esta razón, en el pasado se ha intentado refutar este argumento haciendo referencia a la amplitud de radiación natural de los estados estacionarios; ciertamente de forma errónea, porque en primer lugar esta salida ya está bloqueada en el caso del átomo de hidrógeno debido a la baja radiación en estados altos, y en segundo lugar la transición de la mecánica cuántica a la mecánica clásica también debe ser comprensible sin tomar préstamos de la electrodinámica. Bohr [1]) ya ha señalado varias veces estas conocidas dificultades, que se interponen en el camino de una conexión directa entre la teoría cuántica y la teoría clásica. Sólo las hemos vuelto a explicar con tanto detalle porque parece que se han olvidado recientemente.

Creo que el origen de la «órbita» clásica puede formularse sucintamente del siguiente modo: *La «órbita» sólo surge porque la observamos*: Por ejemplo, supongamos un átomo en el estado excitado 1000. Las dimensiones orbitales son aquí ya relativamente grandes, de modo que en el sentido de § 1 es suficiente determinar la posición del electrón con luz de longitud de onda relativamente larga. Si la determinación de la posición no ha de ser demasiado imprecisa, el retroceso Compton hará que el átomo se encuentre en algún estado entre, digamos, el 950º y el 1050º después de la colisión; al mismo tiempo, el momento del electrón puede deducirse a partir del efecto Doppler con una precisión que puede determinarse a partir de (1).

[1]) N. Bohr, Postulados básicos de la teoría cuántica, 1. c.

186

El hecho experimental así obtenido puede caracterizarse por un paquete de ondas –o, mejor, paquete de probabilidad– en el espacio q de un tamaño dado por la longitud de onda de la luz utilizada, compuesto esencialmente por funciones propias comprendidas entre la 950ª y la 1050ª función propia, y por un paquete correspondiente en el espacio p. Al cabo de cierto tiempo, se realiza una nueva determinación de la posición con la misma precisión. Según § 2, su resultado sólo puede especificarse estadísticamente; todas las posiciones probables dentro del paquete de ondas ahora ya ensanchado pueden considerarse con probabilidad calculable. Esto no sería diferente en la teoría clásica, porque incluso en la teoría clásica el resultado de la segunda determinación de la localización sólo podría darse estadísticamente debido a la incertidumbre de la primera determinación; las trayectorias del sistema de la teoría clásica también se propagarían de forma similar al paquete de ondas. Sin embargo, las propias leyes estadísticas son diferentes en la mecánica cuántica y en la teoría clásica. La segunda determinación de la localización selecciona una determinada «q» de entre la abundancia de posibilidades y limita las posibilidades de todas las determinaciones posteriores. Tras la segunda determinación de la posición, los resultados de las mediciones posteriores sólo pueden calcularse asignando de nuevo al electrón un paquete de ondas «más pequeño» de tamaño λ (longitud de onda de la luz utilizada para la observación). Por tanto, cada localización reduce el paquete de ondas a su tamaño original λ. Los «valores» de las variables $\boldsymbol{p}$ y $\boldsymbol{q}$ se conocen con cierta precisión durante todos los experimentos. Que los valores de $\boldsymbol{p}$ y $\boldsymbol{q}$ *dentro de estos límites de precisión* se ajustan a las ecuaciones clásicas del movimiento se puede deducir directamente de las leyes de la mecánica cuántica

$$\dot{\boldsymbol{p}} = -\frac{\partial \boldsymbol{H}}{\partial \boldsymbol{q}}; \qquad \dot{\boldsymbol{q}} = -\frac{\partial \boldsymbol{H}}{\partial \boldsymbol{p}}. \tag{9}$$

Sin embargo, como ya se ha mencionado, la trayectoria sólo puede calcularse estadísticamente a partir de las condiciones iniciales, lo que puede considerarse una consecuencia de la, por principio, inexactitud de las condiciones iniciales. Las leyes estadísticas son diferentes para la mecánica cuántica y la teoría clásica; bajo ciertas condiciones, esto puede conducir a grandes diferencias macroscópicas entre la teoría clásica y la cuántica. Antes de discutir un ejemplo de esto, me gustaría utilizar un sistema mecánico simple: el movimiento sin fuerzas de una masa puntual, para mostrar cómo la transición a la teoría clásica

187

discutida anteriormente puede formularse matemáticamente. Las ecuaciones del movimiento son (para un movimiento unidimensional)

$$\boldsymbol{H} = (1/2\mathrm{m})\, \mathbf{p}^2; \qquad \dot{\boldsymbol{q}} = (1/\mathrm{m})\, \boldsymbol{p}; \qquad \dot{\boldsymbol{p}} = 0. \tag{10}$$

Dado que el tiempo puede tratarse como parámetro (como un «número *c*») si no hay fuerzas externas que dependan del tiempo, la solución de estas ecuaciones es

$$\boldsymbol{q} = (1/\mathrm{m})\boldsymbol{p}_0\mathrm{t} + \boldsymbol{q}_0; \qquad \boldsymbol{p} = \boldsymbol{p}_0, \tag{11}$$

donde $\boldsymbol{p}_0$ y $\boldsymbol{q}_0$ representan el momento y la posición en el instante $t = 0$. En el tiempo $t = 0$ [véanse las ecuaciones (3) a (6)] el valor $q_0 = q'$ se mide con precisión q_1, y $p_0 = p'$ con precisión p_1. Para inferir los «valores» de $\boldsymbol{q}$ en el instante t a partir de los «valores» de $\boldsymbol{p}_0$ y $\boldsymbol{q}_0$, según Dirac y Jordan hay que encontrar la función de transformación que transforma todas las matrices en las que $\boldsymbol{q}_0$ aparece como matriz diagonal en matrices en las que $\boldsymbol{q}$ aparece como matriz diagonal. $\boldsymbol{p}_0$ puede sustituirse en el esquema matricial en el que $\boldsymbol{q}_0$ aparece como matriz diagonal por el operador $\frac{h}{2\pi i}\frac{\partial}{\partial q_0}$. Según Dirac [1. c. Ecuación (11)], la ecuación diferencial rige entonces para la amplitud de transformación deseada $S(q_0, q)$ la ecuación diferencial:

$$\left\{\frac{t}{m}\frac{h}{2\pi i}\frac{\partial}{\partial q_0} + q_0\right\} S(q_0, q) = qS(q_0, q) \tag{12}$$

$$\frac{t}{m}\frac{h}{2\pi i}\frac{\partial S}{\partial q_0} = (q_0 - q)S(q_0, q)$$

$$S(q_0, q) = const \cdot e^{\frac{2\pi i m \int (q - q_0) dq_0}{h \cdot t}} \tag{13}$$

$S\overline{S}$ es, por tanto, independiente de q_0, es decir, si q_0 se conoce exactamente en el instante $t = 0$, entonces en cualquier momento $t > 0$ todos los valores de q son igualmente probables, es decir, la probabilidad de que q se encuentre en un dominio finito es absolutamente nula. Esto es también intuitivamente claro, sin más, pues la determinación exacta de q_0 conduce a un retroceso Compton infinitamente grande. Lo mismo valdría, por supuesto, para cualquier sistema mecánico. Sin embargo, si q_0 en el instante $t = 0$ sólo se conociera con una exactitud q_1 y p_0 con una exactitud p_1 [véase la ecuación (3)]

$$S(\eta, q_0) = const \cdot e^{-\frac{(q_0 - q')^2}{2q_1^2} - \frac{2\pi i}{h} p'(q_0 - q')},$$

188

entonces la función de probabilidad para q habrá que calcularla según la fórmula

$$S(\eta, q) = \int S(\eta, q_0)\, S(q_0, q) dq_0.$$

Esto da como resultado

$$S(\eta,q)=const\cdot\int e^{\frac{2\pi im}{th}\left[q_0\left(q-\frac{t}{m}p'\right)-\frac{q_0^2}{2}\right]-\frac{(q'-q_0)^2}{2q_1^2}}dq_0.$$

(14)

Si se introduce la abreviatura

$$\beta = th/2\pi mq_1{}^2\,, \qquad (15)$$

el exponente en (14) se convierte en

$$-\frac{1}{2q_1^2}\left\{q_0^2\left(1+\frac{i}{\beta}\right)-2q_0\left(q'+\frac{i}{\beta}\left(q-\frac{t}{m}p'\right)\right)+q'^2\right\}.$$

El término con q'^2 puede incluirse en el factor constante (independiente de q) y la integración da como resultado

$$S(\eta,q)=const\cdot e^{\frac{1}{2q_1^2}\frac{\left[q'+\frac{i}{\beta}\left(q-\frac{t}{m}p'\right)\right]^2}{1+\frac{i}{\beta}}}=const\cdot e^{-\frac{\left(q-\frac{t}{m}p'-i\beta q'\right)^2\left(1-\frac{i}{\beta}\right)}{2q_1^2(1+\beta^2)}}. \qquad (16)$$

De aquí se deduce

$$S(\eta,q)\overline{S(\eta,q)}=const\cdot e^{-\frac{\left(q-\frac{t}{m}p'-q'\right)^2}{q_1^2(1+\beta^2)}}. \qquad (17)$$

Por tanto, en el instante t, el electrón se encuentra en el punto $\frac{t}{m}p'+q'$ con una precisión $q_1\sqrt{1+\beta^2}$. El «paquete de ondas», o mejor, «paquete de probabilidades» ha aumentado en el factor $\sqrt{1+\beta^2}$. Según (15), β es proporcional al tiempo t, inversamente proporcional a la masa –lo que es inmediatamente plausible– e inversamente proporcional a $q_1{}^2$. Una precisión excesivamente alta en q_0 da lugar a una alta imprecisión en p_0 y, por tanto, también a una alta imprecisión en q. El parámetro η, que habíamos introducido anteriormente por razones formales, podría omitirse aquí en todas las fórmulas, ya que no se incluye en el cálculo.

Como ejemplo de que la diferencia entre las leyes estadísticas clásicas y las de la teoría cuántica conduce, en ciertas circunstancias, a grandes diferencias macroscópicas entre los resultados de ambas teorías, analizaremos brevemente la reflexión de una corriente de electrones en una rejilla. Si la constante de red es del orden de magnitud de la

189

longitud de onda de de Broglie de los electrones, la reflexión tiene lugar en ciertas direcciones espaciales discretas, como la reflexión de la luz en una rejilla. La teoría clásica ofrece aquí algo diferente a nivel macroscópico. Sin embargo, en modo alguno podemos constatar una contradicción con la teoría clásica en la trayectoria de un electrón suelto. Sí que podríamos, si pudiéramos dirigir el electrón a un punto determinado de una barra de la rejilla y constatásemos que la reflexión allí se produce de forma no clásica. Sin embargo, si queremos determinar la posición del electrón con tanta precisión como para que podamos decir en qué punto de una línea reticular incide, el electrón, entonces, adquiere, gracias a esta determinación de la posición, una gran velocidad; la longitud de onda de De Broglie del electrón se vuelve tanto más pequeña que, ahora, en esta aproximación, la reflexión puede tener lugar realmente en la dirección prescrita clásicamente y lo hace sin contradecir las leyes de la teoría cuántica.

§ 4 Discusión de algunos experimentos mentales especiales.

Según la ilustrativa interpretación de la teoría cuántica que se intenta aquí, los tiempos de las transiciones, los «saltos cuánticos», deben ser tan concretamente determinables por mediciones como las energías en los estados estacionarios. Según la ecuación (2), la precisión con la que se puede determinar tal momento vendrá dada por $h/\Delta E$ [1]), si ΔE es el cambio de energía durante el salto cuántico. Consideremos el siguiente experimento: Un átomo, en el tiempo $t = 0$ en el estado 2, puede cambiar al estado normal 1 por radiación. De forma análoga a la ecuación (7), se puede dar al átomo la función propia

$$S(t,p)=e^{-\alpha t}\psi(E_2,p)\cdot e^{-\frac{2\pi i E_2 t}{h}}+\sqrt{1-e^{-2\alpha t}}\,\psi(E_1,p)\cdot e^{-\frac{2\pi i E_1 t}{h}} \qquad (18)$$

si suponemos que la atenuación de la radiación se expresa como un factor de la forma $e^{-\alpha t}$ en las funciones propias (la dependencia real puede no ser tan simple). Para medir su energía, este átomo se hace pasar a través de un campo magnético no homogéneo, como es habitual en el experimento de Stern-Gerlach, pero el campo no homogéneo debe seguir al haz atómico durante una larga distancia. La aceleración respectiva se mide dividiendo toda la distancia recorrida por el haz atómico en el campo magnético en pequeños

[1]) Véase W. Pauli, 1. c. página 12.

190

segmentos, al final de cada uno de los cuales se determina la desviación del haz. Dependiendo de la velocidad del haz atómico, la división en segmentos en el átomo corresponde a una división en pequeños intervalos de tiempo Δt. Según § 1, ecuación (2), el intervalo Δt corresponde a una precisión energética de $h/\Delta t$. La probabilidad de medir una determinada energía E puede deducirse directamente de $S(p, E)$ y, por tanto, se calcula en el intervalo comprendido entre $n\Delta t$ y $(n + 1)\Delta t$ mediante:

$$\underset{n\Delta t\to(n+1)\Delta t}{S(p,E)} = \int_{n\Delta t}^{(n+1)\Delta t} S(p,t)\cdot e^{\frac{2\pi i E t}{h}}\,dt\,.$$

Si se determina: «estado 2» en el momento $(n + 1)\Delta t$, al átomo ya no se le asigna la función propia (18) para todo lo posterior, sino una que surge de (18) si se sustituye t por $t - (n + 1)\Delta t$. Si, por el contrario, se determina «estado 1», a partir de ese momento se asignará al átomo la función propia

$$\psi(E_1, p)\cdot e^{-\frac{2\pi i E_1 t}{h}}.$$

Por lo tanto, primero se observará en una serie de intervalos Δt: «estado 2», y luego continuamente «estado 1». Para que siga siendo posible distinguir entre los dos estados, Δt no debe reducirse por debajo de $h/\Delta E$. Por lo tanto, el tiempo de la transición puede determinarse con esta precisión. Cuando hablamos del cambio discontinuo de energía, nos referimos a un experimento del tipo que acabamos de describir, totalmente en el sentido de la antigua interpretación de la teoría cuántica fundada por Planck, Einstein y Bohr. Puesto que tal experimento es factible en principio, debe ser posible ponerse de acuerdo sobre su resultado.

En los postulados básicos de la teoría cuántica de Bohr, la energía de un átomo, al igual que los valores de las variables de acción J, tiene la ventaja sobre otros determinantes (localización del electrón, etc.) de que su valor numérico siempre puede especificarse. Sin embargo, la energía sólo debe esta posición preferente, que ocupa sobre las demás magnitudes mecánicas cuánticas, al hecho de que en los sistemas cerrados representa una integral de las ecuaciones de movimiento (para la matriz de energía, $\boldsymbol{E}$ = const); en cambio, en los sistemas no cerrados, la energía no se distinguirá de ninguna otra magnitud mecano-cuántica.

191

En particular, será posible especificar experimentos en los que las fases w del átomo puedan medirse exactamente, pero en los que entonces la energía permanezca en principio indeterminada, correspondiendo a una relación $\boldsymbol{Jw} - \boldsymbol{wJ} = h/2\pi i$ o $J_1 w_1 \sim h$. Uno de estos experimentos es la fluorescencia de resonancia. Si se irradia un átomo con una frecuencia natural, digamos $\nu_{12} = (E_2 - E_1)/h$, el átomo oscila en fase con la radiación externa, por lo que en principio no tiene sentido preguntarse en qué estado E_1 o E_2 oscila el átomo de este modo. La relación de fase entre el átomo y la radiación externa puede determinarse, por ejemplo, mediante la relación de fase entre muchos átomos (experimentos de Wood). Si se prefiere prescindir de los experimentos con radiación, la relación de fase también puede medirse de tal manera que se realicen determinaciones exactas de la posición en el sentido del § 1 del electrón en diferentes momentos con respecto a la fase de la luz incidente (en muchos átomos). Será posible asignar la «función de onda

$$S(q,t) = c_2\psi_2(E_2,q)\cdot e^{-\frac{2\pi i(E_2 t+\beta)}{h}} + \sqrt{1-c_2^2}\,\psi_1(E_1,q)\cdot e^{-\frac{2\pi i E_1 t}{h}} \qquad (19)$$

al átomo individual; aquí c_2 depende de la intensidad y β de la fase de la luz incidente. La probabilidad de una determinada localización q es, por tanto:

$$\begin{aligned} S(q,t)\overline{S(q,t)} &= c_2^2\psi_2\overline{\psi_2} + (1-c_2^2)\psi_1\overline{\psi_1} + \\ &+ c_2\sqrt{1-c_2^2}\left(\psi_2\overline{\psi_1}\cdot e^{-\frac{2\pi i}{h}[(E_2-E_1)t+\beta]} + \overline{\psi_2}\psi_1\cdot e^{+\frac{2\pi i}{h}[(E_2-E_1)t+\beta]}\right). \end{aligned} \qquad (20)$$

El término periódico en (20) puede separarse experimentalmente del no periódico, ya que las determinaciones de posición pueden llevarse a cabo en diferentes fases de la luz incidente.

En un conocido experimento mental planteado por Bohr, los átomos de un haz atómico de Stern-Gerlach se excitan primero a fluorescencia de resonancia en un punto determinado mediante luz irradiada. Tras recorrer una cierta distancia, atraviesan un campo magnético no homogéneo; la radiación emitida por los átomos puede observarse a lo largo de todo el recorrido, por delante y por detrás del campo magnético. Antes de que los átomos entren en el campo magnético, se produce una fluorescencia de resonancia ordinaria, es decir, análogamente a la teoría de la dispersión, hay que suponer que todos los átomos emiten ondas esféricas en fase con la luz incidente. Este último punto de vista contrasta inicialmente con

192

lo que arroja una aplicación aproximada de la teoría cuántica de la luz o de las reglas básicas de la teoría cuántica: pues de ella se concluiría que sólo unos pocos átomos son elevados al «estado superior» al recibir un cuanto de luz, toda la radiación de resonancia provendría por tanto de unos pocos centros excitados intensamente radiantes. Por lo tanto, antes era obvio decir que el concepto cuántico de luz sólo puede utilizarse aquí para el equilibrio energía-momento; «en realidad» todos los átomos en el estado inferior emiten ondas esféricas débiles y coherentes. Sin embargo, después de que los átomos hayan atravesado el campo magnético, no cabe duda de que el haz atómico se ha dividido en dos haces, uno de los cuales corresponde a los átomos en estado superior y el otro a los átomos en estado inferior. Si los átomos irradian en el estado inferior, esto sería una violación flagrante del teorema de la energía, porque toda la energía de excitación está contenida en el haz atómico con los átomos en el estado superior. Por el contrario, no cabe duda de que detrás del campo magnético sólo el haz atómico con los estados superiores emite luz –a saber, luz incoherente– procedente de los pocos átomos que irradian intensamente en el estado superior. Como ha demostrado Bohr, este experimento mental deja especialmente claro la precaución que a veces es necesaria cuando se utiliza el término «estado estacionario». Desde el punto de vista de la teoría cuántica desarrollado aquí, se puede llevar a cabo sin dificultad una discusión del experimento de Bohr. En el campo de radiación exterior se determinan las fases de los átomos, por lo que no tiene sentido hablar de la energía del átomo. Incluso después de que el átomo haya abandonado el campo de radiación, no se puede decir que se encuentre en un determinado estado estacionario si se pregunta por las propiedades de coherencia de la radiación. Sin embargo, se pueden realizar experimentos para comprobar en qué estado se encuentra el átomo; el resultado de este experimento sólo se puede dar estadísticamente. Un experimento de este tipo se lleva a cabo utilizando un campo magnético no homogéneo. Detrás del campo magnético, las *energías* de los átomos están determinadas, es decir, las fases son indeterminadas. La radiación aquí es incoherente y solo proviene de los átomos en el estado *superior*. El campo magnético determina las energías y, por tanto, destruye la relación de fase. El experimento mental de Bohr es una explicación muy bonita del hecho de que incluso la energía del átomo no es «en realidad» un número sino una matriz. La ley de conservación se aplica a la matriz de energía y, por tanto, también al valor de la energía con la precisión con que se mide en cada caso. La cancelación de la relación de fase

193

puede calcularse como sigue: Si Q son las coordenadas del centro de gravedad del átomo, se asignará al átomo la función propia

$$S(Q, t)S(q, t) = S(Q, q, t) \tag{21}$$

en lugar de (19), donde $S(Q, t)$ es una función que [como $S(\eta, q)$ en (16)] es distinta de cero sólo en una pequeña vecindad de un punto del espacio Q y se propaga con la velocidad de los átomos en la dirección del haz. La probabilidad de una amplitud relativa q para cualquier valor Q viene dada por la integral de

$S(Q, q, t)\mathrm{S}(Q, q, t)$ sobre Q, es decir, por (20).

Sin embargo, la función propia (21) cambiará previsiblemente en el campo magnético y, debido a la diferente desviación de los átomos en los estados superior e inferior tras el campo magnético, habrá cambiado a

$$S(Q,q,t) = c_2 S_2(Q,t)\psi_2(E_2,q)\cdot e^{\frac{2\pi i(E_2 t+\beta)}{h}} + \sqrt{1-c_2^2}\,S_1(Q,t)\psi_1(E_1,q)\cdot e^{\frac{2\pi i E_1 t}{h}}. \tag{22}$$

$S_1(Q, t)$ y $S_2(Q, t)$ serán funciones del espacio Q, que son diferentes de cero sólo en una pequeña vecindad de un punto; pero este punto es diferente para S_1 que para S_2. Por tanto, S_1S_2 es cero en todas partes. La probabilidad de una amplitud relativa q y un determinado valor Q es por tanto

$$S(Q,q,t)\overline{S}(Q,q,t) = c_2^2 S_2\overline{S}_2\psi_2\overline{\psi}_2 + (1-c_2^2)S_1\overline{S}_1\psi_1\overline{\psi}_1. \tag{23}$$

El término periódico de (20) ha desaparecido, y con él la posibilidad de medir una relación de fase. El resultado de la determinación estadística de la posición será siempre el mismo, independientemente de la fase de la luz incidente. Podemos suponer que los experimentos con radiación, cuya teoría aún no se ha desarrollado, arrojarán los mismos resultados en cuanto a las relaciones de fase de los átomos con la luz incidente.

Por último, debe estudiarse la conexión entre la ecuación (2) $E_1 t_1 \sim h$ y un complejo de problemas discutidos por Ehrenfest y otros investigadores 1) sobre la base del principio de correspondencia de Bohr en dos importantes trabajos 2). Ehrenfest y Tolman hablan de «cuantización débil» cuando un movimiento periódico cuantizado se ve interrumpido por saltos cuánticos u otras perturbaciones

1) P. Ehrenfest und G. Breit, ZS. f. Phys. **9**, 207, 1922; y P. Ehrenfest y R. C. Tolman, Phys. Rev. **24**, 287, 1924; véase también la discusión en N. Bohr, Postulados básicos de la teoría cuántica, 1. c.

2) El señor W. Pauli me hizo notar esta conexión.

194

en intervalos de tiempo que no pueden considerarse muy largos en relación con el período del sistema. En este caso, no sólo deben aparecer los valores de energía cuántica exactos, sino también, con una probabilidad a priori cualitativamente menor, valores energéticos que no se desvíen demasiado de los valores cuánticos. En mecánica cuántica, este comportamiento puede interpretarse de la siguiente manera: Puesto que la energía se modifica realmente por las perturbaciones externas o los saltos cuánticos, toda medición de energía, si quiere ser inequívoca, debe tener lugar en un tiempo entre dos perturbaciones. Esto proporciona un límite superior para t_1 en el sentido de § 1. Por tanto, sólo medimos el valor de energía E_0 de un estado cuantificado con una precisión de $E_1 \sim h/t_1$. La cuestión de si el sistema asume «realmente» tales valores de energía E que se desvían de E_0 con el correspondiente menor peso estadístico, o si su determinación experimental se debe sólo a la inexactitud de la medición, no tiene sentido en principio. Si t_1 es menor que el periodo del sistema, ya no tiene sentido hablar de estados estacionarios discretos o de valores de energía discretos. En este caso, no solo deben aparecer los valores de energía cuánticos exactos, sino también, con una probabilidad a priori cualitativamente menor, valores de energía que no se desvíen demasiado de los valores cuánticos. En mecánica cuántica, este comportamiento se interpreta de la siguiente manera: Dado que la energía se ve realmente alterada por las perturbaciones externas o los saltos cuánticos, toda medición de energía, para que sea inequívoca, debe realizarse en un intervalo de tiempo entre dos perturbaciones. De este modo, se establece un límite superior para t_1 en el sentido del § 1. Por lo tanto, el valor energético E_0 de un estado cuantizado sólo se mide con una precisión $E_1 \sim h/t_1$. En este sentido, la cuestión de si el sistema asume «realmente» valores de energía E que se desvían de E_0 con el correspondiente peso estadístico menor, o si su determinación experimental se debe únicamente a la imprecisión de la medición, no tiene sentido en principio. Si t_1 es menor que el periodo del sistema, ya no tiene sentido hablar de estados estacionarios discretos o valores de energía discretos.

Ehrenfest y Breit (1. c.) señalan la siguiente paradoja en un contexto similar: un rotor, que podemos imaginar como una rueda dentada, está provisto de un dispositivo que invierte el sentido de giro tras f revoluciones de la rueda. La rueda dentada engrana, por ejemplo, en una cremallera que, a su vez, se puede desplazar linealmente entre dos bloques; tras un número determinado de giros, los bloques obligan a la cremallera y, con ella, a la rueda a invertir su sentido. El verdadero período T del sistema es largo en relación con el tiempo de revolución t de la rueda; los niveles de energía discretos son correspondientemente densos, y cuanto mayor es T, más densos son. Dado que, desde el punto de vista de la teoría cuántica consecuente, todos los estados estacionarios tienen el mismo peso estadístico, para un T suficientemente grande, prácticamente todos los valores de energía aparecerán con la misma frecuencia, a diferencia de lo que cabría esperar para el rotor. Esta paradoja se agrava aún más si la consideramos desde nuestro punto de vista. Para determinar si el sistema adoptará sólo o con especial frecuencia los valores de energía discretos correspondientes al rotor puro, o si adoptará con la misma probabilidad todos los valores posibles (es decir, los valores que corresponden a los pequeños niveles de energía h/T),

195

basta con un tiempo t_1 que sea pequeño en relación con T (pero $>>t$); es decir, aunque el período grande no entra en vigor para tales mediciones, aparentemente se manifiesta en el hecho de que pueden aparecer todos los valores de energía posibles. Consideramos que tales experimentos para determinar la energía total del sistema *realmente* proporcionarían todos los valores de energía posibles con la misma probabilidad; y no es el período grande T el responsable de este resultado, sino la barra desplazable linealmente. Incluso si el sistema se encuentra en un estado cuya energía corresponde a la cuantización del rotor, las fuerzas externas que actúan sobre la barra pueden fácilmente transformarlo en uno que no corresponda a la cuantización del rotor [1]). El sistema acoplado: rotor y barra, muestra propiedades de periodicidad muy diferentes a las del rotor. La solución a la paradoja radica más bien en lo siguiente: si queremos medir solo la energía del rotor, primero debemos desacoplar el rotor y la barra. En la teoría clásica, si la masa de la barra es suficientemente pequeña, la solución del acoplamiento podría darse sin cambio de energía, por lo que la energía del sistema total podría equipararse a la del rotor (si la masa de la barra es pequeña). En la mecánica cuántica, la energía de interacción entre la barra y la rueda es, como mínimo, del mismo orden de magnitud que un nivel de energía del rotor (incluso con una masa pequeña de la barra, la interacción elástica entre la rueda y la barra sigue teniendo una alta energía de punto cero); al resolver el acoplamiento, se establecen los valores de energía cuánticos individuales de la barra y la rueda. Por lo tanto, si podemos medir los valores de energía del rotor *por sí solos*, siempre encontraremos los valores de energía cuánticos con la precisión que nos proporciona el experimento. Sin embargo, incluso cuando la masa de la barra es insignificante, la energía del sistema *acoplado* es diferente de la energía del rotor; la energía del sistema acoplado puede adoptar todos los valores posibles (permitidos por la cuantización *T*) con la misma probabilidad.

—

La cinemática y la mecánica cuánticas difieren en gran medida de las convencionales. Sin embargo, la aplicabilidad de los conceptos cinemáticos y mecánicos clásicos no puede deducirse ni de nuestras leyes del pensamiento ni de la experiencia;

[1]) Según Ehrenfest y Breit, esto *no* puede ocurrir, o solo muy *raramente*, por fuerzas que actúan sobre la rueda.

196

la relación (1) $p_1 q_1 \sim h/t$ nos da derecho a llegar a esta conclusión. Dado que el impulso, la posición, la energía, etc. de un electrón son conceptos definidos con exactitud, no hay que sorprenderse de que la ecuación fundamental (1) solo contenga una afirmación cualitativa. Además, dado que podemos imaginar cualitativamente las consecuencias experimentales de la teoría en todos los casos sencillos, ya no tendremos que considerar la mecánica cuántica como algo poco claro y abstracto [1]). Por supuesto, si se admite esto, también se querría poder deducir las leyes cuantitativas de la mecánica cuántica directamente a partir de los fundamentos intuitivos, es decir, esencialmente a partir de la relación (1). Por ello, Jordan intentó interpretar la ecuación

$$S(qq'') = \int S(qq'')\, S(q'q'')\, dq'$$

como una relación de probabilidad. Sin embargo, no podemos estar de acuerdo con esta interpretación (§ 2). Más bien creemos que, por el momento, las leyes cuantitativas solo pueden entenderse a partir de los fundamentos intuitivos según el principio de la mayor simplicidad posible. Si, por ejemplo, la coordenada X del electrón ya no es un «número», como se puede deducir experimentalmente a partir de la ecuación (1), entonces la suposición más simple concebible [que no contradice (1)] es que esta coordenada X es un término diagonal de una matriz cuyos términos no diagonales se manifiestan en forma de imprecisión o, en caso de transformaciones, de otras maneras (véase, por ejemplo, § 4). La afirmación de que, por ejemplo, la velocidad en la dirección X «en realidad» no es un número, sino un término diagonal de una matriz, quizá no sea más abstracta y menos ilustrativa que la afirmación de que la intensidad del campo eléctrico «en realidad» es la componente temporal de un tensor antisimétrico del mundo espacio-temporal. La expresión «en realidad» estará aquí tanto muy justificada como poco justificada como en cualquier descripción matemática de procesos naturales. Tan pronto como se admite que todas las magnitudes de la teoría cuántica son «en realidad» matrices, las leyes cuantitativas se deducen sin dificultad.

1) Schrödinger describe la mecánica cuántica como una teoría formal de una abstracción y una falta de claridad intimidantes, incluso repulsivas. Sin duda, no se puede subestimar el valor de la penetración matemática (y, *en este sentido*, ilustrativa) de las leyes de la mecánica cuántica que ha logrado la teoría de Schrödinger. Sin embargo, en mi opinión, en las cuestiones físicas fundamentales, la popular plasticidad de la mecánica ondulatoria ha desviado el camino recto que marcaban, por un lado, los trabajos de Einstein y De Broglie y, por otro, los trabajos de Bohr y la mecánica cuántica.

197

Si se parte de la base de que la interpretación de la mecánica cuántica que aquí se intenta es correcta en sus puntos esenciales, cabe entonces abordar brevemente sus consecuencias fundamentales. No hemos asumido que la teoría cuántica, a diferencia de la clásica, sea una teoría esencialmente estadística en el sentido de que a partir de datos exactos sólo se puedan extraer conclusiones estadísticas. Los conocidos experimentos de Geiger y Bothe, por ejemplo, contradicen tales suposiciones. Más bien, en todos los casos en los que en la teoría clásica existen relaciones entre magnitudes que son realmente medibles con exactitud, las relaciones exactas correspondientes también rigen en la teoría cuántica (teorema del impulso y de la energía). Pero en la formulación estricta de la ley causal: «Si conocemos con exactitud el presente, podemos calcular el futuro», no es la conclusión, sino la premisa la que es errónea. En principio, no *podemos* conocer el presente en todas sus partes determinantes. Por lo tanto, toda percepción es una selección entre una multitud de posibilidades y una restricción de lo que será posible en el futuro. Dado que el carácter estadístico de la teoría cuántica está tan estrechamente ligado a la imprecisión de toda percepción, se podría llegar a la conclusión de que detrás del mundo estadístico percibido se esconde un mundo «real» en el que rige la ley de causalidad. Pero tales especulaciones nos parecen, y lo subrayamos expresamente, infructuosas y sin sentido. La física sólo debe describir formalmente la relación entre las percepciones. Más bien, se puede caracterizar mucho mejor el verdadero estado de cosas de la siguiente manera: dado que todos los experimentos están sujetos a las leyes de la mecánica cuántica y, por lo tanto, a la ecuación (1), la mecánica cuántica establece definitivamente la invalidez de la ley de causalidad.

Anexo añadido en la corrección de pruebas.

Tras la finalización del presente trabajo, investigaciones más recientes de Bohr han dado lugar a puntos de vista que permiten profundizar y refinar considerablemente el análisis de las relaciones cuánticas que se intenta realizar en este trabajo. En este contexto, Bohr me ha señalado que en algunas discusiones de este trabajo había pasado por alto algunos puntos esenciales. En particular, la incertidumbre en la observación no se basa exclusivamente en la presencia de discontinuidades, sino que está directamente relacionada con la exigencia de hacer justicia simultáneamente a las diferentes experiencias que se expresan en la teoría corpuscular, por un lado, y en la teoría ondulatoria, por otro.

198

Por ejemplo, cuando se utiliza un microscopio de rayos Γ imaginario, hay que tener en cuenta la divergencia necesaria del haz de rayos; solamente esta tiene como consecuencia que, al observar la posición del electrón, la dirección del retroceso Compton sólo se conoce con una imprecisión que conduce luego a la relación (1). Además, no se ha destacado lo suficiente que la teoría simple del efecto Compton sólo es aplicable con rigor a los electrones libres. La consiguiente cautela al aplicar la relación de incertidumbre es, como ha aclarado el profesor Bohr, esencial, entre otras cosas, para un debate exhaustivo sobre la transición de la micromecánica a la macromecánica. Por último, las consideraciones sobre la fluorescencia de resonancia no son del todo correctas, ya que la relación entre la fase de la luz y la del movimiento de los electrones no es tan sencilla como se ha supuesto. Estoy muy agradecido al profesor Bohr por haberme permitido conocer y debatir sus mencionadas investigaciones recientes, que pronto se publicarán en un trabajo sobre la estructura conceptual de la teoría cuántica.

Copenhague, Instituto de Física Teórica de la Universidad.

ABRIL

A estas alturas del desarrollo de la cuántica, Bohr y Heisenberg están en el mismo bando (en el que, obviamente, también está Born). Es decir, en la misma parroquia. Como buenos feligreses de la fe verdadera, consideran extraviado a Einstein. Hay cierto aire didáctico (condescendiente) en la siguiente carta de Bohr.

Carta de Niels Bohr a Einstein

[Copenhague,] 13 de abril de 1927

Querido Einstein:

Me pidió Heisenberg, antes de irse de viaje de vacaciones a las montañas de Baviera, que le enviara a usted una copia de las pruebas de corrección –que estaba esperando– de un nuevo artículo en el Zeitschrift *für Physik*, pues confiaba en que le interesase. Este trabajo, que envío adjunto, representa sin duda una contribución extraordinariamente significativa a la discusión de los problemas generales de la teoría cuántica. Dado que el contenido está estrechamente relacionado con las cuestiones que he tenido el gran placer de discutir con usted en varias ocasiones, la última vez durante los inolvidables días en Leiden en la celebración de Lorentz, me gustaría aprovechar la opor-tunidad para incluirle algunas observaciones que guardan relación con el problema que ha puesto usted sobre el tapete recientemente en los *Sitzungsberichte* [actas de sesiones] de la Academia de Berlín. Hace ya tiempo que se ha reconocido lo íntimamente vinculadas que están las dificultades de la teoría cuántica con los conceptos, o más bien con las palabras, que se utilizan en la descripción habitual de la Naturaleza, y que tienen todas ellas su origen en las teorías clásicas. Estos términos sólo nos dan a elegir entre Caribdis y Escila según dirijamos nuestra atención al lado continuo o discontinuo de la descripción. Al mismo tiempo, sentimos que nuestras esperanzas, condicionadas por nuestros propios hábitos, nos hacen caer aquí en la tentación, porque hasta ahora siempre ha sido posible mantenernos flotando entre las realidades, en la medida en que estuviéramos dispuestos a hacer de cada deseo habitual un sacrificio. Precisamente esta circunstancia de que la limitación de nuestros conceptos coincida tan exactamente con la limitación de nuestra capacidad de observación permite, como señala Heisenberg, evitar contradicciones.

En relación con la cuestión de la los cuantos de luz es esencial conectar las conocidas paradojas con la limitación física del concepto de tren de ondas planas monocromáticas. Desde el punto de vista puramente geométrico, a la descripción de un tren de ondas corresponde una cierta incertidumbre de la longitud de onda, lo que permite una descripción de la extensión finita en la dirección de propagación, al igual que una inexactitud en el paralelismo de los rayos provoca una limitación de la sección transversal del tren de ondas, todo ello según las conocidas leyes de la determinación del tiempo óptico y de la obtención de imágenes mediante instrumentos ópticos. Si la incertidumbre de la frecuencia de oscilación se denota por $\Delta\nu$, entonces el tiempo que las ondas necesitan para pasar por un determinado lugar es al menos del orden de magnitud $\Delta t = \frac{1}{\Delta \nu}$. Si además $\Delta\lambda$ representa la incertidumbre de la longitud de onda, entonces el orden de magnitud de la longitud mínima del tren es $\Delta x = \frac{\lambda^2}{\Delta\lambda}$, y el de la anchura mínima $\Delta y = \frac{\lambda}{\varepsilon}$, donde ε es un ángulo que indica la divergencia de los rayos de luz. Esta incertidumbre en la descripción geométrica de las ondas, y en consecuencia en la posibilidad de observar los cuantos de luz, se encuentra así en una peculiar relación inversa a la precisión con la que se definen la energía $E = h\nu$ y el momento $I = \frac{h}{\lambda}$ de los cuantos. Así tenemos $\Delta E \Delta t = h\Delta\nu \cdot \frac{1}{\Delta\nu} = h$ y $\Delta I_x \Delta x = \frac{h\Delta\lambda}{\lambda^2} \cdot \frac{\lambda^2}{\Delta\lambda} = h$ y $\Delta I_y \Delta y = \frac{h\varepsilon}{\lambda} \cdot \frac{\lambda}{\varepsilon} = h$, todo ello de acuerdo con la relación general de incertidumbre simultánea de variables conjugadas que, según Heisenberg, constituye una consecuencia directa de las leyes matemáticas de la mecánica cuántica.

La nueva formulación permite conciliar la exigencia de conservación de la energía con las consecuencias de la teoría ondulatoria de la luz, en el sentido de que, según el carácter de la descripción, las diferentes facetas del problema nunca aparecen simultáneamente. En este sentido, creo que también se puede sortear la paradoja de la descomposición espectral de la luz emitida por un átomo en movimiento y observada a través de una rendija perpendicular a la dirección del movimiento, que usted discutió en la Academia de Berlín. Si consideramos primero el problema desde el punto de vista de la teoría ondulatoria, encontramos que la indeterminación de la frecuencia, que se deriva de la limitación del tiempo de observación, es del orden de magnitud $\Delta\nu = \frac{v}{a}$, donde v representa la velocidad del átomo y a la anchura de la rendija. Es coherente con esto que la difracción de la luz a través de la rendija da lugar a que la luz emitida por el átomo en movimiento en un cierto rango finito de dirección $\frac{\lambda}{a}$ llegue para su observación en la dirección perpendicular al movimiento; se encuentra de nuevo para el rango de frecuencia $\Delta\nu = \nu\frac{v}{c}\cdot\frac{\lambda}{a} = \frac{v}{a}$ condicionado por el efecto Doppler. Por otro lado, si nos fijamos en el balance energético, encontramos que la posibilidad de detectar un quantum de luz ligeramente mayor o menor por efecto fotoeléctrico debido a la ampliación del rango de frecuencias está relacionada con el hecho de que la energía cinética puede ser quitada o añadida al átomo por el retroceso de la radiación en una dirección que se desvía de la dirección perpendicular de observación. El hecho de que se pueda observar no sólo un balance energético estadístico, sino individual, se debe a que, como indica usted en su nota a pie de página, una posible "descripción por cuantos de luz" nunca puede hacer justicia explícitamente a las relaciones geométricas de la "marcha de la radiación".

De forma muy ingeniosa, Heisenberg muestra cómo su relación de incertidumbre puede utilizarse no sólo en el desarrollo real de la teoría cuántica, sino también para la evaluación de su contenido expresivo. En la medida en que esta relación es una consecuencia directa del formalismo mecánico-cuántico, el conjunto forma un sistema muy cerrado, al menos si uno se limita a las apariencias mecánicas. Sin embargo, con un término tan pedagógicamente colorista como la plasticidad, me parece instructivo recordar siempre lo indispensables que son los términos de la teoría del campo continuo en el estado actual de la ciencia. Si sólo hablamos de partículas y saltos cuánticos es difícil encontrar una simple introducción a la teoría basada en una alusión a la limitación de las posibilidades de observación, porque la mencionada incertidumbre no sólo está ligada a la existencia de discontinuidades, sino también a la imposibilidad de su descripción exacta, siguiendo aquellas propiedades de las partículas materiales y de la luz que se expresan en la teoría ondulatoria. La representación de un electrón por un grupo de ondas de De Broglie es bastante análoga a la representación de un cuanto de luz por un grupo de ondas electromagnéticas. Así que todas las relaciones anteriores son válidas también en este caso. Sólo que se deduce directamente de la incertidumbre en la velocidad del grupo correspondiente a la incertidumbre en el momento del electrón, que el grupo se ensancha con el tiempo también en la dirección de propagación, todo exactamente como lo plantea Heisenberg basándose en la mecánica cuántica en conexión con la teoría de transformación matricial de Dirac.

Pero no quiero torturarle más. Podemos hablar sin parar de todos estos maravillosos avances. Qué bonito sería poder volver a hablar con usted de viva voz de todas estas cosas. Tal como lo entendí, Heisenberg tiene el propósito de reunirse con usted en Berlín en su viaje de regreso. Hace ya tiempo que he pretendido intentar precisar mis ideas sobre las cuestiones generales en un pequeño ensayo, pero la elaboración es tan tempestuosa que todo vuelve a ser corriente. Espero no obstante terminar pronto un ensayo de este tipo.

Con mi amistoso saludo, suyo

N. Bohr

[Fuente: *THE COLLECTED PAPERS OF ALBERT EINSTEIN*. Vol. 15. Doc. **513**. P. 804-806]

[Bohr utiliza aquí indistintamente los términos *Unsicherheit* (incertidumbre, inseguridad) y *Unbestimmtheit* (indeterminación, imprecisión). Heisenberg en cambio usa siempre *Ungenauigkeit* (inexactitud, imprecisión). Bohr y Einstein tendrán ocasión próxima, de discutir esta y otras cuestiones en el Congreso Solvay de octubre.]

—

Carta de Einstein a Hermann Weyl

Berlín, 26 de abril de 1927

Los nuevos resultados en el dominio de los cuantos son realmente imponentes. Pero en el fondo de mi alma, no puedo hacer buenas migas con la perspectiva del avestruz de lo semi-causal y lo semi-geométrico. Sigo creyendo en una síntesis de las concepciones cuántica y ondulatoria, que presiento que es lo único que puede aportar una solución definitiva.

[*THE COLLECTED PAPERS OF ALBERT EINSTEIN*. Vol. 15. Doc. **514**, p.807 (G.V.)]

MAYO

Sigue el tránsito *emocional*. La obsesión por la completitud. Schrödinger en el corazón.

Prueba de imprenta de un trabajo de A. Einstein

[Berlín], mayo de 1927

¿Determina la mecánica ondulatoria de Schrödinger el movimiento de un sistema por completo o sólo en el sentido de la Estadística?[1)]
Por A. Einstein

Como es sabido, en la actualidad prevalece la opinión de que no existe una descripción espacio-temporal completa del movimiento de un sistema mecánico en el sentido de la mecánica cuántica. Por ejemplo, no tiene ningún sentido hablar sobre la configuración momentánea y sobre las velocidades momentáneas de los electrones de un átomo [sic!]. En cambio, se verá a continuación que la mecánica ondulatoria de Schrödinger sugiere la clara asignación de movimientos del sistema a cada solución de la ecuación de onda.

Sea Ψ una solución de la *ecuación de Schrödinger* correspondiente a una función de energía potencial dada $_\Phi$:

$$\Delta\Psi + \frac{8\pi^2}{h^2}(E - \Phi)\Psi = 0 \cdot \qquad \text{(I)}$$

Si está dada Ψ, estará, debido a (I), determinada $E - \Phi$, es decir, la energía cinética L, en cada punto de la configuración. Si se trata de un sistema de un solo grado de libertad, L determina la velocidad de forma ambigua. De este modo, el movimiento se determina completamente si se añade la condición de que la velocidad sólo se modifica de forma constante. En los sistemas de varios grados de libertad, este método falla porque no se conoce la dirección del movimiento. La siguiente reflexión conduce, sin embargo, al objetivo:

Supongamos que fuese posible asignar claramente n direcciones diferentes a la función Ψ en cada punto del espacio de configuración n-dimensional y descomponer la energía cinética en n sumandos, cada uno de ellos asignado inequívocamente a una de estas direcciones. Se podría entonces asignar también a cada una de estas direcciones una velocidad correspondiente a cada sumando en esta dirección. La resultante de todas estas velocidades sería el vector velocidad del sistema en el espacio de configuración. Ahora me gustaría poner en práctica esta idea.[a)]

---

a) Aquí se interrumpe la prueba de imprenta.

Primera nota escrita a mano: "extensión: 4 páginas; tiempo: 20 horas; precio: 40 marcos; corrección del autor: 4 ½ horas; precio: 3 marcos. El autor ha desistido de publicarlo".

Segunda nota escrita a mano: "Por orden telefónica del profesor Einstein, se ha eliminado su informe de las actas. El trabajo no debe publicarse."

Tallmuntt
21/05/27"

Tercera nota manuscrita: "Autorizado por Lüders"

---

1) Albert Einstein presentó este trabajo en la sesión plenaria de la Academia de Ciencias del 5 de mayo de 1927 para su inclusión en las actas de la sesión. Su solicitud de eliminar su registro en el Acta del Pleno no fue atendida. Cf. Inventario B nº 366

[*Albert Einstein in Berlin 1913-1933*. Teil I. Darstellung und Dokumente. Christa Kirsten und Hans-Jürgen Treder. Akademie-Verlag. Berlin, 1979. pp. 134-135. Documento n.º 47. Impreso. AAW Berlín, II-IXc, Vol. 24, Folio 60, 62; inventario A n.º 154]

Efectivamente, la publicación se interrumpe por llamada de Einstein, que debía considerar incompleto el trabajo. Poco después, el trabajo aparece con una POSTDATA. Conviene reflejar la obsesión einsteiniana, previa y similar a la que dará lugar en 1935 al trabajo con Podolsky y Rosen. El texto íntegro es este:

Albert Einstein. «***Bestimmt Schrödingers Wellenmechanik die Bewegung eines Systems vollständig oder nur im Sinne der Statistik?***». Preussische Akademie der Wissenschaften. Sitzungsberichte. 1927. (Actas de Sesiones de la Academia Prusiana de Ciencias (Berlín). [Recogido en *TCPAE*. Volume 15: The Berlin Years: Writings & Correspondence, June 1925-May 1927. Doc. 516, pp. 810-814.] («¿Determina por completo la Mecánica Ondulatoria de Schrödinger el movimiento de un sistema o sólo en el sentido de la estadística?»)

810

¿Determina por completo la Mecánica Ondulatoria de Schrödinger el movimiento de un sistema o sólo en el sentido de la estadística?

Berlín, 5 de mayo de 1927

Como es sabido, en la actualidad prevalece la opinión de que en el sentido de la mecánica cuántica no existe una descripción tiempo-espacial completa del movimiento de un sistema mecánico. Por ejemplo, no tendrá sentido hablar de la configuración momentánea y de las velocidades momentáneas de los electrones de un átomo. Por otro lado, se demostrará a continuación que la mecánica ondulatoria de Schrödinger sugiere asignar los movimientos del sistema de forma inequívoca a cada solución de la ecuación de onda. Si esta asignación hace justicia a los hechos puede determinarse entonces mediante el cálculo de casos especiales.

Sea ψ una solución de la ecuación de Schrödinger

$$\Delta\psi + \frac{8\pi^2}{h^2}(E - \Phi)\psi = 0 \qquad (1)$$

asociada a una función de energía potencial Φ dada.

Si ψ está dada, entonces, en virtud de (1), $E - \Phi$, es decir, la energía cinética L, está determinada en cada punto de configuración. Si se trata de un sistema de un solo grado de libertad, L determina la velocidad de forma ambigua. Así, el movimiento está completamente determinado si se añade la condición de que la velocidad sólo debe cambiar de forma constante. Para sistemas de varios grados de libertad este método falla, porque no se conoce la dirección del movimiento. Sin embargo, la siguiente consideración nos lleva al objetivo.

Supongamos que fuera posible asignar n direcciones diferentes de forma única a la función ψ en cada punto del espacio de configuración n-dimensional, y descomponer la energía cinética en n sumandos, cada uno de los cuales se asigna de forma única a una de estas direcciones. Entonces se podría asignar a cada una de estas direcciones también una velocidad correspondiente a ese sumando en esta dirección. La resultante de todas estas velocidades sería entonces el vector velocidad

811

del sistema en el espacio de configuración. Desarrollaré ahora estas ideas.

Según Schrödinger, el símbolo Δψ en (1) se refiere a una métrica del espacio de configuración caracterizada por

$$2L = g_{\mu\nu}\dot{q}_\mu\dot{q}_\nu = \frac{ds^2}{dt^2} \qquad \ldots (2)$$

Entonces es

$$\Delta\psi = g^{\alpha\beta}\psi_{\alpha\beta} \qquad \ldots. (3)$$

donde $\psi_{\alpha\beta}$ representa el segundo cociente diferencial espacial covariante de ψ en el espacio de configuración

$$\psi_{\alpha\beta} = \frac{\partial^2\psi}{\partial q_\alpha \partial q_\beta} - \begin{Bmatrix}\alpha\beta \\ \sigma\end{Bmatrix}\frac{\partial\psi}{\partial q_\sigma} \qquad \ldots. (3a)$$

Llamaremos a $\psi_{\alpha\beta}$ "tensor de curvatura-ψ", y a Δψ, como escalar de este tensor, "escalar de curvatura-ψ".

Nuestra primera tarea es asignar de forma única n direcciones al tensor de curvatura-ψ. Si A^{α} es un vector unidad, que por tanto satisface la ecuación

$$g_{\mu\nu}A^{\mu}A^{\nu} = 1 \qquad \ldots\ldots (4)$$

entonces este vector de dirección determina, con $\psi_{\alpha\beta}$, el escalar

$$\psi_{\mu\nu}A^{\mu}A^{\nu} = \psi_{A}.$$

Preguntamos por las direcciones $A^{\mu}_{(\alpha)}$ para las que ψ_A se convierte en un extremo. El método de Lagrange proporciona a tal fin las condiciones

$$(\psi_{\mu\nu} - \lambda g_{\mu\nu})A^{\nu} = 0 \qquad \ldots.. (5)$$

Estas condiciones implican la ecuación del determinante

$$\left|\psi_{\mu\nu} - \lambda g_{\mu\nu} = 0\right| \qquad \ldots. (5\ a)$$

que tiene n raíces (λ_{α}). Si todas ellas son reales y diferentes entre sí, las ecuaciones (5) determinan n direcciones, o n vectores unidad $A^{\mu}_{(\alpha)}$ excepto el signo (direcciones principales). Estas direcciones son perpendiculares entre sí, como puede verse en las ecuaciones

$$(\psi_{\mu\nu} - \lambda_{(\alpha)} g_{\mu\nu})A^{\nu}_{(\alpha)} = 0$$
$$(\psi_{\mu\nu} - \lambda_{(\beta)} g_{\mu\nu})A^{\nu}_{(\beta)} = 0$$

multiplicando la primera por $A^{\mu}_{(\beta)}$, la segunda por $A^{\mu}_{(\alpha)}$, y restando luego ambas entre sí.

Estas n direcciones determinan un sistema de coordenadas local ortogonal de ξ^{α}, en el que la métrica (en el origen) es euclídea

812

$\left(\overline{g_{\mu\nu}} = \delta_{\mu\nu}\right)$. En general, denotaremos las magnitudes que se refieran al sistema de coordenadas local con un guión encima.

En este sistema de coordenadas local, el tensor $\psi_{\alpha\beta}$ de la curvatura-ψ puede descomponerse en sumandos, cada uno de los cuales está asociado a una de las direcciones principales, ya que, según (3)

$$\Delta\psi = \sum_{\alpha}\overline{\psi_{\alpha\alpha}} \qquad \ldots. (3b)$$

Según (1), a cada $\overline{\psi_{\alpha\alpha}}$ le corresponde un sumando de la energía cinética del sistema, que asignamos a la respectiva dirección principal. En el sistema local, según (2), es

$$2L = \sum_{\alpha} \overline{\dot{q}_{\alpha}}^{2} \qquad \ldots (2\ a)$$

Además, según (1) y (3b)

$$2L = \sum_{\alpha} \left(- \frac{h^2}{4\pi^2} \frac{\overline{\psi_{\alpha\alpha}}}{\psi} \right) \qquad \ldots.. (6)$$

Introducimos ahora la hipótesis de que las componentes de la velocidad según las direcciones principales, corresponden a las fracciones de energía cinética que representan. Ponemos, pues

$$\overline{\dot{q}_{\alpha}}^{2} = - \frac{h^2}{4\pi^2} \frac{\overline{\psi_{\alpha\alpha}}}{\psi} \qquad \ldots. (7)$$

Así, las componentes de la velocidad del sistema (aparte del signo previo) se determinan a partir de la función de onda ψ, y sólo queda la tarea de transferir este resultado al sistema de coordenadas original.

Aplicando (5) al sistema local y a la dirección fundamental asociada al índice α, se obtiene

$$(\overline{\psi_{\mu\nu}} - \lambda_{(\alpha)} \delta_{\mu\nu}) \overline{A^{\nu}_{(\alpha)}} = 0$$

Pero como $\overline{A^{\nu}_{(\alpha)}}$ es igual a 1 para ν = α , pero se anula en caso contrario, se deduce que

$$\overline{\psi_{\alpha\beta}} = \lambda_{(\alpha)} \delta_{\alpha\beta}$$

o

$$\overline{\psi_{\alpha\alpha}} = \lambda_{(\alpha)}$$

$$\overline{\psi_{\alpha\beta}} = 0 \qquad (\text{si } \alpha \neq \beta) \qquad \ldots (8)$$

Por otro lado, $\overline{A^{\nu}_{(\alpha)}}$ son las componentes del vector unidad en la dirección principal α. Así que $\overline{\dot{q}_{\alpha}} A^{\mu}_{(\alpha)}$ es la fracción de la componente μ de la velocidad que proviene de la velocidad del sistema en la dirección principal α. Sumando en todas las direcciones principales obtenemos

813

$$\dot{q}_{\mu} = \sum_{\alpha} \overline{\dot{q}_{\alpha}} A^{\mu}_{(\alpha)} \qquad \ldots (9)$$

De (9), teniendo en cuenta (7) y (8), se obtiene

$$\dot{q}_{\mu} = \frac{h}{2\pi} \sum_{\alpha} \pm \left(\sqrt{- \frac{\lambda_{\alpha}}{\psi}} \right) A^{\mu}_{(\alpha)} \qquad \ldots (10)$$

Esta ecuación resuelve –si las $\frac{\lambda_\alpha}{\psi}$ son negativas– junto con (5a), (5) y (4) el problema planteado. A cada lugar del espacio de configuración pertenecen $2n$ velocidades posibles. Cabe esperar a priori esta ambigüedad con respecto a los movimientos cuasiperiódicos.

La consideración anterior muestra que la asignación de movimientos completamente determinados a las soluciones de la ecuación diferencial de Schrödinger es, al menos desde el punto de vista formal, tan perfectamente posible como la asignación de determinados movimientos a las soluciones de la ecuación diferencial de Hamilton-Jacobi en la mecánica clásica.

Añadido para la corrección de pruebas. Entretanto, el Sr. Bothe ha calculado el ejemplo del resonador bidimensional anisótropo según el esquema dado aquí y ha encontrado resultados que, desde el punto de vista físico, hay ciertamente que rechazar. Inspirado en esto, he encontrado que este esquema no satisface una condición general que debe imponerse a una ley general de movimiento de los sistemas.

Si se considera pues un sistema Σ, que consta de dos subsistemas energéticamente independientes Σ_1 y Σ_2, esto significa que tanto la energía potencial como la energía cinética están compuestas aditivamente por dos partes, de las cuales la primera contiene sólo cantidades relativas a Σ_1 y la segunda sólo a Σ_2. Se sabe entonces que

$$\psi = \psi_1 \cdot \psi_2,$$

donde ψ_1 depende sólo de las coordenadas de Σ_1 y ψ_2 sólo de las coordenadas de Σ_2. En este caso, debe exigirse que los movimientos del sistema total sean combinaciones de los posibles movimientos de los subsistemas.

El esquema dado no satisface esta condición. Sea μ un índice perteneciente a una coordenada de Σ_1 y ν un índice perteneciente a una coordenada de Σ_2. Entonces $\psi_{\mu\nu}$ no se anula. Esto está entonces relacionado (véase 5a) con el hecho de que los $\lambda_{(\alpha)}$ de Σ no coinciden con los $\lambda_{(\alpha)}$ de Σ_1 y Σ_2 , si cada uno de estos sistemas se considera como un sistema aislado.

814

El Sr. Grommer ha señalado que esta objeción podría tenerse en cuenta mediante una modificación del esquema presentado, en la que no se utiliza el propio escalar ψ, sino el escalar $\chi = \lg\psi$ para la definición de las direcciones principales. La aplicación no tiene ninguna dificultad, pero se dará sólo cuando se haya demostrado con ejemplos.

[Fuente: *THE COLLECTED PAPERS OF ALBERT EINSTEIN*. Vol. 15. Doc. 516. P. 810-814 (G.V.)]

[La aparición del artículo y su postdata es, naturalmente, posterior a la señalada en el encabezamiento.]

—

Carta de Einstein a Paul Ehrenfest

Berlín, 5 de mayo de 1927

Acabo ahora también de realizar una pequeña investigación sobre el *rollo* de Schrödinger en la que demuestro que se pueden asignar movimientos determinados a las soluciones con total claridad, lo que hace innecesaria cualquier interpretación estadística.

[*TCPAE*. Vol. 15. Doc. **517**, p. 815 (G.V.)]

Carta de Einstein a Max Born

[Berlín, con posterioridad al 8 de mayo de 1927]

La semana pasada presenté un pequeño trabajo a la Academia en el que demostraba que se pueden asignar movimientos *por completo determinados* a la mecánica ondulatoria de Schrödinger, sin ninguna interpretación estadística. Aparecerá en breve en los Sitz. Ber.

[*TCPAE*. Vol. 15. Doc. **520**, p. 517] [Se corresponde con la carta nº 57 de E-B Briefwechsel]

Carta de Werner Heisenberg a Einstein

Copenhague, 19 de mayo de 1927

Admirado y querido Profesor:

De forma indirecta, a través de Born y Jordan, me he enterado de que había escrito usted un trabajo en el que defendía los mismos puntos que en la reciente discusión, a saber, que es posible conocer las trayectorias de los corpúsculos con mayor precisión de lo que yo quisiera. Naturalmente, esto me interesa mucho, porque yo mismo he reflexionado mucho sobre estas cuestiones y, tras muchos remordimientos, llegué a creer en la relación de incertidumbre, pero ahora estoy completamente convencido al respecto. Pues bien, no sé si encontraría usted muy inmodesto que le pidiera yo que corrigiera usted por favor este trabajo. Lo que más me interesa es lo siguiente: ¿hay experimentos que decidan entre ambas interpretaciones? Es decir, ¿hay casos en los que se pueda predecir con exactitud un resultado que, según la mecánica cuántica, solo se puede determinar estadísticamente? Además: ¿qué ocurre con la reflexión en una rejilla? Si sé que la partícula incide en una esquina determinada de la rejilla, ¿cómo es posible que se refleje ópticamente? La verdad es que me encantaría conocer sus reflexiones, así que le pido disculpas por mis tan apremiantes preguntas.

Saludos cordiales de su devoto

Werner Heisenberg

[*TCPAE*. Volume 15: The Berlin Years: Writings & Correspondence, June 1925-May 1927. Doc. **524**, pp. 823-824 (G.V.)]

JUNIO

Carta de Werner Heisenberg a Einstein

Copenhague, 10 de junio de 1927

Venerado y querido profesor:

Muchas gracias por su amable carta. Aunque en realidad no sé nada nuevo, me gustaría volver a escribirle para explicarle por qué creo que el indeterminismo, es decir, la invalidez de la causalidad estricta, es *necesario* y no sólo posible sin contradicción. Si he entendido bien su punto de vista, usted quiere decir que, aunque todos los experimentos darían los resultados que exige la mecánica cuántica estadística, más adelante sería posible hablar de trayectorias determinadas de una partícula. Por partícula no se refiere a un paquete de ondas según Schrödinger, sino a un objeto de un determinado «tamaño» (independiente de la velocidad), es decir, con un campo de fuerza determinado e independiente de la velocidad. Mi principal objeción es la siguiente: piense en electrones libres de velocidad constante y lenta, tan lenta que la longitud de onda de De Broglie es muy grande en comparación con el tamaño de la partícula, es decir, los campos de fuerza de la partícula deben ser prácticamente nulos a distancias del orden de magnitud de la longitud de onda de De Broglie de la partícula. Estos electrones vuelan hacia una rejilla en la que la distancia entre las rejillas es del orden de magnitud de la onda de De Broglie mencionada. Según su teoría, los electrones se reflejan en determinadas direcciones espaciales discretas. Si ahora sabe usted en qué punto se encuentra la partícula, es decir, qué trayectoria describe, también podría calcular dónde impacta contra la rejilla y colocar algún tipo de obstáculo que refleje la partícula en cualquier dirección arbitraria, independientemente de las demás líneas de la rejilla. Esto es posible si las fuerzas de la partícula sobre el obstáculo y viceversa solo actúan realmente a distancias cortas, que son pequeñas en comparación con la constante de la rejilla. En realidad, el electrón se refleja en determinadas direcciones discretas, independientemente del obstáculo en cuestión. Solo se podría evitar esto si se relacionara directamente el movimiento de la partícula con el comportamiento de las ondas. Sin embargo, esto significa que se supone que el tamaño de la partícula, es decir, sus fuerzas de interacción, dependen de la velocidad. Pero con ello se abandona en realidad el término «partícula» y, en mi opinión, se pierde la comprensión de que en la ecuación de Schrödinger o en la función de Hamilton matricial siempre aparece la energía potencial simple. Si utiliza usted el término «partícula» con tanta liberalidad, considero muy posible que también se puedan definir las trayectorias de las partículas. Pero, en mi opinión, se pierde la gran simplicidad de la mecánica cuántica estadística, que reside en que el movimiento de las partículas es clásico, en la medida en que se puede hablar de movimiento. Si he entendido bien su punto de vista, sacrificaría usted con gusto esta simplicidad en aras del principio de causalidad. Sin embargo, mediante su interpretación tampoco se podría cambiar la determinación meramente estadística de muchos experimentos. Más bien, solo podríamos consolarnos con el hecho de que, aunque para nosotros el principio de causalidad, debido a la relación de incertidumbre, carezca de sentido, Dios conoce la ubicación de las partículas y, por lo tanto, podría mantener la ley de causalidad. Sin embargo, no me parece bien querer describir físicamente más que la relación entre los experimentos.

Pero no le molestaré más con estas discusiones. Bohr está escribiendo estos días un interesante trabajo sobre los principios de la teoría cuántica, en el que analiza más detenidamente el aspecto ondulatorio de la mecánica cuántica y en el que también ha encontrado algunos errores importantes en mi trabajo. Así que, de corazón, ¡muchas gracias de nuevo!

Su agradecido devoto

Werner Heisenberg

[*TCPAE*. Vol. 16. Doc. **2**, pp. 46-47-48 (G.V.)]

Carta de Einstein a Hendrik A. Lorentz

Berlín, 17 de junio de 1927

Venerado Profesor Lorentz:

Recuerdo que me comprometí con usted a dar una conferencia sobre estadística cuántica en el Congreso Solvay. Sin embargo, después de darle muchas vueltas, he llegado a la conclusión de que no soy capaz de dar una conferencia que realmente refleje el estado actual de las cosas. El motivo es que no he podido seguir tan de cerca el desarrollo moderno de la teoría cuántica como sería necesario para ello. Esto se debe, en parte, a que no soy lo suficientemente receptivo como para seguir completamente el vertiginoso desarrollo, y en parte también a que, en mi interior, no apruebo el pensamiento puramente estadístico en el que se basan las nuevas teorías. Sigo buscando una teoría que sea completamente determinista y, por el momento, he perdido el contacto con el desarrollo. Sin embargo, aún no he avanzado lo suficiente en mis esfuerzos como para poder decir si prometen algún éxito. Ahora estará usted enfadado conmigo, con razón, por no habérselo comunicado antes. Pero hasta ahora seguía albergando la esperanza de poder aportar algo de valor en Bruselas, y ahora he renunciado a ello. Le ruego de todo corazón que no se enfade conmigo por ello, no me lo he tomado a la ligera, sino que me he esforzado con todas mis fuerzas. Existe la esperanza de que otra persona se haga cargo de esta ponencia. Estaré encantado de ir a Bruselas. Pero si no es posible aumentar el número de participantes, entonces debo ser sustituido por otra persona (por ejemplo, por el Sr. Fermi en Bolonia, que sin duda lo haría bien, o por Langevin, que, según él mismo cuenta, ha promovido muy eficazmente la teoría estadística de los cuantos en los últimos tiempos).

Me alegra que haya regresado sano y salvo de Estados Unidos[5] y que pronto tenga el placer de volver a verle. Mientras tanto, salúdole cordialmente.

Suyo

A. Einstein.

[*TCPAE*. Vol. 16. Doc. **8**, p. 57 (G.V.)]

OCTUBRE

EL CONGRESO SOLVAY

Entre los días 24 y 29 de octubre se celebra en Bruselas el 5º Congreso Solvay. Las deliberaciones se publicaron en francés, en: *Électrons et photons: Rapports et discussions Solvay 1928*, pp. 253–256.

28 de octubre

La Esencia de la Mecánica Cuántica

Einstein:

Aunque soy consciente de que no he profundizado lo suficiente en la esencia de la mecánica cuántica, quiero hacer aquí algunas observaciones generales.

Se pueden adoptar dos puntos de vista con respecto a la teoría en lo que se refiere al ámbito de validez postulado, que me gustaría caracterizar con un ejemplo sencillo.

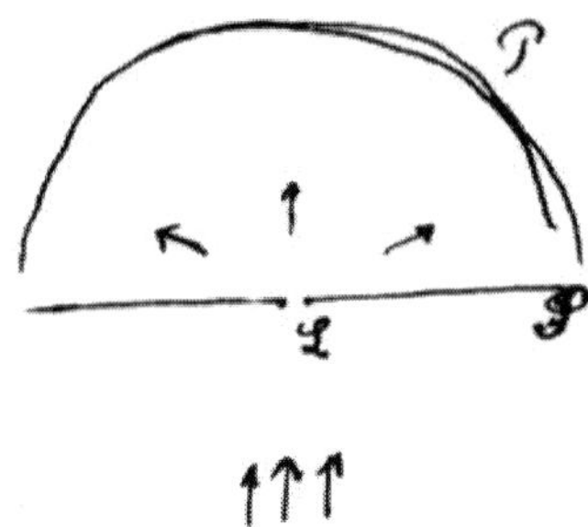

Sea *S* es una pantalla provista de una pequeña abertura L y *P* una película fotográfica semiesférica de gran radio. Los electrones caen sobre *S* en la dirección de la flecha. Una parte de ellos atraviesa *L* y, debido al pequeño tamaño de *L* y a la velocidad de las partículas, se dispersa uniformemente por las direcciones de la semiesfera y actúa sobre la película.

Ambas concepciones de la teoría tienen ahora lo siguiente en común. Existen ondas de De Broglie que inciden aproximadamente perpendicularmente sobre *S* y se difractan en *L*. Más allá de *S* existen ondas esféricas que alcanzan la pantalla *P* y cuya intensidad en *P* es determinante para lo que ocurre en *P*.

[El texto aquí referido corresponde al comienzo del manuscrito de Einstein entregado al editor. Sigue, a continuación, este mismo texto, con la figura transcrita por delineación (y, por tanto, sin la gracia del propio trazo einsteiniano) y el resto de lo que hubo.]

ELECTRONES Y FOTONES

Sr. Einstein. – Debo disculparme por no haber profundizado en la mecánica cuántica. Sin embargo, querría hacer algunas observaciones generales.

Ante la teoría, se pueden adoptar dos puntos de vista con respecto al postulado del dominio de validez que me gustaría caracterizar con ayuda de un ejemplo sencillo.

Sea *S* una pantalla en la que se ha practicado una pequeña abertura *O* (fig. 2), y sea *P* una película fotográfica en forma de semiesfera de gran radio. Supongamos que inciden electrones sobre *S* en la dirección de las flechas. Una parte de estos electrones pasa por *O*: debido a la pequeñez de la abertura y a la velocidad de las partículas, se distribuyen uniformemente en todas las direcciones y actúan sobre la película.

Las consideraciones que siguen son comunes a las dos formas de concebir la teoría. Hay ondas de de Broglie que inciden perpendicularmente, aproximadamente, sobre S y son difractadas en O. Más allá de O se tienen ondas esféricas que alcanzan la pantalla P y cuya intensidad en P da la medida de lo que ocurre en este punto.

Podemos ahora caracterizar como sigue las dos maneras de ver.

1. Concepción I. – Las ondas de De Broglie-Schrödinger no corresponden a un único electrón, sino a una nube de electrones dispersos en el espacio. La teoría

no proporciona información sobre procesos individuales, sino sólo sobre el conjunto de una infinidad de procesos elementales.

EL POSTULADO DE LOS CUANTOS

3) Concepción II. — La teoría se postula como una teoría completa de los procesos individuales. Cada partícula que se dirige hacia la pantalla, en la medida en que se pueda determinar por su ubicación y velocidad, se describe mediante un paquete de ondas de De Broglie-Schrödinger de longitud y apertura angular pequeñas. Este paquete de ondas se difracta y, tras la difracción, alcanza parcialmente la película *P* en un estado de resolución.

Según la primera forma de ver, puramente estadística, $|\psi|^2$ expresa la probabilidad de que exista una cierta partícula de la nube en el punto considerado, por ejemplo en un punto dado de la pantalla.

Según la segunda, $|\psi|^2$ expresa la probabilidad de que, en un instante dado, la misma partícula se encuentre en un punto determinado (de la pantalla, por ejemplo). En este caso, la teoría se relaciona con el proceso individual y pretende revelar todo aquello que está regido por leyes.

La segunda concepción va más lejos que la primera, ya que toda la información resultante de II también se deriva de la teoría en virtud de I, pero lo recíproco no es cierto. Solo en virtud de II la teoría contiene la consecuencia de que las leyes de conservación son válidas para el proceso elemental; solo a partir de II puede la teoría deducir el resultado del experimento de Geiger y Bothe y explicar el hecho de que en la cámara de Wilson las gotas provenientes de una partícula α se encuentren aproximadamente en líneas continuas.

Pero, por otra parte, tengo objeciones a la concepción II. La onda difusa dirigida hacia P no ofrece una dirección privilegiada. Si $|\psi|^2$ se considerara simplemente como la probabilidad de que en un punto dado se encuentre una partícula dada en un instante dado, podría suceder que el *mismo* proceso elemental produjera una acción *en dos o más* puntos de la pantalla. Pero la interpretación según la cual $|\psi|^2$ expresa la probabilidad de que esta partícula se encuentre en un lugar determinado, supone un mecanismo de acción a distancia muy particular, que impide que la onda distribuida continuamente en el espacio produzca una acción en *dos* lugares de la pantalla.

En mi opinión, esta objeción solo puede superarse de esta manera: no solo describiendo el proceso mediante la onda de Schrödinger,

ELECTRONES Y FOTONES

sino también localizando la partícula durante su propagación. Creo que el Sr. de Broglie tiene razón al adoptar este enfoque. Si operamos únicamente con ondas de Schrödinger, la interpretación II de ψ^2, en mi opinión, implica una contradicción con el postulado de la relatividad.

Me gustaría señalar brevemente dos argumentos que, en mi opinión, contradicen el punto de vista II. Esto se vincula esencialmente con una representación polidimensional (espacio de configuración), ya que solo este modo de representación permite la interpretación de $|\psi|^2$ específica del punto de vista II. Sin embargo, me parece que existen objeciones de principio a esta representación polidimensional. En esta representación, de hecho, dos configuraciones de un sistema, que se distinguen únicamente por la permutación de dos partículas de la misma especie, se representan mediante dos puntos diferentes (en el espacio de configuración), lo cual no concuerda con los nuevos resultados estadísticos. Por otro lado, la particularidad de las fuerzas que actúan únicamente a pequeñas distancias espaciales encuentra en el espacio de configuración una expresión menos natural que en el espacio tridimensional o tetradimensional.

Fotones

Sr. Kramers. – El Sr. Brillouin nos ha explicado, durante la discusión del informe del Sr. de Broglie, cómo se ejerce la presión de la luz en caso de interferencia y que debe suponerse una tensión auxiliar. Pero ¿cómo se ejerce la presión de la luz en caso de que sea tan débil que solo haya un fotón en la zona de interferencia? ¿Y cómo se obtiene el tensor auxiliar en este caso?

Sr. de Broglie. – La demostración de la existencia de estas tensiones sólo puede realizarse si consideramos una nube de fotones.

Sr. Kramers. – Y si sólo hay un fotón, ¿cómo se puede explicar el cambio brusco de cantidad de movimiento que sufre el objeto reflectante?

Sr. Brillouin. – Ninguna teoría proporciona actualmente respuesta a la pregunta del señor Kramers.

Sr. Kramers. – Sería necesario, sin duda, imaginar un mecanismo complicado, que no pueda deducirse de la teoría electromagnética de las ondas.

Sr. de Broglie. – La representación dualista mediante corpúsculos

y ondas asociadas no constituye una imagen definitiva de los fenómenos. No permite predecir las presiones ejercidas sobre los diferentes puntos de un espejo durante la reflexión de un solo fotón. Solo proporciona el valor promedio de la presión durante la reflexión de una nube de fotones.

Sr. Kramers. – ¿Qué ventaja ve usted en dar un valor preciso a la velocidad de los fotones?

Sr. de Broglie. – Esto nos permite representar la trayectoria seguida por los fotones y precisar la dirección de estas entidades; podemos así considerar al fotón como un punto material que tiene una posición y una velocidad.

Sr. Kramers. – Por mi parte, no veo realmente qué ventaja hay, para la descripción de experimentos, en hacerse una imagen en la que los fotones sigan trayectorias bien definidas.

Sr. Einstein. – Al reflejarse en un espejo, el Sr. L. de Broglie admite que los fotones se mueven paralelos al espejo, con una velocidad c sin θ, pero ¿qué ocurre si la incidencia es normal? ¿Tienen entonces los fotones velocidad cero, como exige la fórmula ($\theta = 0$)?

Sr. Piccard. – Sí. En el caso de la reflexión, debemos admitir que la componente paralela al espejo de la velocidad de los fotones es invariable. En la zona de interferencia, la componente normal al espejo desaparece. Cuanto más aumenta la incidencia, más se ralentizan los fotones. Así, llegamos a fotones inmóviles en el caso límite de incidencia normal. Sr. Langevin. — ¿Entonces, en la zona de interferencia, los fotones ya no tienen la velocidad de la luz; por lo tanto, no siempre tienen la velocidad *c*?

M. de Broglie. – No, en mi teoría la velocidad de los fotones sólo es igual a *c* fuera de cualquier zona de interferencia, cuando la radiación luminosa se propaga sola en el vacío. En cuanto hay

fenómenos de interferencia, la velocidad de los fotones cae por debajo de *c*.

[*TCPAE*. Vol, 16. Doc. **76**]

NOVIEMBRE

Carta de Einstein a Sommerfeld

9 de noviembre de 1927

> En cuanto a la «mecánica cuántica», creo que contiene tanta verdad sobre la materia ponderable como la teoría de la luz sin cuantos. Probablemente sea una teoría correcta de las leyes estadísticas, pero una concepción insuficiente de los procesos elementales individuales.

[*TCPAE*. Vol. 16. Doc. 83, p,149]

1929

ENERO

Carta de Einstein a Michele Besso

Gatow (Berlín), 5 de enero de 1929

> Ahora, a temporadas, me instalo solo durante algunas semanas en una casa de campo y me preparo mis comidas como los antiguos eremitas. Se observa entonces con extrañeza que los días son agradablemente largos, y que una gran parte de la actividad y de las distracciones a las que se dedica el tiempo libre es completamente superflua... Pero lo más bello, el trabajo con el cual he pasado días y noches calculando y dándole vueltas a la cabeza, está ahí delante de mí, terminado y condensado en siete páginas bajo el título de «Teoría unitaria de

campos»*. Esto tiene un aire antiguo, y mis queridos colegas, lo mismo que tú, querido amigo, vais a sacarme la lengua todo el tiempo que haga falta. Pues en estas ecuaciones no aparece ninguna *h* de Planck. Pero cuando verdaderamente se hayan alcanzado los límites de las posibilidades de la chaladura estadística, se volverá de repente a la representación espacio-temporal, y estas ecuaciones constituirán entonces un punto de partida.

[**Einheitliche Feldtheorie*, Sitzungsberichte der Preussischen Akademie der Wissenschaften, 1929, pág. 27 y *Einheitliche und Hamiltonsches Prinzip*, ibid., 1929, p. 156-159]

[Carta nº 93 de la edición de Pierre Speziali]

NOVIEMBRE

Carta de Born a Einstein [60]

Instituto de Física Teórica de la Universidad de Göttingen
Bunserstrasse, 9

Göttingen, 13 de noviembre de 1929

Querido Einstein:

El jaleo del principio del semestre me ha impedido responder a tu larga y amable carta. Quería además en primer lugar hablar con Jordan de tus observaciones, pero no ha llegado hasta hace poco. Te estamos tremendamente reconocidos por tus críticas e inmediatamente hemos modificado en nuestro libro el pasaje afectado. En efecto, tienes toda la razón: con argumentos lógicos no puede justificarse la aceptación o el rechazo futuros del determinismo. Ciertamente siempre puede haber descripciones del proceso superiores en profundidad a las que conocemos (como lo prueba tu ejemplo de la energía cinética frente a la teoría macroscópica): Jordan y yo estamos poco inclinados a creer en semejante cosa pero, evidentemente, a lo único a lo que se tiene derecho es a afirmar que no puede demostrarse rigurosamente; en ese sentido hemos corregido el pasaje en cuestión.

Estoy actualmente dando un curso sobre teoría de la relatividad, no sólo para enseñarla a los estudiantes, sino para familiarizarme de nuevo con todo ese mundo. Espero progresar hasta tus últimos trabajos; los estudiaré con cuidado y te daré mi opinión.

Rumer está en Göttingen. Ha conseguido de M. Warburg, de Hamburgo, una beca para poder estudiar todavía durante un tiempo.

Mi mujer está ahora estupendamente; desea fervorosamente que Margot venga algún día. Me gustaría urdir un complot: el cumpleaños de Hedi es el 14 de diciembre; ¿no sería posible que Margot apareciese ese día sin prevenirla? Le daría una gran alegría.

Mis cordiales saludos a tu mujer y a Margot.

Tuyo
Max Born

Comentario adicional de Born

Por desgracia, la carta de Einstein que contenía sus críticas respecto a un pasaje de un libro de Jordan y mío parece haber desaparecido; sin embargo, el contenido de sus observaciones se percibe con claridad en mi carta. Me gustaría decir aquí algo con relación a este libro. En colaboración con Friedrich Hund (que era entonces mi ayudante), había publicado yo, poco antes del descubrimiento de la mecánica cuántica, un libro titulado *Curso de mecánica del átomo* (Berlín, 1925), basado todavía en la teoría de Bohr y Sommerfeld en la que se injertaban «condiciones cuánticas» a las leyes de la mecánica clásica. Este libro se ha reeditado recientemente en América (Nueva York, 1960), en traducción de Fisher y Hartree. En la introducción puede leerse: «He dicho que esta obra constituía el primer tomo; el tomo dos debería contener una aproximación más precisa de la mecánica 'definitiva' del átomo. Sé que es osado prometer este segundo tomo, pues por el momento no se dispone más que de indicaciones poco numerosas e imprecisas sobre la naturaleza de las correcciones que hay que suministrar a las leyes clásicas para explicar las propiedades del átomo». Pero los estudios realizados por Heisenberg, Jordan y yo mismo, que sentaban las bases de la nueva mecánica se publicaron ese mismo año; con ayuda de Jordan pude pues engancharme enseguida al anunciado segundo tomo. En la introducción de este volumen se lee: «La esperanza de ver caer por fin el velo que escondía todavía la estructura de las leyes atómicas ha sido otorgada de forma extrañamente rápida y radical». La redacción de este segundo volumen duró varios años; mientras, apareció la mecánica ondulatoria de Schrödinger, que suscitó el interés de los físicos teóricos hasta tal punto que nuestro método matricial fue relegado a un segundo plano, sobre todo después de que el propio Schrödinger estableciese la equivalencia matemática de la mecánica ondulatoria y la mecánica matricial.

Sin embargo, Jordan y yo estábamos convencidos de que nuestro camino era el mejor y que la preferencia otorgada a la ecuación de onda de Schrödinger se debía únicamente al hecho de que estaba ligada a ideas matemáticas familiares (problemas de los valores propios de sistemas oscilantes). El propio Schrödinger pretendió incluso (y lo repitió a lo largo de su vida) que su teoría suprimía las singularidades de la mecánica cuántica: saltos de los cuantos, etc. Nosotros éramos de la opinión de que la vía abierta por Heisenberg iba más lejos; las ecuaciones de ondas en más de tres dimensiones no constituyen «un retorno a la interpretación clásica». Es verdad que yo había basado mi interpretación estadística de la mecánica cuántica (en 1926) en que, entre otras cosas, concebía las colisiones de partículas como una dispersión de ondas, pero ese era sólo un caso límite simple en el que era posible la interpretación tridimensional intuitiva. Jordan y yo veíamos en la mecánica cuántica, tal como fue elaborada independientemente por nosotros, en Göttingen, y por Dirac, en Cambridge, la aplicación del principio de correspondencia de Bohr: de ahí que nuestro libro fuese dedicado a Niels Bohr. Pretendíamos escribir un nuevo volumen, el tercero de la serie, que debía tratar de la mecánica ondulatoria y colocarla en el lugar conveniente, pero no llegamos a hacerlo. La puesta a punto del segundo volumen había durado mucho más tiempo del que pensábamos y nuestros caminos se separaron.

Dada la moda general por Schrödinger, nuestro «segundo tomo» no tuvo una favorable acogida; me acuerdo en particular de una crítica, publicada por Pauli, que era verdaderamente impía.

La situación parece actualmente haber cambiado. Dirac ha declarado en una intervención en la Conferencia de Premios Nobel de Física que la causa de las grandes dificultades surgidas en la teoría cuántica de campos y que habían forzado a los físicos a procedimientos casi grotescos, como la «renormalización», era, a su juicio, que se partía de las ideas de Schrödinger y no de las de Heisenberg. Llegó incluso a decir: «De las dos aproximaciones, la de Schrödinger es una mala teoría; la de Heisenberg, una buena». Yo creo que Dirac tiene razón y que la preferencia otorgada a Schrödinger debía todo al hecho de que trabajaba con los principios lógicos habituales.

Nuestro viejo libro va pues a conocer indudablemente un renacimiento: casi todos los manuales aparecidos mientras tratan en primer lugar de la mecánica ondulatoria.

Tras esta digresión de orden científico, volvamos a la carta de Einstein. Al parecer, Jordan y yo le habíamos enviado galeradas de nuestro libro, quizá con la esperanza de cambiar en aprobación su actitud hostil respecto a la mecánica cuántica. No tuvimos éxito; se opuso en particular a un pasaje (probablemente en la introducción) en el que calificábamos de definitiva la concepción estadística de la física. Accedimos a su deseo de que se modificase ese pasaje, manteniéndonos en nuestras posiciones que, en la actualidad, son compartidas por la gran mayoría de los físicos.*

Volverían a surgir nuevos desacuerdos entre Einstein y yo, de los que nos ocuparemos en las cartas siguientes.

[* Emplea aquí Born –de forma sólo en apariencia subrepticia– la habitual falacia del *argumentum ad populum*. Evidentemente, un criterio mayoritario no es credencial por sí mismo de mejor contenido de *verdad*.]

1930

OTOÑO

SEXTO CONGRESO SOLVAY

Dedicado al magnetismo. Entre los participantes, Blas Cabrera Felipe.

Einstein propone la famosa experiencia de la «caja de fotones» con ánimo de desbaratar la cuarta relación de incertidumbre de Heisenberg. El propio Bohr, describe así la situación (Véase 1949, Schilp. The Living Philosophers):

«En nuestro encuentro siguiente, con ocasión del Congreso Solvay de 1930, las discusiones entre Einstein y yo tomaron un sesgo dramático. Buscando un argumento contra el punto de vista según el cual no puede controlarse el intercambio de cantidad de movimiento y de energía entre los objetos y los instrumentos de medida, desde el momento en que estos instrumentos sirven para lo que están hechos, para saber definir un marco espacio-temporal para los fenómenos, Einstein dio el argumento de que tal control era posible si se tenían en cuenta las exigencias de la teoría de la relatividad. En particular, la famosa fórmula de Einstein:

$$E = mc^2$$

que liga la energía y la masa, debía permitir, por simple pesada, medir la energía total de cualquier sistema y por tanto establecer, en principio, un control sobre la energía transferida a este sistema en su interacción con un objeto atómico.

Einstein propuso, a este fin, el dispositivo de la Figura 1, que consiste en una caja con un agujero que puede dejarse abierto o cerrado a voluntad gracias a un obturador accionado por un mecanismo de relojería situado en el interior de la caja. Si, al principio, la caja contenía cierta cantidad de energía y si el reloj estaba reglado de modo que el obturador se abriese durante un intervalo de tiempo muy breve, en un instante elegido, cabría arreglárselas para que un único fotón escape de la caja pasando por el agujero en un instante que se podría determinar con toda precisión deseada. Además, debería en apariencia ser posible, pesando la caja y su contenido antes y después del suceso, medir también la energía del fotón con una precisión tan buena como se quisiese –en contradicción manifiesta con la indeterminación recíproca que afecta a las medidas de tiempo y de energía en teoría cuántica.

Este argumento planteaba un problema serio que fue examinado con el mayor cuidado. Pero, al término de una discusión en la que el propio Einstein tomó parte, se hizo manifiesto que este argumento no se sostenía.»

En efecto, en el análisis de la pesada, hay que tener en cuenta la indeterminación Δq de la posición de la aguja de la balanza. De ahí un Δp de la caja $(h/\Delta q)$. Para que la precisión de la medida de la masa sea Δm, este Δp debe ser inferior a la cantidad de movimiento que transfiere el campo gravitacional a un cuerpo de masa Δm durante el tiempo T que dura la experiencia. Sea pues:

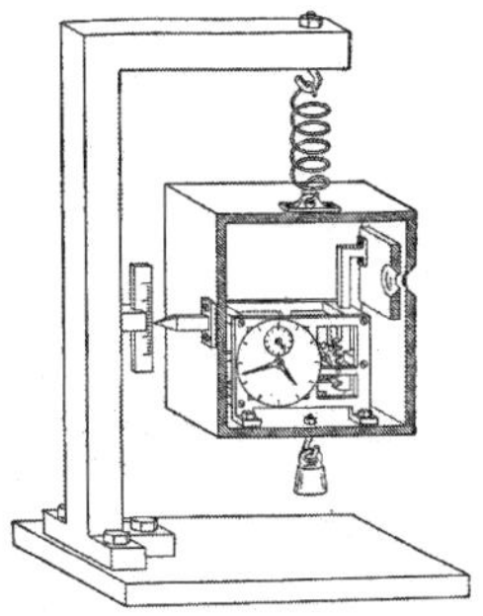

$$\Delta p \cong \frac{h}{\Delta q} < T \cdot g \cdot \Delta m \qquad (1)$$

($g =$ constante de la gravitación)

Pero un teorema de relatividad general indica que todo reloj desplazado Δq en el campo gravitacional ve el tiempo que mide, T, afectado en ΔT; ΔT, T y Δq están ligados por:

$$\frac{\Delta T}{T} = \frac{1}{c^2} \cdot g \cdot \Delta q\,. \qquad (2)$$

Sustituyendo entonces T en (1) por su expresión extraída de (2), y teniendo en cuenta que $\Delta E = \Delta m \cdot c^2$, se ve que la condición (1) (condición de posibilidad de la medida) se escribe:

$$\Delta E \cdot \Delta T > h,$$

de acuerdo con la cuarta relación de Heisenberg.

[...]

«Esta discusión, que ilustra de maravilla la potencia y la coherencia de los argumentos relativistas, puso una vez más el acento en la obligación en que estamos de tener que distinguir, en el estudio de los fenómenos atómicos, los instrumentos de medida propiamente dichos (que sirven para definir el sistema de referencia) de las partes que deben considerarse como los objetos estudiados (y a propósito de los cuales los efectos cuánticos no pueden despreciarse). A pesar de lo que todo esto podía tener de reconfortante en cuanto al carácter general y «sano» de la descripción que da la mecánica cuántica, Einstein –como me dijo en una conversación que tuvimos posteriormente– seguía inquieto por la idea de que, en materia de descripción de la naturaleza, nos faltaban en apariencia principios sólidamente establecidos que todos pudieran suscribir.

—

1931

En este primer trimestre del año andan los Einstein por California.

FEBRERO

Carta de Born a Einstein [64]

22 de febrero de 1931

Probablemente estés ahora meditando sobre la cosmología, la dilatación del universo, etc. Hemos asistido a conferencias sobre estas cuestiones en el seminario de astronomía, en las que las intervenciones de Weyl nos iluminaron.

Me rompo la cabeza con la electrodinámica cuántica y creo tener una salida llena de promesas, pero es endiabladamente compleja. El problema es eliminar la energía propia infinita del electrón y todo lo relacionado con ello.

Comentario adicional de Born

La alusión a la cosmología y a la dilatación del universo se refiere al descubrimiento, que causó sensación, del astrónomo americano Hubble: los sistemas estelares lejanos, llamados «galaxias», cada uno de los cuales es del mismo tipo que nuestra Vía Láctea (Galaxia en el sentido antiguo), se alejan unos de otros y su velocidad es tanto más elevada cuanto más alejados están. Este descubrimiento dio un nuevo impulso al renacimiento de la cosmología suscitada por la teoría de la relatividad general.

No recuerdo en absoluto en qué consistían mis tentativas de hacer progresar la electrodinámica cuántica; no debía ser nada importante.

—

Nuevo *Gedankenexperiment*:

Albert Einstein, Boris Podolsky, Richard C. Tolman. «***Knowledge of Past and Future in Quantum Mechanics***». *Physical Review*, 37. Letters to the Editor, pp. 780-781. Published: 15 March, 1931. Firmado en CalTech el 26 de febrero de 1931. («Conocimiento del pasado y el futuro en la mecánica cuántica»)

780

CARTAS AL EDITOR

Conocimiento del pasado y el futuro en la mecánica cuántica

Es bien sabido que los principios de la mecánica cuántica limitan las posibilidades de predecir con exactitud la trayectoria futura de una partícula. Sin embargo, en ocasiones se ha supuesto que la mecánica cuántica permitiría describir con exactitud la trayectoria pasada de una partícula.

El propósito de la presente nota es analizar un sencillo experimento ideal que demuestra que la posibilidad de describir la trayectoria pasada de una partícula daría lugar a predicciones sobre el comportamiento futuro de una segunda partícula de un tipo no permitido en la mecánica cuántica. Por lo tanto, se concluirá que los principios de la mecánica cuántica implican en realidad una incertidumbre en la descripción de los acontecimientos pasados que es análoga a la incertidumbre en la predicción de los acontecimientos futuros. Y se demostrará, para el caso que nos ocupa, que esta incertidumbre en la descripción del pasado surge de una limitación del conocimiento que se puede obtener mediante la medición del momento.

Consideremos una pequeña caja *B*, como se muestra en la figura, que contiene varias partículas idénticas en agitación térmica y provista de dos pequeñas aberturas que se cierran mediante el obturador *S*. El obturador está configurado para abrirse automáticamente durante un breve periodo de tiempo y luego volver a cerrarse, y el número de partículas en la caja se elige de tal manera que se dan casos en los que una partícula

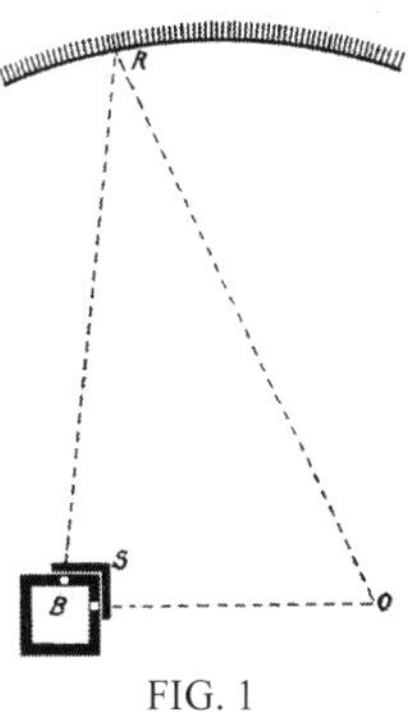

FIG. 1

sale de la caja y recorre la trayectoria directa *SO* hasta un observador en *O*, y una segunda

781

partícula recorre la trayectoria más larga *SRO* mediante reflexión elástica en el reflector elipsoidal *R*.

La caja se pesa con precisión antes y después de que se haya abierto el obturador para determinar la energía total de las partículas que han salido, y el observador en *O* dispone de medios para observar la llegada de las partículas, un reloj para medir su tiempo de llegada y algún aparato para medir el momento. Además, las distancias *SO* y *SRO* se miden con precisión de antemano, siendo la distancia *SO* suficiente para que la velocidad del reloj en *O* no se vea alterada por los efectos gravitacionales que implica el pesaje de la caja, y la distancia *SRO* es muy larga para permitir un nuevo pesaje preciso de la caja antes de la llegada de la segunda partícula.

Supongamos ahora que el observador en *O* mide el momento de la primera partícula a medida que se aproxima por la trayectoria *SO* y, a continuación, mide su tiempo de llegada. Por supuesto, esta última observación, realizada por ejemplo con la ayuda de iluminación con rayos gamma, modificará el momento de forma desconocida. Sin embargo, conociendo el momento de la partícula en el pasado, y por lo tanto también su velocidad y energía pasadas, parecería posible calcular el instante en que el obturador debió estar abierto a partir del instante conocido de llegada de la primera partícula, y calcular la energía y la velocidad de la segunda partícula a partir de la pérdida conocida en el contenido energético de la caja cuando se abrió el obturador. Entonces parecería posible predecir de antemano tanto la energía como el instante de llegada de la segunda partícula, un resultado paradójico, ya que la energía y el tiempo son magnitudes que no conmutan en la mecánica cuántica.

La explicación de la aparente paradoja debe residir en la circunstancia de que el movimiento pasado de la primera partícula no puede determinarse con precisión, como se suponía. De hecho, nos vemos obligados a concluir que no puede existir ningún método para medir el momento de una partícula sin alterar su valor. Por ejemplo, un análisis del método de observación del efecto Doppler en la luz infrarroja reflejada por una partícula que se aproxima muestra que, aunque permite determinar el momento de la partícula tanto antes como después de la colisión con el cuanto de luz utilizado, deja una incertidumbre en cuanto al instante en que se produce la colisión con el cuanto. Así, en nuestro ejemplo, aunque podría determinarse la velocidad de la primera partícula tanto antes como después de la interacción con la luz infrarroja, no sería posible determinar la posición exacta a lo largo de la trayectoria *SO* en la que se produjo el cambio de velocidad, como sería necesario para obtener el instante exacto en el que se abrió el obturador.

Por lo tanto, se concluye que los principios de la mecánica cuántica deben implicar una incertidumbre en la descripción de acontecimientos pasados, análoga a la incertidumbre en la predicción de acontecimientos futuros. Cabe señalar también que, aunque es posible medir el momento de una partícula y seguir con una medición de la posición, esto no proporcionará información suficiente para una reconstrucción completa de su trayectoria pasada, ya que se ha demostrado que no puede haber ningún método para medir el momento de una partícula sin cambiar su valor. Por último, es de especial interés destacar la notable conclusión de que los principios de la mecánica cuántica impondrían en realidad limitaciones a la localización en el tiempo de un fenómeno macroscópico como la apertura y el cierre de un obturador.

ALBERT EINSTEIN
RICHARD C. TOLMAN
BORIS PODOLSKY

California Institute of Technology,
February 26, 1931.

—

JULIO

Carta de Einstein a Bohr

Caputh, 4 de julio de 1931

Le agradezco cordialmente su amable invitación. Lamentablemente no puedo encargarme de semejante conferencia, pues he tenido que rechazar una serie de invitaciones similares, alguna de las cuales provenían de mi patria de adopción, Zúrich.

Sigo peleándome con la teoría unitaria de campos, para la que no he encontrado hasta ahora solución verdaderamente satisfactoria. Sin embargo, sigo creyendo que se llegará un día a una concepción causal de los fenómenos físicos –y eso a pesar de la admiración que profeso a los logros de la teoría estadística.

Mis mejores sentimientos

A. Einstein

[O. C. Libro I. Quanta, p. 219]

—

Carta de Ehrenfest a Bohr

9 de julio de 1931

«... Tengo la esperanza de que Einstein venga a Leiden dos o tres días hacia el 31 de octubre. Me gustaría mucho que pudieses charlar tranquilamente con él en Leiden. Creo que, personalmente, nada me interesa con más profundidad que poder asistir a un tranquilo intercambio de ideas entre vosotros dos. Hace poco, después de haberte visto, he visitado a Einstein y he sucumbido de nuevo al hechizo de su manera de pensar.

En cuanto puedo juzgar, me he convencido de que no ignora ninguno de tus puntos de vista esenciales. Y una vez más creo comprender perfectamente por qué, a pesar de su cabal conocimiento de las relaciones de incertidumbre y de las restricciones que de ellas se derivan en cuanto a la aplicabilidad de los conceptos clásicos, no se le puede disuadir de buscar una teoría de microcampos que, a fin de cuentas, pueda comprobarse que es apropiada para los fenómenos observables. ¡Ojalá pudiera lograrse de vuestra magnificencia que no os limitaseis a un diálogo de sordos!

Naturalmente, también le he preguntado a Einstein por qué trata siempre de imaginar nuevos "movimientos perpetuos" = máquinas anti-relaciones de incertidumbre. Me ha respondido que hace mucho tiempo que no tiene ya ninguna duda respecto a las relaciones de incertidumbre y, por tanto, que la "caja de destellos luminosos que se pesan con una balanza" (a la que llamaré, abreviando, la "caja L-B"), por ejemplo, no se ha inventado en absoluto para hacer añicos las relaciones de incertidumbre, sino con otros fines muy distintos.

Voy a intentar explicar cuáles son estos fines, en la medida en que soy capaz de ello. Permíteme indicar de entrada, en el estilo atormentado que me es propio, a qué tiende el argumento.

Imaginemos una "máquina" que lanza un "proyectil". Cuando el proyectil ha abandonado definitivamente la máquina, un 2interrogador" puede optar por pedir al maquinista que prediga, con ayuda de un examen posterior de la máquina,

bien el valor a de la magnitud A,

bien el valor b de la magnitud B

que se encontrará al efectuar, más tarde, una medida de A o una medida de B sobre el proyectil (cuyo regreso se obtiene por reflexión al cabo de un tiempo extraordinariamente largo).

Para A y B se pueden tomar magnitudes no conmutativas, por ejemplo magnitudes conjugadas.

Para Einstein es indiscutible e indudable que, según las relaciones de incertidumbre, las dos opciones de medida son naturalmente excluyentes una de otra. Pero el interrogador siempre puede hacer su elección después de que el proyectil haya salido definitivamente.

¿Se puede imaginar una máquina semejante? ¿Y por qué Einstein le presta tanto interés?

Sobre este último punto, comparto por completo el sentimiento de Einstein. Sin embargo no me siento capaz de formularlo de manera que pueda garantizar su aprobación. Yo diría: lo interesante es entender bien que el proyectil debe estar dispuesto, ya cuando surca el aire, "por sí mismo y aisladamente", a satisfacer profecías "no conmutativas" muy diferentes, aun sin saber todavía cuál de esas profecías se hará (y se verificará).

Por eso, como a Einstein, me interesa saber si se puede -SÍ o NO- construir semejante máquina.

Ahora bien, su "caja de destellos luminosos que se pesan con una balanza" debería constituir una máquina semejante. En efecto:

1. Hago el reglaje del reloj que controla el obturador de manera que la aguja marque cero y que, al cabo de 1000 horas, el obturador se abra un instante.

2. Peso la caja cerrada durante 500 horas y después la atornillo sólidamente al sistema de referencia.

3. Espero 1500 horas (tiempo propio del sistema de referencia) con el fin de estar seguro de que el destello ha abandonado efectivamente la caja y se dirige hacia el espejo fijado rígidamente [al sistema de referencia] situado a medio año luz de allí.

4. El interrogador introducido más arriba elige ahora lo que desea ver predicho

- bien el tiempo al cabo del cual regresará el destello
- bien el color del destello que observará

En el primer caso, se abre la caja (que todavía está sólidamente atornillada) y se mira en cuánto se ha retrasado el reloj que controla el obturador (en razón del desplazamiento al rojo en la operación de pesada que ha durado entre 0 y 500 horas) con relación al reloj de referencia, y se determina así a qué momento exacto correspondería la indicación 1000 (abertura del obturador) del reloj que controla el obturador.

En el otro caso, se pesa de nuevo la caja durante 500 horas y se determina así la energía del cuanto de luz emitido.

Espero haber reproducido fielmente el argumento de Einstein (que me ha transmitido sólo de forma muy breve).

¿He cometido algún error? ¿Se me ha escapado algo?

Lo que me preocupa es lo siguiente: aunque el obturador sólo se abriese brevemente, siempre se podría determinar la pérdida de peso por la doble pesada y determinar así con mucha precisión la energía del cuanto emitido; por otra parte, está claro que un impulso luminoso muy breve está muy lejos de ser monocromático. Me da vergüenza ser tan burro, pero no sé qué pensar de esta "contradicción". Seguro que se trata de una burrada...»

[Fuente: *Oeuvres Choisies*. L. I. Quanta]

1932

ABRIL

Carta de Einstein a Ehrenfest

Miércoles, 5 de abril de 1932
Desde el puerto de Rotterdam

Querido Ehrenfest:

Me sugeriste ayer modificar la «experiencia de la caja» de forma que se encuentren conceptos que resulten más familiares a un teórico de ondas. Es lo que hago aquí, teniendo cuidado de no recurrir más que a idealizaciones que sé que te parecen irreprochables

Se trabaja con un efecto Compton esquematizado.

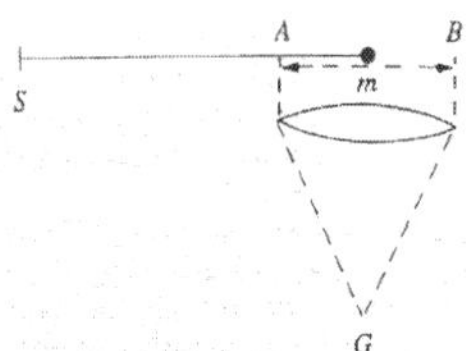

La masa m puede desplazarse libremente a lo largo de una recta. Se manda desde G un impulso luminoso a través de la lente, siendo conocido «con precisión» el instante de la emisión. Al atravesar la lente, la luz se hace paralela y alcanza perpendicularmente a la recta. Se supone que el impulso luminoso es desviado por m desplazándose entonces igualmente a lo largo de la recta (es simple, pero no tiene importancia). Se supone que la distancia AB es de tal longitud que pueda admitirse que limita la posición inicial de m a la porción AB es suficientemente compatible con la hipótesis según la cual la masa está inicialmente inmóvil.

Nos preguntamos por la posición o por el impulso de la masa m una vez que se haya producido el efecto Compton, lo que se puede determinar con ayuda del cuanto de luz desviado.

Supongamos que, en un lugar cualquiera, hay un espejo S que refleja el cuanto de luz hacia la recta. El experimentador se encuentra en algún sitio de A. Durante el trayecto del cuanto de luz, el experimentador todavía puede elegir libremente hacer que su profecía verse sobre el impulso o sobre la posición de m (después del efecto Compton), y eso sin hacer intervenir la masa m.

En efecto, según el principio [de conservación] del impulso, el impulso J de m está dado por $J = h\nu/c$, siendo ν la frecuencia del cuanto desviado y reflejado. Si mido ν, obtengo por tanto el valor de J.

Pero también puedo determinar el instante de llegada del cuanto. Conozco entonces con precisión el tiempo transcurrido desde el acto Compton, y por lo tanto también la posición de *m* inmediatamente después del acto Compton. Cuanto mayor es la masa *m*, tanto más exactamente coincide esta posición con la que se determina en el instante de llegada del cuanto a *A* en su regreso.

Sin hacer intervenir a *m* en la experiencia es pues posible predecir, a elección, bien el impulso, bien la posición de *m* y, en principio, con toda la precisión que se desee.

Esta es la razón por la que me siento obligado a atribuir a las dos nociones una realidad objetiva. Reconozco, sin embargo, que no hay en eso una necesidad lógica.

Es muy amable por tu parte que emplees tu tiempo en venir, además de todo lo demás. La conversación sobre economía fue muy interesante. Pero sigo creyendo que tu hombre no ha puesto el dedo en lo esencial. A mi entender, la crisis de ventas es muy anterior a la caída de los precios.

Por fin no he vuelto a Leiden, a pesar de la apremiante solicitud de mi mujer, pues, a mi entender, hubiera sido demasiado precipitado. Es verdad que yo no tengo los mismos recursos nerviosos que tú.

Me acuerdo mucho de ti. Saluda a Bohr de mi parte. Pero no le des tema para que se irrite por mi empecinamiento en defender concepciones que, hoy, no pueden parecer más que estériles.

A. Einstein

[Fuente: *Oeuvres Choisies*. Libro I. Quanta]

DICIEMBRE

Se otorga el Premio Nobel de física a Werner Heisenberg, "por la creación de la mecánica cuántica".

1933

JUNIO

Nueva expresión de credo epistemológico. Conferencia pública, en Oxford, tras su vuelta a Europa desde USA y en medio de la agria polémica de su salida de la Academia Prusiana de Ciencias.

Albert Einstein. The Herbert Spencer Lecture, «***On the Method of Theoretical Physics***». Oxford, Clarendon Press. Oxford, 10 de junio de 1933. («Sobre la metodología de la física teórica») [Recogido asimismo en Mein Weltbild (*Zur Methodik der theoretischen Physik*)] (EB Letters 289) («Sobre la metodología de la física teórica»)

Sobre la metodología de la física teórica

Si quieren aprender algo sobre los métodos de la física teórica a partir de quienes los utilizan, les sugiero ceñirse al principio siguiente: ¡no escuchen lo que dicen y aténganse a lo que hacen! En efecto, al que hace descubrimientos en este dominio, los productos de su imaginación le parecen tan necesarios y tan naturales que los considera –y querría que los demás los considerasen– no como construcciones del pensamiento, sino como realidades dadas.

Estas palabras podrían llevarles a ustedes a abandonar la sala. Claro, se van ustedes a decir: el mismo que nos habla es un físico que construye teorías, así que más valdrá dejar a los teóricos del conocimiento que reflexionen sobre las estructuras de la ciencia teórica.

A esta objeción responderé desde un punto de vista personal, asegurándoles que no les hablo por propia iniciativa sino para corresponder a una invitación amistosa desde esta tribuna dedicada a la memoria de un hombre que, a lo largo de su vida, se esforzó en alcanzar la unidad del conocimiento. Pero lo que desde un punto de vista objetivo justifica sin duda mi tentativa es que puede ser interesante saber lo que piensa de su ciencia un hombre que, durante toda su vida, ha intentado con todas sus fuerzas clarificar y mejorar sus fundamentos. La forma en que un hombre considera el pasado y el estado actual del dominio que le es propio depende sin duda en gran parte de lo que espera del porvenir y de lo que busca en el momento actual; pero ese es el destino de todos los que viven intensamente en el mundo de las ideas. Les ocurre como al historiador que, de la misma manera, organiza los acontecimientos factuales –quizá incluso de forma inconsciente– alrededor de los ideales que él mismo se ha formado a propósito de la sociedad humana.

Nos proponemos aquí recordar rápidamente la evolución del sistema teórico concentrando nuestra atención sobre las relaciones entre el contenido teórico y el conjunto de hechos suministrados por la experiencia. Se trata, en nuestro ámbito, de la eterna oposición entre las dos componentes del saber, la parte empírica y la parte racional.

Veneramos en la Grecia antigua la cuna de la ciencia occidental. Fue allí, por primera vez, donde se creó esa maravilla del espíritu humano que es un sistema lógico cuyos enunciados resultaban unos de otros con tal rigor que ninguna de las proposiciones que se demostraban podía dar pie a la menor duda –la geometría de Euclides. Esta admirable obra de la razón ha dado al espíritu humano la confianza necesaria para emprender sus conquistas futuras. El que, en su juventud, no es capaz de entusiasmarse por semejante obra, no está hecho para la investigación teórica.

Pero para que madurase una ciencia que abarca la realidad había que comprender una segunda noción fundamental que, hasta Kepler y Galileo, no formaba parte de las ideas comúnmente admitidas por los filósofos. Sólo mediante el pensamiento lógico no podemos adquirir ningún conocimiento sobre el mundo de la experiencia; todo saber sobre la realidad parte de la experiencia y desemboca en ella. Referidos a lo real, los enunciados establecidos únicamente gracias a la lógica son perfectamente vacíos. Al comprender esto, y sobre todo esforzándose en hacerlo admitir por el mundo científico, Galileo se convirtió en el padre de la física moderna e incluso diría, con más generalidad, de toda la ciencia moderna de la Naturaleza.

Pero si la experiencia está en el origen y en el final de todo lo que podemos saber de la realidad, ¿cuál es pues el papel de la razón en la ciencia?

Un sistema acabado de física teórica se compone de conceptos, de leyes fundamentales que se aplican a estos conceptos y de corolarios que derivan de ellos por deducción lógica. Son estos corolarios los que deben corresponder a nuestras experiencias particulares; en una obra de física teórica, su deducción lógica ocupa casi todas las páginas del libro.

A decir verdad, ocurre aquí lo mismo que en la geometría euclídea, salvo que en ésta, las leyes fundamentales se llaman axiomas y no se dice que los corolarios tengan que corresponder a ninguna experiencia. Pero si se considera la geometría euclídea como la teoría que versa sobre las posibilidades de las posiciones respectivas de cuerpos prácticamente rígidos, es decir, si se la interpreta como una ciencia física, sin hacer abstracción del contenido empírico que le era inicialmente propio, la similitud lógica entre la geometría y la física teórica es completa.

Acabamos pues de atribuir a la razón y a la experiencia el lugar que les corresponde en el sistema de la física teórica. La razón suministra el armazón del sistema; los contenidos empíricos y sus relaciones recíprocas deben encontrar su representación gracias a los corolarios deducidos de la teoría. Únicamente la posibilidad de semejante representación es la que da a todo el sistema, y en particular a los conceptos y a las leyes fundamentales sobre los que descansa, su valor y su legitimidad. Por lo demás, esos conceptos y esas leyes son invenciones libres del entendimiento humano que no pueden encontrar justificación *a priori* ni en la naturaleza del espíritu humano ni de ningún otro modo.

Esas leyes y conceptos fundamentales lógicamente irreductibles constituyen esta parte inevitable de la teoría que no puede ser captada por la razón. El objetivo más elevado que pueda pretender cualquier teoría estriba en apañárselas de modo que estos elementos fundamentales irreductibles sean tan simples y poco numerosos como sea posible, sin tener por eso que renunciar a la representación adecuada del contenido empírico que sea.

La concepción esbozada aquí, que considera como puramente ficticios los fundamentos de la teoría, estaba todavía lejos de imponerse en los siglos dieciocho y diecinueve. Pero lo hizo cada vez más conforme crecía la distancia intelectual entre las leyes y los conceptos fundamentales, por una parte, y las consecuencias que hay que relacionar con la experiencia, por otra, en la medida en que la construcción lógica se unificó más, es decir, en la medida en que disminuyó el número de elementos conceptuales lógicamente independientes los unos de los otros sobre los que se consigue que apoye el conjunto del edificio.

Newton, el primero que creó un sistema global y operativo de física teórica, creía todavía que las leyes y los conceptos fundamentales de su sistema podían deducirse de la experiencia. Ciertamente es en ese sentido en el que hay que interpretar su fórmula «*hypotheses non fingo*».

De hecho, en esta época, los conceptos de espacio y de tiempo no tenían aparentemente nada de problemático. Los conceptos de masa, de inercia y de fuerza, así como las leyes que los ligan, parecían derivarse de forma inmediata de la experiencia. Si se acepta esta base, parece que la expresión de la fuerza gravitacional se puede deducir de la experiencia y se tenía derecho a esperar que sucediera lo mismo para las demás fuerzas.

Es cierto que la formulación que da Newton pone de manifiesto que se encontraba atascado en el concepto de espacio absoluto, que implica el de reposo absoluto. Era consciente del hecho de que nada, en nuestra experiencia, parecía corresponder a este último concepto. Se encontraba igualmente irresuelto ante la introducción de fuerzas a distancia. Sin embargo, los éxitos prácticos proporcionados por su teoría fueron tan considerables que le impidieron, a él y a los físicos de los siglos dieciocho y diecinueve, ser conscientes del carácter ficticio de los fundamentos de su sistema.

Por el contrario, la mayor parte de los sabios de esta época tenían la idea de que las leyes y los conceptos fundamentales de la física no son, en un sentido lógico, invenciones libres del entendimiento humano, sino que estas leyes y conceptos podían deducirse de la experiencia por «abstracción», es decir, por pasos lógicos. Para tomar conciencia de que esta concepción era errónea, hubo que esperar, de hecho, a la teoría de la relatividad general; ésta, en efecto, ha hecho ver que partiendo de bases ampliamente diferentes de las de Newton, era posible dar cuenta del conjunto de hechos de la experiencia examinados, e incluso de forma más satisfactoria y más completa que adoptando las bases de Newton. Pero dejando aparte cualquier cuestión de la superioridad de una teoría respecto a la otra, el carácter ficticio de los fundamentos de una teoría se pone aquí claramente en evidencia por el hecho de que pueden presentarse dos sistemas de fundamentos muy diferentes que, tanto uno como otro, están en amplio acuerdo con la experiencia. Eso prueba, en todo caso, que cualquier tentativa de derivar las leyes y los conceptos fundamentales de la rutina de experiencias elementales está abocada al fracaso.

Pero si es verdad que el fundamento axiomático de la física teórica no puede establecerse a partir de la experiencia y que hay que inventar libremente, ¿cabe esperar encontrar el procedimiento adecuado? O más aún, ¿podemos esperar que la experiencia nos guíe correctamente si existen teorías que, como la mecánica clásica, dan amplia cuenta de la experiencia sin comprender el problema en su profundidad? A esto, responderé con confianza que, a mi entender, el procedimiento existe y también que somos capaces de encontrarlo. Hasta el momento, nuestra experiencia se basa en la convicción de que la Naturaleza es la realización de mayor simplicidad matemática posible. Estoy convencido de que estamos en condiciones, gracias a una construcción puramente matemática, de encontrar los conceptos adecuados –así como las leyes que los ligan– para abrirnos las puertas de la comprensión de los fenómenos naturales. Desde luego, los conceptos matemáticos utilizables pueden inspirarse en la experiencia, pero en ningún caso se pueden deducir de ella. Naturalmente, la experiencia sigue siendo el único criterio para juzgar la aplicabilidad de una construcción matemática a la física. Pero el principio propiamente creador se encuentra en las matemáticas. En cierto sentido considero pues que es verdad que, como soñaron los antiguos, el pensamiento puede captar lo real.

Para justificar esta confianza estoy obligado a servirme de nociones matemáticas. El mundo físico se representa por un continuo de cuatro dimensiones. Si se admite, en este continuo, una métrica de Riemann y se buscan las leyes más simples que tal métrica pueda satisfacer, se llega a la teoría relativista de la gravitación en el espacio vacío. Si, en este espacio, se supone un campo de vectores, o mejor, el campo de tensores asimétricos que deriva de él y se buscan las leyes más simples que pueda satisfacer semejante campo, se llega a las ecuaciones de Maxwell en el espacio vacío.

En este estadio, nos falta todavía una teoría para las partes del espacio en las que la densidad eléctrica no es nula. Louis de Broglie supuso que existía un campo de ondas que podía aplicarse a la interpretación de ciertas características cuánticas de la materia. Dirac encontró en los spinores magnitudes de campo de un nuevo tipo cuyas ecuaciones más simples permiten deducir las propiedades del electrón. En cuanto a mí, he encontrado, con mi colaborador, el doctor Walter Mayer, que estos spinores representan un caso particular de campo de un nuevo tipo, unido matemáticamente al continuo de cuatro dimensiones; les hemos dado el nombre de «semi-vectores». Las ecuaciones más simples a las que estos vectores pueden someterse nos proporcionan el medio de comprender la existencia de dos tipos de partículas elementales de masas ponderables diferentes y de cargas iguales pero opuestas. Estos semi-vectores son, después de los vectores habituales, las entidades matemáticas de campo más simples que puedan existir en un continuo y que tengan una métrica de cuatro dimensiones y parece que describen fácilmente las características esenciales de las partículas eléctricas elementales.

Lo que es esencial para nuestro propósito es que todas estas estructuras, así como las leyes que las enlazan, se obtienen aplicando el principio consistente en buscar los conceptos matemáticos más simples posibles. En el número restringido de tipos de campos simples que tengan existencia matemática y de ecuaciones sencillas que los puedan ligar es donde reside para el teórico la esperanza fundada de poder aprehender lo real en su profundidad.

Por el momento, el punto más difícil para semejante teoría del campo reside en la comprensión de la estructura atómica de la materia y de la energía. En efecto, esta teoría no es fundamentalmente atómica, en la medida en la que opera exclusivamente con funciones continuas del espacio, al revés que la mecánica clásica, en la que el elemento más importante, el punto material, hace justicia de golpe a la estructura atómica de la materia.

La teoría moderna de los cuantos, en la forma que se asocia a los nombres de de Broglie, Schrödinger, Dirac, opera, desde luego, con funciones continuas, habiendo superado esta dificultad gracias a una interpretación que Max Born fue el primero en presentar de forma clara: las funciones espaciales que intervienen en las ecuaciones no pretenden ser un modelo matemático de las entidades atómicas. Estas funciones sólo pueden determinar por cálculo cuál es la probabilidad de encontrar estas entidades, si se hace una medida, en cierto lugar o en cierto estado de movimiento. Esta concepción es irreprochable desde el punto de vista lógico y puede hacer valer importantes éxitos. Pero desgraciadamente obliga a utilizar un continuo en el que el número de dimensiones no es (cuatro) el de la física desarrollada hasta ahora, sino que crece indefinidamente con el número de partículas que constituyen el sistema considerado. Debo confesar que no concedo a esta interpretación más que un valor provisional. Todavía creo en la posibilidad de un modelo de la realidad, es decir, una teoría que represente las cosas mismas y no sólo la probabilidad de encontrarlas.

Por otra parte, me parece cierto que necesitamos abandonar, en el modelo teórico, la idea de una localización completa de las partículas. Creo que ese es un resultado definitivamente establecido por la relación de indeterminación de Heisenberg. Pero se puede concebir perfectamente una teoría atómica en sentido propio (y no solamente sobre la base de una interpretación), sin localización de las partículas en el modelo matemático. Así, por ejemplo, para dar cuenta del carácter atómico de la electricidad, basta que las ecuaciones del campo conduzcan a la siguiente consecuencia: una porción del espacio de tres dimensiones tal que la densidad eléctrica en sus límites sea nula en todas partes, contiene una carga global que se expresa siempre por un número entero. En una teoría del continuo, el carácter atómico de las leyes integrales podría expresarse pues de forma satisfactoria sin que estuviesen localizadas las entidades que componen la estructura atómica.

Sólo si se consigue representar de esta forma la estructura atómica consideraré resuelto el enigma de los cuantos.

OCTUBRE

Einstein se instala definitivamente en Princeton.

1934

MARZO

Carta de Einstein a Max Born [69]

Princeton, N. J., 22 de marzo de 1934

Tu tentativa de atacar la cuestión cuántica del campo desde un nuevo flanco me ha interesado mucho, aunque no convencido exactamente. Sigo creyendo que la interpretación probabilística, a pesar de su gran éxito, no constituye ninguna posibilidad viable de generalización relativista. Tampoco me ha convencido el fundamento de la elección de una función de Hamilton para el campo electromagnético por analogía con la teoría de la relatividad especial. Me temo que ninguno de nosotros llegará a ver la verdadera solución de este arduo problema.

Comentario adicional de Born

Einstein tenía objeciones de dos tipos respecto a mis ideas: la primera se basaba en su rechazo a la interpretación probabilista de la mecánica cuántica. Se trata de una cuestión de principio, inherente a su pensamiento, de la que se hablará más tarde. No concernía propiamente a la teoría que Infeld y yo bosquejábamos, pues no habíamos puesto a punto su inserción en la mecánica cuántica; él condenaba todos nuestros esfuerzos en esta dirección como básicamente falsos.

La segunda objeción se refería a nuestra primera teoría «clásica» de campo, que era en sí cerrada y libre de contradicciones. Se basaba en la siguiente analogía: en la teoría de la relatividad especial, la energía cinética de una partícula, que en la mecánica clásica es proporcional al cuadrado de la velocidad, se representa por una expresión algo complicada; para velocidades pequeñas respecto a la velocidad de la luz se convierte en la expresión clásica, pero difiere de ella si la velocidad se aproxima a la de la luz. En la electrodinámica de Maxwell, la densidad de energía es proporcional al cuadrado de la amplitud de campo; yo la sustituía por una expresión general que se reducía a la expresión clásica cuando el campo era débil con relación a una «intensidad absoluta», pero se separaba de ella cuando no era ese el caso. Se seguía de ahí automáticamente que la energía total del campo de una carga puntual es finita, mientras que en el campo de Maxwell es infinitamente grande; el campo absoluto debe considerarse como una nueva constante de la Naturaleza.

Einstein encontraba esta construcción por analogía no convincente; durante mucho tiempo, a Infeld y a mí nos pareció seductora. Renunciamos a esta teoría por razones totalmente diferentes: porque no conseguimos hacerla compatible con los principios de la teoría cuántica de campo.

En todo caso, este planteamiento fue el primer intento de allanar, con ayuda de una teoría no lineal, las dificultades aparecidas en microfísica; la teoría de Heisenberg de las partículas elementales, de la que tanto se habla hoy, es también no lineal. Pero este es otro asunto.

Carta de Einstein a Laue

[Princeton], 23 de marzo de 1934

Querido viejo camarada

No puedes saber hasta qué punto me han encantado todas tus noticias que me han llegado por ti mismo y sobre ti mismo. Siempre he sentido, y sabido, que tenías no sólo algo en la cabeza, sino también algo en el vientre. Eso aparece todavía con más nitidez a la luz de los proyectos, aun cuando el así señalado esté cegado. Si quieres que haga algo por ti, o simplemente con que creas que yo *pudiera* eventualmente hacerlo, no dudes en decírmelo. Estoy perfectamente convencido de que la *species minorum gentium* no puede conseguir tocarte; y, para acabar, no somos plantas, sino animales perfectamente vivos. Me he instalado confortablemente al otro lado del océano y sin embargo frecuentemente pienso que el pequeño círculo de hombres, hace poco tan armoniosamente unidos, ha sido verdaderamente algo único y, sin duda, no volveré a encontrar nunca más semejante valor humano. En cambio confieso honestamente no haber derramado ninguna lágrima sobre el círculo *más amplio* que me rodeaba: para el espectador no implicado, era más divertido que simpático. El destino trágico de nuestro amigo holandés me ha afectado mucho; las almas sensibles tienen gran dificultad para encontrar su sitio en el mundo de hoy.

Los grandes descubrimientos recientes sólo me satisfacen moderadamente, ya que no veo que por el momento me ayuden a comprender los aspectos fundamentales. Me encuentro como un chiquillo que no consigue aprender el alfabeto, aunque, por extraño que parezca, sigo todavía sin haber perdido la esperanza. Pero, en fin, nos enfrentamos a la esfinge, no a una niña sumisa.

Si hay alguien a quien tenga ganas de volver a ver es a ti.

Afectuosamente

Einstein

[Oeuvres Choisies. L. I. Quanta, p. 223]

1935

MAYO

LA REALIDAD FÍSICA Y LA COMPLETITUD DE LAS TEORÍAS. EL ARGUMENTO EPR.

A. Einstein, B. Podolsky and N. Rosen (*Institute for Advanced Study, Princeton, New Jersey.*). «***Can Quantum-Mechanical Description of Physical Reality Be Considered Complete?***» *PHYSICAL REVIEW*, Volumen 47, pp. 777-780. (Recibido el 25 de marzo de 1935. Publicado el 15 de mayo de 1935.) [«¿Se puede considerar completa la descripción mecánico-cuántica de la realidad física?»]

¿Se puede considerar completa la descripción mecánico-cuántica de la realidad física?

En toda teoría completa existe un elemento correspondiente a cada elemento de realidad. Para que una magnitud física sea real, basta que sea posible predecirla con certidumbre, sin perturbar el sistema. En mecánica cuántica, en el caso de dos magnitudes físicas descritas por operadores que no conmutan, el conocimiento de una excluye el de la otra. Así pues, o bien (1) la descripción de la realidad dada por la función de onda en mecánica cuántica no es completa, o bien (2) estas dos magnitudes no pueden tener realidad simultánea. El examen del problema de hacer predicciones relativas a un sistema sobre la base de medidas efectuadas en otro sistema que haya interactuado anteriormente con el primero conduce al resultado de que, si (1) es falsa, entonces (2) es también falsa. Se llega pues a la conclusión de que la descripción de la realidad dada por una función de onda no es completa.

1.

Cualquier reflexión seria sobre una teoría física debe tener en cuenta la distinción entre la realidad objetiva, que es independiente de toda teoría, y los conceptos físicos con los que la teoría opera. Estos conceptos van dirigidos a concordar con la realidad objetiva y por medio de ellos nos representamos esta realidad.

Cuando se pretende evaluar el éxito de una teoría física, nos podemos plantear dos cuestiones: (1) «¿Es correcta la teoría?», y (2) «¿Es completa la descripción dada por la teoría?» Sólo en el caso en que se pueda responder afirmativamente a ambas preguntas puede decirse que los conceptos de dicha teoría son satisfactorios. La exactitud de una teoría se mide por el grado de acuerdo entre las conclusiones de la teoría y la experiencia humana. Esta experiencia, que únicamente nos permite hacer inferencias sobre la realidad, toma en física la forma de experimentación y medida. Es esta segunda cuestión la que deseamos considerar aquí, aplicada a la mecánica cuántica.

Cualquiera que sea el significado que se asigne al término «completo», para que una teoría sea completa parece necesaria la siguiente exigencia: *cada elemento de la realidad física debe tener un homólogo en la teoría física.* A este enunciado lo llamaremos condición de completitud. Es fácil pues responder a la segunda cuestión en la medida en que se sea capaz de decidir qué son los elementos de la realidad física.

Los elementos de la realidad física no pueden determinarse por consideraciones filosóficas *a priori*, pero se pueden encontrar recurriendo a los resultados de la experimentación y de la medida. Sin embargo, para nuestro propósito es innecesaria una definición exhaustiva de la realidad. Nos contentaremos con el siguiente criterio, que nos parece razonable. *Si, sin perturbar el sistema de ninguna manera, podemos predecir con certidumbre (es decir, con una probabilidad igual a 1) el valor de una magnitud física, existe entonces un elemento de la realidad física que corresponde a esta magnitud física.* Nos parece que este criterio, aunque no agote todos los medios de reconocer una realidad física, nos proporciona al menos uno de ellos, siempre que se den las condiciones prescritas. Considerado como una condición no necesaria pero sí suficiente de realidad, este criterio está en perfecto acuerdo con las ideas clásicas y cuánticas de realidad.

Para ilustrar las ideas que aquí se contienen, consideremos la descripción mecanico-cuántica del comportamiento de una partícula que posee un único grado de libertad. El concepto fundamental de la teoría es el concepto de estado, que se supone está completamente caracterizado por la función de onda ψ, función de las variables elegidas para describir el comportamiento de la partícula. A cada magnitud A observable físicamente corresponde un operador que puede designarse por la misma letra.

Si ψ es una función propia del operador A, es decir, si

(1) $$\psi' \equiv A\psi = a\psi,$$

siendo a un número, la magnitud física A tiene, con certidumbre, el valor a si la partícula está en el estado dado por ψ. De acuerdo con nuestro criterio de realidad, para una partícula en el estado dado por ψ para el que la ecuación (1) es válida, existe un elemento de realidad física correspondiente a la magnitud física A. Pongamos, por ejemplo

(2) $$\psi = e^{(2\pi i/h)p_0 x},$$

donde h es la constante de Planck, p_0 un número constante y x la variable independiente. Como el operador correspondiente al momento de la partícula es

(3) $$p = (h/2\pi i)\partial/\partial x,$$

obtenemos

(4) $$\psi' = p\psi = (h/2\pi i)\partial\psi/\partial x = p_0\psi.$$

Así pues, en el estado dado por la ecuación (2), el momento tiene con seguridad el valor p_0. Tiene por tanto sentido decir que el momento de la partícula en el estado dado por la ecuación (2) es real.

Por otra parte, si no se satisface la ecuación (1) ya no es posible decir que la magnitud física A tiene un valor particular. Este es el caso, por ejemplo, de la coordenada de la partícula. El operador correspondiente a esta, llamémoslo q, es el operador de multiplicación por la variable independiente. Así pues

(5) $$q\psi = x\psi \neq a\psi \,.$$

De acuerdo con la mecánica cuántica sólo podemos decir que la probabilidad relativa de que una medida de la coordenada dé un resultado comprendido entre a y b es

(6) $$P(a,b) = \int_a^b \overline{\psi}\psi dx = \int_a^b dx = b - a \,.$$

Como esta probabilidad es independiente de a y sólo depende de la diferencia $b - a$, vemos que todos los valores de la coordenada son igualmente probables.

Un valor definido de la coordenada, para una partícula en el estado dado por la ecuación (2), no es pues predecible y sólo puede medirse mediante una medida directa. Sin embargo, semejante medida perturba a la partícula y altera por tanto su estado. Una vez determinada la coordenada, la partícula ya no estará en el estado dado por la ecuación (2). La conclusión habitual de esto en la mecánica cuántica es *que si se conoce el momento de una partícula, su coordenada no tiene realidad física.*

De forma más general, en mecánica cuántica se pone de manifiesto que si los operadores correspondientes a dos magnitudes físicas, digamos A y B, no conmutan, es decir, si $AB \neq BA$, el conocimiento preciso de uno de ellos excluye un conocimiento similar del otro. Además, cualquier intento de determinar éste experimentalmente alterará el estado del sistema de tal modo que se destruye el conocimiento del primero.

De todo esto se deduce que, o bien (1) *la descripción mecánico-cuántica de la realidad dada por la función de onda no es completa* o (2) *si los operadores correspondientes a dos magnitudes físicas no conmutan, las dos magnitudes no pueden tener simultáneamente realidad*, pues si ambas tuviesen realidad simultánea –y por tanto valores definidos– estos valores figurarían en la descripción completa, de acuerdo con la condición de completitud. En tal caso, si la función de onda suministrase tal descripción completa de la realidad, contendría estos valores y éstos serían entonces predecibles. No siendo este el caso, nos quedamos con las alternativas expuestas.

En mecánica cuántica se supone habitualmente que la función de onda contiene una descripción completa de la realidad física del sistema en el estado al que corresponde. A primera vista, esta suposición es enteramente razonable, pues la información que se obtiene de una función de onda parece corresponder exactamente a lo que puede medirse sin alterar el estado del sistema. Mostraremos, sin embargo, que esta suposición, junto con el criterio de realidad dado arriba, lleva a contradicción.

2.

A este propósito supongamos que tenemos dos sistemas, I y II, a los que permitimos interactuar desde el tiempo $t = 0$ al tiempo $t = T$, tiempo tras el cual suponemos que ya no hay interacción entre las dos partes. Supongamos además que fuesen conocidos los estados de los dos sistemas antes de $t = 0$. Podemos entonces calcular, con ayuda de la ecuación de Schrödinger, el estado del sistema combinado I + II en cualquier tiempo posterior; en particular, para cualquier $t > T$. Llamemos Ψ a la correspondiente función de onda. Sin embargo, no podemos calcular el estado en el que bien uno o los dos sistemas queda tras la interacción. Según la mecánica cuántica, esto sólo se puede hacer con ayuda de más medidas, mediante un proceso conocido como *reducción del paquete de ondas*. Consideremos lo esencial de este proceso.

Supongamos que $a_1, a_2, a_3, \ldots$ son los valores propios de cierta magnitud física A respecto al sistema I y $u_1(x_1), u_2(x_1), u_3(x_1), \ldots$ las correspondientes funciones propias, donde x_1 representa al conjunto de variables utilizadas para describir el primer sistema. En tal caso, Ψ, considerada como función de x_1, puede expresarse como

(7) $$\Psi(x_1,x_2)=\sum_{n=1}^{\infty}\psi_n(x_2)u_n(x_1),$$

donde x_2 representa al conjunto de variables utilizado para describir el segundo sistema. Aquí, las $\psi_n(x_2)$ deben considerarse únicamente como coeficientes del desarrollo de Ψ en serie de funciones ortogonales $u_n(x_1)$. Supongamos ahora que se hubiese medido la magnitud A y se hubiese encontrado que su valor es a_k. Se concluye entonces que, después de medir, el primer sistema queda en el estado dado por la función de onda $u_k(x_1)$ y que el segundo sistema queda en el estado dado por la función de onda $\psi_k(x_2)$. Este es el proceso de reducción del paquete de ondas; el paquete de ondas dado por la serie infinita (7) se reduce al único término $\psi_k(x_2)u_k(x_1)$.

El conjunto de funciones $u_n(x_1)$ está determinado por la elección de la magnitud física A. Si, en vez de esta, hubiésemos elegido otra cantidad, B, por ejemplo, que tuviese los valores propios $b_1, b_2, b_3, \ldots$ y las funciones propias $v_1(x_1), v_2(x_1), v_3(x_1), \ldots$ habríamos obtenido, en vez de la ecuación (7), el desarrollo

(8) $$\Psi(x_1,x_2)=\sum_{s=1}^{\infty}\varphi_s(x_2)\vartheta_s(x_1),$$

donde las φ_s son los nuevos coeficientes. Si se mide ahora la magnitud B y se encuentra que tiene el valor b_r, concluimos que después de la medida el primer sistema queda en el estado dado por $\vartheta_r(x_1)$ y el segundo sistema queda en el estado dado por $\varphi_r(x_2)$.

Vemos pues que, como consecuencia de dos medidas diferentes llevadas a cabo en el primer sistema, el segundo sistema puede quedar en estados con dos diferentes funciones de onda. Por otra parte, como en el momento de la medida los dos sistemas ya no interactúan, no puede tener lugar ningún cambio real en el segundo sistema que fuese consecuencia de algo que se hubiese hecho en el primer sistema. Esto es, por supuesto, una simple afirmación de lo que significa la ausencia de interacción entre los dos sistemas. Así pues, *es posible asignar dos funciones de onda diferentes* (en nuestro ejemplo ψ_k y φ_r) *a la misma realidad* (el segundo sistema después de la interacción con el primero).

Ahora bien, puede suceder que las dos funciones de onda, ψ_k y φ_r, sean funciones propias de dos operadores, correspondientes a ciertas magnitudes físicas P y Q respectivamente, que no conmutan. Que este puede ser de hecho el caso se puede mostrar mejor con un ejemplo. Supongamos que los dos sistemas son dos partículas y que

(9) $$\Psi(x_1,x_2)=\int_{-\infty}^{+\infty}e^{(2\pi i/h)(x_1-x_2+x_0)p}dp,$$

donde x_0 es una constante. Sea A el momento de la primera partícula; en tal caso, como hemos visto en la ecuación (4), sus funciones propias serán

(10) $$u_p(x_1)=e^{(2\pi i/h)px_1}$$

correspondientes al valor propio p. Como tenemos aquí el caso de un espectro continuo, la ecuación (7) se escribirá ahora

(11) $$\Psi(x_1, x_2) = \int_{-\infty}^{+\infty} \psi_p(x_2) u_p(x_1) dp ,$$

donde

(12) $$\psi_p(x_2) = e^{-(2\pi i/h)(x_2 - x_0)p} .$$

Esta ψ_p es, sin embargo, la función propia del operador

(13) $$P = (h/2\pi i)\partial/\partial x_2$$

correspondiente al valor propio $-p$ del momento de la segunda partícula. Por otra parte, si *B* es la coordenada de la primera partícula, tiene por funciones propias

(14) $$\vartheta_x(x_1) = \delta(x_1 - x) ,$$

correspondientes al valor propio *x*, donde $\delta(x_1 - x)$ es la bien conocida función delta de Dirac. La ecuación (8) se convierte en este caso en

(15) $$\Psi(x_1, x_2) = \int_{-\infty}^{+\infty} \varphi_x(x_2) \vartheta_x(x_1) dx ,$$

donde

(16) $$\varphi_x(x_2) = \int_{-\infty}^{+\infty} e^{(2\pi i/h)(x - x_2 + x_0)p} dp = h\delta(x - x_2 + x_0) .$$

Esta φ_x, sin embargo, es la función propia del operador

(17) $$Q = x_2$$

correspondiente al valor propio $x + x_0$ de la coordenada de la segunda partícula. Como

(18) $$PQ - QP = h/2\pi i ,$$

hemos mostrado que, en general, es posible que ψ_k y φ_r sean funciones propias de dos operadores que no conmutan, correspondientes a magnitudes físicas.

Volviendo ahora al caso general contemplado en las ecuaciones (7) y (8), supongamos que ψ_k y φ_r sean verdaderamente funciones propias de ciertos operadores *P* y *Q* que no conmutan, correspondientes a los valores propios p_k y q_r respectivamente. Así pues, midiendo bien *A* o bien *B* estamos en condiciones de predecir con certidumbre, y sin perturbar de ningún modo el segundo sistema, bien el valor de magnitud *P* (es decir, p_k) o bien el valor de la magnitud *Q* (esto es, q_r). De acuerdo con nuestro criterio de realidad tenemos que considerar que, en el primer caso, la cantidad *P* es un elemento de realidad y que, en el segundo caso, *Q* es un elemento de realidad. Pero, como hemos visto, las dos funciones de onda ψ_k y φ_r, pertenecen a la misma realidad.

Habíamos probado anteriormente que o bien (1) la descripción mecánico-cuántica de la realidad dada por la función de onda no es completa, o bien (2) si los operadores que corresponden a dos magnitudes físicas no conmutan, estas dos magnitudes físicas no pueden tener realidad simultánea. Partiendo entonces de la suposición de que la función de onda da efectivamente una descripción completa de la realidad física, llegamos a la conclusión de que dos magnitudes físicas que corresponden a operadores que no conmutan pueden tener realidad simultánea. Así pues, la negación de (1) entraña la negación de la otra única alternativa (2). Nos vemos así obligados a concluir que la descripción mecánico-cuántica de la realidad física dada por funciones de onda no es completa.

A esta conclusión se podría objetar que nuestro criterio de realidad no es suficientemente restrictivo. De hecho, no se llegaría a nuestra conclusión si se impusiera que dos o más magnitudes pueden considerarse elementos de realidad simultáneos *sólo si pueden medirse o predecirse simultáneamente*. Desde este punto de vista, como una u otra, pero no ambas simultáneamente, de las magnitudes *P* y *Q* se pueden predecir, no son simultáneamente reales. Esto hace que la realidad de *P* y de *Q* dependa del proceso de medida llevado a cabo en el primer sistema, que no perturba el segundo sistema de ninguna manera. No cabe esperar que ninguna definición razonable de realidad autorice eso.

Aunque hayamos mostrado pues que la función de onda no proporciona una descripción completa de la realidad física, dejamos abierta la cuestión de si tal descripción existe o no. Creemos, sin embargo, que tal teoría es posible. (*Physical Review*, vol. *XLVII*, 1935, p. 777-780. Registro de entrada: 25 de marzo de 1935)

—

JUNIO

Carta de Einstein a Schrödinger

17 de junio de 1935

> Desde el punto de vista de los principios, no creo en absoluto en la existencia de una base estadística de la física, en el sentido en que lo entiende la mecánica cuántica –y eso, a pesar del éxito que ha traído, caso por caso, este formalismo (...) Me parece que renunciar a una captación espacio-temporal de lo real es [una posición] idealista y espiritista. Creo que esta orgía de espirituoso epistemológico debe cesar. Seguro que piensas, riéndote de mí, que sucede con frecuencia que una joven hetaira se transforma en vieja santurrona y un joven revolucionario en un viejo conservador.

[Oeuvres Choisies. L. I. Quanta, p. 234]

Carta de Einstein a Schrödinger

Old Lyme, 19 de junio de 1935

Querido Schrödinger

Tu detallada carta respecto al articulito* me ha gustado mucho. Por razones de lengua, este artículo ha sido escrito por Podolsky, después de muchas discusiones. Pero el resultado no es verdaderamente conforme con lo que yo quería: lo esencial está en cierto modo anegado por la erudición.

La verdadera dificultad atañe a que la física es una especie de metafísica: la física describe la «realidad». Ahora bien, no sabemos qué es la realidad, no la conocemos más que a través de la descripción que de ella da la física.

Toda física es descripción de la realidad; sólo esta descripción puede ser «completa» o «incompleta». El sentido de estas expresiones es, de paso, problemática también. Voy a aclararlo con ayuda de la siguiente metáfora.

Tengo ante mí dos cajas, provista cada una de una tapa amovible, de modo que pueda ver lo que hay dentro levantando la tapa; es lo que llamo «hacer una observación». Por otra parte, hay una bola que, cuando se hace una observación, se encuentra siempre bien en una caja o bien en la otra.

Describo entonces un estado [del sistema] de la siguiente forma: la probabilidad de que la bola se encuentre en la primera caja es ½. ¿Es esa una descripción completa?

No: un enunciado completo es: la bola está (o no está) en la primera caja. Ese es el aspecto que debe tomar la caracterización del estado en una descripción completa.

Sí: antes de que levante la tapa de la caja, la bola no está en absoluto en una de las dos cajas. El hecho de estar en una caja determinada no se realiza más que porque levanto la tapa. Sólo de ahí proviene el carácter estadístico del mundo de la experiencia, de sus leyes empíricas. El estado antes de que se levante la tapa está caracterizado *por completo* por el número 1/2, cuya significación no se manifiesta nunca, cuando se efectúan observaciones, más que como un resultado estadístico. La estadística interviene únicamente en la observación, en la que se introducen factores insuficientemente conocidos y ajenos al sistema descrito.

Nos encontramos ante una alternativa análoga cuando queremos interpretar la relación que mantiene la mecánica cuántica con la realidad. Para el sistema que constituye la bola, evidentemente, la segunda interpretación, «espiritista», a lo Schrödinger, es, a todo lo más, absurda: sólo la primera interpretación, la de Born, será tomada en serio por el contribuyente. En cuanto al filósofo talmúdico, se ríe de la «realidad», este espantajo adecuado para asustar a las almas ingenuas. Explica que las dos concepciones no difieran más que por su modo de expresión.

Mi forma de pensar es la siguiente. No se puede hacer mella en el talmúdico más que recurriendo a un principio adicional, el principio de separación. A saber: «la segunda caja (con todo lo que hace referencia a su contenido) es independiente de lo que ocurre en la primera caja (sistemas parciales separados)». Si se adopta el principio de separación, se excluye por ello mismo la segunda concepción «a la Schrödinger» y ya no queda más que la de Born, según la cual, sin embargo, la descripción dada más arriba del estado es una descripción *incompleta* de la *realidad* o de los estados reales.

La comparación precedente no corresponde más que de modo muy imperfecto al ejemplo cuántico del artículo. Conviene, sin embargo, que precise el punto de vista que me resulta esencial. En teoría cuántica, se describe un estado real de un sistema por una función normada ψ de las coordenadas (del espacio de configuración). La evolución en el tiempo está dada de forma no equívoca por la ecuación de Schrödinger. Gustaría poder decir: ψ es coordenada de forma biunívoca en el estado real del sistema real. El carácter estadístico de los resultados de medida hay que cargarlo exclusivamente a cuenta de los aparatos de medida o de los procedimientos de medida. Cuando esto funciona, hablo de descripción completa de la realidad por la teoría. Pero, si semejante descripción acredita ser impracticable, digo que la descripción teórica es «incompleta». A continuación, el talmúdico declara, con todo derecho, que se trata de una definición sin contenido; pero, paciencia, enseguida recibirá todo su sentido.

Describamos por su función Ψ, Ψ_{AB}, el sistema global compuesto por los dos sistema parciales *A* y *B*. Esta descripción se refiere a un instante para el que la interacción ha cesado prácticamente. La Ψ del sistema global puede entonces construirse a partir de las propias ψ normalizadas $\psi(x_1)$, $\psi(x_2)$ que corresponden a los valores propios de los «observables» (sistemas de observables que conmutan):

(1) $$\Psi_{AB} = \sum_{mn} C_{mn}\psi_m(x_1)\chi_n(x_2).$$

Si se efectúa entonces una medida α sobre *A*, la expresión de aquí arriba se reduce a:

(2) $$\Psi_B = \sum_n C_{mn} \chi_n(x_2)$$

que es la función Ψ del sistema parcial *B* en el caso en que hago una medida α.

Pero, en vez de hacer un desarrollo en funciones propias de los observables *α* y *β*, puedo igualmente bien desarrollar en las funciones propias de $\underline{\alpha}$ y β, donde $\underline{\alpha}$ es otro sistema de variables que conmutan:

(1a) $$\Psi_{AB} = \sum_{mn} \underline{C_{mn} \psi_m}(x_1) \chi_n(x_2),$$

de modo que después de la medida de $\underline{\alpha}$, se obtiene:

(2 a) $$\underline{\Psi_B} = \sum_n \underline{C_{mn}} \chi_n(x_2).$$

El único punto esencial aquí es que Ψ_B y $\underline{\Psi_B}$ son diferentes. Afirmo que esta diferencia es incompatible con la hipótesis según la cual la descripción por Ψ es coordenada de forma biunívoca en la realidad física (en el estado real). En efecto, después de la colisión, el estado real de (*AB*) se compone a partir del estado real de *A* y del estado real de *B*, que no tienen nada que ver uno con otro. *El estado real de B no puede depender de la medida que emprendo sobre A* (véase la hipótesis de separación de arriba). Ahora bien, existen dos Ψ_B, dos candidatos (e incluso tanto como se quiera) completamente legítimos tanto uno como otro para el mismo estado de *B* –en contradicción con la hipótesis de una descripción biunívoca, y completa.

Observación: *Me importa un rábano* que Ψ_B y $\underline{\Psi_B}$ puedan considerarse como funciones propias de los observables B y $\underline{B}$.

En fin, señalo simplemente que no creo que podamos quedarnos satisfechos con una descripción «incompleta»; por el contrario, tenemos que buscar una descripción completa.

La puerta de salida que indicas en el último párrafo de tu carta –que es lo que tiene que ver con el hecho de que trabajamos con una velocidad *c* infinita– me parece sin salida. En cualquier caso, las consideraciones precedentes valen para la única mecánica cuántica exenta de contradicción, la mecánica cuántica no relativista.

Recibe mis cordiales saludos

A.E.

[Fuente: *Oeuvres Choisies*. Libro I. Quanta, pp. 234-236]

[* Se refiere al *EPR*.]

AGOSTO

Carta de Einstein a Breit

Old Lyme, Conn., White House, 2 de agosto de 1935

Querido señor:

Sólo hoy encuentro un momento para poder contestar a su amable carta del 22 de julio. Su concepción, de seguro que no sufre en sí misma ninguna contradicción lógica. Pero, entiendo que está en contradicción con *el* concepto de estado de un sistema del que todos nos inclinamos a hacer un uso que sea independiente de cualquier teoría particular. En efecto, si un sistema no interactúa con otros sistemas y existe efectivamente en alguna parte del espacio, está en todo instante en un estado determinado –con independencia de lo que pueda existir fuera de él en el mundo y con independencia de lo que pueda producirse en el mundo. Que no podamos saber algo de este estado más que efectuando medidas sobre el sistema es un hecho que hay que considerar por sí mismo.

Puede usted calificar de metafísica semejante concepción. Pero, hasta aquí, hemos hecho basar, con éxito, sobre ella nuestra concepción del mundo exterior. Me sitúo en este punto de vista y pregunto hasta qué punto se puede considerar la descripción dada por la función ψ como una descripción completa del sistema así concebido.

La respuesta es negativa, en la medida en que hemos probado que a un mismo estado de un sistema B no corresponde una función ψ determinada. Se comprueba, en efecto, que ésta depende del tipo de medida que yo efectúe sobre el sistema A. Se supone aquí, naturalmente, que el estado en que se encuentra efectivamente B no se modifica por la medida efectuada en A.

Mientras, se me ha hecho claro cómo hay que elegir la interpretación del esquema de la mecánica cuántica para que este concepto de estado real de un sistema (aislado) no dé ocasión de paradoja; se trata sencillamente de la interpretación de Born, aunque no estoy seguro, sin embargo, de que el propio Born la haya presentado de forma completamente coherente.

La función ψ no se refiere en absoluto al estado de un sistema individual; se aplica a la distribución de estados en el seno de un conjunto (estadístico) de sistemas. Tiene por lo tanto un significado análogo al de la función densidad ρ en mecánica estadística clásica.

Efectuar una medida (completa) sobre el sistema A se convierte entonces sencillamente en extraer (por el pensamiento) un conjunto parcial del conjunto estadístico inicial. Este conjunto parcial (y también, por lo tanto, la función ψ correspondiente, que ya no se refiere más que al sistema B) depende evidentemente del punto de vista según el cual es extraído del conjunto inicial.

Si lo que digo es correcto, cae de su peso que no puede designarse legítimamente a la función ψ como descripción del estado de un sistema, y menos aún como descripción *completa* de este estado. Hay que esperar más bien que exista, más allá de la mecánica cuántica, una ley y una descripción que se refieran al sistema tomado individualmente. Está claro que no puede obtenerse semejante resultado en el marco conceptual que nos propone la mecánica clásica; pero ésta, de todos modos, ya no puede pretender hoy servir de base a la física.

Con mis mejores sentimientos

A. Einstein

[Fuente: *Oeuvres Choisies.* Quanta, p. 237]

—

Sorprendentemente, Einstein describe a Schrödinger, en la carta que sigue, un *Gedankenexperiment* en el que se contempla una situación similar a la del *gato de Schrödinger*, que está a punto de salir a escena y que hará indefinida y universalmente famoso a su dueño.

Carta de Einstein a Schrödinger

Old Lyme, Conn., White House, 8 de agosto de 1935

Querido Schrödinger:

Eres, de hecho, el único hombre con quien me gusta tener discusiones. Casi todo el mundo va, no de los hechos a la teoría, sino de la teoría a los hechos; la gente es incapaz de salir del hilo de los conceptos admitidos y sólo sabe moverse ahí de forma cómica. Tú, por el contrario, contemplas las cosas a voluntad desde el exterior y el interior. Y sin embargo, nosotros dos nos oponemos agudamente (el uno al otro) en la forma de concebir el camino a seguir.

Mi solución de la paradoja expuesta en nuestro artículo es la siguiente. La función ψ no describe el estado de *un* sistema único, sino (de forma estadística) un conjunto de sistemas. Con relación a una ψ, una combinación lineal $c_1\psi_1 + c_2\psi_2$ representa una *extensión* del *conjunto* de los sistemas.

La modificación que, en nuestro ejemplo del sistema constituido por dos partes *A* y *B*, afecta a la función *ψ*, cuando hago una observación en *A*, representa, a la inversa, la extracción de un subconjunto de un conjunto total. Sólo que esta extracción se produce de forma diferente según que yo haya *elegido* medir una u otra magnitud sobre *A*. Resulta entonces para *B* un conjunto que depende igualmente de esta elección.

Naturalmente, esta interpretación de la mecánica cuántica resalta, de forma particularmente clara, que, al precio de limitarse a enunciados estadísticos, se tiene ahí una posibilidad de representación incompleta de estados y procesos reales.

Tú, sin embargo, ves de manera completamente distinta el origen de las dificultades internas. Tú ves en *ψ* la representación de lo real y te gustaría modificar, si no suprimir, el lazo con los conceptos de la mecánica habitual. Sólo así, crees, puede la teoría tenerse sobre sus piernas.

Este punto de vista es, con seguridad, lógico, pero no creo que sea adecuado para eliminar la irresolución en que nos encontramos. Me gustaría justificar esta afirmación con el tosco ejemplo macroscópico siguiente.

Supongamos que el sistema sea una sustancia en equilibrio químico inestable, un barril de pólvora, por ejemplo, que, debido a fuerzas internas, puede inflamarse de modo que la duración de su vida media sea del orden de magnitud de un año. El sistema puede representarse, en principio, muy fácilmente en mecánica cuántica. Inicialmente, la función *ψ* caracteriza un estado macroscópico definido de forma bastante precisa. Pero tu ecuación se las apaña para que, al cabo de un año, no sea ese el caso. La función *ψ* describe entonces más bien una especie de mezcla que contiene el sistema que no ha explotado todavía y el sistema que ya ha explotado. Ningún tipo de interpretación podrá transformar esta función *ψ* en una descripción adecuada de un hecho real; en realidad no hay nada entre explotado y no explotado. Tu ecuación no puede pues dar, con seguridad, una descripción del proceso efectivo –del que tú tienes más o menos idea. Por el contrario, *ψ* puede restituir correctamente, en el sentido estadístico, las modificaciones de un conjunto de sistemas. Lo que quiero sugerir con ayuda de este ejemplo es que tu tentativa de interpretación no funciona en el caso de lo que sabemos por nuestra experiencia macroscópica.

Mírate el artículo que he publicado recientemente con el Sr. Rosen en la *Physical Review* sobre una interpretación relativista posible de la materia. Eso podría llevar a algo, si se consiguen sobrepasar las dificultades matemáticas.

Me alegraría mucho tenerte en Princeton y voy a emplearme a fondo para eliminar los obstáculos «diplomáticos». Recibe mientras mis saludos cordiales.

A.E.

[Fuente: *Oeuvres Choisies*. Quanta.]

En su respuesta, Schrödinger alude precisamente a su propio experimento:

Carta de Schrödinger a Einstein

19 de agosto de 1935

Hace ya mucho que he superado la fase en que me decías que la función *ψ* podía considerarse, más o menos, como una descripción directa de la realidad. En un artículo más desarrollado que acabo de escribir, * doy un ejemplo que se parece mucho al de tu barril de pólvora que explota. He tenido cuidado simplemente en poner en juego una indeterminación que, según nuestras modernas concepciones, es más "heisenbergiana" que "boltzmanniana". En una caja fuerte se encuentra encerrado un contador Geiger cargado con una pequeñísima cantidad de uranio, tan pequeña que, en la hora que sigue, la probabilidad de que se desintegre un átomo es la misma que la de que no se desintegre ninguno. Un relé amplificador tiene por función hacer que, en la primera desintegración atómica, se rompa un frasco que contiene ácido cianhídrico. Este frasco y –cruel circunstancia– un gato se encuentran también en la caja fuerte. Al cabo de una hora, en la función *ψ* del sistema global están, mezclados a partes iguales, el gato vivo y el gato muerto, *sic venia verbo*».

[* «Die gegenwärtige Situation in der Quantenmechanik», *Naturwissenschaften*, vol. 23. 1935, pp. 807-812, 824-828, 848-849) (La situación actual en la mecánica cuántica)]

[Fuente: *Oeuvres Choisies*. Quanta.]

SEPTIEMBRE

Carta de Einstein a Schrödinger

4 de septiembre de 1935

Por lo demás, tu ejemplo de los gatos acredita que estamos completamente de acuerdo en lo que respecta a la apreciación del carácter de la teoría actual. Una función ψ en la que entra tanto el gato muerto como el vivo no puede pasar por ser, con justicia, una descripción de un estado real. Por el contrario, este ejemplo concreto indica perfectamente que es razonable ligar la función ψ a un conjunto estadístico que incluya tanto sistemas en los que el gato esté vivo como sistemas en los que el gato está muerto.

[Fuente: *Oeuvres Choisies*. Quanta.]

Karl Popper ha publicado en Viena, en 1934, aunque con fecha de 1935, su libro *Logik der Forschung*. En la sección 77 propone un experimento imaginario. En mayo de 1935 Einstein, Podolsky y Rosen han publicado su famoso artículo EPR. Einstein le escribe ahora a Popper en los siguientes términos.

Carta de Einstein a Popper

p.1

Old Lyme, 11 de septiembre de 1935

Querido Sr. Popper:

He examinado su artículo y coincido en gran medida. * Sólo que no creo en la posibilidad de producir un "caso superpuro" que permita predecir la posición y el impulso (color) de un quantum de luz con una "precisión" inadmisible. Su artilugio (diafragma con obturador instantáneo y conjunto de filtros de vidrio selectivamente permeables) lo tengo en principio por inoperante, porque creo firmemente que semejante filtro produce el efecto de "difuminar la posición", algo parecido a lo que hace una rejilla de difracción.

Mi argumento es el siguiente. Piense en una señal luminosa breve (posición precisa). Para apreciar convenientemente la efectividad del filtro de absorción, imagino descompuesta la señal, de manera puramente formal, en un gran número de trenes de ondas cuasi monocromáticos W_n. Supongamos que el dispositivo absorbente tiene un efecto destructivo en todos los W_n (colores) excepto en W_1. Este grupo de ondas tiene sin embargo una extensión considerable debido a que es cuasi monocromático (difuminación de la posición); es decir, el filtro tiene necesariamente el efecto de "difuminar la posición". –

No me gusta absolutamente nada la moda "positivista" de ceñirse a lo observable.

* Punto principal: la función ψ caracteriza a un conjunto (estadístico) de sistemas, no a un sistema aislado. Este es también el resultado de la consideración que se expone a continuación. Esta interpretación hace también superfluo distinguir específicamente entre casos "puros" y "no puros".

p.2

Considero trivial que no se pueden hacer predicciones arbitrariamente precisas en el dominio atómico, y creo (como también usted, por cierto) que la teoría no se puede fabricar a partir de resultados observacionales, sino que sólo cabe inventarla. –

No tengo aquí copias del trabajo que hice con los señores Rosen y Podolski, pero puedo explicarle brevemente de qué trata.

Cabe preguntarse si, según la teoría cuántica actual, el carácter estadístico de nuestros hallazgos experimentales *está inducido meramente por intervenciones ajenas, mediciones incluidas*, mientras que los sistemas como tales –descritos por una función ψ– se comportan de por sí de forma determinista. Heisenberg coquetea con esta interpretación sin sostenerla consecuentemente. También se puede formular la cuestión así: ¿No debe interpretarse la función ψ, que varía con el tiempo de forma determinista según la ecuación de Schrödinger, como descripción completa de la realidad física, siendo únicamente la intervención externa (imprecisamente conocida) la responsable de que las predicciones tengan sólo carácter estadístico?

El resultado al que llegamos es que la función ψ no puede interpretarse como descripción completa del estado físico de un sistema.

Consideremos un sistema total constituido por los sistemas parciales A y B que interactúan entre sí sólo durante un tiempo limitado.

p.3

Supongamos conocida la función ψ del sistema total *antes* de la interacción (por ejemplo, la colisión de dos partículas libres). La ecuación de Schrödinger proporciona entonces la función ψ del sistema total *después* de la interacción.

Supongamos ahora que se ha realizado una medición (completa) en el sistema parcial A (después de la interacción), lo que es posible hacer de diferentes maneras, según se mida (con precisión) una u otra variable (por ejemplo, el impulso *o* las coordenadas). La mecánica cuántica proporciona entonces la función ψ del sistema parcial B, *de manera diferente según la elección de la medida que se haya realizado en A*.

Sin embargo, como es absurdo suponer que el estado físico de B dependa del tipo de medición que haga yo sobre el sistema A, que está separado de él, esto significa que al mismo estado físico de B le corresponden dos funciones ψ diferentes. Dado que una descripción *completa* de un estado físico tiene que ser necesariamente una descripción *unívoca* (al margen de cuestiones externas como las unidades, la elección de coordenadas, etc.), la función ψ no puede interpretarse como la descripción *completa* del estado.

Por supuesto, un teórico cuántico ortodoxo dirá que una descripción completa simplemente no existe y que sólo existe la descripción estadística de un *conjunto* de sistemas y no de *un* sistema. Pero, primero que lo *diga* (y en segundo lugar, no creo que tengamos que contentarnos indefinidamente con una descripción tan deshilachada de la Naturaleza).

p.4

Hay que tener en cuenta que las predicciones (exactas) a las que puedo llegar para el sistema B (según mi libre elección del modo de medición en A) pueden muy bien comportarse entre sí como lo hacen la medición del impulso y la medición de la posición. No cabe por tanto eludir fácilmente la interpretación de que el sistema B tiene efectivamente un impulso determinado y una coordenada determinada. Pues lo que puedo profetizar tras haber elegido libremente tiene asimismo que existir en la realidad.

En mi opinión, la actual descripción, estadística por principio, es sólo un estadio de transición. –

Me gustaría decir de nuevo[+] que no considero correcta su afirmación de que de una teoría determinista no se puedan inferir proposiciones estadísticas. Basta con que piense usted en la mecánica estadística clásica (teoría de los gases, teoría del movimiento browniano). Ejemplo: un punto material recorre con velocidad constante una trayectoria circular cerrada; puedo determinar aritméticamente la probabilidad de encontrarlo en un momento determinado en una zona concreta de la periferia. Lo esencial únicamente es que no conozco, o no con precisión, el estado inicial.

Mi saludo cordial

A. Einstein

[[+] Karl Popper dice que este "de nuevo" hace referencia a una carta anterior de Einstein.]

Esta carta, obviamente, no podía venir incluida en la edición de 1934/35. En 1958 se hace una reedición inglesa del libro con el título «THE LOGIC OF SCIENTIFIC DISCOVERY», con el que seguro Einstein –muerto incluso, como está– discreparía. El científico no descubre, inventa. En ella hace Popper la siguiente consideración:

> La carta de Albert Einstein acaba sucinta y decisivamente con mi experimento imaginario y pasa a describir con claridad y brevedad admirables el experimento imaginario de Einstein, Podolski y Rosen. Se encontrarán unas pocas observaciones acerca de las relaciones existentes en general entre teoría y experimento, y sobre la influencia de las ideas positivistas en la interpretación de la teoría cuántica. Los dos últimos párrafos se ocupan también de un problema: el de las probabilidades subjetivas y de cómo sacar conclusiones estadísticas de la ignorancia. Sobre este punto sigo no estando de acuerdo con Einstein: creo que sacamos estas conclusiones probabilísticas de conjeturas sobre la equidistribución (a menudo, conjeturas muy naturales y que, por ello, tal vez no se hacen de un modo consciente), y, por tanto, de premisas probabilísticas.

OCTUBRE

Le falta tiempo a Bohr para replicar a Einstein. Responde al *EPR* con un artículo homónimo en la misma revista:

> N. Bohr, *Institute for Theoretical Physics, University, Copenhagen.* «***Can Quantum-Mechanical Description of Physical Reality be Considered Complete?***» *Physical Review*. Vol. 48, pp. 696-702. **15 de octubre** de 1935. Registro de entrada: 13 de julio de 1935. [«¿Se puede considerar completa la descripción mecánico-cuántica de la realidad física?»]

696

> Se demuestra que cierto «criterio de realidad física» formulado en un artículo reciente con este mismo título por A. Einstein, B. Podolsky y N. Rosen contiene una ambigüedad esencial cuando se aplica a los fenómenos cuánticos. En este sentido, se explica un punto de vista denominado «complementariedad», desde el cual la descripción mecano-cuántica de los fenómenos físicos parecería cumplir, dentro de su ámbito, todas las exigencias racionales de completitud.

En un artículo reciente[1] con el título arriba mencionado, A. Einstein, B. Podolsky y N. Rosen han presentado argumentos que les llevan a responder negativamente a la pregunta planteada. Sin embargo, la tendencia de su argumentación no me parece que responda adecuadamente a la situación real a la que nos enfrentamos en la física atómica. Por lo tanto, me complace aprovechar esta oportunidad para explicar con mayor detalle un punto de vista general, convenientemente denominado «complementariedad», que he señalado en varias ocasiones anteriores[2] y desde el cual la mecánica cuántica, dentro de su ámbito, aparecería como una descripción completamente racional de los fenómenos físicos, tal y como los encontramos en los procesos atómicos.

El grado en que se puede atribuir un significado inequívoco a una expresión como «realidad física» no puede deducirse, por supuesto, de concepciones filosóficas *a priori*, sino que, como subrayan los propios autores del artículo citado, debe basarse en una apelación directa a los experimentos y las mediciones. Para ello, proponen un «criterio de realidad» formulado de la siguiente manera: «Si, sin perturbar en modo alguno un sistema, podemos predecir con certeza el valor de una magnitud física, entonces existe un elemento de realidad física correspondiente a esa magnitud física». Mediante un interesante ejemplo, al que volveremos más adelante, proceden a demostrar que en la mecánica cuántica, al igual que en la mecánica clásica, es posible, en condiciones adecuadas, predecir el valor de cualquier variable dada perteneciente a la descripción de un sistema mecánico a partir de mediciones realizadas íntegramente en otros sistemas que previamente han estado en interacción con el sistema investigado.

[[1] A. Einstein, B. Podolsky y N. Rosen, Phys. Rev. 47, 777 (1935)]
[[2] Cf. N. Bohr, Atomic Theory and Description of nature, I (Cambridge, 1934).]

Según su criterio, los autores desean atribuir un elemento de realidad a cada una de las cantidades representadas por tales variables. Dado que, además, es una característica bien conocida del formalismo actual de la mecánica cuántica que nunca es posible, en la descripción del estado de un sistema mecánico, atribuir valores definidos a dos variables canónicamente conjugadas, consideran que este formalismo es incompleto y expresan su convicción de que se puede desarrollar una teoría más satisfactoria.

Sin embargo, tales argumentos no parecen adecuados para afectar a la solidez de la descripción mecano-cuántica, que se basa en un formalismo matemático coherente que cubre automáticamente cualquier procedimiento de medición como el indicado.*

[* Las deducciones contenidas en el artículo citado pueden considerarse, a este respecto, como una consecuencia inmediata de los teoremas de transformación de la mecánica cuántica, que quizá más que cualquier otra característica del formalismo contribuyen a garantizar su completitud matemática y su correspondencia racional con la mecánica clásica. De hecho, en la descripción de un sistema mecánico, compuesto por dos sistemas parciales (1) y (2), que interactúan o no, siempre es posible sustituir cualquier par de variables canónicamente conjugadas (q_1p_1), (q_2p_2) pertenecientes a los sistemas (1) y (2), respectivamente, y que satisfacen las reglas de conmutación habituales

$$[q_1p_1] = [q_2p_2] = ih/2\pi,$$
$$[q_1q_2] = [p_1p_2] = [q_1p_2] = [q_2p_1] = 0,$$

por dos pares de nuevas variables conjugadas (Q_1P_1), (Q_2P_2) relacionadas con las primeras variables mediante una simple transformación ortogonal, correspondiente a una rotación de ángulo θ en los planos (q_1q_2), (p_1p_2)

$$q_1 = Q_1 \cos\theta - Q_2 \sin\theta \; p_1 = P_1 \cos\theta - P_2 \sin\theta$$
$$q_2 = Q_1 \sin\theta + Q_2 \cos\theta \; p_2 = P_1 \sin\theta + P_2 \cos\theta$$

Dado que estas variables satisfarán reglas de conmutación análogas, en particular

$$[Q_1P_1] = ih/2\pi, \; [Q_1P_2] = 0,$$

se deduce que en la descripción del estado del sistema combinado no se pueden asignar valores numéricos definidos tanto a Q_1 como a P_1, pero que podemos asignar claramente dichos valores tanto a Q_1 como a P_2. En ese caso, de las expresiones de estas variables en términos de (q_1p_1) y (q_2p_2), a saber

$$Q_1 = q_1 \cos\theta + q_2 \sin\theta, \qquad P_2 = -p_1 \sin\theta + p_2 \cos\theta,$$

se deduce que una medición posterior de q_2 o p_2 nos permitirá predecir el valor de q_1 o p_1, respectivamente.]

697

La aparente contradicción, de hecho, solo revela una insuficiencia esencial del punto de vista habitual de la filosofía natural para una explicación racional de los fenómenos físicos del tipo que nos ocupa en la mecánica cuántica. De hecho, la *interacción finita entre el objeto y los agentes de medición*, condicionada por la propia existencia del cuanto de acción, implica —debido a la imposibilidad de controlar la reacción del objeto sobre los instrumentos de medición si estos han de cumplir su función— la necesidad de renunciar definitivamente al ideal clásico de causalidad y de revisar radicalmente nuestra actitud hacia el problema de la realidad física. De hecho, como veremos, un criterio de realidad como el propuesto por los autores mencionados contiene —por cautelosa que pueda parecer su formulación— una ambigüedad esencial cuando se aplica a los problemas reales que nos ocupan aquí. Para que el argumento sea lo más claro posible, examinaré primero con cierto detalle algunos ejemplos sencillos de dispositivos de medición.

Comencemos con el caso sencillo de una partícula que atraviesa una rendija en un diafragma, que puede formar parte de un dispositivo experimental más o menos complicado. Incluso si el momento de esta partícula se conoce completamente antes de que incida en el diafragma, la difracción por la rendija de la onda plana que da la representación simbólica de su estado implicará una incertidumbre en el momento de la partícula, después de que haya pasado por el diafragma, que será mayor cuanto más estrecha sea la rendija. Ahora bien, la anchura de la rendija, al menos si sigue siendo grande en comparación con la longitud de onda, puede tomarse como la incertidumbre Δq de la posición de la partícula con respecto al diafragma, en una dirección perpendicular a la rendija. Además, se deduce fácilmente de la relación de De Broglie entre el momento y la longitud de onda que la incertidumbre Δp del momento de la partícula en esta dirección está correlacionada con Δq mediante el principio general de Heisenberg

$$\Delta p \Delta q \sim \mathrm{h},$$

que, en el formalismo de la mecánica cuántica, es una consecuencia directa de la relación de conmutación para cualquier par de variables conjugadas. Obviamente, la incertidumbre Δp está indisolublemente ligada a la posibilidad de un intercambio de momento entre la partícula y el diafragma; y la cuestión o el interés principal de nuestro debate es ahora hasta qué punto el momento así intercambiado puede tenerse en cuenta en la descripción del fenómeno que se va a estudiar mediante el montaje experimental en cuestión, del que el paso de la partícula a través de la rendija puede considerarse como la etapa inicial.

Supongamos primero que, de acuerdo con los experimentos habituales sobre el notable fenómeno de la difracción de electrones, el diafragma, al igual que las demás partes del aparato –por ejemplo, un segundo diafragma con varias rendijas paralelas al primero y una placa fotográfica–, está fijado rígidamente a un soporte que define el marco espacial de referencia. Entonces, el momento intercambiado entre la partícula y el diafragma, junto con la reacción de la partícula sobre los otros cuerpos, pasará a este soporte común, y así nos habremos aislado voluntariamente de cualquier posibilidad de tener en cuenta estas reacciones por separado en las predicciones relativas al resultado final del experimento, es decir, la posición del punto producido por la partícula en la placa fotográfica. La imposibilidad de un análisis más detallado de las reacciones entre la partícula y el instrumento de medición no es, en realidad, una peculiaridad del procedimiento experimental descrito, sino más bien una propiedad esencial de cualquier disposición adecuada para el estudio de los fenómenos del tipo en cuestión, en los que nos enfrentamos a una característica de *individualidad* completamente ajena a la física clásica. De hecho, cualquier posibilidad de tener en cuenta el impulso intercambiado entre la partícula y las partes separadas del aparato nos permitiría extraer conclusiones sobre el «curso» de tales fenómenos, por ejemplo, a través de qué rendija concreta del segundo diafragma pasa la partícula en su camino hacia la placa fotográfica — lo cual sería totalmente incompatible con el hecho de que la probabilidad de que la partícula alcance un elemento dado del área de esta placa no viene determinada por la presencia de ninguna rendija en particular, sino por las posiciones de todas las rendijas del segundo diafragma al alcance

698

de la onda asociada difractada desde la rendija del primer diafragma.

Mediante otra disposición experimental, en la que el primer diafragma no está conectado rígidamente con las demás partes del aparato, sería posible, al menos en principio*, medir su momento con cualquier precisión deseada antes y después del paso de la partícula y, de este modo, predecir el momento de esta última después de haber atravesado la rendija. De hecho, tales mediciones de impulso solo requieren una aplicación inequívoca de la ley clásica de conservación del impulso, aplicada, por ejemplo, a un proceso de colisión entre el diafragma y algún cuerpo de prueba, cuyo impulso se controla adecuadamente antes y después de la colisión. Es cierto que dicho control dependerá esencialmente del examen del curso espacio-temporal de algún proceso al que se puedan aplicar las ideas de la mecánica clásica; sin embargo, si todas las dimensiones espaciales y los intervalos de tiempo se toman suficientemente grandes, esto no implica claramente ninguna limitación en cuanto al control preciso del momento de los cuerpos de prueba, sino solo una renuncia en cuanto a la precisión del control de su coordinación espacio-temporal. Esta última circunstancia es, de hecho, bastante análoga a la renuncia al control del momento del diafragma fijo en el montaje experimental comentado anteriormente, y depende en última instancia de la pretensión de una descripción puramente clásica del aparato de medición, lo que implica la necesidad de permitir una latitud correspondiente a las relaciones de incertidumbre de la mecánica cuántica en nuestra descripción de su comportamiento.

Sin embargo, la principal diferencia entre los dos montajes experimentales considerados es que, en el montaje adecuado para el control del momento del primer diafragma, este cuerpo ya no puede utilizarse como instrumento de medición con el mismo fin que en el caso anterior, sino que, en lo que respecta a su posición relativa al resto del aparato, debe tratarse, al igual que la partícula que atraviesa la rendija, como un objeto de

[* La evidente imposibilidad de llevar a cabo, con la técnica experimental de que disponemos, los procedimientos de medición que se describen aquí y a continuación no afecta en modo alguno al argumento teórico, ya que los procedimientos en cuestión son esencialmente equivalentes a procesos atómicos, como el efecto Compton, en los que está bien establecida la aplicación correspondiente del teorema de conservación del momento.]

investigación, en el sentido de que deben tenerse en cuenta explícitamente las relaciones de incertidumbre de la mecánica cuántica relativas a su posición y momento. De hecho, aunque conociéramos la posición del diafragma con respecto al marco espacial antes de la primera medición de su momento, y aunque su posición después de la última medición pudiera fijarse con precisión, perderíamos, debido al desplazamiento incontrolable del diafragma durante cada proceso de colisión con los cuerpos de prueba, el conocimiento de su posición cuando la partícula atravesó la rendija. Por lo tanto, todo el montaje es obviamente inadecuado para estudiar el mismo tipo de fenómenos que en el caso anterior. En particular, se puede demostrar que, si el momento del diafragma se mide con una precisión suficiente para permitir conclusiones definitivas sobre el paso de la partícula a través de alguna rendija seleccionada del segundo diafragma, entonces incluso la mínima incertidumbre de la posición del primer diafragma compatible con tal conocimiento implicará la eliminación total de cualquier efecto de interferencia –en relación con las zonas de impacto permitido de la partícula en la placa fotográfica– al que daría lugar la presencia de más de una rendija en el segundo diafragma en caso de que las posiciones de todos los aparatos fueran fijas entre sí.

En una disposición adecuada para medir el momento del primer diafragma, queda claro además que, aunque hayamos medido este momento antes del paso de la partícula por la rendija, tras dicho paso seguimos teniendo *libertad de elección* entre conocer el momento de la partícula o su posición inicial con respecto al resto del aparato. En el primer caso, solo necesitamos realizar una segunda determinación del momento del diafragma, dejando desconocida para siempre su posición exacta cuando pasó la partícula. En el segundo caso, solo necesitamos determinar su posición relativa al marco espacial, con la inevitable pérdida del conocimiento del momento intercambiado entre el diafragma y la partícula. Si el diafragma es lo suficientemente masivo en comparación con la partícula, podemos incluso organizar el procedimiento de medición de tal manera que, tras la primera determinación de su momento, el diafragma permanezca en reposo en una posición desconocida con respecto a las

699

demás partes del aparato, y la fijación posterior de esta posición pueda consistir simplemente en establecer una conexión rígida entre el diafragma y el soporte común.

Mi principal objetivo al repetir estas consideraciones sencillas y, en esencia, bien conocidas, es enfatizar que en los fenómenos en cuestión no estamos tratando con una descripción incompleta caracterizada por la selección arbitraria de diferentes elementos de la realidad física a costa de sacrificar otros elementos similares, sino con una discriminación racional entre disposiciones y procedimientos experimentales esencialmente diferentes que son adecuados para un uso inequívoco de la idea de ubicación espacial o para una aplicación legítima del teorema de conservación del momento. Cualquier apariencia de arbitrariedad que pueda quedar se refiere únicamente a nuestra libertad para manejar los instrumentos de medición, característica de la propia idea de experimento: de hecho, la renuncia en cada disposición experimental a uno u otro de los dos aspectos de la descripción de los fenómenos físicos, cuya combinación caracteriza el método de la física clásica y que, por lo tanto, en este sentido pueden considerarse *complementarios* entre sí, depende esencialmente de la imposibilidad, en el campo de la teoría cuántica, de controlar con precisión la reacción del objeto sobre los instrumentos de medición, es decir, la transferencia de momento en el caso de las mediciones de posición y el desplazamiento en el caso de las mediciones de momento. Precisamente en este último aspecto, cualquier comparación entre la mecánica cuántica y la mecánica estadística ordinaria, por muy útil que pueda ser para la presentación formal de la teoría, es esencialmente irrelevante. De hecho, en cada disposición experimental adecuada para el estudio de los fenómenos cuánticos propiamente dichos, no solo nos enfrentamos a la ignorancia del valor de ciertas magnitudes físicas, sino a la imposibilidad de definir estas magnitudes de forma inequívoca.

Las últimas observaciones se aplican igualmente al problema especial tratado por Einstein, Podolsky y Rosen, al que se ha hecho referencia anteriormente, y que en realidad no implica mayor complejidad que los sencillos ejemplos discutidos anteriormente. El estado cuántico mecánico particular de dos partículas libres, para el que dan una expresión matemática explícita, puede reproducirse, al menos en principio, mediante un sencillo montaje experimental, que comprende un diafragma rígido con dos rendijas paralelas, muy estrechas en comparación con su separación, y a través de cada una de las cuales pasa una partícula con un momento inicial dado, independientemente de la otra. Si se mide con precisión el momento de este diafragma antes y después del paso de las partículas, sabremos de hecho la suma de los componentes perpendiculares a las rendijas de los momentos de las dos partículas que escapan, así como la diferencia de sus coordenadas posicionales iniciales en la misma dirección; mientras que, por supuesto, las cantidades conjugadas, es decir, la diferencia de los componentes de sus momentos y la suma de sus coordenadas posicionales, son totalmente desconocidas. * En esta disposición, queda claro que una única medición posterior de la posición o del momento de una de las partículas determinará automáticamente la posición o el momento, respectivamente, de la otra partícula con la precisión deseada; al menos si la longitud de onda correspondiente al movimiento libre de cada partícula es suficientemente corta en comparación con la anchura de las rendijas. Como señalan los autores citados, en esta fase nos encontramos ante una elección totalmente libre entre determinar una u otra de las últimas magnitudes mediante un proceso que no interfiera directamente con la partícula en cuestión.

Al igual que en el sencillo caso anterior de la elección entre los procedimientos experimentales adecuados para predecir la posición o el momento de una sola partícula que ha atravesado una rendija en un diafragma, en la «libertad de elección» que ofrece la última disposición solo nos preocupa la *discriminación entre diferentes procedimientos experimentales que permiten el uso inequívoco de conceptos clásicos* complementarios. De hecho, medir la posición de una de las partículas no puede significar otra cosa que establecer una correlación entre su comportamiento y algún

[* Como se verá, esta descripción, aparte de un factor normalizador trivial, se corresponde exactamente con la transformación de variables descrita en la nota al pie anterior si (q_1p_1), (q_2p_2) representan las coordenadas posicionales y los componentes del momento de las dos partículas y si $\theta = -\pi/4$. También cabe señalar que la función de onda dada por la fórmula (9) del artículo citado corresponde a la elección especial de $P_2 = 0$ y al caso límite de dos rendijas infinitamente estrechas.]

700

instrumento fijado rígidamente al soporte que define el marco espacial de referencia. En las condiciones experimentales descritas, dicha medición nos proporcionará también el conocimiento de la ubicación, por lo demás completamente desconocida, del diafragma con respecto a este marco espacial cuando las partículas pasaron a través de las rendijas. De hecho, solo de esta manera obtenemos una base para sacar conclusiones sobre la posición inicial de la otra partícula en relación con el resto del aparato. Sin embargo, al permitir que un momento esencialmente incontrolable pase de la primera partícula al soporte mencionado, con este procedimiento nos hemos privado de cualquier posibilidad futura de aplicar la ley de conservación del momento al sistema formado por el diafragma y las dos partículas y, por lo tanto, hemos perdido nuestra única base para una aplicación inequívoca de la idea de momento en las predicciones relativas al comportamiento de la segunda partícula. Por el contrario, si decidimos medir el momento de una de las partículas, perdemos, debido al desplazamiento incontrolable inevitable en tal medición, cualquier posibilidad de deducir del comportamiento de esta partícula la posición del diafragma con respecto al resto del aparato, y por lo tanto no tenemos ninguna base para hacer predicciones sobre la ubicación de la otra partícula.

Desde nuestro punto de vista, ahora vemos que la redacción del criterio de realidad física mencionado anteriormente, propuesto por Einstein, Podolsky y Rosen, contiene una ambigüedad en cuanto al significado de la expresión «sin perturbar en modo alguno un sistema». Por supuesto, en un caso como el que acabamos de considerar, no se trata de una perturbación mecánica del sistema investigado durante la última etapa crítica del procedimiento de medición. Pero incluso en esta etapa se plantea esencialmente la cuestión de *una influencia sobre las condiciones mismas que definen los posibles tipos de predicciones relativas al comportamiento futuro del sistema.* Dado que estas condiciones constituyen un elemento inherente a la descripción de cualquier fenómeno al que se pueda aplicar adecuadamente el término «realidad física», vemos que la argumentación de los autores mencionados no justifica su conclusión de que la descripción cuántica-mecánica es esencialmente incompleta. Por el contrario, esta descripción, como se desprende de la discusión anterior, puede caracterizarse como una utilización racional de todas las posibilidades de interpretación inequívoca de las mediciones, compatible con la interacción finita e incontrolable entre los objetos y los instrumentos de medición en el campo de la teoría cuántica. De hecho, solo la exclusión mutua de dos procedimientos experimentales, que permite la definición inequívoca de magnitudes físicas complementarias, deja espacio para nuevas leyes físicas, cuya coexistencia podría parecer a primera vista irreconciliable con los principios básicos de la ciencia. Es precisamente esta situación totalmente nueva en lo que respecta a la descripción de los fenómenos físicos lo que la noción de *complementariedad* pretende caracterizar.

Los montajes experimentales discutidos hasta ahora presentan una simplicidad especial debido al papel secundario que desempeña la idea del tiempo en la descripción de los fenómenos en cuestión. Es cierto que hemos utilizado libremente palabras como «antes» y «después», que implican relaciones temporales, pero en cada caso hay que tener en cuenta una cierta imprecisión, que sin embargo no tiene importancia, siempre que los intervalos de tiempo en cuestión sean suficientemente grandes en comparación con los períodos propios que intervienen en el análisis más detallado del fenómeno que se investiga. Tan pronto como intentamos una descripción temporal más precisa de los fenómenos cuánticos, nos encontramos con nuevas paradojas bien conocidas, para cuya elucidación hay que tener en cuenta otras características de la interacción entre los objetos y los instrumentos de medición. De hecho, en tales fenómenos ya no nos enfrentamos a disposiciones experimentales que consisten en aparatos esencialmente en reposo entre sí, sino a disposiciones que contienen partes móviles, como obturadores delante de las rendijas de los diafragmas, controladas por mecanismos que sirven como relojes. Además de la transferencia de momento, discutida anteriormente, entre el objeto y los cuerpos que definen el marco espacial, en tales disposiciones tendremos que considerar un eventual intercambio de energía entre el objeto y estos mecanismos similares a relojes.

El punto decisivo en lo que respecta a las mediciones de tiempo en la teoría cuántica es ahora completamente análogo al argumento relativo a las mediciones de posiciones esbozado anteriormente. Al igual que la transferencia de momento a las partes separadas del

701

aparato –cuyo conocimiento de las posiciones relativas es necesario para la descripción del fenómeno– se ha considerado totalmente incontrolable, el intercambio de energía entre el objeto y los diversos cuerpos, cuyo movimiento relativo debe conocerse para el uso previsto del aparato, desafiará cualquier análisis más detallado. De hecho, *en principio es imposible controlar la energía que entra en los relojes sin interferir esencialmente en su uso como indicadores* del tiempo. Este uso se basa, de hecho, en la posibilidad supuesta de explicar el funcionamiento de cada reloj, así como su eventual comparación con otros relojes, sobre la base de los métodos de la física clásica. Por lo tanto, en este relato debemos permitir obviamente una latitud en el balance energético, correspondiente a la relación de incertidumbre cuántica para las variables conjugadas de tiempo y energía. Al igual que en la cuestión discutida anteriormente sobre el carácter mutuamente excluyente de cualquier uso inequívoco en la teoría cuántica de los conceptos de posición y momento, es en última instancia esta circunstancia la que implica la relación complementaria entre cualquier descripción detallada del tiempo de los fenómenos atómicos, por un lado, y las características no clásicas de la estabilidad intrínseca de los átomos, reveladas por el estudio de las transferencias de energía en las reacciones atómicas, por otro.

Esta necesidad de discriminar en cada disposición experimental entre aquellas partes del sistema físico consideradas que deben tratarse como instrumentos de medición y aquellas que constituyen los objetos objeto de investigación puede decirse que constituye una *distinción fundamental entre la descripción clásica y la descripción cuántica de los fenómenos físicos*. Es cierto que el lugar dentro de cada procedimiento de medición en el que se realiza esta discriminación es, en ambos casos, en gran medida una cuestión de conveniencia. Sin embargo, mientras que en la física clásica la distinción entre objeto y agentes de medición no implica ninguna diferencia en el carácter de la descripción de los fenómenos en cuestión, su importancia fundamental en la teoría cuántica, como hemos visto, tiene su origen en el uso indispensable de conceptos clásicos en la interpretación de todas las mediciones adecuadas, aunque las teorías clásicas no basten para explicar los nuevos tipos de regularidades que nos ocupan en la física atómica. De acuerdo con esta situación, no puede haber ninguna interpretación inequívoca de los símbolos de la mecánica cuántica que no sea la que se recoge en las conocidas reglas que permiten predecir los resultados que se obtendrán con un determinado montaje experimental descrito de forma totalmente clásica, y que han encontrado su expresión general a través de los teoremas de transformación, ya mencionados. Al asegurar su correspondencia adecuada con la teoría clásica, estos teoremas excluyen, en particular, cualquier inconsistencia imaginable en la descripción cuántica-mecánica, relacionada con un cambio en el lugar donde se establece la distinción entre el objeto y los agentes de medición. De hecho, es una consecuencia obvia del argumento anterior que, en cada disposición experimental y procedimiento de medición, solo tenemos libertad para elegir este lugar dentro de una región en la que la descripción cuántica-mecánica del proceso en cuestión es efectivamente equivalente a la descripción clásica.

Antes de concluir, me gustaría destacar la importancia de la gran lección derivada de la teoría de la relatividad general sobre la cuestión de la realidad física en el campo de la teoría cuántica. De hecho, a pesar de todas las diferencias características, las situaciones que nos ocupan en estas generalizaciones de la teoría clásica presentan analogías sorprendentes que a menudo se han señalado. En particular, la posición singular de los instrumentos de medición en la explicación de los fenómenos cuánticos, que acabamos de discutir, parece muy análoga a la conocida necesidad en la teoría de la relatividad de mantener una descripción ordinaria de todos los procesos de medición, incluida una distinción nítida entre las coordenadas espaciales y temporales, aunque la esencia misma de esta teoría es el establecimiento de nuevas leyes físicas, en cuya comprensión debemos renunciar a la separación habitual de las ideas de espacio y tiempo.*

[* Precisamente esta circunstancia, junto con la invariancia relativista de las relaciones de incertidumbre de la mecánica cuántica, garantiza la compatibilidad entre la argumentación esbozada en el presente artículo y todas las exigencias de la teoría de la relatividad. Esta cuestión se tratará con mayor detalle en un artículo en preparación, en el que el autor analizará en particular una paradoja muy interesante sugerida por Einstein en relación con la aplicación de la teoría de la gravitación a las mediciones de energía, cuya solución ofrece una ilustración especialmente instructiva de la generalidad del argumento de la complementariedad. En esa misma ocasión se ofrecerá un análisis más exhaustivo de las mediciones del espacio-tiempo en la teoría cuántica, con todos los desarrollos matemáticos necesarios y diagramas de los montajes experimentales, que han tenido que omitirse en este artículo, donde se hace hincapié principalmente en el aspecto dialéctico de la cuestión que nos ocupa.

702

La dependencia del sistema de referencia, en la teoría de la relatividad, de todas las lecturas de escalas y relojes puede incluso compararse con el intercambio esencialmente incontrolable de momento o energía entre los objetos de medición y todos los instrumentos que definen el sistema de referencia espacio-tiempo, lo que en la teoría cuántica nos enfrenta a la situación caracterizada por la noción de complementariedad. De hecho, esta nueva característica de la filosofía natural supone una revisión radical de nuestra actitud con respecto a la realidad física, que puede compararse con la modificación fundamental de todas las ideas relativas al carácter absoluto de los fenómenos físicos, provocada por la teoría general de la relatividad.

NOVIEMBRE *(29)*

EL GATO DE SCHRÖDINGER Y SUS ARAÑAZOS

Fantástico y muy schrödingeriano artículo en tres partes. Vamos con la primera.

Erwin Schrödinger (Oxford). «***Die gegenwärtige Situation in der Quantenmechanik***». *Die Naturwissenschaften*, 23, 807-812 (1935) (**29. November** 1935) (23. Jahrgang, Heft 48)[«La situación actual en la mecánica cuántica»] (Primera comunicación)

807

Índice.

§ 1. La física de los modelos.
§ 2. La estadística de las variables del modelo en la mecánica cuántica.
§ 3. Ejemplos de predicciones probabilísticas.
§ 4. ¿Se pueden someter a la teoría totalidades ideales?
§ 5. ¿Están las variables realmente difuminadas?
§ 6. El cambio consciente del punto de vista epistemológico.
§ 7. La función ψ como catálogo de expectativas.
§ 8. Teoría de la medición, primera parte.
§ 9. La función ψ como descripción del estado.
§ 10. Teoría de la medición, segunda parte.

En la segunda mitad del siglo pasado, los grandes éxitos de la teoría cinética de los gases y la teoría mecánica del calor hicieron surgir un ideal de descripción exacta de la naturaleza, que constituye la culminación de siglos de investigación y el cumplimiento de esperanzas milenarias, y que se conoce como clásico. Estas son sus características.

A partir de los objetos naturales cuyo comportamiento observado se desea registrar, se forma, basándose en los datos experimentales de que se dispone, pero sin rechazar la imaginación intuitiva, una idea que está elaborada con todo detalle, *mucho* más precisa de lo que cualquier experiencia, dada su limitada alcance, puede garantizar. La idea, en su determinación absoluta, se asemeja a una construcción matemática o a una figura geométrica que puede calcularse completamente a partir de una serie de *elementos determinantes*; por ejemplo, en un triángulo, un lado y los dos ángulos adyacentes, como elementos determinantes, determinan el tercer ángulo, los otros dos lados, las tres alturas, el radio del círculo inscrito, etc. La idea se diferencia de una figura geométrica en su esencia solo por el importante hecho de que también está tan claramente determinada en el *tiempo* como cuarta dimensión como lo está en las tres dimensiones del espacio. Esto significa (lo cual es obvio) que siempre se trata de una estructura que cambia con el tiempo, que puede adoptar diferentes *estados*; y cuando un estado se da a conocer mediante el número necesario de elementos determinantes, no solo se dan todos los demás elementos en ese momento (como se ha explicado anteriormente con el triángulo), sino también todos los elementos, el estado exacto, en cualquier momento posterior determinado; de forma similar a como la naturaleza de un triángulo en la base determina su naturaleza en el vértice. Pertenece a la ley interna de la estructura cambiar de una manera determinada, es decir, cuando se deja a sí misma en un estado inicial determinado, pasar continuamente por una secuencia determinada de estados, cada uno de los cuales alcanza en un momento muy concreto. Esa es su naturaleza, esa es la hipótesis que, como he dicho anteriormente, se establece sobre la base de la imaginación intuitiva.

Por supuesto, uno no es tan ingenuo como para pensar que se puede adivinar así cómo son realmente las cosas en el mundo. Para indicar que no se piensa así, se suele llamar *imagen* o *modelo* al preciso recurso mental que uno se ha creado. Con su claridad implacable, que no se puede lograr sin arbitrariedad, sólo se pretende que se pueda comprobar una hipótesis muy concreta en sus consecuencias, sin dar lugar a una nueva arbitrariedad durante los largos cálculos a partir de los cuales se deducen las conclusiones. Se tiene una ruta fija y, en realidad, solo se calcula lo que un sabio deduciría directamente de los datos. Al menos se sabe dónde está la arbitrariedad y dónde hay que mejorar si no coincide con la experiencia: en la hipótesis inicial, en el modelo. Hay que estar siempre preparado para ello. Si, en muchos experimentos diferentes, el objeto natural se comporta realmente como el modelo, nos alegramos y pensamos que nuestra imagen se ajusta a la realidad en sus rasgos esenciales. Si ya no coincide en un experimento novedoso o al perfeccionar la técnica de medición, no significa que *no* nos alegremos. Porque, en el fondo, esa es la forma en que poco a poco se puede lograr una adaptación cada vez mejor de la imagen, es decir, de nuestros pensamientos, a los hechos.

El método clásico del modelo preciso tiene como objetivo principal aislar claramente la inevitable arbitrariedad de las hipótesis, casi diría que como el cuerpo aísla el plasma germinal, para el proceso histórico de adaptación a la experiencia progresiva. Quizás el

808

método se base en la creencia de que, de alguna manera, el estado inicial determina *realmente* de forma inequívoca el desarrollo, o que un modelo perfecto que coincidiera *exactamente* con la realidad permitiría calcular con total precisión el resultado de todos los experimentos. Quizás, por el contrario, esta creencia se base en el método. Sin embargo, es bastante probable que la adaptación del pensamiento a la experiencia sea un proceso infinito y que «modelo perfecto» contenga una contradicción en el adjetivo, algo así como «el mayor número entero».

Una idea clara de lo que se entiende por modelo clásico, sus *elementos determinantes* y su *estado* es la base de todo lo que sigue. Sobre todo, no se debe confundir *un modelo determinado* con *un estado determinado del mismo*. Lo mejor es poner un ejemplo. El modelo de RUTHERFORD del átomo de hidrógeno consta de dos puntos de masa. Como elementos determinantes se pueden utilizar, por ejemplo, las dos veces tres coordenadas rectangulares de los dos puntos y las dos veces tres componentes de sus velocidades en la dirección de los ejes de coordenadas, es decir, doce en total. En su lugar, también se podrían elegir: las coordenadas y los componentes de velocidad del centro de gravedad, además de la *distancia* entre los dos puntos, *dos ángulos* que determinan la dirección de su línea de conexión en el espacio y las *velocidades* (= cocientes diferenciales en función del tiempo) con las que cambian la distancia y los dos ángulos en el momento en cuestión; por supuesto, son de nuevo doce. El concepto de «modelo de Rutherford del átomo de hidrógeno» *no* implica que los elementos determinantes deban tener valores numéricos concretos. Al atribuirles dichos valores, se llega a un *estado determinado* del modelo. La visión clara del conjunto de los estados posibles, aún sin relación entre sí, constituye «el modelo» o «el modelo en *algún* estado». Pero el concepto de modelo implica algo más que eso: los dos puntos en cualquier posición y con cualquier velocidad. También implica que se sabe cómo cambiará *cada* estado con el tiempo, siempre que no se produzca ninguna intervención externa. (Para la mitad de las piezas determinantes, la otra mitad proporciona esta información, pero para la otra mitad hay que indicarlo primero). *Este* conocimiento está latente en las afirmaciones: los puntos tienen las masas m y M y las cargas $-e$ y $+e$, por lo que se atraen con la fuerza e^2/r^2 cuando su distancia es r.

Estos datos, con valores numéricos determinados para m, M y e (pero, por supuesto, *no* para r), forman parte de la descripción *del modelo* (no solo de un estado determinado). m, M y e *no* se denominan elementos determinantes. Por el contrario, la distancia r sí lo es. En el segundo «conjunto» que hemos mencionado anteriormente como ejemplo, aparece en séptimo lugar. Incluso si se utiliza el primero, r no es un decimotercero independiente, ya que se puede calcular a partir de las 6 coordenadas ortogonales:

$$r = \sqrt{(x_1 - x_2)^2 + (y_1 - y_2)^2 + (z_1 - z_2)^2} .$$

El número de piezas determinantes (a menudo denominadas *variables*, en contraposición a las *constantes del modelo*, como m, M, e) es ilimitado. Doce seleccionadas adecuadamente determinan todas las demás o el *estado*. Ninguna de las doce tiene el privilegio de ser *las* piezas determinantes. Otros ejemplos de piezas determinantes especialmente importantes son: la energía, los tres componentes del momento angular con respecto al centro de gravedad y la energía cinética del movimiento del centro de gravedad. Los mencionados anteriormente tienen otra característica especial. Son *variables*, es decir, tienen diferentes valores en diferentes estados. Pero en cada *serie* de estados que realmente se recorre a lo largo del tiempo, mantienen el mismo valor. Por eso también se denominan *constantes del movimiento*, a diferencia de las constantes del modelo.

§ 2. Las estadísticas de las variables modelo en la mecánica cuántica

En el centro de la mecánica cuántica (M.C.) actual se encuentra una doctrina que quizá aún experimente algunas reinterpretaciones, pero que, estoy firmemente convencido, seguirá siendo el eje central. Consiste en que los modelos con piezas determinantes que se determinan entre sí de forma inequívoca, como los clásicos, no pueden hacer justicia a la naturaleza.

Se podría pensar que, para quienes creen esto, los modelos clásicos han dejado de tener relevancia. Pero no es así. Más bien se utilizan precisamente *ellos*, no sólo para expresar lo negativo de la nueva doctrina, sino también para describir la determinación mutua reducida que queda después, como si existiera entre las mismas variables de los mismos modelos que se utilizaban anteriormente. De la siguiente manera.

A. El concepto clásico de estado se pierde, ya que solo se pueden asignar determinados valores numéricos a una *mitad* bien seleccionada de un conjunto completo de variables; en el modelo de RUTHERFORD, por ejemplo, a las seis coordenadas ortogonales *o* a las componentes de velocidad (hay otras agrupaciones posibles). La otra mitad queda entonces completamente indeterminada, mientras que las piezas sobrantes pueden presentar diversos grados de indeterminación. En general, en un conjunto completo (en el modelo de Rutherford, doce piezas) todas serán conocidas de forma imprecisa. La mejor forma de informar sobre el grado de imprecisión es, siguiendo la mecánica clásica, al seleccionar las variables,

809

se procura que se ordenen *por pares* como conjugadas canónicas, para lo cual el ejemplo más sencillo es: una coordenada de posición x de un punto de masa y el componente p_x, estimado en la misma dirección, de su impulso lineal (es decir, masa por velocidad). Estas dos variables se limitan mutuamente en la precisión con la que pueden conocerse simultáneamente, ya que el producto de sus márgenes de tolerancia o variación (que se suele designar con un Δ delante del valor) no puede descender *por debajo* del valor de una cierta constante universal[1], es decir,

$$\Delta x \cdot \Delta p_x \geq h.$$

(Relación de incertidumbre de HEISENBERG).

[[1] $h = 1{,}041 \cdot 10^{-27}$ ergsec. En la literatura se suele designar con h 2π veces esta cantidad ($6{,}542 \cdot 10^{-27}$ ergsec) y se escribe h con una barra transversal ($\hbar$) para nuestro h.]

B. Si ni siquiera en cada momento todas las variables están determinadas por algunas de ellas, entonces, naturalmente, tampoco lo estarán en un momento posterior a partir de los datos obtenibles de uno anterior. Se puede llamar una ruptura con el principio de causalidad, pero no es nada nuevo con respecto a A. Si en ningún momento se establece un estado clásico, tampoco puede cambiar necesariamente. Lo que cambia son las *estadísticas* o *probabilidades*, *que*, por cierto, son inevitables. Algunas variables pueden volverse más nítidas, otras más borrosas. En general, se puede afirmar que la nitidez global de la descripción no cambia con el tiempo, lo que se basa en que las restricciones impuestas por A son las mismas en cada momento.

¿Qué significan los términos «difuso», «estadística» y «probabilidad»? La mecánica cuántica nos da la siguiente respuesta. Toma sin reparos toda la infinita gama de variables o elementos determinantes concebibles del modelo clásico y declara que cada elemento es *directamente medible*, incluso con cualquier grado de precisión, siempre y cuando solo dependa de él. Si, mediante un número limitado de mediciones adecuadamente seleccionadas, se ha obtenido un conocimiento del objeto del tipo máximo posible según A, entonces el aparato matemático de la nueva teoría proporciona los medios para asignar a cada variable una distribución estadística muy específica para ese mismo momento o para cualquier momento posterior, es decir, una indicación de en qué fracción de los casos se encontrará en este o aquel valor, o en este o aquel pequeño intervalo (lo que también se denomina probabilidad). Se considera que esta es, de hecho, la probabilidad de encontrar la variable en cuestión, si se mide en el momento en cuestión, en este o aquel valor. Mediante un único ensayo, la exactitud de esta predicción de probabilidad solo puede comprobarse de forma aproximada, es decir, cuando es bastante precisa, es decir, cuando solo declara posible un pequeño rango de valores. Para comprobarla en su totalidad, hay que repetir todo el experimento *ob ovo* (es decir, incluyendo las mediciones orientativas o preparatorias) *muy* a menudo y sólo se pueden utilizar los casos en los que las mediciones *orientativas* han dado exactamente los mismos resultados. En estos casos, las estadísticas calculadas previamente para una variable determinada a partir de las mediciones orientativas deben confirmarse mediante la medición, esa es la opinión.

Hay que tener cuidado de no criticar esta opinión por ser tan difícil de expresar; eso se debe a nuestro lenguaje. Pero hay otra crítica que se impone. Probablemente, ningún físico de la época clásica se atrevió a creer, al idear un modelo, que sus elementos determinantes fueran medibles en el objeto natural. Sólo las conclusiones mucho más derivadas de la imagen eran realmente susceptibles de verificación experimental. Y, según la experiencia, se podía estar convencido de que, mucho antes de que el progreso de la técnica experimental hubiera salvado la amplia brecha, el modelo habría cambiado considerablemente al adaptarse gradualmente a los nuevos hechos. Si bien la nueva teoría declara que el modelo clásico no es competente para reproducir la *relación entre los elementos determinantes* (que era lo que pretendían sus creadores), por otro lado lo considera adecuado para orientarnos sobre qué *mediciones* son en principio realizables en el objeto natural en cuestión; lo que a quienes idearon la imagen les habría parecido una exageración inaudita de su herramienta de pensamiento, una anticipación imprudente del desarrollo futuro. ¿No sería una armonía preestablecida de un tipo especial si los investigadores de la época clásica, que, según se dice hoy, entonces aún no sabían lo que era realmente *medir*, nos hubieran legado inconscientemente un plan de orientación del que se desprende, por ejemplo, todo lo que se puede medir en principio en un átomo de hidrógeno?

Espero aclarar más adelante que la doctrina dominante nace de la angustia. Por ahora, continuaré con su exposición.

§3. Ejemplos de predicciones probabilísticas.

Por lo tanto, todas las predicciones siguen refiriéndose a elementos determinantes de un modelo clásico, a lugares y velocidades de puntos de masa, a energías, momentos de impulso y similares. Lo único no clásico es que solo se predicen probabilidades. Veámoslo más detenidamente. Oficialmente, se trata siempre de obtener, mediante algunas mediciones realizadas *ahora* y sus resultados, los mejores datos de probabilidad que permite la naturaleza

810

sobre los resultados esperados de otras mediciones que se realizarán inmediatamente o en un momento determinado. Pero, ¿cómo es realmente la situación? En casos importantes y típicos, es la siguiente.

Si se mide la energía de un oscilador de PLANCK, la probabilidad de encontrar un valor entre *E* y *E'* es. Solo entonces puede ser diferente de cero si entre *E* y *E'* hay un valor de la serie

$$3\pi h\nu,\ 5\pi h\nu,\ 7\pi h\nu,\ 9\pi h\nu,\ \ldots\ .$$

Para cada intervalo que no contenga ninguno de estos valores, la probabilidad es cero. En otras palabras: se excluyen otros valores de medición. Los números son múltiplos impares de la constante del modelo $\pi h\nu$ (h = número de PLANCK, ν = frecuencia del oscilador). Hay dos cosas que llaman la atención. En primer lugar, falta la referencia a mediciones anteriores, que no son necesarias. En segundo lugar, la afirmación no adolece en absoluto de una falta exagerada de precisión, sino todo lo contrario, es más precisa de lo que puede ser una medición real.

Otro ejemplo típico es la magnitud del momento angular*. En la figura 1, *M* es un punto de masa en movimiento, y la flecha representa su momento (masa por velocidad) en cuanto a magnitud y dirección. *O* es cualquier punto fijo en el espacio, digamos el origen de coordenadas; por lo tanto, no es un punto con significado físico, sino un punto de referencia geométrico. La mecánica clásica define la magnitud del momento angular* de *M* con respecto a *O* como el producto de la longitud de la flecha del impulso por la longitud de la *perpendicular OF*.

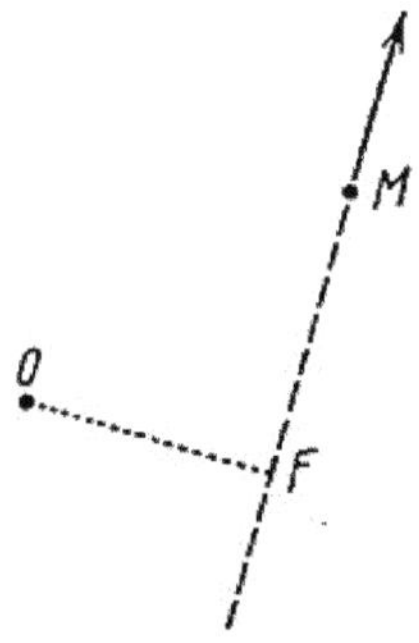

Fig. 1. *Momento angular**:

M es un punto material, *O* un punto de referencia geométrico. La flecha representa el impulso (= masa por velocidad) de *M*. Entonces, el *momento del impulso** es el producto de la longitud de la flecha por la longitud *OF*.

[* Nota: Con notación ahora anticuada llama Schrödinger *Impulsmoment* a lo que en terminología castellana actual se llama *momento angular*: magnitud física que describe el estado de movimiento de rotación de un objeto físico (o de una masa puntual) alrededor de un punto de referencia [producto vectorial ($r \times mv$)]. El término alemán actual es *Drehimpuls* (momento de giro)]

En la mecánica cuántica, lo mismo se aplica al momento angular que a la energía del oscilador. Una vez más, la probabilidad es cero para cualquier intervalo que no contenga ningún valor de la siguiente serie

$$O, \quad h\sqrt{2}, \quad h\sqrt{2\times3}, \quad h\sqrt{3\times4}, \quad h\sqrt{4\times5}, \ ...$$

es decir, solo puede salir uno de estos valores. Esto vuelve a ser válido sin referencia alguna a mediciones anteriores. Y es fácil imaginar lo importante que es esta afirmación precisa, *mucho* más importante que saber cuál de estos valores o qué probabilidad existe realmente para cada uno de ellos en cada caso concreto. Además, aquí también llama la atención que no se mencione ningún punto de referencia: sea cual sea el que se elija, se encontrará un valor de esta serie. En el modelo, esta afirmación no tiene sentido, ya que la plomada *OF* cambia *continuamente* cuando se desplaza el punto *O*, y la flecha de impulso permanece inalterada. En este ejemplo vemos cómo la mecánica cuántica utiliza el modelo para leer las magnitudes que se pueden medir y sobre las que se considera útil hacer predicciones, mientras que debe declararse incompetente para expresar la relación entre estas magnitudes.

¿No se tiene la sensación, en ambos casos, de que el contenido esencial de lo que se quiere decir solo puede encajar con cierto esfuerzo en el molde español de una predicción sobre la probabilidad de encontrar tal o cual valor de medición para una variable del modelo clásico? ¿No da la impresión de que aquí se habla de propiedades fundamentales *de nuevos* grupos de características que sólo tienen en común con los clásicos el nombre? No se trata en absoluto de casos excepcionales, sino que precisamente las afirmaciones verdaderamente valiosas de la nueva teoría tienen este carácter. Es cierto que también hay tareas que se acercan al tipo al que se adapta realmente la forma de expresión. Pero no tienen ni de lejos la misma importancia. Y las que, ingenuamente, se construirían como ejemplos escolares, no tienen ninguna. «Dada la ubicación del electrón en el átomo de hidrógeno en el momento $t = 0$, se construye su estadística de ubicación en un momento posterior». A nadie le interesa eso.

Según el texto literal, todas las afirmaciones se refieren al modelo ilustrativo. Pero las afirmaciones valiosas son poco ilustrativas y sus características ilustrativas tienen poco valor.

§ 4. ¿Se pueden someter a la teoría totalidades ideales?

El modelo clásico desempeña un papel proteico en la mecánica cuántica. Cada uno de sus elementos constitutivos puede, en determinadas circunstancias, convertirse en objeto de interés y adquirir una cierta realidad. Pero nunca todos a la vez: unas veces son unos, otras son otros, y siempre como máximo la *mitad* de un conjunto completo de variables que permitiría obtener una imagen clara del estado actual. ¿Qué pasa con el resto? ¿No tienen entonces realidad, tal vez (véase v.) una realidad difusa; o tienen siempre todos una y es simplemente imposible, según la proposición A del § 2, su *conocimiento* simultáneo?

La segunda concepción resulta muy obvia para quien conoce la importancia del enfoque estadístico, que surgió en la segunda mitad del siglo pasado, sobre todo si se tiene en cuenta que, en vísperas del nuevo siglo, a partir de él, de un problema central de la termodinámica estadística, nació la teoría cuántica (MAX PLANCK, Teoría de la radiación térmica, diciembre de 1899). La esencia de esa corriente de pensamiento consiste precisamente en que prácticamente nunca se conocen todos los elementos determinantes del

811

sistema, sino *muchos* menos. Para describir un cuerpo real en un momento dado, no se recurre a *un* estado del modelo, sino a lo que se denomina *conjunto de Gibbs*. Se trata de un conjunto ideal, es decir, meramente imaginario, de estados que refleja exactamente nuestro conocimiento limitado del cuerpo real. El cuerpo debe comportarse entonces como un estado *cualquiera seleccionado de este conjunto*. Esta concepción ha tenido un gran éxito. Su mayor triunfo se produjo en aquellos casos en los que *no* todos los estados que se dan en el conjunto permiten esperar *el mismo* comportamiento observable del cuerpo. El cuerpo se comporta entonces realmente de una manera u otra, exactamente de acuerdo con lo previsto (fluctuaciones termodinámicas). Es lógico que se intente referir la afirmación siempre imprecisa de la mecánica cuántica a un conjunto ideal de estados, de los cuales existe uno muy concreto en cada caso individual, pero no se sabe cuál.
Que esto no es posible lo demuestra *un* ejemplo del momento angular, entre muchos otros. Imaginemos en la figura 1 el punto M situado en las posiciones más diversas con respecto a O y provisto de las flechas de impulso más diversas, y unamos todas estas posibilidades en un conjunto ideal. Entonces se pueden seleccionar las longitudes y las flechas de tal manera que, en cada caso, el producto de la longitud de la flecha y la longitud de la perpendicular OF tenga uno u otro de los valores admisibles, en relación con el punto determinado O. Pero, por supuesto, para cualquier otro punto O' se producen valores inadmisibles. Por lo tanto, recurrir al conjunto no ayuda en nada. Otro ejemplo es la energía del oscilador. Existe el caso de que tenga un valor claramente definido, por ejemplo, el más bajo $3\pi hv$. La distancia entre los dos puntos de masa (que forman el oscilador) resulta entonces muy *difusa*. Para poder referir esta afirmación a un conjunto estadístico de estados, en este caso la estadística de las distancias debería estar limitada al menos por arriba por la distancia en la que la energía potencial alcanza o supera el valor $3\pi hv$. Pero no es así, incluso se dan distancias arbitrariamente grandes, aunque con una probabilidad muy decreciente. Y esto no es un resultado matemático secundario que pueda eliminarse de alguna manera sin afectar al núcleo de la teoría: entre otras muchas cosas, la explicación cuántica de la radiactividad (GAMOW) se basa en este hecho. Los ejemplos podrían multiplicarse hasta el infinito. Cabe señalar que no se ha hablado en absoluto de cambios temporales. No serviría de nada permitir que el modelo cambiara de forma totalmente «no clásica», por ejemplo, «saltando». Ni siquiera funciona para un momento concreto. En ningún momento existe un conjunto de estados clásicos del modelo al que se apliquen todas las afirmaciones de la mecánica cuántica de ese momento. Lo mismo se puede expresar así: si quisiera atribuir al modelo en cada momento un estado determinado (que simplemente no conozco con exactitud) o (lo que es lo mismo) *a todas* las piezas determinantes valores numéricos determinados (que simplemente no conozco con exactitud), no es *concebible* ninguna suposición

sobre estos valores numéricos que no contradijera una parte de las afirmaciones de la teoría cuántica.

Esto no es exactamente lo que uno espera cuando oye que los datos de la nueva teoría son siempre imprecisos en comparación con los clásicos.

§ 5. ¿Están realmente difuminadas las variables?

La otra alternativa consistía en conceder realidad únicamente a las partes determinantes nítidas, o, dicho de manera más general, conceder a cada variable un tipo de realización que se correspondiera exactamente con la estadística cuántica de dicha variable en el momento en cuestión.

Que no es imposible expresar el grado y el tipo de difuminación *de todas* las variables en una imagen perfectamente *clara* se desprende del hecho de que la mecánica cuántica posee y utiliza efectivamente un instrumento de este tipo, la llamada función de onda o función ψ, también denominada vector del sistema. Más adelante se hablará mucho de ella. Que se trate de una construcción matemática abstracta e intangible es una objeción que casi siempre surge ante los nuevos instrumentos de pensamiento y que no tiene mucho sentido. En cualquier caso, es un concepto que refleja la difuminación de las variables en cada momento con la misma claridad y precisión que el modelo clásico refleja sus valores numéricos exactos. Su ley de movimiento, la ley de su cambio temporal, siempre que el sistema se deje a sí mismo, no se queda atrás en claridad y determinación respecto a las ecuaciones de movimiento del modelo clásico. Por lo tanto, la función ψ podría sustituirla, siempre que la difuminación se limite a dimensiones atómicas que escapan al control directo. De hecho, a partir de la función se han derivado ideas muy ilustrativas y cómodas, como la «nube de electricidad negativa» alrededor del núcleo positivo y similares. Sin embargo, surgen serias dudas cuando se observa que la indeterminación afecta a cosas palpables y visibles, en cuyo caso el término «difuminación» simplemente deja de ser válido. El estado de un núcleo radiactivo es probablemente tan difuso, en tal grado y de tal manera, que no se puede determinar ni el momento de la desintegración ni la dirección en la que las partículas α que se desprenden abandonan el núcleo. En el interior del núcleo atómico, la

812

difuminación no nos molesta. La partícula que sale, si se quiere interpretar de forma gráfica, se describe como una onda esférica que emana del núcleo en todas direcciones y de forma continua, y que incide continuamente en toda la extensión de una pantalla luminosa adyacente. Sin embargo, la pantalla no muestra un brillo mate constante, sino que destella en *un* instante en *un* punto; o, para ser sinceros, destella ahora aquí, ahora allá, porque es imposible realizar el experimento con un solo átomo radiactivo. Si en lugar de la pantalla luminosa se utiliza un detector espacialmente extenso, por ejemplo, un gas ionizado por las partículas α, se encuentran los pares de iones dispuestos a lo largo de columnas rectilíneas[1], que se extienden hacia atrás y chocan con el grano de materia radiactiva del que emana la radiación α (C.T.R. WILSON, visibles gracias a las gotas de niebla que se condensan en los iones).

[[1] A modo ilustrativo, pueden servir las figuras 5 o 6 de la página 375 del volumen del año 1927 de esta revista; o también la figura 1, página 734 del volumen del año pasado (1934), aunque en este caso se trata de trazas de núcleos de hidrógeno.]

También se pueden diseñar casos totalmente burlescos. Se encierra a un gato en una cámara de acero, junto con la siguiente máquina infernal (que hay que proteger contra el acceso directo del gato): en un contador Geiger hay una cantidad minúscula de sustancia radiactiva, *tan* pequeña que en el transcurso de una hora *quizás* se desintegre uno de los átomos, pero también es probable que no se desintegre ninguno; si ocurre, el contador se activa y acciona, a través de un relé, un martillo que rompe un frasco con ácido cianhídrico. Si se deja todo este sistema por su cuenta durante una hora, se dirá que el gato sigue vivo, *si* entretanto no se ha desintegrado ningún átomo. La primera desintegración atómica lo habría envenenado. La función ψ de todo el sistema lo expresaría de tal manera que en ella el gato vivo y el gato muerto (véase más arriba) se mezclan o difuminan en partes iguales.

Lo típico en estos casos es que una incertidumbre inicialmente limitada al ámbito atómico se traduce en una incertidumbre burda, que luego puede *resolverse* mediante la observación directa. Esto nos impide aceptar de una manera tan ingenua un «modelo difuso» como reflejo de la realidad. En sí mismo, no contiene nada ambiguo ni contradictorio. Hay una diferencia entre una fotografía borrosa o desenfocada y una fotografía de nubes y jirones de niebla. (Continuará).

—

DICIEMBRE (6)

Sigue la segunda parte del artículo:

Erwin Schrödinger (Oxford). «***Die gegenwärtige Situation in der Quantenmechanik***». Die Naturwissenschaften. 23. Jahrgan. **6. Dezember** 1935, Heft 49. pp. 823-828. (Fortsetzung[1].) Zweite Mitteilung. (Continuación[1]) (Segunda comunicación) («*La situación actual en la Mecánica Cuántica*»)

[[1] Véase Cuaderno 48, página 807 (primera comunicación)]

823

Índice.

§ 6. El cambio consciente del punto de vista epistemológico.

En la cuarta sección habíamos visto que no es posible adoptar los modelos sin más y atribuir a las variables desconocidas o no conocidas con exactitud determinados valores que simplemente desconocemos. En el § 5 vimos que la indeterminación tampoco es una verdadera vaguedad, ya que hay casos en los que una observación fácilmente realizable proporciona el conocimiento que falta. ¿Qué queda entonces? La doctrina dominante nos ayuda a salir de este dilema tan difícil recurriendo a la teoría del conocimiento. Se nos dice que no hay que hacer ninguna distinción entre el estado real del objeto natural y lo que yo sé sobre él, o mejor dicho, lo que puedo saber sobre él si me esfuerzo. *En realidad*, se dice, solo son reales la percepción, la observación y la medición. Si, en un momento dado, he obtenido a través de ellas el mejor conocimiento posible del estado del objeto físico que se puede obtener según las leyes de la naturaleza, puedo descartar cualquier pregunta adicional sobre el «estado real» como *sin objeto*, siempre que esté convencido de que ninguna observación adicional puede ampliar mi conocimiento al respecto, al menos sin reducirlo en la misma medida en otros aspectos (es decir, mediante el cambio del estado, véase más abajo).

Esto arroja algo de luz sobre el origen de la afirmación que, al final del apartado 2, califiqué de muy amplia: que, en principio, todas las magnitudes del modelo son medibles. Es difícil apartarse de este dogma cuando uno se ve obligado a recurrir al principio filosófico mencionado anteriormente, al que ningún entendido negará su respeto como máximo patrocinador de toda empiria*, como dictador en las necesidades de la metodología física.

[* NOTA. El diccionario traduce directamente «Empirie» (Empiria) por Empirismo.]

La realidad se resiste a ser reproducida mentalmente mediante un modelo. Por eso se abandona el realismo ingenuo y se parte directamente de la tesis indudable de que, en última instancia, lo único *realmente* (para el físico) es la observación, la medición. A partir de ahí, todo nuestro pensamiento físico tiene como única base y único objeto los resultados de mediciones que se pueden realizar en principio, ya que nuestro pensamiento ya *no* debe referirse expresamente a otro tipo de realidad o a un modelo. Todos los números que aparecen en nuestros cálculos físicos deben explicarse como medidas. Sin embargo, dado que no venimos recién nacidos al mundo y comenzamos a reconstruir nuestra ciencia desde cero, sino que utilizamos un aparato de cálculo muy concreto del que, desde los grandes éxitos de la mecánica cuántica, queremos separarnos cada vez menos, nos vemos obligados a dictar desde nuestro escritorio qué mediciones son en principio posibles, es decir, cuáles deben ser posibles para respaldar suficientemente nuestro esquema de cálculo. Esto permite un valor preciso para cada variable del modelo por separado (incluso para un «medio conjunto»), por lo que cada una debe poder medirse con la precisión deseada. No podemos conformarnos con menos, porque hemos perdido nuestra inocencia ingenuamente realista. No tenemos más que nuestro esquema de cálculo para indicar dónde traza la naturaleza el límite del ignorabimus, es decir, cuál es el *mejor* conocimiento posible de un objeto. Y si no pudiéramos hacerlo, nuestra realidad de medición dependería en gran medida de la diligencia o la pereza del experimentador, del esfuerzo que dedique a informarse. Por lo tanto, debemos decirle hasta dónde podría llegar si fuera lo suficientemente hábil. De lo contrario, habría que temer seriamente que, allí donde prohibimos seguir preguntando, aún quedaran algunas cosas interesantes por preguntar.

§ 7. La función ψ como catálogo de expectativas.

Continuando con la exposición de la doctrina oficial, pasamos a la función ψ ya mencionada anteriormente (§ 5). Ahora es el instrumento para predecir la probabilidad de los índices de medida. En ella se plasma la suma alcanzada de expectativas futuras teóricamente fundamentadas, como si se tratara de un *catálogo*. Es el puente de relación y condicionalidad entre mediciones y mediciones, como lo era en la teoría clásica el modelo y su estado respectivo. La función ψ tiene mucho en común con estos. En principio, se define de forma inequívoca mediante un número finito de mediciones adecuadamente seleccionadas en el objeto, la mitad de las que eran necesarias en la teoría clásica. Así se crea por primera vez el catálogo de expectativas. A partir de ahí, cambia con el tiempo, al igual que el estado del modelo en la teoría clásica, de forma inevitable y unívoca («causal»): el desarrollo de la función ψ está dominado por una ecuación diferencial parcial (de primer orden en el tiempo y resuelta según $\partial\psi/\partial t$). Esto corresponde al movimiento sin perturbaciones del modelo en la teoría clásica. Pero esto solo es posible hasta que se realiza alguna medición. En cada medición, se ve obligado a atribuir a la función ψ (= el catálogo de predicciones) un cambio peculiar y algo repentino, que depende *del valor medido* y, por lo tanto, *no se puede prever*; de lo que se desprende claramente que este segundo tipo de cambio de la función ψ no tiene nada que ver con su desarrollo regular *entre* dos mediciones. El cambio abrupto provocado por la medición está estrechamente relacionado con los aspectos tratados en el § 5 y nos ocupará en profundidad, ya que es el punto más interesante de toda la teoría. Es precisamente *este* punto el que exige la ruptura con el realismo ingenuo. Por *esta* razón, la función ψ *no* puede sustituir directamente al modelo o a la cosa real. Y no porque no se puedan esperar cambios abruptos e imprevistos en una cosa real o en un modelo, sino porque, desde un punto de vista realista, la observación es un proceso natural como cualquier otro y no puede provocar per se una interrupción del curso regular de la naturaleza.

§ 8. Teoría de la medición, primera parte.

El rechazo del realismo *tiene* consecuencias lógicas. Por lo general, una variable no tiene un valor determinado antes de que yo la mida: entonces, medirla *no* significa determinar el valor que *tiene*. Pero entonces, ¿qué significa? Tiene que haber un criterio para determinar si una medición es correcta o incorrecta, si un método es bueno o malo, preciso o impreciso, si merece siquiera el nombre de procedimiento de medición. Jugar con un instrumento indicador cerca de otro cuerpo y tomar una lectura en algún momento no puede llamarse medición de ese cuerpo. Bueno, está bastante claro: si no es la realidad la que determina el valor medido, al menos el valor medido debe determinar la realidad, debe estar realmente presente *después de* la medición en *el* sentido que solo se reconoce. Es decir, el criterio exigido solo puede ser este: al repetir la medición, debe obtenerse el mismo resultado. Mediante repeticiones frecuentes puedo comprobar la precisión del procedimiento y demostrar que no estoy simplemente jugando. Es agradable que esta instrucción coincida exactamente con el procedimiento del experimentador, al que tampoco le es conocido de antemano el «valor real». Formulamos lo esencial de la siguiente manera:

La interacción planificada entre dos sistemas (objeto de medición e instrumento de medición) se denomina medición en el primer sistema cuando una característica variable directamente perceptible del segundo (posición del indicador) se reproduce siempre dentro de ciertos límites de error al repetir inmediatamente el proceso (en el mismo objeto de medición, que entretanto no debe haber estado expuesto a otras influencias).

Habrá que añadir algunas cosas a esta explicación, ya que no es una definición impecable. La empiria* es más complicada que las matemáticas y no se puede resumir fácilmente en frases concisas.

[* NOTA. Insistamos un poco en el término, ya que Schrödinger vuelve a usarlo:

Empirie* bezeichnet in der Wissenschaft das Sammeln von Daten und Erkenntnissen durch systematische Beobachtung und Experimente. Es geht darum, die Realität objektiv zu erfassen und daraus Schlussfolgerungen zu ziehen. Empirische Forschung basiert also auf konkreten Erfahrungen und Messungen, nicht auf reinen Theorien oder Meinungen. Das Ziel ist es, Wissen über die Welt auf eine nachvollziehbare und überprüfbare Weise zu gewinnen. Die gewonnenen Erkenntnisse dienen dann als Grundlage für wissenschaftliche Aussagen und Modelle.

En ciencia, empiria se refiere a la recopilación de datos y conocimientos mediante la observación sistemática y los experimentos. Se trata de captar la realidad de forma objetiva y extraer conclusiones a partir de ella. Por lo tanto, la investigación empírica se basa en experiencias y mediciones concretas, no en meras teorías u opiniones. El objetivo es adquirir conocimientos sobre el mundo de una manera comprensible y verificable. Los conocimientos adquiridos sirven entonces como base para afirmaciones y modelos científicos.]

Antes de la primera medición, puede haber existido cualquier predicción de la teoría cuántica. *Después de* ella, la predicción es, *en cualquier caso*, la misma dentro de los límites de error. Por lo tanto, el catálogo de predicciones (= la función ψ) se modifica mediante la medición en relación con la variable que medimos. Si el procedimiento de medición ya se conoce desde antes como *fiable*, entonces la primera medición reduce la expectativa teórica dentro de los límites de error al valor encontrado, cualquiera que sea la expectativa que haya existido anteriormente. Este es el típico cambio abrupto de la función ψ durante la medición, del que se ha hablado anteriormente. Pero no solo cambia de forma imprevista el catálogo de expectativas para la variable medida en sí, sino también para otras, en particular para su «conjugada canónica». Si, por ejemplo, antes se tenía una predicción bastante precisa del *impulso* de una partícula y ahora se mide su *posición* con mayor precisión de la que es compatible con la proposición A del § 2, esto debe modificar la predicción del impulso. Por cierto, el aparato de cálculo de la mecánica cuántica se encarga de ello por sí solo: no existe ninguna función ψ que, si se leen las expectativas acordadas, contradiga el teorema A.

Dado que el catálogo de expectativas cambia radicalmente durante la medición, el objeto ya no es adecuado para comprobar en toda su extensión las predicciones estadísticas que se habían realizado anteriormente; y menos aún para la variable medida en sí, ya que para ella se obtendrá ahora (casi) siempre el mismo valor. *Esta* es la razón de la disposición que ya se ha dado en el § 2: se puede comprobar la predicción de probabilidad en su totalidad, pero para ello hay que repetir todo el experimento *ab ovo*. Hay que volver a tratar el objeto de medición (o uno similar) exactamente igual que la primera vez, para que se aplique el mismo catálogo de expectativas (= función ψ) que antes de la primera medición. A continuación, se «repite». (¡Esta repetición significa ahora algo completamente diferente a lo que significaba antes!) No hay que hacer todo esto dos veces, sino muchas veces. Entonces se ajustarán las estadísticas previstas, esa es la opinión.

825

Obsérvese la diferencia entre los límites de error y las estadísticas de error *de la medición*, por un lado, y las estadísticas previstas teóricamente, por otro. No tienen nada que ver entre sí. Se ajustan a los dos tipos muy diferentes de *repetición* que acabamos de mencionar.

Aquí se presenta la oportunidad de profundizar un poco más en la delimitación de la *medición* que se ha intentado anteriormente. Hay instrumentos de medición que permanecen en la posición en la que se dejaron al realizar la medición. También podría ocurrir que la aguja se atascara por accidente. En ese caso, se obtendría siempre exactamente la misma lectura y, según nuestras instrucciones, se trataría de una medición especialmente precisa. Y así es, pero no en el objeto, sino en el propio instrumento. De hecho, en nuestras instrucciones falta un punto importante que no se podía especificar de antemano, a saber, cuál es realmente la diferencia entre el *objeto* y el *instrumento* (el hecho de que la lectura se realice en este último es más bien una cuestión externa). Acabamos de ver que, en determinadas circunstancias, si es necesario, el instrumento debe volver a su estado inicial neutro antes de realizar una medición de control. El experimentador lo sabe muy bien. En teoría, la mejor manera de entenderlo es prescribir que, en principio, el instrumento de medición debe someterse al mismo tratamiento previo antes de cada medición, de modo que *para él* se aplique cada vez el mismo catálogo de expectativas (= función ψ) cuando se acerque al objeto. Por el contrario, se prohíbe cualquier intervención en el objeto si se va a realizar una *medición de control*, una «repetición de primer tipo» (que conduce a la estadística de *errores*). Esta es la diferencia característica entre el objeto y el instrumento. Para una «repetición de segundo tipo» (que sirve para comprobar la predicción cuántica), esta diferencia desaparece. En este caso, la diferencia entre ambos es realmente insignificante.

De ello deducimos que, en una segunda medición, también se puede utilizar otro instrumento de idéntica construcción y preparación, no tiene por qué ser necesariamente *el mismo*; de hecho, esto se hace a veces para comprobar el primero. Sí, puede ocurrir que dos instrumentos de construcción completamente diferente estén relacionados entre sí de tal manera que, si se mide con ellos uno tras otro (¡repetición del primer tipo!), sus dos indicaciones se correspondan de forma unívoca. Entonces miden esencialmente la misma variable en el objeto, es decir, la misma con el etiquetado adecuado de las escalas.

§ 9. La función ψ como descripción del estado.

El rechazo del realismo también impone obligaciones. Desde el punto de vista del modelo clásico, el contenido de la función ψ es muy incompleto, ya que sólo abarca aproximadamente el 50 % de una descripción completa. Desde el nuevo punto de vista, debe ser completo por razones que ya se han mencionado al final del § 6. Debe ser imposible añadirle nuevas afirmaciones correctas sin modificarlo; de lo contrario, no se tiene derecho a calificar de irrelevantes todas las cuestiones que van más allá de él.

De ello se deduce que dos catálogos diferentes, válidos para el mismo sistema en circunstancias diferentes o en momentos diferentes, pueden solaparse parcialmente, pero nunca de tal manera que uno esté completamente contenido en el otro. De lo contrario, sería posible completarlo con otras afirmaciones correctas, concretamente con aquellas en las que el otro lo supera. La estructura matemática de la teoría cumple automáticamente este requisito. No existe ninguna función ψ que reproduzca exactamente las mismas afirmaciones que otra e incluso algunas más.

Por lo tanto, si la función ψ de un sistema cambia, ya sea por sí misma o por mediciones, en la nueva función siempre faltarán afirmaciones que estaban incluidas en la anterior. En el catálogo no solo pueden aparecer nuevas entradas, sino que también deben haberse producido eliminaciones. Ahora bien, los conocimientos pueden *adquirirse*, pero no *perderse*. Las eliminaciones significan, por tanto, que las afirmaciones que antes eran correctas ahora son falsas. Una afirmación correcta solo puede volverse falsa si cambia el *objeto* al que se refiere. Considero correcto expresar esta conclusión de la siguiente manera:

Teorema 1: *Si existen diferentes funciones ψ, el sistema se encuentra en diferentes estados.*

Si sólo se habla de sistemas para los que existe una función ψ, la inversa de este teorema es:

Teorema 2: *Con la misma función ψ, el sistema se encuentra en el mismo estado.*

Esta inversión no se deriva del teorema 1, sino directamente de la completitud o maximalidad, sin utilizarlo. Quien, con el mismo catálogo de expectativas, considere posible una diferencia, admitiría que este no da respuesta a todas las preguntas legítimas. El uso lingüístico de casi todos los autores aprueba los dos teoremas anteriores. Por supuesto, construyen una especie de nueva realidad, creo que de forma totalmente legítima. Por cierto, no son trivialmente tautológicos, no son meras explicaciones verbales de «estado». Sin el requisito de la maximalidad del catálogo de expectativas, el cambio de la función ψ podría producirse simplemente obteniendo nueva información.

Incluso debemos responder a una objeción contra la deducción de la frase 1. Se podría decir que cada una de las afirmaciones o conocimientos de los que se trata es una afirmación probabilística, a la que la categoría

826

correcto o *incorrecto* no se aplica en relación con el caso individual, sino en relación con un colectivo que se forma preparando el sistema mil veces de la misma manera (para luego realizar la misma medición; véase § 8). Esto es cierto, pero debemos declarar que todos los miembros de este colectivo son idénticos, porque para cada uno de ellos se aplica la misma función ψ, el mismo catálogo de afirmaciones, y no podemos admitir diferencias que no se expresen en el catálogo (véase la justificación del teorema 2). Por lo tanto, el colectivo está formado por casos individuales idénticos. Si una afirmación resulta falsa para *él*, el caso individual también debe haber cambiado, de lo contrario, el colectivo volvería a ser el mismo.

§ 10. Teoría de la medición, segunda parte.

Anteriormente se había dicho (§ 7) y explicado (§ 8) que cada *medición* suspende la ley que rige el cambio temporal continuo de la función ψ y produce en ella un cambio completamente diferente, que no está regido por ninguna ley, sino que viene dictado por el resultado de la medición. Sin embargo, durante una medición no pueden aplicarse otras leyes naturales distintas a las habituales, ya que, desde un punto de vista objetivo, se trata de un proceso natural como cualquier otro y no puede interrumpir el curso regular de la naturaleza. Dado que interrumpe la función ψ, esta última —como dijimos en el § 7— *no* puede considerarse una representación experimental de una realidad objetiva, como el modelo clásico. Pero en el último apartado se ha cristalizado algo así.

Intentaré de nuevo contrastar, de forma concisa y con palabras clave: 1. El salto en el catálogo de expectativas durante la medición es *inevitable*, ya que, para que la medición tenga algún sentido, *debe* considerarse válido *el valor medido* tras una buena medición. 2. El cambio brusco seguramente *no* está dominado por la ley inevitable que rige en otros casos, ya que depende del valor medido, que es impredecible. 3. El cambio incluye (debido a la «maximalidad») sin duda también *la pérdida* de conocimiento, el conocimiento es inalterable, por lo que *el objeto debe* cambiar, *también* en los cambios bruscos y en ellos *también* de manera imprevista, a diferencia de lo que ocurre normalmente.

¿Cómo se explica esto? Las cosas no son tan sencillas. Es el punto más difícil e interesante de la teoría. Evidentemente, debemos intentar comprender de forma objetiva la interacción entre el objeto medido y el instrumento de medición. Para ello, debemos partir de algunas consideraciones muy abstractas.

La cuestión es esta. Si, para dos cuerpos completamente separados, o mejor dicho, para cada uno de ellos por separado, se dispone de un catálogo completo de expectativas –una suma máxima de conocimiento (una función ψ)–, entonces, obviamente, también se dispone de él para ambos cuerpos juntos, es decir, si se piensa que no cada uno de ellos por separado, sino que ambos juntos constituyen el objeto de nuestro interés, de nuestras preguntas sobre el futuro[1].

[[1] Por supuesto. No pueden faltarnos enunciados sobre la relación entre ambos. Porque eso sería, al menos para uno de los dos, algo que se añadiría a su función ψ. Y eso no puede ser.]

Pero lo contrario no es cierto. *El conocimiento máximo de un sistema completo no implica necesariamente el conocimiento máximo de todas sus partes, ni siquiera cuando estas están completamente separadas entre sí y no se influyen mutuamente en ese momento.* Es posible que parte de lo que se sabe se refiera a relaciones o condiciones entre los dos subsistemas (limitémonos a dos), de la siguiente manera: si una determinada medición en el primer sistema tiene *este* resultado, entonces rige esta y esta estadística de expectativa para una determinada medición en el segundo; pero si la medición en cuestión en el primer sistema tiene *ese* resultado, entonces rige una cierta expectativa diferente para la del segundo; si se produce un *tercer* resultado en el primero, rige otra expectativa en el segundo; y así sucesivamente, a modo de disyunción completa de todos los índices que puede proporcionar la medición que se está considerando en el primer sistema. De este modo, cualquier proceso de medición o, lo que es lo mismo, cualquier variable del segundo sistema puede estar vinculada al valor aún desconocido de cualquier variable del primero y, por supuesto, también a la inversa. Si ese es el caso, si tales frases condicionales están en el catálogo general, *entonces no puede ser máximo en lo que respecta a los sistemas individuales.* Porque el contenido de dos catálogos individuales máximos sería suficiente por sí solo para un catálogo general máximo, no podrían añadirse las frases condicionales.

Por cierto, estas predicciones condicionales no son algo nuevo que haya surgido de repente. Están presentes en todos los catálogos de expectativas. Si se conoce la función ψ y se realiza una medición determinada que tiene un resultado concreto, se vuelve a conocer la función ψ, voilà tout. Solo que en el presente caso, dado que el sistema completo debe constar de dos partes completamente separadas, el asunto se destaca como algo especial. Porque así tiene sentido distinguir entre mediciones en un subsistema y mediciones en el otro. Esto les da a cada uno de ellos el derecho a un catálogo privado máximo; por otro lado, sigue siendo posible que parte del conocimiento total que se puede obtener se desperdicie, por así decirlo, en frases condicionales que juegan entre los subsistemas, dejando así insatisfechos los derechos privados, a pesar de que el catálogo total es máximo, es decir, a pesar de que se conoce la función ψ del sistema completo.

827

Detengámonos un momento. Esta afirmación, en su abstracción, lo dice todo: el mejor conocimiento posible de un todo no implica necesariamente lo mismo para sus partes. Traduzcamos esto al lenguaje del § 9: el todo se encuentra en un estado determinado, pero las partes por sí solas no.

– ¿Por qué? Un sistema tiene que estar en algún estado.

– No. El estado es una función ψ, es la suma máxima de conocimientos. No tengo por qué haberla adquirido, puedo haber sido perezoso. Entonces el sistema no se encuentra en ningún estado.

– Bien, pero entonces la prohibición agnóstica de preguntar aún no está en vigor y, en nuestro caso, puedo pensar: el subsistema estará en algún estado (≠ función ψ), solo que yo no lo conozco.

= Alto. Lamentablemente, no. No existe eso de «solo que yo no lo conozco». Porque para el sistema completo se dispone del máximo conocimiento.–

La insuficiencia de la función ψ como sustituto del modelo se basa exclusivamente en que no siempre se dispone de ella. Cuando se dispone de ella, puede considerarse perfectamente como una descripción del estado. Pero a veces no se dispone de ella, en casos en los que cabría esperar que se dispusiera de ella. Y entonces no se puede postular que «en realidad ya es una determinada, solo que no se conoce»; el punto de vista elegido lo prohíbe. «Ella» es una suma de conocimientos, y los conocimientos que nadie conoce no son conocimientos.

Continuemos. El hecho de que parte del conocimiento flote en forma de oraciones condicionales disyuntivas *entre* los dos sistemas no puede ocurrir, sin duda, si traemos los dos desde extremos opuestos del mundo y los yuxtaponemos sin interacción. Porque entonces los dos no «saben» nada el uno del otro. Una medición en uno de ellos no puede dar ninguna pista sobre lo que cabe esperar del otro. Si existe un «entrelazamiento de las predicciones», es evidente que solo puede deberse a que los dos cuerpos formaron en el pasado, en el sentido estricto, *un* sistema, es decir, interactuaron y dejaron *huellas* el uno en el otro. Cuando dos cuerpos separados, que se conocen individualmente al máximo, se encuentran en una situación en la que interactúan entre sí y luego se separan de nuevo, se produce regularmente lo que acabo de llamar *entrelazamiento* de nuestro conocimiento sobre los dos cuerpos. El catálogo común de expectativas consiste inicialmente en una suma lógica de los catálogos individuales; durante el proceso, se desarrolla inevitablemente según una ley conocida (no se trata en absoluto de medición). El conocimiento sigue siendo máximo, pero al final, cuando los cuerpos se han vuelto a separar, no se ha vuelto a dividir en una suma lógica de conocimientos sobre los cuerpos individuales. Lo que *de ello* queda puede haberse vuelto submáximo, posiblemente en gran medida. Obsérvese la gran diferencia con respecto a la teoría de modelos clásica, en la que, naturalmente, con estados iniciales conocidos y una interacción conocida, los estados finales se conocerían con exactitud de forma individual.

El proceso de medición descrito en el § 8 encaja perfectamente en este esquema general si lo aplicamos al sistema completo objeto de medición + instrumento de medición. Al construir una imagen objetiva de este proceso, como de cualquier otro, podemos esperar aclarar, si no eliminar, los extraños saltos de la función ψ. Así, uno de los cuerpos es ahora el objeto de medición y el otro, el instrumento. Para evitar cualquier interferencia externa, lo configuramos de manera que el instrumento se acerque automáticamente al objeto mediante un mecanismo de relojería incorporado y se aleje de él de la misma manera. Aplazamos la lectura porque primero queremos examinar lo que ocurre «objetivamente», pero dejamos que el resultado se registre automáticamente en el instrumento para su uso posterior, como se hace a menudo hoy en día.

¿Cuál es la situación ahora, tras la medición automática? Seguimos teniendo un catálogo de expectativas máximas para todo el sistema. Por supuesto, el valor medido registrado no figura en él. En lo que respecta al instrumento, el catálogo es muy incompleto, ni siquiera nos dice dónde ha dejado su huella la pluma. (¡Recordemos al gato envenenado!) Esto hace que nuestro conocimiento se haya sublimado en oraciones condicionales: *si* la marca está en la división 1, *entonces* se aplica esto y aquello al objeto de medición, *si* está en la 2, entonces esto y aquello, si está en la 3, entonces un tercero, etc. ¿Ha dado un salto la función ψ del *objeto de* medición? ¿Ha seguido desarrollándose según la ley inevitable (según la ecuación diferencial parcial)? Ninguna de las dos cosas. Ya no existe. Según la ley inevitable para la función ψ *total*, se ha enredado con la del instrumento de medición. *El catálogo de expectativas del objeto se ha dividido en una disyunción condicional de catálogos de expectativas*, como una guía Baedeker que se desmonta de forma profesional. Además, cada sección incluye la probabilidad de que sea cierta, copiada del catálogo de expectativas original del objeto. Pero *cuál* se cumple, qué sección de la guía Baedeker se debe utilizar para continuar el viaje, sólo se puede determinar mediante una inspección real de la marca.

¿Y si *no* miramos? Digamos que se ha registrado fotográficamente y, por un percance, la película se expone a la luz antes de revelarse. O que, por error, hemos colocado papel negro en lugar de una película. Entonces, debido a la medición fallida, no solo no habremos aprendido nada nuevo, sino que habremos perdido conocimiento. Esto no es sorprendente. Por supuesto, una intervención externa siempre corrompe inicialmente el

828

conocimiento que se tiene de un sistema. La intervención debe organizarse con mucho cuidado para que luego se pueda recuperar.

¿Qué hemos ganado con este análisis? *En primer lugar*, la comprensión de la división disyuntiva del catálogo de expectativas, que sigue siendo constante y permite la integración en un catálogo común para el instrumento y el objeto. El objeto solo puede separarse de esta combinación si el sujeto vivo toma realmente conocimiento del resultado de la medición. Esto debe suceder en algún momento si lo que ha ocurrido realmente se quiere llamar una medición, por mucho que nos importe preparar el proceso de la forma más objetiva posible. Y esta es la *segunda* idea que obtenemos: *solo durante esta inspección*, que decide la disyunción, ocurre algo inestable, errático. Se tiende a llamarlo un acto *mental*, porque el objeto ya está desconectado, ya no se percibe físicamente; lo que le ha sucedido ya ha pasado. Pero no sería del todo correcto decir que la función ψ del objeto, que *de otro modo* cambia según una ecuación diferencial parcial, independientemente del observador, *ahora* cambia de forma errática como resultado de un acto mental. Porque se había perdido, ya no existía. Lo que no existe, tampoco puede cambiar. Renace, se restituye, se libera del conocimiento enredado que se posee mediante un acto de percepción que, de hecho, ya no es una influencia física sobre el objeto medido. No hay un camino continuo desde la forma en la que se conocía la función ψ hasta la nueva en la que reaparece, sino que pasa precisamente por la destrucción. Si se contrastan las dos formas, la cosa parece un salto. En realidad, hay un acontecimiento importante entre medias, a saber, la influencia de los dos cuerpos entre sí, durante la cual el objeto no tenía un catálogo de expectativas privado ni tenía derecho a él, porque no era independiente. (Continuará el final.)

—

Viene ahora el último fragmento de este artículo.

DICIEMBRE (13)

Erwin Schrödinger (Oxford). «***Die gegenwätige Situation in der Quantenmechanik***». (Schluß[1]). *Die Naturwissenschfaten*. (Heft **50**. 13. 12. 1935: pp. 844-849) (Cuaderno 50. 13. 12. 1935; publicado el **13 de diciembre** de 1935) («La situación actual en la mecánica cuántica» (Fin[1]).

844

Índice.

§ 11. La supresión del «entrelazamiento». El resultado depende de la voluntad del experimentador.

Volvamos al caso general del «entrelazamiento», sin tener en cuenta el caso particular de un proceso de medición, como acabamos de hacer. Las expectativas de dos cuerpos *A* y *B* deben haberse entrelazado mediante una interacción temporal. Ahora los cuerpos deben estar separados de nuevo. Entonces puedo tomar uno de ellos, por ejemplo *B*, y completar sucesivamente mi conocimiento submáximo del mismo mediante mediciones hasta alcanzar un máximo. Afirmo que, tan pronto como lo consiga por primera vez, y no antes, en primer lugar se habrá resuelto el entrelazamiento y, en segundo lugar, mediante las mediciones en *B* y aprovechando las proposiciones condicionales que existían, habré adquirido también un conocimiento máximo de *A*.

En primer lugar, el conocimiento del sistema completo sigue siendo máximo, ya que no se ve alterado en absoluto por mediciones buenas y precisas. En segundo lugar: las oraciones condicionales del tipo «si en *A*..., entonces en *B*...» dejan de existir en cuanto obtenemos un catálogo máximo de *B*. Porque este *no* es condicional y no se le puede añadir nada más en relación con *B*. En tercer lugar: las oraciones condicionales en sentido inverso («si en B..., entonces en A...») se pueden convertir en oraciones sobre *A* únicamente, porque todas las probabilidades para *B* ya se conocen incondicionalmente. Así pues, el entrelazamiento se elimina por completo y, dado que el conocimiento del sistema global sigue siendo máximo, solo puede consistir en que al catálogo máximo para *B* se añada otro igual para *A*.

Sin embargo, tampoco puede ocurrir que *A* se conozca indirectamente, a través de las mediciones en *B*, antes de que *B* lo sea. Porque entonces todas las conclusiones funcionarían en sentido inverso, es decir, *B* también lo sería. Los sistemas se conocen al máximo al mismo tiempo, tal y como se afirma. Por cierto, esto también se aplicaría si la medición no se limitara precisamente a uno de los dos sistemas. Pero lo interesante es precisamente que *se puede* limitar a uno de los dos, que con ello se alcanza el objetivo.

[[1] Véase el cuaderno 48, pág. 807 y ss., y el cuaderno 49, pág. 823 y ss.]

Qué mediciones se realizan en *B* y en qué orden se realizan depende totalmente de la arbitrariedad del experimentador. No necesita seleccionar variables especiales para poder aprovechar las frases condicionales. Puede tranquilamente elaborar un plan que le lleve al máximo conocimiento de *B*, incluso si no supiera nada sobre *B*. Tampoco pasa nada si lleva a cabo este plan hasta el final. Si después de cada medición se pregunta si ya ha llegado el momento, es solo para ahorrarse más trabajo innecesario.

El catálogo *A* que se obtiene de forma indirecta depende, por supuesto, de los valores numéricos que aparecen en *B* (antes de que se resuelva completamente el entrelazamiento; no de los posteriores, si se sigue midiendo innecesariamente). Supongamos que, en un caso concreto, he elaborado un catálogo *A* de esta manera. Entonces puedo reflexionar y considerar si tal vez habría encontrado *otro* si hubiera puesto en práctica *otro* plan de medición en *B*. Pero como no habría afectado realmente al sistema *A*, las afirmaciones del otro catálogo, sean cuales sean, deben ser *también* correctas. Por lo tanto, deben estar incluidas en el primero, ya que este es el máximo. Pero el segundo también lo sería. Por lo tanto, debe ser idéntico al primero.

Curiosamente, la estructura matemática de la teoría no satisface automáticamente este requisito. Es más, se pueden construir ejemplos en los que este requisito se incumple necesariamente. Es cierto que en cada experimento solo se puede llevar a cabo *una* disposición de las mediciones (¡siempre en *B*!), ya que, una vez hecho esto, el entrelazamiento se resuelve y no se obtiene más información sobre *A* mediante mediciones adicionales en *B*. Pero hay casos de entrelazamiento en los que se pueden especificar *dos programas* determinados para las mediciones en *B*, cada uno de los cuales 1. debe conducir a la resolución del entrelazamiento, 2. debe conducir a un catálogo *A* al que el *otro* no puede conducir en absoluto, independientemente de los valores que se obtengan en uno u otro caso. El hecho es que las *dos series* de catálogos *A* que pueden aparecer en uno u otro programa están claramente separadas y no tienen ningún miembro en común.

Se trata de casos especialmente extremos en los que la conclusión es tan evidente. En general, hay que reflexionar con más detenimiento. Si se presentan dos programas para las mediciones en *B* y las dos series de catálogos *A* a las que pueden conducir, no basta en absoluto con que las dos series tengan uno o varios miembros en común para poder afirmar: bueno, entonces uno de ellos se ajustará

845

y, por lo tanto, considerar que el requisito se cumple «probablemente». Eso no es suficiente. Porque *se conoce* la probabilidad de cada medición en *B*, considerada como una medición en el sistema completo, y en muchas repeticiones ab ovo, cada una debe ajustarse a la frecuencia prevista. Las dos series de catálogos *A* tendrían que coincidir, miembro por miembro, y además las probabilidades en cada serie tendrían que ser las mismas. Y esto no solo para estos dos programas, sino para cada uno de los infinitos que se puedan imaginar. Pero esto no es ni mucho menos el caso. La exigencia de que el catálogo *A* que se obtiene sea siempre el mismo, independientemente de las mediciones que se realicen en B, nunca se cumple en absoluto.

Vamos a discutir ahora un ejemplo sencillo «exagerado».

§ 12. Un ejemplo[1].

Para simplificar, consideremos dos sistemas con solo *un* grado de libertad cada uno. Es decir, cada uno de ellos se caracterizará por *una* coordenada q y un impulso p canónicamente conjugado. La imagen clásica sería un punto de masa que solo se puede mover en una línea recta, como las bolas de esos juguetes con los que los niños pequeños aprenden a calcular. p es el producto de la masa por la velocidad. Para el segundo sistema, designamos las dos piezas determinantes con Q y P mayúsculas. En nuestra reflexión abstracta no vamos a hablar de si las dos están «ensartadas en el mismo hilo». Pero aunque lo estén, puede resultar conveniente no calcular q y Q a partir del mismo punto fijo. Por lo tanto, la igualdad $q = Q$ no tiene por qué significar coincidencia. Los dos sistemas pueden estar completamente separados.

En el trabajo citado se demuestra que entre estos dos sistemas puede existir un entrelazamiento que, en un momento determinado al que se refiere todo lo que sigue, se describe brevemente mediante las dos ecuaciones

$$q = Q \quad \text{y} \quad p = -P.$$

Es decir: *sé* que *si* una medición de q en el primer sistema da un determinado valor, una medición de Q realizada inmediatamente después en el segundo sistema dará *el mismo* valor, y viceversa; *y sé* que si una medición de p en el primer sistema da un determinado valor, una medición de P realizada inmediatamente después dará el valor opuesto, y viceversa.

[[1] A. EINSTEIN, B. PODOLSKY y N. ROSEN, Physic. Rev. 47, 777 (1935). La publicación de este trabajo dio lugar al presente... ¿debería decir «informe» o «confesión general»?]

Una *sola* medición de q *o* p *o* Q *o* P anula el entrelazamiento y hace que *ambos* sistemas sean conocidos al máximo. Una segunda medición en el mismo sistema solo modifica la afirmación sobre *él*, sin aportar nada más sobre el otro. Por lo tanto, no se pueden comprobar ambas igualdades en un solo experimento. Pero se puede repetir el experimento mil veces desde el principio, crear el mismo entrelazamiento una y otra vez, comprobar una u otra igualdad según se desee y confirmar la que se decida comprobar. Suponemos que eso es lo que ha ocurrido.

Si, tras mil intentos, se decide renunciar a realizar más pruebas y, en su lugar, se mide el primer sistema q y el segundo P, y se obtiene

$$q = 4; P = 7;$$

¿se puede dudar de que

$$q = 4; p = -7$$

habría sido una predicción correcta para el primer sistema, o

$$Q = 4; P = 7$$

una predicción correcta para el segundo? No se puede comprobar en su totalidad en un solo intento, las predicciones cuánticas nunca lo son, pero es correcto, porque quien las hubiera poseído no habría sufrido ninguna decepción, independientemente de la mitad que hubiera decidido examinar.

No hay duda al respecto. Cada medición es la primera en su sistema. Las mediciones en sistemas separados no pueden influirse directamente entre sí, eso sería magia. Tampoco pueden ser números aleatorios, si tras mil intentos se ha comprobado que las mediciones iniciales coinciden.

El catálogo de predicciones $q = 4$, $p = -7$ sería, por supuesto, hipermáximo.

§ 13. Continuación del ejemplo: todas las mediciones posibles están claramente entrelazadas.

Ahora bien, según las enseñanzas de la mecánica cuántica, que aquí seguimos hasta sus últimas consecuencias, una *predicción* de este alcance no es posible en absoluto. Muchos de mis amigos se tranquilizan con esto y explican: lo que un sistema habría respondido al experimentador si..., no tiene nada que ver con una medición real y, por lo tanto, desde nuestro punto de vista epistemológico, no nos incumbe.

Pero aclaremos las cosas una vez más. Centremos nuestra atención en el sistema designado por las letras minúsculas p y q, llamémoslo brevemente «el pequeño». La cuestión es la siguiente. Puedo plantear al sistema pequeño, mediante una medición directa en él, *una* de dos preguntas, ya sea la relativa a q o la relativa a p. Antes de hacerlo, si quiero, puedo obtener la respuesta a *una* de estas preguntas mediante una medición en el otro sistema completamente separado (que consideraremos como un aparato auxiliar), o puedo tener la intención de hacerlo después. Mi pequeño sistema, como un alumno en un examen, *no puede saber* si lo he hecho y para qué pregunta, o si lo haré después y para cuál.

846

Por cualquier número de pruebas previas, sé que el alumno siempre responde correctamente a la primera pregunta que le planteo. De ello se deduce que, en cualquier caso, *sabe* la respuesta a *ambas* preguntas. El hecho de que responder a la primera pregunta que se me ocurre plantearle fatigue o confunda al alumno de tal manera que sus respuestas posteriores no valgan nada no cambia en absoluto esta constatación. Ningún director de instituto juzgaría de otra manera si esta situación se repitiera con miles de alumnos del mismo origen, por mucho que se sorprendiera de *lo que* hace a todos los alumnos tan estúpidos o rebeldes después de responder a la primera pregunta. No se le ocurriría pensar que el hecho de que él, el profesor, consulte un libro de referencia le da al alumno la respuesta correcta, o incluso que, en los casos en los que el profesor decide consultar el libro después de que el alumno haya respondido, la respuesta del alumno ha modificado el texto del libro de referencia en favor del alumno.

Mi pequeño sistema tiene una respuesta concreta para la pregunta q y para la pregunta p, en caso de que sea la primera que se le plantee directamente. Esta disposición no puede cambiar en absoluto por el hecho de que yo mida Q en el sistema auxiliar (en la imagen: que el profesor busque una de las preguntas en su cuaderno y, sin embargo, estropee *la* página donde se encuentra la otra respuesta con una mancha de tinta). El físico cuántico afirma que, tras una medición Q en el sistema auxiliar, a mi pequeño sistema le corresponde una función ψ en la que «q es completamente nítida, pero p es completamente indeterminada». Y, sin embargo, como ya se ha dicho, nada ha cambiado en el hecho de que mi pequeño sistema también tiene una respuesta muy concreta a la pregunta p, la misma que antes.

Pero la cosa es aún peor. Mi inteligente alumno no solo tiene una respuesta concreta para la pregunta q y la pregunta p, sino también para otras mil, sin que yo pueda entender en lo más mínimo la técnica mnemotécnica con la que lo consigue. p y q no son las únicas variables que puedo medir. Cualquier combinación de ellas, por ejemplo

$$p^2 + q^2,$$

corresponde, según la concepción de la mecánica cuántica, a una medición muy concreta. Ahora bien,[1] resulta que también para estas se puede determinar la respuesta mediante una medición en el sistema auxiliar, concretamente mediante la medición de $P^2 + Q^2$, y las respuestas son prácticamente iguales. Según las reglas generales de la mecánica cuántica, para esta suma de cuadrados solo puede salir un valor de la serie

$$h, 3h, 5h, 7h, ...$$

[[1] W. SCHRÖDINGER, Proc. Cambridge philos. Soc. (en imprenta).]

La respuesta que mi pequeño sistema tiene preparada para la pregunta $(p^2 + q^2)$ (en caso de que esta sea la primera que se le plantee) debe ser un número de esta serie. Lo mismo ocurre con la medición de

$$p^2 + a^2q^2,$$

donde a debe ser una constante positiva arbitraria. En este caso, según la mecánica cuántica, la respuesta debe ser un número de la siguiente serie:

$$ah, 3ah, 5ah, 7ah, ...$$

Para cada valor numérico de a se obtiene una nueva pregunta, a cada una de las cuales mi pequeño sistema tiene una respuesta de la serie (formada con el a correspondiente).

Lo más sorprendente es que estas respuestas no pueden estar relacionadas entre sí en el contexto dado por las fórmulas. Porque si q' es la respuesta que se da a la pregunta q, y p' la respuesta que se da a la pregunta p, entonces es imposible que

$$(p'^2 + a^2q'^2)/ah = \text{sea un número entero impar}$$

para determinados valores numéricos q' y p' y para *cualquier número positivo a*. No se trata solo de operar con números imaginarios que no se pueden determinar realmente. Se pueden obtener dos de los valores de medida, por ejemplo, q' y p', uno mediante medición directa y el otro mediante medición indirecta. Y entonces se puede comprobar (véase más arriba) que la expresión anterior, formada a partir de los valores de medida q' y p' y un a arbitrario, no es un número entero impar.

La falta de comprensión de la relación entre las diferentes respuestas disponibles (en la «mnemotecnia» del alumno) es total, y la laguna no se llena con una nueva álgebra de la mecánica cuántica. La falta es aún más desconcertante si se tiene en cuenta que, por otro lado, se puede demostrar que el entrelazamiento ya está claramente definido por la exigencia $q = Q$ y $p = -P$. Si sabemos que las coordenadas son iguales y los impulsos opuestos, se deduce, desde el punto de vista de la mecánica cuántica, una asignación *muy concreta* y unívoca de *todas las posibles* mediciones en los dos sistemas. Para *cada* medición en el «pequeño», se puede obtener el valor de medida mediante una medición adecuadamente dispuesta en el «grande», y cada medición en el grande orienta al mismo tiempo sobre el resultado que dará o ha dado un determinado tipo de medición en el pequeño. (Por supuesto, en el mismo sentido que hasta ahora: solo cuenta la medición virgen en cada sistema). Tan pronto como hemos puesto los dos sistemas en la situación de que coinciden (en resumen) en coordenadas e impulso, también coinciden (en resumen) en todas las demás variables.

Pero no sabemos cómo se relacionan entre sí los valores numéricos de todas estas variables en *un* sistema, aunque el sistema

847

debe tener uno específico para cada una de ellas: porque, si queremos, podemos averiguarlo en el sistema auxiliar y luego lo confirmamos siempre mediante una medición directa.

¿Debemos pensar entonces que, dado que no sabemos nada sobre la relación entre los valores de las variables proporcionadas en *un* sistema, no existe tal relación y que pueden darse combinaciones prácticamente arbitrarias? Eso significaría que un sistema de «*un* grado de libertad» no solo necesitaría *dos* números para describirlo de forma suficiente, como quería la mecánica clásica, sino muchos más, quizá infinitos. Pero entonces resulta extraño que *dos* sistemas coincidan siempre en *todas* las variables cuando coinciden en dos. Por lo tanto, en segundo lugar, habría que suponer que esto se debe a nuestra torpeza; habría que pensar que somos prácticamente incapaces de poner dos sistemas en una situación en la que coincidan en dos variables sin provocar, nolens volens, la coincidencia también para todas las demás variables, aunque eso no fuera necesario en sí mismo. Habría que hacer estas *dos* suposiciones para no sentir como una gran vergüenza la total falta de comprensión de la relación entre los valores de las variables dentro de un sistema.

§14. El cambio del entrelazamiento con el tiempo. Dudas sobre la posición especial del tiempo.

Quizás no sea superfluo recordar que todo lo que se ha dicho en los apartados 12 y 13 se refiere a un único momento. El entrelazamiento no es permanente en el tiempo. Sigue siendo un entrelazamiento inequívoco de *todas las* variables, pero la asignación cambia. Esto significa lo siguiente. En un momento posterior t, también se pueden volver a determinar los valores de q o de p, que *entonces* son válidos, mediante una medición en el sistema auxiliar, pero las mediciones que se deben realizar en el sistema auxiliar para ello son *otras*. En casos sencillos, es fácil ver cuáles son. Ahora, por supuesto, depende de las fuerzas que actúan dentro de cada uno de los dos sistemas. Supongamos que no actúan fuerzas. Por simplicidad, supongamos que la masa es la misma para ambos y la llamemos m. Entonces, en el modelo clásico, los impulsos p y P permanecerían constantes, ya que son las velocidades multiplicadas por la masa; y las coordenadas en el momento t, a las que queremos asignar el índice t para diferenciarlas (q_t, Q_t), se calcularían a partir de las iniciales, que seguirán llamándose q, Q, de la siguiente manera:

$$q_t = q + (p/m)t$$
$$Q_t = Q + (P/m)t.$$

Hablemos primero del sistema pequeño. La forma más natural de describirlo clásicamente en el momento t es indicando la coordenada y el impulso *en ese momento*, es decir, mediante q_t y p. Pero también se puede hacer de otra manera. En lugar de q_t, también se puede indicar q. q es también un «elemento determinante en el momento t», y lo es en cada momento t, es decir, uno que no cambia con el tiempo. Es similar a cómo puedo indicar una determinada característica de mi propia persona, concretamente mi *edad*, ya sea mediante el número 48, que cambia con el tiempo y que en el sistema de indicación de q_t, o mediante el número 1887, que es habitual en los documentos y que corresponde a la indicación de q. Ahora bien, según lo anterior

$$q = q_t - (p/m)t.$$

Lo mismo ocurre con el segundo sistema. Por lo tanto, tomamos como elementos determinantes

para el primer sistema $q_t - (p/m)t$ y p
para el segundo sistema $Q_t - (P/m)t$ y P.

La ventaja es que *entre estos sigue existiendo constantemente el mismo entrelazamiento*:

$$q_t - (p/m)t = Q_t - (P/m)t; p = - P.$$

o resuelto:

$$q_t = Q_t - (2t/m)P; p = - P.$$

Lo único que cambia con el tiempo es lo siguiente: la coordenada del sistema «pequeño» no se determina simplemente mediante una medición de coordenadas en el sistema auxiliar, sino mediante una medición del agregado

$$Q_t - (2t/m)P.$$

Sin embargo, no hay que imaginarse que se miden Q_t *y* P, porque eso no es posible. Más bien hay que pensar, como siempre hay que pensar en la mecánica cuántica, que existe un método de medición directo para este agregado. Por lo demás, con este cambio, *todo* lo que se ha dicho en los apartados 12 y 13 se aplica a cada momento; en particular, en cada momento existe el entrelazamiento unívoco de *todas las* variables, con sus nefastas consecuencias.

Lo mismo ocurre cuando actúa una fuerza dentro de cada sistema, pero q_t y p se entrelazan con variables que se componen de Q_t y P de forma complicada.

Lo he explicado brevemente para que podamos reflexionar sobre lo siguiente. El hecho de que el entrelazamiento cambie con el tiempo nos hace pensar un poco. ¿Es necesario que todas las mediciones de las que se ha hablado se realicen en muy poco tiempo, en realidad *al instante*, sin tiempo, para justificar las implacables consecuencias? ¿Se puede disipar el fantasma señalando que las mediciones necesitan tiempo? No.

848

En cada experimento solo se necesita *una* medición en cada sistema; solo cuenta la virgen, las demás serían irrelevantes de todos modos. Por lo tanto, no nos tiene que preocupar cuánto tiempo dura la medición, ya que no queremos realizar una segunda. Solo hay que poder configurar las dos mediciones vírgenes de manera que proporcionen los valores variables para el mismo *momento* determinado y conocido de antemano, conocido de antemano porque tenemos que orientar las mediciones hacia un par de variables que están entrelazadas precisamente en ese momento.

– ¿Quizás no sea posible configurar las mediciones de esa manera?

= Quizás. De hecho, lo supongo. Pero la mecánica cuántica (M.C.) *actual* debe exigirlo. Porque está configurada de tal manera que sus predicciones siempre se hacen para un *momento* determinado. Dado que deben referirse a valores de medición, no tendrían ningún contenido si las variables en cuestión no pudieran medirse *para* un momento determinado, independientemente de que la medición en sí misma sea larga o corta.

Por supuesto, nos da igual cuándo *conoceremos* el resultado. En teoría, eso tiene tan poca importancia como el hecho de que se necesiten varios meses para integrar las ecuaciones diferenciales del tiempo para los próximos tres días. La drástica comparación con el examen de secundaria es inexacta en algunos puntos si se toma al pie de la letra, pero en esencia es acertada. La expresión «el sistema *sabe*» quizá ya no tenga el significado de que la respuesta surge de la situación de un momento, sino que quizá se extraiga de una sucesión de situaciones que abarca un período de tiempo finito. Pero incluso si fuera así, no tendríamos por qué preocuparnos, siempre que el sistema extraiga su respuesta de alguna manera por sí mismo, sin otra ayuda que la que le proporcionamos (mediante el diseño del experimento) al indicarle *qué* pregunta queremos que responda; y siempre que la respuesta en sí misma se asigne de forma inequívoca a un *momento* temporal; lo cual, para bien o para mal, debe darse por supuesto en cada medición de la que habla la mecánica cuántica actual, ya que, de lo contrario, las predicciones de la mecánica cuántica no tendrían ningún contenido.

Sin embargo, en nuestra discusión hemos encontrado una posibilidad. Si se pudiera aplicar la idea de que las predicciones de la mecánica cuántica no se refieren, o no siempre, a un momento concreto y definido, entonces tampoco sería necesario exigirlo de los índices. De este modo, dado que las variables entrelazadas cambian con el tiempo, la formulación de afirmaciones antinómicas se complicaría enormemente.

Que la predicción temporal precisa es un error es probable también por otras razones. La medida del tiempo es, como cualquier otra, el resultado de una observación. ¿Se puede conceder una posición excepcional precisamente a la medición de un reloj? ¿No debe referirse, como cualquier otra, a una variable que, en general, no tiene un valor preciso y que, en cualquier caso, no puede tenerlo al mismo tiempo que *cualquier otra* variable? Cuando se predice el valor de otra variable para un *momento* determinado, ¿no hay que temer que ambas no puedan conocerse con precisión al mismo tiempo? Dentro de la mecánica cuántica actual, es difícil investigar esta cuestión. Porque el tiempo se considera a priori como algo conocido con precisión, aunque habría que decir que cada vez que miramos el reloj se altera de forma incontrolable el avance del mismo.

Querría reiterar que no disponemos de una mecánica cuántica cuyas afirmaciones no sean válidas para momentos determinados con precisión. Me parece que esta carencia se manifiesta precisamente en esas antinomias. Con lo cual no quiero decir que sea la única carencia que se manifiesta en ellas.

§ 15. ¿Principio natural o artificio matemático?

Que el «tiempo preciso» es una incoherencia dentro de la mecánica cuántica y que, además, independientemente de ello, la posición especial del tiempo constituye un grave obstáculo para la adaptación de la mecánica cuántica al *principio de relatividad*, es algo que he señalado repetidamente en los últimos años, lamentablemente sin poder ofrecer ni una sombra de contrapropuesta viable[1]. Al examinar la situación actual en su conjunto, tal y como he intentado describir aquí, se impone una observación de naturaleza muy diferente en relación con la tan ansiada, pero aún no alcanzada, «relativización» de la mecánica cuántica.

La extraña teoría de la medición, el aparente salto de la función ψ y, finalmente, las «antinomias del entrelazamiento» se derivan todas de la sencilla forma en que el aparato matemático de la mecánica cuántica permite unir mentalmente dos sistemas separados en uno solo, para lo cual parece estar predestinado. Cuando dos sistemas interactúan, como hemos visto, no son sus funciones ψ las que interactúan, sino que estas dejan de existir inmediatamente y son sustituidas por una única función para todo el sistema. En resumen, esta consiste inicialmente en el *producto* de las dos funciones individuales, que, dado que una función depende de variables completamente diferentes a las de la otra, es una función de todas estas variables o «juega en un ámbito de dimensiones mucho más altas» que las funciones individuales. Tan pronto como los sistemas comienzan a interactuar entre sí, la función global deja de ser un producto y, aunque se hayan separado de nuevo,

[[1] Berl. Ber. 16. April 1931; Annales de l'Institut H. Poincaré, S. 269 (Paris 1931); Cursos de la Universidad Internacional de verano en Santander, 1, S. 60 (Madrid, Signo, 1935]

849

no se descompone en factores que puedan asignarse individualmente a los sistemas. Así, por el momento (hasta que el entrelazamiento se resuelva mediante una observación real), solo se dispone de una descripción común de ambos en ese ámbito de mayor dimensión. Esta es la razón por la que el conocimiento de los sistemas individuales puede reducirse al mínimo, incluso a cero, mientras que el del sistema global permanece siempre al máximo. El mejor conocimiento posible de un todo *no* implica el mejor conocimiento posible de sus partes, y sin embargo, en eso se basa todo el embrujo.

Quien reflexione sobre ello, no puede evitar quedarse pensativo ante el siguiente hecho. La unión conceptual de dos o más sistemas en *uno solo* tropieza con grandes dificultades en cuanto se intenta introducir el principio especial de relatividad en la mecánica cuántica. El problema de un solo electrón fue resuelto por P. A. M. DIRAC[1] hace ya siete años de una manera sorprendentemente sencilla y bellamente relativista. Una serie de confirmaciones experimentales, denominadas con los términos «espín del electrón», «electrón positivo» y «creación de pares», no dejan lugar a dudas sobre la veracidad fundamental de la solución. Pero, en primer lugar, se aleja mucho del esquema de pensamiento de la mecánica cuántica (el que he intentado describir *aquí*)[2] y, en segundo lugar, se encuentra una resistencia tenaz en cuanto se intenta avanzar desde la solución de Dirac, siguiendo el modelo de la teoría no relativa, hacia el problema de varios electrones. (Esto ya demuestra que la solución se sale del esquema general, ya que, como se ha mencionado, en este la unión de subsistemas es lo más sencillo). No me atrevo a juzgar los intentos que se han realizado en esta dirección[3]. No creo que hayan alcanzado el objetivo, simplemente porque los autores no lo afirman.

[[1] Proc. Roy. Soc. Lond. A, 117, 610 (1928).]
[[2] P. A. DIRAC, The principles of quantum mechanics, 1.ª ed., p. 239; 2.ª ed., p. 252. Oxford: Clarendon Press 1930 y 1935, respectivamente.]
[[3] Aquí se citan algunas de las referencias bibliográficas más importantes: G. BREIT, Physic. Rev. 34, 553 (1929) y 616 (1932).– C. MÖLLER, Z. Physik 70, 786 (1931).– P. A. M. DIRAC, Proc. Roy. Soc.

Lond. A 136, 453 (1932) y Proc. Cambridge philos. Soc. 30, 150 (1934).– R. PEIERLS, Proc. Roy. Soc. Lond. A 146, 420 (1934). – W. HEISENBERG, Z. Physik 90, 209 (1934)]

Algo similar ocurre con otro sistema, el campo electromagnético. Sus leyes son «la teoría de la relatividad encarnada», por lo que es imposible un tratamiento *no* relativo. Sin embargo, este campo, que como modelo clásico de la radiación térmica dio el primer impulso a la teoría cuántica, fue el primer sistema que se «cuantificó». El hecho de que esto se pudiera lograr con medios sencillos se debe a que aquí es un poco más fácil, ya que los fotones, los «átomos de luz», no interactúan directamente entre sí[1], sino solo a través de la mediación de las partículas cargadas. Aún hoy no disponemos de una teoría cuántica del campo electromagnético realmente impecable[2]. La *estructura de subsistemas* según el modelo de la teoría no relativa nos permite avanzar mucho (teoría de la luz de DIRAC[3]), pero aún no nos permite alcanzar del todo nuestro objetivo.

Quizás el sencillo procedimiento que posee la teoría no relativa para ello no sea más que un cómodo artificio matemático que, sin embargo, como hemos visto, ha adquirido hoy una influencia enorme en nuestra actitud básica hacia la naturaleza.

[[1] Sin embargo, esto probablemente solo sea cierto de forma aproximada. Véase M. BORN y L. INFELD, Proc. Roy. Soc. Lond. A 144, 425 y 147, 522 (1934); 150, 141 (1935). Este es el intento más reciente de electrodinámica cuántica.]
[[2] Aquí vuelven a aparecer los trabajos más importantes, algunos de los cuales, por su contenido, también podrían incluirse en la penúltima cita: P. JORDAN y W. PAULI, Z. Physik 47, 151 (1928). – W. HEISENBERG y W. PAULI, Z. Physik 56, 1 (1929); 59, 168 (1930). – P. A. M. DIRAC, V. A. FOCK y B. PODOLSKY, Physik. Z. d. Sowj. 6, 468 (1932). – N. BOHR y L. ROSENFELD, Danske Videnskaberne Selskab, math.-phys. Mitt. 12, 8 (1933).]
[[3] Una excelente ponencia: E. FERMI, Rev. of modern physics 4, 87 (1932).]

Agradezco sinceramente a Imperial Chemical Industries Limited, Londres, por concederme el tiempo libre necesario para redactar esta ponencia.

1936

MARZO

Selecciono aquí el apartado en el que Einstein se refiere a la cuántica en su artículo «Physik und Realität»:

> Albert Einstein. «Physics and Reality». *The Journal of the Franklin Institute*, vol. 221, nº 3, March 1936, pp. 313-347. Recogido también en *Aus meinen späten Jahren* («Physik und Realität»), *Deutsche Verlags-Anstalt*, Stuttgart, 1984, Doc. nº 12, pp. 63-106. Asimismo en *Mis ideas y opiniones*, Antoni Bosch, editor. Barcelona, 1983, pp. 261-291. También en *Oeuvres Choisies*. Vol. 5, pp. 125-151. También en *Out of my later years*, *CITADEL PRESS*, New York, 1984, pp. 59-97. También en *Einstein. Conceptions scientifiques*. Traducción de Maurice Solovine. *Flammarion* 1990. ISBN 2-08-081214-9; pp. 20-76. («Física y Realidad»)

Física y realidad

[Las indicaciones numéricas de paginación y notas al pie del documento son las que figuran en *The Journal of the Franklin Institute*.]

§ 6. Quantentheorie und Fundament der Physik
§ 6. La teoría cuántica y el fundamento de la física

Los físicos teóricos de la actual generación cuentan con la construcción de un nuevo fundamento teórico de la física mediante la utilización de conceptos fundamentales que divergen considerablemente de los de la teoría de campo hasta ahora considerada. El motivo reside en que, para la representación matemática de los fenómenos llamados cuánticos, se ha visto que era necesario utilizar nuevos modos de ver.

Esto es, mientras el defecto de la mecánica clásica, revelado por la teoría de la relatividad,

337

estaba ligado a la finitud (al no ser infinita) de la velocidad de la luz, se descubrieron al comienzo de nuestro siglo incongruencias de otro tipo entre deducciones de la mecánica y los hechos experimentales, incongruencias ligadas con la finitud (al no ser nula) de la constante *h* de Planck. Así, mientras la mecánica molecular exige en lo esencial un decrecimiento de la densidad de radiación (monocromática) y de la capacidad calorífica de los cuerpos rígidos proporcional al de la temperatura absoluta, la experiencia mostraba un decrecimiento mucho más rápido de estas magnitudes energéticas con la temperatura. Para interpretar teóricamente este comportamiento hubo que suponer que la energía de los sistemas mecánicos no puede tomar cualquier valor, sino sólo ciertos valores discretos cuyas expresiones matemáticas dependían siempre de la constante *h* de Planck. Para la teoría del átomo (teoría de Bohr) también era esencial esta concepción. Para el paso de uno a otro de estos estados –con o sin emisión o absorción de radiación– no se podían señalar leyes causales, sino sólo estadísticas, lo mismo que para la desintegración radiactiva de átomos, más minuciosamente estudiada aproximadamente por las mismas fechas. Durante más de dos décadas, los físicos se habían esforzado inútilmente en encontrar una interpretación unificada de este carácter cuántico de los sistemas y de los procesos. Se logró, no obstante, una interpretación semejante hace aproximadamente una década mediante dos métodos teóricos en apariencia completamente diferentes, uno de ellos debido a Heisenberg y Dirac y el otro a de Broglie y Schrödinger; la equivalencia matemática de ambas teorías fue pronto reconocida por Schrödinger. Intentaré esbozar aquí el modo de pensar de de Broglie-Schrödinger más próximo al modo de razonar de los físicos para ligar después algunas consideraciones generales.

De entrada, la cuestión es: ¿cómo se puede asignar a un sistema dado, en el sentido de la mecánica clásica (la función energía es una función dada de las coordenadas q_r y de los correspondientes momentos p_r), una serie discreta de valores de energía H_σ? La constante de Planck asigna a los valores de energía H_σ los valores de frecuencia $1/h\, H_\sigma$. Basta pues con asignar al sistema una serie discreta

338

de valores de la *frecuencia*. Esto recuerda que en acústica se da el caso de que se asocia una serie de valores de frecuencia discretos a una ecuación diferencial lineal en derivadas parciales (para condiciones en los límites dadas), a saber, las soluciones periódicas de tipo sinusoidal. Por este motivo, Schrödinger se planteó la tarea de asociar una ecuación diferencial en derivadas parciales para una función escalar ψ a la función energía dada $\varepsilon(q_r, p_r)$, donde las q_r y el tiempo t son las variables independientes. Lo consiguió (para una función compleja ψ) de modo que los valores teóricos de energía (H_σ) exigidos por la teoría estadística se obtenían realmente, de modo satisfactorio, a partir de las soluciones periódicas de la ecuación.

Por supuesto, se hizo evidente la imposibilidad de asignar un proceso de movimiento definido, en el sentido de la mecánica de puntos materiales, a una solución determinada $\psi(q_r, t)$ de la ecuación de Schrödinger; es decir, a la función ψ no le corresponde, o al menos nunca exactamente, una representación de las q_r como función del tiempo t. Aunque, según Bohr, es factible una interpretación del significado físico de la función ψ de la siguiente manera: $\psi\bar{\psi}$ (cuadrado del valor absoluto de la función compleja ψ) es la densidad de probabilidad para el lugar considerado en el espacio de configuración de las q_r y para el valor de tiempo t. De acuerdo con esto y de un modo plástico, aunque algo inexacto, se puede caracterizar el contenido de la ecuación de Schrödinger así: determina cómo se modifica con el tiempo la densidad de probabilidad de un conjunto estadístico de sistemas en el espacio de configuración. Dicho brevemente: la ecuación de Schrödinger determina el cambio de la función ψ de las q_r con el tiempo.

Debe mencionarse que los resultados de la teoría contienen, como casos límite, los de la mecánica del punto si las longitudes de onda que intervienen en la solución del problema de Schrödinger son en todas partes tan pequeñas que la energía potencial, para un recorrido de alrededor de una longitud de onda en el espacio de configuración, sólo cambia, prácticamente, infinitamente poco. Así pues, se puede probar lo siguiente: se elige una zona G_0 en el espacio de configuración que (en cualquier dirección) sea grande respecto a las longitudes de onda, aunque pequeña frente a las auténticas dimensiones del espacio de configuración. Se puede en tal caso

339

elegir una función ψ para un tiempo inicial t_0 de modo que se anule fuera de G_0 y que se comporte según la ecuación de Schrödinger de modo que conserve aproximadamente esta propiedad también para tiempos posteriores, sólo que, en tal caso, la zona G_0 se convierte, para el tiempo t, en otra zona G. Se puede hablar así aproximadamente del "movimiento" de la zona G como un todo y aproximarlo mediante el movimiento de un punto en el espacio de configuración. Este movimiento coincide entonces con el exigido por las ecuaciones de la mecánica clásica.

Experimentos interferenciales con radiaciones de partículas proporcionaron la brillante prueba de que el carácter ondulatorio, supuesto por la teoría, de los procesos de movimiento corresponde a la realidad. La teoría logró además describir con facilidad las leyes estadísticas del paso de un sistema de un estado cuántico a otro bajo la acción de fuerzas exteriores, lo que, desde el punto de vista de la mecánica clásica, parece un milagro. Las fuerzas exteriores estaban a este respecto representadas por pequeños suplementos de energía potencial dependientes del tiempo. Mientras, según la mecánica clásica, semejantes incrementos sólo podían generar análogamente pequeños cambios del sistema, según la mecánica cuántica se generan cambios arbitrariamente grandes, aunque con arreglo a una probabilidad más pequeña –enteramente en consonancia con la experiencia. La teoría proporciona incluso, al menos a grandes rasgos, una comprensión de las leyes de la desintegración radiactiva.

Es probable que nunca se haya desarrollado una teoría que haya proporcionado una llave para interpretar y calcular hechos experimentales de tan variado tipo como la mecánica cuántica. Creo, no obstante, que está configurada de tal modo que nos desorienta en la búsqueda de un fundamento unitario de la física, pues, a mi parecer, es una representación *incompleta* de las estructuras reales, aun siendo la única que se puede construir adecuadamente sobre los conceptos básicos de punto material y de fuerza (corrección cuántica de la mecánica clásica). La incompletitud de la representación corresponde necesariamente al carácter estadístico (incompletitud) de las leyes. Fundamentaré ahora esta opinión.

340

Pregunto, de entrada: ¿hasta qué punto la función ψ describe un estado real de un sistema mecánico? Sean ψ_r las soluciones periódicas de la ecuación de Schrödinger (ordenadas según valores crecientes de la energía). La pregunta de en qué medida las ψ_r individuales son descripciones *completas* de estados físicos la dejo abierta por el momento. Supongamos que un sistema se encuentra de entrada en el estado ψ_1 de energía más baja ε_1 y que, en esa situación, actúa sobre el sistema, durante un tiempo limitado, una pequeña fuerza perturbadora. Para un tiempo posterior se obtiene en tal caso, a partir de la ecuación de Schrödinger, una función ψ de la forma

$$\psi = \sum C_r \psi_r$$

donde las C_r son constantes (complejas). Si las ψ_r están “normalizadas”, $|C_1|$ es aproximadamente igual a 1 y $|C_2|$, etc., pequeño con relación a 1. Se puede ahora preguntar: ¿describe ψ un estado real del sistema? En caso de que sí, apenas podríamos hacer otra cosa que atribuir[3] a este estado una energía ε determinada, es decir, una que sobrepase a ε_1 un poco (en todo caso, $\varepsilon_1 < \varepsilon < \varepsilon_2$). Semejante suposición está sin embargo en contradicción con los experimentos de choques de electrones que fueron llevados a cabo en primer lugar por J. Franck y G. Hertz y si se acepta además la prueba de Millikan de la naturaleza discreta de la electricidad. De estos experimentos se sigue pues que no hay estados de energía de un sistema que se encuentren entre los valores cuánticos. Se sigue de aquí que nuestra función ψ no describe en absoluto ningún estado unitario del cuerpo, sino que representa un enunciado estadístico en el que las C_r representan probabilidades de los valores individuales de energía. Me parece por eso claro que la interpretación estadística de Bohr de los enunciados de la teoría cuántica es la única posible: la función ψ no describe en absoluto un estado que pudiera corresponder a un sistema individual; se refiere más bien a muchos sistemas, a un "conjunto de sistemas" en el sentido de la mecánica estadística. Si la función ψ, con excepción de casos especiales, proporciona sólo enunciados *estadísticos* sobre magnitudes medibles,

[3] Pues la energía de un sistema completo (en reposo) es igual a su inercia (como totalidad) según un resultado seguro de la teoría de la relatividad. Ésta, sin embargo, tiene que tener un valor determinado bien definido.

341

eso se debe no sólo a que *el proceso de medida* introduce elementos desconocidos censables sólo estadísticamente, sino justamente a que la función ψ no describe en absoluto el estado de *un* sistema individual. La ecuación de Schrödinger determina los cambios temporales que experimenta el conjunto de sistemas, con o sin influencia exterior sobre el sistema individual.

Una interpretación semejante elimina también una paradoja expuesta recientemente por mí junto con dos colaboradores, que se refiere al caso siguiente:

Supongamos un sistema mecánico constituido por dos sistemas parciales A y B que interactúan sólo durante un tiempo limitado. Supongamos dada la función ψ antes de la interacción. La ecuación de Schrödinger proporciona en tal caso la función ψ después de la interacción. Determinemos ahora el estado físico del sistema parcial A mediante una medida lo más completa posible. La mecánica cuántica permite entonces determinar, a partir del resultado de la medida y de la función ψ del sistema total, la función ψ del sistema parcial B. Esta determinación suministra sin embargo un resultado que depende de *qué* magnitudes de estado de A se han medido (por ejemplo, coordenadas *o* momentos). Como sólo puede haber *un* estado físico de B después de la interacción, que no puede razonablemente considerarse dependiente del tipo de medidas que yo realice en el sistema A separado de B, se pone de manifiesto que la función ψ no corresponde unívocamente al estado físico. Esta asignación de varias funciones ψ al mismo estado físico del sistema B evidencia de nuevo que la función ψ no puede interpretarse como descripción (completa) de un estado físico (de un sistema individual). También aquí, la asociación de la función ψ a un conjunto de sistemas allana cualquier dificultad.[4]

Que la mecánica cuántica permita deducir de forma tan sencilla enunciados sobre transiciones discontinuas (en apariencia) de un

[4] Llevar a cabo una medida de A significa pues pasar a un conjunto de sistemas más restringido. Este último (y, por tanto, también su función ψ) depende de qué punto de vista se adopte respecto a esta restricción.

342

estado global a otro sin dar realmente una representación del verdadero proceso se debe a que, en realidad, la teoría no opera con el sistema individual, sino con un conjunto de sistemas. Los coeficientes C_r de nuestro primer ejemplo sólo se modifican muy poco bajo la acción de fuerzas exteriores. Mediante esta interpretación de la mecánica cuántica se comprende cómo puede ésta dar cuenta con facilidad del hecho de que pequeñas fuerzas perturbadoras puedan producir cambios arbitrariamente grandes del estado físico de un sistema. Tales fuerzas perturbadoras generan pues sólo los correspondientes pequeños cambios de las *densidades estadísticas* en el conjunto de sistemas y por tanto también sólo cambios infinitamente pequeños de la función ψ, cuya descripción matemática presenta dificultades mucho menores que la representación matemática de los cambios finitos que experimenta una parte de los sistemas individuales. Desde luego, el proceso que tiene lugar en el sistema individual permanece, con semejante forma de considerar las cosas, por completo inexplicado; asunto que, justamente, se elimina del todo de la representación mediante la perspectiva estadística.

Sin embargo, pregunto ahora:

¿Verdaderamente cree algún físico que, en estos significativos cambios del sistema individual, podamos conseguir alguna vez hacernos una idea de su estructura y sus conexiones causales, a pesar de lo próximos que se nos han hecho los procesos individuales gracias a los maravillosos inventos de la cámara de Wilson y del contador Geiger? Creer esto es, desde luego, posible desde una perspectiva lógica exenta de contradicción, pero repugna de tal manera a mi instinto científico que no puedo dejar de buscar una forma más completa de concebirlo.

A estas consideraciones hay que añadir otras de otro tipo que hablan asimismo en contra de que los métodos aceptados por la mecánica cuántica sean idóneos para proporcionar un fundamento apropiado para toda la física. En la ecuación de Schrödinger, el tiempo absoluto y la energía potencial juegan un papel decisivo, conceptos que, en principio, se reconocen como inadmisibles por la teoría de la relatividad. Si se quiere lograr desembarazarse de este asunto, se tienen

343

que tomar por base, en vez de fuerzas de interacción, campos y leyes de campo. Esto lleva a trasladar a los campos, es decir, a sistemas de infinitos grados de libertad, los métodos estadísticos de la mecánica cuántica. Aunque los intentos realizados hasta la fecha se limitan a ecuaciones lineales que, según los resultados de la teoría de la relatividad, pueden no bastar, las complicaciones aparecidas en los esfuerzos sumamente ingeniosos realizados hasta ahora son ya espantosas. Y se amontonarán si se quiere satisfacer la exigencia de la relatividad general de cuya legitimidad básica nadie duda.

Se ha hecho alusión, desde luego, a que la introducción de un continuo espacio-temporal, vista la estructura molecular de todo fenómeno a pequeña escala, hay que considerarla ya posiblemente como contraria a la naturaleza. Quizá el éxito del método de Heisenberg señale un método de descripción de la naturaleza puramente algebraico, la eliminación de las funciones continuas de la física. Pero, en tal caso, habrá también que renunciar por principio a la utilización del continuo de espacio-tiempo. No es impensable que la sagacidad humana llegue a encontrar algún día métodos que hagan posible tomar este camino. Pero, por ahora, este proyecto parece similar al intento de respirar en un espacio vacío.

No hay duda de que la mecánica cuántica ha agarrado una buena parte de la verdad y que será una piedra de toque para un futuro fundamento teórico, de modo que tendrá que ser deducible como caso límite a partir de este fundamento –algo así como la electrostática a partir de las ecuaciones de Maxwell del campo electromagnético o la termodinámica a partir de la mecánica clásica. Creo, sin embargo, que, en la búsqueda de ese fundamento, la mecánica cuántica no puede servir como *punto de partida*, del mismo modo que, a la inversa, tampoco se podría pasar de la termodinámica o la mecánica estadística al fundamento de la mecánica.

A la vista de este estado de cosas me parece completamente justificado considerar seriamente la cuestión de si, *después de todo,* no es compatible el fundamento de la física de campo con los hechos cuánticos. ¿Acaso no es este fundamento el único que

344

en el actual estado de nuestros medios de expresión matemática puede adaptarse al postulado de la relatividad general? La convicción dominante entre los físicos actuales de la inutilidad de un intento semejante podría estar relacionada con la creencia infundada de que tal teoría tuviese que conducir en primera aproximación a las ecuaciones de la mecánica clásica del movimiento de los corpúsculos o, al menos, a ecuaciones diferenciales totales. Verdaderamente, sin embargo, no se ha logrado en absoluto hasta la fecha representar corpúsculos de modo teórico mediante campos libres de singularidad y a priori no podemos decir absolutamente nada sobre el comportamiento de tales entes. *Una cosa* es segura, no obstante: si una teoría de campo proporciona una representación de los corpúsculos libre de singularidad, el comportamiento temporal de estos corpúsculos se determina únicamente mediante las ecuaciones diferenciales del campo.

—

SEPTIEMBRE – DICIEMBRE

Carta de Einstein a Born [71]

(Sin fecha concreta: entre septiembre y diciembre de 1936)

El próximo semestre tendremos aquí en Princeton a tu colaborador temporal Infeld y espero con impaciencia poder discutir con él. He llegado, con un joven colaborador, a un resultado interesante: no hay ondas gravitacionales, por más que en primera aproximación se haya tenido por cierto*. Lo que prueba que las ecuaciones no lineales de campo de la relatividad general proporcionan más precisiones, o restricciones, de lo que hasta ahora se creía. ¡Ojalá no fuese tan penoso encontrar soluciones rigurosas! Sigo sin creer en el carácter definitivo del método estadístico en teoría cuántica, pero por el momento me quedo solo con mi opinión. (Carta [79])

Comentario adicional de Born

Esta carta de Einstein expresa de nuevo su rechazo de la teoría estadística de los cuantos, con esta confesión: predicaba en el desierto. Yo, por mi parte, estaba en esa época absolutamente persuadido de tener razón en este problema, pues todos los físicos teóricos trabajaban con esta concepción estadística, en particular Niels Bohr y su escuela, quienes, por otra parte, contribuyeron esencialmente a la clarificación de esta idea; sin embargo, no parece que esté justificado darle el nombre de «teoría de Copenhague» como hace todo el mundo.**

[* Sorprende la tranquilidad de Einstein negando ahora la existencia de las ondas gravitacionales, asunto que él mismo había destapado 20 años antes y sobre el que Born no se manifiesta. Fue una *crisis* momentánea. Su joven colaborador es Nathan Rosen (que ya toma parte en el "argumento EPR" de 1935), con quien escribirá al poco el artículo: «On gravitational waves», *Franklin Institute, Journal*, vol. 223, pp. 43-54. 1937, en el que se ratifica de nuevo la existencia de tales ondas.]
[** Parece que Born reclama aquí *autoría* respecto a lo que se ha llamado genéricamente "interpretación de Copenhague". Véase Nota a pie de la Carta [82]]

1937

MARZO

Carta de Einstein a Ernst Cassirer

Princeton, N.J., 16 de marzo de 1937

Señor:

He leído cuidadosamente su libro* y con sincera admiración. No sé si es la agudeza de espíritu, el arte de la presentación, el profundo conocimiento que tiene usted del tema lo que hay que admirar más. Por otra parte, al leer el libro me he dado cuenta de hasta qué punto fue Leibniz un espíritu fuera de lo común. Que no hallase satisfactoria la hipótesis de las fuerzas de interacción a distancia no es tan sorprendente; es manifiesto que el propio Newton no creyó en la necesidad de concebir esta suposición como definitiva, irrevocable. Hay que admirarse más ante su rechazo del espacio absoluto. Pero haber comprendido que había que rechazar la física atómica como fundamento de la física porque es, en su principio mismo, incompatible con un modo de representación que utiliza funciones continuas (leyes de colisiones como leyes elementales), eso sí acredita, para la época, auténtico genio. Creo que el futuro de dará la razón, aunque el estado actual de la teoría no parece querer, de ningún modo, que sea así.

Vayamos ahora a exponer brevemente por qué, a mi entender, la mecánica cuántica no es una base satisfactoria de la descripción física. Mi crítica se refiere a la relación entre la descripción y la realidad física. Creo que la descripción efectuada por medio de la función ψ es una descripción *incompleta* de lo «real».

Tomemos el caso de un sistema constituido por dos puntos materiales que se supone que sufren una colisión única. De la función de onda $\psi_{12}(t_0)$, obtenida antes del choque, deriva, por aplicación de la ecuación de Schrödinger, la función de onda $\psi_{12}(t)$, que se aplica al tiempo t consecutivo al choque.

Si se efectúa ahora, en el transcurso del tiempo t (o en un lapso de tiempo en el entorno de t), una medida tan «completa» como sea posible en el punto 1, se obtiene para el punto 2, según la mecánica cuántica, una función ψ que está determinada por ψ_{12} y el resultado de la medida efectuada en 1.

Pero, según que yo efectúe en 1 un *tipo* de medida (la más completa posible) u otra, obtengo una u otra función de onda ψ_2 para el sistema 2, que representan igualmente en cada uno de los casos una descripción «tan completa como sea posible» del estado 2.

Ahora bien, se está obligado a admitir, me parece, que al efectuar una medida en 1, no se puede influir en el estado físico del punto material 2, ya que los dos puntos materiales están completamente separados el uno del otro. En todo caso, a mi instinto de físico le repugna admitir semejante acción a distancia.

De aquí derivaría necesariamente que el «estado» físico «real» del sistema 2 no puede depender del *tipo* de medida que efectúo en 1. Sin embargo, al ser completamente diferente el resultado obtenido para ψ_2 en los dos casos, son dos funciones ψ completamente diferentes una de otra las que corresponden *al mismo* estado físico de 2. Ahora bien, esto es incompatible con la concepción según la cual ψ_2 sería una descripción completa del estado físico del punto 2, ya que una descripción *completa* supondría necesariamente que ψ_2 se asigne de forma *unívoca* al estado físico del punto 2.

Ciertamente, se elude toda esta dificultad cuando, siguiendo a Born, se asigna ψ_2 no al estado de un sistema individual, sino a un cierto conjunto de estados de los puntos materiales 2. Se reconoce justamente entonces que ψ_2 no describe la totalidad de lo que pertenece «realmente» al sistema parcial 2, sino solamente lo que sabemos de él en este caso particular.

Desde luego se puede admitir que una descripción más precisa sería inadecuada en el sentido de que, para semejante descripción, no habría leyes completas. Pero, por la misma razón, se concedería implícitamente que no existen efectivamente leyes completas que correspondan a conexiones reales de las cosas entre sí.

O bien entonces habría que decantarse por pensar que entre los puntos materiales 1 y 2, separados uno de otro, hay una especie de interacción «telepática»; pero, que yo sepa, no hay ningún teórico que se decante por eso.

(Estoy íntimamente convencido de que no se podrá salir del dilema así descrito más que adoptando una concepción de los hechos muy diferente, a saber, un modo de descripción mucho más próximo a la descripción «clásica» que la que tenemos hoy por verosímil –o posible). En efecto, hay que tener permanentemente presente que, actualmente, la «teoría clásica de campos» no nos permite saber nada sobre la ley del movimiento de los puntos materiales. Para ir al fondo del problema, sin embargo, no se necesitan en absoluto hipótesis físicas particulares: «basta» con resolver ciertos problemas matemáticos.

Con mis mejores deseos, mis amistosos saludos

A. Einstein

[* Ernst Cassirer. «***Determinismus und Indeterminismus in der modernen Physik***». Göteborg, Stockholm, Högkolas Arffterift, 1936.]

[Fuente: Oeuvres Choisies. Libro I. Quanta, p. 240]

1938

OCTUBRE

Carta a la Sra. Ehrenfest

Tatiana (Afanasieva) Ehrenfest envía a Einstein un largo artículo en el que critica la interpretación probabilística de Born. Einstein, responde:

12 de octubre de 1938

Querida Sra. Ehrenfest:

Es muy amable por su parte haber reaccionado tan deprisa a v.d. Peyl. Espero que valga la pena. Le envío mi último trabajo aunque abra sólo una vía formal y apenas se ocupe de física. Es de física, sin embargo, de lo que me ocupo en este momento, con mis dos jóvenes colaboradores. No creo que el método estadístico sea definitivo, lo que me granjea una reputación de viejo reaccionario irrecuperable, al menos provisionalmente. Así que mi trabajo no versa en absoluto sobre la mecánica cuántica, sino sobre una teoría general del campo que espero que englobe los fenómenos cuánticos.

Voy a sus observaciones sobre el fundamento de la teoría estadística de los cuantos. No se puede simplemente sustituir los electrones por paquetes de ondas, concebidos por así decirlo como una descripción de lo real físico, un poco como el campo electromagnético en la teoría de Maxwell.

El paquete de ondas que se atribuye a un electrón se dispersa en el transcurso del tiempo, es decir, que cada vez está menos localizado. Por ejemplo, si está encerrado en una cavidad de paredes reflectantes, el proceso ondulatorio llena poco a poco regularmente el espacio interior de la cavidad, sea cual sea el tamaño de esta. Naturalmente, también es el caso cuando el espacio se compone de dos espacios que se comunican por un canal estrecho.

Ahora bien, nadie duda de que, cuando se tapona el canal por una pared reflectante, no esté el electrón en *uno sólo* de los dos espacios parciales. Y, como esta operación puede hacerse con mucha rapidez la carga eléctrica no se puede haber distribuido uniformemente, antes del cierre, en las dos cavidades.

Como es sabido, la interpretación de Born es la que ha permitido salir de este dilema.

La onda no describe el estado real, sino la probabilidad de que el electrón se encuentre en un lugar determinado. La ecuación de Schrödinger indica entonces cómo evoluciona este campo de probabilidad en el transcurso del tiempo cuando está dado su valor en un instante [preciso]. De esta manera, se reconcilian las cualidades propias de las partículas y las cualidades propias de la interferencia.

Si se quieren describir varias partículas, es indispensable representarlas por una función de onda de dimensión más elevada, si no, no se podrían tener en cuenta las interacciones entre partículas.

El hecho de que, en esta descripción, *q* no esté localizado, aunque la partícula se encuentre sin embargo en un lugar perfectamente determinado, por ejemplo, si se observan centelleos, no presenta dificultad en la interpretación de Born, ya que la función de onda no dice dónde está la partícula: dice cuál es la probabilidad de que, en la observación, se la encuentre en un lugar situado en el interior del dominio considerado.

Desde el punto de vista empírico, la relación de Heisenberg es válida, ya que no se puede observar una cosa sin modificar (simultáneamente) su *p* y su *q*. Asimismo, los teóricos ortodoxos dicen (y, a mi entender, tienen derecho en el plano lógico) que la cosa no *posee* un *p* y un *q* determinado. Es ilegítimo preguntar qué posee *realmente* la cosa. Lo que se describe no es más que la representación de las probabilidades para el conjunto de todas las medidas *posibles*. Esto es lo que da la teoría: no hay que pedirle más.

Me gustaría evocar solamente las razones que hacen que esta historia apenas me guste en el terreno de los principios, aunque sea impecable en el dominio lógico y su aplicación dé importantes resultados.

1. Encuentro absolutamente espantosa la idea de que no haya leyes para lo que es, sino sólo para las probabilidades de lo que es (descripción indirecta que me repugna).

2. Desde luego, no se puede medir el impulso y las coordenadas de una partícula. Pero cabe arreglárselas del siguiente modo:

Consideremos dos partículas *A* y *B* que, después de haber interactuado anteriormente, son libres. Se puede prever, sin tocar *B*, bien el valor de la variable *q* que le corresponde o bien el valor de *p* (a elección), basándose en una medida hecha sobre *A*. Saber si es *q* o *p* de *B* el que se prevé (con certidumbre) no depende más que de la medida que hago en *A*.

Pero como no puedo decidirme a decir que una manipulación hecha sobre *A* tiene influencia sobre *B*, me veo obligado a suponer que está realizado sobre *B* (realmente, es decir, físicamente) lo que, sobre la base de las medidas hechas en *A*, puede preverse con certidumbre en cuanto a los resultados. Por eso me veo obligado a atribuir al menos a la partícula (al menos en el caso en que sea *libre*) a la vez un *p* determinado y un *q* determinado.

En otros términos, creo por tanto que la descripción dada por la mecánica cuántica es una descripción incompleta, un poco de la misma manera que, en mecánica estadística o en teoría cinética de gases, la descripción de los procesos mecánicos es una descripción incompleta.

Más prudentemente, yo diría esto: creo que, más tarde, se impondrá una teoría que evite el carácter estadístico, pero que deberá introducir en la teoría un número más importante de magnitudes. Desde el punto de vista de esta teoría, el carácter estadístico de las leyes de la mecánica cuántica se deberá sólo al hecho de que la descripción que esta da de las cosas es una descripción incompleta.

Como ve, no le doy una demostración lógica; intento darle sólo las razones de mi espera e indicarle la dirección de mis investigaciones.

Mis cordiales saludos

A. Einstein

¿Qué le parece la conducta de nuestras bellas democracias?
¡A mí me parece que es una vergüenza!

[Fuente: Oeuvres Choisies. Libro I. Quanta, p. 242-244]

1939

AGOSTO

Carta de Einstein a Schrödinger

9 de agosto de 1939

Sigo convencido de que la representación ondulatoria de la materia es una representación incompleta del estado de cosas, por útil que haya resultado en la práctica. El mejor ejemplo es tu argumento de los gatos (desintegración radiactiva vinculada a una explosión). Algunas partes de la función ψ corresponden, en un instante fijado, al gato vivo, en otro, al gato reducido a polvo.
Intentar concebir la función ψ como la descripción completa de un estado (independientemente de la observación) vuelve a decir que el gato, en el instante considerado, no está ni vivo ni reducido a cenizas. Sin embargo, es de la una o de la otra de estas circunstancias de la que da cuenta la observación.
Si se rechaza esta concepción, debe admitirse que la función ψ no expresa un estado de cosas real, sino la quintaesencia de nuestro saber con relación a un estado de cosas. Esa es la interpretación de Born, probablemente compartida por la mayor parte de los teóricos.
Dicho esto, reconozco que una descripción completa como la que exijo, sin duda no sería observable en su totalidad en un caso individual; sin embargo, tampoco se puede exigir razonablemente que sea así. Sigo convencido de que toda esta curiosa situación se debe a que aún no hemos llegado a una descripción completa del estado de las cosas. No te escribo todo esto pensando que voy a convencerte...

[Oeuvres Choisies. L. I. Quanta, p. 240]

1943

MAYO

Carta de Born a Einstein [78]

Edinburgh.
10 de mayo de 1943

No he hecho mucha investigación, pero observo lo que hace Schrödinger con gran interés. Me escribe con regularidad y espero visitarlo en Dublín durante el semestre. Ha rescatado uno de tus viejos trabajos, de 1923, y le ha dado nueva vida, desarrollando una teoría unificada de campo para gravitación, electrodinámica y mesones que me parece prometedora. Pero supongo que te habrá escrito al respecto.

Me acaban de informar de que John v. Neumann está en este país y que me visitará la semana que viene, acompañando a alguien del Almirantazgo para quien hará alguna investigación de cariz militar.

Comentario adicional de Born

No consigo acordarme de cuál era el contenido de la investigación de Schrödinger sobre «teoría unificada de campo». Mi correspondencia con él era esporádica y explosiva. Durante un tiempo andaba dormido; luego venía un aluvión de cartas suyas, con frecuencia una diaria, de modo que me resultaba difícil mantener el paso para responderle. Recuerdo claramente la serie de cartas sobre la teoría de la relatividad general y su generalización, pero no del contenido de las cartas. Finalmente, cuando abandoné Edimburgo (1954), tenía una montaña de cartas de Schrödinger que destruí en su mayor parte –por falta de sitio en mi pequeño despacho de trabajo en Bad Pyrmont. Veo ahora lo estúpido que fue ese gesto, pues aunque había mucha paja en el trigo, había también deliciosos granos, giros de genuino cuño schrödingeriano.

John von Neumann era un matemático húngaro que estuvo cierto tiempo en Göttingen poco después del descubrimiento * de la mecánica cuántica. Publicó luego un libro, «Fundamentos matemáticos de la mecánica cuántica» (Berlín 1932), considerado hoy una obra de referencia. Contiene la fundamentación rigurosa de los conceptos y métodos matemáticos que utilizamos

Heisenberg, Jordan y yo, y en especial la interpretación que introduje yo de las matrices como operadores en un espacio de infinitas dimensiones, el «espacio de Hilbert». Utilicé para ello resultados provenientes de Hilbert, aunque era consciente de que los supuestos hechos en física eran más restringidos que los hasta ese momento habituales en la matemática de este espacio. Von Neumann tuvo éxito en la no fácil tarea de encontrar los argumentos terminantes entre las diversas hipótesis. Su libro contiene también otros importantes resultados y útiles construcciones conceptuales. En la época nazi emigró a América y fue profesor en el «Institute for Advanced Study» de Princeton, trabajando allí junto a Einstein y Weyl. Con todo derecho, fue considerado el más grande matemático de América y quizá del mundo entero.

[* A buen seguro que Einstein no hubiese aprobado el término "descubrimiento". El científico "inventa", es un creador, no un descubridor.]

—

JUNIO

Carta de Einstein a Born [79]

2 de junio de 1943

Schrödinger ha tenido la amabilidad de escribirme personalmente sobre su trabajo. En su momento yo estaba bastante entusiasmado con esta línea de pensamiento. Su debilidad reside en que la construcción desde el punto de vista del espacio afín es bastante artificial y forzada. Además, vincular la curvatura antisimétrica con los estados eléctricos del espacio aboca a que los campos eléctricos estén ligados linealmente a densidades de carga. Por supuesto he escrito detenidamente a Schrödinger al respecto.

También yo, después de tantos intentos infructuosos, estoy haciendo algo bastante atrevido por llegar a una física unificada. De todos modos, cualquier verdadero avance exigirá un enorme salto intelectual.

1944

JULIO

Carta de Born a Einstein [80]

Edinburgh
15 de julio de 1944

Junto con mi alumno chino Peng, un hombre excelente, he intentado mejorar la teoría cuántica de campos y creo que vamos en la buena dirección. Por otra parte, Schrödinger ha mejorado los intentos tuyos y de otros por unificar, por métodos clásicos, los diferentes campos. Creo que el próximo paso debería ser una combinación y fusión de estas dos aproximaciones. Pero estoy demasiado viejo y gastado para intentarlo.

SEPTIEMBRE

Carta de Einstein a Born [81]

Princeton, 7 de septiembre de 1944

En nuestras expectativas científicas nos hemos ido a las antípodas. Tú crees en el Dios que juega a los dados y yo en una legalidad plena en un mundo en el que cualquier cosa tiene existencia objetiva y que yo trato de captar de forma salvajemente especulativa. Eso lo *creo* firmemente, aunque espero que alguien encuentre un modo más realista, o una base más tangible que los que a mí me han sido otorgados. El gran éxito, desde el principio, de la teoría cuántica no consigue hacerme creer en ese juego de dados fundamental, aunque sé de sobras que los colegas más jóvenes lo interpretan como efecto de la esclerotización. Quizá llegue un día en que podamos establecer cuál de las dos posturas instintivas era la correcta. [E-B Brief-Wechsel. Carta número 81.]

Comentario adicional de Born

Para finalizar, Einstein aborda mi conferencia "Experiment and Theory in Physics" (New York 1956), que lamentablemente no se ha publicado en alemán. En efecto, nuestras respectivas posiciones científicas se habían separado mucho. Él se concentraba en especulaciones sobre su teoría unificada de campos y yo trataba de reprimir mis inclinaciones especulativas. Mi librito es un violento ataque contra ciertos trabajos de los astrónomos Eddington y Milne, quienes, aunque por vías diferentes, trataban ambos de resolver, únicamente mediante el pensamiento, los enigmas del mundo atómico y del cosmos. Hoy sigo considerando racionales mis argumentos, pero Einstein tenía toda la razón al afirmar que el empirismo por sí solo, sin audacia intelectual, no conduce a nada. La sabiduría consiste en encontrar el justo medio entre estas dos actitudes.

El último párrafo trata de nuevo del "juego de dados fundamental" en mecánica cuántica y es sin duda la expresión más clara y más bella de la concepción de Einstein. Ya he tratado este tema de largo en otro sitio ("Natural Philosophy of Cause and Chance", Oxford 1949, página 12) y no necesito entrar en él de nuevo.

OCTUBRE

Carta de Hedi Born a Einstein [82]

84 Grange Loan, Edinburg
9 de octubre de 1944

Yo tampoco creo en el Dios "que juega a los dados", pero tampoco me puedo imaginar que tú creas –como me dijo Max en el curso de nuestra conversación– que tu "plena legalidad" signifique que todo esté predestinado, por ejemplo, que yo vacune o no a mi hijo contra la difteria.

¿Dónde queda entonces la ética, la conciencia del esfuerzo? Seguro que me lo puedes explicar con unas pocas de tus vigorosas palabras.

Comentario adicional de Born

Aunque mi mujer no tenía formación filosófica, sus objeciones a la concepción einsteiniana de la Naturaleza daban justo en el clavo. El determinismo estricto nos parecía, y nos parece todavía hoy, incompatible con la fe en la responsabilidad y libertad moral. En este punto no entendí nunca a Einstein. En último término, y a pesar de su convicción teórica en la predeterminación, él era un hombre profundamente ético. En lo que a mí respecta, la discrepancia entre libertad ética y rigor de las leyes de la Naturaleza, que tampoco se niega en la física moderna, sino que simplemente se interpreta de otro modo, sólo me resultó comprensible gracias al principio de complementariedad[+] de Bohr. ¿Cuánto tiempo tendrá que pasar hasta que los filósofos de oficio comprendan y hagan suyas estas ideas? En mi carta vuelvo yo también al "Dios que juega a los dados". Mi objeción de que tampoco el modo einsteiniano de pensar la física puede arreglárselas sin el "Dios que juega a los dados" sigo considerándola hoy absolutamente válida, pues, en la física clásica, los estados iniciales no están determinados por las leyes de la Naturaleza, y cualquier predicción debe asumir una de dos cosas: o bien que el estado inicial se haya determinado por medición o bien conformarse con una declaración de probabilidad sobre él*. Básicamente creo que el primer caso es completamente ilusorio; incluso la mejor medida proporciona sólo una declaración estadística mediante la que se restringe más o menos la dispersión de la configuración inicial.

[* Según el parecer de algunos físicos cuánticos, si conociésemos qué pasó en el Big-Bang seríamos forzosamente deterministas.]

—

Carta de Max Born a Einstein [83]

10 de octubre de 1944

Por supuesto, coincido por completo contigo en que toda acción humana proviene de las profundidades del sentimiento ético, que es primordial y casi independiente de la razón. Pero tengo que pasar inmediatamente de este acuerdo a nuestro desacuerdo en física, ya que no puedo separar los dos y no comprendo cómo puedes tú conciliar un universo completamente mecanicista con la libertad ética de cada individuo. Hedi, que no sabe nada de física, lo ha formulado sin embargo muy bien en su carta. Yo encuentro repugnante un universo determinista; es un sentimiento inmediato. Quizá tengas razón y sea así. Pero, por el momento, ese no parece en absoluto ser el caso en física –y menos aún en el resto del universo. Asimismo, esa expresión tuya de Dios «jugador de dados» me parece perfectamente inadecuada. También tú debes jugar a los dados en tu universo determinista; la diferencia no está ahí. Tú la conoces tan bien como yo, y si no tienes todos los argumentos en la mano, dale una palabra clave a Pauli y él los sacará. Creo, en primer lugar, que subestimas la base empírica de la teoría de los cuantos (yo no concedo tanta importancia a la masa de «pruebas» como a algunas cosas banales como la paradoja de Gibbs o la experiencia de Stern-Gerlach) y, en segundo lugar, que tú dispones de una filosofía que concilia el automatismo de las cosas inanimadas con la existencia de la responsabilidad, de la conciencia; cosa a la que yo no llego. En lo que concierne a mi artículo contra Eddington y Milne, está redactado en las reglas de la cortesía británica. Con mis propias palabras, el asunto habría sido despachado rápidamente: «rubbish» [tonterías]. Pero era necesario escribir así, ya que Eddington pasa aquí por una especie de profeta. Sin embargo, creo que tienes derecho a especular, pero no los demás, yo incluido. ¿Fui antaño tan pecador (o puta, según tu proverbio)? Siempre he comprendido perfectamente, y apreciado mucho, tu buena física judía; pero yo mismo no la he practicado más que una vez: la electrodinámica no lineal, que no ha tenido un éxito particular. Pienso sinceramente que cuando los mediocres quieren descubrir leyes naturales sólo por pura reflexión, de ahí no pueden resultar sino tonterías. Quizá Schrödinger sea capaz.* Me gustaría saber lo que piensas de sus teorías afines de campo. Lo encuentro todo bonito e ingenioso; pero, ¿es verdadero? Ha publicado (en autografía) sus lecciones sobre termodinámica estadística; las encuentro, en todo caso, más bellas y más sólidas.

[* Parece que Born perdona aquí a Einstein –a quien no tilda directamente de mediocre– su atrevimiento de investigar a la Naturaleza mediante puro ejercicio intelectual, lo que confirmaría que Born ponía bajo sospecha el aparente empirismo convencional de Einstein. En todo caso, es una carta sobradamente agresiva en el que el resentimiento se soterra o aflora como el Guadiana.]

1945

NOVIEMBRE

Carta de Einstein a Epstein

8 de de noviembre de 1945

¿Debemos suponer que la medición posterior que realizamos en *B* tiene una influencia física sobre el quantum de luz en movimiento, es decir, que modifica el *estado de cosas real* que describimos como un quantum de luz? Si *B* ejerciera tal acción física sobre el quantum de luz, estaríamos ante una acción a distancia que se propagaría a una velocidad superior a la de la luz. Tal suposición es desde luego posible en sentido lógico, pero choca tanto con mi intuición de físico que no me siento capaz de tomarla en serio.

Por eso me veo obligado a pensar que el estado de cosas real correspondiente al quantum de luz es independiente de lo que se mida posteriormente en *B*. Pero de ahí se sigue entonces que cualquier propiedad del quantum de luz que se pueda determinar efectuando una medición posterior en *B* tiene también existencia real, aun incluso si dicha medición no se lleva a cabo. En consecuencia, el cuanto de luz tiene pues una ubicación determinada y un color determinado.

Creo, además, que el carácter estadístico de esta teoría se deriva del hecho de que una descripción incompleta de los datos fácticos no permite enunciar más que leyes estadísticas.

[Oeuvres Choisies. L. I. Quanta, p, 245]

1947

MARZO

Carta de Einstein a Born [84]

3 de marzo de 1947

Me ha impresionado mucho el artículo que le has dado al peculiar maestro de escuela Schilpp, con el que contribuyes al volumen que se me dedica. ¡Cuánto calor hay en él y qué prueba tan relevante constituye de lo estrafalaria y petrificada que consideras mi posición ante la teoría cuántica estadística!

No puedo fundamentarte mi posición física de ningún modo que te resulte razonable. Naturalmente, comprendo que el tratamiento estadístico, por principio, cuya necesidad fuiste el primero en reconocer claramente en el marco del formalismo existente, tiene un considerable contenido de verdad. Pero, por eso no puedo creer seriamente en él, porque la teoría es incompatible con el principio de que la física debe representar una realidad en el tiempo y en el espacio, sin fantasmales acciones a distancia. Por otra parte, no estoy enteramente convencido de que eso se pueda hacer realmente con la teoría de un campo continuo, aunque yo he encontrado a este respecto una posibilidad que, hasta ahora, parece muy razonable. Las dificultades de cálculo son sin embargo tan grandes que morderé el polvo antes de haber logrado yo mismo una convicción firme. Pero estoy firmemente convencido de que se llegará finalmente a una teoría en la que las cosas que estén conectadas por leyes no sean probabilidades, sino hechos presuntos, como hasta hace poco se ha tenido por evidente. Pero para fundamentar esta convicción no puedo aducir argumentos lógicos, sino únicamente presentar a mi meñique por testigo, pues fuera de mi mano, ninguna autoridad puede inspirar ningún respeto.

Comentario adicional de Born

El libro del «maestro de escuela Schilpp» es un volumen de la Serie *The Library of Living Philosophers*, publicada en USA con el título *Albert Einstein, Philosopher Scientist.* Cada volumen de esta colección se inicia con una breve autobiografía del correspondiente filósofo; siguen a ésta ensayos críticos de diferentes autores sobre sus áreas de trabajo y, finalmente, la respuesta del filósofo a estos ensayos. Yo me encargué de escribir sobre «Teorías estadísticas de Einstein»; este artículo se encuentra, en lengua alemana, en mi libro «Physik im Wandel meiner

Zeit» (p. 85) [*La física en el transcurso de mi época*]. Al final del artículo me metí con la postura de Einstein respecto a la mecánica cuántica y contrapuse su fe empírica de los tiempos de juventud a su posterior inclinación por la especulación. En un obituario dedicado a Ernst Mach ("Physik. Zeitschr. 17, 1916, p. 101), dice Einstein:

«Conceptos que han demostrado ser eficaces para poner orden en las cosas adquieren fácilmente en nosotros una autoridad tal que olvidamos sus orígenes terrestres y los aceptamos como realidades inmutables. Se les tilda entonces de "necesidades de pensamiento", "dados a priori", etc. La trayectoria del progreso científico se hace a menudo impracticable durante mucho tiempo por tales errores. No es pues en absoluto un devaneo ocioso ejercitarse en analizar términos de lo más común y hacer ver de qué circunstancias depende su justificación y su utilidad, tal como han ido brotando, uno a uno, a partir de los hechos de la experiencia. Se hará así pedazos su exagerada autoridad. Se suprimen si no pueden justificarse, se corrigen si su adecuación a la realidad fuera en exceso débil, se sustituyen por otros si es posible establecer un sistema nuevo que nos parezca preferible por la razón que sea.» A esta confesión enfrento, en el artículo del libro de Schilpp, su posición ante la mecánica cuántica, citando fragmentos de cartas anteriores. La presente carta (nº 84) puede igualmente bien servir de paradigma, en particular el pasaje que empieza con las palabras: «No puedo fundamentarte mi posición física de ningún modo que te resulte razonable». La frase decisiva es aquella en la que dice: «que la física debe representar una realidad en el tiempo y en el espacio, sin fantasmales acciones a distancia». También yo había tenido esto por un postulado que podía pretender validez absoluta. Pero los hechos de la experiencia física me han enseñado que tampoco esta exigencia es un principio a priori, sino una regla vinculada al tiempo que puede y debe ser sustituida por otra más general. En las cartas siguientes se hablará todavía mucho de todo esto.

Por lo demás, en el libro de Schilpp, en modo alguno es mi artículo el único que se ocupa de este tema. Contiene, por ejemplo, un ensayo de Niels Bohr en el que éste da cuenta de las extensas conversaciones con Einstein en las que desmenuza minuciosamente sus ingeniosos experimentos mentales para refutar la mecánica cuántica.

1948

MARZO

Carta de Einstein a Born [86]

18 de marzo de 1948

Querido Born:

Estaba hoy buscando algo en mi igloo, es decir, en mi mesa de despacho, en el Instituto. No he encontrado lo que buscaba, sino tu carta del mes de diciembre, que había tomado por un impreso (debido al sobre grande) y que se había quedado ahí, sin abrir, con otras muchas. Naturalmente, la he leído, y con tanto interés que he ido a comer con una hora de retraso.

En tus citas de mis cartas hay algunos malentendidos sin duda debidos a mi escritura, poco legible, que modifican su sentido, como puedes ver en mis anotaciones al margen. No es ninguna desgracia que el libro se haya impreso mientras, ya que la paciencia del papel se confirmará incluso en este caso. Me he vengado mediante algunas anotaciones mordaces que te divertirán, pues creo que a ti te satisface un lenguaje rudo, que por otra parte encaja muy bien con el clima escocés.

Es una verdadera lástima que no podamos pasar juntos algún tiempo de ocio. Entiendo perfectamente por qué me consideras un viejo pecador empedernido. Pero siento con franqueza que no entiendes cómo he llegado a mi camino solitario; seguro que te divierte, aunque también está excluido que puedas aprobar mi posición. También a mí me divertiría demoler tus convicciones positivistas. Pero indudablemente eso ya no será posible en esta vida.

Me ha alegrado mucho, con retraso, la carta tuya y de la Sra. Hedi y quedo, con mis saludos cordiales, tuyo A.E.

Comentario adicional de Born

Sólo haré aquí por mi cuenta un breve comentario sobre las «anotaciones mordaces» de Einstein. En el texto del último capítulo de mi libro (I. Metaphysical Conclusions, pág. 122) recopilaba yo algunos de los conceptos fundamentales de la física que no pueden reducirse a otros más profundos, sino que, por el contrario, tienen que admitirse como acto de fe y continuaba luego (pág. 124): «Causality is such a principle if it is defined as the belief in the existence of mutual physical dependence of observable situations. However, all specifications of this dependence in regard to space and time (contiguity, antecedence) and to the infinite sharpness of observation (determinism) seem to me not fundamental but consequences of the actual empirical laws.» La causalidad es uno de esos principios si se la define como la creencia en la existencia de una interdependencia de situaciones observables. Sin embargo, todas las especificaciones de esta dependencia respecto a espacio y tiempo (contigüidad, antecedencia) y a la precisión infinita de la observación (determinismo) no me parecen fundamentales, sino consecuencias de efectivas leyes empíricas.

[Como para que no haya dudas en la interpretación de lo que quiere decir, el propio Born da en apéndice la versión en alemán de este breve pasaje:

«Die Kausalität ist solch ein Prinzip, wenn sie als der Glaube an das Vorhandensein einer gegenseitigen physikalischen Abhängigkeit beobachtbarer Situationen definiert wird. Jedoch scheint mir, daß alle Spezifikationen dieser Abhängigkeit im Hinblick auf Raum und Zeit (Kontiguität, Antezedenz) und die unendliche Schärfe der Beobachtung (Determinismus) nicht die Grundlage, sondern die Folgen der tatsächlichen, empirischen Gesetze sind.»

«La causalidad es un principio de este tipo, si se define como la creencia en la existencia de una dependencia física mutua entre situaciones observables. Sin embargo, me parece que todas las especificaciones de esta dependencia en relación con el espacio y el tiempo (contigüidad, antecedencia) y la infinita precisión de la observación (determinismo) no son la base, sino las consecuencias de las leyes empíricas reales».]

Seguidamente, escribe Einstein al margen:

«Sé perfectamente que no existe causalidad con relación al observable; tengo este conocimiento por definitivo. Sin embargo, en mi opinión, no cabe inferir de ahí que la *teoría* tenga que descansar también en leyes fundamentales estadísticas. Puede muy bien ser que la estructura (molecular) de los instrumentos de observación determine el carácter estadístico del observable, pero que finalmente resulte oportuno dejar libre de conceptos estadísticos los fundamentos de la teoría.»

Mi texto continúa luego (pág. 124, arriba): «Another metaphysical principle is incorporated in the notion of probability. It is the belief that predictions of statistical calculations are more than an exercise of the brain, that they can be trusted in the real world.» A la noción de probabilidad se ha incorporado otro principio metafísico. Se trata de la creencia en que las predicciones de los cálculos estadísticos son más que un ejercicio cerebral, que cabe confiar en su validez en el mundo real.

[Análogamente, Born refleja este pasaje en alemán:

«Ein anderes metaphysisches Prinzip ist im Begriff der Wahrscheinlichkeit enthalten. Es ist der Glaube, daß die Vorhersagen statistischer Berechnungen mehr sind als Hirngymnastik, daß man ihnen in der realen Welt vertrauen kann.»

«Otro principio metafísico está contenido en el concepto de probabilidad. Es la creencia de que las predicciones de los cálculos estadísticos son más que gimnasia cerebral, que se puede confiar en ellas en el mundo real».]

A lo que anota Einstein brevemente:

«Coincido con eso, evidentemente.»

Son comentarios serenos, objetivos. Sin embargo también hay observaciones breves y ásperas. Mi texto maneja la cuestión de si la belleza y la sencillez de una teoría son relevantes; dice lo siguiente (pág. 124, abajo): «In regard to simplicity opinions will differ in many cases. Is Einstein's law of gravitation simpler than Newton's? Trained mathematicians will answer yes, meaning the logical simplicity of the foundations, while others will say emphatically no, because of the horrible complication of the formalism.» Respecto a la simplicidad, las opiniones diferirán en muchos casos. ¿Es la ley de la gravitación de Einstein más sencilla que la de Newton? Matemáticos cualificados responderán sí, refiriéndose a la simplicidad lógica de los fundamentos, mientras que otros dirán enfáticamente no, debido a la horrible complicación del formalismo.

[Y, este último, de este modo:

«Was Einfachheit anbelangt, so wird es in vielen Fällen unterschiedliche Meinungen geben. Ist Einsteins Gesetz der Schwerkraft einfacher als Newtons? Gelernte Mathematiker werden mit ja antworten und die logische Einfachheit der Grundlagen meinen, während andere die Frage nachdrücklich verneinen werden wegen der schrecklichen Kompliziertheit des Formalismus.»

«En lo que respecta a la simplicidad, en muchos casos habrá opiniones divergentes. ¿Es la ley de la gravedad de Einstein más simple que la de Newton? Los matemáticos expertos responderán que sí y se referirán a la simplicidad lógica de los fundamentos, mientras que otros negarán rotundamente la pregunta debido a la terrible complejidad del formalismo».]

A esto dice Einstein simplemente:

«Lo único que importa es la simplicidad *lógica* de los *fundamentos*.»

Con lo que coincido, en la medida en que yo soy un diestro matemático, sin que pueda considerarse reprobable el otro punto de vista. Lo importante a fin de cuentas es saber si son las fórmulas de Newton o las de Einstein las que se corresponden mejor con las observaciones.

Analizo a continuación lo que llamo «principio de objetividad» y digo (página 124):

«Proporciona un criterio que permite distinguir las impresiones subjetivas de los hechos objetivos al sustituir datos existentes de los sentidos por otros datos que pueden controlarse por otros individuos.» [En el original, esta frase está en inglés.]

Recientemente me he extendido con algún detalle sobre esta idea, que es una de mis favoritas, en un artículo titulado «Símbolo y realidad» (*Physikalische Blätter*, nº 20, 1964, p. 554 y nº 21, 1965, p. 63). Einstein se limita a apuntar:

«¡Bueno, Born, sonrójate!»

En otro sitio en el que explico, tomando como ejemplo una obra de arte (una fuga de Bach), que no siempre se aplica el principio de objetividad, se lee al margen:

«¡Uf!»

Finalmente añade un comentario bastante largo, con su elegante grafía, que reproduzco *in extenso*:

«Observación: la ausencia de anotaciones en la última parte no significa que apruebe su contenido. Todo eso procede de un pensamiento bastante desvergonzado, y te tiro respetuosamente de la oreja.

Lo único que quiero añadir es lo que significan mis palabras cuando digo que debemos intentar ajustarnos a la realidad física. Todos somos conscientes de qué conceptos van a acreditarse como fundamentales en física. La masa puntual, o la partícula, no forma parte de ellos, desde luego; el campo, en el sentido de Faraday y de Maxwell, quizá, pero no es seguro. Pero lo que suponemos que existe (que es «real») debe, de alguna manera, estar localizado en el tiempo y en el espacio. Dicho de otro modo, un objeto real en una parte A del espacio debe «existir» (en teoría), de alguna forma, con independencia de lo que se piensa que es real en otra parte B del espacio. Si un sistema físico se extiende sobre las partes A *y* B del espacio, lo que está presente en B debe tener una existencia independiente, de alguna manera, de lo que está presente en A. Lo que está realmente presente en B no debe por tanto depender del tipo de medida que se efectúe en A y asimismo debe ser independiente de que en A se efectúe o no una medida.

Ateniéndose a este programa, la descripción teórico-cuántica difícilmente puede considerarse una descripción *completa* de lo físicamente real. Si aun así se intenta, hay que admitir que lo físicamente real en B experimenta, merced a una medida efectuada en A, un cambio súbito. Mi instinto científico* se resiste a esta idea.

Si se renuncia por el contrario a la hipótesis de que lo que está presente en diversas partes del espacio tiene una existencia real independiente, no veo en absoluto qué es lo que tendrá que describir la física, pues lo que entendemos por «sistema» es puramente convencional y no veo cómo debe trocearse objetivamente el universo para que se pueda decir algo sobre sus partes.»

Einstein no cree, como se ve en la carta, que yo aprobase su punto de vista ni aun cuando tuviésemos ocasión de discutir de viva voz. Califica mis posiciones filosóficas de positivistas y las «demolería» de buena gana. Por mi parte, de ningún modo considero mi filosofía como un avatar del positivismo, si se entiende por este término que únicamente las impresiones sensoriales deben poseer carácter de realidad, no siendo lo demás (no sólo las teorías científicas, sino también las representaciones de los objetos reales de la vida cotidiana) más que construcciones destinadas a establecer relaciones racionales entre las sensaciones. Mi respuesta a las tesis de Einstein se encuentra en una carta posterior.

[* De nuevo Einstein invoca aquí su «instinto», equivalente semántico de su «voz interior» (Carta [52]), para justificar algo que objetivamente no puede demostrar.]

[A propósito de la simplicidad lógica como permanente *leitmotiv* einsteiniano, parece forzoso reseñar justo aquí el lúcido comentario de Einstein a su colaborador en estos años (1944/47) Ernst Straus, que Carl Seelig recoge en su libro memorial *Helle Zeit, Dunkle Zeit. In memoriam Albert Einstein*, de 1956:

> «Was mich eigentlich interessiert, ist, ob Gott die Welt hätte anders machen können; das heißt, ob die Forderung der logischen Einfachheit überhaupt eine Freiheit läßt. (Man muß doch sagen, daß das viel weniger der Fall ist, als man vor fünfzig Jahren gedacht hätte).»
>
> «Lo que realmente me interesa es si Dios podría haber creado el mundo de otra manera; es decir, si la exigencia de simplicidad lógica deja algún margen de libertad. (Hay que decir que es mucho menor de lo que se hubiera pensado hace cincuenta años).»

Carta de Born a Einstein [87]

84, Grange Loan, Edinburgh
31 de marzo de 1948

En el caso de la mecánica cuántica, sobre la que tan poco te pronuncias, la adulación ha recaído por entero sobre Heisenberg y Schrödinger. Sin embargo, Heisenberg no sabía entonces lo que era una matriz (era mi ayudante, así que puedo opinar sobre el tema). Por cierto que estuvo en diciembre con nosotros, gentil e inteligente, como siempre, pero notablemente "nazificado". Hace poco volví a hablar con él en Oxford. Estamos de nuevo en la misma pista: superconductividad. Él ha publicado una teoría que consideramos un verdadero despropósito. Nosotros, en primer lugar, hemos desarrollado cuidadosamente la teoría cinética de la materia condensada (cuerpos fluidos y sólidos), a continuación hemos interpretado perfectamente el helio II y ahora vamos a hacer una teoría decente de la superconductividad. Y parece funcionar muy bien. ¿De verdad crees que toda la mecánica cuántica es sólo un espejismo?

Einstein envía el artículo «*Quanten-Mechanik und Wirklichkeit*» (Mecánica cuántica y realidad) a la revista suiza Dialéctica [Dialéctica, vol. II, 1948, p. 320-324], artículo que remitirá íntegro a Born (Carta [88]).

Albert Einstein. ***«Mecánica cuántica y realidad».*** [Dialéctica, vol. II, 1948, p. 320-324]

Mecánica cuántica y realidad

En lo que sigue, me propongo exponer sumariamente las razones por las que considero que el método de la mecánica cuántica no es, en su principio, satisfactorio. Debo señalar de entrada que no discuto en absoluto que esta teoría represente un progreso significativo, e incluso en cierto sentido definitivo, del conocimiento en física. Supongo que esta teoría estará englobada un día en otra, un poco como lo está la óptica de rayos en la óptica ondulatoria: las relaciones que ha establecido permanecerán, pero sus cimientos se harán más profundos o serán sustituidos por otros más amplios.

I.

Considero una partícula libre que, en cierto instante, es descrita (por completo, en el sentido de la mecánica cuántica) por una función ψ de extensión espacial limitada. En este tipo de representación, la partícula no tiene ni impulso ni localización rigurosamente determinados.

¿En qué sentido puedo pensar que esta descripción representa un estado de hecho individual real? Vienen a la mente inmediatamente dos concepciones; voy a compararlas.

a) La partícula (libre) tiene en realidad una posición y un impulso bien determinados, aun cuando no puedan establecerse mediante la medida ambos a la vez, en un único caso individual. En esta concepción, la función ψ da una descripción incompleta de un estado de cosas real.

Esta concepción no es la que han adoptado los físicos. Aceptar esta hipótesis conduciría a buscar en física, al lado de la descripción incompleta, una descripción completa del estado de cosas, y a buscar sus leyes. Se saldría entonces del marco de la mecánica cuántica.

b) La partícula no tiene en realidad ni impulso ni posición bien determinados; la descripción por la función ψ es completa por definición. El valor de la posición, definido con precisión, que obtengo en una medida de posición no puede interpretarse como la posición *antes* de la medida. La localización precisa que aparece al medir se produce únicamente por la intervención, inevitable y no despreciable, que constituye la medida. El resultado de la medida no depende más que de la situación real de la partícula, pero también de la naturaleza, por definición conocida de forma incompleta, del mecanismo de la medida. Ocurre lo mismo cuando es el impulso, o cualquier otra magnitud observable relativa a la partícula, lo que se mide. Esta interpretación es ciertamente la que goza del favor de los físicos en la actualidad; hay que admitir, desde luego, que es la única que da cuenta de manera natural, en el marco de la mecánica cuántica, del estado de cosas empírico que expresan las relaciones de Heisenberg.

Según esta concepción, dos funciones ψ que difieren (de forma no trivial) una de otra describen siempre dos situaciones reales diferentes (por ejemplo, la partícula tiene una posición bien determinada y la partícula tiene un impulso bien determinado).

Lo que se acaba de decir vale igualmente, *mutatis mutandis*, para la descripción de los sistemas constituidos por varias masas puntuales. También en ese caso se supone (en el sentido de la interpretación Ib) que la función describe completamente un estado de cosas real y que dos funciones ψ esencialmente diferentes describen dos estados de hecho diferentes –aunque ocurra que al efectuar una medida completa se encuentren estados idénticos: la identidad de los resultados de medida se atribuye entonces en parte al efecto, parcialmente desconocido, del protocolo de medida.

II

Si se pregunta por lo que, con independencia de la teoría cuántica, caracteriza al mundo de ideas de la física, llama la atención de entrada que los conceptos de la física se refieren a un mundo exterior; dicho de otro modo, se forja una idea respecto a cosas (cuerpos, campos, etc) que reivindican una «existencia real» independiente del sujeto de la percepción, poniéndose por otra parte estas ideas –de la forma más segura posible– en relación con las impresiones de los sentidos.

Además, lo que caracteriza a las cosas de la física es que se han pensado ordenadas en un continuo de espacio-tiempo. Y, lo que parece esencial en esta ordenación de las cosas introducidas en física, es que en un momento dado, estas cosas reivindican una existencia autónoma en la medida en que se encuentran en «partes diferentes del espacio». Sin esta hipótesis de existencia autónoma (un «ser así») de cosas espacialmente distantes –hipótesis proveniente, en origen, de nuestra experiencia de todos los días-, el pensamiento físico, en el sentido que nos es habitual, sería imposible. Tampoco se ve cómo, sin esta disyunción tan clara, sería posible formular leyes físicas y comprobarlas. La teoría de campo ha desarrollado hasta el extremo este principio, en la misma medida en que las cosas elementales –que existen de forma independiente unas de otras– sobre las que se fundamenta, así como las leyes elementales que postula para éstas, se localizan en el interior de elementos espaciales (de cuatro dimensiones) infinitamente pequeños.

La idea que caracteriza la independencia relativa de cosas distantes espacialmente (A y B) es la siguiente: Cualquier influencia exterior que se ejerza sobre A no tiene ningún efecto sobre B que no esté *mediatizado*. Este principio se llama «principio de acciones por contigüidad» y sólo la teoría del campo ha hecho de él una aplicación consecuente. La abolición completa de este principio fundamental haría impensable la existencia de sistemas (cuasi) cerrados y, por tanto, el establecimiento de leyes empíricamente comprobables, en el sentido habitual del término.

III

Afirmo ahora que la mecánica cuántica, interpretada según Ib, no es compatible con el principio enunciado en II.

Consideremos un sistema S_{12}, constituido por la unión de dos sistemas parciales S_1 y S_2. Supongamos que estos dos sistemas parciales hayan estado, en un instante anterior, en interacción. Sin embargo, en el instante t en que los examinamos, la interacción ha cesado. Supongamos el sistema total completamente descrito, en el sentido de la mecánica cuántica, por una función de onda ψ_{12}, función de las coordenadas $q_1\ldots$, $q_2\ldots$ relativas a los dos sistemas parciales; (ψ_{12} no puede representarse por un producto de la forma $\psi_1(q_1\ldots)\psi_2(q_2\ldots)$; ψ_{12} es una suma de productos de este tipo). Supongamos que en el instante t los dos sistemas estén separados espacialmente uno de otro, de modo que ψ_{12} no sea diferente de cero más que si las $q_1\ldots$ pertenecen a un dominio espacial R_1 circunscrito y las $q_2\ldots$ a un dominio espacial R_2 disjunto de R_1.

De buenas a primeras, las funciones ψ de los sistemas parciales individuales S_1 y S_2 son entonces desconocidas, es decir, simplemente no existen. Sin embargo, los métodos de la mecánica cuántica permiten determinar ψ_2 de S_2 a partir de ψ_{12}, si se dispone además de una medida, completa en el sentido de la mecánica cuántica, relativa al sistema parcial S_1. Se obtiene así, en lugar de la ψ_{12} original, la función ψ, es decir, ψ_2, del sistema parcial S_2.

Pero esta determinación de ψ_2 depende de forma esencial del tipo de medida, completa en el sentido de la teoría cuántica, que se efectúe sobre el sistema parcial S_1, es decir, del tipo de observable que se mida. Si, por ejemplo, S_1 es una partícula única, somos libres de medir, digamos, su posición *o* las componentes de su impulso. Según la elección efectuada, se obtienen para ψ_2 dos representaciones diferentes; se obtiene así, según lo que se elija medir sobre S_1, predicciones (estadísticas) totalmente diferentes para las medidas que hay que efectuar a continuación sobre S_2. Desde el punto de vista de la interpretación Ib, eso quiere decir que según la medida completa que se elija hacer sobre S_1, se crean, en lo que concierne a S_2, situaciones reales diferentes, descritas por funciones ψ diferentes ψ_2, $\underline{\psi_2}$, $\underline{\underline{\psi_2}}$, etc.

Desde el punto de vista de la mecánica cuántica *únicamente*, no hay en ello ningún tipo de dificultad. Según que se elija hacer tal o cual medida sobre S_1, es tal o cual situación real la que se crea y no se está enfrentado a la necesidad de tener que atribuir dos, o varias, funciones ψ diferentes, ψ_2, $\underline{\psi_2}$..., al mismo sistema S_2.

Otra cosa es que se busque mantener a la vez los principios de la mecánica cuántica y el principio II, que estipula la existencia autónoma de un estado de cosas real que se encuentra en dos partes del espacio R_1 y R_2 disjuntas. En efecto, en nuestro ejemplo, una medida completa sobre S_1 significa una intervención física que sólo interesa a la parte R_1 del espacio. Ahora bien, tal intervención no puede tener efecto no mediatizado sobre lo real físico en una parte del espacio R_2 alejada. Cualquier enunciado relativo a S_2 que deriva de una medida completa sobre S_1 debería por tanto ser cierto para S_2, aun si no se efectúa ninguna medida sobre S_1. Lo que quiere decir que, para S_2, todos los enunciados que podrían deducirse a partir de las ψ_2, $\underline{\psi_2}$..., etc., deberían ser simultáneamente ciertos. Eso es naturalmente imposible si las ψ_2, $\underline{\psi_2}$... deben representar estados de cosas reales diferentes unos de otros en S_2; dicho de otro modo, hay conflicto con la interpretación Ib de la función ψ.

Para mí apenas hay duda de que los físicos que tienen el modo de descripción de la mecánica cuántica por definitivo en su principio mismo reaccionarán de la siguiente forma: abandonarán la exigencia II de una existencia independiente de los «reales físicos» que se encuentran en diversas regiones del espacio –alegando, justamente, que la teoría cuántica no hace nunca uso explícito de este postulado.

Estoy de acuerdo, pero añado la siguiente observación: cuando considero los fenómenos físicos que conozco, y en particular aquellos de los que se ocupa con tanto éxito la mecánica cuántica, no percibo en ningún sitio situación en que me parezca verosímil que haya que abandonar la exigencia II. Por eso me inclino a pensar que la descripción de la mecánica cuántica debe considerarse una descripción incompleta (en el sentido dado en Ia) que describe la realidad de forma indirecta y que con posterioridad será sustituida por una descripción completa y directa.

En todo caso, en la búsqueda de una base unificada de la física hay que evitar ceñirse, a mi entender, de forma dogmática al esquema de la teoría actual.

A. Einstein

(Este artículo viene incorporado a la siguiente carta de Einstein a Born.)

Naturalmente, a esta cita con *DIALECTICA*, no podía faltar el correlato de Bohr.

[Parece ser que fue Pauli, quien sabedor de que Einstein preparaba el artículo de *DIALECTICA*, instigó a Bohr a enviar otro a la revista.]

Niels Bohr. «***Sobre las nociones de causalidad y complementariedad***». *Dialectica* 2 (7/8), pp. 312-319. (1948)

312

SOBRE LAS NOCIONES DE
CAUSALIDAD Y COMPLEMENTARIEDAD[1]

El modo causal de descripción tiene profundas raíces en los esfuerzos conscientes por utilizar la experiencia para la adaptación práctica a nuestro entorno, y de este modo se incorpora de forma inherente al lenguaje común. Gracias a la orientación que el análisis en términos de causa y efecto ha ofrecido en muchos campos del conocimiento humano, el principio de causalidad ha llegado incluso a convertirse en el ideal de la explicación científica.

En física, la descripción causal, adaptada originalmente a los problemas de la mecánica, se basa en la suposición de que el conocimiento del estado de un sistema material en un momento dado permite predecir su estado en cualquier momento posterior. Sin embargo, ya aquí la definición de estado requiere una consideración especial y no es necesario recordar que un análisis adecuado de los fenómenos mecánicos solo fue posible tras reconocer que, al describir el estado de un sistema de cuerpos, no solo hay que incluir su ubicación en un momento dado, sino también sus velocidades.

En la mecánica clásica, se suponía que las fuerzas entre los cuerpos dependían simplemente de las posiciones y velocidades instantáneas; pero el descubrimiento del retraso de los efectos electromagnéticos hizo necesario considerar los campos de fuerza como una parte esencial de un sistema físico e incluir en la descripción del estado del sistema en un momento dado la especificación de estos campos en cada punto del espacio. Sin embargo, como es bien sabido, el establecimiento de las ecuaciones diferenciales que conectan la tasa de variación de las intensidades electromagnéticas en el espacio y el tiempo ha hecho posible una descripción de los fenómenos electromagnéticos en completa analogía con el análisis causal en mecánica.

Es cierto que, desde el punto de vista de la argumentación relativista, ya no se puede atribuir un contenido absoluto a atributos de los objetos físicos tales como la posición y la velocidad de los cuerpos materiales, e incluso las intensidades de los campos eléctricos o magnéticos. Sin embargo, la teoría de la relatividad, que ha dotado a la física clásica de una unidad y un alcance sin precedentes, ha permitido, precisamente gracias a su elucidación de las condiciones para el uso inequívoco de los conceptos físicos elementales, una formulación concisa del principio de causalidad en términos muy generales.

[1] El propósito de este artículo es ofrecer una breve reseña de algunos problemas epistemológicos planteados en la física atómica. Próximamente se publicará una descripción más completa del desarrollo histórico, ilustrada con ejemplos típicos que han servido para aclarar los principios generales, como contribución del autor al volumen dedicado a Einstein de la serie «Living Philosophers».

313

Sin embargo, se creó una situación totalmente nueva en la ciencia física con el descubrimiento del cuanto de acción universal, que reveló una característica elemental de la «individualidad» de los procesos atómicos mucho más allá de la antigua doctrina de la divisibilidad limitada de la materia, introducida originalmente como fundamento para una explicación causal de las propiedades específicas de las sustancias materiales. Esta novedosa característica no solo es totalmente ajena a las teorías clásicas de la mecánica y el electromagnetismo, sino que es incluso irreconciliable con la propia idea de causalidad.

De hecho, la especificación del estado de un sistema físico evidentemente no puede determinar la elección entre diferentes procesos individuales de transición a otros estados, y por lo tanto, una explicación de los efectos cuánticos debe operar básicamente con la noción de las probabilidades de ocurrencia de los diferentes procesos de transición posibles. Nos encontramos aquí con una situación que es esencialmente diferente en carácter del recurso a métodos estadísticos en el tratamiento práctico de sistemas complicados que se supone que obedecen a las leyes de la mecánica clásica.

El grado en que las imágenes físicas ordinarias fracasan a la hora de explicar los fenómenos atómicos queda ilustrado de forma llamativa por el conocido dilema relativo a las propiedades corpusculares y ondulatorias de las partículas materiales, así como de la radiación electromagnética. Además, es importante darse cuenta de que cualquier determinación de la constante de Planck se basa en la comparación entre aspectos de los fenómenos que solo pueden describirse mediante imágenes que no pueden combinarse sobre la base de las teorías físicas clásicas. De hecho, estas teorías representan meras idealizaciones de validez asintótica en el límite en el que las acciones implicadas en cualquier etapa del análisis de los fenómenos son grandes en comparación con el cuanto elemental.

En esta situación, nos enfrentamos a la necesidad de una revisión radical de los fundamentos para la descripción y explicación de los fenómenos físicos. Aquí, ante todo, hay que reconocer que, por mucho que los efectos cuánticos trasciendan el alcance del análisis físico clásico, la descripción del montaje experimental y el registro de las observaciones deben expresarse siempre en un lenguaje común complementado con la terminología de la física clásica. Se trata de una simple exigencia lógica, ya que la palabra «experimento» solo puede utilizarse, en esencia, para referirse a una situación en la que podemos contar a otros lo que hemos hecho y lo que hemos aprendido.

El hecho mismo de que los fenómenos cuánticos no puedan analizarse según los principios clásicos implica, por tanto, la imposibilidad de separar el comportamiento de los objetos atómicos de la interacción de estos objetos con los instrumentos de medición que sirven para especificar las condiciones en las que aparecen los fenómenos. En particular, la individualidad de los efectos cuánticos típicos encuentra su expresión adecuada en la circunstancia de que cualquier intento de subdividir los fenómenos exigirá un cambio en la disposición experimental, lo que introducirá nuevas fuentes de interacción incontrolable entre los objetos y los instrumentos de medición.

En esta situación, existe un elemento inherente de ambigüedad a la hora de asignar

314

atributos físicos convencionales a los objetos atómicos. Un claro ejemplo de dicha ambigüedad lo ofrece el dilema mencionado en cuanto a las propiedades de los electrones o fotones, donde nos enfrentamos al contraste revelado por la comparación entre observaciones relativas a un objeto atómico, obtenidas mediante diferentes disposiciones experimentales. Esta evidencia empírica muestra un nuevo tipo de relación, que no tiene análogo en la física clásica y que puede denominarse convenientemente «complementariedad» para subrayar que en los fenómenos contrastantes nos enfrentamos a aspectos igualmente esenciales de todo conocimiento bien definido sobre los objetos.

Una herramienta adecuada para el modo complementario de descripción es el formalismo de la mecánica cuántica, en el que se mantienen las ecuaciones canónicas de la mecánica clásica, mientras que las variables físicas se sustituyen por operadores simbólicos sujetos a un álgebra no conmutativa. En este formalismo, la constante de Planck solo entra en las relaciones de conmutación

$$qp - pq = \sqrt{-1}\frac{h}{2\pi} \qquad (1)$$

entre los símbolos q y p, que representan un par de variables conjugadas, o en la representación equivalente mediante sustituciones del tipo

$$p = -\sqrt{-1}\frac{h}{2\pi}\frac{\partial}{\partial q} \qquad (2)$$

por las que una de cada conjunto de variables conjugadas se sustituye por un operador diferencial. Según los dos procedimientos alternativos, los cálculos cuánticos pueden realizarse representando las variables mediante matrices con elementos que se refieren a las transiciones individuales entre dos estados del sistema o utilizando la denominada ecuación de onda, cuyas soluciones se refieren a estos estados y nos permiten derivar probabilidades para las transiciones entre ellos.

Todo el formalismo debe considerarse como una herramienta para derivar predicciones, de carácter definido o estadístico, en lo que respecta a la información que se puede obtener en condiciones experimentales descritas en términos clásicos y especificadas mediante parámetros que entran en las ecuaciones algebraicas o diferenciales de las que las matrices o las funciones de onda, respectivamente, son soluciones. Estos símbolos en sí mismos, como ya indica el uso de números imaginarios, no son susceptibles de interpretación pictórica; e incluso las funciones reales derivadas, como las densidades y las corrientes, solo deben considerarse como expresiones de las probabilidades de que se produzcan acontecimientos individuales observables en condiciones experimentales bien definidas.

Una característica de la descripción cuántica-mecánica es que la representación del estado de un sistema nunca puede implicar la determinación precisa de ambos miembros de un par de variables conjugadas q y p. De hecho, debido a la no conmutabilidad de tales variables, tal y como se expresa en (1) y (2), siempre habrá una relación recíproca

315

$$\Delta q \cdot \Delta p = \frac{h}{4\pi} \qquad (3)$$

entre las latitudes Δq y Δp con las que se pueden fijar estas variables. Estas llamadas relaciones de indeterminación confirman explícitamente la limitación del análisis causal, pero es importante reconocer que no se puede dar una interpretación inequívoca de tales relaciones con palabras adecuadas para describir una situación en la que los atributos físicos se objetivan de manera clásica.

Así, una frase como «no podemos conocer tanto el momento como la posición de un electrón» plantea de inmediato preguntas sobre la realidad física de esos dos atributos, que solo pueden responderse refiriéndose a las condiciones mutuamente excluyentes para el uso inequívoco de la coordinación espacio-tiempo, por un lado, y las leyes dinámicas de conservación, por otro. De hecho, cualquier intento de localizar objetos atómicos en el espacio y el tiempo exige un montaje experimental que implique un intercambio de momento y energía, en principio incontrolable, entre los objetos y las escalas y relojes que definen el marco de referencia. Por el contrario, ningún montaje adecuado para el control del equilibrio de momento y energía admitirá una descripción precisa de los fenómenos como una cadena de acontecimientos en el espacio y el tiempo.

En sentido estricto, toda referencia a conceptos dinámicos implica un análisis mecánico clásico de las pruebas físicas que, en última instancia, se basa en el registro de coincidencias espacio-temporales. Por lo tanto, también en la descripción de los fenómenos atómicos, el uso de variables de momento y energía para la especificación de las condiciones iniciales y las observaciones finales se refiere implícitamente a dicho análisis y, por lo tanto, exige que los dispositivos experimentales utilizados para tal fin tengan dimensiones espaciales y funcionen con intervalos de tiempo suficientemente grandes como para permitir descuidar la indeterminación recíproca expresada por (3). En estas circunstancias, es, por supuesto, hasta cierto punto una cuestión de conveniencia en qué medida se incluyen los aspectos clásicos de los fenómenos en el tratamiento cuántico-mecánico adecuado, en el que se hace una distinción de principio entre los instrumentos de medición, cuya descripción debe basarse siempre en imágenes espacio-temporales, y los objetos investigados, sobre los que, en general, solo se pueden derivar predicciones observables mediante el formalismo no visualizable. Por cierto, cabe señalar que la construcción y el funcionamiento de todos los aparatos, como diafragmas y obturadores, que sirven para definir la geometría y la sincronización de los montajes experimentales, o las placas fotográficas utilizadas para registrar la localización de objetos atómicos, dependerán de las propiedades de los materiales, que a su vez están determinadas esencialmente por el cuanto de acción. Sin embargo, esta circunstancia es irrelevante para el estudio de fenómenos atómicos simples en los que, en la especificación de las condiciones experimentales, podemos ignorar en gran medida la constitución molecular de los instrumentos de medición. Si los instrumentos son lo suficientemente pesados en comparación con los objetos atómicos que se investigan, podemos ignorar en particular los requisitos de la relación (3) en lo que respecta al

316

control de la localización en el espacio y el tiempo de las distintas piezas del aparato entre sí.

Al representar una generalización de la mecánica clásica adecuada para permitir la existencia del cuanto de acción, la mecánica cuántica ofrece un marco suficientemente amplio para dar cuenta de las regularidades empíricas que no pueden incluirse en la descripción clásica. Además de las características de la estabilidad atómica, que dieron el primer impulso al desarrollo de la mecánica cuántica, podemos referirnos aquí a las peculiares regularidades que exhiben los sistemas compuestos por entidades idénticas, como los fotones o los electrones, y que determinan el equilibrio radiativo o las propiedades esenciales de las sustancias materiales. Como es bien sabido, estas regularidades se describen adecuadamente mediante las propiedades de simetría de las funciones de onda que representan el estado de los sistemas completos. Por supuesto, estos problemas no pueden explorarse mediante un montaje experimental adecuado para el seguimiento en el espacio y el tiempo de cada una de las entidades idénticas por separado.

Además, resulta instructivo considerar las condiciones para la determinación de las variables posicionales y dinámicas en un estado de un sistema con varios componentes atómicos. De hecho, aunque cualquier par, q y p, de variables conjugadas de espacio y momento obedece a la regla de multiplicación no conmutativa expresada por (1), y por lo tanto solo puede fijarse con latitudes recíprocas dadas por (3), la diferencia $q_1 - q_2$ entre las coordenadas espaciales que se refieren a dos componentes de un sistema conmutará con la suma $p_1 + p_2$ de los componentes de momento correspondientes, como se deduce directamente de la conmutabilidad de q_1 con p_2 y de q_2 con p_1. Por lo tanto, tanto $q_1 - q_2$ como $p_1 + p_2$ pueden fijarse con precisión en un estado del sistema complejo y, en consecuencia, podemos predecir los valores de q_1 o p_1 si q_2 o p_2, respectivamente, se determinan mediante mediciones directas. Dado que en el momento de la medición la interacción directa entre los objetos puede haber cesado, podría parecer que tanto q_1 como p_1 deben considerarse atributos físicos bien definidos del objeto aislado y que, por lo tanto, como se ha argumentado, la representación cuántica-mecánica de un estado no debería ofrecer un medio adecuado para una descripción completa de la realidad física. Sin embargo, con respecto a tal argumentación, hay que destacar que cualquier disposición que permita mediciones precisas de q_2 y p_2 será mutuamente excluyente y que, por lo tanto, las predicciones relativas a q_1 o p_1, respectivamente, se referirán a fenómenos que son básicamente de carácter complementario.

En cuanto a la cuestión de la exhaustividad del modo de descripción cuántico-mecánico, hay que reconocer que se trata de un esquema matemáticamente coherente que se adapta, dentro de su ámbito, a todos los procesos de medición y cuya adecuación solo puede juzgarse a partir de una comparación de los resultados previstos con las observaciones reales. A este respecto, es esencial señalar que, en cualquier aplicación bien definida de la mecánica cuántica, es necesario especificar todo el montaje experimental y que, en particular, la posibilidad de disponer de los parámetros que definen el problema mecano-cuántico corresponde precisamente a nuestra libertad

317

para construir y manejar el aparato de medición, lo que a su vez significa la libertad de elegir entre los diferentes tipos complementarios de fenómenos que deseamos estudiar.

Para evitar inconsistencias lógicas en la descripción de esta situación desconocida, es obviamente imprescindible prestar mucha atención a todas las cuestiones de terminología y dialéctica. Así, expresiones que se encuentran a menudo en la literatura física, como «perturbación de los fenómenos por la observación» o «creación de atributos físicos de los objetos por las mediciones», representan un uso de palabras como «fenómenos» y «observación», así como «atributo» y «medición», que difícilmente es compatible con el uso común y la definición práctica y, por lo tanto, puede causar confusión. Como forma de expresión más adecuada, se puede defender enérgicamente la limitación del uso de la palabra fenómeno para referirse exclusivamente a las observaciones obtenidas en circunstancias específicas, incluyendo una descripción de todo el experimento.

Con esta terminología, el problema observacional en la física atómica carece de complejidad especial, ya que en los experimentos reales todas las pruebas se refieren a observaciones obtenidas en condiciones reproducibles y se expresan mediante afirmaciones inequívocas que hacen referencia al registro del punto en el que una partícula atómica llega a una placa fotográfica o al registro correspondiente de algún otro dispositivo de amplificación. Además, el hecho de que todas estas observaciones impliquen procesos de carácter esencialmente irreversible confiere a cada fenómeno precisamente esa característica inherente de completitud que se exige para su interpretación bien definida en el marco de la mecánica cuántica.

En resumen, la imposibilidad de subdividir los efectos cuánticos individuales y de separar el comportamiento de los objetos de su interacción con los instrumentos de medición que sirven para definir las condiciones en las que aparecen los fenómenos implica una ambigüedad a la hora de asignar atributos convencionales a los objetos atómicos, lo que exige una reconsideración de nuestra actitud hacia el problema de la explicación física. En esta nueva situación, incluso la vieja cuestión de la determinación última de los fenómenos naturales ha perdido su base conceptual, y es en este contexto donde el punto de vista de la complementariedad se presenta como una generalización racional del ideal mismo de causalidad.

El modo complementario de descripción no implica en realidad ninguna renuncia arbitraria a las exigencias habituales de explicación, sino que, por el contrario, apunta a una expresión dialéctica adecuada para las condiciones reales de análisis y síntesis en la física atómica. Por cierto, parece que el recurso a la lógica de tres valores, a veces propuesta como medio para abordar las características paradójicas de la teoría cuántica, no es adecuado para dar una explicación más clara de la situación, ya que todas las pruebas experimentales bien definidas, aunque no puedan analizarse en términos de la física clásica, deben expresarse en lenguaje ordinario utilizando la lógica común.

La lección epistemológica que hemos recibido del nuevo desarrollo de la ciencia física, donde los problemas permiten una formulación relativamente concisa

318

de los principios, también puede sugerir líneas de enfoque en otros ámbitos del conocimiento donde la situación es de carácter esencialmente menos accesible. Un ejemplo lo encontramos en la biología, donde los argumentos mecanicistas y vitalistas se utilizan de manera típicamente complementaria. En sociología también puede ser útil a menudo esta dialéctica, especialmente en los problemas a los que nos enfrentamos en el estudio y la comparación de las culturas humanas, donde tenemos que lidiar con el elemento de complacencia inherente a la cultura nacional y que se manifiesta en prejuicios que, obviamente, no pueden apreciarse desde el punto de vista de otras naciones.

El reconocimiento de la relación complementaria es especialmente necesario en psicología, donde las condiciones para el análisis y la síntesis de la experiencia muestran una sorprendente analogía con la situación en la física atómica. De hecho, el uso de palabras como «pensamientos» y «sentimientos», igualmente indispensables para ilustrar la diversidad de la experiencia psíquica, se refiere a situaciones mutuamente excluyentes caracterizadas por un trazado diferente de la línea de separación entre sujeto y objeto. En particular, el lugar que se deja para el sentimiento de voluntad viene dado por la circunstancia misma de que las situaciones en las que experimentamos la libertad de voluntad son incompatibles con las situaciones psicológicas en las que se intenta razonablemente un análisis causal. En otras palabras, cuando utilizamos la expresión «yo quiero», renunciamos a la argumentación explicativa.

En conjunto, el enfoque del problema de la explicación que se plasma en la noción de complementariedad se sugiere por sí mismo en nuestra posición como seres conscientes y recuerda con fuerza la enseñanza de los pensadores antiguos de que, en la búsqueda de una actitud armoniosa hacia la vida, nunca debemos olvidar que nosotros mismos somos tanto actores como espectadores en el drama de la existencia. A tal afirmación se aplica, por supuesto, al igual que a la mayoría de las frases de este artículo de principio a fin, el reconocimiento de que nuestra tarea solo puede consistir en tratar de comunicar experiencias y puntos de vista a los demás por medio del lenguaje, en el que el uso práctico de cada palabra se encuentra en una relación complementaria con los intentos de definirla estrictamente.

Niels BOHR.

Resumen

Se ofrece una breve exposición sobre los fundamentos de la descripción causal en la física clásica y el fracaso del principio de causalidad a la hora de abordar los fenómenos atómicos. Se hace hincapié en que la individualidad de los procesos cuánticos excluye una separación entre el comportamiento de los objetos atómicos y su interacción con los instrumentos de medición que definen las condiciones en las que se producen los fenómenos. Esta circunstancia nos obliga a reconocer una nueva relación, convenientemente denominada complementariedad, entre las pruebas empíricas obtenidas en diferentes condiciones experimentales. El formalismo de la mecánica cuántica proporciona una herramienta adecuada para un modo de descripción complementario, ya que nos permite explicar regularidades de carácter definido o estadístico que escapan a la explicación de la física clásica. – N.B.

ABRIL

Carta de Einstein a Born [88]

5 de abril de 1948

Querido Born:

Te mando un breve ensayo que, por sugerencia de Pauli, he enviado a la imprenta a Suiza. Te pido que, sobreponiéndote en esta ocasión a tu aversión, leas hasta el final este opúsculo como si tú mismo no te hubieses formado todavía una opinión, sino que acabases de venir de Marte a visitarme. No te lo pido por suponer que pueda influir en tu opinión, sino sólo porque creo que puedes así entender mis principales motivaciones mejor de lo que de mí sabes por otros conductos. En realidad sólo se expresan ahí los aspectos negativos y no la confianza que deposito en el grupo relativista como principio heurístico restringido. En cualquier caso, me interesará mucho conocer tus contra-argumentos, al margen, por supuesto, del hecho de que la mecánica cuántica haya sido hasta ahora la única capaz de captar el carácter onda-partícula de luz y materia.

Con mis saludos cordiales

Tuyo

Albert Einstein

Mecánica cuántica y realidad

Expondré a continuación, de forma breve y elemental, por qué no considero satisfactorio por principio el método de la mecánica cuántica. Quiero sin embargo señalar ya que no voy a negar que esta teoría represente un paso relevante, en cierto sentido incluso un paso definitivo en el conocimiento físico. Me figuro que esta teoría será incluida en otra posterior de modo similar a como la óptica geométrica lo está en la óptica ondulatoria: las relaciones se mantendrán, pero los fundamentos se harán más profundos o se sustituirán por otros más vastos.

I.

Imaginemos una partícula libre descrita (en el sentido de la mecánica cuántica, por completo), en un cierto instante, por una función ψ espacialmente restringida. De acuerdo con esta representación, la partícula no tiene ni un impulso rigurosamente determinado ni una posición rigurosamente definida.

¿En qué sentido entonces debo suponer que esta descripción representa un hecho individual real? A mí me parecen posibles y obvias dos interpretaciones, que vamos a ponderar:

a) La partícula (libre) tiene, en realidad, una posición determinada y un impulso determinado, aunque no pueden fijarse ambos a la vez, en el mismo caso individual, mediante medida. Según esta interpretación, la función ψ da una descripción incompleta de un hecho real.

Esta interpretación no es la aceptada por los físicos. Su aceptación les llevaría a perseguir para la Física, además de la descripción incompleta de los hechos, una completa y a buscar leyes para semejante descripción. Eso haría estallar el marco teórico de la mecánica cuántica.

b) La partícula no tiene, en realidad, ni un impulso definido ni una ubicación específica; la descripción mediante la función ψ es, por principio, una descripción completa. La posición precisa de la partícula, que obtengo midiendo la posición, no es interpretable todavía como la posición de la partícula antes de la medición. La localización precisa, que se pone de manifiesto al medir, se produce sólo mediante la inevitable (no irrelevante) operación de medida. El resultado de la medición depende no sólo de la situación real de la partícula sino también de la naturaleza –por principio conocida de forma incompleta– del mecanismo de medición. Ocurre lo mismo cuando se mide el impulso o cualquier otro observable referente a la partícula. Esta es sin duda la interpretación preferida por los físicos en la actualidad; y hay que admitir que por sí sola satisface de forma natural, en el marco de la mecánica cuántica, los hechos empíricos expresados en el principio de Heisenberg.

Según esta interpretación, dos funciones ψ diferentes (en sentido no sólo trivial) describen siempre dos situaciones reales diferentes (por ejemplo la partícula de posición precisa o de impulso preciso).

Lo dicho vale también, mutatis mutandis, para la descripción de sistemas constituidos por varias masas puntuales. También aquí suponemos (en el sentido de la interpretación I b) que la función Ψ describe completamente un hecho real, y que dos funciones Ψ (esencialmente) diferentes describen dos hechos reales diferentes, aun cuando al realizar una medida completa pudieran conducir a resultados de medida coincidentes; la coincidencia de los resultados de medida se atribuye entonces en parte a la influencia, parcialmente desconocida, del dispositivo* de medida.

[* Dispositivo: Emplea aquí Einstein el término «Meßanordnung», con el que parece referirse a todo cuanto está implicado en la acción de medir, esto es, desde los propios instrumentos, al conjunto de disposiciones o reglas de juego aplicadas en la realización de la medida.]

II.

Si, al margen de la teoría cuántica, se pregunta qué es lo característico del mundo de ideas físico, lo primero que salta a la vista es lo siguiente: los conceptos de la Física se refieren a un mundo exterior real, es decir, se han establecido ideas de cosas (cuerpos, campos, etc.) que reivindican "existencia real" independiente de los sujetos que las perciben, ideas que, por otra parte, se ponen en relación –lo más segura posible– con las impresiones de los sentidos. Característico de estas cosas físicas es además que se las supone situadas en un continuo espacio-temporal. Esencial para este encasillamiento de las cosas establecidas en Física parece también que, en un determinado tiempo, estas cosas reivindican existencia independiente unas de otras, en la medida en que estas cosas "se encuentran en distintas partes del espacio". Sin la suposición de la existencia (del "ser-así") de esa independencia de cosas espacialmente distantes unas de otras, que proviene de entrada del pensamiento cotidiano, el pensamiento físico –en el sentido que nos es familiar– no sería posible. Sin esa limpia separación tampoco se ve cómo podrían formularse y comprobarse las leyes físicas. La teoría de campo ha llevado al extremo este principio localizando en los elementos infinitamente pequeños del espacio (cuadridimensional) los objetos elementales que existen independientemente uno de otro que le sirven de base, así como las leyes elementales postuladas para ellos.

Para la independencia relativa de objetos (A y B) distantes espacialmente, la idea característica es: la influencia externa de A no tiene efecto inmediato sobre B; este enunciado se conoce como "principio de acción contigua" y sólo se aplica de forma coherente en la teoría de campo. La derogación completa de este principio haría imposible la idea de existencia de sistemas (cuasi) cerrados y por lo tanto el establecimiento de leyes empíricamente comprobables en el sentido que nos es familiar.

III.

Pues bien, sostengo que la mecánica cuántica (según la interpretación de I b) no es compatible con el principio II.

Consideremos un sistema físico S_{12} constituido por dos sistemas parciales S_1 y S_2. Estos dos sistemas parciales pueden haber estado en interacción física en un momento anterior, pero consideraremos que, en un instante t, su interacción ha terminado. Supongamos que el sistema total, en el sentido de la mecánica cuántica, está completamente descrito por una función ψ, ψ_{12}, de las coordenadas q_1... y q_2... de los dos sistemas parciales (no cabe representar ψ_{12} como un producto de la forma $\psi_1\psi_2$, sino sólo como una suma de estos productos).

Supongamos que, en el tiempo t, los dos sistemas parciales están espacialmente separados uno de otro de tal forma que ψ_{12} sea diferente de 0 sólo cuando las q_1... pertenezcan a un dominio espacial limitado R_1 y las q_2 a un dominio espacial R_2 separado de R_1.

Las funciones ψ de los sistemas parciales individuales S_1 y S_2 son entonces de entrada desconocidas, o no existen en absoluto. Los métodos de la mecánica cuántica permiten sin embargo determinar ψ_2, de S_2, a partir de ψ_{12}, si existe además, en el sistema parcial S_1, una medida completa en el sentido de la mecánica cuántica. Se obtiene así, en lugar de la primitiva ψ_{12} de S_{12}, la función ψ, ψ_2, del sistema parcial S_2.

Sin embargo, en esta determinación es esencial saber qué tipo de medida completa –en el sentido de la mecánica cuántica– se hace en el sistema parcial S_1, es decir, qué tipo de observable medimos. Si, por ejemplo, S_1 es una sola partícula, nos resulta entonces indiferente medir su posición o sus componentes de impulso. Dependiendo de esta elección, obtenemos para ψ_2 un tipo diferente de representación, de tal modo que, según la elección de medida en S_1, se da lugar a diferentes predicciones (estadísticas) sobre las medidas que se lleven a cabo más tarde en S_2. Desde el punto de vista de la interpretación Ib esto significa que, según la elección de la medida completa en S_1, se generará respecto a S_2 una situación real diferente que será descrita por diferentes funciones ψ_2, $\underline{\psi_2}$, $\underline{\underline{\psi_2}}$, etc.

Sólo desde el punto de vista de la mecánica cuántica esto no representa ninguna dificultad. Dependiendo de la elección particular de la medida en S_1 se creará exactamente una situación real diferente y no puede presentarse la necesidad de que, al mismo sistema S_2, puedan serle asignadas al mismo tiempo dos o más funciones ψ (ψ_2, $\underline{\psi_2}$, etc.).

La situación es diferente, sin embargo, si pretendemos atenernos simultáneamente a los principios de la mecánica cuántica y al principio II de la existencia autónoma del hecho real presente en las dos porciones espaciales separadas R_1 y R_2. En nuestro ejemplo, la medida completa en S_1 representa precisamente una intervención física que sólo atañe a la parte espacial R_1. Sin embargo tal intervención no puede influir inmediatamente sobre lo físicamente real en una parte espacial R_2 distante. Se seguiría de aquí que cualquier enunciado con respecto a S_2 al que podamos llegar basándonos en una medida completa en S_1, tiene que valer también para el sistema S_2 aunque no se efectúe absolutamente ninguna medida en S_1. Eso significaría que, para S_2, tienen que tener simultáneamente validez todos los enunciados que puedan derivarse del establecimiento de ψ_2, $\underline{\psi_2}$, etc. Naturalmente, esto es imposible si ψ_2, $\underline{\psi_2}$, etc., deben representar hechos reales de S_2 diferentes unos de otros; esto es, se está en conflicto con la interpretación Ib de la función ψ.

Me parece que está fuera de toda duda que los físicos que, por principio, tienen a la forma de descripción de la mecánica cuántica por definitiva, reaccionarán como sigue a esta reflexión: renunciarán a la exigencia II de existencia independiente de lo físicamente real presente en diferentes partes del espacio; pueden invocar con derecho que la teoría cuántica no hace uso explícito en ningún sitio de esta exigencia.

Admito esto, pero señalo: cuando considero los fenómenos físicos que me son conocidos, y especialmente aquellos que con tanto éxito han sido interpretados por la mecánica cuántica, no encuentro por ninguna parte un hecho que me haga parecer probable que haya que abandonar la exigencia II. Me inclino por tanto a creer que, en el sentido de Ia, hay que considerar la descripción de la mecánica cuántica como una descripción incompleta e indirecta de la realidad que, más tarde, será de nuevo sustituida por una completa y directa.

En cualquier caso, cuando se busca una base unitaria para toda la Física, habría, en mi opinión, que precaverse de utilizar dogmáticamente el esquema de la actual teoría.

A. Einstein

Comentario adicional de Born

El breve ensayo guarda una relación tan estrecha con esta carta, que tenía que incluirlo aquí. Tampoco mi carta de respuesta se entendería sin él. Naturalmente, la discusión sólo es inteligible para quien sabe algo del desarrollo de la física moderna y sus fundamentos filosóficos.

MAYO

Carta de Einstein a Pauli

[Princeton], 2 de mayo de 1948

Querido Pauli:

Veo por su carta, con mucho gusto, que ha leído usted atentamente el articulito. No cree usted más que yo en una acción a distancia inmediata. Para escapar a esta hipótesis, concibe usted la función ψ no como la descripción de un sistema individual, sino como la descripción de un conjunto de sistemas. Pero eso significa solamente una cosa: usted piensa que la situación real de un sistema individual no es descrita de forma completa por la función ψ. Por retomar los términos de mi artículo, eso quiere decir que rechaza usted la tesis Ib y que adopta usted la tesis Ia. Eso es todo lo que he querido mostrar.

Pero hay un punto en el que no está usted de acuerdo conmigo, que es el siguiente. Digo yo: si la función ψ no describe de forma completa la situación real de un sistema individual, tiene pues que existir una descripción completa y hay que buscarla. Además, hay que esperar que las verdaderas leyes naturales se refieran a esta descripción completa y no a la descripción incompleta. (Naturalmente, esta descripción completa no podría limitarse a conceptos fundamentales empleados en mecánica del punto.)

Le he dicho a usted más de una vez que soy un empedernido partidario no de las ecuaciones diferenciales, sino del principio de relatividad general, cuya fuerza heurística necesitamos imprescindiblemente. Ahora bien, a pesar de nuestras investigaciones, no he conseguido satisfacer el principio de relatividad de otro modo que gracias a ecuaciones diferenciales; quizá alguien descubra otra posibilidad, si busca con suficiente perseverancia.

Con toda mi amistad y la de mis mujeres, suyo

A. Einstein

Carta de Born a Einstein [89]

84 Grange Loan, Edinburgh
9 de mayo de 1948

Querido Einstein:

Debo disculparme por no haber contestado inmediatamente a tu carta del 5 abril con el manuscrito. He estado dos meses en Oxford, luego sólo 14 días en casa, para irme de nuevo con Hedi a Francia para participar en dos encuentros, en Burdeos y París. Después de regresar he tenido que ocuparme de mis largamente desatendidos alumnos, poner a punto para la imprenta mis conferencias de Oxford y escribir la Necrológica oficial de Planck para la *Roy. Soc.*; una amplia tarea que tiene que estar lista para mediados de junio. Así que por fin hoy consigo responder a tu carta.

Me alegra que parezcas conceder cierto valor a mi opinión. Tengo la sensación de no merecerlo apenas. Pero como lo deseas, vas a oír lo que al leer tu manuscrito me vino a la mente.

Permíteme empezar con un ejemplo. Supongamos que sobre una placa de cristal birrefringente incide un haz de luz y se divide en dos haces. Midiendo, se determina la dirección de polarización de uno de los rayos parciales; se puede entonces concluir que la del otro es perpendicular a ella. Así pues, midiendo sobre un sistema ubicado en un lugar del espacio, se ha establecido algo con relación a un sistema ubicado en otro lugar del espacio. Que esto sea posible se debe a que sabemos que ambos rayos proceden del paso de un único rayo a través de un cristal; en términos ópticos, a que son coherentes.

Este caso me parece muy similar a tu ejemplo abstracto, evidentemente ligado a la teoría de colisiones. Pero es más sencillo y demuestra que esas cosas pasan en el marco de la óptica ordinaria. La mecánica cuántica no ha hecho sino generalizar el asunto.

Me parece que tu principio de la «independencia de los objetos A y B espacialmente distantes» no es tan concluyente como lo pintas. No da cuenta del hecho de la coherencia; cosas espacialmente distantes que tengan un origen común no tienen que ser necesariamente independientes. Creo que eso no se puede negar y que simplemente hay que admitirlo. Dirac ha basado todo su libro en ello.

Dices: «Los métodos de la mecánica cuántica permiten determinar ψ_2, de S_2, a partir de ψ_{12} si se ha llevado a cabo además, en el sistema parcial S_1, una medida completa –en el sentido de la mecánica cuántica.» Supones por tanto, evidentemente, que ψ_{12} es conocida. Así que no es que una medida en S_1 afirme algo sobre lo que ocurre en el sistema S_2 distante, sino sólo junto con el conocimiento de ψ_{12}, es decir, de otras medidas anteriores. En el ejemplo óptico, esto corresponde a la constatación de que los dos haces parciales son generados por un solo haz tras atravesar un cristal.

Para mí que tu ejemplo es demasiado abstracto y demasiado impreciso como para poder hacer de entrada gran cosa con él. Lamentablemente, el término "medida" está a menudo chapuceramente definido en Mecánica Cuántica. Unas veces significa fijación de los posibles valores propios de una magnitud, otras la constatación de si un sistema está en el estado que corresponde a un determinado valor propio o, de forma más general, la determinación de los pesos $|a_n|^2$ con los que los diferentes valores propios n = 1, 2... están presentes en la mezcla

$$\psi(x) = \sum_n a_n \psi_n(x)$$

No está claro para mí cómo entiendes tú, en tu ejemplo, "medida". Me resultaría más cómodo considerar un verdadero proceso de colisiones en el que dos partículas inicialmente independientes chocan y se desvían una de otra. Las funciones de onda después de la colisión corresponderían entonces a tus ψ_1 y ψ_2. Es también importante saber si te refieres a un flujo constante de partículas incidentes de ambos tipos, o justo sólo a dos partículas, una de cada tipo. En este último caso generalmente no pasa absolutamente nada; no sólo hay que conocer con precisión la dirección del impacto, sino también los tiempos; y si éstos se ajustan lo necesario para que se produzca la desviación, me parece evidente que las partículas no son «independientes» tras la colisión. Así que para que suceda algo, hay que conocer y establecer ya antes de la colisión muchas cosas. Pero si se trata de un flujo estacionario de partículas en el que el tiempo de llegada al lugar del choque es aleatorio, está claro que esta estadística se pone de manifiesto en el reparto tras la colisión, esto es, que las dos socias siguen sin ser independientes. No veo realmente ninguna dificultad.

Tengo sin embargo la sensación de que no me expreso con la claridad que me gustaría. Básicamente siempre vuelvo al hecho de la coherencia, que es innegable. Pero como tampoco se puede negar la utilidad de las imágenes mecánicas, hay que conformarse con un formalismo que dé cobertura a ambas. Eso no genera en mi ánimo molestos chirridos o crujidos. Así que me inclino por utilizarlo y, en cierto sentido, a «creer» en él hasta que surja algo resueltamente «mejor». Todo esto lo he expuesto con mucha mayor extensión en mis conferencias de Oxford; quizá tengas ocasión de echarles un vistazo.

En lo que se refiere a mi expectativa de algo «mejor», mi opinión es desde luego del todo distinta a la tuya. Es patente que el avance de la Física ha ido siempre de lo intuitivo a lo abstracto. Y probablemente seguirá siendo así. La mecánica cuántica y las teorías cuánticas de campo fallan en puntos clave. Pero me parece que todos los síntomas indican que hay que estar preparado para cosas que a nosotros, los viejos, no nos complacen. Creo incluso que los días del grupo relativista, en la forma dada por ti, están contados: la transportabilidad del elemento de línea es matemáticamente muy bella pero, a mi sentir, físicamente insatisfactoria. Ahora bien, las divergencias en la Mecánica Cuántica dan a entender que en el universo existe una longitud absoluta. Supongo que habrá que incluirla de algún modo en el grupo general de transformación. Eso nos ha mortificado mucho. Quizá mi alumno Green, un hombre muy dotado (a quien os enviaré el próximo año a Princeton), vaya más lejos; tiene buenas ideas y gran habilidad matemática.

Estamos ahora trabajando en superconductividad y creo que tenemos la teoría correcta. Tampoco es tan terrible.

Con mis cordiales saludos, y también de Hedi, tuyo

Max Born.

Comentario adicional de Born

La raíz de la diferencia de opinión entre Einstein y yo reside en su axioma de que sucesos que tienen lugar en sitios A y B diferentes son independientes uno de otro, en el sentido de que una observación del estado en B no dice nada respecto a cuál es el estado en A. Mi argumento contra esta suposición está tomado de la óptica y descansa en el concepto de coherencia. Si un haz de luz se divide –por reflexión, birrefringencia o similar– en dos haces que siguen diferentes caminos, se pueden sacar conclusiones, por observación de un rayo parcial en un punto A, sobre el estado del otro en un punto B alejado. Es extraño que Einstein, que fue uno de los primeros teóricos que vio la importancia del trabajo de De Broglie sobre la mecánica ondulatoria y que nos llamó la atención a los demás al respecto, no concediese validez a esta objeción a su axioma. Desde luego para la luz no es válido; pero si el movimiento de la materia puede ser descrito como propagación de ondas –y a ese respecto el propio Einstein suministró argumentos de peso–, el concepto de coherencia es aplicable entonces a los rayos de materia; de donde se deduce que, exactamente igual que en el caso de la luz, en ciertas circunstancias, a partir de la constatación del estado en A se pueden sacar conclusiones sobre el estado en B. Einstein tachó de incompleta a una teoría que llegase a semejantes conclusiones. A sus ojos, por tanto, hay que considerar asimismo incompleta la teoría de la luz. Él esperaba la elaboración de una teoría más profunda que eliminase esta imperfección. Hasta ahora, su esperanza no se ha cumplido, y los físicos tienen buenas razones para creer* –basándose sobre todo en las investigaciones de J. von Neumann (véase el comentario de la carta nº 78)– que es imposible.

[* Creer. De nuevo la fe como último criterio de verdad cautelosamente provisional, al menos en el caso de Born "y los físicos" (que no son Einstein, se supone).]

Carta de Born a Einstein [90]

Professor M. Born, F. R. S.
Department of Mathematical Physics
The University
Drummond Street, Edinburgh, 8

22 de mayo de 1948

Querido Einstein:

Esta carta no tiene nada que ver con la teoría cuántica, como la última, que espero hayas recibido, sino con Palestina. Dirás, «¿En qué te concierne?». De hecho, cuando me escribiste en 1933 que debía ir a Jerusalén, me negué, por mi mujer y mis hijos, que no tienen ninguna tradición judía. Tampoco tenía clara la situación de Europa. Más tarde estuve unas semanas reuniéndome a diario con Weizmann en Karlsbad y aprendí mucho. Creo, sin embargo, que pudo haber salvado a muchos más judíos si hubiera aceptado la oferta de los ingleses de darles un trozo de Kenia (África Oriental). Tal como está ahora la cosa, Palestina es el único refugio posible. Me entristeció mucho que los judíos recurriesen al terror, demostrando que habían aprendido de Hitler. Estaba además tan agradecido a Britania, mi nueva «patria», que nada malo me esperaba de ella. Pero paulatinamente se me fue haciendo evidente que nuestro Bevin lleva un maligno juego: primero se arma y entrena a los árabes, luego el ejército británico se retira y deja que los árabes hagan el trabajo sucio de exterminar a los judíos. Naturalmente yo no tenía ninguna prueba de que fuese así. Además, todos los nacionalismos me resultan odiosos, incluido el judío. Por eso no estaba yo especialmente emocionado. Sin embargo, poco a poco se hizo del todo claro que mi peor suposición era correcta. Trae hoy el *Manchester Guardian* un editorial en el que acusa abiertamente a Bevin exactamente en el sentido anterior. Estoy muy deprimido porque soy del todo impotente y sin influencia en este país. Esta carta está destinada sólo a decirte que si haces cualquier cosa por ayudar, estoy con toda mi alma detrás de ti. ¿No podrías tú incitar al gobierno americano a que actúe antes de que sea demasiado tarde? Los rusos se unirían, y quizá eso ayudaría a reducir la tensión entre Estados Unidos y Rusia. Hazme saber cómo se ve el asunto entre vosotros.

Saludos cordiales, también de Hedi.

Tuyo

Max Born.

[Ernest Bevin, ministro británico, en principio partidario de un estado unitario árabe-israelí en Palestina. El 14 de mayo, tras el abandono de Palestina por Gran Bretaña, Israel se declaró estado independiente, estado que es invadido de forma inmediata por Egipto, Jordania, Siria, Irak y Líbano, situación que resuelve a su favor Israel en breve tiempo apoderándose de diversos territorios que inicialmente habían sido asignados por naciones Unidas a los árabes y estableciendo de facto un nuevo statu quo.]

JUNIO

Carta de Einstein a Born [91]

1 de junio de 1948

Querido Born:

Tu carta relativa a Palestina me ha conmovido profundamente. No cabe duda de que has caracterizado a la perfección la política de Bevin. Parece que se haya contagiado con el virus de la infamia a través de la silla en la que se sienta. Tú tienes en cambio una visión algo optimista sobre las posibilidades que se me ofrecen para influir en el juego de Washington. Se caracteriza éste por la depurada máxima: la mano derecha no debe saber qué hace la izquierda. Con la mano derecha se golpea sobre la mesa y con la izquierda se ayuda (por ejemplo, mediante el embargo) a la insidiosa agresión de Inglaterra.

Tu carta sobre la interpretación de la mecánica cuántica es ciertamente minuciosa, pero no se atiene a mi esquema lógico, de modo que no puedo responder sin cansarte con fastidiosas reiteraciones. Quizá haya todavía ocasión para un debate verbal. Me gustaría decir solo que en modo alguno estoy obsedido por el llamado esquema clásico, pero sí considero necesario satisfacer de algún modo el principio de relatividad general, de cuya fuerza heurística, en mi opinión, no puede prescindirse para un verdadero progreso.

Te saludo cordialmente

Tuyo

A. Einstein

Comentario adicional de Born

Mi carta sobre Palestina y la respuesta de Einstein apenas requieren comentario. La evaluación de la política de Bevin respecto a Palestina era totalmente correcta. Pero él no contó con la tenacidad y la desesperada determinación de los judíos, con las que lograron hacer frente a los árabes.

En lo que atañe a la observación final de la carta de Einstein, me parece que su reproche de que yo no me había atenido a su esquema lógico está hoy –como entonces– totalmente injustificado. Él estaba tan convencido de la exactitud de la ilación de sus razonamientos que no acogía mis explicaciones divergentes –reprochándome a mí lo propio. Habíamos ido a parar a posiciones filosóficas distintas entre las que no había puentes. Y sin embargo creo que yo seguía las enseñanzas del joven Einstein tal como él las había descrito en la ya citada necrológica (comentario de la carta nº 84) de Ernst Mach.

1949

ENERO

[Einstein, que viene arrastrando hace tiempo mala salud, se somete, por sugerencia de su médico Rudolf Ehrmann, el 31 de diciembre de 1948, a una laparotomía exploratoria que realiza el cirujano Rudolf Nissen en el hospital judío de Brooklyn. Se detecta un gran aneurisma de aorta abdominal. Sale del hospital el 13 de enero de 1949, yendo a recuperarse a Florida. En esas condiciones debió ocuparse de contestar a los veinticinco artículos relativos a su obra y procedentes de distintos especialistas que debían publicarse en el volumen colectivo especial *Albert Einstein als Philosoph und Naturforscher* preparado por Paul Arthur Schilpp con motivo de su 70 aniversario. En este contexto se mueven las cartas que siguen.]

Carta de Born a Einstein [92]

84, Grange Loan, Edinburgh, 23 de enero de 1949

Querido Einstein:

Esta remesa es principalmente una respuesta a la carta de Margot a Hedi; dale por favor mi carta adjunta –puedes leerla. *Estamos muy contentos de que te encuentres mejor*. ¡Tómatelo con calma y déjate cuidar!

¿Qué está ocurriendo con el libro de Schilpp? Mandé mi contribución hace más de dos años y todavía no se ha publicado.

Últimamente he trabajado intensamente y creo que con éxito. Green y yo tenemos una teoría de las partículas elementales de la que estoy convencido de que es correcta, aun cuando en mis publicaciones me expreso con más cautela. Tú, sin embargo, no creerás en ella, porque utilizamos el *fantasma* mecano-cuántico, al que no aguantas. En el próximo número de «Nature» aparecerán dos notas nuestras. La idea es esta:

Hasta ahora, para cada tipo de partículas (fotones, electrones, protones, mesones, etc.) se ha compuesto, todo lo bien que se ha podido, una función de

Lagrange en la que, arbitrariamente, se ha adoptado la masa como constante característica. Nosotros entendemos que hay que cambiar por completo el punto de vista, pues parece cierto que hay mesones de diferente masa, infinitos probablemente. La verdadera incógnita es la propia función L de Lagrange, no la solución del correspondiente problema mecánico. La determinamos a partir de un principio muy general: las leyes de la Naturaleza son invariantes no sólo respecto a las transformaciones relativistas, sino también respecto a la sustitución $x^\alpha \rightarrow p_\alpha$, $p_\alpha \rightarrow -x^\alpha$, donde x^α representa las coordenadas espacio-temporales y p_α el impulso-energía. Naturalmente, esto es absurdo clásicamente, pero mecano-cuánticamente tiene mucho sentido, pues ahora es $p_\alpha = -i\hbar\frac{\partial}{\partial x^\alpha}$.Todo se reduce a que, en vez de tu invariante fundamental $x_\alpha x^\alpha = R$, se pone la magnitud simétrica $S = R + P$, siendo $P = p^\alpha p_\alpha$. S es un operador cuyos valores propios enteros son los intervalos y cuyas funciones propias son en esencia las funciones L de Lagrange. (Por supuesto, x_α y p_α hay que medirlas en unidades *naturales*.) De hecho, esto proporciona infinitas L, y las masas de los mesones conocidos resultan correctas. – No lo tomes a mal.

Saludos cordiales. Tuyo,

Max Born

Comentario adicional de Born

La carta de Margot daba cuenta de la grave enfermedad de Einstein.

El libro de Schilpp se publicó ese mismo año 1949. La información física, que constituye la parte principal de la carta, se basa en la misma idea que había expuesto yo a Einstein en una carta anterior y que llamamos *principio de reciprocidad*. Es, no obstante, una nueva vuelta de tuerca a esa reflexión y, como ya dije antes, se ha hecho esencial últimamente para la teoría de las partículas elementales.

—

Carta de Einstein a Born [93]

(Sin datar; fecha probable: enero-abril de 1949)

Querido Born:

Te agradezco tus amistosas líneas. Vuelvo a arrastrarme alegremente; pero la maquinaria ya no vale gran cosa. El asunto Schilpp está provisionalmente enterrado, pues el susodicho Schilpp se afana actualmente en Alemania. Cuando venga será.

He captado, en cierta medida, tus alusiones teóricas. Pero nuestros caballos de batalla se han alejado uno de otro sin esperanza de retorno... dado que el tuyo goza –y se entiende– de una popularidad mucho más vasta debido a sus considerables éxitos prácticos, mientras que el mío tiene un aire quijotesco y yo mismo no le concedo crédito incondicional. Al menos no hay, en el mismo sentido, un juego de la gallina ciega con la noción de realidad, contra la que mi instinto* se rebela irresistiblemente. Mi esperanza de poder charlar contigo una vez más a este respecto antes de partir, sin duda no se cumplirá.

[* Nueva alusión de Einstein a su instinto como *criterio* de verosimilitud, si el término verdad se juzga excesivo.]

—

ABRIL

Carta de Einstein a Niels Bohr

[Princeton], 4 de abril de 1949

Querido Bohr:

Te agradezco de todo corazón todo el esfuerzo que has desplegado tan amistosamente en una ocasión tan insignificante. Gracias igualmente por la amistosa felicitación de los miembros del Instituto de Copenhague.

En todo caso, hay ahí una ocasión que no depende de la cuestión crucial de saber si Dios juega verdaderamente a los dados o no, y si tenemos que atenernos a una realidad accesible a la descripción que de ella puede dar la física. En mi respuesta a los trabajos publicados en el libro de Schilpp, he vuelto a cantar otra vez mi vieja cancioncilla solitaria; eso me recuerda el refrán de aquel viejo cabrón:

Sobre este discurso del candidato Jobsche*
Meneo general de las cabezas...

Cordialmente, tuyo
A. Einstein

[* Sustitúyase por Lalueza, Pardeza, etc., a efectos de rima castellana.]

[Oeuvres Choisies. Libro I. Quanta, p. 249]

—

Born ha debido de publicar un libro que, al margen de lucubraciones físicas de su propio pecunio, incluye consideraciones de Einstein recogidas en su correspondencia a lo largo del tiempo. Es por tanto muy probable que la idea de publicar un libro específico que contenga las cartas de Einstein tenga este origen *temprano.* A estas alturas faltan alrededor de 20 años para que ese libro vea la luz. La muerte de Einstein en 1955 favorece además la posibilidad de incluir las cartas de Born a Einstein y los cuantiosos comentarios adicionales de Born sin contrarréplica posible.

Carta de Einstein a Born [94]

12 de abril de 1949

Me alegré mucho con la maravillosa fotografía, las contribuciones sobre causalidad y probabilidad y el interesante artículo sobre la superación de los daños morales de nuestro tiempo.

Has expuesto, querido Born, públicamente mis frívolas observaciones epistolares. Todo lo que has descrito en tu libro está muy bien situado en el marco de la evolución y comprendo muy bien tu punto de vista. Pero estoy convencido de que el punto de vista fundamental, compartido actualmente por casi todo el mundo, no resistirá la prueba del tiempo. Tenías por completo razón en expresar en tu carta el deseo de ser invitado al Instituto por un periodo suficientemente largo. También yo he intercedido en ese sentido, pero tengo poca influencia, ya que soy considerado aquí como una especie de fósil al que los años han hecho ciego y sordo. No encuentro del todo malo ese papel, en tanto que corresponde bastante bien a mi temperamento.

Me pregunta usted ahora, Sra. Born, por mi actitud en la vida. Me gusta más dar que recibir, en cualquier circunstancia; no concedo importancia a mi persona, ni a la acumulación de riquezas; no me avergüenzan mis debilidades ni mis defectos y tomo instintivamente las cosas con humor y tranquilidad. Hay mucha gente así y no entiendo por qué se ha hecho de mí una especie de ídolo. Sin duda es tan incomprensible como el misterio de una avalancha, a la que basta un único grano de polvo para que se desencadene y tome un camino determinado.

Comentario adicional de Born

Einstein explica el fracaso de sus esfuerzos por procurarme una invitación para el Instituto por ser considerado una especie de fósil. Estoy seguro de que también yo pasaba por un residuo petrificado de una época caduca. Dos fósiles eran demasiado para los modernos señores del Instituto.

—

JULIO

Einstein hace referencia al artículo de Pauli en el Libro homenaje a Einstein de Paul Schilpp con motivo de su 70º cumpleaños.

Carta de Einstein a Besso

[Princeton,] 24 de julio de 1949

Mi animosidad contra la teoría estadística de los cuantos no se refiere al contenido cuantitativo, sino a la creencia actual de que esta manera de tratar los fundamentos de la física es, *en lo esencial*, definitiva. Me alegro de que hayas leído mi trabajito.* ¿Has notado también cuán ilógica era la respuesta de Pauli? Pone en duda que esta manera de proceder sea incompleta, pero dice inmediatamente después que la función ψ es una representación *estadística* de la totalidad del sistema. Sin embargo, esto no es sino otra forma de la afirmación: ¡la representación del sistema particular (individual) es incompleta! El éxito momentáneo posee para casi todo el mundo más fuerza de persuasión que una reflexión de principio, y la moda los hace ciegos, aunque sea sólo temporalmente. Es una respuesta a observaciones críticas de mis colegas, que apareció en una recopilación que me han dedicado en la colección «Living Philosophers». La posteridad sabrá al menos cuáles eran mis ideas al respecto.

[Se refiere a «***Quanten-Mechanik und Wirklichkeit***». Dialectica, 2 (15 de agosto de 1948)]

—

OTOÑO

Se publica el libro homenaje a Einstein para festejar su 70º cumpleaños. Aquí, Pauli:

Wolfgang Pauli. «EINSTEIN'S CONTRIBUTIONS TO QUANTUM THEORY» *The Library of Living Philosophers*, Doc. **4**, pp. 149-158. Paul Arthur Schilpp, *Editor*. 1949

149

LAS CONTRIBUCIONES DE EINSTEIN A LA TEORÍA CUÁNTICA

Si se descubren aspectos nuevos de los fenómenos naturales que resultan incompatibles con el sistema de teorías vigente en ese momento, surge la pregunta de cuáles de los principios conocidos utilizados en la descripción de la Naturaleza son lo suficientemente generales como para comprender la nueva situación y cuáles deben modificarse o abandonarse. La actitud de diferentes físicos ante un problema de esta índole, que plantea fuertes exigencias de intuición y tacto en un científico, depende en cierta medida del temperamento personal del investigador. En el caso del descubrimiento del cuanto de acción por Planck, en 1900, en el curso de sus famosas investigaciones sobre la ley de la radiación del cuerpo negro, estaba claro que el principio de Boltzmann, que relacionaba la entropía y la probabilidad, y la ley de conservación de la energía y el momento eran dos pilares lo suficientemente sólidos como para permanecer inalterables ante el desarrollo resultante del nuevo descubrimiento. Fue precisamente la fidelidad a estos principios lo que permitió a Planck introducir la nueva constante *h*, el cuanto de acción, en su teoría estadística del equilibrio termodinámico de la radiación.

Sin embargo, los primeros trabajos de Planck sólo habían tratado con cierta cautela la cuestión de si la nueva «hipótesis cuántica» implicaba la necesidad de cambiar las leyes de los fenómenos microscópicos independientemente de las aplicaciones estadísticas, o si bastaba con una mejora del método estadístico para enumerar estados igualmente probables. En cualquier caso, Planck siempre se mostró partidario de tender a un compromiso entre las ideas más antiguas de la física, ahora denominadas «clásicas», y la teoría cuántica, tanto en sus primeros trabajos sobre el tema como en los posteriores, aunque tal posibilidad

150

había disminuido considerablemente la relevancia de su propio descubrimiento.

Este fue el contexto del primer artículo de Einstein sobre la teoría cuántica [1], precedido por sus artículos sobre los fundamentos de la mecánica estadística[1] y acompañado, en el mismo año 1905, por sus otros artículos fundamentales sobre la teoría del movimiento browniano[2] y la teoría de la relatividad.[3] En este y en los artículos posteriores [2, 3, 4b], Einstein clarificó y reforzó los argumentos termodinámicos subyacentes a la teoría de Planck hasta tal punto que pudo extraer conclusiones definitivas sobre los propios fenómenos microscópicos. Dio a la ecuación de Boltzmann entre la entropía S y la «probabilidad» W

$$S = k \log W + \text{constante} \tag{1}$$

un significado físico preciso al definir W, para un estado dado, como la duración relativa en la que este estado (que puede desviarse más o menos del estado de equilibrio termodinámico) se realiza en un sistema cerrado con un valor dado de su energía (conjunto temporal). Por lo tanto, la relación de Boltzmann no solo es una definición de W, sino que establece también una conexión entre magnitudes que, en principio, son observables. Por ejemplo, como consecuencia de (1), se obtiene para el valor medio del cuadrado de la fluctuación de energía ε de un pequeño volumen parcial de un sistema cerrado la expresión

$$\overline{\varepsilon^2} = k\left[-\left(\frac{\partial^2 S}{\partial E^2}\right)_{T,V}\right]^{-1} = kT^2\left(\frac{\partial E}{\partial T}\right)_V \tag{2}$$

donde T es la temperatura y E la energía media (descartamos aquí la complicación de la fórmula debida a las fluctuaciones de densidad, ya que no existe en el caso de la radiación). Esta relación debe mantenerse independientemente del modelo teórico del sistema.

[1] *Ann. Phys.*, Lpz. (4) **17**, 132 (1905): «Über einen die Erzeugung und Verwandlung des Lichtes betreffenden heuristischen Gesichtspunkt».
[1] *Ann. Phys.* (4) **9**, 417 (1902); 11, 170 (1903); 14, 354 (1904).
[2] *Ann. Phys.* (4) **17**, 549 (1905).
[3] *Ann. Phys.* (4) **17**, 891 (1905).
[2] *Ann. Phys.*, Lpz. (4) **20**, 199 (1906): «Zur Theorie der Lichterzeugung und Lichtabsortion».
[3] *Ann. Phys.*, Lpz. (4) **22**, 180 und 800 (1907): «Die Planck'sche Theorie der Strahlung und die Theorie der spezifischen Wärme».
[4] b) A. Einstein, *Phys. ZS*, **10**, 185, (1909): «Zum gegenwärtigen Stand des Strahlungsproblems».

151

Si se conoce empíricamente la energía de un sistema en función de la temperatura, el modelo debe estar en consonancia con la fluctuación calculada con ayuda de la ecuación (2) y, a la inversa, la hipótesis de dicho modelo teórico prescribe la elección de estados que se supone que son igualmente probables en la relación de Boltzmann (1). Para la media cuadrática de la fluctuación de energía de la parte de la radiación dentro del intervalo de frecuencia (v, $v + dv$), en el pequeño volumen parcial V de una cavidad llena de radiación en equilibrio termodinámico, la fórmula de radiación de Planck da, según (2), la expresión, derivada por primera vez por Einstein [4b]

$$\overline{\varepsilon^2} = h\nu E + \frac{c^3}{8\pi\nu^2 d\nu}\frac{E^2}{V} \tag{3}$$

si E es la energía media de la radiación en V del intervalo de frecuencia en cuestión. Mientras que el segundo término puede interpretarse fácilmente con la ayuda de la teoría ondulatoria clásica como debido a las interferencias entre las ondas parciales,[4] el primer término está en evidente contradicción con la electrodinámica clásica. Sin embargo, puede interpretarse por analogía con las fluctuaciones del número de moléculas en los gases ideales con la ayuda de la imagen de que la energía de la radiación permanece concentrada en regiones limitadas del espacio en cantidades de energía hv, que se comportan como partículas independientes, llamadas «cuantos de luz» o «fotones».

Como era reacio a aplicar métodos estadísticos a la radiación en sí, Einstein consideró también el movimiento browniano de un espejo que refleja perfectamente la radiación en el intervalo de frecuencia (v, $v + dv$), pero deja pasar todas las demás frecuencias [4b]. Si $P\upsilon$ es la fuerza de fricción correspondiente a la velocidad v del espejo normal a su superficie, la teoría general de Einstein sobre el movimiento browniano da, para el cambio irregular del momento del espejo en la dirección normal durante el intervalo de tiempo τ, la relación estadística:

$$\overline{\Delta^2} = 2Pm\overline{\upsilon^2}\tau = 2PkT\tau \tag{4}$$

[4] b) A. Einstein, *Phys. ZS*, **10**, 185, (1909): «Zum gegenwärtigen Stand des Strahlungsproblems».
[4] Para un cálculo cuantitativo, véase H. A. Lorentz «Théories statistiques en thermodynamique», Leipzig 1916, apéndice n.º IX.

152

ya que $m\overline{\upsilon^2} = kT$ (*m* es la masa del espejo). Primero se calcula *P* según la teoría ondulatoria habitual, tal y como se indica en la fórmula

$$P = \frac{3}{2c}\left(\rho - \frac{1}{3}\nu\frac{\partial\rho}{\partial\nu}\right)d\nu \cdot f \tag{5}$$

donde $\rho d\nu$ es la energía radiativa por unidad de volumen del intervalo de frecuencia (ν, $\nu + d\nu$) considerado, y *f* es la superficie del espejo. Al insertar (5) en (4) y utilizar la fórmula de Planck, se obtiene

$$\frac{\overline{\Delta^2}}{\tau} = \frac{1}{c}\left[h\nu\rho + \frac{c^3}{8\pi\nu^2}\rho^2\right]d\nu \cdot f \tag{6}$$

Esta fórmula está estrechamente relacionada con (3), ya que utilizando $E = \rho d\nu V$ se tiene

$$\frac{\overline{\Delta^2}}{\tau} = \frac{1}{c} f \frac{\overline{\varepsilon^2}}{V} \tag{6a}$$

Al igual que en (3), sólo el último término de (6) puede explicarse mediante la teoría ondulatoria clásica, mientras que el primer término puede interpretarse con la imagen de cuantos de luz corpusculares de energía $h\nu$ y momento $h\nu/c$ en la dirección de su propagación.

Tenemos que añadir dos observaciones. 1º) Si se parte de la ley simplificada de Wien para la radiación del cuerpo negro, que se cumple para $h\nu >> k$, sólo se obtiene el primer término de (3). 2º) En su primer artículo [1], Einstein calculó para la región de validez de la ley de Wien, con ayuda de una aplicación directa de la ecuación (1), la probabilidad del raro estado en el que toda la energía de radiación está contenida en un determinado volumen parcial (en lugar de considerar la media cuadrática de la fluctuación de energía). También en este caso pudo interpretar los resultados con la ayuda de la imagen antes mencionada de los «cuantos de luz» corpusculares.

De esta manera, Einstein llegó a su famosa «hipótesis del cuanto de luz», que aplicó inmediatamente al efecto fotoeléctrico y a la ley de Stockes de la fluorescencia [1], y más tarde también a la generación de rayos catódicos secundarios por rayos X [5] y a la predicción del límite de alta frecuencia en la radiación de frenado (*Bremsstrahlung*) [9].

[1] *Ann. Phys*., Lpz. (4) **17**, 132 (1905): «Über einen die Erzeugung und Verwandlung des Lichtes betreffenden heuristischen Gesichtspunkt».
[5] *Phys. ZS*. **10**, 817, (1909): «Über die Etwicklung unserer Anschauungen über das Wesen und die Konstitution der Strahlung». (Conferencia de Salzburgo. Septiembre de 1909).
[9] *Rapport et discussions de la Réunion Solvay*, 1911 : «La théorie du Rayonnement et les Quanta», Paris, 1912. Report by Einstein : «Létat actuel du problème des chaleurs spécifiques».

153

Todo esto es tan conocido hoy en día que difícilmente es necesario entrar en una discusión detallada de estas consecuencias. Sólo recordamos brevemente que, gracias a este trabajo previo de Einstein, quedó claro que la existencia del cuanto de acción implica un cambio radical en las leyes que rigen los microfenómenos. En el caso de la radiación, este cambio se expresa en el contraste entre el uso del modelo corpuscular y el modelo ondulatorio para diferentes fenómenos.

Las consecuencias de la teoría de Planck, según la cual los osciladores armónicos materiales con frecuencia propia ν solo pueden tener valores de energía discretos, dados por múltiplos enteros de $h\nu$ [2], también fueron aplicadas con éxito por Einstein a la teoría del calor específico de los sólidos [3]. Desde el punto de vista metodológico, hay que señalar que, en esta ocasión, Einstein aplicó por primera vez el método más sencillo del conjunto canónico para derivar la energía libre y la energía media de dichos osciladores en función de la temperatura, mientras que en los trabajos anteriores de Planck la entropía en función de la energía se calculaba con ayuda del método de Boltzmann, en el que se utiliza el conjunto microcanónico. En cuanto al contenido físico de la teoría, era obvio que la suposición de un único valor de la frecuencia de los osciladores en el cuerpo sólido no podía ser correcta. En relación con el descubrimiento de Madelung[5] y Sutherland[6] de una relación entre el valor supuesto de esta frecuencia y las propiedades elásticas del sólido, este problema se discutió en varios artículos posteriores de Einstein [7, 8, 9], entre los que destaca el informe de Einstein en el Congreso Solvay de 1911, ya que se presentó tras el establecimiento de la fórmula empírica de Nernst y Lindemann para la energía térmica de los sólidos y justo antes de que el problema fuera resuelto teóricamente por Born y Karman[7] y, de forma independiente, por Debye.[8] Puede considerarse bastante extraño hoy que estas teorías posteriores no se descubrieran mucho antes, sobre todo teniendo en cuenta que el método de las vibraciones propias (*eigen*vibrations) se aplicó a la radiación del cuerpo negro desde el punto de vista de la teoría clásica

[5] J. Madelung, Phys. ZS. **11**, 898 (1910)
[6] W. Sutherland, Phil. Mag. (6) **20**, 657 (1910).
[2] *Ann. Phys.*, Lpz. (4) **20**, 199 (1906): «Zur Theorie der Lichterzeugung und Lichtabsortion».
[3] *Ann. Phys.*, Lpz. (4) **22**, 180 und 800 (1907): «Die Planck'sche Theorie der Strahlung und die Theorie der spezifischen Wärme».
[7] *Ann. Phys.*, Lpz. **34**, 170 und 590, (1911): «Eine Beziehung zwischen dem elastischen Verhalten und der spezifischen Wärme bei festen Körpern mit einatomigen Molekül».
[8] *Ann. Phys.*, Lpz. **35**, 679, (1911): «Elementare Betrachtungen über die thermische Molekularbewegung in festen Körpern».
[9] *Rapport et discussions de la Réunion Solvay*, 1911 : «La théorie du Rayonnement et les Quanta», Paris, 1912. Report by Einstein : «Létat actuel du problème des chaleurs spécifiques».
[7] M. Born y Th. van Karman, Phys. ZS, **13**, 297 (1912).
[8] P. Debye, Ann. Phys. (4) **39**, 789 (1912).

154

mucho antes por Rayleigh y Jeans. Sin embargo, hay que tener en cuenta que hasta entonces no se había encontrado ninguna regla general para determinar los valores discretos de energía de los estados y que los físicos se mostraban bastante reacios a aplicar las leyes cuánticas a objetos tan extendidos en el espacio como una vibración propiamente dicha.

El informe de Einstein sobre la constitución de la radiación en la reunión de física celebrada en Salzburgo [5] en 1909, en la que se presentó ante una audiencia más amplia por primera vez, puede considerarse uno de los hitos en el desarrollo de la física teórica. Trata tanto de la relatividad especial como de la teoría cuántica y contiene la importante conclusión de que el proceso elemental debe ser dirigido (radiación de aguja) no solo para la absorción, sino también para la emisión de radiación, aunque este postulado entraba en conflicto abierto con la idea clásica de emisión en una onda esférica, indispensable para comprender las propiedades de coherencia de la radiación, tal y como aparecen en los experimentos de interferencia. El postulado de Einstein de un proceso de emisión dirigida ha sido respaldado además por sólidos argumentos termodinámicos en su trabajo posterior. En artículos publicados con L. Hopf [6] (que más tarde también provocaron un interesante debate con von Laue [12] sobre el grado de desorden en la radiación «negra»), pudo ampliar el trabajo anterior sobre las fluctuaciones del momento de un espejo bajo la influencia de un campo de radiación a las correspondientes fluctuaciones del momento de un oscilador armónico. De este modo, fue posible, al menos para este sistema concreto, que desempeñó un papel tan importante en la teoría original de Planck, calcular el movimiento de traslación en equilibrio con la radiación circundante, además de su movimiento oscilatorio, que había sido tratado mucho antes por Planck. El resultado fue decepcionante para aquellos que aún tenían la vana esperanza de derivar la fórmula de radiación de Planck simplemente cambiando la suposición estadística en lugar de romper fundamentalmente con las ideas clásicas sobre los microfenómenos elementales en sí mismos: El cálculo clásico de la fluctuación del momento de un oscilador armónico en su interacción con un campo de radiación solo es compatible con el conocido valor 3/2 kT para su energía cinética en equilibrio termodinámico, si el campo de radiación cumple la ley clásica de

[5] *Phys. ZS.* **10**, 817, (1909): «Über die Etwicklung unserer Anschauungen über das Wesen und die Konstitution der Strahlung». (Conferencia de Salzburgo. Septiembre de 1909).

[6] a) A. Einstein und L. Hopf, *Ann. Phys.*, Lpz. **33**, 1096, (1910): «Über einen Satz der Wahrscheinlichkeitsrechnung und seine Anwendung in der Quantentheorie» (Compárese con la referencia [12]).

b) A. Einstein und L. Hopf, *Ann. Phys.*, Lpz. **33**, 1105, (1910): «Statistische Untersuchung der Bewegung eines Resonators in einem Strahlungsfeld».

[12] Discussion Einstein und v. Laue: a) M. v. Laue, *Ann. Phys.*, Lpz. **47**, 853, (1915); b) A. Einstein, *Ann. Phys.*, Lpz. **47**, 879, (195); c) M. v. Laue, *Ann. Phys.*, Lpz. **48**, 668, (1915).

155

Rayleigh-Jeans en lugar de la ley de Planck. Si, por el contrario, se asume esta última ley, la fluctuación del momento de los osciladores debe deberse a irregularidades en el campo de radiación, que deben ser mucho mayores que las clásicas para una pequeña densidad de la energía de radiación.

Con la exitosa aplicación de Bohr de la teoría cuántica a la explicación de los espectros de líneas de los elementos con la ayuda de sus dos conocidos «postulados fundamentales de la teoría cuántica» (1913), se inició un rápido desarrollo, en el curso del cual la teoría cuántica se liberó de la restricción a sistemas particulares como los osciladores de Planck.

Por lo tanto, surgió el problema de derivar la fórmula de radiación de Planck utilizando supuestos generales válidos para todos los sistemas atómicos de acuerdo con los postulados de Bohr. Este problema fue resuelto por Einstein en 1917 en un famoso artículo [13] que puede considerarse como la culminación de una etapa de los logros de Einstein en la teoría cuántica (véase también [10] y [11]) y como el fruto maduro de su trabajo anterior sobre el movimiento browniano. Con la ayuda de las leyes estadísticas generales para los procesos de emisión espontánea e inducida y para los procesos de absorción, que son los inversos de los primeros, pudo derivar la fórmula de Planck bajo el supuesto de la validez de dos relaciones generales entre los tres coeficientes que determinan la frecuencia de estos procesos y que, si se da uno de estos coeficientes, permiten el cálculo de los otros dos. Dado que estos resultados de Einstein figuran hoy en todos los libros de texto de teoría cuántica, no es necesario discutir aquí los detalles de esta teoría y su posterior generalización a procesos de radiación más complicados [15]. Además de esta derivación de la fórmula de Planck, el mismo artículo analiza también el intercambio de momento entre el sistema atómico y la radiación de una manera definida y muy general, utilizando de nuevo la ecuación (4) de la teoría del movimiento browniano, que conecta la media cuadrática del intercambio de momento en un determinado intervalo de tiempo y la fuerza de fricción $P\upsilon$. Esta última puede calcularse utilizando la hipótesis general, indicada tanto por la experiencia como por la electrodinámica clásica, de que la absorción o emisión de luz inducida por rayos con diferentes direcciones son

[10] *Ann. Phys.*, Lpz. **37**, 832, (1912) und **38**, 881 (1912): «Thermodynamische Begründung des photochemischen Aequivalentgesetzes».

[11] A. Einstein und O. Stern, *Ann. Phys.*, Lpz. **40**, 551, (1913): «Einige Argumente für die Annahme einer molekularen Agitation beim absoluten Nullpunkt».
[13] *Phys. ZS.* **18**, 121, (1917) (compárese con *Verhandlungen der deutschen physikalischen Gesellschaft*, No. 13/14, 1916): «Zur Quantentheorie der Strahlung».
[15] A. Einstein und P. Ehrenfest, *Z. Phys.* **19**, 301, (1923): «Zur Quantentheorie des Strahlungsgleichgewichtes». (Véase también: W. Pauli, *Z. Phys.* **18**, 272, 1923).

156

independientes entre sí.[9] La condición (4) se cumple entonces en el campo de radiación de Planck, sólo si se supone que la emisión espontánea se dirige de tal manera que, para cada proceso elemental de radiación, se emite una cantidad $h\nu/c$ de momento en una dirección aleatoria y que el sistema atómico sufre un retroceso correspondiente en la dirección opuesta. Esta última consecuencia fue confirmada posteriormente de forma experimental por Frisch.[10]

En opinión del autor, no se ha prestado suficiente atención al propio juicio crítico de Einstein sobre el papel fundamental que se atribuye al «azar» en esta descripción de los procesos de radiación mediante leyes estadísticas. Por lo tanto, citamos el siguiente pasaje del final de su artículo de 1917:

«La debilidad de la teoría radica, por un lado, en que no nos acerca a una fusión con la teoría ondulatoria y, por otro, en que deja el tiempo y la dirección de los procesos elementales al «azar»; a pesar de ello, tengo plena confianza en la fiabilidad del camino emprendido».[11]

El contraste entre las propiedades de interferencia de la radiación, para cuya descripción es indispensable el principio de superposición de la teoría ondulatoria, y las propiedades de intercambio de energía e impulso entre la radiación y la materia, que sólo pueden describirse con la ayuda del modelo corpuscular, no disminuyó y, en un principio, parecía irreconciliable. Como es bien sabido, de Broglie formuló posteriormente de forma cuantitativa la idea de que un contraste similar volvería a aparecer con la materia. Einstein se mostró muy favorable a esta nueva idea; el autor recuerda que, en un debate celebrado en la reunión de física de Innsbruck en otoño de 1924, Einstein propuso buscar fenómenos de interferencia y difracción con haces moleculares.[12]

[9] Compárese con este punto la discusión entre Einstein y Jordan [16]
[10] R. Frisch, *ZS. f. Phys.* **86**, 42 (1933)
[11] «Die Schwäche der Theorie liegt einerseits darin, dass sie uns dem Anschluss an die Undulationstheorie nicht näher bringt, andererseits darin, dass sie Zeit und Richtung der Elementalprozesse dem „Zufall" überlässt; trotzdem hege ich das volle Vertrauen in die Zuverlässigkeit des eingeschlagenen Weges.»
[12] Compárese también, en este sentido, la discusión anterior entre Einstein y Ehrenfest [14] sobre cuestiones relativas a los haces moleculares.
[14] A. Einstein and P. Ehrenfest, *Z. Phys.* **11**, 326. (1922): «Quantentheoretische Bemerkungen zum Experiment von Stern und Gerlach».
[16] Discussion Jordan-Einstein: a) P. Jordan, *Z. Phys.* **30**, 297, (1924). b) A. Einstein, *Z. Phys.* **31**, 784, (1925).

157

Al mismo tiempo, en un artículo de S. N. Bose, se presentó una derivación de la fórmula de Planck, en la que sólo se utilizó la imagen corpuscular, pero no el concepto de la mecánica ondulatoria. Esto inspiró a Einstein a dar una aplicación análoga a la teoría de la llamada degeneración de los gases ideales [17], que ahora se sabe que describe las propiedades termodinámicas de un sistema de partículas con funciones de onda simétricas (estadística de Einstein-Bose). Es interesante que más tarde se intentara aplicar esta teoría al helio líquido. La diferencia fundamental entre las propiedades estadísticas de las partículas similares y las diferentes, que también se discute en los artículos citados de Einstein, está relacionada, según la mecánica ondulatoria, con la circunstancia de que, debido al principio de indeterminación de Heisenberg, que forma parte de los fundamentos de la nueva teoría, se pierde la posibilidad de distinguir entre diferentes partículas similares con ayuda de la continuidad de su movimiento en el espacio y el tiempo. Poco después de la publicación del artículo de Einstein, se discutió en la literatura la consecuencia termodinámica de la otra alternativa de partículas con funciones de onda antisimétricas, que se aplica a los electrones («estadística de Fermi-Dirac»).

La formulación de la mecánica cuántica que siguió poco después de la publicación del artículo de De Broglie no solo fue decisiva, por primera vez desde el descubrimiento de Planck, para establecer de nuevo una descripción teórica coherente de los fenómenos en los que el cuanto de acción desempeña un papel esencial, sino que también permitió comprender más profundamente la situación epistemológica general de la física atómica en relación con el punto de vista denominado por Bohr «complementariedad».[13] El autor pertenece a aquellos físicos que creen que la nueva situación epistemológica subyacente a la mecánica cuántica es satisfactoria, tanto desde el punto de vista de las condiciones de la física como desde el punto de vista más amplio de las condiciones del conocimiento humano en general. Lamenta que Einstein parezca tener una opinión diferente sobre esta situación; y más aún porque el nuevo aspecto de la descripción de la naturaleza, en contraste con las ideas que subyacen a la física clásica, parece abrir esperanzas para un futuro

[17] *Berl. Ber.* (1924), p. 261 und (1925), p. 3 und 18: «Zur Quantentheorie des einatomigen idealen Gases». (Véase también: S. N. Bose, *Z. Phys.* **26**, 178, 1924 und 27, 384, 1924).
[13] En el subsiguiente artículo de N. Bohr se describe la postura de Einstein durante este desarrollo.

158

desarrollo de diferentes ramas de la ciencia hacia una mayor unidad.

Dentro de la física en sentido estricto, somos muy conscientes de que la forma actual de la mecánica cuántica dista mucho de ser definitiva, sino que, por el contrario, deja abiertos problemas que Einstein ya planteó hace mucho tiempo. En su artículo de 1909 [4b], citado anteriormente, destaca la importancia de la observación de Jeans de que la carga eléctrica elemental *e*, con la ayuda de la velocidad de la luz *c*, determina la constante e^2/c de la misma dimensión que el cuanto de acción *h* (apuntando así a la ahora bien conocida constante de estructura fina $2\pi e^2/hc$). Recordó «que el cuanto elemental de electricidad *e* es un extraño en la electrodinámica de Maxwell-Lorentz» y expresó la esperanza de que «la misma modificación de la teoría que contendrá el cuanto elemental *e* como consecuencia, también tendrá como consecuencia la teoría cuántica de la radiación». Lo contrario resultó no ser cierto, ya que la nueva teoría cuántica de la radiación y la materia no tiene como consecuencia el valor de la carga eléctrica elemental, que sigue siendo un extraño también en la mecánica cuántica.

La determinación teórica de la constante de estructura fina es sin duda el más importante de los problemas sin resolver de la física moderna. Creemos que cualquier regresión a las ideas de la física clásica (como, por ejemplo, el uso del concepto clásico de campo) no puede acercarnos a este objetivo. Para alcanzarlo, probablemente tendremos que pagar con nuevos cambios revolucionarios de los conceptos fundamentales de la física, con una digresión aún mayor de los conceptos de las teorías clásicas.

[4] b) A. Einstein, *Phys. ZS*, **10**, 185, (1909): «Zum gegenwärtigen Stand des Strahlungsproblems».

WOLFGANG PAULI.

ZÚRICH, SUIZA.

—

Contribución de Max Born al Volumen Colectivo conmemorativo del 70º cumpleaños de Albert Einstein.

Max Born: «Einstein's Statistical Theories». THE LIBRARY OF LIVING PHILOSOPHERS. Vol. VII. ALBERT EINSTEIN: PHILOSOPHER-SCIENTIST. Doc. 5, pp. 161-177. Paul Arthur Schilpp, Editor. Northwestern University & Southern Illinois University. Open Court – La Salle, Illinois. Cambridge University Press - London

163

TEORÍAS ESTADÍSTICAS DE EINSTEIN

A mí me parece que uno de los libros más notables de toda la literatura científica es el Vol. 17 (serie cuarta) de los *Annalen der Pkysik*, 1905. Contiene tres trabajos de Einstein, cada uno dedicado a un tema diferente, y cada uno es hoy reconocido como una obra maestra, la fuente de una nueva rama de la física. Estos tres temas, en el orden de las páginas, son: la teoría de los fotones, el movimiento browniano y la relatividad.

La relatividad es el último, y esto pone de manifiesto que la mente de Einstein en ese momento no estaba completamente absorbida por sus ideas sobre el espacio y el tiempo, la simultaneidad y la electrodinámica. En mi opinión él sería uno de los más grandes físicos teóricos de todos los tiempos aunque no hubiera escrito una sola línea sobre la relatividad, un supuesto por el que tengo que pedir disculpas por ser más bien absurdo, pues la concepción de Einstein del mundo físico no puede dividirse en compartimentos estancos, y es imposible imaginar que él hubiese eludido uno de los problemas fundamentales del momento.

Me propongo aquí analizar las contribuciones de Einstein a los métodos estadísticos en la física. Sus publicaciones sobre este asunto se pueden dividir en dos grupos: un temprano grupo de trabajos se ocupa de la mecánica estadística clásica, mientras que el resto está ligado a la teoría cuántica. Ambos grupos están íntimamente unidos a la filosofía de la ciencia de Einstein. Él vio con más claridad que nadie antes que él el trasfondo estadístico de las leyes de la física y fue un pionero en la lucha por la conquista del desierto de los fenómenos cuánticos. Sin embargo, más tarde, cuando, aparte de su propia obra, surgió una síntesis de los principios estadísticos y cuánticos que parecía ser aceptable para casi todos los físicos, él se mantuvo distante y escéptico. Muchos de nosotros consideramos esto una tragedia –para él, por buscar a tientas su camino en soledad, y para nosotros,

164

por perder a nuestro líder y abanderado. No voy a tratar de sugerir una solución para este desacuerdo. Tenemos que aceptar el hecho de que, incluso en física, las convicciones básicas son más importantes que el razonamiento, como en todas las demás actividades humanas. Mi cometido es dar cuenta de la obra de Einstein y analizarla desde mi propio punto de vista filosófico.

El primer artículo de Einstein de 1902, "Kinetische Theorie des Wärmegleichgewichtes und des zweiten Hauptsatzes der Thermodynamik"[1] es un notable ejemplo del hecho de que, cuando el tiempo está maduro, se desarrollan ideas importantes casi simultáneamente por diferentes hombres en lugares distantes. Einstein dice en su introducción que nadie ha tenido éxito en la obtención de las condiciones de equilibrio térmico y de la segunda ley de termodinámica a partir de consideraciones probabilísticas, aunque Maxwell y Boltzmann se acercaron. A Willard Gibbs no se le menciona. De hecho, el trabajo de Einstein es un redescubrimiento de todas las características esenciales de la mecánica estadística y está obviamente escrito con absoluto desconocimiento del hecho de que todo el asunto había sido tratado a fondo por Gibbs un año antes (1901). La similitud es verdaderamente sorprendente. Como Gibbs, Einstein investiga el comportamiento estadístico de un conjunto virtual de sistemas mecánicos iguales de un tipo muy general. El estado de un sistema aislado es descrito por un conjunto de coordenadas y velocidades generalizadas, que puede representarse como un punto en un "espacio de fase" $2n$-dimensional; la energía se da como función de estas variables. La única consecuencia de las leyes dinámicas utilizadas es el teorema de Liouville, según el cual cualquier dominio en el espacio de fase $2n$-dimensional de todas las coordenadas y momentos conserva su volumen en el tiempo. Esta ley permite definir regiones de igual peso y aplicar las leyes de la probabilidad. De hecho, el método de Einstein es esencialmente idéntico a la teoría de conjuntos canónicos de Gibbs. En un segundo artículo, del año siguiente, titulado "Eine Theorie der Grundlagen der Thermodynamik,"[2] Einstein construye la teoría sobre otra base no utilizada por Gibbs, esto es, sobre la consideración de un sistema individual en el transcurso del tiempo (más tarde llamado "*Zeit–Gesammtheit*", tiempo

1. *Annalen der Physik* (4), 9, p. 477, (1902).
2. *Annalen der Physik* (4), 11, p. 170, (1903)

165

total), y demuestra que esto es equivalente a una cierta unión virtual de muchos sistemas, la unión micro-canónica de Gibbs. Por último, muestra que la distribución canónica y micro-canónica conduce a las mismas consecuencias físicas.

El enfoque de Einstein del asunto me parece ligeramente menos abstracto que el de Gibbs. Esto se confirma también por el hecho de que Gibbs no hizo ninguna aplicación llamativa de su nuevo método, mientras que Einstein procedió inmediatamente a aplicar sus teoremas a un caso de la mayor importancia, es decir, a sistemas de un tamaño adecuado para demostrar la realidad de las moléculas y la corrección de la teoría cinética de la materia.

Este caso fue la teoría del movimiento browniano. Los artículos de Einstein sobre este tema son ahora fácilmente accesibles en un pequeño volumen editado y provisto de notas de R. Furth, y traducido al Inglés por A.D. Cowper.[3] En el primer artículo (1905) se dispone a demostrar "que, de acuerdo con la teoría cinético-molecular del calor, cuerpos de tamaño microscópicamente visible en suspensión en un líquido llevarán a cabo movimientos de tal magnitud que se pueden observar fácilmente en un microscopio, a causa del movimiento molecular de calor", y añade que estos movimientos son posiblemente idénticos al "movimiento browniano" aunque su información acerca de este último es demasiado vaga para formar un juicio definitivo.

El paso fundamental dado por Einstein fue la idea de elevar la teoría cinética de la materia desde una posible, plausible hipótesis útil a un asunto de observación, señalando los casos en que el movimiento molecular y su carácter estadístico pueden hacerse visibles. Fue el primer ejemplo de un fenómeno de fluctuaciones térmicas, y su método es el paradigma clásico para el tratamiento de todos ellos. Considera el movimiento de las partículas suspendidas como un proceso de difusión bajo la acción de la presión osmótica y otras fuerzas, entre las que la fricción debida a la viscosidad del líquido es la más importante. La clave lógica para la comprensión del fenómeno consiste en la afirmación de que la velocidad real de la partícula en suspensión, producida por los impactos de las moléculas del líquido sobre ella, no es observable; el efecto visible en un intervalo finito de

3) *Investigaciones sobre la Teoría del Movimiento Browniano*; Methuen & Co., Londres, (1926)

166

tiempo τ consiste en desplazamientos irregulares, cuya probabilidad satisface una ecuación diferencial del mismo tipo que la ecuación de difusión. El coeficiente de difusión no es otra cosa que el cuadrado medio del desplazamiento dividido por 2τ. De este modo, Einstein obtuvo su famosa ley que expresa el desplazamiento cuadrático medio para τ en función de magnitudes medibles (temperatura, radio de la partícula, viscosidad del líquido) y del número de moléculas en una molécula gramo (número de Avogadro N). Por su sencillez y claridad este trabajo es un clásico de nuestra ciencia.

En el segundo artículo (1906) Einstein se refiere a la obra de Siedentopf (Jena) y Gouy (Lyon) quienes gracias a sus observaciones se convencieron de que el movimiento browniano era de hecho causado por la agitación térmica de las moléculas del líquido; desde este momento, Einstein da por sentado que el "movimiento irregular de las partículas en suspensión" predicho por él es idéntico al movimiento browniano. Esta y las siguientes publicaciones se dedican a desarrollar pormenores (por ejemplo, el movimiento browniano de rotación) y a presentar la teoría de otros modos; pero no contienen nada esencialmente nuevo.

Creo que estas investigaciones de Einstein han hecho más que cualquier otro trabajo para convencer a los físicos de la realidad de átomos y moléculas, de la teoría cinética del calor, y del papel fundamental de la probabilidad en las leyes naturales. Leyendo estos documentos uno se inclina a creer que en ese momento el aspecto estadístico de la física era preponderante en la mente de Einstein; pero al mismo tiempo trabajó sobre relatividad, donde impera la causalidad rigurosa. Su convicción parece haber sido siempre, y sigue siendo hoy, que las leyes últimas de la Naturaleza son causales y deterministas, que la probabilidad se utiliza para ponernos a cubierto de nuestra ignorancia cuando tenemos que manejarnos con numerosas partículas, y que sólo la inmensidad de esta ignorancia empuja a la estadística a la vanguardia.

La mayoría de los físicos no comparten hoy este punto de vista, y la razón de esto es el desarrollo de la teoría cuántica. La contribución de Einstein a este desarrollo es grande. Su primer artículo de 1905, ya mencionado, es habitualmente citado por la interpretación del efecto fotoeléctrico y fenómenos similares (ley de Stokes

167

de la fotoluminiscencia, foto-ionización) en términos de cuantos de luz (dardos de luz, fotones). En realidad, el argumento principal de Einstein es de nuevo de naturaleza estadística, y los fenómenos que acabamos de mencionar se utilizan al fin y al cabo como confirmación. Este razonamiento estadístico es muy característico de Einstein, y produce la impresión de que para él las leyes de la probabilidad son fundamentales y, con mucho, más importantes que cualquier otra ley. Empieza con la diferencia fundamental entre un gas ideal y una cavidad llena de radiación: el gas consta de un número finito de partículas, mientras que la radiación es descrita por un conjunto de funciones en el espacio y, por tanto, por un número infinito de variables. Esta es la raíz de la dificultad de explicar la ley de radiación del cuerpo negro; la densidad de radiación monocromática resulta ser proporcional a la temperatura absoluta (más tarde conocida como la ley de Rayleigh-Jeans) con un factor independiente de la frecuencia, y por tanto la densidad total se hace infinita. Con el fin de evitar esto, Planck (1900) había introducido la hipótesis de que la radiación se compone de cuantos de tamaño finito. Einstein, sin embargo, no utiliza la ley de radiación de Planck, sino la ley más simple de Wien, que es el caso límite para baja densidad de radiación, esperando con razón, que aquí el carácter corpuscular de la radiación será más evidente. Muestra cómo se puede obtener la entropía S de la radiación del cuerpo negro a partir de una ley de radiación dada (densidad monocromática como función de la frecuencia) y aplica entonces la relación fundamental de Boltzmann entre la entropía S y la probabilidad termodinámica W

$$S = k \cdot \log W$$

donde k es la constante de los gases por molécula, para determinar W. Esta fórmula fue sin duda ideada por Boltzmann para expresar la magnitud física S en función de la magnitud combinatoria W, obtenida contando todas las posibles configuraciones de los elementos atómicos del conjunto estadístico. Einstein invierte este proceso: parte de la conocida función S con el fin de obtener una expresión para la probabilidad de que pueda utilizarse como clave para la interpretación de los elementos estadísticos. (El mismo truco fue aplicado por él más tarde en su obra sobre fluctuaciones;[4] aunque esto es de gran importancia práctica,

4) *Annalen der Physik (4), 19*, p. 373, (1906)

me limitaré a mencionarlo, ya que no introduce ningún nuevo concepto fundamental, aparte de esa "inversión.")

Sustituyendo la entropía deducida de la ley de Wien en la fórmula de Boltzmann, Einstein obtiene para la probabilidad de encontrar la energía total E comprimida al azar en una fracción αV del volumen total V

$$W = \alpha^{E/h\nu}$$

lo que significa que la radiación se comporta como si constase de cuantos independientes de energía de tamaño y número $n = E/h\nu$. Resulta obvio del texto del artículo que este resultado tuvo un abrumador poder de convicción para Einstein, y que le llevó a buscar la confirmación de una forma más directa. Confirmación que encontró en los fenómenos físicos mencionados anteriormente (por ejemplo, el efecto fotoeléctrico) cuya característica común es el intercambio de energía entre un electrón y la luz. La impresión producida en los experimentalistas por estos descubrimientos fue enorme, pues los hechos eran conocidos por muchos, pero no correlacionados. En aquel momento el don de Einstein por intuir tales correlaciones fue casi sobrenatural. Se basaba en un completo conocimiento de los hechos experimentales combinado con una profunda comprensión del estado actual de la teoría, lo que le permitió súbitamente ver que algo extraño estaba sucediendo. Su trabajo en ese período fue esencialmente empírico* en el método, aunque dirigido a la construcción de una teoría consistente –en contraste con su obra posterior, cuando se dejó llevar cada vez más por ideas filosóficas y matemáticas.

[* Que la base sobre la que Einstein conjetura sea empírica es algo distinto a atribuir dimensión empírica esencial a su trabajo.]

Un segundo ejemplo de la aplicación de este método es el trabajo sobre el calor específico.[5] El artículo empezaba de nuevo con una consideración teórica del tipo que proporcionó el indicio más fuerte en la mente de Einstein, esto es, sobre estadística. Hace la observación de que la fórmula de radiación de Planck puede ser entendida renunciando a la distribución continua del peso estadístico en el espacio de fase que es consecuencia del teorema de Liouville de la dinámica; en cambio, para sistemas vibrantes del tipo de los utilizados como absorbentes y emisores en la teoría de la radiación, la mayoría de los estados tienen un peso estadístico que se anula y sólo un número seleccionado (cuyas energías son múltiplos de un quantum) tienen pesos finitos.

5) "Die Planck'sche Theorie der Strahlung und die Theorie der spezifischen Wärme,"*Annalen der Physik* (4), 22, p. 180, (1907).

169

Ahora bien, si esto es así, el quantum no es un rasgo distintivo de la radiación, sino de la estadística física general, y por lo tanto debería aparecer en otros fenómenos en los que están implicados vibradores. Este argumento fue obviamente la fuerza motriz en la mente de Einstein, y se convirtió en fértil por su conocimiento de los hechos y su juicio infalible sobre la relación de estos con el problema. Me pregunto si sabía que existían elementos sólidos para los que el calor específico por mol era inferior que su valor normal 5,94 calorías, dado por la ley de Dulong y Petit, o si tuvo primero la teoría y exploró luego las tablas para encontrar ejemplos. La ley de Dulong y Petit es una consecuencia directa de la ley de equipartición de la mecánica estadística clásica, que establece que cada coordenada o impulso que aporta un término cuadrático a la energía debería tener la misma energía media, es decir, ½ RT por mol, donde R es la constante de los gases; como R es un poco menor de 2 calorías por grado y un oscilador tiene 3 coordenadas y momentos, la energía de un mol de un elemento sólido por grado de temperatura debería ser de 6 × ½ RT, o 5,94 calorías. Si hay sustancias para las que el valor experimental es esencialmente menor, como de hecho lo es para el carbono (diamante), boro y silicio, se tiene una contradicción entre los hechos y la teoría clásica. Otra contradicción como esta es proporcionada por algunas sustancias con moléculas poliatómicas. Drude demostró mediante experimentos ópticos que los átomos de estas moléculas realizaban oscilaciones alrededor de cada una de ellas; de aquí que el número de unidades vibrantes por molécula debería ser superior a 6 y por lo tanto el calor específico más alto que el valor de Dulong y Petit –pero no siempre es ese el caso. Además Einstein no pudo dejar de preguntarse acerca de la contribución de los electrones al calor específico. En aquel momento se suponía que los electrones vibraban en el átomo para explicar la absorción ultravioleta; al parecer no contribuían al calor específico, en contradicción con la ley de equipartición.

Todas estas dificultades fueron a la vez barridas por la sugerencia de Einstein de que los osciladores atómicos no siguen la ley equipartición, sino la misma ley que lleva a la fórmula de la radiación de Planck. Entonces la energía media no sería proporcional a la temperatura absoluta, sino que disminuiría más rápidamente con la caída de la temperatura de manera que seguiría dependiendo de las

170

frecuencias de los osciladores. Los osciladores de alta frecuencia como los electrones no deberían, a temperatura ordinaria, contribuir en nada al calor específico y los átomos sólo si no estaban ni demasiado leve ni demasiado fuertemente ligados. Einstein confirmó que estas condiciones se cumplían para los casos de moléculas poliatómicas para las que Drude había estimado las frecuencias, y mostró que las mediciones del calor específico del diamante concordaban bastante bien con su cálculo.

Pero este no es lugar para entrar en una discusión de los detalles físicos del descubrimiento de Einstein. Las consecuencias con respecto a los principios del conocimiento científico fueron de largo alcance. Quedó pues demostrado que los efectos cuánticos no eran una propiedad específica de la radiación, sino una característica general de los sistemas físicos. La vieja regla *"natura non facit saltus"* fue refutada: hay discontinuidades fundamentales, cuantos de energía, no sólo en la radiación, sino en la materia ordinaria.

En el modelo de Einstein de una molécula o un sólido estos cuantos siguen estrechamente relacionados con el movimiento de partículas vibrantes individuales. Pero pronto se hizo evidente que era necesaria una generalización considerable. Los átomos en las moléculas y los cristales no son independientes sino que están unidos por fuerzas fuertes. Por lo tanto el movimiento de una partícula individual no es la de un solo oscilador armónico, sino la superposición de muchas vibraciones armónicas. El portador de un movimiento armónico simple no es en absoluto nada material; es el abstracto "modo normal", bien conocido de la mecánica ordinaria. Para cristales en particular, cada modo normal es una onda estacionaria. La introducción de esta idea abrió el camino a una teoría cuantitativa de la termodinámica de moléculas y cristales y demostró el carácter abstracto de la nueva física cuántica que comenzó a emerger a partir de este trabajo. Se hizo evidente que las leyes de la microfísica diferían fundamentalmente de las de la materia de tamaño grande. Nadie ha hecho más para dilucidar esto que Einstein. No puedo reflejar todas sus contribuciones, sino que me limitaré a dos investigaciones excepcionales que allanaron el camino para la nueva micro-mecánica que la física ha aceptado plenamente hoy, mientras que el propio Einstein se mantiene distante, crítico, escéptico, y con la esperanza de que este episodio pueda pasar y la física vuelva a los principios clásicos.

171

La primera de estas dos investigaciones tiene de nuevo que ver con la ley de la radiación y la estadística.[6] Hay dos formas de abordar los problemas del equilibrio estadístico. La primera es una forma directa que puede llamarse método combinatorio: después de haber establecido los pesos de casos elementales se calcula el número de combinaciones de estos elementos que corresponden a un estado observable; este número es la probabilidad estadística *W*, de la que se pueden obtener todas las propiedades físicas (por ejemplo, la entropía por la fórmula de Boltzmann). El segundo método consiste en determinar las velocidades de todos los procesos elementales concurrentes que conducen al equilibrio en cuestión. Esto es, por supuesto, mucho más difícil, pues exige no sólo el recuento de casos igualmente probables, sino un conocimiento real del mecanismo implicado. Pero, por otro lado, lleva mucho más lejos, proporcionando no sólo las condiciones de equilibrio, sino también la tasa de tiempo de los procesos que parten de configuraciones de no equilibrio. Un ejemplo clásico de este segundo método es la formulación de Boltzmann y de Maxwell de la teoría cinética de los gases; aquí el mecanismo elemental está dado por choques binarios de moléculas, el ritmo de los cuales es proporcional ala densidad numérica de ambos socios. A partir de la "ecuación de colisión" puede determinarse la función de distribución de las moléculas no sólo en equilibrio estadístico, sino también para el caso de movimiento en grandes cantidades, flujo de calor, difusión etc. Otro ejemplo es la ley de acción de masas en química, establecida por Guldberg y Waage; aquí de nuevo el mecanismo elemental es proporcionado por múltiples colisiones de grupos de moléculas que combinan, escinden, o intercambian átomos a una velocidad proporcional ala densidad numérica de los socios. Un caso especial de estos procesos elementales es la reacción monoatómica, donde las moléculas de un tipo explotan de forma espontánea con una velocidad proporcional a su densidad numérica. Este caso tiene una enorme importancia en física nuclear: es la ley de la desintegración radiactiva. Mientras que en los pocos ejemplos de química ordinaria, en los que se ha observado reacción monoatómica, podría suponerse o incluso observarse una dependencia de la velocidad de reacción de las condiciones físicas (de la temperatura, por ejemplo), este no fue el caso de la radioactividad:

6) "Zur Quantentheorie der Strahlung," *Phys. Z. 18*, p. 121, (1917).

172

La constante de desintegración parecía ser una propiedad invariable del núcleo, inalterable por influencias externas. Cada núcleo individual explota en un momento impredecible; sin embargo, si se observa un gran número de núcleos, la velocidad media de desintegración es proporcional al número total de núcleos presentes. Parece como si la ley de causalidad fuese puesta fuera de servicio por estos procesos.

Lo que hizo Einstein ahora fue mostrar que la ley de Planck de la radiación puede reducirse precisamente a procesos de tipo similar, de un carácter más o menos no causal. Consideremos dos estados estacionarios de un átomo, por ejemplo el estado más bajo 1 y un estado excitado 2. Einstein supone que si un átomo resulta estar en el estado 2, tiene una cierta probabilidad de volver al estado fundamental 1 emitiendo un fotón de una frecuencia que, de acuerdo con la ley cuántica, corresponde a la diferencia de energía entre los dos estados; es decir, en un gran conjunto de tales átomos, el número de átomos en el estado de 2 que regresan al estado fundamental 1 por unidad de tiempo es proporcional a su número inicial –exactamente igual que en la desintegración radiactiva. La radiación, por otra parte, produce una cierta probabilidad para el proceso inverso 1→2 que representa la absorción de un fotón de frecuencia ν_{12} y es proporcional a la densidad de radiación para la frecuencia.

Ahora bien, estos dos procesos solos, que se compensan uno a otro, no conducirían a la fórmula de Planck; Einstein se ve obligado a introducir un tercero, a saber, una influencia de la radiación en el proceso de emisión 2→1, "emisión inducida" que de nuevo tiene una probabilidad proporcional a la densidad de radiación para ν_{12}.

Este extraordinariamente simple argumento, junto con el principio más elemental de la estadística de Boltzmann, conduce inmediatamente a la fórmula de Planck sin indicación específica de la magnitud de las probabilidades de transición. Einstein lo ha relacionado con una consideración de la transferencia de momento entre átomo y radiación, mostrando que el mecanismo propuesto por él no es consistente con la idea clásica de ondas esféricas, sino sólo con un comportamiento tipo dardo de los cuantos. No nos estamos ocupando aquí de este aspecto de la obra de Einstein, sino de su relación con su actitud respecto a la cuestión fundamental de las leyes causales y estadísticas en física. Desde este punto de vista este trabajo es de particular interés, pues significaba un paso decisivo en la dirección

173

del razonamiento no causal, indeterminista. Por supuesto, estoy seguro de que el propio Einstein estaba convencido, y lo sigue estando, de que hay propiedades estructurales en el átomo excitado que determinan el momento exacto de la emisión, y que apelamos a la probabilidad debido sólo a nuestro conocimiento incompleto de la prehistoria del átomo. Sin embargo, ahí queda el hecho de que él inició el despliegue del razonamiento estadístico indeter-minista desde su fuente original, la radioactividad, a otros dominios de la física.

Hay que mencionar todavía otra característica de la obra de Einstein que también fue de gran ayuda para la formulación de la física indeterminista en la mecánica cuántica. Es un hecho que, de la validez de la ley de Planck de la radiación, se sigue que las probabilidades de absorción (1→2) y de la emisión inducida (2→1) son iguales. Este fue el primer indicio de que la interacción de los sistemas atómicos implica siempre dos estados de forma simétrica. En la mecánica clásica un agente externo como la radiación actúa sobre un estado concreto, y el resultado de la acción se puede calcular a partir de las propiedades de este estado y del agente externo. En la mecánica cuántica cada proceso es una transición entre dos estados que toman parte simétricamente en las leyes de interacción con un agente externo. Esta propiedad simétrica fue una de las pistas decisivas que llevaron a la formulación de la mecánica matricial, la forma más antigua de la mecánica cuántica moderna. El primer indicio de esta simetría fue proporcionada por el descubrimiento de Einstein de la igualdad de las probabilidades de transición hacia arriba y hacia abajo.

La última de las investigaciones de Einstein que deseo comentar en este informe es su trabajo sobre la teoría cuántica de gases ideales monoatómicos.[7] En este caso la idea original no era de él, sino que vino de un físico indio, S. N. Bose; su artículo apareció en una traducción del propio Einstein[8] que añadió la observación de que consideraba este trabajo como un progreso importante. El punto esencial en la forma de proceder de Bose es que trata a los fotones como partículas de un gas con el método de la mecánica estadística pero con la diferencia de que estas partículas no son distinguibles. Él no distribuye partículas individuales sobre un conjunto de estados, sino que cuenta

7) *Berl. Ber.* 1924, p. 261, 1925, p. 318
8) S. N. Bose, *Zeitschrift für Physik*, 26, 178, (1924).

174

el número de estados que contienen un determinado número de partículas. Este proceso combinatorio, junto con las condiciones físicas (determinado número de estados y energía total) conduce inmediatamente a la ley de radiación de Planck. Einstein añadió a esta idea la sugerencia de que debería aplicarse el mismo proceso a los átomos materiales con el fin de obtener la teoría cuántica de un gas monoatómico. La desviación de las leyes de los gases ordinarios derivada de esta teoría se llama “degeneración del gas.” Los artículos de Einstein aparecieron justo un año antes del descubrimiento de la mecánica cuántica; uno de ellos contiene además (pág. 9 del segundo artículo) una referencia a la célebre tesis de de Broglie, y hace la observación de que un campo de ondas escalares se puede asociar con un gas. Estos artículos de de Broglie y Einstein estimularon a Schrödinger a desarrollar su mecánica ondulatoria, como él mismo confesó al final de su famoso artículo.[9] Fue la misma observación de Einstein la que un año o dos más tarde constituyó el vínculo entre la teoría de de Broglie y el descubrimiento experimental de la difracción de electrones, pues, cuando Davisson me envió sus resultados sobre los extraños máximos encontrados en la reflexión de los electrones por cristales, recordé la insinuación de Einstein y le indiqué a Elsasser que investigase si los máximos podrían interpretarse como franjas de interferencia de ondas de de Broglie. Por lo tanto, Einstein está involucrado claramente en la fundación de la mecánica ondulatoria, y ninguna coartada puede refutarlo.

No alcanzo a ver cómo el recuento de Bose-Einstein de casos igualmente probables puede justificarse sin las concepciones de la mecánica cuántica. Se describe allí un estado de partículas iguales no señalando sus posiciones individuales y momentos, sino mediante una función de onda simétrica que contiene las coordenadas como argumentos; esto representa claramente sólo un estado y tiene que ser contado una vez. Un grupo de partículas iguales, aunque sean perfectamente idénticas, puede todavía distribuirse entre dos cajas de varias maneras: puede que no se sea capaz de distinguirlas individualmente pero eso no afecta a su ser individual. Aunque argumentos de este tipo son más metafísicos que físicos, el uso de una función de onda simétrica como representación de un estado me parece preferible. Esta forma de pensar ha llevado además al otro caso de

9) "Quantisierung als Eigenwertproblem," *Annalen der Physik* (4), 70, p. 361, (1926), véase p. 373.

175

degeneración del gas, descubierto por Fermi y Dirac, donde la función de onda es sesgada, y a una serie de consecuencias físicas confirmadas por experimento.

La estadística de Bose-Einstein fue, que yo sepa, la última contribución positiva decisiva de Einstein a la física estadística. Su siguiente trabajo en esta línea, aunque de gran importancia en cuanto a estimular el pensamiento y la discusión, fue esencialmente crítico. Se negó a reconocer el derecho de la mecánica cuántica a haber conciliado los aspectos de partícula y onda de la radiación. Este derecho se basa en una reorientación completa de los principios físicos: las leyes causales son sustituidas por leyes estadísticas, el determinismo por el indeterminismo. He tratado de hacer ver que el propio Einstein allanó el camino hacia esta actitud. Sin embargo, algún principio de su filosofía le prohíbe seguirlo hasta el final. ¿Cuál es este principio?

La filosofía de Einstein no es un sistema que pueda leerse en un libro; hay que tomarse la molestia de extraerla de sus artículos sobre física y de unos pocos artículos y panfletos más generales. No he encontrado ninguna declaración suya definitiva sobre la cuestión ¿qué es la probabilidad?; ni ha tomado parte en discusiones que versasen sobre la definición de Mises y otras tentativas. Supongo que las habría desechado como especulación metafísica, o incluso hubiera bromeado sobre ellas. Desde el principio él ha utilizado la probabilidad como una herramienta para hacer frente a la Naturaleza exactamente igual que cualquier recurso científico. Él tiene ciertamente muy fuertes convicciones sobre el valor de estas herramientas. Su actitud hacia la filosofía y la epistemología está perfectamente descrita en su artículo necrológico sobre Ernst Mach:[10]

Nadie que se dedique a la ciencia por razones que no sean meramente superficiales, como por ambición, por hacer dinero o por puro deporte intelectual puede dejar de plantearse las preguntas: ¿cuáles son los objetivos de la ciencia?, ¿hasta qué punto son verdaderos sus resultados generales?, ¿qué es esencial y qué está basado en aspectos accidentales del desarrollo?

Más adelante, en el mismo artículo, formula *su credo empírico* en estas palabras:

Conceptos que han demostrado ser útiles para ordenar las cosas adquieren fácilmente tal autoridad sobre nosotros que olvidamos su origen humano

10) *Phys. Zeitschr.* 17, p. 101, (1916).

176

y los aceptamos como invariables. Se convierten entonces en "necesidades de pensamiento", "dados *a priori*", etc. El camino del progreso científico se atasca entonces, por este tipo de errores, durante mucho tiempo. No es por tanto un juego inútil que tratemos de analizar las nociones actuales y señalar de qué condiciones depende su justificación y utilidad y cómo se han desarrollado especialmente a partir de los datos de la experiencia. De esta manera su autoridad exagerada se rompe. Se retiran, si no pueden legitimarse adecuadamente; se corrigen, si su correspondencia con las cosas dadas se estableció con excesiva negligencia; se sustituyen por otras, si es posible desarrollar un nuevo sistema que preferimos por buenas razones.

Ese es el núcleo esencial del joven Einstein, hace treinta años. Estoy seguro de que los principios de probabilidad eran entonces para él de la misma especie que el resto de los conceptos utilizados para describir la Naturaleza, tan admirablemente formulados en las líneas anteriores. El Einstein de hoy ha cambiado. Traduzco aquí un pasaje de una carta suya que recibí hace unos cuatro años (el 7 de noviembre de 1944): "En nuestra expectativa científica hemos crecido antípodas. Tú crees en Dios jugando a los dados y yo en leyes perfectas en el mundo de cosas que existen como objetos reales que trato de captar de una manera salvajemente especulativa." Estas especulaciones diferencian de hecho su actual trabajo de sus escritos más tempranos. Pero si algún hombre tiene derecho a especular es aquél cuyos resultados fundamentales se mantienen en pie como roca. Lo que él persigue como objetivo es una teoría de campo general que conserve la causalidad rígida de la física clásica y reduzca la probabilidad a mero enmascaramiento de nuestra ignorancia de las condiciones iniciales o, si se prefiere, de la prehistoria, de todos los detalles del sistema considerado. Este no es lugar para discutir sobre la posibilidad de lograr esto. Sin embargo, me gustaría hacer una observación, utilizando el propio lenguaje pintoresco de Einstein: Si Dios ha hecho del mundo un mecanismo perfecto, ha concedido al menos tal capacidad a nuestro imperfecto intelecto que, para predecir pequeñas partes de ese mecanismo, no necesitamos resolver innumerables ecuaciones diferenciales sino que podemos utilizar los dados con bastante éxito. Que esto es así lo he aprendido, con muchos de mis contemporáneos, del propio Einstein. Creo que esta situación no ha cambiado mucho por la introducción de la estadística cuántica; seguimos siendo nosotros los mortales quienes jugamos a los dados para nuestros pequeños propósitos de pronóstico –las acciones de Dios son tan misteriosas en el movimiento browniano clásico como en la radioactividad y en la radiación cuántica, o en la vida en general.

177

La aversión de Einstein a la física moderna no sólo se ha expresado en puntos de vista generales, que análogamente pueden ser contestados de manera general y vaga, sino también en trabajos muy importantes en los que ha formulado objeciones en contra de enunciados concretos de la mecánica ondulatoria. El trabajo de este tipo más conocido es uno publicado en colaboración con Podolsky y Rosen.[11] Que profundiza mucho en los fundamentos lógicos de la mecánica cuántica se desprende de las reacciones que ha suscitado. Niels Bohr ha respondido en detalle; Schrödinger ha publicado sus propias opiniones escépticas sobre la interpretación de la mecánica cuántica; Reichenbach se ocupa de este problema en el último capítulo de su excelente libro *Fundamentos Filosóficos de la Mecánica Cuántica*, y señala que un tratamiento completo de las dificultades señaladas por Einstein, Podolsky y Rosen necesita una reforma de la propia lógica. Introduce una lógica trivalente, en la que además de los valores de verdad "verdadero" y "falso", hay uno intermedio, llamado "indeterminado", o, en otras palabras, rechaza el viejo principio de *"tertium non datur"* tal como fue propuesto mucho antes, por razones puramente matemáticas, por Brouwer y otros matemáticos. Yo no soy lógico, y en tales disputas siempre confío en que sea el experto quien diga la última palabra. Mi actitud con respecto a la estadística en la mecánica cuántica apenas se ve afectada por la lógica formal, y me atrevo a decir que lo mismo vale para Einstein. Que su opinión en este asunto difiera de la mía es lamentable, pero no es objeto de controversia lógica entre nosotros. Se basa en una experiencia diferente en nuestro trabajo y en nuestra vida. Pero a pesar de ello, él sigue siendo mi querido maestro.

MAX BORN

DEPARTAMENTO DE FÍSICA MATEMÁTICA
UNIVERSIDAD DE EDIMBURGO. EDIMBURGO.
ESCOCIA

11) Albert Einstein, B. Podolsky y N. Rosen: "¿Puede considerarse completa la descripción mecano-cuántica de la realidad física?" *Phys. Rev. 47*, p. 777, (1935).

La contribution de Walter Heitler al volumen de Schilpp. Una especie de clase para alumnos de primer curso, más que un análisis de la obra de Einstein, cuya relevancia en la Cuántica se le antoja exigua.

Walter Heitler. «THE DEPARTURE FROM CLASSICAL THOUGHT IN MODERN PHYSICS». 1949. The Library of Living Philosophers. Doc. 6, pp. 181-198. Paul Arthur Schilpp, Editor. («La Desviación del Pensamiento Clásico en la Física Moderna»)

181

La desviación del pensamiento clásico en la física moderna

El comienzo del siglo XX marca un hito en el cambio de rumbo del pensamiento científico en lo que respecta a la ciencia del mundo inanimado, es decir, la física. Lo que ahora se denomina física clásica es una línea ininterrumpida de desarrollo continuo que dura aproximadamente 300 años, que comenzó en serio con Galileo, Newton y otros, y que culminó con la finalización de la dinámica analítica, la teoría del campo electromagnético de Maxwell y la inclusión de la óptica como consecuencia de esta última por parte de Hertz. Si incluimos también la interpretación estadística de Boltzmann de la segunda ley de la termodinámica, la lista de lo que constituye las partes principales de la física clásica estará bastante completa.

La estructura lógica de todas estas teorías es aproximadamente la siguiente: los acontecimientos en el mundo exterior (siempre confinados a la naturaleza inerte) siguen un desarrollo estrictamente causal, regido por leyes estrictas en el espacio y el tiempo. El espacio y el tiempo en los que ocurren estos acontecimientos es el espacio-tiempo absoluto de Newton e idéntico al que estamos acostumbrados en la vida cotidiana. El término «mundo exterior» presupone una clara distinción entre una realidad exterior «objetiva», de la que tenemos conocimiento en última instancia a través de la percepción sensorial, pero que es completamente independiente de nosotros, y «nosotros», los espectadores y, en última instancia, aquellos que reflexionan sobre los resultados de nuestras observaciones. El término «desarrollo causal» se entiende en el siguiente sentido, bastante restringido: dado en cualquier momento el conocimiento completo[1] del estado de un objeto físico (que puede ser un sistema mecánico, un

[[1] Lo que significa «conocimiento completo» se define en cada parte de la física, como el conocimiento de un conjunto bien definido de condiciones iniciales]

182

campo electromagnético, etc.), el desarrollo futuro del objeto (o, en realidad, su desarrollo anterior hasta alcanzar el estado en cuestión) se deduce entonces con certeza matemática a partir de las leyes de la naturaleza, y es exactamente predecible. Fue Einstein quien, en 1905, hizo la primera incursión en esta estructura lógica. La grandeza y el valor de este paso solo pueden medirse por el hecho de que supuso una ruptura con una tradición de 300 años de antigüedad y de gran éxito. El cambio que han experimentado desde entonces nuestros conceptos de espacio y tiempo, a través de sus teorías especiales y generales de la relatividad, es bien conocido y se trata adecuadamente en otras partes de este libro. En este ensayo quiero tratar la segunda gran desviación del programa clásico, a saber, la teoría cuántica. También fue Einstein quien dio aquí algunos de los pasos más decisivos y allanó el camino hasta la culminación de la mecánica cuántica.

En lo que respecta a la teoría de la relatividad, la parte de la estructura clásica que se ocupa del desarrollo causal de los acontecimientos (en el sentido anterior) y de la relación entre el objeto y el observador permaneció intacta, o casi intacta. Es cierto que, en la teoría de la relatividad, la simultaneidad de dos acontecimientos depende del estado de movimiento del «observador», pero también es cierto que nada cambia en los acontecimientos del mundo exterior si no hay ningún observador o si este es sustituido por algún mecanismo inerte, y los acontecimientos siguen la misma cadena causal que en la física clásica.

Es en el mundo microscópico y en la mecánica cuántica, que lo describe, donde se ha producido un cambio en estos conceptos.

En 1900, Planck descubrió, mediante su análisis de la radiación emitida por un cuerpo negro caliente, que la luz de una frecuencia determinada ν no podía emitirse con una intensidad arbitraria, sino que la energía emitida debía ser un múltiplo entero de una determinada unidad mínima $h\nu$, donde h es una constante universal –la constante de Planck– cuyo valor es fijo de una vez por todas. Por consiguiente, cuando la materia emite luz, esto no ocurre de manera uniforme o continua, sino que debe ocurrir por saltos, emitiéndose un cuanto completo $h\nu$ cada vez. Sin duda, esta imagen

183

contiene trazas de una estructura atómica de la luz y difiere bastante de la imagen clásica según la cual todos los cambios en el mundo se producen de forma continua. Sin embargo, Planck seguía suponiendo que la luz, una vez emitida, seguía las leyes de la teoría de Maxwell-Hertz. La discontinuidad de los actos de emisión y absorción se atribuía al cuerpo material más que a la estructura de la luz.

Las ideas de Planck fueron llevadas más allá, y hasta el extremo, por Einstein en 1905, cuando nos proporcionó una comprensión de los fenómenos fotoeléctricos. Aquí, Einstein, casi volviendo a las viejas ideas de Newton que habían sido descartadas hacía mucho tiempo, supuso una estructura atomística de la luz. La consecuencia lógica de la idea de Planck es, evidentemente, que la luz, de una frecuencia dada ν, no puede existir por sí misma con una intensidad arbitraria. Independientemente de la forma en que sea emitida o absorbida por los cuerpos materiales, consiste en cuantos (apenas otra palabra para referirse a los átomos de luz) que contienen cada uno una energía hν y tienen otras muchas características (por ejemplo, el momento) de los corpúsculos materiales. Naturalmente, esta hipótesis contradecía abiertamente la teoría de la luz de Maxwell-Hertz, que se consideraba bien establecida en aquella época y respaldada por innumerables hechos. Además, se consideraba que la imagen de un proceso de emisión o absorción discontinuo, relacionado con un cambio discontinuo en el número de cuantos de luz, era bastante difícil de conciliar con el marco general de la teoría clásica. Es cierto que los acontecimientos discontinuos, o saltos, no tienen por qué contradecir necesariamente lo que hemos descrito anteriormente como la estructura general de la física clásica: Puede ser que los saltos sean «causados» por alguna influencia externa, y que conociendo la causa se pueda predecir con exactitud el momento y otras características de su ocurrencia. Muchos físicos esperaban que así fuera. Sin embargo, los físicos más sensibles percibieron los profundos cambios que requería la introducción de los saltos en el cuadro clásico, y nadie fue más sensible a esta necesidad que Einstein.

De hecho, quedó bastante claro que los saltos no eran predecibles en cuanto al momento exacto en que se producían, ni que fueran causados por una influencia externa que tuviera lugar en el momento

184

en que se producían, cuando Niels Bohr, en 1913, desarrolló la teoría cuántica del átomo de hidrógeno. La esencia de la hipótesis de Planck encontró su formulación más precisa en la afirmación de Bohr: un átomo solo puede existir en una serie discreta de estados estacionarios con diversas energías E_n, por ejemplo, n = 0, 1, 2 … Un cambio del estado E_n, por ejemplo, a otro E_m ($E_m < E_n$) tiene lugar de forma discontinua con la emisión de un cuanto de luz cuya frecuencia viene determinada por el cambio de energía $E_n - E_m = h\nu$. Existe un estado más bajo, el estado normal del átomo, con energía E_0. Este estado es estable y el átomo es incapaz de emitir luz. Del hecho mismo de que la radiación del cuerpo negro tuviera que explicarse por estos procesos de emisión (Einstein, 1917) se deducía además que los saltos se producían *espontáneamente* y no eran causados por ninguna influencia externa que se produjera precisamente en el momento en que se producía el salto. Además, se asumió desde el principio que el tiempo que el átomo pasaba en el estado superior –suponiendo que hubiera sido llevado al estado superior en un momento $t = 0$– no era un intervalo de tiempo fijo que fuera el mismo para todos los átomos en el mismo estado excitado, sino que la vida útil de los átomos individuales seguía la ley de distribución del *azar*. Solo se determinó la vida media, tomada para un gran número de átomos similares en el mismo estado excitado, y una cantidad característica para el átomo y el estado excitado en cuestión. Fue aquí donde, por primera vez, las consideraciones estadísticas y probabilísticas entraron en las leyes que rigen los objetos físicos individuales. Antes, la estadística, por definición, solo se aplicaba a un conjunto de un gran número de objetos, en cuyo comportamiento individual no se estaba interesado, pero que individualmente seguían las leyes estrictamente causales de la física clásica. Si alguien hubiera tenido alguna duda sobre si la vida media de un átomo excitado no era quizás un intervalo de tiempo fijo, lo que se ajustaría a la idea clásica de predictibilidad exacta (no tengo constancia de que nadie pensara que este pudiera ser el caso), tales dudas habrían quedado disipadas por innumerables hechos físicos, como la desintegración de los cuerpos radiactivos, en la que la naturaleza estadística de los saltos quedó demostrada por experimentos.

185

En lo que respecta a la naturaleza de la luz, la situación era, al parecer, de contradicciones evidentes. Por un lado, la naturaleza ondulatoria de la luz se utilizaba, con total éxito, para describir los fenómenos de difracción y otros innumerables fenómenos. Por otro lado, los cuantos de luz de Planck y Einstein, igualmente indispensables para describir los fenómenos de emisión y absorción de luz y un número cada vez mayor de hechos similares, tenían todas o casi todas las características de las partículas materiales. Las dos naturalezas de la luz parecían bastante irreconciliables.

La dinámica de las partículas materiales, los átomos y los electrones, se vio sumida en un estado igualmente confuso con la introducción de las ideas cuánticas de Planck y Bohr. No solo era imposible comprender que, en el estado más bajo de un átomo, un electrón, es decir, una partícula con carga negativa, pudiera girar eternamente alrededor de un núcleo con carga positiva en una órbita de dimensiones finitas sin irradiar luz y acabar cayendo en el núcleo, sino que la propia naturaleza de los saltos cuánticos parecía escapar a cualquier descripción detallada basada en la dinámica clásica o de otro tipo.

El siguiente paso que dio Einstein fue uno que probablemente agravó la situación al llevar las contradicciones un paso más allá, pero de una manera que, como se descubrió más tarde, contenía muchos de los elementos para la aclaración final.

En 1924, Bose publicó un artículo en el que trataba los cuantos de luz como un gas de partículas materiales en lugar de considerarlos cuantos de energía de las ondas electromagnéticas, tal y como los había concebido Planck. Para no contradecir la fórmula de Planck para la radiación del cuerpo negro, Bose se vio obligado a aplicar un tratamiento estadístico algo diferente al que se aplica habitualmente a un gas de partículas materiales. Atraído por la similitud entre los cuantos de luz y un gas de partículas materiales, Einstein dio un giro (1924/25) y aplicó los métodos estadísticos de Bose a un gas de átomos. No es de extrañar que surgieran diferencias en las leyes de los gases. Einstein prestó especial atención a las fluctuaciones de densidad de dicho gas. Se sabía anteriormente que las fluctuaciones de energía de la radiación electromagnética constaban de dos partes, una de las cuales se atribuía

186

a la interferencia de las ondas; la otra parte se debía a la existencia de los cuantos y no existiría si se hubiera utilizado la teoría clásica (es decir, no cuántica) de la luz. Por otra parte, las fluctuaciones de densidad de un gas, tratadas según los métodos estadísticos más antiguos, eran bastante análogas a la segunda parte (lo que ponía de relieve la similitud entre los cuantos de luz y las partículas materiales), mientras que la primera parte estaba ausente. Ahora bien, cuando Einstein aplicó los nuevos métodos estadísticos a un gas de átomos, también apareció la primera contribución a las fluctuaciones, que en el caso de la radiación se debía a la interferencia de las ondas. Sobre esto, Einstein comentó:

Se puede interpretar (es decir, esta parte de las fluctuaciones) *de manera análoga atribuyendo al gas algún tipo de radiación de manera adecuada y calculando sus fluctuaciones de interferencia. Entro en más detalles porque creo que esto es más que una analogía.*

El Sr. E. de Broglie ha demostrado, en una tesis muy notable, cómo se puede atribuir un campo de onda a una partícula material o a un sistema de partículas. A una partícula material de masa m se le atribuye primero una frecuencia... En relación con un sistema en el que la partícula se mueve con una velocidad v, existe una onda. La frecuencia y la velocidad de fase vienen dadas por..., mientras que v es al mismo tiempo, como ha demostrado el Sr. de Broglie, la velocidad de grupo de esta onda.

Se da una fórmula que expresa la velocidad de fase de la onda mediante la velocidad de la partícula υ. Si υ es pequeña en comparación con la velocidad de la luz, la fórmula se reduce a una para la longitud de onda λ de la onda que «acompaña» a la partícula, es decir, $\lambda = h/m\upsilon$. (m = masa de la partícula). Aquí vuelve a aparecer la constante de Planck h. Siempre aparece como un nexo de unión entre los conceptos relacionados con una partícula (υ, energía E) y los conceptos relacionados con una onda (λ, ν).

En 1905, Einstein había planteado y destacado la «naturaleza opuesta» de la luz: su naturaleza corpuscular. Veinte años más tarde, sus consideraciones le llevaron a llamar la atención sobre el trabajo de De Broglie y a plantear la «naturaleza opuesta» de lo que siempre se había considerado corpúsculos: su naturaleza ondulatoria. De este modo, creó la misma situación paradójica que existía para la luz, también para las partículas materiales, poniendo a ambas, por así decirlo, al mismo nivel.

187

Aquí termina la contribución de Einstein al desarrollo de la mecánica cuántica. Le había dado dos impulsos importantes. Su fuerza puede medirse por el hecho de que, dos o tres años después de la publicación de la última obra mencionada, el problema quedó aclarado y la estructura de la mecánica cuántica se completó en sus líneas generales. En particular, el contraste entre la naturaleza ondulatoria y la naturaleza corpuscular de todos los objetos físicos ha resultado ser muy fructífero, y se verá que es precisamente este contraste el que conduce más fácilmente a la comprensión de las características típicas de la mecánica cuántica.

Siguiendo a De Broglie y Einstein, Schrödinger desarrolló la imagen ondulatoria de un electrón en una teoría matemática coherente, en la que cada electrón se describía mediante un campo ondulatorio. Al mismo tiempo, y de forma independiente, Heisenberg, Born y Jordan siguieron una línea diferente y más abstracta, y pronto se descubrió que ambas líneas eran en realidad parcialmente idénticas y se complementaban entre sí. En particular, la existencia de un conjunto discreto de niveles de energía de un átomo apareció como una consecuencia matemática de esta teoría. En 1927, Davisson y Germer verificaron la naturaleza ondulatoria del electrón al demostrar experimentalmente que un haz de electrones mostraba prácticamente los mismos fenómenos de difracción que un haz de luz. Finalmente, y esto dio la solución definitiva a las aparentes contradicciones de las dos imágenes, Born (1926) ofreció su interpretación estadística del campo ondulatorio.

A primera vista, la ecuación de onda de Schrödinger tenía mucho en común con otras teorías clásicas de campos. El campo ondulatorio atribuido a un electrón se desarrolla en el espacio y el tiempo de la misma manera causal que un campo electromagnético, y la ecuación de onda permite predecir sus valores futuros en cualquier punto (del espacio) si se conoce el campo en el presente. Sin embargo, desde el principio hubo algunas diferencias notables. En primer lugar, resultó que la función de onda, en algunos casos, no era real, sino necesariamente compleja. En segundo lugar, cuando se consideró el problema de varios (digamos n) electrones, resultó que la función de onda se encontraba necesariamente en un espacio de $3n$ dimensiones. Estas no son características que compartan el campo electromagnético (o el campo gravitatorio) y hacen poco probable

188

que el campo ondulatorio de un electrón pueda ser un objeto físico medible (como lo son los otros campos conocidos). La interpretación estadística de Born finalmente se ha pronunciado en contra de esta idea.

¿Cuál es ahora la estructura lógica de la nueva mecánica cuántica, cómo se concilian los dobles roles de todos los objetos físicos como partículas y ondas, y en qué se diferencia la nueva teoría de las ideas clásicas de espacio, tiempo y causalidad? La forma más sencilla de explicarlo es considerar un ejemplo. A continuación daremos preferencia al caso del electrón por la siguiente razón: Aunque históricamente la teoría cuántica se originó a partir de la idea de los cuantos de luz, el caso del electrón es ahora el que mejor se comprende. De hecho, los cuantos de luz pertenecen al ámbito de la mecánica cuántica relativista (se mueven siempre a la velocidad de la luz) y esta última todavía nos plantea problemas muy profundos sin resolver. Sin embargo, en lo que respecta a las siguientes consideraciones, no cambiaría mucho si sustituyéramos un haz de electrones por un haz de luz y un cuanto de luz por un electrón.

Consideremos un haz de electrones y un experimento que pone de manifiesto su naturaleza ondulatoria. Para ello, dejamos que el haz pase a través de una rendija. En una pantalla situada detrás de la rendija observamos la intensidad del haz de electrones que llega hasta allí. Nos aseguramos de que el haz sea monocromático y de que todos los electrones tengan la misma longitud de onda o, por la relación entre la longitud de onda y la velocidad, la misma velocidad. Encontramos entonces un patrón de difracción característico, máximos y mínimos de intensidad alternados, como ocurriría si hubiera pasado un haz monocromático de luz o rayos X. La distribución de la intensidad en la pantalla es exactamente predecible a partir de la ecuación de onda, como ocurriría en el caso de un campo clásico. Hasta ahora, la imagen ondulatoria es satisfactoria y todas las predicciones teóricas han resultado ser ciertas. En particular, se ha podido verificar la relación entre la longitud de onda y la velocidad.

Por otro lado, está claro que el haz de electrones está formado por un gran número de partículas individuales. La estructura atomística de la electricidad se estableció hace mucho tiempo sin lugar a dudas, y de hecho sabemos exactamente cuántos electrones hay en un haz de intensidad determinada. El contraste entre las dos

189

imágenes que nos hemos formado del electrón se agudiza si ahora nos preguntamos: ¿qué sucederá si utilizamos un haz de intensidad muy débil para poder observar los electrones individuales uno por uno al pasar por la rendija? En el sentido más clásico, podríamos predecir de inmediato que el patrón de difracción en la pantalla permanecería intacto y aparecería con exactamente la misma distribución de máximos y mínimos, solo que con una intensidad global mucho menor. Todos los máximos y mínimos habrían disminuido en intensidad en la misma proporción. Lo absurdo de esta proposición es evidente. El patrón de difracción en la pantalla tiene una extensión en el espacio de varios centímetros, lo que significaría que un individuo tendría de hecho esta extensión. Esto no es lo que se ha observado.[2] Lo que se observa es lo siguiente: cada electrón individual llega a la pantalla en un punto, pero cada uno en un punto diferente. Cuando ha pasado un número suficientemente grande de electrones (digamos, unas pocas docenas), se hace cada vez más evidente que los puntos en los que llegan las partículas no están distribuidos al azar en la pantalla, sino que se encuentran *preferentemente* en las regiones donde, en el experimento anterior con un haz intenso, se encontraron los *máximos* del patrón de difracción. Muy pocos electrones llegan a las regiones mínimas. Esto significa evidentemente que la distribución de intensidad del patrón de difracción es la *distribución de probabilidad* de la llegada (es decir, la posición) de cada electrón individual. Ahora bien, el patrón de difracción no es más que el cuadrado de la amplitud de la función de onda derivada de la imagen ondulatoria. Por lo tanto, se nos lleva a interpretar la función de onda no como la amplitud de algún campo físico análogo al campo electromagnético, sino como la *probabilidad* (amplitud) *de encontrar el electrón*, representado como una partícula, *en una posición determinada*. Esta es la interpretación estadística de Born.

Del mero uso de la palabra «probabilidad» se deduce que la *órbita del electrón ya no es precisamente predecible.*

[[2] El experimento anterior con partículas individuales se ha llevado a cabo, aunque de una manera algo diferente. La descripción anterior es, por supuesto, una idealización, que, sin embargo, no difiere del experimento real en ningún punto esencial.]

190

Lo único que se puede predecir es la probabilidad de encontrar el electrón en algún punto. Esto solo se convertirá en una certeza general si disponemos de un conjunto de un *gran número* de partículas. Aquí se produce una drástica desviación de la idea clásica del determinismo. El comportamiento de las partículas atomísticas ya no se ajusta a esa idea. Esta desviación nos viene impuesta por la necesidad de conciliar las imágenes contradictorias de un electrón que a veces se comporta como una partícula y otras como una onda. A través de la interpretación estadística se da un primer paso para conciliar las dos «naturalezas», pero debemos examinar la situación más a fondo. Cuando el electrón atraviesa la rendija, su función de onda tiene una gran extensión en el espacio, lo que significa que la distribución de probabilidad de su posición también se extiende sobre una gran área. Decimos entonces que la posición del electrón «no es nítida». A continuación, observamos su posición en la pantalla y la encontramos, por ejemplo, en algún punto x. Supongamos ahora que podemos hacer que la pantalla sea extremadamente delgada, de modo que el electrón pueda atravesarla. Y supongamos que colocamos una segunda pantalla inmediatamente detrás de la primera y observamos de nuevo la posición del electrón en la segunda pantalla. ¿Dónde esperaríamos encontrar la partícula? Si la distribución de probabilidad de la posición del electrón es la misma que antes, no tenemos ninguna razón para esperar encontrarlo en el mismo punto (más bien en la proyección de x en la segunda pantalla). Sería igual de probable encontrarla en otro lugar, en x', a unos pocos centímetros de distancia. Donde, según la distribución de probabilidad, la probabilidad es tan grande como en *x*. Esto vuelve a ser absurdo. Significaría que, tras haber observado la partícula en un punto *x*, seguiríamos sin saber nada sobre su posición y podríamos encontrarla igualmente en *x'* un momento después. Esto no puede ser así. En la segunda pantalla, el electrón aparecerá, por supuesto, exactamente en la misma posición que en la primera pantalla, es decir, en la proyección de *x*. Pero entonces se deduce que, debido a la aparición del electrón en la primera pantalla, la distribución de probabilidad de la posición debe haber cambiado y *se ha contraído hasta convertirse en una certeza*, es decir, en una distribución que es cero en todas partes excepto en *x*, donde es uno. La función de onda del electrón, por lo tanto, ha cambiado repentinamente. Este

191

cambio repentino en la distribución de probabilidad debe haber sido provocado por la *observación* en la primera pantalla. De hecho, es el resultado de una observación lo que cambia una situación de «probabilidad» a una de certeza. Mediante esta observación, la *posición* del electrón se ha vuelto repentinamente *nítida o cierta*. Es aquí, por primera vez en la física, donde una medición u observación tiene una influencia decisiva en el curso de los acontecimientos y no puede separarse, como ocurría en la física clásica, de la imagen física. Volveremos sobre este punto más adelante.

Ahora hay otra pregunta que responder antes de poder obtener una imagen lógicamente coherente. Cuando se observa el electrón en la pantalla, su posición se ha vuelto cierta. Entonces, ¿por qué no podemos trabajar desde el principio con electrones con posiciones definidas y observar sus posiciones antes de que pasen por la rendija y así volver a una situación en la que sus órbitas serían predecibles? La respuesta es la siguiente: para que el experimento de difracción funcione, tuvimos que utilizar un haz monocromático, lo que, como hemos visto, significa que todos los electrones tienen la misma velocidad y, por lo tanto, la misma longitud de onda. Ahora bien, una trayectoria de onda con una longitud de onda determinada tiene necesariamente una gran extensión en el espacio y, por lo tanto, conduce a una gran incertidumbre sobre la posición del electrón. Por otro lado, si la posición es nítida, la función de onda es tal que solo difiere de cero en una región muy pequeña del espacio. No hay rastro de lo que solemos llamar onda. Como es bien sabido, a partir del análisis de Fourier, ese «paquete de ondas», como se le denomina, puede construirse mediante la superposición de muchas ondas monocromáticas con longitudes de onda muy diferentes. De ello se deduce que no podemos asignar una longitud de onda determinada o, por la relación $\lambda = h/mv$, una velocidad determinada, a dicho electrón. En otras palabras: *la velocidad no es nítida.* (La mecánica cuántica nos permite entonces calcular una distribución de probabilidad para los distintos valores de la velocidad). Vemos, por lo tanto, que podemos elegir entre tener una posición o una velocidad definida, pero NO PODEMOS TENER AMBAS COSAS. (Esto es, en esencia, el principio de incertidumbre de Heisenberg). Mientras que en la física clásica se da por sentado que un cuerpo tiene una posición claramente definida en el espacio, así como una velocidad igualmente definida, esto no es así en la mecánica cuántica. Solo una de las dos

192

magnitudes puede tener un valor preciso, mientras que la otra es muy incierta. Por supuesto, también hay casos intermedios, en los que tanto la posición como la velocidad son, en cierta medida, precisas –digamos, dentro de un determinado rango de valores– y, en cierta medida, imprecisas.

Es importante señalar que no es posible determinar la posición y la velocidad de una partícula al mismo tiempo, lo que refuta el principio de incertidumbre mediante mediciones. El instrumento de medición ejerce una influencia nada desdeñable sobre el objeto que se va a medir y, dado que el instrumento también está sujeto a la relación de incertidumbre de la mecánica cuántica, esta influencia es, en cierta medida, incierta. Si se analiza esto en detalle, se observa que una medición de la posición cambia la velocidad del objeto de forma incierta (y viceversa), mientras que no cambia la posición del objeto. Una medida de las incertidumbres con las que tenemos que contar es la constante de Planck. De hecho, la relación de incertidumbre es $\Delta x \Delta v = h/m$, donde Δx es la incertidumbre de la posición y Δv la de la velocidad. Cuál de las dos cantidades, x o v, tiene un valor preciso se determina únicamente mediante una observación. Al comenzar nuestro experimento de difracción, tuvimos que asegurarnos de que los electrones tuvieran una velocidad precisa (haz monocromático). Esto significaba que, de alguna manera, habíamos observado su velocidad de antemano. De esta forma, los habíamos forzado a un estado de velocidad precisa, sacrificando cualquier conocimiento definitivo de su posición. Después, observamos la posición en la pantalla. De lo dicho anteriormente, queda claro que, a partir de ese momento, nuestro conocimiento previo de la velocidad se destruye y el electrón ya no tiene una velocidad precisa. Cualquier otro experimento de difracción no mostraría un patrón de difracción claro.

Ahora queda claro por qué la órbita del electrón no es exactamente predecible. Para ello, según la física clásica, tendríamos que conocer la posición inicial *y* la velocidad. Pero el conocimiento de ambas cosas es contradictorio con la relación de incertidumbre. Con solo la mitad del conocimiento preciso, la órbita no está determinada, naturalmente.

En el cambio repentino de la distribución de probabilidad (o la función de onda) causado por una observación, tenemos el prototipo de un salto cuántico. Supongamos que tenemos un átomo que

193

sabemos que se encuentra en un estado excitado en el momento $t = 0$. Si resolvemos la ecuación de onda para este caso, obtenemos el siguiente resultado: la función de onda cambia *gradualmente* y con el paso del tiempo, pasando del estado excitado al estado fundamental, debido a la posibilidad misma de emisión de luz. Esto nos permite predecir la probabilidad de encontrar el átomo en el estado excitado o en el estado fundamental en cualquier momento posterior. Si más tarde observamos el estado del átomo, podemos encontrarlo, con cierta probabilidad, en el estado fundamental (y en ese caso *siempre* encontramos que también se ha emitido un cuanto de luz) y entonces decimos, en resumen: el átomo ha saltado hacia abajo. La probabilidad de que el átomo se encuentre en el estado fundamental cambia de forma constante. Al realizar la observación, forzamos un cambio repentino hacia la certeza.

Hemos afirmado anteriormente que la función de onda de un electrón se desarrolla en el espacio y el tiempo de forma muy similar a como lo hace un campo clásico, es decir, su curso futuro es predecible cuando se da en un momento, digamos, $t = 0$. Pero su propia naturaleza y su interpretación física (como distribución de probabilidad) dejan claro que no es en sí misma el objeto físico que investigamos (a diferencia del campo electromagnético de la teoría clásica, que *es* un objeto físico que podemos considerar, observar y medir), aunque es inseparable del objeto en cuestión (el electrón, por ejemplo). Su curso predecible de desarrollo –desarrollo causal en el sentido estricto de la introducción– continúa mientras se realice una observación.

Entonces, la cadena de desarrollo causal se interrumpe, la función de onda cambia repentinamente y da a la cantidad observada un valor preciso. A partir de aquí comienza un nuevo desarrollo causal constante que nos permite predecir las probabilidades de observaciones futuras, hasta que se realiza la siguiente observación, y así sucesivamente. Parece que estamos tratando con diferentes aspectos del objeto: uno es el mundo de las observaciones en el espacio y el tiempo, en el que los objetos considerados tienen posiciones, velocidades, etc. medibles. Solo una de estas cantidades tiene un valor claramente definido en cada momento. Los valores futuros de estas cantidades no son precisos ni totalmente predecibles. El otro aspecto desde el que podemos considerar el objeto es el de la función de onda. Este escapa por completo a nuestra observación inmediata mediante aparatos o (en última instancia) la percepción sensorial.

194

Solo podemos comprenderlo a través de nuestro pensamiento, nuestro espíritu, no a través de nuestros sentidos. Es en este mundo donde el desarrollo es causal (en el sentido utilizado anteriormente). Proyecta su imagen en el mundo de los acontecimientos en el espacio y el tiempo, lo que nos permite predecir las probabilidades de los resultados de cualquier observación que decidamos realizar (en algunos casos, también sus resultados exactos). Es inútil discutir cuál de los dos aspectos es el «real». Ambos lo son.[3] Porque ambos no son más que dos *proyecciones diferentes de una misma realidad*, ambos son inseparables entre sí, y ambos juntos solo dan la descripción completa del objeto que consideramos.

[[3] Lo que llamamos «real» requiere una declaración clara].

La relación que existe entre la posición y la velocidad y entre el desarrollo causal de las funciones de onda y las observaciones, es decir, la de exclusividad mutua, tan característica de la mecánica cuántica, es denominada por Bohr «complementariedad».

La palabra «observación» utilizada anteriormente requiere quizás una explicación más precisa. Cabe preguntarse si es suficiente realizar una medición con un aparato de registro automático o si se requiere la presencia de un observador. El ejemplo anterior de una medición de posición mediante dos pantallas puede aclarar la situación. Supongamos que la primera pantalla es una especie de placa fotográfica delgada que retiene una imagen del punto por el que ha pasado el electrón. Supongamos que revelamos esta placa solo algún tiempo después de que se haya realizado la observación en la segunda pantalla. Entonces es evidentemente imposible predecir con certeza el resultado de esta observación. De hecho, solo podremos predecir la distribución de probabilidad de los resultados de la observación en la segunda pantalla, y esta es la misma que la encontrada anteriormente en la primera pantalla. Sin embargo, cuando revelamos la primera pantalla, se puede afirmar con certeza que la imagen aparecerá en el mismo punto en el que se ha encontrado en la segunda pantalla. La primera pantalla autorregistradora no garantiza por sí misma la certeza de las observaciones futuras, a menos que el resultado sea reconocido por un *ser consciente*. Vemos, por lo tanto, que aquí aparece el observador, como parte necesaria de toda la estructura, y en su plena capacidad como ser consciente. La separación del mundo en una «realidad objetiva exterior»

195

y «nosotros», los espectadores conscientes de sí mismos, ya no puede mantenerse. El objeto y el sujeto se han vuelto inseparables entre sí. Su separación es una idealización que se mantiene –aproximadamente– donde se mantiene la física clásica. La aproximación es extremadamente buena –como veremos en breve– en el mundo macroscópico, cuando tratamos con cuerpos de nuestra vida cotidiana.

A menudo se ha debatido si la indeterminación de la mecánica cuántica, con sus profundas consecuencias, podría no ser el resultado de una descripción insuficiente, y si no sería posible que existiera un mecanismo subyacente que aún no se ha descubierto, pero que, cuando se descubra, nos permitiría volver al determinismo perfecto de la física clásica. Creo que se ha demostrado que la mecánica cuántica, cuando se pone sobre una base axiomática, es *lógicamente completa* y, por lo tanto, no permite tal mecanismo subyacente. La siguiente observación también puede ayudar a explicar que esto es difícilmente previsible. La mecánica clásica (por ejemplo, las leyes del movimiento de un cuerpo pesado) es ciertamente completa, en el sentido de que no se omite ningún mecanismo desconocido o similar. Ahora bien, la mecánica clásica está contenida en la mecánica cuántica como un *caso especial.* Si consideramos el comportamiento de partículas con masas cada vez más pesadas según la mecánica cuántica, resulta que, debido al pequeño valor de la constante de Planck, todas las distribuciones de probabilidad se contraen hasta convertirse en casi certezas. Entonces es posible asignar a la posición y a la velocidad valores casi exactos, y el comportamiento de dichos cuerpos es casi determinista. Esto equivale a un determinismo prácticamente completo cuando las masas son tan grandes como, por ejemplo, las de una partícula de polvo.

Siendo así, es difícil concebir que pueda haber alguna incompletitud en la mecánica cuántica, ya que esta última contiene una teoría completa como caso especial. La falta de determinismo completo no significa, por supuesto, que la mecánica cuántica sea menos rica en predicciones precisas que la física clásica. El dominio completo del mundo atómico que nos ha proporcionado debería bastar para refutar cualquier sugerencia de este tipo.

Resumamos: lo que se ha logrado en la mecánica cuántica es una nueva categoría de pensamiento que, por lo que yo sé, no había sido concebida antes ni por científicos ni por filósofos.

196

Las imágenes aparentemente contradictorias de la estructura de un objeto han sido conciliadas por este nuevo modo de pensar. Los acontecimientos en el mundo de nuestras percepciones sensoriales, respaldadas por instrumentos físicos, ya no son estrictamente deterministas en el sentido antiguo. En cambio, la realidad completa contiene características que escapan a nuestros sentidos (o a los instrumentos que los respaldan) y que solo pueden ser captadas por nuestro pensamiento. No se puede trazar una línea clara entre el mundo exterior y el observador autoconsciente, que desempeña un papel vital en toda la estructura y no puede separarse de ella.

El alejamiento de la idealización clásica no puede dejar de tener, con el tiempo, una profunda influencia en otros ámbitos del pensamiento humano. Parece estar en la naturaleza del espíritu humano ceder a las generalizaciones fáciles. Cuando la física clásica triunfó en el pasado, en particular en el siglo XIX, su estructura lógica se trasladó, consciente o inconscientemente, a casi todos los ámbitos del pensamiento humano. Algunos han dado por sentado que un organismo vivo no es más que un complicado sistema mecánico y químico que está totalmente sujeto a las leyes de la física clásica y, por lo tanto, es determinista en el mismo sentido. En este panorama, las funciones de la mente solo pueden considerarse subproductos de un mecanismo determinista y, por lo tanto, deben ser precisamente predecibles. Es evidente que tales puntos de vista destruirían por completo los conceptos de libre albedrío y comportamiento ético y, de hecho, la propia «vida». Y tal vez hayan contribuido en cierta medida a destruir ambos. En el declive de los estándares éticos que ha mostrado la historia de los últimos quince años, no es difícil rastrear la influencia de conceptos mecanicistas y deterministas que se han infiltrado de forma inconsciente, pero profunda, en la mente humana. Que esto sería la consecuencia del pensamiento científico del siglo XIX, con su consiguiente destrucción visible, fue predicho por Dostoievski hace ochenta años. Por supuesto, no hay nada, ni siquiera en la física clásica, que justifique tales generalizaciones. Lo que es cierto para una piedra, una máquina de vapor o una ola de agua, no tiene por qué serlo para un árbol y menos aún para un ratón. La generalización no es mucho más lógica que el argumento: el cielo es azul; las nubes están en el cielo; por lo tanto, las nubes son azules.

La física ha dado ahora el primer paso hacia una actitud diferente.

197

La nueva forma de pensar abre perspectivas también para un enfoque completamente diferente de los problemas que están fuera del ámbito de la física. Mencionamos, a modo de ejemplo, brevemente algunas consideraciones de Niels Bohr sobre la frontera entre la materia inerte y un organismo vivo. Podemos preguntarnos si en este último son válidas las mismas leyes de la física que se aplican a la materia inerte. Si la respuesta fuera afirmativa (e incluso si las leyes de la física fueran las del mecanismo cuántico), entonces un organismo vivo no diferiría en ningún punto esencial de la materia inanimada y no habría lugar para el concepto mismo de vida. Ahora bien, se sabe que algunas de las funciones vitales más importantes tienen su sede material en unidades muy pequeñas de materia viva que, de hecho, son casi del tamaño de una molécula. Por lo tanto, para responder a nuestra pregunta, tendríamos que realizar una investigación detallada de la estructura atómica y molecular del organismo y luego preguntarnos si la probabilidad y otras predicciones de la mecánica cuántica son ciertas o no. Estas observaciones deben realizarse con instrumentos físicos (rayos X, etc.) y no pueden dejar de tener una profunda influencia en el objeto en cuestión, es decir, el organismo vivo. Ahora bien, puede ser –y esto es lo que supone Bohr– que estas investigaciones detalladas con instrumentos *destruyan la vida del organismo* y sean, por lo tanto, *incompatibles con la propia existencia de la vida.* Después de haber realizado nuestras mediciones, nos encontraríamos ante el cadáver del organismo. Por lo tanto, sería imposible verificar o refutar la validez de la física en el organismo, mientras este último esté vivo. En resumen, Bohr supone que existe una relación de complementariedad entre la materia viva y la materia inerte similar a la que existe en la mecánica cuántica entre la posición y la velocidad de una partícula. El mero hecho de que un organismo esté vivo puede ser incompatible con un conocimiento demasiado detallado de su estructura atómica y molecular, del mismo modo que el conocimiento de su estructura atómica y molecular, al igual que el conocimiento de la posición de una partícula, es incompatible con el conocimiento de su momento.

Todo esto puede ser así o no. Pero lo que está claro es que la nueva situación a la que nos enfrentamos en la mecánica cuántica ha *creado un espacio* para abordar el problema de la vida (y otros ámbitos del pensamiento humano) que ya no está encadenado a las visiones deterministas de la física clásica.

198

Por último, volvemos una vez más a los problemas de la física. La mecánica cuántica, para la que Einstein tanto ha hecho por allanar el camino, es todavía esencialmente una teoría no relativista, es decir, se aplica a partículas que se mueven lentamente y para las que se pueden despreciar todos los efectos gravitacionales. Todavía no se ha conciliado con la gran obra de Einstein, la teoría de la relatividad. Las dos grandes teorías, la relatividad y la mecánica cuántica, ambas creaciones del siglo XX y ambas alejadas profundamente de la imagen clásica, siguen estando separadas entre sí. Se ha trabajado mucho para lograr su unificación –y sin duda se han obtenido ciertos conocimientos–, pero la solución definitiva sigue pendiente. Nos ocupa el comportamiento de las partículas atomísticas que se mueven rápidamente, la estructura de las propias partículas fundamentales, los electrones, los protones, los mesones recién descubiertos, etc., su creación y aniquilación; con la comprensión de la unidad elemental de la carga eléctrica y con la comprensión de números adimensionales tan importantes como la constante universal hc/e^2 (e = carga elemental, h = constante de Planck, c = velocidad de la luz), que tiene el curioso valor 137. Este es el dominio de la electrodinámica cuántica.

Aún estamos lejos de encontrar una solución a estos problemas. Pero cuando se encuentre la solución, ¿podemos esperar que nos acerque de nuevo al ideal clásico? Sin duda, no puede ser así. La teoría de la relatividad no cuántica y la mecánica cuántica no relativista deben estar contenidas como especializaciones de la electrodinámica cuántica más general. Una generalización difícilmente puede significar un retorno a las opiniones de una teoría aún más especial, la física clásica. En cambio, debemos estar preparados para un mayor alejamiento de las ideas clásicas. Se impondrán nuevas limitaciones a la aplicabilidad de nuestros conceptos actuales. Quizás haya que introducir algún cambio en nuestras ideas sobre la continuidad del espacio y el tiempo (¿estructura atomística del espacio?) o algún otro cambio en conceptos bien establecidos, en los que aún no hemos sido capaces de pensar.

WALTER HEITLER

DUBLIN INSTITUTE FOR ADVANCED STUDIES
DUBLIN, IRELAND.

—

Aquí, Bohr.

Niels Bohr. «DISCUSSION WITH EINSTEIN ON EPISTEMOLOGICAL PROBLEMS IN ATOMIC PHYSICS». *The Library of Living Philosophers*. Doc. 7, pp. 201-241. Paul Arthur Schilpp, *Editor*. 1949.

201

Cuando el editor de la serie «Living Philosophers» me invitó a escribir un artículo para este volumen, en el que científicos contemporáneos rinden homenaje a las trascendentales contribuciones de Albert Einstein al progreso de la filosofía natural y reconocen la deuda que toda nuestra generación tiene con él por la orientación que nos ha brindado su genio, pensé mucho en la mejor manera de explicar cuánto le debo a título personal a él por su inspiración. En este sentido, las numerosas ocasiones a lo largo de los años en las que tuve el privilegio de conversar con Einstein sobre problemas epistemológicos derivados del desarrollo moderno de la física atómica han vuelto vívidamente a mi mente y he tenido la sensación de que difícilmente podría intentar algo mejor que dar cuenta de esos debates que, aunque hasta ahora no hayan dado lugar a un acuerdo total, han sido de gran valor y estímulo para mí. Espero también que este relato consiga transmitir a un público más amplio una impresión de lo esencial que ha sido el intercambio abierto de ideas para el progreso en un campo en el que las nuevas experiencias han exigido, una y otra vez, que reconsiderásemos nuestros puntos de vista.

—

Desde el principio mismo, el principal punto de debate ha sido la actitud que se debe adoptar ante el abandono de los principios habituales de la filosofía natural, característicos del nuevo desarrollo de la física que se inició en el primer año de este siglo con el descubrimiento de Planck del cuanto universal de acción. Este descubrimiento, que reveló un rasgo de atomicidad en las leyes de la naturaleza que va mucho más allá de la antigua doctrina de la divisibilidad limitada de la materia, nos ha enseñado que las teorías clásicas

202

de la física son idealizaciones que sólo pueden aplicarse sin ambigüedades en el límite en el que las acciones implicadas son grandes en comparación con el cuanto. La cuestión que se plantea es si la renuncia a un modo causal de describir los procesos atómicos implicados en los esfuerzos por hacer frente a la situación debe considerarse como una desviación temporal de los ideales que acabarán finalmente recuperándose, o si nos enfrentamos a un paso irrevocable hacia la obtención de la armonía adecuada entre el análisis y la síntesis de los fenómenos físicos. Para describir el trasfondo de nuestros debates y exponer con la mayor claridad posible los argumentos a favor de los puntos de vista contrapuestos, he considerado necesario dedicar cierto espacio a recordar algunas de las principales características del desarrollo al que el propio Einstein ha contribuido de manera tan decisiva.

Como es bien sabido, fue la íntima relación, dilucidada principalmente por Boltzmann, entre las leyes de la termodinámica y las regularidades estadísticas que exhiben los sistemas mecánicos con muchos grados de libertad, lo que guió a Planck en su ingenioso tratamiento del problema de la radiación térmica, llevándolo a su descubrimiento fundamental. Mientras que, en su trabajo, Planck se ocupó principalmente de consideraciones de carácter esencialmente estadístico y se abstuvo con gran cautela de llegar a conclusiones definitivas sobre hasta qué punto la existencia del cuanto implicaba una desviación de los fundamentos de la mecánica y la electrodinámica, la gran contribución original de Einstein a la teoría cuántica (1905) fue precisamente el reconocimiento de cómo los fenómenos físicos, como el efecto fotoeléctrico, pueden depender directamente de efectos cuánticos individuales.[1] En esos mismos años en que, al desarrollar su teoría de la relatividad, Einstein sentó nuevas bases para la ciencia física, exploró con el espíritu más audaz las novedosas características de la atomicidad que apuntaban más allá de todo el marco de la física clásica.

Con indesmayable intuición, Einstein llegó paso a paso a la conclusión de que cualquier proceso de radiación implica la emisión o absorción de cuantos de luz individuales o «fotones» con energía e impulso

$$E = h\nu \text{ y } P = h\sigma \tag{1}$$

[[1]. A. Einstein, Ann. D. Phys., 17, 132, (1905).]

203

respectivamente, donde h es la constante de Planck, mientras que ν y σ son el número de vibraciones por unidad de tiempo y el número de ondas por unidad de longitud, respectivamente. A pesar de su fertilidad, la idea del fotón implicaba un dilema por completo imprevisto, ya que cualquier imagen corpuscular simple de la radiación sería obviamente irreconciliable con los efectos de interferencia, que presentan un aspecto tan esencial de los fenómenos radiativos y que sólo pueden describirse en términos de una imagen ondulatoria. La gravedad del dilema se ve acentuada por el hecho de que los efectos de interferencia nos ofrecen el único medio para definir los conceptos de frecuencia y longitud de onda que intervienen en las expresiones mismas de la energía y el momento del fotón.

En esta situación, no cabía intentar un análisis causal de los fenómenos radiativos, sino sólo, mediante el uso combinado de las imágenes contrastantes, estimar las probabilidades de que se produzcan los procesos de radiación individuales. Sin embargo, es muy importante percatarse de que el recurso a las leyes de probabilidad en tales circunstancias tiene un objetivo esencialmente diferente al de la aplicación habitual de consideraciones estadísticas como medio práctico para explicar las propiedades de los sistemas mecánicos de gran complejidad estructural. De hecho, en la física cuántica no nos encontramos con complejidades de este tipo, sino con la incapacidad del marco conceptual clásico para abarcar las características peculiares de indivisibilidad, o «individualidad», que caracterizan los procesos elementales.

El fracaso de las teorías de la física clásica a la hora de explicar los fenómenos atómicos se acentuó aún más con el avance de nuestros conocimientos sobre la estructura de los átomos. Sobre todo, el descubrimiento del núcleo atómico por Rutherford (1911) reveló de inmediato la insuficiencia de los conceptos mecánicos y electromagnéticos clásicos para explicar la estabilidad inherente del átomo. Una vez más, la teoría cuántica ofreció una pista para esclarecer la situación y, en particular, se descubrió que era posible explicar la estabilidad atómica, así como las leyes empíricas que rigen los espectros de los elementos, suponiendo que cualquier reacción del átomo que diera lugar a un cambio en su energía implicaba una transición completa entre dos estados cuánticos denominados estacionarios y que, en particular, los espectros eran emitidos por un proceso escalonado

204

en el que cada transición iba acompañada de la emisión de un cuanto de luz monocromático con una energía igual a la de un fotón de Einstein.

Estas ideas, que pronto fueron confirmadas por los experimentos de Frank y Hertz (1914) sobre la excitación de espectros por el impacto de electrones en átomos, implicaban una mayor renuncia al modo causal de descripción, ya que, evidentemente, la interpretación de las leyes espectrales implica que un átomo en estado excitado tendrá, en general, la posibilidad de realizar transiciones con emisión de fotones a uno u otro de sus estados de menor energía. De hecho, la idea misma de estados estacionarios es incompatible con cualquier directriz para la elección entre tales transiciones y sólo deja espacio para la noción de las probabilidades relativas de los procesos de transición individuales. La única guía para estimar tales probabilidades era el llamado principio de correspondencia, que se originó en la búsqueda de la conexión más estrecha posible entre la descripción estadística de los procesos atómicos y las consecuencias que cabría esperar de la teoría clásica, que debería ser válida en el límite en el que las acciones implicadas en todas las etapas del análisis de los fenómenos fueran grandes en comparación con el cuanto universal.

En aquel momento, aún no se vislumbraba ninguna teoría cuántica general coherente, pero la actitud predominante tal vez pueda ilustrarse con el siguiente pasaje de una conferencia del autor de 1913:[2]

Espero haberme expresado con suficiente claridad para que puedan apreciar ustedes hasta qué punto estas consideraciones entran en conflicto con el admirablemente coherente esquema de conceptos que se ha denominado acertadamente teoría clásica de la electrodinámica. Por otra parte, he tratado de transmitirles la impresión de que, haciendo un énfasis tan fuerte en este conflicto, es también posible que, con el tiempo, se establezca una cierta coherencia en las nuevas ideas.

Einstein mismo realizó importantes avances en el desarrollo de la teoría cuántica en su famoso artículo sobre el equilibrio de radiación de 1917,[3] en el que demostró que la ley de Planck sobre la radiación térmica podía deducirse simplemente a partir de supuestos conformes con las ideas básicas de la teoría cuántica de la constitución atómica.

[2. N. Bohr, *Fysik Tidsskrift*, **12**, 97, (1914). (English version in *The Theory of Spectra and Atomic Constitution*, Cambridge, University Press, 1922)]
[3. A. Einstein, *Phys. Zs.*, **18**, 121, (1917).]

205

Con este fin, Einstein formuló reglas estadísticas generales sobre la aparición de transiciones radiativas entre estados estacionarios, suponiendo no sólo que, cuando el átomo está expuesto a un campo de radiación, los procesos de absorción y emisión ocurrirán con una probabilidad por unidad de tiempo proporcional a la intensidad de la irradiación, sino que, incluso en ausencia de perturbaciones externas, los procesos de emisión espontánea tendrán lugar con una tasa correspondiente a una cierta probabilidad *a priori*. En relación con este último punto, Einstein recalcó el carácter fundamental de la descripción estadística de una manera muy sugerente, llamando la atención sobre la analogía entre las hipótesis relativas a la aparición de las transiciones radiativas espontáneas y las conocidas leyes que rigen las transformaciones de las sustancias radiactivas.

En relación con un examen exhaustivo de las exigencias de la termodinámica en lo que respecta a los problemas de radiación, Einstein acentuó aún más el dilema al señalar que la argumentación implicaba que cualquier proceso de radiación era «unidireccional» en el sentido de que no sólo se transfiere a un átomo, en el proceso de absorción, el momento correspondiente a un fotón con la dirección de propagación, sino que también el átomo emisor recibirá un impulso equivalente en la dirección opuesta, aunque en el modelo ondulatorio no puede haber preferencia por una sola dirección en un proceso de emisión. La propia actitud de Einstein ante estas sorprendentes conclusiones se expresa en un pasaje al final del artículo (*loc. cit.*, p. 127 y ss.), que puede traducirse como sigue:

Estas características de los procesos elementales parecen hacer casi inevitable el desarrollo de un tratamiento cuántico adecuado de la radiación. La debilidad de la teoría radica en el hecho de que, por un lado, no se puede establecer una conexión más estrecha con los conceptos ondulatorios y, por otro, deja al azar (*Zufall*) el tiempo y la dirección de los procesos elementales; sin embargo, tengo plena confianza en la fiabilidad del camino emprendido.

Cuando tuve la gran experiencia de encontrarme con Einstein por primera vez durante una visita a Berlín en 1920, estas preguntas fundamentales

206

constituyeron el tema de nuestras conversaciones. Las discusiones, a las que a menudo he vuelto en mis pensamientos, añadieron, a toda mi admiración por Einstein, una profunda impresión por su desapegada actitud. Sin duda, su preferencia por frases tan pintorescas como «campos fantasma (*Gespensterfelder*) que guían a los fotones» no implicaba ninguna tendencia al misticismo, sino que más bien ponía de manifiesto un profundo sentido del humor detrás de sus agudas observaciones. Sin embargo, seguía existiendo una cierta diferencia de actitud y perspectiva, ya que, con su maestría para coordinar experiencias aparentemente contrastantes sin abandonar la continuidad y la causalidad, Einstein era quizás más reacio a renunciar a tales ideales que alguien para quien la renuncia en este sentido parecía ser la única forma de proceder con la tarea inmediata de coordinar los múltiples indicios relativos a los fenómenos atómicos, que se acumulaban día a día en la explicación de este nuevo campo del conocimiento.

En los años siguientes, durante los cuales los problemas atómicos atrajeron la atención de círculos cada vez más amplios de físicos, las aparentes contradicciones inherentes a la teoría cuántica se hicieron sentir cada vez con mayor intensidad. Un ejemplo ilustrativo de esta situación es el debate suscitado por el descubrimiento del efecto Stern-Gerlach en 1922. Por un lado, este efecto respaldaba de manera contundente la idea de los estados estacionarios y, en particular, la teoría cuántica del efecto Zeeman desarrollada por Sommerfeld; por otro lado, como expusieron tan claramente Einstein y Ehrenfest,[4] presentaba dificultades insuperables para cualquier intento de formar una imagen del comportamiento de los átomos en un campo magnético. Paradojas similares surgieron con el descubrimiento de Compton (1924) del cambio en la longitud de onda que acompaña a la dispersión de los rayos X por los electrones. Este fenómeno proporcionó, como es bien sabido, una prueba muy directa de la adecuación de la visión de Einstein sobre la transferencia de energía y momento en los procesos radiativos; al mismo tiempo, estaba igualmente claro que ninguna imagen simple de una colisión corpuscular podía ofrecer una descripción exhaustiva del fenómeno. Bajo el impacto de tales dificultades, durante un tiempo se albergaron dudas

[[4]. A. Einstein y P. Ehrenfest, *Zs. f. Phys.*, **11**, 31, (1922).]

207

incluso sobre la conservación de la energía y el momento en los procesos de radiación individuales;[5] una visión, sin embargo, que muy pronto tuvo que ser abandonada ante experimentos más refinados que ponían de manifiesto la correlación entre la desviación del fotón y el correspondiente retroceso del electrón.

El camino hacia el esclarecimiento de la situación fue, de hecho, allanado en primer lugar por el desarrollo de una teoría cuántica más completa. Un primer paso hacia este objetivo fue el reconocimiento por parte de De Broglie, en 1925, de que la dualidad onda-corpúsculo no se limitaba a las propiedades de la radiación, sino que era igualmente inevitable para explicar el comportamiento de las partículas materiales. Esta idea, que pronto se confirmó de manera convincente mediante experimentos sobre los fenómenos de interferencia electrónica, fue inmediatamente acogida por Einstein, quien ya había vislumbrado la profunda analogía entre las propiedades de la radiación térmica y las de los gases en el llamado estado degenerado.[6] La nueva línea fue seguida con gran éxito por Schrödinger (1926) quien, en particular, mostró cómo los estados estacionarios de los sistemas atómicos podían representarse mediante las soluciones propias de una ecuación de onda, a cuya formulación le llevó la analogía formal, originalmente trazada por Hamilton, entre los problemas mecánicos y ópticos. Sin embargo, los aspectos paradójicos de la teoría cuántica no mejoraron en absoluto, sino que incluso se acentuaron, por la aparente contradicción entre las exigencias del principio general de superposición de la descripción ondulatoria y la característica de individualidad de los procesos atómicos elementales.

Al mismo tiempo, Heisenberg (1925) había sentado las bases de una mecánica cuántica racional, que se desarrolló rápidamente gracias a importantes contribuciones de Born y Jordan, así como de Dirac. En esta teoría se introduce un formalismo en el que las variables cinemáticas y dinámicas de la mecánica clásica se sustituyen por símbolos sujetos a un álgebra no conmutativa. A pesar de la renuncia a las imágenes orbitales, las ecuaciones canónicas de la mecánica de Hamilton se mantienen inalteradas y la constante de

[[5]. N. Bohr, H. A. Kramers und J. C. Slater, *Phil. Mag.*, **47**, 785, (1924).]
[[6]. A. Einstein, *Berl. Ber.*, (1924), 261, und (1925), 3 und 18.]

208

Planck sólo interviene en las reglas de conmutación

$$qp - pq = \sqrt{-1}\; h/2\pi \qquad (2)$$

válidas para cualquier conjunto de variables conjugadas q y p. Mediante una representación de los símbolos por matrices con elementos que se refieren a transiciones entre estados estacionarios, se hizo posible por primera vez una formulación cuantitativa del principio de correspondencia. Cabe recordar aquí que se dio un importante paso preliminar hacia este objetivo con el establecimiento, especialmente gracias a las contribuciones de Kramers, de una teoría cuántica de la dispersión que utilizaba de forma básica las reglas generales de Einstein para la probabilidad de que se produjeran procesos de absorción y emisión.

Schrödinger demostró pronto que este formalismo de la mecánica cuántica daba resultados idénticos a los que se obtenían con los métodos matemáticos, a menudo más convenientes, de la teoría ondulatoria, y en los años siguientes se establecieron gradualmente métodos generales para una descripción esencialmente estadística de los procesos atómicos que combinaban las características de la individualidad y los requisitos del principio de superposición, igualmente característicos de la teoría cuántica. Entre los muchos avances de este periodo, cabe mencionar especialmente que el formalismo demostró ser capaz de incorporar el principio de exclusión, que rige los estados de los sistemas con varios electrones y que, ya antes del advenimiento de la mecánica cuántica, había sido derivado por Pauli a partir de un análisis de los espectros atómicos. La comprensión cuantitativa de una gran cantidad de pruebas empíricas no dejaba lugar a dudas sobre la fecundidad y la adecuación del formalismo de la mecánica cuántica, pero su carácter abstracto suscitaba una sensación generalizada de inquietud. Para aclarar la situación era necesario, en efecto, examinar a fondo el problema mismo de la observación en la física atómica.

Esta fase del desarrollo fue iniciada, como es bien sabido, en 1927 por Heisenberg,[7] quien señaló que el conocimiento que se puede obtener del estado de un sistema atómico siempre implicará una peculiar «indeterminación». Por lo tanto, cualquier medición de la posición de un electrón mediante algún dispositivo,

[[7]. W. Heisenberg, *Zs. f. Phys.*, **43**, 172, (1927).]

209

como un microscopio, que utilice radiación de alta frecuencia, estará vinculada, según las relaciones fundamentales (1), con un intercambio de momento entre el electrón y el agente de medición, que será mayor cuanto más precisa sea la medición de la posición. Al comparar estas consideraciones con las exigencias del formalismo de la mecánica cuántica, Heisenberg llamó la atención sobre el hecho de que la regla de conmutación (2) impone una limitación recíproca a la fijación de dos variables conjugadas, q y p, expresada por la relación

$$\Delta q \cdot \Delta p \approx h, \tag{3}$$

donde Δq y Δp son amplitudes adecuadamente definidas en la determinación de estas variables. Al señalar la íntima conexión entre la descripción estadística en la mecánica cuántica y las posibilidades reales de medición, esta llamada relación de indeterminación es, como demostró Heisenberg, de suma importancia para el esclarecimiento de las paradojas que se plantean al intentar analizar los efectos cuánticos con referencia a las imágenes físicas habituales.

Los nuevos avances en física atómica fueron comentados desde diversos puntos de vista en el Congreso Internacional de Física celebrado en septiembre de 1927 en

Como, en conmemoración de Volta. En una conferencia pronunciada en esa ocasión,[8] defendí un punto de vista convenientemente denominado «complementariedad», adecuado para abarcar los característicos rasgos de individualidad de los fenómenos cuánticos y, al mismo tiempo, aclarar los aspectos peculiares del problema de la observación en este campo de la experiencia. Para ello, es fundamental reconocer que, *por mucho que los fenómenos trasciendan el alcance de la explicación física clásica, la descripción de todas las pruebas debe expresarse en términos clásicos*. El argumento es simplemente que, con la palabra «experimento», nos referimos a una situación en la que podemos contar a otros lo que hemos hecho y lo que hemos aprendido y que, por lo tanto, la descripción del montaje experimental y de los resultados de las observaciones debe expresarse en un lenguaje inequívoco, con la aplicación adecuada de la terminología de la física clásica.

Este punto crucial, que se convertiría en un tema principal de las

[[8]. Atti del Congresso Internazionale dei Fisici, Como, Settembre 1927 (reprinted in *Nature*, **121**, 78 and 580, 1928).]

210

discusiones que se reflejan a continuación, implica la *imposibilidad de una separación nítida entre el comportamiento de los objetos atómicos y la interacción con los instrumentos de medición que sirven para definir las condiciones en las que aparecen los fenómenos*. De hecho, la individualidad de los efectos cuánticos típicos encuentra su expresión adecuada en la circunstancia de que cualquier intento de subdividir los fenómenos exigirá un cambio en el montaje experimental, lo que introducirá nuevas posibilidades de interacción entre los objetos y los instrumentos de medición que, en principio, no pueden controlarse. En consecuencia, las pruebas obtenidas en diferentes condiciones experimentales no pueden ser captadas en una imagen única, sino que deben considerarse *complementarias* en el sentido de que sólo la totalidad de los fenómenos agota la información posible sobre los objetos.

En estas circunstancias, atribuir atributos físicos convencionales a los objetos atómicos conlleva un elemento esencial de ambigüedad, como se hace evidente de inmediato en el dilema relativo a las propiedades corpusculares y ondulatorias de electrones y fotones, donde tenemos que lidiar con perspectivas chocantes, cada una de las cuales se refiere a un aspecto esencial de la evidencia empírica. Un ejemplo ilustrativo de cómo se eliminan las aparentes paradojas mediante un examen de las condiciones experimentales en las que aparecen los fenómenos complementarios lo ofrece también el efecto Compton, cuya descripción coherente nos había planteado en un principio dificultades tan acuciantes. Así, cualquier montaje adecuado para estudiar el intercambio de energía y momento entre el electrón y el fotón debe implicar una amplitud en la descripción espacio-temporal de la interacción suficiente para definir el número de onda y la frecuencia que entran en la relación (1). Por el contrario, cualquier intento de localizar con mayor precisión la colisión entre el fotón y el electrón, debido a la inevitable interacción con las escalas y relojes fijos que definen el marco de referencia espacio-tiempo, excluiría cualquier consideración más detallada en lo que respecta al equilibrio de momento y energía.

Como se destacó en la conferencia, una herramienta adecuada para una forma complementaria de descripción la ofrece precisamente el formalismo de la mecánica cuántica, que representa un esquema puramente simbólico que sólo permite predicciones, en línea con el principio de correspondencia, en cuanto a los resultados obtenibles en condiciones especificadas

211

mediante conceptos clásicos. Hay que recordar aquí que incluso en la relación de indeterminación (3) nos enfrentamos a una implicación del formalismo que desafía una expresión inequívoca en palabras adecuadas para describir imágenes físicas clásicas. Así, una frase como «no podemos conocer [a la vez] el momento y la posición de un objeto atómico» plantea de inmediato preguntas sobre la realidad física de esos dos atributos del objeto, que sólo pueden responderse refiriéndose a las condiciones para el uso inequívoco de los conceptos de espacio-tiempo, por un lado, y las leyes dinámicas de conservación, por otro. Si bien la combinación de estos conceptos en una única imagen de una cadena causal de acontecimientos es la esencia de la mecánica clásica, el margen para regularidades que escapan a tal descripción viene dado precisamente por el hecho de que el estudio de los fenómenos complementarios exige disposiciones experimentales mutuamente excluyentes.

La necesidad, en física atómica, de un nuevo examen de los fundamentos para el uso inequívoco de ideas físicas elementales recuerda en cierto modo la situación que llevó a Einstein a su revisión original sobre la base de toda aplicación de los conceptos de espacio-tiempo que, al hacer hincapié en la importancia primordial del problema observacional, ha dado tanta unidad a nuestra visión del mundo. A pesar de toda la novedad del enfoque, la descripción causal se mantiene en la teoría de la relatividad dentro de cualquier marco de referencia dado, pero en la teoría cuántica la interacción incontrolable entre los objetos y los instrumentos de medición nos obliga a renunciar incluso a ese aspecto. Sin embargo, este reconocimiento no apunta en modo alguno a ninguna limitación del alcance de la descripción mecano-cuántica, y la tendencia de toda la argumentación presentada en la conferencia de Como fue mostrar que el punto de vista de la complementariedad puede considerarse como una generalización racional del ideal mismo de causalidad.

En el debate general celebrado en Como, todos echamos de menos la presencia de Einstein, pero poco después, en octubre de 1927, tuve la oportunidad de encontrarme con él en Bruselas, en la Quinta Conferencia Física del Instituto Solvay, dedicada al tema «Electrones y fotones». En las reuniones Solvay, Einstein había sido desde el principio una figura muy destacada, y varios

212

de nosotros acudimos a la conferencia con grandes expectativas para conocer su reacción ante la última etapa del desarrollo que, a nuestro parecer, contribuía en gran medida a aclarar los problemas que él mismo había planteado de forma tan ingeniosa desde el principio. Sin embargo, durante los debates, en los que se revisó todo el tema con aportaciones de muchas partes y en los que también se volvieron a presentar los argumentos mencionados en las páginas anteriores, Einstein expresó su profunda preocupación por el grado en que se había abandonado la explicación causal en el espacio y el tiempo en la mecánica cuántica.

Para ilustrar su postura, Einstein se refirió en una de las sesiones[9] al sencillo ejemplo, ilustrado en la Figura 1, de una partícula (electrón o fotón) que penetra a través de un orificio o una estrecha rendija en un diafragma situado a cierta distancia ante de una placa fotográfica. Debido a la difracción de la onda

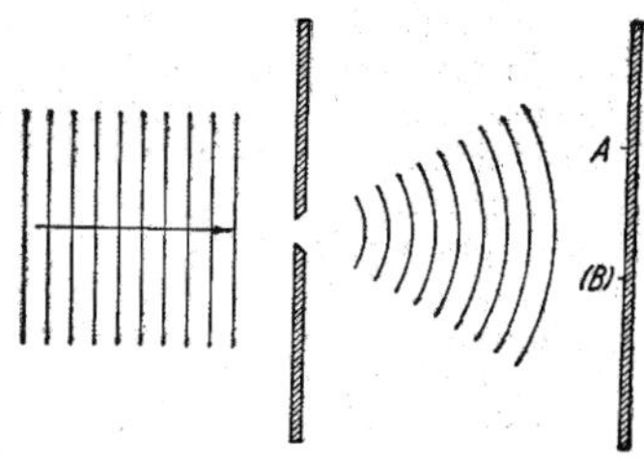

FIG. 1

asociada al movimiento de la partícula e indicada en la figura por las líneas finas, en tales condiciones no es posible predecir con certeza en qué punto llegará el electrón a la placa fotográfica, sino sólo calcular la probabilidad de que, en un experimento, el electrón se encuentre dentro de una región determinada de la placa. La dificultad aparente en esta descripción, que Einstein percibió con tanta agudeza, es el hecho de que, si en el experimento el electrón se registra en un punto A de la placa,

[[9]. Institut International de Physique Solvay, *Rapport et discussions du 5e Conseil*, Paris 1928, 253 ff.]

213

entonces es imposible observar jamás el efecto de este electrón en otro punto (B), aunque las leyes de propagación ordinaria de las ondas no ofrecen margen para una correlación entre dos sucesos de este tipo.

La postura de Einstein dio lugar a acaloradas discusiones dentro de un pequeño círculo, en el que Ehrenfest, que durante años había sido un amigo íntimo de ambos, participó de forma muy activa y útil. Sin duda, todos reconocimos que, en el ejemplo anterior, la situación no presenta ningún paralelismo con la aplicación de la estadística al tratamiento de sistemas mecánicos complicados, sino que más bien recordaba los antecedentes de las primeras conclusiones de Einstein sobre la unidireccionalidad de los efectos de la radiación individual, que contrasta tan fuertemente con una simple imagen ondulatoria (cf. p. 205). Sin embargo, los debates se centraron en la cuestión de si la descripción mecano-cuántica agotaba las posibilidades de explicar los fenómenos observables o, como sostenía Einstein, si el análisis podía llevarse más allá y, sobre todo, si se podía obtener una descripción más completa de los fenómenos teniendo en cuenta el balance detallado de energía y momento en los procesos individuales.

Para explicar la tendencia de los argumentos de Einstein, puede resultar ilustrativo considerar algunas características simples del equilibrio entre el momento y la energía en relación con la posición de una partícula en el espacio y el tiempo. Para ello, examinaremos el caso simple de una partícula que penetra a través de un orificio en un diafragma con o sin obturador para abrir y cerrar el orificio, como se indica en las figuras 2a y 2b, respectivamente. Las líneas paralelas equidistantes a la izquierda de las figuras indican el tren de ondas planas correspondientes al estado de movimiento de una partícula que, antes de llegar al diafragma, tiene un momento P relacionado con el número de onda σ por la segunda de las ecuaciones (1). De acuerdo con la difracción de las ondas al pasar por el orificio, el estado de movimiento de la partícula a la derecha del diafragma se representa mediante un tren de ondas esféricas con una apertura angular ϑ definida adecuadamente y, en el caso de la figura 2b, también con una extensión radial limitada. En consecuencia, la descripción de este estado implica un cierto margen Δp en la componente del momento de la partícula paralela al diafragma y, en el caso de un

214

diafragma con obturador, un margen adicional ΔE de la energía cinética.

Dado que la medida del margen Δq en la posición de la partícula en el plano del diafragma viene dada por el radio a del orificio, y dado que $\vartheta \approx (1/\sigma a)$, obtenemos, utilizando (1), simplemente $\Delta p \approx \vartheta \mathrm{P} \approx (h/\Delta q)$, de acuerdo con la relación de indeterminación (3). Por supuesto, este resultado también podría obtenerse directamente observando que, debido a la extensión limitada del campo de ondas en la ubicación de la rendija, la componente del número de onda paralela al plano del diafragma implicará un margen $\Delta\sigma \approx (1/a) \approx (1/\Delta q)$. Del mismo modo, la dispersión de las frecuencias

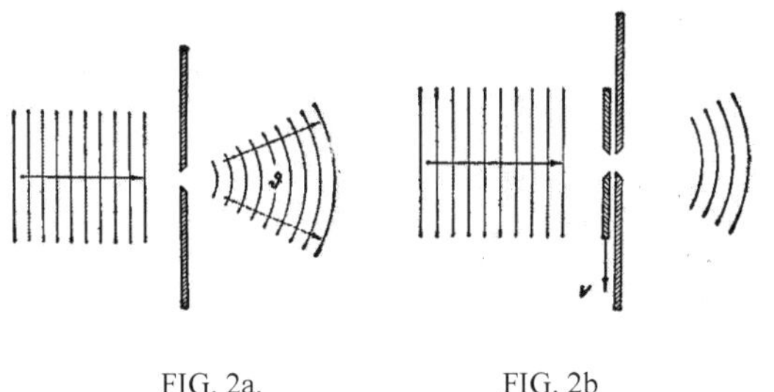

FIG. 2a. FIG. 2b

de las componentes armónicas en el tren de ondas limitado de la FIG. 2b es evidentemente $\Delta\nu \approx (1/\Delta t)$, donde Δt es el intervalo de tiempo durante el cual el obturador deja el orificio abierto y, por lo tanto, representa el margen en el tiempo de paso de la partícula a través del diafragma. A partir de (1), obtenemos

$$\Delta E \cdot \Delta t \approx h, \tag{4}$$

de nuevo de acuerdo con la relación (3) para las dos variables conjugadas E y t.

Desde el punto de vista de las leyes de conservación, el origen de tales márgenes, que aparecen en la descripción del estado de la partícula después de pasar por el orificio, puede atribuirse a las posibilidades de intercambio de momento y energía con el diafragma

215

o el obturador. En el sistema de referencia considerado en las figuras 2a y 2b, la velocidad del diafragma puede despreciarse y sólo es necesario tener en cuenta el cambio de momento Δp entre la partícula y el diafragma. Sin embargo, el obturador, que deja el orificio abierto durante el tiempo Δt, se mueve con una velocidad considerable $\upsilon \approx (a/\Delta t)$, por lo que una transferencia de momento Δp implica un intercambio de energía con la partícula, que asciende a $\upsilon\Delta p \approx (1/\Delta t)\, \Delta q\, \Delta p \approx (h/\Delta t)$, que es del mismo orden de magnitud que la amplitud ΔE dada por (4) y, por lo tanto, permite el equilibrio de momento y energía.

El problema planteado por Einstein era ahora hasta qué punto el control de la transferencia de momento y energía, implicada en la ubicación de la partícula en el espacio y el tiempo, puede utilizarse para una especificación más detallada del estado de la partícula después de atravesar el agujero. Aquí hay que tener en cuenta que, hasta ahora, se ha supuesto que la posición y el movimiento del diafragma y del obturador están coordinados con precisión con el marco de referencia espacio-tiempo. Esta suposición implica, en la descripción del estado de estos cuerpos, un margen esencial en cuanto a su momento y energía que, por supuesto, no tiene por qué afectar de forma notable a las velocidades, si el diafragma y el obturador son suficientemente pesados. Sin embargo, tan pronto como queramos conocer el momento y la energía de estas partes del dispositivo de medición con una precisión suficiente para controlar el intercambio de momento y energía con la partícula que se investiga, perderemos, de acuerdo con las relaciones generales de indeterminación, la posibilidad de localizarlas con precisión en el espacio y el tiempo. Por lo tanto, tenemos que examinar en qué medida esta circunstancia afectará al uso previsto de todo el dispositivo y, como veremos, este punto crucial pone claramente de manifiesto el carácter complementario de los fenómenos.

Volviendo por un momento al caso del montaje simple indicado en la figura 1, hasta ahora no se ha especificado para qué uso está destinada. De hecho, sólo partiendo del supuesto de que el diafragma y la placa tienen posiciones bien definidas en el espacio es imposible, en el marco del formalismo de la mecánica cuántica, hacer predicciones más detalladas sobre el punto

216

de la placa fotográfica donde se registrará la partícula. Sin embargo, si admitimos un margen suficientemente amplio en el conocimiento de la posición del diafragma, en principio debería ser posible controlar la transferencia de momento al diafragma y, por lo tanto, hacer predicciones más detalladas sobre la dirección de la trayectoria del electrón desde el orificio hasta el punto de registro. En lo que respecta a la descripción mecano-cuántica, tenemos que tratar aquí con un sistema de dos cuerpos que consta del diafragma y la partícula, y es precisamente con una aplicación explícita de las leyes de conservación a dicho sistema de lo que nos ocupamos en el efecto Compton, donde, por ejemplo, la observación del retroceso del electrón mediante una cámara de niebla nos permite predecir en qué dirección se observará finalmente el fotón dispersado.

La importancia de este tipo de consideraciones quedó claramente de manifiesto durante los debates al examinar una disposición en la que, entre el diafragma con la rendija y la placa fotográfica, se inserta otro diafragma

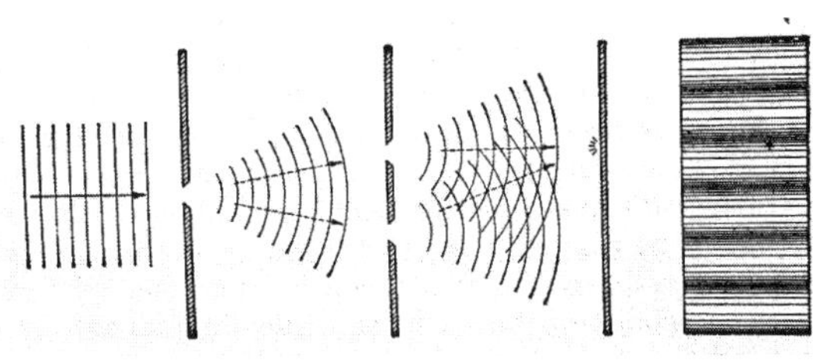

FIG. 3

con dos haces paralelos de electrones (o fotones) que inciden desde la izquierda sobre el primer diafragma. En condiciones normales, observaremos en la placa un patrón de interferencia indicado por el sombreado de la placa fotográfica que se muestra en la vista frontal a la derecha de la figura. Con haces intensos, este patrón se forma por la acumulación de un gran número de procesos individuales, cada uno de los cuales da lugar a un pequeño punto en la placa fotográfica, y la distribución de estos puntos sigue una ley simple que se deriva del

217

análisis ondulatorio. La misma distribución también debería encontrarse en el recuento estadístico de muchos experimentos realizados con haces tan débiles que, en una sola exposición, sólo un electrón (o fotón) llegará a la placa fotográfica en algún punto mostrado en la figura como una pequeña estrella. Dado que, tal y como indican las flechas discontinuas, el momento transferido al primer diafragma debería ser diferente si se supone que el electrón pasa por la rendija superior o la inferior del segundo diafragma, Einstein sugirió que el control de la transferencia de momento permitiría un análisis más detallado del fenómeno y, en particular, decidir por cuál de las dos rendijas había pasado el electrón antes de llegar a la placa.

Sin embargo, un examen más detallado reveló que el control sugerido de la transferencia de momento implicaría un margen [de imprecisión] en el conocimiento de la posición del diafragma que excluiría la aparición de los fenómenos de interferencia en cuestión. De hecho, si ω es el pequeño ángulo entre las trayectorias conjeturadas de una partícula que pasa por la rendija superior o la inferior, la diferencia de transferencia de momento en estos dos casos será, según (1), igual a $h\sigma\omega$ y cualquier control del momento del diafragma con una precisión suficiente para medir esta diferencia implicará, debido a la relación de indeterminación, un margen mínimo en la posición del diafragma, comparable con $1/\sigma\omega$. Si, como en la figura, el diafragma con las dos rendijas se coloca en medio, entre el primer diafragma y la placa fotográfica, se verá que el número de franjas por unidad de longitud será igual a $\sigma\omega$ y, dado que una incertidumbre en la posición del primer diafragma del orden de $1/\sigma\omega$ causará una incertidumbre igual en las posiciones de las franjas, se deduce que no puede aparecer ningún efecto de interferencia. Es fácil demostrar que el mismo resultado se mantiene para cualquier otra colocación del segundo diafragma entre el primer diafragma y la placa, y también se obtendría si, en lugar del primer diafragma, se utilizara otro de estos tres cuerpos para el control, con el fin sugerido, de la transferencia de momento.

Este punto tiene una gran importancia lógica, ya que sólo la circunstancia de que se nos presente la opción, *bien de* rastrear la trayectoria de una partícula *o bien* de observar los efectos de interferencia nos

218

permite escapar de la paradójica necesidad de concluir que el comportamiento de un electrón o un fotón debería depender de la presencia de una rendija en el diafragma a través de la cual se podría demostrar que no pasa. Nos encontramos aquí ante un ejemplo típico de cómo los fenómenos complementarios aparecen en montajes experimentales mutuamente excluyentes (véase p. 210) y nos enfrentan a la imposibilidad, en el análisis de los efectos cuánticos, de establecer una separación nítida entre el comportamiento independiente de los objetos atómicos y su interacción con los instrumentos de medición que sirven para definir las condiciones en las que se producen los fenómenos.

Nuestras conversaciones sobre la actitud que se debe adoptar ante una situación novedosa en lo que respecta al análisis y la síntesis de la experiencia tocaron naturalmente muchos aspectos del pensamiento filosófico, pero, a pesar de todas las divergencias de enfoque y opinión, un espíritu muy humorístico animó los debates. Por su parte, Einstein nos preguntó con sorna si realmente podíamos creer que las autoridades providenciales recurrían al juego de dados («... *ob der liebe Gott würfelt*»), a lo que respondí señalando la gran cautela, ya exigida por los pensadores antiguos, [que hay que tener] a la hora de atribuir atributos a la Providencia en el lenguaje cotidiano. Recuerdo también cómo, en el punto álgido del debate, Ehrenfest, con su afectuosa manera de bromear con sus amigos, insinuó en tono jocoso la aparente similitud entre la actitud de Einstein y la de los detractores de la teoría de la relatividad; pero al instante Ehrenfest añadió que no podría encontrar paz en su propia mente hasta que no se llegara a un acuerdo con Einstein.

—

La preocupación y las críticas de Einstein supusieron un valioso incentivo para que todos reexamináramos los diversos aspectos de la situación en lo que respecta a la descripción de los fenómenos atómicos. Para mí fue un estímulo muy bienvenido para aclarar aún más el papel que desempeñaban los instrumentos de medición y, con el fin de resaltar el carácter mutuamente excluyente de las condiciones experimentales en las que aparecen los fenómenos complementarios, intenté en aquellos días esbozar varios aparatos en un estilo pseudorrealista, de los que son ejemplo las siguientes figuras. Así, para el estudio de un fenómeno de interferencia del tipo

219

indicado en la figura 3, se sugiere utilizar un montaje experimental como el que se muestra en la figura 4, en el que las partes sólidas del aparato, que sirven de diafragmas y soportes de placas, están

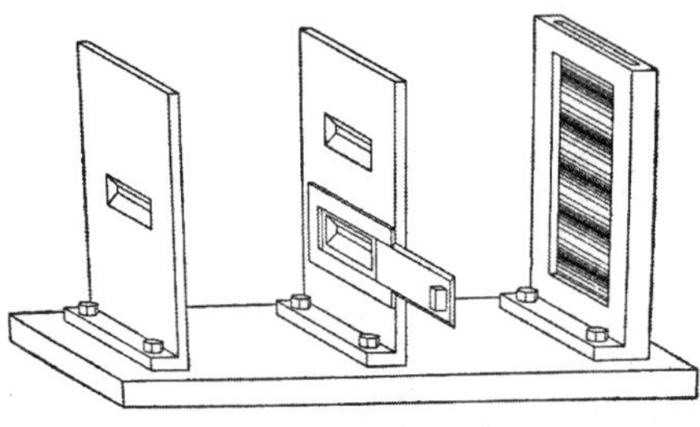

FIG. 4

firmemente atornilladas a un soporte común. En una disposición de este tipo, en la que el conocimiento de las posiciones relativas de los diafragmas y la placa fotográfica se garantiza mediante una conexión rígida, es obviamente imposible controlar el impulso intercambiado entre la partícula y las distintas partes del aparato. La única forma en que, en tal disposición, podríamos asegurar que la partícula pasara a través de una de las rendijas del segundo diafragma es cubriendo la otra rendija con una tapa, como se indica en la figura; pero si se cubre la rendija, por supuesto no hay ningún fenómeno de interferencia, y en la placa simplemente observaremos una distribución continua como en el caso del diafragma fijo único de la figura 1.

En el estudio de los fenómenos que nos ocupan, en los que se trata del balance detallado del impulso, es natural que ciertas partes del dispositivo en su conjunto deban tener libertad para moverse independientemente de las demás. En la figura 5 se esboza un aparato de este tipo, en el que un diafragma con una ranura está suspendido por resortes débiles de un yugo sólido atornillado al soporte en el que también se fijan otras partes inmóviles del dispositivo. La escala del diafragma, junto con el indicador de los cojinetes del

220

yugo, se refieren al estudio del movimiento del diafragma, tal y como se requiere para estimar el momento transferido al mismo, lo que permite extraer conclusiones sobre la deflexión sufrida por la partícula al pasar por la ranura. Sin embargo, dado que cualquier lectura de la escala, se realice de la forma que se realice, implicará

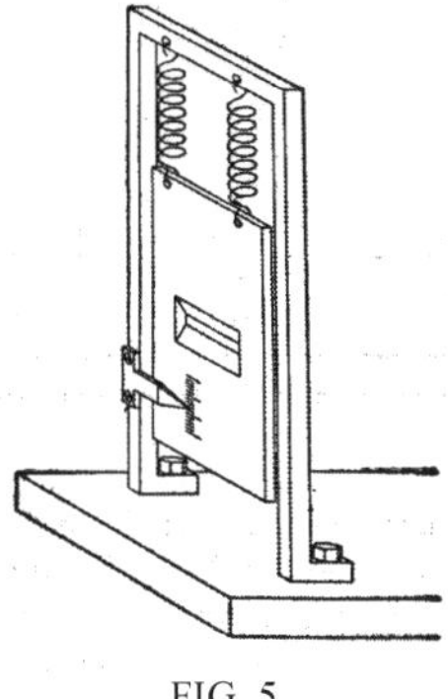

FIG. 5

un cambio incontrolable en el momento del diafragma, siempre existirá, de conformidad con el principio de indeterminación, una relación recíproca entre nuestro conocimiento de la posición de la rendija y la precisión del control del momento.

En el mismo estilo semiserio, la figura 6 representa una parte de un montaje adecuado para el estudio de fenómenos que, a diferencia de los que acabamos de comentar, implican explícitamente la coordinación temporal. Consiste en un obturador conectado rígidamente a un reloj robusto que descansa sobre el soporte que lleva un diafragma y en el que también se fijan otras piezas de carácter similar, reguladas por el mismo mecanismo de relojería o por otros relojes estandarizados en relación con él. El objetivo especial de la figura es subrayar que un reloj es una pieza de maquinaria cuyo funcionamiento puede explicarse completamente mediante la mecánica ordinaria y que no se verá

221

afectado ni por la lectura de la posición de sus agujas ni por la interacción entre sus accesorios y una partícula atómica. Al asegurar la apertura del orificio en un momento determinado, un aparato de este tipo podría utilizarse, por ejemplo, para medir con precisión el tiempo que tarda un electrón o un fotón en llegar desde el diafragma a otro lugar, pero, evidentemente, no dejaría ninguna posibilidad de controlar la transferencia de energía al obturador

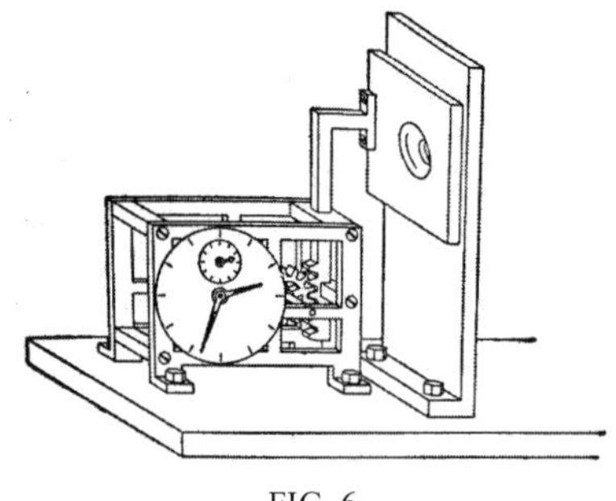

FIG. 6

con el fin de sacar conclusiones sobre la energía de la partícula que ha atravesado el diafragma. Si nos interesan esas conclusiones, debemos, por supuesto, utilizar un montaje en el que los dispositivos de obturación ya no puedan servir como relojes precisos, pero en el que el conocimiento del momento en que se abre el orificio del diafragma conlleve una holgura con respecto a la precisión de la medición de la energía según la relación general (4).

La contemplación de estos montajes más o menos prácticos y su uso más o menos ficticio resultó de lo más instructiva para dirigir la atención hacia las características esenciales de los problemas. El punto principal aquí es la distinción entre los *objetos* sometidos a investigación y los *instrumentos de medición* que sirven para definir, en términos clásicos, las condiciones bajo las cuales aparecen los

222

fenómenos. Podemos señalar de paso que, para ilustrar las consideraciones anteriores, no es relevante que los experimentos que impliquen un control preciso de la transferencia de momento o energía desde partículas atómicas a cuerpos pesados como diafragmas y obturadores sean muy difíciles de realizar, de resultar viables. Lo único decisivo es que, a diferencia de los instrumentos de medición propiamente dichos, estos cuerpos, junto con las partículas, constituirían en tal caso el sistema al que habría que aplicar el formalismo de la mecánica cuántica. En cuanto a la especificación de las condiciones para cualquier aplicación bien definida del formalismo, es además esencial que se tenga en cuenta *todo el montaje experimental*. De hecho, la introducción de cualquier otro aparato, como un espejo, en la trayectoria de una partícula podría implicar nuevos efectos de interferencia que influirían esencialmente en las predicciones relativas a los resultados que finalmente se registren.

El grado en que la imposibilidad de subdividir los fenómenos atómicos nos obliga a renunciar a su visualización queda patentemente ilustrado en el siguiente ejemplo, al que Einstein prestó atención tempranamente y al que ha vuelto a menudo. Si se coloca un espejo semirreflectante en la trayectoria de un fotón, dejando dos posibilidades para su dirección de propagación, el fotón puede, bien registrarse en una, y sólo una, de las dos placas fotográficas situadas a grandes distancias en las dos direcciones en cuestión, o bien, sustituyendo las placas por espejos, podemos observar efectos que muestran una interferencia entre los dos trenes de ondas reflejados. Por lo tanto, en cualquier intento de representación pictórica del comportamiento del fotón nos encontraríamos con la dificultad de tener que decir, por un lado, que el fotón siempre elige *una* de las dos trayectorias y, por otro, que se comporta como si hubiera pasado por *ambas*.

Son precisamente argumentos de esta índole los que recuerdan la imposibilidad de subdividir los fenómenos cuánticos y revelan la ambigüedad de atribuir atributos físicos habituales a los objetos atómicos. En particular, hay que tener en cuenta que, salvo en la descripción de la ubicación y sincronización de los instrumentos que forman el montaje experimental, todo uso inequívoco de los conceptos espaciotemporales en la descripción de los fenómenos atómicos se limita al

223

registro de observaciones que se refieren a marcas en una placa fotográfica o a efectos de amplificación similares prácticamente irreversibles, como la formación de una gota de agua alrededor de un ion en una cámara de niebla. Aunque, por supuesto, la existencia del cuanto de acción es en última instancia responsable de las propiedades de los materiales con los que están construidos los instrumentos de medición y de los que depende el funcionamiento de los dispositivos de registro, esta circunstancia no es relevante para los problemas de adecuación y completitud de la descripción mecano-cuántica en los aspectos aquí discutidos.

Estos problemas fueron objeto de comentarios instructivos desde diferentes perspectivas en la reunión Solvay,[10] en la misma sesión en la que Einstein planteó sus objeciones generales. En esa ocasión, también surgió un interesante debate sobre cómo hablar de la aparición de fenómenos para los que sólo se pueden hacer predicciones de carácter estadístico. La cuestión era si, en cuanto a la aparición de efectos individuales, debíamos adoptar la terminología propuesta por Dirac, según la cual se trataba de una elección por parte de la «naturaleza», o si, como sugirió Heisenberg, debíamos decir que se trataba de una elección por parte del «observador» que construía los instrumentos de medición y leía sus registros. Sin embargo, cualquier terminología de este tipo parecería dudosa, ya que, por un lado, no es razonable dotar a la naturaleza de voluntad en el sentido habitual, mientras que, por otro lado, ciertamente no es posible que el observador influya en los acontecimientos que pueden aparecer en las condiciones que él mismo ha dispuesto. En mi opinión, no hay otra alternativa que admitir que, en este campo de la experiencia, nos enfrentamos a fenómenos individuales y que nuestras posibilidades de manejar los instrumentos de medición sólo nos permiten elegir entre los diferentes tipos complementarios de fenómenos que queremos estudiar.

Los problemas epistemológicos aquí abordados se trataron de forma más explícita en mi contribución al número de *Naturwissenschaften* publicado con motivo del 70.° cumpleaños de Planck en 1929. En este artículo también se hacía una comparación entre la lección extraída del descubrimiento del cuanto de acción universal

[[10]. *Ibid.*, 248 ff.]

224

y el desarrollo que siguió al descubrimiento de la velocidad finita de la luz y que, gracias al trabajo pionero de Einstein, ha aclarado en gran medida principios básicos de la filosofía natural. En la teoría de la relatividad, el énfasis en la dependencia de todos los fenómenos del marco de referencia abrió caminos completamente nuevos para rastrear leyes físicas generales de un alcance sin precedentes. En la teoría cuántica, se argumentó, la comprensión lógica de regularidades fundamentales hasta entonces insospechadas que rigen los fenómenos atómicos ha exigido el reconocimiento de que no se puede establecer una separación nítida entre el comportamiento independiente de los objetos y su interacción con los instrumentos de medición que definen el marco de referencia.

En este sentido, la teoría cuántica nos enfrenta a una situación nueva en la física como ciencia, pero, como se ha señalado, en lo que respecta al análisis y síntesis de la experiencia, existe una estrecha analogía con lo que ocurre en muchos otros campos del conocimiento y el interés humanos. Como es bien sabido, muchas de las dificultades en psicología tienen su origen en la diferente ubicación de las líneas de separación entre objeto y sujeto en el análisis de diversos aspectos de la experiencia psíquica. En realidad, palabras como «pensamientos» y «sentimientos», igualmente indispensables para ilustrar la variedad y el alcance de la vida consciente, se utilizan de forma complementaria, al igual que la coordinación espaciotemporal y las leyes de conservación dinámica en física atómica. Una formulación precisa de tales analogías implica, por supuesto, complejidades terminológicas, y la postura del autor queda quizás mejor reflejada en un pasaje del artículo, en el que se insinúa la relación mutuamente excluyente que siempre existirá entre el uso práctico de cualquier palabra y los intentos de definirla de forma estricta. Sin embargo, el objetivo principal de estas consideraciones, inspiradas en gran medida por la esperanza de influir en la actitud de Einstein, era señalar las perspectivas de poner de relieve los problemas epistemológicos generales mediante una lección derivada del estudio de una experiencia física nueva, pero fundamentalmente simple.

En el siguiente encuentro con Einstein, en la Conferencia Solvay de 1930, nuestras discusiones dieron un giro bastante dramático. Como objeción a la idea de que el control del intercambio de momento

y energía entre los objetos y los instrumentos de medición quedaba excluido si estos instrumentos debían cumplir su función de definir el marco espaciotemporal de los fenómenos, Einstein planteó el argumento de que tal control debería ser posible si se tenían en cuenta las exigencias de la teoría de la relatividad. En particular, la relación general entre la energía y la masa, expresada en la famosa fórmula de Einstein

$$E = mc^2 \qquad (5)$$

debería permitir, mediante un simple pesaje, medir la energía total de cualquier sistema y, por lo tanto, en principio, controlar la energía transferida a él cuando interactúa con un objeto atómico.

Como montaje adecuado para tal fin, Einstein propuso el dispositivo que se muestra en la figura 7, consistente en una caja con

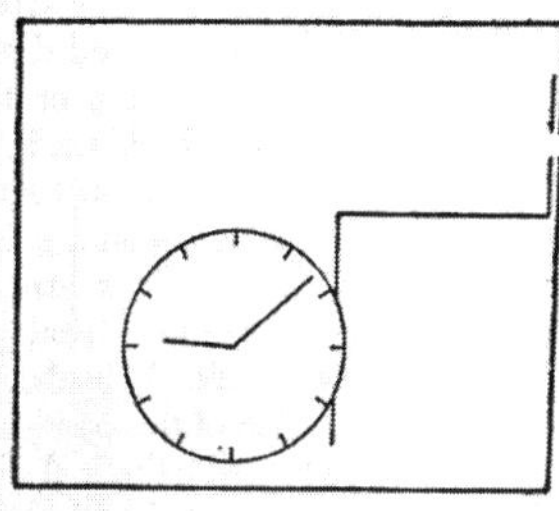

FIG. 7

un orificio en su lateral, que podía abrirse o cerrarse mediante una compuerta accionada por un mecanismo de relojería situado en el interior de la caja. Si, al principio, la caja contenía una cierta cantidad de radiación y el reloj se ajustaba para abrir la compuerta durante un intervalo muy breve en un momento determinado, se podía conseguir que un solo fotón se liberara a través del orificio en un momento conocido con la precisión deseada. Además, aparentemente también sería posible, pesando toda la caja antes y después de este acto, medir la energía del fotón con la precisión deseada,

en clara contradicción con la indeterminación recíproca de las cantidades de tiempo y energía en la mecánica cuántica.

Este argumento supuso un serio desafío y dio lugar a un examen exhaustivo de todo el problema. Sin embargo, al término del debate, al que el propio Einstein contribuyó activamente, quedó claro que este argumento no podía sostenerse. De hecho, al examinar el problema, se consideró necesario analizar más detenidamente las consecuencias de la identificación de masa inercial y masa gravitacional implícita en la aplicación de la relación (5). En particular, era esencial tener en cuenta la relación entre la marcha de un reloj y su posición en un campo gravitatorio —bien conocida por el corrimiento al rojo de las líneas del espectro solar— que se deriva del principio de equivalencia de Einstein entre los efectos de la gravedad y los fenómenos observados en marcos de referencia acelerados.

Nuestra discusión se centró en la posible aplicación de un aparato que incorpora el dispositivo de Einstein y que se muestra en la Fig. 8 con el mismo estilo pseudorrealista que algunas de las figuras anteriores. La caja, de la que se muestra una sección para mostrar su interior, está suspendida en una balanza de resorte y está provista de un puntero para leer su posición en una escala fijada al soporte de la balanza. De este modo, el pesaje de la caja puede realizarse con cualquier precisión dada Δm ajustando la balanza a su posición cero mediante cargas adecuadas. El punto esencial ahora es que cualquier determinación de esta posición con una precisión dada Δq implicará una holgura mínima Δp en el control del momento de la caja conectada con Δq por la relación (3). Obviamente, esta holgura tiene que ser de nuevo menor que el impulso total que, durante todo el intervalo T del procedimiento de equilibrio, puede ser dado por el campo gravitatorio a un cuerpo con una masa Δm, o

$$\Delta p \approx h/\Delta q < T \cdot g \cdot \Delta m, \tag{6}$$

donde g es la constante gravitatoria. Cuanto mayor sea la precisión de la lectura q del puntero, mayor deberá ser, en consecuencia, el intervalo de equilibrio T, si se desea obtener una precisión dada Δm en el pesaje de la caja con su contenido.

227

Ahora bien, según la teoría de la relatividad general, un reloj, cuando se desplaza en la dirección de la fuerza gravitatoria en una cantidad Δq, cambiará su velocidad de marcha de tal manera que su lectura

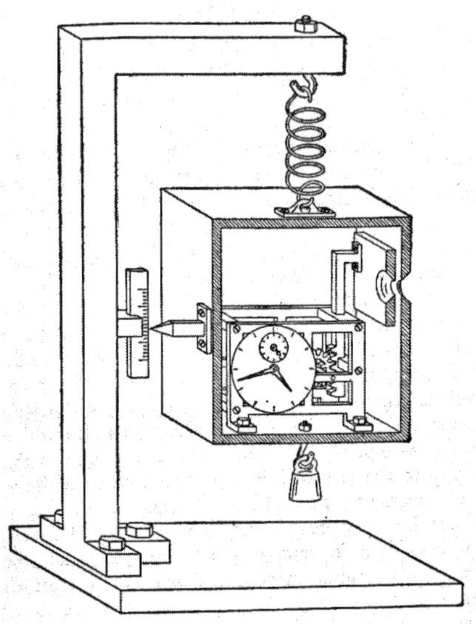

FIG. 8

en el transcurso de un intervalo de tiempo T diferirá en una cantidad ΔT dada por la relación

$$\Delta T/T = (1/c^2)\ g\ \Delta q. \tag{7}$$

Al comparar (6) y (7) vemos, por lo tanto, que después del procedimiento de pesaje habrá en nuestro conocimiento del ajuste del reloj una holgura

228

$$\Delta T > h/c^2 \Delta m.$$

Junto con la fórmula (5), esta relación conduce de nuevo a

$$\Delta T \cdot \Delta E > h,$$

de acuerdo con el principio de indeterminación. En consecuencia, el uso del aparato como medio para medir con precisión la energía del fotón nos impedirá controlar el momento de su escape.

El debate, tan ilustrativo del poder y la coherencia de los argumentos relativistas, volvió a poner de relieve la necesidad de distinguir, en el estudio de los fenómenos atómicos, entre los instrumentos de medición propiamente dichos, que sirven para definir el marco de referencia, y aquellas partes que deben considerarse objetos de investigación y en cuya descripción no pueden ignorarse los efectos cuánticos. A pesar de la confirmación, de lo más sugerente, de la solidez y el amplio alcance de la forma de descripción de la mecánica cuántica, Einstein, sin embargo, en una conversación posterior conmigo, expresó una sensación de inquietud con respecto a la aparente falta de principios firmemente establecidos para la explicación de la naturaleza, en los que todos pudieran estar de acuerdo. Sin embargo, desde mi punto de vista, sólo pude responder que, al abordar la tarea de poner orden en un campo de experiencia completamente nuevo, difícilmente podíamos confiar en ningún principio habitual, por amplio que fuera, salvo la exigencia de evitar inconsistencias lógicas y, en este sentido, el formalismo matemático de la mecánica cuántica seguramente cumpliría todos los requisitos.

La reunión Solvay en 1930 fue la última ocasión en la que, en debates conjuntos con Einstein, pudimos beneficiarnos de la estimulante y mediadora influencia de Ehrenfest, pero poco antes de su profundamente lamentada muerte en 1933, él me dijo que Einstein distaba mucho de estar satisfecho y que, con su habitual agudeza, había discernido nuevos aspectos de la situación que reforzaban su actitud crítica. De hecho, al examinar más a fondo las posibilidades de aplicación de un dispositivo de equilibrio, Einstein había percibido procedimientos alternativos que, aunque no permitían el uso que él pretendía originalmente, podían parecer que aumentaban

229

las paradojas más allá de las posibilidades de una solución lógica. Así, Einstein había señalado que, tras un pesaje preliminar de la caja con el reloj y la posterior fuga del fotón, aún quedaba la opción de repetir el pesaje o abrir la caja y comparar la lectura del reloj con la escala de tiempo estándar. Por consiguiente, en esta fase aún somos libres para elegir si queremos sacar conclusiones sobre la energía del fotón o sobre el momento en que salió de la caja. Sin interferir en modo alguno con el fotón entre su escape y su posterior interacción con otros instrumentos de medición adecuados, somos capaces de hacer predicciones precisas relativas ya sea al momento de su llegada o a la cantidad de energía liberada por su absorción. Sin embargo, dado que, según el formalismo de la mecánica cuántica, la especificación del estado de una partícula aislada no puede implicar tanto una conexión bien definida con la escala de tiempo como una fijación precisa de la energía, podría parecer que este formalismo no ofrece los medios para una descripción adecuada.

Una vez más, el espíritu inquisitivo de Einstein había sacado a relucir un aspecto peculiar de la situación en la teoría cuántica, que ilustraba de manera muy llamativa hasta qué punto habíamos trascendido aquí la explicación habitual de los fenómenos naturales. Sin embargo, yo no podía estar de acuerdo con la tendencia de sus comentarios tal y como los había relatado Ehrenfest. En mi opinión, no podía haber otra forma de considerar inadecuado un formalismo matemático lógicamente coherente que demostrando que sus consecuencias se apartaban de la experiencia o probando que sus predicciones no agotaban las posibilidades de observación, y la argumentación de Einstein no podía dirigirse a ninguno de estos fines. De hecho, debemos darnos cuenta de que en el problema en cuestión no estamos tratando con un único montaje experimental específico, sino que nos referimos a dos montajes diferentes y mutuamente excluyentes. En uno, la balanza, junto con otro aparato como un espectrómetro, se utiliza para el estudio de la transferencia de energía por un fotón; en el otro, un obturador regulado por un reloj estandarizado, junto con otro aparato de tipo similar, sincronizado con precisión en relación con el reloj, se utiliza para el estudio del tiempo de propagación de un fotón a lo largo de una distancia determinada. En ambos casos, como también supuso

230

Einstein, se espera que los efectos observables estén en completa conformidad con las predicciones de la teoría.

El problema vuelve a poner de relieve la necesidad de tener en cuenta *todo* el montaje experimental, cuya especificación es imprescindible para cualquier aplicación bien definida del formalismo de la mecánica cuántica. Por cierto, cabe añadir que las paradojas del tipo contemplado por Einstein también se dan en montajes tan sencillos como el esbozado en la Fig. 5. De hecho, tras una medición preliminar del momento del diafragma, en principio se nos ofrece la opción, cuando un electrón o un fotón ha atravesado la rendija, de repetir la medición del momento o de controlar la posición del diafragma y, así, hacer predicciones relativas a observaciones alternativas posteriores. Cabe añadir también que, obviamente, no puede haber ninguna diferencia en cuanto a los efectos observables que se pueden obtener con una disposición experimental definida, tanto si nuestros planes de construcción o manejo de los instrumentos están fijados de antemano como si preferimos posponer la finalización de nuestra planificación hasta un momento posterior, cuando la partícula ya se encuentre en su camino de un instrumento a otro.

En la descripción cuántica, nuestra libertad para construir y manejar el montaje experimental encuentra su expresión adecuada en la posibilidad de elegir los parámetros definidos clásicamente que intervienen en cualquier aplicación correcta del formalismo. De hecho, en todos estos aspectos, la mecánica cuántica muestra una correspondencia con el conocido estado de cosas de la física clásica, que es de lo más cercano si se tiene en cuenta la individualidad inherente a los fenómenos cuánticos. Precisamente al ayudar a poner de relieve este punto con tanta claridad, la preocupación de Einstein había sido, una vez más, un estímulo muy bienvenido para explorar los aspectos esenciales de la situación.

—

El siguiente congreso Solvay, celebrado en 1933, se dedicó a los problemas de la estructura y las propiedades de los núcleos atómicos, campo en el que se lograron grandes avances precisamente en ese periodo gracias a los descubrimientos experimentales y a las nuevas y fructíferas aplicaciones de la mecánica cuántica. A este respecto, no es necesario recordar que precisamente las pruebas obtenidas mediante el estudio de las transformaciones nucleares artificiales

231

proporcionaron una prueba muy directa de la ley fundamental de Einstein sobre la equivalencia entre masa y energía, que resultó ser una guía cada vez más importante para las investigaciones en física nuclear. También cabe mencionar cómo el reconocimiento intuitivo de Einstein de la íntima relación entre la ley de las transformaciones radiactivas y las reglas de probabilidad que rigen los efectos individuales de la radiación (véase p. 205) fue confirmado por la explicación cuántica de las desintegraciones nucleares espontáneas. De hecho, nos encontramos aquí ante un ejemplo típico del modo estadístico de descripción, y la relación complementaria entre la conservación de la energía-impulso y la coordinación espaciotemporal se manifiesta de forma muy llamativa en la conocida paradoja de la penetración de partículas a través de barreras de potencial.

El propio Einstein no asistió a esta reunión, que tuvo lugar en un momento ensombrecido por los trágicos acontecimientos del mundo político que iban a influir tan profundamente en su destino y aumentar tanto su carga al servicio de la humanidad. Unos meses antes,* durante una visita a Princeton, donde Einstein era entonces invitado del recién fundado Instituto de Estudios Avanzados, al que poco después se vinculó de forma permanente, tuve sin embargo la oportunidad de volver a hablar con él sobre los aspectos epistemológicos de la física atómica, pero la diferencia entre nuestros enfoques y formas de expresión seguía suponiendo un obstáculo para el entendimiento mutuo. Aunque, hasta entonces, relativamente pocas personas habían participado en los debates que se recogen en este artículo, la actitud crítica de Einstein hacia las opiniones sobre la teoría cuántica que defendían muchos físicos pronto se dio a conocer al público a través de un artículo[11] titulado «¿Puede considerarse completa la descripción cuántica de la realidad física?», publicado en 1935 por Einstein, Podolsky y Rosen.

La argumentación de este artículo se basa en un criterio que los autores expresan en la siguiente frase: «Si, sin alterar en modo alguno un sistema, podemos predecir con certeza (es decir, con una probabilidad igual a la unidad) el valor de una magnitud física, entonces existe un elemento de la realidad física que corresponde

[* Evidentemente, Bohr no puede referirse a su visita a Princeton *unos meses antes* del Congreso Solvay 1933 (22-29 octubre 1933). Einstein se instala en Princeton, y por tanto en el Centro de Estudios Avanzados, en octubre de 1933 (llega a Nueva York, desde Southampton, el 17 de octubre).]
[[11]. A. Einstein, B. Podolsky and N. Rosen, Phys. Rev., **47**, 777, (1935).]

232

a dicha magnitud física». Mediante una elegante exposición de las consecuencias del formalismo de la mecánica cuántica en lo que respecta a la representación del estado de un sistema, compuesto por dos partes que han estado en interacción durante un intervalo de tiempo limitado, se muestra a continuación que diferentes magnitudes, cuya fijación no puede combinarse en la representación de uno de los sistemas parciales, pueden sin embargo predecirse mediante mediciones pertenecientes al otro sistema parcial. Según su criterio, los autores concluyen, por lo tanto, que la mecánica cuántica no «proporciona una descripción completa de la realidad física», y expresan su convicción de que debería ser posible desarrollar una explicación más adecuada de los fenómenos.

Debido a la lucidez y al carácter aparentemente incontestable del argumento, el artículo de Einstein, Podolsky y Rosen causó un gran revuelo entre los físicos y ha desempeñado un papel importante en el debate filosófico general. Sin duda, se trata de una cuestión muy sutil, adecuada para poner de relieve hasta qué punto, en la teoría cuántica, estamos más allá del alcance de la visualización pictórica. Sin embargo, se verá que aquí nos enfrentamos a problemas del mismo tipo que los planteados por Einstein en debates anteriores y, en un artículo publicado unos meses más tarde,[12*] intenté demostrar que, desde el punto de vista de la complementariedad, las aparentes inconsistencias quedaban completamente eliminadas. La tendencia de la argumentación era en esencia la misma que la expuesta en las páginas anteriores, pero el objetivo de recordar la forma en que se discutió la situación en ese momento puede ser una excusa para citar ciertos pasajes de mi artículo.

Así, tras referirme a las conclusiones derivadas por Einstein, Podolsky y Rosen sobre la base de su criterio, escribí:

Sin embargo, tal argumentación difícilmente parecería adecuada para afectar a la solidez de la descripción mecano-cuántica, que se basa en un formalismo matemático coherente que cubre automáticamente cualquier procedimiento de medición como el indicado. La aparente contradicción, de hecho, sólo revela una insuficiencia esencial de los puntos de vista habituales de la filosofía natural para una explicación racional de los fenómenos físicos del tipo que nos ocupa en la mecánica cuántica. De hecho, la interacción finita entre el objeto y los agentes de medición condicionada

[[12]. N. Bohr. *Phys. Rev*., **48**, 696, (1935).] [* Bohr emplea exactamente el mismo título que el del artículo *EPR*.: «Can Quantum-Mechanical Description of Physical Reality Be Considered Complete?».]

233

por la propia existencia del cuanto de acción implica —debido a la imposibilidad de controlar la reacción del objeto sobre los instrumentos de medición, si estos han de cumplir su función— la necesidad de una renuncia definitiva al ideal clásico de causalidad y una revisión radical de nuestra actitud hacia el problema de la realidad física. De hecho, como veremos, un criterio de realidad como el propuesto por los autores mencionados contiene —por cautelosa que pueda parecer su formulación— una ambigüedad esencial cuando se aplica a los problemas reales que nos ocupan aquí.

En cuanto al problema especial tratado por Einstein, Podolsky y Rosen, se demostró a continuación que las consecuencias del formalismo en lo que respecta a la representación del estado de un sistema compuesto por dos objetos atómicos que interactúan se corresponden con los argumentos simples mencionados anteriormente en relación con el análisis de los dispositivos experimentales adecuados para el estudio de fenómenos complementarios. De hecho, aunque cualquier par q y p, de variables conjugadas de espacio y momento, obedece a la regla de multiplicación no conmutativa expresada por (2) y, por lo tanto, sólo puede fijarse con holguras recíprocas dadas por (3), la diferencia $q_1 - q_2$ entre dos coordenadas espaciales que se refieren a los componentes del sistema conmutará con la suma $p_1 + p_2$ de los componentes de momento correspondientes, como se deduce directamente de la conmutabilidad de q_1 con p_2 y q_2 con p_1. Por lo tanto, tanto $q_1 - q_2$ como $p_1 + p_2$ pueden fijarse con precisión en un estado del sistema complejo y, en consecuencia, podemos predecir los valores de q_1 o p_1 si q_2 o p_2, respectivamente, se determinan mediante mediciones directas. Si, para las dos partes del sistema, tomamos una partícula y un diafragma, como el esbozado en la Fig. 5, vemos que las posibilidades de especificar el estado de la partícula mediante mediciones en el diafragma se corresponden precisamente con la situación descrita en la página 220 y comentada más adelante en la página 230, donde se mencionaba que, después de que la partícula haya atravesado el diafragma, tenemos, en principio, la opción entre medir la posición del diafragma o su momento y, en cada caso, hacer predicciones sobre observaciones posteriores relativas a la partícula. Como se ha subrayado repetidamente, lo principal aquí es que tales mediciones exigen disposiciones experimentales mutuamente excluyentes.

234

La argumentación del artículo se resumía en el siguiente pasaje:

Desde nuestro punto de vista, ahora vemos que la redacción del criterio de realidad física mencionado anteriormente, propuesto por Einstein, Podolsky y Rosen, contiene una ambigüedad en cuanto al significado de la expresión «sin perturbar en modo alguno un sistema». Por supuesto, en un caso como el que acabamos de considerar, no se trata de una perturbación mecánica del sistema investigado durante la última etapa crítica del procedimiento de medición. Pero incluso en esta etapa se plantea esencialmente la cuestión de *la influencia sobre las condiciones mismas que definen los posibles tipos de predicciones sobre el comportamiento futuro del sistema.* Dado que estas condiciones constituyen un elemento inherente a la descripción de cualquier fenómeno al que se pueda aplicar adecuadamente el término «realidad física», vemos que la argumentación de los autores mencionados no justifica su conclusión de que la descripción cuántica es esencialmente incompleta. Por el contrario, esta descripción, como se desprende de la discusión anterior, puede caracterizarse como una utilización racional de todas las posibilidades de interpretación inequívoca de las mediciones, compatible con la interacción finita e incontrolable entre los objetos y los instrumentos de medición en el campo de la teoría cuántica. De hecho, sólo la exclusión mutua de dos procedimientos experimentales cualesquiera, que permita la definición inequívoca de magnitudes físicas complementarias, deja espacio para nuevas leyes físicas, cuya coexistencia podría parecer a primera vista irreconciliable con los principios básicos de la ciencia. Es precisamente esta situación totalmente nueva en lo que respecta a la descripción de los fenómenos físicos lo que la noción de *complementariedad* pretende caracterizar.

Al releer estos pasajes, soy plenamente consciente de la ineficacia de la expresión, que debió de dificultar mucho la comprensión de la línea argumental destinada a poner de relieve la ambigüedad esencial que entraña la referencia a los atributos físicos de los objetos cuando se trata de fenómenos en los que no se puede establecer una distinción clara entre el comportamiento de los propios objetos y su interacción con los instrumentos de medición. Sin embargo, espero que el presente relato de las discusiones con Einstein en los años anteriores, que contribuyeron en gran medida a familiarizarnos con la situación de la física cuántica, pueda dar una impresión más clara de la necesidad de una revisión radical de los principios básicos de la explicación física para restablecer el orden lógico en este campo de la experiencia.

235

Las opiniones del propio Einstein en aquella época se recogen en un artículo titulado «Física y realidad», publicado en 1936 en la revista *Journal of the Franklin Institute.*[13] Partiendo de una exposición de lo más esclarecedora sobre el desarrollo gradual de los principios fundamentales de las teorías de la física clásica y su relación con el problema de la realidad física, Einstein sostiene aquí que la descripción mecanocuántica debe considerarse simplemente como un medio para explicar el comportamiento medio de un gran número de sistemas atómicos, y su actitud hacia la creencia de que debería ofrecer una descripción exhaustiva de los fenómenos individuales se expresa en las siguientes palabras: «Creer esto es lógicamente posible sin contradicción, pero es tan contrario a mi pensamiento científico que no puedo renunciar a la búsqueda de una concepción más completa».

Aunque tal actitud pueda parecer equilibrada en sí misma, implica sin embargo un rechazo de toda la argumentación expuesta anteriormente, cuyo objetivo es demostrar que, en mecánica cuántica, no se trata de una renuncia arbitraria a un análisis más detallado de los fenómenos atómicos, sino del reconocimiento de que tal análisis está excluido *en principio*. La peculiar individualidad de los efectos cuánticos nos presenta, en lo que respecta a la comprensión de pruebas bien definidas, una situación novedosa imprevista en la física clásica e irreconciliable con las ideas convencionales adecuadas para nuestra orientación y adaptación a la experiencia ordinaria. Es en este sentido en el que la teoría cuántica ha exigido una revisión renovada de los fundamentos para el uso inequívoco de los conceptos elementales, como un paso más en el desarrollo que, desde la llegada de la teoría de la relatividad, ha sido tan característico de la ciencia moderna.

En los años siguientes, los aspectos más filosóficos de la situación en física atómica despertaron el interés de círculos cada vez más amplios y se debatieron, en particular, en el Segundo Congreso Internacional para la Unidad de la Ciencia, celebrado en Copenhague en julio de 1936. En una conferencia pronunciada en esa ocasión,[14] traté de

[13. A. Einstein, *Journ, Frakl. Inst.*, **221**, 349, (1936).]
[14. N. Bohr, *Erkenntnis*, **6**, 293, (1937), and *Philosophy of Science*, **4**, 289, (1937).]

236

destacar especialmente la analogía, desde el punto de vista epistemológico, entre la limitación impuesta a la descripción causal en física atómica y las situaciones que se dan en otros campos del conocimiento. El objetivo principal de tales paralelismos era llamar la atención sobre la necesidad, en muchos ámbitos de interés humano general, de afrontar problemas similares a los que habían surgido en la teoría cuántica y, de ese modo, proporcionar un contexto más familiar para la forma de expresión aparentemente extravagante que los físicos han desarrollado para hacer frente a sus graves dificultades.

Además de las características complementarias que destacan en psicología y que ya se han mencionado (véase la página 224), también se pueden encontrar ejemplos de estas relaciones en biología, especialmente en lo que respecta a la comparación entre los puntos de vista mecanicista y vitalista. Justo en relación con el problema de la observación, esta última cuestión había sido objeto anteriormente de una ponencia en el Congreso Internacional sobre Terapia Lumínica celebrado en Copenhague en 1932,[15] donde se señaló, de paso, que incluso el paralelismo psicofísico tal como lo barruntaron Leibniz y Spinoza ha adquirido un alcance más amplio gracias al desarrollo de la física atómica, lo que nos obliga a adoptar una actitud hacia el problema de la explicación que recuerda la sabiduría antigua, según la cual, al buscar la armonía en la vida, nunca debemos olvidar que en el drama de la existencia somos a la vez actores y espectadores.

Declaraciones de este tipo evocarían naturalmente en muchas mentes la impresión de un misticismo subyacente ajeno al espíritu de la ciencia; por lo tanto, en el congreso mencionado anteriormente, celebrado en 1936, intenté aclarar esos malentendidos y explicar que la única cuestión era el esfuerzo por clarificar las condiciones, en cada campo del conocimiento, para el análisis y la síntesis de la experiencia.[14] Sin embargo, me temo que en este sentido tuve poco éxito a la hora de convencer a mis oyentes, para quienes el desacuerdo entre los propios físicos era, naturalmente, motivo de escepticismo en cuanto a la necesidad de llegar tan lejos en la renuncia a las exigencias habituales en lo que respecta a la explicación de los fenómenos naturales. Sobre todo a raíz de una nueva discusión con Einstein en Princeton en 1937, en la que no pasamos de una divertida disputa sobre

[15. IIe Congrès international de la Lumière, Copenhague 1932 (reprinted in *Nature*, **131**, 421 and 457, 1933).]

237

qué bando habría tomado Spinoza si hubiera vivido para ver el desarrollo de nuestros días, recordé intensamente la importancia de actuar con la máxima cautela en todas las cuestiones de terminología y dialectos.

Estos aspectos de la situación se debatieron especialmente en una reunión celebrada en Varsovia en 1938, organizada por el Instituto Internacional de Cooperación Intelectual de la Sociedad de Naciones.[16] Los años anteriores habían sido testigos de grandes avances en la física cuántica gracias a una serie de descubrimientos fundamentales sobre la constitución y las propiedades de los núcleos atómicos, así como a importantes avances en el formalismo matemático que tenían en cuenta los requisitos de la teoría de la relatividad. En este último aspecto, la ingeniosa teoría cuántica del electrón de Dirac ofrecía una ilustración muy llamativa del poder y la fertilidad del método de descripción de la mecánica cuántica. En los fenómenos de creación y aniquilación de pares de electrones nos encontramos, de hecho, con nuevas características fundamentales de la atomicidad, que están íntimamente relacionadas con los aspectos no clásicos de la estadística cuántica expresados en el principio de exclusión, y que han exigido una renuncia aún más profunda a la explicación en términos de representación pictórica.

Mientras tanto, el debate sobre los problemas epistemológicos en física atómica seguía suscitando tanto interés como siempre y, al comentar las opiniones de Einstein sobre la incompletitud del modo de descripción de la mecánica cuántica, abordé más directamente cuestiones de terminología. En este sentido, advertí especialmente contra expresiones que suelen aparecer en la literatura física, como «perturbación de fenómenos por observación» o «creación de atributos físicos para objetos atómicos mediante mediciones». Tales expresiones, que pueden servir para recordar las aparentes paradojas de la teoría cuántica, tienden al mismo tiempo a causar confusión, ya que palabras como «fenómenos» y «observaciones», al igual que «atributos» y «mediciones», se utilizan de una manera difícilmente compatible con el lenguaje común y la definición práctica.

Como forma de expresión más adecuada, defendí la aplicación

[[16]. *New Theories in Physics* (París, 1938), 11.]

238

de la palabra fenómeno exclusivamente para referirse a las observaciones obtenidas en circunstancias específicas, incluyendo una descripción de todo el montaje experimental. En tal terminología, el problema observacional está libre de cualquier complejidad especial, ya que, en los experimentos reales, todas las observaciones se expresan mediante enunciados inequívocos que se refieren, por ejemplo, al registro del punto en el que un electrón llega a una placa fotográfica. Además, hablar de esta manera es adecuado para enfatizar que la interpretación física apropiada del formalismo simbólico de la mecánica cuántica equivale sólo a predicciones, de carácter determinado o estadístico, pertenecientes a fenómenos individuales que aparecen en condiciones definidas por conceptos físicos clásicos.

A pesar de todas las diferencias entre los problemas físicos que han dado lugar al desarrollo de la teoría de la relatividad y la teoría cuántica, respectivamente, una comparación de los aspectos puramente lógicos de la argumentación relativista y complementaria revela similitudes sorprendentes en lo que respecta a la renuncia al significado absoluto de los atributos físicos convencionales de los objetos. Además, la omisión de la constitución atómica de los propios instrumentos de medición, en la explicación de la experiencia real, es igualmente característico de las aplicaciones de la relatividad y la teoría cuántica. Así, la pequeñez del cuanto de acción en comparación con las acciones que intervienen en la experiencia habitual, incluyendo la disposición y el manejo de los aparatos físicos, es tan esencial en la física atómica como lo es el enorme número de átomos que componen el mundo en la teoría de la relatividad general, que, como se ha señalado a menudo, exige que las dimensiones de los aparatos para medir ángulos puedan ser pequeñas en comparación con el radio de curvatura del espacio.

En la conferencia de Varsovia, comenté sobre el uso del simbolismo no directamente visualizable en la relatividad y la teoría cuántica de la siguiente manera:

Incluso los formalismos, que en ambas teorías dentro de su ámbito ofrecen medios adecuados para comprender toda experiencia concebible, muestran analogías profundas. De hecho, la asombrosa simplicidad de la generalización de las teorías físicas clásicas, que se obtienen mediante el uso de la geometría multidimensional y el álgebra no conmutativa, respectivamente, se basa en ambos

239

casos esencialmente en la introducción del símbolo convencional $\sqrt{-1}$. El carácter abstracto del formalismo en cuestión es, en efecto, si se examina más de cerca, tan típico de la teoría de la relatividad como de la mecánica cuántica, y en este sentido es puramente una cuestión de tradición que la primera teoría se considere como una culminación de la física clásica y no como un primer paso fundamental en la revisión profunda de nuestros medios conceptuales para comparar observaciones, que el desarrollo moderno de la física nos ha impuesto.

Es cierto, por supuesto, que en la física atómica nos enfrentamos a una serie de problemas fundamentales sin resolver, especialmente en lo que respecta a la íntima relación entre la unidad elemental de carga eléctrica y el cuanto universal de acción; pero estos problemas no están más relacionados con los puntos epistemológicos aquí discutidos que lo está la adecuación de la argumentación relativista con la cuestión de los problemas hasta ahora sin resolver en cosmología. Tanto en la relatividad como en la teoría cuántica nos ocupamos de nuevos aspectos del análisis y la síntesis científicos y, en este sentido, es interesante señalar que, incluso en la gran época de la filosofía crítica del siglo pasado, sólo se cuestionaba hasta qué punto se podían dar argumentos a priori para la adecuación de la coordinación espaciotemporal y la conexión causal de la experiencia, pero nunca se cuestionaban las generalizaciones racionales o las limitaciones inherentes a tales categorías del pensamiento humano.

Aunque en los últimos años he tenido varias ocasiones de reunirme con Einstein, las continuas discusiones, de las que siempre he recibido nuevos impulsos, no han dado lugar hasta ahora a una visión común sobre problemas epistemológicos en física atómica, y nuestras opiniones opuestas quizá se expresan con mayor claridad en un número reciente de *Dialectica*,[17] que ofrece una discusión general de estos problemas. Sin embargo, consciente de que existen muchos obstáculos para el entendimiento mutuo en una materia en la que el enfoque y los antecedentes influyen en la actitud de cada uno, he acogido con satisfacción esta oportunidad de exponer más ampliamente el desarrollo que, en mi opinión, ha permitido superar una verdadera crisis en la ciencia física. La lección que hemos aprendido con ello parece habernos acercado un paso decisivo en la interminable

[[17]. N. Bohr, *Dialectica*, **1**, 312 (1948).]

240

lucha por la armonía entre el contenido y la forma, y nos ha enseñado una vez más que ningún contenido puede ser comprendido sin un marco formal y que cualquier forma, por muy útil que haya resultado hasta ahora, puede resultar demasiado estrecha para comprender nuevas experiencias.

Sin duda, en una situación como esta, en la que ha sido difícil alcanzar un entendimiento mutuo no sólo entre filósofos y físicos, sino incluso entre físicos de diferentes escuelas, las dificultades tienen su origen, en muchos casos, en la preferencia por un determinado uso del lenguaje sugerido por las diferentes líneas de enfoque. En el Instituto de Copenhague, donde a lo largo de esos años se han reunido para debatir varios físicos jóvenes de distintos países, solíamos consolarnos con bromas cuando teníamos problemas, entre ellas el viejo dicho de los dos tipos de verdad. A un tipo pertenecen las afirmaciones tan simples y claras que es obvio que no se puede defender lo contrario. El otro tipo, las llamadas «verdades profundas», son afirmaciones en las que lo contrario también contiene una verdad profunda. Ahora bien, el desarrollo en un nuevo campo suele pasar por etapas en las que el caos es sustituido gradualmente por el orden; pero es precisamente en la etapa intermedia, en la que prevalece la verdad profunda, donde el trabajo es realmente apasionante e inspira la imaginación para buscar un punto de apoyo más firme. Para tales esfuerzos de búsqueda del equilibrio adecuado entre la seriedad y el humor, la propia personalidad de Einstein es un gran ejemplo y, al expresar mi convicción de que, gracias a la cooperación singularmente fructífera de toda una generación de físicos, nos estamos acercando a la meta en la que el orden lógico nos permite, en gran medida, evitar la verdad profunda, espero que sea tomada en su espíritu y pueda servir como disculpa por varias afirmaciones realizadas en las páginas anteriores.

———

Las conversaciones con Einstein, que han constituido el tema central de este artículo, se han prolongado durante muchos años, en los que se han producido grandes avances en el campo de la física atómica. Independientemente de que nuestras reuniones hayan sido breves o prolongadas, siempre han dejado una profunda y duradera impresión en mi mente, y al escribir este informe he estado, por así decirlo, discutiendo con Einstein todo el tiempo, incluso al abordar temas

241

aparentemente alejados de los problemas específicos que debatíamos en nuestras reuniones. En cuanto al relato de las conversaciones, soy consciente, por supuesto, de que me baso únicamente en mi propia memoria, al igual que estoy preparado para la posibilidad de que muchos aspectos del desarrollo de la teoría cuántica, en la que Einstein ha desempeñado un papel tan importante, puedan aparecerle a él mismo bajo una luz diferente. Sin embargo, confío en no haber fallado a la hora de transmitir una impresión adecuada de lo mucho que ha significado para mí poder beneficiarme de la inspiración que todos obtenemos de cada contacto con Einstein.

NIELS BOHR

UNIVERSITETETS INSTITUT
FOR TEORETISK FYSIK
COPENHAGUE, DINAMARCA

———

Henry Margenau contribuye al libro de Schilpp con un análisis filosófico muy interesante, análisis que los científicos puros suelen rehuír.

Henry Margenau. «***EINSTEIN'S CONCEPTION OF REALITY***». The Library of Living Philosophers. Doc. 8, pp. 245-268. Paul Schilpp, *Ed.* (1949)

245

LA CONCEPCIÓN DE LA REALIDAD DE EINSTEIN

1. INTRODUCCIÓN

Un artículo que trata sobre las opiniones filosóficas de un científico vivo requiere una justificación que vaya más allá del deseo de honrar su trabajo, ya que tal honor se otorgaría más adecuadamente mediante la realización y publicación de investigaciones significativas siguiendo las líneas marcadas por el propio científico. Esta consideración tiene un gran peso en relación con Einstein, un hombre especialmente sensible a los escritos sobre su persona.

Una cosa es escribir una exposición científica de la teoría de la relatividad, y otra muy distinta es abandonar el ámbito de las afirmaciones fácticas y adentrarse en el terreno más amplio del discurso, en el que las palabras tienen múltiples significados, donde lo que se sabe es difícil de separar de lo que se supone y donde, al fin y al cabo, nunca se ha centrado el interés de Einstein. Este artículo no pretende interpretar sus opiniones sobre la realidad, ni plasmarlas en un sistema para que el lector las acepte o las rechace. Si eso fuera así, el creador de estas opiniones debería ser el autor de su interpretación.

Tampoco es mi intención presentar una crítica de las ideas, físicas o metafísicas, inherentes a la teoría de la relatividad. La bibliografía que aborda este tema ya es muy amplia, demasiado amplia para el bien tanto de la física como de la filosofía. Se dará por sentado el conocimiento de la estructura física y matemática de la teoría de la relatividad, y su validez fundamental nunca se pondrá en duda en lo que respecta a las pruebas actuales. De hecho, esta teoría está ahora tan bien corroborada por la experiencia y por su asimilación en el conjunto de la física moderna que su negación es casi impensable. El físico queda impresionado no solo por sus amplias verificaciones empíricas, sino sobre todo por

246

la belleza intrínseca de su concepción, que predispone a la mente discriminatoria a aceptarla, incluso si no existiera ninguna evidencia experimental de la teoría.

El propósito de las observaciones siguientes es simplemente este: extraer de la obra de Einstein aquellos elementos de método, extraer de sus escritos misceláneos aquellas concepciones básicas, que se combinan en una imagen de lo que, para él, debe ser la realidad. No hace falta decir que los filósofos y físicos están interesados en esta imagen, que constituye el trasfondo del esfuerzo más creativo de nuestro tiempo. Su exactitud puede garantizarse, en teoría, gracias a la oportunidad que tiene su protagonista de señalar sus defectos. Por lo tanto, este artículo se ha escrito con la plena expectativa de ser rechazado o corregido en los casos en que contenga errores. Entiendo que esta valiosa posibilidad de corrección posterior ha inspirado la publicación del presente volumen y de otros similares.

Los científicos, entre ellos Einstein, han advertido a los filósofos que presten atención a sus actos más que a sus palabras. El hecho de no haber prestado atención a este consejo ha provocado una lamentable falta de entendimiento entre la filosofía y la física en la actualidad. Todo descubridor de un nuevo principio físico realiza una importante contribución a la filosofía, aunque no lo discuta en términos filosóficos. La riqueza metafísica que yace en gran parte sin explotar en la teoría física moderna es enorme y supone un reto para el investigador; está al alcance de cualquiera que adquiera las herramientas necesarias para explorarla. El contenido metodológico de la teoría de la relatividad, tanto especial como general, no se ha agotado y aquí se convertirá en la principal fuente de información. Las propias observaciones de su autor sobre la realidad, muy esclarecedoras a pesar de su relativa escasez, se utilizarán como prueba corroborativa.

Es posible interpretar una contradicción entre las implicaciones metodológicas de la teoría de la relatividad y los comentarios interpretativos de su fundador. Como resultado de ello han surgido conceptos erróneos que, al implicar una identificación errónea de la realidad, deben ser expuestos de inmediato. Una de las famosas consecuencias de la teoría especial es la necesidad de un tiempo no newtoniano. Según Newton, el tiempo era un proceso único de flujo, independiente de las circunstancias del observador. Esta singularidad empírica

247

se sintetizó en el sistema de Kant mediante una racionalización que atribuía una necesidad trascendental a la singularidad del tiempo, elevándolo así por encima del examen empírico. La relatividad rompió este aislamiento y volvió a convertir el tiempo en un tema de investigación experimental. De hecho, fue mucho más allá, más allá de lo que Newton o cualquier otra persona había llegado jamás; renunció por completo a las preconcepciones racionales e hizo que el significado del tiempo dependiera de un proceso físico muy específico: la propagación de la luz. Se insistió en una definición del tiempo que pudiera circunscribirse operativamente con gran detalle, una definición que superara la prueba del pragmatismo. Si los resultados de esta innovación contradecían los supuestos dictados de la razón, había que modificar el razonamiento común: los hechos empíricos obligaban a investigar por vías poco habituales. Es difícil ignorar la corriente subyacente del empirismo, y uno podría sentirse tentado a atribuir el éxito de la teoría de la relatividad a una actitud filosófica que destierra los elementos racionales o mentales de la descripción de la naturaleza y los sustituye por los hechos sólidos de la experiencia sensible. Esto se hace a menudo.

Sin embargo, en sus escritos, Einstein afirma con frecuencia que su postura difiere de la de Newton en la medida en que discrepa de la idea de que el tiempo y el espacio son conceptos derivados de la experiencia. Afirma que la distancia entre la construcción teórica y la conclusión verificable en la física moderna se hace mayor a medida que las teorías adoptan formas más simples; de hecho, considera los principios fundamentales como «invenciones libres del intelecto humano».[1] Un examen superficial percibe aquí una contradicción que solo un análisis más detallado puede eliminar. La postura de Einstein no puede etiquetarse con ninguno de los nombres actuales de las actitudes filosóficas; contiene rasgos de racionalismo y empirismo extremo, pero no de forma aislada desde el punto de vista lógico.

2. CREENCIAS ONTOLÓGICAS

Todo indica que, para Einstein, la realidad significa realidad *física*. Aunque en todas partes se muestra un considerable respeto

[1] «Sobre el método de la física teórica», de Albert Einstein (The Clarendon Press, Oxford, 1933; «Conferencia Herbert Spencer pronunciada en Oxford, el 10 de junio de 1933»; reimpresa en *El mundo tal como yo lo veo*, Covici (1934), 33.

248

por aquellas fases de la experiencia que aún no han sido penetradas por el método científico, al leer sus declaraciones se tiene la sensación de que toda la existencia es esencialmente comprensible mediante la peculiar interacción entre la experiencia y el análisis que caracteriza a la física. Un cierto patetismo por lo desconocido, aunque a menudo se manifiesta, siempre insinúa el carácter en última instancia cognoscible de la existencia, cognoscible en términos científicos.

Poco se puede encontrar que sea relevante para las cuestiones tradicionales de la ontología: si el mundo real contiene huellas del observador humano en sentido kantiano; si contiene meramente cualidades sensoriales o también las idealizaciones llamadas leyes de la naturaleza; si los conceptos lógicos deben considerarse parte de él. De hecho, no se encuentra una definición de realidad: Por mi parte, no considero que esto sea una carencia, ya que cada vez es más evidente que lo mejor de la física moderna evita el término y opera íntegramente en el ámbito de la epistemología o la metodología, dejando que sea el espectador quien interprete el significado de la realidad como desee. En cierta medida, esto parece ser cierto para el descubridor de la relatividad. No obstante, hay una gran coherencia en su uso de la palabra.

Es evidente que Einstein, al igual que prácticamente todos los científicos, asume la existencia de un mundo externo, un mundo objetivo, es decir, uno que es en gran medida independiente del observador humano. Cito:

La creencia en un mundo externo independiente del sujeto que percibe es la base de todas las ciencias naturales. Sin embargo, dado que la percepción sensorial solo proporciona información de este mundo externo o de la «realidad física» de forma indirecta, solo podemos comprender esta última por medios especulativos. De ello se deduce que nuestras nociones de la realidad física nunca pueden ser definitivas. Debemos estar siempre dispuestos a cambiar estas nociones –es decir, la estructura axiomática de la física– para hacer justicia a los hechos percibidos de la manera más lógica y perfecta posible.[2]

Por un lado, tenemos aquí una identificación de la realidad física con el mundo externo; por otro, una insistencia en la diferencia entre la esencia de la realidad y lo que parece

[2] «La influencia de Maxwell en la evolución de la idea de la realidad física», de Einstein, A., *El mundo tal como yo lo veo*, 60.

ser. De hecho, hay una triple distinción implícita entre el *mundo externo*, la *percepción* que tiene el observador *de ese mundo externo* y nuestras *nociones* sobre él; pues, como hemos visto antes, la estructura axiomática de la física no se abstrae de la experiencia sensorial.

A algunas de las interesantes preguntas que surgen en este punto parece faltarles respuesta. Habiendo sido educado en la tradición kantiana, es concebible que Einstein defienda una *Ding an sich* que es intrínsecamente incognoscible. Sin embargo, es más probable que considerara irrelevante cualquier caracterización de la realidad en términos distintos a los proporcionados por la ciencia y que considerara sin importancia la cuestión de los atributos metafísicos de la realidad. En esas condiciones, lo que se entiende por la afirmación de que *existe* un mundo externo independiente del sujeto que percibe se vuelve problemático. Como la mayoría de los científicos, Einstein deja sin respuesta el problema metafísico básico que subyace a toda la ciencia: el significado de la externalidad.

Se puede percibir un curioso rastro de racionalismo en el último pasaje citado. Se nos dice que la percepción sensorial proporciona información sobre la realidad física de una manera denominada indirecta. Esta inocente palabra, por supuesto, esconde una multitud de problemas epistemológicos sobre los que el científico no se preocupa por expresarse. Pero la sugerencia de que, debido a la naturaleza indirecta del conocimiento sensorial, se debe recurrir a la especulación, es muy interesante y nos recuerda una vez más esa profunda convicción que separa a Einstein, Planck y otros que han tenido mucho que ver con la creación de la física moderna, de las escuelas más populares del positivismo y el empirismo actuales. Sin embargo, es difícil expresar esta convicción con precisión, como muestra la siguiente cita.

Detrás de los incansables esfuerzos del investigador se esconde un impulso más fuerte y misterioso: es la existencia y la realidad lo que uno desea comprender. Pero uno se resiste a utilizar tales palabras, pues pronto se encuentra con dificultades cuando tiene que explicar qué se entiende realmente por «realidad» y por «comprender» en una afirmación tan general.[3]

[3] Discurso en la Universidad de Columbia, extraído de *El mundo tal como yo lo veo*, 137 y siguientes.

3. RELACIÓN ENTRE LA TEORÍA Y LA REALIDAD

Aunque es difícil interpretar la forma exacta en que la teoría representa la realidad física, de la obra y los escritos de Einstein se desprende claramente que él se oponía a la idea de que la teoría es un calco de la realidad. En este punto discrepa radicalmente de Newton y, de manera implícita, de todo el empirismo británico. La idea central de la teoría de la relatividad es que la geometría, considerada por Newton como un conjunto de proposiciones descriptivas que se derivan de la experiencia física y la resumen, es una construcción del intelecto. Solo cuando se acepta este descubrimiento, la mente puede sentirse libre para alterar las nociones tradicionales del espacio y el tiempo, examinar el abanico de posibilidades disponibles para definirlos y seleccionar la formulación que concuerda con la observación. La conformidad con la experiencia debe lograrse, no en las etapas iniciales del análisis teórico, sino en sus consecuencias finales. «La estructura del sistema es obra de la razón; los contenidos empíricos y sus relaciones mutuas deben encontrar su representación en las conclusiones de la teoría».[4]

La forma en que se establece el contacto con la realidad es evidente en el contenido físico de la teoría de la relatividad, y es también una cuestión sobre la que Einstein se ha pronunciado sin ambigüedades. Hay algo inefable en lo real, algo que a veces se describe como misterioso e impresionante; la propiedad a la que se alude es sin duda su carácter definitivo, su espontaneidad, su incapacidad para presentarse como la consecuencia perfecta y articulada del pensamiento racional. Por otro lado, las matemáticas, y especialmente la geometría, tienen precisamente esos atributos de orden interno, los elementos de previsibilidad, de los que parece carecer la realidad. ¿Cómo se unen estas contrapartidas incongruentes de nuestra experiencia? «En la medida en que las leyes de las matemáticas se refieren a la realidad, no son ciertas; y en la medida en que son ciertas, no se refieren a la realidad»[5].

La cuestión es que ambas [realidad y teoría] no caminan juntas de por sí,

[4] «Sobre el método de la física teórica» (1933); en *El mundo tal como yo lo veo*, 33.

[5] «Geometría y experiencia», versión ampliada de un discurso pronunciado ante la Academia Prusiana de Ciencias, Berlín, 27 de enero de 1921, citado de Einstein, *Sidelights of Relativity* (Londres, 1922).

251

sino que deben ser unidas a la fuerza mediante un postulado especial. La geometría euclídea es una disciplina hipotética basada en axiomas que en sí mismos no reclaman relevancia para la realidad. Otros axiomas generan geometrías diferentes. La realidad, por otro lado, no le presenta axiomas al investigador. Una teoría física, es decir, una imagen inteligible de la realidad surge cuando se postula que una geometría se corresponde con la observación. Entonces se ha establecido el contacto con la realidad. La experiencia mística de lo real es como un vasto pero informe depósito de sustancia vivificante; las matemáticas por sí solas son una galería de robots. Seleccione uno de ellos y conéctelo con lo real. Si ha elegido el correcto, podrá presenciar el espectáculo de la vida creada por el hombre; la sangre correrá por las venas antes vacías del artefacto y se habrá creado un organismo funcional. Nadie puede saber de antemano qué robot logrará este éxito; el científico genial hace la selección adecuada.

Me gustaría pensar que esta burda representación gráfica no hace violencia a la visión de Einstein. Enfatiza un punto al que he concedido gran importancia, a saber, que los elementos centrales de cualquier metodología de la física son los siguientes: los hechos sensoriales de la experiencia, los constructos generados para explicarlos y las reglas de correspondencia que hacen posible la intercomunicación fructífera y válida entre las dos primeras áreas. A lo largo de «Geometría y experiencia» se encuentran pruebas de la necesidad de tales reglas de correspondencia.

En algunos pasajes, Einstein expresa su deuda con Mach, y es fácil rastrear su preocupación por la observabilidad directamente hasta este filósofo. Ambos rechazan los conceptos teóricos que, por su naturaleza, no se prestan a la verificación. Para eludir la noción de espacio absoluto inobservable, Mach intenta salvar las leyes de la mecánica sustituyendo una aceleración con respecto al espacio absoluto por una aceleración relativa al sistema inercial que se mueve con el centro de masa de todas las masas del universo. Esta misma actitud llevó a Einstein al rechazo del éter y, de hecho, de la propuesta de Mach, ya que esta última se anula a sí misma cuando se piensa completamente. Medir la aceleración con referencia a un marco inercial universal,

252

e incluso definir ese marco, requiere el concepto de acción a distancia y esto, a su vez, presupone una simultaneidad universal que es operativamente absurda. Mediante esta cadena de reducción lógica, la sugerencia de Mach finalmente se destruye a sí misma. Este ejemplo es casi simbólico, ya que en muchos otros casos la delicadeza y la coherencia del razonamiento físico de Einstein contradicen la postura original de Mach, y el observador reflexivo ve en toda su obra una negación progresiva de la actitud que considera las teorías como adornos de la realidad prescindibles y que ahorran trabajo, los cuales, aunque importantes durante un tiempo, se desprenden como hojas secas a medida que se desarrolla el organismo de la ciencia, por utilizar la fraseología de Mach.

4. EL CONCEPTO DE OBJETIVIDAD

Lo que hace que la teoría de la relatividad sea extraordinariamente importante para la filosofía es su respuesta incisiva al problema de la objetividad. Se acepta que la formalización que se considera la visión aceptada de la realidad debe tener la cualidad de ser objetiva, o independiente del observador; debe tener el menor número posible de rasgos antropomórficos. Se podría entender con ello que la realidad debe aparecer igual para todos, es decir, en la percepción sensorial. Pero esto ciertamente nunca puede garantizarse, dada la subjetividad intrínseca de todo nuestro conocimiento sensorial. Tampoco sirve de nada preguntarse cómo podría construirse la realidad al margen de la especificación sensorial, ya que esto conduciría a una variedad infinita de realidades. Cómo sería el mundo si nuestros ojos fueran sensibles no al rango de frecuencias ópticas, sino a los rayos X, o incluso cómo se podría dibujar un mapa tridimensional de todos los campos eléctricos y magnéticos en cualquier instante, son cuestiones filosóficamente poco significativas. La relatividad enseña que el significado de la objetividad no puede captarse por completo en el ámbito externo de la ciencia.

En la física de Newton, el espacio y el tiempo eran objetivos porque se manifestaban de forma inequívoca en la experiencia de todos. Pero esta idea de objetividad se hizo añicos cuando varios espacios y tiempos diferentes reclamaron repentinamente su aceptación. Entonces se hizo necesario distinguir entre

253

el tiempo y el espacio subjetivos de cada observador y varios tipos de espacios y tiempos formalizados o públicos. Estos últimos tenían ciertas propiedades ideales, como ser finitos, isotrópicos o de métrica constante, que sus contrapartes subjetivas no poseían. Sin embargo, estas propiedades ideales no los constituían como objetivos.

¿Surge entonces la objetividad del acuerdo entre la experiencia y las predicciones de la teoría? ¿Es objetiva *cualquier* teoría *válida*? La respuesta a estas preguntas es sin duda afirmativa, pero no da ninguna pista sobre el problema que nos ocupa, ya que para que una teoría sea válida, *también* debe ser objetiva; no basta con predecir correctamente los acontecimientos. Así pues, se ve que el criterio de objetividad reside de alguna manera en la estructura misma de la teoría, que debe residir en alguna propiedad formal del esquema ideal que pretende corresponder a la realidad. Y ahí es donde lo sitúa la teoría de la relatividad.

La objetividad se convierte en equivalente a la *invariancia* de las leyes físicas, no de los fenómenos físicos ni de las observaciones. Un objeto que cae puede describir una parábola para un observador en un tren en movimiento, y una línea recta para un observador en tierra. Estas diferencias en la apariencia no importan siempre y cuando la ley de la naturaleza en su forma general, es decir, en forma de ecuación diferencial, sea la misma para ambos observadores. El concepto de objetividad de Einstein elimina toda pretensión de uniformidad del ámbito de la percepción y la sitúa en la forma básica de las afirmaciones teóricas. Rechazó la mecánica newtoniana por no satisfacer este principio; descartó el éter por esa razón. Tras haber elaborado la teoría especial de la relatividad, la convicción sobre el significado último del axioma de la invariancia se mantuvo viva en Einstein, a través de la impresionante serie de éxitos que obtuvo la teoría especial, una aguda comprensión de sus límites. La teoría especial solo había reconocido la invariancia con respecto a los sistemas inerciales y, por lo tanto, no había llevado la objetividad lo suficientemente lejos. De este defecto surgió la teoría general.

Los sorprendentes resultados de la interpretación de Einstein sobre la objetividad han silenciado casi por completo toda investigación filosófica

254

sobre su estatus lógico. A primera vista, parece satisfactorio imponer las exigencias de invariabilidad a los principios más básicos de la teoría, aunque esto cree variabilidad en la esfera de la experiencia inmediata. Sin embargo, desde el punto de vista matemático, este procedimiento no es imparcial, ya que favorece las ecuaciones diferenciales frente a las ecuaciones ordinarias. Las leyes de la física, que deben permanecer invariables, son siempre ecuaciones diferenciales. Sus soluciones, es decir, las ecuaciones ordinarias, contienen constantes que varían de un observador a otro. Ahora bien, lo que distingue lógicamente a las ecuaciones diferenciales de las ordinarias es que son menos comprometedoras y que los requisitos que se les imponen tienen efectos menos drásticos que requisitos similares sobre sus soluciones. Por lo tanto, se podría expresar el significado de la objetividad de la siguiente manera: equivale a la invariancia de ese grupo de enunciados teóricos que son menos específicos.

La idea de invariancia es el núcleo de la teoría de la relatividad. Para el profano, y a veces para el filósofo, esta teoría representa todo lo contrario, un conjunto de leyes que permiten la variabilidad de un observador a otro. Esta concepción unilateral está implícita lingüísticamente en la palabra relatividad, que no caracteriza la teoría tan centralmente como debería. La verdadera situación se puede ver cuando se presta atención al postulado de objetividad mencionado anteriormente, que requiere que las leyes básicas (las ecuaciones diferenciales de orden superior utilizadas en la descripción de la realidad) sean invariantes con respecto a ciertas transformaciones. A partir de esto, se puede demostrar que la variabilidad, o relatividad, de la observación detallada es una consecuencia lógica. Por poner un ejemplo sencillo: las leyes básicas de la electrodinámica implican la velocidad de la luz, *c*. Para que estas leyes sean invariables, *c* debe ser constante. Pero la constancia de c en diferentes sistemas inerciales requiere que los objetos en movimiento se contraigan, que los relojes en movimiento se retrasen, que no pueda haber simultaneidad universal, etc. Para lograr la *objetividad* de la descripción básica, la teoría debe conferir *relatividad* al dominio de las observaciones inmediatas. En los debates filosóficos se ha puesto demasiado énfasis en la consecuencia incidental, sin duda porque las espectaculares pruebas de la teoría implican esta consecuencia.

255

5. LA SIMPLICIDAD COMO CRITERIO DE REALIDAD

Junto con la hipótesis de que nuestra concepción de la realidad debe ser objetiva, se encuentra, a lo largo de la obra de Einstein, la creencia implícita de que la mejor descripción del mundo es la más simple. «Nuestra experiencia... nos justifica en creer que la naturaleza es la realización de las ideas matemáticas más simples concebibles».[6] El criterio de simplicidad es utilizado con frecuencia por los metodólogos de la ciencia para distinguir las teorías aceptables de las inaceptables. Pero no suele alcanzar una claridad completa en su enunciado.

Lógicamente, es extremadamente difícil establecer las condiciones bajo las cuales un conjunto de axiomas puede considerarse simple o incluso más simple que otro, y es probable que esta situación se mantenga hasta que la física teórica haya sido completamente penetrada por los métodos de la lógica simbólica. Solo cuando se pueda contar el número de axiomas fundamentales independientes involucrados en una teoría, la simplicidad se convertirá en un concepto cuantitativo.

Mientras tanto, sin embargo, el científico procede a utilizarlo intuitivamente, como una especie de medida topológica en la que se basa cuando se presentan dos teorías contrapuestas, igualmente bien verificadas, para su aceptación. Esto ocurrió, por ejemplo, en la época de Copérnico. Se planteó la cuestión de la simplicidad, que favorecía la teoría heliocéntrica, aunque habría sido perfectamente posible remendar el sistema ptolemaico añadiendo deferentes y epiciclos *ad libitum*. Parece históricamente correcto afirmar que Copérnico adoptó su teoría no porque la considerara cierta, sino porque era más simple. Se han dado casos similares en la historia posterior de la ciencia.

El uso que Einstein hace del principio de simplicidad no es meramente discriminatorio, sino constructivo. Al proponer nuevas teorías, lo emplea como guía. Esto es posible gracias a que limita su significado en cierta medida, restringiéndolo a la forma de ecuaciones matemáticas. Porque aquí no es difícil estar de acuerdo, por ejemplo, en que una ecuación lineal es más simple que una de orden superior, que una constante es la función más simple, que un cuadrivector es una construcción más simple que un tensor de segundo rango, etc. Además,

[6] "On the Method of Theoretical Physics" (1933); in *The World As I See It*, 36.

256

en el campo matemático, la hipótesis de la simplicidad se combina maravillosamente con el postulado o la invariancia tratados en la sección anterior. Citando de nuevo: «En la naturaleza limitada de los campos simples matemáticamente existentes y las ecuaciones simples posibles entre ellos, reside la esperanza del teórico de captar lo real en toda su profundidad».[7]

Vemos este método en acción, en primer lugar, en la teoría especial con su elección de ecuaciones de transformación lineal;[8] en la explicación del efecto fotoeléctrico, donde la más simple de todas las formulaciones matemáticas posibles funcionó tan bien; en la teoría de la radiación, donde la simplicidad matemática y la necesidad llevaron a la introducción del coeficiente de emisión espontánea, cuya necesidad física no estaba clara en ese momento; en la formulación de la ecuación cosmológica de Einstein de la teoría general de la relatividad; y, por último, en su descubrimiento de que las magnitudes utilizadas por Dirac en su exitosa teoría del electrón eran en realidad las magnitudes de campo más simples (espinores) adecuadas para ese fin.

Es perfectamente posible que Einstein haya llevado su confianza en la simplicidad demasiado lejos, ya que le ha llevado a criticar los recientes avances en la teoría cuántica basándose en ese criterio. Pero dejaremos el debate sobre este tema para una sección posterior.

Aunque no se menciona en ninguna parte, la idea de simplicidad parece presentarse al hombre que la utilizó con tanta habilidad como una faceta de un contexto más amplio de convicción, a saber, que nuestra convicción, es decir, nuestra concepción de la realidad, aunque cambia con el paso del tiempo, converge sin embargo hacia algún objetivo. Puede que ese objetivo nunca se alcance, pero funciona como un límite. Y, a menos que esté muy equivocado, Einstein considera que ese objetivo es simple y, por lo tanto, una teoría simple es el mejor vehículo para acercarse a él.

Las consideraciones de simplicidad matemática desempeñan un papel importante en las teorías modernas de la cosmología. Uno de los principales argumentos para suponer que el universo está limitado en el espacio fue el recordatorio de que la condición límite para una superficie cerrada finita es mucho más simple que la condición correspondiente

[7] *Ibid.*, 38.
[8] Este no es un buen ejemplo, ya que hay otras razones además de la simplicidad por las que aquí deben elegirse ecuaciones lineales; pero nos ha parecido que merecía la pena mencionarlo.

257

en el infinito, necesaria para un universo cuasi euclidiano. La historia de la «constante cosmológica» también arroja una interesante luz sobre esta cuestión. La ley más simple de la gravitación, que relacionaba el tensor de segundo orden y sin divergencia $R_{\mu}^{\nu} - \frac{1}{2} g_{\mu\nu}R$ directamente con el tensor de materia-energía $T_{\mu\nu}$, resultó ser errónea, ya que no tenía en cuenta la densidad media finita de la materia en el universo. Actuando bajo la restricción de la convicción de simplicidad, Einstein introdujo en su ley la mínima complicación añadiendo el término ΛG_{ik}, siendo Λ la constante cosmológica. Esto supuso un sacrificio muy poco deseado. Al leer el apéndice de la segunda edición de *The Meaning of Relativity* (1945), se percibe el alivio que sintió el autor de esta ley de la gravitación ampliada ante el trabajo de Friedmann, quien demostró que, después de todo, la constante cosmológica no es necesaria. Sin embargo, se cierne un dilema final, aún sin resolver. Las ecuaciones de Friedmann implican una edad del universo de apenas mil millones de años, mientras que todas las demás pruebas exigen un lapso mayor.

6. LA FORMA DE LAS TEORÍAS FÍSICAS

La física precuántica se vio empañada por un peculiar dualismo conceptual, la incompatibilidad entre las partículas y los campos o, en términos más fundamentales, el contraste entre lo discreto y lo continuo. La noción de partícula recibió su confirmación de manos de Newton y culminó en las brillantes especulaciones de Helmholtz. Pero la idea misma de partícula se vuelve lógicamente insostenible a menos que se estabilice mediante un espacio absoluto o un éter que proporcione una referencia invariable para su posición instantánea. La situación está bien descrita por Einstein, a quien citamos extensamente.

Antes de Clerk Maxwell, la gente concebía la realidad física –en la medida en que se supone que representa los acontecimientos de la naturaleza– como puntos materiales, cuyos cambios consisten exclusivamente en movimientos, que están sujetos a ecuaciones diferenciales ordinarias [parciales]. Después de Maxwell, se concibió la realidad física como representada por campos continuos, no explicables mecánicamente, que están sujetos a ecuaciones diferenciales parciales. Este cambio en la concepción de la realidad es el más profundo y fructífero que ha experimentado la física desde Newton; pero al mismo tiempo hay que admitir

258

que el programa aún no se ha llevado a cabo por completo. Los exitosos sistemas de física que se han desarrollado desde entonces representan más bien compromisos entre estos dos esquemas, que por esa misma razón tienen un carácter provisional y lógicamente incompleto, aunque hayan logrado grandes avances en ciertos aspectos particulares.

El primero de ellos que merece ser mencionado es la teoría de los electrones de Lorentz, en la que el campo y los corpúsculos eléctricos aparecen juntos como elementos de igual valor para la comprensión de la realidad. A continuación vienen las teorías especial y general de la relatividad, que, aunque se basan enteramente en ideas relacionadas con la teoría de campos, hasta ahora no han podido evitar la introducción independiente de puntos materiales y ecuaciones diferenciales *ordinarias* [totales].[9]

La preferencia del autor queda aquí muy claramente expresada. La realidad debe considerarse como una variedad continua. Esta visión ha inspirado las recientes investigaciones de Einstein, su búsqueda de una teoría unificada de campos basada en el modelo de la relatividad general, que incluiría las leyes de los campos electromagnéticos y gravitacionales. La simplicidad exigiría la ausencia de singularidades en tal variedad, pero si aparecieran singularidades y estas pudieran correlacionarse con partículas eléctricas o materiales, eso también sería un gran logro. Sin embargo, los éxitos de esta investigación han sido limitados hasta ahora, en parte porque ha sido un camino solitario y la mayoría de los físicos están preocupados por los problemas de la teoría cuántica, que prometen un mejor rendimiento inmediato.

Sin embargo, la necesidad de unificación, tal vez al estilo de una teoría continua, es mayor de lo que parecería a partir de consideraciones filosóficas o de preferencias con respecto a la representación de la realidad. Porque no hay que pasar por alto que aquí también nos enfrentamos a un problema de coherencia factual. Si la teoría de la relatividad es correcta, aunque solo sea en su forma especial, el significado de las partículas independientes es un absurdo porque sus estados no pueden especificarse en principio. Hay otras dificultades. Hay indicios de que las partículas no pueden considerarse

[9] De «La influencia de Clark Maxwell en la evolución de la idea de la realidad física», en *El mundo tal como yo lo veo*, de Einstein, págs. 65 y siguientes. La única traducción impresa disponible utiliza los términos «ecuaciones diferenciales parciales» y «totales» de una manera que me resulta confusa. Por lo tanto, me he tomado la libertad de sustituir estas palabras de acuerdo con los significados que supongo que tienen (pero he tenido cuidado de poner en cursiva mis propias sustituciones y de imprimir las traducciones originales entre corchetes). *H. M.*

259

como puntos, sino como estructuras de tamaño finito. Por lo tanto, no se puede suponer que sus estados vayan determinados por un conjunto finito de variables, y esta condición amenaza de manera embarazosa la validez de toda descripción causal. Por lo tanto, está claro que la descripción física debe aprovechar las facilidades simplificadoras que ofrecen los campos que satisfacen ecuaciones diferenciales parciales y, de ese modo, garantizar la regularidad suficiente para el análisis causal, o bien debe abandonar por completo la variedad tetradimensional y seguir nuevas líneas, como las indicadas por la mecánica cuántica. La opinión de Einstein sobre estas posibilidades, que ahora examinaremos, arroja una luz interesante sobre su concepción de la realidad.

7. LA DESCRIPCIÓN CLÁSICA Y LA DESCRIPCIÓN CUÁNTICA

Como introducción, recordamos al lector las diferencias esenciales entre lo que se denomina descripción *clásica* y *cuántica* de la realidad. En la mecánica newtoniana, se concibe la materia como un conjunto de puntos de masa, y el estado de cada punto de masa se especifica mediante 6 números, tres coordenadas y tres momentos. Cuando se conoce el estado en un instante dado, todos los estados futuros y pasados pueden calcularse a partir de las leyes del movimiento. Las probabilidades se introducen en este esquema solo por el desconocimiento de los estados de todas las partículas, un desconocimiento ocasionado únicamente por las dificultades de medición, no de concepción. Según la visión clásica, una partícula *tiene* posición y velocidad en un sentido posesivo simple, al igual que un objeto visible tiene tamaño o color; y decir que magnitudes como la posición y la velocidad de una partícula son *reales* es una afirmación obvia que no parece requerir un examen más detallado.

La teoría de la relatividad ha perfeccionado enormemente los contornos de esta imagen y le ha dotado de un grado de evidencia y naturalidad que resulta casi irresistible. Al demostrar que el tiempo puede considerarse como una cuarta coordenada y al representar el universo cambiante como un sistema de líneas mundiales, ha hecho que la representación sea más simétrica y estéticamente más atractiva, y el sentido en el que las partículas *tienen* posición, tiempo y velocidad se ha vuelto aún más obvio. Pero a esta imagen tan perfecta, al igual que a su predecesora newtoniana, se le puede objetar

260

que no tiene en cuenta el tamaño finito de las partículas y su estructura interna, y que si lo hiciera se volvería irremediablemente no causal.

La mecánica cuántica cambia todo esto al introducir un concepto diferente de estados. Sin duda, sigue utilizando el lenguaje de las partículas, pero ya no nos obliga a comprometernos a afirmar con precisión dónde se encuentra la partícula o cuál es su velocidad. De hecho, opera con funciones de estado, $\psi(x,y,z)$, que tienen valores definidos para *todas* las posiciones del sistema físico (por ejemplo, una partícula). Son lo mejor que tenemos para representar la realidad, pero en general no permiten predecir las posiciones, velocidades, etc. futuras y pasadas del sistema. Si seguimos utilizando la palabra «estado» en el sentido clásico del término, estas funciones no definen en absoluto un estado.

Sin embargo, son inmensamente útiles. Mediante procedimientos matemáticos sencillos y bien conocidos, permiten calcular los *valores medios* de todas las mediciones que se pueden realizar en el sistema. O, si se desea, se puede calcular la *probabilidad* de que una determinada medición arroje un valor dado mediante reglas similares. Muchos autores que escriben sobre mecánica cuántica siguen el lenguaje clásico hasta el punto de afirmar: La mecánica cuántica permite calcular la probabilidad de que una determinada *magnitud*, como el momento, tenga un valor determinado al medirla. Para el físico y sus preocupaciones prácticas, esta afirmación es aceptable como regla de trabajo. Para el filósofo, sin embargo, conlleva una falsificación que es muy desafortunada porque parece tan inocente. De hecho, la mecánica cuántica nunca se refiere a las *magnitudes* de los sistemas; no da ninguna pista de que el sistema posea magnitudes en el sentido antiguo. Lo único que hace es decir, en términos de probabilidad, lo que se puede encontrar cuando se realiza una medición. Todas las demás implicaciones surgen de un uso imprudente del lenguaje clásico en un campo ajeno a esa jerga. Veremos que la apreciación de Einstein de la mecánica cuántica se ve perturbada por esta desgracia.

El conocimiento de la función de estado representa el máximo conocimiento que se puede alcanzar con respecto a un sistema físico, y la teoría de la mecánica cuántica que se ocupa de esta representación óptima se denomina teoría de los *casos puros* o *estados puros*.

261

Casi toda la teoría atómica moderna útil pertenece a ella; en el nivel clásico, corresponde a la dinámica ordinaria. Pero la física clásica incluye también la mecánica estadística, en la que los estados se conocen con un menor grado de certeza. En la mecánica cuántica también surge la posibilidad de que el conocimiento se agote en la mera especificación de las probabilidades, w_i, de que un sistema tenga determinadas funciones de estado ψ_i. En lo que respecta a la observación o la medición, nos encontramos entonces ante una superposición de dos tipos de probabilidades; pues incluso si supiéramos con certeza que el sistema se encuentra en el estado ψ_i, los resultados de las mediciones solo podrían calcularse con probabilidad, y la incertidumbre expresada por el w_i difuminaría aún más este conocimiento. Un estado Φ, correspondiente a este conocimiento imperfecto, y escrito $\Phi = \Sigma_v w_i \psi_i$, se denomina mezcla. La teoría de las mezclas ha sido desarrollada por von Neumann; sus principales campos de aplicación son la termodinámica cuántica y la teoría de la medición. Dado que Einstein está muy interesado en esta última, era necesario mencionarla aquí. Volveremos brevemente sobre ella.

Para resumir estas consideraciones introductorias: la mecánica cuántica no define sus estados en términos de las variables clásicas de estado. Utiliza funciones que, independientemente de cómo puedan estar relacionadas con la realidad, no implican la *existencia* de las antiguas variables de estado. Estas funciones están relacionadas con la experiencia (observación, medición) de una manera perfectamente satisfactoria, en la medida en que permiten predecir las probabilidades de los acontecimientos, no las magnitudes o propiedades de los sistemas. El conocimiento menos cierto se representa en la mecánica cuántica mediante la idea de mezcla, que está sujeta a un tratamiento especial y debe distinguirse de un caso puro.

8. LA TEORÍA CUÁNTICA Y LA REALIDAD

Al contemplar los cambios inducidos por la teoría cuántica en la descripción de los estados físicos, Einstein, Rosen y Podolsky publicaron un artículo con el significativo título «¿Puede considerarse completa la descripción cuántica de la realidad física?»[10]. Además de dar una respuesta negativa a esta pregunta,

[10] *Physical Review*, vol. 47, 777 (1935)

el artículo contiene una exposición más o menos sistemática de lo que los autores entienden por realidad, limitada, sin duda, a los fines que nos ocupan y que confirma algunos de los puntos ya expuestos en este artículo. Aquí leemos en detalle:

> Cualquier consideración seria de una teoría física debe tener en cuenta la distinción entre la realidad objetiva, que es independiente de cualquier teoría, y los conceptos físicos con los que opera la teoría. Estos conceptos pretenden corresponder con la realidad objetiva, y mediante ellos nos imaginamos esta realidad...
>
> Sea cual sea el significado que se le asigne al término «*completo*», para que una teoría sea completa parece necesario el siguiente requisito: *cada elemento de la realidad física debe tener su equivalente en la teoría física*. A esto lo llamaremos condición de completitud. Así que la segunda cuestión se responde fácilmente en cuanto seamos capaces de decidir cuáles son los elementos de la realidad física.
>
> Los elementos de la realidad física no pueden determinarse mediante consideraciones filosóficas *a priori*, sino que deben encontrarse recurriendo a los resultados de experimentos y mediciones. Sin embargo, para nuestro propósito, es innecesaria una definición exhaustiva de realidad. Nos conformaremos con el siguiente criterio, que consideramos razonable. *Si, sin alterar en modo alguno un sistema, podemos predecir con certeza (es decir, con una probabilidad igual a la unidad) el valor de una magnitud física, entonces existe un elemento de la realidad física correspondiente a esa magnitud física.* Nos parece que este criterio, aunque lejos de agotar todas las formas posibles de reconocer una realidad física, al menos nos proporciona una de ellas, siempre que se den las condiciones establecidas en él. Considerado no como una condición necesaria, sino simplemente como una condición suficiente de realidad, este criterio está en consonancia con las ideas clásicas y cuánticas de realidad.

Hay que prestar atención a las dos afirmaciones en cursiva. La primera establece una correspondencia entre los elementos de la realidad física y la teoría física. Desgraciadamente, no se encuentra en ninguna parte una exposición concisa del significado de la realidad física al margen de la teoría física; de hecho, estoy convencido de que la realidad no puede definirse salvo por referencia a una teoría física exitosa. Si esto es cierto, la proposición de Einstein se convierte en tautológica, como sospecho que es. Por otra parte, existe la posibilidad de una interpretación más favorable si se entiende la realidad física, tal y como se utiliza en esa frase concreta, como la experiencia sensorial únicamente, o quizás la suma total de todas las experiencias posibles, pasadas, presentes y futuras. La desventaja de esta postura es su divergencia con respecto a la actitud habitual hacia la realidad. Este último término suele implicar más permanencia y uniformidad de lo que la mera experiencia sensorial puede transmitir.

En cuanto a la segunda afirmación en cursiva de la cita anterior, nos parece demasiado específica para su uso general y muy sesgada a favor de la definición clásica de estado. La realidad se confiere a las magnitudes físicas por su previsibilidad. Pero, ¿y si las magnitudes físicas fueran cosas fantasmales a las que no se atribuye ningún interés primario, como de hecho ocurre en la mecánica cuántica? ¿Qué pasaría si la teoría física se apoderara directamente de los elementos de la experiencia y se dirigiera de inmediato a los resultados de las observaciones sin la interpolación de magnitudes ideales como la posición y el momento? Volveremos a esta pregunta al final de este artículo. Por el momento, digamos que, si se acepta la segunda afirmación en cursiva, el argumento de Einstein, Podolsky y Rosen hace precisamente lo que se propone: demuestra que la descripción mecano-cuántica de la realidad no es completa cuando el debate se limita a casos puros, y esta limitación se establece en el artículo, aunque no se indique explícitamente. Tampoco se trata de una contribución insignificante, ya que la visión de la realidad como cantidad independiente implícita en la cita, aquí criticada como una reliquia incongruente de épocas anteriores, era en realidad ampliamente aceptada por los físicos y sigue estando en boga hoy en día.

Examinaremos ahora brevemente el contenido lógico del artículo en cuestión y presentaremos las conclusiones detalladas. Esto no nos llevará mucho tiempo, ya que los pasos son sencillos y están claramente expuestos, y los resultados son definitivos. La confusión que ha surgido posteriormente se debe en gran medida a los debates que ha suscitado este artículo, debates que no siempre se han limitado a las cuestiones claramente señaladas en él. El contenido principal puede resumirse en el siguiente ejemplo.[11]

Supongamos que dos sistemas físicos están aislados entre sí desde el principio de los tiempos hasta el presente. Ahora bien, durante un periodo finito, interactúan, para volver a aislarse para siempre después. Según

[11] La siguiente reseña está muy resumida y probablemente resulte algo incomprensible para el lector que no haya estudiado previamente la referencia 10.

las leyes de la mecánica cuántica, es posible representar la función de estado de los dos sistemas aislados tras la interacción de dos maneras equivalentes mediante expansiones biortogonales. Una expansión correlaciona las probabilidades de los resultados de una observación de tipo A_1 en el sistema 1 con las de una observación de tipo A_2 en el sistema 2, mientras que la otra correlaciona las probabilidades de los resultados de la observación B_1 en el sistema 1 con las de la observación B_2 en el sistema 2. En el lenguaje de Einstein, A_1, A_2, B_1 y B_2 son magnitudes, tal y como lo serían en la física clásica. Si ahora se realiza una medición de tipo A_2 después del aislamiento en el sistema 2, y el valor medido es A_2, se pueden extraer ciertas conclusiones con respecto al estado del sistema 1. La conclusión habitual es la siguiente.

Después de una medición, sabemos exactamente cuál debe ser el estado del sistema 2. De hecho, es tal que una repetición adicional de la medición daría el mismo valor. En otras palabras, la medición ha convertido la función de estado original en un *estado propio*[12] para ese tipo de medición. Pero asociado a este estado propio del sistema 2 hay también un estado propio del sistema 1 correspondiente al valor a_1, cuya existencia puede concluirse como resultado de una medición realizada en el sistema 2. Esto corresponderá en general a algún otro «observable» distinto del medido en 1.

Esta inferencia conduce a problemas. Supongamos que hubiéramos decidido observar, tras el aislamiento, el resultado de otro tipo de medición, por ejemplo del tipo *B*, en el sistema B_2, en el sistema 2, y que el valor medido fuera b_2. Esto se correlacionaría entonces con la certeza de medir b_1 en el sistema 1. Si ahora b_1 fuera diferente de a_1, nos encontraríamos ante el curioso hecho de que una medición en el sistema 2 influyera en el estado del sistema 1, sin que los sistemas estuvieran interactuando en ese momento. La situación es, de hecho, peor que esto, ya que se puede demostrar con ejemplos concretos que los resultados a_1 y b_1 no solo pueden ser diferentes, sino que incluso pueden ser *incompatibles* (pertenecer a operadores no conmutativos). Son de un tipo que la experiencia nunca puede proporcionar simultáneamente. La siguiente conclusión, en el marco de la pregunta de Einstein, es, por lo tanto, ineludible.

De acuerdo con su criterio, en un caso debemos considerar

[12] Para la terminología, véase cualquier libro sobre mecánica cuántica.

265

a_1 como un elemento de la realidad, y en el otro caso b_1. Pero ambos pertenecen a la misma realidad, ya que el sistema 1 no ha sido alterado en el acto de la medición. Por lo tanto, tras una ligera elaboración adicional, Einstein, Podolsky y Rosen finalmente comentan: «Nos vemos obligados a concluir que la descripción mecano-cuántica de la realidad física dada por las funciones de onda (es decir, las funciones de estado) no es completa».

Para juzgar la gravedad de esta acusación, deben examinarse ciertas presuposiciones del argumento. Observamos que los autores operan en todo momento con funciones de estado simples y, por lo tanto, con casos puros, y que aceptan el axioma según el cual una medición convierte un estado en un estado propio de la observable medida. En mi opinión, como he afirmado en otra parte,[13] este punto de vista no puede mantenerse a pesar de su razonabilidad y su estrecha alineación con la física clásica. Empíricamente, el efecto de una medición sobre el estado de un sistema es extremadamente complicado, a veces leve, a veces –como en el caso de la absorción de fotones– destructivo para la identidad del sistema físico. Es difícil elaborar una teoría simple sobre el destino dinámico de un sistema durante la medición. Ahora bien, se puede decir que la mecánica cuántica es la disciplina que supera con éxito esta dificultad al reformular todo su método de descripción física, teniendo en cuenta las incertidumbres del conocimiento empírico en su propio fundamento. Si la aplicamos correctamente, no debemos preguntarnos qué le sucede a un sistema durante la medición, sino contentarnos con la información que nos proporciona dicha medición. Además, una función de estado no fija el resultado de una sola observación; ¿por qué una sola observación debería determinar una función de estado? Por lo tanto, parece que el análisis de Einstein centra la atención en una inadvertencia que se muestra con frecuencia en el debate sobre los fundamentos de la mecánica cuántica, y que era importante exponer.

El destino de un sistema durante la medición no puede describirse satisfactoriamente mediante el formalismo empleado en el trabajo que nos ocupa. Su análisis requiere el uso de mezclas.

[13] «Critical Points of Modern Physical Theory», *Journal of Philosophy of Science*, vol. 4, 337 (1937).

266

De hecho, varios autores, entre ellos von Neumann, han demostrado que el efecto de una medición es convertir un caso puro en una mezcla. Cuando se reconoce esto, las dificultades lógicas desaparecen.

Para completar el panorama, cabe destacar una vez más que es muy necesaria una reformulación del criterio de realidad que considera las magnitudes clásicas como partes de la realidad. La teoría cuántica niega la vinculación de las magnitudes a los sistemas físicos de manera posesiva. Decir que un electrón *tiene* momento cuando no se encuentra en un estado propio del operador de momento no tiene sentido, y en ese estado su momento no es un componente significativo de la realidad. Por supuesto, la posibilidad de «medir su momento» siempre está presente, pero, en sentido estricto, esto no es más que un acto de crear una experiencia de cierto tipo; esta experiencia *es* un componente de la realidad, al igual que el hecho de que, cuando se repite la medición, su resultado puede ser diferente del primero. Estas experiencias positivas son respetadas por la forma en que la mecánica cuántica describe la realidad, pero no así la posibilidad de asignar propiedades persistentes como la posición o el momento. Lo que Einstein siempre ha subrayado acertadamente es que la continuidad clásica de las propiedades se contradice con la física cuántica.

Tiene otras objeciones a la nueva disciplina. En la referencia 1 leemos:

Desgraciadamente, [la mecánica cuántica] nos obliga a utilizar un continuo cuyo número de dimensiones no es el que la física ha atribuido hasta ahora al espacio (4), sino que aumenta indefinidamente con el número de partículas que constituyen el sistema considerado. No puedo sino confesar que solo concedo una importancia transitoria a esta interpretación. Sigo creyendo en la posibilidad de un modelo de la realidad, es decir, de una teoría que represente las cosas en sí mismas y no solo la probabilidad de que ocurran.

Uno podría preguntarse qué pasaría con los modelos con propiedades preasignadas si la propia experiencia pusiera en duda su existencia. ¿No nos obligaría un modelo de electrón a comprometernos a definir si se trata de una partícula o de una onda? Sin embargo, esta pregunta no tiene respuesta a la luz de los últimos avances.

267

Einstein considera que el principio de incertidumbre de Heisenberg es cierto e importante, pero prefiere otro tipo de descripción.

... para explicar el carácter atómico de la electricidad, las ecuaciones de campo solo tienen que llevar a las siguientes conclusiones: una porción del espacio (tridimensional) en cuyos límites desaparece la densidad eléctrica, siempre contiene una carga eléctrica total cuyo tamaño se representa mediante un número entero. En una teoría continua, las características atómicas se expresarían satisfactoriamente mediante leyes integrales sin localización en la entidad de formación que constituye la estructura atómica.

Hasta que la estructura atómica no se haya representado con éxito de esta manera, no consideraré resuelto el enigma cuántico.[14]

En conclusión, uno se ve impulsado a esta reflexión. Es evidente en todas partes que Einstein, con un agudo sentido intuitivo de lo que es físicamente real, ha llegado a reconocer un callejón sin salida en la descripción tradicional del universo. El concepto de partícula independiente debe abandonarse debido al fracaso del espacio o el éter en ser absolutos en el sentido newtoniano. Además, la suposición de una infinidad tridimensional de partículas puntuales, necesaria para explicar las estructuras de tamaño finito, amenaza la simplicidad y, de hecho, la viabilidad del análisis causal. Hay otros indicios de este tipo.

En la actualidad, se pueden vislumbrar dos vías para salir del dilema. Una consiste en conservar la epistemología de la física clásica, describir la realidad en términos de sistemas definidos por propiedades estables que tienen significado en todo momento. Esto solo es posible mediante teorías de campo, en las que cada punto de un continuo tetradimensional se convierte en portador permanente de cualidades, como una métrica o un potencial electromagnético. Para que el programa sea viable, las magnitudes de campo deben someterse a ecuaciones diferenciales parciales que permitan controlar una gran región del continuo mediante las propiedades de una porción infinitesimal del mismo, estableciendo así una base para la causalidad. Este es el camino preferido por Einstein.

El otro camino atraviesa un terreno menos familiar. Para recorrerlo, hay que dejar atrás gran parte de la física clásica; hay que redefinir la noción de estado físico y aceptar la forma más rapsódica de la realidad que ello conlleva. Esto requiere

[14] «Sobre el método de la física teórica» (1933); en *El mundo tal como yo lo veo*, 40.

268

abandonar el intento de representar la experiencia en un continuo de cuatro dimensiones, pero conduce a una rama de las matemáticas que tiene un atractivo peculiar y que no es inmanejable. Los éxitos actuales en la exploración del átomo recomiendan definitivamente este camino, que es la mecánica cuántica. Pero hay dificultades, ya muy molestas en la teoría cuántica de los campos electromagnéticos, que están empezando a frenar el entusiasmo de sus viajeros.

Quizás los dos caminos se encuentren más allá de nuestro horizonte actual.

HENRY MARGENAU

LABORATORIO DE FÍSICA SLOANE
UNIVERSIDAD DE YALE

Einstein responde no sólo a Born, sino a cuantos han contribuido a este volumen colectivo con ocasión de su 70º cumpleaños.

Albert Einstein: «REPLY TO CRITICISM. REMARKS CONCERNING THE ESSAYS BROUGHT TOGETHER IN THIS CO-OPERATIVE VOLUME». Albert Einstein: Philosopher-Scientist. P. A. Schilpp, Editor. New York. Tudor. 1949, pp. 665-688. [Translated from the German typescript by Paul Arthur Schilpp]

665

Observaciones referentes a los ensayos reunidos en este volumen colectivo

A modo de introducción tengo que señalar que no era fácil para mí hacer los honores a la tarea de manifestarme sobre los ensayos contenidos en este volumen. La razón reside en el hecho de que los ensayos se refieren en su totalidad a demasiados temas que, en el actual estado de nuestro conocimiento, tienen sólo una cierta relación unos con otros. Intenté en principio comentar los ensayos individualmente. Sin embargo, abandoné el procedimiento porque apenas se obtenía un resultado homogéneo, de modo que su lectura difícilmente hubiese sido útil o placentera. Decidí pues finalmente ordenar en la medida de lo posible estas observaciones de acuerdo con consideraciones tópicas.

Descubrí además, tras algunos esfuerzos vanos, que la mentalidad subyacente a algunos de los ensayos difiere tan radicalmente de la mía que soy incapaz de decir nada útil sobre ellos. No hay que interpretar con esto que considere estos ensayos –en la medida en que su contenido es completamente relevante para mí– menos favorablemente que lo que lo hago con aquellos más cercanos a mis propios modos de pensamiento; a estos últimos dedico las siguientes observaciones.

Me referiré para empezar a los ensayos de Wolfgang Pauli y Max Born. Describen el contenido de mi trabajo relativo a los cuantos y la estadística en general en su consistencia interna y en su participación en la evolución de la física durante el último medio siglo. Es meritorio que hayan hecho esto, pues sólo quienes han peleado con éxito con las situaciones problemáticas de su propia época pueden penetrar perspicazmente en las mismas; se diferencian así del historiador posterior, que encuentra difícil hacer abstracciones a partir de aquellos conceptos y opiniones que se presentan ya establecidos, o incluso evidentes en sí mismos, a su generación. Ambos autores

666

reprueban el hecho de que yo rechace la idea básica de la actual teoría cuántica estadística, en la medida en que no creo que este concepto fundamental suministre una base útil para toda la física. [Volveré sobre esto] más tarde.

Voy ahora a lo que, probablemente, es el asunto más interesante que tiene que discutirse por completo en relación con los pormenorizados argumentos de mis estimadísimos colegas Born, Pauli, Heitler, Bohr y Margenau. Están todos ellos convencidos de que el enigma de la doble naturaleza de todos los corpúsculos (carácter corpuscular y ondulatorio) ha encontrado su solución definitiva en la teoría cuántica estadística. Basándose en la consistencia de los éxitos de esta teoría, consideran que demuestra que una descripción teórica completa de un sistema significa, en esencia, que acerca de las magnitudes medibles de este sistema únicamente pueden hacerse afirmaciones estadísticas. Al parecer son todos de la opinión de que la relación de indeterminación de Heisenberg (cuya exactitud, desde mi propio punto de vista, se considera por fin legítimamente demostrada) predispone esencialmente a favor del carácter, en el sentido mencionado, de todas las teorías físicas razonables posibles. En lo que sigue quiero aducir razones que me impiden alinearme con la opinión de casi todos los físicos teóricos contemporáneos. De hecho, estoy firmemente convencido de que el carácter esencialmente estadístico de la teoría cuántica actual hay que atribuirlo únicamente al hecho de que esta teoría opera con una descripción incompleta de los sistemas físicos.

Sin embargo, y por encima de todo, el lector debería convencerse de que reconozco sin reservas el importantísimo progreso que la teoría cuántica estadística ha aportado a la física teórica. En el campo de los problemas *mecánicos* –es decir, allí donde es posible considerar la interacción de estructuras y sus partes con suficiente precisión postulando una energía potencial entre puntos materiales– esta teoría presenta incluso ahora un sistema que, en su carácter cerrado, describe correctamente las relaciones empíricas entre fenómenos constatables tal como se esperaba teóricamente. Esta teoría es hasta ahora la única que unifica el carácter dual, corpuscular y ondulatorio, de la materia de forma lógicamente satisfactoria; y las relaciones (comprobables)

667

que se contienen en ella son, dentro de los límites naturales establecidos por la relación de indeterminación, *completas*. Las relaciones formales que se dan en esta teoría –es decir, su formalismo matemático entero– tendrán que contenerse probablemente, en forma de inferencias lógicas, en todas las teorías útiles futuras.

Lo que no me satisface de esta teoría, desde una perspectiva de principio, es su actitud hacia lo que se me antoja es el objetivo programático de toda la física: la descripción completa de cualquier situación real (individual) (tal como supuestamente existe al margen de cualquier acto de observación o comprobación). Cada vez que el físico moderno proclive al positivismo oye semejante formulación, reacciona con una sonrisa compasiva. Se dice a sí mismo: “aquí tenemos la pura formulación de un prejuicio metafísico vacío de contenido; un prejuicio, por otra parte, cuya conquista constituye el mayor logro epistemológico de los físicos en el último cuarto de siglo. ¿Ha percibido alguien alguna vez una 'situación física real'? ¿Cómo es posible que una persona razonable pueda creer hoy todavía que puede refutar nuestro conocimiento esencial y nuestro entendimiento erigiendo semejante fantasma exangüe?" ¡Paciencia! La lacónica caracterización anterior no pretendía convencer a nadie; se trataba simplemente de indicar el punto de vista en torno al que se agrupan libremente las consideraciones elementales que siguen. Para hacer esto procederé como sigue: mostraré antes que nada, en casos particulares sencillos, lo que me parece fundamental y haré después algunas observaciones sobre algunas ideas más generales implicadas.

Consideremos en primera instancia como sistema físico un átomo radiactivo de determinado tiempo medio de desintegración, localizado de forma prácticamente exacta en un punto del sistema de coordenadas. El proceso radiactivo consiste en la emisión de una partícula (relativamente ligera). En aras de la simplicidad, despreciaremos el movimiento del átomo residual tras el proceso de desintegración. Es posible pues, siguiendo a Gamow, sustituir el resto del átomo por un espacio del orden de dimensión atómico, rodeado por una barrera de energía potencial cerrada que, en el instante $t = 0$, encierre a la partícula que se va a emitir. Como es bien sabido, hay que describir el proceso así esquematizado

668

–en el sentido de la mecánica cuántica elemental– mediante una función ψ, en tres dimensiones, diferente de cero en el instante $t = 0$ sólo dentro de la barrera, pero que para valores positivos de tiempo, se extiende al espacio exterior. Esta función ψ representa la probabilidad de que la partícula, en un instante elegido, se encuentre de hecho en una parte determinada del espacio (es decir, se pueda localizar allí mediante una medida de posición). Por otra parte, la función ψ no presupone ninguna afirmación *referente al instante de tiempo de la desintegración* del átomo radiactivo.

Planteemos ahora la cuestión: ¿Puede tomarse esta descripción teórica como la descripción *completa* de un átomo individual? La respuesta inmediata más verosímil es: no, pues, lo primero de todo, uno está inclinado a suponer que el átomo individual se desintegra en un instante concreto; sin embargo, semejante valor concreto de tiempo no está implícito en la descripción hecha mediante la función ψ. Por lo tanto, si el átomo individual tiene un tiempo de desintegración fijo, considerando el átomo individual, su descripción mediante la función ψ tiene que interpretarse como una descripción incompleta. En este caso hay que tomar la función ψ como la descripción, no de un sistema singular, sino de un conjunto ideal de sistemas. En este caso se llega uno a convencer de que, después de todo, sería posible una descripción completa de un sistema individual; pero para semejante descripción completa no hay sitio en el universo conceptual de la teoría cuántica estadística.

El teórico cuántico respondería a esto: Esta consideración coincide con la afirmación de que, en realidad, existe una cosa tal como un tiempo concreto de desintegración del átomo individual (un instante de tiempo que existe independientemente de cualquier observación). Pero esta afirmación es, desde mi punto de vista, no solamente arbitraria sino, de hecho, carente de significado. La afirmación de la existencia de un instante definido de tiempo para la desintegración sólo tiene sentido si se puede, en principio, determinar empíricamente este instante de tiempo. Sin embargo, semejante afirmación (que, finalmente, conduce a la tentativa de demostrar la existencia de la partícula fuera de la barrera de fuerza), implica una perturbación concreta del sistema en el que estamos interesados; de modo que el resultado de la determinación no permite una conclusión referente al status del sistema no perturbado. Por lo tanto, la suposición de que

669

un átomo radiactivo tiene un tiempo preciso de desintegración no está justificada absolutamente por nada; ni tampoco está probado, por tanto, que no pueda concebirse la función ψ como una descripción completa del sistema individual. Toda la dificultad referida procede del hecho de que se postula algo que no es observable como "real". (Hasta aquí la respuesta del teórico cuántico.)

Lo que me desagrada en este tipo de afirmación es la actitud positivista básica, insostenible desde mi punto de vista, y que se me antoja que llega al mismo punto que el principio de Berkeley, *esse est percipi*. "Ser" es siempre algo construido mentalmente por nosotros, es decir, algo que postulamos libremente (en el sentido lógico). La justificación de esta construcción no estriba en que derive de los datos de los sentidos. Tal tipo de derivación (en el sentido de deductividad lógica) no se hace en ningún sitio, ni siquiera en el dominio del pensamiento precientífico. La justificación de esta construcción, que representa "la realidad" para nosotros, reside sólo en su cualidad de hacer inteligible lo dado sensorialmente (el carácter vago de esta expresión viene aquí forzado por mi lucha por la brevedad). Aplicada al ejemplo elegido específicamente, esta consideración nos dice lo siguiente:

No se puede preguntar simplemente: "¿Existe un instante de tiempo preciso para la transformación de un átomo aislado?", sino más bien: "¿Es razonable, dentro de la estructura de nuestra construcción teórica entera, postular la existencia de un instante preciso de tiempo para la transformación de un átomo individual?" Ni siquiera se puede preguntar qué *significa* esta afirmación. Sólo se puede preguntar si semejante proposición es razonable o no, dentro de la trama del sistema conceptual elegido –sin perder de vista su capacidad para captar teóricamente lo empíricamente dado–.

En la medida, pues, en que un teórico cuántico adopta la posición de que la descripción mediante una función ψ se refiere sólo a una totalidad sistemática ideal pero de ningún modo al sistema individual, puede suponer tranquilamente un instante preciso de tiempo para la transformación. Pero si representa la asunción de que su descripción mediante la función ψ hay que tomarla como la descripción completa del sistema individual, rechazará la postulación de un tiempo específico de desintegración. Puede

670

señalar justificadamente el hecho de que no es posible determinar el instante de la desintegración en un sistema aislado, pero exigiría perturbaciones de tal carácter que no se tienen que despreciar en el examen crítico de la situación. No sería posible concluir, por ejemplo, por constatación empírica, que la transformación ya ha tenido lugar, lo que habría sido el caso de no haberse producido perturbaciones en el sistema.

Por lo que sé, fue E. Schrödinger el primero que prestó atención a la modificación de esta consideración, que muestra que es impracticable una interpretación de este tipo. Más que considerar un sistema que incluye sólo un átomo radiactivo (y su proceso de transformación), se considera un sistema que incluye también medios para determinar la transformación radiactiva –por ejemplo, un contador Geiger con mecanismo de registro automático. Supongamos que este último incluye una cinta registradora, accionada por un aparato de relojería, sobre la que se hace una marca al golpear el contador. Ciertamente, desde el punto de vista de la mecánica cuántica, este sistema total es muy complejo y su espacio de configuración es de dimensión muy elevada. Pero en principio no hay objeción en tratar este sistema completo desde el punto de vista de la mecánica cuántica. También aquí la teoría determina la probabilidad de cada configuración de todas sus coordenadas para cada instante de tiempo. Si se consideran todas las configuraciones de las coordenadas durante un tiempo grande comparado con el tiempo medio de desintegración del átomo radiactivo, existirá (como mucho) *una* de esas marcas de registro sobre la tira de papel. A cada configuración de coordenadas corresponde una posición definida de la marca sobre la tira. Pero, dado que la teoría proporciona sólo la probabilidad relativa de las configuraciones de coordenadas posibles, sólo ofrece también probabilidades relativas para las posiciones de la marca sobre la tira de papel, pero no la ubicación definida de esta marca.

En esta consideración, la posición de la masa en la tira desempeña el papel jugado en la consideración original por el tiempo de desintegración. La razón para introducir el sistema suplementado por el mecanismo de registro estriba en lo siguiente. La ubicación de la marca en la tira de registro es un hecho que pertenece por entero a la esfera de los conceptos macroscópicos,

671

en contraposición al instante de desintegración de un átomo suelto. Si tratamos de trabajar con la interpretación de que la descripción teórico-cuántica debe entenderse como una descripción completa del sistema individual, nos vemos obligados a interpretar que la posición de la marca en la cinta no es nada que pertenezca al sistema *per se*, sino que la existencia de esa posición es esencialmente dependiente de la realización de una observación hecha sobre la cinta de registro. Semejante interpretación no es ni mucho menos absurda desde una perspectiva puramente lógica; sin embargo es altamente improbable que se sintiese nadie inclinado a considerarla seriamente. Porque, en la esfera macroscópica se considera que es cierto, sin más, que haya que observar el programa de una descripción realista en el espacio y en el tiempo, mientras que en el ámbito de las situaciones microscópicas se está más dispuesto a abandonar o, al menos, a modificar este programa.

Esta discusión pretendía sólo poner de manifiesto lo siguiente. Se llega a concepciones teóricas inverosímiles si se intenta mantener la tesis de que la teoría cuántica estadística es capaz, en principio, de producir una descripción completa de un sistema físico individual. Por otra parte, esas dificultades de interpretación teórica desaparecen si se ve la descripción mecano-cuántica como descripción de conjuntos de sistemas.

Llegué a esta conclusión como resultado de consideraciones de muy diverso tipo. Estoy convencido de que cualquiera que se tome la molestia de ir conscientemente hasta el final en estas reflexiones se verá abocado finalmente a esta interpretación de la descripción teórico-cuántica (hay que interpretar la función ψ como descripción no de un sistema aislado sino de un conjunto de sistemas).

Dicho toscamente, la conclusión es esta: Dentro de la estructura de la teoría cuántica estadística no existe descripción completa del sistema individual. Con más cautela, debería decirse lo siguiente: La pretensión de suponer la descripción teórico-cuántica como la descripción completa de los sistemas individuales conduce a interpretaciones teóricas no naturales que se hacen inmediatamente innecesarias si se acepta la

672

interpretación de que la descripción se refiere a conjuntos de sistemas y no a sistemas individuales. En ese caso, el tinglado que se monta con la intención de evitar lo "físicamente real" resulta superfluo. Existe, sin embargo, una razón puramente psicológica para [explicar] el hecho de que se rechace esta interpretación prácticamente obvia, ya que si la teoría cuántica estadística no pretende describir por completo el sistema individual (y su evolución con el tiempo), parece inevitable buscar en otra parte una descripción completa del sistema individual; si se hiciese esto estaría claro desde el principio que los elementos de semejante descripción no están contenidos en el esquema conceptual de la teoría cuántica estadística. Se admitiría así que, en principio, este esquema pudiera no servir de base a la física teórica, Suponiendo éxito a los esfuerzos por lograr una descripción física completa, la teoría cuántica estadística ocuparía, dentro de la estructura de la física futura, una posición similar a la de la mecánica estadística en la estructura de la mecánica clásica. Estoy firmemente convencido de que el desarrollo de la física teórica será de este tipo, aunque el camino será largo y difícil.

Imaginemos ahora un teórico cuántico que pueda admitir incluso que la descripción teórico-cuántica se refiere a conjuntos de sistemas y no a sistemas individuales pero que, sin embargo, se aferra a la idea de que el tipo de descripción de la teoría cuántica estadística se mantendrá, en sus aspectos esenciales, en el futuro. Puede argumentar como sigue: Admito, desde luego, que la descripción teórico-cuántica es una descripción incompleta del sistema individual. Admito incluso que, en principio, es posible una descripción teórica completa. Pero considero probado que la búsqueda de tal descripción completa no tendría objeto, porque la validez se fundamenta en que las leyes se pueden formular completa y adecuadamente dentro de la estructura de nuestra incompleta descripción.

Sólo puedo replicar a esto lo siguiente: Su punto de vista –tomado como posibilidad teórica– es incontestable. Para mí, sin embargo, es más natural esperar que la formulación adecuada de las leyes universales implique el uso de *todos* los elementos conceptuales

673

necesarios para una descripción completa. Además, no es en absoluto sorprendente que, usando una descripción incompleta, sólo se puedan conseguir, a lo sumo, afirmaciones estadísticas de tal descripción. Si fuese posible avanzar hacia una descripción completa, es probable que las leyes representasen relaciones entre todos los elementos conceptuales de esta descripción que, *per se*, no tienen nada que ver con la estadística.

Vayan ahora unas pocas observaciones de naturaleza general relativas a conceptos y a la insinuación de que un concepto –por ejemplo el de lo real– es algo metafísico (y que hay que rechazar por tanto). Una distinción conceptual básica, prerrequisito necesario de pensamiento científico y pre-científico, es la distinción entre "impresiones de los sentidos" (y el recuerdo de las mismas), por una parte, y meras ideas, por otra. No existe tal cosa como definición conceptual de esta distinción (aparte de definiciones circulares, es decir, de aquellas que hacen un uso oculto del objeto que hay que definir). Tampoco se puede mantener que en la base de esta distinción exista un tipo de evidencia, como la que subyace, por ejemplo, en la distinción entre rojo y azul. Sin embargo se necesita esta distinción, para ser capaz de superar el solipsismo. Solución: haremos uso de esta distinción, ajena al reproche de que, al hacerlo, somos culpables del "pecado original" metafísico. Consideramos la distinción como una categoría que utilizamos con ánimo de poder encontrar, de la mejor manera posible, el camino en el universo de las sensaciones inmediatas. El "sentido" y la justificación de esta distinción reside simplemente en este logro. Pero este es sólo un primer paso. Representamos las impresiones sensoriales como [si estuvieran] condicionadas por un factor "objetivo" y uno "subjetivo". Para esta distinción conceptual no hay tampoco justificación filosófico-lógica. Pero si la rechazamos, no podemos escapar del solipsismo. Es también el presupuesto de cualquier tipo de pensamiento científico. También aquí, la única justificación reside en su utilidad. Estamos aquí ocupados con "categorías" o esquemas de pensamiento cuya selección está, en principio, abierta por completo para nosotros y cuya idoneidad sólo puede juzgarse por el grado con que su uso contribuye a hacer "inteligible" la totalidad de los contenidos de la conciencia. El

674

"factor objetivo" antes mencionado [está constituido] por la totalidad de aquellos conceptos y relaciones conceptuales que se suponen independientes de la experiencia, es decir, de las percepciones. En la medida en que nos movamos en la esfera de pensamiento establecida programáticamente de este modo, estaremos pensando físicamente. En la medida en que el pensamiento físico se justifica, en el sentido indicado más de una vez, por su capacidad para captar intelectualmente experiencias, lo consideramos como "conocimiento de lo real".

Después de lo que se ha dicho, lo "real", en física, hay que tomarlo como un tipo de programa que, *a priori*, no estamos obligados a observar. Probablemente no le tiente a nadie abandonar este programa dentro del ámbito de lo "macroscópico" (posición de la marca en la tira "real"). Pero lo "macroscópico" y lo "microscópico" están tan interrelacionados que parece imposible renunciar a este programa únicamente en lo "microscópico". Tampoco veo ocasión por ningún sitio, dentro de los hechos observables del campo cuántico, para hacerlo, a menos, desde luego, que se aferre uno *a priori* a la tesis de que la descripción de la naturaleza por el esquema estadístico de la mecánica cuántica es definitiva.

La actitud teórica defendida aquí es distinta de la de Kant sólo por el hecho de que no suponemos inalterables las "categorías" (condicionadas por la naturaleza del entendimiento), sino convenciones libres (en el sentido lógico). Parecen ser *a priori* sólo en la medida en la que pensar sin postular categorías y conceptos en general sería tan imposible como respirar en el vacío.

A partir de estas exiguas observaciones ya se ve que se me antoja un error aceptar que la descripción teórica dependa directamente de hechos [derivados] de constataciones empíricas, como me parece que se intenta, por ejemplo, en el principio de complementariedad de Bohr, cuya astuta formulación, por otra parte, he sido incapaz de desentrañar a pesar del gran esfuerzo invertido. Desde mi punto de vista tales sentencias o valoraciones sólo pueden darse como casos especiales, es decir, como partes de una descripción física a la que no puedo atribuir ninguna posición excepcional por encima del resto.

Los ensayos de Bohr y Pauli antes mencionados contienen un

675

reconocimiento histórico de mis esfuerzos en el área de la estadística física y de los cuantos y, además, una acusación presentada del modo más cordial y cuya formulación más breve suena así: "Adhesión rígida a la teoría clásica". Esta acusación exige bien defensa, bien confesión de culpabilidad. Una u otra se hacen, sin embargo, mucho más difíciles debido a que ni mucho menos está claro qué se entiende por "teoría clásica". La teoría de Newton merece el nombre de teoría clásica. Sin embargo, se abandonó desde que Maxwell y Herz mostraron que la idea de fuerzas a distancia tenía que abandonarse y que no nos las podemos arreglar sin la idea de "campos" continuos. La opinión de que los campos continuos deben considerarse como los únicos conceptos básicos aceptables, que habrá que suponer que subyacen también en la teoría de las partículas materiales, cuajó pronto. Esta concepción se ha convertido ahora, por decirlo así, en "clásica"; pero de ella no ha surgido propiamente una *teoría*, en principio, completa. La teoría de Maxwell del campo eléctrico se quedó en torso porque era incapaz de establecer leyes del comportamiento de la densidad eléctrica sin la que, por supuesto, no puede existir algo semejante a un campo electromagnético. Análogamente, la teoría de la relatividad general proporcionó una teoría de campo de la gravitación, pero ninguna teoría de masas creadoras de campo. (Estas observaciones presuponen que es en sí mismo evidente que una teoría de campo no puede contener singularidades, es decir, posiciones o partes en el espacio en las que no tienen validez las leyes de campo.)

En consecuencia, estrictamente hablando no existe hoy algo similar a una teoría de campo clásica y, por lo tanto, tampoco puede uno adherirse rígidamente a ella. Sin embargo, la teoría de campo existe como programa: "Funciones continuas en el continuo cuadridimensional como conceptos básicos de la teoría". Se puede decir legítimamente de mí que observo rígidamente este programa. La razón más profunda reside en lo siguiente: la teoría de la gravitación me hizo ver que la no linealidad de estas ecuaciones da por resultado el hecho de que esta teoría acaso produzca interacciones entre estructuras (cosas localizadas). Pero la búsqueda teórica de ecuaciones no lineales es imposible (debido a la gran variedad de posibilidades) si no se usa el principio general de relatividad (invariancia

676

ante transformaciones generales de coordenadas continuas). Entretanto, sin embargo, no parece posible formular este principio si intenta uno apartarse del programa anterior. Hay aquí una coerción que no puedo eludir, lo que digo para justificarme.

Estoy obligado, no obstante, a menoscabar esta justificación mediante una confesión. Si se ignora la estructura cuántica, se puede justificar la introducción de los g_{ik} "operacionalmente" aludiendo al hecho de que difícilmente se puede dudar de la realidad física del cono de luz elemental que corresponde a un punto. Al actuar así se hace uso implícito de la existencia de una señal óptica de intensidad arbitraria. Tal señal, sin embargo, en cuanto atañe a los hechos cuánticos, supone frecuencias y energías infinitamente altas, y por tanto una destrucción completa del campo que hay que determinar. Este tipo de justificación física por la introducción de los g_{ik} cae al borde del camino, salvo que se limite uno a lo "macroscópico". La aplicación de las bases formales de la teoría de la relatividad general a lo "microscópico" sólo puede tener por fundamento, por tanto, el hecho de que el tensor es la estructura covariante formalmente más simple que cabe considerar. Sin embargo, semejante argumentación no tiene peso para cualquiera que ponga en duda que tengamos que adherirnos al continuo. Todo honor a esta duda, pero ¿en qué otro sitio hay una vía aceptable?

Voy ahora al tema de la relación de la teoría de la relatividad con la filosofía. Ahí tenemos la obra de Reichenbach que, por la precisión de las deducciones y la agudeza de sus afirmaciones, se presta irresistiblemente a un breve comentario. La lúcida discusión de Robertson es también interesante, sobre todo desde el punto de vista de la epistemología general, aunque se limita al tema más restrictivo de la "teoría de la relatividad y la geometría". A la pregunta: ¿Considera usted verdadero lo que ha afirmado Reichenbach?, sólo puedo contestar con la famosa pregunta de Pilatos: ¿Qué es la verdad?

Echemos en primer lugar una buena ojeada a la cuestión: ¿Es verificable (es decir, falsable) o no, una geometría, desde el punto de vista físico? Reichenbach, junto con Helmholtz, dice: Sí, con tal de que el cuerpo sólido dado empíricamente haga realidad

677

el concepto de "distancia". Poincaré dice que no y, por lo tanto, es condenado por Reichenbach. Supongamos que tiene lugar ahora la breve conversación siguiente:

Poincaré: Los cuerpos dados empíricamente no son rígidos y por tanto no pueden ser utilizados para caracterizar intervalos geométricos. Por lo tanto, los teoremas de la geometría no son verificables.

Reichenbach: Admito que no existan cuerpos a los que, *automáticamente*, quepa referirse como "definición real" de intervalo. Sin embargo se puede conseguir esta definición considerando la dependencia térmica del volumen, la elasticidad y la electro- y magnetostricción, etc. Esto es realmente posible, no tiene contradicciones y la física clásica lo ha demostrado fehacientemente.

Poincaré: Para conseguir la definición real mejorada por usted mismo ha hecho usted uso de leyes físicas cuya formulación presupone (en este caso) la geometría euclídea. La verificación de la que usted ha hablado se refiere, por tanto, no meramente a la geometría sino a todo el sistema de leyes físicas que constituyen su fundamento. No es posible, por consiguiente, examinar la geometría por sí misma. En consecuencia, ¿por qué no me iba a ser posible elegir por completo la geometría de acuerdo con mi propia conveniencia (por ejemplo, la euclídea) y acomodar las leyes "físicas" (en el sentido ordinario) restantes a esta elección, de tal manera que no puedan surgir contradicciones del conjunto con la experiencia?

(La conversación no puede continuar en estos términos porque mi propio respeto por la superioridad de Poincaré como pensador y autor no me lo permite; en lo que sigue sustituiré pues a Poincaré por un no-positivista anónimo.)

Reichenbach: Hay algo de atractivo en esta concepción. Pero, por otra parte, es de destacar que la adhesión al significado objetivo de longitud y a la interpretación de las diferencias de coordenadas como distancias (en la física prerrelativista) no ha conducido a complicaciones. Sobre la base de este hecho increíble, ¿no estaríamos justificados, yendo más lejos, para funcionar, al menos a modo de tentativa, con el concepto de

678

longitud medible como si existiesen cosas tales como varillas de medida rígidas? En cualquier caso hubiera sido imposible *de facto* para Einstein (si no incluso teóricamente) establecer la teoría de la relatividad general, si no se hubiese acogido al significado objetivo de longitud.

Contra la sugerencia de Poincaré hay que señalar que lo que realmente importa no es meramente la mayor simplicidad posible de la geometría sola, sino más bien la mayor simplicidad posible de toda la física (incluida la geometría). Esto es lo que, en primera instancia, está implicado en el hecho de que tengamos hoy que rechazar por no idónea la postulación de abrazar el credo geométrico euclídeo.

No positivista: Si, bajo las circunstancias expuestas, mantiene usted reservas sobre si es un concepto legítimo, ¿qué ocurre entonces con su principio básico (significado = comprobación)? ¿No tiene usted que alcanzar el punto en que tiene que negar el significado de conceptos geométricos y teoremas y reconocer significado sólo dentro de la teoría de la relatividad completamente desarrollada (que, sin embargo, no existe todavía en absoluto como producto acabado)? ¿No tiene que admitir usted que, en su sentido de la palabra, no puede atribuirse en absoluto significado a los conceptos y afirmaciones individuales de una teoría física y al sistema entero sólo en la medida en que se hace "inteligible" lo dado por la experiencia? ¿Por qué los conceptos individuales que se encuentran en una teoría requieren alguna justificación específica si sólo son indispensables dentro del armazón de la estructura lógica de la teoría y la teoría sólo tiene validez en su integridad misma?

Me parece, además, que no ha hecho usted justicia en absoluto al logro filosófico realmente significativo de Kant. A partir de Hume, Kant ha enseñado que hay conceptos (como, por ejemplo, el de conexión causal), que juegan un papel dominante en nuestro pensamiento y que, sin embargo, no pueden deducirse mediante un proceso lógico a partir de lo empíricamente dado (un hecho que diversos empiristas reconocen que es cierto, pero que parecen olvidar de nuevo). ¿Qué justifica el uso de tales conceptos? Supongamos que hubiese replicado de este modo: Es necesario pensar con ánimo de entender lo dado empíricamente *y los conceptos y "categorías" son necesarios como elementos indispensables del pensamiento.* Si se hubiese quedado satisfecho con este tipo

679

de respuesta, hubiera evitado el escepticismo y no hubiera usted sido capaz de criticarlo. Sin embargo, él estaba confundido por la opinión errónea –difícil de evitar en su tiempo– de que la geometría euclídea es necesaria para pensar y ofrecer un conocimiento *seguro* (es decir, no dependiente de la experiencia sensorial) sobre los objetos de percepción "externa". A partir de este error fácilmente comprensible sacó la conclusión de la existencia de juicios sintéticos a priori, producidos únicamente por la razón y que, en consecuencia, pueden reclamar validez absoluta. Creo que su censura va menos directamente contra el propio Kant que contra los que todavía hoy se acogen a los errores de los "juicios sintéticos *a priori*".

Difícilmente pienso en algo más estimulante que las bases para la discusión en un seminario epistemológico que este breve ensayo de Reichenbach (mejor aún si va unido al de Robertson).

Todo lo discutido se relata y amplía pormenorizadamente en el ensayo de Bridgman, lo que me va a permitir hacer una exposición breve sin abrigar el temor de ser malentendido. Para poder considerar un sistema lógico como teoría física no es necesario exigir que todas sus afirmaciones se puedan interpretar independientemente y "comprobar" "operacionalmente"; *de facto* esto no se ha logrado nunca por ninguna teoría y no puede conseguirse en absoluto. Para que se pueda considerar una teoría como teoría física sólo es necesario que ésta comporte afirmaciones verificables empíricamente en general.

Esta formulación es por completo imprecisa, en la medida en que la "verificabilidad" es una cualidad que se refiere no meramente a la afirmación misma, sino también a la coordinación de los conceptos que contiene con la experiencia. Pero quizá apenas sea necesario que me ocupe en discutir este peliagudo problema ya que no es probable que existan diferencias esenciales de opinión a este respecto.

Margenau. Este ensayo contiene varias observaciones específicas originales que tengo que considerar por separado:

A su Sec. 1: "La posición de Einstein ... contiene aspectos de racionalismo y de empirismo extremo ..." Esta observación es

680

por completo correcta. ¿De dónde proviene esta fluctuación? Un sistema conceptual es física en la medida en que sus conceptos y afirmaciones se presentan necesariamente en relación con el mundo de las experiencias. Quienquiera que desee establecer tal sistema encontrará un peligroso obstáculo en la elección arbitraria (*embarras de richesse* [el aprieto de la riqueza]). Por eso trata de conectar sus conceptos tan directa y necesariamente como sea posible con el mundo de la experiencia. En este caso, su actitud es empírica. Este camino es a menudo fructífero, pero está siempre abierto a la duda porque el concepto específico y la afirmación individual pueden, después de todo, decir algo que esté cotejado por los datos empíricos sólo en conexión con el sistema entero. Reconoce entonces que no existe un camino lógico desde los datos empíricos al mundo conceptual. Su actitud se hace pues más racionalista, porque acepta la independencia lógica del sistema. El peligro de esta actitud reside en el hecho de que en la búsqueda del sistema se puede perder todo contacto con el mundo de la experiencia. Una oscilación entre estos extremos me parece inevitable.

A su Sec. 2: No crecí en la tradición kantiana pero llegué a entender lo que de verdaderamente válido hay que encontrar en esta doctrina, junto a errores que hoy son obvios, aunque ya tarde. Está contenido en la frase: "Lo real no nos es dado, sino impuesto (aufgegeben) (por vía de enigma)". Esto significa, obviamente: Existe algo semejante a una construcción conceptual para la captación de lo interpersonal, cuya autoridad estriba puramente en su validación. Esta construcción conceptual se refiere precisamente a lo "real" (por definición), y cualquier otra cuestión relativa a la "naturaleza de lo real" parece vacía.

A su Sec. 4: Esta discusión no me ha convencido en absoluto, porque está claro *per se* que cada magnitud y cada afirmación de una teoría pretende "significado objetivo" (dentro de la estructura de la teoría). Surge un problema sólo si atribuimos características de grupo a la teoría, es decir, si suponemos o postulamos que la misma situación física admite distintas formas de descripción, cada una de las cuales hay que verla igualmente justificada. Porque en este caso no podemos atribuir, obviamente, significado objetivo completo (por ejemplo, la componente x de la

681

velocidad de una partícula o su coordenada x) a las magnitudes (no eliminables) individuales. En este caso, que siempre ha existido en física, nos tenemos que limitar a atribuir significado objetivo a las leyes generales de la teoría, es decir, tenemos que exigir que estas leyes sean válidas para cada descripción del sistema que se reconozca justificada por el grupo. No es cierto, por tanto, que la "objetividad" presuponga una característica del grupo, sino que la característica del grupo obliga a afinar el concepto de objetividad. La postulación de las características del grupo es heurísticamente tan importante para la teoría porque esta característica limita considerablemente siempre la variedad de leyes matemáticamente significativas.

Sigue ahora la pretensión de que las características del grupo determinan que las leyes tienen que tener la forma de ecuaciones diferenciales; no puedo ver esto en absoluto. Margenau insiste en que las leyes que se expresan mediante ecuaciones diferenciales (en especial las parciales) son “menos específicas”. ¿En qué basa este argumento? Si se pudiera demostrar que son correctas, es cierto que el intento de basar la física en ecuaciones diferenciales se haría imposible. Estamos, sin embargo, lejos de ser capaces de juzgar si las leyes diferenciales del tipo que hay que considerar tienen acaso algunas soluciones libres de singularidades en todas partes; y, en tal caso, si son demasiadas tales soluciones.

Y ahora una obsesión referente a las discusiones sobre la paradoja de Einstein-Podolsky-Rosen. Yo no creo que la defensa de Margenau de la posición cuántica “ortodoxa (“ortodoxa” se refiere a la tesis de que la función ψ caracteriza *exhaustivamente* al sistema individual) acierte en lo esencial. De los teóricos cuánticos “ortodoxos” cuya posición conozco, la de Niels Bohr me parece que es la que más se acerca a hacer justicia al problema. Traducido a mi propia forma de decir, argumenta como sigue:

Si los sistemas parciales *A* y *B* forman un sistema total descrito por su función ψ, ψ /(AB), no hay razón por la que cualquier existencia mutuamente independiente (estado de realidad) hubiese que atribuirse a los sistemas parciales *A* y *B* contemplados separadamente, *ni siquiera si los sistemas parciales están separados espacialmente uno*

682

de otro en el tiempo particular que se considere. La afirmación de que, en este último caso, la situación de *B* no podría estar (directamente) influenciada por ninguna medida tomada en *A* es, por tanto, dentro de la estructura de la teoría cuántica, infundada e inaceptable (como muestra la paradoja).

Mediante esta forma de mirar el asunto se hace evidente que la paradoja nos obliga a abandonar una de las dos siguientes afirmaciones:

2) la descripción por medio de la función ψ es completa
3) los estados reales de objetos separados espacialmente son independientes uno de otro.

Por otra parte, es posible suscribir (2) si se contempla la función ψ como descripción de un conjunto (estático) de sistemas (y se renuncia, por tanto, a (1)). Este punto de vista, sin embargo, sacude la estructura de la “teoría cuántica ortodoxa”.

Un observación más a la Sec. 7 de Margenau. En la caracterización de la mecánica cuántica se encontrará la breve frase: “en el nivel clásico, corresponde a la dinámica ordinaria”. Esto es enteramente correcto *–cum grano salis*; y es precisamente este *granum salis* el que es significativo para la cuestión de la interpretación.

Si nos referimos a masas macroscópicas (bolas de billar o estrellas), estamos operando con ondas de de Broglie muy cortas, determinantes para el comportamiento del centro de gravedad de esas masas. Esta es la razón por la que es posible fijar la descripción teórico-cuántica durante un tiempo razonable de tal manera que, para el modo macroscópico de ver las cosas, se hace suficientemente preciso tanto en posición como en momento. También es verdad que esta nitidez se mantiene durante mucho tiempo y que los cuasi-puntos así representados se comportan como las masas puntuales de la mecánica clásica. Sin embargo, la teoría muestra también que, después de un tiempo suficientemente largo el carácter puntual de la función ψ se ha perdido por completo para las coordenadas del centro de gravedad, por lo que ya no se puede seguir hablando de ninguna cuasi-localización de los centros de gravedad. El cuadro se hace entonces, por ejemplo en el caso de una macro-masa puntual aislada, del todo similar al que ocurre con un electrón libre suelto.

683

Si ahora, de acuerdo con la posición ortodoxa, considero la función ψ como descripción completa de un hecho real para el caso individual, no puedo sino considerar *real* la esencialmente ilimitada falta de nitidez de la posición del cuerpo (macroscópico). Por otra parte, sin embargo, sabemos que si se ilumina el cuerpo mediante una linterna en reposo respecto al sistema de coordenadas, obtenemos una clara determinación (considerada macroscópicamente) de la posición. Para comprender esto tengo que suponer que esa posición nítidamente definida está determinada no simplemente por la situación real del cuerpo observado, sino también por el acto de iluminar. Esta es de nuevo una paradoja (similar a la de la masa en la tira de papel en el ejemplo mencionado antes). El fantasma desaparece sólo si se renuncia al punto de vista ortodoxo, según el cual la función ψ se acepta como descripción completa del sistema individual.

Podría parecer que todas estas consideraciones fuesen simples sutilezas eruditas superfluas que no tienen propiamente que ver con la física. Sin embargo, de tales consideraciones depende precisamente la dirección en la que cree uno que debe buscar las bases conceptuales futuras de la física.

Cierro estas exposiciones, que se han hecho un tanto tediosas, referentes a la interpretación de la teoría cuántica con la reproducción de una breve conversación que tuve con un importante físico teórico. Él: "Estoy por creer en la telepatía:" Yo: "Quizá tenga ésta más que ver con la física que con la psicología". Él: "Sí".

Los ensayos de Lenzen y Northrop intentan ambos tratar sistemáticamente mis ocasionales declaraciones de contenido epistemológico. A partir de esas declaraciones Lenzen construye un cuadro sinóptico completo en el que, lo que falta en las mismas, se suple con cuidado y delicadeza. Todo lo que allí se dice me parece convincente y correcto. Northrop utiliza estas declaraciones como punto de partida de una crítica comparativa de los sistemas epistemológicos fundamentales. Veo en esta crítica una obra maestra de pensamiento imparcial y discusión concisa que en ningún sitio se permite eludir lo esencial.

La relación recíproca de epistemología y ciencia es de tipo particular. Dependen la una de la otra. La epistemología

684

sin contacto con la ciencia se convierte en un esquema vacío. La ciencia sin epistemología –si es que es posible tal cosa– es primitiva y confusa. Sin embargo, en cuanto el epistemologista, que busca un sistema claro, se ha abierto camino a la fuerza hacia semejante sistema, tiende a interpretar el contenido de pensamiento de la ciencia en el sentido de este sistema y a rechazar cualquier cosa que no encaje en él. El científico, sin embargo, no se puede permitir llevar su esfuerzo por la sistemática epistemológica tan lejos. Acepta con gratitud el análisis conceptual epistemológico; pero las condiciones externas, que para él vienen establecidas por los hechos experimentales, no le permiten ser demasiado restrictivo en la construcción de su mundo conceptual mediante la observancia de un sistema epistemológico. Ante el epistemologista sistemático aparecerá siempre como un tipo oportunista sin escrúpulos: parece *realista* en cuanto que intenta describir un mundo independiente de los actos de percepción; *idealista*, en cuanto que estima los conceptos y teorías como invenciones libres del espíritu humano (no derivables lógicamente de datos empíricos); *positivista*, en cuanto que considera justificados sus conceptos y teorías sólo en la medida en la que proporcionan un representación lógica de relaciones entre experiencias sensibles. Puede parecer incluso *platónico* o *pitagórico* en cuanto que considera indispensable el punto de vista de la simplicidad lógica y herramienta efectiva de su investigación.

Todo esto está espléndidamente dilucidado en los ensayos de Lenzen y Northrop.

Y ahora, unas pocas observaciones referentes a los ensayos de E. A. Milne, G. Lemaître y L. Infeld referentes al problema cosmológico.

Respecto a las ingeniosas reflexiones de Milne sólo puedo decir que encuentro su base teórica demasiado estrecha. Desde mi punto de vista, no se puede llegar, mediante teoría, a nada medianamente seguro en el campo de la cosmología si no se hace uso del principio de relatividad general.

En lo que concierne a los argumentos de Lemaître a favor de la llamada "constante cosmológica" en las ecuaciones de la gravitación, tengo que admitir que estos argumentos no me parecen suficientemente convincentes a la vista del presente estado de nuestro conocimiento.

La introducción de tal constante implica una

685

renuncia considerable a la simplicidad lógica de la teoría, renuncia que me parece inevitable sólo en la medida en que no hubiese razón para dudar de la naturaleza esencialmente estática del espacio. Después del descubrimiento de Hubble de la "expansión" del sistema estelar y desde el descubrimiento de Friedmann de que las ecuaciones no suplementadas implican la posibilidad de existencia de una densidad media (positiva) de materia en un universo en expansión, la introducción de esa constante me parece, desde el punto de vista teórico, actualmente injustificada.

Esta situación se hace complicada por el hecho de que la duración completa de la expansión del espacio en la actualidad, basada en ecuaciones en su forma más simple, resulta más pequeña de lo que parece creíble a la vista de la edad, conocida con seguridad, de los minerales terrestres. Pero la introducción de la "constante cosmológica" no ofrece en absoluto la forma natural de escapar de esta dificultad. Esta última dificultad viene dada por medio del valor numérico de la constante de expansión de Hubble y la medida de la edad de los minerales, completamente independiente de cualquier teoría cosmológica, suponiendo que se interprete el efecto Hubble como efecto Doppler.

Finalmente, todo depende de la cuestión: ¿se puede considerar una línea espectral como medida de un "tiempo propio" (*Eigen Zeit*) ds ($ds^2 = g_{ik}dx_i dx_k$) (si se consideran regiones de dimensión cósmica)? ¿Existe algún objeto natural que incorpore la "varilla de medida natural" con independencia de su posición en el espacio cuadridimensional? La afirmación de esta cuestión hizo *psicológicamente* posible la invención de la teoría de la relatividad general; sin embargo, esta suposición es lógicamente innecesaria. Para la construcción de la actual teoría de la relatividad es esencial lo siguiente:

2) Las cosas físicas se describen por funciones continuas, variables de campo de cuatro coordenadas. En tanto se preserve la conexión topológica, estas últimas se pueden elegir libremente.
3) Las variables de campo son componentes del tensor; entre los tensores hay un tensor simétrico g_{ik} para la descripción del campo gravitacional.
4) Hay objetos físicos que (en el campo macroscópico) miden el invariante ds.

686

Si se aceptan (1) y (2), (3) es admisible, pero no necesario. La construcción de la teoría matemática descansa exclusivamente en (1) y (2).

Una teoría *completa* de la física como totalidad, de acuerdo con (1) y (2), no existe todavía. Si existiera, no habría lugar para el supuesto (3), pues los objetos usados como herramientas de medida no llevan una existencia independiente junto a los objetos implicados por las ecuaciones de campo. No es forzoso que uno deba permitir que se restrinjan sus propias consideraciones cosmológicas por actitud escéptica semejante; pero tampoco debería uno cerrar su mente hacia ellas desde el principio.

Estas reflexiones me llevan al ensayo de Karl Menger, porque los hechos cuánticos sugieren la sospecha de que la duda también puede alzarse con relación a la utilidad última del programa caracterizado en (1) y (2). Existe la posibilidad de dudar sólo de (2) y, al hacerlo, de cuestionar la posibilidad de ser capaz de formular adecuadamente las leyes mediante ecuaciones diferenciales, sin renunciar a (1). El esfuerzo más radical de abandonar (1) con (2) me parece –y creo que también al Dr. Menger- que está mucho más a mano. En la medida en que nadie tiene conceptos nuevos que parecen tener suficiente capacidad constructiva, queda la simple duda; esta es, por desgracia, mi propia situación. La adhesión al continuo surge en mi caso no de un prejuicio, sino del hecho de haber sido incapaz de pensar en algo orgánico para sustituirlo. ¿Cómo se las apaña uno para conservar en esencia la cuadridimensionalidad (o aproximadamente) y rendirse al continuo?

El ensayo de L. Infeld es una excelente introducción, comprensible en sí misma, al llamado "problema cosmológico" de la teoría de la relatividad, que examina críticamente todos los puntos esenciales.

Max von Laue: Una investigación histórica del desarrollo de los postulados de conservación que, en mi opinión, tiene valor eterno. Creo que merecería la pena hacer fácilmente accesible este ensayo a los estudiantes mediante una publicación aparte.

687

A pesar de serios esfuerzos no he conseguido entender totalmente el ensayo de H. Dingle, ni siquiera en cuanto atañe a su intención. ¿Hay que extender la idea de la teoría de la relatividad especial en el sentido de que hay que postular nuevas características de grupo que no están implicadas por la invariancia de Lorentz? ¿Están empíricamente fundamentados estos postulados o se postulan sólo a título de prueba? ¿En qué reside la confianza en la existencia de tales características de grupo?

El ensayo de Kurt Gödel constituye, en mi opinión, una importante contribución a la teoría general de la relatividad, en especial al análisis del concepto de tiempo. El problema implicado aquí ya me trastornó en la época de la construcción de la teoría de la relatividad general, sin haber acertado a clarificarlo. Enteramente aparte de la relación de la teoría de la relatividad con la filosofía idealista o con cualquier formulación filosófica de cuestiones, el propio problema se presenta como sigue:

Si *P* es un punto-universo, le pertenece un "cono de luz" ($ds^2 = 0$). Tracemos una línea-universo "temporal" que pase por *P* y observemos los puntos-universo próximos *B* y *A*, separados por *P*. ¿Tiene algún sentido dotar a la línea-universo con una flecha y afirmar que *B* está *antes* que *P* y *A después* de *P*? ¿Es lo que queda de conexión temporal entre puntos-universo en la teoría de la relatividad una relación asimétrica o se estaría perfectamente justificado, desde el punto de vista físico, para señalar la flecha en dirección contraria y afirmar que *A* está *antes* que *P* y *B después* de *P*?

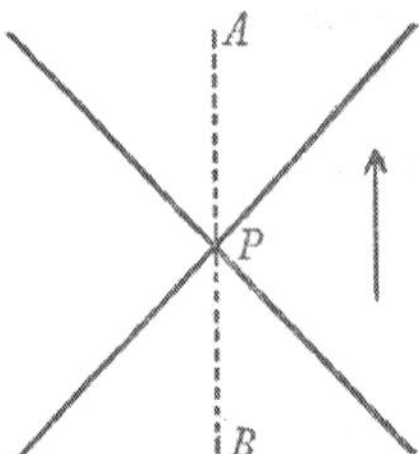

En primera instancia, la alternativa se decide por el no si nos justificamos diciendo: es posible enviar (telegrafiar) una señal (que pase también por la proximidad de P) de *B* a *A*, pero no de *A* a *B* pues el carácter unidireccional (asimétrico) del tiempo está asegurado, es decir, no existe libre elección para la dirección de la flecha. Lo que es aquí esencial es el hecho de que enviar una señal es, en sentido termodinámico, un proceso irreversible, proceso conectado

688

con el crecimiento de la entropía (por cuanto, *según nuestro conocimiento actual*, todos los procesos elementales son reversibles).

Por tanto, si *B* y *A* son dos puntos-universo suficientemente próximos que pueden conectarse por una línea de tiempo, la afirmación: "*B* está antes que *A*" tiene sentido físico. Pero, ¿tiene todavía sentido esta afirmación si los puntos conectables por la línea de tiempo están arbitrariamente alejados uno de otro? Ciertamente no, si existen series de puntos conectables mediante líneas de tiempo de modo que cada punto precede temporalmente al precedente, *y si la serie se cierra en sí misma*. En ese caso, la distinción "antes-después" se abandona para puntos-universo alejados en sentido cosmológico, y surgen esas paradojas, considerando la *dirección* de la conexión causal, de lo que ha hablado el Sr. Gödel.

Tales soluciones cosmológicas de las ecuaciones de la gravitación (sin desaparecer la constante Λ) las ha encontrado el Sr. Gödel. Sería interesante sopesar si no hay que excluirlas del ámbito físico.

* * *

Tengo la penosa sensación de haberme expresado en esta réplica no sólo con cierta prolijidad, sino también con hirsutez. Esta observación puede servirme de excusa: uno se puede pelear de verdad sólo con sus hermanos o amigos íntimos; los demás son demasiado extraños.

P.S. Las anteriores observaciones se refieren a ensayos que estaban en mis manos al final de enero de 1949. En la medida en que el volumen tenía que aparecer en marzo, había tiempo de sobra para escribir estas reflexiones.

Después de haberlas terminado supe que la publicación del volumen experimentaría un retraso y que se incorporarían al mismo importantes ensayos adicionales. Decidí sin embargo no extender mis observaciones, que ya se habían hecho en exceso largas, y desistir de tomar posición con referencia a esos ensayos que me llegaron después de concluir mis observaciones.

Albert Einstein.
INSTITUTE OF ADVANCED STUDY
PRINCETON, NEW JERSEY
1 de FEBRERO de 1949

1950

ENERO

Carta de Einstein a Born [95]

The Institute for Advanced Study
Princeton, New Jersey

8 de enero de 1950

Querido Born:

El jaleo en la prensa respecto a mi último trabajo es muy fastidioso. No tengo copias del manuscrito pero se imprimirá en las próximas semanas como apéndice a mi librito «Meaning of Relativity». Te enviaré entonces una Separata.

Entretanto te saludo cordialmente como a uno de mis más queridos antípodas.

Tuyo,
A. Einstein

Comentario adicional de Born

Los periódicos americanos y, acto seguido, también muchos europeos, hicieron entonces mucho ruido respecto a que Einstein había dicho en un artículo, que la «Teoría unificada de campo» expuesta en él era, en su opinión, satisfactoria y probablemente definitiva.

En una tarjeta postal recibí un recorte de periódico, de fecha 12 de enero de 1950, en el que, junto a algunas «explicaciones» (en inglés) incomprensibles, figuraban las cuatro ecuaciones fundamentales:

$$g_{\underset{+-}{ik;l}} = 0 ; \quad \Gamma_l = 0 ; \quad R_{lk} = 0 ; \quad g^{is}_{,s} = 0 .$$

Este es un ejemplo típico de la idolatría a Einstein que él, en la carta precedente (al final), rechaza con palabras casi desesperadas.

SEPTIEMBRE

Carta de Born a Einstein [96]

3 de septiembre de 1950

Querido Einstein:

La revista «Nature» me ha mandado tu libro: «Out of my later years» para que lo reseñe. En realidad quería escribirte al respecto sólo después de haberlo leído por completo. Pero prefiero decirte ya con qué alegría estoy leyendo estos preciosos, concisos y claros artículos. Decía Hedi si no habría disponible una edición en alemán; ella piensa que seguro que tú lo has escrito inicialmente en alemán y que ninguna traducción puede reflejar tu característica forma de expresarte.

He leído también los artículos de física de tu libro y, al margen de nuestra ya de largo conocida diferencia de opinión en asuntos de mecánica cuántica, he disfrutado mucho. En cuanto al argumento de la «descripción incompleta», he tomado posición en un artículo que te enviaré. He tenido en él el descaro de remitirme a ti, en el sentido de que esta incompletitud es a veces necesaria, por ejemplo en la teoría de la relatividad.

4 de septiembre de 1950

Antes de enviar esta carta, me gustaría añadir dos observaciones. Una se refiere a un pasaje del libro en el que manifiestas la responsabilidad de todo el pueblo alemán por los crímenes de los nazis. La otra observación atañe a tu interpretación de la función ψ: me parece que coincide exactamente con lo que yo pensaba desde el principio y con lo que probablemente piensen hoy todos los físicos sensatos. Decir que ψ describe el «estado» de un sistema es sólo una forma de hablar, como cuando se dice en la vida ordinaria «mi esperanza de vida (como hombre de 67 años) es 4,3 años». Es también una afirmación sobre un sistema aislado, pero absurda en sentido empírico. Porque, por supuesto, se quiere decir: toma un conjunto de individuos, todos de 67 años, y cuenta qué porcentaje vive un tiempo dado. En esta forma he interpretado siempre el significado de $|\psi|^2$. En vez de eso, tú propones hablar de un sistema de muchos individuos idénticos, de una población estadística. La diferencia no me parece esencial, sino meramente lingüística. ¿O te he entendido mal y quieres decir algo más profundo? Si llegásemos aquí a un acuerdo, me cabría alguna esperanza de lograr también lo mismo en la cuestión de la «completitud». Pero, de esto, más adelante.

—

Carta de Einstein a Born [97]

15 de septiembre de 1950

Querido Born:

Lamento que se te haya importunado con mi serie de artículos. No hay en ellos nada que pretenda originalidad, sino que son sólo opiniones que se me han reclamado, no escritas por necesidad propia.

Gente como tu doctor bolchevique adoptan posiciones fanáticas para protestar contra la dureza, injusticias y absurdos de nuestra propia sociedad (huída de la realidad). Si estuviera en Rusia, seguramente también sería rebelde allí –sólo que se cuidaría de contártelo. En todo caso, me parece que los de aquí tienen una política extraña, bastante peor que los rusos. Y la gente estúpida se lo cree todo. Eso es miopía extrema, ya que nuestra superioridad técnica está desapareciendo; y si se llega a un conflicto general, a la postre es el *número* de hombres el que decide.

Lo que llamo incompletitud de la descripción dada por la mecánica cuántica no tiene equivalente en la teoría de la relatividad. Se trata, dicho brevemente, de la circunstancia de que, en la descripción por la función ψ, las cualidades de un sistema individual (de cuya «realidad» –en el caso de que se trate de un parámetro «macroscópico»– no dudamos nadie) no encuentran expresión.

Imagínate un cuerpo (macroscópico) que gira libremente alrededor de un eje. El estado está únicamente determinado por un ángulo. Supongamos que el estado inicial (ángulo y momento cinético) esté determinado con toda la precisión que permite la teoría cuántica. La ecuación de Schrödinger nos proporciona una función ψ para cualquier instante posterior. Si el tiempo es suficientemente largo, todos los valores angulares son (prácticamente) igualmente probables. Pero si se efectúa una observación sobre este cuerpo (iluminándolo, por ejemplo, un breve instante con una linterna), se encuentra un determinado valor de ángulo (suficientemente preciso). Evidentemente, no se sigue que este valor de ángulo existiese ya antes de la observación –pero eso se cree, ya que en el dominio macroscópico se está resuelto a atenerse a las exigencias de la realidad. En este caso, la función ψ expresa pues los hechos reales sólo de forma imperfecta. Eso es lo que califico de «descripción incompleta».

Probablemente no tengas nada que oponer. Pero quizá opines que una descripción completa sería inútil, ya que no existirían leyes para ella. No digo que pueda refutar definitivamente ese punto de vista. Pero mi instinto* me dice que la formulación completa de las leyes está ligada a la descripción completa de los hechos. Estoy convencido de eso, aunque el *éxito* hable en contra (hasta ahora). También creo que la formulación actual es verdadera en el sentido en que lo son por ejemplo los enunciados de termodinámica, es decir, en la medida en que son adecuados los conceptos utilizados. Esto no representa un intento (inútil) de convencerte a ti (ni a nadie); me gustaría sólo que entendieses mi forma de pensar.

Por el final de tu carta veo que también tú consideras *incompleta* la descripción teórico-cuántica (en conjunto). Pero tú estás convencido de que para una descripción completa no existen leyes (completas) conforme al principio positivista *esse es percipi*.** Ahora bien, eso es un criterio programático, no ciencia. Aquí reside la diferencia fundamental entre nuestras posiciones. Mientras, estoy solo con mi opinión, como Leibniz frente al espacio absoluto de la teoría de Newton.

Ya he vuelto a desfilar ante ti con mi viejo caballo de batalla. Pero tienes tú la culpa, por haberme provocado. Me alegro de que tus chicos vengan a nuestro palomar. En lo que concierne a los alemanes, no he cambiado de opinión; que, por lo demás, no proviene sólo de la época nazi. De nacimiento, todos los hombres son por término medio iguales. Pero los alemanes tienen una tradición más peligrosa que los demás pueblos de la llamada civilización. El actual comportamiento de los demás ante ellos sólo me muestra lo poco que aprenden los hombres de sus experiencias más dolorosas.

Saludos cordiales, tu

A.E.

Retomo aquí comentarios hechos en mi versión de las Cartas EB (2015. STI Ediciones. Zaragoza):

[* Nueva apelación, esta vez de Einstein, al *instinto*.]

[** Estamos aquí ante una diatriba eterna que podríamos acotar en "realistas versus idealistas". Los idealistas dan prioridad a las ideas frente al mundo real. Ahora bien, lo real –que no sabemos propiamente qué es– no tiene por qué coincidir con lo existente. No es infrecuente que esta frase del obispo Berkeley se invoque como un principio *positivista*, lo que resulta discutible. Siendo confuso en su brevedad, confusión quizá incrementada por la condición de obispo del postulante, la interpretación más cabal del aserto de Berkeley es que a lo único a lo que puede darse naturaleza de existente es a aquello que se percibe –intelectualmente, no sensorialmente. Dicho de otro modo: lo único existente es el pensamiento; o aún de otro: existir consiste en ser pensado. En tal caso, la traducción genuina significaría que de lo único que puede estarse seguro (condición sine qua non para que podamos considerar que hablamos de ciencia, según Hume) es de la existencia de lo que se piensa –ya que se está pensando precisamente en eso–, pero sólo de su existencia en el pensamiento de quien lo piensa, lo que no necesariamente significa que lo que se piensa corresponda a algo "real", en el sentido ordinario. De este modo, pensar es una "experiencia" empírica, para el que piensa, y esa es su única verdad (su única certeza). Probablemente ahí podrían entrar los *Gedankenexperimente* einsteinianos y en ese sentido sería Einstein un empirista no convencional. Berkeley estaría más próximo a los idealistas, en el sentido en que lo son, en distintos grados y matices, Platón, Descartes, Kant o Lebiniz. El positivista, por su parte, da prioridad a los hechos (*positum*: lo que está delante), no se adentra en aventuras metafísicas (que considera superadas, una fase atrasada en la consolidación del conocimiento) y admite la existencia de la realidad, realidad que puede manipularse con objetivos prácticos. El positivista es un pragmático (el recíproco no es cierto).]

Comentario adicional de Born

Quizá sea esta la exposición más clara de la filosofía de la realidad de Einstein. Especialmente revelador es el penúltimo párrafo. Einstein llama «incompleta» mi forma de describir el universo físico; pero él tiene esto como una insuficiencia cuya reparación espera, mientras que yo me doy por satisfecho al respecto. De hecho, siempre lo he considerado un progreso, ya que la descripción exacta del estado de un sistema físico supone que puedan efectuarse sobre él medidas infinitamente precisas, lo que me parece absurdo. Me parece que, al hacerlo, he seguido el camino que Einstein indicaba en su teoría de la relatividad; reconocía allí la imposibilidad de determinar absolutamente la posición de puntos en el espacio y el tiempo y concluía con el absurdo de la noción de determinación absoluta de una posición o de un instante. Todo su enorme edificio está construido sobre este principio. Pero no quería reconocer la analogía de esta situación con la de la mecánica cuántica.

—

DICIEMBRE

Carta de Einstein a Schrödinger

[Princeton, 22 de diciembre de 1950]

Querido Schrödinger:

Entre los físicos contemporáneos, tú eres el único (con Laue) que ve que no se puede retorcer la hipótesis de realidad –a poco honesto que se sea. La mayor parte de los físicos no ve que están jugando de forma peligrosa con la realidad –la realidad vista como algo independiente de cualquier observación. Creen, de forma arbitraria, que la teoría cuántica proporciona una descripción de la realidad, e incluso una descripción *completa*. Esta concepción se refuta, sin embargo, de forma elegante por tu ejemplo del sistema (átomo radiactivo + contador Geiger + amplificador + polvo explosivo + gato en una caja), en donde la función ψ del sistema contiene a la vez el gato vivo y el gato reducido a cenizas. ¿Es que el estado del gato tiene que producirlo el físico que en un momento dado examina lo que ocurre? La verdad es que nadie duda de que la existencia o no existencia del gato sea independiente del acto de observación. Pero entonces la descripción por la función de onda es incompleta y tiene que existir una descripción más completa. Mantener que la teoría cuántica es (en principio) definitiva es creer que una descripción completa no tendría sentido ya que no le correspondería ninguna ley. En este caso, la física no tendría interés más que para los tenderos y los ingenieros; sería un horrible pastiche.

Subrayas con toda justeza que la descripción completa no se puede construir a partir del concepto de aceleración, como tampoco –me parece– a partir del concepto de partícula. De toda nuestra herramienta, sólo queda el concepto de campo; pero sólo el diablo sabe si va a resistir. Creo que merece la pena atenerse con firmeza al concepto de campo, es decir, al continuo, mientras nadie se oponga con razones realmente sólidas.

Sin embargo me parece cierto que el carácter (en principio) estadístico de la teoría no es más que una consecuencia de la incompletitud de la descripción. Eso no nos informa sobre el carácter determinista de la teoría; en efecto, este concepto sigue siendo completamente nebuloso mientras no se sepa lo que hay que dar para determinar el «estado inicial» («corte»).

Es bastante penoso constatar que estamos todavía en mantillas. No tiene nada de extraño que la gente se niegue a admitirlo (aun para sí mismos).

Tuyo,

A.E.

[*Oeuvres Choisies*. L. I. Quanta, p.250]

—

1952

MAYO

Carta de Born a Einstein [98]

4 de mayo de 1952

Estuvo ayer aquí Freundlich y nos dio una diáfana conferencia sobre el estado de la desviación de la luz por el sol. Parece como si tu fórmula no acabase realmente de cuadrar del todo. En cuanto al corrimiento al rojo parece todavía peor; en el interior del disco solar es mucho más pequeño y, en el borde, mayor que el valor teórico. ¿Qué ocurre entonces? ¿Puede tratarse de un indicio de no linealidad (dispersión de la luz por la luz)? ¿Te has ocupado tú de esto? Schrödinger sigue el tema, pero yo me he dado por vencido.

Comentario adicional de Born

El astrónomo Freundlich se había esforzado desde el principio en probar la teoría de la gravitación de Einstein mediante observaciones astronómicas; trabajaba en el telescopio de la Torre Einstein, en Potsdam; después, tras su forzada emigración, en 1933, en St. Andrews, una pequeña universidad próxima a Edimburgo. En esa época (1952) pareció que verdaderamente las predicciones de la teoría sobre desviación de la luz por el sol y el corrimiento al rojo de las líneas espectrales no eran del todo correctas. Observaciones más recientes, sin embargo, han zanjado estas dificultades. Pero este no es lugar para entrar en el tema. Un breve informe al respecto puede encontrarse en la última edición de mi libro «La Teoría de la Relatividad de Einstein» (4ª edición, Berlín, 1964).

Carta de Einstein a Born [99]

12 de mayo de 1952

La generalización de la gravitación es por fin ahora, desde el punto de vista formal, por completo convincente e inequívoca –si el Señor no ha elegido otro camino totalmente distinto del que no quepa hacerse una idea. Por desgracia, la comprobación de la teoría es demasiado difícil para mí. Después de todo, el hombre no es sino una pobre bestia. Freundlich, en cambio, no me conmueve un ápice. Aunque no se conociera ni la desviación de la luz, ni el movimiento del perihelio, ni el corrimiento de las líneas, las ecuaciones gravitacionales serían convincentes, porque evitan el sistema inercial (ese fantasma que actúa sobre todo pero sobre el que las cosas, recíprocamente, no actúan). Es verdaderamente extraño que los hombres sean, en su mayoría, sordos ante los argumentos más fuertes y se inclinen siempre por sobrestimar la precisión de las medidas.** ¿Has visto que Bohm (igual que de Broglie hace ya 25 años) cree que puede reinterpretar en términos deterministas la teoría cuántica? El camino me parece demasiado barato. Pero, naturalmente, tú puedes juzgar mejor.

[** Ratifica aquí Einstein su mayor fe en la razón humana –como criterio de solvencia científica– frente a la obsesión empirista *convencional* de la medida.]

Comentario adicional de Born

Mi comentario sobre las dudas de Freundlich en las confirmaciones astronómicas de la teoría de la relatividad dejó a Einstein absolutamente frío. Al fundamento lógico de su teoría de la gravitación lo tenía por inconmovible. Las más recientes observaciones le han dado la razón.

Es extraño que no reconociese la analogía de la situación con la de la mecánica cuántica. Rechaza el concepto 'sistema inercial' como «fantasma que actúa sobre todo pero sobre el que las cosas, recíprocamente, no actúan»; es decir: como hipótesis hecha ad hoc y no comprobable. Pero no quería admitir que eso mismo es cierto para la hipótesis de que los procesos en el mundo atómico podían ser descritos mediante objetos que se pueden fijar en espacio y tiempo y que, según el modelo del mundo cotidiano, son tangibles y reales y obedecen leyes deterministas.

Esto guarda relación con su comentario sobre la teoría de David Böhm. Aunque esta estuviera del todo en la línea de sus propias ideas, la simple reinterpretación determinista de las fórmulas de la mecánica cuántica le parecía «demasiado barata». Hoy en día apenas se hace mención de este intento de Böhm ni del similar de de Broglie.

—

OCTUBRE

Carta de Born a Einstein [101]

28 de octubre de 1952

La semana que viene tengo que dar en Londres una serie de conferencias en la Universidad. Con tal ocasión debería también tener lugar un debate público con Schrödinger al que, igual que a ti, no le gusta la interpretación estadística de la mecánica cuántica pero cree que sus ondas son la solución 'determinista' definitiva. No es tan sencillo, claro, y creo que le habría incordiado malamente de haberse sustanciado el asunto. Pero, por desgracia, ha sido objeto de una seria operación –apendicitis con perforación–, ha estado en grave peligro y no está del todo fuerte como para viajar a Londres. En vez de eso habrá un debate con algunos filósofos, lo que promete ser una aventura descafeinada.

Por lo demás, me resulta divertido que Heisenberg haya recogido mi vieja idea de la Electrodinámica no lineal y, mutatis mutandis, la haya aplicado a los campos de mesones.

Comentario adicional de Born

El debate con filósofos en Londres tuvo efectivamente lugar y, como se preveía, en ausencia de Schrödinger fue 'descafeinado'. El contenido del debate está consignado en los siguientes artículos impresos: E. Schrödinger, «Are there Quantum Jumps?» (*The British Journal for the Philosophy of Science*, Parte I, agosto de 1952, p. 109; Parte II, noviembre de 1952, p. 233.); M. Born, «*The Interpretation of Quantum Mechanics*» (ibídem, agosto de 1953, p. 95).

Schrödinger era al menos tan terco como Einstein en su actitud conservadora respecto a la mecánica cuántica; no sólo rechazaba la interpretación estadística, sino que insistía en que su mecánica ondulatoria significaba el retorno al pensamiento clásico. No aceptaba ninguna objeción en contra, ni aun siquiera la de más peso: que una onda en el espacio 3n-dimensional, como la que se necesita para describir n partículas, no es ningún concepto clásico y no es accesible a la intuición humana*.

La teoría no lineal de Heisenberg no era específicamente indicada sólo para campos de mesones, sino para todas las partículas elementales y es, en la actualidad, centro de todo interés.

[* Aquí Born parece decir a las claras que en cuántica no vale recurrir a la intuición. Absténganse intuitivos, por tanto, no ya sólo clásicos. Se llamen Einstein o Schrödinger. *Lasciate ogni speranza, voi ch'entrate.* El infierno cuántico. Sólo apto para diablos.]

1953

OCTUBRE

Carta de Einstein a Born [103]

12 de octubre de 1953

Para el libro que se te va a dedicar, he compuesto una cancioncilla física para niños que ha asustado un tanto a Bohm y a de Broglie. Debe demostrar la indispensabilidad de tu interpretación estadística de la mecánica cuántica, que recientemente se ha tratado de esquivar incluso por Schrödinger. Quizá te divierta. Nuestro común destino es que todos tenemos que responder por nuestras pompas de jabón. Probablemente esto lo haya prescrito ese «Dios que no juega a los dados», de modo que la han tomado tan amargamente a mal conmigo no sólo los teóricos cuánticos, sino también los fieles de la Iglesia de los ateos.

Comentario adicional de Born

Con el libro de homenaje que Einstein menciona, el caso es el siguiente. Con ocasión de mi retiro de la cátedra de Edimburgo, la Universidad organizó una pequeña fiesta en la que se me hizo entrega de un volumen conmemorativo: «Scientific Papers, presented to Max Born on his retirement from the Tait Chair of Natural Philosophy in the University of Edinburgh» (Edinburgh-London 1953). Este libro contiene ensayos de amigos y antiguos alumnos. Entre estos, sin embargo, no sólo hay partidarios de mi interpretación estadística de la mecánica cuántica, sino también cuatro de sus abiertos oponentes. Cito en primer lugar a Schrödinger, que trata no obstante un tema distinto; mi confrontación con él había tenido ya lugar en los artículos del «British Journal for the Philosophy of Science» mencionados (véase la carta 101). Luego, de Broglie, David Bohm y Einstein habían aportado contribuciones que se referían a la interpretación de la mecánica cuántica. Me gustaría entrar aquí en estas cuestiones, que juegan su papel en la correspondencia que sigue con Einstein, para poder más tarde retomarlas de forma breve.

El punto de vista de Schrödinger es el más sencillo: cree que mediante el desarrollo posterior que él hizo de la mecánica ondulatoria de de Broglie se resuelve todo el problema de los cuantos con sus paradojas: no hay partículas, ni 'saltos cuánticos'; hay sólo ondas con sus bien conocidas oscilaciones propias, caracterizadas por números enteros (números cuánticos); las partículas son paquetes de onda estrechos. A esto se puede objetar que, en general (para procesos que se describen clásicamente mediante varias partículas), se necesitan ondas en espacios de muchas dimensiones que son completamente diferentes de las ondas de la física clásica e inaccesibles al modo de ver de ésta; y que los paquetes de onda como soluciones de la ecuación de Schrödinger no se pueden propagar sin deformarse, sino que se dispersan; y otras objeciones. El punto de vista de Schrödinger está, probablemente, definitivamente abandonado.

De Broglie, creador de la mecánica ondulatoria, y Bohm aceptaron, igual que Schrödinger, los resultados de la mecánica cuántica, pero no la interpretación estadística. Intentaron desarrollar ideas en las que se conservaba el carácter determinista de los procesos elementales, admitiendo mecanismos ocultos que se escondían tras las ondas o reescribiendo las fórmulas de modo que diesen a estas la apariencia de leyes mecánicas deterministas. No obstante, estas tentativas no llevaron muy lejos y me parece que hoy (1965) prácticamente han desaparecido. También Einstein consideraba este punto de vista «demasiado barato» (carta 99). Sus ideas eran más radicales, si bien 'música del futuro'. Veía en la actual mecánica cuántica una etapa intermedia útil entre la física clásica tradicional y una física del futuro, todavía por completo desconocida, construida sobre los fundamentos de la teoría de la relatividad general, en la que –y esto, por razones filosóficas, lo consideraba imperativo– hallarán de nuevo plena justicia los conceptos tradicionales de realidad física y certeza determinista. Así que no es que considerase falsa la mecánica cuántica estadística, sino «incompleta». Sus fundamentos eran esencialmente de carácter filosófico y, por tanto, difíciles de sacudir, y desde luego no mediante argumentos puramente físicos. Con todo, yo intenté contestarle y el resultado fue una polémica aguda, pero siempre amistosa, que se refleja en las siguientes cartas.

Al final de la carta precedente habla Einstein sobre el impacto de su frase del «Dios que no juega a los dados», utilizando a la vez una expresión típica suya: «Iglesia de los ateos». Él no tenía credo religioso alguno, pero no consideraba que la fe fuese un signo de estupidez o que el ateísmo lo fuera de inteligencia, sino que sabía, como Sócrates, que no sabemos nada. Lo que cabría advertir a los comunistas, cuando lo reivindican como camarada suyo.

—

NOVIEMBRE

Carta de Born a Einstein [104]

Edinburgh, 8 de noviembre de 1953

En cuanto al libro-homenaje, al que tú has contribuido, tengo todavía que esperar. Me lo entregarán solemnemente el 24 de noviembre. Estoy muy impaciente por ver qué tratamiento haces de lo que dicen Schrödinger y Bohm. Lo que tengo que decir al respecto lo encontrarás en el paquetito de artículos que está en camino.

—

[Contribución de Einstein al volumen conmemorativo dedicado a Born: «Scientific Papers, presented to Max Born on his retirement from the Tait Chair of Natural Philosophy in the University of Edinburgh» (Edinburgh-London 1953).]

Albert Einstein (*Instituto de Estudios Avanzados*. Princeton, New Jersey). «***Elementare Überlegungen zur Interpretation der Grundlagen der Quanten Mechanik***» [Contribución de Einstein al volumen conmemorativo dedicado a Born: «Scientific Papers, presented to Max Born on his retirement from the Tait Chair of Natural Philosophy in the University of Edinburgh» [Scientific Papers ofrecidos a Max Born con motivo de su jubilación de la Cátedra Tait de Filosofía Natural de la Universidad de Edimburgo.] (Edinburgh-London 1953).] [«Consideraciones elementales sobre la Interpretación de los Fundamentos de la Mecánica Cuántica»]

33

CONSIDERACIONES ELEMENTALES SOBRE LA INTERPRETACIÓN DE LOS FUNDAMENTOS DE LA MECÁNICA CUÁNTICA

A. Einstein

Instituto de Estudios Avanzados de Princeton, N. J.

La peculiaridad de la situación actual la veo así: sobre el formalismo matemático de la teoría no hay ninguna duda, pero sí sobre la interpretación física de sus enunciados. ¿En qué relación está la función ψ con un hecho concreto individual, es decir, con la situación individual de un sistema particular? O: ¿Qué expresa la función ψ sobre el "estado real" (individual)?

De entrada se puede dudar de si a esta cuestión cabe acaso darle algún sentido. Esto es, puede adoptarse el siguiente punto de vista: "real" es sólo el resultado singular de una observación, pero no algo que existe objetivamente en el espacio y en el tiempo independientemente del acto de observar. Si se adopta este pulcro punto de vista positivista, no hay obviamente que preocuparse de cómo hay que interpretar el "estado real" en el marco de la teoría cuántica. El esfuerzo se presenta entonces como un combate de esgrima contra un fantasma.

Este limpio punto de vista positivista tiene sin embargo –si se aplica consecuentemente– una irreparable fragilidad: conduce a dar por carentes de significado a cualesquiera enunciados expresables con palabras. ¿Se tiene derecho a considerar razonable, es decir, verdadera o falsa una descripción de un único resultado de observación? ¿No puede descansar tal descripción en mentiras o en vivencias que pudiéramos interpretar como reminiscencia de sueños o alucinaciones? ¿Tiene acaso algún sentido objetivo la distinción entre vivencias de vigilia y de sueño? Finalmente quedan sin remedio como "reales" sólo las vivencias de un yo sin ninguna posibilidad de decir nada sobre ellas; pues los

34

conceptos utilizados en las declaraciones acreditan ser sin excepción, con el pulcro análisis positivista, carentes de sentido.

En verdad, los conceptos y sistemas conceptuales independientes utilizados en nuestras afirmaciones son creaciones humanas, herramientas de creación propia cuya justificación y valor descansa exclusivamente en que permiten coordinar "con ventaja" las experiencias (verificación[+]). Dicho en otros términos, estas herramientas son legítimas en la medida en que son capaces de "explicar"* las experiencias.

Sólo desde este punto de vista de la confirmación hay que juzgar la legitimidad de conceptos y sistemas conceptuales. Esto vale también para los conceptos "realidad física" o "realidad del mundo exterior" y "estado real de un sistema". A priori no hay ninguna justificación para postularlos o prohibirlos como lógicamente necesarios; lo que decide es únicamente la confirmación. Detrás de estos símbolos verbales hay un programa que ha sido absolutamente determinante en el desarrollo del pensamiento físico hasta el surgimiento de la teoría cuántica: Todo debe reducirse a objetos conceptuales de la esfera espacio-temporal y a relaciones conforme a leyes que deben regir para estos objetos. En esta descripción no aparece nada que se refiera a un conocimiento empírico con respecto a estos objetos. A la luna se le atribuye una posición espacial (con relación a un sistema de coordenadas utilizado) para cada tiempo determinado, independientemente de si hay o no observaciones sobre esta posición. A este tipo de descripción se alude cuando se habla de la descripción física de un "mundo exterior real", siempre que sea posible la elección de sillares elementales (puntos materiales, campo, etc.) que se tomen por base de tal descripción.

La justificación de este programa no fue seriamente cuestionada por los físicos en tanto que parecía que todo lo que aparece en semejante descripción podía, en principio, constatarse empíricamente en cada caso particular. Fue Heisenberg el primero en demostrar, de forma convincente para los físicos, que esto, en el dominio de los fenómenos cuánticos, era una ilusión.

* La afinidad lingüística de los conceptos "verdadero" y "satisfacer las exigencias" se basa en una afinidad esencial; pero este discernimiento no debe ser malinterpretado en sentido utilitario.

35

Ahora bien, el concepto "realidad física" se percibió como problemático y surgió la pregunta de qué es propiamente lo que la física teórica pretende describir (mediante la mecánica cuántica) y a qué se refieren las leyes por ella establecidas. Esta pregunta ha sido respondida de muy diversos modos.

Para aproximar una respuesta, consideremos qué dice la mecánica cuántica sobre macro-sistemas, es decir, sobre aquellos objetos que percibimos como "directamente observables". De tales objetos sabemos que ellos y las leyes válidas para ellos se pueden representar mediante la física clásica con significativa, aunque no ilimitada, precisión. No dudamos de que, para tales objetos y para cualquier tiempo, existe una configuración espacial real (lugar), así como una velocidad (o un impulso), es decir, una *situación real* –todo con la aproximación condicionada por la estructura cuántica.

Preguntamos: ¿Implica la mecánica cuántica (con la aproximación esperable) la descripción real proporcionada por la mecánica clásica para macro-cuerpos? O –si esta pregunta no puede responderse simplemente con "sí"– ¿en qué sentido es este el caso? Reflexionaremos sobre esto con un ejemplo concreto.

EL EJEMPLO PARTICULAR

El sistema se compone de una esfera de 1 mm aproximadamente de diámetro que va y viene (a lo largo del eje x de un sistema de coordenadas) entre dos paredes paralelas (separadas 1 m una de otra). Se suponen las colisiones perfectamente elásticas. En este macro-sistema idealizado supongamos que se sustituyen las paredes por expresiones de energía potencial "bien definidas" en las que sólo intervienen las coordenadas de los puntos materiales que constituyen la esfera. Mediante astucia y alevosía se procede de modo que estos procesos de reflexión no produzcan ningún acoplamiento entre la coordenada x del centro de gravedad de la esfera y sus coordenadas "interiores" (incluidas las coordenadas angulares). Conseguimos así que, para el fin que perseguimos, la posición

36

de la esfera (con excepción de su radio) sólo pueda ser descrita por x.

En el sentido de la mecánica cuántica, se trata de un fenómeno de energía bien definida. La onda de de Broglie (función ψ) es entonces armónica en las coordenadas de tiempo. Además sólo es diferente de 0 entre $x=-\frac{l}{2}$ y $x=+\frac{l}{2}$. En los extremos de la trayectoria se consigue la correspondencia permanente con la anulación de la función ψ fuera de la trayectoria mediante la exigencia de que, para $x=\pm\frac{l}{2}$, debe ser $\psi=0$.

La función ψ es entonces una onda estacionaria que, dentro de la trayectoria, se puede representar mediante la superposición de dos ondas armónicas que se propagan en sentido opuesto:

$$\psi=\frac{1}{2}Ae^{i(at-bx)}+\frac{1}{2}Ae^{i(at+bx)} \text{ ..... (1)}$$

o

$$\psi=Ae^{iat}\cos(bx) \text{ ..... (1a)}$$

A partir de (1a) se ve que el factor A tiene que elegirse igual en ambos términos para que las condiciones en los límites puedan satisfacerse en los extremos de la varilla. Sin pérdida de generalidad, A puede elegirse real y b, según la ecuación de Schrödinger, está determinado por la masa m. Al factor A lo suponemos normalizado en forma conocida.

Para que sea fructífero comparar el ejemplo con el correspondiente problema clásico tenemos todavía que prescribir que la longitud de onda de de Broglie $\frac{2\pi}{b}$ sea pequeña frente a l.

Para interpretar la función ψ nos basamos de entrada, en la forma habitual, en la interpretación probabilística de Born:

$$W = \int \psi \overline{\psi} dx = A^2 \int \cos^2(bx) dx$$

Esta es la probabilidad de que la coordenada x del centro de gravedad de la esfera esté en un intervalo dado Δx. Es –aparte de una "estructura fina" ondulatoria cuya realidad física es un hecho– sencillamente $const. \cdot \Delta x$.

37

¿Qué ocurre ahora con la probabilidad de los valores del impulso o de las velocidades de la esfera? Estas probabilidades se obtienen por descomposición de Fourier de ψ. Si (1) tuviese vigencia de $-\infty$ a $+\infty$, (1) sería ya la deseada descomposición de Fourier. Habría entonces dos valores definidos de impulso, iguales y opuestos, de igual probabilidad. Pero como los dos trenes de onda son limitados, proporcionan, por término, una descomposición de Fourier continua de rango espectral tanto más estrecho cuanto más grande sea el número de longitudes de onda de de Broglie contenidas en el dominio l. Esto vuelve a decir que sólo son posibles dos valores casi definidos del impulso iguales y opuestos –valores que coinciden por lo demás con los del caso clásico, y ambos desde luego con la misma probabilidad.

Estos dos resultados estadísticos son por tanto los mismos, aparte de las pequeñas desviaciones requeridas por la estructura cuántica, que valen, para un "conjunto de tiempo", para sistemas en el caso de la teoría clásica. En esa medida, la teoría es por tanto completamente satisfactoria.

Nos preguntamos no obstante: ¿Puede proporcionar esta teoría una descripción real de un caso individual? Esta pregunta debe ser respondida con un "no". En esta decisión es esencial que se trata de un "macro-sistema", pues en un macro-sistema estamos seguros de que, para cada tiempo, hay un "estado real" que es aproximadamente bien descrito por la mecánica clásica. El macro-sistema individual del tipo considerado por nosotros tiene por tanto para cada tiempo una coordenada del centro de gravedad casi determinada –al menos promediada en un estrecho intervalo de tiempo– y un impulso casi determinado (determinado también en lo que concierne al avance). Ninguna de estas especificaciones puede conseguirse de la función ψ (1). De esta se pueden sacar justamente (con ayuda de la interpretación de Born) sólo aquellas especificaciones que se refieren a un *conjunto estadístico* de sistemas del tipo considerado.

Que, en el macro-sistema considerado, no toda función ψ que satisfaga la ecuación de Schrödinger corresponde aproximadamente a la descripción real en el sentido de la mecánica clásica es particularmente evidente cuando se considera una

38

función ψ que sea causada por superposición de dos soluciones del tipo (1) cuyas frecuencias (o energías) difieran significativamente entre sí, pues a una superposición semejante no corresponde en absoluto ningún caso real de la mecánica clásica (pero sí a un conjunto estadístico de tales casos reales en el sentido de la interpretación de Born).

Generalizando, concluimos: La mecánica cuántica describe conjuntos de sistemas, no al sistema individual. La descripción mediante la función ψ es, en este sentido, una descripción incompleta del sistema individual, no una descripción de su estado real.

Observación: A esta conclusión puede oponerse lo que sigue. El caso considerado por nosotros de más extrema precisión de frecuencia de la función ψ es un caso límite para el que quizá la exigencia de similitud con un problema de la mecánica clásica pueda excepcionalmente fallar. Si se admite un dominio finito, aunque pequeño, de frecuencias temporales, se puede lograr, mediante adecuada elección de amplitudes y fases de funciones ψ superpuestas, que la función ψ resultante sea aproximadamente de posición definida e impulso definido. ¿No se podría intentar limitar las funciones ψ que hay que permitir según este punto de vista y conseguir así que las funciones ψ admitidas puedan ser interpretadas como representación de los sistemas individuales?

Semejante posibilidad hay que ponerla ya en tela de juicio basándose en que la precisión en la posición de semejante representación no puede conseguirse para todos los tiempos.

El hecho de que la ecuación de Schrödinger, junto con la interpretación de Born, no conduzca a una descripción de los estados reales de los sistemas individuales, da pie, naturalmente, a buscar una teoría que esté libre de esta restricción.

Hasta el momento hay dos esfuerzos en este sentido a los que es común la sujeción a la ecuación de Schrödinger y el planteamiento de la interpretación de Born. El primer esfuerzo es debido a de Broglie y ha sido continuado por Bohm con mucha perspicacia.

Como la investigación original de Schrödinger deriva la ecuación de onda por analogía

39

con la mecánica clásica (linealización de la ecuación de Jacobi de la mecánica analítica), la ecuación del movimiento del sistema individual cuantizado se establecerá asimismo por analogía –sustentada en una solución ψ de la ecuación de Schrödinger. La norma es poner esta ψ en la forma

$$\psi = \mathrm{R}e^{iS}$$

Se obtienen así de ψ las funciones (reales) R y S de las coordenadas. La derivación de S con respecto a las coordenadas dará entonces los impulsos –o las velocidades– como funciones del tiempo, si se dan, para un determinado valor del tiempo, las coordenadas del sistema individual considerado.

Un vistazo a (1a) muestra que, en nuestro caso, $\frac{\partial S}{\partial x}$ se anula y por tanto también la velocidad. Esta objeción, por lo demás planteada ya por Pauli hace un cuarto de siglo, ante esta tentativa teórica es particularmente grave de cara a nuestro ejemplo. Que la velocidad se anule contradice la bien fundada exigencia de que, en el caso de un macro-sistema, el movimiento deba coincidir aproximadamente con el movimiento resultante de la mecánica clásica.

El segundo intento de lograr una descripción real del sistema individual, basándose en la ecuación de Schrödinger, ha sido hecho recientemente por el propio Schrödinger. Su idea es brevemente esta. La propia función ψ representa la realidad y no necesita la interpretación estadística de Born. Las estructuras atómicas sobre las que, hasta ahora, el campo ψ debía expresar algo, no existen en absoluto, al menos no como estructuras localizadas. Trasladado a nuestro sistema significa esto: el macro-cuerpo no existe en absoluto como tal; en todo caso no existe –tampoco aproximadamente– algo así como la posición de su centro de gravedad para un determinado tiempo. Por tanto también aquí es violada la exigencia de que la descripción teórico-cuántica del movimiento de un macro-sistema tenga que coincidir aproximadamente con la correspondiente descripción según la mecánica clásica.

El resultado de nuestra consideración es este.

40

Hasta la fecha, la única interpretación aceptable de la ecuación de Schrödinger es la interpretación estadística dada por Born. Esta no proporciona sin embargo ninguna descripción real del sistema individual, sino sólo enunciados estadísticos sobre conjuntos de sistemas.

En mi opinión no es en principio satisfactorio tomar por base un enfoque teórico semejante de la física; y sobre todo no se puede renunciar a la capacidad de describir objetivamente los *macro*-sistemas individuales (descripción del "estado real") sin que la imagen física del mundo se disuelva, en cierta medida, en una niebla. Por último, probablemente sea inevitable la interpretación de que la física debe aspirar a una descripción real del sistema individual. La Naturaleza, como totalidad, sólo puede ser concebida precisamente como sistema individual (que existe como único) y no como un "conjunto de sistemas".

—

Carta de Born a Einstein [105]

26 de noviembre de1953

Querido Einstein:

Se me hizo entrega ayer del libro-homenaje en una pequeña ceremonia en la universidad. Que tantos de mis viejos amigos hayan contribuido a ese fin es para mí una gran alegría. Por ahora sólo he leído alguno de los ensayos, en primer lugar el tuyo, por supuesto, de modo que también eres el primero a quien doy las gracias de todo corazón. Tus objeciones filosóficas a la interpretación estadística de la mecánica cuántica están expuestas en este artículo con especial claridad y énfasis. Ahora bien, me voy a tomar la libertad de afirmar que tu tratamiento del ejemplo (una bola que rebota de un lado a otro entre dos paredes) no demuestra lo que tú dices: esto es, que la solución mecánico-ondulatoria, en el caso límite de dimensiones macroscópicas, no se transforma en el movimiento clásico. Eso se debe únicamente a que has elegido –perdona mi insolencia– una solución incorrecta del problema, no apropiada a la cuestión. Si se hace conforme a las reglas, se obtiene una solución que, en el caso límite (masa → ∞), se transforma exactamente en el movimiento determinista clásico –aunque, por supuesto, para valores (grandes) finitos de la masa proporciona siempre meros enunciados estadísticos con enorme probabilidad. Si se quiere describir un proceso, hay que utilizar la ecuación de Schrödinger 'dependiente del tiempo'

$$\frac{\hbar^2}{2m}\frac{\partial^2\psi}{\partial x} - \hbar i\frac{\partial\psi}{\partial t} = 0 \qquad \begin{cases} \hbar = \dfrac{h}{2\pi} \, cons.Planck \\ m = Masa \end{cases}$$

y no considerar, como haces tú, el caso especial en que ψ es proporcional a $e^{i\omega t}$, siendo $(\hbar\omega = E)$, pues este corresponde a una energía nítida y, por tanto, a una posición indeterminada.

La solución correcta en el intervalo 0<x<1 es

$$\psi(x,t) = \sum_{n=1}^{\infty} A_n e^{i\omega_n t} \sin b_n x,$$

donde

$$\omega_n = \frac{\hbar\pi^2}{2ml^2}n^2, \quad b_n = \frac{\pi n}{l}, \ (m = Masa) \text{ y}$$

$$A_n = \frac{1}{l}\int_0^l \psi(x,0)\sin\frac{\pi n}{l}x dx.$$

$\psi(x,0)$ es el estado inicial arbitrario. A este hay que elegirlo de modo que exprese que: en el tiempo t = 0, la bola está próxima al punto x con una velocidad aproximadamente v. Por lo tanto, $\psi(x,0)$ tendrá que ser cero en todas partes excepto en un pequeño intervalo en el entorno de x_0, y además tendrá que ser no simétrica en x_0, de modo que el valor esperado de la velocidad

$$\frac{1}{m}\frac{\frac{\hbar}{i}\int_0^l \psi\frac{\partial\psi}{\partial x}dx}{\int_0^l \psi^2 dx}$$

tiene un valor fijo. Se pueden escribir fácilmente estas $\psi(x,0)$; con 3 constantes arbitrarias, una para la normalización, una para v, y una para la imprecisión del intervalo en x_0. Por ejemplo:

$$\psi(x,0) = x(l-x)(\alpha+\beta x)e^{-\frac{1}{2a}(x-x_0)^2}$$

(No sé si esta función es cómoda para el cálculo.)

Resulta pues con seguridad (puede verse cualitativamente sin cálculo), que el haz de ondas $\psi(x,t)$ rebota exactamente igual que una partícula, por lo que se vuelve algo impreciso. Pero estas imprecisiones tienden a cero para m $\rightarrow \infty$.

Estoy convencido de que, en este sentido, también la mecánica cuántica representa el movimiento de sistemas macroscópicos aislados según leyes deterministas. Repasaré el asunto con un colaborador (formalmente no es en absoluto tan fácil) y te lo enviaré entonces. Seguramente me darás finalmente la razón y de alguna manera habrá que darlo a conocer a los lectores del libro-homenaje.

Estoy bastante de acuerdo con lo que dices sobre de Broglie, Bohm y Schrödinger. Pauli ha hecho además una reflexión (en el libro-homenaje del 50º aniversario de de Broglie) en la que se mata a Bohm, no sólo filosóficamente sino también en términos físicos.

Está en camino otra carta mía, por correo ordinario. Con mi agradecimiento más cordial y mis mejores saludos, y también de Hedi, tuyo

Max Born

Comentario adicional de Born

Probablemente, mi objeción al ejemplo de Einstein será tenida por correcta por todos los teóricos cuánticos. Constituye la base de mi respuesta, que se publicó más tarde, de la que se seguirá hablando con detalle. Pero pasó por alto los fundamentos filosóficos de Einstein, a lo que él alude en la carta siguiente.

DICIEMBRE

Carta de Einstein a Born [106]

3 de diciembre de 1953

Querido Born:

He recibido (y leído) hoy tu carta, así como tus impresos, que quiero también leer detalladamente. Me ha gustado mucho que te hayas tomado tan en serio mi sencilla reflexión y no la hayas tratado –como la mayoría– con consideraciones superficiales.

Tengo que decir, de entrada, que me ha sorprendido tu punto de vista. Yo pensaba que había que esperar un acuerdo aproximado con la mecánica clásica siempre que las longitudes de onda de de Broglie que se toman en consideración fuesen pequeñas con respecto a las demás dimensiones espaciales relevantes. Pero veo que tú sólo quieres relacionar la mecánica clásica con aquellas funciones ψ que sean 'estrechas' con relación a coordenadas e impulsos. Pero si se concibe así, se llega a la conclusión de que la gran mayoría de los procesos teórico-cuánticos imaginables de sistemas macroscópicos no pueden tener derecho a ser aproximadamente describibles mediante la macro-mecánica. Habría entonces que extrañarse de que, por ejemplo, una estrella o una mosca, a las que se ve por primera vez, apareciesen algo así como cuasi-localizadas.

Ahora bien, aunque nos atengamos a tu punto de vista, hay que exigir al menos que un sistema que en cierto instante está 'cuasi-localizado', tiene también que *permanecer* así según la ecuación de Schrödinger. Esta es una cuestión puramente matemática y tú esperas que el cálculo confirme esta expectativa. A mí me parece que esto hay que excluirlo. Es de lo más sencillo percatarse de esto, cuando se considera el caso tridimensional (de un macro cuerpo) que, con relación a la posición, la velocidad y la *dirección*, está representado por una función de Schrödinger 'estrecha'. Se ve así, incluso sin 'microscopio' matemático, que, en el transcurso del tiempo, la posición tiene que ser arbitrariamente poco nítida. En el caso unidimensional es similar, pues la velocidad de grupo depende de la longitud de onda. Creo que es una lástima malgastar el tiempo de tu asistente, ya que el resultado, desde el principio, parece indudable. Pero si no te convence, en nombre de Dios, que te lo calculen. Oppenheimer se ha desgañitado diciendo que el proceso de emborronamiento requeriría un tiempo 'cósmico', y que por tanto no hay que preocuparse. Sin embargo se pueden dar fácilmente ejemplos totalmente 'civiles' en los que el tiempo de dispersión no es demasiado grande. Creo que uno no debería apaciguar su conciencia científica de forma tan barata. Aun así, no es difícil considerar como definitivo el paso a la teoría cuántica probabilística. Sólo hay que admitir que la función ψ se refiere a un conjunto y no a un caso individual. Se describe luego en mi ejemplo, con la aproximación que cabe esperar (estadísticamente acertada), lo que afirma también la mecánica clásica, mientras que esta circunstancia, en la interpretación defendida en tu carta, hay que considerarla como una especie de 'azar'. En la interpretación de la función ψ como perteneciente a un conjunto, desaparece también la paradoja de que una medida realizada en *una* parte del espacio determina el *tipo* de expectativa para una medida posterior en *otra* parte del espacio (acoplamiento de partes de sistema espacialmente distantes).

El hecho de que, en esta interpretación, la descripción del sistema individual sea incompleta se puede aceptar tranquilamente si se supone que para una descripción completa del sistema individual no existe ninguna ley análogamente completa que describa su evolución con el tiempo.

No es necesario aventurarse en la interpretación de Bohr de que no existe ninguna realidad independiente del sujeto probable. –

De ninguna manera creo que esta concepción (en sí consistente) se mantenga. Pero sostengo que es la única que corresponde al mecanismo de la teoría cuántica probabilística.

Estoy deseando leer tus otras consideraciones sobre cuestiones de principio. A esas reflexiones tú les llamas 'filosóficas', pero, en mi opinión, sin razón. No me satisface disponer de una maquinaria que permite profetizar, pero a la que no somos capaces de dar un significado claro.

Saludos cordiales.

Tuyo, A. E.

Comentario adicional de Born

Con esta carta da comienzo el 'diálogo de sordos'. Me parece, incluso hoy (1965), que las reflexiones de Einstein se basan en un conocimiento insuficiente de la mecánica cuántica. Su frase: «que había que esperar un acuerdo aproximado con la mecánica clásica siempre que las longitudes de onda de de Broglie que se toman en consideración fuesen pequeñas con respecto a las demás dimensiones espaciales relevantes» es, por supuesto, correcta. Su ejemplo, con cuya ayuda pretende mostrar los puntos débiles de la mecánica cuántica, es el de una partícula que oscila perpendicularmente a dos paredes paralelas reflectantes y elásticas. Él considera que la distancia entre las paredes es la única longitud relevante que hay que tener en cuenta. Pero ese sólo es el caso si no se tiene conocimiento de la posición de la partícula. Einstein pretende comparar el tratamiento mecano-cuántico con el clásico, caso este último en el que el conocimiento del estado inicial se da por sentado. En el análogo tratamiento mecano-cuántico la cosa es algo diferente debido a la relación de incertidumbre de Heisenberg; sólo se puede fijar la posición de partida y la velocidad inicial con la limitada precisión impuesta por esta relación. Pero esto se puede y se debe hacer justamente si se quiere comparar el tratamiento mecano-cuántico con el clásico. Es por tanto necesario y posible especificar el intervalo de la posición inicial de la partícula; y esta es una segunda «dimensión relevante».

La siguiente consideración sobre la cuestión de si una partícula 'cuasi-localizada' en un cierto instante tiene también, según la ecuación de Schrödinger, que permanecer exactamente localizada, se basa en un sencillo malentendido. Ni un momento he esperado yo eso. La incertidumbre inicial de la velocidad genera una incertidumbre de la posición creciente con el tiempo. Precisamente este punto ha sido esencial para mí desde el principio porque es igualmente válido en mecánica clásica y porque pone de manifiesto que la afirmación usual de que ésta es 'determinista' sólo es correcta si se admiten especificaciones infinitamente precisas de posición inicial y velocidad inicial; y esto me parece a mí un absurdo metafísico.

Einstein admite que se puede tener por definitiva a la «teoría cuántica probabilística» si se supone que la función ψ «se refiere a un conjunto y no a un caso individual». Esa fue siempre también mi interpretación, pues considero la frecuente repetición de una experiencia como realización del conjunto. Esto coincide exactamente con la verdadera forma de actuar de los físicos experimentales, que, en el dominio atómico y subatómico, obtienen siempre sus datos por repetición de medidas del mismo tipo.

En este punto vuelve Einstein a decir que esta interpretación constituye una descripción incompleta del sistema individual y que de ninguna manera cree que se vaya a mantener, aun reconociendo que la consideración es en sí coherente.

La última frase de la carta es característica del Einstein viejo. El «darle ningún significado» sólo tiene sentido en sí mismo con relación a una filosofía determinada. El mismo argumento utilizaron los enemigos del joven Einstein cuando consideraban absurdas las consecuencias de la teoría de la relatividad general, como la de que, de dos gemelos, uno de los cuales hace un viaje por el espacio, mientras que el otro se queda en casa, el primero, al regresar, es más joven que el otro.

Einstein vuelve a posicionarse.

Albert Einstein. «***Einleitende Bemerkungen über Grundbegriffe***» [«Observaciones preliminares sobre conceptos fundamentales» (Ensayo para contribuir al volumen titulado *Louis de Broglie, Physicien et Penseur* (Paris : Éditions Albin Michel, 1953). Este ensayo apareció junto con su traducción francesa: "Remarques préliminaires sur les concepts fondamentaux".)]

Quiero anticiparme con unas palabras a la contribución a este libro, redactada junto con la Sra. B. Kaufman, en la única lengua en que puedo expresarme con alguna agilidad. Son palabras de excusa. Deben mostrar por qué, aunque yo haya asistido con admiración en años de relativa juventud a la revelación visionaria de Louis de Broglie de la existencia de un vínculo íntimo entre los estados cuánticos discretos y los estados de resonancia, he buscado sin embargo incesantemente un medio de resolver el enigma de los quanta por otro camino, o al menos de ayudar a preparar su solución. Esta búsqueda se basa en el profundo malestar, de naturaleza de principio, que me infunden los fundamentos de la teoría cuántica estadística. Sé muy bien, a este respecto, que este sentimiento no es en absoluto extraño al propio Louis de Broglie. Se infiere esto con claridad de su intento, emprendido en los años 1920, de completar la teoría ondulatoria de los quanta y de tratar de dar, en el marco conceptual de la mecánica clásica (punto material, energía potencial), una descripción completa de la configuración de un sistema en función del tiempo, idea a la que recientemente y sin conocer los trabajos de de Broglie se ha entregado el Sr. David Bohm (teoría de la onda piloto).

No tengo absolutamente ninguna duda en que la actual teoría cuántica (más exactamente la «mecánica cuántica») es la teoría más perfecta compatible con la experiencia, en tanto en que se toman por base de la descripción los conceptos de punto material y energía potencial como conceptos fundamentales. Sin embargo, lo que encuentro insatisfactorio en la teoría se sitúa en la diferente interpretación que se da de la «función ψ». Sea como fuere, en el origen de mi concepción se encuentra una tesis rechazada categóricamente por la mayor parte de los actuales físicos teóricos:

Hay algo así como el «estado real» de un sistema físico, que existe objetivamente con independencia de cualquier observación o medida, y que puede describirse en principio por los medios de expresión de la física. [Qué medios adecuados de expresión y, por lo tanto, qué conceptos fundamentales hay que utilizar a este respecto es, en mi opinión, en la actualidad, desconocido (¿puntos materiales?, ¿campo?, ¿medios de determinación que deban inventarse primero?)]. Esta tesis sobre la realidad no tiene el sentido de un enunciado nítido en sí mismo, debido a su naturaleza «metafísica»; sólo tiene propiamente carácter *programático*. Todos los hombres, inclusive los teóricos cuánticos, se atienen sin embargo a esta tesis sobre la realidad, en la medida en que no cuestionan los fundamentos de la teoría cuántica. Nadie duda, por ejemplo, de que, en un instante determinado, el centro de gravedad de la Luna ocupe una posición determinada, aun cuando no haya presente ningún observador real o potencial. Si se renuncia a esta tesis sobre la realidad –arbitraria, considerada en pura lógica– es entonces duro asunto escapar al solipsismo. En el sentido de lo dicho, no me avergüenza poner en el centro de mi reflexión el concepto de «estado real de un sistema».

Ahora bien, no hay duda de que la función ψ es un tipo de descripción de un «estado real». Pero la cuestión es si esta descripción de un estado real caracteriza o no por completo el estado real. Según se sitúe uno al responder a esta cuestión, sobrevienen dificultades.

1ª hipótesis: la descripción es completa. Entonces, un cuerpo que flote en el espacio libre de fuerzas tiene una posición tanto menos determinada (con relación al sistema inercial) cuanto más tiempo evolucione –abandonado a sí mismo– con arreglo a la ecuación de Schrödinger. Sin embargo, una observación posterior por medio de la luz indica una posición casi determinada. Si la descripción por medio de la función ψ fuese realmente una descripción completa del sistema, hay que concluir que la posición casi precisa observada es sólo una consecuencia de la observación, pero que no existe antes de la observación. Sin embargo, esta conclusión es insoportable para la intuición si se trata de un cuerpo macroscópico y no de algo como un electrón o un átomo. (El hecho de que la creación de una configuración en gran parte imprecisa exija, según la teoría, un tiempo largo si el cuerpo tiene una masa considerable, no puede ayudar aquí, ya que estos tiempos no son en absoluto tan relevantes para cuerpos todavía visibles al microscopio.) Tampoco sucede en modo alguno, en el sentido de la teoría, que la configuración *tenga* que ser casi determinada en el instante inicial.

Nos sentimos por tanto forzados a considerar la descripción de un sistema por una función ψ como una descripción incompleta del estado real. Hay todavía otras reflexiones que conducen a la misma conclusión. El mecanismo de la teoría cuántica está constituido de tal forma que la función ψ de un sistema parcial de un sistema total que consta de dos sistemas parciales resulta ser diferente según el tipo de medida (completa) que se efectúe en el otro sistema parcial. Esto rige también si ambos sistemas parciales, mientras dura la medida, están separados espacialmente uno de otro. Si la función ψ describiese *completamente* el estado real, eso significaría que la medida en el segundo sistema parcial influiría en el estado real del primero, lo que correspondería a cierto tipo de acoplamiento inmediato de cosas espacialmente separadas. Intuitivamente, hay que considerar excluido también esto. Se llega pues al resultado de que hay que considerar incompleta la descripción del estado por la función ψ.

Segunda hipótesis: la descripción por la función ψ es incompleta. Se experimenta entonces la necesidad de concluir que hay que dar una descripción más completa, lo que lleva asimismo a pensar que, en las leyes intrínsecas de la Naturaleza tienen que entrar los datos de una descripción completa y no de una incompleta. Además, difícilmente puede evitarse la sospecha de que el carácter estadístico de la teoría esté condicionado por la incompletitud de la descripción y que tal como son las cosas, no haya nada que hacer.

Consideraciones de esta índole pueden muy bien haber jugado un papel en la elaboración de la «teoría de la onda piloto»; en todo caso, esta teoría evita las dificultades antes expuestas. El propio L. de Broglie ha señalado de nuevo a este respecto por qué ha renunciado él a esta salida. A mí me parece que la teoría cuántica estadística representa, como punto de partida utilizable para construir una teoría más completa, tan poca cosa como, acaso, la teoría del movimiento browniano –basada en la mecánica clásica y la ley de la presión osmótica– pudiera haber representado un punto de partida utilizable para configurar la mecánica cinético-molecular, si la teoría del movimiento browniano hubiese precedido a esta última.

Refuerza también mi opinión la reflexión siguiente. La teoría cuántica estadística debe en parte su origen a la circunstancia de que, al parecer, cualesquiera débiles influencias pueden, finalmente, realizar cambios en el estado de un sistema. En el efecto Compton, por ejemplo, parece que un tren de ondas, de amplitud arbitrariamente pequeña y de extensión finita puede transferir determinada energía finita a un electrón. Parece como si el campo débil no pudiera producir directamente la transferencia de una energía finita, sino sólo una mínima probabilidad de semejante transferencia. Sin embargo, para poder interpretar la probabilidad de un cambio como un cambio de estado real del electrón habría que inventar el «estado cuántico», que consiste aquí en una superposición de estados individuales de diferente energía del electrón, estados individuales que poseen cada uno una amplitud de probabilidad. Se establece así la posibilidad de hacer corresponder a la acción de campos débiles cambios mínimos de cada amplitud de probabilidad, es decir, del «estado» y reducir así matemáticamente el proceso en apariencia discontinuo del cambio finito de velocidad a un cambio continuo de amplitudes de probabilidad.

El precio que hay que pagar por esta reducción es la introducción de estados reales que están compuestos por infinitos estados de diferente energía. La necesidad de este sacrificio está condicionada por el hecho de que se cree conocer en esencia la naturaleza física de la influencia (aquí, el campo ondulatorio débil y limitado), lo que guarda relación con el hecho de que la teoría cuántica se atiene al concepto clásico de fuerza y energía potencial y sólo la ley de movimiento se sustituye por algo de tipo completamente nuevo. La completitud del mecanismo matemático de la teoría y su relevante éxito desvía la vista del rigor del sacrificio que se ha ofrecido.

Sin embargo, a mí me parece que, finalmente, se reconocerá que en vez de la fuerza actuante o de la energía potencial (o del campo ondulatorio, en el caso del efecto Compton) tiene que ponerse algo que tenga una estructura atómica, en el mismo sentido que el propio electrón. «Campos débiles» o fuerzas como causas actuantes no existen en absoluto, como tampoco estados mixtos.

Una última observación: mis esfuerzos por completar la teoría de la relatividad general por generalización de las ecuaciones gravitacionales deben en parte su origen a la conjetura de que una teoría de campo relativista general razonable quizá pueda proporcionar la llave para una teoría cuántica más completa. Es una modesta esperanza, pero de ningún modo una convicción. Existen importantes razones contra la opinión de que una descripción real que se base en ecuaciones diferenciales (teoría de campo) pueda corresponder en general al carácter atómico de la realidad. Estos escrúpulos no tienen, sin embargo, en la medida en que puedo juzgar, un carácter concluyente y, hasta la fecha, no tenemos en suma ningún otro camino para formular leyes relativistas generales.

Albert Einstein

—

1954

ENERO

Carta de Einstein a Born [108]

1 de enero de 1954

Querido Born:

Tu interpretación es completamente insostenible. Es incompatible con los principios de la teoría cuántica exigir que la función ψ de un «macro»-sistema deba ser «estrecha» con relación a macro-coordenadas y macro-impulsos. Semejante exigencia es incompatible con el principio de superposición para las funciones ψ. En cambio, la objeción asimismo válida en casi todos los casos sólo es de importancia secundaria: que la ecuación de Schrödinger conduce, con el tiempo, a una dispersión de la «estrechez».

Tú afirmas que esto no es cierto en el sistema que yo considero. Sin embargo yo estoy convencido de que este resultado (irrelevante por lo demás desde el punto de vista del planteamiento general del problema) se basa en una falacia. En una discusión posterior, que pareces tener en mente, no tomaré parte. Me basta con haber expuesto mi opinión con claridad.

Con los mejores saludos y deseos para 1954,

tuyo, A. E.

Sean ψ_1 y ψ_2 son dos soluciones de la misma ecuación de Schrödinger. Entonces $\psi = \psi_1 + \psi_2$ es asimismo una solución de la ecuación de Schrödinger con el mismo derecho a describir un estado real posible.

Si el sistema es un macro-sistema, y si ψ_1 y ψ_2 son «estrechas» con relación a las macro-coordenadas, ya no es este el caso para ψ en la inmensa mayoría de los casos posibles.

La estrechez con relación a las macro-coordenadas es una exigencia que no sólo es *independiente* de los principios de la mecánica cuántica, sino también *incompatible* con estos principios.

—

Carta de Born a Einstein [109]

1c Howitt Road, Belsize Park
London N. W. 3

2 de enero de 1954

Querido Einstein:

Te adjunto el pequeño artículo relativo a tu contribución al «libro-homenaje». Te agradezco que me hayas forzado a pensar a fondo, a mi manera, el sencillo ejemplo. Tendrás que aceptar que yo llegue a resultados distintos de los tuyos. Tú probablemente te mantengas en tus trece. Voy a presentar el trabajo en los «Proceedings of the Royal Society» y le diré al Secretario, el Dr. Martin, como ya te dije, que quizá quieras añadir una réplica. Me alegraría que lo hicieras, aun cuando me contradigas.

Estas reflexiones me han dado ocasión de hacer un nuevo avance en la dirección de las partículas elementales, con ayuda del principio de reciprocidad que formulé hace años. Hasta ahora nunca había salido nada de ahí, pero esta vez parece que funciona gracias al modesto conocimiento que he sacado de tu propuesta.

Carta de Einstein a Born [110]

12 de enero de1954

Querido Born:

Te agradezco que me hayas enviado tu artículo para la Royal Society; por lo que veo, no te has fijado en absoluto en lo que realmente me importa. Ahora bien, como no tengo ganas de comparecer en el *circus publicum* como maestro de esgrima y sí en cambio siento la necesidad de contestarte, te envío aquí una respuesta, tal como la podría haber expuesto. De este modo hay también más esperanza de que puedas, sin apasionamiento, filtrar el asunto en tu cabeza; esperanza que, en realidad, se ha desvanecido ya considerablemente.

Con los mejores saludos, tuyo

A. Einstein

El artículo precedente de M. Born sólo me hace ver que con mi contribución* al libro-homenaje que se le ha dedicado no he acertado a formular con suficiente claridad el planteamiento de la cuestión. En particular no era mi objetivo hacer objeciones a la teoría cuántica, sino aportar una modesta contribución a la interpretación física de la teoría cuántica.

En la teoría cuántica, el estado de un sistema está caracterizado por una función ψ que es a su vez una solución de la ecuación de Schrödinger. Cualquier solución de este tipo (función ψ) hay que interpretarla, en el sentido de la teoría, como descripción de un estado físicamente posible del sistema. La cuestión es: *¿en qué sentido* describe la función ψ el estado del sistema?

Lo que yo sostengo es esto: la función ψ no puede ser interpretada como descripción completa del sistema, sino sólo como descripción incompleta. En otras palabras: hay propiedades del sistema individual, de cuya realidad nadie duda, que no están contenidas en la descripción hecha por la función ψ.

He tratado de probar esto en un sistema en el que hay una 'macro-coordenada' (coordenada del centro de una esfera de 1 mm de diámetro). Como función ψ elegí la de energía fija. Esta elección es admisible porque según nuestro planteamiento de la cuestión de la naturaleza de la cosa, se tiene que responder de modo que esta respuesta pueda reclamar validez para toda función ψ.

Del examen de este sencillo caso especial se sigue que –aparte de la macroestructura existente según la teoría cuántica– para un tiempo cualquiera, cualquier posición del centro de la esfera (posible, en suma, según el problema) es igualmente probable que cualquier otra. Es decir, la descripción por la función ψ no contiene nada que corresponda a una (cuasi)-localización de la esfera para un tiempo considerado. Lo mismo vale para todos los sistemas en los que puedan distinguirse macro-coordenadas.

Para poder ahora extraer de aquí una consecuencia para la interpretación física de la función ψ nos serviremos de un principio que puede reivindicar validez independientemente de la teoría cuántica y que probablemente no sea rechazado por nadie: cualquier sistema es, en cualquier instante, (cuasi) definido con relación a sus macro-coordenadas. Si no fuese este el caso, sería evidentemente imposible una descripción aproximada del mundo en macro-coordenadas ('Principio de localización'). Pues bien, afirmo lo siguiente. Si la descripción por la función ψ pudiera interpretarse como la descripción del estado físico de un sistema individual, el 'principio de localización' tendría que ser deducible de la función ψ, es decir, de *cualquier* función ψ que pertenezca a un sistema que tenga macro-coordenadas. Que esto no es cierto para el ejemplo específico considerado, es obvio.

Por lo tanto, la interpretación de que la función ψ representa *completamente* el comportamiento físico del sistema aislado individual es insostenible. Sin embargo se puede formular la siguiente afirmación: si se interpreta la función ψ como descripción de un '*conjunto*', nos proporciona enunciados que –hasta donde podemos juzgar– corresponden satisfactoriamente a los de la mecánica clásica y, simultáneamente, tienen en cuenta la estructura cuántica de la realidad.

En mi opinión, el 'principio de localización' nos fuerza a interpretar genéricamente la función ψ como descripción de un 'conjunto' y no como descripción completa de un sistema aislado individual. En esta interpretación desaparece también la paradoja de un acoplamiento aparente de partes de sistema separadas espacialmente. Se obtiene la ventaja adicional de que la descripción así interpretada es una descripción *objetiva* cuyos conceptos tienen un sentido claro independientemente de la observación y del observador.

A. E.

[* Véase O. A. 1953 *Elementare Überlegungen*...]

Carta de Born a Einstein [111]

20 de enero de 1954

Querido Einstein:

Tu carta del 12 de enero me ha alegrado y liberado de la inquietud que me había causado tu carta anterior. Tenía un tono crispado y enojado, como si hubieras visto nuestra diferencia de opinión como un ataque personal. Me alegro de que me des ahora una respuesta objetiva, aun cuando de ningún modo pueda estar de acuerdo con tu punto de vista, y ello por razones objetivas y por completo «desapasionadas». He entendido perfectamente tus reflexiones, pero estoy convencido de que arrancas de un punto de partida insostenible: la función ψ en la que te apoyas no corresponde al problema que proyectas tratar. Es desde luego una solución de la ecuación de Schrödinger y satisface las condiciones de contorno, pero *no* las condiciones iniciales. Carece de hecho, como dices, de propiedades que son necesarias para describir un sistema individual. Existen sin embargo *otras* soluciones, generadas por superposición, que satisfacen las condiciones iniciales que se tienen que exigir cuando se intenta seguirle la pista a un sistema individual. Naturalmente, esto sólo es posible aproximadamente, pero tanto más exacto cuan más grande es la masa m. Acabo de aplicar este paso al límite $m \to \infty$ a tu ejemplo y he encontrado que lleva exactamente a la descripción clásica. El cálculo es irreprochable y está confirmado no sólo por mis colaboradores, sino también por mi sucesor, el profesor Kemmer, y por el crítico y escéptico Schrödinger. Si tienes dudas, dale mi manuscrito para que lo lea a Johann v. Neumann, o a Weyl, que probablemente esté ahora en Princeton. Lo que presumiblemente te haya repugnado es que yo aprovechase la ocasión para quitarle impronta al determinismo clásico. Pero estoy convencido de que incluso esto, cuando lo leas con calma y lo discutas con Weyl o Neumann, te acabará pareciendo evidente.– En todo caso no tienes que enfadarte conmigo. Lo digo con honestidad y objetividad y mi admiración por ti no es menor cuando no comparto tu opinión. Pero no necesitas escribirme más si me tienes por un caso desesperado. Escribe entonces a Hedi, para la que cada línea tuya es una gran alegría. Sufre un ruido permanente en un oído, lo que le impide dormir; está haciendo cura en el macizo de Harz, donde también iré yo pronto.

Estoy aún involucrado en otra herejía, junto con Erwin Freundlich. La cosa se ha impreso ya y te la mandaré. Por cierto, Freundlich estaba muy enfermo: trombosis de arterias cardiacas.

Con la esperanza de que no estés enojado conmigo, saludos cordiales.

Tuyo,

Max Born

Comentario adicional de Born

Las cartas precedentes ponen de manifiesto cómo dos personas inteligentes, en la discusión de un problema concreto, pueden hablar sin entenderse mutuamente. Cada cual estaba convencido de que él tenía razón y el otro no, lo que provenía de que cada uno partía de un punto de vista distinto, al que consideraba tan incontestable que no daba cabida al del otro.

En esta situación fue una suerte que se mezclara un tercero e hiciera de mediador: Wolfgang Pauli. Ya ha aparecido en este conjunto de cartas como asistente mío en Göttingen, el primero en una serie de jóvenes sobresalientes. Tenía entonces apenas 21 años, ya había escrito una gran obra, el artículo sobre la teoría de la relatividad en la «Enciclopedia de Matemática pura y aplicada» (Leipzig, 1920), que fue por mucho tiempo la mejor exposición de la teoría de la relatividad y que todavía hoy forma parte de las fuentes. Pauli fue profesor en Zúrich. Durante la Segunda Guerra Mundial se marchó a Princeton porque temía que también Suiza fuese invadida por los ejércitos de Hitler, como lo fueron otros pequeños países: Bélgica, Holanda, Noruega. Fue amigo íntimo de Einstein y se consideraba a sí mismo, quizá con razón, por decirlo así, el 'sucesor' designado en física teórica. También conmigo se mantuvo en permanente contacto, aunque por lo general sólo por carta.

—

MARZO

Carta de Wolfgang Pauli a Born

Princeton N. J.
The Institute for Advanced Study

3 de marzo de 1954

Querido Sr. Born:

Estoy aquí para una breve estancia; quiero estar de vuelta en Zúrich a mediados de abril. He leído mucho en mi tiempo libre, incluyendo entre otros los «Scientific Papers» que le han dedicado con ocasión de su retiro. Hay en ellos algunas interesantes contribuciones y también encuentro muy bien su foto. El artículo de Einstein atrajo naturalmente mi atención, sobre todo porque he podido hablar aquí directamente con él al respecto, lo que es mucho más fácil que una discusión por carta. También me dijo que usted y él habían mantenido correspondencia sobre el particular. Creí poder entender hasta cierto punto lo que *él* quiere decir –conozco a Einstein tanto como a la mecánica cuántica– pero cuál era el punto de vista *de usted* ya no pude captarlo bien a partir de los comentarios de Einstein. Como a mí la cosa me interesa en general y, en particular, el debate entre usted y Einstein, le agradecería que pudiera escribirme usted un breve sumario del punto de vista que personalmente ha defendido usted (los detalles no son importantes para mí).

Está claro que la mecánica cuántica tiene que pretender ser válida, en principio, incluso para esferillas *macroscópicas*; su estructura más fina (constitución atómica) no viene al caso.

Ahora bien, en las conversaciones con Einstein, he visto que pone reparos al presupuesto esencial de la mecánica cuántica de que *el estado de un sistema sólo está definido si se especifica el contexto experimental.* [N. B. Einstein dice, en vez de «si se especifica el contexto experimental»: «que el estado de un sistema depende de cómo se le mire». Lo que viene a ser lo mismo. M. Born.]. *Einstein no quiere saber absolutamente nada de eso.* Si se pudiera medir con suficiente precisión, esto sería exactamente igual de cierto, naturalmente, para esferillas macroscópicas que para electrones. Por supuesto, esto se puede demostrar describiendo experimentos mentales y sospecho que usted, en su debate con Einstein, los ha detallado y discutido.

Einstein tiene sin embargo el prejuicio 'filosófico' de que (para cuerpos macroscópicos) se puede definir 'objetivamente' un estado (llamado 'real') en todas circunstancias, es decir, sin especificar el contexto experimental, con cuya ayuda se estudia el sistema (de los macro-cuerpos), o al que el sistema esté 'sujeto'.

A mí me parece que la discusión con Einstein se puede reducir a ese supuesto suyo, que yo he llamado la idea (o 'el ideal') del 'observador despegado'. A mí, por el contrario, y también a otros representantes de la mecánica cuántica, me parecen suficientes los indicios experimentales y teóricos en contra de la viabilidad de este ideal.

En cuanto al resto, sin embargo, es pura lógica, creo yo. Me gustaría ahora saber qué piensa usted al respecto.

Muchos saludos. Suyo,

W. Pauli

Le había rogado a Einstein que mostrase mi manuscrito a Pauli.

[Esta carta ↑ figura a continuación de la [111] de la EB-Briefwechsel]

Carta de Born a Einstein [112]

Bismarckstr. 9
Bad Pyrmont, Germany

17 de marzo de 1954

Querido Einstein:

Una carta que me invitaba a participar en una recopilación de felicitaciones por tu 75º cumpleaños me llegó aquí demasiado tarde. Así que no te tomarás muy a pecho que mi felicitación te llegue demasiado tarde. Te deseo salud, buen humor y fuerza para trabajar. Cuánto me gustaría volver a verte. No existe nadie en el mundo a quien admire más profundamente y a quien más tenga que agradecer que a ti. Nuestras actuales diferencias de opinión no alteran eso en nada. He tenido últimamente varias invitaciones para ir a América, por ejemplo una de la Universidad de Cornell para dar las «Messenger Lectures». Pero no he podido aceptar ninguna. Estamos en este momento en el proceso de instalarnos aquí y no podemos volver a marcharnos justo ahora. Tengo además 2 libros todavía en preparación; uno, sobre Teoría de Cristales, está en corrección de pruebas (Oxford Press), y el otro, Óptica, es un manuscrito que está casi a punto (Pergamon Press). No puedo asumir obligaciones adicionales como las que acarrearía la invitación a Cornell. Añádase a eso que nací detrás del Telón de Acero y que soy miembro de la Academia Rusa. Eso significaría un trato más o menos endiablado en los consulados. Mi sucesor en Edimburgo, Kemmer, no ha conseguido una visa para una breve visita a América porque nació hace más de 40 años en San Petersburgo. Pero quizá pueda ocurrir todavía que Hedi y yo vayamos a los Estados Unidos y te visitemos.

Me ha escrito Pauli diciéndome que has hablado con él sobre nuestra correspondencia. Pero no tenía claro lo que yo sostenía y quería información. ¿No le podrías pasar mi manuscrito? Eso me ahorraría mucho esfuerzo.

Con mis mejores deseos y saludos cordiales. Tuyo,

Max Born

Comentario adicional de Born

Esta carta viene de Bad Pyrmont, adonde nos habíamos mudado a principios de 1954. Sobre los dos libros en ella mencionados, «Principles of Optics», en colaboración con Wolf, y «Dynamical Theory of Crystal Lattices», con Kun Huang, ya he hablado (Comentario de las cartas nº 96 y nº 98).

Entre las invitaciones para ir a América había también una (que quizá llegó después de enviar esta carta) de Berkeley, Universidad de California. Esta me tentó, porque, en visitas anteriores había conocido y aprendido a amar al país, con su cielo azul, sus frutales, sus imponentes serranías, hermosa costa y amable gente. Una razón que me indujo a rechazarla fue el hecho de que Edward Teller, que había trabajado anteriormente conmigo en Göttingen, pero se había convertido entretanto en el padre de la bomba de hidrógeno, vivía allí. Yo no quería tener nada que ver con él.

Sigue ahora la segunda carta que me escribió Pauli; a pesar de su longitud y de su jerga matemática, la expongo sin reducir, porque contiene un análisis diáfano de los procesos de pensamiento de Einstein y, a la vez, su refutación. Y aun cuando Pauli actúe ante mí como abogado de Einstein, se pone de mi parte e intenta ayudarme a formular mis argumentos con tanta claridad como sea posible.

Carta de W. Pauli a Born

Princeton.
The Institute for Advanced Study

31 de marzo de 1954

Querido Born:

Gracias por su carta. Escribo todavía desde aquí ya que, cuando vuelva a Zúrich el 11 de abril, me encontraré probablemente con trabajo y no tendré tiempo. Me dio asimismo Einstein su manuscrito para que lo leyera; él no estaba *en absoluto* enojado con usted, sino que de usted dijo sólo que era un hombre que no sabe escuchar. Eso coincidía con mi propia impresión en la medida en que, tanto en su carta como en su manuscrito, siempre que habla usted de Einstein, no conseguía reconocerlo. Me parecía que había creado usted un hombre de paja-Einstein al que, a continuación, refutaba usted con gran pompa. En particular, Einstein (como me ha repetido expresamente) no tiene el concepto 'determinismo' por tan fundamental como a menudo se cree y negó enérgicamente haber establecido nunca un postulado tal como (su carta p.3): «la sucesión de esos estados debe ser asimismo objetiva, real, es decir, automática, maquinal, determinista». *Niega* asimismo que él utilizase «como criterio de teoría válida» la pregunta: «¿es estrictamente determinista?».

El punto de partida de Einstein es más bien 'realista', no 'determinista', es decir, su prejuicio filosófico es otro. Su razonamiento puede, brevemente, traducirse *así*:

I. Una cuestión preliminar: ¿Existen, si las circunstancias lo requieren en la Naturaleza, todas las soluciones matemáticamente posibles de la ecuación de Schrödinger, incluso para un objeto macroscópico *–en mi opinión, a esta pregunta hay que contestar incondicionalmente que «sí»–* o sólo aquellas soluciones particulares en las que la posición del objeto está 'exacta' y 'estrictamente' determinada?

Observación: Si se designa por K^0 a la última clase de soluciones (en las que, digamos, $(\Delta x)^2 < L_0^2$), tiene entonces las siguientes propiedades:

1. Si $\varphi_1(x)$ y $\varphi_2(x)$ pertenecen también a K^0, pero en posiciones medias muy diferentes

$\bar{x}_1 = \frac{\int x_1 |\varphi_1|^2 dx}{\int |\varphi_1|^2 dx}$, $\bar{x}_2 = \frac{\int x_2 |\varphi_2|^2 dx}{\int |\varphi_2|^2 dx}$, es decir, para $(\bar{x}_2 - \bar{x}_1)^2 \rangle\rangle L_0^2$, entonces (A) $C_1\varphi_1(x) + C_2\varphi_2(x) = \varphi(x)$ *no* pertenece a K^0.

2. Si $\varphi_1(x, t_0)$ pertenece a K^0 en un cierto instante t_0, entonces $\varphi_1(x, t)$ ya no pertenece a K^0 cuando $|t-t_0|$ es suficientemente grande.

Me parece por tanto que es imposible limitarse *por principio* a las soluciones de la ecuación de Schrödinger de la clase especial K^0, y esto, en principio, no puede ser diferente para un macro-cuerpo que, por ejemplo, para un átomo de hidrógeno o para un electrón suelto. Es decir, si la mecánica cuántica es correcta, también un macro-cuerpo tiene que acusar, en principio, fenómenos de difracción (de interferencia), cosa que sólo será difícil *técnicamente* debido a la pequeñez de las longitudes de onda.

Pero, además, se necesitan *también* superposiciones del tipo (A) a partir de soluciones de la clase K^0 que no pertenezcan a K^0. Este es el caso, por ejemplo, en fenómenos de interferencia por el paso de partículas a través de dos (o más) aberturas (que se trate de «esferas visibles al microscopio» o de «electrones» no importa en absoluto).

Me parece que, hasta aquí, prevalece el acuerdo.

3. Viene ahora la *cuestión* de Einstein *propiamente dicha*: *¿Cómo hay que interpretar físicamente aquellas soluciones de la ecuación de Schrödinger que no pertenecen a la clase K^0 (por ejemplo, en el caso de macro-objetos)?*

Aquí hace Einstein el siguiente razonamiento:

A. Cuando se 'contempla' un macro-cuerpo, tiene una posición cuasi-estrictamente determinada, y no es racional inventar un mecanismo causal según el cual la 'contemplación' 'genere' esa fijación de la posición.

Observación: yo diría, en vez de «si se contempla», «si se ilumina con luz convergente» y, en vez de reiterar «contemplación», diría «un dispositivo experimental elegido adecuadamente». Por lo demás, sigo estando de acuerdo, pues, en este caso, no considero deducible de leyes naturales la aparición de una posición *determinada*, o, lo que es lo mismo, su aparición como *resultado de la observación*.

Continuación del razonamiento de Einstein:

B. Por eso, en la «descripción objetiva de lo real», un macro-cuerpo tiene *siempre* que tener una posición cuasi-estrictamente determinada. Como aquellas funciones ψ que *no* pertenecen a la clase K^0 no se pueden, en principio, descartar, y tienen *también* que corresponder a la Naturaleza, la función ψ *general* sólo puede interpretarse como descripción de conjunto. Si se quiere asegurar la *completitud* de la descripción del sistema físico mediante una función ψ hay que basarse en que, *por principio*, en *las* leyes de la Naturaleza (y no sólo en las que hasta ahora conocemos) sólo cabe una descripción de conjunto, en lo que Einstein no cree.

Con lo que *yo* no estoy de acuerdo es con el razonamiento B de Einstein (¡fíjese usted: el concepto 'determinismo' no aparece ahí en absoluto!). Que un 'macro-cuerpo' tenga siempre una posición cuasi-estrictamente determinada lo tengo por *falso*, ya que no consigo ver ninguna diferencia especial entre micro y macro-cuerpos y, en mi opinión, allí donde se manifiesta en principio la *naturaleza ondulatoria* del referido objeto físico, hay que admitir siempre una posición en gran medida indeterminada. La aparición de una posición determinada x_0 en el curso de una observación posterior (por ejemplo, «regular la iluminación del espacio con una linterna sorda») por encima de la abertura –en la figura* de la página precedente– y el diagnóstico: la partícula está ahí, se conciben entonces como 'creación' ajena a las leyes de la Naturaleza, aun cuando dicha creación no esté influida por el observador. Las leyes de la Naturaleza sólo expresan algo sobre la *estadística* de estos actos de observación.

* La figura no estaba en la carta.

Algo de lo que no puede saberse nada respecto a si verdaderamente existe, debería –como dijo recientemente O. Stern– producir tan pocos quebraderos de cabeza como la antigua cuestión de cuántos ángeles caben en la punta de una aguja. Me parece, sin embargo, que las cuestiones de Einstein son en última instancia siempre de este tipo.

Einstein no estaría de acuerdo y pretendería que, ya *antes* de la observación, tendrían que estar presentes en la «descripción completa de la realidad» del sistema elementos que de alguna manera tendrían que corresponder a la posible diferencia en los resultados de observación al «regular la iluminación con una linterna sorda»). *Yo* creo, por el contrario, que este postulado está en contradicción con la libertad del experimentador para elegir dispositivos experimentales mutuamente excluyentes (por ejemplo, irradiación con longitudes de onda larga *paralelas* de luz.).

Resumiendo, me gustaría decir pues que: su manuscrito –ante cuyos cálculos formales, que además no me son desconocidos, no tengo nada que oponer– orilla por completo las cuestiones que interesan a Einstein. En particular, meter el concepto 'determinismo' en la discusión con Einstein me parece absolutamente improcedente (engañoso).

Al margen de Einstein, una observación suplementaria para ilustrar la diferencia entre la mecánica clásica y la mecánica cuántica en la 'medida' de una 'órbita'.

A. *Mecánica clásica.* Pensemos, por ejemplo, en la determinación de la órbita de un planeta: supongamos que se mide *reiteradamente* (en diferentes instantes de tiempo t_0, t_1 ...) la posición, una y otra vez con la misma precisión Δx_0. Si se dispone de las sencillas *leyes* del movimiento del cuerpo (por ejemplo la ley de la gravitación de Newton), se puede *calcular* la órbita (y por tanto la posición *y* la velocidad en cualquier instante) del cuerpo con precisión *arbitrariamente alta* (y *comprobar* de nuevo la ley adoptada en instantes anteriores o posteriores a los utilizados). Repetidas medidas de posición con precisión limitada pueden por tanto reemplazar con éxito a la medida de *una* posición con gran precisión. La adopción de leyes de fuerza relativamente sencillas, como las leyes de Newton (y no cualesquiera movimientos irregulares en zigzag a pequeña escala), aparecen entonces como una idealización permitida en el sentido de la mecánica clásica.

B. *Mecánica cuántica.* La repetición de la medida de posición en instantes sucesivos con la misma precisión Δx_0 no sirve *absolutamente nada* para predecir medidas de posición posteriores. Pues toda medida de posición con precisión Δx_0 en el instante t_n conlleva de nuevo la imprecisión $\Delta x_{t_n} \approx \frac{h}{m\Delta x_0}(t_{n+1} - t_n)$ en un instante posterior y *anula la posibilidad de utilizar todas las medidas de posición anteriores dentro de este límite de error.* (Si no me equivoco, este ejemplo lo discutió Bohr conmigo hace ya muchos años.)

La principal diferencia entre la teoría A y la B, esto es, que, en B, el conocimiento basado en medidas anteriores puede perderse por *una* medida, no está reflejado suficientemente en su manuscrito.

Muchos saludos.
Siempre suyo,

W. Pauli

Retomo mi propio comentario de mi versión del conjunto EB-Briefwechsel.

[En términos comunes, el contenido semántico de «real» coincide con el de «existente», oponiéndose por tanto a lo aparente o a lo posible. No estamos, por tanto, en la melifluidad del *esse est percipi*, que da categoría de existente a lo que se piensa (lo que de alguna manera podría llamarse realismo idealista), sino en la convicción de que lo existente existe independientemente de la percepción del perceptor/pensador. Es decir, el ente real existe *en sí*. En ese sentido, ser realista significa defender la existencia independiente de la realidad, es decir, el estado de ser real. Strictu sensu, realismo e idealismo son opuestos. El realismo ingenuo, en boca de los cuánticos, es más un exabrupto descalificador que una delimitación racional de posición filosófica. El realista ingenuo es, desde esa óptica, una especie de simple que acepta sin más la cognoscibilidad del mundo al dar categoría de real a los datos suministrados por los sentidos. No es impensable que tanto Pauli como Born vayan por esta senda al estimar a Einstein, ni que ellos mismos sepan *a ciencia cierta* de qué están hablando, cosa, por otra parte, común a la especie. Un vistazo, sin embargo, al documento de Einstein de 1949 aquí recogido (O. A. *Remarks concerning*...) hace difícil aceptar a pies juntillas esa larvada acusación de ingenuidad en Einstein. Su excursus sobre la relación entre epistemología y ciencia (páginas 683-684 del documento) más bien parece reflejar un pragmatismo inmisericorde, logro en el que hay que implicarse y que se aviene mal con un espíritu ingenuo.]

Comentario de Born a la carta de Pauli

Los comentarios de Pauli sobre las diferencias de principio entre la mecánica clásica y la mecánica cuántica son hoy probablemente patrimonio común a todos los físicos. Sus formulaciones son sin embargo tan sencillas y contundentes que merecen ser conservadas.

Su siguiente carta, más breve, viene de Zúrich y es todavía más técnica que la precedente, pero merece ser reproducida por las mismas razones.

Nueva carta de Pauli a Born

Physikalisches Institut
der Eidg. Technischen Hochschule
Zúrich

15 de abril de 1954

Querido Sr. Born:

Al volver felizmente a casa he encontrado su carta del 10 de abril. Dudo no obstante que haya mucho que decir.

1. *Einstein.* Comparto por completo su opinión de que Einstein "se ha aferrado a su metafísica". Solo que yo la llamaría metafísica 'realista' y *no* 'determinista'. Son *siempre* esas funciones de onda que *no* pertenecen* a la clase especial K^{o} a partir de las cuales él quiere colgar de una soga a la mecánica cuántica: que estas soluciones que no pertenecen a K^{o} (que constituyen el caso *general*) son "sólo" una descripción de conjunto "incompleta" de la 'realidad', pues de su metafísica se sigue que en el "estado real objetivo" la posición de un macro-objeto tiene que estar *siempre* "cuasi-estrictamente determinada" (lo que, sin embargo, en la mecánica cuántica sólo es el caso en las soluciones especiales de la clase K^{o} y sólo en intervalos de tiempo limitados).

Por eso intenté en mi última carta exponerle a usted el punto de vista de Einstein, que es *exactamente el mismo* en el trabajo impreso de Einstein y en el que él me expresó oralmente. Con ocasión de mi visita de despedida, añadió todavía lo que, en su opinión, deberíamos decir los mecano-cuánticos para ser inatacables desde el punto de vista lógico (aunque *no* coincide con lo que él mismo piensa): «la descripción de sistemas físicos por la mecánica cuántica es, desde luego, incompleta, si bien no tendría sentido completarla, ya que (la completitud) no interviene en las leyes de la Naturaleza».

* De ahí su ejemplo $\psi = Ae^{i\alpha t}\cos bx$. 'Clase K°' es sólo una abreviatura mía.

Sin embargo no estoy muy satisfecho con esta formulación que nos propone, pues me sigue pareciendo que es una formulación metafísica del tipo "ángeles en la punta de una aguja" (sobre si existe algo de lo que nadie puede saber nunca nada).

2. *Independientemente de Einstein.*

Las soluciones $C_1\varphi_1(x)+C_2\varphi_2(x)$, en las que $\varphi_1(x)$ y $\varphi_2(x)$ no se superponen: $\int f(x)\varphi_1(x)\varphi_2{}^*(x)dx \approx 0$, no dan ciertamente *en el espacio x* otra cosa que conjuntos mecánicos clásicos (describibles por densidades P), aunque sí –según la descomposición de Fourier– *en el espacio p*, siempre que la fase α esté en $C_2 = C_1 e^{i\alpha}$ bien definida. Naturalmente, esto no es *ninguna* dificultad, sino que, por el contrario, es satisfactorio. Sólo cuando se promedia sobre α se obtiene una *mezcla* (que, según v. Neumann, no se describe por una función de onda única, sino –también en mecánica ondulatoria– por una matriz densidad P), que es ya por completo indistinguible de una mezcla en la mecánica clásica.

Naturalmente, Einstein no tiene nada en contra de los conjuntos en mecánica clásica, ya que estos son, en cierta medida, una descripción incompleta del sistema en el sentido de la mecánica *clásica*. Él sólo está interesado en su afirmación de que la caracterización de un estado por una función de onda («caso puro», según v. Neumann) es asimismo "incompleta", pues el «verdadero estado real objetivo» tiene siempre una posición cuasi-precisa (aun cuando la función de onda no la tenga).

Cordialmente,

suyo P.

Comentario de Born a esta segunda carta de Pauli

Las cartas de Pauli me muestran claramente que mi esbozo de respuesta al trabajo de Einstein en mi libro-homenaje era del todo insatisfactorio. Yo no había entendido lo que a él le importaba. Si reflexiono ahora, tras doce años, cómo fue posible esto, sólo encuentro una explicación: yo era un seguidor incondicional y apóstol del joven Einstein y juré sobre su doctrina: no podía imaginar que el Einstein viejo pensaba de otro modo. Él había basado la teoría de la relatividad en el principio de que los conceptos que se refieren a [hechos] no observables no tenían cabida en física: un punto fijo en el espacio vacío es un concepto, como igualmente lo es la simultaneidad absoluta de dos sucesos en diferentes posiciones espaciales. La teoría cuántica surgió al aplicar Heisenberg este principio a la estructura electrónica de los átomos. Fue este un paso audaz, fundamental, que me saltó inmediatamente a la vista e hizo que pusiera todas mis fuerzas al servicio de esta idea. Al parecer me resultaba entonces inconcebible que Einstein se negase a reconocer la validez de este principio, aplicado por él mismo con el mayor éxito a la teoría cuántica; que insistiese en que la teoría tenía que dar información sobre cuestiones del tipo «¿cuántos ángeles podrían sentarse en la punta de una aguja?» Pues a eso iba a parar, como Pauli expone claramente, la exigencia de Einstein de que un estado físico tenía que existir objetivamente, realmente, aun cuando no se pueda establecerlo por principio, y que una teoría que contravenga esto es incompleta. En una carta anterior lo expresó diciendo que, a él, la filosofía del «esse est percipi» le repugnaba.

El análisis de Pauli de esta diferencia fundamental de opinión constituía la respuesta correcta al artículo de Einstein; tuve que dejar que fuese él quien publicase una refutación. Que yo sepa, no lo hizo.

Sin embargo, mi propio manuscrito me pareció que contenía reflexiones que no había leído yo antes. Lo reescribí en su totalidad de forma sólo vagamente relacionada con el artículo de Einstein, ligándolo con su ejemplo de una partícula oscilante entre dos paredes reflectantes elásticas, lo desarrollé en términos matemáticos más completos y expuse allí mis propias ideas filosóficas sobre realidad y determinismo.

Recibí por esas fechas una invitación de la 'Academia Danesa' para que aportase una contribución a un volumen de las Actas de la Academia que debía publicarse con ocasión del 70º cumpleaños de Niels Bohr. Así que no envié mi trabajo a la 'Royal Society' de Londres, como estaba previsto, sino a la 'Academia Danesa' de Copenhague. Apareció allí con el título «Continuity, Determinism and Reality» («Kong. Dansk Videnskabernes Selskab, Matematisk-fysiske Meddelelser», Vol. 30, Nr. 2, 1955, S. 1).

En una carta de Zúrich del 11 de diciembre de 1955, en la que de entrada me participa y pormenoriza la súbita muerte de Hermann Weyl, dice Pauli:

«Su trabajo en el libro-homenaje a Bohr de la Academia Danesa es ahora muy agradable de leer, el contenido epistemológico se ha hecho muy nítido, y estoy de acuerdo con todo. La matemática del ejemplo del punto material entre dos paredes y los correspondientes paquetes de onda la había empleado en mis clases de modo que entra en juego la fórmula de transformación de la función theta. Pero eso es sólo un detalle».

Es más que un detalle. Muestra que todo lo que yo tenía que decir le resultaba familiar a Pauli desde hacía mucho. Pero no por ello me sentí avergonzado, ya que yo sabía desde la época en que fue mi asistente en Göttingen que era un genio, sólo comparable con el propio Einstein, y quizá incluso, en el terreno puramente científico, superior a Einstein, aunque era un tipo humano completamente diferente que, a mis ojos, nunca alcanzó la grandeza de Einstein.

La observación sobre la función theta dio lugar a que, más tarde, cuando ya vivía en Bad Pyrmont, retomase ese ejemplo. En un trabajo con W. Ludwig («Ztschr. f. Physik», 150, 1958, S. 106), el movimiento de la partícula oscilante no estaba sólo representado por superposición de ondas de Schrödinger (representación ondulatoria), sino también por una solución en forma integral que se podía interpretar como superposición de distribuciones de Gauss de precisión decreciente (representación corpuscular). La primera forma corresponde al propio dominio cuántico y la segunda al dominio casi clásico. Ambas son transformables una en otra mediante la transformación theta citada por Pauli. Hasta aquí, el asunto le era indudablemente familiar a Pauli. Lo que nosotros añadimos fue un método para transformar ambas representaciones en una, que es válido y utilizable para todas las velocidades y todas las masas. Conocía este método de la teoría de cristales, en la que P. P. Ewald lo ha utilizado con gran éxito para cálculo de potenciales electrostáticos y electromagnéticos.

Aunque este problema trata un caso físico trivial, irrelevante en la práctica, da una idea clara de la relación entre la mecánica clásica y la cuántica, lo que me parece más provechoso que filosofar sobre estas cuestiones. Debería incluirse y debatirse en cualquier curso elemental de mecánica cuántica.

En las cartas que siguen, apenas si se roza la controversia aquí descrita. A pesar de su ocasional acritud, nunca dejó tras de sí la menor turbidez en nuestra relación.

La siguiente carta de mi mujer, a juzgar por la fecha, tiene que haber ido junto a la última mía; es, como esta, una felicitación –con retraso– por el 75° cumpleaños de Einstein.

[Todos estos últimos textos Pauli/Born ↑ se incluyen en la carta [112]]

AGOSTO

Carta de Einstein a Joachim

14 de agosto de 1954

Señor,

No tengo ningún derecho a criticar sus reflexiones porque mis conocimientos matemáticos no han ido *más lejos* de lo indispensable para mis propias investigaciones. Me parece, en todo caso, que la alternativa continuo-discontinuo es una auténtica alternativa; eso quiere decir que aquí no hay compromiso posible. Por teoría del discontinuo entiendo una teoría sin cocientes diferenciales. En una teoría semejante, no hay lugar para el espacio y el tiempo, sino únicamente para números, construcciones numéricas y reglas para formularlas sobre la base de reglas algebraicas que excluyan el proceso límite. En cuanto a saber qué vía confirmará ser la buena, sólo la calidad del resultado nos lo dirá.

Naturalmente, hasta el momento la física es por esencia una física del continuo, aunque se sirva del punto material, que parece un elemento conceptual discontinuo, pero que no tiene derecho a la existencia en la descripción por el concepto de campo. La fuerza de esta física es que plantea partes que existen casi independientemente unas al lado de otras. Ahora bien, gracias a eso existen leyes que tienen sentido, es decir, reglas que se pueden formular y comprobar para cada una de las partes. Su debilidad consiste en que nunca se puede prever de qué modo proporcionará, a modo de consecuencia, el aspecto atomista, incluidas las relaciones cuánticas. Se opone a ello la dimensionalidad (es decir, la cuadridimensionalidad), sobre la que reposa la teoría.

En una teoría algebraica de la física, ventajas y debilidades están invertidas, abstracción hecha de que nadie haya acertado todavía a dar un esquema lógico posible. Será especialmente difícil, por ejemplo, deducir un parecido de orden espacio-temporal de semejante esquema. No veo en qué podría parecerse la estructura axiomática de una física como esa y no me gusta que se hable de ella por oscuras alusiones. Pero creo perfectamente posible que la evolución nos conduzca a eso, ya que parece que pueda caracterizarse por completo el estado de todo sistema finito, limitado en el espacio por un número *finito* de números. Hay ahí un argumento contra el continuo y sus grados de libertad infinitamente numerosos. Pero esta objeción no es decisiva, porque, en el estado actual de las matemáticas, no se sabe de qué modo la exigencia de soluciones sin singularidades (en una teoría del continuo) reduce el abanico de soluciones.

Estamos de acuerdo, sin embargo, *en un único punto*: la convicción de que la teoría no puede ser estadística, por esencia. Es verdad que, al escuchar a la mayor parte de los teóricos cuánticos, la teoría cuántica actual responde a esta exigencia. Creen que la función ψ describe por completo el estado de un sistema individual y que el carácter estadístico de las proposiciones empíricamente comprobables no es debido más que al proceso de medida. Ahora bien, esta concepción es insostenible, de eso tengo certidumbre. Si se renuncia a exigir una descripción completa del estado individual, la finalidad de la física se volatiliza de manera que, intuitivamente, encuentro inaceptable. Eso es también lo que parece que piensa usted.

Le saludo amistosamente

Albert Einstein

[Oeuvres Choisies. Libro I. Quanta, p. 256]

NOVIEMBRE

Carta de Einstein a Born [114]

A. Einstein
112 Mercer Street, Princeton, Nueva Jersey, USA.

(Sin fecha)*

Querido Born:

Me he alegrado mucho de que hayas sido galardonado con el premio Nobel –aun cuando con extraño retraso– por tus contribuciones fundamentales a la actual teoría cuántica. En particular, tu consecuente interpretación estadística de la descripción ha aclarado decisivamente el pensamiento. Esto me parece fuera de toda duda, a pesar de nuestra infructuosa correspondencia sobre el tema.

Y luego, el dinero en una buena divisa tampoco hay que desdeñarlo cuando uno acaba de jubilarse. Con mis cordiales saludos y deseos para ti y tu esposa.

Tuyo,
A. Einstein

Comentario adicional de Born

Que yo no recibiera el premio Nobel a la vez que Heisenberg (1932) me dolió entonces, a pesar de una hermosa carta de Heisenberg. Lo superé, porque yo era consciente de la superioridad de Heisenberg. Cuando regresamos a Alemania, la herida había cicatrizado ya de largo. Y la sorpresa y la alegría fueron tanto mayores por cuanto el premio no me fue concedido por el trabajo hecho conjuntamente con Heisenberg y Jordan, sino por la interpretación estadística de la función de onda de Schrödinger que únicamente yo había concebido y fundamentado. Que este reconocimiento llegase con un retraso de 28 años, no es de extrañar, pues todos los grandes del primer periodo de la teoría cuántica eran enemigos de la interpretación estadística: Planck, de Broglie, Schrödinger y, no el que menos, el propio Einstein. No debió ser fácil para la Academia Sueca ir contra estas prestigiosas voces, así que tuve que esperar hasta que mis ideas se convirtieran en patrimonio común de los físicos, gracias a la colaboración no menor de Niels Bohr y su Escuela de Copenhague, tal como se llama hoy, en casi todas partes, a la orientación de pensamiento que yo di a la física.

[* La fecha de la carta es posterior a marzo y previsiblemente inmediatamente posterior al anuncio por la Academia Sueca de la concesión del Nobel de Física a Born de 1954. El comentario adicional de Born pone de manifiesto de nuevo la fragilidad de la comunidad de los "patrimonios" científicos y su dimensión emocional.]

Carta de Born a Einstein [115]

Sanatorio del Dr. Barner
Braunlage, Harz

28 de noviembre de 1954

Querido Einstein:

Leí hace poco en el periódico que habías dicho: «Si volviera a nacer, no sería físico, sino artesano.» Palabras que han sido para mí un gran consuelo, pues ideas semejantes me pasan también por la cabeza, habida cuenta del mal que se ha abatido sobre el mundo por causa de nuestra, en otros tiempos, preciosa ciencia. Ahora me han dado el premio Nobel esencialmente por la interpretación estadística de la función ψ, un trabajo que se retrotrae a hace 28 años. Sólo tengo en realidad una explicación para esto: querían premiar algo que no tiene ningún efecto práctico inmediato, algo puramente intelectual. Al mismo tiempo, Linus Pauling ha recibido el premio de Química, un tipo que es conocido por su íntegra posición política y por su oposición al mal uso de los descubrimientos científicos. (Corría aquí incluso el rumor de que no había recibido permiso de salida de USA; pero parece que no es cierto.) Puede que sea una casualidad, pero tiene el aspecto de ser intencionado, lo que sería gratificante. Así que iré con gusto a Estocolmo, aunque ni a Hedi ni a mí nos va bien, porque ambos tenemos problemas cardiacos y sólo podemos evitar sufrimientos si vivimos con mucha tranquilidad. Hedi se encuentra actualmente en una clínica en Göttingen para ponerse un poco a punto; y con el mismo objetivo yo estoy aquí arriba, en el macizo de Harz. Probablemente no consiga ya llevar a término nada en el ámbito científico (salvo un libro de Óptica empezado hace 8 años) y pienso utilizar mi momentánea popularidad en dos países[+] (aquí soy el físico «alemán», allí el físico «británico») para despertar la conciencia de los señores colegas respecto a la puesta a punto de bombas cada vez más horribles. Ya antes de saber nada del Nobel había escrito yo un artículo de esta tendencia para el *Physikalischen Blätter*, muy leído aquí. Estoy leyendo ahora un libro con el bonito título «Kapitza, el zar del átomo», de un tal Biew, que describe de forma dramática el desarrollo de los explosivos nucleares en Rusia. Le hace a uno sentirse fatal. El propio Kapitza consigue salir bien parado; lo intentó todo para ralentizar y retener el proceso, algo parecido a su contrincante R. O.* entre vosotros (hasta donde estoy informado).

Alguien me ha dicho que estabas enfermo. Considera estas líneas como mi deseo de una pronta recuperación y no contestes. En cuestiones humanas nos entendemos perfectamente. La diferencia de criterio respecto a la incompletitud de la mecánica cuántica es, a su lado, completamente irrelevante.

Si Hedi estuviera aquí se uniría a mis saludos cordiales. Con mi vieja amistad,

tuyo
Max Born

* Robert Oppenheimer

Comentario adicional de Born

Ni siquiera hoy puedo decir si es correcta mi conjetura respecto a si la adjudicación simultánea del premio Nobel a Linus Pauling y a mí tuvo algo que ver con el hecho de que ambos no tuviéramos nada que ver con la aplicación práctica y el mal uso de la ciencia con fines políticos. Hubo a la vez otros investigadores galardonados con el premio, por ejemplo el físico Walter Bothe, a los que difícilmente les cuadra esa suposición.

La ceremonia de los Nobel en Estocolmo nos pareció ciertamente agotadora, pero de lo más satisfactoria y no nos ocasionó ningún percance en nuestra salud. El premio Nobel me ayudó a abogar públicamente por la razón en el uso de los descubrimientos científicos.

El libro «Kapitza, el zar del átomo», a pesar de su sensacionalista título, no tuvo al parecer ninguna difusión en Alemania. No me he encontrado con nadie que lo conociera y tampoco vi ninguna crítica en ningún periódico o revista. Es probable que en su mayor parte sea pura invención, ya que los pocos rasgos de la vida de Kapitza de los que tenemos noticia precisa, o no se mencionan o se falsean por completo.

La siguiente carta, la última que tengo de Einstein, se refiere al principio de la precedente mía (nº 115), en la que mencionaba yo el informe de periódico según el cual Einstein habría dicho: Si volviese a nacer, no sería físico, sino artesano. En aquel momento lo relacioné con la bomba atómica. Aquí está la breve respuesta de Einstein (escrita a máquina; al parecer estaba ya muy enfermo).

—

1955

ENERO

Carta de Einstein a Born [116]

17 de enero de 1955

Querido Born,

Te envío aquí el texto de mi carta al «Reporter» que deseas. Una observación al respecto. Los escribas a sueldo de una prensa dócil han intentado mitigar el impacto de esta declaración, bien presentándola como si yo me arrepintiese de haberme ocupado en afanes científicos, bien queriendo dar la impresión de que yo hubiese considerado de menor valor los citados oficios prácticos.

Lo que yo quería decir era simplemente esto: en las actuales circunstancias, sólo elegiría una profesión en la que ganarse el pan no tuviera nada que ver con la búsqueda del conocimiento.

Te saludo amistosamente

Tuyo

A. E.

Comentario adicional de Born

Lamentablemente no conservo ya la carta al «Reporter». Cuando este verano (1965) hice un informe sobre las cartas de Einstein (todavía no disponía en ese momento de mis cartas a él) para la Convención de galardonados con el Nobel de Lindau, todavía creía, como acabo de mencionar, que la declaración de Einstein se refería a la bomba atómica. He sabido mientras, por el albacea testamentario de Einstein, el Sr. Otto Nathan, de Nueva York, que no es así. La declaración de Einstein se refería a la crisis de las libertades civiles que se produjo en aquellas fechas por la aparición en escena del senador McCarthy. Un profesor o investigador que se atreviese a exponer libre y francamente sus opiniones corría el riesgo ser convocado ante una comisión senatorial presidida por

McCarthy y perder su empleo, si no algo peor. Quien se interese por esto puede espigarlo en las observaciones de Otto Nathan en el libro «Einstein on Peace» (p. 613 y siguientes), en el que se reproduce asimismo la carta al «Reporter» que contiene la frase que se hizo célebre debido a un error de interpretación: «preferiría ser fontanero o vendedor ambulante que físico».

Carta de Born a Einstein [117]

Bad Pyrmont / West Germany
Marcardstraße 4

29 de enero de 1955

Querido Einstein:

Muchas gracias por el rápido envío del texto de tu carta al «Reporter». Ya puedo creerme que la gente de la prensa haya intentado quitar hierro al impacto de tus palabras.

Yo mismo debo decir que tu texto no es claro. Yo lo había interpretado de modo algo diferente a como tú lo explicaste; pero incluso con esta explicación, no me es suficiente. Aun cuando uno elija ganarse el pan al margen de la búsqueda del conocimiento, debe aún decidir mantener para sí este conocimiento o compartirlo únicamente en privado, con amigos, como era común en los siglos XVII y XVIII porque, si no, los resultados serán utilizados por otros con fines perversos y siento que en tal caso no estará libre de responsabilidad. Cavilo mucho sobre estas cosas y me he puesto en contacto con Bertrand Russell. Ha hecho una vigorosa declaración en la radio británica que viene publicada en el «Listener» del 30 de diciembre. Si sale algo de este debate, te lo haré saber, bien personalmente, bien por otro medio de mayor alcance. Una revista japonesa me ha propuesto un intercambio epistolar con Yukawa sobre la bomba atómica, etc., y me ha mandado una carta de Y. Y, en efecto, ha aparecido ésta junto con mi respuesta (no la puedo leer porque no sé japonés). A los americanos que la lean no les hará mucha gracia. Pero esto es sólo un mísero comienzo. Con mis cordiales saludos, también de Hedi

tuyo,
Max Born

Comentario adicional de Born

Esta carta (nº 117) contiene mi enfoque del asunto del «plumber and peddler»*. Va más allá de Einstein: Aun cuando uno no se gane el pan con la ciencia, si se hacen públicos los resultados de la investigación, no se está libre de responsabilidad por su utilización.

Hasta hoy he mantenido este criterio.

Hideki Yukawa es un brillante físico teórico, único japonés ganador del premio Nobel, que obtuvo en 1949 por su predicción de un nuevo tipo de partículas, llamados mesones (de masa comprendida 'entre' electrones y protones). Me carteo con él y lo veo ocasionalmente, por ejemplo en la Convención de galardonados con el premio Nobel de Lindau (1965). Lo que nos une no sólo son ideas sobre física –él ha reconocido mi principio de reciprocidad como una idea heurística conductora en la teoría de partículas elementales– sino también nuestra postura contra el uso indebido de los resultados de la investigación para fines bélicos y de destrucción.

Poco después de este último intercambio de cartas murió Einstein (el 18 de abril de 1955). Mi mujer conserva una carta de su hijastra Margot en la que describe su última visita a la habitación del hospital:

«¿Sabes que yo estaba ingresada en el mismo hospital que Albert? Aún pude verlo y hablar con él en dos ocasiones durante algunas horas. Me llevaron a su habitación en silla de ruedas. Al principio no lo reconocí –así estaba de cambiado por causa de los dolores y la palidez de su rostro. Pero su esencia era la misma. Se alegró de que yo tuviera algo mejor aspecto, bromeaba conmigo y dominaba por completo la situación; hablaba con honda calma –incluso con leve humor– sobre los médicos y esperaba su fin como un suceso natural inminente. Tan sin temor como lo fue en vida, tan tranquilo y modesto estuvo ante la muerte. Se marchó de este mundo sin sentimentalismo y sin pesar.»

Con él, mi esposa y yo perdimos al mejor amigo.

[* Fontanero y vendedor ambulante]

Einstein fallece en la madrugada del 18 de abril de 1955

[Según refiere Carl Seelig en el breve artículo *Albert Einsteins letzter Tage* (*el último día de Albert Einstein*) de su libro «*Helle Zeit-Dunkle Zeit. In Memoriam Albert Einstein*», en la ceremonia de la cremación estuvieron presentes únicamente 12 íntimos: Hans Albert Einstein, Helen Dukas, Otto Nathan, el Dr. Rudolf Ehrmann, el Dr. Gustav Bucky con su mujer, sus dos hijos, una nuera y la asistenta Lotte Neustein, el matrimonio Paul y Gabrielle Oppenheim-Errera y Hanna Fantova. No estuvo presente Margot Einstein, hospitalizada desde hacía algún tiempo por ciática.]

FINAL

Quizá sea oportuno convertir en epílogo de estos ATISBOS el nítido prólogo que Heisenberg puso a las Cartas Einstein-Born. Imposible mejorar esa perspectiva.

1969

Albert Einstein-Hedwig und Max Born Briefwechsel 1916 – 1955 kommentiert von Max Born. Nymphenburger Verlagshandlung GmbH., München, 1969, Prólogo de Werner Heisenberg.

Vorwort [Prólogo]
von
Werner Heisenberg

La relatividad y la teoría cuántica, fundamentos teóricos de la física moderna, se consideran comúnmente sistemas abstractos de ideas, inaccesibles para el lego, de cuya filiación humana cabría incluso dudar. Por el contrario, el presente intercambio epistolar entre Albert Einstein, Max Born y su esposa Hedwig hace justamente patente el lado humano de la ciencia en desarrollo. Ambos, Einstein y Born, han tomado parte en la vanguardia de la gestación del edificio de la moderna física. Al comenzar esta correspondencia, en el año 1916, Einstein acababa de terminar su trabajo sobre la teoría de la relatividad general y concentraba sus esfuerzos en los entonces todavía muy misteriosos fenómenos cuánticos. Born dio en los siguientes diez años con sus alumnos de Göttingen pasos decisivos para la comprensión de estos fenómenos precisamente. Las inusualmente grandes dificultades –a pesar de los muchos logros experimentales– que impedían la comprensión de los fenómenos atómicos no se esclarecerán probablemente por nada mejor que por el hecho de que ambos investigadores, tan próximos humanamente, no consiguieron avenirse en la interpretación definitiva de la teoría cuántica.

Sin embargo, esta correspondencia no es sólo testimonio de los conflictos casi dramáticos en la correcta interpretación de los fenómenos atómicos. Muestra también cómo están entrelazados, en este debate humano, problemas políticos y de visión del mundo y, por tanto, la historia del tiempo que va de 1916 a 1955 desempeña en las cartas un importante papel. Einstein y Born, muy interesados en las estructuras sociales circundantes, participaron ambos, con sufrimientos y esperanzas, en la historia de este tiempo y para muchos de los que, en la misma época, sufrieron de otro modo y tuvieron deseos distintos, será aleccionador contemplar el mundo desde el punto de vista de estos dos relevantes investigadores.

En 1916, Einstein y Born se encontraban en Berlín. Einstein tenía un puesto de investigador en la Academia Prusiana de Ciencias; Born era profesor Extraordinarius de física teórica en la Universidad de Berlín, pero prestaba en ese tiempo servicio militar como investigador asociado de la Comisión de Pruebas de Artillería en Berlín. Poco después de la guerra, Born pasó a ser profesor Ordinarius de física teórica en la Universidad de Göttingen y Einstein realizó extensas giras de conferencias por muy diversas universidades de América, Asia y Europa.

El estilo de trabajo de los dos investigadores era muy diferente. Einstein trabajaba básicamente solo. Por supuesto, le gustaba conversar con otros físicos sobre sus problemas y, ocasionalmente, recurría a jóvenes colaboradores, matemáticos sobre todo, para que le ayudasen en difíciles investigaciones matemáticas. Pero Einstein no practicó una enseñanza ordinaria, tal como, por lo demás, era común en las universidades y se tenía asimismo la impresión de que en los trabajos que publicaba con otros, la intención y el desarrollo del razonamiento procedían sustancialmente de él.

Born, en cambio, fundó una escuela de física teórica en Göttingen. Daba las clases ordinarias, organizaba seminarios, y consiguió pronto agrupar en torno a él a un gran plantel de excelentes jóvenes físicos con los que conjuntamente intentó internarse en la *terra incognita* de la teoría cuántica. Göttingen era entonces uno de los centros más importantes de física moderna del mundo. La tradición matemática había proseguido en la pequeña ciudad universitaria durante más de un siglo con los nombres más brillantes: Carl Friedrich Gauss, Bernhard Riemann, Felix Klein, David Hilbert enseñaron en Göttingen; por lo que Göttingen ofrecía precisamente los mejores requisitos previos para la búsqueda de las leyes matemáticas que describen los fenómenos atómicos. El físico experimental James Franck despertó allí, gracias a sus experimentos sobre colisiones de electrones, el interés de los jóvenes físicos ante el extraño comportamiento de los átomos en la emisión de radiación. Born y sus estudiantes se esforzaron por comprender las leyes de la Naturaleza ahí subyacentes. Surgió así una viva atmósfera intelectual en la que las conversaciones giraban más a menudo sobre el comportamiento de los electrones en la corteza atómica que sobre la actualidad diaria o cuestiones políticas. Born y su esposa Hedwig se ocupaban de atender humana y científicamente a este grupo de jóvenes físicos, de los que la mayoría apenas tenía 25 años. La casa de los Born estaba siempre abierta a reuniones sociales con la juventud y quien se haya encontrado con esta joven tropa en la *Mensa* de la Universidad o en las pistas de esquí de las montañas del Harz se habrá preguntado sorprendido cómo consiguieron arreglárselas sus profesores universitarios para canalizar su interés de forma tan exclusiva sobre la difícil y abstracta ciencia. Una parte de la gran tragedia alemana la constituyó el hecho de que esta vida científica tuvo un rápido y violento fin en 1933. Born y Franck tuvieron que abandonar Alemania. Born encontró un nuevo lugar de trabajo en Inglaterra y Franck en América.

Einstein regresó a Berlín en 1923 de su gran viaje por el mundo. Tomaba parte con regularidad del coloquio en el que se reunía la elite de la física de Berlín (entre ellos Max Planck, Max von Laue y Walther Nernst) para debatir problemas entonces en boga en la investigación. Las intervenciones de Einstein en este coloquio y las conversaciones particulares a las que a menudo invitaba a colegas a su casa fueron quizá la parte más importante de su actividad docente de esa época. Pero incluso la efectividad en ese estrecho círculo se vio pronto afectada por los acontecimientos políticos que, en la gran ciudad de Berlín podían eludirse más difícilmente que en la pequeña y acogedora ciudad universitaria de Göttingen. Einstein previó tempranamente la catástrofe política; asumió por ello nuevas obligaciones en California, encontrando finalmente, después de 1933, un puesto de trabajo definitivo en Princeton, que en el curso de las décadas siguientes se convirtió en uno de los más relevantes centros de investigación americanos.

Los temas científicos centrales del presente intercambio de cartas entre Einstein y Born fueron la teoría de la relatividad y la teoría cuántica. Como sobre la teoría de la relatividad y la interpretación con ella formulada de espacio y tiempo no hubo ninguna diferencia de opinión entre ambos, las discusiones más interesantes se refieren a la interpretación de la teoría cuántica. Einstein estaba de acuerdo con Born en que el formalismo matemático de la mecánica cuántica desarrollado en Göttingen y consolidado posteriormente en Cambridge y Copenhague describe correctamente los fenómenos en la corteza atómica. Probablemente también estaba dispuesto a admitir que la interpretación estadística de la función de onda de Schrödinger expuesta por Born podía valer de entrada como hipótesis de trabajo. Pero Einstein no quiso aceptar la mecánica cuántica como representación definitiva y, en particular, como representación completa de los fenómenos. Formaba parte de su posición filosófica básica la convicción de que era posible una separación completa del mundo en un dominio objetivo y uno subjetivo y la hipótesis de que sobre el dominio objetivo se podía hablar de forma inequívoca. Pero la mecánica cuántica no podía satisfacer estas exigencias y no parece que la ciencia de la Naturaleza pueda nunca encontrar el camino de vuelta a los postulados de Einstein.

Los comentarios que hace Born en este libro a cada una de las cartas y lo mucho que nos informan sobre las circunstancias en las que se desarrolló en esa época la física hacen patente toda la dificultad de este problema central. Todo trabajo científico se lleva a efecto, consciente o inconscientemente, sobre la base de un enfoque filosófico, de una determinada estructura de pensamiento que da a éste un sustento firme. Sin tal enfoque, los conceptos y las asociaciones de ideas apenas podrían alcanzar el grado de claridad que constituye el requisito previo del trabajo en ciencias de la Naturaleza. Casi cualquier investigador está asimismo dispuesto a dar cabida a nuevos contenidos experimentales o a reconocer nuevos resultados, si encajan en el marco de su posición filosófica. Pero en el avance de la ciencia puede suceder que un nuevo dominio experimental sólo sea completamente comprensible si se hace el enorme esfuerzo de ensanchar este marco y de cambiar la propia estructura de pensamiento. Por lo que parece, en el caso de la teoría cuántica Einstein ya no estaba dispuesto o no estuvo ya en condiciones de dar ese paso. Las cartas entre Einstein y Born y los comentarios que hizo Born posteriormente patentizan de forma conmovedora lo fuertemente determinado que está el trabajo del investigador científico, tan desprendido en apariencia, en su contenido, del hombre, por posiciones de base filosófica y humana.

La correspondencia puede no obstante contar, como se ha mencionado ya, no sólo como documento de gran valor para la historia de la ciencia moderna. Da también testimonio de una actitud humana que, en un mundo pleno de calamidades políticas, intenta ayudar, con la mejor voluntad, donde siempre se puede ayudar y de que, en el fondo, el amor al prójimo parece más importante que todas las ideologías políticas.

Werner Heisenberg

INDEX

Albert Einstein. «***Die Plancksche Theorie der Strahlung und die Theorie der spezifischen Wärme***». («La teoría de la radiación de Planck y la teoría de los calores específicos»)

1907 **191**

FEBRERO

Albert Einstein. «***Theoretische Bemerkungen über die Brownsche Bewegung***». («Observaciones teóricas sobre el movimiento browniano»)

MARZO

Albert Einstein. «***Über die Gültigkeitsgrenze des Satzes von thermodynamischen Gleichgewicht und über die Möglichkeit einer neuen Bestimmung der Elementarquanta***». («Sobre los límites de validez del teorema del equilibrio termodinámico y sobre la posibilidad de una nueva determinación de los cuantos elementales»)

MARZO - ABRIL

Albert Einstein. «***Berichtigung zu meiner Arbeit: „Die Plancksche Theorie der Strahlung etc.“***». («Corrección a mi trabajo: "La teoría de Planck de la radiación, etc."»)

DICIEMBRE

Carta de Einstein a Johannes Stark *Berna, 7 de diciembre de 1907*

1908 **197**

ENERO

Carta de Einstein a Sommerfeld *Berna, 14 de enero de 1908*

ABRIL

Albert Einstein. «***Elementare Theorie der Brownschen Bewegung***». («Teoría elemental del movimiento browniano»)

1909 . **205**

ENERO - MARZO

Albert Einstein. «***Zum gegenwärtigen Stand des Strahlungsproblems***» («Sobre el estado actual del problema de la radiación»)

MARZO

Carta de Einstein a H. A. Lorentz [Berna, 30 de marzo de 1909]

ABRIL - MAYO

Albert Einstein & W. Ritz. «***Zum gegenwärtigen Stand des Strahlungsproblems***». («Sobre el estado actual del problema de la radiación»)

Carta de Einstein a Jakob Laub Berna, lunes [17 de mayo de 1909]

Carta de Einstein a Jakob Laub [Berna, 19 de mayo de 1909]

Carta de Einstein a Lorentz Berna, 23 de mayo de 1909

SEPTIEMBRE **224**

EL CONGRESO DE SALZBURGO

Albert Einstein. «***Über die Entwicklung unserer Anschauungen über das Wesen und die Konstitution der Strahlung***». («La evolución de nuestras concepciones sobre la naturaleza y la constitución de la radiación»)

DICIEMBRE

Carta de Einstein a Besso 1 de diciembre de 1909

1910 . **239**

ENERO

Albert Einstein. «***Antwort auf Plancks Manuskript***». (Respuesta al manuscrito de Planck)

Carta de Einstein a Sommerfeld Zúrich, 19 de enero de 1910

MAYO

Albert Einstein. «***Sur la théorie des quantités lumineuses et la question de la localisation de l'énergie électromagnétique***». («Sobre la teoría de las magnitudes luminosas y la cuestión de la localización de la energía electromagnética»)

JULIO

Carta de Einstein a Sommerfeld Zúrich, julio de 1910

AGOSTO - DICIEMBRE

Albert Einstein (mit L. Hopf). «***Über einen Satz der Wahrscheinlichkeitsrechnung und seine Anwendung in der Strahlungstheorie***». («Un teorema de cálculo de probabilidades y su aplicación a la teoría de la radiación»)

OCTUBRE

LA OPALESCENCIA CRÍTICA **252**

Albert Einstein. «***Theorie der Opaleszenz von homogenen Flüssigkeiten und Flüssigkeitsgemischen in der Nähe des kritischen Zustandes***». («Teoría de la opalescencia de líquidos homogéneos y mezclas de líquidos en la proximidad del estado crítico»)

NOVIEMBRE **271**

Carta de Einstein a Laub. Zúrich, 4 de noviembre de 1910

DICIEMBRE

Carta de Einstein a Laub [Zúrich, 28 de diciembre de 1910]

1911 **272**

ENERO

Carta de Einstein a Ludwig Darmstädter Zúrich, 2 de enero de 1911

MANUSCRITO DE EINSTEIN

Observación respecto a una dificultad fundamental de la física teórica

2 de enero de 1911

Carta de Einstein a Lorentz Zúrich, 27 de enero de 1911

FEBRERO

Carta de Einstein a Lorentz Zúrich, 15 de febrero de 1911

Albert Einstein. «***Eine gedrängte Übersicht über die neue Lichtquantentheorie***». («Una visión condensada de la nueva teoría cuántica de la luz» [Resumen sobre la nueva teoría de los cuantos de luz])

MAYO

Carta e Einstein a Besso Praga, 13 de mayo de 1911

OCTUBRE - NOVIEMBRE

PRIMER CONGRESO SOLVAY **277**

Albert Einstein. «***Zum gegenwärtigen Stande des Problems der spezifischen Wärme***». («Sobre el estado actual del problema de los calores específicos»)

NOVIEMBRE

DEBATE SOLVAY

Estado actual del problema de los calores específicos

Albert Einstein. «*Méthode pour la détermination de valeurs statistiques d'observations concernant des grandeurs soumises à des fluctuations irrégulières*». [«Método para determinar valores estadísticos de observaciones relativas a magnitudes sometidas a fluctuaciones irregulares»]

Albert Einstein. «*Eine Methode zur statistischen Verwertung von Beobachtungen scheinbar unregelmässig quasiperiodisch verlaufender Vorgänge*» [«Método para la utilización estadística de observaciones de procesos en curso cuasiperiódicos de apariencia irregular»]

JULIO - AGOSTO

Albert Einstein. «*Beiträge zur Quantentheorie* [«Contribuciones a la teoría cuántica»]

1915 **363**

JUNIO - SEPTIEMBRE

Albert Einstein. «*Antwort auf eine Abhandlung M. von Laues: Ein Satz der Wahrscheinlichkeitsrechnung und seine Anwendung auf die Strahlungstheorie*». [«Respuesta a un trabajo de M. von Laue: un teorema de cálculo de probabilidades y su aplicación a la teoría de la radiación» (Discusión sobre el tema homónimo de 1910)]

1916 **369**

JUNIO

Carta a Lorentz 17 de junio de 1916

JULIO

Albert Einstein. «*Strahlungs-emission und -absorption nach der Quantentheorie*». [«Emisión y absorción de la radiación según la teoría cuántica»]

AGOSTO

Carta de Einstein a Besso Berlín, 11 de agosto de 1916

Carta de Einstein a Besso Berlín-Wilmersdorf, 24 de agosto de 1916

Albert Einstein. «*Zur Quantentheorie der Strahlung*».
[«Teoría cuántica de la radiación»]

SEPTIEMBRE

Carta de Einstein a Besso Berlín, 6 de septiembre de 1916

1917 **387**

FEBRERO

Carta de Einstein a Düllenbach [Berlín, después del 15 de febrero de 1917]

MAYO

Albert Einstein. «***Zum Quantensatz von Sommerfeld und Epstein***».
[«Sobre el teorema cuántico de Sommerfeld y Epstein»]

NOVIEMBRE

Albert Einstein. «***Eine Ableitung des Theorems von Jacobi***».
[«Una deducción del teorema de Jacobi»]

1919 **398**

NOVIEMBRE

Ernst Rutherford lleva a cabo la primera experiencia de desintegración radiactiva artificial:

Ernst Rutherford. «Collision of α-particles with light atoms». *The Philosophical Magazine*, vol. 37, 1919, p. 581.

1920

ENERO

Carta de Einstein a Born [13] Lunes, 27 de enero de 1920

MARZO

Carta de Einstein a Born [14] 3 de marzo de 1920

MAYO

Carta de Einstein a Niels Bohr [Berlín], 2 de mayo de 1920

1921 **400**

ENERO

Carta de Einstein a Born [29] 31 de enero de 1921

FEBRERO

Carta de Born a Einstein [30] Frankfurt, 12 de febrero de 1921

MARZO

Carta de Einstein a Rusch Berlín, 18 de marzo de 1921

OCTUBRE

Carta de Einstein a Besso 20 de octubre de 1921

NOVIEMBRE

Carta de Born a Einstein [35] Göttingen, 29 de noviembre de 1921

DICIEMBRE

Carta de Einstein a Born [36] 30 de diciembre de 1921

1922 **402**

ENERO

Carta de Born y Franck a Einstein [37] Göttingen, 1 de enero de 1922

Albert Einstein. «***Über ein den Elementarprozeß der Lichtemission betreffendes Experiment***». [«Un experimento referente al proceso elemental de emisión de luz»]

Carta de Einstein a Ehrenfest [Berlín], 11 de enero de 1922

Carta de Einstein a Born y Franck [40] 18 de enero de 1922 **405**

Albert Einstein. «***Über ein optisches Experiment, dessen Ergebnis mit der Wellentheorie unvereinbar ist.***» («Un experimento óptico cuyo resultado es incompatible con la Teoría Ondulatoria») [Berlín, hacia el 19 de enero de 1922]

MARZO **411**

Carta de Einstein a Ehrenfest [Berlín], 15 de marzo de 1922

ABRIL

Carta de Einstein a Born [42] Berlín (sin fecha)

JUNIO

El 24 de junio es asesinado en Berlín el ministro de Estado alemán Walter Rathenau, con quien Einstein mantiene vínculos afectivos e intelectuales.

AGOSTO – SEPTIEMBRE **412**

Albert Einstein (& Paul Ehrenfest). «***Quantentheoretische Bemerkungen zum Experiment von Stern und Gerlach***». [«Observaciones teórico-cuánticas sobre el experimento de Stern-Gerlach»]

OCTUBRE

A principios de mes, Einstein y su esposa Elsa inician un viaje a Japón que continuará después a Palestina y España. En el transcurso del viaje, Einstein recibe la notificación de la concesión del Nobel.

1923 **416**

ENERO

Carta de Einstein a Niels Bohr (A bordo del Haruna Maru) 10 de enero de 1923

ABRIL **417**

P. Debye. «***Zerstreuung von Röntgenstrahlen und Quantentheorie***». («Dispersión de rayos X y teoría cuántica»)

MAYO **425**

Arthur H. Compton. «***A quantum theory of the scattering of x-rays by light elements***». («Teoría cuántica de la dispersión de rayos X por elementos ligeros»)

SEPTIEMBRE **444**

Louis de Broglie. RADIATIONS.- «***Ondes et quanta***». [«Ondas y cuantos»]

Louis de Broglie. OPTIQUE.- «***Quanta de lumière, diffraction et interférences.***» [«Cuantos de luz, difracción e interferencias»]

DICIEMBRE **448**

Albert Einstein. «***Bietet die Feldtheorie Möglichkeiten für die Lösung des Quantenproblems***» [«¿Ofrece la teoría de campo posibilidades de resolver el problema cuántico?»]

Carta de Einstein a Ehrenfest 13 de diciembre de 1923

Carta de Einstein a Lorentz 25 de diciembre de 1923

1924 **454**

ENERO

Carta de Einstein a Besso Berlín, 5 de enero de 1924

ABRIL

Albert Einstein. «***Das Komptonsche Experiment. Ist die Wissenschaft um ihrer selbst willen da?***». («El experimento Compton. ¿Existe la ciencia por sí misma?»)

Carta de Einstein a Born [48] 29 de abril de 1924 **457**

MAYO

Albert Einstein. The Herbert Spencer Lecture, «***On the Method of Theoretical Physics***». («Sobre la metodología de la Física Teórica»)

OCTUBRE

Einstein se instala definitivamente en Princeton.

1934 ***671***

MARZO

Carta de Einstein a Max Born [69] Princeton, N. J., 22 de marzo de 1934

Carta de Einstein a Laue [Princeton], 23 de marzo de 1934

1935 **673**

MAYO

LA REALIDAD FÍSICA Y LA COMPLETITUD DE LAS TEORÍAS. EL ARGUMENTO EPR.

A. Einstein, B. Podolsky and N. Rosen (*Institute for Advanced Study, Princeton, New Jersey.*). «***Can Quantum-Mechanical Description of Physical Reality Be Considered Complete?***» [«¿Se puede considerar completa la descripción mecánico-cuántica de la realidad física?»]

JUNIO **678**

Carta de Einstein a Schrödinger 17 de junio de 1935

Carta de Einstein a Schrödinger Old Lyme, 19 de junio de 1935

AGOSTO **680**

Carta de Einstein a Breit Old Lyme, Conn., White House, 2 de agosto de 1935

Carta de Einstein a Schrödinger Old Lyme, Conn., White House, 8 de agosto de 1935

Carta de Schrödinger a Einstein 19 de agosto de 1935

SEPTIEMBRE

Carta de Einstein a Schrödinger 4 de septiembre de 1935

Carta de Einstein a Popper Old Lyme, 11 de septiembre de 1935

OCTUBRE **685**

N. Bohr, *Institute for Theoretical Physics, University, Copenhagen.* «***Can Quantum-Mechanical Description of Physical Reality be Considered Complete?***» [«¿Se puede considerar completa la descripción mecánico-cuántica de la realidad física?»]

[Contribución de Einstein al volumen conmemorativo dedicado a Born: «Scientific Papers, presented to Max Born on his retirement from the Tait Chair of Natural Philosophy in the University of Edinburgh» (Edinburgh-London 1953).]

Albert Einstein (*Instituto de Estudios Avanzados*. Princeton, New Jersey). «***Elementare Überlegungen zur Interpretation der Grundlagen der Quanten Mechanik***» [«Consideraciones elementales sobre la Interpretación de los Fundamentos de la Mecánica Cuántica»]

Carta de Born a Einstein [105] 26 de noviembre de1953

DICIEMBRE

Carta de Einstein a Born [106] 3 de diciembre de 1953

Einstein vuelve a posicionarse.

Albert Einstein. «***Einleitende Bemerkungen über Grundbegriffe***» [«Observaciones preliminares sobre conceptos fundamentales»]

1954 **867**

ENERO

Carta de Einstein a Born [108] 1 de enero de 1954

Carta de Born a Einstein [109] 2 de enero de 1954

Carta de Einstein a Born [110] 12 de enero de1954

Carta de Born a Einstein [111] 20 de enero de 1954

MARZO **871**

Carta de Wolfgang Pauli a Born 3 de marzo de 1954

Carta de Born a Einstein [112] 17 de marzo de 1954

Carta de W. Pauli a Born 31 de marzo de 1954

Nueva carta de Pauli a Born
Physikalisches Institut
der Eidg. Technischen Hochschule Zúrich, 15 de abril de 1954

AGOSTO

Carta de Einstein a Joachim 14 de agosto de 1954

NOVIEMBRE **880**

Carta de Einstein a Born [114]
112 Mercer Street, Princeton, Nueva Jersey, USA. (Sin fecha)